2025 NCS 기준 출제기준 완벽 반영

산업안전기사 실기

필답형 + 작업형

신우균 편저

2025 초간단 핵심완성

ENGINEER
INDUSTRIAL SAFETY

예문사

머리말 (PREFACE)

지금 우리사회는 모든 분야에서 선진사회로 도약을 하고 있습니다. 그러나 산업현장에서는 아직도 협착·추락·전도 등 반복형 재해와 화재·폭발 등 중대산업사고, 유해화학물질로 인한 직업병 문제 등으로 하루에 약 7명, 일 년이면 2,400여 명의 근로자가 귀중한 목숨을 잃고 있으며 연간 약 9만 여 명의 재해자가 발생하고 있습니다.

산업재해를 줄이지 않고서는 선진사회가 될 수 없습니다. 그러므로 각 기업체에서 안전관리자의 역할은 커질 수밖에 없는 상황이고 산업안전은 더욱 더 강조될 수밖에 없는 상황입니다.

현재 안전 관련 업무를 하고 있는 필자들이, 재해 감소에 조금이나마 보탬이 되기를 희망하는 마음으로 집필한 것입니다.

산업안전기사 실기시험은 필답형과 작업형으로 나누어지는데, 필답형은 필기시험과 같은 과목이고 작업형은 기계, 전기, 화공, 건설, 보호구 5분야로 구성되어 있습니다.

산업안전기사 실기시험 평균합격률은 약 40% 정도로 낮습니다. 실기시험도 필기시험과 같이 기출문제에서 80% 이상 출제되고 있습니다. 실기시험은 필기시험에서 공부한 것을 서술형으로 적는 것이기 때문에 정확한 이해와 암기가 필요합니다.

산업안전기사 자격시험을 준비하기 위한 수험서로서 본서의 특징은 다음과 같습니다.

1. 2010년도부터 출제된 필답형 문제와 최근에 실시된 작업형 시험문제를 현재 개정된 법에 따라 정리하였습니다.
2. 개정된 산업안전보건법, 산업안전보건기준에 관한 규칙을 이론과 문제풀이에 모두 반영하였습니다.
3. 출제기준에 따라 실기시험 이론을 정리하여 시험준비하는 수험생들이 보다 쉽게 실기시험을 준비하도록 하였습니다.
4. 기출문제 풀이에 설명을 상세히 하여 수험생들이 이해하기 쉽게 하였습니다.
5. 반복해서 출제되는 문제라도 풀이를 또 한번 봄으로써 익숙해지도록 하였습니다.
6. 수험생들의 이해도를 높이기 위하여 최대한 많은 그림과 삽화를 넣었습니다.
7. 안전분야의 오랜 현장경험을 가지고 있는 최고의 전문가가 집필하여 책의 완성도를 높였습니다.
8. 필답형과 작업형을 한권의 책으로 묶어 수험생들의 편의를 도모하였습니다.

오랫동안 정리한 자료들을 다듬어 출간하였지만, 그럼에도 미흡한 부분이 많을 것입니다. 이에 대해서는 독자 여러분의 애정 어린 충고를 겸허히 수용해 계속 보완해나갈 것을 약속드립니다.

저자 일동

산업안전기사 실기시험에서 각 과목별 특징

○ 안전관리, 안전교육 및 심리, 인간공학 및 시스템 위험 분석

산업안전 분야에 입문하는 수험생이 기초적으로 알아야 할 부분이지만 가장 어렵고 점수를 획득하기 힘든 분야이므로 쉽게 접근하고 이해하도록 기출된 문제의 이론을 바탕으로 정리하였으며, 내용이 어려운 경우에는 이해를 돕기 위한 그림도 삽입하였습니다.

○ 기계 및 운반안전

기계안전 및 운반안전은 필답에서 2문제, 작업형에서 2문제 정도 출제되어 약 20% 이상 차지하고 있어 출제 비중도 높고 조금만 공부하면 쉽게 점수를 받을 수 있는 부분입니다. 매년 같은 문제가 출제되기 때문에 합격하기 위해서는 반드시 파악해야 하는 분야입니다.

○ 전기안전 및 화공안전

전기안전은 문제은행방식으로 단시간에 많은 내용을 암기할 수 있도록 반드시 필요한 부분만 삽입하여 요점정리 노트형식으로 구성하였습니다. 화공안전은 간략한 이론 정리와 함께 기출문제를 정리하였습니다. 반복 출제되는 문제가 많고, 중요하게 다루어지는 부분이 한정되어 있으므로, 기출문제를 중심으로 내용을 정리한다면 충분히 고득점을 얻을 수 있을 것입니다.

○ 건설안전

필답형은 출제기준분야 외에도 거푸집 동바리 조립기준과 해체작업 안전에 관한 문제가 자주 출제되므로 반드시 알아 두어야 합니다. 작업형의 경우 추락위험요인과 대책, 양중작업시 낙하위험요인과 대책, 양중장비와 항타기의 작업안전수칙, NATM터널 시공 시 발파작업 안전기준 및 계측관련사항, 해체작업 안전에 관한 문제가 반복적으로 출제되고 있습니다.

○ 보호장구 및 안전보건표지

유해·위험작업에 따른 착용하여야 할 보호구의 종류, 각 보호구의 시험성능기준과 성능시험 항목, 방독마스크의 종류 및 흡수제의 종류에 관한 문제가 자주 출제되므로 반드시 숙지하여야 하며 최근에는 석면 취급작업 관련 문제도 자주 출제됩니다.

○ 산업안전보건법

산업안전보건법 과목은 법, 시행령, 시행규칙, 산업안전보건기준에 관한 규칙으로 구성되어 있습니다. 특히 시행규칙과 산업안전보건기준에 관한 규칙에서 자주 출제되고 있습니다. 법 관련분야에서 시험에 출제되는 항목은 정해져 있습니다. 이 분야만 암기하신다면 쉽게 점수를 얻을 수 있는 과목이지만 법에 나와 있는 내용을 정확하게 적어야 높은 점수를 받을 수 있습니다.

○ 먼저 머리말과 효과적으로 공부하는 방법을 잘 읽어 봅니다. 보통 수험생들이 잘 읽어보지 않는데, 실제 이 부분에서 책이 어떤 내용으로 구성되어 있는지와 이 책을 효과적으로 보는 방법을 설명해 놓았습니다.

○ 출제기준을 전체적으로 한번 살펴봅니다. 자격증 시험은 출제기준을 벗어나지 못합니다. 출제기준을 보면 어떻게 공부를 해야 되는지 전체적인 윤곽을 잡을 수 있습니다.

○ 안전관리부터 산업안전보건법까지 차례대로 책을 보시면 됩니다. 이때 처음 책을 보실 때는 최대한 빨리 한번 다 보는 것이 중요합니다. 이해가 잘 되지 않는 부분이 있어도 그냥 넘어 가시면 됩니다.

○ 이론 내용을 보실 때 Key Point 문제를 집중해서 보시면 되겠습니다. 시험에 출제된 문제는 Key Point 문제로 표시해 두었습니다. 이론을 보시고 Key Point 문제를 보시면 효과적으로 이해가 될 것입니다.

○ 빠르게 한 번 보고 그 다음 보실 때는 정독하여 보시면 되겠습니다.

○ 어느 정도 책을 다 보았거나 시험일자가 임박해 오면 마지막으로 뒤쪽에 있는 기출문제를 실전 시험처럼 한 번 보시면 되겠습니다.

산업안전기사 실기 시험은 필답형(55점) 작업형(45점) 합쳐서 60점 이상이면 합격입니다. 그래서 자격증 시험을 준비할 때 70점 정도로 목표로 해서 공부하시면 무난히 합격하리라 생각됩니다.

이 책으로 공부하시는 모든 분이 합격하기를 기원합니다.

저자 일동

출제기준

- **직무분야** : 안전관리
- **중직무분야** : 안전관리
- **자격종목** : 산업안전기사
- **적용기간** : 2024.1.1.~2026.12.31.
- **직무내용** : 제조 및 서비스업 등 각 산업현장에 소속되어 산업재해 예방계획의 수립에 관한사항을 수행하며, 작업환경의 점검 및 개선에 관한 사항, 사고사례 분석 및 개선에 관한 사항, 근로자의 안전교육 및 훈련 등을 수행하는 직무이다.
- **수행준거** : 1. 사업장의 안전한 작업환경을 구성하기 위해 산업안전계획과 재해예방계획, 안전보건관리 규정을 수행할 수 있는 산업안전관리 매뉴얼을 개발할 수 있다.
  2. 관련 공정의 특수성을 분석하여, 안전 관리 상 고려사항을 조사하고, 관련자료 및 기계위험에 대한 안전조건 분석 등을 수행할 수 있다.
  3. 사업장 내 발생한 사고에 대한 신속한 조치를 통하여 추가 피해를 방지하고, 사고 원인에 대한 분석을 실시하여 향후 발생할 수 있는 산업재해를 예방할 수 있다.
  4. 사업장 안전점검이란 안전점검계획 수립과 점검표 작성을 통해 안전점검 을 실행하고 이를 평가하는 능력이다.
  5. 근로자 안전과 관련한 안전시설을 관련법령과 기준, 지침에 따라 관리 할 수 있다.
  6. 근로자 안전과 관련한 보호구와 안전장구를 관련법령, 기준, 지침에 따라 관리 할 수 있다.
  7. 정전기로 인해 발생할 수 있는 전기안전사고를 예방하기 위하여 정전기 위험요소를 파악하고 제거할 수 있다.
  8. 전기로 인해 발생할 수 있는 폭발 사고를 방지하기 위해, 사고 위험요소를 파악하고 대응할 수 있다.
  9. 작업 중 발생할 수 있는 전기사고로부터 근로자를 보호하기 위해 안전하게 전기작업을 수행하도록 지원하고 예방할 수 있다.
  10. 작업장에서 발생할 수 있는 관련 사고를 예방하기 위해 관련 요소를 파악하고 계획을 수립 할 수 있다.
  11. 화학물질에 대한 유해·위험성을 파악하고, MSDS를 활용하여 제반 안전활동을 수행 할 수 있다.
  12. 화학공정 시설에서 발생할 수 있는 안전사고를 방지하기 위해 안전점검계획을 수립하고 안전점검표에 따라 안전점검을 실행하며 안전점검 결과를 평가할 수 있다.
  13. 건설공사와 관련된 특수성을 분석하고 공사와 연관된 안전관리의 고려사항과 기존의 관련공사자료를 활용하여 안전관리업무에 적용할 수 있다.
  14. 근로자 안전과 관련한 건설현장 안전시설을 관련법령과 기준, 지침에 따라 관리할 수 있다.
  15. 건설 작업 중 발생할 수 있는 유해·위험요인을 파악하여 감소대책을 수립하고, 평가보고서 작성 후 평가결과를 환류하여 건설현장 내 유해·위험요인을 관리할 수 있다.
- **실기검정방법** : 복합형
- **시험시간** : 2시간 30분 정도(필답형 1시간 30분, 작업형 1시간 정도)

실기 과목명	주요항목	세부항목	세세항목
산업안전관리 실무	1. 산업안전관리 계획수립	1. 산업안전계획 수립하기	1. 사업장의 안전보건경영방침에 따라 안전관리 목표를 설정할 수 있다. 2. 설정된 안전관리 목표를 기준으로 안전관리를 위한 대상을 설정할 수 있다. 3. 설정된 안전관리 대상별 인력, 예산, 시설 등의 사항을 계획할 수 있다. 4. 안전관리 대상별 안전점검 및 유지 보수에 관한 사항을 계획할 수 있다. 5. 계획된 내용을 보고서로 작성하여 산업안전보건위원회에 심의를 받을 수 있다. 6. 산업안전보건위원회에서 심의된 안전보건계획을 이사회 승인 후 안전관리 업무에 적용할 수 있다.
		2. 산업재해예방계획 수립하기	1. 사업장에서 발생가능한 유해·위험요소를 선정할 수 있다. 2. 유해·위험요소별 재해 원인과 사례를 통해 재해 예방을 위한 방법을 결정할 수 있다. 3. 결정된 방법에 따라 세부적인 예방 활동을 도출할 수 있다. 4. 산업재해예방을 위한 소요 예산을 계상할 수 있다. 5. 산업재해예방을 위한 활동, 인력, 점검, 훈련 등이 포함된 계획서를 작성할 수 있다.

실기 과목명	주요항목	세부항목	세세항목
		3. 안전보건관리규정 작성하기	1. 산업안전관리를 위한 사업장의 특성을 파악할 수 있다. 2. 안전보건관리규정 작성에 필요한 기초자료를 파악할 수 있다. 3. 안전보건경영방침에 따라 안전보건관리규정을 작성할 수 있다. 4. 산업안전보건 관련 법령에 따라 안전보건관리규정을 관리할 수 있다.
		4. 산업안전관리 매뉴얼 개발하기	1. 사업장 내 설비와 유해·위험요인을 파악할 수 있다. 2. 안전보건관리규정에 따라 산업안전관리에 필요 절차를 파악할 수 있다. 3. 사업장 내 안전관리를 위한 분야별 매뉴얼을 개발할 수 있다.
	2. 기계작업공정 특성 분석	1. 안전관리상 고려사항 결정하기	1. 기계작업공정과 관련된 설계도를 검토하여 안전관리 운영 항목을 도출할 수 있다. 2. 기계작업공정에서 도출된 안전관리요소를 검토하여 안전관리 업무의 핵심 내용을 도출할 수 있다. 3. 유관 부서와 협의하고 협조 운영될 수 있는 방안을 검토할 수 있다. 4. 사전예방활동 또는 작업성과의 향상에 기여할 수 있도록 위험을 최소화할 수 있는 안전관리 방안을 결정할 수 있다.
		2. 관련 공정 특성 분석하기	1. 기계작업 공정 안전관리 요소를 도출하기 위하여 기계작업공정의 설계도에 따라 세부적인 안전지침을 검토할 수 있다. 2. 작업환경에 따라 안전관리에 적용해야 하는 위험요인을 도출할 수 있다. 3. 특수 작업의 작업조건에 따라 안전관리에 적용해야 하는 위험요인을 도출할 수 있다. 4. 기계작업 공정별 특수성에 따라 위험요인을 도출하여 안전관리방안을 도출할 수 있다.
		3. 유사 공정 안전관리 사례 분석하기	1. 안전관리상 고려사항을 도출하기 위하여 유사 공정 분석에 필요한 정보를 수집할 수 있다. 2. 외부전문가가 필요한 경우 안전관리 분야 전문가를 위촉하여 활용할 수 있다. 3. 외부전문가를 활용한 기계작업 안전관리 사례 분석결과에서 안전관리요소를 도출할 수 있다.
		4. 기계 위험 안전조건 분석하기	1. 현장에서 사용되는 기계별 위험요인과 기계설비의 안전요소를 도출할 수 있다. 2. 기계의 안전장치의 설치 등 기계의 방호장치에 대한 특성을 분석하고 활용할 수 있다. 3. 기계설비의 결함을 조사하여 구조적, 기능적 안전에 대응할 수 있다. 4. 유해위험기계·기구의 종류, 기능과 작동원리를 활용하여 안전조건을 검토할 수 있다.
	3. 산업재해 대응	산업재해 처리 절차 수립하기	1. 비상조치 계획에 의거하여 사고 등 비상상황에 대비한 처리 절차를 수립할 수 있다. 2. 비상대응 매뉴얼에 따라 비상 상황전달 및 비상조직의 운영으로 피해를 최소화할 수 있다. 3. 비상상태 발생 시 신속한 대응을 위해 비상 훈련계획을 수립할 수 있다.
		2. 산업재해자 응급조치하기	1. 응급처치 기술을 활용하여 재해자를 안정시키고 인근 병원으로 즉시 이송할 수 있다. 2. 병력과 치료현황이 포함된 재해자 건강검진 자료를 확인하여 사고대응에 활용할 수 있다.

실기 과목명	주요항목	세부항목	세세항목
			3. 재해조사 조치요령에 근거하여 재해현장을 보존하여 증거자료를 확보할 수 있다.
		3. 산업재해원인 분석하기	1. 작업공정, 절차, 안전기준 및 시설 유지보수 등을 통하여 재해원인을 분석할 수 있다. 2. 사고장소와 시설의 증거물, 관련자와의 면담 등을 통하여 사고와 관련된 기인물과 가해물을 규명할 수 있다. 3. 재해요인을 정량화하여 수치로 표시할 수 있다. 4. 재발 발생 가능성과 예상 피해를 감소시키기 위해 필요한 사항을 추가 조사할 수 있다. 5. 동일유형의 사고 재발을 방지하기 위해 사고조사보고서를 작성할 수 있다.
		4. 산업재해 대책 수립하기	1. 사고조사를 통해 근본적인 사고원인을 규명하여 개선대책을 제시할 수 있다. 2. 개선조치사항을 사고발생 설비와 유사 공정·작업에 반영할 수 있다. 3. 사고보고서에 따라 대책을 수립하고, 평가하여 교육 훈련 계획을 수립할 수 있다. 4. 사업장 내 근로자를 대상으로 비상대응 교육훈련을 실시할 수 있다.
	4. 사업장 안전점검	1. 산업안전 점검계획 수립하기	1. 작업공정에 맞는 점검 방법을 선정할 수 있다. 2. 안전점검 대상 기계·기구를 파악할 수 있다. 3. 위험에 따른 안전관리 중요도에 대한 우선순위를 결정할 수 있다. 4. 적용하는 기계·기구에 따라 안전장치와 관련된 지식을 활용하여 안전점검 계획을 수립할 수 있다.
		2. 산업안전 점검표 작성하기	1. 작업공정이나 기계·기구에 따라 발생할 수 있는 위험요소를 포함한 점검항목을 도출할 수 있다. 2. 안전점검 방법과 평가기준을 도출할 수 있다. 3. 안전점검계획을 고려하여 안전점검표를 작성할 수 있다.
		3. 산업안전 점검 실행하기	1. 안전점검표의 점검항목을 파악할 수 있다. 2. 해당 점검대상 기계·기구의 점검주기를 판단할 수 있다. 3. 안전점검표의 항목에 따라 위험요인을 점검할 수 있다. 4. 안전점검결과를 분석하여 안전점검 결과보고서를 작성할 수 있다.
		4. 산업안전 점검 평가하기	1. 안전기준에 따라 점검내용을 평가하여 위험요인을 도출할 수 있다. 2. 안전점검결과 발생한 위험요소를 감소하기 위한 개선방안을 도출할 수 있다. 3. 안전점검결과를 바탕으로 사업장 내 안전관리 시스템을 개선할 수 있다.
	5. 기계안전시설 관리	1. 안전시설 관리 계획하기	1. 작업공정도와 작업표준서를 검토하여 작업장의 위험성에 따른 안전시설 설치 계획을 작성할 수 있다. 2. 기 설치된 안전시설에 대해 측정 장비를 이용하여 정기적인 안전점검을 실시할 수 있도록 관리계획을 수립할 수 있다. 3. 공정진행에 의한 안전시설의 변경, 해체 계획을 작성할 수 있다.
		2. 안전시설 설치하기	1. 관련법령, 기준, 지침에 따라 성능검정에 합격한 제품을 확인할 수 있다. 2. 관련법령, 기준, 지침에 따라 안전시설물 설치기준을 준수하여 설치할 수 있다.

실기 과목명	주요항목	세부항목	세세항목
			3. 관련법령, 기준, 지침에 따라 안전보건표지를 설치할 수 있다. 4. 안전시설을 모니터링하여 개선 또는 보수 여부를 판단하여 대응할 수 있다.
		3. 안전시설 관리하기	1. 안전시설을 모니터링하여 필요한 경우 교체 등 조치할 수 있다. 2. 공정 변경 시 발생할 수 있는 위험을 사전에 분석하여 안전 시설을 변경·설치할 수 있다. 3. 작업자가 시설에 위험 요소를 발견하여 신고 시 즉각 대응할 수 있다. 4. 현장에 설치된 안전시설보다 우수하거나 선진 기법 등이 개발되었을 경우 현장에 적용할 수 있다.
	6. 산업안전 보호 장비관리	1. 보호구 관리하기	1. 산업안전보건법령에 기준한 보호구를 선정할 수 있다. 2. 작업 상황에 맞는 검정 대상 보호구를 선정하고 착용상태를 확인할 수 있다. 3. 사용설명서에 따른 올바른 착용법을 확인하고, 작업자에게 착용 지도할 수 있다. 4. 보호구의 특성에 따라 적절하게 관리하도록 지도할 수 있다.
		2. 안전장구 관리하기	1. 산업안전보건법령에 기준한 안전장구를 선정할 수 있다. 2. 작업 상황에 맞는 검정 대상 안전장구를 선정하고 착용상태를 확인할 수 있다. 3. 사용설명서에 따른 올바른 착용법을 확인하고, 작업자에게 착용 지도할 수 있다. 4. 안전장구의 특성에 따라 적절하게 관리하도록 지도할 수 있다.
	7. 정전기 위험관리	1. 정전기 발생방지 계획수립하기	1. 정전기 발생원인과 정전기 방전을 파악하여, 정전기 위험장소 점검계획을 수립할 수 있다. 2. 정전기 방지를 위한 접지시설과 등전위본딩, 도전성 향상 계획을 수립할 수 있다. 3. 인화성 화학물질 취급 장치·시설과 취급 장소에서 발생할 수 있는 정전기 방지 대책을 수립할 수 있다. 4. 정전기 계측설비 운용 계획을 수립할 수 있다.
		2. 정전기 위험요소 파악하기	1. 정전기 발생이 전격, 화재, 폭발 등으로 이어질 수 있는 위험요소를 파악할 수 있다. 2. 정전기가 발생될 수 있는 장치·시설에 절연저항, 표면저항, 접지저항, 대전전압, 정전용량 등을 측정하여 정전기의 위험성을 판단할 수 있다. 3. 정전기로 인한 재해를 예방하기 위하여 정전기가 발생되는 원인을 파악할 수 있다.
		3. 정전기 위험요소 제거하기	1. 정전기가 발생될 수 있는 장치·시설과 취급 장소에서 접지시설, 본딩시설을 구축하여 정전기 발생 원인을 제거할 수 있다. 2. 정전기가 발생될 수 있는 장치·시설과 취급 장소에 도전성 향상과 제전기를 설치하여 정전기 위험요소를 제거할 수 있다. 3. 정전기가 발생될 수 있는 장치·시설의 취급 시 정전기 완화 환경을 구축할 수 있다. 4. 정전기가 발생할 수 있는 작업 환경을 개선하여 정전기를 제거할 수 있다.

실기 과목명	주요항목	세부항목	세세항목
	8. 전기 방폭 관리	1. 사고 예방 계획수립하기	1. 전기 방폭에 영향을 미칠 수 있는 위험요소를 확인하고 점검 계획을 수립할 수 있다. 2. 전기로 인해 발생할 수 있는 폭발사고의 사고원인을 구분하여 전기방폭 방지 계획을 수립할 수 있다. 3. 사고원인에 의해 폭발사고가 발생하는 위험물질의 관리 방안을 수립할 수 있다. 4. 전기로 인해 발생할 수 있는 폭발사고를 예방하기 위해 계측설비운용에 관한 계획을 수립할 수 있다. 5. 전기로 인해 발생할 수 있는 폭발사고사례를 통한 사고원인을 분석하고 전기설비 유지관리를 위한 체크리스트를 작성하여 전기 방폭 관리계획을 수립할 수 있다.
		2. 전기 방폭 결함요소 파악하기	1. 전기로 인해 발생할 수 있는 폭발사고 발생 메커니즘을 적용하여 관련사고의 위험성을 파악할 수 있다. 2. 전기로 인해 발생할 수 있는 폭발사고가 발생할 수 있는 작업조건, 작업 장소, 사용물질을 파악할 수 있다. 3. 전기적 과전류, 단락, 누전, 정전기 등 사고원인을 점검, 파악할 수 있다. 4. 전기로 인해 발생할 수 있는 폭발사고가 발생할 수 있는 위험물질의 관리 대상을 파악 할 수 있다.
		3. 전기 방폭 결함요소 제거하기	1. 전기로 인해 발생할 수 있는 폭발사고 형태별 원인을 분석하여 사고를 예방할 수 있다. 2. 전기로 인해 발생할 수 있는 폭발사고의 사고원인을 파악하여, 사고를 예방할 수 있다 3. 전기로 인해 발생할 수 있는 폭발사고를 방지하기 위하여 방폭형전기설비를 도입하여 사고를 예방할 수 있다.
	9. 전기작업안전 관리	1. 전기작업 위험성 파악하기	1. 전기안전사고 발생 형태를 파악할 수 있다. 2. 전기안전사고 주요 발생 장소를 파악할 수 있다. 3. 전기안전사고 발생 시 피해정도를 예측할 수 있다. 4. 전기안전관련 법령에 따라 전기안전사고를 예방할 목적으로 설치된 안전 보호장치의 사용 여부를 확인할 수 있다. 5. 전기안전사고 예방을 위한 안전조치 및 개인보호장구의 적합 여부를 확인할 수 있다.
		2. 정전작업 지원하기	1. 안전한 정전작업 수행을 위한 안전작업계획서를 수립할 수 있다. 2. 정전작업 중 안전사고가 우려 시 작업중지를 결정할 수 있다. 3. 정전작업 수행 시 필요한 보호구와 방호구, 작업용 기구와 장치, 표지를 선정하고 사용할 수 있다.
		3. 활선작업 지원하기	1. 안전한 활선작업 수행을 위한 안전작업계획서를 수립할 수 있다. 2. 활선작업 중 안전사고가 우려 시 작업중지를 결정할 수 있다. 3. 활선작업 수행 시 필요한 보호구와 방호구, 작업용 기구와 장치, 표지를 선정하고 사용할 수 있다.

실기 과목명	주요항목	세부항목	세세항목
		4. 충전전로 근접작업 안전 지원하기	1. 가공 송전선로에서 전압별로 발생하는 정전·전자유도 현상을 이해하고 안전대책을 제공할 수 있다. 2. 가공 배전선로에서 필요한 작업 전 준비사항 및 작업 시 안전대책, 작업 후 안전점검 사항을 작성할 수 있다. 3. 전기설비의 작업 시 수행하는 고소작업 등에 의한 위험요인을 적용한 사고 예방대책을 제공할 수 있다. 4. 특고압 송전선 부근에서 작업 시 필요한 이격거리 및 접근한계거리, 정전 유도 현상을 숙지하고 안전대책을 제공할 수 있다. 5. 크레인 등의 중기작업을 수행할 때 필요한 보호구, 안전장구, 각종 중장비 사용 시 주의사항을 파악할 수 있다.
	10. 화재·폭발·누출사고 예방	1. 화재·폭발·누출요소 파악하기	1. 화학공장 등에서 위험물질로 인한 화재·폭발·누출로 인한 사고를 예방 하기 위하여 현장에서 취급 및 저장하고 있는 유해·위험물의 종류와 수량을 파악할 수 있다. 2. 화학공장 등에서 위험물질로 인한 화재·폭발·누출로 인한 사고를 예방 하기 위하여 현장에 설치된 유해·위험 설비를 파악할 수 있다. 3. 유해·위험 설비의 공정도면을 확인하여 유해·위험 설비의 운전방법에 의한 위험 요인을 파악할 수 있다. 4. 유해·위험 설비, 폭발 위험이 있는 장소를 사전에 파악하여 사고 예방활 동용의 필요점을 파악할 수 있다.
		2. 화재·폭발·누출 예방 계획수립하기	1. 화학공장 내 잠재한 사고 위험 요인을 발굴하여 위험등급을 결정할 수 있다. 2. 유해·위험 설비의 운전을 위한 안전운전지침서를 개발할 수 있다. 3. 화재·폭발·누출 사고를 예방하기 위하여 설비에 관한 보수 및 유지 계획을 수립할 수 있다. 4. 유해·위험 설비의 도급 시 안전업무 수행실적 및 실행결과를 평가하기 위하여 도급업체 안전관리 계획을 수립할 수 있다. 5. 유해·위험 설비에 대한 변경시 변경요소관리계획을 수립할 수 있다. 6. 산업사고 발생 시 공정 사고조사를 위하여 조사팀 및 방법 등이 포함된 공정 사고조사 계획을 수립할 수 있다. 7. 비상상황 발생 시 대응할 수 있도록 장비, 인력, 비상연락망 및 수행 내용을 포함한 비상조치 계획을 수립할 수 있다.
		3. 화재·폭발·누출 사고 예방활동 하기	8. 유해·위험 설비 및 유해·위험물질의 취급시 개발된 안전지침 및 계획 에 따라 작업이 이루어지는지 모니터링 할 수 있다. 9. 작업허가가 필요한 작업에 대하여 안적작업허가 기준에 부합된 절차에 따라 작업허가를 할 수 있다. 10. 화재·폭발·누출 사고 예방을 위한 제조공정, 안전운전지침 및 절차 등을 근로자에게 교육을 할 수 있다. 11. 안전사고 예방활동에 대하여 자체 감시를 실시하여 사고 예방 활동을 개선할 수 있다.

실기 과목명	주요항목	세부항목	세세항목
	11. 화학물질 안전관리 실행	1. 유해·위험성 확인하기	1. 화학물질 및 독성가스 관련 정보와 법규를 확인할 수 있다. 2. 화학공장에서 취급하거나 생산되는 화학물질에 대한 물질안전보건자료(MSDS ; Material Safety Data Sheet)를 확인할 수 있다. 3. MSDS의 유해·위험성에 따라 적합한 보호구 착용을 교육할 수 있다. 4. 화학물질의 안전관리를 위하여 안전보건자료(MSDS ; Material Safety Data Sheet)에 제공되는 유해·위험 요소 등을 파악할 수 있다.
		2. MSDS 활용하기	1. 화학공장에서 취합하는 화학물질에 대한 MSDS를 작업현장에 부착할 수 있다. 2. MSDS 제도를 기준으로 취급하거나 생산한 화학물질의 MSDS의 내용을 교육을 실시할 수 있다. 3. MSDS의 정보를 표지판으로 제작 및 부착하여 근로자에게 화학물질의 유해성과 위험성 정보를 제공할 수 있다. 4. MSDS 내에 있는 정보를 활용하여 경고 표지를 작성하여 작업현장에 부착할 수 있다.
	12. 화공안전점검	1. 안전점검계획 수립하기	1. 공정운전에 맞는 점검 주기와 방법을 파악할 수 있다. 2. 산업안전보건법령에서 정하는 안전검사 기계·기구를 구분하여 안전점검 계획에 적용할 수 있다. 3. 사용하는 안전장치와 관련된 지식을 활용하여 안전점검 계획을 수립할 수 있다.
		2. 안전점검표 작성하기	1. 공정운전이나 기계·기구에 따라 발생할 수 있는 위험요소를 포함하도록 점검항목을 작성할 수 있다. 2. 공정운전이나 기계·기구에 따라 발생할 수 있는 위험요소를 포함하도록 점검항목을 작성할 수 있다. 3. 위험에 따른 안전관리 중요도 우선순위를 결정할 수 있다. 4. 객관적인 안전점검 실시를 위해서 안전점검 방법이나 평가기준을 작성할 수 있다. 5. 안전점검계획에 따라 공정별 안전점검표를 작성할 수 있다.
		3. 안전점검 실행하기	1. 공정 순서에 따라 작성된 화학 공정별 작업절차에 의해 운전할 수 있다. 2. 측정 장비를 사용하여 위험요인을 점검할 수 있다. 3. 점검주기와 강도를 고려하여 점검을 실시할 수 있다. 4. 안전점검표에 의하여 위험요인에 대한 구체적인 점검을 수행할 수 있다.
		4. 안전점검 평가하기	1. 안전기준에 따라 점검 내용을 평가하고, 위험요인을 산출할 수 있다. 2. 점검 결과 지적사항을 즉시 조치가 필요 시 반영 조치하여 공사를 진행할 수 있다. 3. 점검 결과에 의한 위험성을 기준으로 공정의 가동중지, 설비의 사용금지 등 위험요소에 대한 조치를 취할 수 있다. 4. 점검 결과에 의한 지적사항이 반복되지 않도록 해당 시스템을 개선할 수 있다.

실기 과목명	주요항목	세부항목	세세항목
	13. 건설공사 특성분석	1. 건설공사 특수성 분석하기	1. 설계도서에서 요구하는 특수성을 확인하여 안전관리계획 시 반영할 수 있다. 2. 공정관리계획 수립 시 해당 공사의 특수성에 따라 세부적인 안전지침을 검토할 수 있다. 3. 공사장 주변 작업환경이나 공법에 따라 안전관리에 적용해야 하는 특수성을 도출할 수 있다. 4. 공사의 계약조건, 발주처 요청 등에 따라 안전관리상의 특수성을 도출할 수 있다.
		2. 안전관리 고려사항 확인하기	1. 설계도서 검토 후 안전관리를 위한 중요 항목을 도출할 수 있다. 2. 전체적인 공사 현황을 검토하여 안전관리 업무의 주요항목을 도출할 수 있다. 3. 안전관리를 위한 조직을 효율적으로 운영할 수 있는 방안을 도출할 수 있다. 4. 외부 전문가 인력풀을 활용하여 안전관리사항을 검토할 수 있다. 5. 안전관리를 위한 구성원별 역할을 부여하고 활용할 수 있다.
		3. 관련 공사자료 활용하기	1. 시스템 운영에 필요한 정보를 수집하고, 정리하여 문서화할 수 있다. 2. 안전관리의 충분한 지식확보를 위하여 안전관리에 관련한 자료를 수집하고 활용할 수 있다. 3. 기존의 시공사례나 재해사례 등을 활용하여 해당 현장에 맞는 안전자료를 작성할 수 있다. 4. 관련 공사자료를 확보하기 위하여 외부 전문가 인력풀을 활용할 수 있다.
	14. 건설현장 안전시설 관리	1. 안전시설 관리 계획하기	1. 공정관리계획서와 건설공사 표준안전지침을 검토하여 작업장의 위험성에 따른 안전시설 설치 계획을 작성할 수 있다. 2. 현장점검시 발견된 위험성을 바탕으로 안전시설을 관리할 수 있다. 3. 기 설치된 안전시설에 대해 측정 장비를 이용하여 정기적인 안전점검을 실시할 수 있도록 관리계획을 수립할 수 있다. 4. 안전시설 설치방법과 종류의 장·단점을 분석할 수 있다. 5. 공정 진행에 따라 안전시설의 설치, 해체, 변경 계획을 작성할 수 있다.
		2. 안전시설 설치하기	1. 관련법령, 기준, 지침에 따라 안전인증에 합격한 제품을 확인할 수 있다. 2. 관련법령, 기준, 지침에 따라 안전시설물 설치기준을 준수하여 설치할 수 있다. 3. 관련법령, 기준, 지침에 따라 안전보건표지를 설치기준을 준수하여 설치할 수 있다. 4. 설치계획에 따른 건설현장의 배치계획을 재검토하고, 개선사항을 도출하여 기록할 수 있다. 5. 안전보호구를 유용하게 사용할 수 있는 필요 장치를 설치할 수 있다.
		3. 안전시설 관리하기	1. 기 설치된 안전시설에 대해 관련법령, 기준, 지침에 따라 확인하고, 수시로 개선할 수 있다. 2. 측정 장비를 이용하여 안전시설이 제대로 유지되고 있는지 확인하고, 필요한 경우 교체할 수 있다. 3. 공정의 변경 시 발생할 수 있는 위험을 사전에 분석하고, 안전 시설을 변경·설치할 수 있다. 4. 설치계획에 의거하여 안전시설을 설치하고, 불안전 상태가 발생되는 경우 즉시 조치할 수 있다.

실기 과목명	주요항목	세부항목	세세항목
		4. 안전시설 적용하기	1. 선진기법이나 우수사례를 고려하여 안전시설을 건설현장에 맞게 도입할 수 있다. 2. 근로자의 제안제도 등을 활용하여 안전시설을 건설현장에 적합하도록 자체개발 또는 적용할 수 있다. 3. 자체 개발된 안전시설이 관련법령에 적합한지 판단할 수 있다. 4. 개발된 안전시설을 안전관계자 또는 외부전문가의 검증을 거쳐 건설현장에 사용할 수 있다.
	15. 건설공사 위험성평가	1. 건설공사 위험성평가 사전준비하기	1. 관련법령, 기준, 지침에 따라 위험성평가를 효과적으로 실시하기 위하여 최초, 정기 또는 수시 위험성평가 실시규정을 작성할 수 있다. 2. 건설공사 작업과 관련하여 부상 또는 질병의 발생이 합리적으로 예견 가능한 유해·위험요인을 위험성평가 대상으로 선정할 수 있다. 3. 건설공사 위험성평가와 관련하여 이의신청, 청렴의무를 파악할 수 있다. 4. 건설공사 위험성평가와 관련하여 위험성평가 인정기준 등 관련지침을 파악할 수 있다. 5. 건설현장 안전보건정보를 사전에 조사하여 위험성평가에 활용할 수 있다.
		2. 건설공사 유해·위험요인 파악하기	1. 건설현장 순회점검 방법에 의한 유해·위험요인 선정을 위험성평가에 활용할 수 있다. 2. 청취조사 방법에 의한 유해·위험요인 선정을 위험성평가에 활용할 수 있다. 3. 자료 방법에 의한 유해·위험요인 선정을 위험성평가에 활용할 수 있다. 4. 체크리스트 방법에 의한 유해·위험요인 선정을 위험성평가에 활용할 수 있다. 5. 건설현장의 특성에 적합한 방법으로 유해·위험요인을 선정할 수 있다.
		3. 건설공사 위험성 결정하기	1. 건설현장 특성에 따라 부상 또는 질병으로 이어질 수 있는 가능성 및 중대성의 크기를 추정할 수 있다. 2. 곱셈에 의한 방법으로 추정할 수 있다. 3. 조합(Matrix)에 의한 방법으로 추정할 수 있다. 4. 덧셈식에 의한 방법으로 추정할 수 있다. 5. 건설공사 위험성 추정 시 관련지침에 따른 주의사항을 적용할 수 있다. 6. 건설공사 위험성 추정결과와 사업장 설정 허용 가능 위험성 기준을 비교하여 위험요인별 허용 여부를 판단할 수 있다. 7. 건설현장 특성에 위험성 판단 기준을 달리 결정할 수 있다.
		4. 건설공사 위험성평가 보고서 작성하기	1. 관련법령, 기준, 지침에 따라 위험성평가를 실시한 내용과 결과를 기록할 수 있다. 2. 위험성평가와 관련한 위험성평가 기록물을 관련법령, 기준, 지침에서 정한 기간 동안 보존할 수 있다. 3. 유해·위험요인을 목록화 할 수 있다. 4. 위험성평가와 관련해서 위험성평가 인정신청, 심사, 사후관리 등 필요한 위험성평가 인정제도에 참여할 수 있다.

실기 과목명	주요항목	세부항목	세세항목
		5. 건설공사 위험성 감소 대책 수립하기	1. 관련법령, 기준, 지침에 따라 위험수준과 근로자수를 감안하여 감소대책을 수립할 수 있다. 2. 건설공사 위험성 감소대책에 필요한 본질적 안전 확보 대책을 수립할 수 있다. 3. 건설공사 위험성 감소대책에 필요한 공학적 대책을 수립할 수 있다. 4. 건설공사 위험성 감소대책에 필요한 관리적 대책을 수립할 수 있다. 5. 건설공사 위험성 감소대책과 관련하여 최종적으로 작업에 적합한 개인 보호구를 제시할 수 있다.
		6. 건설공사 위험성 감소 대책 타당성 검토하기	1. 건설공사 위험성의 크기가 허용 가능한 위험성의 범위인지 확인할 수 있다. 2. 허용 가능한 위험성 수준으로 지속적으로 감소시키는 대책을 수립할 수 있다. 3. 위험성 감소대책 실행에 장시간이 필요한 경우 등 건설현장 실정에 맞게 잠정적인 조치를 취하게 할 수 있다. 4. 근로자에게 위험성평가 결과 남아 있는 유해·위험 정보의 게시, 주지 등 적절하게 정보를 제공할 수 있다.

국가기술자격시험 안내

1 자격검정절차안내

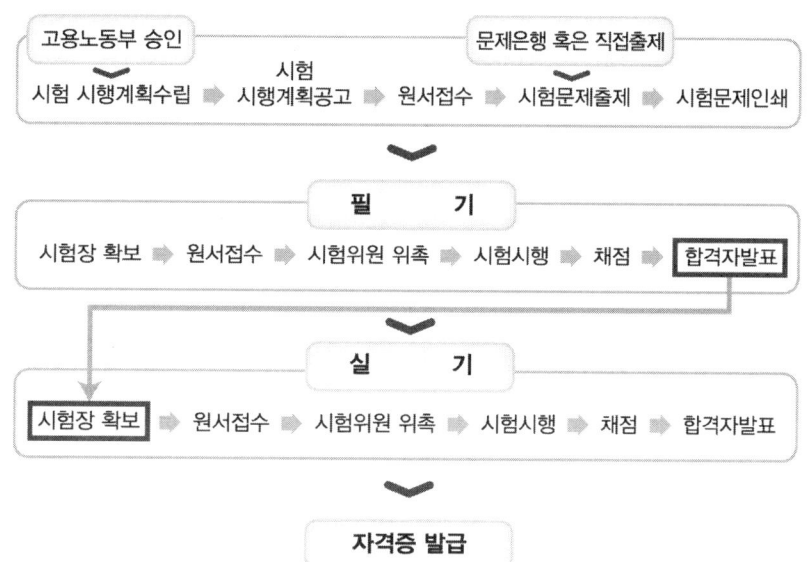

1	필기원서접수	Q-net을 통한 인터넷 원서접수
		필기접수 기간 내 수험원서 인터넷 제출
		사진(6개월 이내에 촬영한 3.5cm*4.5cm, 120*160픽셀 사진파일 JPG), 수수료 전자결제
		시험장소 본인 선택(선착순)
2	필기시험	수험표, 신분증, 필기구(흑색 싸인펜 등) 지참
3	합격자 발표	Q-net을 통한 합격확인(마이페이지 등)
		응시자격 제한종목(기술사, 기능장, 기사, 산업기사, 서비스 분야 일부종목)은 사전에 공지한 시행계획 내 응시자격 서류제출 기간 이내에 반드시 응시자격 서류를 제출하여야 함
4	실기원서접수	실기접수 기간 내 수험원서 인터넷(www.Q-net.or.kr) 제출
		사진(6개월 이내에 촬영한 3.5cm*4.5cm픽셀 사진파일 JPG), 수수료(정액)
		시험일시, 장소 본인 선택(선착순)
5	실기시험	수험표, 신분증, 필기구 지참
6	최종합격자발표	Q-net을 통한 합격확인(마이페이지 등)
7	자격증 발급	(인터넷)공인인증 등을 통한 발급, 택배가능
		(방문수령)사진(6개월 이내에 촬영한 3.5cm*4.5cm 사진) 및 신분확인서류

2 응시자격 조건체계

기술사
- 기사 취득 후 + 실무능력 4년
- 산업기사 취득 후 + 실무능력 5년
- 4년제 대졸(관력학과)후 + 실무경력 6년
- 동일 및 유사직무분야의 다른 종목 기술사 등급 취득자

기능장
- 산업기사(기능사)취득 후 + 기능대
- 기능장 과정 이수
- 산업기사등급이상 취득 후 + 실무능력 5년
- 기능사 취득 후 + 실무능력 7년
- 실무능력 9년 등
- 동일 및 유사직무분야의 다른 종목 기능장 등급 취득자

기사
- 산업기사 취득 후 + 실무능력 1년
- 기능사 취득 후 + 실무경력 3년
- 대졸(관련학과)
- 2년제 전문대졸(관력학과)후 + 실무경력 2년
- 3년제 전문대졸(관련학과) + 실무경력 1년
- 실무경력 4년 등
- 동일 및 유사직무분야의 다른 종목 기사 등급 이상 취득자

산업기사
- 기능사 취득 후 + 실무능력 1년
- 대졸(관련학과)
- 전문대졸(관련학과)
- 실무능력 2년 등
- 동일 및 유사직무분야의 다른 종목 산업기사 등급 이상 취득자

기능사
- 자격제한 없음

3 검정기준 및 방법

(1) 검정기준

자격등급	검정기준
기술사	해당 국가기술자격의 종목에 관한 고도의 전문지식과 실무경험에 입각한 계획 · 연구 · 설계 · 분석 · 조사 · 시험 · 시공 · 감리 · 평가 · 진단 · 사업관리 · 기술관리 등의 업무를 수행할 수 있는 능력 보유
기능장	해당 국가기술자격의 종목에 관한 최상급 숙련기능을 가지고 산업현장에서 작업관리, 소속 기능인력의 지도 및 감독, 현장훈련, 경영자와 기능인력을 유기적으로 연계시켜 주는 현장관리 등의 업무를 수행할 수 있는 능력 보유
기 사	해당 국가기술자격의 종목에 관한 공학적 기술이론 지식을 가지고 설계 · 시공 · 분석 등의 업무를 수행할 수 있는 능력 보유
산업기사	해당 국가기술자격의 관한 기술기초이론 지식 또는 숙련기능을 바탕으로 복합적인 기초기술 및 기능업무를 수행할 수 있는 능력 보유
기능사	해당 국가기술자격의 종목에 관한 숙련기능을 가지고 제작 · 제조 · 조작 · 운전 · 보수 · 정비 · 채취 · 검사 또는 작업관리 및 이에 관련되는 업무를 수행할 수 있는 능력 보유

(2) 검정방법

자격등급	검정방법	
	필기시험	면접시험 또는 실기시험
기술사	단답형 또는 주관식 논문형(100점 만점에 60점 이상)	구술형 면접시험(100점 만점에 60점 이상)
기능장	객관식 4지 택일형(60문항)(100점 만점에 60점 이상)	작업형 실기시험(100점 만점에 60점 이상)
기 사	객관식 4지 택일형 • 과목당 20문항(100점 만섬에 60점 이상) • 과목당 40점 이상(전과목 평균 60점 이상)	작업형 실기시험(100점 만짐에 60점 이상)
산업기사	객관식 4지 택일형 • 과목당 20문항(100점 만점에 60점 이상) • 과목당 40점 이상(전과목 평균 60점 이상)	작업형 실기시험(100점 만점에 60점 이상)
기능사	객관식 4지 택일형(60문항)(100점 만점에 60점 이상)	작업형 실기시험(100점 만점에 60점 이상)

4 국가자격종목별 상세정보

(1) 진로 및 전망

- 기계, 금속, 전기, 화학, 목재 등 모든 제조업체, 안전관리 대행업체, 산업안전관리 정부기관, 한국산업안전공단 등이 진출할 수 있다.
- 선진국의 척도는 안전수준으로 우리나라의 경우 재해율이 아직 후진국 수준에 머물러 있어 이에 대한 계속적 투자의 사회적 인식이 높아가고, 안전인증 대상을 확대하여 프레스, 용접기 등 기계·기구에서 이러한 기계·기구의 각종 방호장치까지 안전인증을 취득하도록 산업안전보건법 시행규칙의 개정에 따른 고용창출 효과가 기대되고 있다. 또한, 경제회복국면과 안전보건조직 축소가 맞물림에 따라 산업재해의 증가가 우려되고 있다. 특히 제조업의 경우 이미 올해 초부터 전년도의 재해율을 상회하고 있어 정부는 적극적인 재해 예방정책 등으로 이 자격증 취득자에 대한 인력 수요는 증가할 것이다.

(2) 종목별 검정현황

종목명	연도	필기 응시	필기 합격	필기 합격률(%)	실기 응시	실기 합격	실기 합격률(%)
산업안전기사	2023	80,253	41,014	51.1%	52,776	28,636	54.3%
	2022	54,500	26,032	47.8%	32,473	15,681	48.3%
	2021	41,704	20,205	48.4%	29,571	15,310	51.8%
	2020	33,732	19,655	58.3%	26,012	14,824	57%
	2019	33,287	15,076	45.3%	20,704	9,765	47.2%
	2018	27,018	11,641	43.1%	15,755	7,600	48.2%
	2017	25,088	11,138	44.4%	16,019	7,886	49.2%
	2016	23,322	9,780	41.9%	12,135	6,882	56.7%
	2015	20,981	7,508	35.8%	9,692	5,377	55.5%
	2014	15,885	5,502	34.6%	7,793	3,993	51.2%
	2013	13,023	3,838	29.5%	6,567	2,184	33.3%
	2012	12,551	3,083	24.6%	5,251	2,091	39.8%
	2011	12,015	3,656	30.4%	6,786	2,038	30%
	2010	14,390	5,099	35.4%	7,605	2,605	34.3%
	2009	15,355	4,747	30.9%	7,131	2,679	37.6%
	2008	11,192	3,670	32.8%	7,702	1,927	25%
	2007	9,973	4,378	43.9%	6,322	1,645	26%
	2006	8,911	3,271	36.7%	4,402	1,612	36.6%
	2005	6,162	1,881	30.5%	2,639	1,168	44.3%
	2004	4,821	1,095	22.7%	2,011	718	35.7%
	2003	3,682	1,046	28.4%	1,854	343	18.5%
	2002	3,064	588	19.2%	1,307	236	18.1%
	2001	3,186	333	10.5%	1,031	114	11.1%
	1977~2000	137,998	39,510	28.6%	56,770	16,096	28.4%
	소 계	612,093	243,746	39.8%	340,308	141,410	44.5%

주관식 필기시험(필답형) 수험자 유의사항

1. 시험문제지를 받는 즉시 응시하고자 하는 **종목의 문제지가 맞는지 여부를** 확인하여야 합니다.
2. 시험문제지 총면수/문제번호 순서/인쇄상태 등을 확인하고, 수험번호 및 성명은 답안지 매장마다 기재하여야 합니다.
3. 부정행위 방지를 위하여 답안작성(계산식 포함)은 흑색 또는 청색 필기구만 사용하되, 동일한 한가지 색의 필기구만 사용하여야 하며 흑색, 청색을 제외한 유색 필기구 또는 연필류를 사용하거나 2가지 이상의 색을 혼합 사용하였을 경우 그 문항은 0점 처리됩니다.
4. 답란에는 문제와 관련 없는 불필요한 낙서나 특이한 기록사항 등을 기재하여서는 안 되며 부정의 목적으로 특이한 표식을 하였다고 판단될 경우에는 모든 득점이 0점 처리됩니다.
5. 답안을 정정할 때에는 반드시 정정부분을 두 줄로 그어 표시하여야 하며, 두 줄로 긋지 않은 답안은 정정하지 않은 것으로 간주합니다.
6. 계산문제는 반드시 「계산과정」과 「답」란에 계산과정과 답을 정확히 기재하여야 하며 계산과정이 틀리거나 없는 경우 0점 처리됩니다(단, 계산연습이 필요한 경우는 연습란을 이용하여야 하며, 연습란은 채점대상이 아닙니다).
7. 계산문제는 최종결과 값(답)에서 소수 셋째 자리에서 반올림하여 둘째 자리까지 구하여야 하나 개별문제에서 소수처리에 대한 요구사항이 있을 경우 그 요구사항에 따라야 합니다(단, 문제의 특수한 성격에 따라 정수로 표기하는 문제도 있으며, 반올림한 값이 0이 되는 경우는 첫 유효숫자까지 기재하되 반올림하여 기재하여야 합니다).
8. 답에 단위가 없으면 오답으로 처리됩니다(단, 문제의 요구사항에 단위가 주어졌을 경우는 생략되어도 무방합니다).
9. 문제에서 요구한 가지 수 (항수) 이상을 답란에 표기한 경우에는 답란기재 순으로 요구한 가지 수 (항수)만 채점하여 한 항에 여러 가지를 기재하더라도 한 가지로 보며 그 중 정답과 오답이 함께 기재되어 있을 경우 오답으로 처리됩니다.
10. 한 문제에서 소문제로 파생되는 문제나, 가지수를 요구하는 문제는 대부분의 경우 부분배점을 적용합니다.
11. 부정 또는 불공정한 방법으로 시험을 치른 자는 부정행위자로 처리되어 당해 검정을 중지 또는 무효로 하고, 3년간 국가기술 자격검정의 응시자격이 정지됩니다.
12. 복합형 시험의 경우 시험의 전 과정(필답형, 작업형)을 응시하지 않은 경우 채점대상에서 제외합니다.
13. 저장용량이 큰 전자계산기 및 유사 전자제품 사용 시에는 저장된 메모리를 초기화한 후 사용하여야 하며, 시험위원이 초기화 여부를 확인할 시 협조하여야 합니다. 초기화되지 않은 전자계산기 및 유사 전자제품을 사용하여 적발 시에는 부정행위로 간주합니다.
14. 시험위원이 시험 중 신분확인을 위하여 신분증과 수험표를 요구할 경우 반드시 제시하여야 합니다.
15. 문제 및 답안(지), 채점기준은 일체 공개하지 않습니다.

이 책의 차례 (CONTENTS)

1권 산업안전기사 실기[필답형]

1과목	안전관리	27
2과목	안전교육 및 심리	49
3과목	인간공학 및 시스템위험분석	69
4과목	기계 및 운반안전	89
5과목	전기 및 화공안전	113
6과목	건설안전	171
7과목	보호장구	205
8과목	산업안전보건법	223
부 록	필답형 기출문제	259

2권 산업안전기사 실기[작업형]

1과목	기계 및 운반안전	7
2과목	전기안전	55
3과목	화공안전	111
4과목	건설안전	143
5과목	보호장구	189
부 록	작업형 기출문제	231

1과목 안전관리

CHAPTER 01 안전관리조직
1. 안전조직의 목적 ·· 28
2. 안전조직의 종류 및 장단점 ······················· 28
3. 안전보건관리책임자의 업무(산업안전보건법 제15조) ·········· 29
4. 안전관리자의 업무(산업안전보건법 제17조) ·········· 30
5. 관리감독자의 업무(산업안전보건법 시행령 제15조) ·········· 31
6. 산업안전보건위원회(산업안전보건법 시행령 제34조 산업안전보건위원회 구성 대상) ·········· 31
7. 보건관리자의 업무(산업안전보건법 시행령 제22조) ·········· 32

CHAPTER 02 안전관리계획 수립 및 운용
1. 안전보건관리 규정(산업안전보건법 제25조 안전보건관리규정의 작성) ·········· 33
2. 안전관리계획 ·· 33
3. 주요 평가척도 ·· 33
4. 안전보건개선계획서 ·································· 34

CHAPTER 03 산업재해발생 및 재해조사 분석
1. 재해조사 ·· 35
2. 산재분류 및 통계분석 ······························· 37

CHAPTER 04 안전점검 및 진단
1. 안전점검의 정의 및 목적 ·························· 45

2과목 안전교육 및 심리

CHAPTER 01 안전교육
1. 안전교육지도 ·· 50
2. 교육법의 4단계 ·· 50
3. 안전보건교육의 기본방향 ·························· 51
4. 안전보건교육의 단계 ································ 51
5. 안전보건교육계획과 그 내용 ···················· 51
6. O.J.T와 OFF J.T ······································· 51
7. 학습목적과 학습성과 ································ 52
8. 교육훈련평가 ·· 52
9. 산업안전보건법상 교육의 종류와 교육시간 및 교육내용 ······ 53

CHAPTER 02 산업심리
1. 착각현상 ·· 57
2. 주의력과 부주의 ······································· 57
3. 안전사고와 사고심리 ································ 58
4. 재해빈발자의 유형 ··································· 59
5. 노동과 피로 ··· 60
6. 직업적성과 인사관리 ································ 61
7. 동기부여 이론 ·· 62
8. 무재해운동과 위험예지훈련 ······················ 63

3과목 인간공학 및 시스템위험분석

CHAPTER 01 인간공학
1. 인간-기계 체계 ·· 70
2. 인간과 기계의 성능 비교 ·························· 70
3. 인간기준 ·· 71
4. 휴먼에러 ·· 71
5. 신뢰도 ·· 72

6 고장률 ·········· 73
7 Fail – safe ·········· 74
8 인간에 대한 감시방법 ·········· 75
9 인체계측 ·········· 75
10 작업공간 ·········· 76
11 작업대 및 의자 설계원칙 ·········· 76
12 부품배치의 원칙 ·········· 77
13 통제비 ·········· 77
14 통제장치의 유형 ·········· 77
15 표시장치 ·········· 78
16 실효온도 ·········· 79
17 조명 ·········· 79
18 조도 ·········· 80
19 반사율 ·········· 80
20 대비 ·········· 80
21 소음대책 ·········· 81

CHAPTER 02 시스템 위험분석

1 시스템 안전을 달성하기 위한 4단계 ·········· 82
2 예비사고분석(PHA) ·········· 82
3 고장형과 영향분석 ·········· 82
4 디시전 트리(Decision Tree) ·········· 83
5 ETA(Event Tree Analysis) ·········· 83
6 THERP(Technique of Human Error Rate Prediction) ·········· 83
7 MORT(Management Oversight and Risk Tree) ·········· 83
8 FTA(Fault Tree Analysis) ·········· 83
9 FTA에 의한 재해사례 연구 ·········· 84
10 확률사상의 계산 ·········· 84
11 미니멀 컷셋과 미니멀 패스 ·········· 85
12 안전성 평가 ·········· 85
13 화학설비의 안전성 평가 ·········· 85

4과목
기계 및 운반안전

CHAPTER 01 기계안전 일반

1 기계설비의 위험점 ·········· 90
2 기계설비의 본질적 안전화 ·········· 91
3 기계설비의 안전조건 ·········· 91
4 Fool Proof ·········· 92
5 Fail Safe ·········· 92
6 기계설비의 방호장치 ·········· 93
7 동력차단장치 ·········· 93
8 동력전달장치의 방호장치 ·········· 93
9 산업안전보건법상 유해위험 기계 · 기구 ·········· 94
10 프레스의 방호장치 및 설치방법 ·········· 94
11 아세틸렌용접장치 및 가스집합 용접장치의 방호장치 및 설치방법 ·········· 97
12 양중기의 방호장치 및 재해유형 ·········· 98
13 보일러 및 압력용기의 방호장치 ·········· 100
14 롤러기의 방호장치 및 설치방법 ·········· 101
15 연삭기의 재해유형 및 속도 ·········· 103
16 연삭숫돌의 파괴원인 ·········· 103
17 연삭기의 방호장치 및 설치방법 ·········· 103
18 동력식 수동대폐기 ·········· 104
19 산업용 로봇의 방호장치 ·········· 105
20 목재가공용 둥근톱기계의 안전장치 ·········· 106
21 비파괴검사의 종류 ·········· 107

CHAPTER 02 운반안전 일반

1 지게차의 재해유형 ·········· 108
2 지게차의 안정도 ·········· 108
3 헤드가드(Head Guard) ·········· 109
4 와이어로프 ·········· 109
5 와이어로프에 걸리는 하중 ·········· 111
6 달기체인 ·········· 111

5과목 전기 및 화공안전

CHAPTER 01 전기안전 일반
1. 감전재해 유해요소 ········· 114
2. 통전전류가 인체에 미치는 영향 ········· 114
3. 감전사고 방지대책 ········· 115
4. 개폐기의 분류 ········· 117
5. 퓨즈 ········· 118
6. 누전차단기 ········· 118
7. 피뢰기 및 피뢰침 ········· 120
8. 정전작업 ········· 121
9. 활선작업 ········· 122
10. 접지설비의 종류 및 공사시 안전 ········· 124
11. 교류아크용접기의 방호장치 및 성능 조건 ········· 128
12. 전기화재의 원인 ········· 129
13. 절연저항 ········· 131
14. 정전기 발생과 안전대책 ········· 132
15. 전기설비의 방폭화 방법 ········· 136
16. 폭발등급 ········· 137
17. 위험장소 ········· 137
18. 방폭구조의 기호 ········· 138
19. 방폭구조의 종류 ········· 140

CHAPTER 02 화공안전 일반
1. 연소의 정의 ········· 142
2. 연소형태 ········· 143
3. 인화점 ········· 143
4. 발화점(AIT ; Auto Ignition Temperature) ········· 144
5. 폭발의 성립조건 ········· 145
6. 폭발의 종류 ········· 145
7. 혼합가스의 폭발범위 ········· 147
8. 위험도 ········· 148
9. 화재의 종류 ········· 148
10. 폭발의 방호방법 ········· 150
11. 고압가스 용기의 도색 ········· 152
12. 소화 이론 ········· 152
13. 소화기의 종류 ········· 153
14. 화학설비의 안전장치 종류 ········· 154
15. 공정안전보고서 ········· 158
16. 공정안전 보고서 작성심사확인 ········· 159
17. 위험물 및 유해화학물질의 안전 ········· 160

CHAPTER 03 작업환경안전 일반
1. 작업환경 개선의 기본원칙 ········· 165
2. 배기 및 환기 ········· 165
3. 조명관리 ········· 167
4. 소음 및 진동방지대책 ········· 167
5. 밀폐공간작업으로 인한 건강장해의 예방 ········· 168
6. 중금속의 유해성 ········· 169

6과목 건설안전

CHAPTER 01 건설안전 일반
1. 토질시험방법 ········· 172
2. 지반의 이상현상 ········· 173
3. 유해·위험방지계획서 ········· 175
4. 건설업 산업안전보건관리비 계상 및 사용기준 ········· 176
5. 셔블계 굴착기계 ········· 176
6. 토공기계 ········· 177
7. 운반기계 ········· 178
8. 건설용 양중기 ········· 179
9. 항타기 및 항발기 ········· 182
10. 추락재해의 위험성 및 안전조치 ········· 183
11. 추락재해의 방호설비 ········· 185
12. 추락방지용 방망의 구조 등 안전기준 ········· 187
13. 낙하·비래재해의 위험방지 및 안전조치 ········· 187
14. 낙하·비래재해의 발생원인 ········· 188
15. 낙하·비래재해의 방호설비 ········· 188
16. 토사붕괴 위험성 및 안전조치 ········· 189
17. 토사붕괴 재해의 형태 및 발생원인 ········· 191
18. 토사붕괴 시 조치사항 ········· 192
19. 경사로 ········· 192

| 20 | 가설계단 ··· 194
| 21 | 사다리식 통로 ·· 194
| 22 | 사다리 ··· 195
| 23 | 통로발판 ·· 195
| 24 | 비계의 종류 및 설치 시 준수사항 ············· 196
| 25 | 거푸집 동바리 조립 시 준수사항 ··············· 199
| 26 | 콘크리트 타설 작업의 안전조치 ················ 202
| 27 | 해체작업의 안전 ······································· 203

7과목
보호장구

CHAPTER 01 호흡용 보호구

| 1 | 보호구 선택 시 유의사항 ···························· 206
| 2 | 보호구 구비조건 ··· 206
| 3 | 방진마스크 ·· 207
| 4 | 방독마스크 ·· 209
| 5 | 송기마스크 ·· 212

CHAPTER 02 보안경

| 1 | 보안경의 종류 ··· 214
| 2 | 보안면의 종류 ··· 214

CHAPTER 03 기타보호장구

| 1 | 안전모 ··· 215
| 2 | 안전화 ··· 217
| 3 | 안전대 ··· 218
| 4 | 방음보호구 ·· 219
| 5 | 절연보호구 ·· 220
| 6 | 보호복 ··· 220

8과목
산업안전보건법

CHAPTER 01 산업안전보건법

| 1 | 안전보건관리 체계 ······································ 224
| 2 | 안전보건관리규정 ······································ 224
| 3 | 도급인의 안전조치 및 보건조치 ·············· 225
| 4 | 안전보건 교육 ·· 225
| 5 | 유해위험기계기구 등의 방호조치 ············ 226
| 6 | 안전검사 ··· 226
| 7 | 물질안전보건자료의 작성비치 등 ············ 226
| 8 | 유해위험방지 계획서의 제출 ···················· 227
| 9 | 공정안전보고서 ··· 228

CHAPTER 02 산업안전보건법 시행령

| 1 | 관리감독자의 업무 내용 ····························· 229
| 2 | 안전관리자의 업무 등 ······························· 229
| 3 | 보건관리자의 업무 등 ······························· 230
| 4 | 안전보건총괄책임자 지정 대상사업 ········· 230
| 5 | 안전보건총괄책임자의 직무 등 ················ 230
| 6 | 산업안전보건위원회의 구성 ····················· 231
| 7 | 안전인증 ··· 232
| 8 | 유해 · 위험성조사 제외 화학물질 ············ 233
| 9 | 물질안전보건자료의 작성 · 제출 제외 대상 화학물질 등
 ··· 233
| 10 | 유해위험방지계획서 ································· 234
| 11 | 공정안전보고서의 제출 대상 ··················· 235
| 12 | 공정안전보고서의 내용 ···························· 235
| 13 | 안전보건개선계획 수립대상 사업자 등 ··· 236
| 14 | 노사협의체 ··· 236

CHAPTER 03 산업안전보건법 시행규칙

| 1 | 중대재해의 정의 ··· 237
| 2 | 산업재해발생 보고 ···································· 237
| 3 | 산업안전보건관리비의 사용 ····················· 238
| 4 | 방호조치 ··· 238

5 안전인증의 신청 등	238
6 인증방법	239
7 물질안전보건자료의 작성방법 및 기재사항	240
8 교육대상별 교육내용	240

CHAPTER 04 산업안전보건기준에 관한 규칙

1 통로	243
2 계단	243
3 양중기	244
4 크레인	245
5 이동식 크레인	246
6 리프트	246
7 승강기	246
8 양중기의 와이어로프 등	247
9 차량계 하역운반기계 등	248
10 지게차	248
11 차량계 건설기계	248
12 차량계 건설기계의 사용에 의한 위험의 방지	249
13 항타기 및 항발기	249
14 위험물 등의 취급 등	249
15 아세틸렌 용접장치 및 가스집합 용접장치	250
16 전기작업에 대한 위험방지	250
17 활선작업 및 활선 근접작업	251
18 정전기로 인한 재해예방	251
19 거푸집 동바리 및 거푸집	252
20 비계	252
21 말비계 및 이동식 비계	253
22 굴착작업 등의 위험방지	253
23 추락 또는 붕괴에 의한 위험방지	253
24 철골작업, 해체작업	254
25 중량물 취급 시 작업계획	254
26 원동기·회전축 등의 위험방지	254
27 소음작업	255
28 관리감독자의 직무	255
29 산소결핍의 정의	256
30 조도	256

부록
필답형 기출문제

2010년 필답형 기출문제	260
2011년 필답형 기출문제	267
2012년 필답형 기출문제	273
2013년 필답형 기출문제	280
2014년 필답형 기출문제	288
2015년 필답형 기출문제	295
2016년 필답형 기출문제	302
2017년 필답형 기출문제	308
2018년 필답형 기출문제	314
2019년 필답형 기출문제	320
2020년 필답형 기출문제	325
2021년 필답형 기출문제	333
2022년 필답형 기출문제	340
2023년 필답형 기출문제	347
2024년 필답형 기출문제	355

산업안전기사 실기 ENGINEER INDUSTRIAL SAFETY

PART 01

안전관리

CHAPTER 01 안전관리조직
CHAPTER 02 안전관리계획 수립 및 운용
CHAPTER 03 산업재해발생 및 재해조사 분석
CHAPTER 04 안전점검 및 진단

CHAPTER 01 안전관리조직

SECTION 01 안전조직의 목적

1 목적

기업 내에서 안전관리조직을 구성하는 목적은 근로자의 안전과 설비의 안전을 확보하여 생산합리화를 기하는 데 있다.

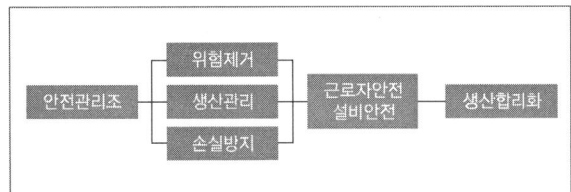

2 안전관리 조직의 역할

1) 산업재해예방
① 모든 위험요소의 제거
② 위험 제거 기술의 수준 향상
③ 재해 예방율의 향상
④ 단위 예방비용 절감

2) 설비재해예방
① 설비, 기계, 공구 등의 보수 관리 제도의 확립
② 설비, 기계 등의 유지관리 기준 작성
③ 설비, 기계 등의 상시 점검, 정비

SECTION 02 안전조직의 종류 및 장단점

1 라인(LINE)형 조직

소규모 기업에 적합한 조직으로서 안전관리에 관한 계획에서부터 실시에 이르기까지 모든 안전업무를 생산라인을 통하여 수직적으로 이루어지도록 편성된 조직

1) 규모
소규모(100명 이하)

2) 장점
① 안전에 관한 지시 및 명령계통이 철저
② 안전대책의 실시가 신속
③ 명령과 보고가 상하관계로 일원화

3) 단점
① 안전에 대한 지식 및 기술축적이 어려움
② 안전에 대한 정보수집 및 신기술 개발 미흡
③ 라인에 과중한 책임 부여

4) 구성도

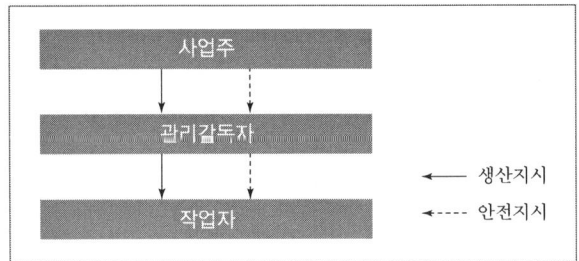

2 스태프(STAFF)형 조직

중소규모 사업장에 적합한 조직으로서 안전업무를 관장하는 참모(Staff)를 두고 안전관리계획의 조정·조사·검토·보고 등의 업무와 현장에 대한 기술지원을 담당하도록 편성된 조직

1) 규모
중규모(100~1,000명 미만)

2) 장점
① 사업장 특성에 적합한 전문적인 기술연구 가능
② 경영자에게 조언과 자문역할 수행 가능
③ 안전정보 수집 신속

3) 단점
① 안전지시나 명령이 작업자에게까지 신속·정확하게 전달되지 못함
② 생산부분은 안전에 대한 책임과 권한이 없음
③ 권한 다툼 및 조정으로 인해 시간과 노력 소모

4) 구성도

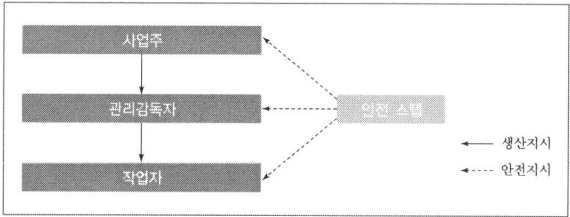

3 라인·스태프(LINE-STAFF)형 조직(직계참모조직)

대규모 사업장에 적합한 조직으로서 라인형과 스태프형의 장점만을 채택한 형태이며 안전업무를 전담하는 스태프를 두고 생산라인의 각 계층에서도 각 부서장으로 하여금 안전업무를 수행하도록 하여 스태프에서 안전에 관한 사항이 결정되면 라인을 통하여 실천하도록 편성된 조직

1) 규모
대규모(1,000명 이상)

2) 장점
① 안전에 대한 기술 및 경험축적 용이
② 사업장에 적합한 독자적인 안전 개선대책 강구
③ 안전지시나 안전대책이 신속·정확하게 하달

3) 단점
① 명령계통과 조언 권고적 참여가 혼동되기 쉬움
② 스태프의 월권 행위 발생 가능

4) 구성도

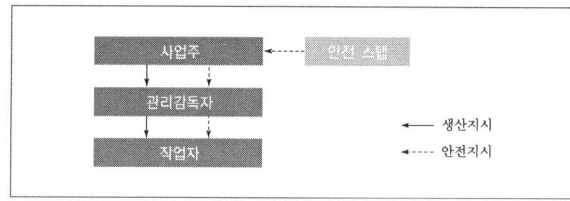

라인-스태프형은 라인과 스태프형의 이점을 절충·조정한 유형으로 라인과 스태프가 협조를 이루어 나갈 수 있고 라인에게는 생산과 안전보건에 관한 책임을 동시에 지우므로 안전보건업무와 생산업무가 균형을 유지할 수 있는 이상적인 조직

Key Point
안전관리조직의 종류를 3가지 쓰시오

SECTION 03
안전보건관리책임자의 업무
(산업안전보건법 제15조)

사업주는 사업장에 안전보건관리책임자(이하 "관리책임자"라 한다)를 두어 다음 각 호의 업무를 총괄관리하도록 하여야 한다.
① 산업재해예방계획의 수립에 관한 사항
② 안전보건관리규정의 작성 및 변경에 관한 사항
③ 안전보건교육에 관한 사항
④ 작업환경의 측정 등 작업환경의 점검 및 개선에 관한 사항
⑤ 근로자의 건강진단 등 건강관리에 관한 사항

⑥ 산업재해의 원인조사 및 재발 방지대책 수립에 관한 사항
⑦ 산업재해에 관한 통계의 기록 및 유지에 관한 사항
⑧ 안전장치 및 보호구 구입 시 적격품 여부 확인에 관한 사항
⑨ 그 밖에 근로자의 유해·위험예방조치에 관한 사항으로서 고용노동부령으로 정하는 사항

안전보건관리책임자는 안전관리자와 보건관리자를 지휘·감독한다. 안전보건관리책임자를 두어야 할 사업의 종류와 사업장의 상시근로자 수, 그 밖에 필요한 사항은 대통령령으로 정한다.

SECTION 04
안전관리자의 업무(산업안전보건법 제17조)

사업주는 사업장에 안전관리자를 두어 안전에 관한 기술적인 사항에 관하여 사업주 또는 관리책임자를 보좌하고 관리감독자에게 조언·지도하는 업무를 수행하게 하여야 한다. 안전관리자를 두어야 할 사업의 종류·규모, 안전관리자의 수·자격·업무·권한·선임방법, 그 밖에 필요한 사항은 대통령령으로 정한다.

> □ 안전관리자 등의 증권·교체 임명 명령(「산업안전보건법 시행규칙」 제12조)
> 지방고용노동관서의 장은 다음 각 호의 어느 하나에 해당하는 사유가 발생한 경우에는 법 제17조제4항·제18조제4항 또는 제19조제3항에 따라 사업주에게 안전관리자·보건관리자 또는 안전보건관리담당자를 정수 이상으로 증원하게 하거나 교체하여 임명할 것을 명할 수 있다. 다만, 제4호에 해당하는 경우로서 직업성 질병자 발생 당시 사업장에서 해당 화학적 인재(因子)를 사용하지 않은 경우에는 그렇지 않다.
> 1. 해당 사업장의 연간재해율이 같은 업종의 평균재해율의 2배 이상인 경우
> 2. 중대재해가 연간 2건 이상 발생한 경우. 다만, 해당 사업장의 전년도 사망만인율이 같은 업종의 평균 사망만인율 이하인 경우는 제외한다.
> 3. 관리자가 질병이나 그 밖의 사유로 3개월 이상 직무를 수행할 수 없게 된 경우
> 4. 시행규칙 별표 22 제1호에 따른 화학적 인자로 인한 직업성 질병자가 연간 3명 이상 발생한 경우. 이 경우 직업성 질병자의 발생일은 「산업재해보상보험법 시행규칙」 제21조제1항에 따른 요양급여의 결정일로 한다.

사업주는 고용노동부장관이 지정하는 안전관리 업무를 전문적으로 수행하는 기관에 안전관리자의 업무를 위탁할 수 있다. 안전관리자의 업무를 안전관리전문기관에 위탁할 수 있는 사업의 종류 및 규모는 건설업을 제외한 사업으로서 상시 근로자 300인 미만을 사용하는 사업으로 한다.

🔑 Key Point

> 안전관리자수를 정수 이상으로 증원, 교체해야 하는 경우에 해당하는 내용을 3가지 쓰시오.

> 기업활동 규제완화에 관한 특별조치법(이하 '규제완화 특조법'이라 한다)의 안전관리자의 겸직 허용(제29조)에 따라 고압가스안전관리법 등의 유사한 안전관련법에 의해 안전관리자를 2인 이상 채용해야 하는 자가 그중 1인을 채용한 경우에는 나머지 자와 산업안전보건법에 의한 안전관리자 1인도 채용한 것으로 본다. 또한 유사한 안전관련법에 의해 그 주된 영업분야 등에서 안전관리자 1인을 채용한 경우에도 산업안전보건법에 의한 안전관리자 1인을 채용한 것으로 본다.

안전관리자의 업무(「산업안전보건법 시행령」 제18조)

① 산업안전보건위원회 또는 안전·보건에 관한 노사협의체에서 심의·의결한 업무와 해당 사업장의 안전보건관리규정 및 취업규칙에서 정한 업무
② 위험성평가에 관한 보좌 및 지도·조언
③ 안전인증대상기계등과 자율안전확인대상기계등 구입 시 적격품의 선정에 관한 보좌 및 지도·조언
④ 해당 사업장 안전교육계획의 수립 및 안전교육 실시에 관한 보좌 및 조언·지도
⑤ 사업장 순회점검, 지도 및 조치 건의
⑥ 산업재해 발생의 원인 조사·분석 및 재발 방지를 위한 기술적 보좌 및 지도·조언
⑦ 산업재해에 관한 통계의 유지·관리·분석을 위한 보좌 및 지도·조언

⑧ 법 또는 법에 따른 명령으로 정한 안전에 관한 사항의 이행에 관한 보좌 및 지도·조언
⑨ 업무수행 내용의 기록·유지
⑩ 그 밖에 안전에 관한 사항으로서 고용노동부장관이 정하는 사항

SECTION 05
관리감독자의 업무 (산업안전보건법 시행령 제15조)

① 사업장 내 관리감독자가 지휘·감독하는 작업과 관련된 기계·기구 또는 설비의 안전·보건 점검 및 이상 유무의 확인
② 관리감독자에게 소속된 근로자의 작업복·보호구 및 방호장치의 점검과 그 착용·사용에 관한 교육·지도
③ 해당 작업에서 발생한 산업재해에 관한 보고 및 이에 대한 응급조치
④ 해당 작업의 작업장 정리·정돈 및 통로확보에 대한 확인·감독
⑤ 안전관리자, 보건관리자, 안전보건관리담당자 및 산업보건의의 지도·조언에 대한 협조
⑥ 위험성평가에 관한 유해·위험요인의 파악에 대한 참여 및 개선조치의 시행에 대한 참여
⑦ 그 밖에 해당 작업의 안전·보건에 관한 사항으로서 고용노동부령으로 정하는 사항

🔑 Key Point

산업안전보건법상 관리감독자의 업무내용 4가지를 쓰시오.

1. 사업장 내 관리감독자가 지휘·감독하는 작업과 관련된 기계·기구 또는 설비의 안전·보건 점검 및 이상 유무의 확인
2. 관리감독자에게 소속된 근로자의 작업복·보호구 및 방호장치의 점검과 그 착용·사용에 관한 교육·지도
3. 해당 작업에서 발생한 산업재해에 관한 보고 및 이에 대한 응급조치
4. 해당 작업의 작업장 정리·정돈 및 통로확보에 대한 확인·감독

SECTION 06
산업안전보건위원회
(산업안전보건법 시행령 제34조 산업안전보건위원회 구성 대상)

1 설치대상

산업안전보건위원회를 구성해야 할 사업의 종류 및 사업장의 상시근로자 수는 별표 9와 같다.

사업의 종류	규모
1. 토사석 광업 2. 목재 및 나무제품 제조업 : 가구 제외 3. 화학물질 및 화학제품 제조업 : 의약품 제외(세제, 화장품 및 광택제 제조업과 화학섬유 제조업은 제외한다.) 4. 비금속 광물제품 제조업 5. 1차 금속 제조업 6. 금속가공제품 제조업 : 기계 및 가구 제외 7. 자동차 및 트레일러 제조업 8. 기타 기계 및 장비 제조업(사무용 기계 및 장비 제조업은 제외한다.) 9. 기타 운송장비 제조업(전투용 차량 제조업은 제외한다.)	상시 근로자 50명 이상
10. 농업 11. 어업 12. 소프트웨어 개발 및 공급업 13. 컴퓨터 프로그래밍, 시스템 통합 및 관리업 14. 정보서비스업 15. 금융 및 보험업 16. 임대업 : 부동산 제외 17. 전문, 과학 및 기술 서비스업(연구개발업은 제외한다.) 18. 사업지원 서비스업 19. 사회복지 서비스업	상시 근로자 300명 이상
20. 건설업	공사금액 120억 원 이상 (「건설산업기본법 시행령」 별표 1의 종합공사를 시공하는 업종의 건설업종란 제1호에 따른 토목공사업의 경우에는 150억 원 이상)
21. 제1호부터 제20호까지의 사업을 제외한 사업	상시 근로자 100명 이상

2 구성

1) 근로자 위원

① 근로자대표
② 명예산업안전감독관(이하 "명예감독관"이라 한다)이 위촉되어 있는 사업장의 경우 근로자대표가 지명하는 1명 이상의 명예감독관
③ 근로자대표가 지명하는 9명 이내의 해당 사업장의 근로자

2) 사용자 위원

① 해당 사업의 대표자
② 안전관리자 1명
③ 보건관리자 1명
④ 산업보건의(해당 사업장에 선임되어 있는 경우로 한정)
⑤ 사업의 대표자가 지명하는 9명 이내의 해당 사업장 부서의 장

> **Key Point**
>
> 산업안전보건위원회의 설치 대상 사업장의 규모와 위원회의 구성에 있어 사용자 및 근로자위원의 자격을 각각 1가지만 쓰시오.
> (단, 산업안전보건위원회의 구성에 있어 대표자와 근로자대표는 제외한다.)
>
> 1. 근로자 위원 : 근로자대표가 지명하는 9명 이내의 해당 사업장의 근로자
> 2. 사용자 위원 : 사업의 대표자가 지명하는 9명 이내의 해당 사업장 부서의 장

3 회의결과를 근로자에게 알리는 방법

① 사내방송
② 사내보
③ 게시 또는 자체 정례조회
④ 그 밖의 적절한 방법으로 근로자에게 신속히 알릴 수 있는 방법

SECTION 07 보건관리자의 업무(산업안전보건법 시행령 제22조)

보건관리자의 업무는 다음 각 호와 같다.

① 산업안전보건위원회 또는 노사협의회에서 심의·의결한 업무와 안전보건관리규정 및 취업규칙에서 정한 업무
② 안전인증대상기계등과 자율안전확인대상기계등 중 보건과 관련된 보호구(保護具) 구입 시 적격품 선정에 관한 보좌 및 지도·조언
③ 위험성평가에 관한 보좌 및 지도·조언
④ 물질안전보건자료의 게시 또는 비치에 관한 보좌 및 지도·조언
⑤ 산업보건의의 직무(보건관리자가 시행령 별표 6 제2호에 해당하는 사람인 경우로 한정)
⑥ 해당 사업장 보건교육계획의 수립 및 보건교육 실시에 관한 보좌 및 지도·조언
⑦ 해당 사업장의 근로자를 보호하기 위한 다음 각 목의 조치에 해당하는 의료행위(보건관리자가 시행령 별표 6 제2호 또는 제3호에 해당하는 경우로 한정)
   가. 자주 발생하는 가벼운 부상에 대한 치료
   나. 응급처치가 필요한 사람에 대한 처치
   다. 부상·질병의 악화를 방지하기 위한 처치
   라. 건강진단 결과 발견된 질병자의 요양 지도 및 관리
   마. 가목부터 라목까지의 의료행위에 따르는 의약품의 투여
⑧ 작업장 내에서 사용되는 전체 환기장치 및 국소 배기장치 등에 관한 설비의 점검과 작업방법의 공학적 개선에 관한 보좌 및 지도·조언
⑨ 사업장 순회점검, 지도 및 조치 건의
⑩ 산업재해 발생의 원인 조사·분석 및 재발 방지를 위한 기술적 보좌 및 지도·조언
⑪ 산업재해에 관한 통계의 유지·관리·분석을 위한 보좌 및 지도·조언
⑫ 법 또는 법에 따른 명령으로 정한 보건에 관한 사항의 이행에 관한 보좌 및 지도·조언
⑬ 업무 수행 내용의 기록·유지
⑭ 그 밖에 보건과 관련된 작업관리 및 작업환경관리에 관한 사항으로서 고용노동부장관이 정하는 사항

CHAPTER 02 안전관리계획 수립 및 운용

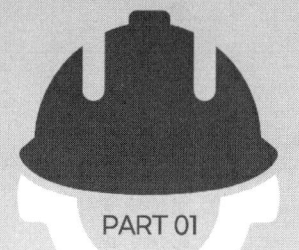

SECTION 01 안전보건관리 규정
(산업안전보건법 제25조 안전보건관리규정의 작성)

1 작성내용
① 안전 및 보건에 관한 관리조직과 그 직무에 관한 사항
② 안전보건교육에 관한 사항
③ 작업장의 안전 및 보건 관리에 관한 사항
④ 사고 조사 및 대책 수립에 관한 사항
⑤ 그 밖에 안전 및 보건에 관한 사항

2 작성 시의 유의사항
① 규정된 기준은 법정기준을 상회하도록 할 것
② 관리자층의 직무와 권한, 근로자에게 강제 또는 요청한 부분을 명확히 할 것
③ 관계법령의 제·개정에 따라 즉시 개정되도록 라인 활용이 쉬운 규정이 되도록 할 것
④ 작성 또는 개정시에는 현장의 의견을 충분히 반영할 것
⑤ 규정의 내용은 정상시는 물론 이상시, 사고시, 재해발생시의 조치와 기준에 관해서도 규정할 것

3 안전보건관리규정의 작성 · 변경 절차
사업주는 안전보건관리규정을 작성하거나 변경할 때에는 산업안전보건위원회의 심의·의결을 거쳐야 한다. 다만, 산업안전보건위원회가 설치되어 있지 아니한 사업장은 근로자 대표의 동의를 얻어야 한다.

SECTION 02 안전관리계획

1 계획수립 시 기본방향
① 사업장 실정에 맞도록 작성하되 실현가능성이 있을 것
② 직장 단위로 구체적으로 작성할 것
③ 계획의 목표는 점진적으로 수준을 높여갈 것

2 실시상의 유의사항
① 연간·월간·주간 계획 등 주기적으로 계획을 나누어 실시
② 실시 결과는 안전보건위원회 검토한 후 실시
③ 실시 상황 확인을 위해 스텝과 라인 관리자는 순찰활동 실시

3 평가
① 재해율·재해 건수 등의 목표값과 안전활동 자체 평가
② 평가결과에 대한 개선방안 도출

SECTION 03 주요 평가척도

1 평가의 종류

1) 평가방식에 의한 분류
① 체크리스트에 의한 방법
② 카운셀링에 의한 방법

2) 평가내용에 의한 분류
① 정성적 평가
② 정량적 평가

2 주요 평가척도

① 절대척도(재해건수 등의 수치)
② 상대척도(도수율, 강도율 등)
③ 평정척도(양적으로 나타내는 것, 도식, 숫자 등)
④ 도수척도(중앙값, % 등)

SECTION 04
안전보건개선계획서

1 안전보건개선계획서 수립 대상 사업장
(산업안전보건법 제49조)

① 산업재해율이 같은 업종의 규모별 평균 산업재해율보다 높은 사업장
② 사업주가 필요한 안전조치 또는 보건조치를 이행하지 아니하여 중대재해가 발생한 사업장
③ 직업성 질병자가 연간 2명 이상 발생한 사업장
④ 법 제106조에 따른 유해인자의 노출기준을 초과한 사업장

2 작성시 유의사항

① 사업장의 안전수준을 자체적으로 진단하고 그 수준에 적합한 계획 수립
② 재해율의 감소수준을 명확하게 설정
③ 수준 및 계획을 근로자에게 주지
④ 계획의 실시기간 명시

3 안전보건개선계획서에 포함되어야 할 내용

① 시설
② 안전보건관리체제
③ 안전보건교육
④ 산업재해예방에 관한 사항
⑤ 작업환경개선에 관한 사항

4 안전·보건진단을 받아 안전보건개선계획을 수립·제출하도록 명할 수 있는 사업장

① 산업재해율이 같은 업종 평균 산업재해율의 2배 이상인 사업장
② 사업주가 필요한 안전조치 또는 보건조치를 이행하지 아니하여 중대재해가 발생한 사업장
③ 직업성 질병자가 연간 2명 이상(상시근로자 1천 명 이상 사업장의 경우 3명 이상) 발생한 사업장
④ 그 밖에 작업환경 불량, 화재·폭발 또는 누출 사고 등으로 사업장 주변까지 피해가 확산된 사업장으로서 고용노동부령으로 정하는 사업장

CHAPTER 03 산업재해발생 및 재해조사 분석

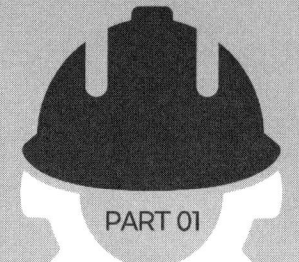

SECTION 01 재해조사

1 재해조사의 목적

1) 목적
① 동종재해의 재발방지
② 유사재해의 재발방지
③ 재해원인의 규명 및 예방자료 수집

2) 재해조사에서 방지대책까지의 순서(재해사례연구)
① 전제조건 : 재해상황의 파악(재해발생 일시 및 장소, 상해의 정도, 사고의 형태, 기인물, 가해물, 물적 피해상황 등)
② 1단계 : 사실의 확인(㉠ 사람, ㉡ 물건, ㉢ 관리, ㉣ 재해 발생까지의 경과)
③ 2단계 : 직접원인과 문제점의 확인
④ 3단계 : 근본 문제점의 결정
⑤ 4단계 : 대책의 수립
　㉠ 동종재해의 재발방지
　㉡ 유사재해의 재발방지
　㉢ 재해원인의 규명 및 예방자료 수집

3) 사례연구 시 파악하여야 할 상해의 종류
① 상해의 부위
② 상해의 종류
③ 상해의 성질

2 재해조사 시 유의사항

1) 사실을 수집
2) 객관적인 입장에서 공정하게 조사하며 조사는 2인 이상 참여
3) 책임추궁보다는 재발방지 우선
4) 조사는 신속하게 행하고 긴급 조치하여 2차 재해 방지 도모
5) 피해자에 대한 구급조치 우선
6) 사람·기계·설비 등의 재해 요인 모두 도출

3 재해발생시의 조치사항

1) 긴급처리
① 사고 발생 기계의 정지 및 피해확산 방지조치
② 재해자의 구조 및 응급조치(가장 먼저 해야 할 일)
③ 관계자 통보
④ 2차 재해방지
⑤ 현장보존

2) 재해조사
누가, 언제, 어디서, 어떤 작업을 하고 있을 때, 어떤 환경에서, 불안전행동이나 상태 유무 등에 대한 조사 실시

3) 원인강구
인간(Man), 기계(Machine), 작업매체(Media), 관리(Management) 측면에서 원인분석

4) 대책수립
유사한 재해를 예방하기 위한 3E 대책수립
※ 3E : 기술적(Engineering), 교육적(Education), 관리적(Enforcement)

5) 대책실시계획

6) 실시

7) 평가

> **Key Point**
>
> 산업재해 발생 시의 조치내용을 순서대로 표시하시오.
>
> 긴급처리 – 재해조사 – 원인강구 – 대책수립 – 대책실시계획 – 실시 – 평가

> **Key Point**
>
> 재해조사 시 유의사항 5가지를 기술하시오.
>
> 1. 사실을 수집
> 2. 객관적인 입장에서 공정하게 조사하며 조사는 2인 이상 참여
> 3. 책임추궁보다는 재발방지 우선
> 4. 조사는 신속하게 행하고 긴급 조치하여 2차 재해 방지 도모
> 5. 피해자에 대한 구급조치 우선
> 6. 사람·기계·설비 등의 재해 요인 모두 도출

4 재해발생의 메커니즘

1) 사고발생의 연쇄성(하인리히의 도미노 이론)

① 사회적 환경 및 유전적 요소 : 기초원인
② 개인의 결함 : 간접원인
③ 불안전한 행동 및 불안전한 상태 : 직접원인 ⇒ 제거(효과적)
④ 사고
⑤ 재해

> **Key Point**
>
> 하인리히 사고예방 기본원리 5단계를 단계별로 쓰시오.
>
> 유전적요소 사회환경 → 개인적결함 → 불안전행동 불안전상태 → 사고 → 재해

2) 최신 도미노 이론(버드의 관리모델)

① 통제의 부족(관리) : 관리 소홀, 전문기능 결함
② 기본원인(기원) : 개인적 또는 과업과 관련된 요인
③ 직접원인(징후) : 불안전한 행동 및 불안전한 상태
④ 사고(접촉)
⑤ 상해(손해, 손실)

> **Key Point**
>
> 버드의 최신의 도미노(연쇄성) 이론을 순서대로 쓰시오.

5 재해구성비율

1) 하인리히의 법칙

1 : 29 : 300

330회의 사고 가운데 중상 또는 사망 1회, 경상 29회, 무상해사고 300회의 비율로 사고가 발생

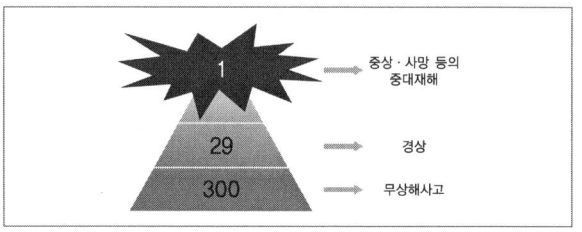

2) 버드의 법칙

1 : 10 : 30 : 600

① 1 : 중상(중증 요양)
② 10 : 경상(인적, 물적상해)
③ 30 : 무상해사고(물적손실 발생)
④ 600 : 무상해·무사고 고장(위험 순간)

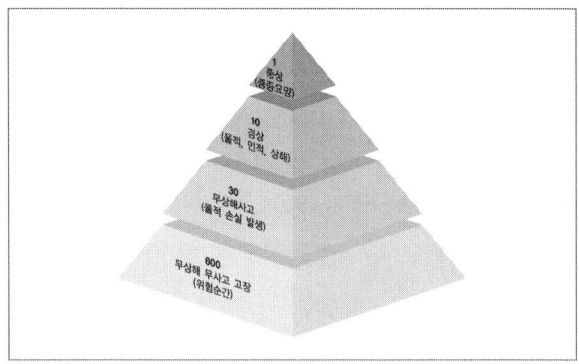

3) 아담스의 사고 연쇄성 이론

① 관리구조
② 작전적 에러
③ 전술적 에러
④ 사고
⑤ 상해

> **Key Point**
> 아담스의 사고 연쇄성 이론을 쓰시오

4) 웨버의 이론

① 유전과 환경
② 인간의 결함
③ 불안전한 행동+불안전한 상태
④ 사고
⑤ 상해

5) 자베타키스 이론

① 개인과 환경
② 불안전한 행동+불안전한 상태
③ 물질에너지의 기준 이탈
④ 사고
⑤ 구호

6 산업재해 발생과정

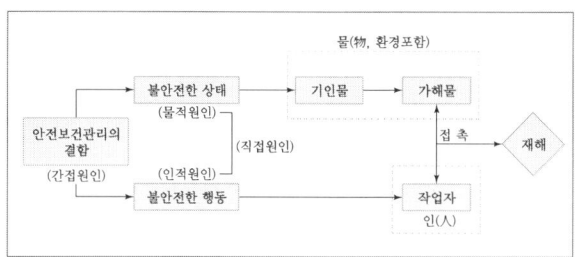

7 산업재해 용어(KOSHA GUIDE)

떨어짐(추락)	사람이 인력(중력)에 의하여 건축물, 구조물, 가설물, 수목, 사다리 등의 높은 장소에서 떨어지는 것
넘어짐(전도)	사람이 거의 평면 또는 경사면, 층계 등에서 구르거나 넘어짐 또는 미끄러지는 경우와 물체가 전도·전복된 경우
무너짐(붕괴·도괴)	토사, 적재물, 구조물, 건축물, 가설물 등이 전체적으로 허물어져 내리거나 또는 주요 부분이 꺾여져 무너지는 경우
부딪침(충돌)	재해자 자신의 움직임·동작으로 인하여 기인물에 접촉 또는 부딪히거나, 물체가 고정부에서 이탈하지 않은 상태로 움직임(규칙, 불규칙) 등에 의하여 접촉·충돌한 경우
맞음(낙하·비래)	구조물, 기계 등에 고정되어 있던 물체가 중력, 원심력, 관성력 등에 의하여 고정부에서 이탈하거나 또는 설비 등으로부터 물질이 분출되어 사람을 가해하는 경우
끼임(협착)	두 물체 사이의 움직임에 의하여 일어난 것으로 직선 운동하는 물체 사이의 협착, 회전부와 고정체 사이의 끼임, 롤러 등 회전체 사이에 물리거나 또는 회전체·돌기부 등에 감긴 경우

SECTION 02
산재분류 및 통계분석

1 노동불능재해

1) 상해정도별 구분

① 사망
② 영구 전노동 불능 상해(신체장애 등급 1~3등급)
③ 영구 일부노동 불능 상해(신체장애 등급 4~14등급)
④ 일시 전노동 불능 상해 : 장해가 남지 않는 휴업상해
⑤ 일시 일부노동 불능 상해 : 일시 근무 중에 업무를 떠나 치료를 받는 정도의 상해
⑥ 구급처치상해 : 응급처치 후 정상작업을 할 수 있는 정도의 상해

2) 통계적 분류

① 사망 : 노동손실일수 7,500일
② 중상해 : 부상으로 8일 이상 노동손실을 가져온 상해정도
③ 경상해 : 부상으로 1일 이상 7일 미만의 노동손실을 가져온 상해
④ 경미상해 : 8시간 이하의 휴무 또는 작업에 종사하면서 치료를 받는 상해정도(통원치료)

2 중대재해

1) 규모

2) 발생시 보고사항(발생즉시 보고)

① 발생개요 및 피해상황
② 조치 및 전망
③ 그 밖의 중요한 사항

3) 보고처 및 방법

지방고용노동관서의 장에게 전화·팩스, 또는 그 밖에 적절한 방법으로 보고

4) 조사보고서 제출

1개월 이내에 산업재해조사표(서식)를 작성하여 지방고용노동관서의 장에게 제출

> **Key Point**
>
> 중대재해 발생 시 모사전송 등의 방법으로 연락해야 할 사항 2가지(기타 중요한 사항 제외)와 보고시점을 쓰시오.
> 1. 보고사항 : 발생개요 및 피해상황, 조치 및 전망
> 2. 보고시점 : 중대재해발생사실을 알게된 때에는 지체없이 관할 지방노동관서의 장에게 전화·모사전송 기타 적절한 방법에 의하여 보고

3 산업재해(산업안전보건법 제2조)

1) 산업재해 정의

노무를 제공하는 자가 업무에 관계되는 건설물·설비·원재료·가스·증기·분진 등에 의하거나 작업 또는 그 밖의 업무로 인하여 사망 또는 부상하거나 질병에 걸리는 것을 말한다.
① 사망자가 발생한 경우
② 3일 이상의 휴업을 요하는 부상을 입은 자가 발생한 경우
③ 업무와 관계되는 일로 질병에 걸린 자가 발생한 경우

2) 조사보고서 제출

1월 이내에 산업재해조사표(서식)를 작성하여 지방고용노동관서의 장에게 제출

3) 조사보고서 기록·보전

사업주는 산업재해가 발생한 때에는 고용노동부령이 정하는 바에 따라 재해발생원인 등을 기록하여야 하며, 이를 3년간 보존하여야 함

4) 산업재해 발생시 기록·보존해야 할 사항(산업안전보건법 시행규칙 제72조)

① 사업장의 개요 및 근로자의 인적사항
② 재해발생 일시 및 장소
③ 재해발생의 원인 및 과정
④ 재해 재발방지 계획

4 직접원인

1) 불안전한 행동(인적원인)

사고를 가져오게 한 작업자 자신의 행동에 대한 불안전한 요소

(1) 불안전한 행동의 예

① 위험장소 접근
② 안전장치의 기능 제거
③ 복장·보호구의 잘못된 사용
④ 기계·기구의 잘못된 사용
⑤ 운전 중인 기계장치의 손질
⑥ 불안전한 속도 조작
⑦ 위험물 취급 부주의
⑧ 불안전한 상태 방치

⑨ 불안전한 자세 동작
⑩ 감독 및 연락 불충분

(2) 불안전한 행동을 일으키는 내적요인과 외적요인의 발생 형태 및 대책

① 내적 요인
　㉠ 소질적 조건 : 적성배치
　㉡ 의식의 우회 : 상담
　㉢ 경험 및 미경험 : 교육
② 외적 요인
　㉠ 작업 및 환경조건 불량 : 환경정비
　㉡ 작업순서의 부적당 : 작업순서 정비
③ 적성 배치에 있어서 고려되어야 할 기본 사항
　㉠ 적성 검사를 실시하여 개인의 능력 파악
　㉡ 직무 평가를 통하여 자격수준 규정
　㉢ 인사관리의 기준 원칙 고수

2) 불안전한 상태(물적 원인)

직접 상해를 가져오게 한 사고와 직접 관계가 있는 위험한 물리적 조건 또는 환경

(1) 불안전한 상태의 예
① 물체 자체 결함
② 안전방호장치의 결함
③ 복장·보호구의 결함
④ 물체의 배치 및 작업장소 결함
⑤ 작업환경의 결함

Key Point

산업재해 발생원인은 불안전한 상태, 불안전한 행동, 기술적 원인으로 구분된다. 각 항목별로 세부사항을 3가지 쓰시오.

종류	세부사항		
불안전한 상태	1. 방호장치 결함	2. 복장·보호구 결함	3. 물체 자체 결함
불안전한 행동	1. 위험장소 접근	2. 안전장치 기능 제거	3. 복장·보호구의 잘못된 사용
기술적 원인	1. 건물, 기계장치의 설계 불량	2. 구조, 재료 부적합	3. 생산방법 부적합

5 간접 원인(환경적 원인)

1) 기술적 원인
① 건물, 기계장치 설계불량
② 구조, 재료 부적합
③ 생산방법 부적합
④ 점검, 정비, 보존 불량

2) 교육적 원인
① 안전지식 부족
② 안전수칙 오해
③ 경험, 훈련 미숙
④ 작업방법 교육 불충분
⑤ 유해·위험작업 교육 불충분

3) 관리적 원인
① 안전관리조직의 결함
② 안전수칙 미제정
③ 작업준비 불충분
④ 인원배치 부적당
⑤ 작업지시 부적당

4) 정신적 원인
① 안전의식 부족
② 주의력 부족
③ 방심 및 공상
④ 개성적 결함 요소 : 도전적인 마음, 과도한 집착력, 다혈질 및 인내심 부족
⑤ 판단력 부족 또는 그릇된 판단

5) 신체적 원인
① 피로
② 시력 및 청각기능의 이상
③ 근육운동의 부적합
④ 육체적 능력 초과

6 상해의 종류

1) 골절 : 뼈에 금이 가거나 부러진 상해
2) 동상 : 저온물 접촉으로 생긴 동상상해
3) 부종 : 국부의 혈액순환 이상으로 몸이 부어오르는 상해
4) 중독, 질식 : 음식, 약물, 가스 등에 의해 중독이나 질식된 상태
5) 찰과상 : 스치거나 문질러서 벗겨진 상태
6) 창상 : 창, 칼 등에 베인 상처
7) 청력장해 : 청력이 감퇴 또는 난청이 된 상태
8) 시력장해 : 시력이 감퇴 또는 실명이 된 상태
9) 화상 : 화재 또는 고온물 접촉으로 인한 상해

7 재해예방의 4원칙

1) 손실우연의 원칙
재해손실은 사고발생시 사고대상의 조건에 따라 달라지므로 한 사고의 결과로서 생긴 재해손실은 우연성에 의해서 결정

2) 원인계기의 원칙
재해발생은 반드시 원인이 존재

3) 예방가능의 원칙
재해는 원칙적으로 원인만 제거하면 예방 가능

4) 대책선정의 원칙
재해예방을 위한 가능한 안전대책은 반드시 존재

> **Key Point**
> 재해예방의 4원칙을 쓰시오.

8 사고예방대책의 기본원리 5단계(사고예방원리 : 하인리히)

1) 1단계 : 조직(안전관리조직)
① 경영층의 안전목표 설정
② 안전관리 조직(안전관리자 선임 등)
③ 안전활동 및 계획수립

2) 2단계 : 사실의 발견
① 사고 및 안전활동의 기록 검토
② 작업분석
③ 안전점검, 안전진단
④ 사고조사
⑤ 안전평가
⑥ 각종 안전회의 및 토의
⑦ 근로자의 건의 및 애로 조사

3) 3단계 : 분석·평가(원인규명)
① 사고조사 결과의 분석
② 불안전 상태, 불안전 행동 분석
③ 작업공정, 작업형태 분석
④ 교육 및 훈련의 분석
⑤ 안전수칙 및 안전기준 분석

4) 4단계 : 시정책의 선정
① 기술의 개선
② 인사조정
③ 교육 및 훈련 개선
④ 안전규정 및 수칙의 개선
⑤ 이행의 감독과 제재강화

5) 5단계 : 시정책의 적용
① 목표 설정
② 3E(기술, 교육, 관리)의 적용

9 재해율

1) 연천인율(年千人率)
근로자 1,000인당 1년간 발생하는 재해자 수

① 연천인율 $= \dfrac{\text{재해자수}}{\text{연평균근로자수}} \times 1,000$

② 연천인율 $=$ 도수율(빈도율) $\times 2.4$

2) 도수율(빈도율, FR ; Frequency Rate of Injury)

도수율 $= \dfrac{\text{재해발생건수}}{\text{연근로시간수}} \times 1,000,000$

연근로시간수＝근로자수×근로자 1인당 연간 근로시간수
(1년 : 300일, 2,400시간, 1월 : 25일, 200시간, 1일 : 8시간)

3) 강도율(SR ; Severity Rate of Injury)

연근로시간 1,000시간당 재해로 인해서 잃어버린 근로 손실일수

$$강도율 = \frac{근로\ 손실일수}{연근로시간수} \times 1,000$$

● 근로 손실일수
① 사망 및 영구전노동불능(장애등급 1~3급) : 7,500일
② 영구일부노동불능(4~14등급)

등급	4	5	6	7	8	9	10	11	12	13	14
일수	5,500	4,000	3,000	2,200	1,500	1,000	600	400	200	100	50

③ 일시전노동불능(의사의 진단에 따라 일정기간 노동에 종사할 수 없는 상해)

$$휴업일수 \times \frac{300}{365}$$

④ 영구전노동불능 상해 : 부상결과 근로자로서의 근로기능을 완전히 잃은 경우(신체장애등급 제1급~제3급)
⑤ 영구일부노동불능 상해 : 부상결과 신체의 일부. 즉, 근로기능의 일부를 상실한 경우(신체장애등급 제4급~제14급)
⑥ 일시전노동불능 상해 : 의사의 진단에 따라 일정기간 근로를 할 수 없는 경우(신체장애가 남지 않는 일반적 휴업재해)
⑦ 일시일부노동불능 상해 : 의사의 진단에 따라 부상 다음날 혹은 그 이후에 정규근로에 종사할 수 없는 휴업재해 이외의 경우(일시적으로 작업시간 중에 업무를 떠나 치료를 받는 정도의 상해)

Key Point

다음의 근로불능 상해의 종류에 관하여 간략히 설명하시오.

① 영구전노동불능 상해
② 영구일부노동불능 상해
③ 일시전노동불능 상해
④ 일시일부노동불능 상해

4) 평균강도율

재해 1건당 평균 근로 손실일수

$$평균강도율 = \frac{강도율}{도수율} \times 1,000$$

5) 환산강도율

근로자가 입사하여 퇴직할 때까지 잃을 수 있는 근로 손실일수

$$환산강도율 = 강도율 \times 100$$

6) 환산도수율

근로자가 입사하여 퇴직할 때까지(40년＝10만 시간) 발생할 수 있는 재해건수

$$환산도수율 = \frac{도수율}{10}$$

7) 종합재해지수(F.S.I)

재해의 빈도와 상해 정도의 강약을 종합

종합재해지수(FSI) ＝ $\sqrt{도수율(F.R) \times 강도율(S.R)}$

8) 세이프티스코어(Safe T. Score)

(1) 의미

과거와 현재의 안전성적을 비교, 평가하는 방법으로 단위가 없으며 계산결과 (＋)이면 나쁜 기록으로, (－)이면 과거에 비해 좋은 기록으로 판단함

(2) 공식

$$Safe\ T.\ Score = \frac{빈도율(현재) - 빈도율(과거)}{\sqrt{\frac{빈도율(과거)}{총\ 근로시간수} \times 1,000,000}}$$

(3) 평가방법

① ＋2 이상인 경우 : 과거보다 심각하게 나쁘다.
② ＋2~－2인 경우 : 심각한 차이가 없다.
③ －2 이하 : 과거보다 좋다.

> **Key Point**
>
> 근로자 500명인 사업장에서 연간 48시간, 52주의 작업으로 5건의 재해가 발생하였다. 단 결근율이 7%일 때 도수율은 얼마인가?
>
> $$도수율(F.R) = \frac{재해건수}{연간총근로시간수} \times 1,000,000$$
> $$= \frac{5}{(500 \times 48 \times 52 \times 0.93)} \times 1,000,000 = 4.308$$

10 재해코스트 계산

1) 하인리히 방식

> 총 재해 코스트 = 직접비 + 간접비

① 직접비 : 법령으로 정한 피해자에게 지급되는 산재보험비
  ㉠ 휴업보상비
  ㉡ 장해보상비
  ㉢ 요양보상비
  ㉣ 유족보상비
  ㉤ 장의비
② 간접비 : 재산손실, 생산중단 등으로 기업이 입은 손실
  ㉠ 인적손실 : 본인 및 제3자에 관한 것을 포함한 시간손실
  ㉡ 물적손실 : 기계, 공구, 재료, 시설의 복구에 소비된 시간손실 및 재산손실
  ㉢ 생산손실 : 생산감소, 생산중단, 판매감소 등에 의한 손실
  ㉣ 특수손실
  ㉤ 기타 손실
③ 직접비 : 간접비 = 1 : 4

2) 시몬즈 방식

> 총 재해 코스트 = 산재보험 코스트 + 비보험 코스트

여기서, 비보험 코스트 = 휴업상해건수×A + 통원상해건수×B
  + 응급조치건수×C + 무상해사고건수×D
  A, B, C, D는 장해정도별 비보험 코스트의 평균치

3) 버드의 방식

> 총 재해 코스트 = 직접비(1) + 간접비(5)

① 직접비(1) : 상해사고와 관련된 보상비 또는 의료비
② 간접비(5) : 비보험 재산 손실비용 + 비보험 기타 손실비용

> **Key Point**
>
> A사의 근로자는 1,000명, 연간재해건수는 60건이다. 지난해 납부한 산재보험료는 18,000,000원이며, 산재보상금은 12,650,000원을 받았다. A사의 재해건수 중 휴업상해는 10건, 통원상해건수는 15건, 구급조치 상해는 8건, 무상해사고건수는 20건인 바, A사의 재해손실비용을 Heinrich방식과 Simonds방식에 따라서 각각 구하시오. (단, A의 재해정도별 비보험 cost의 평균치는 다음과 같다. A : 900,000원, B : 290,000원, C : 150,000원, D : 200,000원이고 공식과 계산식도 표기하시오.)
>
> 1. 하인리히 방식
>   「총 재해 코스트 = 직접비 + 간접비」
>   가. 직접비 : 법령으로 정한 피해자에게 지급되는 산재보험비
>   나. 간접비 : 재산손실, 생산중단 등으로 기업이 입은 손실
>   다. 직접비 : 간접비 = 1 : 4
>   총 재해 코스트 = 12,650,000원 + 4 × 12,650,000원
>   = 63,250,000원
> 2. 시몬즈 방식
>   「총 재해 코스트 = 산재보험 코스트 + 비보험 코스트」
>   비보험 코스트 = 휴업상해건수×A + 통원상해건수×B
>   + 응급조치건수×C + 무상해상건수×D
>   총 재해 코스트 = 18,000,000원 + (10건×900,000원 + 15건
>   ×290,000원 + 8건×150,000 + 20건×200,000원)
>   = 36,550,000원

4) 콤패스 방식

전체재해손실 = 공동비용(불변) + 개별비용(변수)
① 공동비용 : 보험료, 기타
② 개별비용 : 작업손실비용, 수리비, 치료비 등

11 재해통계

1) 재해통계 목적 및 역할

① 재해원인을 분석하고 위험한 작업 및 여건 도출
② 합리적이고 경제적인 재해예방정책 방향 설정

③ 재해실태를 파악하여 예방활동에 필요한 기초자료 및 지표 제공
④ 재해예방사업 추진실적을 평가하는 측정수단

2) 재해의 통계적 원인분석 방법

① 파레토도 : 분류 항목을 큰 순서대로 도표화한 분석법
② 특성요인도 : 특성과 요인관계를 도표로 하여 어골상으로 세분화한 분석법
③ 클로즈(Close)분석도 : 데이터(Data)를 집계하고 표로 표시하여 요인별 결과 내역을 교차한 클로즈 그림을 작성하여 분석하는 방법
④ 관리도 : 재해발생 건수 등의 추이를 파악하여 목표관리를 행하는 데 필요한 월별 재해발생수를 그래프화하여 관리선을 설정·관리하는 방법

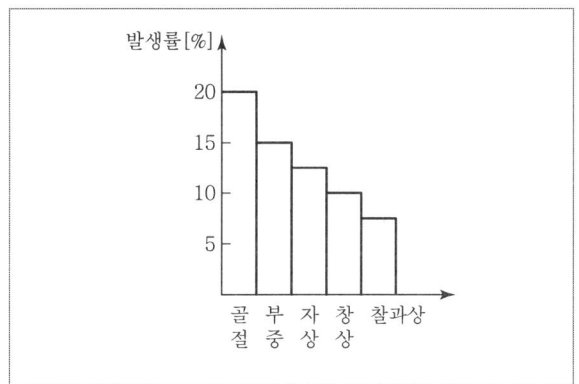

[파레토도]

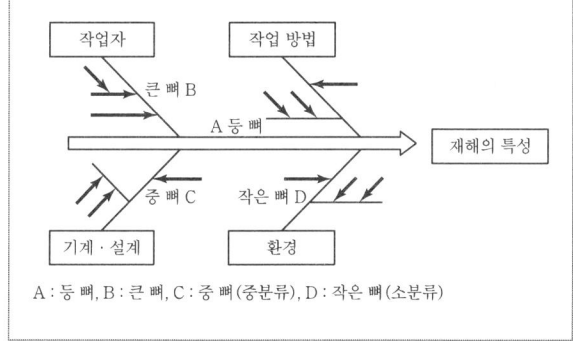

[특성 요인도]

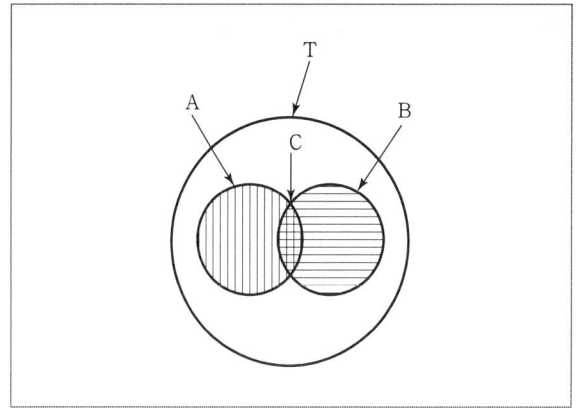

[클로즈 분석도]

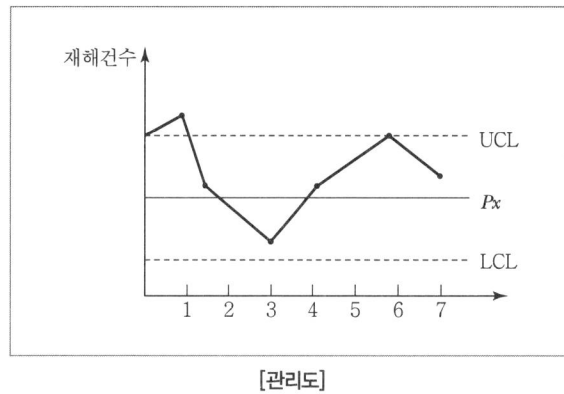

[관리도]

3) 재해통계 작성 시 유의할 점

① 활용 목적이 수행될 수 있도록 충분한 내용을 포함할 것
② 구체적으로 표시하고 내용은 쉽게 이해하며 이용할 수 있을 것
③ 재해요소를 정확히 파악하고 방지대책을 수립할 것
④ 정량적·수치적 표시할 것

12 사고의 본질적 특성

① 사고의 시간성
② 우연성 중의 법칙성
③ 필연성 중의 우연성
④ 사고의 재현 불가능성

13 재해(사고) 발생 시의 유형(모델)

1) 단순자극형(집중형)

상호자극에 의하여 순간적으로 재해가 발생하는 유형이다. 재해가 일어난 장소나 그 시점에 일시적으로 요인이 집중해야 한다.

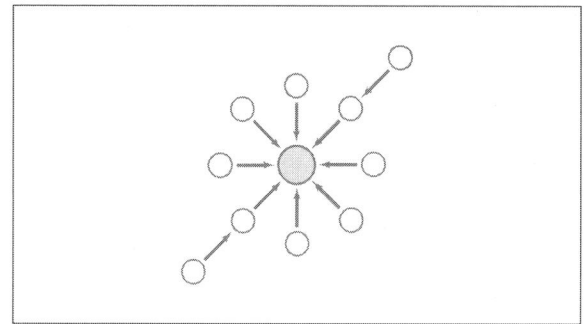

2) 연쇄형(사슬형)

하나의 사고요인이 또 다른 요인을 발생시키면서 재해를 발생시키는 유형이다. 단순연쇄형과 복합연쇄형이 있다.

3) 복합형

단순자극형과 연쇄형의 복합적인 발생유형이다. 일반적으로 대부분의 산업재해는 재해원인들이 복잡하게 결합되어 있는 복합형이다. 연쇄형의 경우에는 원인들 중에 하나를 제거하면 재해가 일어나지 않는다. 그러나 단순 자극형이나 복합형은 하나를 제거하더라도 재해가 일어나지 않는다는 보장이 없으므로, 도미노 이론은 적용되지 않는다. 이런 요인들은 부속적인 요인들에 불과하다. 따라서, 재해조사에 있어서는 가능한 한 모든 요인들을 파악하도록 해야 한다.

CHAPTER 04 안전점검 및 진단

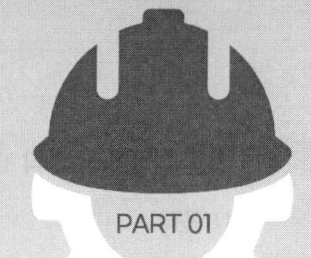

SECTION 01 안전점검의 정의 및 목적

1 안전점검

안전점검은 안전사고가 발생하기 전에 행하는 것이며 불안전한 상태 및 행동을 조사하여 사고를 미연에 방지

2 안전점검의 종류

1) 일상점검(수시점검)

작업 전·중·후 수시로 실시하는 점검

2) 정기점검

정해진 기간에 정기적으로 실시하는 점검

3) 특별점검

기계 기구의 신설 및 변경 시 고장, 수리 등에 의해 부정기적으로 실시하는 점검으로 안전강조기간 등에 실시하는 점검

4) 임시점검

이상 발견 시 또는 재해발생 시 임시로 실시하는 점검

> **Key Point**
> 안전점검의 종류를 4가지 쓰고 설명하시오.

3 체크리스트에 포함되어야 할 주요사항

① 점검대상
② 점검항목
③ 점검시기
④ 점검방법
⑤ 판정기준 및 조치사항

> **Key Point**
> 안전점검 기준을 정하여 점검실시를 하고자 한다. 체크리스트 내용에 포함시켜야 할 내용을 5가지 쓰시오.

4 작업표준

1) 작업표준의 목적

① 위험요인 제거
② 손실요인 제거
③ 작업의 효율화

2) 작업표준의 4가지 조건

① 안전
② 능률
③ 원가
④ 품질

> **Key Point**
> 작업표준의 정의와 목적을 3가지 쓰시오.
> 1. 정의 : 작업조건, 작업방법, 관리방법, 사용재료, 사용설비, 기타 취급상 주의사항 등에 관한 기준을 규정한 것
> 2. 목적 : 위험요인의 제거, 작업의 효율화, 손실요인 제거

5 작업위험분석

1) 목적
작업공정을 표준화하기 위해 작업공간, 작업순서, 동작의 개선 및 표준작업을 제도화하는 것

2) 작업개선방법
제거, 결합, 재조정, 단순화

3) 작업위험 분석방법
면접, 관찰, 설문, 혼합방법

4) 작업환경 개선방법
대체, 격리, 밀폐, 차단, 산업환기

6 동작 경제의 원칙

1) 신체 사용에 관한 원칙
① 두손의 동작은 같이 시작하고 같이 끝나도록 한다.
② 휴식시간을 제외하고는 양손이 동시에 쉬지 않도록 한다.
③ 두 팔의 동작은 동시에 서로 반대방향으로 대칭적으로 움직이도록 한다.
④ 손과 신체의 동작은 작업을 원만하게 처리할 수 있는 범위 내에서 가장 낮은 동작등급을 사용하도록 한다.
⑤ 가능한 한 관성(Momentum)을 이용하여 작업을 하도록 하되 작업자가 관성을 억제하여야 하는 경우에는 발생되는 관성을 최소한으로 줄인다.
⑥ 손의 동작은 부드럽고 연속적인 동작이 되도록 하며 방향이 갑작스럽게 크게 바뀌는 모양의 직선동작은 피하도록 한다.
⑦ 탄도동작(Ballistic Movement)은 제한되거나 통제된 동작보다 더 신속하고 용이하며 정확하다(예 숙련된 목수가 망치로 못을 박을 때 망치 궤적이 수평선 상의 직선이 아니고 포물선을 그리면서 작업을 하는 동작).
⑧ 가능하면 쉽고 자연스러운 리듬이 작업동작에 생기도록 작업을 배치한다.
⑨ 눈의 초점을 모아야 작업을 할 수 있는 경우는 가능하면 없애고 이것이 불가피할 경우에는 눈의 초점이 모아지는 서로 다른 두 작업지침 간의 거리를 짧게 한다.

2) 작업장 배치에 관한 원칙
① 모든 공구나 재료는 정해진 위치에 있도록 한다.
② 공구, 재료 및 제어장치는 사용위치에 가까이 두도록 한다(정상작업영역, 최대작업영역).
③ 중력이송원리를 이용한 부품상자(Gravity Feed Bath)나 용기를 이용하여 부품을 부품사용장소에 가까이 보낼 수 있도록 한다.
④ 가능하다면 낙하식 운반(Drop Delivery)방법을 사용한다.
⑤ 공구나 재료는 작업동작이 원활하게 수행되도록 그 위치를 정해준다.
⑥ 작업자가 잘 보면서 작업을 할 수 있도록 적절한 조명을 비추어 준다.
⑦ 작업자가 작업 중 자세의 변경, 즉 앉거나 서는 것을 임의로 할 수 있도록 작업대와 의자높이가 조정되도록 한다.
⑧ 작업자가 좋은 자세를 취할 수 있도록 높이가 조절되는 좋은 디자인의 의자를 제공한다.

3) 공구 및 설비 설계(디자인)에 관한 원칙
① 치구나 족답장치(Foot-operated Device)를 효과적으로 사용할 수 있는 작업에서는 이러한 장치를 사용하도록 하여 양손이 다른 일을 할 수 있도록 한다.
② 가능하면 공구 기능을 결합하여 사용하도록 한다.
③ 공구와 자세는 가능한 한 사용하기 쉽도록 미리 위치를 잡아준다(Preposition).
④ (타자 칠 때와 같이) 각 손가락이 서로 다른 작업을 할 때에는 작업량을 각 손가락의 능력에 맞게 분배해야 한다.
⑤ 레버(Lever), 핸들 그리고 제어장치는 작업자가 몸의 자세를 크게 바꾸지 않더라도 조작하기 쉽도록 배열한다.

4) 동작의 실패 방지대책
① 착각을 일으킬 수 있는 외부 조건이 없을 것
② 감각기의 기능이 정상적일 것
③ 올바른 판단을 내리기 위해 필요한 지식을 갖고 있을 것
④ 시간적, 수량적으로 능력을 발휘할 수 있는 체력이 있을 것
⑤ 의식 동작을 필요로 할 때에 무의식 동작을 행하지 않을 것

memo

산업안전기사 실기　ENGINEER INDUSTRIAL SAFETY

PART 02

안전교육 및 심리

CHAPTER 01 안전교육
CHAPTER 02 산업심리

CHAPTER 01 안전교육

SECTION 01
안전교육지도

1 교육의 목적

피교육자의 발달을 효과적으로 도와줌으로써 이상적인 상태가 되도록 하는 것을 말함

2 교육의 개념(효과)

① 신입직원에게 기업 방침과 규정을 파악함으로써 친근감 및 안정감 부여
② 직무에 대한 지도를 받아 질과 양이 모두 표준에 도달하고 임금의 증가 도모
③ 기계·설비의 관리를 통한 산업재해 예방
④ 직원의 불만과 결근, 이동 방지
⑤ 내부 이동에 대비하여 능력의 다양화, 승진에 대비한 능력 향상 도모
⑥ 새로 도입된 신기술 관련 근로자 적응도 향상

3 안전교육지도의 8원칙

① 상대방의 입장에서
② 동기부여를
③ 쉬운 것에서 어려운 것으로
④ 반복
⑤ 한번에 하나를
⑥ 인상의 강화
⑦ 오감의 활용
⑧ 기능적인 이해

4 학습지도 이론

① 자발성의 원리 : 학습자 스스로 학습에 참여해야 한다는 원리
② 개별화의 원리 : 학습자가 가지고 있는 각각의 요구 및 능력에 맞게 지도해야 한다는 원리
③ 사회화의 원리 : 공동학습을 통해 협력과 사회화를 도와준다는 원리
④ 통합의 원리 : 학습을 종합적으로 지도하는 것으로 학습자의 능력을 조화있게 발달시키는 원리
⑤ 직관의 원리 : 구체적인 사물을 제시하거나 경험 등을 통해 학습효과를 거둘 수 있다는 원리

SECTION 02
교육법의 4단계

① 도입(1단계) : 학습할 준비를 시킴(배우고자 하는 마음가짐을 일으키는 단계)
② 제시(2단계) : 작업을 설명함(내용을 확실하게 이해시키고 납득시키는 단계)
③ 적용(3단계) : 작업을 지휘함(이해시킨 내용을 활용시키거나 응용시키는 단계)
④ 확인(4단계) : 가르친 뒤 살펴봄(교육 내용을 정확하게 이해하였는가를 테스트하는 단계)

[교육방법에 따른 교육시간]

교육법의 4단계	강의식	토의식
제1단계 – 도입(준비)	5분	5분
제2단계 – 제시(설명)	40분	10분
제3단계 – 적용(응용)	10분	40분
제4단계 – 확인(총괄)	5분	5분

SECTION 03 안전보건교육의 기본방향

① 안전의식의 향상 : 안전의식 함양이 가장 필수 요소임
② 재해사례를 통한 유사재해 방지 : 사고사례를 교육함으로써 유사재해의 재발방지
③ 표준작업방법 교육 : 표준작업방법의 교육을 통한 효율성 도모

SECTION 04 안전보건교육의 단계

1 안전보건교육의 단계

① 지식교육(1단계) : 지식의 전달과 이해
② 기능교육(2단계) : 실습, 시범을 통한 이해
③ 태도교육(3단계) : 안전의 습관화(가치관 형성)
    ㉠ 청취(들어본다.)
    ㉡ 이해, 납득(이해시킨다.)
    ㉢ 모범(시범을 보인다.)
    ㉣ 권장(평가한다.)
④ 추후지도

SECTION 05 안전보건교육계획과 그 내용

1 안전교육계획 수립 시에 고려할 사항

① 필요한 정보를 수집
② 현장의 의견을 충분히 반영
③ 안전교육 시행 체계 고려
④ 법 규정에 의한 교육에만 그치지 않음

2 안전교육의 내용(안전교육계획 수립시 포함되어야 할 사항)

① 교육의 종류
② 교육대상
③ 교육과목 및 교육내용
④ 교육기간 및 시간
⑤ 교육장소
⑥ 교육방법
⑦ 교육담당자 및 강사

3 교육준비계획에 포함되어야 할 사항

① 교육목표설정
② 교육대상자 범위 결정
③ 교육과정의 결정
④ 교육방법의 결정
⑤ 강사, 조교 편성
⑥ 교육보조자료의 선정

4 작성순서

① 교육의 필요점 발견
② 교육대상을 결정하고 그것에 따라 교육내용 및 방법 결정
③ 교육준비
④ 교육실시
⑤ 평가

SECTION 06 O.J.T와 OFF J.T

1 O.J.T(직장 내 교육훈련)

직속상사가 직장 내에서 작업표준을 가지고 업무상의 개별교육이나 지도훈련을 하는 것(개별교육에 적합)
① 개인별 적절한 지도훈련 가능

② 직장 실정에 맞는 실제적 훈련 가능
③ 효과의 즉각적인 업무 반영 및 개선 용이

2 OFF J.T(직장 외 교육훈련)

계층별 직능별로 공통된 교육대상자를 현장 이외의 한 장소에 모아 집합교육을 실시하는 교육형태(집단교육에 적합)
① 다수의 근로자에게 조직적 훈련을 행하는 것이 가능
② 훈련에만 전념
③ 각각 전문가를 강사로 초청하는 것이 가능
④ OFF J.T 안전교육 4단계
  ㉠ 1단계 : 학습할 준비를 시킨다.
  ㉡ 2단계 : 작업을 설명한다.
  ㉢ 3단계 : 작업을 시켜본다.
  ㉣ 4단계 : 가르친 뒤 이를 살펴본다.

3 TWI(Training Within Industry)

주로 관리감독자를 대상으로 하며 전체 교육시간은 10시간(1일 2시간씩 5일 교육)으로 실시한다. 한 그룹에 10명 내외로 토의법과 실연법 중심으로 강의가 실시되며 훈련의 종류는 다음과 같다.
① 작업지도훈련(JIT ; Job Instruction Training)
② 작업방법훈련(JMT ; Job Method Training)
③ 인간관계훈련(JRT ; Job Relations Training)
④ 작업안전훈련(JST ; Job Safety Training)

SECTION 07
학습목적과 학습성과

1 학습목적의 3요소

① 주제
② 학습정도
③ 목표

2 학습진행 4단계

① 인지
② 지각
③ 이해
④ 적용

3 학습성과

학습목적을 세분하여 구체적으로 결정하는 것

4 교육의 3요소

① 주체 : 강사
② 객체 : 수강자(학생)
③ 매개체 : 교재(교육내용)

SECTION 08
교육훈련평가

1 학습평가의 기본적인 기준

① 타당성
② 신뢰성
③ 객관성
④ 실용성

2 교육훈련평가의 4단계

① 반응 → ② 학습 → ③ 행동 → ④ 결과

3 교육훈련의 평가방법

① 설문
② 감상문
③ 시험
④ 과제

⑤ 관찰
⑥ 면접
⑦ 상호평가

SECTION 09 산업안전보건법상 교육의 종류와 교육시간 및 교육내용

1 사업 내 안전보건교육

(「산업안전보건법 시행규칙」 별표 4)

1) 근로자 안전보건교육

교육과정	교육대상		교육시간
가. 정기교육	1) 사무직 종사 근로자		매반기 6시간 이상
	2) 그 밖의 근로자	가) 판매업무에 직접 종사하는 근로자	매반기 6시간 이상
		나) 판매업무에 직접 종사하는 근로자 외의 근로자	매반기 12시간 이상
나. 채용 시 교육	1) 일용근로자 및 근로계약기간이 1주일 이하인 기간제근로자		1시간 이상
	2) 근로계약기간이 1주일 초과 1개월 이하인 기간제근로자		4시간 이상
	3) 그 밖의 근로자		8시간 이상
다. 작업내용 변경 시 교육	1) 일용근로자 및 근로계약기간이 1주일 이하인 기간제근로자		1시간 이상
	2) 그 밖의 근로자		2시간 이상
라. 특별교육	1) 일용근로자 및 근로계약기간이 1주일 이하인 기간제근로자 : 별표 5 제1호라목(제39호는 제외한다)에 해당하는 작업에 종사하는 근로자에 한정한다.		2시간 이상
	2) 일용근로자 및 근로계약기간이 1주일 이하인 기간제근로자 : 별표 5 제1호라목제39호에 해당하는 작업에 종사하는 근로자에 한정한다.		8시간 이상
	3) 일용근로자 및 근로계약기간이 1주일 이하인 기간제근로자를 제외한 근로자 : 별표 5 제1호라목에 해당하는 작업에 종사하는 근로자에 한정한다.		가) 16시간 이상(최초 작업에 종사하기 전 4시간 이상 실시하고 12시간은 3개월 이내에서 분할하여 실시 가능) 나) 단기간 작업 또는 간헐적 작업인 경우에는 2시간 이상
마. 건설업 기초안전·보건교육	건설 일용근로자		4시간 이상

2) 관리감독자 안전보건교육

교육대상	교육시간
가. 정기교육	연간 16시간 이상
나. 채용 시 교육	8시간 이상
다. 작업내용 변경 시 교육	2시간 이상
라. 특별교육	16시간 이상(최초 작업에 종사하기 전 4시간 이상 실시하고, 12시간은 3개월 이내에서 분할하여 실시 가능)
	단기간 작업 또는 간헐적 작업인 경우에는 2시간 이상

3) 안전보건관리책임자 등에 대한 교육

교육대상	교육시간	
	신규교육	보수교육
가. 안전보건관리책임자	6시간 이상	6시간 이상
나. 안전관리자, 안전관리전문기관의 종사자	34시간 이상	24시간 이상
다. 보건관리자, 보건관리전문기관의 종사자	34시간 이상	24시간 이상
라. 건설재해예방 전문지도기관의 종사자	34시간 이상	24시간 이상
마. 석면조사기관의 종사자	34시간 이상	24시간 이상
바. 안전보건관리담당자	–	8시간 이상
사. 안전검사기관, 자율안전검사기관의 종사자	34시간 이상	24시간 이상

> **🔑 Key Point**
>
> 사업 내 안전보건교육의 종류 4가지를 쓰시오
>
> 1. 근로자 안전보건교육
> 2. 관리감독자 안전보건교육
> 3. 채용 시 교육
> 4. 작업내용 변경 시의 교육
> 5. 특별교육

2 교육대상별 교육내용(「산업안전보건법 시행규칙」 별표 5)

1) 근로자 안전보건교육(제26호제1항 관련)

(1) 정기교육

교육내용
• 산업안전 및 사고 예방에 관한 사항
• 산업보건 및 직업병 예방에 관한 사항
• 위험성 평가에 관한 사항
• 건강증진 및 질병 예방에 관한 사항
• 유해·위험 작업환경 관리에 관한 사항
• 산업안전보건법령 및 산업재해보상보험 제도에 관한 사항
• 직무스트레스 예방 및 관리에 관한 사항
• 직장 내 괴롭힘, 고객의 폭언 등으로 인한 건강장해 예방 및 관리에 관한 사항

(2) 채용 시 교육 및 작업내용 변경 시 교육

교육내용
• 산업안전 및 사고 예방에 관한 사항
• 산업보건 및 직업병 예방에 관한 사항
• 위험성 평가에 관한 사항
• 산업안전보건법령 및 산업재해보상보험 제도에 관한 사항
• 직무스트레스 예방 및 관리에 관한 사항
• 직장 내 괴롭힘, 고객의 폭언 등으로 인한 건강장해 예방 및 관리에 관한 사항
• 기계·기구의 위험성과 작업의 순서 및 동선에 관한 사항
• 작업 개시 전 점검에 관한 사항
• 정리정돈 및 청소에 관한 사항
• 사고 발생 시 긴급조치에 관한 사항
• 물질안전보건자료에 관한 사항

2) 관리감독자 안전보건교육

(1) 정기교육

교육내용
• 산업안전 및 사고 예방에 관한 사항
• 산업보건 및 직업병 예방에 관한 사항
• 위험성평가에 관한 사항
• 유해·위험 작업환경 관리에 관한 사항
• 산업안전보건법령 및 산업재해보상보험 제도에 관한 사항
• 직무스트레스 예방 및 관리에 관한 사항
• 직장 내 괴롭힘, 고객의 폭언 등으로 인한 건강장해 예방 및 관리에 관한 사항
• 작업공정의 유해·위험과 재해 예방대책에 관한 사항
• 사업장 내 안전보건관리체제 및 안전·보건조치 현황에 관한 사항
• 표준안전 작업방법 결정 및 지도·감독 요령에 관한 사항
• 현장근로자와의 의사소통능력 및 강의능력 등 안전보건교육 능력 배양에 관한 사항
• 비상시 또는 재해 발생 시 긴급조치에 관한 사항
• 그 밖의 관리감독자의 직무에 관한 사항

(2) 채용 시 교육 및 작업내용 변경 시 교육

교육내용
• 산업안전 및 사고 예방에 관한 사항
• 산업보건 및 직업병 예방에 관한 사항
• 위험성평가에 관한 사항
• 산업안전보건법령 및 산업재해보상보험 제도에 관한 사항
• 직무스트레스 예방 및 관리에 관한 사항
• 직장 내 괴롭힘, 고객의 폭언 등으로 인한 건강장해 예방 및 관리에 관한 사항
• 기계·기구의 위험성과 작업의 순서 및 동선에 관한 사항
• 작업 개시 전 점검에 관한 사항
• 물질안전보건자료에 관한 사항
• 사업장 내 안전보건관리체제 및 안전·보건조치 현황에 관한 사항
• 표준안전 작업방법 결정 및 지도·감독 요령에 관한 사항
• 비상시 또는 재해 발생 시 긴급조치에 관한 사항
• 그 밖의 관리감독자의 직무에 관한 사항

3) 특별교육대상작업별 교육내용

작업명	교육내용
〈공통내용〉 제1호부터 제40호까지의 작업	채용 시의 교육 및 작업내용변경 시의 교육과 같은 내용
〈개별내용〉 1. 고압실 내 작업(잠함공법이나 그 밖의 압기공법으로 대기압을 넘는 기압인 작업실 또는 수갱 내부에서 하는 작업만 해당한다)	• 고기압 장해의 인체에 미치는 영향에 관한 사항 • 작업의 시간·작업 방법 및 절차에 관한 사항 • 압기공법에 관한 기초지식 및 보호구 착용에 관한 사항 • 이상 발생 시 응급조치에 관한 사항 • 그 밖에 안전·보건관리에 필요한 사항
2. 아세틸렌 용접장치 또는 가스집합 용접장치를 사용하는 금속의 용접·용단 또는 가열작업(발생기·도관 등에 의하여 구성되는 용접장치만 해당한다)	• 용접 흄, 분진 및 유해광선 등의 유해성에 관한 사항 • 가스용접기, 압력조정기, 호스 및 취관두 등의 기기점검에 관한 사항 • 작업방법·순서 및 응급처치에 관한 사항 • 안전기 및 보호구 취급에 관한 사항 • 화재예방 및 초기대응에 관한 사항 • 그 밖에 안전·보건관리에 필요한 사항
3. 밀폐된 장소(탱크 내 또는 환기가 극히 불량한 좁은 장소를 말한다)에서 하는 용접작업 또는 습한 장소에서 하는 전기용접 장치	• 작업순서, 안전작업방법 및 수칙에 관한 사항 • 환기설비에 관한 사항 • 전격 방지 및 보호구 착용에 관한 사항 • 질식 시 응급조치에 관한 사항 • 작업환경 점검에 관한 사항 • 그 밖에 안전·보건관리에 필요한 사항
4. 폭발성·물반응성·자기반응성·자기발열성 물질, 자연발화성 액체·고체 및 인화성 액체의 제조 또는 취급작업(시험연구를 위한 취급작업은 제외한다)	• 폭발성·물반응성·자기반응성·자기발열성 물질, 자연발화성 액체·고체 및 인화성 액체의 성질이나 상태에 관한 사항 • 폭발 한계점, 발화점 및 인화점 등에 관한 사항 • 취급방법 및 안전수칙에 관한 사항 • 이상 발견 시의 응급처치 및 대피 요령에 관한 사항 • 화기·정전기·충격 및 자연발화 등의 위험방지에 관한 사항 • 작업순서, 취급주의사항 및 방호거리 등에 관한 사항 • 그 밖에 안전·보건관리에 필요한 사항
5. 액화석유가스·수소가스 등 인화성 가스 또는 폭발성 물질 중 가스의 발생장치 취급 작업	• 취급가스의 상태 및 성질에 관한 사항 • 발생장치 등의 위험 방지에 관한 사항 • 고압가스 저장설비 및 안전취급방법에 관한 사항 • 설비 및 기구의 점검 요령 • 그 밖에 안전·보건관리에 필요한 사항
6. 화학설비 중 반응기, 교반기·추출기의 사용 및 세척작업	• 각 계측장치의 취급 및 주의에 관한 사항 • 투시창·수위 및 유량계 등의 점검 및 밸브의 조작주의에 관한 사항 • 세척액의 유해성 및 인체에 미치는 영향에 관한 사항 • 작업 절차에 관한 사항 • 그 밖에 안전·보건관리에 필요한 사항

3 안전보건관리책임자 등에 대한 교육내용

(「산업안전보건법 시행규칙」 제29조제2항 관련)

교육대상	교육내용	
	신규과정	보수과정
안전보건 관리책임자	• 관리책임자의 책임과 직무에 관한 사항 • 산업안전보건법령 및 안전·보건조치에 관한 사항	• 산업안전·보건정책에 관한 사항 • 자율안전·보건관리에 관한 사항
안전관리자 및 안전관리 전문기관 종사자	• 산업안전보건법령에 관한 사항 • 산업안전보건개론에 관한 사항 • 인간공학 및 산업심리에 관한 사항 • 안전보건교육방법에 관한 사항 • 재해 발생 시 응급처치에 관한 사항 • 안전점검·평가 및 재해 분석기법에 관한 사항 • 안전기준 및 개인보호구 등 분야별 재해예방 실무에 관한 사항 • 산업안전보건관리비 계상 및 사용기준에 관한 사항 • 작업환경 개선 등 산업위생 분야에 관한 사항 • 무재해운동 추진기법 및 실무에 관한 사항 • 위험성평가에 관한 사항 • 그 밖에 안전관리자의 직무 향상을 위하여 필요한 사항	• 산업안전보건법령 및 정책에 관한 사항 • 안전관리계획 및 안전보건개선계획의 수립·평가·실무에 관한 사항 • 안전보건교육 및 무재해운동 추진실무에 관한 사항 • 산업안전보건관리비 사용기준 및 사용방법에 관한 사항 • 분야별 재해 사례 및 개선 사례에 관한 연구와 실무에 관한 사항 • 사업장 안전 개선기법에 관한 사항 • 위험성평가에 관한 사항 • 그 밖에 안전관리자 직무 향상을 위하여 필요한 사항
보건관리자 및 보건관리 전문기관 종사자	• 산업안전보건법령 및 작업환경 측정에 관한 사항 • 산업안전보건개론에 관한 사항 • 안전보건교육방법에 관한 사항 • 산업보건관리계획 수립·평가 및 산업역학에 관한 사항 • 작업환경 및 직업병 예방에 관한 사항 • 작업환경 개선에 관한 사항(소음·분진·관리대상 유해물질 및 유해광선 등) • 산업역학 및 통계에 관한 사항 • 산업환기에 관한 사항 • 안전보건관리의 체제·규정 및 보건관리자 역할에 관한 사항 • 보건관리계획 및 운용에 관한 사항 • 근로자 건강관리 및 응급처치에 관한 사항 • 위험성평가에 관한 사항 • 감염병 예방에 관한 사항 • 자살 예방에 관한 사항 • 그 밖에 보건관리자의 직무 향상을 위하여 필요한 사항	• 산업안전보건법령, 정책 및 작업환경 관리에 관한 사항 • 산업보건관리계획 수립·평가 및 안전보건교육 추진 요령에 관한 사항 • 근로자 건강 증진 및 구급환자 관리에 관한 사항 • 산업위생 및 산업환기에 관한 사항 • 직업병 사례 연구에 관한 사항 • 유해물질별 작업환경 관리에 관한 사항 • 감염병 예방에 관한 사항 • 자살 예방에 관한 사항 • 위험성평가에 관한 사항 • 그 밖에 보건관리자 직무 향상을 위하여 필요한 사항

교육대상	교육내용	
	신규과정	보수과정
안전보건 관리담당자		• 위험성평가에 관한 사항 • 안전·보건교육방법에 관한 사항 • 사업장 순회점검 및 지도에 관한 사항 • 기계·기구의 적격품 선정에 관한 사항 • 산업재해 통계의 유지·관리 및 조사에 관한 사항 • 그 밖에 안전보건관리담당자 직무 향상을 위하여 필요한 사항

🔑 Key Point

액화석유가스·수소가스 등 인화성 가스 또는 폭발성 물질 중 가스의 발생장치 취급작업 시 특별교육 내용을 4가지 쓰시오

1. 취급가스의 상태 및 성질에 관한 사항
2. 발생장치 등의 위험방지에 관한 사항
3. 고압가스 저장설비 및 안전취급방법에 관한 사항
4. 설비 및 기구의 점검요령
5. 그 밖에 안전보건관리에 필요한 사항

CHAPTER 02 산업심리

SECTION 01 착각현상

착각은 물리현상을 왜곡하는 지각현상을 말함
① 자동운동 : 암실 내에서 정지된 작은 광점을 응시하면 움직이는 것처럼 보이는 현상
② 유도운동 : 실제로는 정지한 물체가 어느 기준물체의 이동에 따라 움직이는 것처럼 보이는 현상
③ 가현운동 : 영화처럼 물체가 빨리 나타나거나 사라짐으로 인해 운동하는 것처럼 보이는 현상

SECTION 02 주의력과 부주의

1 주의의 특성

1) 선택성(소수의 특정한 것에 한한다)

인간은 어떤 사물을 기억하는 데에 3단계의 과정을 거친다. 첫째 단계는 감각보관(Sensory Storage)으로 시각적인 잔상(殘像)과 같이 자극이 사라진 후에도 감각기관에 그 자극감각이 잠시 지속되는 것을 말한다.
둘째 단계는 단기기억(Short-Term Memory)으로 누구에게 전해야 할 전언(傳言)을 잠시 기억하는 것처럼 관련 정보를 잠시 기억하는 것인데, 감각보관으로부터 정보를 암호화하여 단기기억으로 이전하기 위해서는 인간이 그 과정에 주의를 집중해야 한다.
셋째 단계인 장기기억(Long-Term Memory)은 단기기억 내의 정보를 의미론적으로 암호화하여 보관하는 것이다.

인간의 정보처리 능력은 한계가 있으므로 모든 정보가 단기기억으로 입력될 수는 없다. 따라서 입력정보들 중 필요한 것만을 골라내는 기능을 담당하는 선택여과기(Selective Filter)가 있는 셈인데, 브로드벤트(Broadbent)는 이러한 주의의 특성을 선택적 주의(Selective Attention)라 하였다.

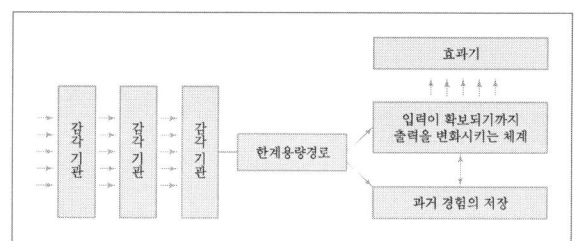

[브로드벤트(Broadbent)의 선택적 주의 모형]

2) 방향성(시선의 초점이 맞았을 때 쉽게 인지된다)

주의의 초점에 합치된 것은 쉽게 인식되지만 초점으로부터 벗어난 부분은 무시되는 성질을 말하는데, 얼마나 집중하였느냐에 따라 무시되는 정도도 달라진다.
정보를 입수할 때에 중요한 정보의 발생방향을 선택하여 그 곳으로부터 중점적인 정보를 입수하고 그 이외의 것을 무시하는 이러한 주의의 특성을 집중적 주의(Focused Attention)라고 하기도 한다.

3) 변동성

인간은 한 점에 계속하여 주의를 집중할 수는 없다. 주의를 계속하는 사이에 언제인가 자신도 모르게 다른 일을 생각하게 된다. 이것을 다른 말로 '의식의 우회'라고 표현하기도 한다. 대체적으로 변화가 없는 한 가지 자극에 명료하게 의식을 집중할 수 있는 시간은 불과 수초에 지나지 않고, 주의집중 작업 혹은 각성을 요하는 작업(Vigilance Task)은 30분을 넘어서면 작업성능이 현저하게 저하한다.

그림에서 주의가 외향(外向) 혹은 전향(前向)이라는 것은 인간의 의식이 외부사물을 관찰하는 등 외부정보에 주의를 기울이고 있을 때이고, 내향(內向)이라는 것은 자신의 사고(思考)나 사색에 잠기는 등 내부의 정보처리에 주의 집중하고 있는 상태를 말한다.

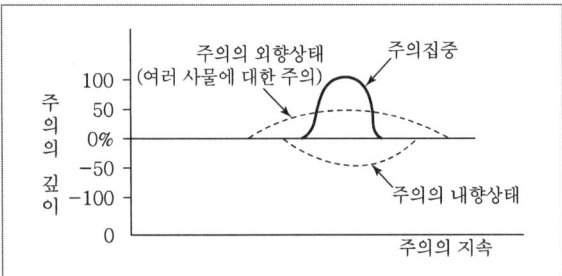

[주의집중의 도식화]

Key Point

부주의의 원인 4가지를 쓰시오

1. 의식의 우회
2. 의식수준의 저하
3. 의식의 단절
4. 의식의 과잉

2 부주의 원인

1) 의식의 우회
의식의 흐름이 옆으로 빗나가 발생하는 것

2) 의식수준의 저하
혼미한 정신상태에서 심신이 피로할 경우나 단조로운 반복 작업 등의 경우에 일어나기 쉬움

3) 의식의 단절
지속적인 의식의 흐름에 단절이 생기고 공백의 상태가 나타나는 것

4) 의식의 과잉
지나친 의욕에 의해서 생기는 부주의 현상

5) 부주의 발생원인 및 대책

(1) 내적원인 및 대책
① 소질적 조건 : 적성배치
② 경험 및 미경험 : 교육
③ 의식의 우회 : 상담

(2) 외적원인 및 대책
① 작업환경조건 불량 : 환경정비
② 작업순서의 부적당 : 작업순서정비

SECTION 03
안전사고와 사고심리

1 안전사고 요인

1) 정신적 요소
① 안전의식 부족
② 주의력 부족
③ 방심, 공상
④ 판단력 부족

2) 생리적 요소
① 극도의 피로
② 시력 및 청각기능 이상
③ 근육 운동 부적합
④ 생리 및 신경계통 이상

3) 불안전행동

(1) 직접적인 원인

지식의 부족, 기능 미숙, 태도불량, 인간에러 등

(2) 간접적인 원인

① 망각 : 학습된 행동이 지속되지 않고 소멸되는 것으로 기억된 내용의 망각은 시간의 경과에 비례하여 급격히 진행
② 의식의 우회 : 공상, 외상 등
③ 생략행위 : 정해진 순서를 빠뜨리는 것
④ 억측판단 : 자기 멋대로 하는 주관적인 판단
⑤ 4M 요인 : 인간관계(Man), 설비(Machine), 작업환경(Media), 관리(Management)

2 산업안전심리의 5대 요소

1) 동기(Motive)
능동력은 감각에 의한 자극에서 일어나는 사고의 결과로서 사람의 마음을 움직이는 원동력

2) 기질(Temper)
인간의 성격, 능력 등 개인적인 특성을 말하는 것으로 생활환경에 영향을 받음

3) 감정(Emotion)
희노애락의 의식

4) 습성(Habits)
동기, 기질, 감정 등이 밀접한 관계를 형성하여 인간의 행동에 영향을 미칠 수 있도록 하는 것

5) 습관(Custom)
자신도 모르게 습관화된 현상을 말하며 습관에 영향을 미치는 요소는 동기, 기질, 감정, 습성이 있음

3 착오의 종류 및 요인

1) 착오의 종류
① 위치착오
② 순서착오
③ 패턴의 착오
④ 기억의 착오
⑤ 형(모양)의 착오

2) 착오의 요인
① 정보부족(정보량의 저장한계)
② 정서적 불안정(심리적 능력한계)
③ 자기합리화

SECTION 04
재해빈발자의 유형

1 재해빈발설

1) 기회설
개인의 문제가 아니라 작업 자체에 문제가 있어 재해가 빈발

2) 암시설
재해를 한번 경험한 사람은 심리적 압박을 받게 되어 대처능력이 떨어져 재해가 빈발

3) 빈발 경향자설
재해를 자주 일으키는 소질을 가진 근로자가 있다는 설

2 재해누발자 유형

1) 미숙성 누발자
환경에 익숙하지 못하거나 기능 미숙으로 인한 재해 누발자

2) 상황성 누발자
작업이 어렵거나, 기계설비의 결함, 주의력의 집중이 혼란된 경우, 심신의 근심으로 사고 경향자가 되는 경우(상황이 변하면 안전한 성향으로 바뀜)

3) 습관성 누발자
재해의 경험으로 신경과민이 되거나 슬럼프에 빠지기 때문에 사고경향자가 되는 경우

4) 소질성 누발자
지능, 성격, 감각운동 등에 의한 소질적 요소에 의해서 결정되는 특수성격 소유자

> **Key Point**
>
> 재해누발자 유형 4가지를 쓰시오
>
> 1. 미숙성 누발자 : 기능 미숙으로 인한 재해누발자
> 2. 상황성 누발자 : 심신의 근심으로 사고경향자가 되는 경우
> 3. 습관성 누발자 : 재해의 경험 등으로 사고경향자가 되는 경우
> 4. 소질성 누발자 : 소질적 요소에 의해서 결정되는 특수성격 소유자

SECTION 05
노동과 피로

1 피로의 증상과 대책

1) 피로의 정의
신체적 또는 정신적으로 지치거나 약해진 상태로서 작업능률의 저하, 신체기능의 저하 등의 증상이 나타나는 상태

2) 피로의 종류
① 주관적 피로 : 피로감을 느끼는 자각증세(정신적 피로)
② 객관적 피로 : 작업피로로 인해 생산성의 저하로 나타남(육체적 피로)
③ 생리적 피로 : 작업능력 또는 생리적 기능의 저하

3) 피로의 발생원인

(1) 피로의 요인
① 작업조건 : 작업강도, 작업속도, 작업시간 등
② 환경조건 : 온도, 습도, 소음, 조명 등
③ 생활조건 : 수면, 식사, 취미활동 등
④ 사회적 조건 : 대인관계, 생활수준 등
⑤ 신체적, 정신적 조건

(2) 기계적 요인과 인간적 요인
① 기계적 요인 : 기계의 종류, 조작부분의 배치, 색채, 조작부분의 감촉 등
② 인간적 요인 : 신체상태, 정신상태, 작업내용, 작업시간, 사회환경, 작업환경 등

4) 피로의 예방과 회복대책
① 작업부하를 적게 할 것
② 정적동작을 피할 것
③ 작업속도를 적절하게 할 것
④ 근로시간과 휴식을 적절하게 할 것
⑤ 목욕이나 가벼운 체조를 할 것
⑥ 수면을 충분히 취할 것

2 피로의 측정방법

1) 신체활동의 생리학적 측정분류
작업을 할 때 인체가 받는 부담은 작업의 성질에 따라 상당한 차이가 있다. 이 차이를 연구하기 위한 방법이 생리적 변화를 측정하는 것이다. 즉, 산소소비량, 근전도, 플리커치 등으로 인체의 생리적 변화를 측정한다.
① 근전도(EMG) : 근육활동의 전위차를 기록하여 측정
② 심전도(ECG) : 심장의 근육활동의 전위차를 기록하여 측정
③ 산소소비량
④ 정신적 작업부하에 관한 생리적 측정치
  ㉠ 점멸융합주파수(플리커법) : 사이가 벌어져 회전하는 원판으로 들어오는 광원의 빛을 단속시켜 연속광으로 보이는지 단속광으로 보이는지 경계에서의 빛의 단속주기를 플리커치라 한다. 정신적으로 피로한 경우에는 주파수 값이 내려가는 것으로 알려져 있다.
  ㉡ 기타 정신부하에 관한 생리적 측정치 : 눈꺼풀의 깜박임율(Blink Rate), 동공지름(Pupil Diameter), 뇌의 활동 전위를 측정하는 뇌파도(EEG ; Elecroencephalogram)

2) 피로의 측정방법
① 생리학적 측정 : 근력 및 근활동(EMG), 대뇌활동(EEG), 호흡(산소소비량), 순환기(ECG)
② 생화학적 측정 : 혈액농도 측정, 혈액수분 측정, 요 전해질, 요 단백질 측정
③ 심리학적 측정 : 피부저항, 동작분석, 연속반응시간, 집중력

Key Point

피로(Fatigue)의 종류에는 어떠한 것이 있으며, 피로의 판정방법 2가지를 쓰시오.

1. 피로의 종류 : 주관적 피로, 객관적 피로, 생리적 피로
2. 피로의 측정방법 : 생리학적 측정, 생화학적 측정, 심리학적 측정

3 작업강도와 피로

1) 작업강도(RMR ; Relative Metabolic Rate) : 에너지 대사율

$$RMR = \frac{(\text{작업 시 소비에너지} - \text{안정 시 소비에너지})}{\text{기초대사 시 소비에너지}}$$

$$= \frac{\text{작업대사량}}{\text{기초대사량}}$$

① 작업 시 소비에너지 : 작업 중 소비한 산소량
② 안정 시 소비에너지 : 의자에 앉아서 호흡하는 동안 소비한 산소량
③ 기초대사량 : 체표면적 산출식과 기초대사량 표에 의해 산출

$$A = H^{0.725} \times W^{0.425} \times 72.46$$

여기서, A : 몸의 표면적(cm^2), H : 신장(cm), W : 체중(kg)

Key Point

다음 아래의 조건에 따라 RMR을 계산하시오.
- 기초 대사량 7,000kcal/day
- 작업 시 소비에너지 20,000kcal/day
- 안정시 소비에너지 6,000kcal/day

$$RMR = \frac{(\text{작업 시 소비에너지} - \text{안정 시 소비에너지})}{\text{기초대사 시 소비에너지}}$$

$$= \frac{\text{작업대사량}}{\text{기초대사량}} = \frac{20,000 - 6,000}{7,000} = 2$$

2) 에너지 대사율(RMR)에 의한 작업강도

① 경(輕)작업(0~2RMR) : 사무실 작업, 정신작업 등
② 중(中)작업(2~4RMR) : 힘이나 동작, 속도가 작은 하체작업 등
③ 중(重)작업(4~7RMR) : 전신작업 등
④ 초중(超重)작업(7RMR 이상) : 과격한 전신작업

4 휴식시간 산정

$$R(\text{분}) = \frac{60(E-4)}{E-1.5} (60\text{분 기준})$$

여기서, E : 작업의 평균에너지소비량(kcal/min), 평균 에너지값의 상한 : 4(kcal/min)

5 생체리듬(바이오리듬, Biorhythm)의 종류

1) 생체리듬(Biorhythm ; Biological rhythm)

인간의 생리적인 주기 또는 리듬에 관한 이론

2) 생체리듬(바이오리듬)의 종류

① 육체적(신체적) 리듬(P ; Physical Cycle) : 신체의 물리적인 상태를 나타내는 리듬, 청색 실선으로 표시하며 23일 주기
② 감성적 리듬(S ; Sensitivity) : 기분이나 신경계통의 상태를 나타내는 리듬, 적색 점선으로 표시하며 28일 주기
③ 지성적 리듬(I ; Intellectual) : 기억력, 인지력, 판단력 등을 나타내는 리듬, 녹색 일점쇄선으로 표시하며 33일 주기

SECTION 06
직업적성과 인사관리

1 기계적 적성

① 손과 팔의 솜씨 : 신속하고 정확한 능력
② 공간 시각화 : 형상, 크기의 판단능력
③ 기계적 이해 : 공간시각능력, 지각속도, 경험, 기술적 지식 등

2 사무적 적성

① 지능 ② 지각속도 ③ 정확성

3 인사관리의 중요한 기능

① 조직과 리더십(Leadership)
② 선발(적성검사 및 시험)
③ 배치
④ 작업분석과 업무평가
⑤ 상담 및 노사 간의 이해

SECTION 07
동기부여 이론

1 매슬로(Maslow)의 욕구단계이론

① 생리적 욕구 : 기아, 갈증, 호흡, 배설, 성욕 등
② 안전의 욕구 : 안전을 기하려는 욕구
③ 사회적 욕구(친화 욕구) : 소속 및 애정에 대한 욕구
④ 자기존경의 욕구(승인의 욕구) : 자존심, 명예, 성취, 지위에 대한 욕구
⑤ 자아실현의 욕구(성취욕구) : 잠재적인 능력을 실현하고자 하는 욕구

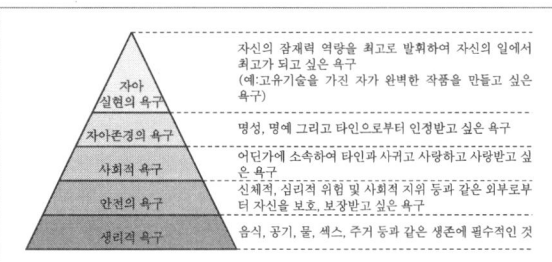

2 알더퍼의 ERG 이론

1) E(Existence) : 존재욕구
생리적 욕구나 안전욕구와 같이 인간이 자신의 존재를 확보하는 데 필요한 욕구

2) R(Relation) : 관계욕구
개인이 주변 사람들(가족, 감독자, 동료, 친구 등)과 상호 작용을 통하여 만족을 추구하는 욕구로 욕구 단계 중 사회적 욕구에 해당

3) G(Growth) : 성장욕구
매슬로의 자기존경의 욕구와 자아실현의 욕구를 포함하는 것으로, 개인의 잠재력 개발과 관련된 욕구

3 맥그리거의 X이론과 Y이론

1) X이론에 대한 가정
① 원래 종업원들은 일하기 싫어하며 가능하면 일하는 것을 피하려고 한다.
② 종업원들은 일하는 것을 싫어하므로 바람직한 목표를 달성하기 위해서는 그들을 통제하고 위협하여야 한다.
③ 종업원들은 책임을 회피하고 가능하면 공식적인 지시를 바란다.
④ 인간은 명령되는 쪽을 좋아하며 무엇보다 안전을 바라고 있다라는 인간관이다.

X이론에 대한 관리 처방	
• 경제적 보상체계의 강화	• 권위주의적 리더십의 확립
• 면밀한 감독과 엄격한 통제	• 상부책임제도의 강화
• 통제에 의한 관리	

2) Y이론에 대한 가정
① 종업원들은 일하는 것을 놀이나 휴식과 동일한 것으로 볼 수 있다.
② 종업원들은 조직의 목표에 관여하는 경우에 자기지향과 자기통제를 행한다.
③ 보통 인간들은 책임을 수용하고 심지어는 구하는 것을 배울 수 있다.
④ 작업에서 몸과 마음을 구사하는 것은 인간의 본성이라는 인간관이다.
⑤ 인간은 조건에 따라 자발적으로 책임을 지려고 한다는 인간관이다.
⑥ 매슬로의 욕구체계 중 자기실현의 욕구에 해당한다.

Y이론에 대한 관리 처방	
• 민주적 리더십의 확립	• 분권화와 권한의 위임
• 직무확장	• 자율적인 통제

🔑 Key Point

어느 사업장에서 관리자의 성격은 상당히 난폭하다. 그렇다면 이 관리자는 X이론과 Y이론 어느 한 쪽에 속하게 된다. X이론과 Y이론을 간략히 구분하시오.

- X이론 : 상호 불신, 통제, 수동적, 책임회피
- Y이론 : 상호 신뢰, 자기 통제, 능동적, 책임지려는 태도

4 허즈버그의 2요인 이론(위생요인, 동기요인)

① 위생요인(Hygiene) : 작업조건, 급여, 직무환경, 감독 등 일의 조건, 보상에서 오는 욕구(충족되지 않을 경우 조직의 성과가 떨어지나, 충족되었다고 성과가 향상되지 않음)
② 동기요인(Motivation) : 책임감, 성취, 인정, 개인발전 등 일 자체에서 오는 심리적 욕구(충족될 경우 조직의 성과가 향상되며 충족되지 않아도 성과가 떨어지지 않음)

5 데이비스(K. Davis)의 동기부여 이론

인간의 성과 × 물질적 성과 = 경영의 성과
① 지식(Knowledge) × 기능(Skill) = 능력(Ability)
② 상황(Situation) × 태도(Attitude) = 동기유발(Motivation)
③ 능력(Ability) × 동기유발(Motivation) = 인간의 성과(Human Performance)

매슬로(Maslow)의 욕구단계이론	허즈버그(Herzberg)의 2요인 이론	알더퍼(Alderfer)의 ERG 이론
자아실현의 욕구(제5단계)	동기요인 (Motivation)	G(Growth) : 성장욕구
자기존경의 욕구(제4단계)		
사회적 욕구(제3단계)	위생요인 (Hygiene)	R(Relation) : 관계 욕구
안전의 욕구(제2단계)		E(Existence) : 존재의 욕구
생리적 욕구(제1단계)		

SECTION 08
무재해운동과 위험예지훈련

1 무재해의 정의(산업재해)

"무재해"란 산업재해로 사망자가 발생하거나 3일 이상의 휴업이 필요한 부상을 입거나 질병에 걸린 사람이 발생되지 않는 것

2 무재해운동의 3원칙

1) 무의 원칙
모든 잠재위험요인을 사전에 발견·파악·해결함으로써 근원적인 산업재해 예방 가능

2) 참여의 원칙
작업에 따르는 잠재적인 위험요인을 발견·해결하기 위하여 전원이 협력하여 문제해결 운동 실천

3) 안전제일의 원칙(선취의 원칙)
직장의 위험 요인을 행동하기 전에 발견·파악·해결하여 재해를 예방

3 무재해운동의 3요소(3기둥)

1) 직장의 자율활동의 활성화
일하는 한사람 한사람이 안전보건을 자신의 문제이며 동시에 같은 동료의 문제로 진지하게 받아들여 직장의 팀멤버와의 협동노력으로 자주적으로 추진해 가는 것이 필요

2) 라인(관리감독자)화의 철저
안전보건을 추진하는 데는 관리감독자(Line)들이 생산활동 속에 안전보건을 접목시켜 실천하는 것이 꼭 필요

3) 최고경영자의 안전경영철학
안전보건은 최고경영자의 "무재해, 무질병"에 대한 확고한 경영자세로부터 시작되며 "일하는 한 사람 한 사람이 중요하다."라는 최고 경영자의 인간존중의 결의로 무재해운동은 출발함

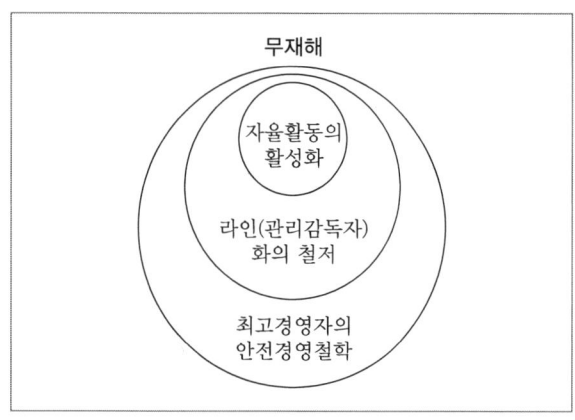

[무재해운동 추진의 3기둥]

4 무재해운동 기대 성과

① 회사의 손실방지와 생산성 향상으로 기업에 경제적 이익 발생
② 자율적인 문제해결 능력으로서의 생산, 품질의 향상 능력을 제고
③ 전원참가 운동으로 밝고 명랑한 직장 풍토를 조성
④ 노·사 간 화합분위기 조성으로 노·사 신뢰도가 향상

5 위험예지훈련의 종류

① 감수성 훈련 : 위험요인을 발견하는 훈련
② 단시간 미팅훈련 : 단시간 미팅을 통해 대책을 수립하는 훈련
③ 문제해결 훈련 : 작업시작 전 문제를 제거하는 훈련

6 무재해운동 실천의 3원칙

① 팀미팅기법
② 선취기법
③ 문제해결기법

7 브레인스토밍(Brainstorming)

소집단 활동의 하나로서 수명의 멤버가 마음을 터놓고 편안한 분위기 속에서 공상, 연상의 연쇄반응을 일으키면서 자유분방하게 아이디어를 대량으로 발언하여 나가는 발상법

1) 비판금지
"좋다, 나쁘다" 등의 비평을 하지 않는다.

2) 자유분방
자유로운 분위기에서 발표한다.

3) 대량발언
무엇이든지 좋으니 많이 발언한다.

4) 수정발언
자유자재로 변하는 아이디어를 개발한다(타인 의견의 수정발언).

Key Point

Brain storming의 4원칙을 쓰시오.

1. 비판금지 : "좋다, 나쁘다" 등의 비평을 하지 않는다.
2. 자유분방 : 자유로운 분위기에서 발표한다.
3. 대량발언 : 무엇이든지 좋으니 많이 발언한다.
4. 수정발언 : 자유자재로 변하는 아이디어를 개발한다(타인 의견의 수정발언).

[브레인스토밍]

8 위험예지훈련의 추진을 위한 문제해결 4단계 (4라운드)

① 1라운드 : 현상파악(사실의 파악) – 어떤 위험이 잠재하고 있는가?
② 2라운드 : 본질추구(원인조사) – 이것이 위험의 포인트다.

③ 3라운드 : 대책수립(대책을 세운다) – 당신이라면 어떻게 하겠는가?
④ 4라운드 : 목표설정(행동계획 작성) – 우리들은 이렇게 하자!

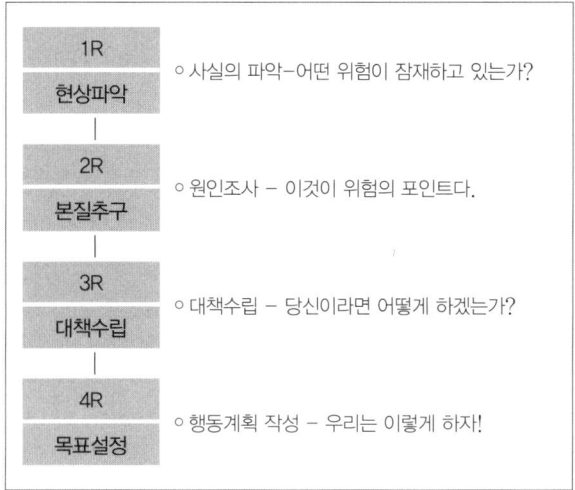

[문제해결 4라운드]

9 무재해운동추진기법

1) 지적확인
작업의 정확성이나 안전을 확인하기 위해 눈, 손, 입 그리고 귀를 이용하여 작업시작 전에 뇌를 자극시켜 안전을 확보하기 위한 기법

2) 터치앤콜(Touch and Call)
피부를 맞대고 같이 소리치는 것으로 전원이 스킨십(Skinship)을 느끼도록 하는 것. 팀의 일체감, 연대감을 조성할 수 있고 동시에 대뇌 구피질에 좋은 이미지를 불어넣어 안전행동을 하도록 하는 것

3) 원포인트 위험예지훈련
위험예지훈련 4라운드 중 2R, 3R, 4R를 모두 원포인트로 요약하여 실시하는 기법으로 2~3분이면 실시가 가능한 현장 활동용 기법

4) 브레인스토밍(Brainstorming)
소집단 활동의 하나로서 수명의 멤버가 마음을 터놓고 편안한 분위기 속에서 공상, 연상의 연쇄반응을 일으키면서 자유분방하게 아이디어를 대량으로 발언하여 나가는 발상법
① 개발한 아이디어에 대해 좋다, 나쁘다라는 비판을 하지 않음(비판금지)
② 아이디어의 수는 많을수록 좋음(대량발언)
③ 개발한 아이디어를 힌트로 연결해서 새로운 아이디어를 전개(수정발언)
④ 자유자재로 변하는 아이디어를 개발(자유분방)

5) T.B.M 위험예지훈련(Tool Box Meeting)
개업개시 전, 종료 후 같은 작업원 5~6명이 리더를 중심으로 둘러앉아(또는 서서) 3~5분에 걸쳐 작업 중 발생할 수 있는 위험을 예측하고 사전에 점검하여 대책을 수립하는 등 단시간 내에 의논하는 문제해결 기법

(1) T.B.M 실시요령
① 작업시작 전, 점심식사 후, 작업종료 후 등 짧은 시간을 활용하여 실시한다.
② 때와 장소에 구애받지 않고 같은 작업원끼리 5~7인 정도가 모여서 공구나 기계 앞에서 행한다.
③ 일방적인 명령이나 지시가 아니라 잠재위험에 대해 같이 생각하고 해결
④ T.B.M의 특징은 모두가 "이렇게 하자", "이렇게 한다."라고 합의하고 실행

(2) T.B.M의 내용
① 작업시작 전(실시순서 5단계)

도입	직장체조, 무재해기 게양, 목표제안
점검 및 정비	건강상태, 복장 및 보호구 점검, 자재 및 공구확인
작업지시	작업내용 및 안전사항 전달
위험예측	당일 작업에 대한 위험예측, 위험예지훈련
확인	위험에 대한 대책과 팀목표 확인

② 작업종료 후
 ㉠ 실시사항의 적절성 확인 : 작업시작 전 T.B.M에서 결정된 사항의 적절성 확인
 ㉡ 검토 및 보고 : 그날 작업의 위험요인 도출, 대책 등 검토 및 보고
 ㉢ 문제제기 : 그날의 작업에 대한 문제 제기

Key Point

T.B.M 진행 5단계를 쓰시오.
1. 도입
2. 점검 및 정비
3. 작업지시
4. 위험예측
5. 확인

10 위험예지훈련의 3가지 효용
① 위험에 대한 감수성 향상
② 작업행동의 각 요소에서 집중력 증대
③ 문제해결 의욕 증대

11 안전보건 표지의 종류와 형태

1) 종류
① 금지표지 : 위험한 행동을 금지하는 데 사용되며 8개 종류가 있다(바탕은 흰색, 기본모형은 빨간색, 관련 부호 및 그림은 검은색).
② 경고표지 : 직접 위험한 것 및 장소 또는 상태에 대한 경고로서 사용되며 15개 종류가 있다(바탕은 노란색, 기본모형, 관련 부호 및 그림은 검은색).
 ※ 다만, 인화성 물질 경고·산화성 물질 경고, 폭발성물질 경고, 급성독성 물질 경고 부식성 물질 경고 및 발암성·변이원성·생식독성·전신독성·호흡기과민성 물질 경고의 경우 바탕은 무색, 기본모형은 빨간색(검은색도 가능)
③ 지시표지 : 작업에 관한 지시 즉, 안전·보건 보호구의 착용에 사용되며 9개 종류가 있다(바탕은 파란색, 관련 그림은 흰색).
④ 안내표지 : 구명, 구호, 피난의 방향 등을 분명히 하는 데 사용되며 7개 종류가 있다(바탕은 흰색, 기본모형 및 관련 부호는 녹색, 바탕은 녹색, 관련 부호 및 그림은 흰색).

2) 안전·보건표지의 색채, 색도기준 및 용도

색채	색도기준	용도	사용예
빨간색	7.5R 4/14	금지	정지신호, 소화설비 및 그 장소, 유해행위의 금지
		경고	화학물질 취급장소에서의 유해·위험 경고
노란색	5Y 8.5/12	경고	화학물질 취급장소에서의 유해·위험 경고, 이외의 위험 경고, 주의표지 또는 기계방호물
파란색	2.5PB 4/10	지시	특정 행위의 지시 및 사실의 고지
녹색	2.5G 4/10	안내	비상구 및 피난소, 사람 또는 차량의 통행표지
흰색	N9.5		파란색 또는 녹색에 대한 보조색
검은색	N0.5		문자 및 빨간색 또는 노란색에 대한 보조색

3) 형태

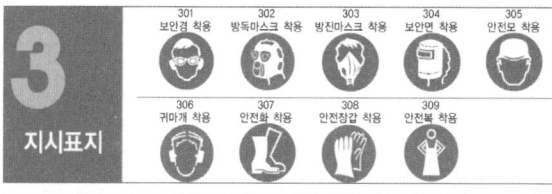

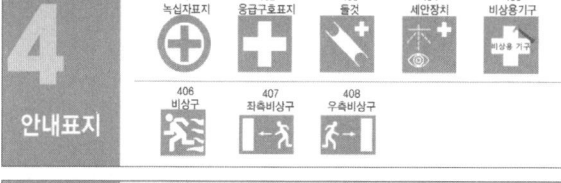

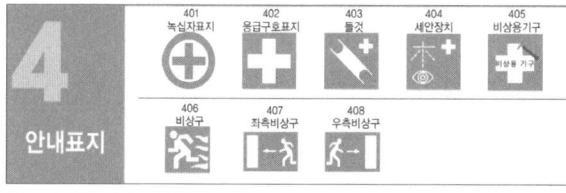

> 🗝 Key Point
>
> 산업안전보건법에서 정하고 있는 안전 표지 중 금지 표지를 4가지 쓰시오.
>
> 출입 금지, 보행 금지, 차량 통행 금지, 사용 금지

> 🗝 Key Point
>
> 안전 표지의 종류에 따른 색을 구분하시오.
>
> - 금지 표지 : 빨간색
> - 경고 표지 : 노란색
> - 지시 표지 : 파란색
> - 안내 표지 : 녹색

산업안전기사 실기 ENGINEER INDUSTRIAL SAFETY

PART 03

인간공학 및 시스템위험분석

CHAPTER 01 인간공학
CHAPTER 02 시스템 위험분석

CHAPTER 01 안전관리조직

SECTION 01 인간-기계 체계

인간-기계 통합 체계는 인간과 기계의 상호작용으로 인간의 역할에 중점을 두고 시스템을 설계하는 것이 바람직함

1 인간-기계 체계의 기본기능

1) 감지 기능
① 인간 : 시각, 청각, 촉각 등의 감각기관
② 기계 : 전자, 사진, 음파탐지기 등 기계적인 감지장치

2) 정보저장 기능
① 인간 : 기억된 학습 내용
② 기계 : 펀치카드(Punch card), 자기 테이프, 형판(Template), 기록, 자료표 등 물리적 기구

3) 정보처리 및 의사결정기능
① 인간 : 행동을 한다는 결심
② 기계 : 모든 입력된 정보에 대해서 미리 정해진 방식으로 반응하게 하는 프로그램(Program)

4) 행동기능
① 물리적인 조정행위 : 조종장치 작동, 물체나 물건을 취급, 이동, 변경, 개조 등
② 통신행위 : 음성(사람의 경우), 신호, 기록 등

5) 인간의 정보처리능력
인간이 신뢰성 있게 정보 전달을 할 수 있는 기억은 5가지 미만이며 감각에 따라 정보를 신뢰성 있게 전달할 수 있는 한계 개수가 5~9가지이다. 밀러(Miller)는 감각에 대한 경로용량을 조사한 결과 '신비의 수(Magical Number) 7±2(5~9)'를 발표했다. 인간의 절대적 판단에 의한 단일자극의 판별범위는 보통 5~9가지라는 것이다.

$$정보량\ H = \log_2 n = \log_2 \frac{1}{p},\ p = \frac{1}{n}$$

여기서, 정보량의 단위는 bit(binary digit)임
비트(bit)란, 실현가능성이 같은 2개의 대안 중 하나가 명시되었을 때 얻는 정보량임

🔑 Key Point

인간-기계 통합시스템에서 인간-기계의 기본기능 4가지를 쓰시오.

1. 감지기능
2. 정보저장기능
3. 정보처리 및 의사결정기능
4. 행동기능

SECTION 02 인간과 기계의 성능 비교

1 인간이 현존하는 기계를 능가하는 기능

① 매우 낮은 수준의 시각, 청각, 촉각, 후각, 미각적인 자극 감지

② 주위의 이상하거나 예기치 못한 사건 감지
③ 다양한 경험을 토대로 의사결정(상황에 따라 적응적인 결정을 함)
④ 관찰을 통해 일반적으로 귀납적(inductive)으로 추진
⑤ 주관적으로 추산하고 평가한다.

2 현존하는 기계가 인간을 능가하는 기능

① 인간의 정상적인 감지범위 밖에 있는 자극을 감지
② 자극을 연역적(deductive)으로 추리
③ 암호화(Coded)된 정보를 신속하게, 대량으로 보관
④ 반복적인 작업을 신뢰성 있게 추진
⑤ 과부하시에도 효율적으로 작동

SECTION 03 인간기준

① 적절성(Validity) : 기준이 의도된 목적에 적당하다고 판단되는 정도
② 무오염성(Free from Contamination) : 측정하고자 하는 측정변수 이외의 다른 변수의 영향을 받지 않을 것
③ 기준척도의 신뢰성(Reliability of Criterion Measure)

SECTION 04 휴먼에러

1 휴먼에러의 관계

$$SP = K(HE) = f(HE)$$

여기서, SP : 시스템퍼포먼스(체계성능), HE(Human Error) : 인간과오, K : 상수, f : 관수(함수)

① $K ≒ 1$: 중대한 영향
② $K < 1$: 위험
③ $K ≒ 0$: 무시

2 휴먼에러의 분류

1) 심리적(행위에 의한) 분류(Swain)

① 생략에러(Omission Error) : 작업 내지 필요한 절차를 수행하지 않는 데서 기인하는 에러
② 실행(작위적)에러(Commission Error) : 작업 내지 절차를 수행했으나 잘못한 실수
  ※ 선택착오, 순서착오, 시간착오
③ 과잉행동 에러(Extraneous Error) : 불필요한 작업 내지 절차를 수행함으로써 기인한 에러
④ 순서에러(Sequential Error) : 작업수행의 순서를 잘못한 실수
⑤ 시간에러(Timing Error) : 소정의 기간에 수행하지 못한 실수(너무 빨리 혹은 늦게)

2) 원인 레벨(level)적 분류

① Primary Error : 작업자 자신으로부터 발생한 에러
② Secondary Error : 작업형태나 작업조건 중에서 다른 문제가 생겨 그 때문에 필요한 사항을 실행할 수 없는 오류나 어떤 결함으로부터 파생하여 발생하는 에러
③ Command Error : 요구되는 것을 실행하고자 하여도 필요한 정보, 에너지 등이 공급되지 않아 작업자가 움직이려 해도 움직이지 않는 에러

🗝 Key Point

인간의 에러를 분류하고 예를 한 가지씩 쓰시오.

SECTION 05
신뢰도

1 인간의 신뢰성 요인

① 주의력수준
② 의식수준(경험, 지식, 기술)
③ 긴장수준(에너지 대사율)

> □ 긴장수준을 측정하는 방법
>   1. 인체 에너지의 대사율
>   2. 체내수분손실량
>   3. 흡기량의 억제도
>   4. 뇌파계

2 기계의 신뢰성 요인

재질, 기능, 작동방법

3 신뢰도

1) 인간과 기계의 직·병렬 작업

(1) 직렬 : $R_s = r_1 \times r_2$

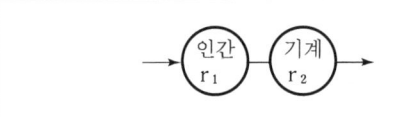

(2) 병렬 : $R_p = r_1 + r_2(1-r_1) = 1-(1-r_1)(1-r_2)$

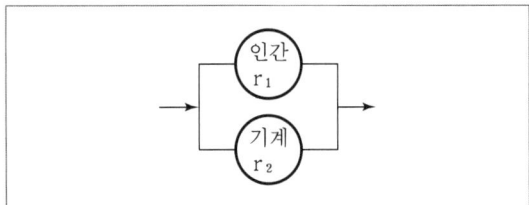

2) 설비의 신뢰도

(1) 직렬(Series System)

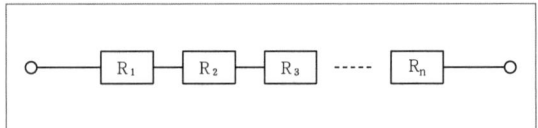

$$R = R_1 \cdot R_2 \cdot R_3 \cdots R_n = \prod_{i=1}^{n} R_i$$

🔑 Key Point

다음 시스템의 신뢰도를 구하시오.

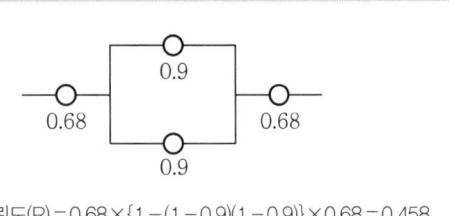

시스템 신뢰도(R) = 0.68 × {1 − (1 − 0.9)(1 − 0.9)} × 0.68 = 0.458

(2) 병렬(페일 세이프티 : Fail Safety)

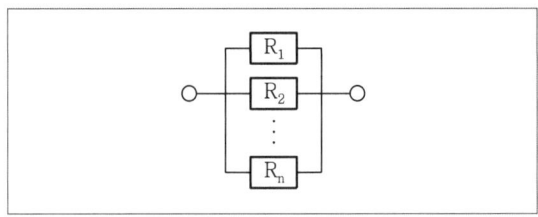

$$R = 1-(1-R_1)(1-R_2)\cdots(1-R_n)$$
$$= 1-\prod_{i=1}^{n}(1-R_i)$$

(3) 요소의 병렬구조

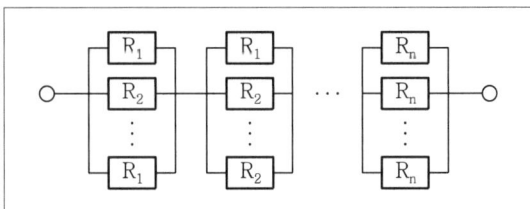

$$R = \prod_{i=1}^{n}(1-(1-R_i)^m)$$

(4) 시스템의 병렬구조

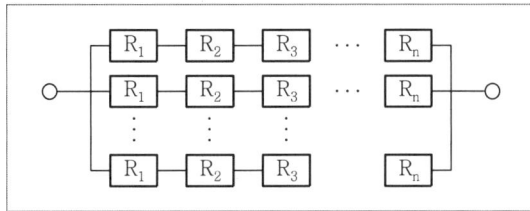

$$R = 1-(1-\prod_{i=1}^{n}R_i)^m$$

SECTION 06
고장률

1 욕조곡선

1) 초기고장(감소형)

제조가 불량하거나 생산과정에서 품질관리의 문제로 생기는 고장

(1) 디버깅(Debugging) 기간

결함을 찾아내어 고장률을 안정시키는 기간

(2) 번인(Burn in) 기간

장시간 움직여보고 그 동안에 고장난 것을 제거시키는 기간

2) 우발고장(일정형)

실제 사용하는 상태에서 발생하는 고장으로 예측할 수 없는 랜덤의 간격으로 생기는 고장

$$신뢰도 : R(t) = e^{-\lambda t}$$

(평균 고장시간 t_o인 요소가 t시간 동안 고장을 일으키지 않을 확률)

3) 마모고장(증가형)

설비 또는 장치가 수명을 다하여 생기는 고장

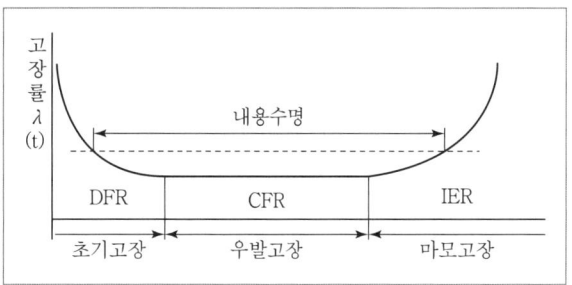

[기계의 고장률(욕조 곡선)]

2 평균고장간격(MTBF ; Mean Time Between Failure)

시스템, 부품 등의 고장 간의 동작시간 평균치

① $MTBF = \dfrac{1}{\lambda}$, $\lambda(평균고장률) = \dfrac{고장건수}{총가동시간}$

② $MTBF = MTTF + MTTR$

3 평균고장시간(MTTF ; Mean Time To Failure)

시스템, 부품 등이 고장나기까지 동작시간의 평균치. 평균수명

1) 직렬계의 경우

$$System의 수명은 = \dfrac{MTTF}{n} = \dfrac{1}{\lambda}$$

2) 병렬계의 경우

$$System의 수명은 = MTTF\left(1 + \dfrac{1}{2} + \dfrac{1}{3} + \cdots + \dfrac{1}{n}\right)$$

여기서, n : 직렬 또는 병렬계의 요소

4 평균수리시간(MTTR ; Mean Time To Repair)

총 수리시간을 그 기간의 수리횟수로 나눈 시간

5 가용도(Availability ; 이용률)

일정 기간에 시스템이 고장 없이 가동될 확률

① 가용도(A) = $\dfrac{MTTF}{MTTF+MTTR} = \dfrac{MTBF}{MTBF+MTTR}$

$= \dfrac{MTTF}{MTBF}$

② 가용도(A) = $\dfrac{\mu}{\lambda+\mu}$

여기서, λ : 평균고장률
μ : 평균수리율

🔑 Key Point

어떤 기계가 1시간 가동하였을 때 고장발생확률이 0.004일 경우 아래 물음에 답하시오.

① 평균고장간격을 구하시오.
MTBF = 1/고장률 = $\dfrac{1}{0.004}$ = 250시간

② 10시간 가동하였을 때 기계의 신뢰도를 구하시오.
$R(t) = e^{-\lambda t} = e^{-0.004 \times 10} = e^{-0.04} = 0.96$

③ 10시간 가동하였을 때 고장이 발생될 확률을 구하시오.
$F(t) = 1 - R(t) = 1 - 0.96 = 0.04$

SECTION 07
Fail - safe

1 Fail safe 정의 및 기능분류 3단계

1) 정의
① 기계나 그 부품에 고장이나 기능불량이 생겨도 항상 안전을 유지하는 구조와 기능
② 인간 또는 기계의 과오나 오작동이 있어도 사고 및 재해가 발생하지 않도록 2중, 3중으로 안전장치를 한 시스템(System)

2) Fail safe의 종류
① 다경로 하중구조
② 하중경감구조
③ 교대구조
④ 중복구조

3) Fail safe의 기능분류
① Fail passive(자동감지) : 부품이 고장나면 통상 정지하는 방향으로 이동
② Fail active(자동제어) : 부품이 고장나면 기계는 경보를 울리면 짧은 시간 동안 운전이 가능
③ Fail operational(차단 및 조정) : 부품에 고장이 있더라도 추후 보수가 있을 때까지 안전한 기능을 유지

4) Fail safe의 예
① 승강기 정전시 마그네틱 브레이크가 작동하여 운전을 정지시키는 경우와 정격속도 이상의 주행시 조속기가 작동하여 긴급정지시키는 것
② 석유난로가 일정각도이상 기울어지면 자동적으로 불이 꺼지도록 소화기구를 내장시킨 것
③ 한쪽 밸브 고장시 다른쪽 브레이크의 압축공기를 배출시켜 급정지시키도록 한 것

2 Fool proof

1) 정의
기계장치 설계단계에서 안전화를 도모하는 것으로 근로자가 기계 등의 취급을 잘못해도 사고로 연결되는 일이 없도록 하는 안전기구. 즉, 인간과오(Human Error)를 방지하기 위한 것

2) Fool proof의 예
① 가드
② 록(Lock, 시건) 장치
③ 오버런 기구
④ 덮개
⑤ 울

🔑 Key Point

Fool-proof라는 것은 인간의 실수를 범하지 못하도록 고안된 설계이다. 다음 중 Fool-proof의 종류 5가지를 쓰시오.

1. 가드
2. 인터록(interlock) 장치
3. 오버런 기구
4. 덮개
5. 울

3 템퍼 프루프(Temper-proof)

사용자가 고의로 안전장치(예시 : 휴즈 등)를 제거할 경우 작동하지 않는 시스템이다.

4 리던던시(Redundancy)

시스템 일부에 고장이 나더라도 전체가 고장이 나지 않도록 기능적인 부분을 부가해서 신뢰도를 향상시키는 중복설계

SECTION 08
인간에 대한 감시방법

1) 셀프 모니터링(Self Monitoring) 방법(자기감지)

자극, 고통, 피로, 권태, 이상감각 등의 지각에 의해 자신의 상태를 알고 행동하는 감시방법. 이것은 결과를 동작자 자신 또는 모니터링 센터(Monitoring Center)에 전달하는 두 가지 경우가 있음

2) 생리학적 모니터링(Monitoring) 방법

맥박수, 체온, 호흡 속도, 혈압, 뇌파 등으로 인간 자체의 상태를 생리적으로 모니터링하는 방법

3) 비주얼 모니터링(Visual Monitoring) 방법(시각적 감지)

작업자의 태도를 보고 작업자의 상태를 파악하는 방법(졸리는 상태는 생리학적으로 분석하는 것보다 태도를 보고 상태를 파악하는 것이 쉽고 정확하다)

4) 반응에 의한 모니터링(Monitoring) 방법

자극(청각 또는 시각에 의한 자극)을 가하여 이에 대한 반응을 보고 정상 또는 비정상을 판단하는 방법

5) 환경 모니터링(Monitoring) 방법

간접적인 감시방법으로서 환경조건의 개선으로 인체의 안락과 기분을 좋게 하여 정상작업을 할 수 있도록 만드는 방법

SECTION 09
인체계측

1 최대치수와 최소치수

특정한 설비를 설계할 때 거의 모든 사람을 수용할 수 있는 최대치수가 필요하고 문, 통로, 탈출구 등이 있음. 최소치수의 예로는 선반의 높이, 조종장치까지의 거리 등이 있음

1) 최소치수

인체측정 변수 측정기준 1, 5, 10%

2) 최대치수

상위백분율(퍼센타일, Percentile) 기준 90, 95, 99%

2 조절 범위(5~95%)

체격이 다른 여러 사람에 맞도록 조절식으로 만드는 것이 바람직하며 자동차 좌석의 전후 조절, 사무실 의자의 상하 조절 등이 있음

3 평균치를 기준으로 한 설계

최대치수나 최소치수를 기준으로 설계하기도 부적절하고 조절식으로 하기도 불가능할 때, 평균치를 기준으로 설계를 하며 손님의 평균 신장을 기준으로 만든 은행의 계산대 등이 있음

Key Point

인체 계측자료를 장비나 설비의 설계에 응용하는 경우에 활용되는 3가지 원칙을 나열하시오.

1. 최대치수와 최소치수
2. 조절범위
3. 평균치를 기준으로 한 설계

4 근골격계 질환

1) 정의(산업안전보건기준에 관한 규칙 제656조)

반복적인 동작, 부적절한 자세, 무리한 힘의 사용, 날카로운 면과의 신체접촉, 진동 및 온도 등의 요인에 의하여 발생하는 건강장해로서 목, 어깨, 허리, 상·하지의 신경·근육 및 그 주변 신체조직 등에 나타나는 질환

SECTION 10
작업공간

1 작업공간

1) 작업공간 포락면(Envelope)

한 장소에 앉아서 수행하는 작업활동에서 사람이 작업하는 데 사용하는 공간

2) 파악한계(Grasping Reach)

앉은 작업자가 특정한 수작업을 편히 수행할 수 있는 공간의 외곽한계

3) 특수작업역

특정 공간에서 작업하는 구역

2 수평작업대의 정상작업역과 최대작업역

1) 정상작업영역

상완을 자연스럽게 수직으로 늘어뜨린 채, 전완만으로 편하게 뻗어 파악할 수 있는 구역(34~45cm)

2) 최대작업영역

전완과 상완을 곧게 펴서 파악할 수 있는 구역(55~65cm)

3) 파악한계

앉은 작업자가 특정한 수작업을 편히 수행할 수 있는 공간의 외곽한계

Key Point

탁자, 책상 등 수평면 작업 시의 정상 작업역을 설명하시오.

상완을 자연스럽게 수직으로 늘어뜨린 채, 전완만으로 편하게 뻗어 파악할 수 있는 구역(34~45cm)

SECTION 11
작업대 및 의자 설계원칙

1 작업대 높이

1) 최적높이 설계지침

작업대의 높이는 상완을 자연스럽게 수직으로 늘어뜨리고 전완은 수평 또는 약간 아래로 편안하게 유지할 수 있는 수준

2) 착석식(의자식) 작업대 높이

① 의자의 높이를 조절할 수 있도록 설계하는 것이 바람직
② 섬세한 작업은 작업대를 약간 높게, 거친 작업은 작업대를 약간 낮게 설계
③ 작업면 하부 여유공간이 대퇴부가 가장 큰 사람이 자유롭게 움직일 수 있을 정도로 설계

3) 입식 작업대 높이

① 정밀작업 : 팔꿈치 높이보다 5~10cm 높게 설계
② 일반작업 : 팔꿈치 높이보다 5~10cm 낮게 설계
③ 힘든 작업(重작업) : 팔꿈치 높이보다 10~20cm 낮게 설계

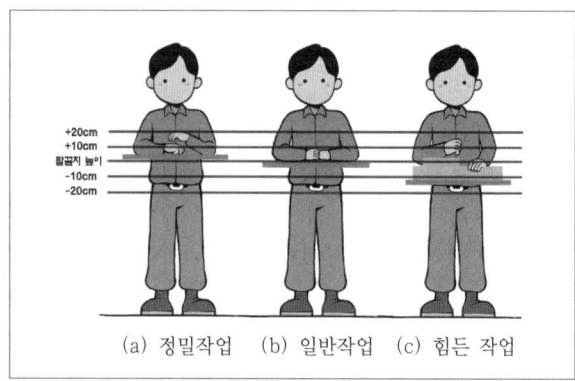

[팔꿈치 높이와 작업대 높이의 관계]

2 의자설계 원칙

1) 체중분포
의자에 앉았을 때 대부분의 체중이 골반뼈에 실려야 편안

2) 의자 좌판의 높이
좌판 앞부분 오금 높이보다 높지 않게 설계(치수는 5% 되는 사람까지 수용할 수 있게 설계)

3) 의자 좌판의 깊이와 폭
폭은 큰 사람에게 맞도록, 깊이는 대퇴를 압박하지 않도록 작은 사람에게 맞도록 설계

4) 몸통의 안정
체중이 골반뼈에 실려야 몸통안정이 쉬워짐

SECTION 12
부품배치의 원칙

① 중요성의 원칙 : 부품의 작동성능이 목표달성에 긴요한 정도에 따라 우선순위를 결정
② 사용빈도의 원칙 : 부품이 사용되는 빈도에 따른 우선순위를 결정
③ 기능별 배치의 원칙 : 기능적으로 관련된 부품을 모아서 배치
④ 사용순서의 원칙 : 사용순서에 맞게 순차적으로 부품들을 배치

🔑 Key Point

부품배치의 4원칙을 쓰시오.
1. 중요성의 원칙
2. 사용빈도의 원칙
3. 기능별 배치의 원칙
4. 사용 순서의 원칙

SECTION 13
통제비

1 통제표시비(선형조정장치)

$$\frac{X}{Y} = \frac{C}{D} = \frac{통제기기의\ 변위량}{표시계기지침의\ 변위량}$$

2 조종구의 통제비

$$\frac{C}{D}비 = \frac{\left(\frac{a}{360}\right) \times 2\pi L}{표시계기지침의\ 이동거리}$$

여기서, a : 조종장치가 움직인 각도
L : 반경(지레의 길이)

3 통제 표시비의 설계 시 고려해야 할 요소

① 계기의 크기 : 조절시간이 짧게 소요되는 사이즈를 선택하되 너무 작으면 오차가 클 수 있음
② 공차 : 짧은 주행시간 내에 공차의 인정범위를 초과하지 않은 계기를 마련
③ 목시거리 : 목시거리(눈과 계기표 시간과의 거리)가 길수록 조절의 정확도는 적어지고 시간이 걸림
④ 조작시간 : 조작시간이 지연되면 통제비가 크게 작용함
⑤ 방향성 : 계기의 방향성은 안전과 능률에 영향을 미침

SECTION 14
통제장치의 유형

1 개폐에 의한 제어(On-Off 제어)

$\frac{C}{D}$비로 동작을 제어하는 통제장치

① 수동식 푸시(Push Button) : 발판의 각도가 수직으로부터 15~35°인 경우 답력이 가장 크다.
② 토글 스위치(Toggle Switch)
③ 로터리 스위치(Rotary Switch)

2 양의 조절에 의한 통제

연료량, 전기량 등으로 양을 조절하는 통제장치
① 노브(Knob) ② 핸들(Hand Wheel)
③ 페달(Pedal) ④ 크랭크

3 반응에 의한 통제

계기, 신호, 감각에 의하여 통제 또는 자동경보시스템

SECTION 15
표시장치

1 정량적 표시장치

온도나 속도 같은 동적으로 변하는 변수나 자로 재는 길이 같은 계량치에 관한 정보를 제공하는 데 사용

2 정량적 동적 표시장치의 기본형

1) 동침형(Moving Pointer)

고정된 눈금상에서 지침이 움직이면서 값을 나타내는 방법으로 지침의 위치가 일종의 인식상의 단서로 작용하는 이점이 있음

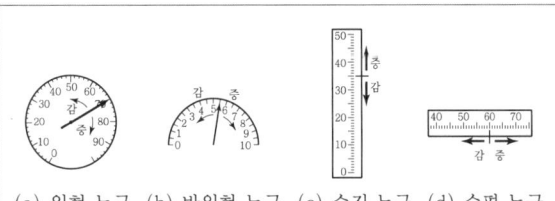

(a) 원형 눈금 (b) 반원형 눈금 (c) 수직 눈금 (d) 수평 눈금

2) 동목형(Moving Scale)

값의 범위가 클 경우 작은 계기판에 모두 나타낼 수 없는 정목 동침형의 단점을 보완한 것으로 표시장치의 공간을 적게 차지하는 이점이 있음

하지만, 정침 동목형의 경우에는 "이동부분의 원칙(Principle of Moving Part)"과 "동작방향의 양립성(Compatibility of Orientation Operate)"을 동시에 만족시킬 수가 없으므로 공간상의 이점에도 불구하고 빠른 인식을 요구하는 작업장에서는 사용을 피하는 것이 좋음

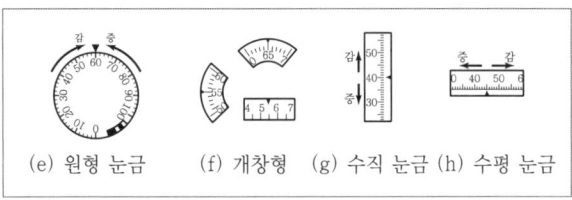

(e) 원형 눈금 (f) 개창형 (g) 수직 눈금 (h) 수평 눈금

3) 계수형(Digital Display)

수치를 정확히 읽어야 할 경우 인접 눈금에 대한 지침의 위치를 추정할 필요가 없기 때문에 Analog Type보다 더욱 적합, 계수형의 경우 값이 빨리 변하는 경우 읽기가 곤란할 뿐만 아니라 시각 피로를 많이 유발하므로 피해야 함

| 0 | 0 | 2 | 5 | 3 |

3 정성적 표시장치

① 온도, 압력, 속도와 같은 연속적으로 변하는 변수의 대략적인 값이나 변화추세 등을 알고자 할 때 사용
② 나타내는 값이 정상인지 여부를 판정하는 등 상태점검을 하는 데 사용

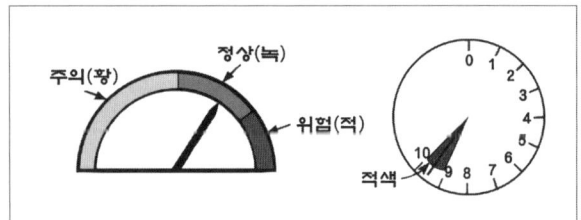

4 청각적 표시장치

1) 시각장치와 청각장치의 비교

시각 장치 사용	청각 장치 사용
① 경고나 메시지가 복잡하다.	① 경고나 메시지가 간단하다.
② 경고나 메시지가 길다.	② 경고나 메시지가 짧다.
③ 경고나 메시지가 후에 재참조된다.	③ 경고나 메시지가 후에 재참조되지 않는다.
④ 경고나 메시지가 공간적인 위치를 다룬다.	④ 경고나 메시지가 시간적인 사상을 다룬다.
⑤ 경고나 메시지가 즉각적인 행동을 요구하지 않는다.	⑤ 경고나 메시지가 즉각적인 행동을 요구한다.

2) 청각적 표시장치가 시각적 표시장치보다 유리한 경우

① 신호음 자체가 음일 때
② 무선거리 신호, 항로정보 등과 같이 연속적으로 변하는 정보를 제시할 때
③ 음성통신 경로가 전부 사용되고 있을 때
④ 정보가 즉각적인 행동을 요구하는 경우
⑤ 조명으로 인해 시각을 이용하기 어려운 경우

SECTION 16
실효온도

온도, 습도, 기류 등의 조건에 따라 인간의 감각을 통해 느껴지는 온도로 상대습도 100%일 때의 건구온도에서 느끼는 것과 동일한 온도감

1 옥스퍼드(Oxford) 지수(습건지수)

$$W_D = 0.85W(습구온도) + 0.15d(건구온도)$$

2 불쾌지수

① 불쾌지수=섭씨(건구온도+습구온도)×0.72+40.6[℃]
② 불쾌지수=화씨(건구온도+습구온도)×0.4+15[℉]
  불쾌지수가 80 이상일 때는 모든 사람이 불쾌감을 가지기 시작하고 75의 경우에는 절반 정도가 불쾌감을 가지며 70~75에서는 불쾌감을 느끼기 시작하며 70 이하에서는 모두 쾌적하다.

3 추정 4시간 발한율(P4SR)

주어진 일을 수행하는 순환된 젊은 남자의 4시간 동안의 발한량을 건습구온도, 공기유동속도, 에너지 소비, 피복을 고려하여 추정한 지수이다.

4 허용한계

① 사무작업 : 60~65℉
② 경작업 : 55~60℉
③ 중작업 : 50~55℉

SECTION 17
조명

$$소요조명(fc) = \frac{소요광속발산도(fL)}{반사율(\%)} \times 100$$

Key Point

작업장에서 30fL의 광속발산도 시작업(視作業) 대상물의 반사율이 40%일 때 소요조명은 몇 fc인가?

$$소요조명(fc) = \frac{소요광속발산도(fL)}{반사율(\%)} \times 100 = \frac{30}{40} \times 100$$
$$= 75(fc)$$

SECTION 18
조도

1 조도

어떤 물체나 대상면에 도달하는 빛의 양으로 단위는 lux로 표시됨

$$조도(\text{lux}) = \frac{광속(\text{lumen})}{(거리(\text{m}))^2}$$

2 광도

단위면적당 표면에서 반사 또는 방출되는 광량

3 광속발산도

단위 면적당 표면에서 반사 또는 방출되는 빛의 양. 단위는 lambert(L), milli lambert(mL), foot-lambert(fL)

SECTION 19
반사율

1 반사율(%)

단위 면적당 표면에서 반사 또는 방출되는 빛의 양

$$반사율(\%) = \frac{휘도(fL)}{조도(fC)} \times 100 = \frac{광속발산도}{소요조명} \times 100$$

□ 옥내 추천 반사율
1. 천장 : 80~90%
2. 벽 : 40~60%
3. 가구 : 25~45%
4. 바닥 : 20~40%

2 휘광

휘도가 높거나 휘도대비가 클 경우 생기는 눈부심

1) 휘광의 발생원인
① 눈에 들어오는 광속이 너무 많을 때
② 광원을 너무 오래 바라볼 때
③ 광원과 배경사이의 휘도 대비가 클 때
④ 순응이 잘 안 될 때

2) 광원으로부터의 휘광(Glare)의 처리방법
① 광원의 휘도를 줄이고 수를 늘임
② 광원을 시선에서 멀리 위치
③ 휘광원 주위를 밝게 하여 광도비를 줄임
④ 가리개, 갓 혹은 차양(visor) 사용

3) 창문으로부터의 직사 휘광 처리
① 창문의 높이 증가
② 창 위에 드리우개(Overhang) 설치
③ 창문에 수직날개를 달아 직시선을 제한
④ 차양 혹은 발(blind) 사용

4) 반사휘광의 처리
① 일반(간접) 조명 수준을 증가
② 산란광, 간접광, 조절판(Baffle), 창문에 차양(Shade) 등을 사용
③ 반사광이 눈에 비치지 않게 광원을 위치

SECTION 20
대비

표적의 광속 발산도와 배경의 광속 발산도의 차

$$대비 = 100 \times \frac{L_b - L_t}{L_b}$$

여기서, L_b : 배경의 광속 발산도, L_t : 표적의 광속 발산도

SECTION 21
소음대책

1 소음(Noise)

공기의 진동에 의한 음파 중 인간이 감각적으로 원하지 않는 소리, 불쾌감을 주거나 주의력을 상실케 하여 작업에 방해를 주며, 청력손실을 유발

1) 가청주파수
20~20,000Hz

2) 유해주파수
4,000Hz

3) 소리은폐 현상(Sound Masking)
한쪽 음의 강도가 약할 때는 강한 음에 숨겨져 들리지 않게 되는 현상

2 소음의 영향

1) 일반적인 영향
불쾌감을 주거나 대화, 마음의 집중, 수면, 휴식을 방해하며 피로를 가중

2) 청력손실
진동수가 높아짐에 따라 청력손실이 증가하며 청력손실은 4,000Hz(C_5-dip 현상)에서 크게 발생
① 청력손실의 정도는 노출 소음수준에 따라 증가
② 약한 소음에 대해서는 노출기간과 청력손실의 관계가 없음
③ 강한 소음에 대해서는 노출기간에 따라 청력손실도 증가

3 소음을 통제하는 방법(소음대책)

① 소음원의 통제
② 소음의 격리
③ 차폐장치 및 흡음재료 사용
④ 음향처리제 사용
⑤ 적절한 배치

4 음의 강도(Sound intensity)

음의 강도는 단위면적당 동력(Watt/m²)으로 정의되는데 그 범위가 매우 넓기 때문에 로그(log)를 사용하며 Bell(B ; 두음의 강도비의 로그값)을 기본측정 단위로 사용하고 보통은 dB(Decibel)을 사용(1dB=0.1B)

음은 정상기압에서 상하로 변하는 압력파(Pressure Wave)이기 때문에 음의 진폭 또는 강도의 측정은 기압의 변화를 이용하여 직접 측정할 수 있지만 음에 대한 기압치는 그 범위가 너무 넓어 음압수준(SPL ; Sound Pressure Level)을 사용하는 것이 일반적

$$SPL(dB) = 10\log\left(\frac{P_1^{\ 2}}{P_0^{\ 2}}\right)$$

5 음량(Loudness)

① Phon 음량수준 : 정량적 평가를 위한 음량 수준 척도, Phon으로 표시한 음량 수준은 이 음과 같은 크기로 들리는 1,000Hz 순음의 음압수준(dB)
② Sone 음량수준 : 다른 음의 상대적인 주관적 크기 비교, 40dB의 1,000Hz 순음 크기(=40Phon)를 1sone으로 정의, 기준음보다 10배 크게 들리는 음이 있다면 이 음의 음량은 10sone으로 표현. Sone치 = $2^{(Phon치 - 40)/10}$

CHAPTER 02 시스템 위험분석

SECTION 01 시스템 안전을 달성하기 위한 4단계

① 위험상태의 최소화
② 안전장치의 채용
③ 경보장치의 채용
④ 특수한 수단 개발(표식 등의 규격화)

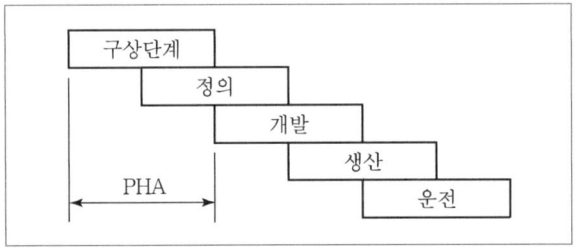

[시스템 수명 주기에서의 PHA]

SECTION 02 예비사고분석(PHA)

시스템 내의 위험요소가 얼마나 위험상태에 있는가를 평가하는 시스템 안전프로그램의 최초단계의 분석 방식(정성적)
예비사고분석 PHA의 주요 목표달성 4가지 사항
① 시스템에 관한 모든 주요한 사고를 식별하고 표시할 것
② 사고를 초래하는 요인을 식별할 것
③ 사고가 생긴다고 가정하고 시스템에 생기는 결과를 식별하여 평가할 것
④ 식별된 사고를 파국적, 중대, 한계적, 무시가능 4가지 카테고리로 분류할 것

□ PHA에 의한 위험등급
  class-1 : 파국
  class-2 : 중대
  class-3 : 한계적
  class-4 : 무시가능

SECTION 03 고장형과 영향분석

시스템에 영향을 미치는 모든 요소의 고장을 형별로 분석하고 그 고장이 미치는 영향을 분석하는 방법으로 치명도 해석(CA)을 추가할 수 있음(귀납적, 정성적)

1 특징

① FTA보다 서식이 간단하고 적은 노력으로 분석이 가능
② 논리성이 부족하고, 특히 각 요소 간의 영향을 분석하기 어렵기 때문에 동시에 두 가지 이상의 요소가 고장 날 경우에 분석이 곤란함
③ 요소가 물체로 한정되어 있기 때문에 인적 원인을 분석하는 데는 곤란함

2 시스템에 영향을 미치는 고장형태

① 폐로 또는 폐쇄된 고장
② 개로 또는 개방된 고장
③ 기동 및 정지의 고장

④ 운전계속의 고장
⑤ 오동작

3 순서

1) 1단계 : 대상시스템의 분석

① 기본방침의 결정
② 시스템의 구성 및 기능의 확인
③ 분석레벨의 결정
④ 기능별 블록도와 신뢰성 블록도 작성

2) 2단계 : 고장형태와 그 영향의 해석

① 고장형태의 예측과 설정
② 고장형에 대한 추정원인 열거
③ 상위 아이템의 고장영향의 검토
④ 고장등급의 평가

3) 3단계 : 치명도 해석과 그 개선책의 검토

① 치명도 해석
② 해석결과의 정리 및 설계개선으로 제안

SECTION 04
디시전 트리(Decision Tree)

트리는 재해의 발단이 된 요인에서 출발해서 2차적 요인 등에 따라 최후의 재해사상에 도달

SECTION 05
ETA(Event Tree Analysis)

정량적 귀납적 기법으로 DT에서 변천해 온 것으로 설비의 설계, 심사, 제작, 검사, 보전, 운전, 안전대책의 과정에서 그 대응조치가 성공인가 실패인가를 확대해 가는 과정을 검토

SECTION 06
THERP(Technique of Human Error Rate Prediction)

인간실수확률(HEP)에 대한 정량적 예측기법으로 분석하고자 하는 작업을 기본행위로 하여 각 행위의 성공, 실패확률을 계산하는 방법

$$인간실수확률(HEP) = \frac{인간실수의\ 수}{실수발생의\ 기회수}$$

SECTION 07
MORT(Management Oversight and Risk Tree)

FTA와 같은 논리기법을 이용하여 관리, 설계, 생산, 보전 등에 대해서 광범위하게 안전성을 확보하기 위한 기법(원자력 산업에 이용, 미국의 W. G. Johnson에 의해 개발)

SECTION 08
FTA(Fault Tree Analysis)

1 FTA의 정의 및 특징

시스템의 고장을 논리게이트로 찾아가는 연역적, 정성적, 정량적 분석기법

1) 특징

① Top down형식(연역적)
② 정량적 해석 기법(컴퓨터 처리가 가능)
③ 논리기호를 사용한 특정사상에 대한 해석
④ 비전문가도 짧은 훈련으로 사용 가능
⑤ Human Error의 검출 곤란

2) FTA의 기본적인 가정

① 중복사상은 없음
② 기본사상들의 발생은 독립적
③ 모든 기본사상은 정상사상과 관련

3) FTA의 기대효과

① 사고원인 규명의 간편화
② 사고원인 분석의 일반화
③ 사고원인 분석의 정량화
④ 노력, 시간의 절감
⑤ 시스템의 결함진단
⑥ 안전점검 체크리스트 작성

2 FTA의 순서 및 작성방법

1) FTA의 실시순서

① 대상으로 한 시스템의 파악
② 정상사상의 선정
③ FT도의 작성과 단순화
④ 정량적 평가
  ㉠ 재해발생 확률 목표치 설정
  ㉡ 실패 대수 표시
  ㉢ 고장발생 확률과 인간 에러 확률
  ㉣ 재해발생 확률 계산
  ㉤ 재검토
⑤ 종결(평가 및 개선권고)

SECTION 09
FTA에 의한 재해사례 연구

① 제1단계 : Top 사상의 선정
② 제2단계 : 사상마다의 재해원인 규명
③ 제3단계 : FT도의 작성
④ 제4단계 : 개선계획의 작성

> **Key Point**
>
> FTA에 의한 재해사례 연구순서 4단계를 쓰시오.
>
> • 제1단계 : Top 사상의 선정
> • 제2단계 : 사상마다의 재해원인 규명
> • 제3단계 : FT도의 작성
> • 제4단계 : 개선계획의 작성

SECTION 10
확률사상의 계산

1 논리곱의 확률(독립사상)

$$A(X_1 \cdot X_2 \cdot X_3) = Ax_1 \cdot Ax_2 \cdot Ax_3$$

2 논리합의 확률(독립사상)

$$A(X_1 + X_2 + X_3) = 1 - (1-Ax_1)(1-Ax_2)(1-Ax_3)$$

3 불 대수의 법칙

① 동정법칙 : $A + A = A,\ AA = A$
② 교환법칙 : $AB = BA,\ A + B = B + A$
③ 흡수법칙 : $A(AB) = (AA)B = AB$
  $A + AB = A \cup (A \cap B) = (A \cup A) \cap (A \cup B)$
  $= A \cap (A \cup B) = A$
  $\overline{A \cdot B} = \overline{A} + \overline{B}$
④ 분배법칙 : $A(B+C) = AB + AC,\ A + (BC)$
  $= (A+B) \cdot (A+C)$
⑤ 결합법칙 : $A(BC) = (AB)C,\ A + (B+C)$
  $= (A+B) + C$

4 드 모르간의 법칙

① $\overline{A+B} = \overline{A} \cdot \overline{B}$
② $A + \overline{A} \cdot B = A + B$

SECTION 11
미니멀 컷셋과 미니멀 패스

1 컷셋과 미니멀 컷셋

컷이란 정상사상을 일으키는 기본사상의 집합을 말하며 미니멀 컷셋은 정상사상을 일으키기 위한 필요 최소한의 컷

2 패스셋과 미니멀 패스셋

패스란 정상사상이 일어나지 않는 기본사상의 집합으로서 미니멀 패스셋은 그 필요한 최소한의 컷(시스템의 신뢰성을 말함)

3 미니멀 컷셋 구하는 법

① 정상사상에서 차례로 하단의 사상으로 치환하면서 AND 게이트는 가로로 OR 게이트는 세로로 나열
② 중복사상이나 컷을 제거하여 미니멀 컷셋 산출

SECTION 12
안전성 평가

1 정의

설비나 제품의 제조, 사용 등에 있어 안전성을 사전에 평가하고 적절한 대책을 강구하기 위한 평가행위

2 안전성 평가의 종류

1) 테크놀로지 어세스먼트(Technology Assessment)
기술 개발과정에서의 효율성과 위험성을 종합적으로 분석, 판단하는 프로세스

2) 세이프티 어세스먼트(Safety Assessment)
인적, 물적 손실을 방지하기 위한 설비 전 공정에 걸친 안전성 평가

3) 리스크 어세스먼트(Risk Assessment)
생산활동에 지장을 줄 수 있는 리스크(Risk)를 파악하고 제거하는 활동

4) 휴먼 어세스먼트(Human Assessment)

3 위험관리(Risk Assessment) 과정 중 Risk 처리기술 4가지

① 위험회피(Avoidance)
② 위험경감(Reduction)
③ 위험보유(Retention)
④ 위험전가(Transfer)

SECTION 13
화학설비의 안전성 평가

1 안전성 평가 6단계

1) 제1단계 : 관계자료의 정비검토
① 입지조건
② 화학설비 배치도
③ 제조공정 개요
④ 공정 계통도
⑤ 안전설비의 종류와 설치장소

2) 제2단계 : 정성적 평가
(1) 설계 관계
공장 내 배치, 소방설비 등
(2) 운전관계
원재료, 운송, 저장 등

3) 제3단계 : 정량적 평가

(1) 평가항목(5가지 항목)

① 물질
② 온도
③ 압력
④ 용량
⑤ 조작

(2) 화학설비 정량평가 등급

① 위험등급 I : 합산점수 16점 이상
② 위험등급 II : 합산점수 11~15점
③ 위험등급 III : 합산점수 10점 이하

4) 제4단계 : 안전대책

5) 제5단계 : 재해정보에 의한 재평가

6) 제6단계 : FTA에 의한 재평가

위험등급 I(16점 이상)에 해당하는 화학설비에 대해 FTA에 의한 재평가 실시

Key Point

화학설비의 안전성 평가 5단계를 쓰시오.

1. 제1단계 : 관계자료의 정비검토
2. 제2단계 : 정성적 평가
3. 제3단계 : 정량적 평가
4. 제4단계 : 안전대책
5. 제5단계 : 재해정보, FTA에 의한 재평가

memo

산업안전기사 실기 ENGINEER INDUSTRIAL SAFETY

PART 04

기계 및 운반안전

CHAPTER 01 기계안전 일반
CHAPTER 02 운반안전 일반

CHAPTER 01 기계안전 일반

SECTION 01 기계설비의 위험점

1 기계설비의 위험점 분류

1) 협착점(Squeeze Point)
기계의 왕복운동을 하는 운동부와 고정부 사이에 형성되는 위험점(왕복운동+고정부)

[프레스 상금형과 하금형 사이]

2) 끼임점(Shear Point)
기계의 회전운동하는 부분과 고정부 사이에 위험점(회전 또는 직선운동+고정부)
예 연삭숫돌과 작업대, 교반기의 교반날개와 몸체 사이 및 반복되는 링크 기구 등

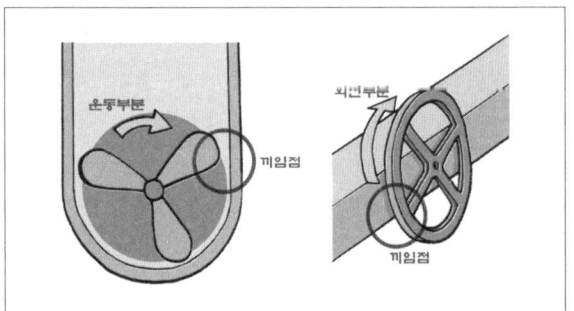

3) 절단점(Cutting Point)
회전하는 운동부 자체의 위험이나 운동하는 기계부분 자체에서 초래되는 위험점
예 밀링커터와 회전둥근 톱날(회전운동 자체)

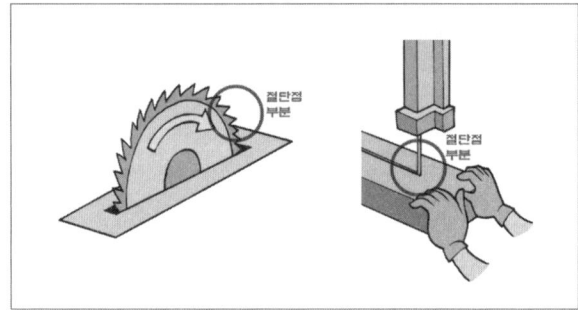

4) 물림점(Nip Point)
롤, 기어, 압연기와 같이 두 개의 회전체 사이에 신체가 물리는 위험점(회전운동+회전운동)

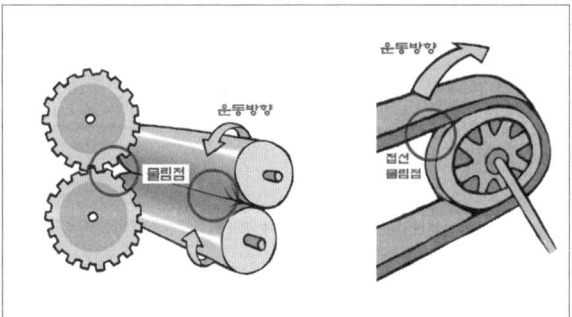

5) 접선물림점(Tangential Nip Point)
회전하는 부분이 접선방향으로 물려들어갈 위험이 만들어지는 위험점(회전운동+접선부)

6) 회전말림점(Trapping Point)

회전하는 물체의 길이, 굵기, 속도 등이 불규칙한 부위와 돌기 회전부위에 장갑 및 작업복 등이 말려드는 위험점(돌기회전부)

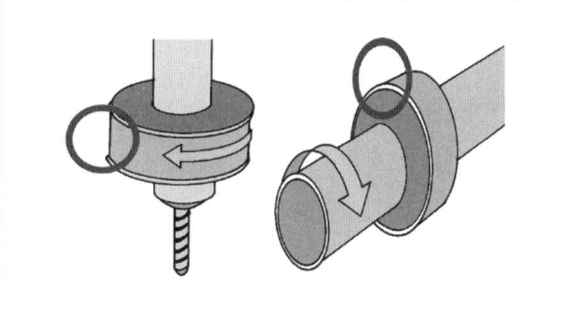

> **Key Point**
>
> 기계설비에 의해 형성되는 위험점 6가지를 분류하시오.
>
> 협착점, 끼임점, 절단점, 물림점, 눌림점, 접선물림점, 회전말림점

2 위험점의 5요소

1) 함정(Trap)
기계 요소의 운동에 의해서 트랩점이 발생하지 않는가?

2) 충격(Impact)
움직이는 속도에 의해서 사람이 상해를 입을 수 있는 부분은 없는가?

3) 접촉(Contact)
날카로운 물체, 연마체, 뜨겁거나 차가운 물체 또는 흐르는 전류에 사람이 접촉함으로써 상해를 입을 수 있는 부분은 없는가?

4) 말림, 얽힘(Entanglement)
가공 중에 기계요소에 의해 말려들어갈 위험은 없는가?

5) 튀어나옴(Ejection)
기계요소와 피가공재가 튀어나올 위험이 있는가?

> **Key Point**
>
> 압출가공 시 위험요소를 4가지 쓰시오.
>
> 함정, 충격, 접촉, 말림, 튀어나옴

SECTION 02
기계설비의 본질적 안전화

근로자가 동작상 과오나 실수를 하여도 재해가 일어나지 않도록 하는 것. 기계설비가 이상 발생되어도 안전성이 확보되어 재해나 사고가 발생하지 않도록 설계하는 기본적 개념

> **Key Point**
>
> 본질적 안전화에 관하여 설명하시오.

SECTION 03
기계설비의 안전조건

1 외형의 안전화

1) 묻힘형이나 덮개의 설치(안전보건규칙 제87조)

① 사업주는 기계의 원동기·회전축·기어·풀리·플라이휠·벨트 및 체인 등 근로자가 위험에 처할 우려가 있는 부위에 덮개·울·슬리브 및 건널다리 등을 설치하여야 한다.
② 사업주는 회전축·기어·풀리 및 플라이휠 등에 부속하는 키·핀 등의 기계요소는 묻힘형으로 하거나 해당 부위에 덮개를 설치하여야 한다.
③ 사업주는 벨트의 이음부분에 돌출된 고정구를 사용하여서는 아니 된다.
④ 사업주는 제1항의 건널다리에는 안전난간 및 미끄러지지 아니하는 구조의 발판을 설치하여야 한다.

2) 별실 또는 구획된 장소에의 격리

원동기 및 동력전달장치(벨트, 기어, 샤프트, 체인 등)

3) 안전색채를 사용

기계설비의 위험 요소를 쉽게 인지할 수 있도록 주의를 요하는 안전색채를 사용

2 작업의 안전화

작업 중의 안전은 그 기계설비가 자동, 반자동, 수동에 따라서 다르며 기계 또는 설비의 작업환경과 작업방법을 검토하고 작업위험분석을 하여 표준 작업화

3 작업점의 안전화

작업점이란 일이 물체에 행해지는 점 혹은 일감이 직접 가공되는 부분을 작업점(Point of Operation)이라 하며, 이와 같은 작업점은 특히 위험하므로 방호장치나 자동제어 및 원격장치를 설치할 필요가 있음

4 기능상의 안전화

최근 기계는 반자동 또는 자동제어장치를 갖추고 있어서 에너지 변동에 따라 오동작이 발생하여 주요 문제로 대두되어 이에 따른 기능의 안전화가 요구됨

5 구조부분의 안전화(강도적 안전화)

① 재료의 결함
② 설계 시의 잘못
③ 가공의 잘못

SECTION 04
Fool Proof

작업자가 기계를 잘못 취급하여 불안전 행동이나 실수를 하여도 기계설비의 안전기능이 작용되어 재해를 방지할 수 있는 기능

> **Key Point**
> Fool Proof에 대해 설명하시오.

SECTION 05
Fail Safe

1 정의

기계나 그 부품에 고장이나 기능불량이 생겨도 항상 안전하게 작동하는 구조와 기능을 추구하는 본질적 안전

> **Key Point**
> Fail Safe에 대해 설명하시오.

2 Fail Safe 기능면 3가지

1) Fail – Passive

부품이 고장났을 경우 통상 기계는 정지하는 방향으로 이동 (일반적인 산업기계)

2) Fail – Active

부품이 고장났을 경우 기계는 경보를 울리는 가운데 짧은 시간동안 운전 가능

3) Fail – Operational

부품의 고장이 있더라도 기계는 추후 보수가 이루어질 때까지 안전한 기능 유지

🗝 Key Point
Fail Safe 기능면 3가지를 쓰고 설명하시오.

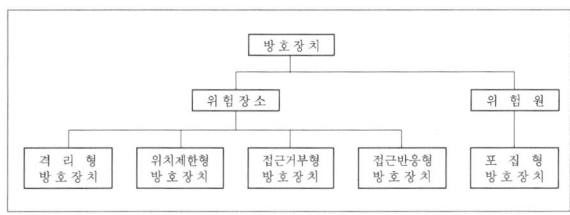

SECTION 06
기계설비의 방호장치

1) 격리형 방호장치
작업자가 작업점에 접촉되어 재해를 당하지 않도록 기계설비 외부에 차단벽이나 방호망을 설치하는 것으로 작업장에서 가장 많이 사용하는 방식(덮개)
예 완전 차단형 방호장치, 덮개형 방호장치, 안전 울타리

2) 위치제한형 방호장치
조작자의 신체부위가 위험한계 밖에 있도록 기계의 조작장치를 위험구역에서 일정거리 이상 떨어지게 한 방호장치(양수조작식 안전장치)

3) 접근거부형 방호장치
작업자의 신체부위가 위험한계 내로 접근하면 기계의 동작위치에 설치해놓은 기구가 접근하는 신체부위를 안전한 위치로 되돌리는 것(손쳐내기식 안전장치)

4) 접근반응형 방호장치
작업자의 신체부위가 위험한계로 들어오게 되면 이를 감지하여 작동 중인 기계를 즉시 정지시키거나 스위치가 꺼지도록 하는 기능을 가지고 있음(광전자식 안전장치)

5) 포집형 방호장치
목재가공기의 반발예방장치와 같이 위험장소에 설치하여 위험원이 비산하거나 튀는 것을 방지하는 등 작업자로부터 위험원을 차단하는 방호장치

SECTION 07
동력차단장치

동력차단장치(비상정지장치)를 설치하여야 하는 기계 중 절단·인발·압축·꼬임·타발 또는 굽힘 등의 가공을 하는 기계에는 그 동력차단장치를 근로자가 작업위치를 이동하지 아니하고 조작할 수 있는 위치에 설치하여야 한다.

SECTION 08
동력전달장치의 방호장치

묻힘형이나 덮개의 설치(안전보건규칙 제87조)
① 사업주는 기계의 원동기·회전축·기어·풀리·플라이휠·벨트 및 체인 등 근로자가 위험에 처할 우려가 있는 부위에 덮개·울·슬리브 및 건널다리 등을 설치하여야 한다.

② 사업주는 회전축·기어·풀리 및 플라이휠 등에 부속하는 키·핀 등의 기계요소는 묻힘형으로 하거나 해당 부위에 덮개를 설치하여야 한다.
③ 사업주는 벨트의 이음부분에 돌출된 고정구를 사용하여서는 아니 된다.
④ 사업주는 제1항의 건널다리에는 안전난간 및 미끄러지지 아니하는 구조의 발판을 설치하여야 한다.

> **Key Point**
>
> 기계의 원동기·회전축·기어·풀리·플라이휠·벨트 등 근로자에게 위험을 미칠 우려가 있는 부위에 설치해야 할 방호장치 3가지를 쓰시오.
>
> 덮개, 울, 슬리브 및 건널다리

SECTION 09
산업안전보건법상 유해위험 기계·기구

1 안전인증대상 기계·기구
(산업안전보건법 시행령 제74조)

① 프레스
② 전단기(剪斷機) 및 절곡기(折曲機)
③ 크레인
④ 리프트
⑤ 압력용기
⑥ 롤러기
⑦ 사출성형기(射出成形機)
⑧ 고소(高所) 작업대
⑨ 곤돌라

2 자율안전확인대상 기계·기구
(산업안전보건법 시행령 제77조)

① 연삭기 또는 연마기(휴대형은 제외한다)
② 산업용 로봇
③ 혼합기
④ 파쇄기 또는 분쇄기
⑤ 식품가공용기계(파쇄·절단·혼합·제면기만 해당한다)
⑥ 컨베이어
⑦ 자동차정비용 리프트
⑧ 공작기계(선반, 드릴기, 평삭·형삭기, 밀링만 해당한다)
⑨ 고정형 목재가공용기계(둥근톱, 대패, 루타기, 띠톱, 모떼기 기계만 해당한다)
⑩ 인쇄기

3 안전검사 대상 유해·위험기계등
(산업안전보건법 시행령 제78조)

① 프레스
② 전단기
③ 크레인(정격 하중이 2톤 미만인 것은 제외한다)
④ 리프트
⑤ 압력용기
⑥ 곤돌라
⑦ 국소 배기장치(이동식은 제외한다)
⑧ 원심기(산업용만 해당한다)
⑨ 롤러기(밀폐형 구조는 제외한다)
⑩ 사출성형기[형 체결력(型 締結力) 294킬로뉴턴(kN) 미만은 제외한다]
⑪ 고소작업대[「자동차관리법」 제3조제3호 또는 제4호에 따른 화물자동차 또는 특수자동차에 탑재한 고소작업대(高所作業臺)로 한정한다]
⑫ 컨베이어
⑬ 산업용 로봇

SECTION 10
프레스의 방호장치 및 설치방법

1 게이트가드(Gate Guard)식 방호장치

가드의 개폐를 이용한 방호장치로서 기계의 작동을 서로 연동하여 가드가 열려 있는 상태에서는 기계의 위험부분이 가동되지 않고, 또한 기계가 작동하여 위험한 상태로 있을 경우에는 가드를 열 수 없게 한 장치

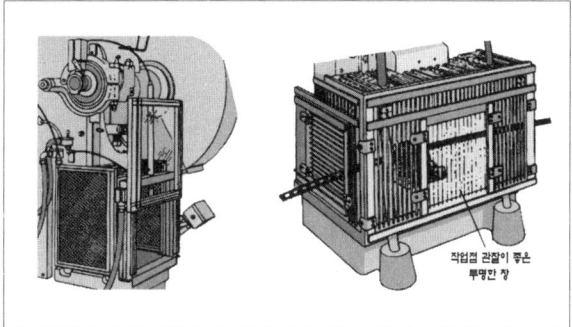

[게이트가드식 방호장치]

2 양수조작식 방호장치

1) 양수조작식

(1) 정의

기계의 조작을 양손으로 동시에 하지 않으면 기계가 가동하지 않으며 한 손이라도 떼어내면 기계가 급정지 또는 급상승하게 하는 장치(급정지기구가 있는 마찰프레스에 적합)

Key Point

프레스에서 슬라이드 작동 중 정지가 가능하고 1행정 1정지기구를 갖는 방호장치 1가지를 쓰시오.

양수조작식 방호장치

(2) 안전거리

$$D = 1,600 \times (T_c + T_s)\,(\text{mm})$$

여기서, T_c : 방호장치의 작동시간[즉 누름버튼으로부터 한 손이 떨어질 때부터 급정지기구가 작동을 개시할 때까지의 시간(초)]

T_s : 프레스의 급정지시간[즉 급정지 기구가 작동을 개시할 때부터 슬라이드가 정지할 때까지의 시간(초)]

(3) 양수조작식 방호장치 설치 및 사용

① 양수조작식 방호장치는 안전거리를 확보하여 설치
② 누름버튼의 상호 간 내측거리는 300mm 이상 이격
③ 누름버튼 윗면이 버튼케이스 또는 보호링의 상면보다 25mm 낮은 매립형으로 설치
④ SPM(Stroke Per Minute : 매분 행정수) 120 이상의 것에 사용

Key Point

프레스의 양수조작식 방호장치의 누름버튼의 거리는 얼마인가?

300mm 이상

Key Point

프레스기의 방호장치 중에서 양수조작식 방호장치의 설치방법 3가지를 쓰시오.

2) 양수기동식

(1) 정의

양손으로 누름단추 등의 조작장치를 동시에 1회 누르면 기계가 작동을 개시하는 것(급정지기구가 없는 확동식 프레스에 적합)

(2) 안전거리

$$D_m = 1,600 \times T_m\,(\text{mm})$$
$$T_m = \left(\frac{1}{\text{클러치개소수}} + \frac{1}{2}\right) \times \frac{60}{\text{매분행정수(SPM)}}$$

T_m : 양손으로 누름단추를 조작하고 슬라이드가 하사점에 도달하기까지의 소요최대시간(초)

Key Point

클러치 맞물림 개소수 4개, SPM 200인 프레스의 양수 기동식 방호장치의 안전거리를 구하시오.

$$D_m = 1{,}600 \times T_m$$
$$= 1{,}600 \times \left[\left(\frac{1}{\text{클러치의 개소수}} + \frac{1}{2}\right) \times \frac{60}{\text{매분행정수}}\right]$$
$$= 1{,}600 \times \left[\left(\frac{1}{4} + \frac{1}{2}\right) \times \frac{60}{200}\right] = 360\text{mm}$$

3 손쳐내기식(Push Away, Sweep Guard) 방호장치

기계의 작동에 연동시켜 위험상태로 되기 전에 손을 위험 영역에서 밀어내거나 쳐냄으로써 위험을 배제하는 장치

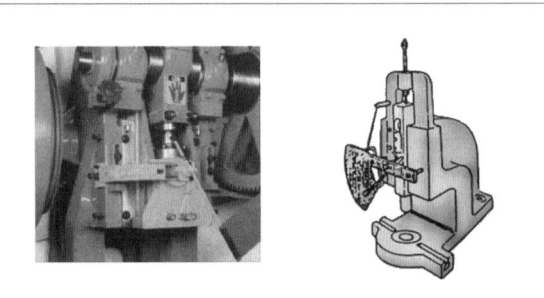

[손쳐내기식 방호장치]

4 수인식(Pull Out) 방호장치

슬라이드와 작업자 손을 끈으로 연결하여 슬라이드 하강 시 작업자 손을 당겨 위험영역에서 빼낼 수 있도록 한 장치

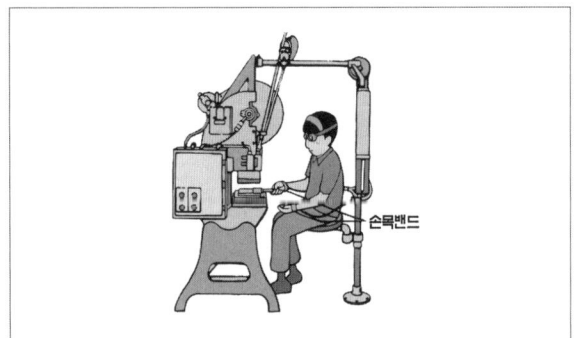

[수인식 방호장치]

5 광전자식(감응식) 방호장치

1) 정의

광선 검출트립기구를 이용한 방호장치로서 신체의 일부가 광선을 차단하면 기계를 급정지 또는 급상승시켜 안전을 확보하는 장치

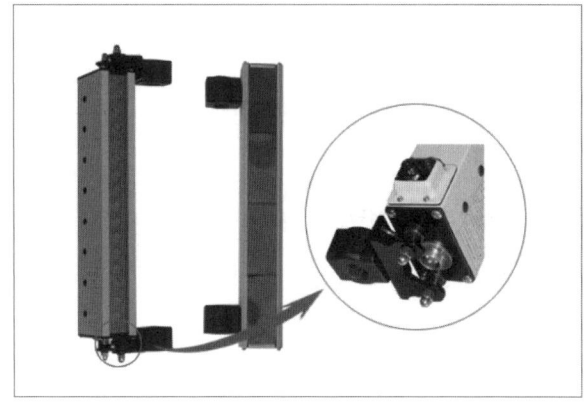

[광전자식 안전장치]

2) 방호장치의 설치방법

$$D = 1{,}600(T_c + T_s)$$

여기서, D : 안전거리(mm)
T_c : 방호장치의 작동시간[즉, 손이 광선을 차단했을 때부터 급정지기구가 작동을 개시할 때까지의 시간(초)]
T_s : 프레스의 최대정지시간[즉, 급정지 기구가 작동을 개시할 때부터 슬라이드가 정지할 때까지의 시간(초)]

Key Point

광전자식 방호장치가 설치된 마찰 클러치식 기계프레스에서 급정지시간이 200ms 정도 되었을 경우 안전거리 mm를 구하시오.

$$D = 1.6(T_c + T_s) = 1{,}600 \times 0.2 = 320\text{mm}$$

Key Point

프레스기나 절단기의 방호장치 종류를 쓰시오.

게이트가드식 방호장치, 양수조작식 방호장치, 손쳐내기식 방호장치, 수인식 방호장치, 광전자식 방호장치

> **Key Point**
>
> 프레스 작업이 끝난 후 페달에 U자형 커버를 씌우는 이유를 간략히 설명하시오.
>
> 근로자 부주의로 인하여 페달을 작동시키거나 낙하물 등에 의해 페달이 예상치 못한 상황에서 작동하는 등의 예상치 못한 불시작동을 방지하고 안전을 유지하기 위하여 설치

SECTION 11 아세틸렌용접장치 및 가스집합 용접장치의 방호장치 및 설치방법

1 아세틸렌 용접장치

1) 용접법의 분류 및 압력의 제한

(1) 용접법의 분류

① 가스용접법(Gas Fusion Welding) : 용접할 부분을 가스로 가열하여 접합
② 가스압접법(Gas Pressure Welding) : 용접부에 압력을 가하여 접합

(2) 압력의 제한(안전보건규칙 제285조)

아세틸렌 용접장치를 사용하여 금속의 용접·용단 또는 가열작업을 하는 경우에 게이지압력이 127킬로파스칼(매 제곱센티미터당 1.3킬로그램)을 초과하는 압력의 아세틸렌을 발생시켜 사용해서는 아니 된다.

2) 안전기의 설치(안전보건규칙 제289조)

① 사업주는 아세틸렌 용접장치의 취관마다 안전기를 설치하여야 한다. 다만, 주관 및 취관에 가장 근접한 분기관마다 안전기를 부착한 경우에는 그러하지 아니한다.
② 사업주는 가스용기가 발생기와 분리되어 있는 아세틸렌 용접장치에 대하여 발생기와 가스용기 사이에 안전기를 설치하여야 한다.

> **Key Point**
>
> 아세틸렌 용접장치의 안전기 설치 위치를 쓰시오.
>
> 취관, 발생기와 가스용기 사이

2 아세틸렌 용기의 사용시 주의사항(안전보건규칙 제234조)

① 다음에 해당하는 장소에서 사용하거나 해당장소에 설치·저장 또는 방치하지 않도록 할 것
  ㉠ 통풍이나 환기가 불충분한 장소
  ㉡ 화기를 사용하는 장소 및 그 부근
  ㉢ 위험물 또는 인화성 액체를 취급하는 장소 및 그 부근
② 용기의 온도를 섭씨 40도 이하로 유지할 것
③ 전도의 위험이 없도록 할 것
④ 충격을 가하지 않도록 할 것
⑤ 운반할 경우에는 캡을 씌울 것
⑥ 사용할 경우에는 용기의 마개에 부착되어 있는 유류 및 먼지를 제거할 것
⑦ 밸브의 개폐는 서서히 할 것
⑧ 사용 전 또는 사용 중인 용기와 그외의 용기를 명확히 구별하여 보관할 것
⑨ 용해아세틸렌의 용기는 세워 둘 것
⑩ 용기의 부식·마모 또는 변형상태를 점검한 후 사용할 것

> **Key Point**
>
> 금속의 용접·용단 또는 가열에 사용되는 가스 등의 용기를 취급할 때의 준수사항 5가지를 쓰시오.

3 방호장치의 종류 및 설치방법

1) 수봉식 안전기

안전기는 용접 중 역화현상이 생기거나, Torch가 막혀 산소가 아세틸렌 가스쪽으로 역류하여 가스 발생장치에 도달하면 폭발 사고가 일어날 위험이 있으므로 가스발생기와 토치 사이에 수봉식 안전기를 설치. 즉 발생기에서 발생한 아세틸렌 가스가 수중을 통과하여 토치에 도달하고, 고압의 산소가 토치로부터 아세틸렌 발생기를 향하여 역류(역화)할 때 물이 아세틸렌 가스 발생기로의 진입을 차단하여 위험을 방지

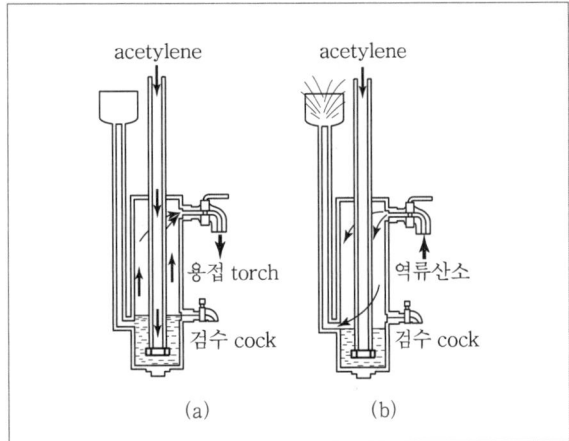

[수봉식 안전기]

2) 건식 안전기(역화방지기)

최근에는 아세틸렌용접장치를 이용하는 것이 극히 드물고 용해아세틸렌, LP가스 등의 용기를 이용하는 일이 많아지고 있으며 보통 건식안전기를 사용

[역화방지기]

3) 방호장치의 설치방법

(1) 아세틸렌 용접장치

① 매 취관마다 설치한다. 혹은 주관에 안전기를 설치하고 취관에 가장 근접한 분기관마다 설치
② 가스용기가 발생기와 분리되어 있는 경우 발생기와 가스용기 사이에 설치

(2) 가스집한 용접장치

주관 및 분기관에 안전기를 설치하여 하나의 취관에 대하여 안전기가 2개 이상 되도록 설치

SECTION 12
양중기의 방호장치 및 재해유형

1 양중기의 방호장치

1) 크레인 : 과부하방지장치, 권과방지장치, 비상정지장치, 브레이크, 훅해지장치

크레인에 과부하방지장치·권과방지장치·비상정지장치 및 제동장치 등 방호장치를 부착하고 유효하게 작동될 수 있도록 미리 조정하여 두어야 한다(안전보건규칙 제134조).

(1) 권과방지장치

양중기에 설치된 권상용와이어 로프 또는 지브 등의 붐 권상용 와이어로프의 권과를 방지하기 위한 장치. 권과방지장치의 종류로는 캠형, 중추형, 나사형, 호이스트형이 있음

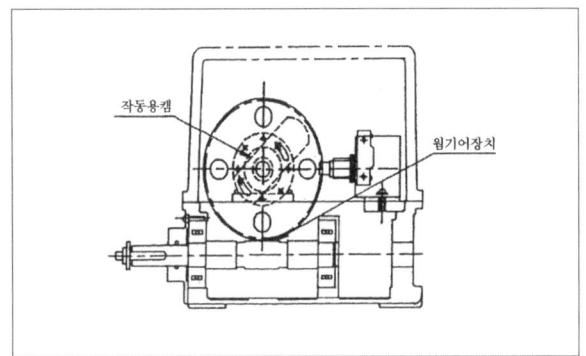

[캠형 권과방지장치]

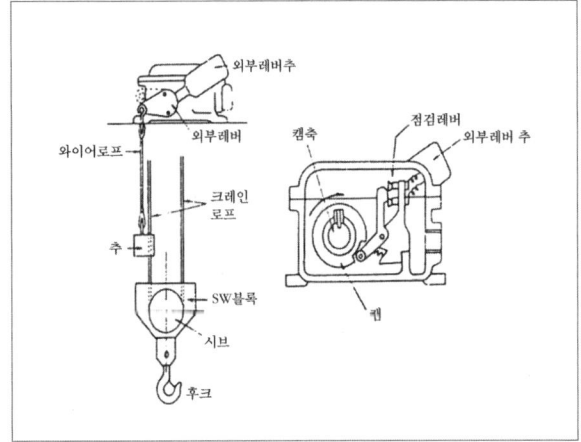

[중추형 권과방지장치]

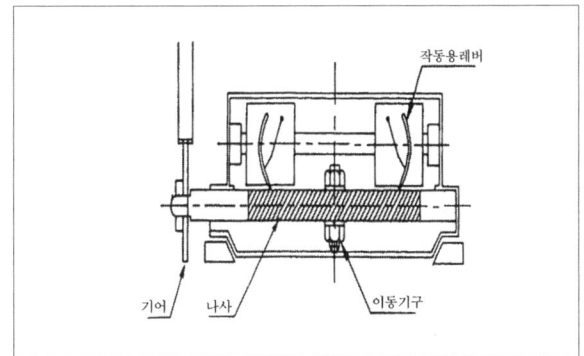

[나사형 권과방지장치]

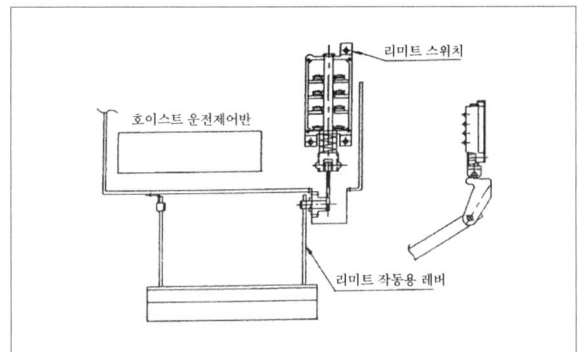

[호이스트형 권과방지장치]

> 🗝 Key Point
>
> 크레인의 권과방지장치에 사용하는 리미트스위치의 종류 3가지를 쓰시오.
>
> 캠형 권과방지장치, 중추형 권과방지장치, 나사형 권과방지장치, 호이스트형 권과방지장치

(2) 과부하방지장치
하중이 정격을 초과하였을 때 자동적으로 상승이 정지되는 장치

(3) 비상정지장치
작업자가 기계를 잘못 작동시킨 경우 등 어떤 불의의 요인으로 기계를 순간적으로 정지시키고 싶을 때 사용하는 정지 버튼

(4) 브레이크장치
운동체와 정지체의 기계적 접촉에 의해 운동체를 감속 또는 정지상태로 유지하는 기능을 가진 장치

(5) 훅 해지장치
훅 걸이용 와이어로프 등이 훅으로부터 벗겨지는 것을 방지하는 방호장치

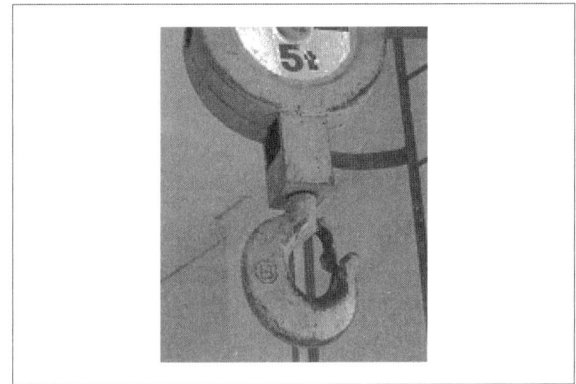

2) 양중기
양중기란 다음 각 호의 기계를 말한다.

(1) 크레인[호이스트(hoist)를 포함한다]
중량물을 매달아 상하 및 좌우로 운반하는 것을 목적으로 하는 기계 또는 기계장치를 말하며, "호이스트"란 훅이나 그 밖의 달기구 등을 사용하여 화물을 권상 및 횡행 또는 권상동작을 하는 기계장치를 말함

(2) 이동식 크레인

(3) 리프트(이삿짐운반용 리프트의 경우에는 적재하중이 0.1톤 이상인 것으로 한정한다)
리프트의 종류로는 건설용 리프트, 산업용 리프트, 자동차정비용 리프트, 이삿짐운반용 리프트가 있음

(4) 곤돌라
달기발판 또는 운반구, 승강장치, 그 밖의 장치 및 이들에 부속된 기계부품에 의하여 구성되고, 와이어로프 또는 달기강선에 의하여 달기발판 또는 운반구가 전용 승강장치에 의하여 오르내리는 설비

(5) 승강기
승강기의 종류로는 승객용 엘리베이터, 승객화물용 엘리베이터, 화물용 엘리베이터, 소형화물용 엘리베이터, 에스컬레이터가 있음

3) 방호장치의 조정

(1) 사업주는 다음 각 호의 양중기에 과부하방지장치, 권과방지장치(捲過防止裝置), 비상정지장치 및 제동장치, 그 밖의 방호장치[(승강기의 파이널 리미트 스위치(final limit switch), 속도조절기, 출입문 인터 록(inter lock) 등을 말한다]가 정상적으로 작동될 수 있도록 미리 조정해 두어야 한다.
① 크레인
② 이동식 크레인
③ 삭제⟨2019.4.19⟩
④ 리프트
⑤ 곤돌라
⑥ 승강기

(2) 양중기에 대한 권과방지장치는 훅・버킷 등 달기구의 윗면(그 달기구에 권상용 도르래가 설치된 경우에는 권상용 도르래의 윗면)이 드럼, 상부 도르래, 트롤리프레임 등 권상장치의 아랫면과 접촉할 우려가 있는 경우에 그 간격이 0.25미터 이상[직동식(直動式) 권과방지장치는 0.05미터 이상으로 한다]이 되도록 조정

> **Key Point**
>
> 승강기에 있어서 카(Car)만의 무게가 3,000kg, 정격적재하중 2,000kg, 오버 밸런스(Over-balance)율이 40%일 때, 평형추의 무게(kg)는 얼마로 하면 되는가?
>
> 평형추의 무게 = 카의 무게 + (정격적재하중×오버밸런스율)
> = 3,000 + (2,000×0.4) = 3,800kg

2 양중기의 재해유형

① 와이어로프 파단에 의한 재해
② 자재를 묶은 달기로프가 풀려서 자재낙하
③ 자재인양, 스윙 중 주변 구조물과 충돌
④ 리프트 운행 중 추락
⑤ 리프트 탑승구에서 추락
⑥ 리프트 운행 중 충돌
⑦ 리프트 착지점에서 협착 등

SECTION 13
보일러 및 압력용기의 방호장치

보일러의 폭발사고예방을 위하여 압력방출장치・압력제한스위치・고저수위조절장치・화염검출기 등의 기능이 정상적으로 작동될 수 있도록 유지・관리하여야 한다(안전보건규칙 제119조).

> **Key Point**
>
> 보일러의 사고 형태는 다음과 같다.
>
> [사고형태]
> ① 구조상의 결함
> ② 구성 재료의 결함
> ③ 보일러 내부의 압력
> ④ 고열에 의한 배관의 강도 저하 등
>
> **위 내용을 토대로 보일러 사고를 방지하기 위한 대책을 기술하시오.**
>
> 1. 압력방출장치・압력제한스위치・고저수위조절장치・화염검출기 등의 기능이 정상적으로 작동될 수 있도록 유지・관리
> 2. 설계시 구성재료의 결함, 고열에 의한 배관의 강도저하 등을 고려
> 3. 비파괴검사 등으로 구조상의 결함을 미리 찾아냄

1 고저수위 조절장치(안전보건규칙 제118조)

사업주는 고저수위조절장치의 동작 상태를 작업자가 쉽게 감시하도록 하기 위하여 고저수위지점을 알리는 경보등·경보음장치 등을 설치하여야 하며, 자동으로 급수되거나 단수되도록 설치하여야 한다.

2 압력방출장치(안전밸브)(안전보건규칙 제116조)

① 사업주는 보일러의 안전한 가동을 위하여 보일러 규격에 적합한 압력방출장치를 1개 또는 2개 이상 설치하고 최고사용압력(설계압력 또는 최고허용압력을 말한다. 이하 같다) 이하에서 작동되도록 하여야 한다. 다만, 압력방출장치가 2개 이상 설치된 경우에는 최고사용압력 이하에서 1개가 작동되고, 다른 압력방출장치는 최고사용압력 1.05배 이하에서 작동되도록 부착하여야 한다.

② 제1항의 압력방출장치는 1년에 1회 이상 「국가표준기본법」 제14조의 따라 산업통상자원부장관의 지정을 받은 국가교정업무전담기관(이하 "국가교정기관"이라 한다)으로부터 교정을 받은 압력계를 이용하여 토출압력을 시험한 후 납으로 봉인하여 사용하여야 한다. 다만, 영 제43조에 따른 공정안전보고서 제출대상으로서 고용노동부장관이 실시하는 공정안전보고서 이행상태 평가결과가 우수한 사업장은 압력방출장치에 대하여 4년에 1회 이상 설정압력에서 압력방출장치가 적정하게 작동하는지를 검사할 수 있다.

3 압력제한스위치(안전보건규칙 제117조)

사업주는 보일러의 과열을 방지하기 위하여 최고사용압력과 상용압력 사이에서 보일러의 버너연소를 차단할 수 있도록 압력제한스위치를 부착하여 사용하여야 한다.
압력제한 스위치는 상용운전압력 이상으로 압력이 상승할 경우 보일러의 파열을 방지하기 위하여 버너의 연소를 차단하여 열원을 제거함으로써 정상압력으로 유도하는 장치이다.

▣ 보일러에서 발생하는 현상

① 프라이밍(Priming) : 보일러가 과부하로 사용될 경우에 수위가 올라가던가 드럼 내의 부착품에 기계적 결함이 있으면 보일러수가 극심하게 끓어서 수면에서 끊임없이 격심한 물방울이 비산하고 증기부가 물방울로 충만하여 수위가 불안정하게 되는 현상을 말한다.
발생원인으로는 보일러 관수의 농축, 수증기 밸브의 급개, 보일러 부하의 급변화 운전, 보일러수 또는 관수의 수위를 높게 운전, 청관제 및 급수처리제 사용 부적당 등이 있다.

② 포밍(Foaming) : 보일러수에 불순물이 많이 포함되었을 경우 보일러수의 비등과 함께 수면부위에 거품층을 형성하여 수위가 불안정하게 되는 현상을 말한다.

③ 캐리오버(Carry Over) : 보일러수 속의 용해 고형물이나 현탁 고형물이 증기에 섞여 보일러 밖으로 튀어 나가는 현상

SECTION 14
롤러기의 방호장치 및 설치방법

1 롤러기의 방호장치

1) 급정지장치

(1) 손조작식

비상안전제어로프(Safety Trip Wire Cable)장치는 송급 및 인출 컨베이어, 슈트 및 호퍼 등에 의해서 제한이 되는 밀기에 사용한다.

(2) 복부조작식

(3) 무릎조작식

(4) 급정지장치 조작부의 위치

종류	설치위치	비고
손조작식	밑면에서 1.8m 이내	위치는 급정지장치 조작부의 중심점을 기준으로 한다.
복부조작식	밑면에서 0.8m 이상 1.1m 이내	
무릎조작식	밑면에서 0.4m 이상 0.6m 이내	

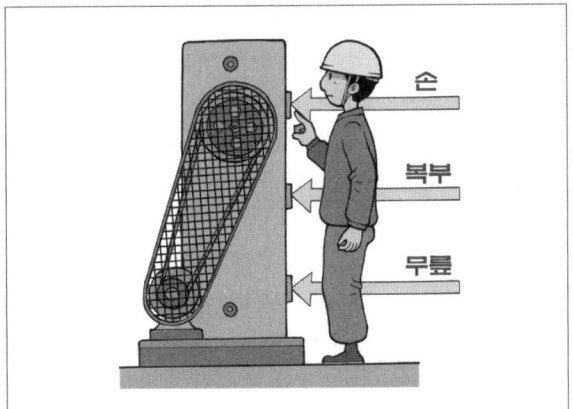

[급정지장치가 설치된 롤러기]

🔑 Key Point
롤러의 방호장치인 급정지장치의 종류 3가지와 설치방법을 쓰시오.

2) 가드

가드를 설치할 때 일반적인 개구부의 간격은 다음의 식으로 계산한다.

$$Y = 6 + 0.15X \, (X < 160\mathrm{mm})$$
$$(\text{단, } X \geq 160\mathrm{mm} \text{이면 } Y = 30)$$

여기서, Y : 개구부의 간격(mm)
X : 개구부에서 위험점까지의 최단거리(mm)

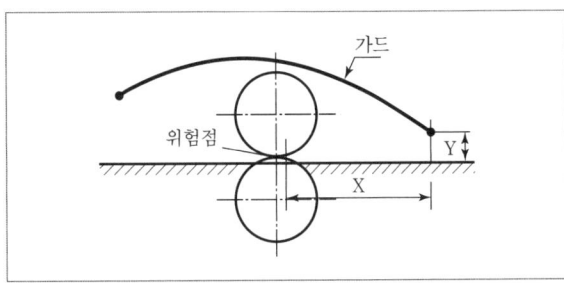

[안전개구부]

다만, 위험점이 전동체인 경우 개구부의 간격은 다음 식으로 계산한다.

$$Y = 6 + X/10 \, (\text{단, } X < 760\mathrm{mm} \text{에서 유효})$$

🔑 Key Point
롤러 맞물림 전방에 개구간격 12mm인 가드를 설치할 경우 안전거리를 ILO 기준으로 계산하시오.

$$12 = 6 + (0.15 \times X), \quad X = \frac{12 - 6}{0.15} = 40\mathrm{mm}$$

[울이 설치된 롤]

3) 발광다이오드 광선식 장치

2 롤러기 급정지 거리

1) 급정지장치의 성능

앞면 롤의 표면속도(m/min)	급정지 거리
30 미만	앞면롤 원주의 1/3
30 이상	앞면롤 원주의 1/2.5

2) 앞면롤의 표면속도

$$V = \frac{\pi DN}{1,000} \, (\mathrm{m/min})$$

🔑 Key Point
앞면 롤러 직경이 30cm인 경우 회전수가 40rpm인 경우 앞면롤의 표면속도 및 급정지장치의 급정지거리는?

$$V = \frac{\pi DN}{1,000} = \frac{\pi \times 300 \times 40}{1,000} = 37.6 \mathrm{m/min}$$

$$\text{급정지거리} = \frac{\text{앞면롤 원주}}{2.5} = \frac{\pi \times 30}{2.5} = 37.6 \mathrm{cm}$$

SECTION 15
연삭기의 재해유형 및 속도

1 연삭기의 재해유형

① 회전하던 연삭숫돌이 외력 또는 숫돌자체의 결함에 의해 파괴되면서 파괴된 조각이 작업자의 신체부위와 충돌
② 가공재료의 비산하는 입자가 시력장해
③ 회전하는 연삭숫돌에 의한 말림 재해
④ 숫돌에 작업자의 무릎 또는 신체가 접촉

Key Point

연삭기 작업 시 발생될 수 있는 재해유형 4가지를 쓰시오.

2 숫돌의 원주속도

$$원주속도 : v = \frac{\pi DN}{1,000}(\text{m/min})$$

여기서, 지름 : $D(\text{mm})$, 회전수 : $N(\text{rpm})$

Key Point

숫돌의 회전수가 2,000rpm인 연삭기에 지름 300mm의 숫돌을 사용할 경우 그 숫돌의 원주속도는 얼마인가?

$v = \frac{\pi DN}{1,000} = \frac{\pi \times 300 \times 2,000}{1,000} = 1,884(\text{m/min})$

SECTION 16
연삭숫돌의 파괴원인

① 숫돌에 균열이 있는 경우
② 숫돌이 고속으로 회전하는 경우
③ 고정할 때 불량하게 되어 국부만을 과도하게 가압하는 경우 혹은 축과 숫돌과의 여유가 전혀 없어서 축이 팽창하여 균열이 생기는 경우
④ 무거운 물체가 충돌했을 때
⑤ 숫돌의 측면을 일감으로서 심하게 가압했을 경우

Key Point

연삭작업 시 숫돌의 파괴원인 4가지를 기술하시오.

SECTION 17
연삭기의 방호장치 및 설치방법

1 연삭숫돌의 덮개 등(안전보건규칙 제122조)

① 회전 중인 연삭숫돌(직경이 5센티미터 이상인 것에 한정한다)이 근로자에게 위험을 미칠 우려가 있는 경우에 그 부위에 덮개를 설치하여야 한다.
② 연삭숫돌을 사용하는 작업을 하는 경우 작업을 시작하기 전에는 1분 이상, 연삭숫돌을 교체한 후에는 3분 이상 시험운전을 하고 해당 기계에 이상이 있는지를 확인하여야 한다.
③ 제2항에 따른 시험운전에 사용하는 연삭숫돌은 작업시작 전에 결함이 있는지를 확인한 후 사용하여야 한다.
④ 연삭숫돌의 최고 사용회전속도를 초과하여 사용하도록 해서는 아니 된다.
⑤ 측면을 사용하는 것을 목적으로 하지 않는 연삭숫돌을 사용하는 경우 측면을 사용하도록 해서는 아니 된다.

Key Point

연삭기(Grinding Machine) 가동 시 작업자의 사전안전대책 5가지를 쓰시오.

2 안전덮개의 설치방법

① 탁상용 연삭기의 덮개
  ㉠ 덮개의 최대노출각도 : 90° 이내
  ㉡ 숫돌의 주축에서 수평면 위로 이루는 원주 각도 : 65° 이내
  ㉢ 수평면 이하에서 연삭할 경우의 노출각도 : 125°까지 증가
  ㉣ 숫돌의 상부사용을 목적으로 할 경우의 노출각도 : 60° 이내
② 원통연삭기, 만능연삭기 덮개의 노출각도 : 180° 이내
③ 휴대용 연삭기, 스윙(Swing) 연삭기 덮개의 노출각도 : 180° 이내
④ 평면연삭기, 절단연삭기 덮개의 노출각도 : 150° 이내
  숫돌의 주축에서 수평면 밑으로 이루는 덮개의 각도 : 15° 이상

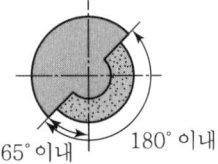

㉮ 원통연삭기, 센터리스연삭기, 공구연삭기, 만능연삭기, 기타 이와 비슷한 연삭기

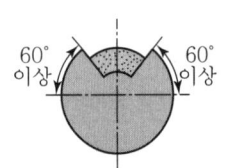

㉯ 연삭숫돌의 상부를 사용하는 것을 목적으로 하는 탁상용 연삭기

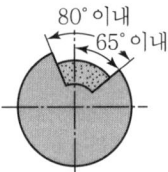

㉰ ㉯ 및 ㉶ 이외의 탁상용 연삭기, 기타 이와 유사한 연삭기

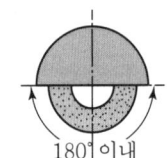

㉱ 휴대용 연삭기, 스윙연삭기, 슬래브연삭기, 기타 이와 비슷한 연삭기

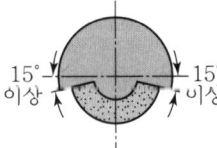

㉲ 평면연삭기, 절단연삭기 기타 이와 비슷한 연삭기

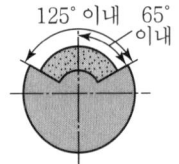

㉳ 일반 연삭작업 등에 사용하는 것을 목적으로 하는 탁상용 연삭기

3 숫돌의 원주속도 및 플랜지의 지름

1) 숫돌의 원주속도

$$원주속도 : v = \frac{\pi DN}{1,000} (\text{m/min})$$

여기서, 지름 : D(mm), 회전수 : N(rpm)

2) 플랜지의 지름

플랜지의 지름은 숫돌 직경의 1/3 이상인 것이 적당하다.

Key Point

연삭기의 숫돌의 바깥지름이 280mm일 경우 플랜지의 바깥지름은 최소 몇 mm인가?

$D = \frac{280}{3} = 93.3$mm 이상

SECTION 18
동력식 수동대패기

1 대패기계의 날접촉예방장치 (안전보건규칙 제109조)

작업대상물이 수동으로 공급되는 동력식 수동대패기계에 날접촉예방장치를 설치하여야 한다.

2 동력식 수동대패의 방호장치의 구비조건

① 대패날을 항상 덮을 수 있는 덮개를 설치하고 그 덮개는 가공재를 자유롭게 통과시킬 수 있어야 함
② 대패기의 테이블 개구부는 가능한 작게 하고, 또한 테이블 개구단과 대패날 선단과의 빈틈은 3mm 이하로 해야 함
③ 수동대패기에서 테이블 하방에 노출된 날부분에도 방호덮개를 설치하여야 함

3 방호장치(날접촉예방장치)의 구조

1) 가동식 날접촉예방장치
① 가공재의 절삭에 필요하지 않은 부분은 항상 자동적으로 덮고 있는 구조
② 소량 다품종 생산에 적합

2) 고정식 날접촉예방장치
① 가공재의 폭에 따라서 그때마다 덮개의 위치를 조절하여 절삭에 필요한 대팻날만을 남기고 덮는 구조
② 동일한 폭의 가공재를 대량생산하는 데 적합

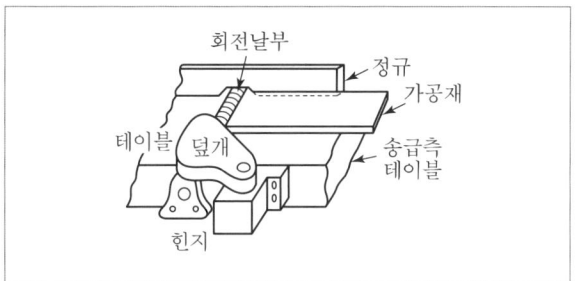

[가동식 접촉예방장치(덮개의 수평이동)]

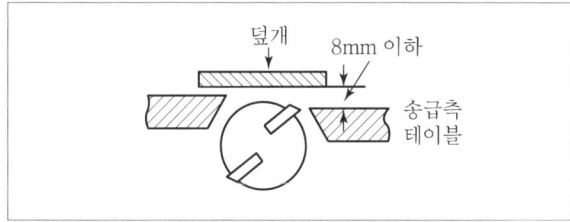

[덮개와 테이블과의 간격]

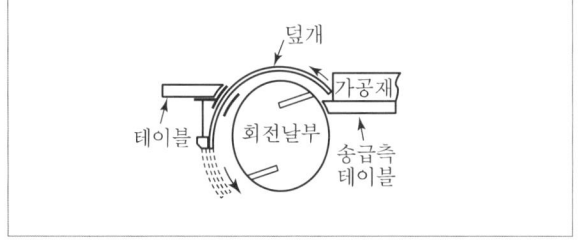

[가동식 접촉예방장치(덮개의 상하이동)]

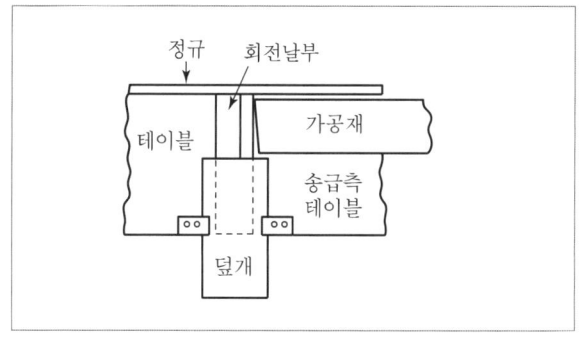

[고정식 접촉예방장치]

SECTION 19
산업용 로봇의 방호장치

1 방호장치
① 동력차단장치
② 비상정지기능
③ 안전방호 울타리(울타리)
④ 안전매트 : 위험한계 내에 근로자가 들어갈 때 압력 등을 감지할 수 있는 방호조치

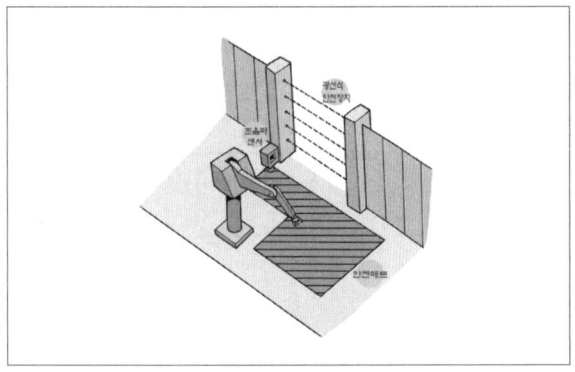

> **Key Point**
>
> 로봇의 운전 시 안전장치 2가지를 쓰시오.

2 작업시작 전 점검사항(로봇의 작동범위 내에서 그 로봇에 관하여 교시 등의 작업을 하는 때)(안전보건규칙 별표3)

① 외부전선의 피복 또는 외장의 손상 유무
② 매니퓰레이터(Manipulator) 작동의 이상 유무
③ 제동장치 및 비상정지장치의 기능

SECTION 20 목재가공용 둥근톱기계의 안전장치

1 둥근톱기계의 방호장치

반발예방장치	분할날	현수식 분할날	
		겸형식 분할날	
날접촉 예방장치	반발방지기구	송급위치에 부착	
	가동식 덮개		분할날은 대면해 있는 부분의 날 덮개의 하단이 항상 가공재 또는 테이블에 접한다.
	고정식 덮개		

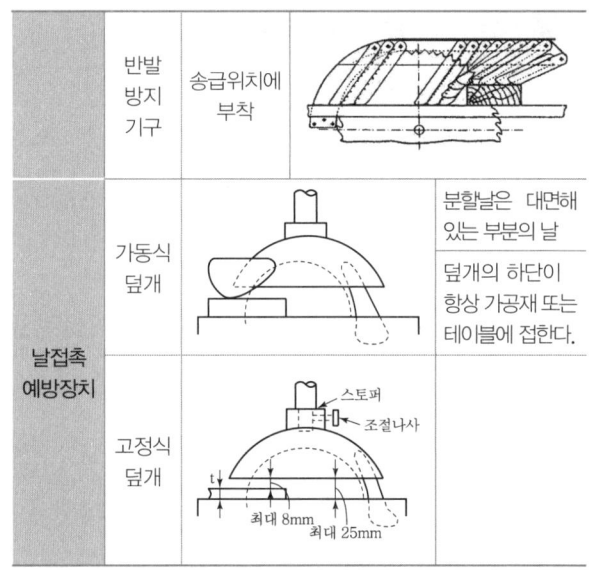

> **Key Point**
>
> 목재가공용 둥근톱기계에 부착하여야 하는 방호장치 2가지를 쓰시오.
>
> 반발예방장치, 톱날접촉예방장치

2 분할날(Spreader)

① 분할날의 두께

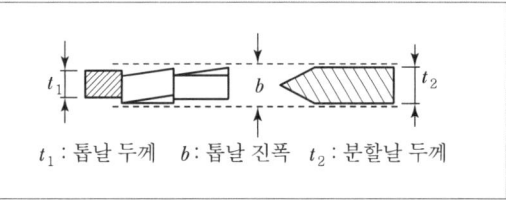

t_1 : 톱날 두께 b : 톱날 진폭 t_2 : 분할날 두께

분할날의 두께는 톱날두께 1.1배 이상이고 톱날의 치진폭 미만으로 할 것

$$1.1t_1 \leq t_2 < b$$

② 분할날의 길이

$$l = \frac{\pi D}{4} \times \frac{2}{3} = \frac{\pi D}{6}$$

③ 톱의 후면 날과 12mm 이내가 되도록 설치함
④ 재료는 탄성이 큰 탄소공구강 5종에 상당하는 재질이어야 함
⑤ 표준 테이블 위 톱의 후면날 2/3 이상을 커버해야 함

⑥ 설치부는 둥근톱니와 분할 날과의 간격 조절이 가능한 구조여야 함
⑦ 둥근톱 직경이 610mm 이상일 때의 분할날은 양단 고정식의 현수식이어야 함

3 방호장치 설치방법
(위험기계 · 기구 방호장치 기준 제34조)

① 반발예방장치는 목재의 반발을 충분히 방지할 수 있도록 설치하여야 하며, 톱날후면으로부터 12mm 이내에 설치하되 그 두께는 톱두께의 1.1배 이상이고 치진폭보다 작아야 한다.
② 날접촉예방장치는 반발예방장치에 대면하고 있는 부분과 가공재를 절단하는 부분 이외의 톱날을 덮을 수 있는 구조이어야 한다.

Key Point
목재 가공용 둥근톱기계 방호장치 설치요령을 3가지 쓰시오.
1. 반발예방장치는 목재의 반발을 충분히 방지할 수 있도록 설치하여야 한다.
2. 분할날은 톱날후면으로부터 12mm 이내에 설치하되 그 두께는 톱두께의 1.1배 이상이고 치진폭보다 작아야 한다.
3. 날접촉예방장치는 반발예방장치에 대면하고 있는 부분과 가공재를 절단하는 부분 이외의 톱날을 덮을 수 있는 구조이어야 한다.

SECTION 21
비파괴검사의 종류

1 표면결함 검출을 위한 비파괴시험방법
① 외관검사 : 확대경, 치수측정, 형상 확인
② 침투탐상시험 : 금속, 비금속 적용가능, 표면개구 결함 확인
③ 자분탐상시험 : 강자성체에 적용, 표면, 표면의 저부결함 확인
④ 와전류탐상법 : 도체 표층부 탐상, 봉, 관의 결함 확인

2 내부결함 검출을 위한 비파괴시험방법
① 초음파 탐상시험 : 균열 등 면상 결함 검출능력이 우수하다.
② 방사선 투과시험 : 결함종류, 형상판별 우수, 구상결함을 검출한다.

3 기타 비파괴시험방법
① 스트레인 측정 : 응력측정, 안전성 평가
② 기타 : 적외선 시험, AET, 내압(유압)시험, 누출(누설)시험 등이 있다.

Key Point
비파괴 검사방법을 3가지만 쓰시오.
외관검사, 침투탐상시험, 자분탐상시험, 초음파탐상시험, 방사선투과시험

CHAPTER 02 운반안전 일반

SECTION 01 지게차의 재해유형

① 불안정한 적재물의 낙하
② 적재물에 의한 시야방해로 접촉 및 충돌
③ 과적, 노면 및 정비불량, 급가속, 선회 및 정지에 의한 전도

🔑 Key Point

지게차(Fork Lift)를 구입하려고 할 때, 가솔린식과 축전식 중 어느 것을 선택하는 것이 좋은지 쓰고, 그 이유를 밝히시오.

축전식을 선택하는 것이 좋다. 그 이유는 다음과 같다.
1. 친환경적이다(배기가스에 의한 환경오염이 없음).
2. 가솔린식 지게차의 경우 공장 내부에서 작업할 경우 공기의 오염으로 질식할 우려가 있다.
3. 가솔린식 지게차의 경우 엔진의 소음과 진동으로 근로자에게 유해하다.

SECTION 02 지게차의 안정도

① 지게차는 화물적재 시에 지게차 균형추(Counter Balance) 무게에 의하여 안정된 상태를 유지할 수 있도록 아래 그림과 같이 최대하중 이하로 적재

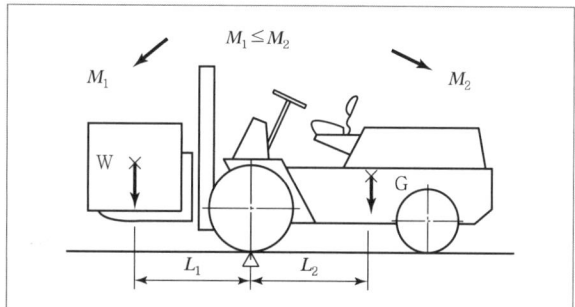

[지게차의 안정조건]

$$M_1 < M_2$$
화물의 모멘트 $M_1 = W \times L_1$
지게차의 모멘트 $M_2 = G \times L_2$

여기서, W : 화물중심에서의 화물의 중량
  G : 지게차 중심에서의 지게차 중량
  L_1 : 앞바퀴에서 화물 중심까지의 최단거리
  L_2 : 앞바퀴에서 지게차 중심까지의 최단거리

② 지게차의 전·후 및 좌·우 안정도를 유지하기 위하여 지게차의 주행·하역작업 시 안정도 기준을 준수

안정도	지게차의 상태	
	옆에서 본 경우	위에서 본 경우
하역작업 시의 전후 안정도 : 4% (5톤 이상은 3.5%)		
주행시의 전후 안정도 : 18%		
하역작업 시의 좌우 안정도 : 6%		
주행시의 좌우 안정도 : (15+1.1V)% V는 최고 속도(km/h)		

전도구배 h/l

$$안정도 = \frac{h}{l} \times 100(\%)$$

SECTION 03
헤드가드(Head Guard)

1 헤드가드(안전보건규칙 제180조)

사업주는 다음 각호에 따른 적합한 헤드가드(head guard)를 갖추지 아니한 지게차를 사용하여서는 안 된다. 다만, 화물의 낙하에 의하여 지게차의 운전자에게 위험을 미칠 우려가 없는 경우에는 그렇지 않다.

① 강도는 지게차의 최대하중의 2배 값(4톤을 넘는 값에 대해서는 4톤으로 함)의 등분포정하중에 견딜 수 있는 것일 것
② 상부틀의 각 개구의 폭 또는 길이가 16센티미터 미만일 것
③ 운전자가 앉아서 조작하거나 서서 조작하는 지게차의 헤드가드는 한국산업표준에서 정하는 높이 기준 이상일 것 (좌승식 : 0.903m 이상, 입승식 : 1.88m 이상)

Key Point
지게차 헤드가드가 갖추어야 할 사항 2가지를 쓰시오.

2 낙하물 보호구조(안전보건규칙 제198조)

사업주는 암석이 떨어질 우려가 있는 등 위험한 장소에서 차량계 건설기계[불도저, 트랙터, 굴착기, 로더, 스크레이퍼, 모터그레이더, 롤러, 천공기, 항타기 및 항발기로 한정한다]를 사용하는 경우에는 해당 차량계 건설기계에 견고한 낙하물 보호구조를 갖춰야 한다.

SECTION 04
와이어로프

와이어로프가 가지고 있는 유연성과 큰 인장강도를 이용하여 하역용 기계 등에 널리 사용하고 있으며, 특히 기계용 와이어로프의 성능은 기계 자체의 성능과 가동률을 좌우하는 소모성 부품으로서 경제성과 직결
따라서 용도에 적합한 구조 및 크기의 선택과 취급 및 유지관리의 적정화가 필요

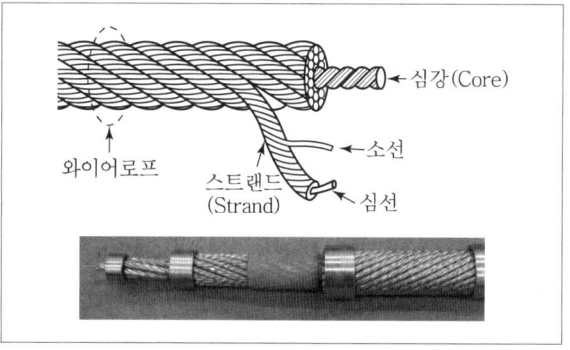

1 와이어로프의 구성

전동용 로프에는 면로프, 삼로프, 마닐라로프 등의 섬유로프와 강으로 만든 와이어로프가 있다. 와이어로프는 강선(이것을 소선이라 한다)을 여러 개를 합하여 꼬아 작은 줄(Strand)을 만들고, 이 줄을 꼬아 로프를 만드는데 그 중심에 심(대마를 꼬아 윤활유를 침투시킨 것)을 넣는다. 로프의 구성은 로프의 "스트랜드수×소선의 개수"로 표시하며, 크기는 단면 외접원의 지름으로 나타낸다.

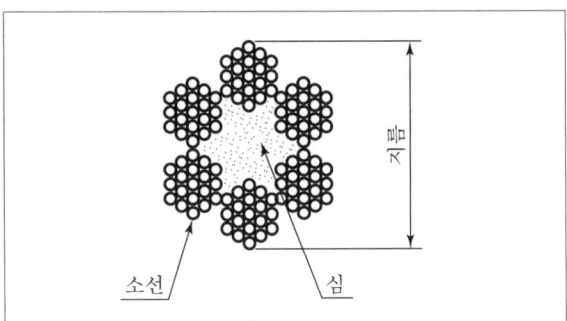

[로프의 지름 표시]

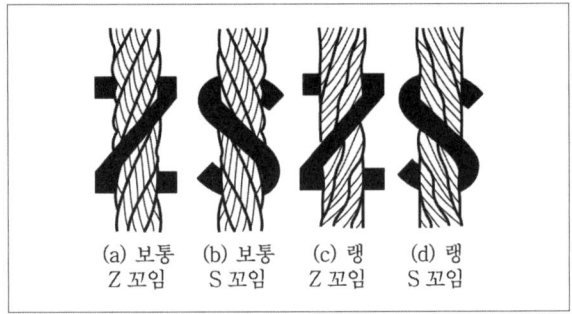

[와이어로프의 꼬임명칭]

🔑 Key Point

와이어로프 6×Fi×(29)의 뜻을 적으시오.

6 : 스트랜드 수, Fi : 필러형, 29 : 소선의 개수

2 와이어로프의 꼬임모양과 꼬임방향

로프의 꼬임방법은 다음과 같다.

1) 보통 꼬임(Regular Lay)

스트랜드의 꼬임방향과 소선의 꼬임방향이 반대인 것

2) 랭 꼬임(Lang's Lay)

스트랜드의 꼬임방향과 소선의 꼬임방향이 같은 것

3 와이어로프 등 달기구의 안전계수
(안전보건규칙 제163조)

사업주는 양중기의 와이어로프 등 달기구의 안전계수(달기구 절단하중의 값을 그 달기구에 걸리는 하중의 최대값으로 나눈 값을 말한다)가 다음 각 호의 구분에 따른 기준에 맞지 아니한 경우에는 이를 사용해서는 아니 된다.

① 근로자가 탑승하는 운반구를 지지하는 달기와이어로프 또는 달기체인의 경우 : 10 이상
② 화물의 하중을 직접 지지하는 달기와이어로프 또는 달기체인의 경우 : 5 이상
③ 훅, 샤클, 클램프, 리프팅 빔의 경우 : 3 이상
④ 그 밖의 경우 : 4 이상

4 와이어로프의 사용금지기준 (안전보건규칙 제166조)

① 이음매가 있는 것
② 와이어로프의 한 꼬임[스트랜드(strand)를 말한다. 이하 같다]에서 끊어진 소선(素線, 필러(pillar)선은 제외한다.]의 수가 10퍼센트 이상인 것. 다만, 비자전로프의 경우 끊어진 소선의 수가 와이어로프 호칭지름의 6배 길이 이내에서 4개 이상이거나 호칭지름 30배 길이 이내에서 8개 이상인 것이어야 함
③ 지름의 감소가 공칭지름의 7퍼센트를 초과하는 것
④ 꼬인 것
⑤ 심하게 변형되거나 부식된 것
⑥ 열과 전기충격에 의해 손상된 것

🔑 Key Point

양중기에 사용하는 와이어로프를 사용할 수 없는 경우 5가지를 쓰시오.

SECTION 05
와이어로프에 걸리는 하중

① 와이어로프에 걸리는 하중은 매어다는 각도에 따라서 로프에 걸리는 장력이 달라진다.
아래 그림을 예로 T'에 걸리는 하중을 계산하면
평행법칙에 의해서
$2 \times T' \times \cos 30 = 500$
$\therefore T' = 288.68 \text{kg}$

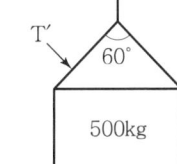

Key Point
400kg의 하물을 두 줄 걸이 로프로 상부각도 60°의 각으로 들어올릴 때 와이어로프 한 선에 걸리는 하중을 구하시오.
$2 \times T' \times \cos 30 = 400, \therefore T' = 230 \text{kg}$

② 로프로 중량물을 들어올릴 때 부하가 걸리는 상태이다. 이때 θ는 몇 도인가?
평행법칙에 의해서
$2 \times 200 \times \sin\theta = 200$
$\sin\theta = 1/2$
$\therefore \theta = 30°$

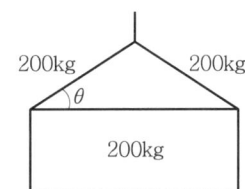

Key Point
크레인 작업 시 와이어로프에 980kg의 중량을 걸어 25m/s²의 가속도로 감아올릴 때 와이어로프에 걸리는 총하중은?

동하중 = $\dfrac{\text{정하중}}{\text{중력가속도}(g)} \times \text{가속도} = \dfrac{980}{9.8} \times 25 = 2,500 \text{kg}$

∴ 총하중 = 정하중 + 동하중 = 980 + 2,500 = 3,480kg

SECTION 06
달기체인

1 늘어난 달기체인 등의 사용금지
(안전보건규칙 제167조)

사업주는 다음 각 호의 어느 하나에 해당하는 달기체인을 양중기에 사용하여서는 아니 된다.
① 달기 체인의 길이가 달기 체인이 제조된 때의 길이의 5퍼센트를 초과한 것
② 링의 단면지름이 달기 체인이 제조된 때의 해당 링의 지름의 10퍼센트를 초과하여 감소한 것
③ 균열이 있거나 심하게 변형된 것

2 와이어로프 등 달기구의 안전계수
(안전보건규칙 제163조)

사업주는 양중기의 와이어로프 등 달기구의 안전계수(달기구 절단하중의 값을 그 달기구에 걸리는 하중의 최대값으로 나눈 값)가 다음 각 호의 구분에 따른 기준에 맞지 아니한 경우에는 이를 사용해서는 아니 된다.
① 근로자가 탑승하는 운반구를 지지하는 달기와이어로프 또는 달기체인의 경우 : 10 이상
② 화물의 하중을 직접 지지하는 달기와이어로프 또는 달기체인의 경우 : 5 이상
③ 훅, 샤클, 클램프, 리프팅 빔의 경우 : 3 이상
④ 그 밖의 경우 : 4 이상

산업안전기사 실기 ENGINEER INDUSTRIAL SAFETY

PART 05

전기 및 화공안전

CHAPTER 01 전기안전 일반
CHAPTER 02 화공안전 일반
CHAPTER 03 작업환경안전 일반

CHAPTER 01 전기안전 일반

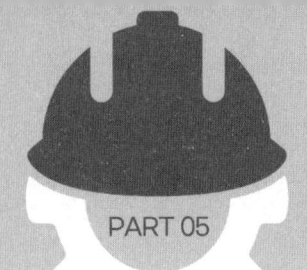

SECTION 01 감전재해 유해요소

1 전격의 위험을 결정하는 주된 인자

① 통전전류의 크기(가장 근본적인 원인이며 감전피해의 위험도에 가장 큰 영향을 미침)
② 통전시간
③ 통전경로
④ 전원의 종류(교류 또는 직류)
⑤ 주파수 및 파형
⑥ 전격인가위상(심장 맥동주기의 어느 위상(T파에서 가장 위험)에서의 통전 여부)
⑦ 기타 간접적으로는 인체저항과 전압의 크기 등이 관계함

2 1, 2차적 감전요소

1차적 감전요소	2차적 감전요소
① 통전전류의 크기 ② 통전경로 ③ 통전시간 ④ 전원의 종류	① 인체의 조건(인체의 저항) ② 전압의 크기 ③ 계절 등 주위환경

1) 통전경로별 위험도

통전경로	위험도	통전경로	위험도
왼손-가슴	1.5	왼손-등	0.7
오른손-가슴	1.3	한 손 또는 양손-앉아 있는 자리	0.7
왼손-한발 또는 양발	1.0	왼손-오른손	0.4
양손-양발	1.0	오른손-등	0.3
오른손-한발 또는 양발	0.8	※ 숫자가 클수록 위험도가 높아짐	

Key Point
통전경로에서 위험도가 가장 높은 경로와 가장 낮은 경로를 번호로 쓰시오.

2) 전압의 구분

전압 구분	개정 전 기술기준	KEC
저압	교류 : 600V 이하 직류 : 750V 이하	교류 : 1,000V 이하 직류 : 1,500V 이하
고압	교류 : 600V 초과 7kV 미만 직류 : 750V 초과 7kV 미만	교류 : 1,000V 초과 7kV 미만 직류 : 1,500V 초과 7kV 미만
특고압	7kV 초과	7kV 초과

SECTION 02 통전전류가 인체에 미치는 영향

1 통전전류와 인체반응

통전전류 구분	전격의 영향	통전전류(교류) 값
최소감지 전류	고통을 느끼지 않으면서 짜릿하게 전기가 흐르는 것을 감지할 수 있는 최소전류	상용주파수 60Hz에서 성인남자의 경우 1mA
고통한계 전류	통전전류가 최소감지전류보다 커지면 어느 순간부터 고통을 느끼게 되지만 이것을 참을 수 있는 전류	상용주파수 60Hz에서 7~8mA

통전전류 구분	전격의 영향	통전전류(교류) 값
가수전류 (이탈 전류)	인체가 자력으로 이탈 가능한 전류(마비한계전류라고 하는 경우도 있음)	상용주파수 60Hz에서 10~15mA ▶ 최저가수전류치 －남자 : 9mA －여자 : 6mA
불수전류 (교착 전류)	통전전류가 고통한계전류보다 커지면 인체 각부의 근육이 수축현상을 일으키고 신경이 마비되어 신체를 자유로이 움직일 수 없는 전류(인체가 자력으로 이탈 불가능한 전류)	상용주파수 60Hz에서 20~50mA
심실세동 전류 (치사 전류)	심근의 미세한 진동으로 혈액을 송출하는 펌프의 기능이 장애를 받는 현상을 심실세동이라 하며 이때의 전류	$I = \dfrac{165}{\sqrt{T}}$[mA] I : 심실세동전류(mA) T : 통전 시간(s)

2 심실세동전류

1) 심실세동전류와 통전시간과의 관계

$I = \dfrac{165}{\sqrt{T}}$[mA]$\left(\dfrac{1}{120} \sim 5초\right)$

여기서 전류 I는 1,000명 중 5명 정도가 심실세동을 일으키는 값

2) 위험한계에너지(심실세동을 일으키는 위험한 전기에너지)

인체의 전기저항 R을 500[Ω]으로 보면

$W = I^2RT = \left(\dfrac{165}{\sqrt{T}} \times 10^{-3}\right)^2 \times 500\,T$

$= (165^2 \times 10^{-6}) \times 500$

$= 13.6[\text{W}-\text{sec}] = 13.6[\text{J}]$

$= 13.6 \times 0.24[\text{cal}] = 3.3[\text{cal}]$

즉, 13.6[W]의 전력이 1sec간 공급되는 아주 미약한 전기에너지이지만 인체에 직접 가해지면 생명을 위협할 정도로 위험한 상태가 됨

SECTION 03 감전사고 방지대책

1 감전사고에 대한 방지대책(일반 대책)

① 전기설비의 점검 철저
② 전기기기 및 설비의 정비
③ 전기기기 및 설비의 위험부에 위험표시
④ 설비의 필요부분에 보호접지의 실시
⑤ 충전부가 노출된 부분에는 절연방호구를 사용
⑥ 고전압 선로 및 충전부에 근접하여 작업하는 작업자에게는 보호구를 착용시킬 것
⑦ 유자격자 이외는 전기기계 및 기구에 전기적인 접촉 금지
⑧ 관리감독자는 작업에 대한 안전교육 시행
⑨ 사고발생 시의 처리순서를 미리 작성하여 둘 것

Key Point

감전사고 방지를 위한 일반적인 대책을 4가지 쓰시오.

2 전기기계·기구에 의한 감전사고에 대한 방지대책

1) 직접접촉에 의한 감전방지대책
(충전부 방호대책 ; 안전보건규칙 제301조)

① 충전부가 노출되지 않도록 폐쇄형 외함이 있는 구조로 할 것
② 충전부에 충분한 절연효과가 있는 방호망이나 절연덮개를 설치할 것
③ 충전부는 내구성이 있는 절연물로 완전히 덮어 감쌀 것
④ 발전소·변전소 및 개폐소 등 구획되어 있는 장소로서 관계 근로자가 아닌 사람의 출입이 금지되는 장소에 충전부를 설치하고, 위험표시 등의 방법으로 방호를 강화할 것
⑤ 전주 위 및 철탑 위 등 격리되어 있는 장소로서 관계 근로자가 아닌 사람이 접근할 우려가 없는 장소에 충전부를 설치할 것

Key Point

직접접촉에 의한 감전방지대책을 4가지 쓰시오.

2) 간접접촉(누전)에 의한 감전방지대책

① 안전전압(산업안전보건법에서 30[V]로 규정) 이하 전원의 기기 사용
② 보호접지
③ 누전차단기의 설치
④ 이중절연기기의 사용
⑤ 비접지식 전로의 채용

> **Key Point**
>
> 저압전기기기의 누전으로 인한 감전 재해의 방지대책 4가지를 쓰시오.

3) 비접지식 전로의 채용

① 절연변압기 사용
② 혼촉방지판 부착 변압기 사용

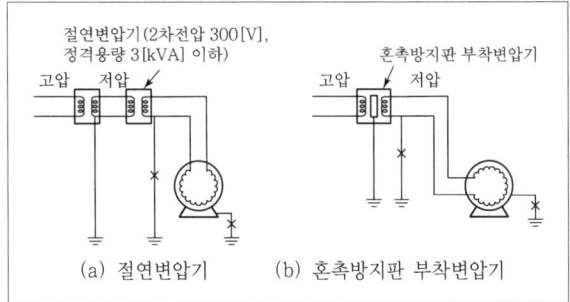

[비접지식 전로]

3 배선 등에 의한 감전사고에 대한 방지대책

1) 습윤한 장소의 배선 (안전보건규칙 제314조)

물 등의 도전성(導電性)이 높은 액체가 있는 습윤한 장소에서 근로자가 작업 중에나 통행하면서 이동전선 및 이에 부속하는 접속기구(이하 "이동전선등"이라 한다)에 접촉할 우려가 있는 경우에 충분한 절연효과가 있는 것을 사용하여야 한다.

① 습기 또는 물기가 많은 장소에서의 배선은 가능한 피하되, 부득이한 경우에는 애자사용(점검할 수 없는 은폐장소 제외), 금속관 배선, 합성수지관 배선, 2종 가요관 배선, 캡타이어 케이블 배선 등을 선정한다.

② 전선의 접속개소는 가능한 적게 함과 동시에 전선접속부분의 테이프처리 등 절연처리에 특히 유의하여 시설한다.
③ 배관공사인 경우는 습기나 물기가 침입하지 않도록 처치한다.
④ 점멸기, 콘센트, 개폐기 또는 차단기 등을 가능한 시설하지 않되 부득이한 경우에는 방수구조의 것이나 습기나 물기가 내부에 들어갈 우려가 없는 장치의 것을 사용한다.

> **Key Point**
>
> 습윤한 장소에서의 배선작업 중 이동전선 등을 사용하는 경우 감전방지대책 2가지를 쓰시오.

2) 꽂음접속기의 설치·사용 시 준수사항
(안전보건규칙 제316조)

① 서로 다른 전압의 꽂음접속기는 상호 접속되지 아니한 구조의 것을 사용할 것
② 습윤한 장소에 사용되는 꽂음접속기는 방수형 등 해당 장소에 적합한 것을 사용할 것
③ 근로자가 해당 꽂음접속기를 접속시킬 경우에는 땀 등으로 젖은 손으로 취급하지 않도록 할 것
④ 해당 꽂음접속기에 잠금장치가 있는 경우에는 접속 후 잠그고 사용할 것

3) 임시로 사용하는 전등 등의 위험방지대책
(안전보건규칙 제309조)

이동전선에 접속하여 임시로 사용하는 전등이나 가설의 배선 또는 이동전선에 접속하는 가공 매달기식 전등 등을 접촉함으로 인한 감전 및 전구의 파손에 의한 위험을 방지하기 위하여 보호망을 부착하여야 한다.

보호망 설치 시 준수사항
① 전구의 노출된 금속 부분에 근로자가 쉽게 접촉되지 아니하는 구조로 할 것
② 재료는 쉽게 파손되거나 변형되지 아니하는 것으로 할 것

> **Key Point**
>
> 이동전선에 접속하여 임시로 사용하는 전등이나 가설의 배선 또는 이동전선에 접속하는 가공 매달기식 전등 등을 접촉함으로 인한 감전 및 전구의 파손에 의한 위험을 방지하기 위한 조치 사항은?

SECTION 04
개폐기의 분류

1 개폐기

개폐기는 전로의 개폐에만 사용되고, 통전상태에서 차단능력이 없음

1) 개폐기의 시설
① 전로 중에 개폐기를 시설하는 경우에는 그곳의 각극에 설치하여야 함
② 고압용 또는 특별고압용의 개폐기는 그 작동에 따라 그 개폐상태를 표시하는 장치가 되어 있는 것이어야 함(그 개폐상태를 쉽게 확인할 수 있는 것은 제외)
③ 고압용 또는 특별고압용의 개폐기로서 중력 등에 의하여 자연히 작동할 우려가 있는 것은 자물쇠 장치 기타 이를 방지하는 장치를 시설하여야 함
④ 고압용 또는 특별고압용의 개폐기로서 부하전류를 차단하기 위한 것이 아닌 개폐기는 부하전류가 통하고 있을 경우에는 개로할 수 없도록 시설하여야 함(개폐기를 조작하는 곳의 보기 쉬운 위치에 부하전류의 유무를 표시한 장치 또는 전화기 기타의 지령장치를 시설하거나 터블렛 등을 사용함으로써 부하전류가 통하고 있을 때에 개로조작을 방지하기 위한 조치를 하는 경우는 제외)

2) 개폐기의 부착장소
① 퓨즈의 전원측
② 인입구 및 고장점검 회로
③ 평소 부하 전류를 단속하는 장소

3) 개폐기 부착 시 유의사항
① 기구나 전선 등에 직접 닿지 않도록 할 것
② 나이프 스위치나 콘센트 등의 커버가 부서지지 않도록 할 것
③ 나이프 스위치에는 규정된 퓨즈를 사용할 것
④ 전자식 개폐기는 반드시 용량에 맞는 것을 선택할 것

4) 개폐기의 종류

개폐기의 종류	역할 및 기능
① 주상유입개폐기 (PCS ; Primary Cutout Switch 또는 COS ; Cut Out Switch)	• 고압컷아웃스위치라 부르고 있는 기기로서 주로 3kV 또는 6kV용 300 kVA까지 용량의 1차측 개폐기로 사용하고 있음 • 개폐의 표시가 되어 있는 고압개폐기 • 배전선로의 개폐, 고장구간의 구분, 타 계통으로의 변환, 접지사고의 차단 및 콘덴서의 개폐 등에 사용
② 단로기 (DS ; Disconnection Switch)	• 무부하 상태의 전로를 개폐하는 역할 • 단로기는 전압 개폐 기능(부하전류 차단 능력 없음)
③ 부하개폐기 (LBS ; Load Breaker Switch)	• 수변전설비의 인입구 개폐기로 많이 사용되며 부하전류를 개폐할 수는 있으나, 고장전류는 차단할 수 없어 전력퓨즈를 함께 사용
④ 자동개폐기 (AS ; Automatic Switch)	• 전자 개폐기 : 전동기의 기동과 정지에 많이 사용, 과부하 보호용으로 적합 • 압력 개폐기 : 압력의 변화에 따라 작동 (옥내 급수용, 배수용에 적합) • 시한 개폐기(Time Switch) : 옥외의 신호 회로에 사용 • 스냅 개폐기 : 전열기, 전등 점멸, 소형 전동기의 기동, 정지 등에 사용
⑤ 저압개폐기 (스위치 내에 퓨즈 삽입)	• 안전 개폐기(Cutout Switch) : 배전반 인입구 및 분기 개폐기 • 커버 개폐기(Cover knife Switch) : 저압회로에 많이 사용 • 칼날형 개폐기(Knife Switch) : 저압회로의 배전반 등에서 사용(정격전압 250V) • 박스 개폐기(Box Switch) : 전동기 회로용

2 과전류 차단기

1) 차단기의 개요
① 정상상태의 전로를 투입, 차단하고 단락과 같은 이상상태의 전로도 일정시간 개폐할 수 있도록 설계된 개폐장치
② 차단기는 전선로에 전류가 흐르고 있는 상태에서 그 선로를 개폐하며, 차단기 부하측에서 과부하, 단락 및 지락사고가 발생했을 때 각종 계전기와의 조합으로 신속히 선로를 차단하는 역할

Key Point

단락상태에서 전로를 개폐할 수 있는 C.B(Circuit Breaker)차단기의 2가지 역할을 쓰시오.

1. 누전에 의한 감전방지
2. 전기화재 방지
3. 전기기기 보호

2) 차단기의 종류

차단기의 종류	사용장소
배선용차단기(MCCB), 기중차단기(ACB)	저압전기설비
종래 : 유입차단기(OCB) 최근 : 진공차단기(VCB), 　　　　가스차단기(GCB)	변전소 및 자가용 고압 및 특고압 전기설비
공기차단기(ABB), 가스차단기(GCB)	특고압 및 대전류 차단 용량을 필요로 하는 대규모 전기설비

정격전류[A]	용단시간(분)	
	A종 : 정격전류×1.35 B종 : 정격전류×1.6	정격전류×2(200%)
1~30	60	2
31~60	60	4
61~100	120	6
101~200	120	8
201~400	180	10
401~600	240	12
600 초과	240	20

※ A종 퓨즈 : 110~135[%], B종 퓨즈 : 130~160[%]
※ A종은 정격의 110[%], B종은 정격의 130[%]의 전류로 용단되지 않을 것

2) 고압용 Fuse

① 포장퓨즈 : 정격전류의 1.3배에 견디고, 2배의 전류에 120분 안에 용단
② 비포장퓨즈 : 정격전류의 1.25배에 견디고, 2배의 전류에 2분 안에 용단

SECTION 05
퓨즈

1 성능 및 역할

① 용단특성, 단시간허용특성, 전차단 특성
② 부하전류를 안전하게 통전(과전류를 차단하여 전로나 기기 보호)

2 규격

1) 저압용 Fuse

① 정격전류의 1.1배의 전류에 견딜 것
② 정격전류의 1.6배 및 2배의 전류를 통한 경우

SECTION 06
누전차단기

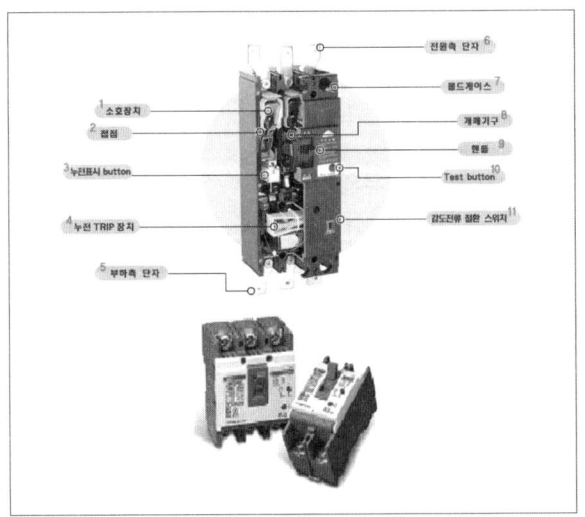

[누전차단기의 구조]

1 누전차단기의 종류

구분		정격감도전류 [mA]	동작시간
고감도형	고속형	5, 10, 15, 30	정격감도전류에서 0.1초 이내
	시연형		정격감도전류에서 0.1초를 초과하고 2초 이내
	반한시형		• 정격감도전류에서 0.2초를 초과하고 1초 이내 • 정격감도전류의 1.4배의 전류에서 0.1초를 초과하고 0.5초 이내 • 정격감도전류의 4.4배에서 0.05초 이내
중감도형	고속형	50, 100, 200	정격감도전류에서 0.1초 이내
	시연형	500, 1000	정격감도전류에서 0.1초를 초과하고 2초 이내

1) 감전보호용 누전차단기

정격감도전류 30mA 이하, 동작시간 0.03초 이내

Key Point

감전방지용 누전차단기의 정격감도전류와 동작시간을 쓰시오.

2 누전차단기 선정시 주의사항

1) 누전차단기는 전로의 전기방식에 따른 차단기의 극수를 보유해야 하고 그 해당전로의 전압, 전류 및 주파수에 적합하도록 사용
2) 다음의 성능을 가진 누전차단기를 사용할 것
① 부하에 적합한 정격전류를 갖출 것
② 전로에 적합한 차단용량을 갖출 것
③ 당해전로의 정격전압이 공칭전압의 85~110%(-15%~+10%) 이내일 것
④ 누전차단기와 접속되어 있는 각각의 전동기계·기구에 대하여 정격감도전류가 30[mA] 이하이며 동작시간은 0.03초 이내일 것. 다만, 정격전부하전류가 50[A] 이상인 전동기계·기구에 설치되는 누전차단기에 오동작을 방지하기 위하여 정격감도전류가 200[mA] 이하인 경우 동작시간은 0.1초 이내일 것
⑤ 정격부동작전류가 정격감도전류의 50% 이상이어야 하고 이들의 전류치가 가능한한 작을 것
⑥ 절연저항이 5[MΩ] 이상일 것

3 누전차단기 설치방법

① 전동기계·기구의 금속제 외함, 금속제 외피 등 금속부분은 누전차단기를 접속한 경우에도 가능한한 접지할 것
② 누전차단기는 분기회로 또는 전동기계·기구마다 설치를 원칙으로 할 것. 다만, 평상시 누설전류가 미소한 소용량 부하의 전로에는 분기회로에 일괄하여 설치할 수 있다.
③ 누전차단기는 배전반 또는 분전반에 설치하는 것을 원칙으로 할 것. 다만, 꽂음접속기형 누전차단기는 콘센트에 연결 또는 부착하여 사용할 수 있다.
④ 지락보호전용 누전차단기는 반드시 과전류를 차단하는 퓨즈 또는 차단기 등과 조합하여 설치할 것
⑤ 누전차단기의 영상변류기에 접지선을 관통하지 않도록 할 것
⑥ 누전차단기의 영상변류기에 서로 다른 2회 이상의 배선을 일괄하여 관통하지 않도록 할 것
⑦ 서로 다른 누전차단기의 중성선이 누전차단기 부하측에서 공유되지 않도록 할 것
⑧ 중성선은 누전차단기 전원측에 접지시키고, 부하측에는 접지되지 않도록 할 것
⑨ 누전차단기의 부하측에는 전로의 부하측이 연결되고, 누전차단기의 전원측에 전로의 전원측이 연결되도록 설치할 것
⑩ 설치 전에는 반드시 누전차단기를 개로시키고 설치 완료 후에는 누전차단기를 폐로시킨 후 동작 위치로 할 것

4 누전차단기의 동작확인

다음의 경우에는 누전차단기용 테스터를 사용하거나 시험용 버튼을 눌러 누전차단기가 확실히 동작함을 확인하여야 한다.
① 전동기계·기구를 사용하려는 경우
② 누전차단기가 동작한 후 재투입할 경우
③ 전로에 누전차단기를 설치한 경우

5 누전차단기의 적용범위(안전보건규칙 제304조)

적용 대상	적용 비대상
1) 대지전압이 150볼트를 초과하는 이동형 또는 휴대형 전기기계·기구 2) 물 등 도전성이 높은 액체가 있는 습윤장소에서 사용하는 저압용 전기기계·기구 3) 철판·철골 위 등 도전성이 높은 장소에서 사용하는 이동형 또는 휴대형 전기기계·기구 4) 임시배선의 전로가 설치되는 장소에서 사용하는 이동형 또는 휴대형 전기기계·기구	1) 「전기용품 및 생활용품 안전관리법」에 따른 이중절연 또는 이와 동등 이상으로 보호되는 구조로 된 전기기계·기구 2) 절연대 위 등과 같이 감전위험이 없는 장소에서 사용하는 전기기계·기구 3) 비접지방식의 전로

6 누전차단기의 설치 환경조건

① 주위온도에 유의할 것
② 표고 1,000m 이하의 장소로 할 것
③ 비나 이슬에 젖지 않는 장소로 할 것
④ 먼지가 적은 장소로 할 것
⑤ 이상한 진동 또는 충격을 받지 않는 장소
⑥ 습도가 적은 장소로 할 것
⑦ 전원전압의 변동(정격전압의 85~110%)에 유의할 것
⑧ 배선상태를 건전하게 유지할 것
⑨ 불꽃 또는 아크에 의한 폭발의 위험이 없는 장소(비방폭지역)에 설치할 것

SECTION 07
피뢰기 및 피뢰침

1 피뢰설비

1) 피뢰기(Lightning Arrester ; LA)

피뢰기는 피보호기 근방의 선로와 대지 사이에 접속되어 평상시에는 직렬갭에 의해 대지절연되어 있으나 계통에 이상전압이 발생되면 직렬갭이 방전이상 전압의 파고값을 내려서 기기의 속류를 신속히 차단하고 원상으로 복귀시키는 작용을 한다.
- 구성요소 : 직렬갭+특성요소

피뢰기의 동작책무	① 이상전압의 내습으로 피뢰 단자전압이 어느 일정값 이상이 되면 즉시 방전해서 전압상승을 억제하여 기기를 보호함 ② 이상전압이 소멸하여 피뢰기 단자전압이 일정값 이하가 되면 즉시 방전을 정지해서 원래의 송전 상태로 돌아가게 함
피뢰기의 성능 (구비요건)	① 제한전압 또는 충격방전개시전압이 충분히 낮고 보호능력이 있을 것 ② 속류차단이 완전히 행해져 동작책무 특성이 충분할 것 ③ 뇌전류 방전능력이 클 것 ④ 대전류의 방전, 속류차단의 반복동작에 대하여 장기간 사용에 견딜 수 있을 것 ⑤ 상용주파 방전개시전압은 회로전압보다 충분히 높아서 상용주파방전을 하지 않을 것

- 보호여유도(%) = $\dfrac{충격절연강도 - 제한전압}{제한전압} \times 100$
- 피뢰기의 정격전압 : 속류를 차단할 수 있는 최고의 교류전압(통상 실효값으로 나타냄)

Key Point
피뢰기 기능(피뢰기 구비요건)을 5가지 쓰시오.

2) 가공지선(Over Head Earthwire)

송전선에의 뇌격에 대한 차폐용으로서 송전선의 전선 상부에 이것과 평행으로 전선을 따로 가선하여 각 철탑에서 접지시킴

3) 서지 흡수기(Surge Absorber)

급격한 충격 침입파에 대하여 기기를 보호할 목적으로 기기의 단자와 대지 간에 접속되는 보호콘덴서 또는 이와 피뢰기를 조합한 것이며 충격파의 파두준도를 완화시키고 또한 파미장이 짧은 경우에는 파고치를 저감시킴으로써 기기코일의 층간, 대지절연을 보호하는 데 효과가 있고 또 파미장이 길 때는 피뢰기에 의해서 파고치를 떨어 뜨린다.

4) 피뢰침

피뢰침은 돌침부, 피뢰 도선 및 접지전극으로 된 피뢰설비로서 낙뢰로 인하여 생기는 화재, 파손 또는 인축에 상해를 방지할 목적으로 하는 것을 총칭하며 이중에는 돌침부를 생략한 용마루 위의 도체, 독립 피뢰침, 독립가공지선, 철망 등으로 피보호물을 덮은 케이지(Cage)를 포함한다.

※ 필기 수험서 「피뢰설비」 관련 규정 개정 분(KS C IEC 62305) 참조

2 피뢰기의 설치장소

1) 피뢰기의 위치선정
피뢰기의 설치위치는 가능한한 피보호기기 가까이 설치한다.

2) 피뢰기의 설치장소
고압 및 특별고압 전로 중 다음의 장소에는 피뢰기를 설치하고 접지공사(일반적으로 접지저항 10[Ω] 이하)를 하여야 한다.
① 발전소, 변전소 또는 이에 준하는 장소의 가공전선 인입구 및 인출구
② 가공전선로가 접속하는 배전용 변압기의 고압측 및 특별고압측
③ 고압 또는 특별고압의 가공전선로로부터 공급받는 수용장소의 인입구
④ 가공전선로와 지중전선로가 접속되는 곳

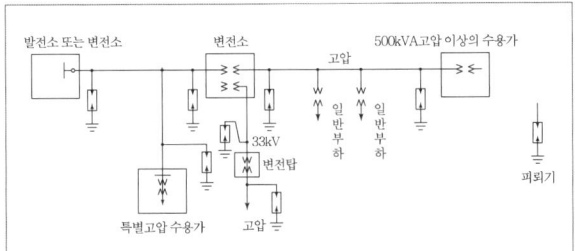

[피뢰기의 설치가 의무화되어 있는 장소의 예]

SECTION 08
정전작업

1 정전전로에서의 전기작업 (안전보건규칙 제319조)

① 사업주는 근로자가 노출된 충전부 또는 그 부근에서 작업함으로써 감전될 우려가 있는 경우에는 작업에 들어가기 전에 해당 전로를 차단하여야 한다. 다만, 다음 각 호의 경우에는 그러하지 아니하다.
　㉠ 생명유지장치, 비상경보설비, 폭발위험장소의 환기설비, 비상조명설비 등의 장치·설비의 가동이 중지되어 사고의 위험이 증가되는 경우
　㉡ 기기의 설계상 또는 작동상 제한으로 전로차단이 불가능한 경우
　㉢ 감전, 아크 등으로 인한 화상, 화재·폭발의 위험이 없는 것으로 확인된 경우
② 제1항의 전로 차단은 다음 각 호의 절차에 따라 시행하여야 한다.
　㉠ 전기기기등에 공급되는 모든 전원을 관련 도면, 배선도 등으로 확인할 것
　㉡ 전원을 차단한 후 각 단로기 등을 개방하고 확인할 것
　㉢ 차단장치나 단로기 등에 잠금장치 및 꼬리표를 부착할 것
　㉣ 개로된 전로에서 유도전압 또는 전기에너지가 축적되어 근로자에게 전기위험을 끼칠 수 있는 전기기기등은 접촉하기 전에 잔류전하를 완전히 방전시킬 것
　㉤ 검전기를 이용하여 작업 대상 기기가 충전되었는지를 확인할 것
　㉥ 전기기기등이 다른 노출 충전부와의 접촉, 유도 또는 예비동력원의 역송전 등으로 전압이 발생할 우려가 있는 경우에는 충분한 용량을 가진 단락 접지기구를 이용하여 접지할 것
③ 사업주는 제1항 각 호 외의 부분 본문에 따른 작업 중 또는 작업을 마친 후 전원을 공급하는 경우에는 작업에 종사하는 근로자 또는 그 인근에서 작업하거나 정전된 전기기기등(고정 설치된 것으로 한정한다)과 접촉할 우려가 있는 근로자에게 감전의 위험이 없도록 다음 각 호의 사항을 준수하여야 한다.
　㉠ 작업기구, 단락 접지기구 등을 제거하고 전기기기등이 안전하게 통전될 수 있는지를 확인할 것
　㉡ 모든 작업자가 작업이 완료된 전기기기등에서 떨어져 있는지를 확인할 것
　㉢ 잠금장치와 꼬리표는 설치한 근로자가 직접 철거할 것
　㉣ 모든 이상 유무를 확인한 후 전기기기등의 전원을 투입할 것

• 단락접지를 하는 이유
전로가 정전된 경우에도 오통전, 다른 전로와의 접촉(혼촉) 또는 다른 전로에서의 유도작용 및 비상용 발전기의 가동 등으로 정전전로가 갑자기 충전되는 경우가 있으므로 이에 따른 감전위험을 제거하기 위해 작업개소에 근접한 지점에 충분한 용량을 갖는 단락접지기구를 사용하여 정전전로를

단락접지하는 것이 필요하다(3상3선식 전선로의 보수를 위하여 정전작업 시에는 3선을 단락접지).

2 정전절차

국제사회안전협회(ISSA)에서 제시하는 정전작업의 5대 안전수칙

- 첫째 : 작업 전 전원차단
- 둘째 : 전원투입의 방지
- 셋째 : 작업장소의 무전압 여부 확인
- 넷째 : 단락접지
- 다섯째 : 작업장소의 보호

Key Point

정전작업요령 5가지를 쓰시오.

SECTION 09
활선작업

1 충전전로에서의 전기작업(안전보건규칙 제321조)

① 사업주는 근로자가 충전전로를 취급하거나 그 인근에서 작업하는 경우에는 다음 각 호의 조치를 하여야 한다.
   ㉠ 충전전로를 정전시키는 경우에는 제319조에 따른 조치를 할 것
   ㉡ 충전전로를 방호, 차폐하거나 절연 등의 조치를 하는 경우에는 근로자의 신체가 전로와 직접 접촉하거나 도전재료, 공구 또는 기기를 통하여 간접 접촉되지 않도록 할 것
   ㉢ 충전전로를 취급하는 근로자에게 그 작업에 적합한 절연용 보호구를 착용시킬 것
   ㉣ 충전전로에 근접한 장소에서 전기작업을 하는 경우에는 해당 전압에 적합한 절연용 방호구를 설치할 것. 다만, 저압인 경우에는 해당 전기작업자가 절연용 보호구를 착용하되, 충전전로에 접촉할 우려가 없는 경우에는 절연용 방호구를 설치하지 아니할 수 있다.
   ㉤ 고압 및 특별고압의 전로에서 전기작업을 하는 근로자에게 활선작업용 기구 및 장치를 사용하도록 할 것
   ㉥ 근로자가 절연용 방호구의 설치·해체작업을 하는 경우에는 절연용 보호구를 착용하거나 활선작업용 기구 및 장치를 사용하도록 할 것
   ㉦ 유자격자가 아닌 근로자가 충전전로 인근의 높은 곳에서 작업할 때에 근로자의 몸 또는 긴 도전성 물체가 방호되지 않은 충전전로에서 대지전압이 50킬로볼트 이하인 경우에는 300센티미터 이내로, 대지전압이 50킬로볼트를 넘는 경우에는 10킬로볼트당 10센티미터씩 더한 거리 이내로 각각 접근할 수 없도록 할 것
   ㉧ 유자격자가 충전전로 인근에서 작업하는 경우에는 다음 각 목의 경우를 제외하고는 노출 충전부에 다음 표에 제시된 접근한계거리 이내로 접근하거나 절연 손잡이가 없는 도전체에 접근할 수 없도록 할 것
   - 근로자가 노출 충전부로부터 절연된 경우 또는 해당 전압에 적합한 절연장갑을 착용한 경우
   - 노출 충전부가 다른 전위를 갖는 도전체 또는 근로자와 절연된 경우
   - 근로자가 다른 전위를 갖는 모든 도전체로부터 절연된 경우

충전전로의 선간전압 (단위 : 킬로볼트)	충전전로에 대한 접근 한계거리 (단위 : 센티미터)
0.3 이하	접촉금지
0.3 초과 0.75 이하	30
0.75 초과 2 이하	45
2 초과 15 이하	60
15 초과 37 이하	90
37 초과 88 이하	110
88 초과 121 이하	130
121 초과 145 이하	150
145 초과 169 이하	170
169 초과 242 이하	230
242 초과 362 이하	380
362 초과 550 이하	550
550 초과 800 이하	790

② 사업주는 절연이 되지 않은 충전부나 그 인근에 근로자가 접근하는 것을 막거나 제한할 필요가 있는 경우에는 울타리를 설치하고 근로자가 쉽게 알아볼 수 있도록 하여야 한다. 다만, 전기와 접촉할 위험이 있는 경우에는 도전성이 있는 금속제 울타리를 사용하거나, 제1항의 표에 정한 접근 한계거리 이내에 설치해서는 아니 된다.

③ 사업주는 제2항의 조치가 곤란한 경우에는 근로자를 감전 위험에서 보호하기 위하여 사전에 위험을 경고하는 감시인을 배치하여야 한다.

2 충전전로 인근에서 차량·기계장치 작업
(안전보건규칙 제322조)

① 사업주는 충전전로 인근에서 차량, 기계장치 등(이하 이 조에서 "차량등"이라 한다)의 작업이 있는 경우에는 차량 등을 충전전로의 충전부로부터 300센티미터 이상 이격시켜 유지시키되, 대지전압이 50킬로볼트를 넘는 경우 이격시켜 유지하여야 하는 거리(이하 이 조에서 "이격거리"라 한다)는 10킬로볼트 증가할 때마다 10센티미터씩 증가시켜야 한다. 다만, 차량등의 높이를 낮춘 상태에서 이동하는 경우에는 이격거리를 120센티미터 이상(대지전압이 50킬로볼트를 넘는 경우에는 10킬로볼트 증가할 때마다 이격거리를 10센티미터씩 증가)으로 할 수 있다.
② 제1항에도 불구하고 충전전로의 전압에 적합한 절연용 방호구 등을 설치한 경우에는 이격거리를 절연용 방호구 앞면까지로 할 수 있으며, 차량등의 가공 붐대의 버킷이나 끝부분 등이 충전전로의 전압에 적합하게 절연되어 있고 유자격자가 작업을 수행하는 경우에는 붐대의 절연되지 않은 부분과 충전전로 간의 이격거리는 제321조제1항제8조의 표에 따른 접근 한계거리까지로 할 수 있다.
③ 사업주는 다음 각 호의 경우를 제외하고는 근로자가 차량 등의 그 어느 부분과도 접촉하지 않도록 울타리를 설치하거나 감시인 배치 등의 조치를 하여야 한다.
  ㉠ 근로자가 해당 전압에 적합한 제323조제1항의 절연용 보호구등을 착용하거나 사용하는 경우
  ㉡ 차량등의 절연되지 않은 부분이 제321조제1항제8조의 표에 따른 접근 한계거리 이내로 접근하지 않도록 하는 경우
④ 사업주는 충전전로 인근에서 접지된 차량등이 충전전로와 접촉할 우려가 있을 경우에는 지상의 근로자가 접지점에 접촉하지 않도록 조치하여야 한다.

3 활선작업 시의 절연용 보호구

전기작업용(절연용) 안전장구의 종류는 다음과 같다.
① 절연용 보호구
② 절연용 방호구
③ 표시용구
④ 검출용구
⑤ 접지용구
⑥ 활선장구 등

1) 절연용 보호구

절연용 보호구는 작업자가 전기작업에 임하여 위험으로부터 작업자가 자신을 보호하기 위하여 착용하는 것으로서 그 종류는 다음과 같다.
① 전기 안전모(절연모)
② 절연고무장갑(절연장갑)
③ 절연고무장화
④ 절연복(절연상의 및 하의, 어깨받이 등) 및 절연화
⑤ 도전성 작업복 및 작업화 등

Key Point

전기활선작업을 할 경우 가죽장갑과 고무장갑의 올바른 착용법을 쓰시오.

고무장갑을 먼저 착용하고 외부에 가죽장갑을 착용한다.(고무장갑 바깥쪽에 가죽장갑 착용)

2) 절연용 방호구

절연용 방호구는 위험설비에 시설하여 작업자 및 공중에 대한 안전을 확보하기 위한 용구로서 그 종류는 다음과 같다.
① 방호관
② 점퍼호스
③ 건축지장용 방호관
④ 고무블랭킷
⑤ 컷아웃 스위치 커버
⑥ 애자후드
⑦ 완금커버 등

3) 표시용구

표시용구는 설비 또는 작업으로 인한 위험을 경고하고 그 상태를 표시하여 주위를 환기시킴으로써 안전을 확보하기 위한 용구, 그 종류는 다음과 같다.
① 작업장구획 표시용구
② 상태표시용구
③ 고정표시용구
④ 교통보안표시용구
⑤ 완장 등

4) 검출용구

검출용구는 정전작업 착수 전 작업하고자 하는 설비(전로)의 정전여부를 확인하기 위한 용구로서 그 종류는 다음과 같다.
① 저압 및 고압용 검전기
② 특별고압용 검전기
③ 활선접근 경보기 등

5) 접지(단락접지)용구

접지용구는 정전작업 착수 전 작업하고자 하는 전로의 정해진 개소에 설치하여 오송전 또는 근접활선의 유도에 의해 충전되는 경우 작업자가 감전되는 것을 방지하기 위한 용구로서 그 종류는 다음과 같다.
① 갑종 접지용구(발·변전소용)
② 을종 접지용구(송전선로용)
③ 병종 접지용구(배전선로용)

6) 활선장구

활선장구는 활선작업 시 감전의 위험을 방지하고 안전한 작업을 하기 위한 공구 및 장치로서 그 종류는 다음과 같다.
① 활선시메라
② 활선커터
③ 가완목
④ 커트아웃 스위치 조작봉(배선용 후크봉)
⑤ 디스콘스위치 조작봉(D·S조작봉)
⑥ 활선작업대
⑦ 주상작업대
⑧ 점퍼선
⑨ 활선애자 청소기
⑩ 활선작업차
⑪ 염해세제용 펌프
⑫ 활선사다리
⑬ 기타 활선공구 등

SECTION 10
접지설비의 종류 및 공사시 안전

1 접지시스템 구분

1) 공통접지

고압 및 특고압 접지계통과 저압 접지계통이 등전위가 되도록 공통으로 접지하는 방식

2) 통합접지

(1) 전기설비 접지, 통신설비 접지, 피뢰설비 접지 및 수도관, 가스관, 철근, 철골 등과 같이 전기설비와 무관한 계통외 도전부도 모두 함께 접지하여 그들 간에 전위차가 없도록 함으로써 인체의 감전우려를 최소화하는 방식을 말함
(2) 통합접지의 본질적 목적은 건물내에 사람이 접촉할 수 있는 모든 도전부가 항상 같은 대지전위를 유지할 수 있도록 등전위을 형성하는 것임
(3) 하나의 접지이기 때문에 사고나 문제가 발생하면 접지선을 타고 들어가 모든 계통에 손상이 발생할 수 있으므로 반드시 과전압 보호장치나 서지보호장치(SPD)를 피뢰설비와 통신설비에 설치해야 함

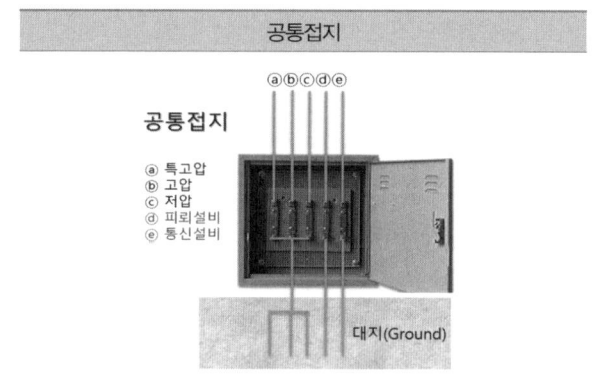

공통접지

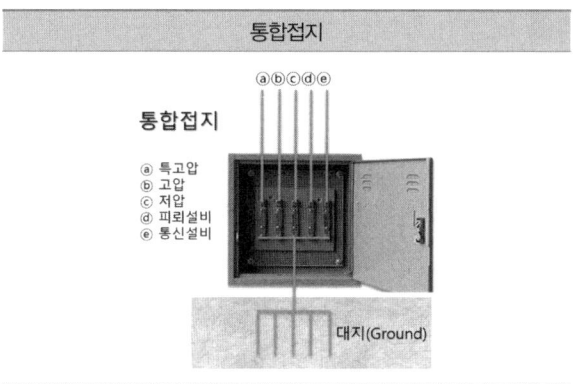

2 계통접지방식(TN방식, TT방식, IT방식)

1) TN방식

대지(T)-중성선(N)을 연결하는 방식으로 다중접지방식이라고도 하며 TN방식은 보다 세분화되어 TN-S, TN-C, TN-C-S 방식으로 구분됨

① TN-S

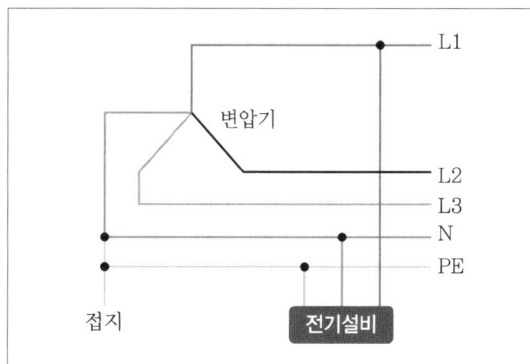

- 변압기(전원부)는 접지되어 있고 중성선과 보호도체는 각각 분리(S)되어 사용
- 통신기기나 전산센터, 병원 등 예민한 전기설비가 있는 경우 많이 사용

② TN-C

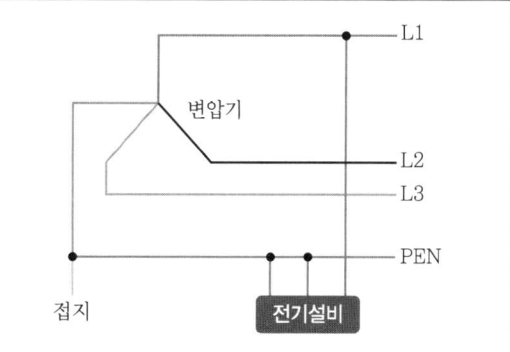

- 변압기(전원부)는 접지되어 있고 중성선과 보호도체는 각각 결합(C)되어 사용하므로 PE+N을 합해서 PEN으로 기재
- 접지선과 중성선을 공유하므로 누전차단기를 사용할 수 없고 배선용 차단기 사용(3상 불평형이 흐르면 중성선에도 전류가 흐르므로 이를 누전차단기가 정확히 판단하기 어렵기 때문)
- 현재 우리나라 배전선로에서 사용

③ TN-C-S

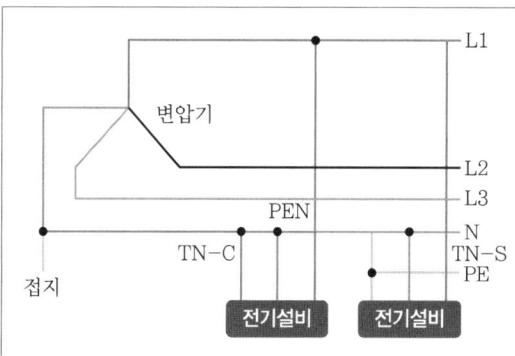

- TN-S방식과 TN-C방식의 결합형태로 계통의 중간에서 나누는데 이때 TN-C부분에서는 누전차단기를 사용할 수 없음
- 보통 자체 수변전실을 갖춘 대형 건축물에서는 이러한 방식을 사용하는데 전원부는 TN-C를 적용하고 간선계통에서는 TN-S를 사용

2) TT방식

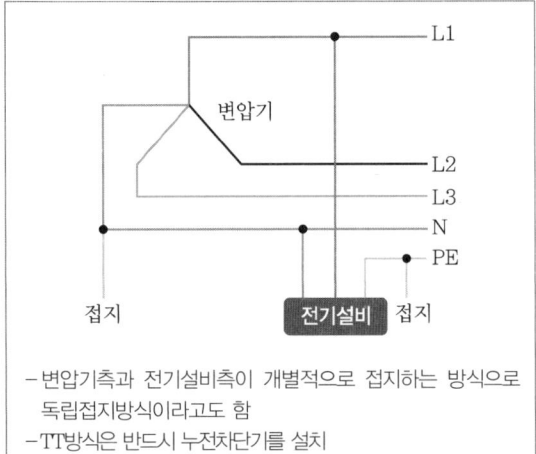

- 변압기측과 전기설비측이 개별적으로 접지하는 방식으로 독립접지방식이라고도 함
- TT방식은 반드시 누전차단기를 설치

3) IT방식

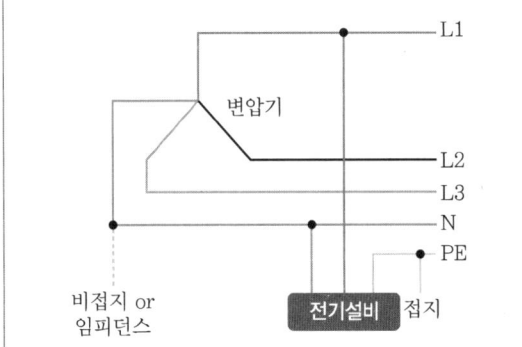

- 변압기(전원부)의 중성점 접지를 비접지로 하고 설비쪽은 접지를 실시
- 병원과 같이 전원이 차단되어서는 안 되는 곳에서 사용하며, 절연 또는 임피던스와 같이 전류가 흐르기 매우 어려운 상태이므로 변압기가 있는 전원분의 지락전류가 매우 작기 때문에 감전위험이 적음

3 변압기 중성점 접지

1) 중성점 접지 저항값

(1) 일반적으로 변압기의 고압·특고압측 전로 1선 지락전류로 150을 나눈 값과 같은 저항 값 이하이다.
(2) 변압기의 고압·특고압측 전로 또는 사용전압이 35kV 이하의 특고압전로가 저압측 전로와 혼촉하고 저압전로의 대지전압이 150 V를 초과하는 경우는 저항 값은 다음에 의한다.
   ① 1초 초과 2초 이내에 고압·특고압 전로를 자동으로 차단하는 장치를 설치할 때는 300을 나눈 값 이하
   ② 1초 이내에 고압·특고압 전로를 자동으로 차단하는 장치를 설치할 때는 600을 나눈 값 이하
(3) 전로의 1선 지락전류는 실측값에 의한다. 다만, 실측이 곤란한 경우에는 선로정수 등으로 계산한 값에 의한다.

2) 공통접지 및 통합접지

(1) 고압 및 특고압과 저압 전기설비의 접지극이 서로 근접하여 시설되어 있는 변전소 또는 이와 유사한 곳에서는 다음과 같이 공통접지시스템으로 할 수 있다.
   ① 저압 전기설비의 접지극이 고압 및 특고압 접지극의 접지저항 형성영역에 완전히 포함되어 있다면 위험전압이 발생하지 않도록 이들 접지극을 상호 접속하여야 한다.
   ② 접지시스템에서 고압 및 특고압 계통의 지락사고 시 저압계통에 가해지는 상용주파 과전압은 아래표 에서 정한 값을 초과해서는 안 된다.

[저압설비 허용 상용주파 과전압]

고압계통에서 지락고장시간(초)	저압설비 허용 상용주파 과전압(V)	비고
>5	$U_0 + 250$	중성선 도체가 없는 계통에서 U_0는 선간전압을 말한다.
≤5	$U_0 + 1,200$	

[비고]
1. 순시 상용주파 과전압에 대한 저압기기의 절연 설계기준과 관련된다.
2. 중성선이 변전소 변압기의 접지계통에 접속된 계통에서, 건축물 외부에 설치한 외함이 접지되지 않은 기기의 절연에는 일시적 상용주파 과전압이 나타날 수 있다.

③ 기타 공통접지와 관련한 사항은 KS C IEC 61936-1 (교류 1kV 초과 전력설비-제1부 : 공통규정)의 "10 접지시스템"에 의한다.
(2) 전기설비의 접지계통·건축물의 피뢰설비·전자통신설비 등의 접지극을 공용하는 통합접지시스템으로 하는 경우 다음과 같이 하여야 한다.
① 통합접지시스템은 제(1)에 의한다.
② 낙뢰에 의한 과전압 등으로부터 전기전자기기 등을 보호하기 위해 KEC 153.1의 규정에 따라 서지보호장치를 설치하여야 한다.

접지의 목적에 따른 종류	
접지의 종류	접지목적
계통접지	고압전로와 저압전로 혼촉 시 감전이나 화재방지
기기접지	누전되고 있는 기기에 접촉되었을 때의 감전방지
피뢰기접지 (낙뢰방지용 접지)	낙뢰로부터 전기기기의 손상방지
정전기방지용 접지	정전기의 축적에 의한 폭발재해방지
지락검출용 접지	누전차단기의 동작을 확실하게 함
등전위 접지	병원에 있어서의 의료기기 사용 시의 안전
잡음대책용 접지	잡음에 의한 전자장치의 파괴나 오동작방지
기능용 접지	전기방식 설비 등의 접지

4 기계·기구의 철대 및 외함의 접지

1) 전로에 시설하는 기계·기구의 철대 및 금속제 외함(외함이 없는 변압기 또는 계기용변성기는 철심)에는 140에 의한 접지공사를 하여야 한다.

2) 다음의 어느 하나에 해당하는 경우에는 제1의 규정에 따르지 않을 수 있다.
(1) 사용전압이 직류 300V 또는 교류 대지전압이 150V 이하인 기계·기구를 건조한 곳에 시설하는 경우
(2) 저압용의 기계·기구를 건조한 목재의 마루 기타 이와 유사한 절연성 물건 위에서 취급하도록 시설하는 경우
(3) 저압용이나 고압용의 기계·기구, 341.2에서 규정하는 특고압 전선로에 접속하는 배전용 변압기나 이에 접속하는 전선에 시설하는 기계·기구 또는 KEC 333.32의 1과 4에서 규정하는 특고압 가공전선로의 전로에 시설하는 기계기구를 사람이 쉽게 접촉할 우려가 없도록 목주 기타 이와 유사한 것의 위에 시설하는 경우
(4) 철대 또는 외함의 주위에 적당한 절연대를 설치하는 경우
(5) 외함이 없는 계기용변성기가 고무·합성수지 기타의 절연물로 피복한 것일 경우
(6) 「전기용품 및 생활용품 안전관리법」의 적용을 받는 2중 절연구조로 되어 있는 기계·기구를 시설하는 경우
(7) 저압용 기계·기구에 전기를 공급하는 전로의 전원측에 절연변압기(2차 전압이 300V 이하이며, 정격용량이 3kVA 이하인 것에 한함)를 시설하고 또한 그 절연변압기의 부하측 전로를 접지하지 않은 경우
(8) 물기 있는 장소 이외의 장소에 시설하는 저압용의 개별 기계기구에 전기를 공급하는 전로에 「전기용품 및 생활용품 안전관리법」의 적용을 받는 인체감전보호용 누전차단기(정격감도전류가 30mA 이하, 동작시간이 0.03초 이하의 전류동작형에 한함)를 시설하는 경우
(9) 외함을 충전하여 사용하는 기계·기구에 사람이 접촉할 우려가 없도록 시설하거나 절연대를 시설하는 경우

접지 적용 비대상

☞ 「안전보건규칙」 제302조
① 「전기용품 및 생활용품 안전관리법」에 따른 이중절연 또는 이와 같은 수준 이상으로 보호되는 구조로 된 전기기계·기구
② 절연대 위 등과 같이 감전위험이 없는 장소에서 사용하는 전기기계·기구
③ 비접지방식의 전로(그 전기기계·기구의 전원 측의 전로에 설치한 절연변압기의 2차 전압이 300[V] 이하, 정격용량이 3[kVA] 이하이고 그 절연변압기의 부하 측의 전로가 접지되어 있지 아니한 것)에 접속하여 사용되는 전기기계·기구

☞ 「한국전기설비규정(KEC)」 341.6
① 사용전압이 직류 300V 또는 교류 대지전압이 150V 이하인 기계·기구를 건조한 곳에 시설하는 경우
② 저압용의 기계·기구를 건조한 목재의 마루 기타 이와 유사한 절연성 물건 위에서 취급하도록 시설하는 경우
③ 저압용이나 고압용의 기계·기구, 341.2에서 규정하는 특고압 전선로에 접속하는 배전용 변압기나 이에 접속하는 전선에 시설하는 기계·기구 또는 KEC 333.32의 1과 4에서 규정하는 특고압 가공전선로의 전로에 시설하는 기계·기구를 사람이 쉽게 접촉할 우려가 없도록 목주 기타 이와 유사한 것의 위에 시설하는 경우
④ 철대 또는 외함의 주위에 적당한 절연대를 설치하는 경우
⑤ 외함이 없는 계기용변성기가 고무·합성수지 기타의 절연물로 피복한 것일 경우
⑥ 「전기용품 및 생활용품 안전관리법」의 적용을 받는 2중 절연구조로 되어 있는 기계·기구를 시설하는 경우

⑦ 저압용 기계·기구에 전기를 공급하는 전로의 전원측에 절연변압기(2차 전압이 300V 이하이며, 정격용량이 3kVA 이하인 것에 한한다)를 시설하고 또한 그 절연변압기의 부하측 전로를 접지하지 않은 경우
⑧ 물기 있는 장소 이외의 장소에 시설하는 저압용의 개별 기계기구에 전기를 공급하는 전로에 「전기용품 및 생활용품 안전관리법」의 적용을 받는 인체감전보호용 누전차단기(정격감도전류가 30mA 이하, 동작시간이 0.03초 이하의 전류동작형에 한한다)를 시설하는 경우
⑨ 외함을 충전하여 사용하는 기계·기구에 사람이 접촉할 우려가 없도록 시설하거나 절연대를 시설하는 경우

5 접지극의 시설

1) 접지극의 시설

토양 또는 콘크리트에 매입되는 접지극의 재료 및 최소 굵기 등은 KS C IEC 60364-5-54(저압전기설비-제5-54부 : 전기기기의 선정 및 설치-접지설비 및 보호도체)의 표54.1(토양 또는 콘크리트에 매설되는 접지극으로 부식방지 및 기계적 강도를 대비하여 일반적으로 사용되는 재질의 최소 굵기)에 따라야 한다.

2) 접지극의 매설[중요]

(1) 접지극은 매설하는 토양을 오염시키지 않아야 하며, 가능한 다습한 부분에 설치한다.
(2) 접지극은 지표면으로부터 지하 0.75m 이상으로 하되 동결 깊이를 감안하여 매설 깊이를 정해야 한다.
(3) 접지도체를 철주 기타의 금속체를 따라서 시설하는 경우에는 접지극을 철주의 밑면으로부터 0.3m 이상의 깊이에 매설하는 경우 이외에는 접지극을 지중에서 그 금속체로부터 1m 이상 떼어 매설하여야 한다.

접지저항 저감법	
물리적 저감법	화학적 저감법
① 접지극의 병렬 접속 ② 접지극의 치수 확대 ③ 접지봉 심타법 ④ 매설지선 및 평판접지극 사용 ⑤ 메시(Mesh)공법 ⑥ 다중접지 시드 ⑦ 보링 공법 등	① 저감제의 종류 　㉠ 비반응형 : 염 황산암모니아 분말, 벤토나이트 　㉡ 반응형 : 화이트아스론, 티코겔 ② 저감제의 조건 　㉠ 저감효과가 크고 연속적일 것 　㉡ 접지극의 부식이 안될 것 　㉢ 공해가 없을 것 　㉣ 경제적이고 공법이 용이할 것

SECTION 11
교류아크용접기의 방호장치 및 성능 조건

1 자동전격방지장치

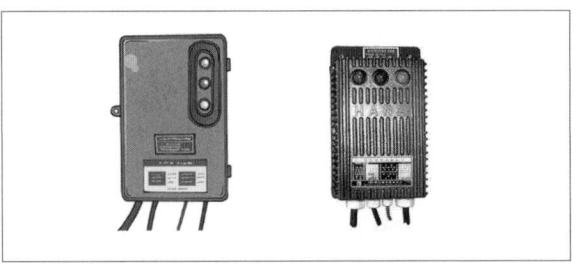

[전격방지장치]

1) 전격방지장치의 기능

전격방지장치라 불리는 교류 아크용접기의 안전장치는 용접기의 1차측 또는 2차측에 부착시켜 용접기의 주회로를 제어하는 기능을 보유함으로 해서 용접봉의 조작, 모재에의 접촉 또는 분리에 따라, 원칙적으로 용접을 할 때에만 용접기의 주회로를 폐로(ON)시키고, 용접을 행하지 않을 때에는 용접기 주회로를 개로(OFF)시켜 용접기 2차(출력)측의 무부하전압(보통 60~95[V])을 25[V] 이하로 저하시켜 용접기 무부하 시(용접을 행하지 않을 시)에 작업자가 용접봉과 모재 사이에 접촉함으로 인하여 발생하는 감전의 위험을 방지하고, 아울러 용접기 무부하 시 전력손실을 격감시키는 2가지 기능 보유

2) 전격방지장치의 동작특성

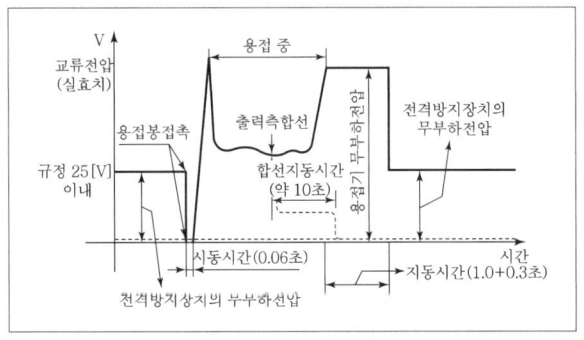

[전격방지장치의 동작특성]

(1) 시동시간

용접봉이 모재에 접촉하고 나서 주제어장치의 주접점이 폐로되어 용접기 2차측에 순간적인 높은 전압(용접기 2차 무부하 전압)을 유지시켜 아크를 발생시키는데까지 소요되는 시간(0.06초 이내)

(2) 지동시간

시동시간과 반대되는 개념으로 용접봉을 모재로부터 분리시킨 후 주접점이 개로되어 용접기 2차측의 무부하전압이 전격방지장치의 무부하전압(25V 이하)으로 될 때까지의 시간[접점(Magnet) 방식 : 1±0.3초, 무접점(SCR, TRIAC) 방식 : 1초 이내]

(3) 시동감도

용접봉을 모재에 접촉시켜 아크를 시동시킬 때 전격방지장치가 동작할 수 있는 용접기의 2차측의 최대저항으로 Ω 단위로 표시(용접봉과 모재 사이의 접촉저항)

3) 교류아크용접기의 사고방지 대책

① 자동전격방지장치의 사용
② 절연 용접봉 홀더의 사용
③ 적정한 케이블(클로로프렌 캡타이어 케이블)의 사용
④ 2차측 공통선(용접용 케이블이나 캡타이어 케이블)의 연결
⑤ 절연장갑의 사용
⑥ 기타
- 케이블 콘넥터 : 콘넥터는 충전부를 고무 등의 절연물로 완전히 덮힌 것을 사용(방수형)
- 용접기 단자와 케이블의 접속 : 완전하게 절연
- 접지 : 용접기 외함 및 피용접모재에는 보호접지를 실시한다.
⑦ 기타 재해 방지대책

재해의 구분		보호구
눈	아크에 의한 장애 (가시광선, 적외선, 자외선)	차광보호구 (보호안경과 보호면)
피부	화상	가죽제품의 장갑, 앞치마, 각반, 안전화
용접흄 및 가스(CO_2, H_2O)		방진마스크, 방독마스크, 송기마스크

4) 전격방지장치의 사용조건

전격방지장치는 다음과 같은 경우 이상 없이 동작하도록 되어 있다.
① 주위온도가 −20℃ 이상 45℃를 넘지 않는 상태
② 선상 또는 해안과 같은 염분을 포함한 공기 중의 상태
③ 연직 또는 수평에 대해서 전격방지장치의 부착편의 경사가 20°를 넘지 않은 상태
④ 먼지가 많은 장소
⑤ 유해한 부식성 가스가 존재하는 장소
⑥ 습기가 많은 장소
⑦ 기름의 증발이 많은 장소
⑧ 표고 1,000m를 초과하지 않는 장소
⑨ 이상한 진동 또는 충격을 받지 않는 상태
⑩ 슬로다운 장치를 가지는 엔진구동 교류 아크 용접기로 슬로다운 동작을 하지 않은 상태

SECTION 12
전기화재의 원인

1 전기화재의 원인

화재의 원인을 일반화재의 경우에는 발화원, 출화의 경과 및 착화물로 분류하여 취급하고 있으나 전기화재의 경우는 발화원과 출화의 경과(발화형태)로 분류하고 있다. 출화의 경과에 의한 전기화재의 원인은 다음과 같다.

※ 화재 발생시 조사해야 할 사항(전기 화재의 원인) : 발화원, 착화물, 출화의 경과(발화형태)

1) 단락(합선)

전선의 피복이 벗겨지거나 전선에 압력이 가해지게 되면 두 가닥의 전선이 직접 또는 낮은 저항으로 접촉되는 경우에는 전류가 전선에 연결된 전기기기쪽보다는 저항이 적은 접촉부분으로 집중적으로 흐르게 되는데 이러한 현상을 단락(Short, 합선)이라고 하며 저압전로에서의 단락전류는 대략 1,000[A] 이상으로 보고 있으며, 단락하는 순간 폭음과 함께 스파크가 발생하고 단락점이 용융된다.

2) 누전(지락)

전선의 피복 또는 전기기기의 절연물이 열화되거나 기계적인 손상 등을 입게 되면 전류가 금속체를 통하여 대지로 새어나가게 되는데 이러한 현상을 누전이라 하며 이로 인하여 주위의 인화성 물질이 발화되는 현상을 누전화재라고 한다.

누전화재의 요인		
누전점	발화점	접지점
전류의 유입점	발화된 장소	접지점의 소재

3) 과전류

전선에 전류가 흐르면 전류의 제곱과 전선의 저항값의 곱(I^2R)에 비례하는 열(I^2RT)이 발생($H=I^2RT[J]=0.24I^2RT[cal]$)하며 이때 발생하는 열량과 주위 공간에 빼앗기는 열량이 서로 같은 점에서 전선의 온도는 일정하게 된다. 이 일정하게 되는 온도(최고허용온도)는 전선의 피복을 상하지 않는 범위 이내로 제한되어야 하며 그 때의 전류를 전선의 허용 전류라 하며 이 허용전류를 초과하는 전류를 과전류라 한다.

4) 스파크(Spark, 전기불꽃)

개폐기로 전기회로를 개폐할 때 또는 퓨즈가 용단될 때 스파크가 발생하는데 특히 회로를 끊을 때 심하다. 직류인 경우는 더욱 심하며 또 아크가 연속되기 쉽다.

5) 접속부 과열

전선과 전선, 전선과 단자 또는 접속편 등의 도체에 있어서 접촉이 불완전한 상태에서 전류가 흐르면 접촉저항에 의해서 접촉부가 발열된다.

6) 절연열화 또는 탄화

배선 또는 기구의 절연체는 그 대부분이 유기질로 되어 있는데 일반적으로 유기질은 장시일이 경과하면 열화하여 그 절연저항이 떨어진다. 또한, 유기질 절연체는 고온상태에서 공기의 유통이 나쁜 곳에서 가열되면 탄화과정을 거쳐 도전성을 띠게 되며 이것에 전압이 걸리면 전류로 인한 발열로 탄화현상이 누진적으로 촉진되어 유기질 자체가 타거나 부근의 가연물에 착화하게 되는데 이 현상을 트래킹(Tracking)현상이라고 한다.

7) 낙뢰

낙뢰는 일종의 정전기로서 구름과 대지 간의 방전현상으로 낙뢰가 생기면 전기회로에 이상전압이 유기되어 절연을 파괴시킬 뿐만 아니라 이때 흐르는 대전류가 화재의 원인이 된다.

8) 정전기 스파크

정전기는 물질의 마찰에 의하여 발생되는 것으로서 정전기의 크기 및 구성은 대전서열에 의해 결정되며 대전된 도체 사이에서 방전이 생길 경우 스파크 발생한다.

2 출화의 경과에 의한 화재예방 대책

구분	예방대책
단락 및 혼촉방지	① 이동전선의 관리 철저 ② 전선 인출부 보강 ③ 규격전선의 사용 ④ 전원스위치를 차단 후 작업할 것
누전방지	① 절연파괴의 원인 제거 **절연불량(파괴)의 주요원인** ㉠ 높은 이상전압 등에 의한 전기적 요인 ㉡ 진동, 충격 등에 의한 기계적 요인 ㉢ 산화 등에 의한 화학적 요인 ㉣ 온도상승에 의한 열적 요인 ② 퓨즈나 누전차단기를 설치하여 누전시 전원차단 ③ 누전화재경보기 설치 등
과전류방지	① 적정용량의 퓨즈 또는 배선용 차단기의 사용 ② 문어발식 배선사용 금지 ③ 스위치 등의 접촉부분 점검 ④ 고장난 전기기기 또는 누전되는 전기기기의 사용금지 ⑤ 동일전선관에 많은 전선 삽입금지
접촉불량방지	① 전기공사 시공 및 감독 철저 ② 전기설비 점검 철저
안전점검 철저	설비별 안전점검 철저

○━ Key Point

절연 불량의 원인이 되는 조건을 쓰시오.

SECTION 13
절연저항

1 전로의 절연저항 및 절연내력

1) 저압전로의 절연저항

〈전기설비기술기준 제52조(저압전로의 절연성능) 개정〉

전로의 사용전압	DC 시험전압(V)	절연저항 (MΩ)
SELV 및 PELV	250	0.5
FELV, 500V 초과	500	1
500V 초과	1,000	1

주) 특별저압(Extra Low Voltage : 2차 전압이 AC 50V, DC 120V 이하)으로 SELV(비접지 회로 구성) 및 PLEV(접지회로구성)은 1차와 2차가 전기적으로 절연된 회로, FELV는 1차와 2차가 전기적으로 절연되지 않은 회로

2) 저압전선로 중 절연부분의 전선과 대지 간의 절연저항은 사용전압에 대한 누설전류가 최대 공급전류의 1/2,000이 넘지 않도록 유지해야 한다.

2 변압기 전로의 절연내력

권선의 종류	시험전압	시험방법
1. 최대 사용전압이 7,000V 이하인 권선	최대 사용전압의 1.5배의 전압(500V 미만으로 되는 경우에는 500V) 다만, 중성점이 접지되고 다중접지된 중성선을 가지는 전로에 접속하는 것은 0.92배의 전압(500V 미만으로 되는 경우에는 500V)	시험되는 권선과 다른 권선, 철심 및 외함간에 시험전압을 연속하여 10분간 가한다.
2. 최대 사용전압이 7,000V를 넘고 25,000V 이하의 권선으로서 중성점 접지식 전로(중선선을 가지는 것으로서 그 중성선에 다중접지를 하는 것에 한한다)에 접속하는 것	최대 사용전압의 0.92배의 전압	
3. 최대 사용전압이 7,000V를 넘고 60,000V 이하의 권선(2란의 것을 제외한다)	최대 사용전압의 1.25배의 전압(10,500V 미만으로 되는 경우에는 10,500V)	
4. 최대 사용전압이 60,000V를 넘는 권선으로서 중성점 비접지식 전로(전위 변성기를 사용하여 접지하는 것을 포함한다)에 접속하는 것	최대 사용전압의 1.25배의 전압	
5. 최대 사용전압이 60,000V를 넘는 권선(성형결선 또는 스콧결선의 것에 한한다)으로서 중성점 접지식 전로(전위 변성기를 사용하여 접지하는 것 및 6란의 것을 제외한다)에 접속하고 또한 성형결선(星形結線)의 권선의 경우에는 그 중성점에, 스콧결선의 권선의 경우에는 T좌권선과 주좌권선의 접속점에 피뢰기를 시설하는 것	최대 사용전압의 1.1배의 전압(75,000V 미만으로 되는 경우에는 75,000V)	시험되는 권선의 중성점 단자(스콧결선의 경우에는 T좌권선과 주좌권선의 접속점 단자 이하 이 항에서 같다) 이외의 임의의 1단자, 다른 권선(다른 권선이 2개 이상 있는 경우에는 각 권선)의 임의의 1단자, 철심 및 외함을 접지하고 시험되는 권선의 중성점 단자 이외의 각 단자에 3상 교류의 시험전압을 연속하여 10분간 가한다. 다만, 3상 교류의 시험전압을 가하기 곤란할 경우에는 시험되는 권선의 중성점 단자 및 접지되는 단자 이외의 임의의 1단자와 대지 간에 단상 교류의 시험전압을 연속하여 10분간 가하고 다시 중성점 단자와 대지 간에 최대 사용전압의 0.64배(스콧결선의 경우에는 0.96배)의 전압을 연속하여 10분간 가할 수 있다.
6. 최대 사용전압이 60,000V를 넘는 권선(성형결선의 것에 한한다)으로서 중성점 직접 접지식 전로에 접속하는 것, 다만, 170,000V를 넘는 권선에는 그 중성점에 피뢰기를 시설하는 것에 한한다.	최대사용전압의 0.72배의 전압	시험되는 권선의 중성점 단자, 다른 권선(다른 권선이 2개 이상 있는 경우에는 각 권선)의 임의의 1단자, 철심 및 외함을 접지하고 시험되는 권선의 중성점 단자 이외의 임의의 1단자와 대지 간에 시험전압을 연속하여 10분간 가한다. 이 경우에 중성점에 피뢰기를 시설하는 것에 있어서는 다시 중성점 단자의 대지 간 최대 사용전압의 0.3배의 전압을 연속하여 10분간 가한다.
7. 최대 사용전압이 170,000V를 넘는 권선(성형결선의 것에 한한다)으로서 중성점 직접접지식 전로에 접속하고 또한 그 중성점을 직접 접지하는 것	최대 사용전압의 0.64배의 전압	시험되는 권선의 중성점 단자, 다른 권선(다른 권선이 2개 이상 있는 경우에는 각 권선)의 임의의 1단자, 철심 및 외함을 접지하고 시험되는 권선의 중성점 단자 이외의 임의의 1단자와 대지 간에 시험전압을 연속하여 10분간 가한다.
8. 기타 권선	최대 사용전압의 1.1배의 전압(75,000V 미만으로 되는 경우는 75,000V)	시험되는 권선과 다른 권선, 철심 및 외함 간에 시험전압을 연속하여 10분간 가한다.

> **Key Point**
>
> AC(교류) 220볼트용 변압기 등 전기기계·기구의 절연내력시험의 전압과 시간은?

SECTION 14
정전기 발생과 안전대책

1 정전기 발생에 영향을 주는 요인

① 물체의 특성 : 대전서열이 멀수록 불순물 포함정도가 클수록 정전기 발생량 커짐
② 물체의 표면상태 : 물체의 표면이 원활하면 발생이 적음
③ 물질의 이력 : 처음 접촉, 분리가 일어날 때 발생량 최대
④ 접촉면적 및 압력 : 클수록 정전기 발생량 증가
⑤ 분리속도 : 빠를수록 정전기의 발생량은 커짐

2 정전기의 물리적 현상

1) 역학현상
정전기는 전기적 작용인 쿨롱(Coulomb)력에 대전물체 가까이 있는 물체를 흡인하거나 반발하게 하는 성질이 있는데, 이를 정전기의 역학현상이라 한다.

2) 유도현상
대전물체 부근에 절연된 도체가 있을 경우에는 정전계에 의해 대전물체에 가까운 쪽의 도체 표면에는 대전물체와 반대극성의 전하(電荷)가 반대쪽에는 같은 극성의 전하가 대전되게 되는데, 이를 정전유도현상이라고 한다.

3) 방전현상
정전기의 대전물체 주위에는 정전계가 형성된다. 이 정전계의 강도는 물체의 대전량에 비례하지만 이것이 점점 커지게 되어 결국, 공기의 절연파괴강도(약 30kV/cm)에 도달하게 되면 공기의 절연파괴현상, 즉 방전이 일어나게 된다.

3 정전기의 발생현상

발생(대전)종류	대전현상
마찰대전	① 두 물체의 마찰이나 마찰에 의한 접촉위치의 이동으로 전하의 분리 및 재배열이 일어나서 정전기 발생 ② 고체, 액체류 또는 분체류에 의하여 발생하는 정전기
박리대전	① 서로 밀착되어 있는 물체가 떨어질 때 전하의 분리가 일어나 정전기 발생 ② 접촉면적, 접촉면의 밀착력, 박리속도 등에 의해서 정전기 발생량이 변화하며 일반적으로 마찰에 의한 것보다 더 큰 정전기 발생
유동대전	① 액체류가 파이프 등 내부에서 유동할 때 액체와 관벽 사이에 정전기 발생 ② 정전기 발생에 가장 크게 영향을 미치는 요인은 유동속도이나 흐름의 상태, 배관의 굴곡, 밸브 등과 관계가 있음
분출대전	① 분체류, 액체류, 기체류가 단면적이 작은 분출구를 통해 공기 중으로 분출될 때 분출하는 물질과 분출구와의 마찰로 정전기 발생 ② 분출되는 물질의 구성입자 상호 간의 충돌에 의해 더 큰 정전기 발생
충돌대전	분체류와 같은 입자상호 간이나 입자와 고체와의 충돌에 의해 빠른 접촉, 분리가 행하여짐으로써 정전기 발생
파괴대전	고체나 분체류와 같은 물체가 파괴되었을 때 전하분리 또는 부전하의 균형이 깨지면서 정전기 발생
교반(진동)이나 침강대전	액체가 교반될 때 대전

> **Key Point**
>
> 정전기 대전형태를 4가지 쓰시오.

4 정전기방전의 형태 및 영향

구분(형태)	방전현상 및 대상	영향(위험성)
코로나 방전	① 돌기형 도체와 평판 도체 사이에 전압이 상승하면 코로나 방전이 발생(돌기부에서 발생하기 쉽고 이때 발광현상) ② 정코로나 > 부코로나 ③ 직경 5mm 이하의 가는 도전체	방전에너지가 작기 때문에 재해원인이 될 확률이 비교적 적음
스트리머 방전	① 일반적으로 브러시 코로나에서 다소 강해서 파괴음과 발광을 수반하는 방전(공기 중에서 나뭇가지 형태의 발광이 진전) ② 직경 10mm 이상 곡률반경이 큰 도체, 절연물질	코로나 방전에 비해서 점화원이 되기도 하고 전격을 일으킬 확률이 높음
불꽃방전	전극 간의 전압을 더욱 상승시키면 코로나방전에 의한 도전로를 통하여 강한 빛과 큰소리를 발하며 공기 절연이 완전 파괴되거나 단락되는 과도현상	착화원 및 전격을 일으킬 확률이 대단히 높음
연면방전	① 정전기가 대전되어 있는 부도체에 접지체를 접근한 경우 대전물체와 접지체 사이에서 발생하는 방전과 거의 동시에 부도체 표면을 따라서 발생 ② 별표 마크를 가지는 나뭇가지 형태의 발광을 수반하는 방전 ③ 연면방전의 조건 　- 부도체의 대전량이 극히 큰 경우 　- 대전된 부도체의 표면 가까이에 접지체가 있는 경우	착화원 및 전격을 일으킬 확률이 대단히 높음
뇌상방전	공기 중에 뇌상으로 부유하는 대전입자의 규모가 커졌을 때에 대전운에서 번개형의 발광을 수반하여 발생하는 방전	착화원 및 전격을 일으킬 확률이 대단히 높음

▶ 코로나 방전의 진행과정 : 글로코로나(glow corona) – 브러시코로나(brush corona) – 스트리머코로나(streamer corona)

5 정전기재해의 방지대책

정전기재해를 방지하기 위한 기본적인 단계는
첫째, 정전기 발생 억제(방지)
둘째, 발생된 전하의 대전방지
셋째, 대전·축적된 전하의 위험분위기하에서 방전이 방지되어야 한다.

정전기재해의 방지대책에 대한 관리 시스템
① 발생 전하량 예측
② 대전 물체의 전하 축적 파악
③ 위험성 방전을 발생하는 물리적 조건 파악
---

1) 정전기 발생방지 대책

정전기 발생을 방지·억제하는 것은 재료의 특성·성능 및 공정상의 제약 등에서 곤란한 경우가 많지만 다음의 사항을 적용하여 설비를 설계하거나 물질을 취급하여야 한다.
① 설비와 물질 및 물질 상호 간의 접촉면적 및 접촉압력 감소
② 접촉횟수의 감소
③ 접촉·분리속도의 저하(속도의 변화는 서서히)
④ 접촉물의 급속 박리방지
⑤ 표면상태의 청정·원활화
⑥ 불순물 등의 이물질 혼입방지
⑦ 정전기 발생이 적은 재료 사용(대전서열이 가까운 재료의 사용)

2) 도체의 대전방지

정전기 장해·재해의 대부분은 도체가 대전된 결과로 인한 불꽃방전에 의해 발생되므로, 도체의 대전방지를 위해서는 도체와 대지와의 사이를 전기적으로 접속해서 대지와 등전위화(접지)함으로써, 정전기 축적을 방지하는 방법이다.

- 접지에 의한 대전방지
  - 정전기의 축적 및 대전방지
  - 대전물체 주위의 물체 또는 이와 접촉되어 있는 물체 사이의 정전유도 방지
  - 대전물체의 전위 상승 및 정전기방전 억제

3) 배관 내 액체의 유속제한

① 저항률이 $10^{10}\Omega \cdot cm$ 미만의 도전성 위험물의 배관유속은 7m/s 이하

② 에테르, 이황화탄소 등과 같이 유동대전이 심하고 폭발 위험성이 높은 것은 배관 내 유속을 1m/s 이하
③ 물이나 가스를 혼합한 비수용성 위험물은 배관 내 유속을 1m/s 이하
④ 저항률 $10^{10}\Omega \cdot cm$ 이상인 위험물의 배관 내 유속은 표 [관경과 유속제한 값] 이하
(단, 주입구가 액면 밑에 충분히 침하할 때까지의 배관 내 유속은 1m/s 이하)

[관경과 유속제한 값]

관내경 D		유속V [m/초]	V^2	V^2D
[inch]	[m]			
0.5	0.01	8	64	0.64
1	0.025	4.9	24	0.6
2	0.05	3.5	12.25	0.61
4	0.01	2.5	6.25	0.63
8	0.02	1.8	3.25	0.64
16	0.04	1.3	1.6	0.67
24	0.06	1.0	1.0	0.6

> **Key Point**
> 다음 위험물에 알맞은 유속제한 속도를 쓰시오.
> - 에테르, 이황화탄소 등 폭발성 물질
> - 저항률이 $10^{10}\Omega \cdot cm$ 미만의 도전성 위험물

4) 부도체의 대전방지

부도체의 대전방지는 부도체에 발생한 정전기는 다른 곳으로 이동하지 않기 때문에 접지에 의해서는 대전방지를 하기 어려우므로 다음과 같은 방법(도전성 향상)으로 대전을 방지할 수 있다.
① 부도체의 사용제한(금속 및 도전성 재료의 사용)
② 대전방지제의 사용
③ 가습
④ 도전성 섬유의 사용
⑤ 대전물체의 차폐
⑥ 제전기 사용

> **Key Point**
> 부도체에 대한 대전방지대책을 3가지만 쓰시오.

5) 인체의 대전방지

① 보호구 착용[손목 접지대, 정전기 대전방지용 안전화, 발 접지대, 대전방지용 작업복(제전복)]
② 대전물체 차폐
③ 바닥의 재료 등 고유저항이 큰 물질의 사용 금지(작업장 바닥은 도전성을 갖추도록 할 것)

> **Key Point**
> 봄에는 정전기가 많이 발생한다. 정전기 방지대책 4가지를 쓰시오.

6) 제전기에 의한 대전방지

제전의 원리는 제전기를 대전체에 가까이 설치하면 제전기에서 생성된 이온(정, 부 ion) 중 대전물체와 역극성의 이온이 대전물체의 방향으로 이동해서, 그 이온과 대전물체의 전하와 재결합 또는 중화됨으로써 대전물체의 정전기가 제전되어지는 것
• 주로 부도체의 정전기대전을 방지
• 대전물체의 정전기를 완전히 제전하는 것은 아니고 방지하고자 하는 재해 및 장해가 발생하지 않을 정도까지만 제전하는 것

7) 제전기의 종류 및 특성

제전기의 종류는 제전에 필요한 이온의 생성방법에 따라 전압인가식 제전기, 자기방전식 제전기, 방사선식 제전기가 있음

(1) 전압인가식 제전기

금속세침이나 세선 등을 전극으로 하는 제전전극에 고전압을 인가하여 전극의 선단에 코로나 방전을 일으켜 제전에 필요한 이온을 발생시키는 것으로서 코로나 방전식 제전기라고도 함

[전압인가식 제전기의 종류]

종류	특성
비방폭형	㉠ 현재 가장 널리 사용되고 있는 전압인가식 제전기로서 대부분의 것이 교류·용량결합형 제전기 ㉡ 제전전극으로서는 침상전극을 직선으로 배열한 형태로 된 것 사용
송풍형	㉠ 표준형 제전기의 제전전극에 송풍장치를 설치한 것으로서 이온을 바람에 의해 대전물체에 강제적으로 보내서 제전 ㉡ 제전기를 대전물체에 접근시켜서 설치할 수 없을 경우에 유효함
노즐형	㉠ 노즐형태의 제전전극에서 압축공기를 분출시켜 이온을 내보내는 제전기 ㉡ 대전물체의 형상에 따라 노즐전극을 결합하여 설치하면 복잡한 형상의 대전물체도 효과적으로 제전 가능
플렌지형	㉠ 제전기의 전극이 원형이나 각형의 플렌지 형태로 되어 있는 제전기 ㉡ 압축공기를 분출시키며 배관의 플렌지부분에 사용하는 것보다는 배관 내의 유동하는 분체 등의 제전에 유효함
권총형	㉠ 스프레이건 형상의 제전전극의 선단에서 압축공기를 분출시켜 이온을 내보내는 제전기 ㉡ 대전에 의해 대전물체에 달라 붙어 있는 먼지 등을 털어내면서 제전하는 데 유효함
방폭형	㉠ 가연성 물질이 존재하는 위험장소에서 사용하더라도 제전기 자신이 착화원으로 되지 않도록 방폭 성능을 갖는 제전기 ㉡ 제전기 종류가 적고 비방폭형 제전기에 비해 제전 성능이 저하

⚷ Key Point

정전기 제거를 위한 제전기 중 화재 발생의 요인이 없는 제전기는 무엇인가?

(2) 자기방전식 제전기

접지된 도전성의 침상이나 세선상의 전극에 제전하고자 하는 물체의 발산정전계를 모으고 이 정전계에 의해 제전에 필요한 이온을 만드는 제전기(코로나 방전을 일으켜 공기 이온화하는 방식)

(3) 방사선식 제전기

방사선 동위원소의 전리작용에 의해 제전에 필요한 이온을 만들어 내는 제전기

6 정전기로 인한 화재·폭발방지

(안전보건규칙 제325조)

① 사업주는 다음 각 호의 설비를 사용할 때에 정전기에 의한 화재 또는 폭발 등의 위험이 발생할 우려가 있는 경우에는 해당 설비에 대하여 확실한 방법으로 접지를 하거나, 도전성 재료를 사용하거나 가습 및 점화원이 될 우려가 없는 제전장치를 사용하는 등 정전기의 발생을 억제하거나 제거하기 위하여 필요한 조치를 하여야 한다.
  ㉠ 위험물을 탱크로리·탱크차 및 드럼 등에 주입하는 설비
  ㉡ 탱크로리·탱크차 및 드럼 등 위험물저장설비
  ㉢ 인화성 액체를 함유하는 도료 및 접착제 등을 제조·저장·취급 또는 도포하는 설비
  ㉣ 위험물 건조설비 또는 그 부속설비
  ㉤ 인화성 고체를 저장 또는 취급하는 설비
  ㉥ 드라이클리닝설비·염색가공설비 또는 모피류 등을 씻는 설비 등 인화성유기용제를 사용하는 설비
  ㉦ 유압·압축공기 또는 고전위정전기 등을 이용하여 인화성액체나 인화성고체를 분무 또는 이송하는 설비
  ㉧ 고압가스를 이송하거나 저장·취급하는 설비
  ㉨ 화약류 제조설비
  ㉩ 발파공에 장전된 화약류를 점화시키는 경우에 사용하는 발파기(발파공을 막는 재료로 물을 사용하거나 갱도발파를 하는 경우는 제외한다)
② 사업주는 인체에 대전된 정전기에 의한 화재 또는 폭발 위험이 있는 경우에는 정전기 대전방지용 안전화 착용, 제전복 착용, 정전기 제전용구 사용 등의 조치를 하거나 작업장 바닥 등에 도전성을 갖추도록 하는 등 필요한 조치를 하여야 한다.
③ 생산공정상 정전기에 의한 감전 위험이 발생할 우려가 있는 경우의 조치에 관하여는 제1항과 제2항을 준용한다.

SECTION 15 전기설비의 방폭화 방법

1 폭발의 기본조건

폭발이 성립되기 위한 기본조건은 다음과 같은 3가지 요소가 동시에 존재하여야 하며 따라서 이 중 한가지라도 결핍되면 연소 혹은 폭발이 일어나지 않음

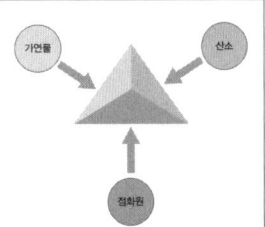

① 가연성 가스 또는 증기의 존재
② 폭발위험 분위기의 조성(가연성 물질+지연성 물질)
③ 최소 착화에너지 이상의 점화원 존재

Key Point

전기설비의 원인이 되어 발생할 수 있는 폭발은 3가지 기본조건이 충족되어야 폭발이 가능하다. 폭발의 성립조건 3가지를 쓰시오.

2 방폭이론

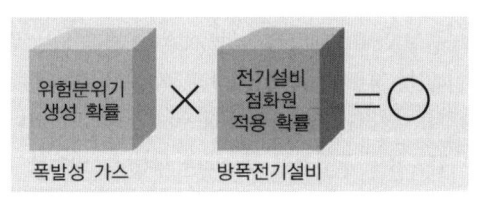

전기설비로 인한 화재·폭발 방지를 위해서는 위험분위기 생성 확률과 전기설비가 점화원으로 되는 확률과의 곱이 0이 되도록 해야 한다.

1) 위험분위기 생성방지

① 가연성 물질 누설 및 방출방지
  ㉠ 가연성 물질의 사용량을 최대한 억제하고 개방상태에서 사용금지
  ㉡ 배관의 이음부분이나 펌프의 회전축 틈새 등에서 누설방지
  ㉢ 이상반응이나 장치의 열화, 파손, 오동작 등의 사고에 따른 누설 방지
② 가연성 물질의 체류방지
  ㉠ 가연성 물질이 누설되거나 방출되기 쉬운 설비는 옥외에 설치하거나 외벽이 개방된 건물에 설치
  ㉡ 환기가 불충분한 장소에서는 강제 환기를 하여 체류방지

2) 전기설비의 점화원 억제

(1) 전기설비의 점화원

현재적(정상상태에서) 점화원	잠재적(이상상태에서) 점화원
• 직류전동기의 정류자, 권선형 유도 전동기의 슬립링 등 • 고온부로써 전열기, 저항기, 전동기의 고온부 등 • 개폐기 및 차단기류의 접점, 제어기 및 보호계전기의 전기접점 등	전동기의 권선, 변압기의 권선, 마그넷 코일, 전기적 광원, 케이블, 기타 배선 등

(2) 전기설비 방폭화의 기본

방폭화의 기본	적요	방폭구조
점화원의 방폭적 격리	• 전기설비에서는 점화원으로 되는 부분을 가연성 물질과 격리시켜 서로 접촉하지 못하도록 하는 방법	• 압력방폭구조 • 유입방폭구조
	• 전기설비 내부에서 발생한 폭발이 설비 주변에 존재하는 가연성 물질로 파급되지 않도록 실질적으로 격리하는 방법	내압방폭구조
전기설비의 안전도 증강	정상상태에서 점화원으로 되는 전기불꽃의 발생부 및 고온부가 존재하지 않는 전기설비에 대하여 특히 안전도를 증가시켜 고장이 발생할 확률을 0에 가깝게 하는 방법	안전증방폭구조
점화능력의 본질적 억제	약전류회로의 전기설비와 같이 정상 상태 뿐만 아니라 사고시에도 발생하는 전기불꽃 고온부가 최소착화에너지 이하의 값으로 되어 가연물에 착화할 위험이 없는 것으로 충분히 확인된 것은 본질적으로 점화능력이 억제된 것으로 볼 수 있다.	본질안전방폭구조

> **Key Point**
>
> 근원적 안전방폭 전기기기에서 유래된 말로 원래는 폭발성의 분위기에서 사용하는 전기기기의 내부 또는 배선 사이의 단선의 문제가 일어나더라도 외부의 분위기에 의해 착화되지 않도록 설계된 구조를 가리키는 말이었다. 그러나 이 개념은 더욱 넓은 개념으로 확장되어 현재 일반적으로 우리가 사용하는 작업자나 사용자가 의도적으로 혹은 실수로 위험기기나 설비를 작동시키더라도 사고가 발생하지 않게 하는 설계기능을 무엇이라고 하는가?
>
> Fool – Proof

SECTION 16 폭발등급

1 폭발등급의 개요

표준용기에 의해 외부가스가 폭발하지 않는 값인 화염일주 한계(화염이 소멸하는 한계, 최대안전틈새 ; MESG)값에 따라 폭발성 가스를 분류하여 등급을 정한 것을 폭발 등급이라고 함

화염일주한계
[최대안전틈새(MESG ; Maximum Experimental Safe Gap)]

폭발성 분위기 내에 방치된 표준용기의 접합면 틈새를 통하여 폭발화염이 내부에서 외부로 전파되는 것을 저지(최소점화에너지 이하)할 수 있는 틈새의 최대간격치이며 폭발성 가스의 종류에 따라 다르다.

2 폭발등급 측정에 사용되는 표준용기

내용적이 8L, 틈새의 안길이 25mm인 용기로서 틈의 폭 W[mm]를 변환시켜서 화염일주한계를 측정하도록 한 것

3 발화도

발화도는 폭발성 가스의 발화점에 따라 분류

KSC		IEC	
발화도	발화점의 범위 (℃)	Class	최대표면온도 (℃)
G_1	450 초과	T_1	300 초과 450 이하
G_2	300 초과 450 이하	T_2	200 초과 300 이하
G_3	200 초과 300 이하	T_3	135 초과 200 이하
G_4	135 초과 200 이하	T_4	100 초과 135 이하
G_5	100 초과 135 이하	T_5	85 초과 100 이하
		T_6	85 이하

> **Key Point**
>
> 방폭기기의 등급에 따른 표면온도의 범위를 쓰시오.
>
> $T_2 \sim T_5$

SECTION 17 위험장소

위험분위기가 존재하는 시간과 빈도에 따라 구분

1 가스폭발 위험장소

1) 폭발위험이 있는 장소의 설정 및 관리

(안전보건규칙 제230조)

① 사업주는 다음 각 호의 장소에 대하여 폭발위험장소의 구분도(區分圖)를 작성하는 경우에 한국산업표준으로 정하는 기준에 따라 가스폭발위험장소 또는 분진폭발 위험장소로 설정하여 관리해야 한다.
  ㉠ 인화성 액체의 증기 또는 인화성 가스 등을 제조·취급 또는 사용하는 장소

ⓒ 인화성 고체를 제조·사용하는 장소
② 사업주는 제1항에 따른 폭발위험장소의 구분도를 작성·관리하여야 한다.

2) 가스폭발 위험장소[KSC IEC 60079-10(폭발위험장소 구분)]

폭발위험장소 분류	적요	예(장소)
0종 장소	인화성 액체의 증기 또는 가연성 가스에 의한 폭발위험이 지속적으로 또는 장기간 존재하는 장소	용기·장치·배관 등의 내부 등
1종 장소	정상 작동상태에서 인화성 액체의 증기 또는 가연성 가스에 의한 폭발위험 분위기가 존재하기 쉬운 장소	맨홀·벤트·피트 등의 주위 등
2종 장소	정상작동상태에서 인화성 액체의 증기 또는 가연성 가스에 의한 폭발위험 분위기가 존재할 우려가 없으나, 존재할 경우 그 빈도가 아주 적고 단기간만 존재할 수 있는 장소	개스킷·패킹 등의 주위

Key Point
가스폭발 위험장소 3가지를 분류하고 간단히 설명하시오.

2 분진폭발 위험장소

분진폭발 위험장소란 공장 기타의 사업장에서 폭발을 일으킬 수 있는 충분한 양의 분진이 공기 중에 부유하여 위험 분위기가 생성될 우려가 있거나 분진이 퇴적되어 있어 부유할 우려가 있는 장소를 의미

폭발위험장소	적요
20종 장소	분진운 형태의 가연성 분진이 폭발농도를 형성할 정도로 충분한 양이 정상작동 중에 연속적으로 또는 자주 존재하거나, 제어할 수 없을 정도의 양 및 두께의 분진층이 형성될 수 있는 장소
21종 장소	20종 장소 외의 장소로서 분진운 형태의 가연성 분진이 폭발농도를 형성할 정도의 충분한 양이 정상작동 중에 존재할 수 있는 장소
22종 장소	20종 장소 외의 장소로서 가연성 분진운 형태가 드물게 발생 또는 단기간 존재할 우려가 있거나 이상작동 상태하에서 가연성 분진층이 형성될 수 있는 장소

SECTION 18
방폭구조의 기호

1 방폭구조의 종류에 따른 기호

방폭구조(Ex)의 종류		기호
폭발성 가스 또는 증기	내압방폭	d
	압력방폭	p
	유입방폭	o
	안전증방폭	e
	본질안전방폭	ia 또는 ib
	특수방폭	s
분진	특수방진 방폭구조	SDP
	보통방진 방폭구조	DP
	분진특수 방폭구조	XDP

Key Point
가스폭발 위험장소에 설치하여 사용할 수 있는 방폭구조의 종류 4가지와 그 표시기호를 쓰시오.

Key Point
방폭구조의 종류와 종류별 구조표시를 예와 같이 3가지만 쓰시오.(예 특수방폭구조-S)

2 방폭구조의 표시방법(예 Ex d ⅡA T4 IP54)

① 방폭구조 기호
② 가스·증기 및 분진의 그룹
③ 온도등급
④ 보호등급(IP등급)

1) 방폭구조 기호

방폭구조(Ex)의 종류		기호
폭발성 가스 또는 증기	내압방폭	d
	압력방폭	p
	유입방폭	o
	안전증방폭	e
	본질안전방폭	ia 또는 ib
	특수방폭	s
분진	특수방진 방폭구조	SDP
	보통방진 방폭구조	DP
	분진특수 방폭구조	XDP

2) 가스·증기 및 분진의 그룹

분류		기호
산업용(Ⅱ)	폭발성 가스 또는 증기	A B C
	분진	11 12 13

3) 온도등급

Class	최대표면온도(℃)
T_1	300 초과 450 이하
T_2	200 초과 300 이하
T_3	135 초과 200 이하
T_4	100 초과 135 이하
T_5	85 초과 100 이하
T_6	85 이하

4) 보호등급(IP등급)

IP등급이란 보호등급을 의미하는데 두자리 코드로 되어 있으며(예 IP54), 각각 자리수에는 의미가 있으며 숫자가 높을수록 안전함을 의미

보호등급		기호
방진등급 (첫째 자리수)	보호되지 않음	0
	사람의 손(ϕ50) 등이 내부에 들어가면 안됨	1
	손가락 끝(ϕ12) 등이 내부에 들어가면 안됨	2
	직경 또는 두께 2.5mm를 넘는 공구, 와이어 등의 고형물체가 들어가면 안됨	3
	직경 또는 두께 1.0mm를 넘는 공구, 와이어 등의 고형물체가 들어가면 안됨	4
	방진형 동작에 영향을 주는 분진이 내부에 들어가면 안됨	5
	방진형 분진이 내부에 들어가면 안됨	6
방수등급 (둘째 자리수)	보호되지 않음	0
	방적 I 형 수직으로 떨어지는 물방울로 인한 유해한 영향이 없음	1
	방적 II 형 수직으로부터 15°의 범위에서 떨어지는 물방울로 인한 유해한 영향이 없음	2
	방우형 수직으로부터 60°의 범위에서 떨어지는 물방울로 인한 유해한 영향이 없음	3
	방말형 방향에 관계없이 튀는 물로 인한 유해한 영향이 없음	4
	방분류형 방향에 관계없이 물이 직접 분류해도 내부에 물이 들어가지 않음	5
	내수형 방향에 관계없이 물이 직접 분류해도 내부에 물이 들어가지 않음	6
	방침형 정해진 조건하에서 물속에 잠겨 있어도 내부에 물이 들어가지 않음	7
	수중형 지정된 압력하에서 물속에 항상 잠겨 있어도 사용 가능함	8

Key Point

다음과 같은 방폭구조의 표시에서 밑줄친 부분을 설명하시오.

Ex <u>d</u> <u>ⅡA</u> <u>T4</u> IP54

SECTION 19
방폭구조의 종류

1 폭발성 가스 또는 증기에 대한 방폭구조

방폭구조(Ex) 종류	구조의 원리
내압방폭(d)	전폐구조로 용기내부에서 폭발성 가스 및 증기가 폭발하였을 때 용기가 그 압력에 견디며 또한 접합면, 개구부 등을 통해서 외부의 폭발성 가스에 인화될 우려가 없는 구조(점화원 격리)
압력방폭(p)	용기내부에 보호기체(신선한 공기 또는 불연성 기체)를 압입하여 내부압력을 유지함으로써 폭발성 가스 또는 증기가 침입하는 것을 방지하는 구조(점화원 격리)
유입방폭(o)	전기기기의 불꽃, 아크 또는 고온이 발생하는 부분을 기름속에 넣어 기름면 위에 존재하는 폭발성 가스 또는 증기에 인화될 우려가 없도록 한 구조(점화원 격리)
안전증방폭(e)	정상운전 중에 폭발성 가스 또는 증기에 점화원이 될 전기불꽃, 아크 또는 고온이 되어서는 안될 부분에 이런 것의 발생을 방지하기 위하여 기계적, 전기적 구조상 또는 온도상승에 대해서 특히 안전도를 증가시킨 구조
본질안전방폭 (ia 또는 ib)	정상시 및 사고시(단선, 단락, 지락 등)에 발생하는 전기불꽃, 아크 또는 고온에 의하여 폭발성 가스 또는 증기에 점화되지 않는 것이 점화시험, 기타에 의하여 확인된 구조
특수방폭(s)	상기 이외의 방폭구조로서 폭발성 가스 또는 증기에 점화 또는 위험분위기로 인화를 방지할 수 있는 것이 시험, 기타에 의하여 확인된 구조

2 분진에 대한 방폭구조

방폭구조(Ex) 종류	구조의 원리
특수방진 방폭구조 (SDP)	전폐구조로 접합면 깊이를 일정치 이상으로 하든가 접합면에 일정치 이상의 깊이를 갖는 패킹을 사용하여 분진이 용기 내에 침입하지 않도록 한 구조
보통방진 방폭구조 (DP)	전폐구조로 접합면 깊이를 일정치 이상으로 하든가 접합면에 패킹을 사용하여 분진이 침입하기 어렵게 한 구조
분진특수 방폭구조 (XDP)	SDP 및 DP 이외의 구조로 분진방폭성능이 있는 것이 시험, 기타 방법에 의하여 확인된 구조

3 방폭구조의 선정

폭발위험장소에서 사용하는 전기기계·기구의 선정
(안전보건규칙 제311조)

① 사업주는 제230조제1항에 따른 가스폭발 위험장소 또는 분진폭발 위험장소에서 전기기계·기구를 사용하는 경우에 한국산업표준에서 정하는 기준으로 그 증기·가스 또는 분진에 대하여 적합한 방폭성능을 가진 방폭구조 전기기계·기구를 선정하여 사용하여야 한다.
② 사업주는 제1항의 방폭구조 전기기계·기구에 대하여 그 성능이 항상 정상적으로 작동될 수 있는 상태로 유지·관리되도록 하여야 한다.

1) 가스폭발 위험장소

폭발위험장소 분류	방폭구조의 전기기계·기구
0종 장소	① 본질안전방폭구조(ia) ② 그 밖에 관련 공인 인증기관이 0종 장소에서 사용이 가능한 방폭구조로 인증한 방폭구조
1종 장소	① 내압방폭구조(d) ② 압력방폭구조(p) ③ 충전방폭구조(q) ④ 유입방폭구조(o) ⑤ 안전증방폭구조(e) ⑥ 본질안전방폭구조(ia, ib) ⑦ 몰드방폭구조(m) ⑧ 그 밖에 관련 공인 인증기관이 1종 장소에서 사용이 가능한 방폭구조로 인증한 방폭구조
2종 장소	① 0종 장소 및 1종 장소에 사용 가능한 방폭구조 ② 비점화방폭구조(n) ③ 그 밖에 2종 장소에서 사용하도록 특별히 고안된 비방폭형 구조

Key Point

0종, 1종 장소에 해당하는 전기설비의 방폭구조를 쓰시오.

2) 분진폭발 위험장소

폭발위험장소 분류	방폭구조의 전기기계·기구
20종 장소	① 밀폐방진방폭구조(DIP A20 또는 B20) ② 그 밖에 관련 공인 인증기관이 20종 장소에서 사용이 가능한 방폭구조로 인증한 방폭구조
21종 장소	① 밀폐방진방폭구조(DIP A20 또는 A21, DIP B20 또는 B21) ② 밀폐방진방폭구조(SDP) ③ 그 밖에 관련 공인 인증기관이 21종 장소에서 사용이 가능한 방폭구조로 인증한 방폭구조
22종 장소	① 20종 장소 및 21종 장소에 사용 가능한 방폭구조 ② 일반방진방폭구조(DIP A22 또는 B22) ③ 그 밖에 22 종장소에서 사용하도록 특별히 고안된 비방폭형 구조

CHAPTER 02 화공안전 일반

SECTION 01 연소의 정의

1 연소의 정의

연소(combustion)란 어떤 물질이 산소와 만나 급격히 산화(oxidation)하면서 열과 빛을 동반하는 현상을 말한다. 연소는 본질적으로 물질의 발열산화반응(exothermic oxidation reaction)으로 정의할 수 있다.

2 연소의 3요소(연소의 성립 조건)

물질이 연소하기 위해서는 가연성 물질(가연물), 산소공급원(공기 또는 산소), 점화원(불씨)이 필요하며, 이들을 연소의 3요소라 한다.

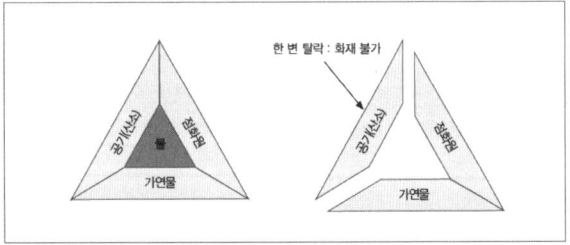

[연소의 3요소]

🗝 Key Point

연소의 성립 조건을 3가지 쓰시오.

🗝 Key Point

연소의 3요소를 쓰시오.

1) 가연물의 조건
① 산소와 화합이 잘 되며, 연소시 연소열(발열량)이 클 것
② 산소와 화합시 열전도율이 작을 것(축적열량이 많아야 연소가 용이함)
③ 산소와 접촉할 수 있는 입자의 표면적이 클 것(물질의 상태에 따른 표면적 : 기체>액체>고체)
④ 산소와 화합하여 점화될 때 점화열이 작을 것

2) 산소공급원
산화성 물질 또는 조연성 물질(연소 시 촉매작용을 하는 물질)
① 공기 중의 산소(약 21%)
② 자기연소성 물질(제5류 위험물) : 가연물인 동시에 자체 내부에 산소를 함유하고 있어 공기 중의 산소를 필요로 하지 않고 점화원만으로 연소하는 물질(니트로셀룰로오스, 피크린산, 니트로글리세린, 니트로톨루엔 등)
③ 산화제 : 할로겐원소 산화물, 염소산염류, 과산화물, 질산염류 등의 강산화제

3) 점화원
연소반응을 일으킬 수 있는 최소의 에너지(활성화 에너지)를 제공할 수 있는 것

[가능한 점화원]

SECTION 02
연소형태

구분	연소형태	정의	해당물질
기체	확산연소	가연성 가스가 공기(산소) 중에 확산되어 연소범위에 도달했을 때 점화원에 의해 점화하여 연소하는 현상으로, 기체의 일반적인 연소형태이다.	수소, 메탄, 프로판, 부탄 등
	예혼합연소	연소되기 전에 미리 연소범위의 혼합가스가 만들어져 연소하는 형태이다.	
액체	증발연소	인화성 액체가 증발하여 증기를 형성하고, 공기 중에 확산, 혼합하여 연소범위에 이르고, 점화원에 의해 점화되어 연소하는 현상으로, 액체의 일반적인 연소형태이다.	알코올, 에터, 가솔린, 벤젠 등
	분무연소	점도가 높고 비휘발성인 액체의 경우 액체입자를 분무하여 연소하는 형태. 액적의 표면적을 넓게 하여 공기와의 접촉면을 크게 해서 연소하는 형태이다.	
고체	표면연소	연소물 표면에서 산소와의 급격한 산화반응으로 빛과 열을 수반하는 연소반응. 가연성 가스 발생이나 열분해 없이 진행되는 연소반응으로, 불꽃이 없는 것이 특징이다.	코크스, 목탄, 금속분 (알루미늄,나트륨 등), 숯 등
	분해연소	고체 가연물이 가열됨에 따라 가연성 증기가 발생하여, 공기와 가스의 혼합으로 연소범위를 형성하게 되어 연소하는 형태	목재, 종이, 석탄, 플라스틱 등
	증발연소	고체 가연물이 가열되어 융해되며 가연성 증기가 발생, 공기와 혼합하여 연소하는 형태	황, 나프탈렌, 파라핀 등
	자기연소	분자 내 산소를 함유하고 있는 고체 가연물이 외부 산소 공급원 없이 점화원에 의해 연소하는 형태(질산에스테르류, 셀룰로이드류, 니트로화합물 등의 폭발성 물질)	니트로화합물 (피크린산, TNT 등), 질산에스테르류 (니트로글리세린, 니트로글리콜 등), 셀룰로이드류 등

Key Point

아래의 보기는 고체연소형태이다. 연소의 형태를 쓰시오.
[보기 : ① 목재 ② 목탄 ③ 황 ④ 니트로 화합물]

Key Point

다음 고체의 연소형태를 쓰시오.
[보기 : ① 목탄 ② 종이 ③ 파라핀 ④ 피크린산]

Key Point

다음 물질에 해당하는 연소의 종류를 쓰시오.
[보기 : ① 수소 ② 알코올 ③ TNT ④ 알루미늄 가루]

Key Point

기체의 연소형태 2가지와 고체의 연소형태 4가지를 쓰시오.

SECTION 03
인화점

가연성 증기를 발생하는 액체 또는 고체가 공기 중에서 점화원에 의해 표면 부근에서 연소하기에 충분한 농도(폭발하한계)를 발생시키는 최저의 온도를 인화점이라 한다. 즉, 가연성 액체 또는 고체가 공기 중에서 생성한 가연성 증기가 폭발(연소)범위의 하한계에 도달할 때의 온도를 말한다. 인화점은 가연성 물질의 위험성을 나타내는 대표적인 척도이며, 낮을수록 위험한 물질이라 할 수 있다.

[가연성 물질의 인화점]

물질	인화점(℃)	물질	인화점(℃)
가솔린	-43	에틸알코올	13
경유	65	메틸알코올	11
등유	50	아세트알데히드	-39
테레빈유	35	에틸에테르	-45
벤젠	-11	산화에틸렌	-1(7)8
아세톤	-20	이황화탄소	-30

> **Key Point**
> 발화점과 인화점에 대하여 간단히 설명하시오.

SECTION 04
발화점(AIT ; Auto Ignition Temperature)

가연성 물질을 외부에서 화염, 전기불꽃 등의 착화원을 주지 않고 물질을 공기 중 또는 산소 중에서 가열할 경우에 착화 또는 폭발을 일으키는 최저온도를 발화점(발화온도, 착화점, 착화온도)이라 한다.
이는 외부의 직접적인 점화원 없이 열의 축적에 의해 연소반응이 일어나는 것이다.

[가연성 물질의 발화점]

물질	발화점(℃)	물질	발화점(℃)
메탄	615~682	수소	580~590
프로판	460~520	이산화탄소	637~658
부탄	430~510	암모니아	650
에틸렌	500~519	종이류	220~300
아세틸렌	400~440	목재	220~300
가솔린	210~300	석탄	140~300
등유	254	황린	45~60
벤젠	562	셀룰로이드	140~170

1 발화점에 영향을 주는 인자

① 가연성 가스와 공기와의 혼합비
② 용기의 크기와 형태
③ 용기벽의 재질
④ 가열속도와 지속시간
⑤ 압력
⑥ 산소농도
⑦ 유속 등

2 발화점이 낮아질 수 있는 조건

① 물질의 반응성이 높은 경우
② 산소와의 친화력이 좋은 경우
③ 물질의 발열량이 높은 경우
④ 압력이 높은 경우

> **Key Point**
> 발화점과 인화점에 대하여 간단히 설명하시오.

SECTION 05
폭발의 성립조건

1 폭발의 정의

폭발은 어떤 원인으로 인해 급격한 압력 상승과 함께 폭음과 화염 등을 일으키는 현상을 말한다.

2 폭발의 성립조건

① 가연성 가스(증기 또는 분진)가 폭발범위 내에 있어야 한다.
② 밀폐된 공간이 존재하여야 한다.
③ 혼합되어 있는 가스가 밀폐되어 있는 방이나 용기 같은 것에 충만하게 존재하여야 한다.
④ 점화원(에너지)이 있어야 한다.

> **Key Point**
>
> 폭발의 성립조건을 쓰시오.

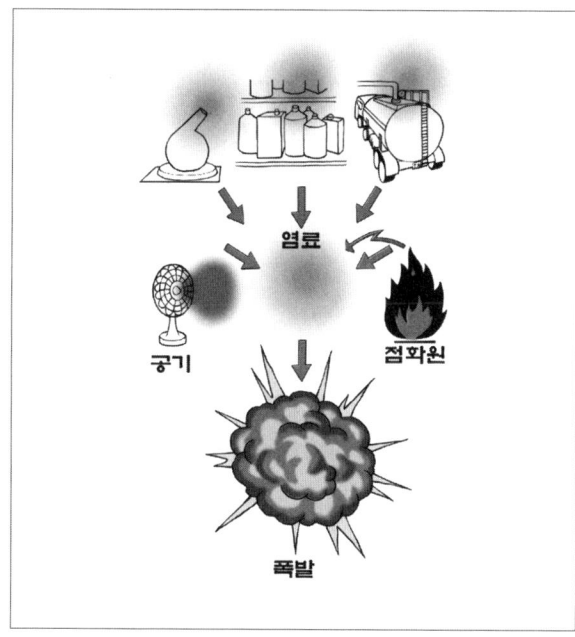

[폭발 발생의 조건]

SECTION 06
폭발의 종류

1 기상폭발

① 혼합가스의 폭발 : 가연성 가스와 조연성 가스의 혼합가스가 폭발범위 내에 있을 때
② 가스의 분해폭발 : 반응열이 큰 가스분자 분해시 단일성분이라도 점화원에 의해 폭발
③ 분진폭발 : 가연성 고체의 미분이나 가연성 액체의 액적(mist)에 의한 폭발

2 액상폭발

① 혼합위험성에 의한 폭발 : 산화성 물질과 환원성 물질 혼합시 폭발
② 폭발성 화합물의 폭발 : 반응성 물질의 분자 내의 연소에 의한 폭발과 흡열화합물의 분해 반응에 의한 폭발
③ 증기폭발 : 물, 유기액체 또는 액화가스 등의 과열시 급속하게 증발된 증기에 의한 폭발

3 분진폭발

1) 정의

가연성 고체의 미분이나 가연성 액체의 액적에 의한 폭발

2) 입자의 크기

$75\mu m$ 이하의 고체입자가 공기 중에 부유하여 폭발분위기 형성

3) 분진폭발의 순서

입자표면 온도 상승 → 입자표면 열분해 및 기체발생 → 주위의 공기와 혼합 → 점화원에 의한 폭발 → 폭발열에 의하여 주위 입자 온도상승 및 열분해

4) 분진폭발의 특성

① 가스폭발보다 발생에너지가 큼
② 폭발압력과 연소속도는 가스폭발보다 작음
③ 불완전연소로 인한 가스중독의 위험성은 큼
④ 화염의 파급속도보다 압력의 파급속도가 큼

⑤ 가스폭발에 비하여 불완전연소가 많이 발생
⑥ 주위 분진에 의해 2차, 3차 폭발로 파급될 수 있음

5) 분진폭발에 영향을 주는 요인

① 분진의 입경이 작을수록 폭발하기 쉽다.
② 일반적으로 부유분진이 퇴적분진에 비해 발화온도가 높다.
③ 연소열이 큰 분진일수록 저농도에서 폭발하고 폭발위력도 크다.
④ 분진의 비표면적이 클수록 폭발성이 높아진다.

4 폭발형태 분류

1) 미스트 폭발

① 가연성 액체가 무상상태로 공기 중에 누출되어 부유상태로 공기와의 혼합물이 되어 폭발성 혼합물을 형성하여 폭발이 일어나는 것
② 미스트와 공기와의 혼합물에 발화원이 가해지면 액적이 증기화하고 이것이 공기와 균일하게 혼합되어 가연성 혼합기를 형성하여 인화 폭발하게 된다.

2) 증기 폭발

① 급격한 상변화에 의한 폭발(explosion by rapid phase transition)이다.
② 용융금속이나 슬러그(slug) 같은 고온의 물질이 물 속에 투입되었을 때, 그 고온 물체가 가지고 있는 열이 단시간에 물에 전달되면 물은 과열상태로 되고 조건에 따라서는 순간적으로 비등하여 액상에서 기상으로의 급격한 상변화에 의해 폭발이 일어나게 된다.
③ 액화석유가스(LPG)와 액화천연가스(LNG)는 사고로 인해 탱크 밖으로 누출되었을 때에도 조건에 따라서는 급격한 기화에 수반되는 증기폭발을 일으킨다.
④ 폭발의 과정에 착화를 필요로 하지 않으므로 화염의 발생은 없으나 증기폭발에 의해 공기 중에 기화한 가스가 가연성인 경우에는 증기폭발에 이어서 가스폭발이 발생할 위험이 있다.

3) 증기운 폭발(UVCE ; Unconfined Vapor Cloud Explosion)

① 저온의 액화가스 저장탱크나 고압의 가연성 액체용기가 파괴되어 대기 중으로 급격히 방출되어 공기 중에 분산된 상태인 가연성 증기운에 착화원이 주어지면 폭발하여 Fire Ball을 형성하는데 이를 증기운 폭발이라고 한다.
② 증기운 크기가 증가하면 점화 확률이 높아진다.

4) 비등액팽창 증기폭발(BLEVE ; Boiling Liquid Expanding Vapor Explosion)

① 비점이 낮은 액체저장탱크 주위에 화재가 발생했을 때 저장탱크 내부의 비등현상으로 인한 압력 상승으로 탱크가 파열되어 그 내용물이 증발, 팽창하면서 발생되는 폭발현상

[BLEVE ; Boiling Liquid Expanding Vapor Explosion]

② BLEVE 방지대책
  ㉠ 열의 침투 억제 : 보온조치를 통해 열의 침투속도를 느리게 함(액의 이송시간 확보)
  ㉡ 탱크의 과열방지 : 물분무시설을 설치하여 냉각조치(살수장치)
  ㉢ 탱크로 화염의 접근 금지 : 방유제 내부 경사화. 화염 접근을 최대한 지연

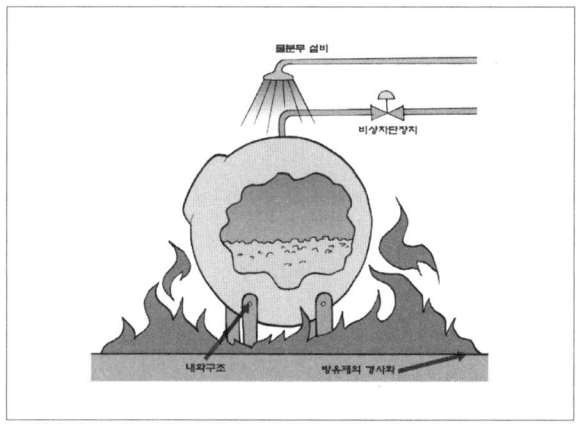

[BLEVE 방지대책]

Key Point

폭발의 정의에서 UVCE와 BLEVE에 대하여 간단히 설명하시오.

5 안전간격 및 폭발등급

1) 안전간격

내측의 가스 점화시 외측의 폭발성 혼합가스까지 화염이 전달되지 않는 한계의 틈이다. 8L의 표준 용기 안에 폭발성 혼합가스를 채우고 점화시켜 발생된 화염이 용기 외부의 폭발성 혼합가스에 전달되는가의 여부를 측정하였을 때 화염을 전달시킬 수 없는 한계의 틈 사이를 말한다. 안전간격이 작은 가스일수록 폭발 위험이 크다.

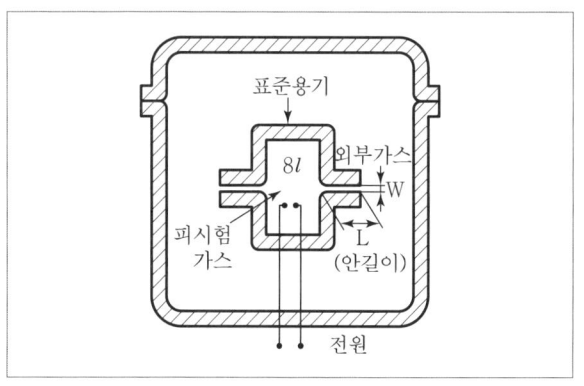

2) 폭발등급에 따른 안전간격과 해당물질

폭발등급	안전간격(mm)	해당물질
1등급	0.6 초과	메탄, 에탄, 프로판, n-부탄, 가솔린, 일산화탄소, 암모니아, 아세톤, 벤젠, 에틸에테르
2등급	0.6~0.4	에틸렌, 석탄가스, 이소프렌, 산화에틸렌
3등급	0.4 이하	수소, 아세틸렌, 이황화탄소, 수성가스

SECTION 07
혼합가스의 폭발범위

1 완전연소 조성농도(C_{st})

화학양론농도라고도 하며, 가연성 물질 1몰이 완전히 연소할 수 있는 공기와의 혼합비를 부피비(%)로 표현한 것이다.

$$C_{st} = \frac{1}{(4.77n + 1.19x - 2.38y) + 1} \times 100 (\text{vol.}\%)$$

2 최소산소농도(MOC, C_m)

$$C_m = 폭발하한(\%) \times \frac{산소\ mol수}{연소가스\ mol수}(\%)$$

3 혼합가스의 폭발범위 : 르-샤틀리에 (Le Chatelier) 법칙

$$L = \frac{100}{\frac{V_1}{L_1} + \frac{V_2}{L_2} + \cdots + \frac{V_n}{L_n}} \quad (순수한\ 혼합가스일\ 경우)$$

또는

$$L = \frac{V_1 + V_2 + \cdots + V_n}{\frac{V_1}{L_1} + \frac{V_2}{L_2} + \cdots + \frac{V_n}{L_n}} \quad (혼합가스가\ 공기와\ 섞여\ 있을\ 경우)$$

여기서, L : 혼합가스의 폭발한계(%) – 폭발상한, 폭발하한 모두 적용 가능

$L_1, L_2, L_3, \cdots, L_n$: 각 성분가스의 폭발한계(%) – 폭발상한계, 폭발하한계

$V_1, V_2, V_3, \cdots, V_n$: 전체 혼합가스 중 각 성분가스의 비율(%) – 부피비

🔑 Key Point

아세틸렌과 벤젠이 7 : 3으로 함유되어 있는 장소의 아세틸렌의 위험도와 혼합가스의 폭발 하한계를 구하시오.

🔑 Key Point

기체의 조성비가 아세틸렌 70%, 클로로벤젠 30%일 때 아세틸렌의 위험도와 혼합기체의 폭발하한계를 구하시오. (단, 아세틸렌 폭발범위 2.5~81, 클로로벤젠 폭발범위 1.3~7.10이다.)

[공기 중에서 각종 가스 등의 폭발범위]

물질명	폭발하한계(%)	폭발상한계(%)	물질명	폭발하한계(%)	폭발상한계(%)
프로판 (C_3H_6)	2.2	9.5	아세틸렌 (C_2H_2)	2.5	81
수소 (H_2)	4.0	75	알코올 (C_2H_5OH)	4.3	19
에탄 (C_2H_6)	3.0	12	아세트알데히드 (C_2H_4O)	4.1	55
벤젠 (C_6H_6)	1.4	7.1	시안화비닐 (CH_2CHCN)	3.0	17
아세톤 (CH_3COOH)	3	13	암모니아 (NH_3)	15	28
산화에틸렌 (C_2H_4O)	3	80	석탄가스 (coal gas)	5.3	32
이황화탄소 (CS_2)	1.2	44	일산화탄소 (CO)	12.5	74
톨루엔 (C_7H_8)	1.4	6.7	메탄 (CH_4)	5	15

SECTION 08
위험도

폭발하한계 값과 폭발상한계 값의 차이를 폭발하한계 값으로 나눈 것으로, 기체의 폭발 위험수준을 나타낸다. 일반적으로 위험도 값이 큰 가스는 폭발상한계 값과 폭발하한계 값의 차이가 크며, 위험도가 클수록 공기 중에서 폭발 위험이 크다고 보면 된다.

$$H = \frac{U-L}{L}$$

여기서, H : 위험도, L : 폭발하한계 값(%), U : 폭발상한계 값(%)

🔑 Key Point

아세틸렌과 벤젠이 7 : 3으로 함유되어 있는 장소의 아세틸렌의 위험도와 혼합 가스의 폭발 하한계를 구하시오.

🔑 Key Point

기체의 조성비가 아세틸렌 70%, 클로로벤젠 30%일 때 아세틸렌의 위험도와 혼합기체의 폭발하한계를 구하시오. (단, 아세틸렌 폭발범위 2.5~81, 클로로벤젠 폭발범위 1.3~7.10이다.)

SECTION 09
화재의 종류

구분	A급 화재	B급 화재	C급 화재	D급 화재
명칭	일반 화재	유류·가스 화재	전기 화재	금속 화재
가연물	목재, 종이, 섬유, 석탄 등	각종 유류 및 가스	전기기기, 기계, 전선 등	Mg 분말, Al 분말 등
유효 소화 효과	냉각효과	질식효과	질식, 냉각효과	질식효과
적용 소화제	• 물 • 산·알칼리 소화기 • 강화액 소화기	• 포말 소화기 • CO_2 소화기 • 분말 소화기 • 증발성 액체 소화기 • 할론1211 • 할론1301	• 유기성 소화기 • CO_2 소화기 • 분말 소화기 • 할론1211 • 할론1301	• 건조사 • 팽창 진주암
표현색	백색	황색	청색	색표시 없음

1 일반 화재(A급 화재)

① 목재, 종이 섬유 등의 일반 가열물에 의한 화재
② 물 또는 물을 많이 함유한 용액에 의한 냉각소화, 산·알칼리, 강화액, 포말 소화기 등이 유효함

2 유류 및 가스 화재(B급 화재)

① 제4류 위험물(특수인화물, 석유류, 에스테르류, 케톤류, 알코올류, 동식물류 등)과 제4류 준위험물(고무풀, 나프탈렌, 송진, 파라핀, 제1종 및 제2종 인화물 등)에 의한 화재. 인화성 액체, 기체 등에 의한 화재
② 연소 후에 재가 거의 없는 화재로 가연성 액체 등에 발생함
③ 공기 차단에 의한 질식소화효과를 위해 포말소화기, CO_2 소화기, 분말소화기, 할로겐화물(할론) 소화기 등이 유효함

④ 유류화재시 발생할 수 있는 화재 현상
  ㉠ 보일 오버(Boil Over) : 유류탱크 화재시 유면에서부터 열파(Heat Wave)가 서서히 아래쪽으로 전파하여 탱크 저부의 물에 도달했을 때 이 물이 급히 증발하여 대량의 수증기가 되어 상층의 유류를 밀어올려 거대한 화염을 불러 일으키는 동시에 다량의 기름을 탱크 밖으로 불이 붙은 채 방출시키는 현상
  ㉡ 슬롭 오버(Slop Over) : 위험물 저장탱크 화재시 물 또는 포를 화염이 왕성한 표면에 방사할 때 위험물과 화염이 함께 탱크 밖으로 흘러넘치는 현상

Key Point

Slop Over에 대해서 설명하시오.

  ㉢ 파이어 볼(Fire Ball) : 대량의 기화된 인화성 액체가 갑자기 발화될 때 발생하는 공 모양의 화염. 액화가스 탱크가 폭발하면서 플래시 증발을 일으켜 가연성 액체 및 기체 혼합물이 대량으로 분출되어 발화하면 지면에서 반구상으로 화염을 형성한 후 부력으로 상승함과 동시에 주변의 공기를 말아 올려 화염은 구상으로 되면서 버섯형태의 화재를 만드는 것

[Fire Ball]

3 전기 화재(C급 화재)

① 전기를 이용하는 기계·기구 또는 전선 등 전기적 에너지에 의해서 발생하는 화재
② 질식, 냉각효과에 의한 소화가 유효하며, 전기적 절연성을 가진 소화기로 소화해야 한다. 유기성 소화기, CO_2 소화기, 분말소화기, 할로겐화물(할론) 소화기 등이 유효함

4 금속 화재(D급 화재)

① Mg분, Al분 등 공기 중에 비산한 금속분진에 의한 화재
② 소화에 물을 사용하면 안 되며, 건조사, 팽창 진주암 등 질식소화가 유효함

5 연소파와 폭굉파

1) 연소파

가연성 가스와 적당한 공기가 미리 혼합되어 폭발범위 내에 있을 경우, 확산의 과정이 생략되기 때문에 화염의 전파 속도가 매우 빠른데, 이러한 혼합 가스에 착화하게 되면 착화원에 국한된 반응영역이 형성되어 혼합가스 중으로 퍼져나간다. 그 진행속도가 0.1~1.0m/s 정도 될 때, 이를 연소파(combustion wave)라 한다.

2) 폭굉파

① 폭굉현상과 폭굉파 : 연소파가 일정 거리를 진행한 후 연소 전파 속도가 1,000~3,500m/s 정도에 달할 경우 이를 폭굉현상(detonation phenomenon)이라 하며, 이때의 국한된 반응영역을 폭굉파(detonation wave)라 한다. 폭굉파의 속도는 음속을 앞지르므로, 진행후면에는 그에 따른 충격파가 있다.

② 폭굉 유도거리 : 최초의 완만한 연소속도가 격렬한 폭굉으로 변할때까지의 시간. 다음의 경우 짧아진다.
  ㉠ 정상 연소속도가 큰 혼합물일 경우
  ㉡ 점화원의 에너지가 큰 경우
  ㉢ 고압일 경우
  ㉣ 관 속에 방해물이 있을 경우
  ㉤ 관경이 작을 경우

SECTION 10
폭발의 방호방법

1 폭발 또는 화재 등의 예방대책
(안전보건규칙 제232조 관련)

1) 예방대책

(1) 폭발을 일으킬 수 있는 위험성 물질과 발화원의 특성을 알고 그에 따른 폭발이 일어나지 않도록 관리

① 사업주는 인화성 액체의 증기, 인화성 가스 또는 인화성 고체가 존재하여 폭발이나 화재가 발생할 우려가 있는 장소에서 해당 증기·가스 또는 분진에 의한 폭발 또는 화재를 예방하기 위해 환풍기, 배풍기(排風機) 등 환기장치를 적절하게 설치해야 한다.

② 사업주는 제1항에 따른 증기나 가스에 의한 폭발이나 화재를 미리 감지하기 위하여 가스 검지 및 경보 성능을 갖춘 가스 검지 및 경보장치를 설치해야 한다. 다만, 한국산업표준에 따른 0종 또는 1종 폭발위험장소에 해당하는 경우로서 제311조에 따라 방폭구조 전기기계·기구를 설치한 경우에는 그렇지 않다.

(2) 공정에 대하여 폭발 가능성을 충분히 검토하여 예방할 수 있도록 설계단계부터 페일세이프(fail safe) 원칙을 적용

Key Point
인화성 물질의 증기, 가연성 가스 등으로 인한 폭발 또는 화재를 예방하기 위한 조치를 3가지 쓰시오.

Key Point
인화성 물질을 취급하고 있다. 안전관리자로서 안전하게 취급하는 방법을 4가지만 쓰시오.

(3) 자동경보장치의 점검사항

① 계기의 이상 유무
② 감지부의 이상 유무
③ 경보장치의 작동상태

2) 국한대책 : 폭발의 피해를 최소화하기 위한 대책

① 안전장치 설치
② 방폭설비 설치

3) 폭발 위험이 있는 물질의 저장소로 부적절한 곳

① 통풍이나 환기가 불충분한 장소
② 화기를 사용하는 장소 및 그 부근
③ 위험물, 화약류 또는 가연성 물질을 취급하는 장소 및 그 부근

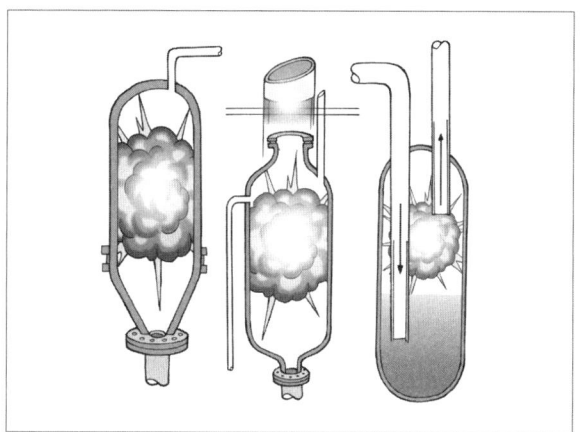

[폭발에 대한 구조적 대책의 예]

2 폭발 방호(Explosion Protection)

1) 폭발 봉쇄

반응기, 저장용기 내 유독성 물질이나 공기 중에 방출되어서는 안 되는 물질의 폭발, 방산시 안전밸브나 파열판 등을 통해 다른 탱크나 저장소 등으로 보내어 압력을 완화시켜 파열을 방지하는 방법

2) 폭발 억제

압력이 상승하였을 경우 검지기가 폭발억제장치를 작동시켜 고압불활성가스가 담겨 있는 소화기가 터져서 증기, 가스, 분진 등에 의한 폭발을 진압하여 큰 폭발로 이어지지 않도록 하는 방법

3) 폭발 방산

안전밸브나 파열판 등에 의해 압력을 방출하여 정상화하는 방법

4) 대기 방출

가연성 가스를 대기 중으로 방출하는 방법

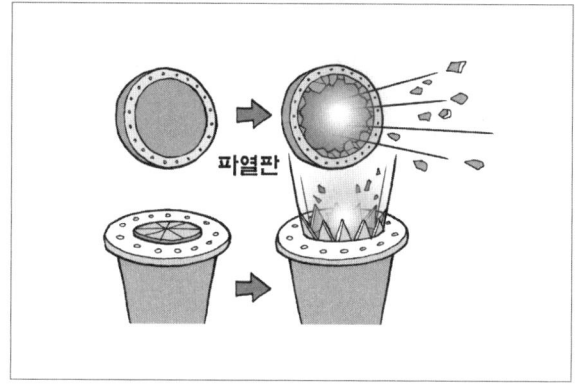

[폭발방산의 예 – 파열판]

3 분진폭발의 방지

① 분진 생성 방지 : 보관, 작업장소의 통풍에 의한 분진 제거
② 발화원 제거 : 불꽃, 전기적 점화원(전원, 정전기 등) 제거
③ 불활성 물질 첨가 : 시멘트분, 석회, 모래, 질석 등 돌가루
④ 2차 폭발방지

4 불활성화 방법

① 진공치환
② 압력치환
③ 스위프 치환
④ 사이폰 치환

SECTION 11
고압가스 용기의 도색

1 고압가스의 종류

압축가스	수소, 산소, 질소, 메탄 등 비점이 낮은 가스
액화가스	프로판, 부탄, LPG, 염소, 암모니아, 이산화탄소, 프레온 등
용해가스	아세틸렌

2 고압가스 용기의 도색

가스의 종류	용기 도색
액화이산화탄소	청색
질소	회색
산소	녹색
수소	주황색
아세틸렌	황색
액화암모니아	백색
액화염소	갈색
액화석유가스(LPG) 및 기타 가스	회색

Key Point

다음의 고압가스용기에 해당하는 색을 쓰시오.

① 산소
② 아세틸렌
③ 액화암모니아
④ 질소

SECTION 12
소화 이론

구분	물리적 소화			화학적 소화
	제거소화	질식소화	냉각소화	억제소화
소화원리	가연물의 공급을 중단하여 소화하는 방법	산소(공기)공급을 차단하여 연소에 필요한 산소 농도 이하가 되게 하여 소화하는 방법	물 등의 액체의 증발잠열을 이용, 가연물을 인화점 및 발화점 이하로 낮추어 소화하는 방법	가연물 분자가 산화됨으로 인해 연소가 계속되는 과정을 억제하여 소화하는 방법
소화기 종류	• 제거소화의 예 - 가스의 화재 : 공급밸브를 차단하여 가스공급을 중단 - 산불 : 화재 진행방향의 목재를 제거하여 진화	• 포말소화기 • 분말소화기 • 이산화탄소 소화기 • 건조사, 팽창진주암, 팽창질석	• 물 • 강화액 소화기 • 산·알칼리 소화기	• 사염화탄소 (C.T.C) 소화기 : 할론 1040 • 일취화 일염화 메탄 (C.B) 소화기 : 할론 1011 • 일취화 삼불화 메탄 (B.M.T) 소화기 : 할론 1301 • 일취화 일염화 이불화 메탄 (B.C.F) 소화기 : 할론 1211 • 이취화 사불화 에탄 (F.B) 소화기 : 할론 2402

Key Point

화재에 대한 소화방법에 대하여 설명하시오.

SECTION 13
소화기의 종류

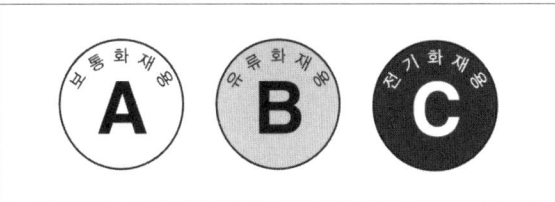

[소화기의 적용화재 표시]

1 포 소화기

가연물의 표면을 포(거품)로 둘러싸고 덮는 질식소화를 이용한 소화기

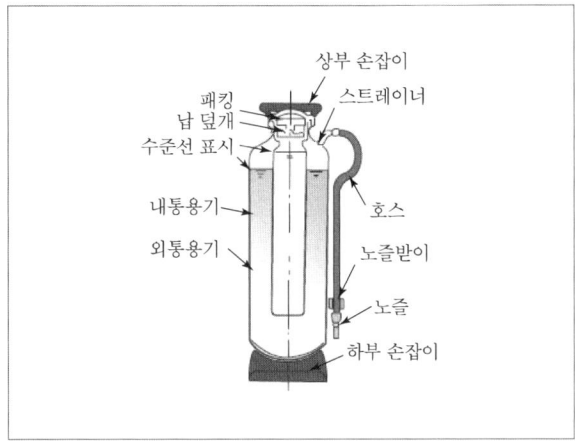

[포 소화기의 구조]

2 분말 소화기

① 분말 입자로 가연물 표면을 덮어 소화하는 것으로, 질식소화 효과를 얻을 수 있음
② 모든 화재에 사용할 수 있으며, 전기 화재와 유류 화재에 효과적

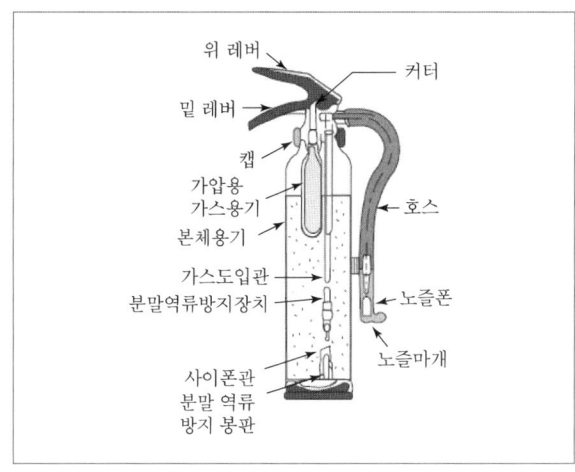

[분말 소화기의 일반적인 구조]

3 증발성 액체 소화기(할로겐 화합물 소화기)

① 증발성 강한 액체를 화재 표면에 뿌려 증발잠열을 이용해 온도를 낮추어 냉각소화 효과로 소화
② 소화약제 중 할로겐 원소가 가연물인 산소와 결합하는 것을 방해하는 부촉매 효과로 연소가 계속되는 것을 억제하여 소화

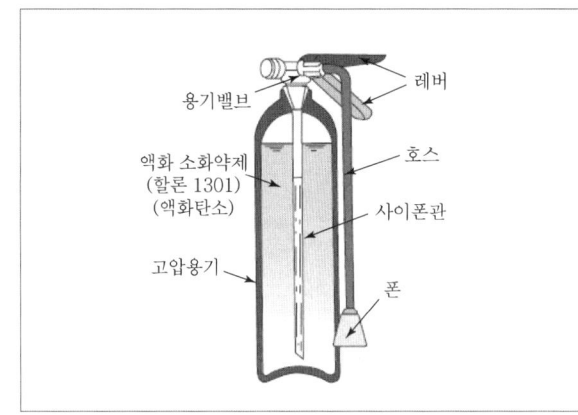

[할로겐 화합물 소화기의 구조]

③ 할로겐 화합물 소화제의 종류
  ㉠ 사염화탄소(CCl_4)(할론 1040)
  ㉡ 일취화 일염화 메탄(CH_2ClBr)(할론 1011)
  ㉢ 일취화 삼불화 메탄(CF_3Br)(할론 1301)
  ㉣ 이취화 사불화 에탄($C_2F_4Br_2$)(할론 2402)
  ㉤ 일취화 일염화 이불화 메탄(CF_2ClBr)(할론 1211)

4 이산화탄소(탄산가스) 소화기

이산화탄소를 고압으로 압축, 액화하여 용기에 담아놓은 것으로 가스 상태로 방사된다. 연소 중 산소농도를 필요한 농도 이하로 낮추는 질식 효과와 냉각 효과를 동반하여 상승적으로 작용하여 소화한다.

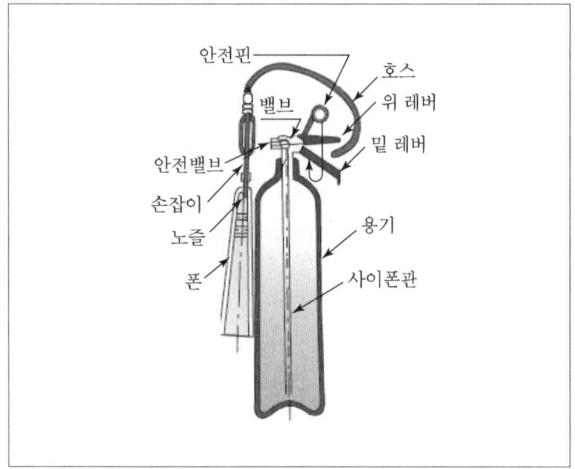

[이산화탄소 소화기의 구조]

5 강화액 소화기

물 소화약제의 단점을 보완하기 위하여 물에 탄산칼륨(K_2CO_3) 등을 녹인 수용액으로서 부동성이 높은 알칼리성 소화약제이다. 유류 또는 전기 화재에 유효하다.

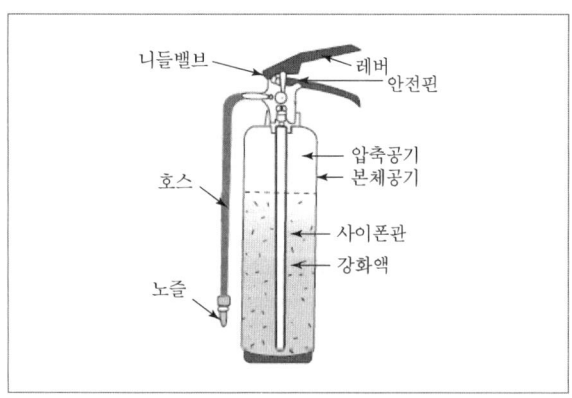

[강화액 소화기의 구조]

6 산 · 알칼리 소화기

황산과 중탄산나트륨(중조)의 화학반응에 의해 생성된 이산화탄소의 압력으로 물을 방출시키는 소화기이다. 일반 화재에 적합하며, 분무노즐 사용시 전기 화재에도 유효하다.

7 간이 소화제

소화기 및 소화제가 없는 곳에서 초기소화에 사용하거나 소화를 보강하기 위해 간이로 사용할 수 있는 소화제를 말한다.
① 건조사 : 질식소화 효과로, 모든 화재(A급, B급, C급, D급)에 사용할 수 있다.
② 팽창질석, 팽창진주암 : 질식소화 효과의 간이소화제로, 질석, 진주암 등 암석을 1,000~1,400℃로 가열, 10~15배 팽창시켜 분쇄한 분말이다. 비중이 매우 작고, 가볍다. 발화점이 낮은 알킬알미늄류, 칼륨 등 금속분진 화재에 유효하다.

SECTION 14
화학설비의 안전장치 종류

1 화학설비의 계측, 제어기기 종류

① 온도계, 압력계, 유량계
② 자동경보장치
③ 긴급차단장치
④ 예비동력원

2 계측장치 설치(안전보건규칙 제273조 관련)

화학설비 및 그 부속설비, 특수화학설비에는 내부의 이상상태를 조기에 파악하기 위하여 필요한 온도계 · 유량계 · 압력계 등의 계측장치를 설치하여야 한다.

Key Point

화학설비 설치 시 내부의 이상상태를 조기에 파악하기 위한 계측장치의 종류를 3가지 쓰시오

3 안전거리의 유지(안전보건규칙 제271조 관련)

위험물을 저장·취급하는 화학설비 및 그 부속설비는 폭발 또는 화재에 의한 피해를 최소화하기 위해 안전거리를 유지해야 한다.

[안전거리 기준]

구분	안전거리
단위공정시설 및 설비로부터 다른 단위공정시설 및 설비의 사이	설비의 바깥 면으로부터 10m 이상
플레어스텍으로부터 단위공정시설 및 설비, 위험물질 저장탱크 또는 위험물질 하역설비의 사이	플레어스텍으로부터 반경 20m 이상. 다만, 단위공정시설 등이 불연재로 시공된 지붕아래 설치된 경우는 그러하지 아니하다.
위험물질 저장탱크로부터 단위공정 시설 및 설비, 보일러 또는 가열로의 사이	저장탱크 바깥 면으로부터 20m 이상. 다만, 저장탱크의 방호벽, 원격조정 소화설비 또는 살수설비를 설치한 경우에는 그러하지 아니하다.
사무실, 연구실, 실험실, 정비실 또는 식당으로부터 단위공정시설 및 설비, 위험물질 저장탱크, 위험물질 하역설비, 보일러 또는 가열로의 사이	사무실 등의 바깥 면으로부터 20m 이상. 다만, 난방용 보일러인 경우 또는 사무실 등의 벽을 방호구조로 설치한 경우에는 그러하지 아니하다.

4 설비별 위험요소 및 안전조치

1) 반응기

반응기는 화학반응을 최적 조건에서 수율이 좋도록 행하는 기구이다. 화학반응은 물질, 온도, 농도, 압력, 시간, 촉매 등의 영향을 받으므로, 이런 인자들을 고려하여 설계·설치·운전하여야 안전한 작업을 할 수 있다.

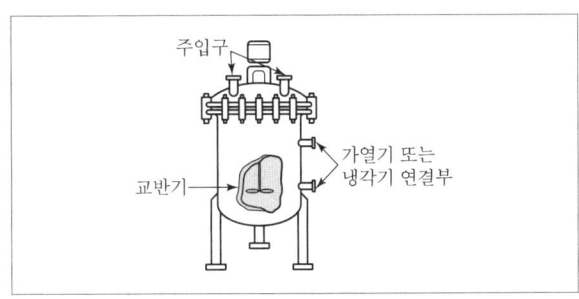

[교반조형 반응기]

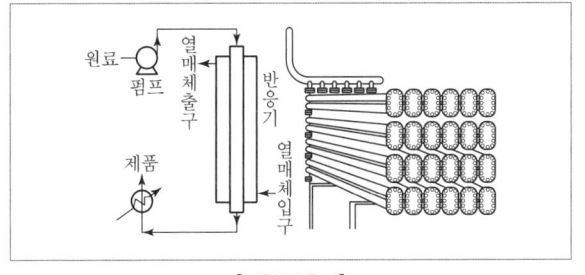

[관형 반응기]

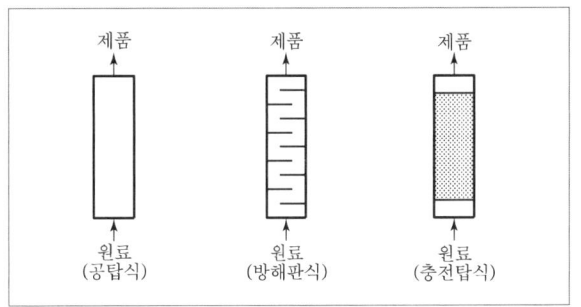

[탑형 반응기]

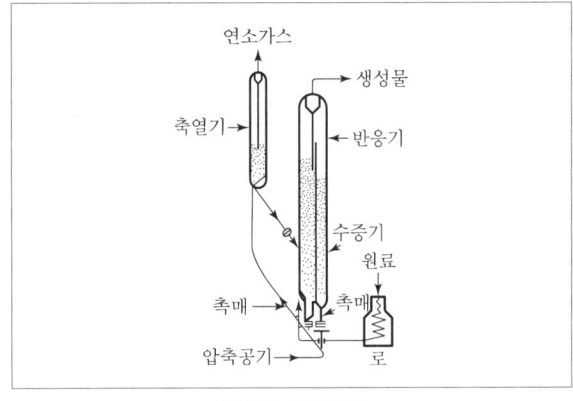

[유동층형 반응기]

(1) 반응기의 안전조치

① 폭발·화재 분위기 형성 방지 : 원재료 주입 및 반응 중 또는 생성물 취출시 필요할 경우 불활성 가스를 이용하여 치환한다.
② 반응잔류물 등의 축적으로 인한 혼합 및 반응 폭주를 방지한다.
③ 인화성 액체와 같은 위험물질을 드럼을 통해 주입하는 경우 드럼을 접지하고 전도성 파이프를 이용, 정전기 및 전하에 의한 점화에 주의한다.

CHAPTER 02 화공안전 일반 155

④ 계측기 및 제어기의 점검을 통해 오류가 없도록 한다.
⑤ 환기설비, 가스누출 검지기 및 경보설비, 소화설비, 물분무설비, 비상조명설비, 통신설비 등을 갖춘다.
⑥ 이상반응시 내부의 반응물을 안전하게 방출하기 위한 장치를 설치한다.
⑦ 반응 중에는 반응기 내부의 공정조건을 확인한다.
⑧ 배기설비에는 필요할 경우 역화방지기를 설치한다.

2) 증류탑

증류탑은 두 개 또는 그 이상의 액체의 혼합물을 끓는점(비점) 차이를 이용하여 특정 성분을 분리하는 것을 목적으로 하는 장치이다. 기체와 액체를 접촉시켜 물질전달 및 열전달을 이용하여 분리해 내게 된다.

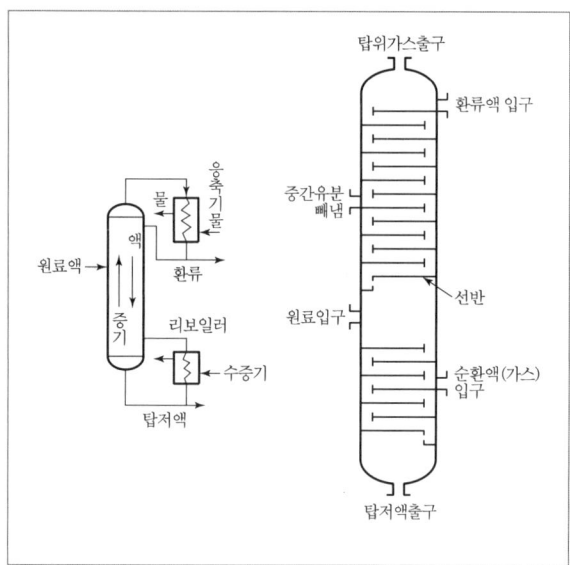

[증류탑의 개략도]

(1) 증류탑 점검항목

일상점검항목	자체검사(개방점검)항목
• 도장의 열화 상태 • 기초볼트 상태 • 보온재 및 보냉재 상태 • 배관 등 연결부 상태 • 외부 부식 상태 • 감시창, 출입구, 배기구 등 개구부 이상 유무	• 트레이 부식상태, 정도, 범위 • 용접선의 상태 • 내부 부식 및 오염 여부 • 라이닝, 코팅, 가스켓 손상 여부 • 예비동력원의 기능 이상 유무 • 가열장치 및 제어장치 기능의 이상 유무 • 뚜껑, 플랜지 등의 접합상태의 이상 유무

5 열교환기

열교환기는 열에너지 보유량이 서로 다른 두 유체가 그 사이에서 열에너지를 교환하게 해 주는 장치이다. 상대적으로 고온 또는 저온인 유체 간의 온도차에 의해 열교환이 이루어진다.

1) 열교환기 점검항목

일상점검 항목	자체검사(개방점검) 항목
• 도장부 결함 및 벗겨짐 • 보온재 및 보냉재 상태 • 기초부 및 기초 고정부 상태 • 배관 등과의 접속부 상태	• 내부 부식의 형태 및 정도 • 내부 관의 부식 및 누설 유무 • 용접부 상태 • 라이닝, 코팅, 가스켓 손상 여부 • 부착물에 의한 오염의 상황

2) 열교환에 영향을 주는 요소

온도, 습도, 유체의 유동, 접촉면적, 용기 내부의 복사 등

6 건조설비

건조설비는 물, 유기용제 등의 습기가 있는 원재료의 수분을 제거하고 조작하는 기구이다. 건조설비는 대상물의 성상, 함수율, 처리능력, 열원 등에 따라 그 형태와 크기가 매우 다양하다.

1) 건조설비 사용시 주의사항(안전보건규칙 제283조 관련)

건조설비를 사용하여 작업을 하는 경우에 폭발이나 화재를 예방하기 위하여 다음의 사항을 준수하여야 한다.
① 위험물 건조설비를 사용하는 경우에는 미리 내부를 청소하거나 환기할 것
② 위험물 건조설비를 사용하는 경우에는 건조로 인하여 발생하는 가스·증기 또는 분진에 의하여 폭발·화재의 위험이 있는 물질을 안전한 장소로 배출시킬 것
③ 위험물 건조설비를 사용하여 가열건조하는 건조물은 쉽게 이탈되지 않도록 할 것
④ 고온으로 가열건조한 인화성 액체는 발화의 위험이 없는 온도로 냉각한 후에 격납시킬 것
⑤ 건조설비(바깥 면이 현저히 고온이 되는 설비만 해당함)에 가까운 장소에는 인화성 액체를 두지 않도록 할 것

7 화학설비 등의 개조, 수리 및 청소 등을 위해 설비를 분해하거나 설비 내부에서 작업할 때 준수할 사항(안전보건규칙 제278조 관련)

① 작업책임자를 정하여 해당 작업을 지휘하도록 할 것
② 작업장소에 위험물 등이 누출되거나 고온의 수증기가 새어나오지 않도록 할 것
③ 작업장 및 그 주변의 인화성 액체의 증기나 인화성 가스의 농도를 수시로 측정할 것
④ 작업방법 및 순서를 정하여 미리 관계 근로자에게 주지시킬 것

8 안전장치의 종류

1) 안전밸브(Safety Valve)

설비나 배관의 압력이 설정압력을 초과하는 경우 작동하여 내부 압력을 분출하는 장치이다. 화학설비 및 그 부속설비에서 최고 사용압력 이하에서 작동되도록 하여야 하며, 2개 이상의 안전밸브를 설치할 경우 1개는 최고사용압력의 1.05배에서 작동하여야 하고 외부화재를 대비한 경우는 1.1배 이하에서 작동하여야 한다.

[안전밸브의 여러 가지 형상]

(1) 안전밸브 설치기준
① 압력상승의 우려가 있는 경우
② 반응생성물에 따라 안전밸브 설치가 적절한 경우
③ 열팽창 우려가 있을 때 압력상승을 방지할 경우

(2) 안전밸브의 설치위치(안전보건규칙 제261조 관련)
① 압력용기(안지름이 150밀리미터 이하인 압력용기는 제외하며, 압력 용기 중 관형 열교환기의 경우에는 관의 파열로 인하여 상승한 압력이 압력용기의 최고사용압력을 초과할 우려가 있는 경우만 해당함)
② 정변위 압축기
③ 정변위 펌프(토출축에 차단밸브가 설치된 것만 해당함)
④ 배관(2개 이상의 밸브에 의하여 차단되어 대기온도에서 액체의 열팽창에 의하여 파열될 우려가 있는 것으로 한정)
⑤ 그 밖의 화학설비 및 그 부속설비로서 해당 설비의 최고사용압력을 초과할 우려가 있는 것

2) 파열판(Rupture Disk)

밀폐된 압력용기나 화학설비 등이 설정압력 이상으로 급격하게 압력이 상승하면 파단되면서 압력을 토출하는 장치이다. 짧은 시간 내에 급격하게 압력이 변하는 경우 적합하다.

[파열판의 형태]

(1) 파열판 설치(안전보건규칙 제262조 관련)
① 반응 폭주 등 급격한 압력상승의 우려가 있는 경우
② 급성 독성 물질의 누출로 인하여 주위 작업환경을 오염시킬 우려가 있는 경우
③ 운전 중 안전밸브에 이상물질이 누적되어 안전밸브가 작동되지 아니할 우려가 있는 경우
④ 부식성 또는 점성이 강한 유체를 저장 또는 생산하는 경우

3) 블로 밸브(Blow Valve)

① 수동 또는 자동제어에 의한 과잉의 압력을 방출할 수 있도록 한 안전장치
② 자압형, Solenoid형, Diaphragm형 등이 있다.

4) 밸로즈(Bellows)식 안전방출장치

① 주름이 있는 금속부품(bellows)이 스프링 압력에 의해 고정되어 있고, 설정압력을 넘는 경우 작동되어 압력을 정상화시키는 안전장치
② 후압이 존재하고 증기압 변화량을 제어할 목적으로 사용
③ 부식성, 독성 가스에 사용

Key Point

고압 장치에 있어서 압력이 급격히 상승되어 규정 이상의 압력이 되었을 때 폭발을 방지하기 위한 안전장치의 종류 3가지를 쓰시오.

5) 통기밸브(Breather Valve)(안전보건규칙 제268조 관련)

대기압 근처의 압력으로 운전되거나 저장되는 용기의 내부압력과 대기압 차이가 발생하였을 경우 대기를 탱크 내에 흡입 또는 탱크 내의 압력을 방출하여 항상 탱크 내부를 대기압과 평형한 상태로 유지하여 보호하는 밸브

[통기밸브의 실제 설치 모습]

(1) 설치조건

① 인화점이 38℃ 미만인 물질
② 통기량이 충분할 것
③ 내식성 재질일 것

6) 화염방지기(Flame Arrester)(안전보건규칙 제269조 관련)

① 비교적 저압 또는 상압에서 가연성 증기를 발생하는 인화성 물질 등을 저장하는 탱크에서 외부에 그 증기를 방출하거나 탱크 내에 외기를 흡입하는 부분에 설치하는 안전장치
② 외기에서 흡입하는 대기 중의 불꽃이나 화염을 소염거리와 소염직경의 원리를 이용하여 막아주는 역할
③ 일반적으로 40mesh 이상의 가는 눈금의 철망을 여러 겹 겹친 구조

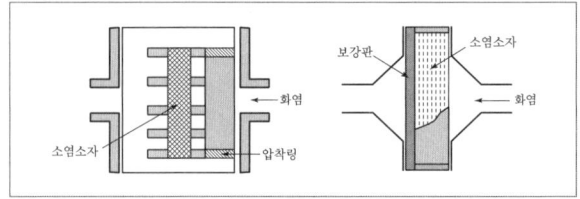

[화염방지기의 구조]

7) 밴트스택(Ventstack)

① 탱크 내의 압력을 정상 상태로 유지하기 위한 안전장치
② 상압탱크에서 직사광선에 의한 온도상승시 탱크 내의 공기를 자동으로 대기에 방출하여 내압상승을 막아주는 역할
③ 가연성 가스나 증기를 직접방출할 경우 그 선단은 지상보다 높고 안전한 장소에 설치하여야 한다.

8) 특수화학설비의 안전장치

① 자동경보장치(안전보건규칙 제274조)
② 긴급차단장치(안전보건규칙 제275조)
③ 예비동력원(안전보건규칙 제276조)

Key Point

화학 설비의 폭발 위험을 방지하기 위한 안전장치는?

SECTION 15
공정안전보고서

1 제출대상(시행령 제43조 공정안전보고서의 제출 대상)

산업안전보건법 제44조제1항 전단에서 "대통령령으로 정하는 유해하거나 위험한 설비"란 다음 각 호의 어느 하나에 해당하는 사업을 하는 사업장의 경우에는 그 보유설비를 말하고, 그 외의 사업을 하는 사업장의 경우에는 별표 13에 따른 유해·위험물질 중 하나 이상의 물질을 같은 표에 따른 규정량 이상 제조·취급·저장하는 설비 및 그 설비의 운영과 관련된 모든 공정설비를 말한다.

① 원유정제 처리업
② 기타 석유정제물 재처리업
③ 석유화학계 기초화학물질 제조업 또는 합성수지 및 기타 플라스틱물질 제조업. 다만, 합성수지 및 기타 플라스틱물질 제조업은 별표 13 제1호 또는 제2호에 해당하는 경우로 한정한다.
④ 질소 화합물, 질소·인산 및 칼리질 화학비료 제조업 중 질소질 비료 제조
⑤ 복합비료 및 기타 화학비료 제조업 중 복합비료 제조업(단순혼합 또는 배합에 의한 경우는 제외한다)
⑥ 화학 살균·살충제 및 농업용 약제 제조업(농약 원제 제조만 해당한다)
⑦ 화약 및 불꽃제품 제조업

Key Point

공정 안전 보고서의 제출대상 사업장 종류 3가지를 쓰시오.

2 공정안전보고서의 내용(시행령 제44조)

공정안전보고서에는 다음 각 호의 사항이 포함되어야 한다.
① 공정안전자료
② 공정위험성평가서 및 잠재위험에 대한 사고예방·피해 최소화 대책
③ 안전운전계획
④ 비상조치계획
⑤ 그 밖에 공정상의 안전과 관련하여 고용노동부장관이 필요하다고 인정하여 고시하는 사항

SECTION 16
공정안전 보고서 작성·심사·확인

1 공정안전 자료
(산업안전보건법 시행규칙 제50조 제1항 제1호)

1) 공정안전자료 작성
(1) 취급·저장하고 있거나 취급·저장하려는 유해·위험물질의 종류 및 수량
(2) 유해·위험물질에 대한 물질안전보건자료

(3) 유해·위험설비의 목록 및 사양
(4) 유해·위험설비의 운전방법을 알 수 있는 공정도면
(5) 각종 건물·설비의 배치도

(6) 폭발위험장소 구분도 및 전기단선도
(7) 위험설비의 안전설계·제작 및 설치 관련 지침서

2 공정위험성평가서 및 잠재위험에 대한 사고예방·피해 최소화 대책

(산업안전보건법 시행규칙 제50조 제1항 제2호)

공정의 특성 등을 고려하여 다음 위험성평가기법 중 한 가지 이상을 선정하여 위험성평가를 실시한 후 그 결과에 따라 작성하여야 하며, 사고예방·피해최소화대책의 작성은 위험성평가결과 잠재위험이 있다고 인정되는 경우만 해당한다.

1) 체크리스트(Check List)
2) 상대위험순위 결정(Dow and Mond Indices)
3) 작업자 실수 분석(HEA)
4) 사고예상 질문 분석(What-if)
5) 위험과 운전 분석(HAZOP)
6) 이상위험도 분석(FMECA)
7) 결함수 분석(FTA)
8) 사건 수 분석(ETA)
9) 원인결과 분석(CCA)
10) 1)~9)까지의 규정과 같은 수준 이상의 기술적 평가기법

3 안전운전계획

(산업안전보건법 시행규칙 제50조 제1항 제3호)

1) 안전운전지침서
2) 설비점검·검사 및 보수계획, 유지계획 및 지침서
3) 안전작업허가
4) 도급업체 안전관리계획
5) 근로자 등 교육계획
6) 가동 전 점검지침
7) 변경요소 관리계획
8) 자체감사 및 사고조사계획
9) 그 밖에 안전운전에 필요한 사항

4 비상조치계획

(산업안전보건법 시행규칙 제50조 제1항 제4호)

1) 비상조치를 위한 장비·인력보유현황
2) 사고발생시 각 부서·관련기관과의 비상연락체계
3) 사고발생시 비상조치를 위한 조직의 임무 및 수행절차
4) 비상조치계획에 따른 교육계획
5) 주민홍보계획
6) 그 밖에 비상조치 관련사항

5 공정안전보고서의 제출시기

(산업안전보건법 시행규칙 제51조)

유해·위험설비의 설치·이전 또는 주요 구조부분의 변경공사의 착공일 30일 전까지 공정안전보고서를 2부 작성하여 공단에 제출하여야 한다.

SECTION 17
위험물 및 유해화학물질의 안전

1 위험물의 정의

위험물은 다양한 관점에서 정의될 수 있으나, 화학적 관점에서 정의하면, 일정 조건에서 화학적 반응에 의해 화재 또는 폭발을 일으킬 수 있는 성질을 가지거나, 인간의 건강을 해칠 수 있는 우려가 있는 물질을 말한다.

Key Point

위험물의 정의를 쓰시오

2 위험물의 일반적 성질

① 상온, 상압 조건에서 산소, 수소 또는 물과의 반응이 잘 된다.
② 반응속도가 다른 물질에 비해 빠르며, 반응시 대부분 발열반응으로 그 열량 또한 비교적 크다.
③ 반응시 가연성 가스 또는 유독성 가스를 발생한다.
④ 보통 화학적으로 불안정하여 다른 물질과의 결합 또는 스스로의 분해가 잘 된다.

3 위험물의 특징

① 화재 또는 폭발을 일으킬 수 있는 성질이 다른 물질에 비해 매우 크다.
② 발화성 또는 인화성이 강하다.
③ 외부로부터의 충격이나 마찰, 가열 등에 의하여 화학변화를 일으킬 수 있다.
④ 다른 물질과 격렬하게 반응하거나 공기 중에서 매우 빠르게 산화되어 폭발할 수 있다.
⑤ 화학반응시 높은 열을 발생하거나, 폭발 및 폭음을 내는 경우가 대부분이다.

4 산업안전보건법상 위험물 분류

(안전보건규칙 별표1)

위험물 종류	물질의 구분
폭발성 물질 및 유기과산화물 (별표1 제1호)	가. 질산에스테르류 나. 니트로 화합물 다. 니트로소 화합물 라. 아조 화합물 마. 디아조 화합물 바. 하이드라진 유도체 사. 유기과산화물 아. 그 밖에 가목부터 사목까지의 물질과 같은 정도의 폭발의 위험이 있는 물질 자. 가목부터 아목까지의 물질을 함유한 물질
물반응성 물질 및 인화성 고체 (별표1 제2호)	가. 리튬 나. 칼륨·나트륨 다. 황 라. 황린 마. 황화인·적린 바. 셀룰로이드류 사. 알킬알루미늄·알킬리튬 아. 마그네슘분말 자. 금속 분말(마그네슘 분말은 제외한다) 차. 알칼리금속(리튬·칼륨 및 나트륨은 제외한다) 카. 유기 금속화합물(알킬알루미늄 및 알킬리튬은 제외한다) 타. 금속의 수소화물 파. 금속의 인화물 하. 칼슘 탄화물, 알루미늄 탄화물 거. 그 밖에 가목부터 하목까지의 물질과 같은 정도의 발화성 또는 인화성이 있는 물질 너. 가목 부터 거목까지의 물질을 함유한 물질
산화성 액체 및 산화성 고체 (별표1 제3호)	가. 차아염소산 및 그 염류 나. 아염소산 및 그 염류 다. 염소산 및 그 염류 라. 과염소산 및 그 염류 마. 브롬산 및 그 염류 바. 요오드산 및 그 염류 사. 과산화수소 무기 과산화물 아. 질산 및 그 염류 자. 과망간산 및 그 염류 차. 중크롬산 및 그 염류 카. 그 밖에 가목부터 차목까지의 물질과 같은 정도의 산화성이 있는 물질 타. 가목부터 카목까지의 물질을 함유한 물질
인화성 액체 (별표1 제4호)	가. 에틸에테르, 가솔린, 아세트알데히드, 산화프로필렌 그 밖에 인화점이 섭씨 23도 미만이고 초기끓는점이 섭씨 35도 이하인 물질 나. 노르말헥산, 아세톤, 메틸에틸케톤, 메틸알코올, 에틸알코올, 이황화탄소 그 밖에 인화점이 섭씨 23도 미만이고 초기끓는점이 섭씨 35도를 초과하는 물질 다. 크실렌, 아세트산아밀, 등유, 경유, 테레핀유, 이소아밀알코올, 아세트산, 하이드라진 그 밖에 인화점이 섭씨 23도 이상 섭씨 60도 이하인 물질
인화성 가스 (별표1 제5호)	가. 수소 나. 아세틸렌 다. 에틸렌 라. 메탄 마. 에탄 바. 프로판 사. 부탄 아. 영 별표 13에 따른 인화성 가스
부식성 물질 (별표1 제6호)	가. 부식성 산류 　(1) 농도가 20퍼센트 이상인 염산·황산·질산 그 밖에 이와 같은 정도 이상의 부식성을 가지는 물질 　(2) 농도가 60퍼센트 이상인 인산·아세트산·불산 그 밖에 이와 같은 정도 이상의 부식성을 가지는 물질 나. 부식성 염기류 　농도가 40퍼센트 이상인 수산화나트륨·수산화칼륨 그 밖에 같은 정도 이상의 부식성을 가지는 염기류

위험물 종류	물질의 구분
급성 독성 물질 (별표1 제7호)	가. 쥐에 대한 경구투입실험에 의하여 실험동물의 50퍼센트를 사망시킬 수 있는 물질의 양, 즉 LD50(경구, 쥐)이 킬로그램당 300밀리그램-(체중) 이하인 화학물질 나. 쥐 또는 토끼에 대한 경피흡수실험에 의하여 실험동물의 50퍼센트를 사망시킬 수 있는 물질의 양, 즉 LD50(경피, 토끼 또는 쥐)이 킬로그램당 1000밀리그램 -(체중) 이하인 화학물질 다. 쥐에 대한 4시간동안의 흡입실험에 의하여 실험동물의 50퍼센트를 사망시킬 수 있는 물질의 농도, 즉 가스 LC50(쥐, 4시간 흡입)이 2,500ppm 이하인 화학물질, 증기 LC50(쥐, 4시간 흡입)이 10mg/ℓ 이하인 화학물질, 분진 또는 미스트 1mg/ℓ 이하인 화학물질

🔑 Key Point

산업안전보건법상 위험물질의 종류를 물질의 종류에 따라 7가지로 구분하여 쓰시오.

① 독성물질의 표현단위
  ㉠ 고체 및 액체 화합물의 독성 표현단위
    ⓐ LD(Lethal Dose) : 한 마리 동물의 치사량
    ⓑ MLD(Minimum Lethal Dose) : 실험동물 한 무리(10마리 이상)에서 한 마리가 죽는 최소의 양
    ⓒ LD50 : 실험동물 한 무리(10마리 이상)에서 50%가 죽는 양
    ⓓ LD100 : 실험동물 한 무리(10마리 이상) 전부가 죽는 양
  ㉡ 가스 및 증발하는 화합물의 독성 표현단위
    ⓐ LC(Lethal Concentration) : 한 마리 동물을 치사시키는 농도
    ⓑ MLC(Minimum Lethal Concentration) : 실험동물 한 무리(10마리 이상)에서 한 마리가 죽는 최소의 농도
    ⓒ LC50 : 실험동물 한 무리(10마리 이상)에서 50%가 죽는 농도
    ⓓ LC100 : 실험동물 한 무리(10마리 이상) 전부가 죽는 농도

5 위험물질 등의 제조 등 작업 시의 조치
(안전보건규칙 제225조)

위험물질(이하 "위험물"이라 한다)을 제조 또는 취급하는 경우에 폭발·화재 및 누출을 방지하기 위한 적절한 방호조치를 취하지 아니하고서는 다음 각 호의 행위를 하여서는 아니 된다.

① 폭발성 물질·유기과산화물을 화기 그 밖에 점화원이 될 우려가 있는 것에 접근시키거나 가열하거나 마찰시키거나 충격을 가하는 행위
② 물반응성 물질·인화성 고체를 각각 그 특성에 따라 화기 그 밖에 점화원이 될 우려가 있는 것에 접근시키거나 발화를 촉진하는 물질 또는 물에 접촉시키거나 가열하거나 마찰시키거나 충격을 가하는 행위
③ 산화성 액체·산화성 고체를 분해가 촉진될 우려가 있는 물질에 접촉시키거나 가열하거나 마찰시키거나 충격을 가하는 행위
④ 인화성 액체를 화기 그 밖에 점화원이 될 우려가 있는 것에 접근시키거나 주입 또는 가열하거나 증발시키는 행위
⑤ 가인화성 가스를 화기 그 밖에 점화원이 될 우려가 있는 것에 접근시키거나 압축·가열 또는 주입하는 행위
⑥ 부식성 물질 또는 급성 독성물질을 누출시키는 등으로 인하여 인체에 접촉시키는 행위
⑦ 위험물을 제조하거나 취급하는 설비가 있는 장소에 인화성 가스 또는 산화성 액체 및 산화성 고체를 방치하는 행위

🔑 Key Point

산업안전보건법상 위험물 제조, 취급시 화재, 폭발재해를 방지하기 위해 제한해야 할 사항을 3가지 쓰시오.

6 유해물질 작업장의 관리

1) 유해물질 취급 작업장의 게시사항 – 관리(허가)대상 유해물질

① 명칭
② 인체에 미치는 영향
③ 취급상 주의사항
④ 착용하여야 할 보호구
⑤ 응급조치 및 긴급 방재 요령

> **Key Point**
>
> 유해물질 등의 표시사항 4가지를 쓰시오.

2) 금지 유해물질의 보관 및 게시사항

① 실험실 등의 일정한 장소 또는 별도의 전용장소에 보관할 것
② 금지유해물질 보관장소에는 명칭, 인체에 미치는 영향, 위급상황시의 대처방법 및 응급처치방법 등의 사항을 게시할 것
③ 금지유해물질 보관장소에는 잠금장치를 설치하는 등 시험·연구 이외의 목적으로 외부로 반출되지 않도록 할 것

3) 유해물질의 인체 흡수 경로

① 피부 또는 점막을 통한 흡수
② 호흡기를 통한 흡수
③ 구강 및 소화기를 통한 흡수

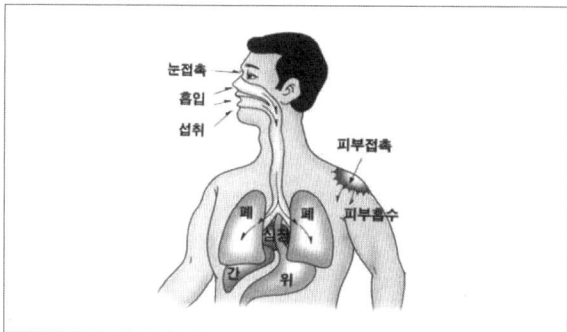

4) 유해물질을 사용하는 작업장 바닥

① 불침투성 재료 사용(유해물질이 작업장 바닥에 흡수되는 것을 예방)
② 정전기 방지(점화원이 될 수 있는 정전기 예방)
③ 유해물질이 바닥이나 피트 등에 확산되지 않도록 경사를 주거나, 높이 15cm 이상의 턱을 설치

7 물질안전보건자료(MSDS)

1) 물질안전보건자료의 작성 및 제출(산업안전보건법 제110조)

(1) 화학물질 또는 이를 포함한 혼합물로서 제104조에 따른 분류기준에 해당하는 것(대통령령으로 정하는 것은 제외한다. 이하 "물질안전보건자료대상물질"이라 한다)을 제조하거나 수입하려는 자는 다음 각 호의 사항을 적은 물질안전보건자료를 고용노동부령으로 정하는 바에 따라 작성하여 고용노동부장관에게 제출하여야 한다. 이 경우 고용노동부장관은 고용노동부령으로 물질안전보건자료의 기재 사항이나 작성 방법을 정할 때 「화학물질관리법」 및 「화학물질의 등록 및 평가 등에 관한 법률」과 관련된 사항에 대해서는 환경부장관과 협의하여야 한다.

① 제품명
② 물질안전보건자료대상물질을 구성하는 화학물질 중 법 제104조에 따른 분류기준에 해당하는 화학물질의 명칭 및 함유량
③ 안전 및 보건상의 취급 주의 사항
④ 건강 및 환경에 대한 유해성, 물리적 위험성
⑤ 물리·화학적 특성 등 고용노동부령으로 정하는 사항

> **Key Point**
>
> 산업안전보건법상 취급근로자가 쉽게 볼 수 있는 장소에 게시 또는 비치해야 하는 물질안전보건자료(MSDS)에 기재해야 할 사항을 4가지 쓰시오.

(2) 화학물질 용기 표면에 표시하여야 할 사항

① 명칭 : 제품명
② 그림문자 : 화학물질의 분류에 따라 유해·위험의 내용을 나타내는 그림
③ 신호어 : 유해·위험의 심각성 정도에 따라 표시하는 "위험" 또는 "경고" 문구
④ 유해·위험 문구 : 화학물질의 분류에 따라 유해·위험을 알리는 문구

⑤ 예방조치 문구 : 화학물질에 노출되거나 부적절한 저장·취급 등으로 발생하는 유해·위험을 방지하기 위하여 알리는 주요 유의사항
⑥ 공급자 정보 : 물질안전보건자료대상물질의 제조자 또는 공급자의 이름 및 전화번호 등

8 위험물질 농도 표시단위

1) 가스 및 증기
ppm 또는 mg/m³

2) 분진
mg/m³(다만, 석면은 개/cm³)

3) 단위환산
① $mg/\ell = \dfrac{체적\% \times 분자량}{24.45}$, $mg/m^3 = \dfrac{체적\% \times 분자량}{24.45}$

② $ppm = mg/m^3 \times \dfrac{22.4}{M} \times \dfrac{T(℃)+273}{273}$ (여기서, M : 분자량, T : 온도)

9 유해물질의 노출기준

1) 시간가중 평균 농도(TWA, TLV-TWA)
매일 8시간씩 일하는 근로자에게 노출되어도 영향을 주지 않는 최고 평균농도

2) 단시간 노출기준(STEL, TLV-STEL)
근로자가 1회에 15분 동안 유해요인에 노출되는 경우 기준

3) 최고 노출기준(C, TLV-C)
근로자가 1일 작업시간동안 잠시라도 노출되어서는 안 되는 기준

CHAPTER 03 작업환경안전 일반

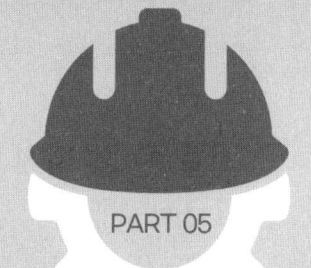

SECTION 01 작업환경 개선의 기본원칙

1 작업환경 유해요인

물리적 요인	이상기온, 습도, 이상기압, 조명, 소음, 진동, 복사열, 방사선, 유해광선 등
화학적 요인	가스, 증기, 분진, 유기용제, 중금속, 기타 유독물 등
생물학적 요인	각종 전염성 병균

2 작업환경 개선의 기본 3원칙

1) 작업환경 개선 기본원칙

대치	사용물질의 변경	독성이 강한 것을 독성이 적거나 없는 것으로 바꿈
	작업공정의 변경	원료를 바꿀 수 없을 경우 공정을 변경함
	생산시설의 변경	위험시설을 줄이기 위해 생산 시설을 교체
격리	작업자 격리	작업자를 보호구 등의 사용으로 유해환경으로부터 격리
	작업공정 격리	공정의 격리 또는 밀폐, 원격조정이 가능하도록 함
	생산시설 격리	위험성이 큰 시설은 특별한 격리상태로 함
	저장물질 격리	물질의 특성에 따라 보관방법을 달리함
환기	전체환기	열, 수증기, 오염물질 등을 희석하여 배출
	국소배기	오염물질 발산원마다 설치하여 작업장 내로 배출을 방지

2) 작업환경 개선방법

① 유해한 생산공정의 변경
② 유해한 작업방법의 변경
③ 유해성이 적은 원자재로의 대체 사용
④ 설비의 밀폐
⑤ 유해물의 발산·비산의 억제
⑥ 국소배기장치 및 전체환기장치의 설치

3 도금작업 시 안전수칙

① 유해물질에 대한 유해성 사전 조사
② 유해물질 발생원의 봉쇄
③ 작업공정 은폐, 작업장의 격리
④ 유해물의 위치 및 작업공정 변경
⑤ 전체환기 또는 국소배기
⑥ 점화원의 제거
⑦ 환경의 정돈과 청소

SECTION 02 배기 및 환기

1 환기의 목적

① 체류 가스 및 증기의 확산을 위한 급기
② 폭발성 가스, 인화성 증기, 분진 등의 배기
③ 적정 온도 유지를 위해 냉기 또는 온기를 송풍하는 급기
④ 환경 개선을 위한 환기

2 환기방법

① 자연환기 : 자연적인 공기 이동에 의한 환기
② 강제환기 : 덕트, 후드, 송풍기, 집진기, 공기정화기 등을 이용한 환기

3 국소배기장치

1) 정의

유해물질이 발생하는 곳마다 포집시설인 후드를 설치하고, 덕트를 통해 강제적으로 배출하여 작업장 내 유해환경을 개선하는 장치

2) 후드의 종류

형식	종류	비고
포위식 (Enclosing type)	유해물질의 발생원을 전부 또는 부분적으로 포위하는 후드	• 포위형(Enclosing type) • 장갑부착상자형(Glove box hood) • 드래프트 챔버형(Draft chamber hood) • 건축부스형 등
외부식 (Exterior type)	유해물질의 발생원을 포위하지 않고 발생원 가까운 위치에 설치하는 후드	• 슬롯형(Slot hood) • 그리드형(Grid hood) • 푸시-풀형(Push-pull hood) 등
레시버식 (Receiver type)	유해물질이 발생원에서 상승기류, 관성기류 등 일정방향의 흐름을 가지고 발생할 때 설치하는 후드	• 그라인더커버형(Grinder cover hood) • 캐노피형(Canopy hood)

3) 후드의 설치기준 (안전보건규칙 제72조 후드 관련)

인체에 해로운 분진, 흄(fume), 미스트(mist), 증기 또는 가스상태의 물질을 배출하기 위하여 설치하는 국소배기장치의 후드가 다음 각 호의 기준에 맞도록 하여야 한다.
① 유해물질이 발생하는 곳마다 설치
② 유해인자 발생형태, 비중, 작업방법 등을 고려하여 해당 분진 등의 발산원을 제어할 수 있는 구조로 설치할 것
③ 후드(Hood) 형식은 가능하면 포위식 또는 부스식 후드를 설치할 것
④ 외부식 또는 리시버식 후드는 해당 분진등의 발산원에 가장 가까운 위치에 설치할 것
⑤ 후드의 개구면적을 크게 하지 않을 것

4) 덕트의 설치기준 (안전보건규칙 제73조 덕트 관련)

분진등을 배출하기 위하여 설치하는 국소배기장치(이동식은 제외한다)의 덕트(duct)가 다음 각 호의 기준에 맞도록 하여야 한다.
① 가능하면 길이는 짧게 하고 굴곡부의 수는 적게 할 것
② 접속부 안쪽은 돌출된 부분이 없도록 할 것
③ 청소구를 설치하는 등 청소하기 쉬운 구조로 할 것
④ 덕트 내부에 오염물질이 쌓이지 않도록 이송속도를 유지할 것
⑤ 연결부위 등은 외부공기가 들어오지 않도록 할 것

5) 송풍기(배풍기) 설치 시 고려사항 (안전보건규칙 제74조 배풍기 관련)

국소배기장치에 공기정화장치를 설치하는 경우 정화 후의 공기가 통하는 위치에 배풍기(排風機)를 설치하여야 한다. 다만, 빨아들여진 물질로 인하여 폭발할 우려가 없고 배풍기의 날개가 부식될 우려가 없는 경우에는 정화 전의 공기가 통하는 위치에 배풍기를 설치할 수 있다.
① 설계 시에 계산된 압력과 배기량을 만족시킬 수 있는 크기로 규격을 선정하여야 한다.
② 배풍기의 날개나 구성물은 내마모성, 내산성, 내부식성 재질을 사용하여 성능저하 또는 소음·진동이 발생하지 않도록 하여야 한다.
③ 화재 및 폭발의 우려가 있는 유해물질을 이송하는 배풍기는 방폭구조로 하여야 한다.
④ 전동기는 부하에 다소간 변동이 있어도 안정된 성능을 유지하고 최대한 소음·진동이 발생하지 않는 것을 사용하여야 하며, 과부하 시의 과전류보호장치, 벨트구동부분의 방호장치 등 기타 기계·기구 및 전기로 인한 위험예방에 필요한 안전상의 조치를 하여야 한다.

6) 국소배기장치 사용 전 점검

① 덕트 및 배풍기의 분진 상태
② 덕트 접속부의 이완 유무
③ 흡기 및 배기 능력
④ 그 밖에 국소배기장치의 성능을 유지하기 위하여 필요한 사항

4 전체환기장치의 성능

단일 성분의 유기화합물이 발생하는 작업장에 전체환기장치를 설치하려는 경우에 다음 계산식에 따라 계산한 환기량 이상으로 설치하여야 한다.

> 작업시간 1시간당 필요환기량
> =24.1×비중×유해물질의 시간당 사용량×K/(분자량×유해물질의 노출기준)×10^6

주) 1. 시간당 필요환기량 단위 : m^3/hr
    2. 유해물질의 시간당 사용량 단위 : L/hr
    3. K : 안전계수로서
       가. K=1 : 작업장 내의 공기 혼합이 원활한 경우
       나. K=2 : 작업장 내의 공기 혼합이 보통인 경우
       다. K=3 : 작업장 내의 공기 혼합이 불완전한 경우

SECTION 03 조명관리

1 조명

$$\text{소요조명}(f_c) = \frac{\text{소요광속발산도}(fL)}{\text{반사율}(\%)} \times 100$$

3 조도

어떤 물체나 대상에 도달하는 빛의 양으로 단위는 lux로 표시됨

$$\text{조도(lux)} = \frac{\text{광속(lumen)}}{(\text{거리(m)})^2}$$

3 반사율

단위면적당 표면에서 반사 또는 방출되는 빛의 양

$$\text{반사율}(\%) = \frac{\text{휘도}(fL)}{\text{조도}(fC)} \times 100 = \frac{cd/m^2 \times \pi}{lux}$$
$$= \frac{\text{광속발산도}}{\text{소요조명}} \times 100$$

4 휘광

휘도가 높거나 휘도대비가 클 경우 생기는 눈부심

1) 휘광의 발생원인
① 눈에 들어오는 광속이 너무 많을 때
② 광원을 너무 오래 바라볼 때
③ 광원과 배경 사이의 휘도 대비가 클 때
④ 순응이 잘 안 될 때

2) 광원으로부터의 휘광(Glare)의 처리방법
① 광원의 휘도를 줄이고 수를 늘임
② 광원을 시선에서 멀리 위치
③ 휘광원 주위를 밝게 하여 광도비를 줄임
④ 가리개, 갓 혹은 차양(visor)을 사용

3) 창문으로부터의 직사휘광 처리
① 창문을 높이 증가
② 창 위에 드리우개(Overhang) 설치

SECTION 04 소음 및 진동방지대책

1 소음(Noise)

공기의 진동에 의한 음파 중 인간이 감각적으로 원하지 않는 소리, 불쾌감을 주거나 주의력을 상실케 하여 작업에 방해를 주며, 청력손실을 가져온다.

① 가청주파수 : 20~20,000Hz
② 유해주파수 : 4,000Hz
③ 소리은폐현상(Sound Masking) : 한쪽 음의 강도가 약할 때는 강한 음에 숨겨져 들리지 않게 되는 현상

2 소음의 영향

1) 일반적인 영향
불쾌감을 주거나 대화, 마음의 집중, 수면, 휴식을 방해하며 피로를 가중

2) 청력손실
진동수가 높아짐에 따라 청력손실이 증가하며 청력손실은 4,000Hz(C_5-dip 현상)에서 크게 발생
① 청력손실의 정도는 노출 소음수준에 따라 증가
② 약한 소음에 대해서 노출기간과 청력손실의 관계가 없음
③ 강한 소음에 대해서 노출기간에 따라 청력손실도 증가

3 소음을 통제하는 방법(소음대책)

① 소음원의 통제
② 소음의 격리
③ 차폐장치 및 흡음재료 사용
④ 음향처리제 사용
⑤ 적절한 배치

4 진동피해

1) 진동피해
진동에 의한 피해는 수면방해 등 생리적 피해와 심리적 충격이 있음

2) 진동방지대책
① 안정된 장소에 기계를 설치, 진농을 적게 하여 사용할 것
② 진동이 존재할 경우 고체음의 영향이 적은 곳에 배치할 것
③ 발생된 진동을 감소할 수 있도록 진동흡수방안을 강구하도록 할 것(방진보호구 등)

SECTION 05
밀폐공간작업으로 인한 건강장해의 예방

1 용어의 정의

밀폐공간	산소결핍, 유해가스로 인한 화재·폭발 등의 위험이 있는 장소
유해가스	밀폐공간에서 이산화탄소·황화수소 등의 유해물질이 가스상태로 공기 중에 발생되는 것
적정한 공기	산소농도의 범위가 18% 이상 23.5% 미만, 이산화탄소의 농도가 1.5% 미만, 황화수소의 농도가 10ppm 미만인 수준의 공기
산소결핍	공기중의 산소농도가 18% 미만인 상태
산소결핍증	산소결핍 상태의 공기를 들여 마심으로써 생기는 증상

2 밀폐공간 작업 프로그램의 수립·시행
(안전보건규칙 제619조)

근로자가 밀폐공간에서 작업을 하는 경우에 다음 각 호의 내용이 포함된 밀폐공간 작업 프로그램을 수립하여 시행하여야 한다.
① 사업장 내 밀폐공간의 위치 파악 및 관리 방안
② 밀폐공간 내 질식·중독 등을 일으킬 수 있는 유해·위험요인의 파악 및 관리 방안
③ ②에 따라 밀폐공간 작업 시 사전 확인이 필요한 사항에 대한 확인 절차
④ 안전보건교육 및 훈련
⑤ 그 밖에 밀폐공간 작업 근로자의 건강장해 예방에 관한 사항

3 밀폐공간작업 시 특별교육내용
(산업안전보건법 시행규칙 별표5 '라'항 관련)

① 산소농도측정 및 작업환경에 관한 사항
② 사고시의 응급처치 및 비상시 구출에 관한 사항
③ 보호구 착용 및 사용방법에 관한 사항
④ 밀폐공간작업의 안전작업방법에 관한 사항
⑤ 그 밖에 안전보건관리에 필요한 사항

4 밀폐공간에 작업 시 관리감독자의 직무
(안전보건규칙 별표 2 관리감독자의 유해 · 위험 방지 관련)

① 산소가 결핍된 공기나 유해가스에 노출되지 않도록 작업 시작 전에 해당 근로자의 작업을 지휘하는 업무
② 작업을 하는 장소의 공기가 적절한지를 작업시작 전에 측정하는 업무
③ 측정장비 · 환기장치 또는 공기마스크, 송기마스크 등을 작업 시작 전에 점검하는 업무
④ 근로자에게 공기마스크, 송기마스크 등의 착용을 지도하고 착용 상황을 점검하는 업무

5 밀폐공간 작업 시 착용하여야 할 보호구

① 송기마스크 또는 공기호흡기
② 안전대 또는 구명밧줄
③ 안전모
④ 안전화

6 퍼지작업의 목적

① 가연성 및 지연성 가스 : 화재 및 폭발 사고와 산소 결핍 사고 예방
② 독성가스 : 중독사고 예방
③ 불활성가스 : 산소결핍 예방

7 퍼지작업의 종류

① 진공퍼지
② 압력퍼지
③ 스위프 퍼지
④ 사이펀 퍼지

SECTION 06
중금속의 유해성

1 카드뮴 중독

① 이타이이타이 병 : 일본 도야마현 진쯔강 유역에서 1910년 경 발병 – 폐광에서 흘러나온 카드뮴이 원인
② 허리와 관절에 심한 통증, 골절 등의 증상을 보임

2 수은 중독

① 미나마타 병 : 1953년 이래 일본 미나마타만 연안에서 발생
② 흡인시 인체의 구내염과 혈뇨, 손떨림 등의 증상을 일으킴

3 크롬 화합물(Cr 화합물) 중독

① 크롬 정련, 도금 공정에서 발생하는 크롬 또는 크롬 화합물의 흄, 분진, 미스트를 장기간 흡입시 발생
② 코에 구멍이 뚫리는 비중격천공증을 유발함

4 석면의 위험성

① 석면을 흡입할 경우 폐암, 석면폐, 악성중피종 등이 발생할 위험이 큼
② 석면을 취급하는 작업(해체, 제거)시 적절한 개인보호구를 착용하여야 함
③ 석면의 해체, 제거작업 시 석면이 흩날리지 않도록 적절한 조치를 취하여야 함

산업안전기사 실기　ENGINEER INDUSTRIAL SAFETY

PART 06

건설안전

CHAPTER 01 건설안전 일반

CHAPTER 01 건설안전 일반

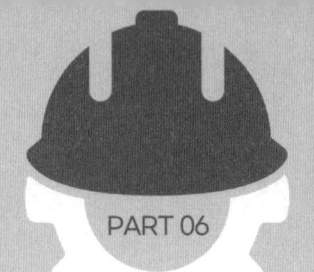

PART 06

SECTION 01 토질시험방법

1 지반조사

1) 정의

지반조사란 지질 및 지층에 관한 조사를 실시하여 토층분포상태, 지하수위, 투수계수, 지반의 지지력을 확인하여 구조물의 설계·시공에 필요한 자료를 구하는 것

2) 종류

① 지하탐사법 : 터파보기, 짚어보기, 물리적 탐사
② Sounding 시험(원위치 시험) : 표준관입시험, 콘관입시험, 베인시험
③ 보링(Boring) : 보링이란 굴착용 기계를 이용하여 지반을 천공하여 토사를 채취하고 지반의 토층분포, 층상, 구성상태를 판단하는 것으로 오거(Auger) 보링, 수세식 보링, 충격식 보링, 회전식 보링이 있음

3) 토질주상도(보링주상도)

① 지질단면을 도화할 때 사용하는 도법으로 지층의 층서, 구성상태, 층 두께 등을 축적으로 표시한 것
② 현장에서 보링이나 표준관입시험을 통하여 지반의 경연상태와 지하수위 등을 조사하여 지층의 단면상태를 예측하는 예측도

> **Key Point**
>
> 기계를 사용하여 지중에 구멍을 뚫어 굴진속도와 굴진 중 반응 및 파낸 찌꺼기와 시료로부터 지반의 성층을 알 수 있는 동시에 구성하는 흙 또는 암반을 관찰하는 검사방법을 무엇이라 하며, 그 결과 얻어진 그림은 무엇이라 하는가?
>
> 지반조사(기계식 보링), 토질주상도(보링주상도)

2 토질시험방법

1) 물리적 시험

비중, 함수량, 입도, 액성·소성·수축 한계, 밀도시험 등

2) 역학적 시험

(1) 표준관입시험 : 흙의 지내력 판단, 사질토 적용

시험방법 : 지반의 현 위치에서 직접 흙(주로 사질지반)의 다짐상태를 판단하는 시험으로 무게 63.5kg의 추를 76cm 높이에서 자유 낙하시켜 샘플러를 30cm 관입시키는 데 필요한 타격 회수 N값을 구하는 시험. N치가 클수록 토질이 밀실

(2) 투수, 압밀, 전단, 다짐시험, 지반지지력시험 등

> **Key Point**
>
> 표준관입시험(Standard Penetration Test)에 대해 간략히(무엇인지) 설명하시오.
>
> • 중량 63.5kg의 추를 76cm 높이에서 자유 낙하시켜 충격에 의해 표준관입시험용 샘플러를 30cm
> • 관입시키는 데 필요한 타격횟수 N치를 측정하는 시험으로 현지반의 연경도를 판정

SECTION 02
지반의 이상현상

1 히빙(Heaving)

1) 정의
히빙이란 연약한 점토지반을 굴착할 때 흙막이벽 배면 흙의 중량이 굴착저면 이하의 흙보다 중량이 클 경우 굴착저면 이하의 지지력보다 크게 되어 흙막이 배면에 있는 흙이 안으로 밀려들어 굴착저면이 솟아오르는 현상

2) 지반조건
연약한 점토 지반, 굴착저면 하부의 피압수

3) 피해
① 흙막이의 전면적 파괴
② 흙막이 주변 지반침하로 인한 지하매설물 파괴

4) 안전대책
① 흙막이벽 근입깊이 증가
② 흙막이벽 배면 지표의 상재하중을 제거
③ 지반굴착 시 흙이 느슨해지지 않도록 유의
④ 지반개량으로 하부지반 전단강도 개선
⑤ 강성이 큰 흙막이 공법 선정

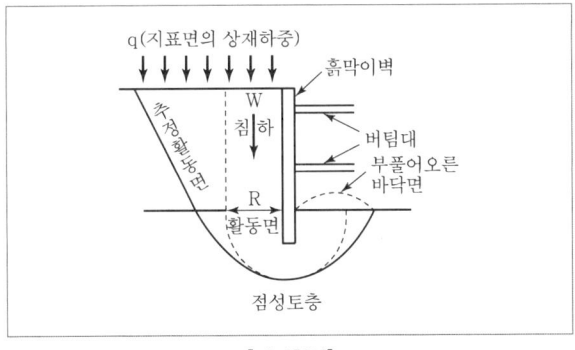

[히빙현상]

> **Key Point**
>
> 히빙의 방지대책 3가지만 쓰시오.
>
> 1. 흙막이벽 근입깊이 증가
> 2. 흙막이벽 배면 지표의 상재하중을 제거
> 3. 지반굴착 시 흙이 느슨해지지 않도록 유의
> 4. 지반개량으로 하부지반 전단강도 개선
> 5. 강성이 큰 흙막이 공법 선정

> **Key Point**
>
> 히빙이 일어나기 쉬운 지반조건과 발생현상 2가지를 기술하시오.
>
> (1) 지반조건 : 연약성 점토지반
> (2) 발생현상
>   1. 흙막이지보공 파괴
>   2. 흙막이배면 지반침하(토사붕괴)
>   3. 굴착저면 솟아오름

2 보일링(Boiling)

1) 정의
투수성이 좋은 사질토 지반을 굴착할 때 흙막이벽 배면의 지하수위가 굴착저면보다 높을 때 굴착저면 위로 모래와 지하수가 솟아오르는 현상

2) 지반조건
투수성이 좋은 사질 지반, 굴착저면 하부의 피압수

3) 피해
① 흙막이의 전면적 파괴
② 흙막이 주변 지반침하로 인한 지하매설물 파괴
③ 굴착저면의 지지력 감소

4) 안전대책
① 흙막이벽 근입깊이 증가
② 흙막이벽의 차수성 증대
③ 흙막이벽 배면지반 그라우팅 실시
④ 흙막이 벽 배면 지하수위 저하
⑤ 굴착토를 즉시 원상태로 매립

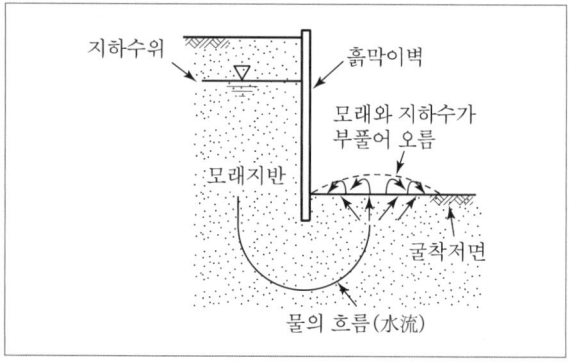

[보일링 현상]

> **Key Point**
>
> 보일링 현상을 방지하기 위한 대책 3가지를 쓰시오.
>
> 1. 흙막이벽 근입깊이 증가
> 2. 흙막이벽의 차수성 증대
> 3. 흙막이벽 배면지반 그라우팅 실시
> 4. 흙막이 벽 배면지반 지하수위 저하
> 5. 굴착토를 즉시 원상태로 매립

> **Key Point**
>
> 지반의 이상현상 중 보일링 현상이 일어나기 쉬운 지반의 조건, 현상에 대하여 쓰시오.
>
> (1) 지반조건 : 투수성이 좋은 사질지반
> (2) 발생현상
>   1. 흙막이지보공 파괴
>   2. 흙막이주변 지반침하(토사붕괴)
>   3. 모래와 지하수가 솟아오름

3 연약지반의 개량공법

1) 연약지반의 정의

연약지반이란 점토나 실트와 같은 미세한 입자의 흙이나 간극이 큰 유기질토 또는 이탄토, 느슨한 모래 등으로 이루어진 토층으로 구성

2) 점성토 연약지반 개량공법

(1) 치환공법

연약지반을 양질의 흙으로 치환하는 공법으로 굴착, 활동, 폭파 치환

(2) 재하공법(압밀공법)

① 프리로딩공법(Pre-Loading) : 사전에 성토를 미리하여 흙의 전단강도를 증가
② 압성토공법(Surcharge) : 측방에 압성토하여 압밀에 의해 강도증가
③ 사면선단 재하공법 : 성토한 비탈면 옆부분을 덧붙임하여 비탈면 끝의 전단강도를 증가

(3) 탈수공법

연약지반에 모래말뚝, 페이퍼드레인, 팩을 설치하여 물을 배제시켜 압밀을 촉진하는 것으로 샌드드레인, 페이퍼드레인, 팩드레인 공법

(4) 배수공법

중력배수(집수정, Deep Well), 강제배수(Well Point, 진공 Deep Well)

(5) 고결공법

생석회 말뚝공법, 동결공법, 소결공법

> **Key Point**
>
> 점성토 지반 개량공법 5가지를 쓰시오.
>
> 1. 치환공법
> 2. 재해(압밀)공법
> 3. 탈수공법
> 4. 배수공법
> 5. 고결공법

3) 사질토 연약지반 개량공법

① 진동다짐공법(Vibro Floatation) : 봉상진동기를 이용, 진동과 물다짐을 병용
② 동다짐(압밀)공법 : 무거운 추를 자유 낙하시켜 지반충격으로 다짐효과
③ 약액주입공법 : 지반 내 화학약액(LW, Bentonite, Hydro)을 주입하여 지반고결
④ 폭파다짐공법 : 인공지진을 발생시켜 모래지반을 다짐
⑤ 전기충격공법 : 지반 속에서 고압방전을 일으켜 발생하는 충격력으로 지반다짐
⑥ 모래다짐말뚝공법 : 충격, 진동, 타입에 의해 모래를 압입시켜 모래 말뚝을 형성하여 다짐에 의한 지지력을 향상

> **Key Point**
>
> 연약지반의 개량공법 중 사질토 지반 개량공법 4가지를 쓰시오.
>
> 1. 진동다짐공법(Vibro Floatation)
> 2. 동다짐공법
> 3. 약액주입공법
> 4. 폭파다짐공법
> 5. 전기충격공법
> 6. 모래다짐말뚝공법

SECTION 03 유해 · 위험방지계획서

1 목적

건설공사 시공 중에 나타날 수 있는 추락, 낙하, 감전 등 재해 위험에 대해 공사 착공 전에 설계도, 안전조치계획 등을 검토하여 유해 · 위험요소에 대한 안전 및 보건상의 조치를 강구하여 근로자의 안전 · 보건을 확보하기 위함

2 제출시기

유해 · 위험방지계획서 작성 대상공사를 착공하려고 하는 사업주는 일정한 자격을 갖춘 자의 의견을 들은 후 동 계획서를 작성하여 공사착공 전일까지 한국산업안전보건공단 관할 지역본부 및 지사에 2부를 제출하여야 함

3 제출 시 첨부서류

1) 공사개요

2) 안전보건관리계획

3) 작업 공사 종류별 유해 · 위험방지계획

대상공사	작업공종	첨부서류
건축물, 인공구조물 건설 등의 공사	가. 가설공사 나. 굴착 및 발파공사 다. 구조물공사 라. 강구조물공사 마. 마감공사 바. 전기 및 기계 설비공사 사. 그 밖의 공사(해체공사 등)	가. 작업개요 나. 해당 작업 공사 종류별 유해 위험요인 및 재해예방계획
냉동 · 냉장 창고시설의 설비공사 및 단열공사	가. 가설공사 나. 구조물공사 다. 배관공사 라. 마감공사 마. 전기 및 기계 설비공사 바. 그 밖의 공사	
다리 건설 등의 공사	가. 가설공사 나. 굴착 및 발파공사 다. 하부공공사 라. 상부공공사 마. 포장공사 바. 그 밖의 공사	
터널건설 등의 공사	가. 가설공사 나. 굴착 및 발파공사 다. 구조물공사 라. 그 밖의 공사	
댐 건설 등의 공사	가. 가설공사 나. 굴착 및 발파공사 다. 댐 축조 공사 라. 전기 및 기계 설비공사 마. 그 밖의 공사	
굴착공사	가. 가설공사 나. 굴착 및 발파공사 다. 흙막이지보공 공사 라. 되메움공사 마. 그 밖의 공사	

SECTION 04
건설업 산업안전보건관리비 계상 및 사용 기준

1 정의

건설사업장과 건설업체 본사 안전전담부서에서 산업재해의 예방을 위하여 법령에 규정된 사항의 이행에 필요한 비용

2 계상기준

1) 대상액이 5억 원 미만 또는 50억 원 이상일 경우

대상액×계상기준표의 비율(%)

2) 대상액이 5억 원 이상 50억 원 미만일 경우

대상액×계상기준표의 비율(X)＋기초액(C)

3) 대상액이 구분되어 있지 않은 경우

도급계약 또는 자체사업계획상의 총공사금액의 70%를 대상액으로 하여 안전관리비를 계상

4) 발주자가 재료를 제공하거나 물품이 완제품의 형태로 제작 또는 납품되어 설치되는 경우

① 해당 금액을 대상액에 포함시킬 때의 안전관리비는 ② 해당 금액을 포함시키지 않은 대상액을 기준으로 계상한 안전관리비의 1.2배를 초과할 수 없다. 즉, ①과 ②를 비교하여 적은 값으로 계상

[공사종류 및 규모별 산업안전보건관리비 계상기준표]

구분 공사종류	대상액 5억 원 미만인 경우 적용 비율(%)	대상액 5억 원 이상 50억 원 미만인 경우		대상액 50억 원 이상인 경우 적용 비율(%)	영 별표 5에 따른 보건관리자 선임 대상 건설공사의 적용 비율(%)
		적용 비율(%)	기초액		
건축공사	2.93%	1.86%	5,349,000원	1.97%	2.15%
토목공사	3.09%	1.99%	5,499,000원	2.10%	2.29%
중건설공사	3.43%	2.35%	5,400,000원	2.44%	2.66%
특수건설공사	1.85%	1.20%	3,250,000원	1.27%	1.38%

> **Key Point**
>
> 어느 사업장의 총공사비가 49억 7천만 원인 건축공사 현장이다. 산업안전보건관리비는?
>
> 대상액이 구분되어 있지 않은 경우이므로 총공사비의 70%를 대상액으로 계산한다.
> 따라서, 4,970,000,000×70%＝3,479,000,000＜50억 원이므로 산업안전보건관리비는 3,479,000,000×1.86%＋5,349,000
> ＝70,058,400원

SECTION 05
셔블계 굴착기계

1 파워 셔블(Power Shovel)

1) 파워 셔블은 셔블계 굴착기의 기본 장치로서 버킷의 작동이 삽을 사용하는 방법과 같이 굴삭한다.

2) 특징

① 굴착기가 위치한 지면보다 높은 곳을 굴삭하는 데 적합
② 비교적 단단한 토질의 굴삭도 가능하며 적재, 석산 작업에 편리
③ 크기는 버킷과 디퍼의 크기에 따라 결정

2 드래그 셔블(Drag Shovel)(백호 : Back Hoe)

1) 굴착기가 위치한 지면보다 낮은 곳을 굴삭하는 데 적합하고 단단한 토질의 굴삭이 가능하다. Trench, Ditch, 배관 작업 등에 편리하다.

2) 특성

① 동력 전달이 유압 배관으로 되어 있어 구조가 간단하고 정비가 쉬움
② 비교적 경량, 이동과 운반이 편리하고, 협소한 장소에서 선취와 작업이 가능
③ 우선 조작이 부드럽고 사이클 타임이 짧아서 작업능률이 좋음

3 드래그라인

1) 와이어로프에 의하여 고정된 버킷을 지면에 따라 끌어당기면서 굴삭하는 방식으로서 높은 붐을 이용하므로 작업 반경이 크고 지반이 불량하여 기계 자체가 들어갈 수 없는 장소에서 굴삭 작업이 가능하나 단단하게 다져진 토질에는 적합하지 않다.

2) 특성
① 굴착기가 위치한 지면보다 낮은 장소를 굴삭하는 데 사용
② 작업 반경이 커서 넓은 지역의 굴삭 작업에 용이
③ 정확한 굴삭 작업을 기대할 수는 없지만 수중굴삭 및 모래 채취 등에 많이 이용

4 클램셸(Clamshell)

1) 굴착기가 위치한 지면보다 낮은 곳을 굴삭하는 데 적합하고 좁은 장소의 깊은 굴삭에 효과적이다. 정확한 굴삭과 단단한 지반 작업은 어렵지만 수중굴삭, 교량기초, 건축물 지하실 공사 등에 쓰인다. 그래브 버킷(Grab Bucket)은 양개식의 구조로서 와이어로프를 달아서 조작한다.

2) 특성
① 기계 위치와 굴삭 지반의 높이 등에 관계없이 고저에 대하여 작업이 가능
② 정확한 굴삭이 불가능
③ 사이클 타임이 길어 작업 능률이 떨어짐

SECTION 06 토공기계

1 차량계 건설기계(안전보건규칙 제196조)

1) 정의
차량계 건설기계란 동력원을 사용하여 특정되지 아니한 장소로 스스로 이동이 가능한 건설기계

2) 차량계 건설기계의 작업계획서 내용(안전보건규칙 제38조)
① 사용하는 차량계 건설기계의 종류 및 능력
② 차량계 건설기계의 운행경로
③ 차량계 건설기계에 의한 작업방법

> **Key Point**
> 차량계 건설기계를 사용하여 작업을 하는 때에는 작업계획을 작성하고 그 작업계획에 따라 작업을 실시하도록 하여야 하는데 이 작업계획에 포함되어야 하는 사항을 3가지 쓰시오.

3) 헤드가드를 갖추어야 하는 차량계 건설기계(안전보건규칙 제198조)
① 불도저   ② 트랙터
③ 굴착기   ④ 로더
⑤ 스크레이퍼   ⑥ 덤프트럭
⑦ 모터그레이더   ⑧ 롤러
⑨ 천공기   ⑩ 항타기 및 항발기

4) 운전위치 이탈시의 조치(안전보건규칙 제99조)
① 포크, 버킷, 디퍼 등의 장치를 가장 낮은 위치 또는 지면에 내려 둘 것
② 원동기를 정지시키고 브레이크를 확실히 거는 등 갑작스러운 주행이나 이탈을 방지하기 위한 조치를 할 것
③ 운전석을 이탈하는 경우에는 시동키를 운전대에서 분리시킬 것. 다만, 운전석에 잠금장치를 하는 등 운전자가 아닌 사람이 운전하지 못하도록 조치한 경우에는 그러하지 아니할 것

> **Key Point**
> 차량계 건설기계 운전자가 운전위치 이탈시 조치사항 2가지를 쓰시오.

SECTION 07
운반기계

1 차량계 하역운반기계

1) 종류
동력원에 의하여 특정되지 아니한 장소로 스스로 이동할 수 있는 지게차·구내운반차·화물자동차 등의 차량계 하역운반기계 및 고소작업대

2) 작업계획서 내용(안전보건규칙 제38조)
① 작업에 따른 추락·낙하·전도·협착 및 붕괴 등의 위험에 대한 예방대책
② 차량계 하역운반기계 등의 운행경로 및 작업방법

3) 화물적재시의 조치(안전보건규칙 제173조)
① 하중이 한쪽으로 치우치지 않도록 적재할 것
② 구내운반차 또는 화물자동차의 경우 화물의 붕괴 또는 낙하에 의한 위험을 방지하기 위하여 화물에 로프를 거는 등 필요한 조치를 할 것
③ 운전자의 시야를 가리지 않도록 화물을 적재할 것
④ 화물을 적재하는 경우에는 최대적재량을 초과 금지

> **Key Point**
> 차량계 하역운반기계에 화물을 적재할 경우 준수해야 할 사항 3가지를 쓰시오.

4) 운전위치 이탈시의 조치(안전보건규칙 제99조)
① 포크, 버킷, 디퍼 등의 장치를 가장 낮은 위치 또는 지면에 내려 둘 것
② 원동기를 정지시키고 브레이크를 확실히 거는 등 갑작스러운 주행이나 이탈을 방지하기 위한 조치를 할 것
③ 운전석을 이탈하는 경우에는 시동키를 운전대에서 분리시킬 것. 다만, 운전식에 잠금장치를 하는 등 운전자가 아닌 사람이 운전하지 못하도록 조치한 경우에는 그러하지 아니할 것

> **Key Point**
> 차량계 하역운반기계 등의 작업 시 운전자가 운전위치 이탈시 조치사항 2가지를 쓰시오.

2 지게차

1) 헤드가드의 구비조건(안전보건규칙 제180조)
① 강도는 지게차의 최대하중의 2배 값(4톤을 넘는 값에 대해서는 4톤으로 한다)의 등분포정하중에 견딜 수 있을 것
② 상부틀의 각 개구의 폭 또는 길이가 16cm 미만일 것
③ 운전자가 앉아서 조작하거나 서서 조작하는 지게차의 헤드가드는 한국산업표준에서 정하는 높이 기준 이상일 것 (좌승식 : 0.903m 이상, 입승식 : 1.88m 이상)

> **Key Point**
> 지게차의 헤드가드가 갖추어야 할 사항 2가지를 쓰시오.
> 1. 강도는 지게차의 최대하중의 2배 값(4톤을 넘는 값에 대해서는 4톤으로 한다)의 등분포정하중에 견딜 수 있을 것
> 2. 상부틀의 각 개구의 폭 또는 길이가 16cm 미만일 것

2) 작업시작 전 점검사항(안전보건규칙 제35조제2항)
① 제동장치 및 조종장치 기능의 이상 유무
② 하역장치 및 유압장치 기능의 이상 유무
③ 바퀴의 이상 유무
④ 전조등·후미등·방향지시기 및 경보장치 기능의 이상 유무

> **Key Point**
> 차량계 하역운반기계(지게차) 등의 사용 전 점검사항 4가지를 쓰시오.

3) 지게차 작업 시 사고유형
① 화물의 낙하 : 지게차에 화물을 불안정하게 적재 시 낙하 위험
② 지게차의 접촉, 충돌 : 화물의 시야방해, 작업유도자 미배치 등에 따른 접촉, 충돌
③ 지게차의 전도 : 과적, 급가속, 노면불량 등에 의한 지게차의 전도

④ 지게차에서 추락 : 운전자 안전벨트 미착용, 승차석 이외 근로자 탑승 금지 미준수 등에 의한 추락

Key Point

지게차에서의 사고유형 3가지를 쓰시오.

사고유형 ①~④ 항목 중 3가지 선택

SECTION 08
건설용 양중기

1 양중기의 종류

1) 정의
양중기란 동력을 사용하여 화물, 사람 등을 운반하는 기계·설비

2) 종류(안전보건규칙 제132조)
① 크레인(호이스트(hoist)를 포함한다.)
② 이동식 크레인
③ 리프트(이삿짐운반용 리프트의 경우에는 적재하중이 0.1톤 이상인 것으로 한정)
④ 곤돌라
⑤ 승강기

Key Point

법에 의한 양중기의 종류 5가지를 쓰시오.

3) 양중기

(1) 크레인
① 고정식 크레인 : 타워크레인, 지브크레인, 호이스트 크레인
② 이동식 크레인 : 트럭크레인, 크롤러크레인, 유압크레인

[타워크레인]

[트럭크레인]

(2) 리프트
① 건설용 리프트
② 산업용 리스트
③ 자동차정비용 리프트
④ 이삿짐운반용 리프트

(3) 곤돌라

달기발판 또는 운반구·승강장치 기타의 장치 및 이들에 부속된 기계부품에 의하여 구성되고, 와이어로프 또는 달기강선에 의하여 달기발판 또는 운반구가 전용의 승강장치에 의하여 상승 또는 하강하는 설비

(4) 승강기
① 동력을 사용하여 운반하는 것으로서 가이드레일을 따라 상승 또는 하강하는 운반구에 사람이나 화물을 상하 또는 좌우로 이동·운반하는 기계·설비로서 탑승장을 가진 것
② 종류
  ㉠ 승객용 엘리베이터
  ㉡ 승객화물용 엘리베이터

ⓒ 화물용 엘리베이터
ⓔ 소형화물용 엘리베이터
ⓓ 에스컬레이터

2 안전검사(산업안전보건법 시행규칙 제73조의3)

1) 주기
① 크레인, 리프트 및 곤돌라는 사업장에 설치가 끝난 날부터 3년 이내에 최초 안전검사를 실시하되, 그 이후부터 매 2년
② 건설현장에서 사용하는 것은 최초로 설치한 날부터 매 6개월

2) 안전검사내용
① 과부하방지장치, 권과방지장치, 그 밖의 안전장치의 이상 유무
② 브레이크와 클러치의 이상 유무
③ 와이어로프와 달기체인의 이상 유무
④ 훅 등 달기기구의 손상 유무
⑤ 배선, 집진장치, 배전반, 개폐기, 콘트롤러의 이상 유무

3 작업시작 전 점검사항

1) 크레인
① 권과방지장치·브레이크·클러치 및 운전장치의 기능
② 주행로의 상측 및 트롤리가 횡행(橫行)하는 레일의 상태
③ 와이어로프가 통하고 있는 곳의 상태

2) 이동식 크레인
① 권과방지장치나 그 밖의 경보장치의 기능
② 브레이크·클러치 및 조정장치의 기능
③ 와이어로프가 통하고 있는 곳 및 작업장소의 지반상태

> **Key Point**
> 이동식 크레인을 사용한 작업 시 작업시작 전 점검사항 3가지를 쓰시오.
> ①~③ 항목 선택

3) 리프트(자동차정비용 리프트 포함)
① 방호장치·브레이크 및 클러치의 기능
② 와이어로프가 통하고 있는 곳의 상태

4) 곤돌라
① 방호장치·브레이크의 기능
② 와이어로프·슬링와이어 등의 상태

5) 양중기의 와이어로프·달기체인·섬유로프·섬유벨트 또는 훅·샤클·링 등의 철구(이하 "와이어로프 등"이라 함)를 사용하여 고리걸이작업을 하는 때
와이어로프 등의 이상 유무

4 타워크레인 조립·해체 시 준수사항

1) 작업계획서의 작성
① 타워크레인의 종류 및 형식
② 설치·조립 및 해체 순서
③ 작업도구·장비·가설설비 및 방호설비
④ 작업인원의 구성 및 작업근로자의 역할 범위
⑤ 타워크레인의 지지방법

2) 작업계획서의 내용을 작업근로자에게 주지시킴

> **Key Point**
> 타워크레인의 설치·조립·해체작업 시 작업계획서에서 작성에 포함되어야 할 사항을 4가지 쓰시오.
> 작업계획서의 작성 ①~⑤ 항목 중 4가지 선택

5 방호장치

1) 크레인
(1) 권과방지장치
권과를 방지하기 위하여 자동적으로 동력을 차단하고 작동을 제동하는 장치

(2) 과부하방지장치
크레인에 있어서 정격하중 이상의 하중이 부하되었을 때 자동적으로 상승이 정지되면서 경보음 발생

(3) 비상정지장치
이동 중 이상상태 발생시 급정지시킬 수 있는 장치

(4) 브레이크장치
운동체를 감속하거나 정지상태로 유지하는 기능을 가진 장치

(5) 훅해지장치
훅에서 와이어로프가 이탈하는 것을 방지하는 장치

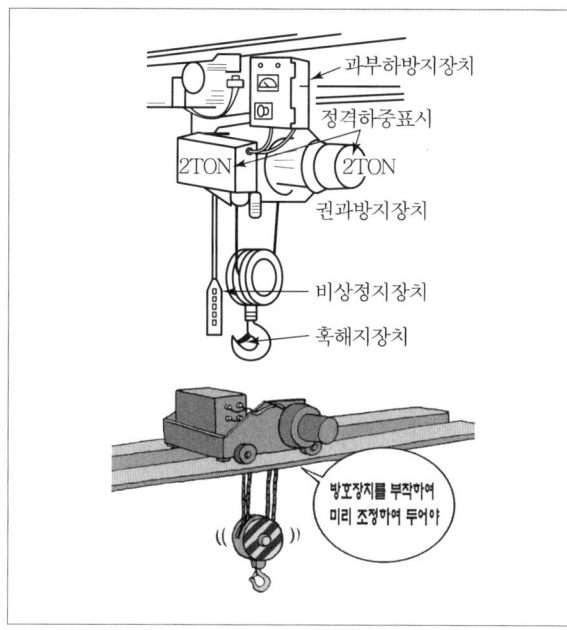

[크레인 방호장치]

> **Key Point**
> 크레인 등에 대한 위험방지를 위하여 취하여야 할 안전장치를 4가지 쓰시오.
>
> 과부하방지장치, 권과방지장치, 비상정지장치, 브레이크장치, 훅해지장치 중 선택

2) 이동식 크레인

(1) 과부하방지장치 · 권과방지장치 및 비상정지장치 및 제동장치 등 방호장치가 정상적으로 작동될 수 있도록 미리 조정(안전보건규칙 제134조)

(2) 안전밸브의 조정(안전보건규칙 제148조)
유압을 동력으로 사용하는 이동식크레인의 과도한 압력상승을 방지하기 위한 안전밸브에 대하여 최대의 정격하중을 건 때의 압력 이하로 작동되도록 조정

(3) 해지장치의 사용(안전보건규칙 제149조)
하물을 운반하는 때에는 해지장치를 사용

> **Key Point**
> 이동식 크레인의 방호장치 5가지를 쓰시오
>
> 과부하방지장치, 권과방지장치, 비상정지장치, 제동장치, 해지장치

3) 건설용 리프트
① 권과방지장치 : 운반구의 이탈 등의 위험방지
② 과부하방지장치 : 적재하중 초과 사용금지
③ 비상정지장치, 조작스위치 등 탑승 조작장치
④ 출입문연동장치 : 운반구의 입구 및 출구문이 열려진 상태에서는 리미트 스위치가 작동되어 리프트가 동작하지 않도록 하는 장치

4) 승강기
과부하 방지장치, 파이널 리밋 스위치(Final Limit Switch), 비상정지장치, 속도조절기, 출입문 인터록

5) 곤돌라
권과 방지장치, 과부하 방지장치, 제동장치

6 양중기의 와이어로프

1) 안전계수 = $\dfrac{\text{절단하중}}{\text{최대사용하중}}$

2) 안전계수의 구분

구분	안전계수
근로자가 탑승하는 운반구를 지지하는 달기와이어로프 또는 달기체인의 경우	10 이상
화물의 하중을 직접 지지하는 달기와이어로프 또는 달기체인의 경우	5 이상
훅, 샤클, 클램프, 리프팅 빔의 경우	3 이상
그 밖의 경우	4 이상

3) 와이어로프의 사용금지(안전보건규칙 제166조)

① 이음매가 있는 것
② 와이어로프의 한 꼬임(스트랜드)에서 끊어진 소선(素線,, 필러(pillar)선은 제외)의 수가 10% 이상(비자전로프의 경우에는 끊어진 소선의 수가 와이어로프 호칭지름의 6배길이 이내에서 4개 이상이거나 호칭지름 30배 길이 이내에서 8개 이상)인 것
③ 지름의 감소가 공칭지름의 7%를 초과하는 것
④ 꼬인 것
⑤ 심하게 변형 또는 부식된 것
⑥ 열과 전기충격에 의해 손상된 것

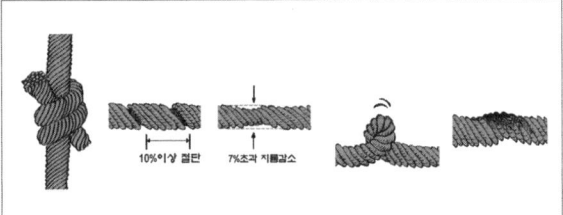

[와이어로프의 사용금지 조건]

> **Key Point**
>
> 높이 5m 이상의 비계를 조립해체하는 작업에서 와이어로프가 절단되는 사고가 발생하여 추락재해가 발생하였다.
> (1) 달기 와이어로프의 안전계수는 얼마 이상이어야 하는가?
> (2) 달기 와이어로프의 사용제한조건 2가지를 쓰시오.
>
> (1) 10 이상
> (2) 와이어로프의 사용금지 ①~⑥ 중 2가지 선택

> **Key Point**
>
> 승강기 와이어로프 검사 후 사용가능 여부를 판단하는 항목 기준에 대해 쓰시오.
>
> 와이어로프의 사용금지 ①~⑥ 항목

SECTION 09
항타기 및 항발기

1 권상용 와이어로프의 준수사항

1) 안전계수 조건(안전보건규칙 제211조)

와이어로프의 안전계수가 5 이상이 아니면 이를 사용하여서는 아니 된다.

> **Key Point**
>
> 항타기 또는 항발기의 권상용 와이어로프의 안전계수는 얼마 이상으로 하여야 하는가?
>
> 안전계수는 5 이상

2) 사용 시 준수사항(안전보건규칙 제212조)

① 권상용 와이어로프는 추 또는 해머가 최저의 위치에 있을 때 또는 널말뚝을 빼내기 시작할 때를 기준으로 권상장치의 드럼에 적어도 2회 감기고 남을 수 있는 충분한 길이일 것
② 권상용 와이어로프는 권상장치의 드럼에 클램프·클립 등을 사용하여 견고하게 고정할 것
③ 권상용 와이어로프에 있어서 추·해머 등과의 연결은 클램프·클립 등을 사용하여 견고하게 할 것

2 조립·해체 시 준수사항(안전보건규칙 207조)

① 항타기 또는 항발기에 사용하는 권상기에 쐐기장치 또는 역회전방지용 브레이크를 부착할 것
② 항타기 또는 항발기의 권상기가 들리거나 미끄러지거나 흔들리지 않도록 설치할 것

③ 그 밖에 조립·해체에 필요한 사항은 제조사에서 정한 설치·해체 작업 설명서에 따를 것

3 조립·해체 시 점검사항(안전보건규칙 207조)

① 본체 연결부의 풀림 또는 손상의 유무
② 권상용 와이어로프·드럼 및 도르래의 부착상태의 이상 유무
③ 권상장치의 브레이크 및 쐐기장치 기능의 이상 유무
④ 권상기의 설치상태의 이상 유무
⑤ 리더(leader)의 버팀 방법 및 고정상태의 이상 유무
⑥ 본체·부속장치 및 부속품의 강도가 적합한지 여부
⑦ 본체·부속장치 및 부속품에 심한 손상·마모·변형 또는 부식이 있는지 여부

> **Key Point**
>
> 산업안전보건법상 항타기·항발기 조립시 점검사항 4가지를 쓰시오.
>
> 조립 시 점검사항 ①~⑤ 중 4가지 선택

SECTION 10 추락재해의 위험성 및 안전조치

1 추락재해의 종류

① 비계로부터의 추락
② 사다리로부터의 추락
③ 경사지붕 및 철골작업 시 추락
④ 경사로, 계단에서의 추락
⑤ 개구부(바닥, 엘리베이터 Pit, 파이프 샤프트 등)에서의 추락
⑥ 철골, 비계 등 조립작업 중 추락

[추락재해의 종류]

> **Key Point**
>
> 다음 재해상황을 보고 재해발생형태를 쓰시오.
> • 재해자가 비계 사다리 등에서 떨어진 재해 (①)
> • 재해자가 평면상에서 넘어져서 발생한 재해 (②)
>
> ① 추락
> ② 전도

2 추락재해위험 시 안전조치

1) 추락의 방지(안전보건규칙 제42조)

① 근로자가 추락하거나 넘어질 위험이 있는 장소[작업발판의 끝·개구부(開口部) 등을 제외한다]또는 기계·설비·선박블록 등에서 작업을 할 때에 근로자가 위험해질 우려가 있는 경우 비계(飛階)를 조립하는 등의 방법으로 작업발판을 설치하여야 한다.
② 작업발판을 설치하기 곤란한 경우 다음 각 호의 기준에 맞는 추락방호망을 설치해야 한다. 다만, 추락방호망을 설치하기 곤란한 경우에는 근로자에게 안전대를 착용하도록 하는 등 추락위험을 방지하기 위해 필요한 조치를 해야 한다.
　㉠ 추락방호망의 설치위치는 가능하면 작업면으로부터 가까운 지점에 설치하여야 하며, 작업면으로부터 망의 설치지점까지의 수직거리는 10미터를 초과하지 아니할 것

ⓒ 추락방호망은 수평으로 설치하고, 망의 처짐은 짧은 변 길이의 12퍼센트 이상이 되도록 할 것
ⓒ 건축물 등의 바깥쪽으로 설치하는 경우 추락방호망의 내민 길이는 벽면으로부터 3미터 이상 되도록 할 것. 다만, 그물코가 20밀리미터 이하인 추락방호망을 사용한 경우에는 제14조제3항에 따른 낙하물 방지망을 설치한 것으로 본다.
③ 사업주는 추락방호망을 설치하는 경우에는 한국산업표준에서 정하는 성능기준에 적합한 추락방호망을 사용하여야 한다.

Key Point

높이가 2m 이상인 장소에서 작업을 함에 있어서 추락에 의하여 근로자에게 위험을 미칠 우려가 있을 경우 취해야 할 조치사항을 2가지 쓰시오.

1. 비계조립에 의한 작업발판 설치
2. 추락방호망 설치
3. 안전대 착용 중 2가지 선택

2) 개구부 등의 방호조치(안전보건규칙 제43조)

① 작업발판 및 통로의 끝이나 개구부로서 근로자가 추락할 위험이 있는 장소에는 안전난간, 울타리, 수직형 추락방망 또는 덮개 등(이하 이 조에서 "난간 등"이라 한다)의 방호조치를 충분한 강도를 가진 구조로 튼튼하게 설치하여야 하며, 덮개를 설치하는 경우에는 뒤집히거나 떨어지지 않도록 설치하여야 한다. 이 경우 어두운 장소에서도 알아볼 수 있도록 개구부임을 표시해야 하며, 수직형 추락방망은 한국산업표준에서 정하는 성능기준에 적합한 것을 사용해야 한다.
② 난간 등을 설치하는 것이 매우 곤란하거나 작업의 필요상 임시로 난간 등을 해체하여야 하는 경우 제42조제2항 각 호의 기준에 맞는 추락방호망을 설치하여야 한다. 다만, 추락방호망을 설치하기 곤란한 경우에는 근로자에게 안전대를 착용하도록 하는 등 추락할 위험을 방지하기 위하여 필요한 조치를 하여야 한다.

3 철골작업 시 추락방지

1) 공사 전 검토사항

(1) 설계도 및 공작도의 확인 및 검토사항

① 부재의 형상 및 치수, 접합부의 위치, 브래킷의 내민치수, 건물의 높이
② 철골의 건립형식, 건립상의 문제점, 관련 가설설비
③ 건립기계의 종류선정, 건립공정 검토, 건립기계 대수 결정
④ 현장용접의 유무, 이음부의 시공난이도를 확인하여 작업방법 결정
⑤ SRC조의 경우 건립순서 등을 검토하여 철골계단을 안전작업에 이용
⑥ 한쪽만 많이 내민보가 있는 기둥에 대한 필요한 조치

(2) 공작도(Shop Drawing)에 포함사항

① 외부비계 및 화물승강설비용 브래킷
② 기둥 승강용 트랩
③ 구명줄 설치용 고리
④ 건립에 필요한 와이어로프 걸이용 고리
⑤ 안전난간 설치용 부재
⑥ 기둥 및 보 중앙의 안전대 설치용 고리
⑦ 방망 설치용 부재
⑧ 비계 연결용 부재
⑨ 방호선반 설치용 부재
⑩ 양중기 설치용 보강재

Key Point

철골공사에 있어 공사 전 점검사항 중 특히 설계도 및 공작도 검토의 중요사항 3가지를 쓰시오.

설계도 및 공작도의 확인 및 검토사항 ①~⑥ 항목 중 3가지 선택

2) 철골작업의 제한(안전보건규칙 제383조)

구분	내용
강풍	풍속 초당 10m 이상인 경우
강우	강우량이 시간당 1mm 이상인 경우
강설	강설량이 시간당 1cm 이상인 경우

> **Key Point**
>
> 철골작업을 중지하여야 하는 조건을 3가지 쓰시오.
>
> 1. 풍속이 초당 10m 이상인 경우
> 2. 강우량이 시간당 1mm 이상인 경우
> 3. 강설량이 시간당 1cm 이상인 경우

SECTION 11 추락재해의 방호설비

1 추락방호망

1) 정의

추락방호망이란 고소작업 시 추락방지를 위해 추락의 위험이 있는 장소에 설치하는 방망을 말하며 방망은 낙하높이에 따른 충격을 견딜 수 있어야 한다.

2 안전난간

1) 정의

안전난간이란 개구부, 작업발판, 가설계단의 통로 등에서의 추락사고를 방지하기 위해 설치하는 것으로 상부난간, 중간난간, 난간기둥 및 발끝막이판으로 구성된다.

2) 안전난간의 구성요소(안전보건규칙 제13조)

① 상부난간대·중간난간대·발끝막이판 및 난간기둥으로 구성할 것

② 상부 난간대는 바닥면·발판 또는 경사로의 표면(이하 "바닥면 등"이라 함)으로부터 90cm 이상 지점에 설치하고, 상부 난간대를 120cm 이하에 설치하는 경우에는 중간 난간대는 상부 난간대와 바닥면 등의 중간에 설치하여야 하며, 120cm 이상 지점에 설치하는 경우에는 중간 난간대를 2단 이상으로 균등하게 설치하고 난간의 상하 간격은 60cm 이하가 되도록 할 것

③ 발끝막이판은 바닥면 등으로부터 10cm 이상의 높이를 유지할 것

④ 난간기둥은 상부난간대와 중간난간대를 견고하게 떠받칠 수 있도록 적정간격을 유지할 것

⑤ 상부난간대와 중간난간대는 난간길이 전체에 걸쳐 바닥면 등과 평행을 유지할 것

⑥ 난간대는 지름 2.7cm 이상의 금속제 파이프나 그 이상의 강도를 가진 재료일 것

⑦ 안전난간은 구조적으로 가장 취약한 지점에서 가장 취약한 방향으로 작용하는 100kg 이상의 하중에 견딜 수 있는 튼튼한 구조일 것

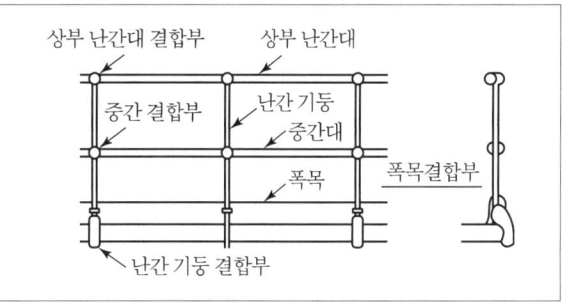

[안전난간의 구조 및 설치기준]

> **Key Point**
>
> 사업주(건설 현장 등)가 4단 이상인 계단의 개방 측면에 설치할 난간의 규격을 4가지 이상 쓰시오.
>
> 안전난간의 구성요소 ①~⑦ 항목 중 4가지 선택

3 작업발판

1) 정의(안전보건규칙 제56조)

비계의 높이가 2m 이상인 작업장소에 다음 기준에 맞는 작업발판을 설치하여야 한다.

① 발판재료는 작업할 때의 하중을 견딜 수 있도록 견고한 것으로 할 것

② 작업발판의 폭은 40cm 이상으로 하고, 발판재료 간의 틈은 3cm 이하로 할 것. 다만, 외줄비계의 경우에는 고용노동부장관이 별도로 정하는 기준에 따름

③ 추락의 위험이 있는 장소에는 안전난간을 설치할 것. 다만, 작업의 성질상 안전난간을 설치하는 것이 곤란한 경우, 작업의 필요상 임시로 안전난간을 해체할 때에 추락방호망을 설치하거나 근로자로 하여금 안전대를 사용하도록

하는 등 추락위험 방지 조치를 한 경우에는 그러하지 아니할 것
④ 작업발판의 지지물은 하중에 의하여 파괴될 우려가 없는 것을 사용할 것
⑤ 작업발판재료는 뒤집히거나 떨어지지 않도록 둘 이상의 지지물에 연결하거나 고정시킬 것
⑥ 작업발판을 작업에 따라 이동시킬 경우에는 위험 방지에 필요한 조치를 할 것

> **Key Point**
>
> 달비계의 최대적재하중을 정하고자 한다. 다음에 해당하는 안전계수를 쓰시오.
> (1) 달기와이어로프 및 달기강선의 안전계수 : (①) 이상
> (2) 달기체인 및 달기훅의 안전계수 : (②) 이상
> (3) 달기강대와 달비계의 하부 및 상부지점의 안전계수는 강재의 경우 (③) 이상, 목재의 경우 (④) 이상
>
> ① 10
> ② 5
> ③ 2.5
> ④ 5

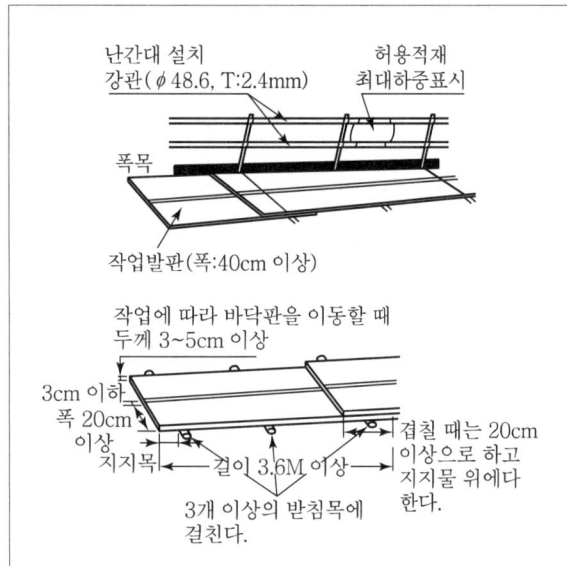

[작업발판 설치기준]

2) 작업발판의 최대적재하중(안전보건규칙 제55조)

① 비계의 구조 및 재료에 따라 작업발판의 최대적재하중을 정하고 이를 초과하여 실어서는 아니 된다.
② 달비계(곤돌라의 달비계를 제외함)의 최대 적재하중을 정하는 경우 그 안전계수

구분	안전계수
달기와이어로프 및 달기강선	10 이상
달기체인 및 달기훅	5 이상
달기강대와 달비계의 하부 및 상부지점의 안전계수(강재)	2.5 이상
달기강대와 달비계의 하부 및 상부지점의 안전계수(목재)	5 이상

4 안전대

1) 정의

안전대란 고소작업구간에서 추락에 의한 위험을 방지하기 위해 사용하는 보호구로서 작업용도에 적합한 안전대를 선정하여 사용하여야 한다.

2) 안전대의 종류 및 등급

[안전인증 대상 안전대의 종류]

종류	사용구분
벨트식 안전그네식	U자 걸이용
	1개 걸이용
안전그네식	안전블록
	추락방지대

비고 : 추락방지대 및 안전블록은 안전그네식에만 적용함

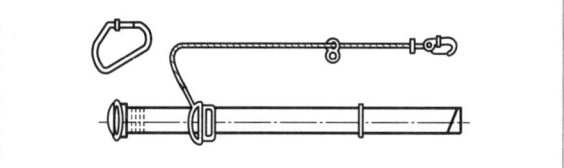

[1개걸이 전용안전대]

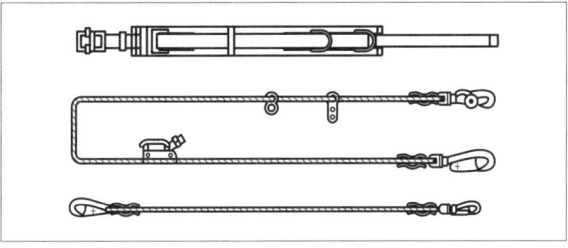

[U자걸이 전용안전대]

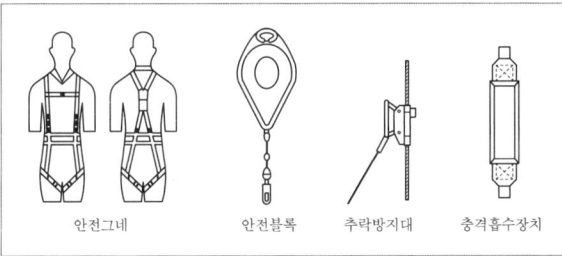

[안전대의 종류 및 부품]

SECTION 12
추락방지용 방망의 구조 등 안전기준

1 추락방호망 설치기준

① 추락방호망은 방망, 테두리망, 재봉사, 지지로프로 구성된다.
② 가능하면 작업면으로부터 가까운 지점에 설치하여야 한다.
③ 그물코 간격은 10cm 이하인 것을 사용한다.
④ 작업면으로부터 망의 설치지점까지의 수직거리는 10m를 초과하지 않도록 한다.
⑤ 용접, 용단 등으로 파손된 방망은 즉시 교체한다.
⑥ 추락방호망은 수평으로 설치하고, 망의 처짐은 짧은 변 길이의 12% 이상이 되도록 한다.
⑦ 건축물 등의 바깥쪽으로 설치하는 경우 망의 내민 길이는 벽면으로부터 3m 이상이 되도록 한다.

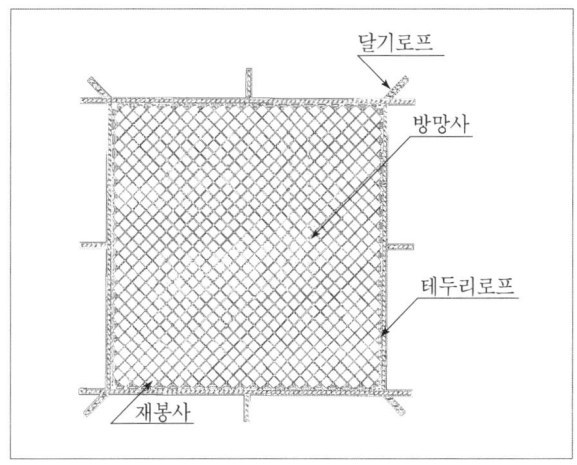

2 방망사의 강도

1) 추락방호망의 인장강도

( ) : 폐기기준 인장강도

그물코의 크기 (단위 : cm)	방망의 종류(단위 : kgf)	
	매듭 없는 방망	매듭방망
10	240(150)	200(135)
5	–	110(60)

2) 지지점의 강도
600kg의 외력에 견딜 수 있는 강도로 한다.

3) 인장강도
테두리로프, 달기로프 인장강도는 1,500kg 이상이어야 한다.

SECTION 13
낙하·비래재해의 위험방지 및 안전조치

1 정의

낙하·비래에 의한 재해란 물체가 위에서 떨어지거나, 다른 곳으로부터 날아와 작업자에게 맞음으로써 발생하는 재해를 말한다.

2 낙하 · 비래재해의 유형

① 고소에서의 거푸집 조립 및 해체작업 중 낙하
② 외부 비계 위에 올려놓은 자재가 낙하
③ 바닥자재 정리정돈 작업 중 자재 낙하
④ 인양장비를 사용하지 않고 인력으로 던지다 낙하 · 비래
⑤ 크레인으로 자재 운반 중 로프절단으로 낙하 등
⑥ 고속회전체의 파편, 견인 중이던 로프, 부속물의 비래

[낙하 · 비래재해 유형]

SECTION 14
낙하 · 비래재해의 발생원인

1 발생원인

① 높은 위치에 놓아둔 자재의 정리 상태가 불량
② 외부 비계 위에 불안전하게 자재를 적재
③ 구조물 단부 개구부에서 낙하가 우려되는 위험작업 실시
④ 작업바닥의 폭, 간격 등 구조가 불량
⑤ 자재를 반출할 때 투하설비 미설치
⑥ 크레인 자재인양 작업 시 와이어로프가 불량해 절단
⑦ 매달기 작업 시 결속방법이 불량

2 안전대책

① 외부비계, 갱폼(Gang Form) 작업발판 위 자재적치 금지
② 구조물 단부, 복공단부, 발단 단부 등에 발끝막이판 설치
③ 인양 전 Hook 해지장치 부착 확인
④ 중량물 인양 전 와이어로프, 슬링벨트의 안전율 및 폐기조건 검토
⑤ 주출입구 방호선반, 낙하물방지망 등 설치
⑥ 낙하 위험구간 출입금지구역 설정
⑦ 백호이용 중량물 운반 등 주용도 이외의 사용금지

SECTION 15
낙하 · 비래재해의 방호설비

1 낙하물 방지망

1) 정의

고소작업 시 재료나 공구 등의 낙하로 인한 피해를 방지하기 위해 벽체 및 비계 외부에 설치하는 망

2) 설치기준

① 첫 단은 가능한 한 낮게 설치하고, 설치간격은 높이 10m 이내
② 내민 길이는 벽면으로부터 2m 이상으로 할 것
③ 수평면과의 각도는 20° 이상 30° 이하를 유지할 것
④ 방지망의 가장자리는 테두리 로프를 그물코마다 엮어 긴결하며, 긴결재의 강도는 100kgf 이상
⑤ 방지망과 방지망 사이의 틈이 없도록 방지망의 겹침폭은 30cm 이상
⑥ 최하단의 방지망은 크기가 작은 못 · 볼트 · 콘크리트 덩어리 등의 낙하물이 떨어지지 못하도록 방지망 위에 그물코 크기가 0.3cm 이하인 망을 추가로 설치

2 낙하물 방호선반

1) 정의
고소작업 시 재료나 공구 등의 낙하로 인한 피해를 방지하기 위해 합판 또는 철판 등의 재료를 사용하여 비계 내측 및 비계 외측에 설치하는 설비

2) 종류
① 외부 비계용 방호선반 : 근로자, 보행자 통행 시 외부비계에 설치
② 출입구 방호선반 : 출입이 많은 출입구 상부에 설치
③ Lift 주변 방호선반 : 승객화물용 Lift 주변에 설치
④ 가설통로 방호선반 : 가설통로 상부에 설치하여 낙하재해 예방

3 수직보호망

수직보호망이란 비계 등 가설구조물의 외측면에 수직으로 설치하여 작업장소에서 낙하물 및 비래 등에 의한 재해를 방지할 목적으로 설치하는 보호망이다.

4 투하설비

투하설비란 높이 3m 이상인 장소에서 자재투하 시 재해를 예방하기 위하여 설치하는 설비를 말한다.

> **Key Point**
>
> 물체의 낙하 · 비래로 인한 근로자의 위험을 방지하기 위한 시설이나 대책을 3가지 쓰시오.
>
> 1. 낙하물 방지망 설치
> 2. 수직보호망 설치
> 3. 방호선반 설치
> 4. 출입금지구역 설정
> 5. 안전모 등 보호구 착용

SECTION 16
토사붕괴 위험성 및 안전조치

1 지반굴착 시 위험방지

1) 사전 조사사항
① 형상 · 지질 및 지층의 상태
② 균열 · 함수 · 용수 및 동결의 유무 또는 상태
③ 매설물 등의 유무 또는 상태
④ 지반의 지하수위 상태

> **Key Point**
>
> 지반 굴착 작업 시 보링 등의 방법으로 조사를 하여야 한다. 사전 조사사항 4가지를 쓰시오.
>
> 사전 조사사항 ①~④ 항목 선택

> **Key Point**
>
> 굴착작업 시 작업장소 등의 조사사항을 쓰시오.
>
> 사전 조사사항 ①~④ 항목 선택

2) 굴착면의 기울기 기준(제339조제1항 관련)

지반의 종류	굴착면의 기울기
모래	1 : 1.8
연암 및 풍화암	1 : 1.0
경암	1 : 0.5
그 밖의 흙	1 : 1.2

> **Key Point**
>
> 지반 굴착작업 시 준수해야 할 경사면의 기울기에 관한 다음의 내용을 보고 (   )에 해당하는 기울기를 쓰시오.
>
> | 지반의 종류 | 모래 | 연암 및 풍화암 | 경암 | 그 밖의 흙 |
> |---|---|---|---|---|
> | 기울기 | (①) | (②) | (③) | (④) |
>
> ① 1 : 1.8
> ② 1 : 1.0
> ③ 1 : 0.5
> ④ 1 : 1.2

2 지반의 붕괴 등에 의한 위험방지

1) 지반의 붕괴 또는 토석의 낙하위험시 안전조치
(안전보건규칙 제340조)

① 흙막이 지보공의 설치
② 방호망의 설치
③ 근로자의 출입금지
④ 비가 올 경우를 대비하여 측구를 설치하거나 굴착사면에 비닐보강

> **Key Point**
> 지반 굴착 작업 시 지반의 붕괴 또는 토석의 낙하에 의하여 근로자에게 위험을 미칠 우려가 있는 때의 조치사항 3가지를 쓰시오.

> **Key Point**
> 굴착작업 시 지반붕괴 위험이 있을 때 사업주가 조치할 사항 4가지를 쓰시오.

3 잠함 내 굴착작업 위험방지

1) 잠함 또는 우물통의 급격한 침하로 인한 위험방지
(안전보건규칙 제376조)

① 침하관계도에 따라 굴착방법 및 재하량 등을 정할 것
② 바닥으로부터 천장 또는 보까지의 높이는 1.8m 이상으로 할 것

2) 잠함·우물통·수직갱 등 내부에서의 작업기준
(안전보건규칙 제377조)

① 산소결핍의 우려가 있는 경우에는 산소의 농도를 측정하는 자를 지명하여 측정하도록 할 것
② 근로자가 안전하게 오르내리기 위한 설비를 설치할 것
③ 굴착 깊이가 20m를 초과하는 경우에는 해당 당해작업장소와 외부와의 연락을 위한 통신설비 등을 설치할 것
④ 산소농도 측정결과 산소의 결핍이 인정되거나 굴착 깊이가 20m를 초과하는 경우에는 송기를 위한 설비를 설치하여 필요한 양의 공기를 송급

3) 잠함 등 내부에서 굴착작업의 금지(안전보건규칙 제378조)

① 승강설비, 통신설비, 송기설비에 고장이 있는 경우
② 잠함 등의 내부에 다량의 물 등이 침투할 우려가 있는 경우

> **Key Point**
> 잠함·우물통·수직갱 기타 이와 유사한 건설물 또는 설비의 내부에서 굴착작업 시 준수사항 3가지를 쓰시오.
> 잠함·우물통·수직갱 등 내부에서의 작업기준 ①∼④ 항목 중 3가지 선택

> **Key Point**
> 잠함 등의 내부에서 굴착작업을 하는 경우 설치해야 할 설비의 종류를 3가지 쓰시오.
> 1. 근로자가 안전하게 오르내리기 위한 설비
> 2. 굴착 깊이가 20m를 초과하는 경우에는 해당 작업장소와 외부와의 연락을 위한 통신설비
> 3. 산소결핍이 인정되거나 굴착 깊이가 20m를 초과하는 경우에는 송기를 위한 설비

4 절토사면의 붕괴예방 점검내용

① 전 지표면의 답사
② 경사면 지층의 상황변화 확인
③ 부석의 상황변화 확인
④ 용수의 발생 유무 또는 용수량의 변화 확인
⑤ 결빙과 해빙에 대한 상황의 확인
⑥ 각종 경사면 보호공의 변위, 탈락 유무 확인
⑦ 점검시기 : 작업 전·중·후, 비온 후, 인접작업구역에서 발파한 경우

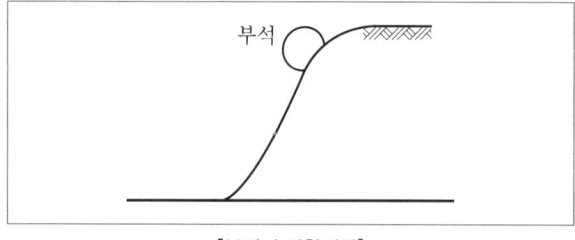

[부석의 상황변화]

> **Key Point**
>
> 절토사면의 붕괴방지를 위한 예방점검을 실시하는 경우 점검사항 3가지를 쓰시오
>
> 붕괴예방 점검내용 ①~⑥ 항목 중 3가지 선택

SECTION 17
토사붕괴 재해의 형태 및 발생원인

1 사면의 붕괴형태

① 사면 선단 파괴(Toe Failure)
② 사면 내 파괴(Slope Failure)
③ 사면 저부 파괴(Base Failure)

2 토석 붕괴의 원인

1) 외적 원인

① 사면, 법면의 경사 및 기울기의 증가
② 절토 및 성토 높이의 증가
③ 공사에 의한 진동 및 반복하중의 증가
④ 지표수 및 지하수의 침투에 의한 토사 중량의 증가
⑤ 지진 차량 구조물의 하중작용
⑥ 토사 및 암석의 혼합층 두께

2) 내적 원인

① 절토 사면의 토질, 암질
② 성토 사면의 토질구성 및 분포
③ 토석의 강도 저하

> **Key Point**
>
> 토석붕괴 원인의 외적 요인을 4가지만 쓰시오.
>
> 외적 원인 ①~⑥ 항목 중 4가지 선택

3 옹벽의 안정조건

1) 정의

옹벽이란 토사가 무너지는 것을 방지하기 위해 설치하는 토압에 저항하는 구조물로 자연사면의 절취 및 성토사면의 흙막이를 하여 부지의 활용도를 높이고 붕괴의 방지를 위해 설치

2) 옹벽의 안정조건

① 활동에 대한 안정 : $F_s = \dfrac{활동에\ 저항하려는\ 힘}{활동하려는\ 힘} \geq 1.5$

② 전도에 대한 안정 : $F_s = \dfrac{저항모멘트}{전도모멘트} \geq 2.0$

③ 기초지반의 지지력(침하)에 대한 안정 :
$F_s = \dfrac{지반의\ 극한지지력}{지반의\ 최대반력} \geq 3.0$

> **Key Point**
>
> 콘크리트 구조물로 옹벽을 축조할 경우, 필요한 안정조건을 3가지만 쓰시오.
>
> 활동, 전도, 지반지지력(침하)에 대한 안정

4 흙막이 지보공의 계측관리

1) 계측기의 종류

① 지표침하계 : 흙막이벽 배면에 동결심도보다 깊게 설치하여 지표면 침하량 측정
② 지중경사계 : 흙막이벽 배면에 설치하여 토류벽의 기울어짐 측정
③ 하중계 : Strut, Earth Anchor에 설치하여 축하중 측정으로 부재의 안정성 여부 판단
④ 간극수압계 : 굴착, 성토에 의한 간극수압의 변화 측정
⑤ 균열측정기 : 인접구조물, 지반 등의 균열부위에 설치하여 균열크기와 변화 측정
⑥ 변형계 : Strut, 띠장 등에 부착하여 굴착작업 시 구조물의 변형을 측정
⑦ 지하수위계 : 굴착에 따른 지하수위 변동을 측정

> **Key Point**
> 깊이 10.5m 이상의 굴착의 경우 흙막이 구조물의 안전을 예측하기 위해 설치하여야 하는 계측기기 3가지만 쓰시오.
>
> 계측기의 종류 중 지표침하계, 지중경사계, 하중계, 변형계, 지하수위계 중 3가지 선택

5 터널 굴착공사 위험방지

1) 작업계획서 포함내용(안전보건규칙 제38조)
① 굴착의 방법
② 터널지보공 및 복공의 시공방법과 용수의 처리방법
③ 환기 또는 조명시설을 설치할 때에는 그 방법

> **Key Point**
> 터널굴착 작업 시 시공계획에 포함되어야 할 사항을 2가지 쓰시오.
>
> 작업계획서 포함사항 ①~③ 항목 중 2가지 선택

2) 자동경보장치의 작업시작 전 점검사항(안전보건규칙 제350조)
① 계기의 이상 유무
② 검지부의 이상 유무
③ 경보장치의 작동상태

3) 터널지보공 수시 점검사항(안전보건규칙 제366조)
① 부재의 손상·변형·부식·변위 탈락의 유무 및 상태
② 부재의 긴압 정도
③ 부재의 접속부 및 교차부의 상태
④ 기둥침하의 유무 및 상태

> **Key Point**
> 터널지보공 굴착 작업 시 수시점검사항을 4가지 쓰시오.
>
> 터널지보공 수시점검사항 ①~④ 항목

SECTION 18
토사붕괴 시 조치사항

1 붕괴 조치사항

1) 동시작업의 금지
붕괴 토석의 최대 도달거리 내 굴착공사, 콘크리트 타설 등

2) 대피공간 확보
작업장 좌우에 피난통로 확보

3) 2차 재해 방지
붕괴면의 주변 상황을 충분히 확인하고 2중 안전조치를 강구

2 붕괴 예방조치

① 적절한 경사면의 기울기 계획(굴착면 기울기 기준 준수)
② 경사면의 기울기가 당초 계획과 차이 발생시 즉시 재검토하여 계획 변경
③ 활동할 가능성이 있는 토석은 제거
④ 경사면의 하단부에 압성토 등 보강공법으로 활동에 대한 저항대책 강구
⑤ 말뚝(강관, H형강, 철근콘크리트)을 타입하여 지반 강화
⑥ 지표수와 지하수의 침투를 방지

SECTION 19
경사로

1 작업통로의 종류 및 설치기준

1) 통로의 설치(안전보건규칙 제22조)
① 작업장으로 통하는 장소 또는 작업장 내에 근로자가 사용할 안전한 통로를 설치하고 항상 사용할 수 있는 상태로 유지할 것
② 통로의 주요 부분에는 통로표시를 하고, 근로자가 안전하게 통행할 수 있도록 할 것
③ 통로면으로부터 높이 2m 이내에는 장애물이 없도록 할 것

2) 가설통로(안전보건규칙 제23조)

① 견고한 구조로 할 것
② 경사는 30° 이하로 할 것. 다만, 계단을 설치하거나 높이 2미터 미만의 가설통로로서 튼튼한 손잡이를 설치한 경우에는 그러하지 아니할 것
③ 경사가 15°를 초과하는 경우에는 미끄러지지 아니하는 구조로 할 것
④ 추락할 위험이 있는 장소에는 안전난간을 설치할 것. 다만, 작업상 부득이한 경우에는 필요한 부분만 임시로 해체할 수 있음
⑤ 수직갱에 가설된 통로의 길이가 15m 이상인 경우에는 10m 이내마다 계단참을 설치할 것
⑥ 건설공사에 사용하는 높이 8m 이상인 비계다리에는 7m 이내마다 계단참을 설치할 것

Key Point
가설통로 설치 시 준수사항 6가지 중 5가지를 쓰시오.

3) 사다리식 통로(안전보건규칙 제24조)

① 견고한 구조로 할 것
② 재료는 심한 손상·부식 등이 없을 것
③ 발판의 간격은 동일하게 할 것
④ 발판과 벽과의 사이는 15cm 이상의 간격을 유지할 것
⑤ 폭은 30cm 이상으로 할 것
⑥ 사다리가 넘어지거나 미끄러지는 것을 방지하기 위한 조치를 할 것
⑦ 사다리의 상단은 걸쳐놓은 지점으로부터 60cm 이상 올라가도록 할 것
⑧ 사다리식 통로의 길이가 10m 이상인 경우에는 5m 이내마다 계단참을 설치할 것
⑨ 사다리식 통로의 기울기는 75° 이하로 할 것. 다만, 고정식 사다리식 통로의 기울기는 90° 이하로 하고 높이 7m 이상인 경우 바닥으로부터 높이가 2.5m 되는 지점부터 등받이울을 설치할 것
⑩ 접이식 사다리 기둥은 사용 시 접혀지거나 펼쳐지지 않도록 철물 등을 사용하여 견고하게 조치할 것

Key Point
산업안전기준상의 사다리식 통로의 설치기준 5가지를 쓰시오.

사다리식 통로 설치기준 ①~⑩ 항목 중 5가지 선택

2 경사로

1) 정의
경사로란 건설현장에서 상부 또는 하부로 재료운반이나 작업원이 이동할 수 있도록 설치된 통로로 경사가 30° 이내일 때 사용한다.

2) 사용 시 준수사항(가설공사 표준작업안전지침)

① 시공하중 또는 폭풍, 진동 등 외력에 대하여 안전하도록 설계하여야 한다.
② 경사로는 항상 정비하고 안전통로를 확보하여야 한다.
③ 비탈면의 경사각은 30° 이내로 하고 미끄럼막이를 설치한다.
④ 경사로의 폭은 최소 90cm 이상이어야 한다.
⑤ 높이 7m 이내마다 계단참을 설치하여야 한다.
⑥ 추락방지용 안전난간을 설치하여야 한다.
⑦ 목재는 미송, 육송 또는 그 이상의 재질을 가진 것이어야 한다.
⑧ 경사로 지지기둥은 3m 이내마다 설치하여야 한다.
⑨ 발판은 폭 40cm 이상으로 하고, 틈은 3cm 이내로 설치하여야 한다.
⑩ 발판이 이탈하거나 한쪽 끝을 밟으면 다른 쪽이 들리지 않게 장선에 결속하여야 한다.
⑪ 결속용 못이나 철선이 발에 걸리지 않아야 한다.

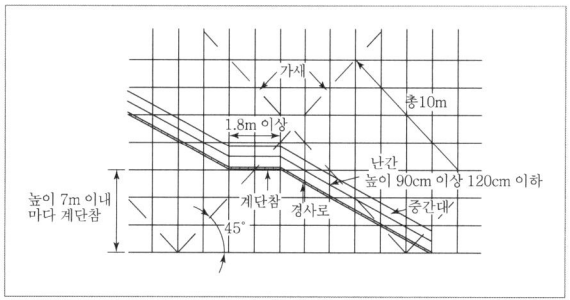

[경사로 계단참 설치]

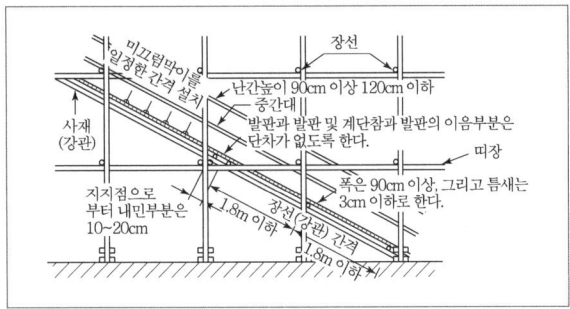

[미끄럼막이 설치 등]

SECTION 20
가설계단

1 정의

작업장에서 근로자가 사용하기 위한 계단식 통로로 경사는 35°가 적정

2 설치기준(안전보건규칙 제26조~제30조)

1) 강도

① 계단 및 계단참을 설치하는 때에는 500kg/m² 이상의 하중에 견딜 수 있는 강도를 가진 구조
② 안전율 4 이상(안전율 = $\dfrac{재료의\ 파괴응력도}{재료의\ 허용응력도} > 4$)
③ 계단 및 승강구바닥을 구멍이 있는 재료로 만들 때에는 렌치, 기타 공구 등이 낙하할 위험이 없는 구조

2) 폭

폭은 1m 이상, 계단에는 손잡이 외의 다른 물건 등을 설치 또는 적재 금지

3) 계단참의 높이

높이가 3m를 초과하는 계단에는 높이 3m 이내마다 너비 1.2m 이상의 계단참을 설치

4) 천장의 높이

바닥 면으로부터 높이 2m 이내의 공간에 장애물이 없도록 할 것

5) 계단의 난간

높이 1m 이상인 계단의 개방된 측면에는 안전난간을 설치

Key Point

다음의 계단과 계단참에 관한 안전기준이다. ( )에 맞는 내용을 쓰시오.

사업주는 계단 및 계단참을 설치할 때에는 매제곱미터당 (①) kg 이상의 하중에 견딜 수 있는 강도를 가진 구조로 설치하여야 하며, 안전율은 (②) 이상으로 하여야 한다. 높이가 3m를 초과하는 계단에는 높이 (③)m 이내마다 너비 (④)m 이상의 계단참을 설치하여야 한다.

① 500 ② 4 ③ 3 ④ 1.2

SECTION 21
사다리식 통로

1 정의

사다리통로란 경사도 60° 이상의 통로 형태를 말하며, 75°가 가장 적정하며 움직임이 없이 견고하게 설치하여 사용해야 한다.

2 이동식 사다리의 구조기준(안전보건규칙에서 삭제됨)

사다리식 통로(안전보건규칙 제24조) 참조

3 사다리기둥의 구조기준(안전보건규칙에서 삭제됨)

사다리식 통로(안전보건규칙 제24조) 참조

SECTION 22 사다리

1 종류 및 설치기준(가설공사 표준작업안전지침)

1) 고정사다리
① 90° 수직이 가장 적합
② 경사를 둘 필요가 있는 경우 수직면으로부터 15° 초과하지 말 것

2) 옥외용 사다리
① 철재를 원칙
② 길이가 10m 이상인 때에는 5m 이내의 간격으로 계단참 설치
③ 사다리 전면의 사방 75cm 이내에는 장애물이 없을 것

3) 목재 사다리
① 재질은 건조된 것으로 옹이, 갈라짐, 흠 등의 결함이 없고 곧은 것
② 수직재와 발 받침대는 장부촉 맞춤으로 하고 사개를 파서 제작
③ 발 받침대의 간격은 25~35cm
④ 이음 또는 맞춤부분은 보강
⑤ 벽면과의 이격거리는 20cm 이상

4) 이동식 사다리
① 길이가 6m를 초과금지
② 다리의 벌림은 벽 높이의 1/4 정도가 적당
③ 벽면 상부로부터 최소한 60cm 이상의 연장길이가 확보

SECTION 23 통로발판

1 작업발판의 최대적재하중(안전보건규칙 제55조)

1) 비계의 구조 및 재료에 따라 작업발판의 최대적재하중을 정하고 이를 초과하여 싣지 않을 것

2) 달비계의 안전계수

구분		안전계수
달기와이어로프 및 달기강선		10 이상
달기체인 및 달기훅		5 이상
달기강대와 달비계의 하부 및 상부지점	강재	2.5 이상
	목재	5 이상

2 작업발판의 구조(안전보건규칙 제56조)

① 발판재료는 작업할 때의 하중을 견딜 수 있도록 견고한 것으로 할 것
② 작업발판의 폭은 40cm 이상으로 하고, 발판재료 간의 틈은 3cm 이하로 할 것
③ 추락의 위험성이 있는 장소에는 안전난간을 설치할 것(작업의 성질상 안전난간을 설치하는 것이 곤란한 때 및 작업의 필요상 임시로 안전난간을 해체함에 있어서 추락방호망을 치거나 근로자로 하여금 안전대를 사용하도록 하는 등 추락에 의한 위험방지조치를 한 때에는 제외)
④ 작업발판의 지지물은 하중에 의하여 파괴될 우려가 없는 것을 사용할 것
⑤ 작업발판재료는 뒤집히거나 떨어지지 않도록 둘 이상의 지지물에 연결하거나 고정시킬 것
⑥ 작업발판을 작업에 따라 이동시킬 경우에는 위험방지에 필요한 조치를 할 것

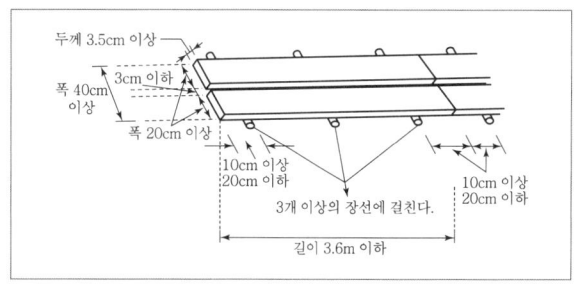

[작업발판의 구조]

SECTION 24
비계의 종류 및 설치 시 준수사항

1 가설공사의 정의

① 가설공사란 본공사를 위해 일시적으로 행하여지는 시설 및 설비로 공사가 완료되면 해체·철거되는 임시적인 공사이다.
② 비계란 고소구간에 부재를 설치하거나 해체·도장·미장 등의 작업을 위해 설치하는 가설구조물이다.

2 가설재의 3요소(비계의 구비요건)

1) 안전성
파괴, 무너짐 및 동요에 대한 충분한 강도를 가질 것

2) 작업성
통행과 작업에 방해가 없는 넓은 작업발판과 넓은 작업공간을 확보

3) 경제성
가설 및 철거가 신속하고 용이할 것

> **Key Point**
>
> 비계의 3요소를 쓰시오.
>
> 1. 안전성
> 2. 작업성
> 3. 경제성

3 가설구조물의 특성

① 적은 양의 연결재를 사용한 구조가 될 수 있다.
② 부재의 결합이 간단하나 불완전 결합이 많다.
③ 구조물이라는 통상의 개념이 확고하지 않아 조립의 정밀도가 낮다.
④ 부재는 과소단면이거나 결함이 있는 재료를 사용하기 쉽다.
⑤ 전체구조에 대한 구조계산 기준이 부족하다.

> **Key Point**
>
> 가설구조물의 특징을 4가지로 구분하여 쓰시오.
>
> ①~⑤ 항목 중 4가지 선택

4 달비계 또는 높이 5m 이상의 비계를 조립·해체 및 변경 시 조치사항(안전보건규칙 제57조)

① 관리감독자의 지휘에 따라 작업하도록 할 것
② 조립·해체 또는 변경의 시기·범위 및 절차를 그 작업에 종사하는 근로자에게 주지시킬 것
③ 조립·해체 또는 변경 작업구역에는 해당 작업에 종사하는 근로자가 아닌 사람의 출입을 금지하고 그 내용을 보기 쉬운 장소에 게시할 것
④ 비, 눈, 그 밖의 기상상태의 불안정으로 날씨가 몹시 나쁜 경우에는 그 작업을 중지시킬 것
⑤ 비계재료의 연결·해체작업을 하는 경우에는 폭 20cm 이상의 발판을 설치하고 근로자로 하여금 안전대를 사용하도록 하는 등 추락을 방지하기 위한 조치를 할 것
⑥ 재료·기구 또는 공구 등을 올리거나 내리는 경우에는 근로자가 달줄 또는 달포대 등을 사용하게 할 것

> **Key Point**
>
> 높이 5m 이상의 비계를 조립해체하는 작업에서 사업주가 준수해야 할 사항 3가지를 쓰시오.
>
> ①~⑥ 항목 중 3가지 선택

5 비계의 점검 보수(안전보건규칙 제58조)

1) 시기

① 비·눈 그 밖의 기상상태의 불안정으로 인하여 날씨가 몹시 나빠서 작업을 중지시킨 후
② 비계를 조립·해체하거나 또는 변경한 후 그 비계에서 작업을 하는 때
③ 작업시작 전에 비계를 점검하고 이상을 발견한 때에는 즉시 보수하여야 함

2) 점검사항

① 발판재료의 손상 여부 및 부착 또는 걸림상태
② 해당 비계의 연결부 또는 접속부의 풀림상태
③ 연결재료 및 연결철물의 손상 또는 부식상태
④ 손잡이의 탈락 여부
⑤ 기둥의 침하·변형·변위 또는 흔들림 상태
⑥ 로프의 부착상태 및 매단 장치의 흔들림 상태

> **Key Point**
>
> 폭풍, 폭우 및 폭설 등의 악천후로 인하여 작업을 중지시킨 후 또는 비계를 조립해체하거나 또는 변경한 후 작업재개 시 작업시작 전 점검항목을 구체적으로 4가지 쓰시오.
>
> 점검사항 ①~⑥ 항목 중 4가지 선택

6 비계에 의한 재해발생 원인

1) 비계의 무너짐 및 파괴

① 비계, 발판 또는 지지대의 파괴
② 비계, 발판의 탈락 또는 그 지지대의 변위, 변형
③ 풍압
④ 지주의 좌굴(Buckling)

2) 비계에서의 추락 및 낙하물

① 부재의 파손, 탈락 또는 변위
② 작업 중 넘어짐, 미끄러짐, 헛디딤 등

> **Key Point**
>
> 비계의 무너짐 및 파괴에 의한 재해발생원인 4가지를 쓰시오.

7 비계의 종류 및 설치기준

1) 강관비계

(1) 정의

고소작업을 위해 구조물의 외벽을 따라 설치한 가설물로 강관(ϕ48.6mm)을 현장에서 연결철물이나 이음철물을 이용하여 조립한 비계

(2) 조립 시 준수사항(안전보건규칙 제59조)

① 비계기둥에는 미끄러지거나 침하하는 것을 방지하기 위하여 밑받침철물을 사용하거나 깔판·깔목 등을 사용하여 밑둥잡이를 설치하는 등의 조치를 할 것
② 강관의 접속부 또는 교차부는 적합한 부속철물을 사용하여 접속하거나 단단히 묶을 것
③ 교차가새로 보강할 것
④ 외줄비계·쌍줄비계 또는 돌출비계에 대해서는 다음 각목의 정하는 바에 따라 벽이음 및 버팀을 설치할 것
  ㉠ 강관비계의 조립간격은 아래의 기준에 적합하도록 할 것

강관비계의 종류	조립간격(단위 : m)	
	수직방향	수평방향
단관비계	5	5
틀비계 (높이가 5m 미만의 것을 제외한다.)	6	8

  ㉡ 강관·통나무 등의 재료를 사용하여 견고한 것으로 할 것
  ㉢ 인장재와 압축재로 구성되어 있는 때에는 인장재와 압축재의 간격을 1m 이내로 할 것
⑤ 가공전로에 근접하여 비계를 설치하는 경우에는 가공전로를 이설하거나 가공전로에 절연용 방호구를 장착하는 등 가공전로와의 접촉을 방지하기 위한 조치를 할 것

(3) 강관비계의 구조(안전보건규칙 제60조)(가설공사 표준작업 안전지침)

구분	준수사항
비계기둥의 간격	① 띠장방향에서 1.85m 이하 ② 장선방향에서는 1.5m 이하
띠장간격	띠장은 2m 이하로 설치
강관보강	비계 기둥의 최고부로부터 31m 되는 지점 밑부분의 비계 기둥은 2본의 강관으로 묶어 세울 것
적재하중	비계 기둥 간 적재하중 : 400kg을 초과하지 않도록 할 것
벽연결	① 수직방향에서 5m 이하 ② 수평방향에서 5m 이하
비계기둥 이음	① 겹침이음을 하는 경우 1m 이상 겹쳐대고 2개소 이상 결속 ② 맞댄이음을 하는 경우 쌍 기둥틀로 하거나 1.8m 이상의 덧댐목을 대고 4개소 이상 결속

장선간격	1.5m 이하
가새	① 기둥간격 10m 이내마다 45° 각도의 처마방향으로 기둥 및 띠장에 결속 ② 모든 비계기둥은 가새에 결속
작업대	작업대에는 안전난간을 설치
작업대 위의 공구, 재료 등	낙하물 방지조치

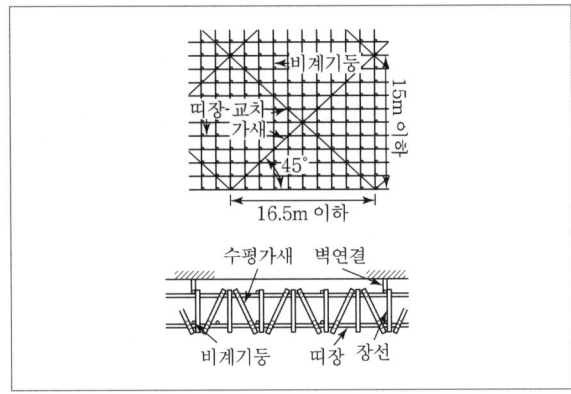

[수직 및 수평가새 설치]

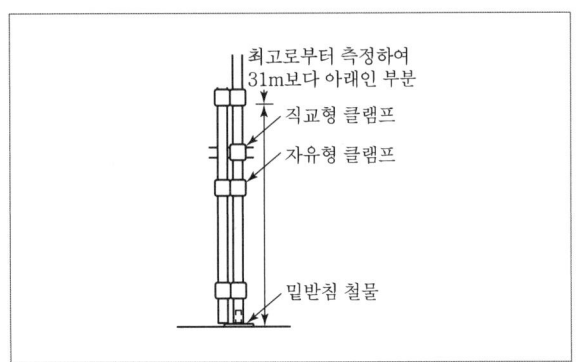

[비계기둥 31m 이상일 때 강관보강]

Key Point

강관비계조립 시 준수해야 할 사항을 4가지 쓰시오

조립 시 준수사항 ①~⑤ 항목 중 4가지 선택

2) 강관틀비계

(1) 강관틀비계의 구조(안전보건규칙 제62조)(가설공사 표준작업안전지침)

구분	준수사항
비계기둥의 밑둥	① 밑받침철물을 사용 ② 고저차가 있는 경우에는 조절형 밑받침철물을 사용하여 수평 및 수직유지
주틀 간 간격	높이가 20미터를 초과하거나 중량물의 적재를 수반하는 작업을 할 경우에는 주틀 간의 간격 1.8m 이하
가새 및 수평재	주틀 간에 교차가새를 설치하고 최상층 및 5층 이내마다 수평재를 설치할 것
벽이음	① 수직방향에서 6m 이내 ② 수평방향에서 8m 이내
버팀기둥	길이가 띠장방향에서 4m 이하이고 높이가 10m를 초과하는 경우에는 10m 이내마다 띠장방향으로 버팀기둥을 설치할 것
적재하중	비계 기둥 간 적재하중 : 400kg 초과하지 않도록 할 것
높이 제한	40m 이하

3) 달비계

달비계란 와이어로프, 체인, 강재, 철선 등의 재료로 상부지점에서 작업용 널판을 매다는 형식의 비계이다.

4) 말비계

(1) 정의

비교적 천장높이가 낮은 실내에서 보통 마무리 작업에 사용되는 것으로 종류에는 각립비계와 안장비계가 있다.

(2) 조립 시 준수사항(안전보건규칙 제67조)

① 지주부재의 하단에는 미끄럼 방지장치를 하고, 근로자가 양측 끝부분에 올라서서 작업하지 않도록 할 것
② 지주부재와 수평면과의 기울기를 75° 이하로 하고, 지주부재와 지주부재 사이를 고정시키는 보조부재를 설치할 것
③ 말비계의 높이가 2m를 초과할 경우에는 작업발판의 폭을 40cm 이상으로 할 것

[각립비계]   [안장비계]

🗝️ Key Point

산업안전보건법상 말비계를 조립하여 사용할 경우 준수해야 할 사항을 3가지 쓰시오.

조립 시 준수사항 ①~③ 항목 선택

5) 이동식 비계

(1) 정의

옥외의 낮은 장소 또는 실내의 부분적인 장소에서 작업할 때 이용하며 탑 형식의 비계를 조립하여 기둥 밑에 바퀴를 부착하여 이동하면서 작업할 수 있는 비계

(2) 조립 시 준수사항(안전보건규칙 제68조)

① 이동식비계의 바퀴에는 뜻밖의 갑작스러운 이동 또는 전도를 방지하기 위하여 브레이크·쐐기 등으로 바퀴를 고정시킨 다음 비계의 일부를 견고한 시설물에 고정하거나 아웃트리거(outrigger)를 설치하는 등 필요한 조치를 할 것
② 승강용 사다리는 견고하게 설치할 것
③ 비계의 최상부에서 작업을 하는 경우에는 안전난간을 설치할 것
④ 작업발판은 항상 수평을 유지하고 작업발판 위에서 안전난간을 딛고 작업을 하거나 받침대 또는 사다리를 사용하여 작업하지 않도록 할 것
⑤ 작업발판의 최대적재하중은 250kg을 초과하지 않도록 할 것

[이동식 비계 설치 예]

SECTION 25
거푸집 동바리 조립 시 준수사항

1 구조검토 시 고려하여야 할 하중

1) 종류

① 연직방향하중 : 타설 콘크리트 고정하중, 타설시 충격하중 및 작업원 등의 작업하중
② 횡방향하중 : 작업 시 진동, 충격, 풍압, 유수압, 지진 등
③ 콘크리트 측압 : 콘크리트가 거푸집을 안쪽에서 밀어내는 압력
④ 특수하중 : 시공 중 예상되는 특수한 하중(콘크리트 편심하중 등)

2) 거푸집 동바리의 연직방향 하중

(1) 계산식

$$W = 고정하중 + 활하중$$
$$= (콘크리트 + 거푸집)중량 + (충격 + 작업)하중$$
$$= \gamma \cdot t + 40\text{kg/m}^2 + 250\text{kg/m}^2$$

여기서, γ : 철근콘크리트 단위중량(kg/m^3),
t : 슬래브 두께(m)

(2) 고정하중

철근콘크리트와 거푸집의 중량을 합한 하중이며 거푸집 하중은 최소 40kg/m² 이상 적용, 특수 거푸집의 경우 실제 중량 적용

(3) 활하중

작업원, 경량의 장비하중, 기타 콘크리트에 필요한 자재 및 공구 등의 시공하중 및 충격하중을 포함하며 구조물의 수평투영면적(연직방향으로 투영시킨 수평면적)당 최소 250kg/m² 이상 적용

(4) 상기 고정하중과 활하중을 합한 수직하중은 슬래브 두께에 관계없이 500kg/m² 이상으로 적용

> **Key Point**
>
> 거푸집에 작용하는 하중 중에서 작업하중에 관하여 간략히 설명하시오.
>
> 거푸집 작업 중에 발생하는 작업원(근로자)이나 타설중량 등에 의한 하중으로 일반적으로 150kg/m²으로 계산한다.

2 동바리 조립 시의 안전조치 (안전보건규칙 제332조)

사업주는 동바리를 조립하는 경우에는 하중의 지지상태를 유지할 수 있도록 다음 각 호의 사항을 준수해야 한다.

① 받침목이나 깔판의 사용, 콘크리트 타설, 말뚝박기 등 동바리의 침하를 방지하기 위한 조치를 할 것
② 동바리의 상하 고정 및 미끄러짐 방지 조치를 할 것
③ 상부·하부의 동바리가 동일 수직선상에 위치하도록 하여 깔판·받침목에 고정시킬 것
④ 개구부 상부에 동바리를 설치하는 경우에는 상부하중을 견딜 수 있는 견고한 받침대를 설치할 것
⑤ U헤드 등의 단판이 없는 동바리의 상단에 멍에 등을 올릴 경우에는 해당 상단에 U헤드 등의 단판을 설치하고, 멍에 등이 전도되거나 이탈되지 않도록 고정시킬 것
⑥ 동바리의 이음은 같은 품질의 재료를 사용할 것
⑦ 강재의 접속부 및 교차부는 볼트·클램프 등 전용철물을 사용하여 단단히 연결할 것
⑧ 거푸집의 형상에 따른 부득이한 경우를 제외하고는 깔판이나 받침목은 2단 이상 끼우지 않도록 할 것
⑨ 깔판이나 받침목을 이어서 사용하는 경우에는 그 깔판·받침목을 단단히 연결할 것

3 동바리 유형에 따른 동바리 조립 시의 안전조치 (안전보건규칙 제332조의2)

사업주는 동바리를 조립할 때 동바리의 유형별로 다음 각 호의 구분에 따른 각 목의 사항을 준수해야 한다.

1) 동바리로 사용하는 파이프 서포트의 경우
① 파이프 서포트를 3개 이상 이어서 사용하지 않도록 할 것
② 파이프 서포트를 이어서 사용하는 경우에는 4개 이상의 볼트 또는 전용철물을 사용하여 이을 것
③ 높이가 3.5미터를 초과하는 경우에는 높이 2미터 이내마다 수평연결재를 2개 방향으로 만들고 수평연결재의 변위를 방지할 것

2) 동바리로 사용하는 강관틀의 경우
① 강관틀과 강관틀 사이에 교차가새를 설치할 것
② 최상단 및 5단 이내마다 동바리의 측면과 틀면의 방향 및 교차가새의 방향에서 5개 이내마다 수평연결재를 설치하고 수평연결재의 변위를 방지할 것
③ 최상단 및 5단 이내마다 동바리의 틀면의 방향에서 양단 및 5개틀 이내마다 교차가새의 방향으로 띠장틀을 설치할 것

3) 동바리로 사용하는 조립강주의 경우 : 조립강주의 높이가 4미터를 초과하는 경우에는 높이 4미터 이내마다 수평연결재를 2개 방향으로 설치하고 수평연결재의 변위를 방지할 것

4) 시스템 동바리(규격화·부품화된 수직재, 수평재 및 가새재 등의 부재를 현장에서 조립하여 거푸집을 지지하는 지주 형식의 동바리를 말한다)의 경우
① 수평재는 수직재와 직각으로 설치해야 하며, 흔들리지 않도록 견고하게 설치할 것
② 연결철물을 사용하여 수직재를 견고하게 연결하고, 연결부위가 탈락 또는 꺾어지지 않도록 할 것
③ 수직 및 수평하중에 대해 동바리의 구조적 안정성이 확보되도록 조립도에 따라 수직재 및 수평재에는 가새재를 견고하게 설치할 것

④ 동바리 최상단과 최하단의 수직재와 받침철물은 서로 밀착되도록 설치하고 수직재와 받침철물의 연결부의 겹침길이는 받침철물 전체길이의 3분의 1 이상 되도록 할 것

5) 보 형식의 동바리[강제 갑판(steel deck), 철재트러스 조립 보 등 수평으로 설치하여 거푸집을 지지하는 동바리를 말한다]의 경우
① 접합부는 충분한 걸침 길이를 확보하고 못, 용접 등으로 양끝을 지지물에 고정시켜 미끄러짐 및 탈락을 방지할 것
② 양끝에 설치된 보 거푸집을 지지하는 동바리 사이에는 수평연결재를 설치하거나 동바리를 추가로 설치하는 등 보 거푸집이 옆으로 넘어지지 않도록 견고하게 할 것
③ 설계도면, 시방서 등 설계도서를 준수하여 설치할 것

4 조립·해체 등 작업 시의 준수사항
(안전보건규칙 제333조)

1) 사업주는 기둥·보·벽체·슬래브 등의 거푸집 및 동바리를 조립하거나 해체하는 작업을 하는 경우에는 다음 각 호의 사항을 준수해야 한다.
① 해당 작업을 하는 구역에는 관계 근로자가 아닌 사람의 출입을 금지할 것
② 비, 눈, 그 밖의 기상상태의 불안정으로 날씨가 몹시 나쁜 경우에는 그 작업을 중지할 것
③ 재료, 기구 또는 공구 등을 올리거나 내리는 경우에는 근로자로 하여금 달줄·달포대 등을 사용하도록 할 것
④ 낙하·충격에 의한 돌발적 재해를 방지하기 위하여 버팀목을 설치하고 거푸집 및 동바리를 인양장비에 매단 후에 작업을 하도록 하는 등 필요한 조치를 할 것

2) 사업주는 철근조립 등의 작업을 하는 경우에는 다음 각 호의 사항을 준수하여야 한다.
① 양중기로 철근을 운반할 경우에는 두 군데 이상 묶어서 수평으로 운반할 것
② 작업 위치의 높이가 2미터 이상일 경우에는 작업발판을 설치하거나 안전대를 착용하게 하는 등 위험 방지를 위하여 필요한 조치를 할 것

🔑 Key Point

철근조립 등의 작업을 하는 경우 준수사항 2가지를 쓰시오.

철근조립 등의 작업을 하는 경우 준수사항 1)~2) 항목 2가지 작성

5 거푸집에 사용되는 재료

1) 목제 거푸집(Wooden Form)
(1) 장점
① 가공이 쉽고 적당한 보온성이 유지된다.
② 재료의 신축성이 적으며 정밀도가 높은 시공이 가능하다.
(2) 단점
① 내부성이 불충분하다.
② 표면이 손상되기 쉽다.

2) 강제 거푸집(Steel Form)
(1) 장점
① 강성이 크고 정밀도가 높다.
② 전용성이 우수하다.
③ 수밀성이 좋으며 강도가 크다.
④ 평면이 평활한 콘크리트가 된다.
(2) 단점
① 녹물에 의해 콘크리트가 오염될 가능성이 있다.
② 중량이 무거워 취급에 불편하다.
③ 재료비가 고가이므로 초기 투자율이 높다.
④ 열전도율이 높아 한중·서중 작업에는 불리하다.

🔑 Key Point

거푸집에 사용되는 재료에 해당하는 금속재 패널의 장단점을 쓰시오.

강제 거푸집의 장단점을 작성

3) 플라스틱제 거푸집(FRP Form)

(1) 특징

① 가볍고 내식성이 우수하다.
② 콘크리트 마감면이 깨끗하다.
③ 50회 이상 사용이 가능하다.

SECTION 26
콘크리트 타설 작업의 안전조치

1 콘크리트의 타설작업 (안전보건규칙 제334조)

사업주는 콘크리트 타설작업을 하는 경우에는 다음 각 호의 사항을 준수해야 한다.

① 당일의 작업을 시작하기 전에 해당 작업에 관한 거푸집 및 동바리의 변형·변위 및 지반의 침하 유무 등을 점검하고 이상이 있으면 보수할 것
② 작업 중에는 감시자를 배치하는 등의 방법으로 거푸집 및 동바리의 변형·변위 및 침하 유무 등을 확인해야 하며, 이상이 있으면 작업을 중지하고 근로자를 대피시킬 것
③ 콘크리트 타설작업 시 거푸집 붕괴의 위험이 발생할 우려가 있으면 충분한 보강조치를 할 것
④ 설계도서상의 콘크리트 양생기간을 준수하여 거푸집 및 동바리를 해체할 것
⑤ 콘크리트를 타설하는 경우에는 편심이 발생하지 않도록 골고루 분산하여 타설할 것

2 콘크리트 타설장비 사용 시의 준수사항
(안전보건규칙 제335조)

사업주는 콘크리트 타설작업을 하기 위하여 콘크리트 플레이싱 붐(placing boom), 콘크리트 분배기, 콘크리트 펌프카 등(이하 이 조에서 "콘크리트타설장비"라 한다)을 사용하는 경우에는 다음 각 호의 사항을 준수해야 한다.

① 작업을 시작하기 전에 콘크리트타설장비를 점검하고 이상을 발견하였으면 즉시 보수할 것
② 건축물의 난간 등에서 작업하는 근로자가 호스의 요동·선회로 인하여 추락하는 위험을 방지하기 위하여 안전난간 설치 등 필요한 조치를 할 것
③ 콘크리트타설장비의 붐을 조정하는 경우에는 주변의 전선 등에 의한 위험을 예방하기 위한 적절한 조치를 할 것
④ 작업 중에 지반의 침하나 아웃트리거 등 콘크리트타설장비 지지구조물의 손상 등에 의하여 콘크리트타설장비가 넘어질 우려가 있는 경우에는 이를 방지하기 위한 적절한 조치를 할 것

Key Point

콘크리트 타설작업 시 준수해야 할 사항을 2가지 쓰시오

①∼⑤ 항목 중 2가지 선택

3 콘크리트 측압

1) 정의

측압(Lateral Pressure)이란 콘크리트 타설 시 기둥·벽체의 거푸집에 가해지는 콘크리트의 수평방향의 압력으로 콘크리트의 타설 높이가 증가함에 따라 측압은 증가하나, 일정높이 이상이 되면 측압은 감소한다.

2) 측압이 커지는 조건

① 거푸집 부재단면이 클수록
② 거푸집 수밀성이 클수록
③ 거푸집의 강성이 클수록
④ 거푸집 표면이 평활할수록
⑤ 시공연도(Workability)가 좋을수록
⑥ 철골 또는 철근량이 적을수록
⑦ 외기온도가 낮을수록 습도가 높을수록
⑧ 콘크리트의 타설속도가 빠를수록
⑨ 콘크리트의 다짐이 좋을수록
⑩ 콘크리트의 Slump가 클수록
⑪ 콘크리트의 비중이 클수록

> **Key Point**
>
> 콘크리트 타설작업 시 거푸집의 측압에 영향을 미치는 요인을 5가지 쓰시오.
>
> 1. 콘크리트의 시공연도(슬럼프)가 클수록 측압이 크다.
> 2. 콘크리트의 부어넣기 속도가 빠를수록 측압이 크다.
> 3. 콘크리트의 다지기가 좋을수록 측압이 크다.
> 4. 온도가 낮을수록 측압이 크다.
> 5. 벽 두께가 클수록 측압이 크다.

> **Key Point**
>
> 측압이 생기기 쉬운 조건을 5가지 쓰시오.
>
> 1. 거푸집 부재단면 : 클수록 측압이 크다.
> 2. 거푸집 수밀성 : 클수록 측압이 크다.
> 3. 거푸집의 강성 : 클수록 측압이 크다.
> 4. 거푸집 표면 : 평활할수록 측압이 크다.
> 5. 외기의 온도, 습도 : 온도는 낮을수록 습도는 높을수록 측압이 크다.
> 6. 철골 또는 철근량 : 적을수록 측압이 크다.
> 7. 거푸집의 강성 : 클수록 측압이 크다.

SECTION 27 해체작업의 안전

1 해체공법 선정 시 고려사항

① 해체 대상물의 구조
② 해체 대상물의 부재단면 및 높이
③ 부지 내 작업용 공지
④ 부지 주변의 도로상황 및 환경
⑤ 해체공법의 경제성·작업성·안정성 등

> **Key Point**
>
> 해체공법 선정시 사전에 고려해야 할 사항을 3가지 쓰시오.
>
> ①~⑤ 항목 중 3가지 선택

2 해체작업의 안전

1) 해체 작업계획서 포함사항(안전보건규칙 제38조)

① 해체의 방법 및 해체순서 도면
② 가설설비, 방호설비, 환기설비 및 살수·방화설비 등의 방법
③ 사업장 내 연락방법
④ 해체물의 처분계획
⑤ 해체작업용 기계·기구 등의 작업계획서
⑥ 해체작업용 화약류 등의 사용계획서
⑦ 기타 안전·보건에 관련된 사항

> **Key Point**
>
> 건물의 해체작업 시 해체계획에 포함되어야 하는 사항을 4가지 쓰시오.
>
> ①~⑦ 항목 중 4가지 선택

2) 해체공사 시 안전대책

① 작업구역 내에는 관계자 외 출입금지
② 강풍, 폭우, 폭설 등 악천후 시 작업 중지
③ 사용기계, 기구 등을 인양하거나 내릴 때 그물망 또는 그물포 등을 사용
④ 전도 작업 시 작업자 이외의 다른 작업자 대피상태 확인 후 전도
⑤ 파쇄공법의 특성에 따라 방진벽, 비산 차단벽, 살수시설 설치
⑥ 작업자 상호 간 신호규정 준수
⑦ 해체 작업 시 적정한 위치에 대피소 설치
⑧ 작업 시 위험 부분에 작업자가 머무르는 것은 특히 위험하며, 해체장비 주위 4m 안에 접근을 금지함

3) 해체 장비와 해체물 사이의 안전거리(L)

① 힘으로 무너뜨리거나, 쳐서 무너뜨리는 경우 : $L \geq 0.5H$ (H=해체건물의 높이)
② 끌어당겨 무너뜨리는 경우 : $L \geq 1.5H$

산업안전기사 실기 ENGINEER INDUSTRIAL SAFETY

PART 07

보호장구

CHAPTER 01 호흡용 보호구
CHAPTER 02 보안경
CHAPTER 03 기타보호장구

CHAPTER 01 호흡용 보호구

SECTION 01 보호구 선택 시 유의사항

1 보호구의 정의

① 보호구란 산업재해 예방을 위해 작업자 개인이 착용하고 작업하는 보조 장구로서 유해·위험상황에 따라 발생할 수 있는 재해를 예방하거나 그 유해·위험의 영향이나 재해의 정도를 감소시키기 위한 것

② 보호구에 완전히 의존하여 기계·기구 설비의 보완이나 작업환경개선을 소홀히 해서는 안 되며, 보호구는 어디까지나 보조수단으로 착용함을 원칙으로 해야 한다.

2 보호구 선택 시 유의사항

① 사용목적에 적합할 것
② 안전인증에 합격하고 성능이 보장되는 것
③ 작업에 방해가 되지 않을 것
④ 착용이 쉽고 크기 등이 사용자에게 편리할 것

SECTION 02 보호구 구비조건

1 보호구가 갖추어야 할 구비요건

① 착용이 간편할 것
② 작업에 방해를 주지 않을 것
③ 유해·위험요소에 대한 방호가 확실할 것
④ 재료의 품질이 우수할 것
⑤ 외관상 보기가 좋을 것
⑥ 구조 및 표면가공이 우수할 것

2 보호구 선정 시 유의사항

① 사용목적에 적합할 것
② 검정에 합격하고 성능이 보장되는 것
③ 작업에 방해가 되지 않을 것
④ 착용이 쉽고 크기 등이 사용자에게 편리할 것

3 보호구 안전인증

1) 안전인증 대상 보호구

① 추락 및 감전 위험방지용 안전모
② 안전화
③ 안전장갑
④ 방진마스크
⑤ 방독마스크
⑥ 송기마스크
⑦ 전동식 호흡보호구
⑧ 보호복
⑨ 안전대
⑩ 차광 및 비산물 위험방지용 보안경
⑪ 용접용 보안면
⑫ 방음용 귀마개 또는 귀덮개

> **Key Point**
>
> 산업안전보건법상 안전인증대상 보호구를 5가지 쓰시오.
>
> ①~⑫ 항목 중 5가지 선택

2) 자율 안전인증 대상 보호구

① 안전모(추락 및 감전 위험방지용 안전모 제외)
② 보안경(차광 및 비산물 위험방지용 보안경 제외)
③ 보안면(용접용 보안면 제외)

3) 안전인증의 표시

(1) 안전인증마크

안전인증, 자율안전확인신고 표시	(안전인증이 아닌) 임의인증 표시
KCs	S

(2) 안전인증제품 표시사항

① 형식 또는 모델명
② 규격 또는 등급 등
③ 제조자명
④ 제조번호 및 제조연월
⑤ 안전인증 번호

> **Key Point**
>
> 다음과 같은 방폭산업안전보건법상 보호구의 안전인증 제품에 표시하여야 하는 사항을 4가지 쓰시오. 구조의 표시에서 밑줄친 부분을 설명하시오.
>
> 안전인증제품 표시사항 ①~⑤ 항목 중 4가지 선택

4 보호구 관리요령

① 직사광선을 피하고 통풍이 잘되는 장소에 보관할 것
② 부식성 액체, 유기용제, 기름, 산 등과 통합하여 보관하지 말 것
③ 발열성 물질이 주위에 없을 것
④ 땀 등으로 오염된 경우 세척하고 건조시킨 후 보관할 것
⑤ 모래, 진흙 등이 묻은 경우는 세척 후 그늘에서 건조할 것
⑥ 상시 사용이 가능하도록 관리해야 하며 청결을 유지할 것

> **Key Point**
>
> 근로자의 안전을 위해 착용하는 보호구의 관리요령을 3가지 쓰시오.
>
> ①~⑥ 항목 중 3가지 선택

SECTION 03
방진마스크

1 방진마스크의 종류

종류	분리식		안면부 여과식
	격리식	직결식	
형태	전면형	전면형	반면형
	반면형	반면형	
사용조건	산소농도 18% 이상인 장소에서 사용하여야 한다.		

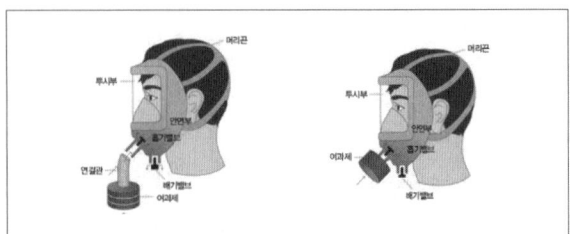

[격리식 전면형]   [직결식 전면형]

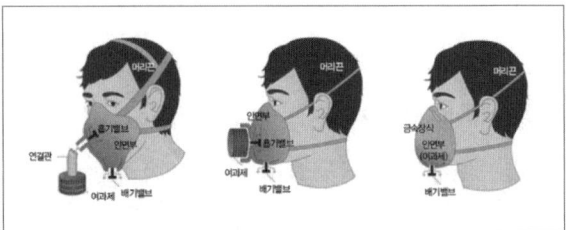

[격리식 반면형]   [직결식 반면형]   [안면부 여과식]

2 방진마스크의 등급

1) 등급 및 사용장소

등급	특급	1급	2급
사용장소	• 베릴륨 등과 같이 독성이 강한 물질들을 함유한 분진 등 발생장소 • 석면 취급장소	• 특급마스크 착용장소를 제외한 분진 등 발생장소 • 금속흄 등과 같이 열적으로 생기는 분진 등 발생장소 • 기계적으로 생기는 분진 등 발생장소(규소 등과 같이 2급 방진마스크를 착용하여도 무방한 경우는 제외)	• 특급 및 1급 마스크 착용장소를 제외한 분진 등 발생장소
	배기밸브가 없는 안면부 여과식 마스크는 특급 및 1급 장소에 사용해서는 안 된다.		

2) 분진포집효율(P)

$$P(\%) = \frac{C_1 - C_2}{C_1} \times 100$$

여기서, P : 분진 등 포집효율
C_1 : 여과재 통과 전의 염화나트륨 농도
C_2 : 여과재 통과 후의 염화나트륨 농도

🔑 Key Point

방진마스크 중 분리식 마스크에 대한 여과재의 분진 등 포집효율 시험에서 여과재 통과전의 염화나트륨 농도는 20mg/m³이고, 여과재 통과 후의 염화나트륨 농도는 4mg/m³이었다. 분진 등 포집효율을 계산하시오.

분진포집효율 $P = \dfrac{C_1 - C_2}{C_1} \times 100$이므로

$P = \dfrac{20-4}{20} \times 100 = 80(\%)$

3) 여과재 분진 등 포집효율에 따른 등급

형태 및 등급		염화나트륨(NaCl) 및 파라핀 오일(Paraffin oil) 시험(%)
분리식	특급	99.95 이상
	1급	94.0 이상
	2급	80.0 이상
안면부 여과식	특급	99.0 이상
	1급	94.0 이상
	2급	80.0 이상

🔑 Key Point

안면부 여과식 방진마스크의 분진 초기농도가 30mg/L, 여과 후 농도가 0.2mg/L일 때 다음에 답하시오.
(1) 포집효율(여과효율)은?
(2) 등급과 기준(이유)은?

(1) $P = \dfrac{30-0.2}{30} \times 100 = 99.33(\%)$
(2) 특급(안면부 여과식에서 99.0% 이상은 특급이므로)

🔑 Key Point

안면부 여과식 방진마스크의 시험성능기호에 있는 각 등급별 여과재 분진 등 포집효율 기준을 표의 빈칸에 써넣으시오.

3 방진마스크의 선택 시 고려사항(구비조건)

① 분진포집효율(여과효율)이 좋을 것
② 흡기, 배기저항이 낮을 것
③ 사용 후 손질이 간단할 것
④ 중량이 가벼울 것
⑤ 시야가 넓을 것
⑥ 안면밀착성이 좋을 것

> **Key Point**
>
> 방진마스크 선택시 고려할 사항 5가지를 쓰시오.
>
> ①~⑥ 항목 중 5가지 선택

4 방진마스크의 구조조건

① 착용 시 이상한 압박감이나 고통을 주지 않을 것
② 전면형은 호흡 시에 투시부가 흐려지지 않을 것
③ 분리식 마스크에 있어서는 여과재, 흡기밸브, 배기밸브 및 머리끈을 쉽게 교환할 수 있고 착용자 자신이 안면과 분리식 마스크의 안면부와의 밀착성 여부를 수시로 확인할 수 있어야 할 것
④ 안면부여과식 마스크는 여과재로 된 안면부가 사용기간 중 심하게 변형되지 않을 것
⑤ 안면부여과식 마스크는 여과재를 안면에 밀착시킬 수 있어야 할 것

SECTION 04
방독마스크

1 방독마스크의 종류

종류	시험가스
유기화합물용	시클로헥산(C_6H_{12}) 디메틸에테르(CH_3OCH_3) 이소부탄(C_4H_{10})
할로겐용	염소가스 또는 증기(Cl_2)
황화수소용	황화수소가스(H_2S)
시안화수소용	시안화수소가스(HCN)
아황산용	아황산가스(SO_2)
암모니아용	암모니아가스(NH_3)

2 방독마스크의 등급 및 사용장소

등급	사용장소
고농도	가스 또는 증기의 농도가 100분의 2(암모니아에 있어서는 100분의 3) 이하의 대기 중에서 사용하는 것
중농도	가스 또는 증기의 농도가 100분의 1(암모니아에 있어서는 100분의 1.5) 이하의 대기 중에서 사용하는 것
저농도 및 최저농도	가스 또는 증기의 농도가 100분의 0.1 이하의 대기 중에서 사용하는 것으로서 긴급용이 아닌 것

비고 : 방독마스크는 산소농도가 18% 이상인 장소에서 사용하여야 하고, 고농도와 중농도에서 사용하는 방독마스크는 전면형(격리식, 직결식)을 사용해야 한다.

> **Key Point**
>
> 방독마스크는 아무리 위급한 상황에 처해 있다고 하더라도 사용할 수 없는 경우가 있다. 이런 경우는 어떤 경우인지 설명하시오.
>
> 산소농도가 18% 미만인 경우

3 방독마스크의 형태 및 구조

형태		구조
격리식	전면형	정화통, 연결관, 흡기밸브, 안면부, 배기밸브 및 머리끈으로 구성되고, 정화통에 의해 가스 또는 증기를 여과한 청정공기를 연결관을 통하여 흡입하고 배기는 배기밸브를 통하여 외기 중으로 배출하는 것으로 안면부 전체를 덮는 구조
격리식	반면형	정화통, 연결관, 흡기밸브, 안면부, 배기밸브 및 머리끈으로 구성되고, 정화통에 의해 가스 또는 증기를 여과한 청정공기를 연결관을 통하여 흡입하고 배기는 배기밸브를 통하여 외기 중으로 배출하는 것으로 코 및 입부분을 덮는 구조
직결식	전면형	정화통, 흡기밸브, 안면부, 배기밸브 및 머리끈으로 구성되고, 정화통에 의해 가스 또는 증기를 여과한 청정공기를 흡기밸브를 통하여 흡입하고 배기는 배기밸브를 통하여 외기 중으로 배출하는 것으로 정화통이 직접 연결된 상태로 안면부 전체를 덮는 구조
직결식	반면형	정화통, 흡기밸브, 안면부, 배기밸브 및 머리끈으로 구성되고, 정화통에 의해 가스 또는 증기를 여과한 청정공기를 흡기밸브를 통하여 흡입하고 배기는 배기밸브를 통하여 외기 중으로 배출하는 것으로 안면부와 정화통이 직접 연결된 상태로 코 및 입부분을 덮는 구조

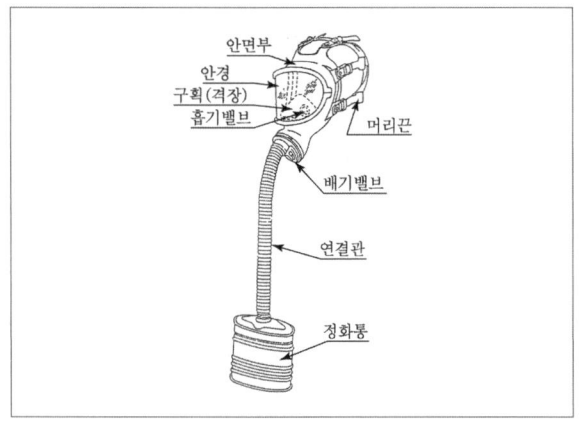

[격리식 전면형]

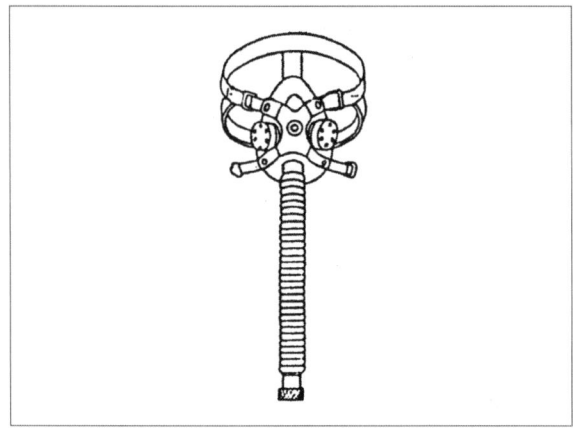

[격리식 반면형]

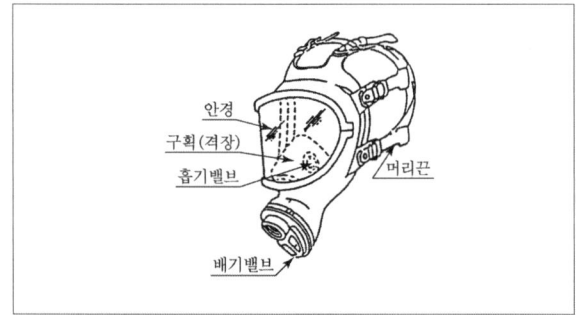

[직결식 전면형(1안식)]

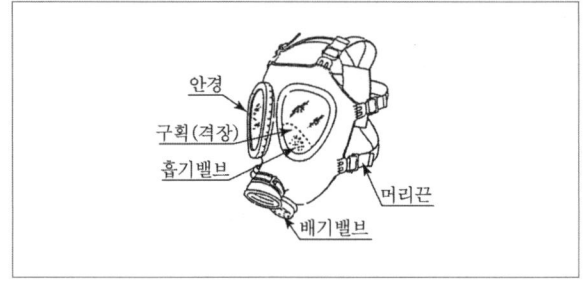

[직결식 전면형(2안식)]

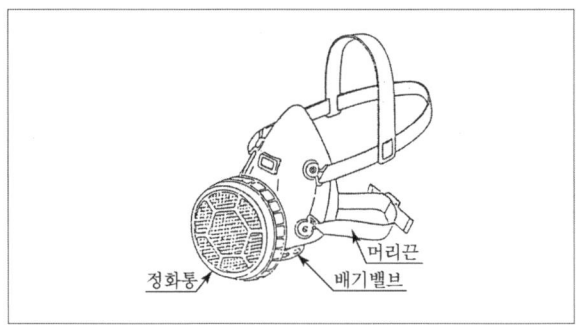

[직결식 반면형]

4 방독마스크의 일반구조 조건

① 착용 시 이상한 압박감이나 고통을 주지 않을 것
② 착용자의 얼굴과 방독마스크의 내면 사이의 공간이 너무 크지 않을 것
③ 전면형은 호흡 시에 투시부가 흐려지지 않을 것
④ 격리식 및 직결식 방독마스크에 있어서는 정화통·흡기밸브·배기밸브 및 머리끈을 쉽게 교환할 수 있고, 착용자 자신이 스스로 안면과 방독마스크 안면부와의 밀착성 여부를 수시로 확인할 수 있을 것

5 방독마스크의 재료 조건

① 안면에 밀착하는 부분은 피부에 장해를 주지 않을 것
② 흡착제는 흡착성능이 우수하고 인체에 장해를 주지 않을 것
③ 방독마스크에 사용하는 금속부품은 부식되지 않을 것
④ 방독마스크를 사용할 때 충격을 받을 수 있는 부품은 충격 시에 마찰 스파크가 발생되어 가연성의 가스혼합물을 점화시킬 수 있는 알루미늄, 마그네슘, 티타늄 또는 이의 합금으로 만들지 말 것

6 방독마스크 표시사항

안전인증 방독마스크에는 산업안전보건법 시행규칙 제114조(안전인증의 표시)에 따른 표시 외에 다음 각목의 내용을 추가로 표시해야 한다.

① 파과곡선도
② 사용시간 기록카드
③ 정화통의 외부측면의 표시색

종류	표시색
유기화합물용 정화통	갈색
할로겐용 정화통	회색
황화수소용 정화통	
시안화수소용 정화통	
아황산용 정화통	노란색
암모니아용 정화통	녹색
복합용 및 겸용 정화통	• 복합용의 경우 해당가스 모두 표시 (2층 분리) • 겸용의 경우 백색과 해당가스 모두 표시(2층 분리)

④ 사용상의 주의사항

Key Point

방독마스크 정화통 외부 측면의 표시색을 (　) 안에 쓰시오.

Key Point

안전인증 방독마스크에 안전인증의 표시에 따른 표시 외에 추가로 표시해야 할 사항을 4가지 쓰시오.

파과곡선도, 사용시간 기록카드, 정화통의 외부측면의 표시색, 사용상의 주의사항

7 정화통의 제독능력

1) 종류 및 등급별 시험가스의 조건 및 파과농도, 파과시간

종류 및 등급		시험가스의 조건		파과농도 (ppm, ±20%)	파과시간 (분)
		시험가스	농도(%, ±10%)		
유기화합물용	고농도	시클로헥산	0.5	10.0	35 이상
	중농도	〃	0.1		70 이상
	저농도	〃	0.05		70 이상
할로겐스용	고농도	염소가스	0.5	0.5	20 이상
	중농도	〃	0.1		20 이상
	저농도	〃	0.05		20 이상
황화수소용	고농도	황화수소가스	0.5	10.0	40 이상
	중농도	〃	0.1		40 이상
	저농도	〃	0.05		40 이상
시안화수소용	고농도	시안화수소가스	0.5	10.0*	25 이상
	중농도	〃	0.1		25 이상
	저농도	〃	0.05		25 이상
아황산스용	고농도	아황산가스	0.5	5.0	20 이상
	중농도	〃	0.1		20 이상
	저농도	〃	0.05		20 이상
암모니아용	고농도	암모니아가스	0.5	25.0	40 이상
	중농도	〃	0.1		50 이상
	저농도	〃	0.05		50 이상

*시안화수소가스에 의한 제독능력시험 시 시아노겐(C_2N_2)은 시험가스에 포함될 수 있다.
　(C_2N_2＋HCN)를 포함한 파과농도는 10ppm을 초과할 수 없다.
** 겸용의 경우 정화통과 여과재가 장착된 상태에서 분진포집효율 시험을 하였을 때 등급에 따른 기준치 이상이어야 한다.

2) 정화통의 유효사용시간

$$유효사용시간 = \frac{표준유효시간 \times 시험가스농도}{공기\ 중\ 유해가스농도}$$

Key Point

공기 중 사염화탄소의 농도가 0.2%인 작업장에서 사용하는 흡수관의 제품(흡수)능력이 사염화탄소 0.5%이며 사용시간이 100분일 때 방독마스크의 파괴(유효)시간을 계산하시오.

$$유효사용시간 = \frac{표준유효시간 \times 시험가스농도}{공기 중 유해가스농도} = \frac{100 \times 0.5}{0.2}$$
$$= 250분$$

Key Point

가스농도가 2% 기준값에 표준유효시간이 50분을 사용할 수 있는 방독마스크가 있다. 유해가스의 농도가 0.5%일 때 이 정화통의 유효사용시간은 얼마인가?

$$유효사용시간 = \frac{표준유효시간 \times 시험가스농도}{공기 중 유해가스농도} = \frac{50 \times 2}{0.5}$$
$$= 200분$$

Key Point

보호구 중 송기마스크의 종류를 3가지 쓰시오.

호스마스크, 에어라인마스크, 복합식 에어라인마스크

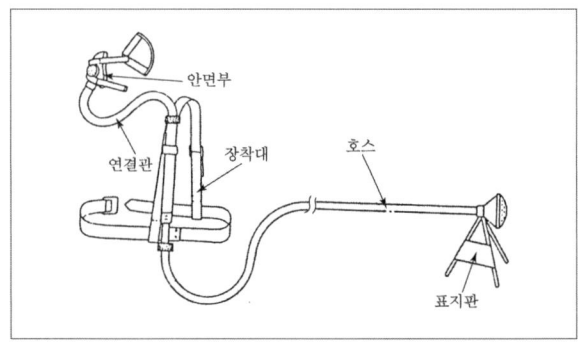

[폐력흡인형 호스마스크]

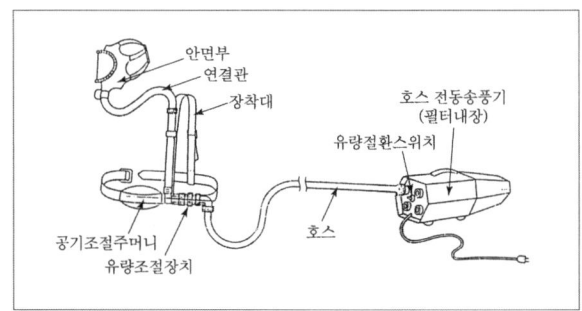

[전동송풍기형 호스마스크]

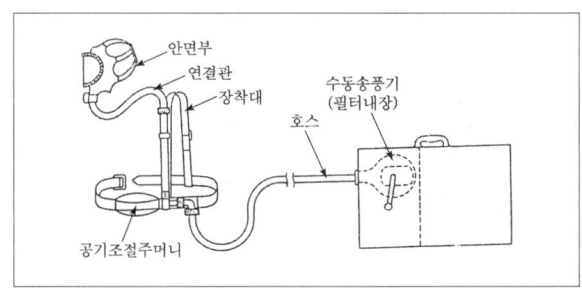

[수동송풍기형 호스마스크]

SECTION 05
송기마스크

1 송기마스크의 종류 및 등급

1) 용도
산소결핍장소 또는 가스·증기·분진 흡입 등에 의한 근로자의 건강장해의 예방을 위해 사용하는 호흡용 보호구

2) 산소결핍 (안전보건규칙 제618조)
공기 중의 산소농도가 18% 미만인 상태

3) 종류 및 등급

종류	등급		구분
호스마스크	폐력흡인형		안면부
	송풍기형	전동	안면부, 페이스실드, 후드
		수동	안면부
에어라인마스크	일정유량형		안면부, 페이스실드, 후드
	디맨드형		안면부
	압력디맨드형		안면부
복합식 에어라인마스크	디맨드형		안면부
	압력디맨드형		안면부

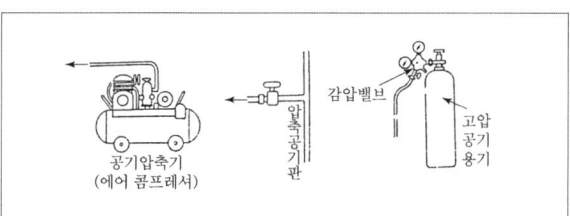

[일정유량형 에어라인마스크]

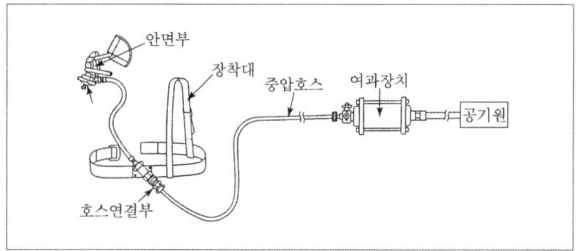

[AL 마스크용 공기원의 종류]

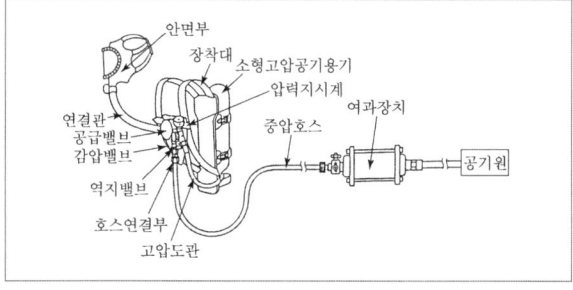

[디맨드형 에어라인마스크]

[복합식 에어라인마스크]

2 송풍기형 호스마스크의 종류

1) 송풍기형 호스마스크의 분진포집효율

등급	효율(%)
전동	99.8 이상
수동	95.0 이상

2) 분진포집효율(%)

$$F = \frac{C_1 - C_2}{C_1} \times 100(\%)$$

여기서, F : 분진포집효율(%)
C_1 : 분진시험장치의 공기 중 분진농도(mg/m³)
C_2 : 송기마스크의 흡기구에서 나오는 공기 중의 분진 농도(mg/m³)

Key Point

송풍기형 호스마스크의 종류 2가지를 쓰고, 각각의 분진포집효율(%)을 기술하시오.

종류 : 송풍기형 전동, 송풍기형 수동
분진포집효율 : 전동형 – 99.8% 이상, 수동형 – 95.0% 이상

CHAPTER 02 보안경

SECTION 01 보안경의 종류

1 사용구분에 따른 차광보안경의 종류

종류	사용구분
자외선용	자외선이 발생하는 장소
적외선용	적외선이 발생하는 장소
복합용	자외선 및 적외선이 발생하는 장소
용접용	산소용접작업 등과 같이 자외선, 적외선 및 강렬한 가시광선이 발생하는 장소

Key Point

차광보안경의 사용목적 3가지를 쓰시오.

1. 자외선으로부터 눈의 보호
2. 가시광선으로부터 눈의 보호
3. 적외선으로부터 눈의 보호

2 보안경의 종류

① 차광안경 : 고글형, 스펙터클형, 프론트형
② 유리보호안경
③ 플라스틱보호안경
④ 도수렌즈보호안경

3 차광보안경의 일반구조

① 차광보안경에는 돌출 부분, 날카로운 모서리 혹은 사용 도중 불편하거나 상해를 줄 수 있는 결함이 없어야 함
② 착용자와 접촉하는 차광보안경의 모든 부분에는 피부 자극을 유발하지 않는 재질을 사용
③ 머리띠를 착용하는 경우, 착용자의 머리와 접촉하는 모든 부분의 폭이 최소한 10mm 이상 되어야 하며, 머리띠는 조절이 가능해야 함

4 추가 표시사항

① 차광도번호
② 굴절력 성능수준

SECTION 02 보안면의 종류

1 용접용 보안면의 형태

형태	구조
헬멧형	안전모나 착용자의 머리에 지지대나 헤드밴드 등을 이용하여 적정위치에 고정, 사용하는 형태(자동용접필터형, 일반용접필터형)
핸드실드형	손에 들고 이용하는 보안면으로 적절한 필터를 장착하여 눈 및 안면을 보호하는 형태

2 추가 표시사항

① 차광도번호
② 굴절력성능수순
③ 시감투과율차이

CHAPTER 03 기타보호장구

SECTION 01 안전모

1 안전모의 구조

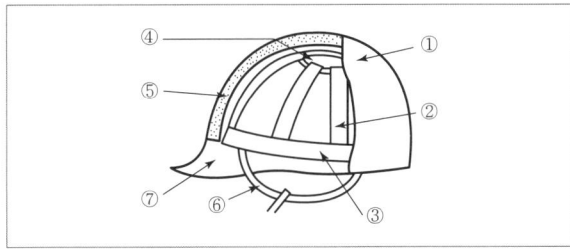

번호	명칭	
①	모체	
②	착장체	머리받침끈
③		머리고정대
④		머리받침고리
⑤	충격흡수재	
⑥	턱끈	
⑦	챙(차양)	

2 안전인증대상 안전모의 종류 및 사용구분

종류(기호)	사용구분	비고
AB	물체의 낙하 또는 비래 및 추락에 의한 위험을 방지 또는 경감시키기 위한 것	
AE	물체의 낙하 또는 비래에 의한 위험을 방지 또는 경감하고, 머리부위 감전에 의한 위험을 방지하기 위한 것	내전압성 (주1)
ABE	물체의 낙하 또는 비래 및 추락에 의한 위험을 방지 또는 경감하고, 머리부위 감전에 의한 위험을 방지하기 위한 것	내전압성

(주1) 내전압성이란 7,000V 이하의 전압에 견디는 것을 말한다.

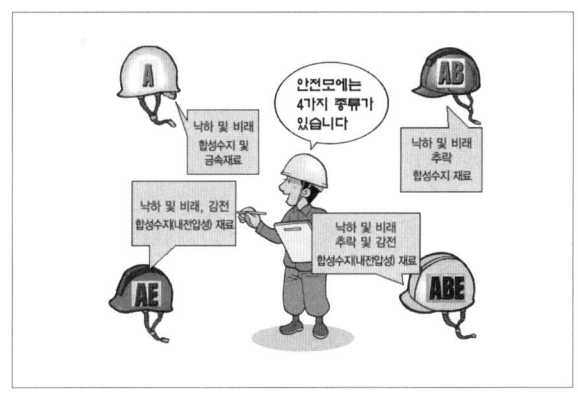

Key Point

안전모의 종류 중 안전인증 대상이 아닌 것은?

A형

Key Point

안전모의 종류와 그 종류에 따른 특성을 간략히 쓰시오.

① AB : 물체의 낙하 또는 비래 및 추락에 의한 위험을 방지 또는 경감시키기 위한 것
② AE : 물체의 낙하 또는 비래에 의한 위험을 방지 또는 경감하고, 머리부위 감전에 의한 위험을 방지하기 위한 것
③ ABE : 물체의 낙하 또는 비래 및 추락에 의한 위험을 방지 또는 경감하고, 머리부위 감전에 의한 위험을 방지하기 위한 것

3 안전모의 성능시험방법

1) 시험성능기준

항목	시험성능기준
내관통성	AE, ABE종 안전모는 관통거리가 9.5mm 이하이고, AB종 안전모는 관통거리가 11.1mm 이하이어야 한다.
충격흡수성	최고전달충격력이 4,450N을 초과해서는 안 되며, 모체와 착장체의 기능이 상실되지 않아야 한다.
내전압성	AE, ABE종 안전모는 교류 20kV에서 1분간 절연파괴 없이 견뎌야 하고, 이때 누설되는 충전전류는 10mA 이하이어야 한다.
내수성	AE, ABE종 안전모는 질량증가율이 1% 미만이어야 한다.
난연성	모체가 불꽃을 내며 5초 이상 연소되지 않아야 한다.
턱끈풀림	150N 이상 250N 이하에서 턱끈이 풀려야 한다.

Key Point

안전모의 성능시험 중 AE, ABE형과 AB형 내관통성 시험의 관통거리는 얼마 이하로 하여야 하는가?

AE, ABE : 9.5mm 이하, AB : 11.1mm 이하

2) 시험방법

(1) 내관통성 시험

① 대상 : AB, ABE종
② 시험방법 : 안전모를 머리고정대가 느슨한 상태(머리고정대 길이가 58cm 이상)로 머리 모형에 장착하고 질량 450g 철제추를 낙하점이 모체정부를 중심으로 직경 76mm 이내가 되도록 높이 3m에서 자유 낙하시켜 관통거리를 측정

(2) 충격흡수성 시험

① 대상 : AB, ABE종
② 시험방법 : 안전모를 머리고정대가 느슨한 상태(머리고정대 길이가 58cm 이상)로 머리모형에 장착하고 질량 3,600g의 충격추를 낙하점이 모체정부를 중심으로 직경 76mm 이내가 되도록 높이 1.5m에서 자유 낙하시켜 전달충격력을 측정

(3) 내전압성 시험

① 대상 : AE, ABE종 안전모
② 시험방법 : 안전모 모체 내외의 수위가 동일하게 되도록 물을 채운 후(모체의 내부 수면에서 최소연면거리는 전부위에 챙이 있는 것은 챙 끝까지, 챙이 없는 것은 모체의 끝까지 30mm로 한다.) 이 상태에서 모체 내외의 수중에 전극을 담그고, 주파수 60Hz의 정현파에 가까운 20kV의 전압을 가하고 충전전류를 측정

(4) 내수성 시험

① 대상 : AE, ABE종 안전모
② 시험방법 : 시험 안전모의 모체를 20~25℃의 수중에 24시간 담가놓은 후, 대기 중에 꺼내어 마른 천 등으로 표면의 수분을 닦아내고 다음 산식으로 질량증가율(%)을 산출

$$질량증가율(\%) = \frac{담근 \ 후의 \ 질량 - 담그기 \ 전의 \ 질량}{담그기 \ 전의 \ 질량} \times 100$$

(5) 난연성 시험

프로판 가스를 사용하는 분젠버너(직경 10mm)에 가스 압력을 3,430±50Pa로 조절하고 청색불꽃의 길이가 45±5mm가 되도록 조절하여 시험한다. 이 경우 모체의 연소부위는 모체 상부로부터 50~100mm 사이로 불꽃 접촉면이 수평이 된 상태에서 버너를 수직방향에서 45° 기울여서 10초간 연소시킨 후 불꽃을 제거한 후 모체가 불꽃을 내고 계속 연소되는 시간을 측정

(6) 턱끈풀림 시험

안전모를 머리모형에 장착하고 직경이 12.5±0.5mm이고 양단 간의 거리가 75±2mm인 원형롤러에 턱끈을 고정시킨 후 초기 150N의 하중을 원형 롤러부에 가하고 이후 턱끈이 풀어질 때까지 분당 20±2N의 힘을 가하여 최대하중을 측정하고 턱끈 풀림 여부를 확인

Key Point

안전모의 성능시험 항목을 5가지 쓰시오.

내관통성 시험, 충격흡수성 시험, 내전압성 시험, 내수성 시험, 난연성 시험, 턱끈풀림 시험

Key Point

안전모의 모체를 수중에 담그기 전 무게가 440g, 모체를 20~25℃의 수중에서 24시간 담근 후의 무게가 443.5g이었다면 무게 증가율과 합격 여부를 판단하시오.

(1) 무게(질량) 증가율

$$\text{질량증가율}(\%) = \frac{\text{담근 후의 질량} - \text{담그기 전의 질량}}{\text{담그기 전의 질량}} \times 100$$

$$= \frac{443.5 - 440}{440} \times 100 = 0.80\%$$

(2) 합격 여부
질량증가율이 1% 미만이므로 합격

SECTION 02
안전화

1 안전화의 명칭

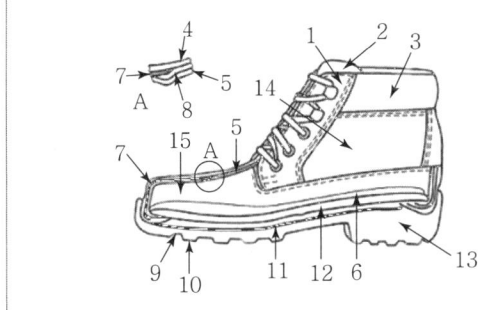

1. 선포   2. 안전화혀   3. 목패딩   4. 몸통   5. 안감
6. 깔개   7. 선심   8. 보강재   9. 겉창   10. 소돌기
11. 내답판   12. 안창   13. 뒷굽   14. 뒷날개   15. 앞날개

[가죽제 안전화 각 부분의 명칭]

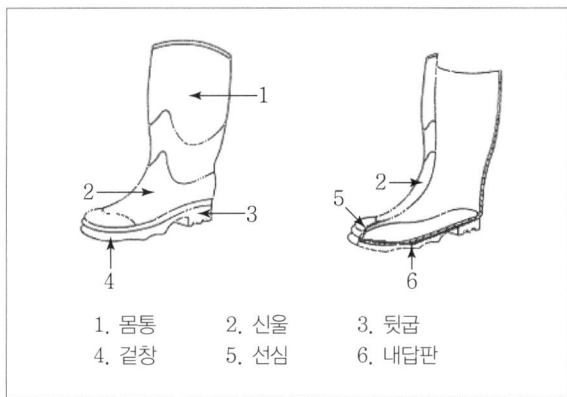

1. 몸통   2. 신울   3. 뒷굽
4. 겉창   5. 선심   6. 내답판

[고무제 안전화 각 부분의 명칭]

2 안전화의 종류

종류	성능구분
가죽제 안전화	물체의 낙하, 충격 또는 날카로운 물체에 의한 찔림 위험으로부터 발을 보호하기 위한 것
고무제 안전화	물체의 낙하, 충격 또는 날카로운 물체에 의한 찔림 위험으로부터 발을 보호하고 내수성 또는 내화학성을 겸한 것
정전기 안전화	물체의 낙하, 충격 또는 날카로운 물체에 의한 찔림 위험으로부터 발을 보호하고 정전기의 인체대전을 방지하기 위한 것
발등 안전화	물체의 낙하, 충격 또는 날카로운 물체에 의한 찔림 위험으로부터 발 및 발등을 보호하기 위한 것
절연화	물체의 낙하, 충격 또는 날카로운 물체에 의한 찔림 위험으로부터 발을 보호하고 저압의 전기에 의한 감전을 방지하기 위한 것
절연장화	고압에 의한 감전을 방지 및 방수를 겸한 것

3 안전화의 등급

등급	사용장소
중작업용	광업, 건설업 및 철광업 등에서 원료취급, 가공, 강재취급 및 강재 운반, 건설업 등에서 중량물 운반작업, 가공 대상물의 중량이 큰 물체를 취급하는 작업장으로서 날카로운 물체에 의해 찔릴 우려가 있는 장소
보통 작업용	기계공업, 금속가공업, 운반, 건축업 등 공구 가공품을 손으로 취급하는 작업 및 차량 사업장, 기계 등을 운전조작하는 일반작업장으로서 날카로운 물체에 의해 찔릴우려가 있는 장소
경작업용	금속 선별, 전기제품 조립, 화학제품 선별, 반응장치 운전, 식품 가공업 등 비교적 경량의 물체를 취급하는 작업장으로서 날카로운 물체에 의해 찔릴 우려가 있는 장소

[피뢰기의 설치가 의무화되어 있는 장소의 예]

4 가죽제 발보호안전화의 일반구조

① 착용감이 좋고 작업에 편리할 것
② 견고하며 마무리가 확실하고 형상은 균형이 있을 것
③ 선심의 내측은 헝겊으로 싸고 후단부의 내측은 보강할 것
④ 발가락 끝부분에 선심을 넣어 압박 및 충격으로부터 발가락을 보호할 것

5 가죽제 안전화의 성능시험

① 내압박성 시험
② 내충격성 시험
③ 박리저항 시험
④ 내답발성 시험

Key Point

가죽제 안전화의 성능시험 4가지를 쓰시오.

SECTION 03
안전대

1 안전대의 종류

[안전인증 대상 안전대의 종류]

종류	사용구분
벨트식	U자 걸이용
안전그네식	1개 걸이용
안전그네식	안전블록
	추락방지대

비고 : 추락방지대 및 안전블록은 안전그네식에만 적용함

2 1개걸이 및 U자걸이의 정의

① 1개걸이 : 죔줄의 한쪽 끝을 D링에 고정시키고 훅 또는 카라비너를 구조물 또는 구명줄에 고정시키는 걸이 방법
② U자걸이 : 안전대의 죔줄을 구조물 등에 U자 모양으로 돌린 뒤 훅 또는 카라비너를 D링에, 신축조절기를 각링 등에 연결하는 걸이 방법

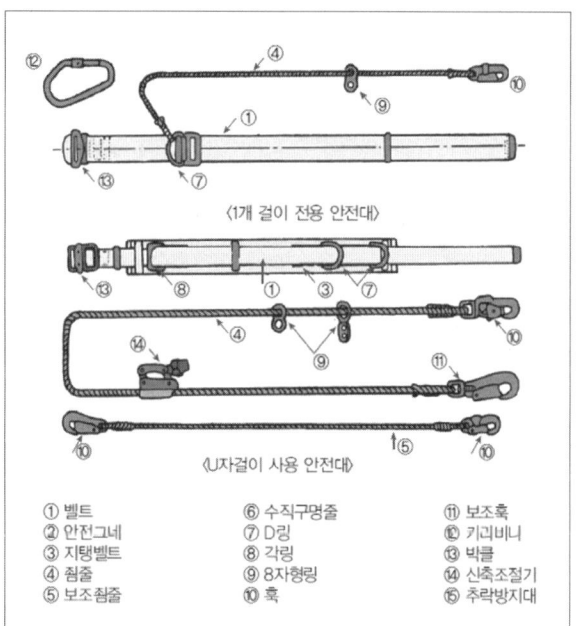

① 벨트　⑥ 수직구명줄　⑪ 보조훅
② 안전그네　⑦ D링　⑫ 카라비너
③ 지탱벨트　⑧ 각링　⑬ 버클
④ 죔줄　⑨ 8자형링　⑭ 신축조절기
⑤ 보조죔줄　⑩ 훅　⑮ 추락방지대

[안전대의 종류]

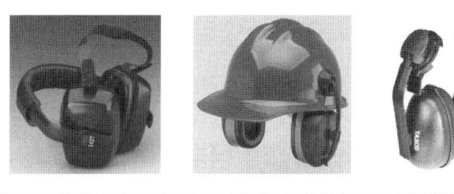

[귀덮개의 종류]

3 안전블록이 부착된 안전대의 일반구조 기준

① 신체지지의 방법으로 안전그네만을 사용할 것
② 안전블록은 정격 사용 길이가 명시될 것
③ 안전블록의 줄은 합성섬유로프, 웨빙(webbing), 와이어로프이어야 하며, 와이어로프인 경우 최소지름이 4mm 이상일 것

SECTION 04
방음보호구

1 방음용 귀마개 또는 귀덮개의 종류 및 등급

종류	등급	기호	성능	비고
귀마개	1종	EP-1	저음부터 고음까지 차음하는 것	귀마개의 경우 재사용 여부를 제조특성으로 표기
	2종	EP-2	주로 고음을 차음하고 저음(회화음영역)은 차음하지 않는 것	
귀덮개	–	EM		

2 추가 표시사항

① 일회용 또는 재사용 여부
② 세척 및 소독방법 등 사용상의 주의사항(다만, 재사용 귀마개에 한한다.)

3 난청 발생에 따른 조치(안전보건규칙 제515조)

사업주는 소음으로 인하여 근로자에게 소음성 난청 등의 건강장해가 발생하였거나 발생할 우려가 있는 경우에 다음 각 호의 조치를 하여야 한다.
① 해당 작업장의 소음성 난청 발생 원인 조사
② 청력손실을 감소시키고 청력손실의 재발을 방지하기 위한 대책 마련
③ 제②호에 따른 대책의 이행 여부 확인
④ 작업전환 등 의사의 소견에 따른 조치

※ 청력보호구의 차음효과

주파수(Hz)	귀마개		귀덮개(EM)
	EP-1	EP-2	
1,000	20dB 이상	20dB 이상	25dB 이상
2,000	25dB 이상	20dB 이상	30dB 이상
3,000	25dB 이상	25dB 이상	35dB 이상

SECTION 05 절연보호구

1 내전압용 절연장갑의 성능기준

1) 최대사용전압에 따른 절연장갑의 등급

등급	최대사용전압		비고
	교류(V, 실효값)	직류(V)	
00	500	750	
0	1,000	1,500	
1	7,500	11,250	
2	17,000	25,500	
3	26,500	39,750	
4	36,000	54,000	

2) 추가 표시사항

① 등급별 사용전압
② 등급별 색상

등급	색상
00등급	갈색
0등급	빨간색
1등급	흰색
2등급	노란색
3등급	녹색
4등급	등색

Key Point

내전압용 안전장갑의 등급별 색상을 쓰시오.

SECTION 06 보호복

1 방열복

1) 용도

방열복이란 고열작업에 의한 화상·열중증 등을 방지하기 위한 의복이다.

2) 방열복의 종류

종류	착용부위
방열상의	상체
방열하의	하체
방열일체복	몸체(상·하체)
방열장갑	손
방열두건	머리

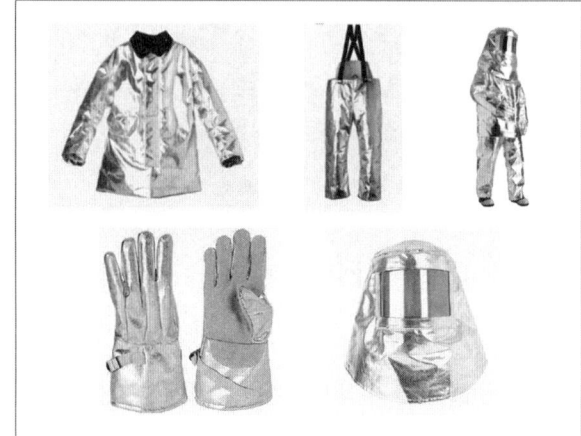

3) 방열복의 질량

다음에 규정된 질량 이하이어야 한다.

종류	질량(kg)
방열상의	3.0
방열하의	2.0
방열일체복	4.3
방열장갑	0.5
방열두건	2.0

2 보호복

1) 관리대상유해물질에 의한 건강장해의 예방

① 근로자에게 피부 자극성 또는 부식성 관리대상유해물질을 취급하는 경우에 불침투성 보호복·보호장갑·보호장화 및 피부보호용 바르는 약품을 비치하고 이를 사용
② 관리대상유해물질이 흩날리는 업무에 근로자를 종사하도록 하는 경우에는 보안경을 지급하고 착용

③ 관리대상유해물질이 피부나 눈에 직접 접촉될 우려가 있는 경우에는 즉시 물로 씻어낼 수 있도록 세면·목욕 등에 필요한 세척시설을 설치

2) 허가대상유해물질에 의한 건강장해의 예방

근로자로 하여금 피부장해 등을 유발할 우려가 있는 허가대상 유해물질을 취급하는 경우에는 불침투성 보호복·보호장갑·보호장화 및 피부보호용 약품을 갖추어 두고 사용

3) 금지유해물질에 의한 건강장해의 예방

① 근로자로 하여금 금지유해물질을 취급하도록 하는 경우에는 피부노출을 방지할 수 있는 불침투성 보호복·보호장갑 등을 개인전용의 것으로 지급하고 착용
② 제1항의 규정에 의하여 지급하는 보호복 및 보호장갑 등을 평상복과 분리하여 보관할 수 있도록 전용의 보관함을 갖추고 필요시 오염제거를 위하여 세탁을 하는 등 필요한 조치

산업안전기사 실기 ENGINEER INDUSTRIAL SAFETY

PART 08

산업안전보건법

CHAPTER 01 산업안전보건법
CHAPTER 02 산업안전보건법 시행령
CHAPTER 03 산업안전보건법 시행규칙
CHAPTER 04 산업안전보건기준에 관한 규칙

CHAPTER 01 산업안전보건법

SECTION 01 안전보건관리체계

제15조(안전보건관리책임자) ① 사업주는 사업장을 실질적으로 총괄하여 관리하는 사람에게 해당 사업장의 다음 각 호의 업무를 총괄하여 관리하도록 하여야 한다.
1. 사업장의 산업재해 예방계획의 수립에 관한 사항
2. 제25조 및 제26조에 따른 안전보건관리규정의 작성 및 변경에 관한 사항
3. 제29조에 따른 안전보건교육에 관한 사항
4. 작업환경측정 등 작업환경의 점검 및 개선에 관한 사항
5. 제129조부터 제132조까지에 따른 근로자의 건강진단 등 건강관리에 관한 사항
6. 산업재해의 원인 조사 및 재발 방지대책 수립에 관한 사항
7. 산업재해에 관한 통계의 기록 및 유지에 관한 사항
8. 안전장치 및 보호구 구입 시 적격품 여부 확인에 관한 사항
9. 그 밖에 근로자의 유해·위험 방지조치에 관한 사항으로서 고용노동부령으로 정하는 사항

② 안전보건관리책임자는 제17조에 따른 안전관리자와 제18조에 따른 보건관리자를 지휘·감독한다.
③ 안전보건관리책임자를 두어야 하는 사업의 종류와 사업장의 상시근로자 수, 그 밖에 필요한 사항은 대통령령으로 정한다.

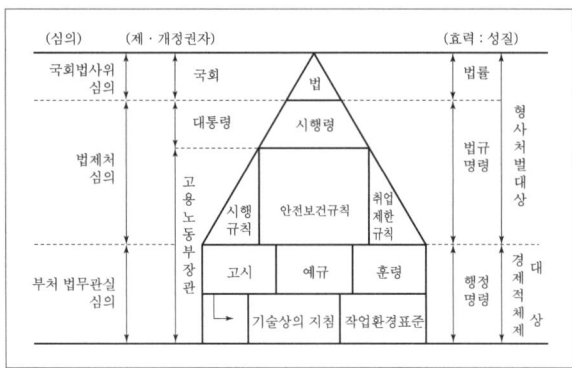

[산업안전보건법령의 체계]

SECTION 02 안전보건관리규정

제25조(안전보건관리규정의 작성) ① 사업주는 사업장의 안전 및 보건을 유지하기 위하여 다음 각 호의 사항이 포함된 안전보건관리규정을 작성하여야 한다.
1. 안전 및 보건에 관한 관리조직과 그 직무에 관한 사항
2. 안전보건교육에 관한 사항
3. 작업장의 안전 및 보건 관리에 관한 사항
4. 사고 조사 및 대책 수립에 관한 사항
5. 그 밖에 안전 및 보건에 관한 사항

② 안전보건관리규정은 단체협약 또는 취업규칙에 반할 수 없다. 이 경우 안전보건관리규정 중 단체협약 또는 취업규칙에 반하는 부분에 관하여는 그 단체협약 또는 취업규칙으로 정한 기준에 따른다.

③ 안전보건관리규정을 작성하여야 할 사업의 종류, 사업장의 상시근로자 수 및 안전보건관리규정에 포함되어야 할 세부적인 내용, 그 밖에 필요한 사항은 고용노동부령으로 정한다.

SECTION 03 도급인의 안전조치 및 보건조치

제63조(도급인의 안전조치 및 보건조치) 도급인은 관계수급인 근로자가 도급인의 사업장에서 작업을 하는 경우에 자신의 근로자와 관계수급인 근로자의 산업재해를 예방하기 위하여 안전 및 보건 시설의 설치 등 필요한 안전조치 및 보건조치를 하여야 한다. 다만, 보호구 착용의 지시 등 관계수급인 근로자의 작업행동에 관한 직접적인 조치는 제외한다.

제64조(도급에 따른 산업재해 예방조치) ① 도급인은 관계수급인 근로자가 도급인의 사업장에서 작업을 하는 경우 다음 각 호의 사항을 이행하여야 한다.
1. 도급인과 수급인을 구성원으로 하는 안전 및 보건에 관한 협의체의 구성 및 운영
2. 작업장 순회점검
3. 관계수급인이 근로자에게 하는 제29조제1항부터 제3항까지의 규정에 따른 안전보건교육을 위한 장소 및 자료의 제공 등 지원
4. 관계수급인이 근로자에게 하는 제29조제3항에 따른 안전보건교육의 실시 확인
5. 다음 각 목의 어느 하나의 경우에 대비한 경보체계 운영과 대피방법 등 훈련
   가. 작업 장소에서 발파작업을 하는 경우
   나. 작업 장소에서 화재·폭발, 토사·구축물 등의 붕괴 또는 지진 등이 발생한 경우
6. 위생시설 등 고용노동부령으로 정하는 시설의 설치 등을 위하여 필요한 장소의 제공 또는 도급인이 설치한 위생시설 이용의 협조
7. 같은 장소에서 이루어지는 도급인과 관계수급인 등의 작업에 있어서 관계수급인 등의 작업시기·내용, 안전조치 및 보건조치 등의 확인

8. 제7호에 따른 확인 결과 관계수급인 등의 작업 혼재로 인하여 화재·폭발 등 대통령령으로 정하는 위험이 발생할 우려가 있는 경우 관계수급인 등의 작업시기·내용 등의 조정
   - 화재·폭발이 발생할 우려가 있는 경우
   - 동력으로 작동하는 기계·설비 등에 끼일 우려가 있는 경우
   - 차량계 하역운반기계, 건설기계, 양중기(揚重機) 등 동력으로 작동하는 기계와 충돌할 우려가 있는 경우
   - 근로자가 추락할 우려가 있는 경우
   - 물체가 떨어지거나 날아올 우려가 있는 경우
   - 기계·기구 등이 넘어지거나 무너질 우려가 있는 경우
   - 토사·구축물·인공구조물 등이 붕괴될 우려가 있는 경우
   - 산소 결핍이나 유해가스로 질식이나 중독의 우려가 있는 경우

② 제1항에 따른 도급인은 고용노동부령으로 정하는 바에 따라 자신의 근로자 및 관계수급인 근로자와 함께 정기적으로 또는 수시로 작업장의 안전 및 보건에 관한 점검을 하여야 한다.

③ 제1항에 따른 안전 및 보건에 관한 협의체 구성 및 운영, 작업장 순회점검, 안전보건교육 지원, 그 밖에 필요한 사항은 고용노동부령으로 정한다.

SECTION 04 안전보건 교육

제29조(근로자에 대한 안전보건교육) ① 사업주는 소속 근로자에게 고용노동부령으로 정하는 바에 따라 정기적으로 안전보건교육을 하여야 한다.

② 사업주는 근로자를 채용할 때와 작업내용을 변경할 때에는 그 근로자에게 고용노동부령으로 정하는 바에 따라 해당 작업에 필요한 안전보건교육을 하여야 한다. 다만, 제31조제1항에 따른 안전보건교육을 이수한 건설 일용근로자를 채용하는 경우에는 그러하지 아니하다.

③ 사업주는 근로자를 유해하거나 위험한 작업에 채용하거나 그 작업으로 작업내용을 변경할 때에는 제2항에 따른 안전보건교육 외에 고용노동부령으로 정하는 바에 따라 유해하거나 위험한 작업에 필요한 안전보건교육을 추가로 하여야 한다.

④ 사업주는 제1항부터 제3항까지의 규정에 따른 안전보건교육을 제33조에 따라 고용노동부장관에게 등록한 안전보건교육기관에 위탁할 수 있다.

SECTION 05
유해위험기계기구 등의 방호조치

제80조(유해하거나 위험한 기계·기구에 대한 방호조치) ① 누구든지 동력(動力)으로 작동하는 기계·기구로서 대통령령으로 정하는 것은 고용노동부령으로 정하는 유해·위험 방지를 위한 방호조치를 하지 아니하고는 양도, 대여, 설치 또는 사용에 제공하거나 양도·대여의 목적으로 진열해서는 아니 된다.

② 누구든지 동력으로 작동하는 기계·기구로서 다음 각 호의 어느 하나에 해당하는 것은 고용노동부령으로 정하는 방호조치를 하지 아니하고는 양도, 대여, 설치 또는 사용에 제공하거나 양도·대여의 목적으로 진열해서는 아니 된다.
  1. 작동 부분에 돌기 부분이 있는 것
  2. 동력전달 부분 또는 속도조절 부분이 있는 것
  3. 회전기계에 물체 등이 말려 들어갈 부분이 있는 것

③ 사업주는 제1항 및 제2항에 따른 방호조치가 정상적인 기능을 발휘할 수 있도록 방호조치와 관련되는 장치를 상시적으로 점검하고 정비하여야 한다.

④ 사업주와 근로자는 제1항 및 제2항에 따른 방호조치를 해체하려는 경우 등 고용노동부령으로 정하는 경우에는 필요한 안전조치 및 보건조치를 하여야 한다.

SECTION 06
안전검사

제93조(안전검사) ① 유해하거나 위험한 기계·기구·설비로서 대통령령으로 정하는 안전검사대상기계 등을 사용하는 사업주(근로자를 사용하지 아니하고 사업을 하는 자를 포함한다. 이하 이 조, 제94조, 제95조 및 제98조에서 같다)는 안전검사대상기계 등의 안전에 관한 성능이 고용노동부장관이 정하여 고시하는 검사기준에 맞는지에 대하여 고용노동부장관이 실시하는 안전검사를 받아야 한다. 이 경우 안전검사대상기계 등을 사용하는 사업주와 소유자가 다른 경우에는 안전검사대상기계 등의 소유자가 안전검사를 받아야 한다.

② 제1항에도 불구하고 안전검사대상기계 등이 다른 법령에 따라 안전성에 관한 검사나 인증을 받은 경우로서 고용노동부령으로 정하는 경우에는 안전검사를 면제할 수 있다.

③ 안전검사의 신청, 검사 주기 및 검사합격 표시방법, 그 밖에 필요한 사항은 고용노동부령으로 정한다. 이 경우 검사 주기는 안전검사대상기계 등의 종류, 사용연한(使用年限) 및 위험성을 고려하여 정한다.

SECTION 07
물질안전보건자료의 작성비치 등

제110조(물질안전보건자료의 작성 및 제출) ① 화학물질 또는 이를 포함한 혼합물로서 제104조에 따른 분류기준에 해당하는 물질안전보건자료대상물질(대통령령으로 정하는 것은 제외)을 제조하거나 수입하려는 자는 다음 각 호의 사항을 적은 물질안전보건자료를 고용노동부령으로 정하는 바에 따라 작성하여 고용노동부장관에게 제출하여야 한다. 이 경우 고용노동부장관은 고용노동부령으로 물질안전보건자료의 기재 사항이나 작성 방법을 정할 때 「화학물질관리법」 및 「화학물질의 등록 및 평가 등에 관한 법률」과 관련된 사항에 대해서는 환경부장관과 협의하여야 한다.
  1. 제품명
  2. 물질안전보건자료대상물질을 구성하는 화학물질 중 제104조에 따른 분류기준에 해당하는 화학물질의 명칭 및 함유량

3. 안전 및 보건상의 취급 주의 사항
4. 건강 및 환경에 대한 유해성, 물리적 위험성
5. 물리 · 화학적 특성 등 고용노동부령으로 정하는 사항
② 물질안전보건자료대상물질을 제조하거나 수입하려는 자는 물질안전보건자료대상물질을 구성하는 화학물질 중 제104조에 따른 분류기준에 해당하지 아니하는 화학물질의 명칭 및 함유량을 고용노동부장관에게 별도로 제출하여야 한다. 다만, 다음 각 호의 어느 하나에 해당하는 경우는 그러하지 아니하다.
 1. 제1항에 따라 제출된 물질안전보건자료에 이 항 각 호 외의 부분 본문에 따른 화학물질의 명칭 및 함유량이 전부 포함된 경우
 2. 물질안전보건자료대상물질을 수입하려는 자가 물질안전보건자료대상물질을 국외에서 제조하여 우리나라로 수출하려는 자(이하 "국외제조자"라 한다)로부터 물질안전보건자료에 적힌 화학물질 외에는 제104조에 따른 분류기준에 해당하는 화학물질이 없음을 확인하는 내용의 서류를 받아 제출한 경우
③ 물질안전보건자료대상물질을 제조하거나 수입한 자는 제1항 각 호에 따른 사항 중 고용노동부령으로 정하는 사항이 변경된 경우 그 변경 사항을 반영한 물질안전보건자료를 고용노동부장관에게 제출하여야 한다.
④ 제1항부터 제3항까지의 규정에 따른 물질안전보건자료 등의 제출 방법 · 시기, 그 밖에 필요한 사항은 고용노동부령으로 정한다.

제111조(물질안전보건자료의 제공) ① 물질안전보건자료대상물질을 양도하거나 제공하는 자는 이를 양도받거나 제공받는 자에게 물질안전보건자료를 제공하여야 한다.
② 물질안전보건자료대상물질을 제조하거나 수입한 자는 이를 양도받거나 제공받은 자에게 제110조제3항에 따라 변경된 물질안전보건자료를 제공하여야 한다.
③ 물질안전보건자료대상물질을 양도하거나 제공한 자(물질안전보건자료대상물질을 제조하거나 수입한 자는 제외한다)는 제110조제3항에 따른 물질안전보건자료를 제공받은 경우 이를 물질안전보건자료대상물질을 양도받거나 제공받은 자에게 제공하여야 한다.

④ 제1항부터 제3항까지의 규정에 따른 물질안전보건자료 또는 변경된 물질안전보건자료의 제공방법 및 내용, 그 밖에 필요한 사항은 고용노동부령으로 정한다.

> **Key Point**
> MSDS(물질안전보건자료) 내용에 포함되어야 할 항목 중에서 알맞은 내용을 쓰시오.

SECTION 08
유해위험방지 계획서의 제출

제42조(유해위험방지계획서의 작성 · 제출 등) ① 사업주는 다음 각 호의 어느 하나에 해당하는 경우에는 이 법 또는 이 법에 따른 명령에서 정하는 유해 · 위험 방지에 관한 사항을 적은 유해위험방지계획서를 작성하여 고용노동부령으로 정하는 바에 따라 고용노동부장관에게 제출하고 심사를 받아야 한다. 다만, 제3호에 해당하는 사업주 중 산업재해발생률 등을 고려하여 고용노동부령으로 정하는 기준에 해당하는 사업주는 유해위험방지계획서를 스스로 심사하고, 그 심사결과서를 작성하여 고용노동부장관에게 제출하여야 한다.
 1. 대통령령으로 정하는 사업의 종류 및 규모에 해당하는 사업으로서 해당 제품의 생산 공정과 직접적으로 관련된 건설물 · 기계 · 기구 및 설비 등 전부를 설치 · 이전하거나 그 주요 구조부분을 변경하려는 경우
 2. 유해하거나 위험한 작업 또는 장소에서 사용하거나 건강장해를 방지하기 위하여 사용하는 기계 · 기구 및 설비로서 대통령령으로 정하는 기계 · 기구 및 설비를 설치 · 이전하거나 그 주요 구조부분을 변경하려는 경우
 3. 대통령령으로 정하는 크기, 높이 등에 해당하는 건설공사를 착공하려는 경우
② 제1항제3호에 따른 건설공사를 착공하려는 사업주(제1항 각 호 외의 부분 단서에 따른 사업주는 제외한다)는 유해위험방지계획서를 작성할 때 건설안전 분야의 자격 등 고용노동부령으로 정하는 자격을 갖춘 자의 의견을 들어야 한다.

③ 제1항에도 불구하고 사업주가 제44조제1항에 따라 공정안전보고서를 고용노동부장관에게 제출한 경우에는 해당 유해·위험설비에 대해서는 유해위험방지계획서를 제출한 것으로 본다.

④ 고용노동부장관은 제1항 각 호 외의 부분 본문에 따라 제출된 유해위험방지계획서를 고용노동부령으로 정하는 바에 따라 심사하여 그 결과를 사업주에게 서면으로 알려 주어야 한다. 이 경우 근로자의 안전 및 보건의 유지·증진을 위하여 필요하다고 인정하는 경우에는 해당 작업 또는 건설공사를 중지하거나 유해위험방지계획서를 변경할 것을 명할 수 있다.

⑤ 제1항에 따른 사업주는 같은 항 각 호 외의 부분 단서에 따라 스스로 심사하거나 제4항에 따라 고용노동부장관이 심사한 유해위험방지계획서와 그 심사결과서를 사업장에 갖추어 두어야 한다.

⑥ 제1항제3호에 따른 건설공사를 착공하려는 사업주로서 제5항에 따라 유해위험방지계획서 및 그 심사결과서를 사업장에 갖추어 둔 사업주는 해당 건설공사의 공법의 변경 등으로 인하여 그 유해위험방지계획서를 변경할 필요가 있는 경우에는 이를 변경하여 갖추어 두어야 한다.

> **Key Point**
> 산업안전보건법상 건설업 중 유해위험방지계획서의 제출사업 4가지를 쓰시오.

업사고를 예방하기 위하여 적합하다고 통보받기 전에는 관련된 유해하거나 위험한 설비를 가동해서는 아니 된다.

② 사업주는 제1항에 따라 공정안전보고서를 작성할 때 산업안전보건위원회의 심의를 거쳐야 한다. 다만, 산업안전보건위원회가 설치되어 있지 아니한 사업장의 경우에는 근로자대표의 의견을 들어야 한다.

SECTION 09
공정안전보고서

제44조(공정안전보고서의 작성·제출) ① 사업주는 사업장에 대통령령으로 정하는 유해하거나 위험한 설비가 있는 경우 그 설비로부터의 위험물질 누출, 화재 및 폭발 등으로 인하여 사업장 내의 근로자에게 즉시 피해를 주거나 사업장 인근 지역에 피해를 줄 수 있는 사고로서 대통령령으로 정하는 중대산업사고를 예방하기 위하여 대통령령으로 정하는 바에 따라 공정안전보고서를 작성하고 고용노동부장관에게 제출하여 심사를 받아야 한다. 이 경우 공정안전보고서의 내용이 중대산

CHAPTER 02 산업안전보건법 시행령

SECTION 01 관리감독자의 업무 내용

제15조(관리감독자의 업무 등) ① 법 제16조제1항에서 "대통령령으로 정하는 업무"란 다음 각 호의 업무를 말한다.
1. 사업장 내 관리감독자가 지휘·감독하는 작업과 관련된 기계·기구 또는 설비의 안전·보건 점검 및 이상 유무의 확인
2. 관리감독자에게 소속된 근로자의 작업복·보호구 및 방호장치의 점검과 그 착용·사용에 관한 교육·지도
3. 해당 작업에서 발생한 산업재해에 관한 보고 및 이에 대한 응급조치
4. 해당 작업의 작업장 정리정돈 및 통로확보에 대한 확인·감독
5. 안전관리자, 보건관리자, 안전보건담당자 및 산업보건의의 지도·조언에 대한 협조
6. 위험성평가에 관한 유해·위험요인의 파악에 대한 참여 및 개선조치의 시행에 대한 참여
7. 그 밖에 해당 작업의 안전·보건에 관한 사항으로서 고용노동부령으로 정하는 사항

SECTION 02 안전관리자의 업무 등

제18조(안전관리자의 업무 등) ① 안전관리자의 업무는 다음 각 호와 같다.
1. 산업안전보건위원회 또는 안전 및 보건에 관한 노사협의체에서 심의·의결한 업무와 해당 사업장의 안전보건관리규정 및 취업규칙에서 정한 업무
2. 법 제36조에 따른 위험성평가에 관한 보좌 및 지도·조언
3. 법 제84조제1항에 따른 안전인증대상기계등과 법 제89조제1항 각 호 외의 부분 본문에 따른 자율안전확인대상기계등 구입 시 적격품의 선정에 관한 보좌 및 지도·조언
4. 해당 사업장 안전교육계획의 수립 및 안전교육 실시에 관한 보좌 및 지도·조언
5. 사업장 순회점검, 지도 및 조치 건의
6. 산업재해 발생의 원인 조사·분석 및 재발 방지를 위한 기술적 보좌 및 지도·조언
7. 산업재해에 관한 통계의 유지·관리·분석을 위한 보좌 및 지도·조언
8. 법 또는 법에 따른 명령으로 정한 안전에 관한 사항의 이행에 관한 보좌 및 지도·조언
9. 업무 수행 내용의 기록·유지
10. 그 밖에 안전에 관한 사항으로서 고용노동부장관이 정하는 사항

Key Point
안전관리자의 직무사항 4가지를 쓰시오.

SECTION 03
보건관리자의 업무 등

제22조(보건관리자의 업무 등) ① 보건관리자의 업무는 다음 각 호와 같다.
1. 산업안전보건위원회 또는 노사협의체에서 심의·의결한 업무와 안전보건관리규정 및 취업규칙에서 정한 업무
2. 안전인증대상기계등과 자율안전확인대상기계등 중 보건과 관련된 보호구(保護具) 구입 시 적격품 선정에 관한 보좌 및 지도·조언
3. 법 제36조에 따른 위험성평가에 관한 보좌 및 지도·조언
4. 법 제110조에 따라 작성된 물질안전보건자료의 게시 또는 비치에 관한 보좌 및 지도·조언
5. 제31조제1항에 따른 산업보건의의 직무(보건관리자가 별표 6 제2호에 해당하는 사람인 경우로 한정한다)
6. 해당 사업장 보건교육계획의 수립 및 보건교육 실시에 관한 보좌 및 지도·조언
7. 해당 사업장의 근로자를 보호하기 위한 다음 각 목의 조치에 해당하는 의료행위(보건관리자가 별표 6 제2호 또는 제3호에 해당하는 경우로 한정한다)
   가. 자주 발생하는 가벼운 부상에 대한 치료
   나. 응급처치가 필요한 사람에 대한 처치
   다. 부상·질병의 악화를 방지하기 위한 처치
   라. 건강진단 결과 발견된 질병자의 요양 지도 및 관리
   마. 가목부터 라목까지의 의료행위에 따르는 의약품의 투여
8. 작업장 내에서 사용되는 전체 환기장치 및 국소 배기장치 등에 관한 설비의 점검과 작업방법의 공학적 개선에 관한 보좌 및 지도·조언
9. 사업장 순회점검, 지도 및 조치 건의
10. 산업재해 발생의 원인 조사·분석 및 재발 방지를 위한 기술적 보좌 및 지도·조언
11. 산업재해에 관한 통계의 유지·관리·분석을 위한 보좌 및 지도·조언
12. 법 또는 법에 따른 명령으로 정한 보건에 관한 사항의 이행에 관한 보좌 및 지도·조언
13. 업무 수행 내용의 기록·유지
14. 그 밖에 보건과 관련된 작업관리 및 작업환경관리에 관한 사항으로서 고용노동부장관이 정하는 사항

② 보건관리자는 제1항 각 호에 따른 업무를 수행할 때에는 안전관리자와 협력해야 한다.
③ 사업주는 보건관리자가 제1항에 따른 업무를 원활하게 수행할 수 있도록 권한·시설·장비·예산, 그 밖의 업무 수행에 필요한 지원을 해야 한다. 이 경우 보건관리자가 별표 6 제2호 또는 제3호에 해당하는 경우에는 고용노동부령으로 정하는 시설 및 장비를 지원해야 한다.
④ 보건관리자의 배치 및 평가·지도에 관하여는 제18조제2항 및 제3항을 준용한다. 이 경우 "안전관리자"는 "보건관리자"로, "안전관리"는 "보건관리"로 본다.

SECTION 04
안전보건총괄책임자 지정 대상사업

제52조(안전보건총괄책임자 지정 대상사업) 법 제62조제1항에 따른 안전보건총괄책임자(이하 "안전보건총괄책임자"라 한다)를 지정해야 하는 사업의 종류 및 사업장의 상시근로자 수는 관계수급인에게 고용된 근로자를 포함한 상시근로자가 100명(선박 및 보트 건조업, 1차 금속 제조업 및 토사석 광업의 경우에는 50명) 이상인 사업이나 관계수급인의 공사금액을 포함한 해당 공사의 총공사금액이 20억 원 이상인 건설업으로 한다.

> **Key Point**
> 산업안전보건법상 도급사업에 있어서 안전보건총괄책임자를 선임하여야 할 사업을 쓰시오.

SECTION 05
안전보건총괄책임자의 직무 등

제53조(안전보건총괄책임자의 직무 등) ① 안전보건총괄책임자의 직무는 다음 각 호와 같다.

1. 법 제36조에 따른 위험성평가의 실시에 관한 사항
2. 법 제51조 및 제54조에 따른 작업의 중지
3. 법 제64조에 따른 도급 시 산업재해 예방조치
4. 법 제72조제1항에 따른 산업안전보건관리비의 관계수급인 간의 사용에 관한 협의·조정 및 그 집행의 감독
5. 안전인증대상기계등과 자율안전확인대상기계등의 사용 여부 확인

② 안전보건총괄책임자에 대한 지원에 관하여는 제14조제2항을 준용한다. 이 경우 "안전보건관리책임자"는 "안전보건총괄책임자"로, "법 제15조제1항"은 "제1항"으로 본다.

③ 사업주는 안전보건총괄책임자를 선임했을 때에는 그 선임 사실 및 제1항 각 호의 직무의 수행내용을 증명할 수 있는 서류를 갖추어 두어야 한다.

SECTION 06 산업안전보건위원회의 구성

제34조(산업안전보건위원회 구성 대상) 법 제24조제1항에 따라 산업안전보건위원회를 구성해야 할 사업의 종류 및 사업장의 상시근로자 수는 별표 9와 같다.

산업안전보건위원회를 구성해야 할 사업의 종류 및 사업장의 상시근로자 수(제34조 관련)

사업의 종류	사업장의 상시근로자 수
1. 토사석 광업 2. 목재 및 나무제품 제조업; 가구제외 3. 화학물질 및 화학제품 제조업; 의약품 제외(세제, 화장품 및 광택제 제조업과 화학섬유 제조업은 제외한다) 4. 비금속 광물제품 제조업 5. 1차 금속 제조업 6. 금속가공제품 제조업; 기계 및 가구 제외 7. 자동차 및 트레일러 제조업 8. 기타 기계 및 장비 제조업(사무용 기계 및 장비 제조업은 제외한다) 9. 기타 운송장비 제조업(전투용 차량 제조업은 제외한다)	상시 근로자 50명 이상
10. 농업 11. 어업 12. 소프트웨어 개발 및 공급업 13. 컴퓨터 프로그래밍, 시스템 통합 및 관리업 14. 정보서비스업 15. 금융 및 보험업 16. 임대업; 부동산 제외 17. 전문, 과학 및 기술 서비스업(연구개발업은 제외한다) 18. 사업지원 서비스업 19. 사회복지 서비스업	상시 근로자 300명 이상
20. 건설업	공사금액 120억 원 이상(「건설산업기본법 시행령」별표 1의 종합공사를 시공하는 업종의 건설업종란 제1호에 따른 토목공사업의 경우에는 150억 원 이상)
21. 제1호부터 제20호까지의 사업을 제외한 사업	상시 근로자 100명 이상

제35조(산업안전보건위원회의 구성) ① 산업안전보건위원회의 근로자위원은 다음 각 호의 사람으로 구성한다.
1. 근로자대표
2. 명예산업안전감독관이 위촉되어 있는 사업장의 경우 근로자대표가 지명하는 1명 이상의 명예산업안전감독관
3. 근로자대표가 지명하는 9명(근로자인 제2호의 위원이 있는 경우에는 9명에서 그 위원의 수를 제외한 수를 말한다) 이내의 해당 사업장의 근로자

② 산업안전보건위원회의 사용자위원은 다음 각 호의 사람으로 구성한다. 다만, 상시근로자 50명 이상 100명 미만을 사용하는 사업장에서는 제5호에 해당하는 사람을 제외하고 구성할 수 있다.
1. 해당 사업의 대표자(같은 사업으로서 다른 지역에 사업장이 있는 경우에는 그 사업장의 안전보건관리책임자를 말한다. 이하 같다)
2. 안전관리자(제16조제1항에 따라 안전관리자를 두어야 하는 사업장으로 한정하되, 안전관리자의 업무를 안전관리전문기관에 위탁한 사업장의 경우에는 그 안전관리전문기관의 해당 사업장 담당자를 말한다) 1명
3. 보건관리자(제20조제1항에 따라 보건관리자를 두어야 하는 사업장으로 한정하되, 보건관리자의 업무를 보건

관리전문기관에 위탁한 사업장의 경우에는 그 보건관리전문기관의 해당 사업장 담당자를 말한다) 1명
4. 산업보건의(해당 사업장에 선임되어 있는 경우로 한정한다)
5. 해당 사업의 대표자가 지명하는 9명 이내의 해당 사업장 부서의 장

③ 제1항 및 제2항에도 불구하고 법 제69조제1항에 따른 건설공사도급인(이하 "건설공사도급인"이라 한다)이 법 제64조제1항제1호에 따른 안전 및 보건에 관한 협의체를 구성한 경우에는 산업안전보건위원회의 위원을 다음 각 호의 사람을 포함하여 구성할 수 있다.
1. 근로자위원 : 도급 또는 하도급 사업을 포함한 전체 사업의 근로자대표, 명예산업안전감독관 및 근로자대표가 지명하는 해당 사업장의 근로자
2. 사용자위원 : 도급인 대표자, 관계수급인의 각 대표자 및 안전관리자

🔑 Key Point

산업안전보건법상 안전보건관리 책임자의 업무를 심의 또는 의결하기 위하여 설치, 운영하여야 할 기구에 대한 다음 물음에 답하시오.
(1) 해당하는 기구의 명칭을 쓰시오.
(2) 기구의 구성에 있어 근로자위원과 사용자 위원에 해당하는 위원의 기준을 각각 2가지씩 쓰시오.

(1) 산업안전보건위원회

제39조(회의 결과 등의 공지) 산업안전보건위원회의 위원장은 산업안전보건위원회에서 심의·의결된 내용 등 회의 결과와 중재 결정된 내용 등을 사내방송이나 사내보(社內報), 게시 또는 자체 정례조회, 그 밖의 적절한 방법으로 근로자에게 신속히 알려야 한다.

🔑 Key Point

산업안전보건위원회에서 심의·의결된 내용 등 회의 결과와 중재 결정된 내용을 근로자에게 알리는 방법을 쓰시오.

SECTION 07
안전인증

제74조(안전인증대상기계등) ① 법 제84조제1항에서 "대통령령으로 정하는 것"이란 다음 각 호의 어느 하나에 해당하는 것을 말한다.
1. 다음 각 목의 어느 하나에 해당하는 기계 또는 설비
 가. 프레스
 나. 전단기 및 절곡기(折曲機)
 다. 크레인
 라. 리프트
 마. 압력용기
 바. 롤러기
 사. 사출성형기(射出成形機)
 아. 고소(高所) 작업대
 자. 곤돌라
2. 다음 각 목의 어느 하나에 해당하는 방호장치
 가. 프레스 및 전단기 방호장치
 나. 양중기용(揚重機用) 과부하 방지장치
 다. 보일러 압력방출용 안전밸브
 라. 압력용기 압력방출용 안전밸브
 마. 압력용기 압력방출용 파열판
 바. 절연용 방호구 및 활선작업용(活線作業用) 기구
 사. 방폭구조(防爆構造) 전기기계·기구 및 부품
 아. 추락·낙하 및 붕괴 등의 위험 방지 및 보호에 필요한 가설기자재로서 고용노동부장관이 정하여 고시하는 것
 자. 충돌·협착 등의 위험 방지에 필요한 산업용 로봇 방호장치로서 고용노동부장관이 정하여 고시하는 것
3. 다음 각 목의 어느 하나에 해당하는 보호구
 가. 추락 및 감전 위험방지용 안전모
 나. 안전화
 다. 안전장갑
 라. 방진마스크
 마. 방독마스크
 바. 송기(送氣)마스크
 사. 전동식 호흡보호구
 아. 보호복
 자. 안전대

차. 차광(遮光) 및 비산물(飛散物) 위험방지용 보안경
카. 용접용 보안면
타. 방음용 귀마개 또는 귀덮개
② 안전인증대상기계등의 세부적인 종류, 규격 및 형식은 고용노동부장관이 정하여 고시한다.

SECTION 08
유해·위험성조사 제외 화학물질

제85조(유해성·위험성 조사 제외 화학물질) 법 제108조제1항 각 호 외의 부분 본문에서 "대통령령으로 정하는 화학물질"이란 다음 각 호의 어느 하나에 해당하는 화학물질을 말한다.

1. 원소
2. 천연으로 산출된 화학물질
3. 「건강기능식품에 관한 법률」 제3조제1호에 따른 건강기능식품
4. 「군수품관리법」 제2조 및 「방위사업법」 제3조제2호에 따른 군수품[「군수품관리법」 제3조에 따른 통상품(痛常品)은 제외한다]
5. 「농약관리법」 제2조제1호 및 제3호에 따른 농약 및 원제
6. 「마약류 관리에 관한 법률」 제2조제1호에 따른 마약류
7. 「비료관리법」 제2조제1호에 따른 비료
8. 「사료관리법」 제2조제1호에 따른 사료
9. 「생활화학제품 및 살생물제의 안전관리에 관한 법률」 제3조제7호 및 제8호에 따른 살생물물질 및 살생물제품
10. 「식품위생법」 제2조제1호 및 제2호에 따른 식품 및 식품첨가물
11. 「약사법」 제2조제4호 및 제7호에 따른 의약품 및 의약외품(醫藥外品)
12. 「원자력안전법」 제2조제5호에 따른 방사성물질
13. 「위생용품 관리법」 제2조제1호에 따른 위생용품
14. 「의료기기법」 제2조제1항에 따른 의료기기
15. 「총포·도검·화약류 등의 안전관리에 관한 법률」 제2조제3항에 따른 화약류
16. 「화장품법」 제2조제1호에 따른 화장품과 화장품에 사용하는 원료
17. 법 제108조제3항에 따라 고용노동부장관이 명칭, 유해성·위험성, 근로자의 건강장해 예방을 위한 조치 사항 및 연간 제조량·수입량을 공표한 물질로서 공표된 연간 제조량·수입량 이하로 제조하거나 수입한 물질
18. 고용노동부장관이 환경부장관과 협의하여 고시하는 화학물질 목록에 기록되어 있는 물질

SECTION 09
물질안전보건자료의 작성·제출 제외 대상 화학물질 등

제86조(물질안전보건자료의 작성·제출 제외 대상 화학물질 등) 법 제110조제1항 각 호 외의 부분 전단에서 "대통령령으로 정하는 것"이란 다음 각 호의 어느 하나에 해당하는 것을 말한다.

1. 「건강기능식품에 관한 법률」 제3조제1호에 따른 건강기능식품
2. 「농약관리법」 제2조제1호에 따른 농약
3. 「마약류 관리에 관한 법률」 제2조제2호 및 제3호에 따른 마약 및 향정신성의약품
4. 「비료관리법」 제2조제1호에 따른 비료
5. 「사료관리법」 제2조제1호에 따른 사료
6. 「생활주변방사선 안전관리법」 제2조제2호에 따른 원료물질
7. 「생활화학제품 및 살생물제의 안전관리에 관한 법률」 제3조제4호 및 제8호에 따른 안전확인대상생활화학제품 및 살생물제품 중 일반소비자의 생활용으로 제공되는 제품
8. 「식품위생법」 제2조제1호 및 제2호에 따른 식품 및 식품첨가물
9. 「약사법」 제2조제4호 및 제7호에 따른 의약품 및 의약외품
10. 「원자력안전법」 제2조제5호에 따른 방사성물질
11. 「위생용품 관리법」 제2조제1호에 따른 위생용품
12. 「의료기기법」 제2조제1항에 따른 의료기기

12의2. 「첨단재생의료 및 첨단바이오의약품 안전 및 지원에 관한 법률」 제2조제5호에 따른 첨단바이오의약품
13. 「총포·도검·화약류 등의 안전관리에 관한 법률」 제2조제3항에 따른 화약류
14. 「폐기물관리법」 제2조제1호에 따른 폐기물
15. 「화장품법」 제2조제1호에 따른 화장품
16. 제1호부터 제15호까지의 규정 외의 화학물질 또는 혼합물로서 일반소비자의 생활용으로 제공되는 것(일반소비자의 생활용으로 제공되는 화학물질 또는 혼합물이 사업장 내에서 취급되는 경우를 포함한다)
17. 고용노동부장관이 정하여 고시하는 연구·개발용 화학물질 또는 화학제품. 이 경우 법 제110조제1항부터 제3항까지의 규정에 따른 자료의 제출만 제외된다.
18. 그 밖에 고용노동부장관이 독성·폭발성 등으로 인한 위해의 정도가 적다고 인정하여 고시하는 화학물질

SECTION 10
유해위험방지계획서

제42조(유해위험방지계획서 제출 대상) ① 법 제42조제1항제1호에서 "대통령령으로 정하는 사업의 종류 및 규모에 해당하는 사업"이란 다음 각 호의 어느 하나에 해당하는 사업으로서 전기 계약용량이 300킬로와트 이상인 경우를 말한다.
1. 금속가공제품 제조업 ; 기계 및 가구 제외
2. 비금속 광물제품 제조업
3. 기타 기계 및 장비 제조업
4. 자동차 및 트레일러 제조업
5. 식료품 제조업
6. 고무제품 및 플라스틱제품 제조업
7. 목재 및 나무제품 제조업
8. 기타 제품 제조업
9. 1차 금속 제조업
10. 가구 제조업
11. 화학물질 및 화학제품 제조업
12. 반도체 제조업
13. 전자부품 제조업

② 법 제42조제1항제2호에서 "대통령령으로 정하는 기계·기구 및 설비"란 다음 각 호의 어느 하나에 해당하는 기계·기구 및 설비를 말한다. 이 경우 다음 각 호에 해당하는 기계·기구 및 설비의 구체적인 범위는 고용노동부장관이 정하여 고시한다.
1. 금속이나 그 밖의 광물의 용해로
2. 화학설비
3. 건조설비
4. 가스집합 용접장치
5. 근로자의 건강에 상당한 장해를 일으킬 우려가 있는 물질로서 고용노동부령으로 정하는 물질의 폐·환기·배기를 위한 설비
6. 분진작업 관련 설비

③ 법 제42조제1항제3호에서 "대통령령으로 정하는 크기 높이 등에 해당하는 건설공사"란 다음 각 호의 어느 하나에 해당하는 공사를 말한다.
1. 다음 각 목의 어느 하나에 해당하는 건축물 또는 시설 등의 건설·개조 또는 해체(이하 "건설등"이라 한다) 공사
   가. 지상높이가 31미터 이상인 건축물 또는 인공구조물
   나. 연면적 3만제곱미터 이상인 건축물
   다. 연면적 5천제곱미터 이상인 시설로서 다음의 어느 하나에 해당하는 시설
      1) 문화 및 집회시설(전시장 및 동물원·식물원은 제외한다)
      2) 판매시설, 운수시설(고속철도의 역사 및 집배송시설은 제외한다)
      3) 종교시설
      4) 의료시설 중 종합병원
      5) 숙박시설 중 관광숙박시설
      6) 지하도상가
      7) 냉동·냉장 창고시설
2. 연면적 5천제곱미터 이상인 냉동·냉장 창고시설의 설비공사 및 단열공사
3. 최대 지간(支間)길이(다리의 기둥과 기둥의 중심사이의 거리)가 50미터 이상인 다리의 건설등 공사
4. 터널의 건설등 공사

5. 다목적댐, 발전용댐, 저수용량 2천만톤 이상의 용수 전용 댐 및 지방상수도 전용 댐의 건설등 공사
6. 깊이 10미터 이상인 굴착공사

🔑 **Key Point**

건설공사에서 지상 높이가 31m 이상인 건축물과 같이 유해 위험 방지계획서 제출대상 건설공사의 종류를 4가지 쓰시오.

SECTION 11
공정안전보고서의 제출 대상

제43조(공정안전보고서의 제출 대상) ① 법 제44조제1항 전단에서 "대통령령으로 정하는 유해하거나 위험한 설비"란 다음 각 호의 어느 하나에 해당하는 사업을 하는 사업장의 경우에는 그 보유설비를 말하고, 그 외의 사업을 하는 사업장의 경우에는 별표 13에 따른 유해·위험물질 중 하나 이상의 물질을 같은 표에 따른 규정량 이상 제조·취급·저장하는 설비 및 그 설비의 운영과 관련된 모든 공정설비를 말한다.
1. 원유 정제처리업
2. 기타 석유정제물 재처리업
3. 석유화학계 기초화학물질 제조업 또는 합성수지 및 기타 플라스틱물질 제조업. 다만, 합성수지 및 기타 플라스틱물질 제조업은 별표 13 제1호 또는 제2호에 해당하는 경우로 한정한다.
4. 질소 화합물, 질소·인산 및 칼리질 화학비료 제조업 중 질소질 비료 제조
5. 복합비료 및 기타 화학비료 제조업 중 복합비료 제조(단순혼합 또는 배합에 의한 경우는 제외한다)
6. 화학 살균·살충제 및 농업용 약제 제조업[농약 원제(原劑) 제조만 해당한다]
7. 화약 및 불꽃제품 제조업

② 제1항에도 불구하고 다음 각 호의 설비는 유해하거나 위험한 설비로 보지 않는다.
1. 원자력 설비
2. 군사시설
3. 사업주가 해당 사업장 내에서 직접 사용하기 위한 난방용 연료의 저장설비 및 사용설비
4. 도매·소매시설
5. 차량 등의 운송설비
6. 「액화석유가스의 안전관리 및 사업법」에 따른 액화석유가스의 충전·저장시설
7. 「도시가스사업법」에 따른 가스공급시설
8. 그 밖에 고용노동부장관이 누출·화재·폭발 등의 사고가 있더라도 그에 따른 피해의 정도가 크지 않다고 인정하여 고시하는 설비

③ 법 제44조제1항 전단에서 "대통령령으로 정하는 사고"란 다음 각 호의 어느 하나에 해당하는 사고를 말한다.
1. 근로자가 사망하거나 부상을 입을 수 있는 제1항에 따른 설비(제2항에 따른 설비는 제외한다. 이하 제2호에서 같다)에서의 누출·화재·폭발 사고
2. 인근 지역의 주민이 인적 피해를 입을 수 있는 제1항에 따른 설비에서의 누출·화재·폭발 사고

🔑 **Key Point**

공정안전보고서의 제출 대상 사업장 5가지를 쓰시오.

SECTION 12
공정안전보고서의 내용

제44조(공정안전보고서의 내용) 법 제44조제1항에 따른 공정안전보고서에는 다음 각 호의 사항이 포함되어야 하며, 그 세부내용은 고용노동부령으로 정한다.
1. 공정안전자료
2. 공정위험성평가서 및 잠재위험에 대한 사고예방·피해·최소화 대책
3. 안전운전계획
4. 비상조치계획
5. 그 밖에 공정상의 안전과 관련하여 고용노동부장관이 필요하다고 인정하여 고시하는 사항

🔑 **Key Point**

공정안전보고서 제출 시 공정안전보고서에 포함되어야 할 내용 4가지를 쓰시오.

SECTION 13
안전보건개선계획 수립대상 사업자 등

제49조(안전보건진단을 받아 안전보건개선계획을 수립할 대상) 법 제49조제1항 각 호 외의 부분 후단에서 "대통령령으로 정하는 사업장"이란 다음 각 호의 사업장을 말한다.
1. 산업재해율이 같은 업종 평균 산업재해율의 2배 이상인 사업장
2. 사업주가 필요한 안전조치 또는 보건조치를 이행하지 아니하여 중대재해가 발생한 사업장
3. 직업성 질병자가 연간 2명 이상(상시근로자 1천명 이상 사업장의 경우 3명 이상) 발생한 사업장
4. 그 밖에 작업환경 불량, 화재·폭발 또는 누출 사고 등으로 사업장 주변까지 피해가 확산된 사업장으로서 고용노동부령으로 정하는 사업장

제50조(안전보건개선계획 수립 대상) 법 제49조제1항제3호에서 "대통령령으로 정하는 수 이상의 직업성 질병자가 발생한 사업장"이란 직업성 질병자가 연간 2명 이상 발생한 사업장을 말한다.

Key Point
> 사업장 안전보건개선계획서에 포함되어야 하는 4가지를 쓰시오.

SECTION 14
노사협의체

제63조(노사협의체의 설치 대상) 법 제75조제1항에서 "대통령령으로 정하는 규모의 건설공사"란 공사금액이 120억 원(「건설산업기본법 시행령」 별표 1의 종합공사를 시공하는 업종의 건설업종란 제1호에 따른 토목공사업은 150억 원) 이상인 건설공사를 말한다.

제64조(노사협의체의 구성) ① 노사협의체는 다음 각 호에 따라 근로자위원과 사용자위원으로 구성한다.

1. 근로자위원
   가. 도급 또는 하도급 사업을 포함한 전체 사업의 근로자대표
   나. 근로자대표가 지명하는 명예산업안전감독관 1명. 다만, 명예산업안전감독관이 위촉되어 있지 않은 경우에는 근로자대표가 지명하는 해당 사업장 근로자 1명
   다. 공사금액이 20억 원 이상인 공사의 관계수급인의 각 근로자대표
2. 사용자위원
   가. 도급 또는 하도급 사업을 포함한 전체 사업의 대표자
   나. 안전관리자 1명
   다. 보건관리자 1명(별표 5 제44호에 따른 보건관리자 선임대상 건설업으로 한정한다)
   라. 공사금액이 20억 원 이상인 공사의 관계수급인의 각 대표자

② 노사협의체의 근로자위원과 사용자위원은 합의하여 노사협의체에 공사금액이 20억 원 미만인 공사의 관계수급인 및 관계수급인 근로자대표를 위원으로 위촉할 수 있다.
③ 노사협의체의 근로자위원과 사용자위원은 합의하여 제67조제2호에 따른 사람을 노사협의체에 참여하도록 할 수 있다.

제65조(노사협의체의 운영 등) ① 노사협의체의 회의는 정기회의와 임시회의로 구분하여 개최하되, 정기회의는 2개월마다 노사협의체의 위원장이 소집하며, 임시회의는 위원장이 필요하다고 인정할 때에 소집한다.
② 노사협의체 위원장의 선출, 노사협의체의 회의, 노사협의체에서 의결되지 않은 사항에 대한 처리방법 및 회의 결과 등의 공지에 관하여는 각각 제36조, 제37조제2항부터 제4항까지, 제38조 및 제39조를 준용한다. 이 경우 "산업안전보건위원회"는 "노사협의체"로 본다.

Key Point
> 산업안전보건법상 노·사 협의체의 설치대상 사업 1가지와 노·사 협의체의 운영에 있어서 정기회의의 개최주기를 쓰시오.

공사금액이 120억 원(「건설산업기본법 시행령」 별표 1에 따른 토목공사업은 150억 원) 이상인 건설업, 2개월

CHAPTER 03 산업안전보건법 시행규칙

SECTION 01 중대재해의 정의

제3조(중대재해의 범위) 법 제2조제2호에서 "고용노동부령으로 정하는 재해"란 다음 각 호의 어느 하나에 해당하는 재해를 말한다.
1. 사망자가 1명 이상 발생한 재해
2. 3개월 이상의 요양이 필요한 부상자가 동시에 2명 이상 발생한 재해
3. 부상자 또는 직업성 질병자가 동시에 10명 이상 발생한 재해

Key Point

산업안전보건법의 중대재해 3가지를 쓰시오.

SECTION 02 산업재해발생 보고

제73조(산업재해 발생 보고 등) ① 사업주는 산업재해로 사망자가 발생하거나 3일 이상의 휴업이 필요한 부상을 입거나 질병에 걸린 사람이 발생한 경우에는 법 제57조제3항에 따라 해당 산업재해가 발생한 날부터 1개월 이내에 별지 제30호서식의 산업재해조사표를 작성하여 관할 지방고용노동관서의 장에게 제출(전자문서로 제출하는 것을 포함한다)해야 한다.
② 제1항에도 불구하고 다음 각 호의 모두에 해당하지 않는 사업주가 법률 제11882호 산업안전보건법 일부개정법률 제10조제2항의 개정규정의 시행일인 2014년 7월 1일 이후 해당 사업장에서 처음 발생한 산업재해에 대하여 지방고용노동관서의 장으로부터 별지 제30호서식의 산업재해조사표를 작성하여 제출하도록 명령을 받은 경우 그 명령을 받은 날부터 15일 이내에 이를 이행한 때에는 제1항에 따른 보고를 한 것으로 본다. 제1항에 따른 보고기한이 지난 후에 자진하여 별지 제30호서식의 산업재해조사표를 작성·제출한 경우에도 또한 같다.
  1. 안전관리자 또는 보건관리자를 두어야 하는 사업주
  2. 법 제62조제1항에 따라 안전보건총괄책임자를 지정해야 하는 도급인
  3. 법 제73조제2항에 따라 건설재해예방전문지도기관의 지도를 받아야 하는 건설공사도급인(법 제69조제1항의 건설공사도급인을 말한다. 이하 같다)
  4. 산업재해 발생사실을 은폐하려고 한 사업주
③ 사업주는 제1항에 따른 산업재해조사표에 근로자대표의 확인을 받아야 하며, 그 기재 내용에 대하여 근로자대표의 이견이 있는 경우에는 그 내용을 첨부해야 한다. 다만, 근로자대표가 없는 경우에는 재해자 본인의 확인을 받아 산업재해조사표를 제출할 수 있다.
④ 제1항부터 제3항까지의 규정에서 정한 사항 외에 산업재해 발생 보고에 필요한 사항은 고용노동부장관이 정한다.
⑤ 「산업재해보상보험법」 제41조에 따라 요양급여의 신청을 받은 근로복지공단은 지방고용노동관서의 장 또는 공단으로부터 요양신청서 사본, 요양업무 관련 전산입력자료, 그 밖에 산업재해예방업무 수행을 위하여 필요한 자료의 송부를 요청받은 경우에는 이에 협조해야 한다.

SECTION 03
산업안전보건관리비의 사용

제89조(산업안전보건관리비의 사용) ① 건설공사도급인은 도급금액 또는 사업비에 계상(計上)된 산업안전보건관리비의 범위에서 그의 관계수급인에게 해당 사업의 위험도를 고려하여 적정하게 산업안전보건관리비를 지급하여 사용하게 할 수 있다.

② 건설공사도급인은 법 제72조제3항에 따라 산업안전보건관리비를 사용하는 해당 건설공사의 금액(고용노동부장관이 정하여 고시하는 방법에 따라 산정한 금액을 말한다)이 4천만 원 이상인 때에는 고용노동부장관이 정하는 바에 따라 매월(건설공사가 1개월 이내에 종료되는 사업의 경우에는 해당 건설공사가 끝나는 날이 속하는 달을 말한다) 사용명세서를 작성하고, 건설공사 종료 후 1년 동안 보존해야 한다.

SECTION 04
방호조치

제98조(방호조치) ① 법 제80조제1항에 따라 영 제70조 및 영 별표 20의 기계·기구에 설치해야 할 방호장치는 다음 각 호와 같다.
  1. 영 별표 20 제1호에 따른 예초기 : 날접촉 예방장치
  2. 영 별표 20 제2호에 따른 원심기 : 회전체 접촉 예방장치
  3. 영 별표 20 제3호에 따른 공기압축기 : 압력방출장치
  4. 영 별표 20 제4호에 따른 금속절단기 : 날접촉 예방장치
  5. 영 별표 20 제5호에 따른 지게차 : 헤드가드, 백레스트(backrest), 전조등, 후미등, 안전벨트
  6. 영 별표 20 제6호에 따른 포장기계 : 구동부 방호 연동장치

② 법 제80조제2항에서 "고용노동부령으로 정하는 방호조치"란 다음 각 호의 방호조치를 말한다.
  1. 작동 부분의 돌기부분은 묻힘형으로 하거나 덮개를 부착할 것
  2. 동력전달부분 및 속도조절부분에는 덮개를 부착하거나 방호망을 설치할 것
  3. 회전기계의 물림점(롤러나 톱니바퀴 등 반대방향의 두 회전체에 물려 들어가는 위험점)에는 덮개 또는 울을 설치할 것

③ 제1항 및 제2항에 따른 방호조치에 필요한 사항은 고용노동부장관이 정하여 고시한다.

제99조(방호조치 해체 등에 필요한 조치) ① 법 제80조제4항에서 "고용노동부령으로 정하는 경우"란 다음 각 호의 경우를 말하며, 그에 필요한 안전조치 및 보건조치는 다음 각 호에 따른다.
  1. 방호조치를 해체하려는 경우 : 사업주의 허가를 받아 해체할 것
  2. 방호조치 해체 사유가 소멸된 경우 : 방호조치를 지체 없이 원상으로 회복시킬 것
  3. 방호조치의 기능이 상실된 것을 발견한 경우 : 지체 없이 사업주에게 신고할 것

② 사업주는 제1항제3호에 따른 신고가 있으면 즉시 수리, 보수 및 작업중지 등 적절한 조치를 해야 한다.

> **Key Point**
> 산업안전보건법상 위험기계·기구에 설치한 방호조치에 대하여 근로자가 지켜야 할 사항을 3가지만 쓰시오.

SECTION 05
안전인증의 신청 등

제108조(안전인증의 신청 등) ① 법 제84조제1항 및 제3항에 따른 안전인증(이하 "안전인증"이라 한다)을 받으려는 자는 제110조제1항에 따른 심사종류별로 별지 제42호서식의 안전인증 신청서에 별표 13의 서류를 첨부하여 영 제116조제2항에 따라 안전인증 업무를 위탁받은 기관(이하 "안전인증기관"이라 한다)에 제출(전자적 방법에 의한 제출을 포함한다)해야 한다. 이 경우 외국에서 법 제83조제1항에 따른 유해하거나 위험한 기계·기구·설비 및 방호장치·보호구(이하 "유해·위험기계등"이라 한다)를 제조하는 자는 국내에 거주하는 자를 대리인으로 선정하여 안전인증을 신청하게 할 수 있다.

② 제1항에 따라 안전인증을 신청하는 경우에는 고용노동부장관이 정하여 고시하는 바에 따라 안전인증 심사에 필요한 시료(試料)를 제출해야 한다.

③ 제1항에 따른 안전인증 신청서를 제출받은 안전인증기관은 「전자정부법」 제36조제1항에 따른 행정정보의 공동이용을 통하여 사업자등록증을 확인해야 한다. 다만, 신청인이 확인에 동의하지 않은 경우에는 사업자등록증 사본을 첨부하도록 해야 한다.

SECTION 06
인증방법

제110조(안전인증 심사의 종류 및 방법) ① 유해·위험기계등이 안전인증기준에 적합한지를 확인하기 위하여 안전인증기관이 하는 심사는 다음 각 호와 같다.

1. 예비심사 : 기계 및 방호장치·보호구가 유해·위험기계등 인지를 확인하는 심사(법 제84조제3항에 따라 안전인증을 신청한 경우만 해당한다)
2. 서면심사 : 유해·위험기계등의 종류별 또는 형식별로 설계도면 등 유해·위험기계등의 제품기술과 관련된 문서가 안전인증기준에 적합한지에 대한 심사
3. 기술능력 및 생산체계 심사 : 유해·위험기계등의 안전성능을 지속적으로 유지·보증하기 위하여 사업장에서 갖추어야 할 기술능력과 생산체계가 안전인증기준에 적합한지에 대한 심사. 다만, 다음 각 목의 어느 하나에 해당하는 경우에는 기술능력 및 생산체계 심사를 생략한다.
    가. 영 제74조제1항제2호 및 제3호에 따른 방호장치 및 보호구를 고용노동부장관이 정하여 고시하는 수량 이하로 수입하는 경우
    나. 제4호가목의 개별 제품심사를 하는 경우
    다. 안전인증(제4호나목의 형식별 제품심사를 하여 안전인증을 받은 경우로 한정한다)을 받은 후 같은 공정에서 제조되는 같은 종류의 안전인증대상기계등에 대하여 안전인증을 하는 경우
4. 제품심사 : 유해·위험기계등이 서면심사 내용과 일치하는지와 유해·위험기계등의 안전에 관한 성능이 안전인증기준에 적합한지에 대한 심사. 다만, 다음 각 목의 심사는 유해·위험기계등별로 고용노동부장관이 정하여 고시하는 기준에 따라 어느 하나만을 받는다.
    가. 개별 제품심사 : 서면심사 결과가 안전인증기준에 적합할 경우에 유해·위험기계등 모두에 대하여 하는 심사(안전인증을 받으려는 자가 서면심사와 개별 제품심사를 동시에 할 것을 요청하는 경우 병행할 수 있다)
    나. 형식별 제품심사 : 서면심사와 기술능력 및 생산체계 심사 결과가 안전인증기준에 적합할 경우에 유해·위험기계등의 형식별로 표본을 추출하여 하는 심사(안전인증을 받으려는 자가 서면심사, 기술능력 및 생산체계 심사와 형식별 제품심사를 동시에 할 것을 요청하는 경우 병행할 수 있다)

② 제1항에 따른 유해·위험기계등의 종류별 또는 형식별 심사의 절차 및 방법은 고용노동부장관이 정하여 고시한다.

③ 안전인증기관은 제108조제1항에 따라 안전인증 신청서를 제출받으면 다음 각 호의 구분에 따른 심사 종류별 기간 내에 심사해야 한다. 다만, 제품심사의 경우 처리기간 내에 심사를 끝낼 수 없는 부득이한 사유가 있을 때에는 15일의 범위에서 심사기간을 연장할 수 있다.

1. 예비심사 : 7일
2. 서면심사 : 15일(외국에서 제조한 경우는 30일)
3. 기술능력 및 생산체계 심사 : 30일(외국에서 제조한 경우는 45일)
4. 제품심사
    가. 개별 제품심사 : 15일
    나. 형식별 제품심사 : 30일(영 제74조제1항제2호사목의 방호장치와 같은 항 제3호가목부터 아목까지의 보호구는 60일)

④ 안전인증기관은 제3항에 따른 심사가 끝나면 안전인증을 신청한 자에게 별지 제45호서식의 심사결과 통지서를 발급해야 한다. 이 경우 해당 심사 결과가 모두 적합한 경우에는 별지 제46호서식의 안전인증서를 함께 발급해야 한다.

⑤ 안전인증기관은 안전인증대상기계등이 특수한 구조 또는 재료로 제조되어 안전인증기준의 일부를 적용하기 곤란할 경우 해당 제품이 안전인증기준과 같은 수준 이상의 안전에 관한 성능을 보유한 것으로 인정(안전인증을 신청한 자의 요청이 있거나 필요하다고 판단되는 경우를 포함한다)

되면 「산업표준화법」 제12조에 따른 한국산업표준 또는 관련 국제규격 등을 참고하여 안전인증기준의 일부를 생략하거나 추가하여 제1항제2호 또는 제4호에 따른 심사를 할 수 있다.
⑥ 안전인증기관은 제5항에 따라 안전인증대상기계등이 안전인증기준과 같은 수준 이상의 안전에 관한 성능을 보유한 것으로 인정되는지와 해당 안전인증대상기계등에 생략하거나 추가하여 적용할 안전인증기준을 심의·의결하기 위하여 안전인증심의위원회를 설치·운영해야 한다. 이 경우 안전인증심의위원회의 구성·개최에 걸리는 기간은 제3항에 따른 심사기간에 산입하지 않는다.
⑦ 제6항에 따른 안전인증심의위원회의 구성·기능 및 운영 등에 필요한 사항은 고용노동부장관이 정하여 고시한다.

SECTION 07
물질안전보건자료의 작성방법 및 기재사항

제156조(물질안전보건자료의 작성방법 및 기재사항) ① 법 제110조제1항에 따른 물질안전보건자료대상물질(이하 "물질안전보건자료대상물질"이라 한다)을 제조·수입하려는 자가 물질안전보건자료를 작성하는 경우에는 그 물질안전보건자료의 신뢰성이 확보될 수 있도록 인용된 자료의 출처를 함께 적어야 한다.
② 법 제110조제1항제5호에서 "물리·화학적 특성 등 고용노동부령으로 정하는 사항"이란 다음 각 호의 사항을 말한다.
 1. 물리·화학적 특성
 2. 독성에 관한 정보
 3. 폭발·화재 시의 대처방법
 4. 응급조치 요령
 5. 그 밖에 고용노동부장관이 정하는 사항
③ 그 밖에 물질안전보건자료의 세부 작성방법, 용어 등 필요한 사항은 고용노동부장관이 정하여 고시한다.

SECTION 08
교육대상별 교육내용

산업안전보건법 시행규칙 [별표 4]

안전보건교육 교육과정별 교육시간 (제26조제1항 등 관련)

1. 근로자의 안전보건교육
1) 근로자 안전보건교육

교육과정	교육대상		교육시간
가. 정기교육	1) 사무직 종사 근로자		매반기 6시간 이상
	2) 그 밖의 근로자	가) 판매업무에 직접 종사하는 근로자	매반기 6시간 이상
		나) 판매업무에 직접 종사하는 근로자 외의 근로자	매반기 12시간 이상
나. 채용 시 교육	1) 일용근로자 및 근로계약기간이 1주일 이하인 기간제근로자		1시간 이상
	2) 근로계약기간이 1주일 초과 1개월 이하인 기간제근로자		4시간 이상
	3) 그 밖의 근로자		8시간 이상
다. 작업내용 변경 시 교육	1) 일용근로자 및 근로계약기간이 1주일 이하인 기간제근로자		1시간 이상
	2) 그 밖의 근로자		2시간 이상
라. 특별교육	1) 일용근로자 및 근로계약기간이 1주일 이하인 기간제근로자 : 별표 5 제1호라목(제39호는 제외한다)에 해당하는 작업에 종사하는 근로자에 한정한다.		2시간 이상
	2) 일용근로자 및 근로계약기간이 1주일 이하인 기간제근로자 : 별표 5 제1호라목제39호에 해당하는 작업에 종사하는 근로자에 한정한다.		8시간 이상
	3) 일용근로자 및 근로계약기간이 1주일 이하인 기간제근로자를 제외한 근로자 : 별표 5 제1호라목에 해당하는 작업에 종사하는 근로자에 한정한다.		가) 16시간이상(최초 작업에 종사하기 전 4시간 이상 실시하고 12시간은 3개월 이내에서 분할하여 실시 가능) 나) 단기간 작업 또는 간헐적 작업인 경우에는 2시간 이상
마. 건설업 기초안전·보건 교육	건설 일용근로자		4시간 이상

2) 관리감독자 안전보건교육

교육과정	교육시간
가. 정기교육	연간 16시간 이상
나. 채용 시 교육	8시간 이상
다. 작업내용 변경 시 교육	2시간 이상
라. 특별교육	16시간 이상(최초 작업에 종사하기 전 4시간 이상 실시하고, 12시간은 3개월 이내에서 분할하여 실시 가능)
	단기간 작업 또는 간헐적 작업인 경우에는 2시간 이상

2. 안전보건관리책임자 등에 대한 교육(제29조제2항 관련)

교육대상	교육시간	
	신규교육	보수교육
가. 안전보건관리책임자	6시간 이상	6시간 이상
나. 안전관리자, 안전관리전문기관의 종사자	34시간 이상	24시간 이상
다. 보건관리자, 보건관리전문기관의 종사자	34시간 이상	24시간 이상
라. 건설재해예방전문지도기관의 종사자	34시간 이상	24시간 이상
마. 석면조사기관의 종사자	34시간 이상	24시간 이상
바. 안전보건관리담당자	–	8시간 이상
사. 안전검사기관, 자율안전검사기관의 종사자	34시간 이상	24시간 이상

3. 특수형태근로종사자에 대한 안전보건교육(제95조제1항 관련)

교육과정	교육시간
가. 최초 노무제공 시 교육	2시간 이상(단기간 작업 또는 간헐적 작업에 노무를 제공하는 경우에는 1시간 이상 실시하고, 특별교육을 실시한 경우는 면제)
나. 특별교육	16시간 이상(최초 작업에 종사하기 전 4시간 이상 실시하고 12시간은 3개월 이내에서 분할하여 실시가능)
	단기간 작업 또는 간헐적 작업인 경우에는 2시간 이상

4. 검사원 성능검사 교육(제131조제2항 관련)

교육과정	교육대상	교육시간
성능검사 교육	–	28시간 이상

Key Point

사업 내 안전 · 보건교육의 종류 4가지를 쓰시오.

1. 근로자 정기안전 · 보건 교육
2. 관리감독자 정기안전 · 보건 교육
3. 채용 시의 교육
4. 작업내용 변경 시의 교육
5. 특별교육

산업안전보건법 시행규칙 [별표 5] 〈개정 2023. 9. 27.〉

안전보건교육 교육대상별 교육내용
(제26조제1항 등 관련)

1. 근로자 안전보건교육(제26조제1항 관련)

   가. 정기교육

교육내용
• 산업안전 및 사고 예방에 관한 사항
• 산업보건 및 직업병 예방에 관한 사항
• 위험성 평가에 관한 사항
• 건강증진 및 질병 예방에 관한 사항
• 유해 · 위험 작업환경 관리에 관한 사항
• 산업안전보건법령 및 산업재해보상보험 제도에 관한 사항
• 직무스트레스 예방 및 관리에 관한 사항
• 직장 내 괴롭힘, 고객의 폭언 등으로 인한 건강장해 예방 및 관리에 관한 사항

   나. 채용 시 교육 및 작업내용 변경 시 교육

교육내용
• 산업안전 및 사고 예방에 관한 사항
• 산업보건 및 직업병 예방에 관한 사항
• 위험성 평가에 관한 사항
• 산업안전보건법령 및 산업재해보상보험 제도에 관한 사항
• 직무스트레스 예방 및 관리에 관한 사항
• 직장 내 괴롭힘, 고객의 폭언 등으로 인한 건강장해 예방 및 관리에 관한 사항
• 기계 · 기구의 위험성과 작업의 순서 및 동선에 관한 사항
• 작업 개시 전 점검에 관한 사항
• 정리정돈 및 청소에 관한 사항
• 사고 발생 시 긴급조치에 관한 사항
• 물질안전보건자료에 관한 사항

2. 관리감독자 안전보건교육(제26조제1항 관련)

   가. 정기교육

교육내용
• 산업안전 및 사고 예방에 관한 사항 • 산업보건 및 직업병 예방에 관한 사항 • 위험성평가에 관한 사항 • 유해 · 위험 작업환경 관리에 관한 사항 • 산업안전보건법령 및 산업재해보상보험 제도에 관한 사항 • 직무스트레스 예방 및 관리에 관한 사항 • 직장 내 괴롭힘, 고객의 폭언 등으로 인한 건강장해 예방 및 관리에 관한 사항 • 작업공정의 유해 · 위험과 재해 예방대책에 관한 사항 • 사업장 내 안전보건관리체제 및 안전 · 보건조치 현황에 관한 사항 • 표준안전 작업방법 결정 및 지도 · 감독 요령에 관한 사항 • 현장근로자와의 의사소통능력 및 강의능력 등 안전보건교육 능력 배양에 관한 사항 • 비상시 또는 재해 발생 시 긴급조치에 관한 사항

   나. 채용 시의 교육 및 작업내용 변경 시의 교육

교육내용
• 산업안전 및 사고 예방에 관한 사항 • 산업보건 및 직업병 예방에 관한 사항 • 위험성평가에 관한 사항 • 산업안전보건법령 및 산업재해보상보험 제도에 관한 사항 • 직무스트레스 예방 및 관리에 관한 사항 • 직장 내 괴롭힘, 고객의 폭언 등으로 인한 건강장해 예방 및 관리에 관한 사항 • 기계 · 기구의 위험성과 작업의 순서 및 동선에 관한 사항 • 작업 개시 전 점검에 관한 사항 • 물질안전보건자료에 관한 사항 • 사업장 내 안전보건관리체제 및 안전 · 보건조치 현황에 관한 사항 • 표준안전 작업방법 결정 및 지도 · 감독 요령에 관한 사항 • 비상시 또는 재해 발생 시 긴급조치에 관한 사항

   다. 특별교육 대상 작업별 교육

   근로자 특별교육 내용과 동일(채용 시 교육내용 제외)

> **Key Point**
>
> 채용시 및 작업내용 변경시 실시하여야 하는 교육 4가지를 쓰시오
>
> 1. 산업안전 및 사고 예방에 관한 사항
> 2. 산업보건 및 직업병 예방에 관한 사항
> 3. 산업안전보건법령 및 산업재해보상보험 제도에 관한 사항
> 4. 직무스트레스 예방 및 관리에 관한 사항
> 5. 직장 내 괴롭힘, 고객의 폭언 등으로 인한 건강장해 예방 및 관리에 관한 사항
> 6. 기계 · 기구의 위험성과 작업의 순서 및 동선에 관한 사항
> 7. 작업 개시 전 점검에 관한 사항
> 8. 정리정돈 및 청소에 관한 사항
> 9. 사고 발생 시 긴급조치에 관한 사항
> 10. 물질안전보건자료에 관한 사항

CHAPTER 04 산업안전보건기준에 관한 규칙

SECTION 01 통로

1. **안전보건규칙 제23조(가설통로의 구조)**
   사업주는 가설통로를 설치하는 경우에 다음 각 호의 사항을 준수하여야 한다.
   (1) 견고한 구조로 할 것
   (2) 경사는 30도 이하로 할 것. 다만, 계단을 설치하거나 높이 2미터 미만의 가설통로로서 튼튼한 손잡이를 설치한 경우에는 그러하지 아니하다.
   (3) 경사가 15도를 초과하는 경우에는 미끄러지지 아니하는 구조로 할 것
   (4) 추락의 위험이 있는 장소에는 안전난간을 설치할 것. 다만, 작업상 부득이한 경우에는 필요한 부분만 임시로 해체할 수 있다.
   (5) 수직갱에 가설된 통로의 길이가 15미터 이상인 경우에는 10미터 이내마다 계단참을 설치할 것
   (6) 건설공사에 사용하는 높이 8미터 이상인 비계다리에는 7미터 이내마다 계단참을 설치할 것

   Key Point
   가설통로의 설치 시 준수사항 5가지를 쓰시오.

2. **안전보건규칙 제24조(사다리식 통로 등의 구조)**
   사업주는 사다리식 통로 등을 설치하는 경우 다음 각 호의 사항을 준수하여야 한다.
   (1) 견고한 구조로 할 것
   (2) 심한 손상·부식 등이 없는 재료를 사용할 것
   (3) 발판의 간격은 일정하게 할 것
   (4) 발판과 벽과의 사이는 15센티미터 이상의 간격을 유지할 것
   (5) 폭은 30센티미터 이상으로 할 것
   (6) 사다리가 넘어지거나 미끄러지는 것을 방지하기 위한 조치를 할 것
   (7) 사다리의 상단은 걸쳐놓은 지점으로부터 60센티미터 이상 올라가도록 할 것
   (8) 사다리식 통로의 길이가 10미터 이상인 경우에는 5미터 이내마다 계단참을 설치할 것
   (9) 사다리식 통로의 기울기는 75도 이하로 할 것. 다만, 고정식 사다리식 통로의 기울기는 90도 이하로 하고, 그 높이가 7미터 이상인 경우에는 바닥으로부터 높이가 2.5미터 되는 지점부터 등받이울을 설치할 것
   (10) 접이식 사다리 기둥은 사용 시 접혀지거나 펼쳐지지 않도록 철물 등을 사용하여 견고하게 조치할 것

SECTION 02 계단

1. **안전보건규칙 제26조(계단의 강도)**
   (1) 사업주는 계단 및 계단참을 설치하는 경우 매제곱미터당 500킬로그램 이상의 하중에 견딜 수 있는 강도를 가진 구조로 설치하여야 하며, 안전율(안전의 정도를 표시하는 것으로서 재료의 파괴응력도와 허용응력도와의 비율을 말한다)은 4 이상으로 하여야 한다.
   (2) 사업주는 계단 및 승강구바닥을 구멍이 있는 재료로 만드는 경우 렌치 그 밖에 공구 등이 낙하할 위험이 없는 구조로 하여야 한다.

2. 안전보건규칙 제27조(계단의 폭)
   (1) 사업주는 계단을 설치하는 경우 그 폭을 1미터 이상으로 하여야 한다. 다만, 급유용·보수용·비상용 계단 및 나선형 계단이거나 높이 1미터 미만의 이동식 계단인 경우에는 그러하지 아니하다.
   (2) 사업주는 계단에 손잡이 외의 다른 물건 등을 설치하거나 쌓아 두어서는 아니 된다.

3. 안전보건규칙 제28조(계단참의 높이)
   사업주는 높이가 3미터를 초과하는 계단에 높이 3미터 이내마다 너비 1.2미터 이상의 계단참을 설치하여야 한다.

SECTION 03
양중기

1. 안전보건규칙 제132조(양중기)
   (1) "양중기(揚重機)"란 다음 각호의 기계를 말한다.
      ① 크레인(호이스트를 포함한다)
      ② 이동식 크레인
      ③ 리프트(이삿짐운반용 리프트의 경우에는 적재하중이 0.1톤 이상인 것으로 한정한다)
      ④ 곤돌라
      ⑤ 승강기

   🔑 Key Point

   양중기의 종류 4가지를 쓰시오.

   크레인, 이동식크레인, 리프트, 곤돌라, 승강기

   (2) 제1항 각 호의 기계의 뜻은 다음 각 호와 같다.
      ① "크레인"이란 동력을 사용하여 중량물을 매달아 상하 및 좌우(수평 또는 선회를 말한다)로 운반하는 것을 목적으로 하는 기계 또는 기계장치를 말하며, "호이스트"란 훅이나 그 밖의 달기구 등을 사용하여 화물을 권상 및 횡행 또는 권상동작만을 하여 양중하는 것을 말한다.
      ② "이동식크레인"이란 원동기를 내장하고 있는 것으로서 불특정 장소에 스스로 이동할 수 있는 크레인으로 동력을 사용하여 중량물을 매달아 상하 및 좌우(수평 또는 선회를 말한다)로 운반하는 설비로서 「건설기계관리법」을 적용 받는 기중기 또는 「자동차관리법」 제3조에 따른 화물·특수자동차의 작업부에 탑재하여 화물운반 등에 사용하는 기계 또는 기계장치를 말한다.
      ③ "리프트"란 동력을 사용하여 사람이나 화물을 운반하는 것을 목적으로 하는 기계설비로서 다음 각 목의 것을 말한다.
         가. 건설용 리프트 : 동력을 사용하여 가이드레일(운반구를 지지하여 상승 및 하강 동작을 안내하는 레일)을 따라 상하로 움직이는 운반구를 매달아 사람이나 화물을 운반할 수 있는 설비 또는 이와 유사한 구조 및 성능을 가진 것으로 건설현장에서 사용하는 것
         나. 산업용 리프트 : 동력을 사용하여 가이드레일을 따라 상하로 움직이는 운반구를 매달아 화물을 운반할 수 있는 설비 또는 이와 유사한 구조 및 성능을 가진 것으로 건설현장 외의 장소에서 사용하는 것
         다. 자동차정비용 리프트 : 동력을 사용하여 가이드레일을 따라 움직이는 지지대로 자동차 등을 일정한 높이로 올리거나 내리는 구조의 리프트로서 자동차 정비에 사용하는 것
         라. 이삿짐운반용 리프트 : 연장 및 축소가 가능하고 끝단을 건축물 등에 지지하는 구조의 사다리형 붐(boom)에 따라 동력을 사용하여 움직이는 운반구를 매달아 화물을 운반하는 설비로서 화물자동차 등 차량 위에 탑재하여 이삿짐 운반 등에 사용하는 것
      ④ "곤돌라"란 달기발판 또는 운반구·승강장치 그 밖의 장치 및 이들에 부속된 기계부품에 의하여 구성되고, 와이어로프 또는 달기강선에 의하여 달기발판 또는 운반구가 전용 승강장치에 의하여 오르내리는 설비를 말한다.

⑤ "승강기"란 건축물이나 고정된 시설물에 설치되어 일정한 경로에 따라 사람이나 화물을 승강장으로 옮기는 데에 사용되는 설비로서 다음 각 목의 것을 말한다.

 가. 승객용 엘리베이터 : 사람의 운송에 적합하게 제조·설치된 엘리베이터

 나. 승객화물용 엘리베이터 : 사람의 운송과 화물 운반을 겸용하는데 적합하게 제조·설치된 엘리베이터

 다. 화물용 엘리베이터 : 화물 운반에 적합하게 제조·설치된 엘리베이터로서 조작자 또는 화물취급자 1명은 탑승할 수 있는 것(적재용량이 300 킬로그램 미만인 것은 제외한다)

 라. 소형화물용 엘리베이터 : 음식물이나 서적 등 소형 화물의 운반에 적합하게 제조·설치된 엘리베이터로서 사람의 탑승이 금지된 것

 마. 에스컬레이터 : 일정한 경사로 또는 수평로를 따라 위·아래 또는 옆으로 움직이는 디딤판을 통해 사람이나 화물을 승강장으로 운송시키는 설비

2. 강풍에 의한 타워크레인의 안전기준

(1) 안전보건규칙 제37조(악천후 및 강풍 시의 작업 중지)
사업주는 순간풍속이 초당 10미터를 초과하는 경우 타워크레인의 설치·수리·점검 또는 해체작업을 중지하여야 하며, 순간풍속이 초당 15미터를 초과하는 경우에는 타워크레인의 운전작업을 중지하여야 한다.

(2) 안전보건규칙 제133조(정격하중 등의 표시)
사업주는 양중기(승강기는 제외한다) 및 달기구를 사용하여 작업하는 운전자 또는 작업자가 보기 쉬운 곳에 해당 기계의 정격하중·운전속도·경고표시 등을 부착하여야 한다. 다만, 달기구는 정격하중만 표시한다.

SECTION 04
크레인

1. 별표 4(사전조사 및 작업계획서의 내용)

작업명	사전조사 내용	작업계획서 내용
1. 타워크레인을 설치·조립·해체하는 작업	–	가. 타워크레인의 종류 및 형식 나. 설치·조립 및 해체순서 다. 작업도구·장비·가설설비(假設設備) 및 방호설비 라. 작업인원의 구성 및 작업근로자의 역할범위 마. 제142조에 따른 지지방법

🔑 Key Point

타워크레인을 설치·조립·해체하는 작업 시 작업계획서의 내용 4가지를 쓰시오.

2. 안전보건규칙 제134조(방호장치의 조정)

사업주는 다음 각 호의 양중기에 과부하방지장치·권과방지(卷過防止)장치·비상정지장치 및 제동장치, 그 밖의 방호장치(승강기의 파이널리밋스위치(final limit switch)·속도조절기·출입문 인터록(inter lock) 등을 말한다)가 정상적으로 작동될 수 있도록 미리 조정하여 두어야 한다.

(1) 크레인
(2) 이동식크레인
(3) 삭제〈2019. 4. 19〉
(4) 리프트
(5) 곤돌라
(6) 승강기

🔑 Key Point

크레인에 설치하는 방호장치 4가지를 쓰시오

SECTION 05 이동식 크레인

1. **안전보건규칙 제134조(방호장치의 조정)**
   ① 사업주는 다음 각 호의 양중기에 과부하방지장치·권과방지(卷過防止)장치·비상정지장치 및 제동장치, 그 밖의 방호장치(승강기의 파이널리밋스위치(final limit switch)·속도조절기·출입문 인터록(inter lock) 등을 말한다)가 정상적으로 작동될 수 있도록 미리 조정하여 두어야 한다.
   1. 크레인
   2. 이동식크레인
   3. 삭제〈2019.4.19〉
   4. 리프트
   5. 곤돌라
   6. 승강기
   ② 제1항제1호 및 제2호 양중기에 대한 권과방지장치는 훅·버킷 등 달기구의 윗면(그 달기구에 권상용(卷上用) 도르래가 설치된 경우에는 권상용 도르래의 윗면)이 드럼·상부도르래·트롤리프레임 등 권상장치의 아랫면과 접촉할 우려가 있는 경우에 그 간격이 0.25미터 이상(직동식(直動式) 권과방지장치는 0.05미터 이상)이 되도록 조정하여야 한다.
   ③ 제2항의 권과방지장치를 설치하지 않은 크레인에 대하여는 권상용 와이어로프에 위험표시를 하고 경보장치를 설치하는 등 권상용 와이어로프의 권과에 의한 근로자의 위험을 방지하기 위한 조치를 하여야 한다.

> **Key Point**
> 이동식 크레인의 방호장치를 쓰시오.
> 과부하방지장치, 권과방지장치, 비상정지장치, 제동장치

2. **안전보건규칙 [별표 3] 작업시작 전 점검사항(제35조 제2항 관련)**
   (1) 권과방지장치 그 밖의 경보장치의 기능
   (2) 브레이크·클러치 및 조정장치의 기능
   (3) 와이어로프가 통하고 있는 곳 및 작업장소의 지반상태

> **Key Point**
> 이동식 크레인을 사용하여 작업 시 작업시작 전 점검사항 3가지를 쓰시오.

SECTION 06 리프트

1. **안전보건규칙 제151조(권과방지 등)**
   사업주는 리프트(자동차정비용 리프트를 제외한다)의 운반구 이탈 등의 위험을 방지하기 위하여 권과방지장치·과부하방지장치·비상정지장치 등을 설치하는 등 필요한 조치를 하여야 한다.

2. **안전보건규칙 제135조(과부하의 제한 등)**
   사업주는 제132조제1항 각 호의 양중기에 그 적재 하중을 초과하는 하중을 걸어서 사용하도록 하여서는 아니 된다.

SECTION 07 승강기

1. **안전보건규칙 제134조(방호장치의 조정)**
   ① 사업주는 다음 각 호의 양중기에 과부하방지장치·권과방지(卷過防止)장치·비상정지장치 및 제동장치, 그 밖의 방호장치(승강기의 파이널리밋스위치(final limit switch)·속도조절기·출입문 인터록(inter lock) 등을 말한다)가 정상적으로 작동될 수 있도록 미리 조정하여 두어야 한다.
   1. 크레인
   2. 이동식크레인
   3. 삭제〈2019.4.19〉
   4. 리프트
   5. 곤돌라
   6. 승강기

2. 안전보건규칙 제135조(과부하의 제한 등)

   사업주는 제132조제1항 각 호의 양중기에 그 적재 하중을 초과하는 하중을 걸어서 사용하도록 하여서는 아니 된다.

3. 안전보건규칙 제161조(폭풍에 의한 무너짐 방지)

   사업주는 순간풍속이 초당 35미터를 초과하는 바람이 불어올 우려가 있는 경우 옥외에 설치되어 있는 승강기에 대하여 받침의 수를 증가시키는 등 그 무너짐을 방지하기 위한 조치를 하여야 한다.

4. 안전보건규칙 제162조(조립 등의 작업)

   ① 사업주는 사업장에 승강기의 설치·조립·수리·점검 또는 해체 작업을 하는 경우 다음 각 호의 조치를 하여야 한다.
   1. 작업을 지휘하는 사람을 선임하여 그 사람의 지휘 하에 작업을 실할 것
   2. 작업을 할 구역에 관계 근로자가 아닌 사람의 출입을 금지하고 그 취지를 보기 쉬운 장소에 표시할 것
   3. 비, 눈, 그 밖에 기상상태의 불안정으로 날씨가 몹시 나쁜 경우에는 그 작업을 중지시킬 것

   ② 사업주는 제1항제1호의 작업을 지휘하는 사람에게 다음 각 호의 사항을 이행하도록 하여야 한다.
   1. 작업방법과 근로자의 배치를 결정하고 해당 작업을 지휘하는 일
   2. 재료의 결함 유무 또는 기구 및 공구의 기능을 점검하고 불량품을 제거하는 일
   3. 작업 중 안전대 등 보호구의 착용 상황을 감시하는 일

> **Key Point**
> 승강기에 설치해야 할 방호장치의 종류를 쓰시오.

SECTION 08
양중기의 와이어로프 등

1. 안전보건규칙 제166조(이음매가 있는 와이어로프 등의 사용금지)

   사업주는 다음 각호의 어느 하나에 해당하는 와이어로프를 양중기에 사용하여서는 아니 된다.
   (1) 이음매가 있는 것
   (2) 와이어로프의 한 꼬임(스트랜드(strand)를 말한다. 이하 같다)에서 끊어진 소선(素線, 필러(pillar)선은 제외한다)의 수가 10퍼센트 이상인 것. 다만, 비자전로프의 경우 끊어진 소선의 수가 와이어로프 호칭지름의 6배 길이 이내에서 4개 이상이거나 호칭지름 30배 길이 이내에서 8개 이상인 것이어야 한다.
   (3) 지름의 감소가 공칭지름의 7퍼센트를 초과하는 것
   (4) 꼬인 것
   (5) 심하게 변형되거나 부식된 것
   (6) 열과 전기충격에 의해 손상된 것

2. 안전보건규칙 제163조(와이어로프 등 달기구의 안전계수)

   ① 사업주는 양중기의 와이어로프 등 달기구의 안전계수(달기구 절단하중의 값을 그 달기구에 걸리는 하중의 최대값으로 나눈 값을 말한다)가 다음 각 호의 구분에 따른 기준에 맞지 아니한 경우에는 이를 사용해서는 아니 된다.
   1. 근로자가 탑승하는 운반구를 지지하는 달기와이어로프 또는 달기체인의 경우 : 10 이상
   2. 화물의 하중을 직접 지지하는 달기와이어로프 또는 달기체인의 경우 : 5 이상
   3. 훅, 샤클, 클램프, 리프팅 빔의 경우 : 3 이상
   4. 그 밖의 경우 : 4 이상

   ② 사업주는 달기구의 경우 최대허용하중 등의 표식이 견고하게 붙어 있는 것을 사용하여야 한다.

> **Key Point**
> 승강기 와이어로프 검사 후 사용가능 여부를 판단하는 항목 기준에 대해 쓰시오.

SECTION 09
차량계 하역운반기계 등

1. **안전보건규칙 제99조(운전위치 이탈시의 조치)**
   사업주는 차량계 하역운반기계 등, 차량계 건설기계의 운전자가 운전위치를 이탈하는 경우 해당 운전자에게 다음 각 호의 사항을 준수하도록 하여야 한다.
   (1) 포크, 버킷, 디퍼 등의 장치를 가장 낮은 위치 또는 지면에 내려 둘 것
   (2) 원동기를 정지시키고 브레이크를 확실히 거는 등 갑작스러운 주행이나 이탈을 방지하기 위한 조치를 할 것
   (3) 운전석을 이탈하는 경우에는 시동키를 운전대에서 분리시킬 것. 다만, 운전석에 잠금장치를 하는 등 운전자가 아닌 사람이 운전하지 못하도록 조치한 경우에는 그러하지 아니하다.

   🔑 Key Point
   차량계 하역운반기계 운전자가 운전위치 이탈 시 준수사항 2가지를 쓰시오.

2. **별표 4(사전조사 및 작업계획서의 내용)**

작업명	사전조사 내용	작업계획서 내용
2. 차량계 하역운반기계등을 사용하는 작업	–	가. 해당 작업에 따른 추락·낙하·전도·협착 및 붕괴 등의 위험에 대한 예방대책 나. 차량계 하역운반기계등의 운행경로 및 작업방법

   🔑 Key Point
   차량용 하역운반기계 작업계획서에 포함사항 2가지를 쓰시오.

3. **안전보건규칙 제173조(화물적재 시의 조치)**
   ① 사업주는 차량계 하역운반기계 등에 화물을 적재하는 경우에 다음 각 호의 사항을 순수하여야 한다.
      1. 하중이 한쪽으로 치우치지 않도록 적재할 것
      2. 구내운반차 또는 화물자동차의 경우 화물의 붕괴 또는 낙하에 인한 근로자의 위험을 방지하기 위하여 화물에 로프를 거는 등 필요한 조치를 할 것
      3. 운전자의 시야를 가리지 않도록 화물을 적재할 것

   ② 제1항의 화물을 적재하는 경우에는 최대적재량을 초과해서는 아니 된다.

SECTION 10
지게차

- **안전보건규칙 별표 3 작업시작 전 점검사항(지게차를 사용하여 작업할 때)**
   1. 제동장치 및 조종장치 기능의 이상 유무
   2. 하역장치 및 유압장치 기능의 이상 유무
   3. 바퀴의 이상 유무
   4. 전조등·후미등·방향지시기 및 경보장치 기능의 이상 유무

   🔑 Key Point
   지게차를 사용하여 작업 시 작업시작 전 점검내용 4가지를 쓰시오.

SECTION 11
차량계 건설기계

1. **안전보건규칙 제196조(차량계 건설기계의 정의)**
   "차량계 건설기계"란 동력원을 사용하여 특정되지 아니한 장소로 스스로 이동할 수 있는 건설기계로서 별표 6에 정한 기계를 말한다.

2. **안전보건규칙 제197조(전조등의 설치)**
   사업주는 차량계 건설기계에 전조등을 갖추어야 한다. 다만, 작업을 안전하게 수행하기 위하여 필요한 조명이 있는 장소에서 사용하는 경우에는 그러하지 아니하다.

3. **안전보건규칙 제198조(낙하물 보호구조)**
   사업주는 암석이 떨어질 우려가 있는 등 위험한 장소에서 차량계 건설기계(불도저, 트랙터, 굴착기, 로더, 스크레이퍼, 덤프트럭, 모터그레이더, 롤러, 천공기, 항타기 및 항발기

로 한정한다)를 사용하는 경우에 해당 차량계 건설기계에 견고한 낙화물 보호구조를 갖추어야 한다.

4. 별표 4(사전조사 및 작업계획서의 내용)

작업명	사전조사 내용	작업계획서 내용
3. 차량계 건설기계를 사용하는 작업	해당 기계의 굴러 떨어짐, 지반의 붕괴 등으로 인한 근로자의 위험을 방지하기 위한 해당 작업장소의 지형 및 지반상태	가. 사용하는 차량계 건설기계의 종류 및 능력 나. 차량계 건설기계의 운행경로 다. 차량계 건설기계에 의한 작업방법

SECTION 12
차량계 건설기계의 사용에 의한 위험의 방지

- 안전보건규칙 제99조(운전위치 이탈시의 조치)
  사업주는 차량계 하역운반기계등, 차량계 건설기계의 운전자가 운전위치를 이탈하는 경우 해당 운전자에게 다음 각 호의 사항을 준수하도록 하여야 한다.
  1. 포크, 버킷, 디퍼 등의 장치를 가장 낮은 위치 또는 지면에 내려 둘 것
  2. 원동기를 정지시키고 브레이크를 확실히 거는 등 갑작스러운 주행이나 이탈을 방지하기 위한 조치를 할 것
  3. 운전석을 이탈하는 경우에는 시동키를 운전대에서 분리시킬 것. 다만, 운전석에 잠금장치를 하는 등 운전자가 아닌 사람이 운전하지 못하도록 조치한 경우에는 그러하지 아니하다.

Key Point

차량계 건설기계의 운전자가 운전위치를 이탈 시 운전자 안전준수사항 2가지를 쓰시오.

SECTION 13
항타기 및 항발기

- 안전보건규칙 제211조(권상용 와이어로프의 안전계수)
  사업주는 항타기 또는 항발기의 권상용 와이어로프의 안전계수가 5 이상이 아니면 이를 사용하여서는 아니 된다.

Key Point

항타기, 항발기 권상용 와이어로프의 안전계수를 쓰시오.

5 이상

SECTION 14
위험물 등의 취급 등

- 안전보건규칙 제225조(위험물질 등의 제조 등 작업 시의 조치)
  ① 사업주는 별표 1의 위험물질(이하 "위험물"이라 한다)을 제조하거나 취급하는 경우에 폭발·화재 및 누출을 방지하기 위한 적절한 방호조치를 하지 아니한 경우에 다음 각 호의 행위를 하여서는 아니 된다.
  1. 폭발성 물질·유기과산화물을 화기 그 밖에 점화원이 될 우려가 있는 것에 접근시키거나 가열하거나 마찰시키거나 충격을 가하는 행위
  2. 물반응성 물질, 인화성 고체를 각각 그 특성에 따라 화기나 그 밖에 점화원이 될 우려가 있는 것에 접근시키거나 발화를 촉진하는 물질 또는 물에 접촉시키거나 가열하거나 마찰시키거나 충격을 가하는 행위
  3. 산화성 액체·산화성 고체를 분해가 촉진될 우려가 있는 물질에 접촉시키거나 가열하거나 마찰시키거나 충격을 가하는 행위
  4. 인화성 액체를 화기나 그 밖에 점화원이 될 우려가 있는 것에 접근시키거나 주입 또는 가열하거나 증발시키는 행위
  5. 인화성 가스를 화기나 그 밖에 점화원이 될 우려가 있는 것에 접근시키거나 압축·가열 또는 주입하는 행위

6. 부식성 물질 또는 급성 독성물질을 누출시키는 등으로 인체에 접촉시키는 행위
7. 위험물을 제조하거나 취급하는 설비가 있는 장소에 인화성 가스 또는 산화성 액체 및 산화성 고체를 방치하는 행위

> **Key Point**
>
> 산업안전보건법상 위험물질을 제조 또는 취급하는 경우에는 폭발·화재 및 누출을 방지하기 위해 제한해야 할 사항을 3가지 쓰시오.

SECTION 15 아세틸렌 용접장치 및 가스집합 용접장치

1. **안전보건규칙 제234조(가스 등의 용기)**
   사업주는 금속의 용접·용단 또는 가열에 사용되는 가스 등의 용기를 취급하는 경우에 다음 각 호의 사항을 준수하여야 한다.
   (1) 다음 각 목의 어느 하나에 해당하는 장소에서 사용하거나 해당장소에 설치·저장 또는 방치하지 않도록 할 것
       가. 통풍이나 환기가 불충분한 장소
       나. 화기를 사용하는 장소 및 그 부근
       다. 위험물 또는 제236조에 따른 인화성 액체를 취급하는 장소 및 그 부근
   (2) 용기의 온도를 섭씨 40도 이하로 유지할 것
   (3) 전도의 위험이 없도록 할 것
   (4) 충격을 가하지 않도록 할 것
   (5) 운반하는 경우에는 캡을 씌울 것
   (6) 사용하는 경우에는 용기의 마개에 부착되어 있는 유류 및 먼지를 제거할 것
   (7) 밸브의 개폐는 서서히 할 것
   (8) 사용 전 또는 사용 중인 용기와 그 밖의 용기를 명확히 구별하여 보관할 것
   (9) 용해아세틸렌의 용기는 세워 둘 것
   (10) 용기의 부식·마모 또는 변형상태를 점검한 후 사용할 것

2. **안전보건규칙 제289조(안전기의 설치)**
   ① 사업주는 아세틸렌 용접장치의 취관마다 안전기를 설치하여야 한다. 다만, 주관 및 취관에 가장 근접한 분기관마다 안전기를 부착한 경우에는 그러하지 아니하다.
   ② 사업주는 가스용기가 발생기와 분리되어 있는 아세틸렌 용접장치에 대하여 발생기와 가스용기 사이에 안전기를 설치하여야 한다.

> **Key Point**
>
> 아세틸렌 용접장치의 안전기 설치장소 3가지를 쓰시오.
>
> 취관, 분기관, 발생기와 가스용기 사이

SECTION 16 전기작업에 대한 위험방지

1. **안전보건규칙 제318조(전기작업자의 제한)**
   사업주는 근로자가 감전위험이 있는 전기기계·기구 또는 전로(이하 "전기기기 등"이라 한다)의 설치·해체·정비·점검(설비의 유효성을 장비, 도구를 이용하여 확인하는 점검으로 한정한다) 등의 작업(이하 "전기작업"이라 한다)을 하는 경우에 「유해·위험작업의 취업 제한에 관한 규칙」 제3조에 따른 자격·면허·경험 또는 기능을 갖춘 사람(이하 '유자격자'라 한다)이 작업을 수행하도록 하여야 한다.

2. **안전보건규칙 제319조(정전전로에서의 전기작업)**
   ① 사업주는 근로자가 노출된 충전부 또는 그 부근에서 작업함으로써 감전될 우려가 있는 경우에는 작업에 들어가기 전에 해당 전로를 차단하여야 한다. 다만, 다음 각 호의 경우에는 그러하지 아니하다.
   1. 생명유지장치, 비상경보설비, 폭발위험장소의 환기설비, 비상조명설비 등의 장치·설비의 가동이 중지되어 사고의 위험이 증가되는 경우
   2. 기기의 설계상 또는 작동상 제한으로 전로차단이 불가능한 경우

3. 감전, 아크 등으로 인한 화상, 화재·폭발의 위험이 없는 것으로 확인된 경우

② 제1항의 전로 차단은 다음 각 호의 절차에 따라 시행하여야 한다.
1. 전기기기등에 공급하는 모든 전원을 관련 도면, 배선도 등으로 확인할 것
2. 전원을 차단한 후 각 단로기 등을 개방하고 확인할 것
3. 차단장치나 단로기 등에 잠금장치 및 꼬리표를 부착할 것
4. 개로된 전로에서 유도전압 또는 전기에너지가 축적되어 근로자에게 전기위험을 끼칠 수 있는 전기기기등은 접촉하기 전에 잔류전하를 완전히 방전시킬 것
5. 검전기를 이용하여 작업 대상 기기가 충전되었는지를 확인할 것
6. 전기기기등이 다른 노출 충전부와의 접촉, 유도 또는 예비동력원의 역송전 등으로 전압이 발생할 우려가 있는 경우에는 충분한 용량을 가진 단락 접지기구를 이용하여 접지할 것

③ 사업주는 제1항 각 호 외의 부분 본문에 따른 작업 중 또는 작업을 마친 후 전원을 공급하는 경우에는 작업에 종사하는 근로자 또는 그 인근에서 작업하거나 정전된 전기기기등(고정 설치된 것으로 한정한다)과 접촉할 우려가 있는 근로자에게 감전의 위험이 없도록 다음 각 호의 사항을 준수하여야 한다.
1. 작업기구, 단락 접지기구 등을 제거하고 전기기기등이 안전하게 통전될 수 있는지를 확인할 것
2. 모든 작업자가 작업이 완료된 전기기기등에서 떨어져 있는지를 확인할 것
3. 잠금장치와 꼬리표는 설치한 근로자가 직접 철거할 것
4. 모든 이상 유무를 확인한 후 전기기기등의 전원을 투입할 것

SECTION 17
활선작업 및 활선 근접작업

- 안전규칙 제345조(활선작업 및 활선근접작업의 제한)〈안전보건규칙에서 삭제됨〉
  사업주는 전로 또는 그 지지물의 설치·점검·수리 및 도장 등의 작업에 있어서 해당 작업에 종사하는 근로자의 신체 또는 금속제의 공구·재료 등의 도전체(이하 "근로자의 신체 등"이라 한다)가 충전전로에 접촉하거나 접근하여 작업함으로 인하여 감전의 위험이 발생할 우려가 있는 경우에는 해당 전로를 정전시켜야 한다. 다만, 정전이 곤란한 경우에는 제346조 내지 제353조의 규정에 의한 조치를 하여야 한다.

SECTION 18
정전기로 인한 재해예방

- 안전보건규칙 제325조(정전기로 인한 화재 폭발방지)
  ① 사업주는 다음 각 호의 설비를 사용할 때에 정전기에 의한 화재 또는 폭발 등의 위험이 발생할 우려가 있는 경우에는 해당 설비에 대하여 확실한 방법으로 접지를 하거나, 도전성 재료를 사용하거나 가습 및 점화원이 될 우려가 없는 제전장치를 사용하는 등 정전기의 발생을 억제하거나 제거하기 위하여 필요한 조치를 하여야 한다.
  1. 위험물을 탱크로리·탱크차 및 드럼 등에 주입하는 설비
  2. 탱크로리·탱크차 및 드럼 등 위험물저장설비
  3. 인화성 액체를 함유하는 도료 및 접착제 등을 제조·저장·취급 또는 도포하는 설비
  4. 위험물 건조설비 또는 그 부속설비
  5. 인화성 고체를 저장 또는 취급하는 설비
  6. 드라이클리닝설비·염색가공설비 또는 모피류 등을 씻는 설비 등 인화성유기용제를 사용하는 설비
  7. 유압·압축공기 또는 고전위정전기 등을 이용하여 인화성액체나 인화성고체를 분무 또는 이송하는 설비
  8. 고압가스를 이송하거나 저장·취급하는 설비
  9. 화약류 제조설비

10. 발파공에 장전된 화약류를 점화시키는 경우에 사용하는 발파기(발파공을 막는 재료로 물을 사용하거나 갱도발파를 하는 경우는 제외한다)
② 사업주는 인체에 대전된 정전기에 의한 화재 또는 폭발 위험이 있는 경우에는 정전기 대전방지용 안전화 착용, 제전복 착용, 정전기 제전용구 사용 등의 조치를 하거나 작업장 바닥 등에 도전성을 갖추도록 하는 등 필요한 조치를 하여야 한다.
③ 생산공정상 정전기에 의한 감전 위험이 발생할 우려가 있는 경우의 조치에 관하여는 제1항과 제2항을 준용한다.

SECTION 19
거푸집 동바리 및 거푸집

• 안전보건규칙 제332조(동바리 조립 시의 안전조치)
사업주는 동바리를 조립하는 경우에는 하중의 지지상태를 유지할 수 있도록 다음 각 호의 사항을 준수해야 한다.
(1) 받침목이나 깔판의 사용, 콘크리트 타설, 말뚝박기 등 동바리의 침하를 방지하기 위한 조치를 할 것
(2) 동바리의 상하 고정 및 미끄러짐 방지 조치를 할 것
(3) 상부·하부의 동바리가 동일 수직선상에 위치하도록 하여 깔판·받침목에 고정시킬 것
(4) 개구부 상부에 동바리를 설치하는 경우에는 상부하중을 견딜 수 있는 견고한 받침대를 설치할 것
(5) U헤드 등의 단판이 없는 동바리의 상단에 멍에 등을 올릴 경우에는 해당 상단에 U헤드 등의 단판을 설치하고, 멍에 등이 전도되거나 이탈되지 않도록 고정시킬 것
(6) 동바리의 이음은 같은 품질의 재료를 사용할 것
(7) 강재의 접속부 및 교차부는 볼트·클램프 등 전용철물을 사용하여 단단히 연결할 것
(8) 거푸집의 형상에 따른 부득이한 경우를 제외하고는 깔판이나 받침목은 2단 이상 끼우지 않도록 할 것
(9) 깔판이나 받침목을 이어서 사용하는 경우에는 그 깔판·받침목을 단단히 연결할 것

> **Key Point**
> 동바리 조립 시 안전조치 3가지를 쓰시오.

SECTION 20
비계

1. 안전보건규칙 제55조(작업발판의 최대적재하중)
   (1) 사업주는 비계의 구조 및 재료에 따라 작업발판의 최대 적재하중을 정하고, 이를 초과하여 실어서는 아니 된다.
   (2) 달비계(곤돌라의 달비계는 제외한다)의 최대 적재하중을 정하는 경우에 그 안전계수는 다음 각 호와 같다.
   ① 달기 와이어로프 및 달기 강선의 안전계수 : 10 이상
   ② 달기 체인 및 달기 훅의 안전계수 : 5 이상
   ③ 달기 강대와 달비계의 하부 및 상부 지점의 안전계수 : 강재의 경우 2.5 이상, 목재의 경우 5 이상

2. 안전보건규칙 제58조(비계의 점검보수)
   사업주는 비·눈 그 밖의 기상상태의 악화로 작업을 중지시킨 후 또는 비계를 조립·해체하거나 변경한 후에 그 비계에서 작업을 하는 경우에는 해당 작업을 시작하기 전에 다음 각 호의 사항을 점검하고, 이상을 발견하면 즉시 보수하여야 한다.
   (1) 발판재료의 손상여부 및 부착 또는 걸림상태
   (2) 해당 비계의 연결부 또는 접속부의 풀림상태
   (3) 연결재료 및 연결철물의 손상 또는 부식상태
   (4) 손잡이의 탈락 여부
   (5) 기둥의 침하·변형·변위 또는 흔들림 상태
   (6) 로프의 부착상태 및 매단장치의 흔들림 상태

> **Key Point**
> 비계의 무너짐 및 파괴에 의한 재해발생원인 4가지를 쓰시오.

SECTION 21
말비계 및 이동식 비계

1. **안전보건규칙 제67조(말비계)**
   사업주는 말비계를 조립하여 사용할 경우에 다음 각 호의 사항을 준수하여야 한다.
   (1) 지주부재의 하단에는 미끄럼 방지장치를 하고, 근로자가 양측 끝부분에 올라서서 작업하지 않도록 할 것
   (2) 지주부재와 수평면과의 기울기를 75도 이하로 하고, 지주부재와 지주부재 사이를 고정시키는 보조부재를 설치할 것
   (3) 말비계의 높이가 2미터를 초과할 경우에는 작업발판의 폭을 40센티미터 이상으로 할 것

   Key Point
   산업안전보건법상 말비계를 조립하여 사용할 경우 준수해야 할 사항을 3가지 쓰시오.

2. **안전보건규칙 제68조(이동식 비계)**
   사업주는 이동식비계를 조립하여 작업을 하는 경우에는 다음 각 호의 사항을 준수하여야 한다.
   (1) 이동식비계의 바퀴에는 뜻밖의 갑작스러운 이동 또는 전도를 방지하기 위하여 브레이크·쐐기 등으로 바퀴를 고정시킨 다음 비계의 일부를 견고한 시설물에 고정하거나 아웃트리거(outrigger)를 설치하는 등 필요한 조치를 할 것
   (2) 승강용사다리는 견고하게 설치할 것
   (3) 비계의 최상부에서 작업을 하는 경우에는 안전난간을 설치할 것
   (4) 작업발판은 항상 수평을 유지하고 작업발판 위에서 안전난간을 딛고 작업을 하거나 받침대 또는 사다리를 사용하여 작업하지 않도록 할 것
   (5) 작업발판의 최대 적재하중은 250킬로그램을 초과하지 않도록 할 것

SECTION 22
굴착작업 등의 위험방지

- **안전보건규칙 제339조(굴착면의 붕괴 등에 의한 위험방지)**
  ① 사업주는 지반 등을 굴착하는 경우 굴착면의 기울기를 별표 11의 기준에 맞도록 해야 한다. 다만, 「건설기술진흥법」 제44조제1항에 따른 건설기준에 맞게 작성한 설계도서상의 굴착면의 기울기를 준수하거나 흙막이 등 기울기면의 붕괴 방지를 위하여 적절한 조치를 한 경우에는 그렇지 않다.
  ② 사업주는 비가 올 경우를 대비하여 측구(側構)를 설치하거나 굴착경사면에 비닐을 덮는 등 빗물 등의 침투에 의한 붕괴재해를 예방하기 위하여 필요한 조치를 해야 한다.

[별표 11] 굴착면의 기울기 기준(제339조제1항 관련)

지반의 종류	굴착면의 기울기
모래	1 : 1.8
연암 및 풍화암	1 : 1.0
경암	1 : 0.5
그 밖의 흙	1 : 1.2

SECTION 23
추락 또는 붕괴에 의한 위험방지

1. **안전보건규칙 제42조(추락의 방지)**
   ① 사업주는 근로자가 추락하거나 넘어질 위험이 있는 장소[작업발판의 끝·개구부(開口部) 등을 제외한다] 또는 기계·설비·선박블록 등에서 작업을 할 때에 근로자가 위험해질 우려가 있는 경우 비계(飛階)를 조립하는 등의 방법으로 작업발판을 설치하여야 한다.
   ② 사업주는 제1항에 따른 작업발판을 설치하기 곤란한 경우 다음 각 호의 기준에 맞는 추락방호망을 설치해야 한다. 다만, 추락방호망을 설치하기 곤란한 경우에는 근로자에게 안전대를 착용하도록 하는 등 추락위험을 방지하기 위해 필요한 조치를 해야 한다.
   1. 추락방호망의 설치위치는 가능하면 작업면으로부터 가까운 지점에 설치하여야 하며, 작업면으로부

터 망의 설치지점까지의 수직거리는 10미터를 초과하지 아니할 것
2. 추락방호망은 수평으로 설치하고, 망의 처짐은 짧은 변 길이의 12퍼센트 이상이 되도록 할 것
3. 건축물 등의 바깥쪽으로 설치하는 경우 추락방호망의 내민 길이는 벽면으로부터 3미터 이상 되도록 할 것. 다만, 그물코가 20밀리미터 이하인 추락방호망을 사용한 경우에는 제14조제3항에 따른 낙하물 방지망을 설치한 것으로 본다.

③ 사업주는 추락방호망을 설치하는 경우에는 한국산업표준에서 정하는 성능기준에 적합한 추락방호망을 사용하여야 한다.

2. 토사 등에 의한 위험 방지(안전보건규칙 제50조)
   ① 지반은 안전한 경사로 하고 낙하의 위험이 있는 토석을 제거하거나 옹벽, 흙막이 지보공 등을 설치할 것
   ② 토사 등의 붕괴 또는 낙하 원인이 되는 빗물이나 지하수 등을 배제할 것
   ③ 갱내의 낙반·측벽(側壁) 붕괴의 위험이 있는 경우에는 지보공을 설치하고 부석을 제거하는 등 필요한 조치를 할 것

SECTION 24
철골작업, 해체작업

1. 안전보건규칙 제380조(철골조립 시의 위험방지)
   사업주는 철골을 조립할 경우에 철골의 접합부가 충분히 지지되도록 볼트를 체결하거나 이와 같은 수준 이상의 견고한 구조가 되기 전에는 들어 올린 철골을 걸이로프 등으로부터 분리해서는 아니 된다.

2. 안전보건규칙 별표 4 사전조사 및 작업계획서 내용(제38조제1항 관련)

작업명	사전조사 내용	작업계획서 내용
10. 건물 등의 해체 작업	해체건물 등의 구조, 주변상황 등	가. 해체의 방법 및 해체 순서도면 나. 가설설비·방호설비·환기설비 및 실수·방화설비 등의 방법
		다. 사업장 내 연락방법 라. 해체물의 처분계획 마. 해체작업용 기계·기구 등의 작업계획서 바. 해체작업용 화약류 등의 사용계획서 사. 그 밖에 안전·보건에 관련된 사항

Key Point
건축물의 해체공사시 사전에 확인해야 할 사항을 5가지 쓰시오.

SECTION 25
중량물 취급 시 작업계획

• 안전보건규칙 별표 4 사전조사 및 작업계획서 내용(제38조제1항 관련)

작업명	사전조사 내용	작업계획서 내용
11. 중량물의 취급 작업	-	가. 추락위험을 예방할 수 있는 안전대책 나. 낙하위험을 예방할 수 있는 안전대책 다. 전도위험을 예방할 수 있는 안전대책 라. 협착위험을 예방할 수 있는 안전대책 마. 붕괴위험을 예방할 수 있는 안전대책

SECTION 26
원동기·회전축 등의 위험방지

• 안전보건규칙 제87조(원동기·회전축 등의 위험방지)
  ① 사업주는 기계의 원동기·회전축·기어·풀리·플라이휠·벨트 및 체인 등 근로자가 위험에 처할 우려가 있는 부위에 덮개·울·슬리브 및 건널다리 등을 설치하여야 한다.

② 사업주는 회전축·기어·풀리 및 플라이휠 등에 부속되는 키·핀 등의 기계요소는 묻힘형으로 하거나 해당 부위에 덮개를 설치하여야 한다.
③ 사업주는 벨트의 이음부분에 돌출된 고정구를 사용해서는 아니 된다.
④ 사업주는 제1항의 건널다리에는 안전난간 및 미끄러지지 아니하는 구조의 발판을 설치하여야 한다.

Key Point

산업안전보건법상 소음작업이란 무언인지 간략히 쓰시오.

SECTION 27
소음작업

- 안전보건규칙 제512조(정의)
  1. "소음작업"이란 1일 8시간 작업을 기준으로 85데시벨 이상의 소음이 발생하는 작업을 말한다.
  2. "강렬한 소음작업"이란 다음 각 목의 어느 하나에 해당하는 작업을 말한다.
      가. 90데시벨 이상의 소음이 1일 8시간 이상 발생하는 작업
      나. 95데시벨 이상의 소음이 1일 4시간 이상 발생하는 작업
      다. 100데시벨 이상의 소음이 1일 2시간 이상 발생하는 작업
      라. 105데시벨 이상의 소음이 1일 1시간 이상 발생하는 작업
      마. 110데시벨 이상의 소음이 1일 30분 이상 발생하는 작업
      바. 115데시벨 이상의 소음이 1일 15분 이상 발생하는 작업
  3. "충격소음작업"이란 소음이 1초 이상의 간격으로 발생하는 작업으로서 다음 각 목의 어느 하나에 해당하는 작업을 말한다.
      가. 120데시벨을 초과하는 소음이 1일 1만회 이상 발생하는 작업
      나. 130데시벨을 초과하는 소음이 1일 1천회 이상 발생하는 작업
      다. 140데시벨을 초과하는 소음이 1일 1백회 이상 발생하는 작업

SECTION 28
관리감독자의 직무

- 안전보건규칙 별표 2 관리감독자의 유해·위험방지(제35조제1항 관련)

작업의 종류	직무수행 내용
1. 프레스등을 사용하는 작업 (제2편제1장제3절)	가. 프레스등 및 그 방호장치를 점검하는 일 나. 프레스등 및 그 방호장치에 이상이 발견되면 즉시 필요한 조치를 하는 일 다. 프레스등 및 그 방호장치에 전환스위치를 설치했을 때 그 전환스위치의 열쇠를 관리하는 일 라. 금형의 부착·해체 또는 조정작업을 직접 지휘하는 일
20. 밀폐공간 작업	가. 산소가 결핍된 공기나 유해가스에 노출되지 않도록 작업 시작 전에 해당 근로자의 작업을 지휘하는 업무 나. 작업을 하는 장소의 공기가 적절한지를 작업 시작 전에 측정하는 업무 다. 측정장비·환기장치 또는 공기마스크, 송기마스크 등을 작업 시작 전에 점검하는 업무 라. 근로자에게 공기마스크, 송기마스크 등의 착용을 지도하고 착용상황을 점검하는 업무

Key Point

밀폐공간 근로자 작업 시 관리감독자 직무 4가지를 쓰시오.

Key Point

프레스등을 사용하는 작업 시 관리감독자 직무 4가지를 쓰시오.

SECTION 29
산소결핍의 정의

- 안전보건규칙 제618조(정의)
  "산소결핍"이란 공기 중의 산소농도가 18퍼센트 미만인 상태를 말한다.

SECTION 30
조도

- 안전보건규칙 제8조(조도)
  사업주는 근로자가 상시 작업하는 장소의 작업면 조도를 다음 각 호의 기준에 맞도록 하여야 한다. 다만, 갱내 작업장과 감광재료를 취급하는 작업장은 그러하지 아니하다.
  1. 초정밀작업 : 750럭스(lux) 이상
  2. 정밀작업 : 300럭스 이상
  3. 보통작업 : 150럭스 이상
  4. 그 밖의 작업 : 75럭스 이상

> **Key Point**
> 산업안전보건법상 작업장의 조도기준에 관하여 쓰시오.

memo

산업안전기사 실기 ENGINEER INDUSTRIAL SAFETY

부록

필답형 기출문제

2010년 필답형 기출문제
2011년 필답형 기출문제
2012년 필답형 기출문제
2013년 필답형 기출문제
2014년 필답형 기출문제
2015년 필답형 기출문제
2016년 필답형 기출문제

2017년 필답형 기출문제
2018년 필답형 기출문제
2019년 필답형 기출문제
2020년 필답형 기출문제
2021년 필답형 기출문제
2022년 필답형 기출문제
2023년 필답형 기출문제

2010년 필답형 기출문제

산업안전기사(2010년 4월 19일)

01 안전인증대상 보호구 5가지를 쓰시오.

해답 추락 및 감전 위험방지용 안전모, 안전화, 안전장갑, 방진마스크, 방독마스크, 송기마스크, 전동식 호흡보호구, 보호복, 안전대, 차광 및 비산물 위험방지용 보안경, 용접용 보안면, 방음용 귀마개 또는 귀덮개

02 공정안전보고서에 포함되어야 할 사항 4가지를 쓰시오.

해답 1. 공정안전자료
2. 공정위험성 평가서 및 잠재위험에 대한 사고예방·피해 최소화 대책
3. 안전운전계획
4. 비상조치계획

03 컨베이어 등을 사용하는 작업 시 작업시작 전 점검사항 3가지를 쓰시오.

해답 1. 원동기 및 풀리기능의 이상 유무
2. 이탈 등의 방지장치기능의 이상 유무
3. 비상정지장치 기능의 이상 유무
4. 원동기·회전축·기어 및 풀리 등의 덮개 또는 울 등의 이상 유무

04 다음의 컷셋(Cut Set)을 모두 구하시오.

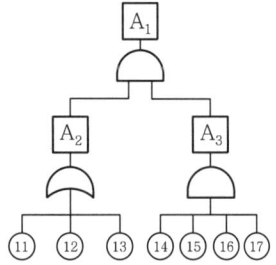

해답 컷셋을 구하기 위해 정상사상에서 하단의 사상으로 AND 게이트는 가로, OR 게이트는 세로로 나열하면

$A_1 = \begin{matrix} A_2 & A_3 \end{matrix} = \begin{matrix} ⑪ & ⑭ & ⑮ & ⑯ & ⑰ \\ ⑫ & ⑭ & ⑮ & ⑯ & ⑰ \\ ⑬ & ⑭ & ⑮ & ⑯ & ⑰ \end{matrix}$

따라서 컷셋은
[11, 14, 15, 16, 17]
[12, 14, 15, 16, 17]
[13, 14, 15, 16, 17] 이 된다.

05 지반굴착작업 시 위험방지를 위하여 사전 조사해야 하는 항목 4가지를 쓰시오.

해답 ① 형상·지질 및 지층의 상태
② 균열·함수·용수 및 동결의 유무 또는 상태
③ 매설물 등의 유무 또는 상태
④ 지반의 지하수위 상태

06 안전·보건 표지의 종류 중 경고표지의 종류를 4가지 쓰시오.

해답 1. 인화성물질 경고
2. 산화성물질 경고
3. 폭발성물질 경고
4. 급성독성물질 경고

07 다음에 해당하는 위험물질의 종류를 찾아서 번호를 쓰시오.

① 황화인	② 하이드라진	③ 아세톤
④ 염소산	⑤ 니트로 화합물	⑥ 리튬
⑦ 과망간산	⑧ 테레핀유	

(1) 폭발성 물질 및 유기관산화물 :
(2) 인화성 액체 :

해답
(1) 폭발성물질 및 유기과산화물 : ⑤
(2) 인화성 액체 : ②, ③, ⑧

08 부품배치의 원칙 4가지를 쓰시오.

해답
1. 중요성의 원칙
2. 사용빈도의 원칙
3. 기능별 배치의 원칙
4. 사용순서의 원칙

09 산업안전보건법상 다음 기계·기구의 방호장치를 각각 1가지씩만 쓰시오.

(1) 롤러기
(2) 복합동작을 할 수 있는 산업용 로봇

해답
(1) 롤러기 : 급정지장치
(2) 로봇 : 안전매트 또는 울타리

10 다음 방폭구조의 표시기호를 쓰시오

방폭구조	표시기호
내압방폭구조	(①)
충전방폭구조	(②)
몰드방폭구조	(③)
비점화방폭구조	(④)
본질안전방폭구조	(⑤)

해답

방폭구조	표시기호
내압방폭구조	① d
충전방폭구조	② q
몰드방폭구조	③ m
비점화방폭구조	④ n
본질안전방폭구조	⑤ ia 또는 ib

11 산업안전보건법상 관리감독자 안전보건교육 중 정기교육의 내용을 4가지를 쓰시오.

해답
1. 작업공정의 유해·위험과 재해 예방대책에 관한 사항
2. 표준안전작업방법 및 지도 요령에 관한 사항
3. 산업보건 및 직업병 예방에 관한 사항
4. 유해·위험 작업환경 관리에 관한 사항
(생략)(산업안전보건법 시행규칙 [별표 5] 참조)

12 상시근로자 1,500명이 근무하는 사업장에서 73건의 재해가 발생하여 사망 2명, 영구 전노동 불능상해 2명, 일부 부분노동 불능상해 69명으로 인하여 근로 손실일수가 1,200일 발생하였다. 강도율을 구하시오. (단, 1일 8시간, 연간 280일 근무한다.)

해답
$$강도율 = \frac{근로 손실일수}{연근로시간수} \times 1,000$$
$$= \frac{(7,500 \times 2)+(7,500 \times 2)+1,200}{1,500 \times 8 \times 280} \times 1,000 = 9.29$$

13 재해예방 4가지 원칙 중 두가지만 쓰고 설명을 하시오.

해답
1. 손실우연의 원칙 : 재해손실은 사고발생 시 사고대상의 조건에 따라 달라지므로 한 사고의 결과로서 생긴 재해손실은 우연성에 의해서 결정된다.
2. 원인계기의 원칙 : 재해발생은 반드시 원인이 있다.
3. 예방가능의 원칙 : 재해는 원칙적으로 원인만 제거하면 예방이 가능하다.
4. 대책선정의 원칙 : 재해예방을 위한 가능한 안전대책은 반드시 존재한다.

14 사업장에서 화물운반용 또는 고정용으로 사용해서는 안 되는 섬유로프 2가지 쓰시오.

해답
1. 꼬임이 끊어진 것
2. 심하게 손상되거나 부식된 것

산업안전기사(2010년 7월 4일)

01 산업안전보건법상 다음 [그림]에 해당하는 안전보건 표지 명칭은?

①  ②
③  ④

해답 ① 화기금지, ② 폭발물경고, ③ 부식성물질경고, ④ 고압전기경고

02 보기 중 산업안전보건관리비로 사용이 가능한 항목 4가지를 골라 번호를 쓰시오.

① 면장갑 및 코팅장갑의 구입비
② 안전보건교육장 내 냉·난방 설비 및 유지비
③ 안전보건 관리자용 안전순찰차량의 유류비
④ 교통통제를 위한 교통정리자의 인건비
⑤ 작업발판 및 가설계단의 시설비
⑥ 위생 및 긴급 피난용 시설비
⑦ 안전보건교육장의 대지 구입비
⑧ 지정교육기관에서 자격, 면허취득 또는 기술습득을 위한 교육비

해답 ②, ③, ⑥, ⑧

03 접지공사의 종류별 접지저항 및 접지선의 굵기에 관한 기준 표의 ( ) 안에 알맞은 수치는?

종별	접지저항	접지선의 굵기
제1종	(①)Ω 이하	(④)mm^2 이상의 연동선
제3종	(②)Ω 이하	(⑤)mm^2 이상의 연동선
특별 제3종	(③)Ω 이하	2.5mm^2 이상의 연동선

해답 ('21년 개정) 접지대상에 따라 일괄 적용한 종별접지(1종, 2종, 3종, 특 3종) 폐지

04 부탄(C_4H_{10})이 완전연소하기 위한 화학양론식을 쓰고, 완전연소에 필요한 최소산소농도를 쓰시오. (단, 부탄의 폭발하한계는 1.6vol%이다.)

(1) 화학양론식 :
(2) 최소산소농도 :

해답
(1) 화학양론식 : $2C_4H_{10} + 13O_2 = 8CO_2 + 10H_2O$
(2) 최소산소농도 : MOC = LFL(폭발하한계)×산소의 양론계수
= LFL(폭발하한계)×산소몰수/연료몰수
= $1.6 \times 13/2 = 10.4$[vol%]

05 재해발생 시 조치순서를 쓰시오.

산업재해발생 → (①) → (②) → 원인강구 → (③) → 대책실시계획 → 실시 → (④)

해답 ① 긴급처리, ② 재해조사, ③ 대책수립, ④ 평가

06 산업안전보건법상 사업장에 안전보건관리규정을 작성할 때 포함되어야 할 사항을 쓰시오. (단, 일반적인 안전보건에 관한 사항은 제외한다.)

해답
1. 안전 및 보건에 관한 관리조직과 그 직무에 관한 사항
2. 안전보건교육에 관한 사항
3. 작업장의 안전 및 보건 관리에 관한 사항
4. 사고 조사 및 대책 수립에 관한 사항
5. 그 밖에 안전 및 보건에 관한 사항

07 근로자의 추락 등에 의한 위험을 방지하기 위하여 설치하는 안전난간의 주요구성 4가지를 쓰시오.

해답
1. 상부난간대
2. 중간난간대
3. 발끝막이판
4. 난간기둥

08 산업안전보건법상 다음 기계·기구에 설치하여야 할 방호장치를 쓰시오.

(1) 아세틸렌용접장치 :
(2) 교류아크용접기 :
(3) 압력용기 :
(4) 연삭기 :

해답
(1) 아세틸렌용접장치 : 안전기
(2) 교류아크용접기 : 자동전격방지기
(3) 압력용기 : 압력방출장치
(4) 연삭기 : 덮개

09 인간의 주의에 관한 특성에 대하여 설명하시오.

(1) 선택성
(2) 변동성
(3) 방향성

해답
(1) 선택성 : 여러 종류의 자극을 지각할 때 소수의 특정한 것에 한하여 선택한다.
(2) 변동성 : 인간은 한 점에 계속하여 주의를 집중할 수는 없으며 주의에는 주기적으로 부주의적 리듬이 존재한다.
(3) 방향성 : 시선의 초점이 맞았을 때 쉽게 인지된다.

10 산업안전보건법상 원동기, 회전축의 위험방지를 위한 기계적인 안전조치를 3가지 쓰시오.

해답 1. 덮개, 2. 울, 3. 슬리브 및 건널다리

11 중량물을 취급하는 작업에서 작성하는 작업계획서에 포함되어야 할 사항 3가지를 쓰시오.

해답
1. 추락위험을 예방할 수 있는 안전대책
2. 낙하위험을 예방할 수 있는 안전대책
3. 전도위험을 예방할 수 있는 안전대책
4. 협착위험을 예방할 수 있는 안전대책
5. 붕괴위험을 예방할 수 있는 안전대책

12 작업면의 조도기준은?

(1) 초정밀작업 : (①) Lux 이상
(2) 정밀작업 : (②) Lux 이상
(3) 보통작업 : (③) Lux 이상
(4) 기타작업 : (④) Lux 이상

해답
(1) 초정밀작업 : (① 750) Lux 이상
(2) 정밀작업 : (② 300) Lux 이상
(3) 보통작업 : (③ 150) Lux 이상
(4) 기타작업 : (④ 75) Lux 이상

13 방독마스크의 설명에 대한 다음의 용어를 쓰시오.

(1) 방독 대응하는 가스에 대하여 정화통 내부 흡착제가 포화상태가 되어 흡착능력을 상실한 상태 :
(2) 방독마스크의 성능에 방진마스크의 성능이 포함된 마스크 :

해답
(1) 파과
(2) 겸용 방독마스크

14 A회사의 전기제품은 10,000시간 동안 10개의 제품에 고장이 발생된다고 한다. 이 제품의 수명이 지수분포를 따른다고 할 경우 (1) 고장률과 (2) 900시간 동안 적어도 1개의 제품이 고장날 확률을 구하시오.

해답
(1) 고장률 : λ(평균고장률) $= \dfrac{\text{고장건수}}{\text{총가동시간}} = \dfrac{10}{10,000} = 0.001$
(2) 900시간 동안 1개의 제품이 고장날 확률
신뢰도 $R(t) = e^{-\lambda t} = e^{-0.001 \times 900} = 0.407$ 이므로
고장이 발생할 확률인 불신뢰도 $F(t) = 1 - R(t) = 1 - 0.407 = 0.593$ 이다.

산업안전기사 (2010년 9월 24일)

01 산업안전보건법상 산업안전 보건 관련 교육과정과 교육시간에 관한 다음 각 물음에 답하시오.

① 사업 내 안전 보건교육에 있어 사무직 종사근로자의 정기 교육시간을 쓰시오.
② 사업 내 안전 보건교육에 있어 일용근로자의 채용 시의 교육시간을 쓰시오.
③ 사업 내 안전 보건교육에 있어 일용근로자를 제외한 근로자의 작업내용 변경 시의 교육시간을 쓰시오.
④ 안전보건 관리책임자의 신규교육시간이 6시간일 때 보수교육시간을 쓰시오.
⑤ 안전관리자의 보수교육시간을 쓰시오.

해답) ① 매반기 6시간 이상 ② 1시간 이상
③ 2시간 이상 ④ 6시간 이상
⑤ 24시간 이상

02 빈칸에 산업안전보건법상 안전보건 표지의 색채에 대한 색도기준을 써 넣으시오.

색채	빨강	노랑	파랑	녹색	흰색	검정
색도기준	(①)	(②)	(③)	2.5G 4/10	N9.5	(④)

해답) ① 7.5R 4/14 ② 5Y 8.5/12
③ 2.5PB 4/10 ④ N 0.5

03 안전인증대상 보호구중 차광보안경의 사용구분에 따른 종류 4가지를 쓰시오.

해답) ① 자외선용 ② 적외선용
③ 복합용 ④ 용접용

04 산업안전보건법에 따른 산업안전보건위원회의 심의 의결사항을 4가지 쓰시오.

해답) **산업안전보건위원회 심의 의결사항**
1. 산업재해 예방계획의 수립에 관한 사항
2. 안전보건관리규정의 작성 및 변경에 관한 사항
3. 근로자의 안전·보건교육에 관한 사항
4. 작업환경측정 등 작업환경의 점검 및 개선에 관한 사항
5. 근로자의 건강진단 등 건강관리에 관한 사항
6. 산업재해(중대재해)의 원인 조사 및 재발 방지대책 수립에 관한 사항
7. 산업재해에 관한 통계의 기록 및 유지에 관한 사항
8. 유해하거나 위험한 기계·기구와 그 밖의 설비를 도입한 경우 안전·보건조치에 관한 사항

05 안전인증대상 기계·기구 및 설비 방호장치 또는 보호구에 해당하는 것을 4가지 고르시오.

① 안전대
② 연삭기, 덮개
③ 아세틸렌 용접장치용 안전기
④ 산업용 로봇 안전매트
⑤ 압력용기
⑥ 양중기용 과부하 방지장치
⑦ 교류아크 용접기용 자동전격방지기
⑧ 선반
⑨ 동력식 수동대패용 칼날접촉방지장치
⑩ 보호복

해답) ① 안전대
⑤ 압력용기
⑥ 양중기용 과부하 방지장치
⑩ 보호복

06 프레스의 방호장치에 관한 설명 중 ( )안에 알맞은 내용이나 수치를 써 넣으시오.

> 가. 광전자식 방호장치의 일반구조에 있어 정상동작표시 램프는 (①)색 위험표시램프는 (②)색으로 하여 쉽게 근로자가 볼 수 있는 곳에 설치하여야 한다.
> 나. 양수조작식 방호장치의 일반구조에 있어 누름버튼의 상호간 내측거리는 (③)mm 이상이어야 한다.
> 다. 손쳐내기식 방호장치의 일반구조에 있어 슬라이드 하행 정거리의 (④)위치에서 손을 완전히 밀어내야 한다.
> 라. 수인식 방호장치의 일반구조에 있어 수인끈의 재료는 합성섬유로 직경이 (⑤)mm 이상이어야 한다.

[해답] ① 녹 ② 붉은
③ 300 ④ 3/4
⑤ 4

07 A사업장의 도수율이 12였고 지난한해동안 12건의 재해로 인하여 15명의 재해자가 발생하였고 총 휴업일수는 146일이었다. 사업장의 강도율을 구하시오. (단, 근로자는 1일 10시간씩 연간 250일 근무한다.)

[해답] 도수율(빈도율)(F.R) = $\frac{\text{재해발생건수}}{\text{연근로시간수}} \times 1,000,000$이므로

연근로시간수 = $\frac{\text{재해발생건수}}{\text{도수율}} \times 1,000,000$

= $\frac{12}{12} \times 1,000,000 = 1,000,000$시간

근로 손실일수 = $146 \times \frac{250}{365} = 100$

그러므로 강도율 = $\frac{\text{근로 손실일수}}{\text{연근로시간수}} \times 1,000 = \frac{100}{1,000,000} \times 1,000$

= 0.1

08 굴착공사에서 발생할 수 있는 보일링 현상에 대한 방지대책을 3가지만 쓰시오. (단, 원상매립 또는 작업의 중지를 제외한다.)

[해답] 1. 흙막이벽 근입깊이 증가
2. 흙막이벽의 차수성 증대
3. 흙막이벽 배면지반 그라우팅 실시
4. 흙막이 벽 배면 지하수위 저하

09 안전보건규칙에서 안전밸브 대신 파열판을 설치해야 하는 경우 2가지를 쓰시오.

[해답] 1. 반응 폭주 등 급격한 압력상승의 우려가 있는 경우
2. 급성 독성물질의 누출로 인하여 주위의 작업환경을 오염시킬 우려가 있는 경우
3. 운전 중 안전밸브에 이상 물질이 누적되어 안전밸브가 작동되지 아니할 우려가 있는 경우
4. 부식성 또는 점성이 강한 유체를 저장 또는 생산하는 경우

10 FT의 각 단계별 내용이 다음과 같을 때 올바른 순서대로 번호를 나열하시오.

> ① 정상사상의 원인이 되는 기초사상을 분석한다.
> ② 정상사상과의 관계는 논리게이트를 이용하여 도해한다.
> ③ 분석현상이 된 시스템을 정의한다.
> ④ 이전 단계에서 결정된 사상이 좀 더 전개가 가능한지 점검한다.
> ⑤ 정성, 정량적으로 해석·평가한다.
> ⑥ FT를 간소화한다.

[해답] ③ → ① → ② → ④ → ⑥ → ⑤

11 고장율이 시간당 0.01로 일정한 기계가 있다. 이 기계가 처음 100시간 동안 고장이 발생할 확률을 구하시오.

[해답] 신뢰도 $R(t=100) = e^{-\lambda t} = e^{-0.01 \times 100} = 0.37$이므로
고장이 발생할 확률인 불신뢰도 $F(t=100) = 1 - R(t=100) = 1 - 0.37 = 0.63$이다.

12 산업안전보건법에 따라 비계 작업 시 비, 눈, 그 밖의 기상상태의 불안전으로 날씨가 몹시 나빠서 작업을 중지시킨 후 그 비계에서 작업을 할 때 해당 작업시작 전에 점검해야 할 사항을 4가지 쓰시오.

[해답]
1. 발판 재료의 손상 여부 및 부착 또는 걸림 상태
2. 해당 비계의 연결부 또는 접속부의 풀림 상태
3. 연결 재료 및 연결 철물의 손상 또는 부식 상태
4. 손잡이의 탈락 여부
5. 기둥의 침하·변형·변위 또는 흔들림 상태
6. 로프의 부착상태 및 매단장치의 흔들림 상태 등이 있다.

13 산업안전보건법에 따라 구내운반차를 사용하여 작업을 하고자 할 때 작업시작 전 점검사항을 3가지만 쓰시오.

[해답] **구내운반차의 작업시작 전 점검사항**
1. 제동장치 및 조종장치 기능의 이상 유무
2. 하역장치 및 유압장치 기능의 이상 유무
3. 바퀴의 이상 유무
4. 전조등·후미등·방향지시기 및 경음기 기능의 이상 유무
5. 충전장치를 포함한 홀더 등의 결합상태의 이상 유무

2011년 필답형 기출문제

산업안전기사(2011년 5월 1일)

01 산업안전보건법상 안전·보건 표지에 있어 경고표지의 종류를 4가지 쓰시오. (단, 위험장소경고는 제외한다.)

해답) 1. 인화성물질 경고
2. 산화성물질 경고
3. 폭발성물질 경고
4. 급성독성물질 경고

02 다음에 해당하는 위험물질의 종류를 찾아서 번호를 쓰시오.

① 니트로글리세린	② 리튬
③ 황	④ 염소산칼륨
⑤ 질산나트륨	⑥ 셀룰로이드류
⑦ 마그네슘분말	⑧ 질산에스테르

(1) 산화성 물질
(2) 폭발성 물질

해답) 현행 산업안전보건법상 '산화성 물질', '폭발성 물질' 용어 삭제
[현행법 기준]
1. 폭발성 물질 및 유기과산화물 : ①, ⑧
2. 물반응성 물질 및 인화성 고체 : ②, ③, ⑥, ⑦
3. 산화성 액체 및 산화성 고체 : ④, ⑤

03 사다리식 통로등의 설치기준에 대하여 쓰시오.

해답) 1. 견고한 구조로 할 것
2. 심한 손상·부식 등이 없는 재료를 사용할 것
3. 발판의 간격은 일정하게 할 것
4. 발판과 벽과의 사이는 15센티미터 이상의 간격을 유지할 것
5. 폭은 30센티미터 이상으로 할 것
6. 사다리가 넘어지거나 미끄러지는 것을 방지하기 위한 조치를 할 것
7. 사다리의 상단은 걸쳐놓은 지점으로부터 60센티미터 이상 올라가도록 할 것

04 물질안전보건자료(MSDS) 작성시 포함되어야 할 사항 4가지를 쓰시오

해답) 1. 제품명
2. 물질안전보건자료대상물질을 구성하는 화학물질 중 유해인자의 분류기준에 해당하는 화학물질의 명칭 및 함유량
3. 안전 및 보건상의 취급 주의 사항
4. 건강 및 환경에 대한 유해성, 물리적 위험성
5. 물리·화학적 특성 등 고용노동부령으로 정하는 사항

05 산업재해조사표의 주요항목에 해당하지 않는 것 3가지를 [보기]에서 고르시오.

| 보기 |
| • 재해자의 국적 • 재발방지계획 |
| • 재해발생일시 • 고용형태 |
| • 근로손실 • 급여수준 |
| • 응급조치내역 • 재해자복직예정일 |

해답) 1. 급여수준
2. 응급조치내역
3. 재해자복직예정일

06 기계설비의 설치에 있어 시스템 안전의 5단계를 [보기]에서 골라 숫자를 적으시오.

> 보기
> ① 조업단계 ② 구상단계
> ③ 사양결정단계 ④ 설계단계
> ⑤ 제작단계

해답 ② → ③ → ④ → ⑤ → ①

07 하인리히의 도미노 이론 5단계 및 아담스 이론 5단계를 적으시오.

해답
1. 하인리히 5단계
   - 제1단계 : 사회적 환경 및 유전적 요소 : 기초원인
   - 제2단계 : 개인의 결함 : 간접원인
   - 제3단계 : 불안전한 행동 및 불안전한 상태 : 직접원인 → 제거(효과적임)
   - 제4단계 : 사고
   - 제5단계 : 재해
2. 아담스 5단계
   - 제1단계 : 관리구조
   - 제2단계 : 작전적 에러
   - 제3단계 : 전술적 에러
   - 제4단계 : 사고
   - 제5단계 : 상해

08 양중기의 방호장치를 적으시오.

> (1) 양중기에 정격하중 이상의 하중이 부과되었을 경우 자동적으로 감아 올리는 동작을 정지하는 장치 :
> (2) 양중기에 훅 등의 물건을 매달아 올릴 때 일정 높이 이상으로 감아올리는 것을 방지하는 장치 :

해답 (1) 과부하방지장치
     (2) 권과방지장치

09 안전보건관리 책임자에 대한 교육시간은?

> (1) 안전보건관리책임자 신규교육 :
> (2) 안전보건관리책임자 보수교육 :
> (3) 안전관리자 신규교육시간 :
> (4) 재해예방 전문지도기관 종사자의 보수교육시간 :

해답 (1) 6시간 이상, (2) 6시간 이상, (3) 34시간 이상, (4) 24시간 이상

10 트랜지스터 고장률 : 0.00002, 저항 고장률 : 0.0001, 트랜지스터 5개와 저항 10개가 모두 직렬로 연결된 회로가 있을 때 다음에 답하시오.

> (1) 이 회로의 1,500시간 가동 시 신뢰도는?
> (2) 이 회로의 평균수명은?

해답 (1) 신뢰도 $R(t) = e^{-\lambda t} = e^{-[(0.00002 \times 5) + (0.0001 \times 10)] \times 1500}$
         $= 0.192$
     (2) MTBT(평균수명) $= \dfrac{1}{\lambda} = \dfrac{1}{[(0.00002 \times 5) + (0.0001 \times 10)]}$
         $= 909.09$시간

11 안전보건총괄책임자 지정대상 사업장 2개를 적으시오. (수급인과 하수급인에게 고용된 근로자를 포함한 상시 근로자가 50명 이상인 사업)

해답
1. 1차 금속 제조업
2. 선박 및 보트 건조업
3. 토사석 광업

12 Fail safe와 Fool proof를 간단히 설명하시오.

해답
1. Fool proof : 작업자가 불안전한 행동이나 실수를 해도 기계설비의 안전기능이 작동하여 재해를 방지할 수 있는 기능
2. Fail safe : 기계나 부품에 고장이나 기능불량이 생겨도 사고가 발생하지 않도록 2중, 3중으로 안전장치를 구축하는 시스템

13 사업주는 보일러의 안전한 가동을 위하여 보일러 규격에 적합한 압력방출장치를 1개 또는 2개 이상 설치하고 (①) 이하에서 작동되도록 하여야 한다. 다만, 압력방출장치가 2개 이상 설치된 경우에는 (①) 이하에서 1개가 작동되고, 다른 압력방출장치는 최고사용압력 (②)배 이하에서 작동되도록 부착하여야 한다.

해답 ① 최고 사용압력, ② 1.05

산업안전기사(2011년 7월 24일)

01 산업안전보건위원회 근로자위원 선임 대상 3가지를 쓰시오.

해답 산업안전보건위원회의 근로자위원은 다음 각 호의 사람으로 구성한다.
1. 근로자대표
2. 명예산업안전감독관이 위촉되어 있는 사업장의 경우 근로자대표가 지명하는 1명 이상의 명예감독관
3. 근로자대표가 지명하는 9명 이내의 해당 사업장의 근로자

02 FTA의 단계를 번호순서대로 쓰시오

해답 1. TOP 사상의 선정
2. 재해원인규명
3. FT도 작성
4. 개선계획 수립

03 음파 그래프 관한 문제

(1) 음파의 높이가 가장 높은 음파의 종류와 그 이유
(2) 음의 강도가 가장 센 음파의 종류와 그 이유

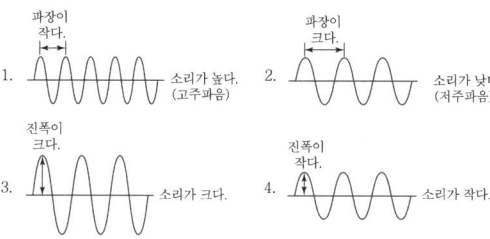

해답 (1) 1번, 파형의 주기가 가장 짧다(진동수가 크다).
(2) 3번, 진폭이 높기 때문이다(파형의 고저값이 크다).

04 공정안전보고서의 제출대상에서 제외되는 시설·설비를 2가지 쓰시오.

해답 1. 원자력 설비
2. 군사 시설
3. 사업주가 해당 사업장 내에서 직접 사용하기 위한 난방용 연료의 저장설비 및 사용설비
4. 도매·소매시설 등

05 롤러기의 원주속도 및 급정지거리를 쓰시오.

해답

앞면 롤의 표면속도(m/min)	급정지 거리
30 미만	앞면롤 원주의 1/3
30 이상	앞면롤 원주의 1/2.5

06 무재해운동 추진 중 사고나 재해가 발생해도 무재해로 인정되는 경우를 4가지 쓰시오.

해답 1. 제3자의 행위에 의한 업무상 재해
2. 천재지변 또는 돌발적인 사고로 인한 구조행위 또는 긴급피난 중 발생한 사고
3. 출·퇴근 도중에 발생한 재해
4. 운동경기 등 각종 행사 중 발생한 사고

07 곤돌라 방호장치 4가지를 쓰시오.

해답 1. 과부하방지장치 2. 권과방지장치
3. 비상정지장치 4. 제동장치

08 할로겐 소화기의 소화약재 중 할로겐 구성요소를 쓰시오.

해답 1. F(불소)
2. Cl(염소)
3. Br(브롬)

09 와이어로프 사진의 꼬임 형식의 명칭을 쓰시오.

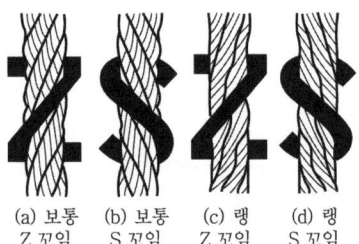

(a) 보통 Z 꼬임　(b) 보통 S 꼬임　(c) 랭 Z 꼬임　(d) 랭 S 꼬임

해답 보통꼬임(Ordinary Lay), 랭꼬임(Lang's Lay)

10 위험장소경고표지를 그리고 표시 색을 표현하시오.

해답 (1) 위험장소경고표지

(2) 바탕 : 노란색
(3) 기본모형 · 관련 부호 · 그림 : 검은색

11 자율검사프로그램의 인정을 취소하거나 인정받은 자율검사프로그램의 내용에 따라 검사를 하도록 개선을 명할 수 있는 경우 2가지를 쓰시오.

해답 1. 거짓이나 그 밖의 부정한 방법으로 자율검사프로그램을 인정받은 경우
2. 자율검사프로그램을 인정받고도 검사를 하지 아니한 경우
3. 인정받은 자율검사프로그램의 내용에 따라 검사를 하지 아니한 경우
4. 제2항에 따른 자격을 가진 자 또는 지정검사기관이 검사를 하지 아니한 경우

12 다음과 같은 방폭구조의 표시에서 밑줄친 부분을 설명하시오.

$$\text{Ex } \underline{d} \ \underline{\text{IIB}} \ \underline{T_5} \ \text{IP54}$$

해답 **방폭구조의 표시방법**
1. d : 방폭구조의 종류(내압방폭구조)
2. IIB : 그룹을 나타낸 기호(산업용 폭발성 가스 또는 증기의 그룹)
3. T_5 : 온도등급, 최고표면온도(85℃ 초과 100℃ 이하)

13 다음 종합재해지수를 구하시오.

근로자수 : 400명, 8시간/280일, 연간재해발생건수 : 80건
근로 손실일수 : 800일

해답 도수율 $= \dfrac{\text{재해발생건수}}{\text{연근로시간수}} \times 1,000,000$

$= \dfrac{80}{400 \times 8 \times 280} \times 1,000,000 = 89.29$

강도율 $= \dfrac{\text{근로 손실일수}}{\text{연근로시간수}} \times 1,000 = \dfrac{80}{400 \times 8 \times 280} \times 1,000$
$= 0.89$

종합재해지수(FSI) $= \sqrt{\text{도수율}(F.R) \times \text{강도율}(S.R)}$
$= \sqrt{89.29 \times 0.89} = 8.92$

14 타워크레인 작업 시 작업중지 풍속을 쓰시오.

해답 1. 순간풍속이 초당 10미터를 초과하는 경우 타워크레인의 설치 · 수리 · 점검 또는 해체 작업을 중지
2. 순간풍속이 초당 15미터를 초과하는 경우에는 타워크레인의 운전 작업을 중지

산업안전기사(2011년 10월 16일)

01 산업안전보건법상 노 · 사협의체 설치 대상 건설공사 규모와 정기회의 개최 주기를 쓰시오.

해답 공사금액 120억 원 이상의 건설업, 2개월

02 지게차 화물의 최대중량을 구하시오. (단, 지게차 중량 G = 1,000kg, L₁ = 1.2m, L₂ = 1.5m이다.)

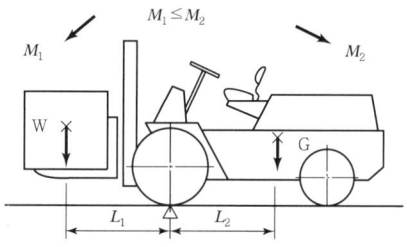

해답) $1,000 \times 1.5 = W \times 1.2$
∴ $W = 1,250$kg

03 산업안전보건법상 위험물 중 급성 독성물질의 정의에 대한 다음 설명의 ( ) 안에 들어갈 수치를 쓰시오.

- LD50(경구, 쥐) : (①)mg
- LD50(경피, 토끼 또는 쥐) : (②)mg
- 가스 LD50(쥐, 4시간 흡입) : (③)ppm
- 증기 LC50(쥐, 4시간 흡입) : (④)mg/L
- 분진 또는 미스트 LC50(쥐, 4시간 흡입) : (⑤)mg/L

해답) ① 300, ② 1,000, ③ 2,500, ④ 10, ⑤ 1

04 산업안전보건법상 안전·보건 표지의 종류에 있어 "관계자 출입금지" 표지의 종류 3가지를 쓰시오.

해답) 1. 허가대상물질 작업장, 2. 석면취급/해체 작업장, 3. 금지대상물질의 취급실험실 등

05 파블로브의 조건반사설 4가지를 쓰시오.

해답) 1. 시간의 원리, 2. 강도의 원리, 3. 계속성의 원리, 4. 일관성의 원리

06 깊이 2m 이상 지반 굴착작업 시 사전조사 후 작업계획서에 포함해야 할 사항 4가지를 쓰시오.

해답) 1. 굴착방법 및 순서, 토사 반출 방법
2. 필요한 인원 및 장비 사용계획
3. 매설물 등에 대한 이설·보호대책
4. 사업장 내 연락방법 및 신호방법
5. 흙막이 지보공 설치방법 및 계측계획
6. 작업지휘자의 배치계획

07 산업안전보건법상 안전인증 심사종류 4가지를 쓰시오.

해답) 1. 예비심사, 2. 서면심사, 3. 기술능력 및 생산체계 심사, 4. 제품심사

08 SPM200, 클러치개소수 5일 때 양수기동식의 안전거리를 계산하시오.

해답) 안전거리 $D_m = 1,600 \times T_m$ (mm)
$T_m = \left(\dfrac{1}{\text{클러치개소수}} + \dfrac{1}{2} \right) \times \dfrac{60}{\text{매분행정수}(SPM)}$
T_m : 양손으로 누름단추를 조작하고 슬라이드가 하사점에 도달하기까지의 소요최대시간(초)
$D_m = 1,600 T_m$
$= 1,600 \times \left[\left(\dfrac{1}{\text{클러치개소수}} + \dfrac{1}{2} \right) \times \dfrac{60}{\text{매분행정수}} \right]$
$= 1,600 \times \left[\left(\dfrac{1}{5} + \dfrac{1}{2} \right) \times \dfrac{60}{200} \right] = 336$mm

09 시스템 안전을 실행하기 위한 시스템 안전프로그램 계획(SSPP)에 포함될 사항 4가지를 쓰시오.

해답) 1. 안전자료의 수집 및 분석
2. 시스템의 안전기준
3. 시스템의 안전해석(안전성평가)
4. 경과 및 결과의 보고

10 안전난간에 대한 다음 설명의 ( ) 안에 드어갈 수치를 쓰시오.

- 상부난간대 : 발판 또는 경사로 표면으로부터 (①)cm 이상 지점에 설치
- 발끝막이판 : 바닥면으로부터 (②)cm 이상의 높이 유지
- 난간대 : 지름 (③)cm 이상의 금속제 파이프나 그 이상의 강도가 있는 재료
- 하중 : 구조적으로 가장 취약한 지점에서 (④)kg 이상의 하중에 견딜 수 있는 재료

해답) ① 90, ② 10, ③ 2.7, ④ 100

11 미국방성에서 미사일을 개발할 때 분류한 재해의 위험수준을 4가지 범주로 설명하시오.

해답
- 범주 1 : 파국(Catastrophic)
- 범주 2 : 중대(Critical)
- 범주 3 : 한계적(Marginal)
- 범주 4 : 무시가능(Negligible)

12 정전기발생 방지대책 4가지를 쓰시오.

해답
1. 설비와 물질 및 물질 상호 간의 접촉면적 및 접촉압력 감소
2. 접촉횟수의 감소
3. 접촉·분리속도의 저하(속도의 변화는 서서히)
4. 접촉물의 급속 박리 방지
5. 표면상태의 청정·원활화
6. 불순물 등의 이물질 혼입 방지
7. 정전기 발생이 적은 재료 사용(대전서열이 가까운 재료의 사용)

13 다음의 재해발생 형태를 쓰시오.

(1) 폭발, 화재 두 현상 : (   )
(2) 재해 당시 바닥면과 신체가 떨어진 상태, 더 낮은 위치로 떨어짐 : (   )
(3) 재해 당시 바닥면과 신체가 접해 있는 상태, 더 낮은 위치로 떨어짐 : (   )
(4) 전도로 인해 기계의 동력 전달 부위 등에 협착되어 신체 일부가 절단 : (   )

해답
(1) 화재폭발
(2) 추락
(3) 전도(넘어짐)
(4) 협착

14 다음 괄호 안에 알맞은 숫자 또는 단어를 쓰시오.

신규화학물질을 제조하거나 수입하려는 자(수입을 대행하는 자가 따로 있는 경우에는 해당 수입을 대행하는 자를 말한다)는 제조하거나 수입하려는 날 (①)일 전까지 산업안전보건법 시행규칙 별지 제18호서식의 유해성·위험성 조사보고서에 해당 신규화학물질이 안전·보건에 관한 자료, 제조 또는 사용·취급방법을 기록한 서류 및 제조 또는 사용 공정도, 그 밖의 관련 서류를 첨부하여 (②)에게 제출하여야 한다.

해답 ① 30, ② 고용노동부장관

산업안전기사(2012년 5월 1일)

01 산업안전보건법에 따라 산업재해조사표를 작성하고자 할 때 작성 항목이 아닌 것을 고르시오.

① 발생일시　　② 목격자 인적사항
③ 국적　　　　④ 입사일
⑤ 고용형태　　⑥ 근무형태
⑦ 기인물　　　⑧ 재발방지계획
⑨ 재해발생원인

[해답] ②, ⑦, ⑨

02 사업주는 비, 눈, 그 밖의 기상상태의 악화로 작업을 중지시킨 후 또는 비계를 조립·해체하거나 변경한 후에 비계에서 작업을 하는 경우 작업 시작하기 전 점검사항 4가지를 쓰시오.

[해답] 1. 발판 재료의 손상 여부 및 부착 또는 걸림 상태
2. 해당 비계의 연결부 또는 접속부의 풀림 상태
3. 연결 재료 및 연결 철물의 손상 또는 부식 상태
4. 손잡이의 탈락 여부
5. 기둥의 침하·변형·변위 또는 흔들림 상태
6. 로프의 부착상태 및 매단 장치의 흔들림 상태

03 철골작업 시 작업을 중지하여야 하는 기상조건 3가지를 쓰시오.

[해답] 1. 풍속이 초당 10m 이상인 경우
2. 강우량이 시간당 1mm 이상인 경우
3. 강설량이 시간당 1cm 이상인 경우

04 사람이 작업할 때 느끼는 체감온도 또는 실효온도에 영향을 주는 요인을 적으시오.

[해답] 온도, 습도, 기류(공기유동)

05 산업용 로봇의 작동범위 내에서 해당 로봇에 대하여 교시 등의 작업을 할 경우 해당 로봇의 예기치 못한 작동 또는 오조작에 의한 위험을 방지하기 위한 조치사항 4가지를 쓰시오. (단, 로봇의 예기치 못한 작동 또는 오동작에 의한 위험 방지를 하기 위하여 필요한 조치는 제외한다.)

[해답] 1. 로봇의 조작방법 및 순서
2. 작업 중의 매니퓰레이터의 속도
3. 2명 이상의 근로자에게 작업을 시킬 경우의 신호방법
4. 이상을 발견한 경우의 조치
5. 이상을 발견하여 로봇의 운전을 정지시킨 후 이를 재가동시킬 경우의 조치

06 산업안전보건법상 물질안전보건자료의 작성·비치 대상 제외 제제 대상 4가지를 쓰시오.

[해답] 1. 「건강기능식품에 관한 법률」 제3조제1호에 따른 건강기능식품
2. 「농약관리법」 제2조제1호에 따른 농약
3. 「마약류 관리에 관한 법률」 제2조제2호 및 제3호에 따른 마약 및 향정신성의약품
4. 「비료관리법」 제2조제1호에 따른 비료
5. 「사료관리법」 제2조제1호에 따른 사료
(생략)(산업안전보건법 시행령 제86조 참조)

07 정전기방지의 일반적인 대책을 쓰시오.

해답 **정전기 방지의 일반적인 대책**
1. 도체의 접지 및 부도체의 사용제한(금속 및 도전성 재료의 사용)
2. 대전방지제의 사용
3. 가습
4. 도전성 재료의 사용
5. 대전물체의 차폐
6. 제전기 사용

08 평균 근로자 수가 540명인 A사업장에서 연간 12건의 재해 발생과 15명의 재해자 발생으로 인하여 근로 손실일수가 총 6,500일 발생하였다. 다음을 구하시오. (단, 근무시간은 1일 9시간, 근무일수는 연간 280일이다.)

(1) 도수율   (2) 강도율
(3) 연천인율 (4) 종합재해지수

해답 (1) 도수율 : $\frac{재해건수}{연근로시간수} = \frac{12}{540 \times 9 \times 280} \times 1,000,000$
     $= 8.818 ≒ 8.82$

(2) 강도율 : $\frac{근로 손실일수}{연근로시간수} = \frac{6,500}{540 \times 9 \times 280} \times 1,000$
     $= 4.776 ≒ 4.78$

(3) 연천인율 : $\frac{재해자수}{상시근로자수} = \frac{15}{540} \times 1,000 = 27.777 ≒ 27.78$

(4) 종합재해지수 : $\sqrt{도수율 \times 강도율} = \sqrt{8.82 \times 4.78}$
     $= 6.493 ≒ 6.49$

09 압력용기에 표시해야 할 사항을 쓰시오.

해답 제조자, 설계압력 또는 최대허용사용압력, 설계온도, 제조연도, 비파괴시험, 적용규격

10 차광보안경의 사용구분에 따른 종류 4가지를 쓰시오.

해답 1. 자외선용   2. 적외선용
     3. 용접용   4. 복합용

11 위험성 평가기법을 4가지 쓰시오.

해답 1. FTA(Fault Tree Analysis)
     2. ETA(Event Tree Analysis)
     3. THERP(Technique of Human Error Rate Prediction)
     4. 디시전 트리(Decision Tree)

12 다음의 고압가스 용기에 해당하는 색을 쓰시오.

① 산소   ② 아세틸렌
③ 액화암모니아 ④ 질소

해답 **고압가스 용기 도색**
① 산소 : 녹색   ② 아세틸렌 : 황색
③ 액화암모니아 : 백색 ④ 질소 : 회색

13 교육시간을 나타낸 것이다. 다음 (   )안에 맞는 시간을 쓰시오.

교육대상	교육시간	
	신규	보수
안전관리자	34 시간 이상	(①)시간 이상
보건관리자	(②) 시간 이상	24시간 이상
안전보건관리책임자	6 시간 이상	(③)시간 이상
재해예방전문지도기관 종사자	–	(④)시간 이상

해답 ① 24, ② 34, ③ 6, ④ 24

14 다음 [보기]에 해당하는 휴먼에러의 종류를 쓰시오.

보기
(1) 납 접합을 빠뜨렸다.
(2) 전선의 연결이 바뀌었다.
(3) 부품을 빠뜨렸다.
(4) 배선을 거꾸로 연결하였다.
(5) 틀린 부품을 사용하였다.

해답 (1) Omission(생략에러)   (2) Commission(수행에러)
     (3) Omission(생략에러)   (4) Commission(수행에러)
     (5) Commission(수행에러)

산업안전기사(2012년 7월)

01 [보기]를 참고하여 다음 이론에 해당하는 번호를 고르시오.

┌보기┐
① 사회적 환경 및 유전적 요소(유전과 환경)
② 기본적 원인
③ 불안전한 행동 및 불안전한 상태(직접원인)
④ 작전적 에러
⑤ 사고
⑥ 재해
⑦ 관리(통제)의 부족
⑧ 개인적 결함
⑨ 관리적 결함
⑩ 전술적 에러

(1) 하인리히의 도미노 이론
(2) 버드의 최신 도미노 이론
(3) 아담스의 이론

해답 (1) 하인리히 : ①, ⑧, ③, ⑤, ⑥
(2) 버드 : ⑦, ②, ③, ⑤, ⑥
(3) 아담스 : ⑨, ④, ⑩, ⑤, ⑥

02 안전인증대상 보호구 중 안전화의 성능구분에 따른 종류 5가지를 쓰시오.

해답 1. 가죽제 안전화 2. 고무제 안전화
3. 정전기 안전화 4. 발등 안전화
5. 절연화 6. 절연장화

03 1,000[rpm]으로 회전하는 롤러기의 앞면 지름이 50[cm]인 경우 앞면 롤러의 표면속도와 관련 규정에 따른 급정지거리[cm]를 구하시오.

해답 1. $V(표면속도) = \dfrac{\pi DN}{1,000} = \dfrac{\pi \times 500 \times 1,000}{1,000}$
$= 1,570.80 \, \text{m/min}$
2. 급정지거리 $= \dfrac{앞면 롤 원주}{2.5} = \dfrac{\pi \times 50}{2.5} = 62.83 \text{cm}$

앞면 롤의 표면속도(m/min)	급정지 거리
30 미만	앞면 롤 원주의 1/3
30 이상	앞면 롤 원주의 1/2.5

04 C. F. DALZIEL의 관계식을 이용하여 심실세동을 일으킬 수 있는 에너지[J]를 구하시오. (단, 통전시간은 1[초], 인체의 전기저항은 500[Ω]이다.)

해답 $W = I^2 RT = \left(\dfrac{165}{\sqrt{T}} \times 10^{-3}\right)^2 \times 500\,T$

(단, 심실세동전류 $I = \dfrac{165}{\sqrt{T}}$[mA])

$= (165^2 \times 10^{-6}) \times 500$
$= 13.61[\text{W}-\sec] = 13.61[\text{J}]$

05 아세틸렌 용접장치 검사시 안전기의 설치 위치를 확인하려고 한다. 아세틸렌 용접장치의 안전기 설치위치 3곳을 쓰시오.

해답 1. 취관, 2. 분기관, 3. 발생기와 가스용기 사이

06 다음의 양립성에 대하여 사례를 들어 설명하시오.

(1) 공간 양립성   (2) 운동 양립성

해답 (1) 공간 양립성 : 물리적 형태나 공간적인 배치에서 사용자의 기대와 일치하는 것. 예 가스버너에서 오른쪽 조리대는 오른쪽, 왼쪽 조리대는 왼쪽 조절장치로 조정하도록 배치하는 것
(2) 운동 양립성 : 조작장치의 방향과 표시장치의 움직이는 방향이 사용자의 기대와 일치하는 것. 예 자동차 핸들 조작방향으로 바퀴가 회전하는 것

07 산업안전보건법상 안전인증대상 기계·기구 등이 안전기준에 적합한지를 확인하기 위하여 안전인증기관이 심사하는 심사의 종류 3가지를 쓰시오.

해답 1. 서면심사, 2. 기술능력 및 생산체계 심사, 3. 제품심사

08 산업안전보건법상 방사선 업무에 관계되는 작업(의료 및 실험용은 제외한다)에 종사하는 근로자에게 실시하여야 하는 특별 안전보건교육 내용 4가지를 쓰시오.

해답 1. 방사선의 유해·위험 및 인체에 미치는 영향
2. 방사선의 측정기기 기능의 점검에 관한 사항
3. 방호거리·방호벽 및 방사선물질의 취급요령에 관한 사항
4. 응급처치 및 보호구 착용에 관한 사항

09 지상높이가 31m 이상 되는 건축물을 건설하는 공사현장에서 건설공사 유해·위험방지계획서를 작성하여 제출하고자 할 때 첨부해야 하는 작업공사 종류별 해당 작업공종 4가지를 쓰시오.

해답 1. 가설공사 2. 굴착 및 발파공사
3. 구조물공사 4. 강 구조물공사
5. 마감공사 6. 전기 및 기계 설비공사

10 산업안전보건법상 안전보건총괄책임자의 직무 4가지를 쓰시오.

해답 1. 위험성평가의 실시에 관한 사항
2. 산업재해 및 중대재해 발생에 따른 작업의 중지
3. 도급 시 산업재해 예방조치
4. 산업안전보건관리비의 관계수급인 간의 사용에 관한 협의·조정 및 그 집행의 감독
5. 안전인증대상기계등과 자율안전확인대상기계등의 사용 여부 확인

11 공사용 가설도로를 설치하는 경우에 준수하여야 할 사항 3가지를 쓰시오.

해답 1. 도로는 장비와 차량이 안전하게 운행할 수 있도록 견고하게 설치할 것
2. 도로와 작업장이 접하여 있을 경우에는 울타리 등을 설치할 것
3. 도로는 배수를 위하여 경사지게 설치하거나 배수시설을 설치할 것
4. 차량의 속도제한 표지를 부착할 것

12 HAZOP 기법에 사용되는 가이드 워드에 관한 의미를 쓰시오.

① AS WELL AS ② PART OF
③ OTHER THAN ④ REVERSE

해답 ① 성질상의 증가 : 설계 의도 외에 다른 변수가 부가되는 상태
② 성질상의 감소 : 설계 의도대로 완전히 이루어지지 않는 상태
③ 완전한 대체 : 설계 의도대로 설치되지 않거나 운전이 유지되지 않는 상태
④ 설계의도의 논리적인 역 : 설계 의도의 정반대로 나타나는 상태

13 잠함 또는 우물통의 내부에서 굴착작업을 하는 경우에 잠함 또는 우물통의 급격한 침하로 인한 위험을 방지하기 위하여 준수해야 할 사항 2가지를 쓰시오.

해답 1. 침하관계도에 따라 굴착방법 및 재하량 등을 정할 것
2. 바닥으로부터 천장 또는 보까지의 높이는 1.8m 이상으로 할 것

14 공정안전보고서 내용 중 안전작업허가 지침에 포함되어야 하는 위험작업의 종류 5가지를 쓰시오.

해답 1. 화기작업 2. 일반위험작업
3. 밀폐공간 출입작업 4. 정전작업
5. 굴착작업 6. 방사선 사용 작업
7. 고소작업 8. 중장비 사용 작업

산업안전기사(2012년 10월)

01 다음 FT도에서 정상사상 T의 고장 발생 확률을 구하시오. (단, 발생확률은 각각 0.1이다.)

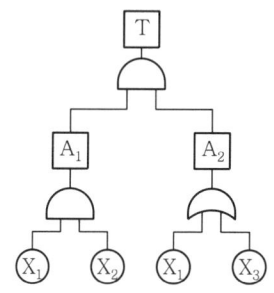

해답) $T = A_1 \times A_2 = 0.01 \times 0.19 = 0.0019$
(1) $A_1 = X_1 \times X_2 = 0.1 \times 0.1 = 0.01$
(2) $A_2 = 1 - (1-X_1)(1-X_3) = 1 - (1-0.1)(1-0.1) = 0.19$

02 비·눈 그 밖의 기상상태의 악화로 작업을 중지시킨 후 또는 비계를 조립·해체하거나 변경한 후 작업을 시작하기 전 점검해야 하는 항목 4가지를 쓰시오.

해답)
1. 발판 재료의 손상 여부 및 부착 또는 걸림 상태
2. 해당 비계의 연결부 또는 접속부의 풀림 상태
3. 연결 재료 및 연결 철물의 손상 또는 부식 상태
4. 손잡이의 탈락 여부
5. 기둥의 침하·변형·변위 또는 흔들림 상태
6. 로프의 부착 상태 및 매단장치의 흔들림 상태

03 산업안전보건법상 산업재해를 예방하기 위하여 필요하다고 인정하는 경우 산업재해 발생건수, 재해율 또는 그 순위 등을 공표할 수 있는 대상 사업장을 쓰시오.

해답)
1. 산업재해율이 같은 업종 평균 산업재해율의 2배 이상인 사업장
2. 사업주가 필요한 안전조치 또는 보건조치를 이행하지 아니하여 중대재해가 발생한 사업장
3. 직업성 질병자가 연간 2명 이상(상시근로자 1천명 이상 사업장의 경우 3명 이상) 발생한 사업장
4. 그 밖에 작업환경 불량, 화재·폭발 또는 누출 사고 등으로 사업장 주변까지 피해가 확산된 사업장으로서 고용노동부령으로 정하는 사업장

04 다음 기계설비에 형성되는 위험점을 쓰시오.

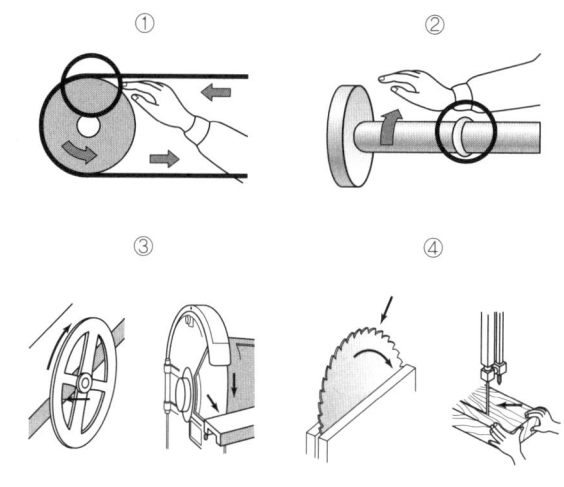

해답) ① 접선 물림점, ② 회전 말림점, ③ 끼임점, ④ 절단점

05 다음의 빈칸을 채우시오.

(1) 사업주는 순간풍속이 초당 (①)미터를 초과하는 바람이 불어올 우려가 있는 경우 옥외에 설치되어 있는 주행크레인에 대하여 이탈방지장치를 작동시키는 등 이탈방지를 위한 조치를 하여야 한다.
(2) 사업주는 갠트리 크레인 등과 같이 작업장 바닥에 고정된 레일을 따라 주행하는 크레인의 새들(saddle) 돌출부와 주변 구조물 사이의 안전공간이 (②)센티미터 이상 되도록 바닥에 표시를 하는 등 안전공간을 확보하여야 한다.
(3) 양중기에 대한 권과방지장치는 훅·버킷 등 달기구의 윗면이 드럼, 상부 도르래, 트롤리프레임 등 권상장치의 아랫면과 접촉할 우려가 있는 경우에 그 간격이 (③)미터 이상이 되도록 조정하여야 한다.

해답) ① 30, ② 40, ③ 0.25

06 다음 [보기]에 해당하는 안전관리자의 최소 인원을 쓰시오.

> [보기]
> ① 펄프 제조업 : 상시근로자 600명
> ② 고무제품 제조업 : 상시근로자 300명
> ③ 운수·통신업 : 상시근로자 500명
> ④ 건설업 : 상시근로자 500명

해답) ① 2명, ② 1명, ③ 1명, ④ 1명

07 밀폐된 장소에서 하는 용접작업 또는 습한 장소에서 하는 전기용접작업 시 특별교육을 실시할 때 교육내용 4가지를 쓰시오. (단, 공통사항 및 그 밖에 안전보건관리에 필요한 사항은 제외한다.)

해답)
1. 작업순서, 안전작업방법 및 수칙에 관한 사항
2. 환기설비에 관한 사항
3. 전격 방지 및 보호구 착용에 관한 사항
4. 질식 시 응급조치에 관한 사항
5. 작업환경 점검에 관한 사항

08 산업안전보건법상 안전보건 표지 중 "응급구호표지"를 그리시오. (단, 색상 표시는 글자로 나타내도록 하고, 크기에 대한 기준은 표시하지 않아도 된다.)

해답) 바탕 : 녹색, 관련부호 : 흰색

09 [보기] 중에서 인간과오 불안전 분석가능 도구를 4가지 쓰시오.

> [보기]
> ① FTA   ② ETA
> ③ HAZOP ④ THERP
> ⑤ CA   ⑥ FMEA
> ⑦ PHA   ⑧ MORT

해답) ① FTA, ② ETA, ④ THERP, ⑥ FMEA

10 A사업장에 근로자 수가(3월말 300명, 6월말 320명, 9월말 270명, 12월말 260명)이고, 연간 15건의 재해 발생으로 인한 휴업일수 288일 발생하였다. 도수율과 강도율을 구하시오. (단, 근무시간은 1일 8시간, 근무일수는 연간 280일이다.)

해답) 먼저 평균 근로자 수를 구한다. 평균 근로자 수(분기별)

$$= \frac{300+320+280+260}{4} = 287.5 ≒ 288명$$

(1) 도수율 $= \frac{재해건수}{연근로시간수} \times 1,000,000$

$$= \frac{15}{288 \times 8 \times 280} \times 1,000,000 = 23.251 ≒ 23.25$$

(2) 강도율 $= \frac{총 근로 손실일수}{연근로시간수} \times 1,000$

$$= \frac{288 \times \frac{280}{365}}{288 \times 8 \times 280} \times 1,000 = 0.342 ≒ 0.34$$

11 니트로 화합물질을 제조·취급하는 작업장과 그 작업장이 있는 건축물에 출입구 외에 안전한 장소로 대피할 수 있는 비상구 1개 이상을 아래와 같은 구조로 설치하여야 한다. 다음 빈칸을 채우시오.

> (1) 출입구와 같은 방향에 있지 아니하고, 출입구로부터 (①)m 이상 떨어져 있을 것
> (2) 작업장의 각 부분으로부터 하나의 비상구 또는 출입구까지의 수평거리가 (②)m 이하가 되도록 할 것
> (3) 비상구의 너비는 (③)m 이상으로 하고, 높이는 (④)m 이상으로 할 것

해답) ① 3, ② 50, ③ 0.75, ④ 1.5

12 방폭전기기기 안전인증의 표시에 기재된 "Ex d ⅡA T4"의 표기내용에 대해 설명하시오.

해답) 방폭구조의 표시방법
1. d : 방폭구조의 종류(내압방폭구조)
2. ⅡA : 그룹을 나타낸 기호(산업용 폭발성 가스 또는 증기의 그룹)
3. T4 : 온도등급, 최고표면온도(100℃ 초과 135℃ 이하)

13 화학설비 또는 그 배관의 밸브나 콕에 내구성이 있는 재료를 선정할 때 고려사항 4가지를 쓰시오.

해답
1. 개폐의 빈도
2. 위험물질등의 종류
3. 위험물질등의 온도
4. 위험물질등의 농도

14 보일러 운전 중 프라이밍(Priming)의 발생원인 3가지를 쓰시오.

해답
1. 보일러 관수의 농축
2. 수증기 밸브의 급개
3. 보일러 부하의 급변화 운전
4. 보일러수 또는 관수의 수위를 높게 운전
5. 청관제 및 급수처리제 사용 부적당

2013년 필답형 기출문제

산업안전기사(2013년 4월)

01 다음에 해당하는 충전전로에 대한 접근 한계거리를 쓰시오.

① 380V   ② 1.5kV   ③ 6.6kV   ④ 22.9kV

해답) ① 30cm, ② 45cm, ③ 60cm, ④ 90cm

충전전로의 선간전압(단위 : 킬로볼트)	충전전로에 대한 접근 한계거리(단위 : 센티미터)
0.3 이하	접촉금지
0.3 초과 0.75 이하	30
0.75 초과 2 이하	45
2 초과 15 이하	60
15 초과 37 이하	90
37 초과 88 이하	110
88 초과 121 이하	130

02 시몬즈 방식의 보험코스트와 비보험코스트 중 비보험코스트 항목을 4가지 쓰시오.

해답)
1. 휴업상해건수
2. 통원상해건수
3. 응급조치건수
4. 무상해사고건수

03 거푸집의 설치·해체, 철근 조립, 콘크리트 타설, 콘크리트 면처리 작업 등을 위하여 거푸집을 작업발판과 일체로 제작하여 사용하는 일체형 거푸집의 종류 4가지를 쓰시오.

해답) 1. 갱폼   2. 슬립 폼   3. 클라이밍 폼   4. 터널 라이닝폼

04 산업안전보건법에 따른 산업안전보건위원회의 심의 의결사항을 4가지 쓰시오.

해답) **산업안전보건위원회 심의 의결사항**
1. 산업재해 예방계획의 수립에 관한 사항
2. 안전보건관리규정의 작성 및 변경에 관한 사항
3. 근로자의 안전·보건교육에 관한 사항
4. 작업환경 측정 등 작업환경의 점검 및 개선에 관한 사항
5. 근로자의 건강진단 등 건강관리에 관한 사항
6. 산업재해(중대재해)의 원인조사 및 재발 방지대책 수립에 관한 사항
7. 산업재해에 관한 통계의 기록 및 유지에 관한 사항
8. 유해하거나 위험한 기계·기구와 그 밖의 설비를 도입한 경우 안전·보건조치에 관한 사항

05 시험가스농도 1.5%에서 표준유효시간이 80분인 정화통을 유해가스농도가 0.8%인 작업장에서 사용할 경우 파과(유효)시간을 계산하시오.

해답) 파과시간 = $\dfrac{\text{표준유효시간} \times \text{시험가스농도}}{\text{사용하는 작업장 공기 중 유해가스 농도}}$

$= \dfrac{80 \times 1.5}{0.8} = 150$[분]

06 다음 설명에 맞는 프레스 및 전단기의 방호장치를 각각 쓰시오.

① 슬라이드 하강 중 정전 또는 방호장치의 이상 시에 정지할 수 있는 구조이어야 한다.
② 슬라이드 하강 중 정전 또는 방호장치의 이상 시에 정지하고, 1행정 1정지 기구에 사용할 수 있어야 한다.
③ 슬라이드 하행정거리의 3/4 위치에서 손을 완전히 밀어내야 한다.

④ 손목밴드는 착용감이 좋으며 쉽게 착용할 수 있는 구조이고, 수인끈은 작업자와 작업공정에 따라 그 길이를 조정할 수 있어야 한다.

해답 ① 광전자식(감응식) 방호장치
② 양수조작식 방호장치
③ 손쳐내기식 방호장치
④ 수인식 방호장치

07 다음에 해당하는 교육 시간을 쓰시오.

(1) 안전관리자 신규교육 시간 : (①)시간 이상
(2) 안전보건관리 책임자 보수교육 시간 : (②)시간 이상
(3) 사무직 종사 근로자의 정기교육시간 : 매반기 (③)시간 이상
(4) 일용근로자를 제외한 근로자의 채용 시의 교육시간 : (④)시간 이상
(5) 일용근로자를 제외한 근로자의 작업내용 변경 시의 교육시간 : (⑤)시간 이상

해답 ① 34, ② 6, ③ 6, ④ 8, ⑤ 2

08 HAZOP 기법에 사용되는 가이드 워드에 관한 의미를 영문으로 쓰시오.

① 완전한 대체
② 성질상 증가
③ 설계의도의 완전한 부정
④ 설계의도와 정반대

해답 ① OTHER THAN
② AS WELL AS
③ NO, NOT
④ REVERSE

09 연삭기의 덮개 각도를 쓰시오. (단, 이상, 이하, 이내를 정확히 구분해서 쓰시오.)

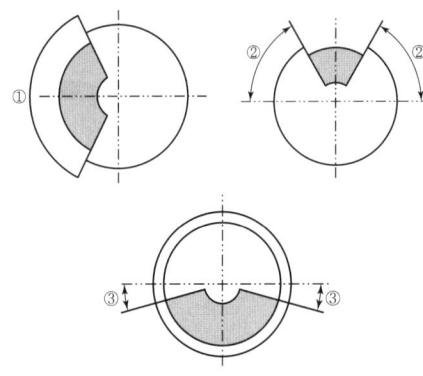

해답 ① 125° 이내, ② 60° 이상, ③ 15° 이상

10 다음 중 노출기준이 가장 낮은 것과 높은 것을 쓰시오.

┤보기├
① 암모니아   ② 불소
③ 과산화수소 ④ 사염화탄소
⑤ 염화수소

해답 (1) 낮은 것 : ② 불소
(2) 높은 것 : 단위를 ppm 기준으로 할 경우 ① 암모니아
단위를 mg/m³ 기준으로 할 경우 ④ 사염화탄소

11 근로자의 추락 등에 의한 위험을 방지하기 위하여 설치하는 안전난간의 주요구성 4가지를 쓰시오.

해답 1. 상부 난간대
2. 중간 난간대
3. 발끝막이판
4. 난간기둥

12 4m 거리에서 Landholf ring을 1.2mm까지 잘할 수 있는 사람의 시력을 구하시오. (단, 시각은 600′ 이하일 때이며, radian 단위를 분으로 환산하기 위한 상수값은 57.3과 60을 모두 적용하여 계산하도록 한다.)

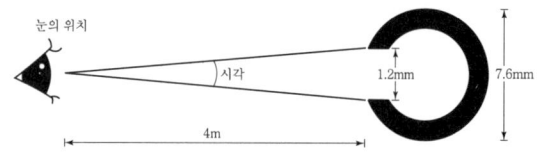

해답 (1) 시각 = $\dfrac{57.3 \times 60 \times H}{D}$ [분](H : 틈 간격 1.2[mm], D : 글자의 거리 4,000[mm]) = $\dfrac{57.3 \times 60 \times 1.2}{4,000}$ = 1.0314[분]

(2) 시력 = $\dfrac{1}{\text{시각}}$ = $\dfrac{1}{1.0314}$ = 0.969 ≒ 0.97

13 아래 [보기] 중 산업안전관리비로 사용 가능한 항목을 4가지 골라 번호를 쓰시오.

┌ 보기 ┐
① 면장갑 및 코팅장갑의 구입비
② 안전보건 교육장내 냉·난방 설비 설치비
③ 안전보건관리자용 안전순찰차량의 유류비
④ 교통통제를 위한 교통정리자의 인건비
⑤ 외부인 출입금지, 공사장 경계표시를 위한 가설울타리
⑥ 위생 및 긴급 피난용 시설비
⑦ 안전보건교육장의 대지 구입비
⑧ 안전 관련 간행물, 잡지 구독비

해답 ②, ③, ⑥, ⑧

14 위험물과 혼재 가능한 물질을 [보기]에서 골라 쓰시오.

┌ 보기 ┐
① 산화성 고체   ② 가연성 고체
③ 자연발화 및 금수성   ④ 인화성 액체
⑤ 자기반응성 물질   ⑥ 산화성 액체

해답 (1) 산화성 고체 : ⑥
(2) 가연성 고체 : ④, ⑤
(3) 자기반응성 물질 : ②, ④
(4) 자연발화성 및 금수성 : ④

산업안전기사(2013년 7월)

01 접지공사 종류에서 접지저항 값 및 접지선의 굵기에 관한 내용이다. 빈칸을 채우시오.

종별	접지저항	접지선의 굵기
제1종	(①)Ω 이하	공칭단면적 6mm² 이상의 연동선
제2종	$\dfrac{150}{1\text{선 지락전류}}$ Ω 이하	공칭단면적 (②)mm² 이상의 연동선
제3종	(③)Ω 이하	공칭단면적 2.5mm² 이상의 연동선
특별 제3종	10Ω 이하	공칭단면적 (④)mm² 이상의 연동선

해답 ('21년 개정) 접지대상에 따라 일괄 적용한 종별접지(1종, 2종, 3종, 특3종) 폐지

02 잠함 또는 우물통의 내부에서 굴착작업을 하는 경우에 잠함 또는 우물통의 급격한 침하로 인한 위험을 방지하기 위하여 준수해야 할 사항 2가지를 쓰시오.

해답 1. 침하관계도에 따라 굴착방법 및 재하량 등을 정할 것
2. 바닥으로부터 천장 또는 보까지의 높이는 1.8m 이상으로 할 것

03 산업안전보건기준에 관한 규칙의 계단에 대한 내용이다. 다음 빈칸을 채우시오.

> (1) 사업주는 계단 및 계단참을 설치하는 경우 매제곱미터당 (①)kg 이상의 하중에 견딜 수 있는 강도를 가진 구조로 설치하여야 하며, 안전율은 (②) 이상으로 하여야 한다.
> (2) 계단을 설치하는 경우 그 폭을 (③)m 이상으로 하여야 한다.
> (3) 높이가 (④)m를 초과하는 계단에는 높이 3m 이내마다 너비 1.2m 이상의 계단참을 설치하여야 한다.
> (4) 높이 (⑤)m 이상인 계단의 개방된 측면에 안전난간을 설치하여야 한다.

[해답] ① 500, ② 4, ③ 1, ④ 3, ⑤ 1

04 비·눈 그 밖의 기상상태의 악화로 작업을 중지시킨 후 또는 비계를 조립·해체하거나 변경한 후 작업을 시작하기 전 점검해야 하는 항목 4가지를 쓰시오.

[해답] 1. 발판 재료의 손상 여부 및 부착 또는 걸림 상태
2. 해당 비계의 연결부 또는 접속부의 풀림 상태
3. 연결 재료 및 연결 철물의 손상 또는 부식 상태
4. 손잡이의 탈락 여부
5. 기둥의 침하·변형·변위 또는 흔들림 상태
6. 로프의 부착 상태 및 매단장치의 흔들림 상태

05 A회사의 전기제품은 10,000시간 동안 10개의 제품에 고장이 발생된다고 한다. 이 제품의 수명이 지수분포를 따른다고 할 경우 (1) 고장률과 (2) 900시간 동안 적어도 1개의 제품이 고장 날 확률을 구하시오.

[해답] (1) 고장률 : λ(평균고장률) $= \dfrac{고장건수}{총가동시간} = \dfrac{10}{10,000} = 0.001$
(2) 900시간 동안 1개의 제품이 고장 날 확률
신뢰도 $R(t) = e^{-\lambda t} = e^{-0.001 \times 900} = 0.407$ 이므로
고장이 발생할 확률인 불신뢰도 $F(t) = 1 - R(t) = 1 - 0.407 = 0.593 ≒ 0.590$ 이다.

06 착용부위에 따른 방열복의 종류 4가지를 쓰시오.

[해답] 1. 상체 : 방열상의 2. 하체 : 방열하의 3. 몸체 : 방열일체복
4. 손 : 방열장갑 5. 머리 : 방열두건

07 할로겐 소화기의 소화약재 중 할로겐 구성요소를 쓰시오.

[해답] 1. F(불소), 2. Cl(염소), 3. Br(브롬)

08 화물의 낙하에 의하여 지게차 운전자에게 위험을 미칠 우려가 있는 작업장에서 사용되는 지게차의 헤드가드가 갖추어야 할 사항이다. 빈칸을 채우시오.

> (1) 강도는 지게차의 최대하중의 (①)배 값(4Ton을 넘는 값에 대해서는 4Ton으로 한다)의 등분포정하중에 견딜 수 있을 것
> (2) 상부틀의 각 개구의 폭 또는 길이가 (②)cm 미만일 것
> (3) 운전자가 앉아서 조작하거나 서서 조작하는 지게차의 헤드가드는 한국산업표준에서 정하는 높이 기준 (③)일 것

[해답] ① 2, ② 16, ③ 이상

09 미국방성 위험성 평가 중 위험도(MIL-STD-882B) 4가지를 쓰시오.

[해답] 1. 1단계 : 파국적
2. 2단계 : 위기적
3. 3단계 : 한계적
4. 4단계 : 무시가능

10 FT도가 다음과 같을 때 최소 패스 셋(minimal path set)을 모두 구하시오.

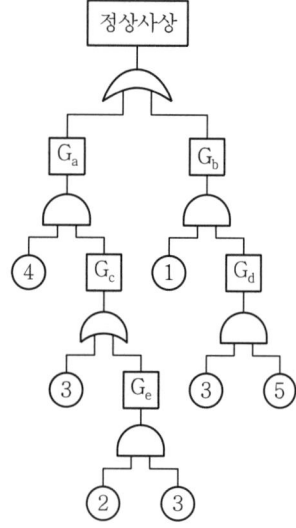

해답) 미니멀 패스 셋을 구하기 위해서는 미니멀 컷셋과 미니멀 패스셋의 쌍대성을 이용하는 것이 좋다. 즉, 문제에서 주어진 FT(Fault Tree)도에 대한 쌍대 FT를 구한 후 미니멀 컷셋을 구하면 미니멀 패스 셋이 된다(쌍대 FT는 AND 게이트는 OR 게이트로, OR 게이트는 AND 게이트로 바꿔서 만든다).
문제에서 주어진 FT도의 쌍대 패스 셋을 구하면 다음과 같다.

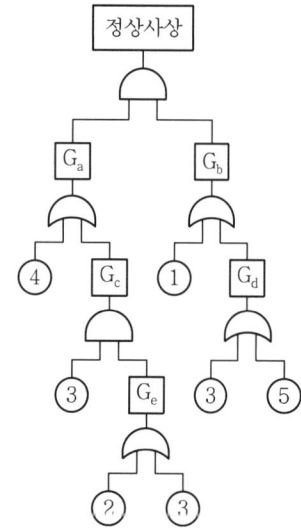

미니멀 컷셋을 구하기 위해 정상사상에서 하단의 사상으로 치환하면서 AND 게이트는 가로로, OR게이트는 세로로 나열한다.

정상사상 → GaGb → ④ ① → ④ ① → ④ ① → ④ ①
　　　　　　　　　④ Gd　　④ ③　　④ ③　　④ ③
　　　　　　　　　Gc ①　　④ ⑤　　④ ⑤　　④ ⑤
　　　　　　　　　　　　　　Gc Gd　　③ Ge ①　③ ② ①　③ ② ①
　　　　　　　　　　　　　　　　　　　③ Ge ③　③ ③ ①　③ ①
　　　　　　　　　　　　　　　　　　　③ Ge ⑤　③ ② ③　② ③
　　　　　　　　　　　　　　　　　　　　　　　　③ ③ ③　③
　　　　　　　　　　　　　　　　　　　　　　　　③ ② ⑤　③ ② ⑤
　　　　　　　　　　　　　　　　　　　　　　　　③ ③ ⑤　③ ⑤

주어진 컷셋에서 다른 컷셋에 포함되는 셋을 제거하면
④ ①
④ ⑤
③

그러므로 미니멀 컷셋은 (④ ①) (④ ⑤) (③)이 된다. 이는 본래의 FT도에서는 미니멀 패스 셋이 된다.

11 다음 설명을 읽고 보일러에서 발생하는 현상을 각각 쓰시오.

> (1) 보일러수 속의 용해 고형물이나 현탁 고형물이 증기에 섞여 보일러 밖으로 튀어 나가는 현상
> (2) 유지분이나 부유물 등에 의하여 보일러수의 비등과 함께 수면부에 거품을 발생시키는 현상

해답) (1) 캐리오버(Carry Over)
　　　(2) 포밍(Foaming)

12 보일링 현상을 방지하기 위한 대책 3가지를 쓰시오. (단, 작업중지, 굴착토 원상 매립은 제외한다.)

해답) 1. 흙막이벽 근입깊이 증가
　　　2. 흙막이벽의 차수성 증대
　　　3. 흙막이벽 배면지반 그라우팅 실시
　　　4. 흙막이 벽 배면 지하수위 저하
　　　5. 굴착토를 즉시 원상태로 매립

13 연천인율, 평균강도율, 환산도수율, 안전활동률의 공식을 각각 쓰시오.

해답) (1) 연천인율 = $\dfrac{\text{연간재해자수}}{\text{연평균근로자수}} \times 1{,}000$

(2) 평균강도율 = $\dfrac{\text{강도율}}{\text{도수율}} \times 1{,}000$

(3) 환산도수율 = 도수율 × $\dfrac{\text{총근로시간수}}{1{,}000{,}000}$

$$(4)\ 안전활동률 = \frac{안전활동건수}{총근로시간수} \times 1,000,000$$
$$= \frac{안전활동건수}{근로시간수 \times 평균\ 근로자수} \times 1,000,000$$

14 다음은 데이비스의 동기부여에 관한 이론 공식이다. 빈칸을 채우시오.

(1) 능력 = (①) × (②)
(2) 동기 = (③) × (④)

해답 ① 지식, ② 기능, ③ 상황, ④ 태도

산업안전기사(2013년 10월)

01 다음 FT도에서 컷셋(cut set)을 모두 구하시오.

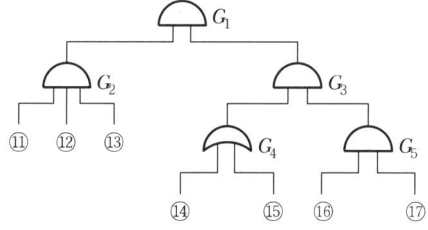

해답 Cut set을 구하기 위해 AND gate는 가로, OR gate는 세로로 표기하면
$G_1 \to G_2 G_3 \to$ ⑪⑫⑬$G_4 G_5 \to$ ⑪·⑫·⑬·$\frac{⑭}{⑮}$·⑯·⑰
따라서 컷셋은 [⑪⑫⑬⑭⑯⑰], [⑪⑫⑬⑮⑯⑰]이 된다.

02 비·눈 그 밖의 기상상태의 악화로 작업을 중지시킨 후 또는 비계를 조립·해체하거나 변경한 후 작업을 시작하기 전 점검해야 하는 항목 4가지를 쓰시오.

해답 1. 발판 재료의 손상 여부 및 부착 또는 걸림 상태
2. 해당 비계의 연결부 또는 접속부의 풀림 상태
3. 연결 재료 및 연결 철물의 손상 또는 부식 상태
4. 손잡이의 탈락 여부
5. 기둥의 침하·변형·변위 또는 흔들림 상태
6. 로프의 부착 상태 및 매단장치의 흔들림 상태

03 공정안전보고서의 내용 중 공정위험성 평가서에서 적용하는 위험성 평가기법에 있어 제조공정 중 반응, 분리(증류, 추출 등), 이송시스템 및 전기·계장시스템 등 간단한 단위공정에 대한 위험성 평가기법 4가지를 쓰시오.

해답 1. 체크리스트(Check List)
2. 상대위험순위 결정(Dow and Mond Indices)
3. 작업자 실수 분석(HEA)
4. 사고예상 질문 분석(What-if)
5. 위험과 운전 분석(HAZOP)
6. 이상위험도 분석(FMECA)
7. 결함수 분석(FTA)
8. 사건 수 분석(ETA)
9. 원인결과 분석(CCA)

04 다음은 연삭숫돌에 관한 내용이다. 빈칸을 채우시오.

사업주는 연삭숫돌을 사용하는 작업의 경우 작업을 시작하기 전에는 (①) 이상, 연삭숫돌을 교체한 후에는 (②) 이상 시험운전을 하고 해당 기계에 이상이 있는지를 확인하여야 한다.

해답 ① 1분, ② 3분

05 근로자가 반복하여 계속적으로 중량물을 취급하는 작업을 할 때 작업 시작 전 점검사항 2가지를 쓰시오. (단, 그 밖의 하역운반기계 등의 적절한 사용방법은 제외한다.)

해답 1. 중량물 취급의 올바른 자세 및 복장
2. 위험물이 날아 흩어짐에 따른 보호구의 착용
3. 카바이드·생석회 등과 같이 온도상승이나 습기에 의하여 위험성이 존재하는 중량물의 취급방법

06 [보기]의 안전밸브 형식표시사항을 상세히 기술하시오.

보기
SF Ⅱ 1-B

해답 ① S : 증기의 분출압력을 요구, ② F : 전량식,
③ Ⅱ : 25mm 초과 50mm 이하, ④ 1 : 1MPa 이하

07 인체에 해로운 분진, 흄(Fume), 미스트(Mist), 증기 또는 가스 상태의 물질을 배출하기 위하여 설치하는 국소배기장치의 후드 설치 시 준수사항 4가지를 쓰시오.

해답
1. 유해물질이 발생하는 곳마다 설치
2. 유해인자 발생형태, 비중, 작업방법 등을 고려하여 해당 분진 등의 발산원을 제어할 수 있는 구조로 설치할 것
3. 후드(Hood) 형식은 가능하면 포위식 또는 부스식 후드를 설치할 것
4. 외부식 또는 리시버식 후드는 해당 분진 등의 발산원에 가장 가까운 위치에 설치할 것

08 경고표지에 관한 용도 및 사용 장소에 관한 내용이다. 내용에 적당한 안전표지의 종류를 쓰시오.

(1) 폭발성 물질이 있는 장소 : (①)
(2) 돌 및 블록 등 떨어질 우려가 있는 물체가 있는 장소 : (②)
(3) 경사진 통로 입구 : (③)
(4) 휘발유 등 화기의 취급을 극히 주의해야 하는 물질이 있는 장소 : (④)

해답 ① 폭발성 물질 경고 ② 낙하물 경고
③ 몸균형 상실 경고 ④ 인화성 물질 경고

09 안전성 평가를 순서대로 나열하시오.

① 정성적 평가   ② 재평가
③ FTA 재평가   ④ 대책검토
⑤ 자료정비   ⑥ 정량적 평가

해답
- 제1단계 : ⑤ 자료정비
- 제2단계 : ① 정성적 평가
- 제3단계 : ⑥ 정량적 평가
- 제4단계 : ④ 대책검토
- 제5단계 : ② 재평가
- 제6단계 : ③ FTA 재평가

10 안전인증을 전부 또는 일부를 면제할 수 있는 경우를 3가지 쓰시오.

해답
1. 연구·개발을 목적으로 제조·수입하거나 수출을 목적으로 제조하는 경우
2. 고용노동부장관이 정하여 고시하는 외국의 안전인증기관에서 인증을 받은 경우
3. 「고압가스 안전관리법」에 따른 검사를 받은 경우
4. 「에너지이용합리화법」에 따른 검사를 받은 경우
5. 「전기사업법」에 따른 검사를 받은 경우
6. 「항만법」에 따른 검사를 받은 경우
7. 「선박안전법」에 따른 검사를 받은 경우

11 A 사업장의 근무 및 재해발생현황이 다음과 같을 때, 이 사업장의 종합재해지수를 구하시오.

- 평균 근로자 수 : 300명
- 월평균 재해건수 : 2건
- 휴업일수 : 219일
- 근로시간 : 1일 8시간 연간, 280일 근무

해답
$$도수율 = \frac{재해발생건수}{연근로시간수} \times 1,000,000$$
$$= \frac{24}{300 \times 8 \times 280} \times 1,000,000 = 35.71$$
$$강도율 = \frac{근로 손실일수}{연근로시간수} \times 1,000$$
$$= \frac{219 \times \frac{280}{365}}{300 \times 8 \times 280} \times 1,000 = 0.25$$
$$종합재해지수(FSI) = \sqrt{도수율(F.R) \times 강도율(S.R)}$$
$$= \sqrt{35.71 \times 0.25} = 2.99$$

12 건설업 중 건설공사 유해위험방지계획서의 제출기한과 첨부서류 4가지를 쓰시오.

해답
(1) 제출기한 : 해당 공사의 착공 전날까지
(2) 첨부서류
 1. 공사개요
 2. 안전보건관리계획
 3. 작업공사 종류별 유해·위험방지계획
 4. 작업환경 조성계획

13 작업장에서 취급하는 대상화학물질의 물질안전보건자료에 해당되는 내용을 근로자에게 교육하여야 한다. 근로자에게 실시하는 교육사항 4가지를 쓰시오.

해답
1. 대상화학물질의 명칭
1의2. 구성성분의 명칭 및 함유량
2. 안전·보건상의 취급주의 사항
3. 건강 유해성 및 물리적 위험성
4. 그 밖에 고용노동부령으로 정하는 사항

14 소형 전기기기 및 방폭부품은 표시공간이 제한되어 있으므로 표시사항을 줄일 수 있다. 이러한 전기기기 또는 방폭부품에 최소 표시사항을 4가지 쓰시오.

해답
1. 제조자의 명칭 또는 등록상표
2. Ex 기호와 방폭구조 각각의 이름
3. 시험기관의 명칭 및 표시
4. 필요할 경우 인증서 참조번호
5. 해당되는 경우 전기기기에는 X 표시, 방폭부품에는 U 기호

2014년 필답형 기출문제

산업안전기사(2014년 1회)

01 산업안전 보건법상 안전보건 표지 중 "응급구호표지"를 그리시오.(단, 색상표시는 글자로 나타내도록 하고, 크기에 대한 기준은 표시하지 않아도 된다.)

해답) 녹색 바탕에 흰색 십자가

02 사업을 타인에게 도급하는 자는 근로자의 건강을 보호하기 위하여 수급인이 고용노동부령으로 정하는 위생시설에 관한 기준을 준수할 수 있도록 수급인에게 위생시설을 설치할 수 있는 장소를 제공하거나 자신의 위생시설을 수급인의 근로자가 이용할 수 있도록 하는 등 적절한 협조를 하여야 한다. 위생시설 4가지를 쓰시오.

해답) 1. 휴게시설
2. 세면·목욕시설
3. 세탁시설
4. 탈의시설

03 파블로프의 조건반사설 4가지를 쓰시오.

해답) 1. 시간의 원리, 2. 강도의 원리, 3. 계속성의 원리, 4. 일관성의 원리

04 무재해운동 추진 중 사고나 재해가 발생하여도 무재해로 인정되는 경우 4가지를 쓰시오.

해답) 1. 제3자의 행위에 의한 업무상 재해
2. 천재지변 또는 돌발적인 사고로 인한 구조행위 또는 긴급피난 중 발생한 사고
3. 출·퇴근 도중에 발생한 재해
4. 운동경기 등 각종 행사 중 발생한 사고

05 산업안전보건법상 안전인증대상 기계·기구 등이 안전기준에 적합한지를 확인하기 위하여 안전인증기관이 심사하는 심사의 종류 4가지를 쓰시오.

해답) 1. 예비심사, 2. 서면심사, 3. 기술능력 및 생산체계 심사, 4. 제품심사

06 지반의 이상현장 중 보일링에 대한 방지대책 3가지를 쓰시오.

해답) 1. 흙막이벽 근입깊이 증가
2. 흙막이벽의 차수성 증대
3. 흙막이벽 배면지반 그라우팅 실시
4. 흙막이 벽 배면 지하수위 저하
5. 굴착토를 즉시 원상태로 매립

07 다음을 간단히 설명하시오.

(1) Fool Proof   (2) Fail Safe

해답) (1) Fool proof : 작업자가 불안전한 행동이나 실수를 해도 기계설비의 안전기능이 작동하여 재해를 방지할 수 있는 기능
(2) Fail safe : 기계나 부품에 고장이나 기능불량이 생겨도 사고가 발생하지 않도록 2중, 3중으로 안전장치를 구축하는 시스템

08 타워크레인을 설치·조립·해체하는 작업 시 포함하여야 할 작업계획서의 내용 4가지를 쓰시오.

> [해답] 1. 타워크레인의 종류 및 형식
> 2. 설치·조립 및 해체 순서
> 3. 작업도구·장비·가설설비 및 방호설비
> 4. 작업인원의 구성 및 작업근로자의 역할범위
> 5. 타워크레인 지지방법

09 산업안전보건법상의 사업주의 의무와 근로자의 의무를 2가지씩 쓰시오.

> [해답] (1) 사업주의 의무
> 　　1. 이 법과 이 법에 따른 명령으로 정하는 산업재해 예방을 위한 기준
> 　　2. 근로자의 신체적 피로와 정신적 스트레스 등을 줄일 수 있는 쾌적한 작업환경의 조성 및 근로조건 개선
> 　　3. 해당 사업장의 안전 및 보건에 관한 정보를 근로자에게 제공
> (2) 근로자의 의무
> 　　1. 근로자는 이 법과 이 법에 따른 명령으로 정하는 산업재해 예방을 위한 기준을 지켜야 한다.
> 　　2. 사업주 또는 「근로기준법」 제101조에 따른 근로감독관, 공단 등 관계인이 실시하는 산업재해 예방에 관한 조치에 따라야 한다.

10 전압이 100[V]인 충전부분에 작업자의 물에 젖은 손이 접촉되어 감전, 사망하였다. 이때 인체에 흐른 심실 세동전류[mA]를 구하고, 통전시간[초]을 구하시오. (단, 인체의 저항은 5,000[Ω]으로 하고, 소수 넷째 자리에서 반올림하여 소수 셋째 자리까지 표기한다.)

> [해답] ① 전류(I)
> 　　$V=100[V]$이고, $R=5,000\times\dfrac{1}{25}=200[\Omega]$
> 　　(∵ 인체저항은 물에 젖은 경우 $\dfrac{1}{25}$로 감소)이므로
> 　　전류$(I)=\dfrac{V}{R}=\dfrac{100}{200}=0.5[A]=500[mA]$
> ② 시간(T)
> 　　$I[mA]=\dfrac{165}{\sqrt{T}}$ 이므로
> 　　$T=\left(\dfrac{165}{I}\right)^2=\left(\dfrac{165}{500}\right)^2=0.1089[\sec]$

11 공정안전보고서 이행 상태의 평가에 관한 내용이다. 다음 빈칸을 채우시오.

> (1) 고용노동부장관은 공정안전보고서의 확인 후 1년이 경과한 날부터 (①)년 이내에 공정안전보고서 이행 상태의 평가를 하여야 한다.
> (2) 사업주가 이행평가에 대한 추가요청을 하면 (②)기간 내에 이행평가를 할 수 있다.

> [해답] ① 2년, ② 1년 또는 2년

12 휴먼에러에서 독립행동에 관한 분류와 원인에 의한 분류를 2가지씩 쓰시오.

> [해답] (1) 독립행동에 관한 분류
> 　　1. 생략 에러(Omission Error)
> 　　2. 실행 에러(Commission Error)
> 　　3. 순서 에러(Sequential Error)
> 　　4. 시간 에러(Timing Erorr)
> 　　5. 과잉행동 에러(Extraneous Error)
> (2) 원인 레벨(Level)적 분류
> 　　1. Primary Error
> 　　2. Secondary Error
> 　　3. Command Error

13 직렬이나 병렬구조로 단순화될 수 없는 복잡한 시스템의 신뢰도나 고장확률을 평가하는 기법 3가지를 쓰시오.

> [해답] 1. 사상공간법
> 2. 경로추적법
> 3. 분해법

14 광전자식 방호장치 프레스에 관한 설명 중 ( ) 안에 알맞은 내용이나 수치를 써 넣으시오.

> (1) 프레스 또는 전단기에서 일반적으로 많이 활용하고 있는 형태로 투광부, 수광부, 컨트롤 부분으로 구성된 것으로서 신체의 일부가 광선을 차단하면 기계를 급정지시키는 방호장치로 (①)분류에 해당한다.
> (2) 정상동작표시램프는 (②)색, 위험표시램프는 (③)색으로 하며, 쉽게 근로자가 볼 수 있는 곳에 설치해야 한다.
> (3) 방호장치는 릴레이, 리미트 스위치 등의 전기부품의 고장, 전원전압의 변동 및 정전에 의해 슬라이드가 불시에 동작하지 않아야 하며, 사용전원전압의 ±(④)%의 변동에 대하여 정상으로 작동되어야 한다.

해답 ① A-1　② 녹
　　　 ③ 붉은　④ 20

산업안전기사(2014년 2회)

01 재해예방대책의 4원칙을 쓰고 설명하시오.

해답
1. 손실우연의 원칙 : 재해손실은 사고발생 시 사고대상의 조건에 따라 달라지므로 한 사고의 결과로서 생긴 재해손실은 우연성에 의해서 결정된다.
2. 원인계기의 원칙 : 재해발생은 반드시 원인이 있다.
3. 예방가능의 원칙 : 재해는 원칙적으로 원인만 제거하면 예방이 가능하다.
4. 대책선정의 원칙 : 재해예방을 위한 가능한 안전대책은 반드시 존재한다.

02 "안전보건총괄책임자" 지정대상사업을 3가지 쓰시오.

해답
1. 상시근로자 50명 이상 1차 금속 제조업
2. 상시근로자 50명 이상 선박 및 보트 건조업
3. 상시근로자 50명 이상 토사석 광업

03 다음 각 물음에 적응성이 있는 소화기를 [보기]에서 골라 2가지씩 쓰시오.

> **보기**
> ① CO_2 소화기　② 건조사
> ③ 봉상수소화기　④ 물통 또는 수조
> ⑤ 포소화기　　　⑥ 할로겐화합물소화기

해답
(1) 전기설비 : ① ⑥
(2) 인화성 액체 : ① ② ⑤ ⑥
(3) 자기반응성 물질 : ② ③ ④ ⑤

04 안전보건규칙에서 보일러의 폭발 사고를 예방하기 위하여 기능이 정상적으로 작동될 수 있도록 유지·관리해야 하는 설비 3가지를 쓰시오.

해답
1. 압력방출장치
2. 압력제한스위치
3. 고저수위 조절장치

05 도끼로 나무를 자르는 데 소요되는 에너지는 분당 8kcal, 작업에 대한 평균에너지 5kcal/min, 휴식에너지 15kcal/min, 작업시간 60분일 때 휴식시간을 구하시오.

해답 $R = \dfrac{60(5-8)}{5-15} = 18[\text{분}]$

06 위험물질을 제조·취급하는 작업장과 그 작업장이 있는 건축물에 출입구 외에 안전한 장소로 대피할 수 있는 비상구 1개 이상을 설치해야 하는 구조 조건을 2가지 쓰시오.

해답
1. 출입구와 같은 방향에 있지 아니하고, 출입구로부터 3m 이상 떨어져 있을 것
2. 작업장의 각 부분으로부터 하나의 비상구 또는 출입구까지의 수평거리가 50m 이하가 되도록 할 것
3. 비상구의 너비는 0.75m 이상으로 하고, 높이는 1.5m 이상으로 할 것
4. 비상구의 문은 피난방향으로 열리도록 하고, 실내에서 항상 열 수 있는 구조로 할 것

07 안전관리비의 계상 및 사용에 관한 내용이다. 다음 각 물음에 답을 쓰시오.

(1) 발주자가 재료를 제공하거나 물품이 완제품의 형태로 제작 또는 납품되어 설치되는 경우에 해당 재료비 또는 완제품의 가액을 대상액에 포함시킬 경우의 안전관리비는 해당 재료비 또는 완제품의 가액을 포함시키지 않은 대상액을 기준으로 계상한 안전관리비의 (①)를 초과할 수 없다.
(2) 대상액이 구분되어 있지 않은 공사는 도급계약 또는 자체사업계획상의 총공사금액의 (②)를 대상액으로 하여 안전관리비를 계상하여야 한다.
(3) 수급인 또는 자기공사자는 안전관리비 사용내역에 대하여 공사 시작 후 (③)개월마다 1회 이상 발주자 또는 감리원의 확인을 받아야 한다.

해답 ① 1.2배, ② 70%, ③ 6개월

08 에어컨 스위치의 수명은 지수분포를 따르며, 평균 수명은 1,000시간이다. 다음을 계산하시오.

(1) 새로 구입한 스위치가 향후 500시간 동안 고장 없이 작동할 확률을 구하시오.
(2) 이미 1,000시간을 사용한 스위치가 향후 500시간 이상 견딜 확률을 구하시오.

해답 (1) $R_a = e^{-\lambda t} = e^{-\frac{t}{t_0}} = e^{-\frac{500}{1,000}} = 0.606 = 0.61$

(2) $R_b = e^{-\lambda t} = e^{-\frac{t}{t_0}} = e^{-\frac{500}{1,000}} = 0.606 = 0.61$

09 누전차단기에 관한 내용이다. 빈칸을 채우시오.

(1) 누전차단기는 지락검출장치, (①), 개폐기구 등으로 구성
(2) 중감도형 누전차단기는 정격감도전류가 (②)~1,000 mA 이하
(3) 시연형 누전차단기는 동작시간이 0.1초 초과 (③) 이내

해답 ① 트립장치, ② 50mA, ③ 2초

10 양립성을 2가지 쓰고 사례를 들어 설명하시오.

해답 1. 공간 양립성 : 물리적 형태나 공간적인 배치에서 사용자의 기대와 일치하는 것(예 가스버너에서 오른쪽 조리대는 오른쪽, 왼쪽 조리대는 왼쪽 조절장치로 조정하도록 배치하는 것)
2. 운동 양립성 : 조작장치의 방향과 표시장치의 움직이는 방향이 사용자의 기대와 일치하는 것(예 자동차 핸들 조작방향으로 바퀴가 회전하는 것)

11 산업안전보건법상 출입금지표지를 그리고 표지판의 바탕·도형·화살표의 색상을 쓰시오.

해답 (1) 출입금지표지

(2) 바탕 : 흰색
(3) 도형 : 빨간색
(4) 화살표 : 검은색

12 컨베이어 작업 시작 전에 점검해야 할 사항 3가지를 쓰시오.

해답 1. 원동기 및 풀리기능의 이상 유무
2. 이탈 등의 방지장치기능의 이상 유무
3. 비상정지장치 기능의 이상 유무
4. 원동기·회전축·기어 및 풀리 등의 덮개 또는 울 등의 이상 유무

13 대상화학물질을 양도하거나 제공하는 자는 물질안전보건자료의 기재 내용을 변경할 필요가 생긴 때에는 이를 물질안전보건자료에 반영하여 대상화학물질을 양도받거나 제공받은 자에게 신속하게 제공하여야 한다. 제공하여야 하는 내용을 4가지 쓰시오.

해답 물질안전보건자료(MSDS) 내용
1. 제품명
2. 물질안전보건자료대상물질을 구성하는 화학물질 중 유해인자의 분류기준에 해당하는 화학물질의 명칭 및 함유량
3. 안전 및 보건상의 취급 주의 사항
4. 건강 및 환경에 대한 유해성, 물리적 위험성
5. 물리·화학적 특성 등 고용노동부령으로 정하는 사항

14 자율안전 확인을 필한 제품에 대한 부분적 변경의 허용범위를 3가지 쓰시오.

해답) 1. 자율안전기준에서 정한 기준에 미달되지 않는 것
2. 주요구조부의 변경이 아닌 것
3. 방호장치가 동일 종류로서 동등급 이상인 것
4. 스위치, 계전기, 계기류 등의 부품이 동등급 이상인 것

산업안전기사(2014년 3회)

01 산업안전보건법상 위험물의 종류에 있어 각 물질에 해당하는 것을 [보기]에서 2가지를 찾아 쓰시오.

(1) 폭발성 물질 및 유기과산화물
(2) 물반응성 물질 및 인화성 고체

┌보기┐
① 황   ② 염소산
③ 하이드라진 유도체   ④ 아세톤
⑤ 과망간산   ⑥ 니트로소화합물
⑦ 수소   ⑧ 리튬

해답) (1) 폭발성 물질 및 유기과산화물 : ③, ⑥
(2) 물반응성 물질 및 인화성 고체 : ⑧, ①

02 용접작업자가 전압이 300V인 충전부분에 물에 젖은 손이 접촉·감전되어 사망하였다. 이때 인체에 통전된 심실세동전류(mA)와 통전시간(ms)를 계산하시오.(단, 인체의 저항은 1,000[Ω]으로 한다.)

해답) (1) 전류 $I = \dfrac{V}{R}$ ($V=300[V]$, $R = \dfrac{1,000}{25} = 40[\Omega]$(손이 물에 젖으면 $\dfrac{1}{25}$ 감소)) $= 7,500[mA]$

(2) 통전시간 $I = \dfrac{165}{\sqrt{T}}[mA]$, $T = \dfrac{165^2}{7,500^2} = 0.000484[s]$
$= 0.48[ms]$

03 콘크리트 구조물로 옹벽을 시공할 때 검토하여야 할 안정조건 3가지를 쓰시오.

해답) 1. 활동에 대한 안정
2. 전도에 대한 안정
3. 기초지반의 지지력(침하)에 대한 안정

04 무재해운동 추진 중 사고나 재해가 발생해도 무재해로 인정되는 경우를 4가지 쓰시오.

해답) 1. 제3자의 행위에 의한 업무상 재해
2. 천재지변 또는 돌발적인 사고로 인한 구조행위 또는 긴급피난 중 발생한 사고
3. 출·퇴근 도중에 발생한 재해
4. 운동경기 등 각종 행사 중 발생한 사고

05 기계설비의 근원적 안전을 확보하기 위한 안전화 방법을 4가지만 쓰시오.

해답) 1. 외형의 안전화, 2. 작업의 안전화, 3. 기능의 안전화, 4. 구조의 안전화

06 아세틸렌 또는 가스집합 용접장치에 설치하는 역화방지기 성능시험의 종류를 4가지 쓰시오.

해답) 1. 내압시험, 2. 기밀시험, 3. 역류방지시험, 4. 역화방지시험

07 안내표지의 종류 3가지를 적으시오.

해답) 1. 녹십자 표지
2. 응급구호 표지
3. 비상구 표지

안내표지	녹십자 표지	응급구호 표지	들것	세안장치
	비상구	좌측 비상구	우측 비상구	

08 공정안전보고서에 포함되어야 할 사항 4가지를 쓰시오.

해답
1. 공정안전자료
2. 공정위험성 평가서 및 잠재위험에 대한 사고예방·피해 최소화 대책
3. 안전운전계획
4. 비상조치계획

09 X_2 "고장"을 초기 사상으로 다음을 사건나무(Event Tree)로 도해하고 각 가지마다 "작동", "고장"을 그림상에 표시하시오.

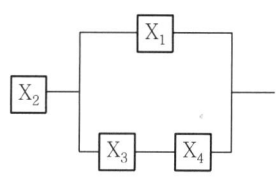

해답

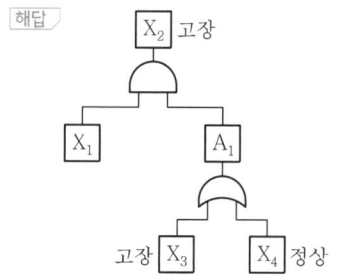

최소 컷셋을 구하면

$X_2 \rightarrow X_1 A_1 \rightarrow \begin{matrix} X_1 X_3 \\ X_1 X_4 \end{matrix}$ 이므로 최소 컷셋은 $\{X_1, X_3\}$ 또는 $\{X_1, X_4\}$이다.

그러므로 X_2가 고장이면 X_1, X_3가 고장이거나 또는 X_1, X_4가 고장이다.
이를 사건나무(Event Tree)로 도해하면

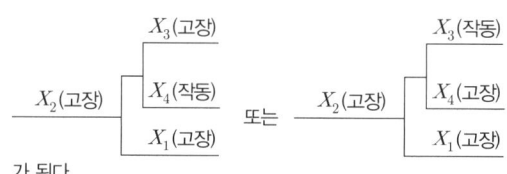

가 된다.

10 다음의 재해 통계지수에 관하여 설명하시오.

(1) 연천인율   (2) 강도율

해답
(1) 연천인율 = $\dfrac{\text{연간재해자수}}{\text{연평균근로자수}} \times 1,000$
(근로자 1,000명당 1년간에 발생하는 재해발생자 수의 비율)

(2) 강도율 = $\dfrac{\text{총 근로 손실일수}}{\text{연근로시간수}} \times 1,000$
(연간 총 근로시간이 1,000시간당 재해발생으로 인한 근로 손실일수를 말한다.)

12 깊이 2m 이상 지반 굴착작업 시 사전조사 후 작업계획서에 포함하여야 할 사항을 4가지 쓰시오.

해답
1. 굴착방법 및 순서, 토사 반출방법
2. 필요한 인원 및 장비 사용계획
3. 매설물 등에 대한 이설·보호대책
4. 사업장 내 연락방법 및 신호방법
5. 흙막이 지보공 설치방법 및 계측계획
6. 작업지휘자의 배치계획

13 안전인증대상 기계·기구 및 설비 방호장치 또는 보호구에 해당하는 것을 4가지 고르시오.

① 안전대
② 연삭기, 덮개
③ 파쇄기
④ 산업용 로봇 안전매트
⑤ 압력용기
⑥ 양중기용 과부하 방지장치
⑦ 교류아크 용접기용 자동전격방지기
⑧ 이동식 사다리
⑨ 동력식 수동대패용 칼날접촉방지장치
⑩ 용접용 보안면

해답 ① 안전대, ⑤ 압력용기, ⑥ 양중기용 과부하 방지장치, ⑩ 용접용 보안면

14 다음은 안전관리의 주요 대상인 4M과 안전대책인 3E와의 관계도를 나타낸 것이다. 빈칸에 알맞은 내용을 써 넣으시오.

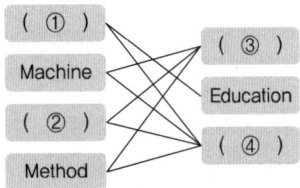

해답 ① Man, ② Material, ③ Engineering, ④ Enforcement,

산업안전기사(2015년 1회)

01 다음 방폭구조의 표시를 쓰시오.

- 방폭구조 : 외부의 가스가 용기 내로 침입하여 폭발하더라도 용기는 그 압력에 견디고 외부의 폭발성가스에 착화될 우려가 없도록 만들어진 구조
- 그룹 : 잠재적 폭발성 위험분위기에서 사용되는 전기기기 (폭발성 메탄가스 위험분위기에서 사용되는 광산용 전기기기 제외)
- 최대안전틈새 : 0.8mm
- 최고표면온도 : 180℃

해답) d IIB T3

02 유해물질의 취급 등으로 근로자에게 유해한 작업에 있어서 그 원인을 제거하기 위하여 조치해야 할 사항을 3가지 쓰시오.

해답) **작업환경 개선의 기본원칙**
1. 대치 : 사용물질의 변경, 작업공정의 변경, 생산시설의 변경
2. 격리 : 작업자 격리, 작업공정 격리, 생산시설 격리, 저장물질 격리
3. 환기 : 전체환기, 국소박이

03 보일러에서 발생하는 캐리오버(Carryover) 현상의 원인 4가지를 쓰시오.

해답)
1. 보일러수가 과잉 농축되었을 때
2. 열부하가 급격하게 변동해 증감될 때
3. 운전 중 수위 조절이 원활하게 이뤄지지 못한 경우
4. 보일러의 운전압력을 너무 낮게 설정해 놓았을 때
5. 기수분리기의 불량 등 기계적 고장

04 산업안전보건법상 물질안전보건자료의 작성, 비치, 대상 제외, 제제 대상 4가지를 쓰시오. (단, 일반 소비자의 생활용으로 제공되는 제제와 그 밖에 고용노동부장관이 동성·폭발성 등으로 인한 위해의 정도가 적다고 인정하여 고시하는 제제는 제외한다.)

해답)
1. 「건강기능식품에 관한 법률」 제3조제1호에 따른 건강기능식품
2. 「농약관리법」 제2조제1호에 따른 농약
3. 「마약류 관리에 관한 법률」 제2조제2호 및 제3호에 따른 마약 및 향정신성의약품
4. 「비료관리법」 제2조제1호에 따른 비료
5. 「사료관리법」 제2조제1호에 따른 사료
   (생략)(산업안전보건법 시행령 제86조 참조)

05 로봇작업에 대한 특별교육을 실시할 때 교육내용 4가지를 쓰시오.

해답)
1. 로봇의 기본원리·구조 및 작업방법에 관한 사항
2. 이상 발생 시 응급조치에 관한 사항
3. 안전시설 및 안전기준에 관한 사항
4. 조작방법 및 작업순서에 관한 사항

06 하인리히의 재해예방대책 5단계를 순서대로 쓰시오.

해답)
- 제1단계 : 조직(안전관리조직)
- 제2단계 : 사실의 발견
- 제3단계 : 분석
- 제4단계 : 시정책의 선정
- 제5단계 : 시정책의 적용

07 다음 빈칸을 채우시오.

(1) 화물을 취급하는 작업 등에 사업주는 바닥으로부터의 높이가 2m 이상 되는 하적단과 인접 하적단 사이의 간격을 하적단의 밑부분을 기준하여 (①)cm 이상으로 하여야 한다.
(2) 부두 또는 안벽의 선을 따라 통로를 설치하는 경우에는 폭을 (②)cm 이상으로 할 것
(3) 육상에서의 통로 및 작업장소로서 다리 또는 선거 갑문을 넘는 보도 등의 위험한 부분에는 (③) 또는 울타리 등을 설치할 것

해답) ① 10, ② 90, ③ 안전난간

08 산업재해 조사표의 주요항목에 해당하지 않는 것 4가지를 [보기]에서 고르시오.

보기
① 재해자의 국적   ② 보호자의 성명
③ 재해발생 일시   ④ 고용형태
⑤ 휴업예상일수   ⑥ 급여수준
⑦ 응급조치 내역   ⑧ 재해자의 직업
⑨ 재해자 복직예정

해답) ② 보호자의 성명, ⑥ 급여수준, ⑦ 응급조치 내역, ⑨ 재해자 복직예정

09 어떤 기계를 1시간 가동하였을 때 고장발생확률이 0.004일 경우 아래 물음에 답하시오.

(1) 평균 고장간격을 구하시오.
(2) 10시간 가동하였을 때 기계의 신뢰도를 구하시오.

해답) (1) MTBF = 1/고장률 = $\frac{1}{0.004}$ = 250시간
(2) $R(t) = e^{-\lambda t} = e^{-0.004 \times 10} = e^{-0.04} = 0.96$

10 이동식 크레인을 사용하여 작업을 하는 때 시작 전 점검사항 2가지를 쓰시오.

해답) 1. 권과방지장치 그 밖의 경보장치의 기능
2. 브레이크 · 클러치 및 조정장치의 기능
3. 와이어로프가 통하고 있는 곳 및 작업장소의 지반상태

11 산업안전 보건법상 안전보건 표지 중 "응급구호표지"를 그리시오. (단, 색상표시는 글자로 나타내도록 하고, 크기에 대한 기준은 표시하지 않아도 된다.)

해답) 바탕 : 녹색, 관련 부호 : 흰색

12 달비계의 적재하중을 정하고자 한다. 다음 [보기]의 안전계수를 쓰시오.

보기
(1) 달기 와이어로프 및 달기 강선의 안전계수 : (①) 이상
(2) 달기체인 및 달기 훅의 안전계수 : (②) 이상
(3) 달기강대와 달비계의 하부 및 상부 지점의 안전계수는 강재의 경우 (③) 이상, 목재의 경우 (④) 이상

해답) ① 10, ② 5, ③ 2.5, ④ 5

13 목재가공용 둥근톱에 대한 방호장치 중 분할날이 갖추어야 할 사항이다. 빈칸을 채우시오.

(1) 분할날의 두께는 둥근톱 두께의 (①)배 이상으로 한다.
(2) 견고히 고정할 수 있으며 분할날과 톱날 원주면과의 거리는 (②)mm 이내로 조정, 유지할 수 있어야 한다.
(3) 표준 테이블면 상의 톱 뒷날의 (③) 이상을 덮도록 한다.

해답) ① 1.1, ② 12, ③ 2/3

14 시스템 안전을 실행하기 위한 시스템 안전프로그램(SSPP) 포함사항 4가지를 쓰시오.

해답
1. 안전자료의 수집 및 분석
2. 시스템의 안전기준
3. 시스템의 안전해석(안전성평가)
4. 경과 및 결과의 보고

산업안전기사(2015년 2회)

01 산업안전보건법에 따라 산업재해조사표를 작성하고자 한다. 재해발생 개요를 작성하시오.

> 사출성형부 플라스틱 용기 생산 1팀 사출공정에서 재해자 A와 동료 작업자 1명이 같이 작업 중이었으며 재해자 A가 사출성형기 2호기에서 플라스틱 용기를 꺼낸 후 금형을 점검하던 중 재해자가 점검 중임을 모르던 동료 근로자 B가 사출성형기 조작스위치를 가동하여 금형 사이에 재해자가 끼어 사망하였다. 재해 당시 사출성형기 도어인터록 장치는 설치가 되어 있었으나 고장 중이어서 기능을 상실한 상태였고, 점검과 관련하여 "수리 중·조작금지"의 안전 표지판이나 전원스위치 작동금지용 잠금장치는 설치하지 않은 상태에서 동료 근로자가 조작스위치를 잘못 조작하여 재해가 발생하였다.

(1) 어디서 :   (2) 누가 :
(3) 무엇을 :   (4) 어떻게 :

해답
(1) 어디서 : 사출성형부 플라스틱 용기 생산 1팀 사출공정에서
(2) 누가 : 재해자 A와 동료 작업자 1명이 같이 작업 중이었으며
(3) 무엇을 : 재해자 A가 사출성형기 2호기에서 플라스틱 용기를 꺼낸 후 금형을 점검하던 중
(4) 어떻게 : 재해자가 점검 중임을 모르던 동료 근로자 B가 사출성형기 조작스위치를 가동하여 금형 사이에 재해자가 끼어 사망하였음

02 산업안전보건법상의 사업주의 의무와 근로자의 의무를 2가지씩 쓰시오.

해답
(1) 사업주의 의무
1. 이 법과 이 법에 따른 명령으로 정하는 산업재해 예방을 위한 기준
2. 근로자의 신체적 피로와 정신적 스트레스 등을 줄일 수 있는 쾌적한 작업환경의 조성 및 근로조건 개선
3. 해당 사업장의 안전 및 보건에 관한 정보를 근로자에게 제공
(2) 근로자의 의무
1. 근로자는 이 법과 이 법에 따른 명령으로 정하는 산업재해 예방을 위한 기준을 지켜야 한다.
2. 사업주 또는 「근로기준법」 제101조에 따른 근로감독관, 공단 등 관계인이 실시하는 산업재해 예방에 관한 조치에 따라야 한다.

03 산업안전보건법령상 사업 내 안전보건교육에 있어 500명의 사업장에 30명 채용 시의 교육 및 작업내용 변경 시의 교육 내용을 4가지 쓰시오. (단, 산업안전보건법 및 일반관리에 관한 사항은 제외한다.)

해답
1. 기계·기구의 위험성과 작업의 순서 및 동선에 관한 사항
2. 작업 개시 전 점검에 관한 사항
3. 정리정돈 및 청소에 관한 사항
4. 사고 발생 시 긴급조치에 관한 사항
(생략)(산업안전보건법 시행규칙 [별표 5] 참조)

04 Fail Safe 기능면 3가지를 쓰시오.

해답
1. Fail-Passive : 부품이 고장났을 경우 통상 기계는 정지하는 방향으로 이동(일반적인 산업기계)
2. Fail-Active : 부품이 고장났을 경우 기계는 경보를 울리는 가운데 짧은 시간 동안 운전 가능
3. Fail-Operational : 부품의 고장이 있더라도 기계는 추후 보수가 이루어질 때까지 안전한 기능 유지

05 산업안전보건위원회의 회의록 작성 시 기록사항을 3가지 쓰시오.

해답
1. 개최 일시 및 장소   2. 출석위원
3. 심의 내용 및 의결·결정 사항

06 와이어로프 꼬임형식을 쓰시오.

해답 랭꼬임(Lang's Lay), 보통꼬임(Ordinary Lay)

07 연소의 3요소와 소화방법을 쓰시오.

해답 1. 가연성 물질 : 제거소화 2. 산소 공급원 : 질식소화
3. 점화원 : 냉각소화

08 다음 설명은 산업안전보건법상 신규화학물질의 제조 및 수입 등에 관한 설명이다. ( ) 안에 해당하는 내용을 넣으시오.

신규화학물질을 제조하거나 수입하려는 자는 제조하거나 수입하려는 날 (①)일(연간 제조하거나 수입하려는 양이 100 킬로그램 이상 1톤 미만인 경우에는 14일) 전까지 별지 제18호서식의 신규화학물질 유해성·위험성 조사보고서에 별표 11의4에 따른 서류를 첨부하여 (②)에게 제출하여야 한다.

해답 ① 30, ② 고용노동부장관

09 인간-기계 통합시스템에서 시스템(System)이 갖는 기능 5가지를 쓰시오.

해답 1. 감지 기능, 2. 정보보관 기능, 3. 정보 처리, 4. 의사 결정 기능
5. 행동 기능

10 콘크리트 타설작업 시 준수사항 3가지를 쓰시오.

해답 1. 당일의 작업을 시작하기 전에 해당 작업에 관한 거푸집 및 동바리의 변형·변위 및 지반의 침하 유무 등을 점검하고 이상이 있으면 보수할 것
2. 작업 중에는 감시자를 배치하는 등의 방법으로 거푸집 및 동바리의 변형·변위 및 침하 유무 등을 확인해야 하며, 이상이 있으면 작업을 중지하고 근로자를 대피시킬 것
3. 콘크리트 타설작업 시 거푸집 붕괴의 위험이 발생할 우려가 있으면 충분한 보강조치를 할 것
4. 설계도서상의 콘크리트 양생기간을 준수하여 거푸집 및 동바리를 해체할 것
5. 콘크리트를 타설하는 경우에는 편심이 발생하지 않도록 골고루 분산하여 타설할 것

11 고장률이 1시간당 0.01로 일정한 기계가 있다. 이 기계에서 처음 100시간 동안 고장이 발생할 확률을 구하시오.

해답 신뢰도 $R(t=100) = e^{-\lambda t} = e^{-0.01 \times 100} = 0.37$이므로 고장이 발생할 확률인 불신뢰도 $F(t=100) = 1 - R(t=100) = 1 - 0.37 = 0.63$이다.

12 누전차단기의 (1) 정격 감도전류, (2) 동작시간을 쓰시오.

해답 (1) 정격 감도전류 : 30mA 이상
(2) 동작시간 : 0.03초 이하

13 도급사업의 합동 안전·보건점검을 할 때 점검반으로 구성하여야 하는 사람 3명을 쓰시오.

해답 1. 도급인인 사업주
2. 수급인인 사업주
3. 도급인 및 수급인의 근로자 각 1명

14 경고표지 및 지시표지를 고르시오.

해답 (1) 경고표지 : ①, ③, ⑤, ⑥, ⑨, ⑩
(2) 지시표지 : ②, ④, ⑦, ⑧

산업안전기사(2015년 3회)

01 연삭기의 덮개 각도를 쓰시오. (단, 이상, 이하, 이내를 정확히 구분해서 쓰시오.)

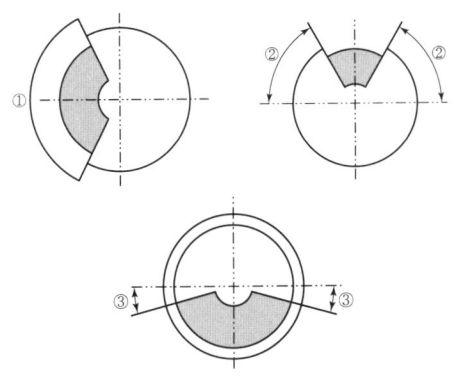

해답 ① 125° 이내, ② 60° 이상, ③ 15° 이상

02 [보기]의 가스 용기의 색채를 쓰시오.

┤보기├
① 산소   ② 아세틸렌
③ 액화암모니아   ④ 질소

해답 **고압가스 용기 도색**
① 산소 : 녹색   ② 아세틸렌 : 황색
③ 액화암모니아 : 백색 ④ 질소 : 회색

03 위험예지 훈련 4라운드의 진행방식을 쓰시오.

해답
- 제1단계 : 현상파악
- 제2단계 : 본질추구
- 제3단계 : 대책수립
- 제4단계 : 목표설정

04 접지공사 종류에서 접지저항 값 및 접지선의 굵기에 관한 내용이다. 빈칸을 채우시오.

종별	접지저항	접지선의 굵기
제1종	(①)Ω 이하	공칭단면적 $6mm^2$ 이상의 연동선
제2종	$\dfrac{150}{1선 지락전류}$ Ω 이하	공칭단면적 (②)mm^2 이상의 연동선
제3종	(③)Ω 이하	공칭단면적 $2.5mm^2$ 이상의 연동선
특별 제3종	10Ω 이하	공칭단면적 (④)mm^2 이상의 연동선

해답 ① 10, ② 16, ③ 100, ④ 2.5

05 고장률이 시간당 0.01로 일정한 기계가 있다. 이 기계가 처음 100시간 동안 고장이 발생할 확률을 구하시오.

해답 신뢰도 $R(t=100) = e^{-\lambda t} = e^{-0.01 \times 100} = 0.37$이므로 고장이 발생할 확률인 불신뢰도 $F(t=100) = 1 - R(t=100) = 1 - 0.37 = 0.63$이다.

06 잠함 또는 우물통의 내부에서 굴착작업을 하는 경우에 잠함 또는 우물통의 급격한 침하로 인한 위험을 방지하기 위하여 준수해야 할 사항 2가지를 쓰시오.

해답
1. 침하관계도에 따라 굴착방법 및 재하량 등을 정할 것
2. 바닥으로부터 천장 또는 보까지의 높이는 1.8m 이상으로 할 것

07 PHA의 목표를 달성하기 위한 4가지 특성을 쓰시오.

해답
1. 시스템의 모든 주요 사고를 식별하고 사고를 대략적으로 표현
2. 사고요인별 식별
3. 사고를 가정한 후 시스템에 생기는 결과를 식별하고 평가
4. 식별된 사고를 파국적, 위기적, 한계적, 무시가능의 4가지 카테고리로 분리

08 타워크레인에 사용하는 와이어로프의 사용금지 기준을 4가지 쓰시오.

해답
1. 이음매가 있는 것
2. 와이어로프의 한 꼬임에서 끊어진 소선(素線)의 수가 10퍼센트 이상인 것
3. 지름의 감소가 공칭지름의 7퍼센트를 초과하는 것
4. 꼬인 것
5. 심하게 변형되거나 부식된 것
6. 열과 전기충격에 의해 손상된 것

09 다음 기계설비에 형성되는 위험점을 쓰시오.

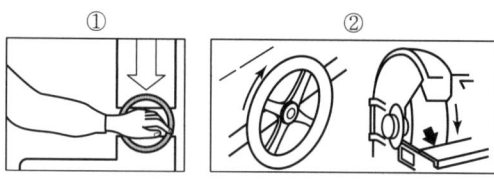

해답
① 협착점
② 끼임점
③ 물림점
④ 회전말림점

10 산업안전보건법상 관리감독자의 업무를 4가지 쓰시오.

해답
1. 사업장 내 관리감독자가 지휘·감독하는 해당작업과 관련된 기계·기구 또는 설비의 안전·보건 점검 및 이상 유무의 확인
2. 관리감독자에게 소속된 근로자의 작업복·보호구 및 방호장치의 점검과 그 착용·사용에 관한 교육·지도
3. 해당작업에서 발생한 산업재해에 관한 보고 및 이에 대한 응급조치
4. 해당작업의 작업장 정리·정돈 및 통로 확보에 대한 확인·감독
(생략) (산업안전보건법 시행령 제15조 참조)

11 산업안전보건법에 따라 산업재해조사표를 작성하고자 할 때, 다음 [보기]에서 산업재해조사표의 주요 작성항목이 아닌 것을 골라 번호를 쓰시오.

보기
① 발생일시   ② 목격자 인적사항
③ 발생형태   ④ 상해종류
⑤ 고용형태   ⑥ 기인물
⑦ 가해물   ⑧ 요양기관
⑨ 재해발생 후 첫 출근일자

해답 ②, ⑦, ⑨

12 내전압용 절연장갑의 성능기준에 있어 각 등급에 대한 최대사용전압을 쓰시오.

등급	최대사용전압		색상
	교류(V, 실효값)	직류(V)	
00	500	(①)	갈색
0	(②)	1,500	빨간색
1	7,500	11,250	흰색
2	17,000	25,500	노란색
3	26,500	39,750	녹색
4	(③)	(④)	등색

해답 ① 750, ② 1,000, ③ 36,000, ④ 54,000

13 자율검사프로그램의 인정을 취소하거나 인정받은 자율검사프로그램의 내용에 따라 검사를 하도록 개선을 명할 수 있는 경우 2가지를 쓰시오.

해답
1. 거짓이나 그 밖의 부정한 방법으로 자율검사프로그램을 인정받은 경우
2. 자율검사프로그램을 인정받고도 검사를 하지 아니한 경우
3. 인정받은 자율검사프로그램의 내용에 따라 검사를 하지 아니한 경우
4. 제2항에 따른 자격을 가진 자 또는 지정검사기관이 검사를 하지 아니한 경우

14 위험성평가의 실시 순서를 다음 [보기]에서 찾아 순서대로 나열하시오.

┤보기├─
① 평가대상의 선정 등 사전준비
② 근로자의 작업과 관계되는 유해·위험요인의 파악
③ 파악된 유해·위험요인별 위험성의 추정
④ 추정한 위험성이 허용 가능한 위험성인지 여부의 결정
⑤ 위험성 감소대책의 수립 및 실행
⑥ 위험성평가 실시 내용 및 결과에 관한 기록

해답 ① → ② → ③ → ④ → ⑤ → ⑥

2016년 필답형 기출문제

산업안전기사(2016년 4월 16일)

01 화물의 낙하에 의하여 지게차의 운전자에게 위험을 미칠 우려가 있는 작업장에서 사용된 지게차의 헤드가드가 갖추어야 할 사항 2가지를 쓰시오.

해답
1. 강도는 지게차의 최대하중의 2배 값(4톤을 넘는 값에 대해서는 4톤으로 한다.)의 등분포정하중에 견딜 수 있을 것
2. 상부틀의 각 개구의 폭 또는 길이가 16센티미터 미만일 것
3. 운전자가 앉아서 조작하거나 서서 조작하는 지게차의 헤드가드는 한국산업표준에서 정하는 높이 기준 이상일 것(좌승식 : 0.903m 이상, 입승식 : 1.88m 이상)

02 폭발등급에 따른 안전간격과 가스명을 쓰시오.

해답

폭발등급	1등급	2등급	3등급
안전간격	0.6mm 초과	0.4mm 초과 ~ 0.6mm 이하	0.4mm 이하
해당 가스	부탄, 메탄	에틸렌, 석탄가스	수소, 아세틸렌

03 다음 FT도에서 컷셋(Cut Set)을 모두 구하시오.

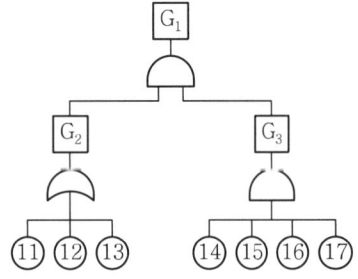

해답

$G_1 = G_2 \cdot G_3 = (⑪, ⑫, ⑬)$
$\cdot (⑭ \cdot ⑮ \cdot ⑯ \cdot ⑰) =$

Cut Set
⑪, ⑭, ⑮, ⑯, ⑰
⑫, ⑭, ⑮, ⑯, ⑰
⑬, ⑭, ⑮, ⑯, ⑰

04 근로자가 반복하여 계속적으로 중량물을 취급하는 작업을 할 때 작업 시작 전 점검사항 2가지를 쓰시오. (단, "그 밖의 하역운반기계 등의 적절한 사용방법"은 제외한다.)

해답
1. 중량물 취급의 올바른 자세 및 복장
2. 위험물이 날아 흩어짐에 따른 보호구의 착용
3. 카바이드·생석회(산화칼슘) 등과 같이 온도 상승이나 습기에 의하여 위험성이 존재하는 중량물의 취급방법

05 아세틸렌 용접기 도관의 시험 종류 3가지를 쓰시오.

해답 1. 내압 시험, 2. 기밀 시험, 3. 내열성 시험, 4. 내식성 시험

06 화재 유형에 따른 분류와 표시색에 관한 내용이다. 빈칸을 채우시오.

유형	화재의 분류	색상
A	일반화재	(④)
B	(①)	(⑤)
C	(②)	청색
D	(③)	무색

해답
① 유류 화재 ② 전기 화재
③ 금속 화재 ④ 백색
⑤ 황색

07 감응식 방호장치를 설치한 프레스에서 광선을 차단한 후 200ms 후에 슬라이드가 정지하였다. 이때 방호장치의 안전거리는 최소 몇 mm 이상이어야 하는가?

해답) 안전거리(D) = 1.6 × Tm = 1.6 × 200 = 320mm

08 도수율이 18.73인 사업장에서 근로자 1명에게 평생 동안 약 몇 건의 재해가 발생하겠는가? (단, 1일 8시간, 월 25일, 12개월 근무, 평생근로연수는 35년, 연간 잔업시간은 240시간으로 한다.)

해답) 환산도수율 = 도수율 × $\dfrac{총근로시간수}{1,000,000}$

= 18.73 × $\dfrac{(8 \times 25 \times 12 + 240) \times 35}{1,000,000}$ = 1.73 ≒ 1.73건

09 보안경의 종류 및 사용 목적을 쓰시오.

해답) 1. 차광보안경 : 자외선, 적외선, 가시광선으로부터 눈을 보호
2. 유리보안경 : 미분, 칩, 기타 비산물로부터 눈을 보호
3. 플라스틱 보안경 : 미분, 칩, 액체 약품 등 기타 비산물로부터 눈을 보호

10 산업안전보건법에서 사업주가 근로자에게 시행해야 하는 안전보건교육의 종류 4가지를 쓰시오.

해답) 1. 정기교육
2. 채용 시의 교육
3. 작업내용 변경 시의 교육
4. 특별교육

11 양중기의 종류 5가지를 쓰시오.

해답) 1. 크레인
2. 이동식 크레인
3. 리프트
4. 곤돌라
5. 승강기

12 타워크레인에 사용하는 와이어로프의 사용금지 기준을 4가지 쓰시오. (단, 심하게 변형되거나 부식된 것, 열과 전기충격에 의해 손상된 것은 제외한다.)

해답) 1. 이음매가 있는 것
2. 와이어로프의 한 꼬임에서 끊어진 소선의 수가 10퍼센트 이상인 것
3. 지름의 감소가 공칭지름의 7퍼센트를 초과하는 것
4. 꼬인 것

13 산업재해 발생 시 고용노동부에 전화나 팩스로 보고해야 하는 사항을 쓰시오.

해답) 1. 발생 개요 및 피해 상황
2. 조치 및 전망
3. 그 밖의 중요한 사항

14 Swain은 인간의 오류를 작위적 오류(Commission Error)와 부작위적 오류(Omission Error)로 구분한다. 작위적 오류와 부작위적 오류에 대해 설명하시오.

해답) 1. 작위적 오류(Commission Error) : 작업 내지 절차를 수행했으나 잘못한 실수, 선택착오, 순서착오, 시간착오
2. 부작위적 오류(Omission Error) : 작업 내지 필요한 절차를 수행하지 않는 데서 기인하는 에러

산업안전기사(2016년 6월 25일)

01 물질안전보건자료(MSDS) 작성 시 포함사항 16가지 중 제외사항을 뺀 4가지를 쓰시오.

[제외]
① 화학제품과 회사에 관한 정보
② 구성성분의 명칭 및 함유량
③ 취급 및 저장방법
④ 물리화학적 특성
⑤ 폐기 시 주의사항
⑥ 그 밖의 참고사항

[해답] 아래 16가지 항목 중 문제의 제외사항을 빼고 적으면 됩니다.
① 화학제품과 회사에 관한 정보
② 유해성·위험성
③ 구성성분의 명칭 및 함유량
④ 응급조치 요령
⑤ 폭발·화재 시 대처방법
⑥ 누출사고 시 대처방법
⑦ 취급 및 저장방법
⑧ 노출방지 및 개인보호구
⑨ 물리화학적 특성
⑩ 안전성 및 반응성
⑪ 독성에 관한 정보
⑫ 환경에 미치는 영향
⑬ 폐기 시 주의사항
⑭ 운송에 필요한 정보
⑮ 법적 규제현황
⑯ 그 밖의 참고사항(자료의 출처, 작성일자 등)

02 공정안전보고서에 포함되어야 할 사항 4가지를 쓰시오.

[해답] 1. 공정안전자료
2. 공정위험성평가서 및 잠재위험에 대한 사고예방·피해 최소화 대책
3. 안전운전계획
4. 비상조치계획

03 비계작업 시 비, 눈, 그 밖의 기상상태의 불안정으로 날씨가 몹시 나빠서 작업을 중지시킨 후 그 비계에서 작업할 때 점검사항을 쓰시오.

[해답] 1. 발판 재료의 손상 여부 및 부착 또는 걸림 상태
2. 해당 비계의 연결부 또는 접속부의 풀림 상태
3. 연결 재료 및 연결 철물의 손상 또는 부식 상태
4. 손잡이의 탈락 여부
5. 기둥의 침하·변형·변위 또는 흔들림 상태
6. 로프의 부착 상태 및 매단 장치의 흔들림 상태

04 실내 작업장에서 8시간 작업 시 소음측정결과 85dB[A] 2시간, 90dB[A] 4시간, 95dB[A] 2시간 일 때 소음노출수준(%)을 구하고 소음노출기준과 초과 여부를 쓰시오.

[해답] 1. 소음노출수준(T) = $\left(\dfrac{2}{16} + \dfrac{4}{8} + \dfrac{2}{4}\right) \times 100 = 112.5[\%]$
2. 소음노출기준 초과 여부 : 초과(100%를 상회하기 때문)

05 공기압축기를 가동할 때 작업시작 전 점검사항을 4가지 쓰시오.

[해답] 1. 공기저장 압력용기의 외관 상태
2. 드레인밸브의 조작 및 배수
3. 압력방출장치의 기능
4. 언로드밸브의 기능
5. 윤활유의 상태
6. 회전부의 덮개 또는 울

06 다음은 동기부여의 이론 중 매슬로의 욕구단계론, 알더퍼의 ERG이론을 비교한 것이다. ①~④의 빈칸에 들어갈 내용을 쓰시오.

구분	욕구단계론	ERG이론
제1단계	생리적 욕구	생존욕구
제2단계	(①)	
제3단계	(②)	(③)
제4단계	인정받으려는 욕구	
제5단계	자아실현의 욕구	(④)

[해답] ① 안전욕구, ② 사회적 욕구, ③ 관계욕구, ④ 성장욕구

07 다음 근로 불능상해의 종류를 설명하시오.

(1) 영구 전노동불능 상해
(2) 영구 일부 노동불능 상해
(3) 일시 전노동 불능 상해

[해답] (1) 부상 결과로 노동기능을 완전히 잃게 되는 부상으로 장애등급 제1급에서 3급에 해당되며 노동손실일수는 7,500일
(2) 부상 결과로 신체 부분의 일부가 노동기능을 상실한 부상으로 신체장애등급 4급에서 제14급에 해당된다.
(3) 의사의 진단에 따라 일정기간 정규노동에 종사할 수 없는 상해 정도이며 신체장애가 남지 않는 일반적인 휴업재해를 말한다.

08 방호조치를 아니하고는 양도·대여·설치 또는 사용에 제공하거나 양도·대여의 목적으로 진열해서는 안 되는 기계·기구 4가지를 쓰시오.

[해답] 1. 예초기 2. 원심기
3. 공기압축기 4. 금속절단기
5. 지게차 6. 포장기계

09 FT의 각 단계별 내용이 [보기]와 같을 때 올바른 순서대로 번호를 나열하시오.

┌─보기─────────────────────────┐
① 정상사상의 원인이 되는 기초사상을 분석한다.
② 정상사상과의 관계는 논리게이트를 이용하여 도해한다.
③ 분석현상이 된 시스템을 정의한다.
④ 이전 단계에서 결정된 사상이 조금 더 전개가 가능한지 검사한다.
⑤ 정성 · 정량적으로 해석 평가한다.
⑥ FT를 간소화한다.
└──────────────────────────────┘

해답) ③ → ① → ② → ④ → ⑥ → ⑤

10 색도기준에 관한 다음 표의 ①~④를 채우시오

색채	색도기준	용도	사용 예
(①)	7.5R 4/14	금지	정지신호, 소화설비 및 그 장소, 유해행위의 금지
		(②)	화학물질 취급장소에서의 유해 · 위험 경고
파란색	2.5PB 4/10	지시	특정행위의 지시 및 사실의 고지
흰색	N9.5		(③)
검은색	(④)		문자 및 빨간색 또는 노란색에 대한 보조색

해답) ① 빨간색, ② 경고, ③ 파란색 또는 녹색에 대한 보조색, ④ NO.5

11 폭발의 정의에서 UVCE와 BLEVE를 설명하시오.

해답) (1) UVCE(증기운폭발, Unconfined Vapor Cloud Explosion) : 저온의 액화가스 저장탱크나 고압의 가연성 액체용기가 파괴되어 대기 중으로 급격히 방출되어 공기 중에 분산된 상태인 가연성 증기운에 착화원이 주어지면 폭발하여 Fire Ball을 형성하는데 이를 UVCE(증기운 폭발)라고 한다.
(2) BLEVE(Boiling Liquid Expanding Vapor Expanding) : 비점이 낮은 액체 저장탱크 주위에 화재가 발생했을 때 저장탱크 내부의 비등현상으로 인한 압력 상승으로 탱크가 파열되어 그 내용물이 증발, 팽창하면서 발생되는 폭발현상이다.

12 다음은 산업재해 발생 시의 조치내용을 순서대로 표시하였다. 아래의 빈칸에 알맞은 내용을 쓰시오.

산업재해 발생 → (①) → (②) → 원인강구 → (③) → 대책실시계획 → 실시 → (④)

해답) ① 긴급처리, ② 재해조사, ③ 대책수립, ④ 평가

13 다음 방폭구조의 표시를 쓰시오.

- 방폭구조 : 외부의 가스가 용기 내로 침입하여 폭발하더라도 용기는 그 압력에 견디고 외부의 폭발성 가스에 착화될 우려가 없도록 만들어진 구조
- 그룹 : 산업용 폭발성 가스 또는 증기
- 최고표면온도 : 90℃

해답) d IIB T5

14 차량계 하역운반기계(지게차 등)의 운전자가 운전위치를 이탈하고자 할 때 운전자가 준수하여야 할 사항을 2가지 쓰시오.

해답) 1. 포크, 버킷, 디퍼 등의 장치를 가장 낮은 위치 또는 지면에 내려 둘 것
2. 원동기를 정지시키고 브레이크를 확실히 거는 등 갑작스러운 주행이나 이탈을 방지하기 위한 조치를 할 것
3. 운전석을 이탈하는 경우에는 시동키를 운전대에서 분리시킬 것

산업안전기사(2016년 10월 8일)

01 산업안전보건법에서는 작업장의 각 작업별로 조도기준을 정하고 있다. ( )안에 알맞은 조도기준을 쓰시오. (단, 갱도 등의 작업장은 제외한다.)

초정밀작업	정밀작업	보통작업	그 밖의 작업
(①) LUX 이상	(②) LUX 이상	(③) LUX 이상	(④) LUX 이상

해답) ① 750, ② 300, ③ 150, ④ 75

02 관리대상 유해물질을 취급하는 작업장의 게시사항 5가지를 쓰시오.

해답) 1. 관리대상 유해물질의 명칭
2. 인체에 미치는 영향
3. 취급상 주의사항
4. 착용하여야 할 보호구
5. 응급조치와 긴급 방재 요령

03 산업안전보건법상 관리감독자 안전보건교육 중 정기교육의 내용을 4가지 쓰시오. (단, 산업안전보건법 및 일반관리에 관한 사항은 생략한다.)

해답) 1. 작업공정의 유해 · 위험과 재해 예방대책에 관한 사항
2. 표준안전작업방법 및 지도 요령에 관한 사항
3. 산업보건 및 직업병 예방에 관한 사항
4. 유해 · 위험 작업환경 관리에 관한 사항
(생략)(산업안전보건법 시행규칙 [별표 5] 참조)

04 산업안전보건법상 이동식 크레인을 사용하여 작업할 때 작업 시작 전 점검사항을 3가지 쓰시오.

해답) 1. 권과방지장치나 그 밖의 경보장치의 기능
2. 브레이크 · 클러치 및 조정장치의 기능
3. 와이어로프가 통하고 있는 곳 및 작업장소의 지반상태

05 안전인증대상 기계 · 기구를 3가지 쓰시오.

해답) 1. 프레스
2. 전단기 및 절곡기
3. 크레인
4. 리프트
5. 압력용기
6. 롤러기
7. 사출성형기
8. 고소작업대
9. 곤돌라

06 아세틸렌의 위험도와 아세틸렌 70%, 클로로벤젠 30%일 때, 아세틸렌의 위험도와 이 혼합 기체의 공기 중 폭발하한계의 값을 계산하시오.

구분	폭발하한계	폭발상한계
아세틸렌	2.5[VOL%]	81[VOL%]
클로로벤젠	1.3[VOL%]	7.1[VOL%]

해답) (1) 위험도 = $\dfrac{U-L}{L} = \dfrac{81-2.5}{2.5} = 31.4$

(2) 하한계값 $L = \dfrac{100}{\dfrac{V_1}{L_1} + \dfrac{V_2}{L_1}} = \dfrac{100}{\dfrac{70}{2.5} + \dfrac{30}{1.3}}$
$= 1.957 ≒ 1.96[\text{vol}\%]$

07 산업안전보건법상의 계단에 관한 내용이다. 다음 빈칸을 채우시오.

가. 사업주는 계단 및 계단참을 설치하는 경우 매 제곱미터당 (①)kg 이하의 하중에 견딜 수 있는 강도를 가진 구조로 설치하여야 하며, 안전율은 (②) 이상으로 하여야 한다.
나. 계단을 설치하는 경우 그 폭을 (③)m 이상으로 하여야 한다.
다. 높이가 (④)m를 초과하는 계단에는 높이 3m 이내마다 너비 1.2m 이상의 계단참을 설치하여야 한다.
라. 높이 (⑤)m 이상인 계단의 개방된 측변에 안전난간을 설치하여야 한다.

해답) ① 500, ② 4, ③ 1, ④ 3, ⑤ 1

08 산업안전보건법 시행규칙에서 산업재해 조사표에 작성해야 할 상해 종류 4가지를 쓰시오.

해답) 골절, 절단, 타박상, 찰과상, 중독 · 질식, 화상, 감전, 뇌진탕, 고혈압, 뇌졸중, 피부염, 진폐, 수근관증후군 등

09 산업안전보건기준에 관한 규칙에서 누전에 의한 감전의 위험을 방지하기 위해 접지를 실시하는 코드와 플러그를 접속하여 사용하는 전기 기계·기구를 3가지 쓰시오.

> 해답
> 1. 사용전압이 대지전압 150볼트를 넘는 것
> 2. 냉장고·세탁기·컴퓨터 및 주변기기 등과 같은 고정형 전기기계·기구
> 3. 고정형·이동형 또는 휴대형 전동기계·기구
> 4. 물 또는 도전성이 높은 곳에서 사용하는 전기기계·기구, 비접지형 콘센트
> 5. 휴대형 손전등

10 1급 방진마스크 사용 장소 3곳을 쓰시오.

> 해답
> 1. 특급마스크 착용장소를 제외한 분진 등 발생장소
> 2. 금속흄 등과 같이 열적으로 생기는 분진 등 발생장소
> 3. 기계적으로 생기는 분진 등 발생장소

11 광전자식 방호장치 프레스에 관한 설명 중 ( ) 안에 알맞은 내용이나 수치를 쓰시오.

> 가. 프레스 또는 전단기에서 일반적으로 많이 활용하고 있는 형태로서 투광부, 수광부, 컨트롤 부분으로 구성된 것으로서 신체의 일부가 광선을 차단하면 기계를 급정지시키는 방호장치로 (①)분류에 해당한다.
> 나. 정상동작표시램프는 (②)색, 위험표시램프는 (③)색으로 하며, 쉽게 근로자가 볼 수 있는 곳에 설치해야 한다.
> 다. 방호장치는 릴레이, 리밋 스위치 등의 전기부품의 고장, 전원전압의 변동 및 정전에 의해 슬라이드가 불시에 동작하지 않아야 하며, 사용전원전압의 ±(④)%의 변동에 대하여 정상적으로 작동되어야 한다.

> 해답 ① A-1, ② 녹, ③ 붉은, ④ 20

12 가설통로의 설치기준에 관한 사항이다. 빈칸을 채우시오.

> 가. 경사는 (①)도 이하일 것
> 나. 경사가 (②)도를 초과하는 경우에는 미끄러지지 아니하는 구조로 할 것
> 다. 추락할 위험이 있는 장소에는 (③)을 설치할 것
> 라. 수직갱에 가설된 통로의 길이가 15m 이상인 경우에는 (④)m 이내마다 계단참을 설치
> 마. 건설공사에 사용하는 높이 8m 이상인 비계다리에는 (⑤)m 이내마다 계단참을 설치

> 해답 ① 30, ② 15, ③ 안전난간, ④ 10, ⑤ 7

13 980kg의 화물이 두줄걸이 로프로 상부 각도 90°의 각으로 들어 올릴 때, 각각의 와이어로프에 걸리는 하중 kg을 구하시오.

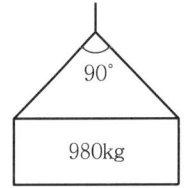

> 해답 $2 \times T' \times \cos 45 = 980$
> ∴ $T' = 692.96 \text{kg}$

14 관계자 외 출입금지표지 종류 3가지를 쓰시오.

> 해답
> 1. 허가대상물질 작업장
> 2. 석면취급, 해체 작업장
> 3. 금지대상물질의 취급실험실 등

2017년 필답형 기출문제

산업안전기사(2017년 4월 15일)

01 다음 그림의 미니멀 컷셋을 구하시오.

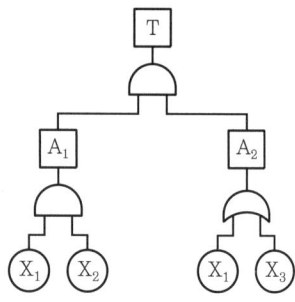

해답 $T = A_1 \cdot A_2 = (X_1, X_2)\begin{pmatrix}X_1\\X_3\end{pmatrix} = \begin{pmatrix}(X_1, X_2, X_1)\\(X_1, X_2, X_3)\end{pmatrix} = \begin{pmatrix}(X_1, X_2)\\(X_1, X_2, X_3)\end{pmatrix}$

미니멀 컷셋은 X_1, X_2

02 근로자수 400명, 1일 8시간 작업, 연간 280일 근로하는 동안 80건의 재해가 발생하였으며, 재해자수는 100명이었고, 총 근로 손실일수는 800일이었다. 종합재해지수를 구하시오.

- 근로자수 : 400명
- 8시간/280일
- 연간재해발생건수 : 80건
- 근로 손실일수 : 800일
- 재해자수 : 100명

해답 (1) 도수율 $= \dfrac{\text{재해건수}}{\text{연근로시간수}} \times 1{,}000{,}000$

$= \dfrac{80}{400 \times 8 \times 280} \times 1{,}000{,}000$

$= 89.285 = 89.29$

(2) 강도율 $= \dfrac{\text{총 근로 손실일수}}{\text{연근로시간수}} \times 1{,}000 = \dfrac{800}{400 \times 8 \times 280} \times 1{,}000$

$= 0.892 = 0.89$

(3) 종합재해지수 $= \sqrt{\text{도수율} \times \text{강도율}} = \sqrt{89.29 \times 0.89}$

$= 8.914 = 8.91$

03 건설업 유해위험방지계획서를 제출해야 할 공사의 종류를 쓰시오.

해답 1. 터널 건설등 의 공사
2. 깊이 10미터 이상인 굴착공사
3. 최대 지간길이가 50미터 이상인 교량 건설 등의 공사
4. 지상높이가 31미터 이상인 건축물 또는 인공구조물
5. 연면적 5천 제곱미터 이상의 냉동·냉장 창고시설의 설비공사 및 단열공사
6. 다목적댐, 발전용댐 및 저수용량 2천만 톤 이상의 용수 전용 댐, 지방상수도 전용 댐 건설 등의 공사

04 건축물 해체작업계획서에 포함되는 사항을 쓰시오.

해답 1. 해체의 방법 및 해체 순서도면
2. 가설설비·방호설비·환기설비 및 살수·방화설비 등의 방법
3. 사업장 내 연락방법
4. 해체물의 처분계획
5. 해체작업용 기계·기구 등의 작업계획서
6. 해체작업용 화약류 등의 사용계획서
7. 기타 안전·보건에 관련된 사항

05 클러치 맞물림 개수 5개, 200[SPM]인 동력프레스의 설치거리를 구하시오.

해답 (1) $T_m = \left(\dfrac{1}{\text{클러치 개수}} + \dfrac{1}{2}\right) \times \left(\dfrac{60}{\text{매분행정수}}\right)$

$= \left(\dfrac{1}{5} + \dfrac{1}{2}\right) \times \dfrac{60}{200} = 0.21$

(2) $D = 1{,}600 \times (T_m) = 1{,}600 \times 0.21 = 336\,\text{mm}$

06 누전에 의한 감전의 위험을 방지하기 위하여 전기를 사용하지 아니하는 설비 중 접지를 해야 하는 금속체 3가지를 쓰시오.

해답 1. 전동식 양중기의 프레임과 궤도
2. 전선이 붙어있는 비전동식 양중기의 프레임
3. 고압 이상의 전기를 사용하는 전기기계·기구 주변의 금속체 칸막이 망 및 이와 유사한 장치

07 안전인증의 전부 또는 일부를 면제할 수 있는 경우 3가지를 쓰시오.

해답 1. 연구개발을 목적으로 제조, 수입하거나 수출을 목적으로 제조하는 경우
2. 고용노동부장관이 정하여 고시하는 외국의 안전인증기관에서 인증을 받은 경우
3. 다른 법령에서 안전성에 관한 검사나 인증을 받은 경우

08 안전모의 내관통성시험 성능기준에 관한 내용이다. ( )에 알맞은 내용을 쓰시오.

- AE형 및 ABE형의 관통거리 (①)mm 이하
- AB형의 관통거리 (②)mm 이하

해답 ① 9.5, ② 11.1

09 곤돌라형 달비계를 설치하는 경우 달기체인을 달비계에 사용할 수 없는 경우 2가지를 쓰시오.

해답 1. 달기체인의 길이의 증가가 달기체인이 제조된 때의 길이의 5퍼센트를 초과한 것
2. 링의 단면지름이 달기체인이 제조된 때의 해당 링의 지름의 10퍼센트를 초과하여 감소한 것

10 말비계 조립 시 사업주 준수사항을 쓰시오.

해답 1. 지주부재(支柱部材)의 하단에는 미끄럼 방지장치를 하고, 근로자가 양측 끝부분에 서서 작업하지 않도록 할 것
2. 지주부재와 수평면의 기울기를 75도 이하로 하고, 지주부재와 지주부재 사이를 고정시키는 보조부재를 설치할 것
3. 말비계의 높이가 2미터를 초과하는 경우에는 작업발판의 폭을 40센티미터 이상으로 할 것

11 다음은 급성 독성 물질로 빈칸을 채우시오.

- LD_{50}은 (①)mg/kg을 쥐에 대한 경구투입실험에 의하여 실험동물의 50%를 사망케한다.
- LD_{50}은 (②)mg/kg을 쥐 또는 토끼에 대한 경피흡수실험에서 의하여 실험동물의 50%를 사망케한다.
- LD_{50}은 가스로 (③)ppm을 쥐에 대한 4시간 동안 흡입실험에 의하여 실험동물의 50%를 사망케한다.
- LD_{50}은 증기로 (④)mg/ℓ을 쥐에 대한 4시간 동안 흡입실험에 의하여 실험동물의 50%를 사망케한다.

해답 ① 300, ② 1,000, ③ 2,500, ④ 10

12 안전보건규칙에서 잠함, 피트, 우물통 작업 시 준수하여야 할 조치사항 3가지를 쓰시오.

해답 1. 산소 결핍 우려가 있는 경우에는 산소의 농도를 측정하는 사람을 지명하여 측정하도록 할 것
2. 근로자가 안전하게 오르내리기 위한 설비를 설치할 것
3. 굴착 깊이가 20미터를 초과하는 경우에는 해당 작업장소와 외부와의 연락을 위한 통신설비 등을 설치할 것

13 U자형 걸이용 안전대의 구조기준을 쓰시오.

해답 1. 신축 조절기가 로프로부터 이탈하지 말 것
2. 동체 대기벨트, 각링 및 신축 조절기가 있을 것
3. D링 및 각링은 안전대 착용자의 동체 양측에 해당하는 곳에 위치해야 한다.

14 타워크레인 설치·해체 시 근로자 특별교육 내용을 쓰시오.

해답 1. 붕괴·추락 및 재해 방지에 관한 사항
2. 설치·해체 순서 및 안전작업방법에 관한 사항
3. 부재의 구조·재질 및 특성에 관한 사항
4. 신호방법 및 요령에 관한 사항
5. 이상 발생 시 응급조치에 관한 사항
6. 그 밖에 안전·보건관리에 필요한 사항

산업안전기사(2017년 6월 24일)

01 다음 괄호 안에 알맞은 내용을 쓰시오.

- 사업주는 아세틸렌 용접장치의 (①)마다 안전기를 설치하여야 한다. 다만, 주관 및 취관에 가장 가까운 (②)마다 안전기를 부착한 경우에는 그러하지 아니하다.
- 사업주는 가스용기가 발생기와 분리되어 있는 아세틸렌 용접장치에 대하여 (③)와 가스용기 사이에 안전기를 설치하여야 한다.

[해답] ① 취관, ② 분기관, ③ 발생기

02 근로자수 1,440명, 주당 40시간 근무 1년 50주 근무하고 조기출근 및 잔업시간 합계 100,000시간, 재해건수 40건, 근로 손실일수 1,200일, 사망재해 1건이 발생하였을 때의 강도율을 구하시오. (단, 조퇴 5,000시간, 출근율 94%이다.)

[해답]
$$강도율 = \frac{근로\ 손실일수}{연근로시간수} \times 1,000$$
$$= \frac{1,200 + 7,500}{(1,440 \times 40 \times 50) \times 0.94 + (100,000 - 5,000)} \times 1,000$$
$$= 3.104703447 ≒ 3.1$$

03 경고표지에 용도 및 사용 장소에 관한 내용이다. 내용에 알맞은 표지를 쓰시오.

① 돌 및 블록 등 떨어질 우려가 있는 물체가 있는 장소
② 미끄러운 장소 등 넘어지기 쉬운 장소
③ 휘발유 등 화기의 취급을 극히 주의해야 하는 물질이 있는 장소

[해답] ① 낙하물 경고, ② 몸균형 상실 경고, ③ 인화성 물질 경고

04 지상높이가 31m 이상 되는 건축물을 건설하는 공사현장에서 건설공사 유해·위험방지계획서를 작성하여 제출하고자 할 때 첨부하여야 하는 작업공종별 유해위험방지계획의 해당 작업공종을 4가지 쓰시오.

[해답] 1. 가설공사   2. 구조물공사
3. 마감공사   4. 기계 설비공사
5. 해체공사

05 가연성 물질이 있는 장소에서 화재위험 작업을 하는 경우 화재예방에 필요한 조치사항 3가지를 쓰시오.

[해답] 1. 작업장 내 위험물의 사용 보관 현황 파악
2. 화기작업에 따른 인근 인화성 액체에 대한 방호조치 및 소화기구 비치
3. 용접불티 비산방지 덮개, 용접방화포 등 불꽃, 불티 등 비산방지 조치
4. 인화성 액체의 증기가 남아있지 않도록 환기 등의 조치

06 사업자가 해당 화학설비 또는 부속설비의 용도를 변경하는 경우(사용하는 원재료의 종류를 변경하는 경우를 포함한다.) 해당 설비의 점검사항 3가지를 쓰시오.

[해답] 1. 그 설비 내부에 폭발이나 화재의 우려가 있는 물질이 있는지 여부
2. 안전밸브·긴급차단장치 및 그 밖의 방호장치 기능의 이상 유무
3. 냉각장치·가열장치·교반장치·압축장치·계측장치 및 제어장치 기능의 이상 유무

07 산업안전보건법상 물질안전보건자료의 작성, 비치, 대상제외, 제제 대상 4가지를 쓰시오. (단, 일반 소비자의 생활용으로 제공되는 제제와 그 밖에 고용노동부장관이 동성·폭발성 등으로 인한 위해의 정도가 적다고 인정하여 고시하는 제제는 제외한다.)

[해답] 1. 「건강기능식품에 관한 법률」 제3조제1호에 따른 건강기능식품
2. 「농약관리법」 제2조제1호에 따른 농약
3. 「마약류 관리에 관한 법률」 제2조제2호 및 제3호에 따른 마약 및 향정신성의약품
4. 「비료관리법」 제2조제1호에 따른 비료
5. 「사료관리법」 제2조제1호에 따른 사료
(생략)(산업안전보건법 시행령 제86조 참조)

08 지게차를 사용하여 작업을 하는 때 작업 시작 전 점검사항 4가지를 쓰시오.

> 해답 1. 제동장치 및 조종장치 기능의 이상 유무
> 2. 하역장치 및 유압장치 기능의 이상 유무
> 3. 바퀴의 이상 유무
> 4. 전조등 · 후미등 · 방향지시기 및 경보장치 기능의 이상 유무

09 다음 [보기]는 Rook에 보고한 오류 중 일부이다. 각각을 Omission Error와 Commission Error로 분류하시오.

┤보기├
① 납 접합을 빠트렸다.
② 전선의 연결이 바뀌었다.
③ 부품을 빠트렸다.
④ 부품이 거꾸로 배열되었다.
⑤ 틀린 부품을 사용하였다.

> 해답 ① Omission Error ② Commission Error
> ③ Omission Error ④ Commission Error
> ⑤ Commission Error

10 다음 괄호 안에 알맞은 내용을 쓰시오.

사업주는 정전기 방지를 위하여 화재 또는 폭발 등의 위험이 발생할 우려가 있는 경우에는 확실한 방법으로 (①)를 하거나, (②) 재료를 사용하거나 가습 및 점화원이 될 우려가 없는 (③)장치를 사용하는 등 정전기의 발생을 억제하거나 제거하기 위하여 필요한 조치를 하여야 한다.

> 해답 ① 접지, ② 도전성, ③ 제전

11 타워크레인의 작업 중지에 관한 내용이다. 빈칸을 채우시오.

• 운전작업을 중지하여야 하는 순간풍속 (①)m/s
• 설치 · 수리 · 점검 또는 해체 작업 중지 하여야 하는 순간풍속 (②)m/s

> 해답 ① 15, ② 10

12 낙하물 방지망 또는 방호선반을 설치하는 경우이다. 빈칸을 채우시오.

• 높이 (①)m 이내마다 설치하고, 내민 길이는 벽면으로부터 (②)m 이상으로 할 것
• 수평면과의 각도는 (③)도 이상 (④)도 이하를 유지할 것

> 해답 ① 10, ② 2, ③ 20, ④ 30

13 산업안전보건법에서 리프트, 곤돌라를 사용하는 작업과 관련한 특별교육 내용 4가지를 쓰시오.

> 해답 1. 방호장치의 기능 및 사용에 관한 사항
> 2. 기계 · 기구 · 달기체인 및 와이어 등의 점검에 관한 사항
> 3. 화물의 권상 · 권하 작업방법 및 안전작업 지도에 관한 사항
> 4. 기계 · 기구의 특성 및 동작원리에 관한 사항
> 5. 신호방법 및 공동작업에 관한 사항
> 6. 그 밖에 안전 · 보건 관리에 필요한 사항

14 산업안전보건법상 사업장에 안전보건관리규정을 작성하고자 할 때 포함되어야 할 사항을 4가지 쓰시오.(단, 일반적인 안전 · 보건에 관한 사항은 제외한다.)

> 해답 1. 안전 및 보건에 관한 관리조직과 그 직무에 관한 사항
> 2. 안전보건교육에 관한 사항
> 3. 작업장의 안전 및 보건 관리에 관한 사항
> 4. 사고 조사 및 대책 수립에 관한 사항
> 5. 그 밖에 안전 및 보건에 관한 사항

산업안전기사(2017년 10월 14일)

01 재해발생 형태를 쓰시오.

① 폭발과 화재 2가지 현상이 복합적으로 발생한 경우
② 재해 당시 바닥면과 신체가 떨어진 상태로 더 낮은 위치로 떨어진 경우
③ 재해 당시 바닥면과 신체가 접해 있는 상태에서 더 낮은 위치로 떨어진 경우
④ 재해자가 전도로 인하여 기계의 동력전달부위 등에 협착되어 신체부위가 절단된 경우

해답 ① 폭발 ② 추락
③ 전도 ④ 협착

02 산소에너지당량 5[kcal/L], 작업 시 산소소비량 1.5[L/min], 작업 시 평균에너지소비량 상한 5[kcal/min], 휴식 시 평균에너지소비량 1.5[kcal/min], 작업시간 60분일 때 휴식시간을 구하시오.

해답 E = 산소에너지당량 × 작업 시 산소소비량 = 5 × 1.5
= 7.5 rm [kcal/min]

$R = \dfrac{60(E - \text{작업 시 평균에너지소비량 상한})}{E - \text{휴식 시 평균에너지소비량}} = \dfrac{60(7.5-5)}{7.5-1.5}$

= 25[분]

03 안전성평가를 순서대로 나열하시오.

① 정성적 평가 ② 재평가
③ FTA 재평가 ④ 대책검토
⑤ 자료정비 ⑥ 정량적평가

해답 ⑤ 자료정비 → ① 정성적 평가 → ⑥ 정량적 평가 → ④ 대책검토 → ② 재평가 → ③ FTA 재평가

04 다음 ( ) 안에 알맞은 말을 쓰시오.

천정크레인 안전검사주기에 관한 사항이다. 사업장에 설치가 끝난 날부터 몇(①)년 이내에 최초 안전검사를 실시하되, 그 이후부터 매 몇(②)년(건설현장에서 사용하는 것은 최초로 설치한 날로부터 ③ 개월)마다 안전검사를 실시한다.

해답 ① 3년, ② 2년, ③ 6개월

05 지게차를 사용하여 작업을 하는 경우 작업 시작 전 점검사항 4가지를 쓰시오.

해답
1. 제동장치 및 조종장치 기능의 이상 유무
2. 하역장치 및 유압장치 기능의 이상 유무
3. 바퀴의 이상 유무
4. 전조등·후미등·방향지시기 및 경보장치기능의 이상 유무

06 안전난간 구조와 관련한 내용이다. 다음 ( ) 안을 채우시오.

- 상부난간대 : 바닥면·발판 또는 경사로의 표면으로부터 (①)cm 이상
- 난간대 : 지름 (②)cm 이상 금속제 파이프
- 하중 : (③)kg 이상 하중에 견딜 수 있는 튼튼한 구조

해답 ① 90, ② 2.7, ③ 100

07 안전관리자를 정수 이상으로 증원·교체 임명할 수 있는 사유 3가지를 쓰시오.

해답
1. 해당 사업장의 연간재해율이 같은 업종의 평균재해율의 2배 이상인 경우
2. 중대재해가 연간 3건 이상 발생한 경우
3. 관리자가 질병이나 그 밖의 사유로 3개월 이상 직무를 수행할 수 없게 된 경우
4. 화학적 인자로 인한 직업성 질병자가 연간 3명 이상 발생한 경우

08 안전보건규칙에서 안전밸브 대신 파열판을 설치해야 하는 경우 2가지를 쓰시오.

해답
1. 반응 폭주 등 급격한 압력 상승 우려가 있는 경우
2. 급성 독성물질의 누출로 인하여 주위의 작업환경을 오염시킬 우려가 있는 경우
3. 운전 중 안전밸브에 이상 물질이 누적되어 안전밸브가 작동되지 아니할 우려가 있는 경우

09 방독마스크 가스 및 마스크 종류 색상별 구분하시오.

해답

종류	시험가스	색
유기화합물용	시클로헥산(C_6H_{12})	갈색
할로겐용	염소가스 또는 증기(Cl_2)	회색
황화수소용	황화수소가스(H_2S)	회색
시안화수소용	시안화수소가스(HCN)	회색
아황산용	아황산가스(SO_2)	노랑색
암모니아용	암모니아가스(NH_3)	녹색

10 공정안전보고서에 포함되어야 할 사항을 4가지 쓰시오.

해답
1. 공정안전자료
2. 공정위험성평가서 및 잠재위험에 대한 사고예방·피해 최소화 대책
3. 안전운전계획
4. 비상조치계획
5. 그 밖에 공정상의 안전과 관련하여 고용노동부장관이 필요하다고 인정하여 고시하는 사항

11 롤러기 급정지장치 원주 속도와 안전거리를 쓰시오.

- 30m/min 이상 – 앞면 롤러 원주의 (①) 이내
- 30m/min 이하 – 앞면 롤러 원주의 (②) 이내

해답 ① $\frac{1}{2.5}$, ② $\frac{1}{3}$

12 가설통로 설치시 준수사항 3가지를 쓰시오.

해답
1. 견고한 구조로 할 것
2. 경사는 30도 이하로 할 것
3. 경사가 15도를 초과하는 경우에는 미끄러지지 아니하는 구조로 할 것
4. 추락할 위험이 있는 장소에는 안전난간을 설치할 것

13 충전전로에 대한 접근 한계거리를 쓰시오.

① 380V ② 1.5kV
③ 6.6kV ④ 22.9kV

해답 ① 30cm, ② 45cm, ③ 60cm, ④ 90cm

14 산업안전보건법에서 규정하고 있는 내화구조에 따른 구조물의 내화기준 3가지를 쓰시오.

해답
1. 건축물의 기둥 및 보 : 지상 1층(지상 1층의 높이가 6m를 초과하는 경우에는 6m)까지
2. 위험물 저장·취급용기의 지지대(높이가 30cm 이하인 것은 제외한다) : 지상으로부터 지지대의 끝부분까지
3. 배관·전선관 등의 지지대 : 지상으로부터 1단(1단의 높이가 6m를 초과하는 경우에는 6m)까지

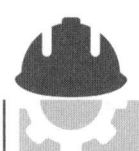

2018년 필답형 기출문제

산업안전기사(2018년 1회)

01 산업안전보건기준에 관한 규칙상 근로자가 작업이나 통행 등으로 인해 전기기계·기구 등 또는 등 또는 전류 등의 충전부분에 접촉하거나 접근함으로써 감전위험이 있는 충전부분에 대하여 감전을 방지하기 위한 방법을 3가지 쓰시오.

해답 **감전방지를 위한 충전부 방호대책**(안전보건규칙 제301조)
1. 충전부가 노출되지 아니하도록 폐쇄형 외함이 있는 구조로 할 것
2. 충전부에 충분한 절연효과가 있는 방호망 또는 절연덮개를 설치할 것
3. 충전부는 내구성이 있는 절연물로 완전히 덮어 감쌀 것
4. 발·변전소 및 개폐소 등 구획되어 있는 장소로서 관계근로자 외의 자의 출입이 금지되는 장소에 충전부를 설치하고 위험표시 등의 방법으로 방호를 강화할 것
5. 전주 위 및 철탑 위 등 격리되어 있는 장소로서 관계 근로자 외의 자가 접근할 우려가 없는 장소에 충전부를 설치할 것

02 산업안전보건기준에 관한 규칙에서 원동기, 회전축의 위험방지를 위한 기계적인 안전조치를 3가지 쓰시오.

해답 1. 덮개, 2. 울, 3. 슬리브 및 건널다리

03 공장의 설비 배치 3단계를 [보기]에서 찾아 순서대로 나열하시오.

┤보기├
① 건물배치   ② 기계배치   ③ 지역배치

해답 ③ 지역배치 → ① 건물배치 → ② 기계배치

04 다음 괄호 안에 철골작업을 중지하여야 하는 기상 조건 3가지를 쓰시오.

- 강풍 (   ) m/s 이상
- 강우 (   ) mm/h 이상
- 강설 (   ) cm/h 이상

해답

구분	내용
강풍	풍속 10m/sec 이상
강우	1시간당 강우량이 1mm/hr 이상
강설	1시간당 강설량이 1cm/hr 이상

05 공장의 연평균 근로자 수는 1,500명이고 연간재해자 수가 60명이며 이 중 사망이 2건, 근로 손실일수가 1,200일인 경우의 연천인율을 구하시오.

해답 연천인율 = $\dfrac{\text{연간재해자 수}}{\text{연평균근로자 수}} \times 1,000 = \dfrac{60}{1,500} \times 1,000 = 40$명

06 휴먼에러 분류 중 각각의 종류를 2가지씩 쓰시오.

(1) 심리적 분류(독립 행동에 관한 분류) :
(2) 원인에 대한 분류 :

해답 (1) 생략에러, 실행에러, 과잉행동에러, 순서에러, 시간에러
(2) Primary Error, Secondary Error, Command Error

07 방호조치를 아니 하고는 양도, 대여, 설치 또는 사용에 제공하거나 진열해서는 안 되는 기계·기구를 4가지 쓰시오.

해답
1. 예초기
2. 원심기
3. 공기압축기
4. 금속절단기
5. 지게차
6. 포장기계

08 산업안전보건법령상 연삭기 덮개의 시험방법 중 연삭기 작동시험 확인사항으로 다음 (   ) 안에 알맞은 내용을 쓰시오.

(1) 연삭 (①)과 덮개의 접촉 여부
(2) 탁상용 연삭기는 덮개, (②) 및 (③) 부착상태의 적합성 여부

해답 ① 숫돌, ② 워크레스트, ③ 조정편

09 다음 가설통로 설치 시 준수사항 중 (   ) 안에 알맞은 내용을 쓰시오.

• 경사가 (①)도 초과하는 경우에는 미끄러지지 않는 구조로 할 것
• 수직갱에 가설된 통로의 길이가 15m 이상인 경우에는 (②)m 이내마다 계단참 설치
• 건설공사에 사용하는 높이 8m 이상인 비계다리에는 (③)m 이내마다 계단참 설치

해답 ① 15, ② 10, ③ 7

10 산업안전보건법령상 공정안전보고서의 제출 대상이 되는 유해·위험설비로 보지 않는 시설이나 설비의 종류를 2가지 쓰시오.

해답
1. 원자력 설비
2. 군사 시설
3. 사업주가 해당 사업장 내에서 직접 사용하기 위한 난방용 연료의 저장설비 및 사용설비
4. 도매·소매시설 등

11 보호구 안전인증 고시상 사용 장소에 따른 방독마스크의 성능기준 중 다음 (   ) 안에 알맞은 내용을 쓰시오.

등급	사 용 장 소
고농도	가스 또는 증기의 농도가 100분의 (①) 이하의 대기 중에서 사용하는 것
중농도	가스 또는 증기의 농도가 100분의 (②) 이하의 대기 중에서 사용하는 것
비 고	방독마스크는 산소농도가 (③) % 이상인 장소에서 사용하여야 하고, 고농도와 중농도에서 사용하는 방독마스크는 전면형(격리식, 직결식)을 사용해야 한다.

해답 ① 2, ② 1, ③ 18

12 비등액체 팽창증기 폭발(BLEVE)에 영향을 주는 인자를 3가지 쓰시오.

해답
1. 저장용기의 재질
2. 주위 온도와 압력상태
3. 저장된 물질의 종류와 형태
4. 내용물의 물리적 역학상태
5. 내용물의 인화성 및 독성 여부

13 관리자의 안전보건교육 중 정기교육 내용 4가지를 쓰시오.

해답
1. 작업공정의 유해·위험과 재해 예방대책에 관한 사항
2. 표준안전작업방법 및 지도 요령에 관한 사항
3. 산업보건 및 직업병 예방에 관한 사항
4. 유해·위험 작업환경 관리에 관한 사항
(생략)(산업안전보건법 시행규칙 [별표 5] 참조)

14 산업안전보건기준에 관한 규칙상 비파괴검사의 실시기준 중 다음 (   ) 안에 알맞은 말을 쓰시오.

사업주는 고속 회전체(회전축의 중량이 (①)톤을 초과하고 원주속도가 초당 (②)m 이상인 것으로 한정한다)의 회전시험을 하는 경우 미리 회전축의 재질 및 형상 등에 상응하는 종류의 비파괴검사를 해서 결함 여부를 확인하여야 한다.

해답 ① 1, ② 120

산업안전기사(2018년 2회)

01 위험물질을 제조·취급하는 작업장과 그 작업장이 있는 건축물에 출입구 외에 안전한 장소로 대피할 수 있는 비상구의 구조 조건을 쓰시오.

해답
1. 출입구와 같은 방향에 있지 아니하고, 출입구로부터 3m 이상 떨어져 있을 것
2. 작업장의 각 부분으로부터 하나의 비상구 또는 출입구까지의 수평거리가 50m 이하가 되도록 할 것
3. 비상구의 너비는 0.75m 이상으로 하고, 높이는 1.5m 이상으로 할 것
4. 비상구의 문은 피난방향으로 열리도록 하고, 실내에서 항상 열 수 있는 구조로 할 것

02 화물의 낙하에 의하여 지게차의 운전자에게 위험을 미칠 우려가 있는 작업장에서 사용된 지게차의 헤드가드가 갖추어야 할 사항 2가지를 쓰시오.

해답
1. 강도는 지게차의 최대하중의 2배 값(4톤을 넘는 값에 대해서는 4톤으로 한다.)의 등분포정하중에 견딜 수 있는 것일 것
2. 상부틀의 각 개구의 폭 또는 길이가 16센티미터 미만일 것
3. 운전자가 앉아서 조작하거나 서서 조작하는 지게차의 헤드가드는 한국산업표준에서 정하는 높이 기준 이상일 것

03 아세틸렌 용접장치 검사 시 안전기의 설치 위치를 확인하려고 한다. 아세틸렌 용접장치의 안전기 설치 위치 3곳을 쓰시오.

해답 1. 취관, 2. 분기관, 3. 발생기와 가스용기 사이

04 가스장치실을 설치하는 경우 고려하여야 하는 구조 3가지를 쓰시오.

해답 **가스장치실의 구조 등(안전보건규칙 제292조)**
1. 가스가 누출된 경우에는 그 가스가 정체되지 않도록 할 것
2. 지붕과 천장에는 가벼운 불연성 재료를 사용할 것
3. 벽은 불연성 재료를 사용할 것

05 콘크리트 타설작업 시 준수사항 3가지를 쓰시오.

해답
1. 당일의 작업을 시작하기 전에 해당 작업에 관한 거푸집 및 동바리의 변형·변위 및 지반의 침하 유무 등을 점검하고 이상이 있으면 보수할 것
2. 작업 중에는 감시자를 배치하는 등의 방법으로 거푸집 및 동바리의 변형·변위 및 침하 유무 등을 확인해야 하며, 이상이 있으면 작업을 중지하고 근로자를 대피시킬 것
3. 콘크리트 타설작업 시 거푸집 붕괴의 위험이 발생할 우려가 있으면 충분한 보강조치를 할 것
4. 설계도서상의 콘크리트 양생기간을 준수하여 거푸집 및 동바리를 해체할 것
5. 콘크리트를 타설하는 경우에는 편심이 발생하지 않도록 골고루 분산하여 타설할 것

06 산업안전보건법상 이동식 크레인을 사용하여 작업할 때 작업 시작 전 점검사항을 2가지를 쓰시오.

해답 **이동식 크레인 작업시작 전 점검사항**
1. 권과방지장치나 그 밖의 경보장치의 기능
2. 브레이크·클러치 및 조정장치의 기능
3. 와이어로프가 통하고 있는 곳 및 작업장소의 지반상태

07 산업안전보건법에서 규정하고 있는 안전보건교육의 종류 4가지를 쓰시오.

해답
1. 정기교육
2. 채용 시 교육
3. 작업내용 변경 시 교육
4. 특별교육

08 산업안전보건법상의 중대재해의 범위 3가지를 쓰시오.

해답
1. 사망자가 1명 이상 발생한 재해
2. 3개월 이상의 요양을 요하는 부상자가 동시에 2명 이상 발생한 재해
3. 부상자 또는 직업성 질병자가 동시에 10명 이상 발생한 재해

09 산업안전보건법상 다음 [그림]에 해당하는 안전보건 표지의 명칭은?

해답
① 화기금지
② 폭발성 물질 경고
③ 부식성 물질 경고
④ 고압전기 경고

10 광전자식 방호장치 광축 수에 따른 형식 구분을 쓰시오.

해답 광전자식 방호장치의 형식 구분(방호장치 안전인증 고시)

형식구분	광축의 범위
Ⓐ	12광축 이하
Ⓑ	13~56광축 미만
Ⓒ	56광축 이상

11 다음 기계설비에 형성되는 위험점을 쓰시오.

① 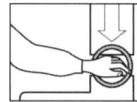　② 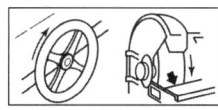　③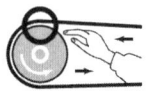

해답 ① 협착점, ② 끼임점, ③ 접선물림점

12 다음 괄호 안에 전로의 절연저항을 쓰시오.

전로의 사용전압의 구분		절연저항치 (MΩ)
400V 미만인 것	대지전압이 150V 이하인 경우	(①)
	대지전압이 150V 넘고 300V 이하인 경우	(②)
	사용전압이 300V를 넘고 400V 미만인 경우	(③)
400V 이상인 것		(④)

해답 ('21년 개정) 저압전로의 절연성능(전기설비기술기준 제52조)

[개정 전 절연저항 기준]

전로의 사용전압 구분		절연저항 (MΩ)
400V 미만	대지전압(접지식 전로는 전선과 대지간의 전압, 비접지식 전로는 전선간의 전압)이 150V 이하인 경우	0.1 이상
	대지전압이 150V 초과 300V 이하인 경우(전압측 전선과 중성선 또는 대지간의 절연저항)	0.2 이상
	사용전압이 300V 초과 400V 미만인 경우	0.3 이상
400V 이상		0.4 이상

[개정 후 절연저항 기준]

전로의 사용전압	DC 시험전압(V)	절연저항 (MΩ)
SELV 및 PELV	250	0.5
FELV, 500V 초과	500	1
500V 초과	1,000	1

주) 특별저압(Extra Low Voltage : 2차 전압이 AC 50V, DC 120V 이하)으로 SELV(비접지 회로 구성) 및 PLEV(접지회로구성)은 1차와 2차가 전기적으로 절연된 회로, FELV는 1차와 2차가 전기적으로 절연되지 않은 회로

13 인체 계측자료를 장비나 설비의 설계에 응용하는 경우에 활용되는 3가지 원칙을 나열하시오.

해답
1. 최대치수와 최소치수
2. 조절범위
3. 평균치를 기준으로 한 설계

14 자동차로부터 20m 떨어진 장소에서 음압수준이 100dB이라면 200m에서의 음압은 몇 dB인지 계산하시오.

해답) d_1에서 I_1의 단위면적당 출력을 갖는 음은 거리 d_2에서는
$$dB_2 = dB_1 - 20\log\left(\frac{d_2}{d_1}\right)$$
$$\therefore dB_2 = 100 - 20\log\left(\frac{200}{20}\right) = 80 dB$$

산업안전기사(2018년 3회)

01 산업안전보건법상 안전인증대상 보호구 6가지를 쓰시오.

해답) **안전인증대상 보호구**
1. 추락 및 감전 위험방지용 안전모
2. 안전화
3. 안전장갑
4. 방진마스크
5. 방독마스크
6. 송기마스크
7. 전동식 호흡보호구
8. 보호복
9. 안전대
10. 차광(遮光) 및 비산물(飛散物) 위험방지용 보안경
11. 용접용 보안면
12. 방음용 귀마개 또는 귀덮개

02 산업안전보건법상 자율안전 확인대상 기계·기구 및 설비 4가지를 쓰시오.

해답) **자율안전 확인대상 기계·기구**
1. 연삭기 또는 연마기(휴대형은 제외한다.)
2. 산업용 로봇
3. 혼합기
4. 파쇄기 또는 분쇄기
5. 식품가공용 기계(파쇄·절단·혼합·제면기만 해당한다.)
6. 컨베이어
7. 자동차정비용 리프트
8. 공작기계(선반, 드릴기, 평삭·형삭기, 밀링만 해당한다.)
9. 고정형 목재가공용 기계(둥근톱, 대패, 루타기, 띠톱, 모떼기 기계만 해당한다.)
10. 인쇄기

03 철골작업을 중지하여야 하는 기상조건을 3가지 쓰시오.

해답)

구분	내용
강풍	풍속 10m/sec 이상
강우	1시간당 강우량이 1mm/hr 이상
강설	1시간당 강설량이 1cm/hr 이상

04 벌목작업(유압식 벌목기 사용 안함) 시 사업주가 준수하여야 하는 사항을 2가지 쓰시오.

해답)
1. 벌목하려는 경우에는 미리 대피로 및 대피장소를 정해 둘 것
2. 벌목하려는 나무의 가슴높이 지름이 40센티미터 이상인 경우에는 뿌리부분 지름의 4분의 1 이상 깊이의 수구를 만들 것

05 타워크레인에 사용하는 와이어로프의 사용금지 기준을 4가지 쓰시오.

해답)
1. 이음매가 있는 것
2. 와이어로프의 한 꼬임(스트랜드(strand)를 말한다. 이하 같다)에서 끊어진 소선(素線, 필러(pillar)선은 제외한다)의 수가 10퍼센트 이상인 것. 다만, 비자전 로프의 경우 끊어진 소선의 수가 와이어 로프 호칭지름의 6배 길이 이내에서 4개 이상이거나 호칭지름 30배 길이 이내에서 8개 이상인 것이어야 한다.
3. 지름의 감소가 공칭지름의 7퍼센트를 초과하는 것
4. 꼬인 것
5. 심하게 변형되거나 부식된 것
6. 열과 전기충격에 의해 손상된 것

06 산업안전보건법에서 정하는 국소배기장치의 덕트 설치기준 3가지를 쓰시오.

해답)
1. 가능하면 길이는 짧게 하고 굴곡부의 수는 적게 할 것
2. 접속부 안쪽은 돌출된 부분이 없도록 할 것
3. 청소구를 설치하는 등 청소하기 쉬운 구조로 할 것
4. 덕트 내부에 오염물질이 쌓이지 않도록 이송속도를 유지할 것
5. 연결부위 등은 외부공기가 들어오지 않도록 할 것

07 이동식 비계를 조립하여 작업을 하는 경우 준수하여야 하는 사항 4가지를 쓰시오.

해답
1. 이동식 비계의 바퀴에는 뜻밖의 갑작스러운 이동 또는 전도를 방지하기 위하여 브레이크·쐐기 등으로 바퀴를 고정시킨 다음 비계의 일부를 견고한 시설물에 고정하거나 아웃트리거(Outrigger)를 설치하는 등 필요한 조치를 할 것
2. 승강용 사다리는 견고하게 설치할 것
3. 비계의 최상부에서 작업을 하는 경우에는 안전난간을 설치할 것
4. 작업발판은 항상 수평을 유지하고 작업발판 위에서 안전난간을 딛고 작업을 하거나 받침대 또는 사다리를 사용하여 작업하지 않도록 할 것
5. 작업발판의 최대적재하중은 250kg을 초과하지 않도록 할 것

08 부두·안벽 등 하역작업을 하는 장소에서 사업주가 조치하여야 하는 사항 3가지를 쓰시오.

해답
1. 작업장 및 통로의 위험한 부분에는 안전하게 작업할 수 있는 조명을 유지할 것
2. 부두 또는 안벽의 선을 따라 통로를 설치하는 경우에는 폭을 90센티미터 이상으로 할 것
3. 육상에서의 통로 및 작업장소로서 다리 또는 선거(船渠) 갑문(閘門)을 넘는 보도(步道) 등의 위험한 부분에는 안전난간 또는 울타리 등을 설치할 것

09 하인리히 재해예방의 4원칙을 쓰시오.

해답 재해예방 4원칙
1. 손실우연의 원칙   2. 원인계기의 원칙
3. 예방가능의 원칙   4. ④ 대책선정의 원칙

10 인간-기계 통합시스템에서 기본기능 4가지를 쓰시오.

해답
1. 감지기능   2. 정보저장기능
3. 정보처리 및 의사결정기능   4. 행동기능

11 미국방성 위험성 평가 중 위험도(MIL-STD-882B) 4가지를 쓰시오.

해답 미국방성 위험성평가 위험도
1. 1단계 : 파국적
2. 2단계 : 위기적
3. 3단계 : 한계적
4. 4단계 : 무시 가능

12 정전기로 인한 폭발과 화재의 방지를 위한 설비에 대한 조치 4가지를 쓰시오.

해답
1. 설비에 하여 확실한 방법으로 접지
2. 도전성 재료를 사용
3. 가습
4. 점화원이 될 우려가 없는 제전(除電)장치를 사용

13 부탄(C_4H_{10})이 완전연소하기 위한 화학양론식을 쓰고, 완전연소에 필요한 최소 산소농도를 쓰시오.(단, 부탄의 폭발하한계는 1.6vol%이다.)

해답
(1) 화학양론식 : $2C_4H_{10} + 13O_2 = 8CO_2 + 10H_2O$
(2) 최소산소농도 : MOC = LFL(폭발하한계) × 산소의 양론계수
= LFL(폭발하한계) × 산소몰수/연료몰수
= 1.6 × 13/2 = 10.4[vol%]

14 인간관계의 매커니즘 3가지를 쓰시오.

해답
1. 동일화(Identification)
2. 투사(Projection)
3. 커뮤니케이션(Communication)
4. 모방(Imitation)
5. 암시(Suggestion)

2019년 필답형 기출문제

산업안전기사(2019년 1회)

01 산업안전보건법상 안전보건총괄책임자의 직무 4가지를 쓰시오.

해답
1. 위험성평가의 실시에 관한 사항
2. 산업재해 및 중대재해 발생에 따른 작업의 중지
3. 도급 시 산업재해 예방조치
4. 산업안전보건관리비의 관계수급인 간의 사용에 관한 협의·조정 및 그 집행의 감독
5. 안전인증대상기계등과 자율안전확인대상기계등의 사용 여부 확인

02 화물을 지지하는 달기와이어로프 절단하중이 2,000kg일 때 허용하중을 구하여라.

해답 화물의 하중을 직접 지지하는 달기와이어로프 또는 달기체인의 경우 안전계수가 5 이상이므로,

허용하중 = $\dfrac{절단하중}{안전율} = \dfrac{2,000}{5} = 400\text{kg}$

03 정전기 예방 대책 5가지를 쓰시오.

해답
1. 접지
2. 도전성 재료 사용
3. 가습
4. 제전기 사용
5. 대전 방지제 사용

04 산업용 로봇의 작동범위 내에서 해당 로봇에 대하여 교시 등의 작업을 진행할 경우 해당 로봇의 예기치 못한 작동 또는 오조작에 의한 위험을 방지하기 위한 조치사항 4가지를 쓰시오. (단, 로봇의 예기치 못한 작동 또는 오동작에 의한 위험 방지를 위해 필요한 조치는 예외)

해답
1. 로봇의 조작방법 및 순서
2. 작업 중의 매니퓰레이터의 속도
3. 2명 이상의 근로자에게 작업을 시킬 경우의 신호방법
4. 이상을 발견한 경우의 조치
5. 이상을 발견하여 로봇의 운전을 정지시킨 후 이를 재가동시킬 경우의 조치

05 양립성의 종류 3가지를 쓰시오.

해답
1. 공간 양립성(Spatial Compatibility)
2. 운동 양립성(Movement Compatibility)
3. 개념 양립성(Conceptual Compatibility)
4. 양식 양립성(Modality Compatibility)

06 안전보건규칙에서 보일러의 폭발 사고를 예방하기 위하여 기능이 정상적으로 작동될 수 있도록 유지·관리해야 하는 설비 3가지를 쓰시오.

해답
1. 압력방출장치
2. 압력제한스위치
3. 고저수위 조절장치
4. 화염 검출기

07 특급 방진마스크 사용 장소 2곳을 쓰시오.

해답
1. 베릴륨 등과 같이 독성이 강한 물질들을 함유한 분진 등 발생장소
2. 석면 취급장소

08 A사업장의 도수율이 12였고 지난 한 해 동안 12건의 재해로 인하여 15명의 재해자가 발생하였으며 총 휴업일수는 146일이다. 이 사업장의 강도율을 구하시오. (단, 근로자는 1일 10시간씩 연간 250일을 근무, 총 근로시간은 100만시간)

해답
(1) 도수율 = $\dfrac{12}{근로자\ 수 \times 10시간 \times 250일} \times 1,000,000 = 12$

(2) 근로자 수 = $\dfrac{12}{도수율 \times 10시간 \times 250일} \times 1,000,000 = 400명$

(3) 강도율 = $\dfrac{146 \times \left(\dfrac{250}{365}\right)}{400 \times 10 \times 250} \times 1,000 = 0.1$

09 산업안전보건법에 따라 굴착면에 높이가 2미터 이상이 되는 지반의 굴착방법을 하는 경우 작업장의 지형 지반 및 지층 상태 등에 대한 사전 조사 후 작성하여야 하는 작업계획서에 포함되어야 하는 사항을 4가지만 쓰시오. (단, 기타 안전보건에 관련된 사항은 제외한다.)

해답
1. 굴착방법 및 순서, 토사 반출 방법
2. 필요한 인원 및 장비 사용계획
3. 매설물 등에 대한 이설·보호대책
4. 사업장 내 연락방법 및 신호방법
5. 흙막이 지보공 설치방법 및 계측계획
6. 작업지휘자의 배치계획

10 보일링 현상 방지대책을 3가지 쓰시오. (단, 작업중지, 굴착토 원상 매립은 제외한다.)

해답
1. 흙막이벽 근입깊이 증가
2. 흙막이벽의 차수성 증대
3. 흙막이벽 배면지반 그라우팅 실시
4. 흙막이벽 배면 지하수위 저하

11 사업주는 잠함 또는 우물통의 내부에서 근로자가 굴착작업을 하는 경우 잠함 또는 우물통의 급격한 침하에 의한 위험을 방지하기 위하여 준수하여야 할 사항을 2가지 쓰시오.

해답
1. 침하관계도에 따라 굴착방법 및 재하량 등을 정할 것
2. 바닥으로부터 천장 또는 보까지의 높이는 1.8m 이상으로 할 것

12 다음의 조건에 따라 RMR을 계산하시오.

- 기초 대사량 : 7,000kcal/day
- 작업 시 소비에너지 : 20,000kcal/day
- 안정 시 소비에너지 : 6,000kcal/day

해답
RMR = $\dfrac{(작업\ 시\ 소비에너지 - 안정\ 시\ 소비에너지)}{기초대사\ 시\ 소비에너지}$

= $\dfrac{작업대사량}{기초대사량} = \dfrac{20,000 - 6,000}{7,000} = 2$

13 광원으로부터 2m 거리에서 조도가 150[lux]일 때, 3m 거리에서의 조도는 몇 [lux]인가?

해답
조도 = $\dfrac{광속}{(거리)^2} = \dfrac{600}{(3)^2} = 66.67[lux]$

여기서, 광속 = 조도 × (거리)^2 = 150 × 2^2 = 600[lumen]

14 산업안전보건법상 위험물질의 종류를 5가지 쓰시오.

해답
1. 폭발성 물질 및 유기과산화물
2. 물반응성 물질 및 인화성 고체
3. 산화성 액체 및 산화성 고체
4. 인화성 액체
5. 인화성 가스
6. 부식성 물질
7. 급성 독성 물질

산업안전기사(2019년 2회)

01 산업안전보건법 상 중대재해의 범위 3가지를 쓰시오.

해답
1. 사망자가 1명 이상 발생한 재해
2. 3개월 이상의 요양을 요하는 부상자가 동시에 2명 이상 발생한 재해
3. 부상자 또는 직업성 질병자가 동시에 10명 이상 발생한 재해

02 산업안전보건법상 이동식 크레인에 설치할 방호장치 3가지를 쓰시오.

해답
1. 과부하방지장치
2. 권과방지장치
3. 비상정지장치
4. 제동장치

03 사업장의 재해발생 현황이 아래와 같을 때 도수율 및 강도율을 계산하시오.

- 근로자수 300명
- 휴업일수 288일
- 1년에 280일 근무
- 연간 재해 15건
- 1일 8시간 근무

해답
(1) 도수율 = $\dfrac{\text{재해건수}}{\text{연근로시간}} \times 1,000,000$

$= \dfrac{15}{300 \times 8 \times 280} \times 1,000,000 = 22.32$

(2) 강도율 = $\dfrac{\text{총 근로 손실일수}}{\text{연근로시간}} \times 1,000$

$= \dfrac{288 \times \left(\dfrac{280}{365}\right)}{300 \times 8 \times 280} \times 1,000 = 0.33$

04 다음의 각 업종에 해당하는 안전관리자 최소인원에 대해 쓰시오.

① 펄프제조업 - 상시근로자 600명
② 고무제품제조업 - 상시근로자 300명
③ 통신업 - 상시근로자 500명
④ 건설업 - 공사금액 130억 원

해답
① 2명(상시근로자 500명 이상 : 2명)
② 1명(상시근로자 50명 이상 500명 미만 : 1명)
③ 1명(상시근로자 1천 명 이상 : 2명)
④ 1명(공사금액 120억 원 이상 800억 원 미만 : 1명)

05 위험예지 훈련 4라운드의 진행방식을 쓰시오.

해답
- 제1단계 : 현상파악
- 제2단계 : 본질추구
- 제3단계 : 대책수립
- 제4단계 : 목표설정

06 인체 계측자료를 장비나 설비의 설계에 응용하는 경우에 활용되는 3가지 원칙을 나열하시오.

해답
1. 최대치수와 최소치수
2. 조절범위
3. 평균치를 기준으로 한 설계

07 공기압축기 사용 시 작업시작 전 점검사항을 쓰시오.

해답
1. 공기저장 압력용기의 외관상태
2. 드레인밸브의 조작 및 배수
3. 압력방출장치의 기능
4. 언로드밸브의 기능
5. 윤활유의 상태
6. 회전부의 덮개 또는 울

08 안전보건규칙에서 보일러의 폭발 사고를 예방하기 위하여 기능이 정상적으로 작동될 수 있도록 유지·관리해야 하는 설비 3가지를 쓰시오.

해답
1. 압력방출장치
2. 압력제한스위치
3. 고저수위 조절장치
4. 화염 검출기

09 전기 기계·기구를 설치하는 경우 고려사항을 3가지를 쓰시오.

해답
1. 전기 기계·기구의 충분한 전기적 용량 및 기계적 강도
2. 습기·분진 등 사용 장소의 주위 환경
3. 전기적·기계적 방호수단의 적정성

10 안전모의 성능시험 항목 5가지를 쓰시오.

해답
1. 내관통성 시험
2. 충격흡수성 시험
3. 내전압성 시험
4. 내수성 시험
5. 난연성 시험
6. 턱끈 풀림

11 HAZOP 기법에 사용되는 가이드 워드에 관한 의미를 쓰시오.

> ① AS WELL AS　② PART OF
> ③ OTHER THAN　④ REVERSE

해답
① 성질상의 증가 : 설계 의도 외에 다른 변수가 부가되는 상태
② 성질상의 감소 : 설계 의도대로 완전히 이루어지지 않는 상태
③ 완전한 대체 : 설계 의도대로 설치되지 않거나 운전이 유지되지 않는 상태
④ 설계 의도의 논리적인 역 : 설계 의도의 정반대로 나타나는 상태

12 산업안전보건법령상 다음 경우에 해당하는 양중기의 와이어로프(또는 달기체인)의 안전계수를 빈칸에 써 넣으시오.

> 화물의 하중을 직접 지지하는 달기와이어로프 또는 달기체인의 경우 : ( ) 이상

해답 5

13 LD_{50}에 대하여 설명하시오

해답 LD_{50}이란 Lethal Dose(치명적인 양)의 약자로 실험동물 한 무리(10마리 이상)에서 50%가 죽는 양을 의미한다.

14 산업안전보건법상 안전인증대상 기계ㆍ기구 등이 안전기준에 적합한지를 확인하기 위하여 안전인증기관이 심사하는 심사의 종류 4가지를 쓰시오.

해답
1. 예비심사
2. 서면심사
3. 기술능력 및 생산체계 심사
4. 제품심사

산업안전기사(2019년 3회)

01 산업안전보건위원회의 근로자위원 선임 대상 3가지를 쓰시오.

해답
1. 근로자 대표
2. 근로자대표가 지명하는 1명 이상의 명예감독관
3. 근로자대표가 지명하는 9명 이내의 해당 사업장의 근로자

02 유해ㆍ위험 방지를 위하여 방호조치가 필요한 기계ㆍ기구 5가지를 쓰시오.

해답
1. 예초기　　2. 원심기
3. 공기압축기　4. 금속절단기
5. 지게차　　6. 포장기계

03 달비계에 사용 불가능한 와이어로프 3가지를 쓰시오.

해답
1. 이음매가 있는 것
2. 와이어로프의 한 꼬임에서 끊어진 소선의 수가 10퍼센트 이상인 것
3. 지름의 감소가 공칭지름의 7퍼센트를 초과하는 것
4. 꼬인 것
5. 심하게 변형되거나 부식된 것
6. 열과 전기충격에 의해 손상된 것

04 공정안전보고서 이행 상태의 평가에 관한 내용이다. 다음 ( ) 안에 알맞은 말을 넣으시오.

> 가. 고용노동부장관은 공정안전보고서의 확인 후 1년이 경과한 날부터 (①)년 이내에 공정안전보고서 이행상태의 평가를 해야 한다.
> 나. 이행상태 평가 후 사업주가 재평가를 요청하는 경우 요청한 날로부터 (②)개월 이내 이행상태평가를 할 수 있다.

해답 ① 2년, ② 6

05 안전화 성능기준 항목 4가지를 쓰시오

해답
1. 내압박성 시험　2. 내충격성 시험
3. 박리저항 시험　4. 내답발성 시험

06 인간기계 기능체계, 기본 행동기능 중 ( ) 안에 알맞은 것은?

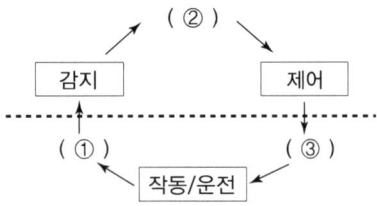

[해답] (① 출력) → 감지 → (② 정보처리 및 보관) → 제어 → (③ 입력) → 작동/운전 → ① 출력)

07 산업안전보건법상 보호구의 안전인증제품에 표시 사항 4가지를 쓰시오(단, 안전인증 번호는 제외한다).

[해답]
1. 형식 또는 모델명
2. 규격 또는 등급 등
3. 제조자명
4. 제조번호 및 제조연월

08 산업안전보건법상 안전보건에 관한 노사협의체 구성에 있어서 근로자위원의 자격을 3가지 쓰시오.

[해답]
1. 도급 또는 하도급 사업을 포함한 전체 사업의 근로자대표
2. 근로자대표가 지명하는 명예산업안전감독관 1명. 다만, 명예산업안전감독관이 위촉되어 있지 않은 경우에는 근로자대표가 지명하는 해당 사업장 근로자 1명
3. 공사금액이 20억 원 이상인 공사의 관계수급인의 각 근로자대표

09 산업안전보건법상 안전보건총괄책임자의 직무 4가지를 쓰시오.

[해답]
1. 위험성평가의 실시에 관한 사항
2. 산업재해 및 중대재해 발생에 따른 작업의 중지
3. 도급 시 산업재해 예방조치
4. 산업안전보건관리비의 관계수급인 간의 사용에 관한 협의·조정 및 그 집행의 감독
5. 안전인증대상기계등과 자율안전확인대상기계등의 사용 여부 확인

10 인간-기계 통합체계 종류 3가지를 쓰시오.

[해답] 1. 수동(시스템), 2. 반자동(시스템), 3. 자동(시스템)

11 안전인증대상 기계·기구 및 설비, 방호장치 또는 보호구에 해당하는 것 4가지를 고르시오.

① 안전대
② 연삭기 덮개
③ 파쇄기
④ 산업용 로봇 안전매트
⑤ 압력용기
⑥ 양중기용 과부하방지장치
⑦ 교류 아크용접기용 자동전격방지기
⑧ 이동식 사다리
⑨ 동력식 수동 대패용 칼날접촉 방지장치
⑩ 용접용 보안면

[해답] ① 안전대, ⑤ 압력용기, ⑥ 양중기용 과부하방지장치, ⑩ 용접용 보안면

12 근로자 안전보건교육 중 정기교육에 포함되어야 할 내용 4가지를 쓰시오.

[해답]
1. 산업안전 및 사고 예방에 관한 사항
2. 산업보건 및 직업병 예방에 관한 사항
3. 건강증진 및 질병 예방에 관한 사항
4. 유해·위험 작업환경 관리에 관한 사항
5. 산업안전보건법령 및 산업재해보상보험 제도에 관한 사항
6. 직무스트레스 예방 및 관리에 관한 사항
7. 직장 내 괴롭힘, 고객의 폭언 등으로 인한 건강장해 예방 및 관리에 관한 사항

13 흙막이 지보공 정기점검 사항 3가지를 쓰시오.

[해답]
1. 부재의 손상·변형·부식·변위 및 탈락의 유무와 상태
2. 버팀대의 긴압의 정도
3. 부재의 접속부·부착부 및 교차부의 상태
4. 침하의 정도

14 동력식 수동대패기 방호장치를 쓰고 방호장치의 종류를 2가지 쓰시오.

[해답] (1) 방호장치 : 날접촉 예방장치
(2) 종류 : 고정식, 가동식

2020년 필답형 기출문제

산업안전기사(2020년 1회)

01 산업안전보건법 상 출입금지표지를 그리고 표지판의 바탕·도형·화살표의 색상을 쓰시오.

해답 1. 출입금지표지:

2. 바탕: 흰색
3. 도형: 빨간색
4. 화살표: 검은색

02 산업안전보건법의 유해위험방지계획서 제출대상 건설공사 종류를 4가지 쓰시오.

해답 1. 지상높이가 31미터 이상인 건축물 또는 인공구조물, 연면적 3만제곱미터 이상인 건축물 또는 연면적 5천제곱미터 이상의 문화 및 집회시설(전시장 및 동물원·식물원은 제외한다), 판매시설, 운수시설(고속철도의 역사 및 집배송시설은 제외한다), 종교시설, 의료시설 중 종합병원, 숙박시설 중 관광숙박시설, 지하도상가 또는 냉동·냉장창고시설의 건설·개조 또는 해체(이하 "건설등"이라 한다)
2. 연면적 5천제곱미터 이상의 냉동·냉장창고시설의 설비공사 및 단열공사
3. 최대 지간길이가 50미터 이상인 교량 건설등 공사
4. 터널 건설등의 공사
5. 다목적댐, 발전용댐 및 저수용량 2천만톤 이상의 용수 전용 댐, 지방상수도 전용 댐 건설 등의 공사
6. 깊이 10미터 이상인 굴착공사

03 곤돌라형 달비계를 설치하는 경우 달기체인을 달비계에 사용할 수 없는 경우 3가지를 쓰시오.

해답 1. 달기 체인의 길이가 달기 체인이 제조된 때의 길이의 5퍼센트를 초과한 것
2. 링의 단면지름이 달기 체인이 제조된 때의 해당 링의 지름의 10퍼센트를 초과하여 감소한 것
3. 균열이 있거나 심하게 변형된 것

04 다음 [보기]의 빈칸을 채우시오.

┤보기├
강도율이란 연 근로시간 (①)시간당 재해로 인해 잃어버린 (②)를 말한다.

해답 ① 1,000, ② 근로 손실일수

05 산업안전보건법상 사업장에 안전보건관리규정을 작성할 때 포함되어야 할 사항을 쓰시오. (단, 일반적인 안전보건에 관한 사항은 제외한다.)

해답 1. 안전 및 보건에 관한 관리조직과 그 직무에 관한 사항
2. 안전보건교육에 관한 사항
3. 작업장의 안전 및 보건 관리에 관한 사항
4. 사고 조사 및 대책 수립에 관한 사항
5. 그 밖에 안전 및 보건에 관한 사항

06 사업주는 비, 눈, 그 밖의 기상상태의 악화로 작업을 중지시킨 후 또는 비계를 조립·해체하거나 변경한 후에 비계에서 작업을 하는 경우 작업 시작하기 전 점검사항 4가지를 쓰시오.

> [해답] 1. 발판재료의 손상 여부 및 부착 또는 걸림 상태
> 2. 해당 비계의 연결부 또는 접속부의 풀림 상태
> 3. 연결재료 및 연결철물의 손상 또는 부식 상태
> 4. 손잡이의 탈락 여부
> 5. 기둥의 침하·변형·변위 또는 흔들림 상태
> 6. 로프의 부착 상태 및 매단장치의 흔들림 상태

07 중량물의 취급 작업계획서 작성 시 포함 내용 3가지를 쓰시오.

> [해답] 1. 추락 위험을 예방할 수 있는 안전대책
> 2. 낙하 위험을 예방할 수 있는 안전대책
> 3. 전도 위험을 예방할 수 있는 안전대책
> 4. 협착 위험을 예방할 수 있는 안전대책
> 5. 붕괴 위험을 예방할 수 있는 안전대책

08 「산업안전보건기준에 관한 규칙」에 따라 누전에 의한 감전의 위험을 방지하기 위해 코드와 플러그를 접속하여 사용하는 전기 기계·기구의 노출된 비충전 금속체에는 접지를 실시하여야 한다. 이에 해당되는 전기·기계 기구 3가지를 쓰시오.

> [해답] 1. 사용전압이 대지전압 150볼트를 넘는 것
> 2. 고정형·이동형 또는 휴대형 전동기계·기구
> 3. 물 또는 도전성이 높은 곳에서 사용하는 전기 기계·기구, 비접지형 콘센트
> 4. 휴대형 손전등
> 5. 수중펌프를 금속제 물탱크 등의 내부에 설치하여 사용하는 경우 그 탱크(이 경우 탱크를 수중펌프의 접지선과 접속하여야 한다.)

09 산업용 로봇작업에 대한 특별교육을 실시할 때 교육내용 4가지를 쓰시오.

> [해답] 1. 로봇의 기본원리·구조 및 작업방법에 관한 사항
> 2. 이상 발생 시 응급조치에 관한 사항
> 3. 안전시설 및 안전기준에 관한 사항
> 4. 조작방법 및 작업순서에 관한 사항

10 다음 빈칸을 채우시오.

> • 사업주는 아세틸렌 용접장치의 아세틸렌 발생기를 설치하는 경우에는 전용의 발생기실에 설치하여야 한다.
> • 발생기실은 건물의 (①)에 위치하여야 하며, 화기를 사용하는 설비로부터 (②)m를 초과하는 장소에 설치하여야 한다.
> • 발생기실을 옥외에 설치한 경우에는 그 개구부를 다른 건축물로부터 (③)m 이상 떨어지도록 하여야 한다.

> [해답] ① 최상층, ② 3, ③ 1.5

11 산업안전보건법에 따라 과압에 다른 폭발을 방지하기 위해 폭발방지 성능과 규격을 갖춘 안전밸브 또는 파열판을 설치해야 하는 경우 3가지를 쓰시오.

> [해답] 1. 압력용기(안지름이 150밀리미터 이하인 압력용기는 제외하며, 압력용기 중 관형 열교환기의 경우에는 관의 파열로 인하여 상승한 압력이 압력용기의 최고사용압력을 초과할 우려가 있는 경우만 해당한다)
> 2. 정변위 압축기
> 3. 정변위 펌프(토출 축에 차단밸브가 설치된 것만 해당한다)
> 4. 배관(2개 이상의 밸브에 의하여 차단되어 대기온도에서 액체의 열팽창에 의하여 파열될 우려가 있는 것으로 한정한다)
> 5. 그 밖의 화학설비 및 그 부속설비로서 해당 설비의 최고사용압력을 초과할 우려가 있는 것

12 A 회사의 전기제품은 10,000시간 동안 10개의 제품에 고장이 발생된다. 이 제품의 수명이 지수분포를 따른다고 할 경우 (1) 고장률과 (2) 900시간 동안 적어도 1개의 제품이 고장 날 확률을 구하시오.

> [해답] (1) 고장률 : λ(평균고장률) = $\dfrac{\text{고장건수}}{\text{총가동시간}} = \dfrac{10}{10,000} = 0.001$
> (2) 900시간 동안 1개의 제품이 고장 날 확률 :
> 신뢰도 $R(t) = e^{-\lambda t} = e^{-0.001 \times 900} = 0.407$
> 고장이 발생할 확률 $F(t) = 1 - R(t) = 1 - 0.407 = 0.593$

13 롤러기 급정지장치 원주 속도와 안전거리를 쓰시오.

- 30m/min 이상 – 앞면 롤러 원주의 (①) 이내
- 30m/min 이하 – 앞면 롤러 원주의 (②) 이내

해답 ① 1/2.5, ② 1/3

14 안전성평가 단계를 순서대로 나열하시오.

1. 정성적 평가
2. 정량적 평가
3. 관계자료의 검토
4. FTA에 의한 재평가
5. 재해정보재평가
6. 안전대책

해답 관계자료의 검토 → 정성적 평가 → 정량적 평가 → 안전대책 → 재해정보재평가 → FTA에 의한 재평가

산업안전기사(2020년 2회)

01 다음 안전보건교육 대상자의 교육종류별 교육시간을 쓰시오.

(1) 안전보건관리책임자 신규교육
(2) 안전보건관리책임자 보수교육
(3) 안전관리자 신규교육
(4) 재해예방전문지도기관의 종사자 보수교육

해답 (1) 안전보건관리책임자 신규교육 : 6시간 이상
(2) 안전보건관리책임자 보수교육 : 6시간 이상
(3) 안전관리자 신규교육 : 34시간 이상
(4) 건설재해예방 전문지도기관의 종사자 보수교육 : 24시간 이상

02 타워크레인의 작업 중지에 관한 내용이다. 빈칸을 채우시오.

- 운전작업을 중지하여야 하는 순간풍속 (①)m/s
- 설치·수리·점검 또는 해체작업을 중지하여야 하는 순간풍속 (②)m/s

해답 ① 15, ② 10

03 다음은 연삭숫돌에 관한 내용이다. 빈칸을 채우시오.

사업주는 연삭숫돌을 사용하는 작업의 경우 작업을 시작하기 전에는 (①) 이상, 연삭숫돌을 교체 한 후에는 (②) 이상 시험운전을 하고 해당 기계에 이상이 있는지를 확인하여야 한다.

해답 ① 1분, ② 3분

04 산업안전보건법에 따라 과압에 다른 폭발을 방지하기 위해 폭발방지 성능과 규격을 갖춘 안전밸브 또는 파열판을 설치해야 하는 경우 3가지를 쓰시오.

(1) 건축물의 기둥 및 보 :
(2) 위험물 저장, 취급 용기의 지지대 :
(3) 배관, 전선관 등의 지지대 :

해답 (1) 건축물의 기둥 및 보 : 지상 1층(지상 1층의 높이가 6[m]를 초과하는 경우에는 6[m])까지
(2) 위험물 저장·취급 용기의 지지대(높이가 30[cm] 이하인 것은 제외함) : 지상으로부터 지지대의 끝 부분까지
(3) 배관·전선관 등의 지지대 : 지상으로부터 1단(1단의 높이가 6[m]를 초과하는 경우에는 6[m])까지

05
접지공사의 종류에서 접지저항 값 및 접지선의 굵기에 대한 설명이다. 빈칸에 알맞은 말을 쓰시오.

종별	접지저항	접지선의 굵기
제1종	(　)Ω 이하	공칭단면적 (　)mm² 이상의 연동선
제2종	(　)Ω 이하	공칭단면적 (　)mm² 이상의 연동선
특별 제3종	(　)Ω 이하	공칭단면적 2.5mm² 이상의 연동선

해답 ('21년 개정) 접지대상에 따라 일괄 적용한 종별접지(1종, 2종, 3종, 특3종) 폐지

06
다음의 양립성에 대하여 사례를 들어 설명하시오.

(1) 공간 양립성   (2) 운동 양립성

해답
(1) 공간 양립성 : 물리적 형태나 공간적인 배치에서 사용자의 기대와 일치하는 것. 예 가스버너에서 오른쪽 조리대는 오른쪽, 왼쪽 조리대는 왼쪽 조절장치로 조정하도록 배치하는 것
(2) 운동 양립성 : 조작장치의 방향과 표시장치의 움직이는 방향이 사용자의 기대와 일치하는 것. 예 자동차 핸들 조작 방향으로 바퀴가 회전하는 것

07
작업장의 연평균 근로자 수는 1,500명이며 연간 재해발생건수가 60건이었다. 이 중 사망이 2건이고 근로손실일수가 1,200일인 경우의 연천인율을 구하시오. (단, 하루 평균 근무시간은 8시간이고, 연간 총 근무일수는 300일이다.)

해답
(1) 연천인율 = 도수율(빈도율) × 2.4 = 16.67 × 2.4 = 40
(2) 도수율 = $\dfrac{\text{연간 재해발생건수}}{\text{연간 총근로시간수}} \times 1,000,000$
$= \dfrac{60}{1,500 \times 8 \times 300} \times 1,000,000 = 16.67$

08
광전자식 방호장치가 설치된 마찰 클러치식 기계프레스에서 급정지시간이 200ms가 되었을 경우 안전거리 mm를 구하시오.

(1) 계산식 :
(2) 답 :

해답
(1) D(안전거리) = 1,600 × T_m = 1,600 × 0.2 = 320[mm],
여기서, T_m = 200[ms] = 0.2초
(2) 320[mm]

09
차광보안경의 사용목적을 3가지 쓰시오.

해답
1. 자외선으로부터 눈의 보호
2. 가시광선으로부터 눈의 보호
3. 적외선으로부터 눈의 보호

10
안전관리자 수를 정수 이상으로 증원하거나 교체·임명할 것을 명할 수 있는 경우 3가지를 쓰시오.

해답
1. 해당 사업장의 연간 재해율이 동종업종 평균재해율의 2배 이상인 경우
2. 중대재해가 연간 2건 이상 발생한 때
3. 관리자가 질병이나 그 밖의 사유로 3개월 이상 직무를 수행할 수 없게 된 경우
4. 특수건강진단 대상 유해인자 중 화학적 인자로 인한 직업성 질병자가 연간 3명 이상 발생한 경우

11
자율검사프로그램의 인정을 취소하거나 인정받은 자율검사프로그램의 내용에 따라 검사를 하도록 하는 등 시정을 명할 수 있는 경우 2가지를 쓰시오.

해답
1. 거짓이나 그 밖의 부정한 방법으로 자율검사프로그램을 인정받은 경우
2. 자율검사프로그램을 인정받고도 검사를 하지 아니한 경우
3. 인정받은 자율검사프로그램의 내용에 따라 검사를 하지 아니한 경우
4. 자격을 가진 자 또는 지정검사기관이 검사를 하지 아니한 경우

12
낙하물 방지망 또는 방호선반을 설치하는 경우이다. 빈칸을 채우시오.

- 높이 (①)m 이내마다 설치하고, 내민 길이는 벽면으로부터 (②)m 이상으로 할 것
- 수평면과의 각도는 (③)도 이상 (④)도 이하를 유지할 것

해답 ① 10, ② 2, ③ 20, ④ 30

13 작업자가 작업장 바닥 기름 때문에 미끄러져 넘어지면서 프레스에 부딪혔다. 이때 (1) 재해 발생 형태, (2) 기인물, (3) 가해물, (4) 불안전한 상태를 쓰시오.

해답 (1) 재해 발생 형태 : 넘어짐(전도)
(2) 기인물 : 기름
(3) 가해물 : 프레스
(4) 불안전한 상태 : 작업장 바닥에 퍼져 있는 기름의 방치

14 다음 FT도에서 컷셋을 모두 구하시오.

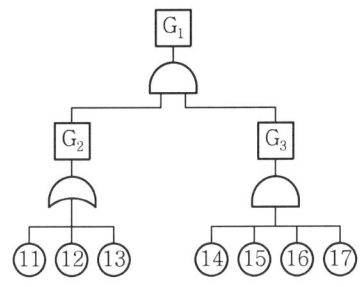

해답 컷셋을 구하기 위해 정상사상에서 하단의 사상으로 AND 게이트는 가로, OR 게이트는 세로로 나열하면

$G_1 = G_2\ G_3 = $ ⑪ ⑭ ⑮ ⑯ ⑰
⑫ ⑭ ⑮ ⑯ ⑰
⑬ ⑭ ⑮ ⑯ ⑰

따라서 컷셋은
[11, 14, 15, 16, 17]
[12, 14, 15, 16, 17]
[13, 14, 15, 16, 17]이 된다.

산업안전기사(2020년 3회)

01 방호조치를 하지 아니하고는 양도·대여·설치 또는 사용에 제공하거나 양도·대여의 목적으로 진열해서는 안 되는 기계·기구 4가지를 쓰시오.

해답 1. 예초기 2. 원심기
3. 공기압축기 4. 금속절단기
5. 지게차 6. 포장기계

02 사업자가 해당 화학설비 또는 부속설비의 용도를 변경하는 경우(사용하는 원재료의 종류를 변경하는 경우를 포함한다) 해당 설비의 점검사항 3가지를 쓰시오.

해답 1. 그 설비 내부에 폭발이나 화재의 우려가 있는 물질이 있는지 여부
2. 안전밸브·긴급차단장치 및 그 밖의 방호장치 기능의 이상 유무
3. 냉각장치·가열장치·교반장치·압축장치·계측장치 및 제어장치 기능의 이상 유무

03 다음 괄호 안에 알맞은 내용을 쓰시오.

- 사업주는 아세틸렌 용접장치의 (①)마다 안전기를 설치하여야 한다. 다만, 주관 및 취관에 가장 가까운 (②)마다 안전기를 부착한 경우에는 그러하지 아니하다.
- 사업주는 가스용기가 발생기와 분리되어 있는 아세틸렌 용접장치에 대하여 (③)와 가스용기 사이에 안전기를 설치하여야 한다.

해답 ① 취관, ② 분기관, ③ 발생기

04 다음에서 미니멀 컷셋을 구하시오.

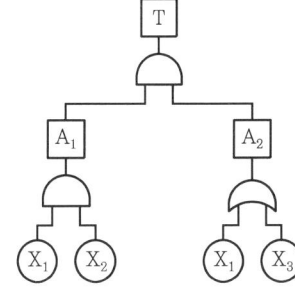

해답 Cut set을 구하기 위해 AND gate는 가로, OR gate는 세로로 표기하면

$T \rightarrow A_1 A_2 \rightarrow X_1 X_2 A_2 \rightarrow$ $X_1 X_2$
$X_1 X_2 X_3$

따라서 최소 컷셋은 {X_1, X_2}이다.

05 어느 건설현장의 지난 한 해 동안 근무상황이 다음과 같은 경우에 종합재해지수(FSI)를 구하시오.

- 상시근로자수 : 500명
- 하루 평균 근로시간 : 8시간
- 1년간 근무일수 : 280일
- 연간 재해발생건수 : 10건
- 휴업일수 : 159일

해답) 도수율 = $\dfrac{\text{재해건수}}{\text{연근로시간수}} \times 1,000,000$

$= \dfrac{10}{500 \times 8 \times 280} \times 1,000,000 = 8.93$

강도율 = $\dfrac{\text{근로 손실일수}}{\text{연근로시간수}} \times 1,000$

$= \dfrac{159 \times \dfrac{280}{365}}{500 \times 8 \times 280} \times 1,000 = 0.11$

종합재해지수 = $\sqrt{\text{도수율} \times \text{강도율}} = \sqrt{8.98 \times 0.11} = 0.99$

06 건축물 해체작업 중 해체계획에 포함되어야 할 항목 4가지를 쓰시오.

해답)
1. 해체의 방법 및 해체순서 도면
2. 가설설비, 방호설비, 환기설비 및 살수·방화설비 등의 방법
3. 사업장 내 연락방법
4. 해체물의 처분계획
5. 해체작업용 기계·기구 등의 작업계획서
6. 해체작업용 화약류 등의 사용계획서
7. 기타 안전·보건에 관련된 사항

07 프레스 등을 사용하여 작업을 할 때 작업시작 전 점검사항 2가지를 쓰시오.

해답)
1. 클러치 및 브레이크의 기능
2. 크랭크축·플라이휠·슬라이드·연결봉 및 연결 나사의 풀림 여부
3. 1행정 1정지기구·급정지장치 및 비상정지장치의 기능
4. 슬라이드 또는 칼날에 의한 위험 방지 기구의 기능
5. 방호장치의 기능
6. 전단기(剪斷機)의 칼날 및 테이블의 상태

08 보일링 현상을 방지하기 위한 대책 3가지를 쓰시오.

해답)
1. 흙막이벽의 근입 깊이 연장
2. 흙막이벽의 차수성 증대
3. 흙막이벽 배면지반 그라우팅
4. 흙막이벽 배면 지하수위 저하
5. 굴착토를 즉시 원상태로 매립

09 누전에 의한 감전위험을 방지하기 위하여 해당 전로의 정격에 적합하고 감도가 양호하며 확실하게 작동하는 감전방지용 누전차단기를 설치하여야 하는 전기 기계·기구를 3가지 쓰시오.

해답)
1. 대지전압이 150V를 초과하는 이동형 또는 휴대형 전기 기계·기구
2. 물 등 도전성이 높은 액체가 있는 습윤장소에서 사용하는 저압용 전기 기계·기구
3. 철판·철골 위 등 도전성이 높은 장소에서 사용하는 이동형 또는 휴대형 전기 기계·기구
4. 임시배선의 전로가 설치되는 장소에서 사용하는 이동형 또는 휴대형 전기 기계·기구

10 거리가 20m일 때 음압수준이 100dB이다. 200m일 때 음압수준(dB)은 얼마인가?

해답) d_1에서 I_1의 단위면적당 출력을 갖는 음은 거리 d_2에서는

$dB_2 = dB_1 - 20\log\left(\dfrac{d_2}{d_1}\right)$,

$\therefore dB_2 = 100 - 20\log\left(\dfrac{200}{20}\right) = 80[dB]$

11 산업안전보건법에서 관리감독자의 안전보건교육 중 정기교육 내용 4가지를 쓰시오.(단, 산업안전보건법 및 일반관리에 관한 사항은 생략할 것)

해답)
1. 산업안전 및 사고 예방에 관한 사항
2. 산업보건 및 직업병 예방에 관한 사항
3. 위험성평가에 관한 사항
4. 유해·위험 작업환경 관리에 관한 사항
5. 산업안전보건법령 및 산업재해보상보험 제도에 관한 사항
6. 직무스트레스 예방 및 관리에 관한 사항
7. 직장 내 괴롭힘, 고객의 폭언 등으로 인한 건강장해 예방 및 관리에 관한 사항
8. 작업공정의 유해·위험과 재해 예방대책에 관한 사항
9. 사업장 내 안전보건관리체제 및 안전·보건조치 현황에 관한 사항
10. 표준안전 작업방법 결정 및 지도·감독 요령에 관한 사항

11. 현장근로자와의 의사소통능력 및 강의능력 등 안전보건교육 능력 배양에 관한 사항
12. 비상시 또는 재해 발생 시 긴급조치에 관한 사항
13. 그 밖의 관리감독자의 직무에 관한 사항

12 다음은 연삭숫돌에 관한 내용이다. 빈칸을 채우시오.

> 사업주는 연삭숫돌을 사용하는 작업의 경우 작업을 시작하기 전에는 (①) 이상, 연삭숫돌을 교체 한 후에는 (②) 이상 시험운전을 하고 해당 기계에 이상이 있는지를 확인하여야 한다.

[해답] ① 1분, ② 3분

13 Fool Proof를 간단히 설명하시오.

[해답] Fool proof : 작업자가 불안전한 행동이나 실수를 해도 기계설비의 안전기능이 작동하여 재해를 방지할 수 있는 기능

14 내전압용 절연장갑의 성능 기준에 있어 각 등급에 대한 최대사용전압을 쓰시오.

등급	최대사용 전압		색상
	교류[V]	직류[V]	
00	500	(①)	갈색
0	(②)	1,500	빨간색
1	7,500	11,250	흰색
2	17,000	25,500	노란색
3	26,500	39,750	녹색
4	(③)	(④)	등색

[해답]

등급	최대사용 전압		색상
	교류[V]	직류[V]	
00	500	① 750	갈색
0	② 1,000	1,500	빨간색
1	7,500	11,250	흰색
2	17,000	25,500	노란색
3	26,500	39,750	녹색
4	③ 36,000	④ 54,000	등색

산업안전기사(2020년 4회)

01 녹십자 표지를 그리고 설명하시오.

[해답]

동그라미 가운데 십자가(+)를 그려 넣고 바탕은 흰색, 기본모형 및 관련 부호는 녹색

02 정전기 예방대책 3가지를 쓰시오.

[해답] 1. 접지 2. 도전성 재료 사용 3. 가습 4. 제전장치 사용
5. 대전 방지제 사용

03 산업안전보건법상 다음 기계ㆍ기구에 설치하여야 할 방호장치를 하나씩 쓰시오.

> (1) 원심기
> (2) 공기압축기
> (3) 금속절단기

[해답] (1) 원심기 : 회전체 접촉 예방장치
(2) 공기압축기 : 압력방출장치
(3) 금속절단기 : 날접촉 예방장치

04 산업안전보건법상 사업주가 관리대상 유해물질을 취급하는 작업장의 보기 쉬운 장소에 항상 고시하거나 부착해야 할 사항 5가지를 쓰시오.

[해답] 1. 관리대상 유해물질의 명칭
2. 인체에 미치는 영향
3. 취급상 주의사항
4. 착용하여야 할 보호구
5. 응급조치와 긴급 방재 요령

05 어느 사업장의 근로자수는 500명이고, 연간 재해발생 건수는 3건이었다. 1인당 근로시간이 연간 3,000시간일 경우 도수율을 구하시오.

해답) 도수율 $= \dfrac{\text{재해건수}}{\text{연근로시간 수}} \times 1,000,000$
$= \dfrac{3}{500 \times 3,000} \times 1,000,000 = 2$

06 [보기] 중에서 인간과오 불안전 분석가능 도구를 4가지 쓰시오.

| 보기 |
| ① FTA ② ETA |
| ③ HAZOP ④ THERP |
| ⑤ CA ⑥ FMEA |
| ⑦ PHA ⑧ MORT |

해답) ① FTA, ② ETA, ④ THERP, ⑥ FMEA

07 타워크레인을 설치·조립·해체하는 작업 시 포함하여야 할 작업계획서의 내용 4가지를 쓰시오.

해답) 1. 타워크레인의 종류 및 형식
2. 설치·조립 및 해체 순서
3. 작업도구·장비·가설설비 및 방호설비
4. 작업인원의 구성 및 작업근로자의 역할 범위
5. 타워크레인 지지방법

08 산업안전보건법 안전보건교육 중 신규 채용 시 및 작업내용 변경 시의 교육내용 3가지를 쓰시오. (단, 산업안전보건법령 및 일반관리에 관한 사항은 제외)

해답) 1. 산업안전 및 사고 예방에 관한 사항
2. 산업보건 및 직업병 예방에 관한 사항
3. 산업안전보건법령 및 산업재해보상보험 제도에 관한 사항
4. 직무스트레스 예방 및 관리에 관한 사항
5. 직장 내 괴롭힘, 고객의 폭언 등으로 인한 건강장해 예방 및 관리에 관한 사항
6. 기계·기구의 위험성과 작업의 순서 및 동선에 관한 사항
7. 작업 개시 전 점검에 관한 사항
8. 정리정돈 및 청소에 관한 사항
9. 사고 발생 시 긴급조치에 관한 사항
10. 물질안전보건자료에 관한 사항

09 다음 해당하는 방폭구조의 기호를 쓰시오.

(1) 내압방폭구조
(2) 충전방폭구조

해답) (1) 내압방폭구조 : EX d, (2) 충전방폭구조 : EX q

10 다음 사업장의 강도율을 구하시오

① 근로자 수 : 400명 ② 1일 작업시간 : 8시간
③ 연간 근무일수 : 250일 ④ 재해건수 : 2건
⑤ 근로 손실일수 : 100일

해답) 강도율 $= \dfrac{\text{근로 손실일수}}{\text{연근로시간수}} \times 1,000 = \dfrac{100}{400 \times 8 \times 250} \times 1,000$
$= 0.125$

11 거푸집의 설치·해체, 철근 조립, 콘크리트 타설, 콘크리트 면처리 작업 등을 위하여 거푸집을 작업발판과 일체로 제작하여 사용하는 일체형 거푸집의 종류 4가지를 쓰시오.

해답) 1. 갱 폼 2. 슬립 폼 3. 클라이밍 폼 4. 터널 라이닝 폼

12 안전보건규칙에서 안전밸브 대신 파열판을 설치해야 하는 경우 2가지를 쓰시오.

해답) 1. 반응 폭주 등 급격한 압력 상승 우려가 있는 경우
2. 급성 독성물질의 누출로 인하여 주위의 작업환경을 오염시킬 우려가 있는 경우
3. 운전 중 안전밸브에 이상 물질이 누적되어 안전밸브가 작동되지 아니할 우려가 있는 경우

2021년 필답형 기출문제

산업안전기사(2021년 1회)

01 용접작업자가 전압이 300V인 충전 부분에 물에 젖은 손이 접촉·감전되어 사망하였다. 이때 인체에 통전된 심실세동전류(mA)와 통전시간(ms)를 계산하시오. (단, 인체의 저항은 1,000[Ω]으로 한다.)

(1) 전류   (2) 통전시간

해답 (1) 전류 $I = \dfrac{V}{R} = \dfrac{300}{40} = 7.5[A] = 7,500[mA]$

여기서, $V=300[V]$, $R = \dfrac{1,000}{25} = 40[Ω]$(손이 물에 젖으면 1/25 감소)

(2) 통전시간 $I = \dfrac{165}{\sqrt{T}}[mA]$,

$T = \dfrac{165^2}{7,500^2} = 0.000484[s] = 0.48[ms]$

02 산업안전보건법상 근로자 안전보건교육 중 채용 시의 교육 및 작업내용 변경 시 교육의 내용을 4가지 쓰시오.

해답
1. 산업안전 및 사고 예방에 관한 사항
2. 산업보건 및 직업병 예방에 관한 사항
3. 산업안전보건법령 및 산업재해보상보험 제도에 관한 사항
4. 직무스트레스 예방 및 관리에 관한 사항
5. 직장 내 괴롭힘, 고객의 폭언 등으로 인한 건강장해 예방 및 관리에 관한 사항
6. 기계·기구의 위험성과 작업의 순서 및 동선에 관한 사항
7. 작업 개시 전 점검에 관한 사항
8. 정리정돈 및 청소에 관한 사항
9. 사고 발생 시 긴급조치에 관한 사항
10. 물질안전보건자료에 관한 사항

03 유해·위험한 기계·기구의 방호조치 중 롤러기의 방호장치를 쓰고 ( ) 안에 알맞은 내용을 쓰시오.

방호장치	(①)
손으로 조작하는 것	밑면으로부터 (②)m 이내
복부로 조작하는 것	밑면으로부터 (③)m 이상, (④)m 이내
무릎으로 조작하는 것	밑면으로부터 (⑤)m 이상, (⑥)m 이내

해답 ① 급정지장치, ② 1.8, ③ 0.8, ④ 1.1, ⑤ 0.4, ⑥ 0.6

04 K 사업장의 연평균 근로자 수 100명 작업 시 사망자가 1명, 12급 1명, 14급 1명이 발생되고, 연간 휴업일수가 38일일 때, 강도율을 구하시오. (근로시간은 1일 8시간, 연간 300일 근무)

해답 (1) 사망 및 영구전노동불능(장애등급 1~3급) : 7,500일
(2) 영구일부노동불능(4~14등급)

등급	4	5	6	7	8	9	10	11	12	13	14
일수	5500	4000	3000	2200	1500	1000	600	400	200	100	50

(3) 강도율 $= \dfrac{\text{근로 손실일수}}{\text{연근로시간수}} \times 1,000$

$= \dfrac{(7,500+200+50)+\left(38 \times \dfrac{300}{365}\right)}{100 \times 8 \times 300} \times 1,000 = 32.422$

05
가설통로의 설치기준에 관한 사항이다. 빈칸을 채우시오.

- 경사가 (①)도를 초과할 경우 미끄러지지 아니하는 구조로 할 것
- 수직갱에 가설된 통로의 길이가 15m 이상일 경우 (②)m 이내마다 계단참을 설치
- 건설공사에 사용하는 높이 8m 이상인 비계다리에는 (③)m 이내마다 계단참을 설치

해답 ① 15, ② 10, ③ 7

06
보호구 안전인증 고시에 따른, 방진마스크의 시험성능 기준 4가지를 쓰시오.

해답 방진마스크 시험성능 기준
안면부 흡기저항, 여과재 분진 등 포집효율, 안면부 배기저항, 안면부 누설율, 배기밸브 작동, 시야, 강도, 신장율 및 영구 변형율, 불연성, 음성전달판, 투시부의 내충격성, 여과재 질량, 여과재 호흡저항, 안면부 내부의 이산화탄소 농도

07
인체에 해로운 분진, 흄(Fume), 미스트(Mist), 증기 또는 가스 상태의 물질을 배출하기 위하여 설치하는 국소배기장치의 후드 설치 시 준수사항 4가지를 쓰시오.

해답 후드 설치 시 준수사항
1. 유해물질이 발생하는 곳마다 설치
2. 유해인자 발생형태, 비중, 작업방법 등을 고려하여 해당 분진 등의 발산원을 제어할 수 있는 구조로 설치할 것
3. 후드(Hood) 형식은 가능하면 포위식 또는 부스식 후드를 설치할 것
4. 외부식 또는 리시버식 후드는 해당 분진 등의 발산원에 가장 가까운 위치에 설치할 것

08
공정안전보고서에 포함되어야 할 사항 4가지를 쓰시오.

해답
1. 공정안전자료
2. 공정위험평가서 및 잠재위험에 대한 사고예방·피해 최소화 대책
3. 안전운전계획
4. 비상조치계획
5. 그 밖에 공정상의 안전과 관련하여 고용노동부장관이 필요하다고 인정하여 고시하는 사항

09
FT도 작성순서를 번호대로 쓰시오.

| 가. FT도 작성 | 나. 재해원인 규명 |
| 다. TOP 사상의 선정 | 라. 개선계획 작성 |

해답 다 → 나 → 가 → 라

10
산업안전보건법에서는 작업장의 각 작업별로 조도기준을 정하고 있다. ( ) 안에 알맞은 조도기준을 쓰시오.

초정밀작업	정밀작업	보통작업	그 밖의 작업
(①) LUX 이상	(②) LUX 이상	(③) LUX 이상	(④) LUX 이상

해답 ① 750, ② 300, ③ 150, ④ 75

11
산업안전보건법상 노·사 협의체 설치 대상 건설공사 규모와 정기회의 개최주기를 쓰시오.

(1) 설치 건설공사 규모   (2) 정기회의 개최주기

해답
(1) 설치 건설공사 규모 : 공사금액 120억 원 이상(토목공사업의 경우에는 150억 원 이상)
(2) 정기회의 개최주기 : 2개월

12
연삭작업 시 숫돌의 파괴원인 4가지를 기술하시오.

해답
1. 숫돌에 균열이 있는 경우
2. 숫돌이 고속으로 회전하는 경우
3. 고정할 때 불량하게 되어 국부만을 과도하게 가압하는 경우 또는 축과 숫돌과의 여유가 전혀 없어서 축이 팽창하여 균열이 생기는 경우
4. 무거운 물체가 충돌했을 때
5. 숫돌의 측면을 일감으로서 심하게 가압했을 경우

13 공사용 가설도로를 설치하는 경우에 준수하여야 할 사항 3가지를 쓰시오.

해답
1. 도로는 장비와 차량이 안전하게 운행할 수 있도록 견고하게 설치할 것
2. 도로와 작업장이 접하여 있을 경우에는 울타리 등을 설치할 것
3. 도로는 배수를 위하여 경사지게 설치하거나 배수시설을 설치할 것
4. 차량의 속도제한 표지를 부착할 것

14 하인리히의 도미노 이론 5단계 및 아담스 이론 5단계를 쓰시오.

(1) 하인리히의 도미노 이론 5단계
(2) 아담스의 이론 5단계

해답
(1) 하인리히 5단계
 • 제1단계 : 사회적 환경 및 유전적 요소 : 기초원인
 • 제2단계 : 개인의 결함 : 간접원인
 • 제3단계 : 불안전한 행동 및 불안전한 상태 : 직접원인 → 제거 (효과적임)
 • 제4단계 : 사고
 • 제5단계 : 재해
(2) 아담스 5단계
 • 제1단계 : 관리구조
 • 제2단계 : 작전적 에러
 • 제3단계 : 전술적 에러
 • 제4단계 : 사고
 • 제5단계 : 상해

산업안전기사(2021년 2회)

01 산업안전보건법령상 연삭기 덮개의 시험방법 중 연삭기 작동시험 확인사항으로 다음 (   ) 안에 알맞은 내용을 쓰시오.

• 연삭 (①)과 덮개의 접촉 여부
• 탁상용 연삭기는 덮개, (②) 및 (③) 부착상태의 적합성 여부

해답 ① 숫돌, ② 워크레스트, ③ 조정편

02 그림을 보고 전체의 신뢰도를 0.85로 설계하고자 할 때 부품 R_x의 신뢰도를 구하시오.

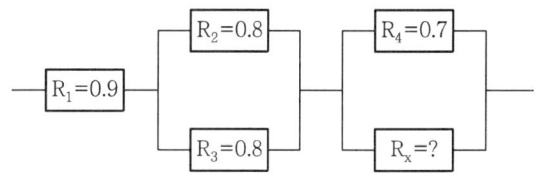

해답 $0.85 = 0.9 \times \{1-(1-0.8)(1-0.8)\} \times \{1-(1-0.7)(1-R_x)\}$
그러므로 $R_x = 0.95$

03 다음 [보기]의 건설업 산업안전보건관리비를 계산하시오.

보기
• 건축공사
 − 재료비 : 25억 원
 − 관급 재료비 : 3억 원
 − 직접노무비 : 10억 원
 − 관리비(간접비 포함) : 10억 원
 − 산업안전보건관리비 법적요율 : 1.86%
 − 산업안전보건관리비 기초액 : 5,349,000원

해답
• 산업안전보건관리비
 = {(관급재료비 + 재료비 + 직접노무비)} × 요율[%] + 기초액
 = (3 + 25 + 10) × 100,000,000 × 0.0186 + 5,349,000
 = 76,029,000원

• 산업안전보건관리비
 = {대상액(재료비 + 직접노무비)} × 요율[%] × 1.2
 = (25 + 10) × 100,000,000 × 0.0186 × 1.2
 = 78,120,000원
이 중 작은 것을 선택하면, 76,029,000원이다.

04 산업안전보건법에서 관리감독자의 안전보건교육 중 정기교육의 내용을 4가지 쓰시오.

해답
1. 산업안전 및 사고 예방에 관한 사항
2. 산업보건 및 직업병 예방에 관한 사항
3. 위험성평가에 관한 사항
4. 유해·위험 작업환경 관리에 관한 사항
5. 산업안전보건법령 및 산업재해보상보험 제도에 관한 사항
6. 직무스트레스 예방 및 관리에 관한 사항

7. 직장 내 괴롭힘, 고객의 폭언 등으로 인한 건강장해 예방 및 관리에 관한 사항
8. 작업공정의 유해·위험과 재해 예방대책에 관한 사항
9. 사업장 내 안전보건관리체제 및 안전·보건조치 현황에 관한 사항
10. 표준안전 작업방법 결정 및 지도·감독 요령에 관한 사항
11. 현장근로자와의 의사소통능력 및 강의능력 등 안전보건교육 능력 배양에 관한 사항
12. 비상시 또는 재해 발생 시 긴급조치에 관한 사항
13. 그 밖의 관리감독자의 직무에 관한 사항

05 하인리히 재해 구성 비율 1 : 29 : 300의 법칙의 의미에 대하여 설명하시오.

해답) 330회의 사고 가운데 중상 또는 사망 1회, 경상 29회, 무상해사고 300회의 비율로 사고가 발생

06 산업안전보건기준에 관한 규칙상 사업주가 근로자의 위험을 방지하기 위하여 차량계 하역운반기계 등을 사용하는 작업 시 작성하고 그에 따라 작업을 하도록 하여야 하는 작업계획서의 내용 2가지를 쓰시오.

해답) 1. 해당 작업에 따른 추락·낙하·전도·협착 및 붕괴 등의 위험에 대한 예방대책
2. 차량계 하역운반기계 등의 운행경로 및 작업방법

07 근로자 500명인 사업장에서 연간 52주(주당 근로시간 : 48시간)작업으로 5건의 재해가 발생하였다. 단, 결근율이 7%일 때 도수율은 얼마인가?

해답) 도수율(F.R) = $\dfrac{재해건수}{연간총근로시간수} \times 1,000,000$
= $\dfrac{5}{(500 \times 48 \times 52 \times 0.93)} \times 1,000,000 = 4.308$

08 기체의 조성비가 아세틸렌 70%, 클로로벤젠 30%일 때 아세틸렌의 위험도와 혼합기체의 폭발하한계를 구하시오. (단, 아세틸렌 폭발범위 2.5~81, 클로로벤젠 폭발범위 1.3~7.1이다.)

해답) **위험도 및 폭발한계**
① 아세틸렌의 위험도
$H = \dfrac{UFL - LFL}{LFL}$

여기서, UFL : 연소 상한값, LFL : 연소 하한값, H : 위험도
∴ $H = \dfrac{81 - 2.5}{2.5} = 31.40$

② 혼합기체 폭발하한계 : 르샤틀리에 법칙 이용
$L = \dfrac{100}{\dfrac{V_1}{L_1} + \dfrac{V_2}{L_2} + \cdots + \dfrac{V_n}{L_n}}$

여기서, L : 혼합가스의 폭발한계(%) – 폭발상한, 폭발하한 모두 적용 가능
$L_1, L_2, L_3, \cdots, L_n$: 각 성분가스의 폭발한계(%) – 폭발상한계, 폭발하한계
$V_1, V_2, V_3, \cdots, V_n$: 전체 혼합가스 중 각 성분가스의 비율(%) – 부피 비
∴ 혼합가스의 폭발하한계
$L = \dfrac{100}{\dfrac{70}{2.5} + \dfrac{30}{1.3}} = 1.957 ≒ 1.96(\%)$

09 위험장소 경고표지를 그리고 표시 색을 표현하시오.

해답) • 바탕 : 노란색
• 기본모형·관련부호·그림 : 검은색

위험장소경고

10 안전보건규칙에서 비계(달비계, 달대비계 및 말비계는 제외한다)의 높이가 2m 이상인 작업장소에 설치해야 하는 작업발판과 관련하여 다음 빈칸에 알맞은 내용을 쓰시오.

1. 발판재료는 작업할 때의 하중을 견딜 수 있도록 견고한 것으로 할 것
2. 작업발판의 폭은 (①)cm 이상으로 하고, 발판재료 간의 틈은 (②)cm 이하로 할 것. 다만, 외줄비계의 경우에는 고용노동부장관이 별도로 정하는 기준에 따른다.
3. 추락의 위험이 있는 장소에는 (③)을 설치할 것

해답) ① 40, ② 3, ③ 안전난간

11 안전보건규칙에서 크레인을 사용하여 작업할 때 작업 시작 전 점검사항 3가지를 쓰시오.

> 해답 1. 권과방지장치·브레이크·클러치 및 운전장치의 기능
> 2. 주행로의 상측 및 트롤리(trolley)가 횡행하는 레일의 상태
> 3. 와이어로프가 통하고 있는 곳의 상태

12 다음의 양립성에 대하여 사례를 들어 설명하시오.

> (1) 공간 양립성   (2) 운동 양립성

> 해답 (1) 공간 양립성 : 물리적 형태나 공간적인 배치에서 사용자의 기대와 일치하는 것
> 예 가스버너에서 오른쪽 조리대는 오른쪽, 왼쪽 조리대는 왼쪽 조절장치로 조정하도록 배치하는 것
> (2) 운동 양립성 : 조작장치의 방향과 표시장치의 움직이는 방향이 사용자의 기대와 일치하는 것
> 예 자동차 핸들 조작방향으로 바퀴가 회전하는 것

13 화물의 낙하에 인하여 지게차 운전자에게 위험을 미칠 우려가 있는 작업장에서 사용되는 지게차의 헤드가드가 갖추어야 할 사항이다. 빈칸을 채우시오.

> (1) 강도는 지게차의 최대하중의 (①)배의 값의 등분포정하중에 견딜 수 있을 것
> (2) 상부틀의 각 개구의 폭 또는 길이가 (②)cm 미만일 것

> 해답 ① 2, ② 16

14 충전전로에 대한 접근 한계거리를 쓰시오.

> ① 380V   ② 1.5kV
> ③ 6.6kV   ④ 22.9kV

> 해답 ① 30cm, ② 45cm, ③ 60cm, ④ 90cm

산업안전기사(2021년 3회)

01 산업안전보건법의 유해위험방지계획서 제출대상 건설공사 종류를 4가지 쓰시오.

> 해답 1. 최대 지간(支間) 길이(다리의 기둥과 기둥의 중심사이의 거리)가 50미터 이상인 다리의 건설등 공사
> 2. 터널의 건설등 공사
> 3. 다목적댐, 발전용댐, 저수용량 2천만톤 이상의 용수 전용 댐 및 지방상수도 전용 댐의 건설등 공사
> 4. 깊이 10미터 이상인 굴착공사
> 5. 지상높이가 31미터 이상인 건축물 또는 인공구조물의 건설·개조 또는 해체 공사
> 6. 연면적 3만 제곱미터 이상인 건축물의 건설·개조 또는 해체 공사
> 7. 연면적 5천 제곱미터 이상인 시설로서 다음의 어느 하나에 해당하는 시설
> 8. 연면적 5천 제곱미터 이상인 문화 및 집회시설(전시장 및 동물원·식물원은 제외한다)의 건설·개조 또는 해체 공사
> 9. 연면적 5천 제곱미터 이상인 판매시설, 운수시설(고속철도의 역사 및 집배송시설은 제외한다)의 건설·개조 또는 해체 공사
> 10. 연면적 5천 제곱미터 이상인 종교시설의 건설·개조 또는 해체 공사
> 11. 연면적 5천 제곱미터 이상인 의료시설 중 종합병원의 건설·개조 또는 해체 공사
> 12. 연면적 5천 제곱미터 이상인 숙박시설 중 관광숙박시설의 건설·개조 또는 해체 공사
> 13. 연면적 5천 제곱미터 이상인 지하도상가의 건설·개조 또는 해체 공사
> 14. 연면적 5천 제곱미터 이상인 냉동·냉장 창고시설의 건설·개조 또는 해체 공사
> 15. 연면적 5천 제곱미터 이상인 냉동·냉장 창고시설의 설비공사 및 단열공사

02 산업용 로봇의 작동범위 내에서 해당 로봇에 대하여 교시 등의 작업을 진행할 경우 해당 로봇의 예기치 못한 작동 또는 오조작에 의한 위험을 방지하기 위한 조치사항 4가지를 쓰시오. (단, 로봇의 예기치 못한 작동 또는 오동작에 의한 위험 방지를 위해 필요한 조치는 예외)

> 해답 1. 로봇의 조작방법 및 순서
> 2. 작업 중의 매니퓰레이터의 속도
> 3. 2명 이상의 근로자에게 작업을 시킬 경우의 신호방법
> 4. 이상을 발견한 경우의 조치
> 5. 이상을 발견하여 로봇의 운전을 정지시킨 후 이를 재가동시킬 경우의 조치

03 안전난간 구조에 대한 설명 중 빈칸에 들어갈 내용을 쓰시오.

- 상부난간대 : 바닥면 · 발판 또는 경사로의 표면으로부터 (①)cm 이상
- 난간대 : 지름 (②)cm 이상 금속제 파이프
- 하중 : (③)kg 이상 하중에 견딜 수 있는 튼튼한 구조

[해답] ① 90, ② 2.7, ③ 100

04 산업안전보건법령상 용융고열물을 취급하는 설비를 내부에 설치한 건축물에 대하여 수증기 폭발을 방지하기 위하여 사업주가 해야 하는 조치 2가지를 쓰시오

[해답]
1. 바닥은 물이 고이지 아니하는 구조로 할 것
2. 지붕 · 벽 · 창 등은 빗물이 새어들지 아니하는 구조로 할 것

05 화물의 낙하로 인하여 지게차 운전자에게 위험을 미칠 우려가 있는 작업장에서 사용되는 지게차의 헤드가드가 갖추어야 할 사항이다. 빈칸을 채우시오.

(1) 강도는 지게차의 최대하중의 (①)배의 값의 등분포정 하중에 견딜 수 있을 것
(2) 상부틀의 각 개구의 폭 또는 길이가 (②)cm 미만일 것

[해답] ① 2, ② 16

06 산업안전보건기준에 관한 규칙에서 누전에 의한 감전의 위험을 방지하기 위해 접지를 실시하는 코드와 플러그를 접속하여 사용하는 전기기계 · 기구를 3가지 쓰시오.

[해답]
1. 사용전압이 대지전압 150볼트를 넘는 전기기계 · 기구
2. 냉장고 · 세탁기 · 컴퓨터 및 주변기기 등과 같은 고정형 전기기계 · 기구
3. 고정형 · 이동형 또는 휴대형 전동기계 · 기구
4. 물 또는 도전성이 높은 곳에서 사용하는 전기기계 · 기구, 비접지형 콘센트
5. 휴대형 손전등

07 시스템 위험성 평가 (MIL-STD-882B)의 위험강도 분류 4가지를 쓰시오.

[해답]
- 1단계 : 파국적(catastrophic)
- 2단계 : 위기적(critical)
- 3단계 : 한계적(marginal)
- 4단계 : 무시가능(negligible)

08 선반 작업에 대해 정밀작업 기준으로 조명을 설치해야 한다면 안전보건규칙상 적정 조도기준은 몇 lux인지 쓰시오.

[해답] 300 럭스(Lux) 이상

09 근로자 수 500명, 1일 9시간 작업, 연간 300일 근로하는 동안 8건의 재해가 발생하였으며, 총 휴업일수가 300일이었다. 종합재해지수(FSI)를 구하시오.

[해답] 종합재해지수 $FSI = \sqrt{도수율(FR) \times 강도율(SR)}$

(1) 빈도율(F.R) = $\dfrac{재해건수}{연간총근로시간수} \times 1,000,000$

= $\dfrac{8}{500 \times 9 \times 300} \times 10^6 ≒ 5.926$

(2) 강도율(S.R) = $\dfrac{근로 손실일수}{연간총근로시간수} \times 1,000$

= $\dfrac{300 \times \left(\dfrac{300}{365}\right)}{500 \times 9 \times 300} \times 1,000 ≒ 0.183$

∴ 종합재해지수(SFI) = $\sqrt{5.9259 \times 0.1826} = 1.04$

10 분리식 방진마스크의 포집효율을 쓰시오.

형태 및 등급		염화나트륨(NaCl) 및 파라핀 오일(Paraffin oil) 시험(%)
분리식	특급	(①) 이상
	1급	(②) 이상
	2급	(③) 이상

[해답] ① 99.95, ② 94, ③ 80

11 산업안전보건위원회의 회의록 작성 시 기록사항을 3가지 쓰시오.

해답 1. 개최 일시 및 장소   2. 출석위원
3. 심의 내용 및 의결·결정 사항

12 가스장치실을 설치하는 경우 고려하여야 하는 구조 3가지를 쓰시오.

해답 1. 가스가 누출된 경우에는 그 가스가 정체되지 않도록 할 것
2. 지붕과 천장에는 가벼운 불연성 재료를 사용할 것
3. 벽은 불연성 재료를 사용할 것

13 곤돌라형 달비계를 설치하는 경우 달기체인을 달비계에 사용할 수 없는 경우 3가지를 쓰시오.

해답 1. 달기체인의 길이가 달기 체인이 제조된 때의 길이의 5%를 초과한 것
2. 링의 단면지름이 달기 체인이 제조된 때의 해당 링의 지름의 10%를 초과하여 감소한 것
3. 균열이 있거나 심하게 변형된 것

14 인간의 주의에 관한 특성에 대하여 설명하시오.

(1) 선택성   (2) 변동성   (3) 방향성

해답 (1) 선택성 : 여러 종류의 자극을 지각할 때 소수의 특정한 것에 한하여 선택한다.
(2) 변동성 : 인간은 한 점에 계속하여 주의를 집중할 수는 없으며 주의에는 주기적으로 부주의적 리듬이 존재한다.
(3) 방향성 : 시선의 초점이 맞았을 때 쉽게 인지된다.

2022년 필답형 기출문제

산업안전기사(2022년 1회)

01 산업안전보건법령상 건설공사에 대한 내용으로 다음 빈칸을 채우시오.

- 총공사금액이 (①) 이상 건설공사의 건설공사발주자는 산업재해 예방을 위하여 건설공사의 계획, 설계 및 시공단계에서 다음 각 호의 구분에 따른 조치를 하여야 한다.
- 건설공사 계획단계 : 해당 건설공사에서 중점적으로 관리하여야 할 유해·위험요인과 이의 감소방안을 포함한 기본안전보건대장을 작성할 것
- 건설공사 설계단계 : 제1호에 따른 (②)을/를 설계자에게 제공하고, 설계자로 하여금 유해·위험요인의 감소방안을 포함한 (③)을/를 작성하게 하고 이를 확인할 것
- 건설공사 시공단계 : 건설공사발주자로부터 건설공사를 최초로 도급받은 수급인에게 제2호에 따른 설계안전보건대장을 제공하고, 그 수급인에게 이를 반영하여 안전한 작업을 위한 (④)을/를 작성하게 하고 그 이행 여부를 확인할 것

해답 ① 50억 원, ② 기본안전보건대장, ③ 설계안전보건대장, ④ 공사안전보건대장

02 다음 괄호 안에 알맞은 내용을 쓰시오.

- 사업주는 아세틸렌 용접장치의 (①)마다 안전기를 설치하여야 한다. 다만, 주관 및 취관에 가장 가까운 (②)마다 안전기를 부착한 경우에는 그러하지 아니하다.
- 사업주는 가스용기가 발생기와 분리되어 있는 아세틸렌 용접장치에 대하여 (③)와/과 가스용기 사이에 안전기를 설치하여야 한다.

해답 ① 취관, ② 분기관, ③ 발생기

03 화물을 지지하는 달기와이어로프 절단하중이 2,000kg일 때 허용하중을 구하여라.

해답 화물의 하중을 직접 지지하는 달기와이어로프 또는 달기체인의 경우 안전계수가 5 이상이므로

허용하중 = $\dfrac{\text{절단하중}}{\text{안전율}} = \dfrac{2,000}{5} = 400\text{kg}$이다.

04 산업안전보건법상 안전인증대상 보호구를 3가지 쓰시오.

해답
1. 추락 및 감전 위험방지용 안전모
2. 안전화
3. 안전장갑
4. 방진마스크
5. 방독마스크
6. 송기마스크
7. 전동식 호흡보호구
8. 보호복
9. 안전대
10. 차광(遮光) 및 비산물(飛散物) 위험방지용 보안경
11. 용접용 보안면
12. 방음용 귀마개 또는 귀덮개

05 2m 거리에서 조도가 120lux라면 3m 떨어진 지점의 조도를 계산하시오.

해답
- 광도(lumen) = 조도 × 거리^2 = 120lux × 2m^2 = 480lumen
- 조도(lux) = $\dfrac{\text{광속(lumen)}}{\text{거리}^2} = \dfrac{480\text{lumen}}{3\text{m}^2} = 53.33\text{lux}$

06 방호조치를 하지 아니하고는 양도·대여·설치 또는 사용에 제공하거나 양도·대여의 목적으로 진열해서는 안 되는 기계·기구 4가지를 쓰시오.

> 해답
> 1. 예초기
> 2. 원심기
> 3. 공기압축기
> 4. 금속절단기
> 5. 지게차
> 6. 포장기계(진공포장기, 랩핑기로 한정한다.)

07 타워크레인을 설치·조립·해체하는 작업 시 포함하여야 할 작업계획서의 내용 3가지를 쓰시오.

> 해답
> 1. 타워크레인의 종류 및 형식
> 2. 설치·조립 및 해체 순서
> 3. 작업도구·장비·가설설비 및 방호설비
> 4. 작업 인원의 구성 및 작업근로자의 역할 범위
> 5. 타워크레인 지지방법

08 연간 평균 작업자수는 4,000명인 사업장에서 사고사망자가 1명 발생했을 때 사고사망만인율을 구하시오.

> 해답
> $$\text{사고사망만인율} = \frac{\text{연간사고사망자수}}{\text{연간 평균작업자수}} \times 10,000$$
> $$= \frac{1}{4,000} \times 10,000 = 2.5$$

09 산업안전보건법령상 사다리식 통로 등을 설치하는 경우 사업주의 준수사항을 5가지 쓰시오.

> 해답
> 1. 견고한 구조로 할 것
> 2. 심한 손상·부식 등이 없는 재료를 사용할 것
> 3. 발판의 간격은 일정하게 할 것
> 4. 발판과 벽과의 사이는 15cm 이상의 간격을 유지할 것
> 5. 폭은 30cm 이상으로 할 것
> 6. 사다리가 넘어지거나 미끄러지는 것을 방지하기 위한 조치를 할 것
> 7. 사다리의 상단은 걸쳐놓은 지점으로부터 60cm 이상 올라가도록 할 것

10 산업안전보건법령상 근로자가 작업이나 통행 등으로 인하여 전기기계, 기구 또는 전로 등의 충전부분에 접촉하거나 접근함으로써 감전 위험이 있는 충전부분에 대하여 감전을 방지하기 위하여, 사업주가 해야 하는 방호 조치(직접접촉에 의한 감전방지대책)를 4가지 쓰시오.

> 해답
> 1. 충전부가 노출되지 않도록 폐쇄형 외함이 있는 구조로 할 것
> 2. 충전부에 충분한 절연효과가 있는 방호망이나 절연덮개를 설치할 것
> 3. 충전부는 내구성이 있는 절연물로 완전히 덮어 감쌀 것
> 4. 발전소·변전소 및 개폐소 등 구획되어 있는 장소로서 관계 근로자가 아닌 사람의 출입이 금지되는 장소에 충전부를 설치하고, 위험표시 등의 방법으로 방호를 강화할 것
> 5. 전주 위 및 철탑 위 등 격리되어 있는 장소로서 관계 근로자가 아닌 사람이 접근할 우려가 없는 장소에 충전부를 설치할 것

11 차량계 하역운반기계 등을 이송하기 위하여 화물자동차에 싣거나 내리는 작업을 할 때 발판·성토 등을 사용하는 경우에는 해당 차량계 하역운반기계 등의 넘어짐 또는 굴러떨어짐에 의한 위험을 방지하기 위한 사업주 준수사항을 4가지 쓰시오.

> 해답
> 1. 싣거나 내리는 작업은 평탄하고 견고한 장소에서 할 것
> 2. 발판을 사용하는 경우에는 충분한 길이·폭 및 강도를 가진 것을 사용하고 적당한 경사를 유지하기 위하여 견고하게 설치할 것
> 3. 가설대 등을 사용하는 경우에는 충분한 폭 및 강도와 적당한 경사를 확보할 것
> 4. 지정운전자의 성명·연락처 등을 보기 쉬운 곳에 표시하고 지정운전자 외에는 운전하지 않도록 할 것

12 Swain은 인간의 오류를 작위적 오류(Commission Error)와 부작위적 오류(Omission Error)로 구분한다. (1) 작위적 오류와 (2) 부작위적 오류에 대해 설명하시오.

> 해답
> (1) 작위적 오류(Commission Error) : 작업 또는 절차를 수행했으나 잘못한 실수, 선택착오, 순서착오, 시간착오
> (2) 부작위적 오류(Omission Error) : 작업 또는 필요한 절차를 수행하지 않는 데서 기인하는 에러

13 다음에 해당하는 적응기제를 쓰시오.

① 자신의 결함과 무능에 의하여 생긴 열등감이나 긴장을 해소시키기 위하여 장점 같은 것으로 그 결함을 보충하려는 행동
② 자기의 실패나 약점에 대해 그럴듯한 이유를 들어 남에게 비난을 받지 않도록 하는 기제
③ 억압당한 욕구 대신 다른 가치 있는 목적을 실현하도록 노력함으로써 욕구를 충족하는 기제
④ 자신의 불만이나 불안을 해소시키기 위해서 남에게 뒤집어씌우는 방식의 기제

해답 ① 보상, ② 합리화, ③ 승화, ④ 투사

14 산업안전보건법령상 위험물을 저장·취급하는 화학설비 및 그 부속설비를 설치하는 경우에는 폭발이나 화재에 따른 피해를 줄일 수 있도록 설비 및 시설 간에 충분한 안전거리를 두어야 한다. 관련하여 빈칸 안에 알맞은 것을 적으시오.

구분	안전거리
단위공정시설 및 설비로부터 다른 단위공정시설 및 설비의 사이	설비의 바깥 면으로부터 (①)m 이상
플레어스택으로부터 단위공정시설 및 설비, 위험물질 저장탱크 또는 위험물질 하역설비의 사이	플레어스택으로부터 반경 (②)m 이상. 다만, 단위공정시설 등이 불연재로 시공된 지붕아래 설치된 경우는 그러하지 아니하다.
위험물질 저장탱크로부터 단위공정 시설 및 설비, 보일러 또는 가열로의 사이	저장탱크 바깥 면으로부터 (③)m 이상. 다만, 저장탱크의 방호벽, 원격조정 소화설비 또는 살수설비를 설치한 경우에는 그러하지 아니하다.
사무실, 연구실, 실험실, 정비실 또는 식당으로부터 단위공정시설 및 설비, 위험물질 저장탱크, 위험물질 하역설비, 보일러 또는 가열로의 사이	사무실 등의 바깥 면으로부터 (④)m 이상. 다만, 난방용 보일러인 경우 또는 사무실 등의 벽을 방호구조로 설치한 경우에는 그러하지 아니하다.

해답 ① 10, ② 20, ③ 20, ④ 20

산업안전기사(2022년 2회)

01 공정안전보고서에 포함되어야 할 사항 4가지를 쓰시오.

해답
1. 공정안전자료
2. 공정위험성 평가서 및 잠재위험에 대한 사고예방·피해 최소화 대책
3. 안전운전계획
4. 비상조치계획

02 전기 기계·기구를 설치하는 경우 주의사항을 3가지 쓰시오.

해답
1. 전기 기계·기구의 충분한 전기적 용량 및 기계적 강도
2. 습기·분진 등 사용 장소의 주위 환경
3. 전기적, 기계적 방호수단의 적정성

03 산업안전보건법령상 사다리식 통로 등을 설치하는 경우 사업주의 준수사항을 5가지 쓰시오.

해답
1. 견고한 구조로 할 것
2. 심한 손상·부식 등이 없는 재료를 사용할 것
3. 발판의 간격은 일정하게 할 것
4. 발판과 벽과의 사이는 15cm 이상의 간격을 유지할 것
5. 폭은 30cm 이상으로 할 것
6. 사다리가 넘어지거나 미끄러지는 것을 방지하기 위한 조치를 할 것
7. 사다리의 상단은 걸쳐놓은 지점으로부터 60cm 이상 올라가도록 할 것

04 산업안전보건법상 사업장에 안전보건관리규정을 작성할 때 포함되어야 할 사항을 쓰시오. (단, 그 밖에 안전 및 보건에 관한 사항은 제외)

해답
1. 안전 및 보건에 관한 관리조직과 그 직무에 관한 사항
2. 안전보건교육에 관한 사항
3. 작업장의 안전 및 보건 관리에 관한 사항
4. 사고 조사 및 대책 수립에 관한 사항

05 설비의 설계, 심사, 제작, 검사, 보전, 운전, 안전대책의 과정에서 그 대응조치가 성공인가 실패인가를 확대해 가는 과정을 검토하는 시스템 모델의 하나로 귀납적, 정량적인 분석 기법의 이름을 쓰시오.

> 해답: ETA(Event Tree Analysis)

06 화재 유형에 따른 분류와 표시색에 관한 내용이다. 빈칸을 채우시오.

유형	화재의 분류	색상
A	일반 화재	(①)
B	유류 화재	(②)
C	(③)	청색
D	(④)	무색

> 해답: ① 백색, ② 황색, ③ 전기 화재, ④ 금속 화재

07 Fool proof와 Fail safe를 간단히 설명하시오.

> 해답:
> (1) Fool proof : 작업자가 불안전 행동이나 실수를 해도 기계설비의 안전기능이 작용하여 재해를 방지할 수 있는 기능
> (2) Fail safe : 기계나 부품에 고장이나 기능불량이 생겨도 사고가 발생하지 않도록 2중, 3중으로 안전장치를 구축하는 시스템

08 폭풍, 폭우 및 폭설 등의 악천후로 인하여 작업을 중지시킨 후 또는 비계를 조립·해체하거나 또는 변경한 후 작업재개 시 작업시작 전 점검항목을 구체적으로 4가지 쓰시오.

> 해답:
> 1. 발판 재료의 손상 여부 및 부착 또는 걸림 상태
> 2. 해당 비계의 연결부 또는 접속부의 풀림 상태
> 3. 연결 재료 및 연결철물의 손상 또는 부식 상태
> 4. 손잡이의 탈락 여부
> 5. 기둥의 침하·변형·변위 또는 흔들림 상태
> 6. 로프의 부착상태 및 매단장치의 흔들림 상태

09 산업안전보건법령상 특수형태근로종사자로부터 노무를 제공받는 자, 특수형태근로종사자에 대하여 최초 노무제공 시 실시해야 하는 안전 및 보건에 관한 교육내용을 5가지만 쓰시오.

> 해답:
> 1. 산업안전 및 사고 예방에 관한 사항
> 2. 산업보건 및 직업병 예방에 관한 사항
> 3. 건강증진 및 질병 예방에 관한 사항
> 4. 유해·위험 작업환경 관리에 관한 사항
> 5. 산업안전보건법령 및 산업재해보상보험 제도에 관한 사항
> 6. 직무스트레스 예방 및 관리에 관한 사항
> 7. 직장 내 괴롭힘, 고객의 폭언 등으로 인한 건강장해 예방 및 관리에 관한 사항
> 8. 작업 개시 전 점검에 관한 사항
> 9. 정리정돈 및 청소에 관한 사항
> 10. 정리정돈 및 청소에 관한 사항
> 11. 사고 발생 시 긴급조치에 관한 사항
> 12. 물질안전보건자료에 관한 사항
> 13. 교통안전 및 운전안전에 관한 사항
> 14. 보호구 착용에 관한 사항

10 산업안전보건법령상 용접·용단 작업을 하도록 하는 경우 사업주가 화재감시자를 지정하여 배치해야 하는 장소 3가지를 쓰시오.

> 해답:
> 1. 작업반경 11m 이내에 건물구조 자체나 내부(개구부 등으로 개방된 부분을 포함한다)에 가연성물질이 있는 장소
> 2. 작업반경 11m 이내의 바닥 하부에 가연성물질이 11m 이상 떨어져 있지만, 불꽃에 의해 쉽게 발화될 우려가 있는 장소
> 3. 가연성물질이 금속으로 된 칸막이·벽·천장 또는 지붕의 반대쪽 면에 인접해 있어 열전도나 열복사에 의해 발화될 우려가 있는 장소

11 다음 [보기]에서 의무안전인증 대상 기계·기구 및 설비에 해당하는 것을 3가지만 모두 골라 번호를 쓰시오.

보기	
ㄱ. 프레스	ㄴ. 크레인
ㄷ. 컨베이어	ㄹ. 압력용기
ㅁ. 파쇄기	ㅂ. 산업용로봇

> 해답: ㄱ. 프레스, ㄴ. 크레인, ㄹ. 압력용기

12 부두·안벽 등 하역작업을 하는 장소에서 사업주가 조치하여야 하는 사항 3가지를 쓰시오.

해답
1. 작업장 및 통로의 위험한 부분에는 안전하게 작업할 수 있는 조명을 유지할 것
2. 부두 또는 안벽의 선을 따라 통로를 설치하는 경우에는 폭을 90cm 이상으로 할 것
3. 육상에서의 통로 및 작업장소로서 다리 또는 선거(船渠) 갑문(閘門)을 넘는 보도(步道) 등의 위험한 부분에는 안전난간 또는 울타리 등을 설치할 것

13 어떤 기계가 1시간 가동하였을 때 고장발생확률이 0.004일 경우 아래 물음에 답하시오.

(1) 평균고장간격을 구하시오.
(2) 10시간 가동하였을 때 기계의 신뢰도를 구하시오.

해답 (1) MTBF = 1/고장률 = $\dfrac{1}{0.004}$ = 250시간

(2) $R(t) = e^{-\lambda t} = e^{-0.004 \times 10} = e^{-0.04} = 0.96$

14 산업안전보건법상 다음 그림에 해당하는 안전보건표지의 명칭을 쓰시오.

①  ②  ③  ④

해답 ① 화기금지, ② 폭발성물질경고, ③ 부식성물질경고, ④ 고압전기 경고

산업안전기사(2022년 3회)

01 산업안전보건법령상 로봇의 작동범위 내에서 그 로봇에 관하여 교시 등의 작업을 하는 때 작업시작 전 점검사항 3가지를 쓰시오.

해답
1. 외부 전선의 피복 또는 외장의 손상 유무
2. 매니퓰레이터(manipulator) 작동의 이상 유무
3. 제동장치 및 비상정지장치의 기능

02 산업안전보건법령상 교류아크용접기(자동으로 작동되는 것 제외)에 전격방지기를 설치해야 하는 장소 2가지를 쓰시오.

해답
1. 선박의 이중 선체 내부, 밸러스트 탱크(ballast tank, 평형수 탱크), 보일러 내부 등 도전체에 둘러싸인 장소
2. 추락할 위험이 있는 높이 2m 이상의 장소로 철골 등 도전성이 높은 물체에 근로자가 접촉할 우려가 있는 장소
3. 근로자가 물·땀 등으로 인하여 도전성이 높은 습윤 상태에서 작업하는 장소

03 산업안전보건법령상 안전인증대상 보호구를 8가지 쓰시오.

해답
1. 추락 및 감전 위험방지용 안전모
2. 안전화
3. 안전장갑
4. 방진마스크
5. 방독마스크
6. 송기마스크
7. 전동식 호흡보호구
8. 보호복
9. 안전대
10. 차광(遮光) 및 비산물(飛散物) 위험방지용 보안경
11. 용접용 보안면
12. 방음용 귀마개 또는 귀덮개

04 인간-기계 통합시스템에서 인간-기계의 기본기능 4가지를 쓰시오.

해답
1. 감지기능
2. 정보저장기능
3. 정보처리 및 의사결정기능
4. 행동기능

05 다음 FT도의 정상사상 G₁의 발생확률(%)을 구하시오.

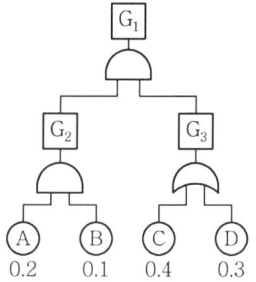

해답
- G_1의 발생확률 : $G_2 \times G_3 = 0.02 \times 0.58 = 0.0116$
- G_2의 발생확률 : $0.1 \times 0.2 = 0.02$
- G_3의 발생확률 : $1-(1-0.3)(1-0.4) = 0.58$

06 산업안전보건법상 말비계를 조립하여 사용할 경우 준수해야 할 사항을 3가지 쓰시오.

해답
1. 지주부재의 하단에는 미끄럼 방지장치를 하고, 양측 끝부분에 올라서서 작업하지 않도록 할 것
2. 지주부재와 수평면과의 기울기를 75도 이하로 하고, 지주부재와 지주부재 사이를 고정시키는 보조부재를 설치할 것
3. 말비계의 높이가 2m를 초과할 경우에는 작업발판의 폭을 40cm 이상으로 할 것

07 기계설비의 방호 기본원리를 3가지만 쓰시오.

해답
1. 위험제거
2. 덮어씌움
3. 차단
4. 위험에 적응

08 산업안전보건법령상 화학설비 및 부속설비 안전기준 관련 빈칸에 알맞은 것을 쓰시오.

사업주는 급성 독성물질이 지속적으로 외부에 유출될 수 있는 화학설비 및 그 부속설비에 파열판과 안전밸브를 (①)(으)로 설치하고 사이에는 (②) 또는 (③)을/를 설치하여야 한다.

해답 ① 직렬, ② 압력지시계, ③ 자동경보장치

09 추락방호망의 설치기준이다. 다음의 빈칸을 채우시오.

- 추락방호망의 설치위치는 가능하면 작업면으로부터 가까운 지점에 설치하여야 하며, 작업면으로부터 망의 설치지점까지의 수직거리는 (①)m를 초과하지 아니할 것
- 추락방호망은 수평으로 설치하고, 망의 처짐은 짧은 변 길이의 (②)% 이상이 되도록 할 것
- 건축물 등의 바깥쪽으로 설치하는 경우 망의 내민 길이는 벽면으로부터 (③)m 이상 되도록 할 것. 다만, 망의 그물 간격이 20mm 이하의 것을 사용한 경우에는 안전보건규칙 제14조제3항에 따른 낙하물방지망을 설치한 것으로 본다.

해답 ① 10, ② 12, ③ 3

10 어느 사업장의 재해로 인한 신체장해등급 판정자가 아래와 같을 때 요양 근로 손실일수를 쓰시오.

[신체장해등급 판정자]
| 사망 2명 | 1급 1명 | 2급 1명 |
| 3급 1명 | 9급 1명 | 10급 4명 |

해답 $(2+1+1+1) \times 7,500 + 1,000 + 4 \times 600 = 40,900$(일)

장애등급별 근로 손실일수

구분	사망	신체장해자등급					
		1~3	4	5	6	7	8
근로 손실 일수 (일)	7,500	7,500	5,500	4,000	3,000	2,200	1,500
		9	10	11	12	13	14
		1,000	600	400	200	100	50

11 산업안전보건법상 사업장에 안전보건관리규정을 작성할 때 포함되어야 할 사항을 쓰시오. (단, 그 밖에 안전 및 보건에 관한 사항은 제외한다.)

해답
1. 안전 및 보건에 관한 관리조직과 그 직무에 관한 사항
2. 안전보건교육에 관한 사항
3. 작업장의 안전 및 보건 관리에 관한 사항
4. 사고 조사 및 대책 수립에 관한 사항

12 다음 빈칸을 채우시오.

사업주는 정전기에 의한 화재 또는 폭발 등의 위험이 발생할 우려가 있는 경우에는 해당 설비에 대하여 확실한 방법으로 (①)을/를 하거나, (②) 재료를 사용하거나 가습 및 점화원이 될 우려가 없는 (③)을/를 사용하는 등 정전기의 발생을 억제하거나 제거하기 위하여 필요한 조치를 하여야 한다.

해답 ① 접지, ② 도전성, ③ 제전장치

13 산업안전보건법상 안전보건교육 중 정기교육의 내용을 3가지 쓰시오.

해답
1. 산업안전 및 사고 예방에 관한 사항
2. 산업보건 및 직업병 예방에 관한 사항
3. 건강증진 및 질병 예방에 관한 사항
4. 유해·위험 작업환경 관리에 관한 사항
5. 산업안전보건법령 및 산업재해보상보험 제도에 관한 사항
6. 직무스트레스 예방 및 관리에 관한 사항
7. 직장 내 괴롭힘, 고객의 폭언 등으로 인한 건강장해 예방 및 관리에 관한 사항

14 안전보건관리담당자의 업무를 4가지만 쓰시오.

해답
1. 안전보건교육 실시에 관한 보좌 및 지도·조언
2. 위험성평가에 관한 보좌 및 지도·조언
3. 작업환경측정 및 개선에 관한 보좌 및 지도·조언
4. 건강진단에 관한 보좌 및 지도·조언
5. 산업재해 발생의 원인 조사, 산업재해 통계의 기록 및 유지를 위한 보좌 및 지도·조언
6. 산업 안전·보건과 관련된 안전장치 및 보호구 구입 시 적격품 선정에 관한 보좌 및 지도·조언

2023년 필답형 기출문제

산업안전기사(2023년 1회)

01 산업안전보건법령상 소음 관련해서 ( ) 안에 알맞은 용어를 쓰시오.

1. "소음작업"이란 1일 8시간 작업을 기준으로 (①)dB 이상의 소음이 발생하는 작업을 말한다.
2. "강렬한 소음작업"이란 다음 각목의 어느 하나에 해당하는 작업을 말한다.
   가. 90dB 이상의 소음이 1일 (②)시간 이상 발생하는 작업
   나. 95dB 이상의 소음이 1일 4시간 이상 발생하는 작업
   다. 100dB 이상의 소음이 1일 (③)시간 이상 발생하는 작업

해답 ① 85, ② 8, ③ 2

02 산업안전보건법령상 사업주는 사업장에 유해하거나 위험한 설비가 있는 경우 중대산업사고를 예방하기 위하여 대통령령으로 정하는 바에 따라 공정안전보고서를 작성하고 고용노동부장관에게 제출하여 심사를 받아야 한다. 아래의 물질을 제조 · 취급 · 저장하는 설비에 공정안전보고서를 작성해야 하는 기준을 쓰시오.

- 유해위험물질 : 규정량(kg)
- 인화성가스 : 제조 · 취급 (①) / 저장 200,000
- 암모니아 제조 · 취급 · 저장 : (②)
- 염산(중량 20% 이상) 제조 · 취급 · 저장 : (③)
- 황산(중량 20% 이상) 제조 · 취급 · 저장 : (④)

해답 ① 5,000, ② 10,000, ③ 20,000, ④ 20,000

03 보호구 안전인증 고시상 사용구분에 따른 차광보안경의 종류 4가지를 쓰시오.

해답 1. 자외선용
      2. 적외선용
      3. 복합용
      4. 용접용

04 안전보건규칙에서 안전밸브 대신 파열판을 설치해야 하는 경우 3가지를 쓰시오.

해답 1. 반응 폭주 등 급격한 압력 상승 우려가 있는 경우
      2. 급성 독성물질의 누출로 인하여 주위의 작업환경을 오염시킬 우려가 있는 경우
      3. 운전 중 안전밸브에 이상 물질이 누적되어 안전밸브가 작동되지 아니할 우려가 있는 경우

05 산업안전보건법령상 가연성물질이 있는 장소에서 화재위험작업을 하는 경우에는 화재예방을 위해서 사업주가 준수하여야 할 사항을 3가지만 쓰시오.

해답 1. 작업 준비 및 작업 절차 수립
      2. 작업장 내 위험물의 사용 · 보관 현황 파악
      3. 화기작업에 따른 인근 가연성물질에 대한 방호조치 및 소화기구 비치
      4. 용접불티 비산방지덮개, 용접방화포 등 불꽃, 불티 등 비산방지 조치
      5. 인화성 액체의 증기 및 인화성 가스가 남아 있지 않도록 환기 등의 조치
      6. 작업근로자에 대한 화재예방 및 피난교육 등 비상조치

06 산업안전보건법령상 사업주는 유자격자가 충전전로 인근에서 작업하는 경우에는 절연된 경우 또는 절연장갑을 착용한 경우를 제외하고는 노출 충전부에 접근한계거리 이내로 접근하거나 절연 손잡이가 없는 도전체에 접근할 수 없도록 해야 한다. 아래의 충전전로의 선간전압(kV)에 따른 충전전로에 대한 접근 한계거리(cm)를 쓰시오.

선간전압[kV]	접근 한계거리[cm]
0.38kV	①
1.5kV	②
6.6kV	③
22.9kV	④

해답) 충전전로의 충전전로에 대한 선간전압에 따른 접근 한계거리

선간전압[kV]	접근 한계거리[cm]
0.38kV	30cm
1.5kV	45cm
6.6kV	60cm
22.9kV	90cm

07 산업안전보건법령상 비, 눈, 그 밖의 기상상태의 악화로 작업을 중지시킨 후 또는 비계를 조립·해체하거나 변경한 후에 그 비계에서 작업을 하는 경우에는 해당 작업을 시작하기 전에 사업주가 점검하고, 이상을 발견하면 즉시 보수하여야 할 항목을 5가지만 쓰시오.

해답)
1. 발판재료의 손상 여부 및 부착 또는 걸림 상태
2. 해당 비계의 연결부 또는 접속부의 풀림 상태
3. 연결재료 및 연결철물의 손상 또는 부식 상태
4. 손잡이의 탈락 여부
5. 기둥의 침하·변형·변위 또는 흔들림 상태
6. 로프의 부착 상태 및 매단장치의 흔들림 상태

08 다음 사업장의 종합재해지수(F.S.I ; Frequency Severity Index)를 구하시오.

① 연 근로자수 : 400명
② 근무시간 하루 8시간 / 1년에 280일
③ 연간재해건수 : 80건
④ 근로손실일수 : 800일
⑤ 재해자수 : 100명

해답) (1) 도수율 = $\frac{재해건수}{연근로시간수} \times 1,000,000$
  = $\frac{80}{(400명 \times 8시간 \times 280일)} \times 1,000,000 = 89.29$

(2) 강도율 = $\frac{근로 손실일수}{연근로시간수} \times 1,000$
  = $\frac{80}{(400명 \times 8시간 \times 280일)} \times 1,000 = 0.89$

(3) 종합재해지수 = $\sqrt{(도수율 \times 강도율)} = \sqrt{89.29 \times 0.89}$
  = 8.93

09 산업안전보건법령상 가설통로 설치 시 사업주의 준수사항 3가지를 쓰시오.

해답)
1. 견고한 구조로 할 것
2. 경사는 30° 이하일 것. 다만, 계단을 설치하거나 높이 2m 미만의 가설통로로서 튼튼한 손잡이를 설치한 경우에는 그러하지 아니하다.
3. 경사가 15°를 초과하는 경우에는 미끄러지지 아니하는 구조로 할 것
4. 추락할 위험이 있는 장소에는 안전난간을 설치할 것. 다만, 작업상 부득이한 경우에는 필요한 부분만 임시로 해체할 수 있다.
5. 수직갱에 가설된 통로의 길이가 15m 이상인 경우에는 10m 이내마다 계단참을 설치
6. 건설공사에 사용하는 높이 8m 이상인 비계다리에는 7m 이내마다 계단참을 설치

10 조명은 근로자들이 작업환경의 측면에서 중요한 안전요소이다. 산업안전보건법령상 근로자가 상시 작업하는 장소에서 사업주가 제공해야 하는 작업면의 조도(照度) 기준(최소 단위 포함)을 쓰시오. (단, 갱내(坑內) 작업장과 감광재료(感光材料)를 취급하는 작업장은 제외한다.)

가) 초정밀작업 : (①)
나) 정밀작업 : (②)
다) 보통작업 : (③)
라) 그 밖의 작업 : (④)

해답) ① 750Lux 이상, ② 300Lux 이상, ③ 150Lux 이상, ④ 75Lux 이상

11 산업안전보건법령상 타워크레인을 설치(상승작업을 포함)·해체하는 작업에서 사업주가 근로자에게 실시해야 하는 특별교육의 내용을 4가지 쓰시오. (단, 채용 시 교육 및 작업 내용 변경 시 교육 공통 내용 제외, 그 밖에 안전 보건관리에 필요한 사항 제외)

해답
1. 붕괴·추락 및 재해 방지에 관한 사항
2. 설치·해체 순서 및 안전작업방법에 관한 사항
3. 부재의 구조·재질 및 특성에 관한 사항
4. 신호방법 및 요령에 관한 사항
5. 이상 발생 시 응급조치에 관한 사항

12 위험성평가를 실시하려 한다. 실시 순서를 번호로 쓰시오.

① 유해·위험요인의 파악
② 사전준비
③ 위험성평가 실시내용 및 결과에 관한 기록 및 보존
④ 위험성 감소대책 수립 및 실행
⑤ 위험성 결정

해답
② 사전준비
① 유해·위험요인의 파악
⑤ 위험성 결정
④ 위험성 감소대책 수립 및 실행
③ 위험성평가 실시내용 및 결과에 관한 기록 및 보존

13 산업안전보건법령상 사업주가 다음 작업을 하는 근로자에 대해서 근로자 수 이상으로 지급하고 착용하도록 하여야 하는 보호구를 ( ) 안에 쓰시오.

1. 물체가 떨어지거나 날아올 위험 또는 근로자가 추락할 위험이 있는 작업 : (①)
2. 높이 또는 깊이 2m 이상의 추락할 위험이 있는 장소에서 하는 작업 : (②)
3. 물체가 흩날릴 위험이 있는 작업 : (③)
4. 고열에 의한 화상 등의 위험이 있는 작업 : (④)

해답 ① 안전모, ② 안전대, ③ 보안경, ④ 방열복

14 산업안전보건법령상 설치·이전하거나 그 주요 구조부분을 변경하려는 경우, 유해위험방지계획서를 작성하여 고용노동부장관에게 제출하고 심사를 받아야 하는 대통령령으로 정하는 기계·기구 및 설비를 3가지 쓰시오. (단, 사업이나 건설공사는 제외)

해답
1. 금속이나 그 밖의 광물의 용해로
2. 화학설비
3. 건조설비
4. 가스집합 용접장치
5. 근로자의 건강에 상당한 장해를 일으킬 우려가 있는 물질로서 고용노동부령으로 정하는 물질의 밀폐·환기·배기를 위한 설비

산업안전기사(2023년 2회)

01 산업안전보건법령상 안전보건표지 중 다음 용도 및 설치·부착 장소에 적절한 경고표지의 명칭을 쓰시오.

1. (①) : 휘발유 등 화기의 취급을 극히 주의해야 하는 물질이 있는 장소
2. (②) : 가열·압축하거나 강산·알칼리 등을 첨가하면 강한 산화성을 띠는 물질이 있는 장소
3. (③) : 돌 및 블록 등 떨어질 우려가 있는 물체가 있는 장소
4. (④) : 미끄러운 장소 등 넘어지기 쉬운 장소

해답 ① 인화성물질 경고, ② 산화성물질 경고, ③ 낙하물 경고, ④ 몸 균형상실 경고

02 산업안전보건법령상 터널 강(鋼)아치 지보공의 조립 시 사업주가 조치하여야 하는 사항을 4가지 쓰시오.

해답
1. 조립간격은 조립도에 따를 것
2. 주재가 아치작용을 충분히 할 수 있도록 쐐기를 박는 등 필요한 조치를 할 것
3. 연결볼트 및 띠장 등을 사용하여 주재 상호 간을 튼튼하게 연결할 것
4. 터널 등의 출입구 부분에는 받침대를 설치할 것
5. 낙하물이 근로자에게 위험을 미칠 우려가 있는 경우에는 널판 등을 설치할 것

03 달비계의 적재하중을 정하고자 한다. 산업안전보건법령상 다음 ( )의 안전계수를 쓰시오.

(1) 달기 와이어로프 및 달기 강선의 안전계수 : (①) 이상
(2) 달기체인 및 달기훅의 안전계수 : (②) 이상
(3) 달기강대와 달비계의 하부 및 상부 지점의 안전계수는 강재의 경우 (③) 이상, 목재의 경우 5 이상

해답) ① 10, ② 5, ③ 2.5

04 산업안전보건법령상 잠함 또는 우물통의 내부에서 근로자가 굴착작업을 하는 경우에 잠함 또는 우물통의 급격한 침하에 의한 위험을 방지하기 위한 사업주의 준수사항을 2가지 쓰시오.

해답) 1. 침하관계도에 따라 굴착방법 및 재하량(載荷量, 하중을 적재하는 양) 등을 정할 것
2. 바닥으로부터 천장 또는 보까지의 높이는 1.8m 이상으로 할 것

05 산업안전보건법령상 누전에 의한 감전위험을 방지하기 위하여 해당 전로의 정격에 적합하고 감도가 양호하며 확실하게 작동하는 감전방지용 누전차단기를 설치하는 전기기계·기구 3가지 쓰시오.

해답) 1. 대지전압이 150V를 초과하는 이동형 또는 휴대형 전기기계·기구
2. 물 등 도전성이 높은 액체가 있는 습윤장소에서 사용하는 저압용 전기기계·기구
3. 철판·철골 위 등 도전성이 높은 장소에서 사용하는 이동형 또는 휴대형 전기기계·기구
4. 임시배선의 전로가 설치되는 장소에서 사용하는 이동형 또는 휴대형 전기기계·기구

06 산업안전보건법령상 (1) 소프트웨어 개발 및 공급업에서 안전보건관리규정을 작성해야 하는 상시근로자 수와 (2) 안전보건관리규정에 포함될 사항을 3가지만 쓰시오.

(1) 안전보건관리규정을 작성해야 하는 상시근로자 수 : ( )명 이상
(2) 안전보건관리규정에 포함될 사항

해답) (1) 300
(2) 안전보건관리규정에 포함될 사항
1. 안전 및 보건에 관한 관리조직과 그 직무에 관한 사항
2. 안전보건교육에 관한 사항
3. 작업장의 안전 및 보건 관리에 관한 사항
4. 사고 조사 및 대책 수립에 관한 사항

07 산업안전보건법령상 유해위험방지계획서의 작성·제출 대상 건설공사를 착공하려는 경우 건설공사 유해위험방지계획서의 제출기한과 첨부서류 3가지를 쓰시오.

(1) 제출기한 : 해당 공사의 착공 ( )일까지
(2) 첨부서류

해답) (1) 제출기한 : 해당 공사의 착공 (전)일까지
(2) 첨부서류
1. 공사 개요
2. 안전보건관리계획
3. 작업 공사 종류별 유해위험방지계획

08 파단하중이 42.8kN인 와이어로프로 1,200kg의 화물을 2줄 걸이로 상부 각도 108°의 각도로 들어 올릴 때 다음 물음에 답하시오.

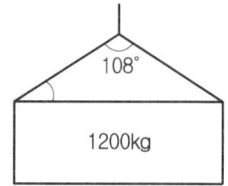

(1) 안전율을 구하시오.
(2) 산업안전보건법령상 위 들기 작업에서 안전율의 만족/불만족 여부와 그 이유를 쓰시오.

해답) (1) 안전율
와이어로프에 걸리는 하중
$T = (W/2)/\cos(\theta/2) = (1{,}200 \times 9.81/2)/\cos(108°/2)$
$= 10{,}014\text{N} = 10\text{kN}$
안전율 = 파단하중/작용하중 = 42.8/10 = 4.28
(2) 불만족
이유 : 안전율이 5 미만이기 때문

09 목재가공용 둥근톱에 대한 방호장치 중 분할날이 갖추어야 할 사항 관련하여 ( ) 안에 알맞은 것을 쓰시오.

> (1) 분할날의 두께는 둥근톱 두께의 1.1배 이상일 것
> (2) 견고히 고정할 수 있으며 분할날과 톱날 원주면과의 거리는 (①)mm 이내로 조정, 유지할 수 있어야 하고, 표준 테이블면 상의 톱 뒷날의 2/3 이상을 덮도록 한다.
> (3) 재료는 KS D 3751(탄소공구강재)에서 정한 STC 5(탄소공구강) 또는 이와 동등 이상의 재료를 사용할 것
> (4) 분할날 조임볼트는 (②)개 이상일 것
> (5) 분할날 조임볼트는 (③) 조치가 되어 있을 것

해답 ① 12, ② 2, ③ 이완방지

10 산업안전보건법령상 산업안전보건위원회의 근로자위원 선임 대상 3가지를 쓰시오.

해답
1. 근로자 대표
2. 근로자 대표가 지명하는 1명 이상의 명예산업안전감독관
3. 근로자 대표가 지명하는 9명 이내의 해당 사업장의 근로자

11 산업안전보건법령상 사업주는 유자격자가 충전전로 인근에서 작업하는 경우에는 절연된 경우 또는 절연장갑을 착용한 경우를 제외하고는 노출 충전부에 접근한계거리 이내로 접근하거나 절연 손잡이가 없는 도전체에 접근할 수 없도록 해야 한다. 아래의 충전전로의 선간전압(kV)에 따른 충전전로에 대한 접근 한계거리(cm)를 쓰시오.

> 충전전로의 선간전압[kV] 충전전로에 대한 접근 한계거리[cm]
> • 2 초과 15 이하 : (①)cm
> • 37 초과 88 이하 : (②)cm
> • 145 초과 169 이하 : (③)cm

해답 ① 60, ② 110, ③ 170

12 산업안전보건법령상 로봇작업에서 사업주가 근로자에게 실시해야 하는 특별교육 내용을 4가지 쓰시오. (단, 채용 시 교육 내용 및 작업내용 변경 시 교육 내용 중복되는 내용은 제외한다.)

해답
1. 로봇의 기본원리·구조 및 작업방법에 관한 사항
2. 이상 발생 시 응급조치에 관한 사항
3. 안전시설 및 안전기준에 관한 사항
4. 조작방법 및 작업순서에 관한 사항

13 산업안전보건법령상 유해·위험 방지를 위한 방호조치를 하지 아니하고는 양도, 대여, 설치 또는 사용에 제공하거나 양도·대여의 목적으로 진열해서는 안되는 기계, 기구 4가지를 쓰시오.

해답
1. 예초기
2. 원심기
3. 공기압축기
4. 금속절단기
5. 지게차
6. 포장기계(진공포장기, 래핑기로 한정)

14 다음에 해당하는 방폭구조의 기호를 쓰시오.

> • 안전증 : (①)
> • 충전 : (②)
> • 유입 : (③)
> • 특수 : (④)

해답 ① Ex e, ② Ex q, ③ Ex o, ④ Ex s
※ 대소문자 구별

산업안전기사(2023년 3회)

01 HAZOP 기법에 사용되는 가이드 워드에 관한 의미를 영문으로 쓰시오.

① 완전한 대체
② 성질상 증가
③ 설계의도의 완전한 부정
④ 설계의도와 정반대

해답 ① OTHER THAN
② AS WELL AS
③ NO, NOT
④ REVERSE

02 산업안전보건법령상 양중기의 와이어로프 등 달기구의 안전계수를 쓰시오.

① 훅, 샤클, 클램프, 리프팅 빔의 경우
② 화물의 하중을 직접 지지하는 달기와이어로프의 경우
③ 근로자가 탑승하는 운반구를 지지하는 달기와이어로프의 경우

해답 ① 3, ② 5, ③ 10

03 최소 컷셋, 최소 패스셋의 정의를 쓰시오.

해답 (1) 최소 컷셋(Minimal Cutsets) : 정상사상을 일으키기 위한 기본사상의 최소집합
(2) 최소 패스셋(Minimal Pathsets) : 정상사상이 일어나지 않는 기본사상의 최소집합

04 사망만인율에 관하여 다음 물음에 답하시오

(1) 사망만인율을 계산하는 공식을 쓰시오.
(2) 사망만인율을 계산하기 위한 사고사망자 수 산정에서 제외되는 경우 2가지를 쓰시오.

해답 (1) 사망만인율 공식

$$사망만인율 = \frac{사망자\ 수}{산재보험적용\ 근로자수} \times 10,000$$

(2) 사망자 수 산정 제외
1. 사업장 밖의 교통사고(운수업, 음식숙박업은 사업장 밖의 교통사고 포함함)에 의한 사망
2. 체육행사에 의한 사망
3. 폭력행위에 의한 사망
4. 통상의 출퇴근에 의한 사망
5. 사고발생일로부터 1년을 경과하여 사망한 경우

05 산업안전보건법령에 따른 건설업 기초안전보건교육의 교육내용 2가지를 쓰시오.

해답 1. 건설공사의 종류(건축·토목 등) 및 시공 절차
2. 산업재해 유형별 위험요인 및 안전보건조치
3. 안전보건관리체제 현황 및 산업안전보건 관련 근로자 권리·의무

06 안전관리자수를 정수 이상으로 증원, 교체해야 하는 경우 3가지를 쓰시오.

해답 1. 해당 사업장의 연간재해율이 같은 업종의 평균재해율의 2배 이상인 경우
2. 중대재해가 연간 2건 이상 발생한 경우. 다만, 해당 사업장의 전년도 사망만인율이 같은 업종의 평균 사망만인율 이하인 경우는 제외한다.
3. 관리자가 질병이나 그 밖의 사유로 3개월 이상 직무를 수행할 수 없게 된 경우
4. 화학적 인자로 인한 직업성 질병자가 연간 3명 이상 발생한 경우

07 산업안전보건법상 안전보건관리 책임자의 업무를 설치·운영하여야 할 기구에 대한 다음 물음에 답하시오.

(1) 해당하는 기구의 명칭을 쓰시오.
(2) 기구의 구성에 있어 근로자위원과 사용자위원에 해당하는 위원의 기준을 각각 2가지씩 쓰시오.

해답 (1) 해당하는 기구의 명칭 : 산업안전보건위원회

(2) 구성위원	
근로자 위원	① 근로자대표 ② 명예산업안전감독관이 위촉되어 있는 사업장의 경우 근로자대표가 지명하는 1명 이상의 명예감독관 ③ 근로자대표가 지명하는 9명 이내의 해당 사업장의 근로자
사용자 위원	① 해당 사업자의 대표자 ② 안전관리자 1명 ③ 보건관리자 1명 ④ 산업보건의(해당 사업장에 선임되어 있는 경우에 한한다.) ⑤ 해당 사업의 대표자가 지명하는 9명 이내의 해당 사업장 부서의 장

08 산업안전보건법상 다음 기계·기구에 설치하여야 할 방호장치를 하나씩 쓰시오.

> (1) 원심기
> (2) 공기압축기
> (3) 금속절단기

해답 (1) 원심기 : 회전체 접촉 예방장치
(2) 공기압축기 : 압력방출장치
(3) 금속절단기 : 날접촉 예방장치

09 다음의 각 업종에 해당하는 안전관리자의 최소 인원을 쓰시오

> ① 식료품 제조업 – 상시근로자 600명
> ② 1차 금속 제조업 – 상시근로자 200명
> ③ 플라스틱 제조업 – 상시근로자 300명
> ④ 건설업 – 총 공사금액 1,000억 원(전체 공사기간을 100으로 할 때 15에서 85에 해당하는 기간)

해답 ① 2명, ② 1명, ③ 1명, ④ 2명

10 특급 방진마스크 사용 장소를 2곳 쓰시오.

해답 1. 베릴륨 등과 같이 독성이 강한 물질들을 함유한 분진 등 발생장소
2. 석면 취급장소

11 산업안전보건법령상 화학설비 및 부속설비 안전기준 관련 빈칸에 알맞은 것을 쓰시오.

> (1) 사업주는 급성 독성물질이 지속적으로 외부에 유출될 수 있는 화학설비 및 그 부속설비에 파열판과 안전밸브를 (①)(으)로 설치하고 사이에는 (②) 또는 (③)을/를 설치하여야 한다.
> (2) 사업주는 안전밸브 등이 안전밸브 등을 통하여 보호하려는 설비의 최고사용압력 이하에서 작동되도록 하여야 한다. 다만, 안전밸브 등이 2개 이상 설치된 경우에는 1개는 최고사용압력의 (④)배 이상(외부화재를 대비한 경우에는 (⑤)배 이하에서 작동되도록 설치할 수 있다.

해답 ① 직렬, ② 압력지시계, ③ 자동경보장치, ④ 1.05, ⑤ 1.1

12 연삭작업 시 숫돌의 파괴원인 4가지를 기술하시오.

해답 1. 숫돌에 균열이 있는 경우
2. 숫돌이 고속으로 회전하는 경우
3. 고정할 때 불량하게 되어 국부만을 과도하게 가압하는 경우 혹은 축과 숫돌과의 여유가 전혀 없어서 축이 팽창하여 균열이 생기는 경우
4. 무거운 물체가 충돌했을 때
5. 숫돌의 측면을 일감으로서 심하게 가압했을 경우

13 용접작업을 하는 작업자가 전압이 300V인 충전부분에 물에 젖은 손이 접촉, 감전되어 사망하였다. 이때 인체에 통전된 (1) 심실세동전류(mA)와 (2) 통전시간(ms)를 계산하시오. (단, 인체의 저항은 1,000[Ω]으로 한다.)

해답 (1) 전류 $I = \dfrac{V}{R} = \dfrac{300}{40} = 7.5[A] = 7,500[mA]$

여기서, $V=300[V]$, $R = \dfrac{1,000}{25} = 40[Ω]$(손이 물에 젖으면 1/25 감소)

(2) 통전시간 $I = \dfrac{165}{\sqrt{T}}[mA]$,

$T = \dfrac{165^2}{7,500^2} = 0.000484[s] = 0.48[ms]$

14 인체 계측자료를 장비나 설비의 설계에 응용하는 경우에 활용되는 3가지 원칙을 나열하시오.

해답 1. 최대치수와 최소치수
2. 조절범위
3. 평균치를 기준으로 한 설계

2024년 필답형 기출문제

산업안전기사(2024년 1회)

01 손쳐내기식 방호장치를 사용하는 기계·기구의 (가) 명칭 1가지와 (나) 분류기호를 쓰시오.

해답 (가) 명칭 : 프레스, 전단기
(나) 분류 기호 : D

02 방호조치를 아니하고는 양도·대여·설치 또는 사용에 제공하거나 양도·대여의 목적으로 진열해서는 안 되는 기계·기구 4가지를 쓰시오.

해답
1. 예초기
2. 원심기
3. 공기압축기
4. 금속절단기
5. 지게차
6. 포장기계(진공포장기, 래핑기로 한정)

03 근로자수 1,440명, 주당 40시간 근무 1년 50주 근무하고 조기출근 및 잔업시간 합계 100,000시간, 재해건수 40건, 근로 손실일수 1,200일(사망재해 제외), 사망재해 1건(사망자 1명)이 발생하였을 때의 강도율을 구하시오. (단, 조퇴 5,000시간, 출근율 94%이다.)

해답 강도율 = $\dfrac{\text{근로 손실일수}}{\text{연근로시간수}} \times 1{,}000$

$= \dfrac{1{,}200 + 7{,}500}{(1{,}440 \times 40 \times 50) \times 0.94 + (100{,}000 - 5{,}000)} \times 1{,}000$

$= 3.104703447 ≒ 3.1$

04 산업안전보건법령상 빈칸에 알맞은 내용을 써넣으시오.

- 고용노동부장관은 사업주가 필요한 안전조치 또는 보건조치를 이행하지 아니하여 중대재해가 발생한 사업장에 안전보건진단을 받아 (①)을(를) 수립하여 시행할 것을 명할 수 있다.
- 사업주는 수립·시행 명령을 받은 날부터 (②)일 이내에 관할 지방고용노동관서의 장에게 해당 계획서를 제출해야 한다.

해답 ① 안전보건개선계획, ② 60

05 산업안전보건법상 사업장에 안전보건관리규정을 작성하고자 할 때 포함되어야 할 사항을 4가지 쓰시오. (단, 그 밖에 안전 및 보건에 관한 사항은 제외한다.)

해답
1. 안전 및 보건에 관한 관리조직과 그 직무에 관한 사항
2. 안전보건교육에 관한 사항
3. 작업장의 안전 및 보건 관리에 관한 사항
4. 사고 조사 및 대책 수립에 관한 사항

06 클러치 맞물림개수 4개, 300SPM 동력프레스의 양수기동식 안전장치의 안전거리(mm)를 구하시오.

해답 (1) $T_m = \left(\dfrac{1}{\text{클러치 개수}} + \dfrac{1}{2}\right) \times \left(\dfrac{60}{\text{매분행정수}(SPM)}\right)$

$= \left(\dfrac{1}{4} + \dfrac{1}{2}\right) \times \left(\dfrac{60}{300}\right) = 0.15$

(2) $D = 1{,}600 \times (T_m) = 1{,}600 \times 0.15 = 240$mm

07 산업안전보건법령상, ( )에 알맞은 것을 쓰시오.

1. 사업주가 작업중지의 해제를 요청할 경우에는 작업중지명령 해제신청서를 작성하여 사업장의 소재지를 관할하는 지방고용노동관서의 장에게 제출해야 한다.
2. 사업주가 작업중지명령 해제신청서를 제출하는 경우에는 미리 유해·위험요인 개선내용에 대하여 중대재해가 발생한 해당작업 (①)의 의견을 들어야 한다.
3. 지방고용노동관서의 장은 작업중지명령 해제를 요청받은 경우에는 (②)으로 하여금 안전·보건을 위하여 필요한 조치를 확인하도록 하고, 천재지변 등 불가피한 경우를 제외하고는 해제요청일 다음 날부터 (③)일 이내(토요일과 공휴일을 포함하되, 토요일과 공휴일이 연속하는 경우에는 3일까지만 포함)에 (④)를 개최하여 심의한 후 해당조치가 완료되었다고 판단될 경우에는 즉시 작업중지명령을 해제해야 한다.

해답 ① 근로자, ② 근로감독관, ③ 4, ④ 작업중지해제심의위원회

08 다음 괄호 안에 철골작업을 중지하여야 하는 기상 조건 3가지를 쓰시오.

- 강풍 : ( ) m/s 이상
- 강우 : ( ) mm/h 이상
- 강설 : ( ) cm/h 이상

해답

구분	내용
강풍	풍속이 10m/sec 이상
강우	강우량이 1mm/hr 이상
강설	강설량이 1cm/hr 이상

09 [보기]의 안전밸브 형식표시사항을 상세히 기술하시오. (단, 마지막에 B는 제외한다.)

보기
SF Ⅱ 1−B

해답
1. S : 증기의 분출압력을 요구
2. F : 전량식
3. Ⅱ : 호칭지름이 25mm 초과 50mm 이하
4. 1 : 호칭압력이 1MPa 이하

10 산업안전보건법령상, 형식별 제품심사기간을 60일로 하는 안전인증대상 보호구를 5가지 쓰시오.

해답
1. 추락 및 감전 위험방지용 안전모
2. 안전화
3. 안전장갑
4. 방진마스크
5. 방독마스크
6. 송기마스크
7. 전동식 호흡보호구
8. 보호복

11 안전모의 성능시험 항목 5가지를 쓰시오.

해답
1. 내관통성
2. 충격흡수성
3. 내전압성
4. 내수성
5. 난연성
6. 턱끈풀림

12 공정안전보고서 내용 중 공정위험성 평가서에 적용하는 위험성 평가기법에 있어 '저장탱크설비, 유틸리티설비 및 제조공정 중 고체 건조·분쇄설비 등 간단한 단위공정'에 대한 위험성평가 기법을 [보기]에서 2가지 고르시오.

보기
① 방호계층 분석   ② 이상 위험도 분석
③ 작업자실수분석   ④ 상대 위험순위결정

해답 ③ 작업자실수분석, ④ 상대 위험순위결정

13 누전차단기의 (1) 정격감도전류 및 (2) 작동시간을 쓰시오.

해답 (1) 정격감도전류 : 30mA 이하
(2) 작동시간 : 0.03초 이내

14 산업안전보건법령상, 다음 그림에 해당하는 안전보건 표지의 명칭을 쓰시오.

①  ②  ③  ④

해답) ① 물체이동금지, ② 폭발성물질 경고, ③ 부식성물질경고, ④ 들것

산업안전기사(2024년 2회)

01 산업용 로봇의 작동범위 내에서 해당 로봇에 대하여 교시 등의 작업을 진행할 경우 해당 로봇의 예기치 못한 작동 또는 오조작에 의한 위험을 방지하기 위한 조치사항 4가지를 쓰시오. (단, 로봇의 예기치 못한 작동 또는 오동작에 의한 위험 방지를 위해 필요한 조치는 예외이다.)

해답) 1. 로봇의 조작방법 및 순서
2. 작업 중의 매니퓰레이터의 속도
3. 2명 이상의 근로자에게 작업을 시킬 경우의 신호방법
4. 이상을 발견한 경우의 조치
5. 이상을 발견하여 로봇의 운전을 정지시킨 후 이를 재가동시킬 경우의 조치

02 산업안전보건법령상, 사업주가 작업장에서 취급하는 물질안전보건자료의 내용을 근로자에게 교육해야 해야 하는 경우를 2가지만 쓰시오.

해답) 1. 물질안전보건자료 대상물질을 제조·사용·운반 또는 저장하는 작업에 근로자를 배치하게 된 경우
2. 새로운 물질안전보건자료 대상물질이 도입된 경우
3. 유해성·위험성 정보가 변경된 경우

03 산업안전보건법령에 따른 (1) '중대산업사고'의 정의와 '중대산업사고' 예방을 위해 작성하고 고용노동부장관에게 제출하여 심사를 받아야 하는 (2) 보고서의 명칭을 쓰시오.

해답) (1) 중대산업사고 정의 : 설비로부터의 위험물질 누출, 화재 및 폭발 등으로 인하여 사업장 내의 근로자에게 즉시 피해를 주거나 사업장 인근 지역에 피해를 줄 수 있는 사고
(2) 보고서 명칭 : 공정안전보고서

04 산업안전보건법령상 (1) 자동차제조업에서 안전보건관리규정을 작성해야 하는 상시근로자 수와 (2) 안전보건관리규정에 포함될 사항을 3가지만 쓰시오. (단, 그 밖에 안전 및 보건에 관한 사항은 제외한다).

(1) 안전보건관리규정을 작성해야 하는 상시근로자 수 : (   ) 명 이상
(2) 안전보건관리규정에 포함될 사항

해답) (1) 100명
(2) 안전보건관리규정에 포함될 사항
1. 안전 및 보건에 관한 관리조직과 그 직무에 관한 사항
2. 안전보건교육에 관한 사항
3. 작업장의 안전 및 보건 관리에 관한 사항
4. 사고 조사 및 대책 수립에 관한 사항

05 산업안전보건법령상, '관계자 외 출입금지' 표지 하단에 작성해야 하는 내용을 2가지 쓰시오.

해답) 1. 보호구/보호복 착용
2. 흡연 및 음식물 섭취금지

06 산업안전보건법령상, 설치·이전하는 경우 안전인증을 받아야 하는 기계·기구를 3가지 쓰시오.

해답) 1. 크레인
2. 리프트
3. 곤돌라

07 산업안전보건법에서 리프트, 곤돌라를 사용하는 작업과 관련한 특별교육 내용 4가지를 쓰시오.

해답
1. 방호장치의 기능 및 사용에 관한 사항
2. 기계·기구·달기체인 및 와이어 등의 점검에 관한 사항
3. 화물의 권상·권하 작업방법 및 안전작업 지도에 관한 사항
4. 기계·기구의 특성 및 동작원리에 관한 사항
5. 신호방법 및 공동작업에 관한 사항
6. 그 밖에 안전·보건 관리에 필요한 사항

08 비등액체팽창증기폭발(BLEVE)에 영향을 주는 인자를 3가지 쓰시오.

해답
1. 저장용기의 재질
2. 주위 온도와 압력상태
3. 저장된 물질의 종류와 형태
4. 내용물의 물리적 역학상태
5. 내용물의 인화성 및 독성 여부

09 산업안전보건법령상, 다음 설명하는 양중기의 종류를 각각 쓰시오.

(1) 동력을 사용하여 중량물을 매달아 상하 및 좌우(수평 또는 선회를 말한다)로 운반하는 것을 목적으로 하는 기계 또는 기계장치
(2) 훅이나 그 밖의 달기구 등을 사용하여 화물을 권상 및 횡행 또는 권상동작만을 하여 양중하는 것

해답
(1) 크레인
(2) 호이스트

10 다음 (   ) 안에 알맞은 말을 쓰시오.

천정크레인 안전검사주기에 관한 사항이다. 사업장에 설치가 끝난 날부터 (①)년 이내에 최초 안전검사를 실시하되, 그 이후부터 매 (②)년(건설현장에서 사용하는 것은 최초로 설치한 날로부터 (③)개월마다) 안전검사를 실시한다.

해답 ① 3, ② 2, ③ 6

11 산업안전보건법령상, 유해위험방지계획서를 제출할 때 첨부해야 하는 서류를 3가지만 쓰시오.

해답
1. 건축물 각 층의 평면도
2. 기계·설비의 개요를 나타내는 서류
3. 기계·설비의 배치도면
4. 원재료 및 제품의 취급, 제조 등의 작업방법의 개요

12 산업안전보건위원회의 회의록 작성 시 기록사항을 3가지 쓰시오.

해답
1. 개최 일시 및 장소
2. 출석위원
3. 심의 내용 및 의결·결정 사항

13 사업장에서 화물운반용 또는 고정용으로 사용해서는 안 되는 섬유로프 2가지 쓰시오.

해답
1. 꼬임이 끊어진 것
2. 심하게 손상되거나 부식된 것

14 파단하중이 42.8kN인 와이어로프로 1,200kg의 화물을 2줄 걸이로 상부 각도 108°의 각도로 들어 올릴 때 다음 물음에 답하시오.

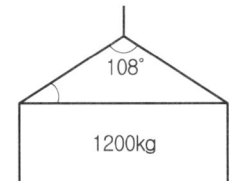

(1) 안전율을 구하시오.
(2) 산업안전보건법령상 위 들기 작업에서 안전율의 만족/불만족 여부와 그 이유를 쓰시오.

해답 (1) 안전율
와이어로프에 걸리는 하중
$T = (W/2)/\cos(\theta/2) = (1,200 \times 9.81/2)/\cos(108°/2)$
$= 10,014N = 10kN$
안전율 = 파단하중/작용하중 = 42.8/10 = 4.28
(2) 불만족
이유 : 안전율이 5 미만이기 때문

산업안전기사(2024년 3회)

01 다음 그림에 해당하는 기구의 명칭과 갖추어야 할 구조조건을 2가지 쓰시오.

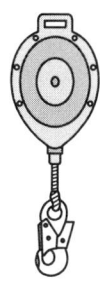

해답 (1) 명칭 : 안전블록
(2) 갖추어야 할 구조조건 : ① 자동잠김장치, ② 부식방지처리

02 1급 방진마스크를 사용해야 하는 장소 3곳을 쓰시오.

해답 1. 특급마스크 착용장소를 제외한 분진 등 발생장소
2. 금속흄 등과 같이 열적으로 생기는 분진 등 발생장소
3. 기계적으로 생기는 분진 등 발생장소

03 내전압용 절연장갑의 성능 기준에 있어 각 등급에 대한 최대사용전압을 쓰시오.

등급	최대사용 전압		색상
	교류[V]	직류[V]	
00	500	(①)	갈색
0	(②)	1,500	빨간색
1	7,500	11,250	흰색
2	17,000	25,500	노란색
3	26,500	39,750	녹색
4	(③)	(④)	등색

해답

등급	최대사용 전압		색상
	교류[V]	직류[V]	
00	500	① 750	갈색
0	② 1,000	1,500	빨간색
1	7,500	11,250	흰색
2	17,000	25,500	노란색
3	26,500	39,750	녹색
4	③ 36,000	④ 54,000	등색

04 「산업안전보건기준에 관한 규칙」에 따라 누전에 의한 감전의 위험을 방지하기 위해 코드와 플러그를 접속하여 사용하는 전기기계 · 기구의 노출된 비충전 금속체에는 접지를 실시하여야 한다. 이에 해당되는 전기 · 기계 기구 3가지를 쓰시오.

해답 1. 사용전압이 대지전압 150볼트를 넘는 것
2. 고정형 · 이동형 또는 휴대형 전동기계 · 기구
3. 물 또는 도전성이 높은 곳에서 사용하는 전기기계 · 기구, 비접지형 콘센트
4. 휴대형 손전등
5. 수중펌프를 금속제 물탱크 등의 내부에 설치하여 사용하는 경우 그 탱크(이 경우 탱크를 수중펌프의 접지선과 접속하여야 한다.)

05 연간 평균 작업자수는 4,000명인 사업장에서 사고사망자가 1명 발생했을 때 사고사망만인율을 구하시오.

해답 사망사고만인율 = $\frac{연간사고사망자수}{연간 평균작업자수} \times 10,000$

$= \frac{1}{4,000} \times 10,000$

$= 2.5$

06 다음 빈칸에 알맞은 것을 쓰시오.

> 다음 회사는 매년 회사의 안전 및 보건에 관한 계획을 수립하여 이사회에 보고하고 승인을 받아야 한다.
> - 상시근로자 (①)명 이상을 사용하는 회사
> - 「건설산업기본법」 제23조에 따라 평가하여 공시된 시공 능력의 순위 상위 (②)위 이내의 건설회사

해답 ① 500, ② 1,000

07 근로자가 반복하여 계속적으로 중량물을 취급하는 작업을 할 때 작업 시작 전 점검사항 2가지를 쓰시오. (단, 그 밖의 하역운반기계 등의 적절한 사용방법은 제외한다.)

해답 1. 중량물 취급의 올바른 자세 및 복장
2. 위험물이 날아 흩어짐에 따른 보호구의 착용
3. 카바이드 · 생석회 등과 같이 온도상승이나 습기에 의하여 위험성이 존재하는 중량물의 취급방법

08 인체에 대전된 정전기에 의한 화재 또는 폭발 위험이 있는 경우 사업주의 조치사항 4가지를 쓰시오.

해답 1. 정전기 대전방지용 안전화 착용
2. 제전복 착용
3. 정전기 제전용구 사용
4. 작업장 바닥 등에 도전성 조치

09 거푸집의 설치·해체, 철근 조립, 콘크리트 타설, 콘크리트 면처리 작업 등을 위하여 거푸집을 작업발판과 일체로 제작하여 사용하는 일체형 거푸집의 종류 4가지를 쓰시오.

해답 1. 갱폼, 2. 슬립 폼, 3. 클라이밍 폼, 4. 터널 라이닝 폼

10 연삭작업 시 숫돌의 파괴원인 4가지를 기술하시오.

해답 1. 숫돌에 균열이 있는 경우
2. 숫돌이 고속으로 회전하는 경우
3. 고정할 때 불량하게 되어 국부만을 과도하게 가압하는 경우 혹은 축과 숫돌과의 여유가 전혀 없어서 축이 팽창하여 균열이 생기는 경우
4. 무거운 물체가 충돌했을 때
5. 숫돌의 측면을 일감으로서 심하게 가압했을 경우

11 다음에 해당하는 재해발생 형태를 쓰시오.

(1) 폭발, 화재 두 현상 : ( )
(2) 재해 당시 바닥면과 신체가 떨어진 상태, 더 낮은 위치로 떨어짐 : ( )
(3) 재해 당시 바닥면과 신체가 접해 있는 상태, 더 낮은 위치로 떨어짐 : ( )
(4) 전도로 인해 기계의 동력 전달 부위 등에 협착되어 신체 일부가 절단됨 : ( )

해답 (1) 화재폭발   (2) 떨어짐
(3) 넘어짐   (4) 끼임

12 다음 빈칸에 알맞은 것을 쓰시오.

(가) 사업주는 사업장에 대통령령으로 정하는 유해하거나 위험한 설비가 있는 경우 "중대산업사고"를 예방하기 위하여 (①)를 작성하고 고용노동부장관에게 제출하여 심사를 받아야 한다.
(나) 사업주는 제1항에 따라 (①)를 작성할 때 (②) 심의를 거쳐야 한다. 다만, (②)가 설치되어 있지 아니한 사업장의 경우에는 근로자대표의 의견을 들어야 한다.

해답 ① 공정안전보고서, ② 산업안전보건위원회

13 다음에 해당하는 위험물질의 종류를 찾아서 번호를 쓰시오.

① 마그네슘 분말, ② 등유, ③ 과염소산, ④ 아세틸렌, ⑤ 리튬

해답 (1) 인화성 가스 : ④ 아세틸렌
(2) 인화성 액체 : ② 등유
(3) 산화성 액체 및 산화성 고체 : ③ 과염소산

14 양중기의 종류 5가지를 쓰시오.

해답 1. 크레인
2. 이동식 크레인
3. 리프트
4. 곤돌라
5. 승강기

2025 NCS 기준 출제기준 완벽 반영

산업안전기사 실기

필답형 + 작업형

신우균 편저

2025 초간단 핵심완성

ENGINEER INDUSTRIAL SAFETY

예문사

이 책의 차례 (CONTENTS)

1권 산업안전기사 실기 [필답형]

1과목	안전관리	27
2과목	안전교육 및 심리	49
3과목	인간공학 및 시스템위험분석	69
4과목	기계 및 운반안전	89
5과목	전기 및 화공안전	113
6과목	건설안전	171
7과목	보호장구	205
8과목	산업안전보건법	223
부 록	필답형 기출문제	259

2권 산업안전기사 실기 [작업형]

1과목	기계 및 운반안전	7
2과목	전기안전	55
3과목	화공안전	111
4과목	건설안전	143
5과목	보호장구	189
부 록	작업형 기출문제	231

1과목
기계 및 운반안전

■ 예상문제풀이 8
- 프레스 작업 8
- 둥근톱작업 10
- 선반작업 11
- 드릴작업 12
- 연삭작업 13
- 롤러작업 14
- 용접작업 16
- 지게차 작업 17
- 컨베이어 작업 20
- 회전체 작업 22
- 크레인 작업 24
- 리프트 작업 26
- 승강기 작업 28
- 사출성형기 작업 30
- 슬라이스 기계 작업 31
- 배관작업 32
- 덤프트럭 수리 33

■ 기출문제풀이 34

2과목
전기안전

■ 예상문제풀이 56
- 습윤상태(수중펌프)에서의 전기작업 56
- 양수기 수리작업 58
- 습윤상태에서의 전기작업 59
- 배전반(분전반) 작업 60
- 임시 배전반(분전반) 작업 62
- 가설전선 점검작업 63
- 사출성형기 금형작업 64
- 퓨즈 교체작업 66
- 전기형강작업 67
- 변압기 관련 작업 70
- 정전작업 72
- 활선작업 74
- 전선로 근접작업 75
- 교류아크용접작업 78
- 폭발성 물질 취급작업 80
- 전신주 승주작업 81
- VDT 작업 82

■ 기출문제풀이 91

3과목 화공안전

▣ 예상문제풀이 112
- 유해 · 위험물 취급작업 ··········· 112
- 화재 예방 ··········· 115
- 폭발 예방 ··········· 116
- 밀폐공간 작업 ··········· 121
- 도금작업 ··········· 126
- 화학설비 관련 작업 ··········· 129

▣ 기출문제풀이 130

4과목 건설안전

▣ 예상문제풀이 144
- 항타기 · 항발기 작업 ··········· 144
- 이동식크레인 작업 ··········· 148
- 터널 건설작업 ··········· 151
- 타워크레인 및 리프트 작업 ··········· 155
- 건물 해체작업 ··········· 158
- 교량 하부 점검작업 ··········· 160
- 비계 설치작업 ··········· 161
- 엘리베이터 피트(Pit) 작업 ··········· 162
- 박공지붕 설치작업 ··········· 164
- 철골 조립작업 및 패널 설치작업 ··········· 165
- 갱폼 작업(가이데릭) ··········· 167
- 전주 작업 ··········· 168

▣ 기출문제풀이 169

5과목 보호장구

▣ 예상문제풀이 190
- 안전모 ··········· 190
- 안전화 ··········· 192
- 안전대 ··········· 193
- 방열복 ··········· 195
- 방진마스크 ··········· 196
- 보호복, 보호장갑 등 ··········· 199
- 보안경 ··········· 200
- 귀마개, 귀덮개 ··········· 201
- 송기마스크 ··········· 202
- 방독마스크 ··········· 204
- 용접용 보안면 ··········· 211

▣ 기출문제풀이 212

부록
작업형 기출문제

2010년 작업형 기출문제 ·· 232
2011년 작업형 기출문제 ·· 242
2012년 작업형 기출문제 ·· 253
2013년 작업형 기출문제 ·· 266
2014년 작업형 기출문제 ·· 278
2015년 작업형 기출문제 ·· 291
2016년 작업형 기출문제 ·· 304
2017년 작업형 기출문제 ·· 314
2018년 작업형 기출문제 ·· 325
2019년 작업형 기출문제 ·· 336
2020년 작업형 기출문제 ·· 348
2021년 작업형 기출문제 ·· 365
2022년 작업형 기출문제 ·· 380
2023년 작업형 기출문제 ·· 396
2024년 작업형 기출문제 ·· 413

산업안전기사 실기　ENGINEER INDUSTRIAL SAFETY

PART 01

기계 및 운반안전

▣ 예상문제풀이
- 프레스 작업
- 둥근톱작업
- 선반작업
- 드릴작업
- 연삭작업
- 롤러작업
- 용접작업
- 지게차 작업
- 컨베이어 작업

- 회전체 작업
- 크레인 작업
- 리프트 작업
- 승강기 작업
- 사출성형기 작업
- 슬라이스 기계 작업
- 배관작업
- 덤프트럭 수리

▣ 기출문제풀이

PART 01 예상문제풀이

기계 및 운반안전

출제분야	기계안전
작업명	프레스 작업

▶ 동영상 설명

프레스 작업을 하고 있다.

문제 급정지장치가 설치되지 않은 프레스기에서 손 협착사고가 발생했다. 유효한 방호장치 2가지를 쓰시오.

해답 1. 손쳐내기식, 2. 수인식, 3. 양수기동식, 4. 게이트가드식

문제 크랭크 프레스로 철판에 구멍을 뚫는 작업을 하고 있다. 이 프레스가 작동 후 작업점까지의 도달시간이 0.6초 걸렸다면 양수기동식 방호장치의 설치거리는 최소 얼마가 되어야 하는가?

해답 $D_m = 1{,}600 \times T_m = 1{,}600 \times 0.6 = 960\mathrm{mm} = 96\mathrm{cm}$

문제 프레스 작업 중 작업자가 실수로 페달을 밟아 슬라이드가 하강하여 금형 사이에 손이 낀 사례이다. 이러한 재해의 재발을 방지하기 위하여 (1) 페달에는 무엇을 설치하고 (2) 상형과 하형 사이의 간격을 얼마 이하로 하는 것이 바람직한가?

해답 (1) 설치장치 : (U자형)덮개
(2) 설치간격 : 8[mm]

문제 프레스기계에 광전자식 안전장치를 설치할 때 이 안전장치의 급정지 시간이 5[ms]였다면 광축의 설치거리를 계산하시오.

해답 $D = 1,600(T_l + T_s) = 1,600 \times 0.005 = 8 \text{mm}$

문제 화면의 동영상은 작업자가 몸을 기울인 채 손으로 이물질을 제거하는 작업을 하다가 실수로 페달을 밟아 손이 다치는 재해가 발생한 사례이다. 이러한 사고의 예방을 위해 조치하여야 할 사항을 2가지만 쓰시오.

해답 1. 이물질을 제거할 때에는 손으로 제거하는 것보다는 플라이어 등의 수공구를 이용한다.
2. 프레스를 일시정지할 때에는 페달에 U자형 덮개를 씌운다.
3. 이물질 제거 시 프레스 전원을 차단하고 작업한다.

문제 작업자는 장갑을 끼고 있고 손으로 이물질을 제거하고 있고, 작업장소 바닥에는 철판 쓰레기가 있다. 크랭크 프레스로 철판 구멍 작업 중 위험요인 3가지 쓰시오.

해답 1. 프레스 페달을 발로 밟아 프레스의 슬라이드가 작동해 손을 다친다.
2. 금형에 붙어 있는 이물질을 제거하려다 손을 다친다.
3. 금형에 붙어 있는 이물질을 제거하려다 눈에 이물질이 들어가 눈을 다친다.
4. 작업장의 청소 및 정리상태가 불량하여 작업자가 넘어져 프레스 기계에 부딪힌다.

출제분야	기계안전
작업명	둥근톱작업

▶ 동영상 설명

둥근톱기계 작업을 하고 있다.

문제 둥근톱기계 정면에서 작업자가 나무를 자르고 있다. 둥근톱기계에 나무 파편이 튀어 눈을 찌푸리고 있다. 또 다른 곳을 보다가 손가락이 잘린다. 목재가공작업 시 안전을 위해 필요한 사항을 쓰시오.

해답 1. 안전작업에 필요한 날접촉예방장치, 분할날, 반발방지기구, 반발방지롤, 보조안내판 등을 설치한다.
2. 둥근톱 작업 시 손이 말려 들어갈 위험이 있는 장갑을 사용해서는 안 된다.
3. 톱날접촉예방장치는 가공재 상면과 덮개하단은 최대 8mm 이하, 테이블과 덮개하단 사이 최대 25mm 이하로 설치한다.
4. 작업 시 파편 등이 튀는 경우 보호구(보안경)를 착용하고, 작업 시 다른 곳을 보는 등의 부주의한 행동을 하지 않는다.

문제 영상 속 작업자는 전동톱을 작동하기 전에 작업발판용 나무토막을 가져다 놓고 한 발로 나무를 고정하고 톱질을 하고 있다. 이때 작업발판의 흔들림으로 인해 작업자가 넘어진다. 영상의 (1) 재해형태와 (2) 기인물, (3) 가해물은?

해답 (1) 재해형태 : 전도
(2) 기인물 : 작업발판
(3) 가해물 : 바닥

출제분야	기계안전
작업명	선반작업

▶ **동영상 설명**

작업자가 선반에서 작업을 하고 있다.

문제 선반의 주축에 가공물(롤러)을 체결한 후 사포 연마작업 중 왼팔이 회전부에 말려 들어가 사망한 재해이다. 안전준수사항을 지키지 않고 작업할 때 일어날 수 있는 (1) 재해요인을 쓰시오. 또 이 영상에서 발생된 사고는 (2) 기계설비의 위험점 중 어느 것에 해당하는가?

해답 (1) 재해요인
　　　1. 회전물에 샌드페이퍼를 감아 손으로 지지하고 있기 때문에 작업복과 손이 감겨 들어간다.
　　　2. 작업에 집중하지 못하여(곁눈질) 실수로 작업복과 손이 말려 들어간다.
　　　3. 손을 기계 위에 올려놓고 작업을 하고 있어 손이 미끄러져 회전물에 말려 들어간다.
　(2) 기계설비의 위험점 : 회전말림점

출제분야	기계안전
작업명	드릴작업

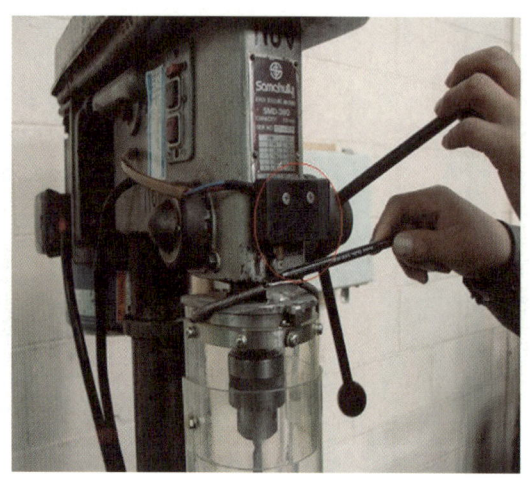

▶ 동영상 설명

작업자가 드릴작업을 하고 있다.

문제
드릴작업 시 위험요인 2가지를 쓰시오.

해답
1. 일감은 견고하게 고정시켜야 하며 손으로 잡고 구멍을 뚫는 것은 위험함
2. 드릴을 끼운 후에 척렌치(Chuck Wrench)를 반드시 뺄 것
3. 손이 말려 들어갈 수 있는 장갑을 끼고 작업하지 말 것
4. 구멍을 뚫을 때 관통된 것을 확인하기 위하여 손을 집어넣지 말 것
5. 드릴작업에서 칩의 제거방법은 회전을 중지시킨 후 솔로 제거하여야 함

출제분야	기계안전
작업명	연삭작업

▶ **동영상 설명**

연마작업을 하고 있다.

문제 봉강 연마작업 중 발생한 사고사례이다. (1) 기인물은 무엇이며, (2) 연마작업 시 파편이나 칩의 비래에 의한 위험에 대비하기 위해 설치해야 하는 장치명을 쓰시오. (3) 또 작업 시 숫돌과 가공면과의 각도는 어느 범위가 적당한가?

해답 (1) 기인물 : 탁상공구 연삭기
 (2) 장치명 : 칩비산방지투명판
 (3) 각도 : 15~30도

출제분야	기계안전
작업명	롤러작업

▶ **동영상 설명**

롤러작업을 하고 있다.

문제 인쇄용 롤러를 청소하는 중 재해가 발생하였다. 작업 중에 발생한 재해에서 핵심위험요인 2가지를 쓰시오.

[해답] 1. 전원을 차단하여 롤러기를 정지시키지 않은 상태에서 청소를 하고 있어 롤러에 말려 들어간다.
2. 방호장치가 없어 회전하는 롤러에 걸레의 윗부분이 넣어져서 손이 말려 들어간다.
3. 회전 중인 롤러에 물려 들어가는 쪽을 직접 손으로 눌러서 닦고 있어 걸레와 함께 손이 물려 들어가게 된다.
4. 체중을 걸쳐 닦고 있어서 말려 들어가게 된다(서서 청소하여야 함).

문제 화면에서 인쇄윤전기에 설치한 방호장치의 성능을 확인하기 위하여 윤전기 롤러의 표면원주속도를 구하려고 한다. 표면원주속도(m/min)를 구하는 공식을 쓰시오.

[해답] 표면원주속도 : $V = \dfrac{\pi DN}{1,000}$ (m/min)

여기서, D : 롤러의 직경(mm), N : 회전수(rpm)

문제 롤러작업에서 (1) 위험점은 무엇이며, (2) 발생되는 조건은 무엇인지 쓰시오.

해답 (1) 위험점 : 물림점
(2) 발생조건 : 회전체가 서로 반대 방향으로 맞물려 회전되어야 함

문제 롤러작업에서 표현된 기계에서 발생한 (1) 사고유형을 쓰고, (2) 답한 용어의 정의를 쓰시오.

해답 (1) 유형 : 협착
(2) 정의 : 물건에 끼워진 상태 또는 말려든 상태

출제분야	기계안전
작업명	용접작업

동영상 설명

작업자가 용접작업을 하고 있다.

문제 배관플랜지 용접작업 중 위험요인 2가지를 쓰시오.

해답
1. 고열 및 불티에 의한 화재 및 폭발의 위험(소화기, 물통, 건조사, 불티받이포 등을 준비)
2. 충전부 접촉에 의한 감전의 위험
3. 용접 흄, 유해가스, 유해광선, 소음, 고열에 의한 건강장해
4. 용접작업에 의한 화상

문제 작업자는 용접작업 도중에 무리하게 먼 거리에서 용접작업을 하려고 호스를 당기고 있다. 이때 호스가 가스통에서 분리되어서 용접스파크와 접촉하면서 폭발이 발생하였다(작업자는 보안경도 안전장치도 착용하지 않음). 관련 위험요인 2가지를 적으시오.

해답
1. 무리하게 호스를 당겨서 분리된 호스로 인해 누설된 가스와 스파크와의 접촉으로 인한 폭발
2. 보안경 미착용으로 인한 재해위험

출제분야	운반작업
작업명	지게차 작업

▶ **동영상 설명**

지게차 작업을 보여주고 있다.

문제 지게차의 작업시작 전 점검사항 3가지를 쓰시오.

> [해답] 1. 제동장치 및 조정장치 기능의 이상 유무
> 2. 하역장치 및 유압장치 기능의 이상 유무
> 3. 바퀴의 이상 유무
> 4. 전조등·후미등·방향지시기 및 경보장치 기능의 이상 유무

문제 납품시간이 촉박한 지게차 운전자가 급히 물건을 적재하여 운반도중 통로의 작업자와 충돌하는 장면이다. 재해발생원인 2가지를 쓰시오.

> [해답] 1. 물건의 적재불량으로 인한 운전자의 시계 불충분으로 지게차에 의해 다른 작업자가 다친다.
> 2. 작업자가 지게차의 운행경로상에 나와서 작업하고 있어 다친다.

문제 보기의 (　)에 알맞은 숫자를 쓰시오.

> (1) 강도는 지게차의 최대하중의 (①)배의 값(4톤을 넘는 값에 대해서는 4톤으로 한다)의 등분포정하중에 견딜 수 있는 것일 것
> (2) 상부틀의 각 개구의 폭 또는 길이가 (②)cm 미만일 것
> (3) 운전자가 앉아서 조작하거나 서서 조작하는 지게차의 헤드가드는 「산업표준화법」 제12조에 따른 한국산업 표준에서 정하는 높이 기준 이상일 것(좌승식 : (③)m 이상, 입승식 : (④)m 이상)

[해답] ① 2, ② 16, ③ 0.903, ④ 1.88

문제 지게차 수리 중 포크가 하강하여 재해가 발생한 사례이다. 다음 물음에 답하시오.

> (1) 영상에서와 같이 지게차의 포크가 올라가 있을 때 지게차를 점검하는 경우 어떠한 조치를 해야 하는가?
> (2) 이 장비의 고장원인은 작업시작 전 점검사항 중 어떤 내용을 확인하면 예방할 수 있는가?
> (3) 재해의 가해물은?

[해답] (1) 조치사항 : 안전지지대(안전블록)를 포크에 받쳐놓고 작업함
(2) 점검사항 : 하역장치 및 유압장치 기능의 이상 유무
(3) 가해물 : 포크

문제 화면을 보고 지게차 주행안전작업 사항 중 잘못된 내용 4가지를 쓰시오(위험예지포인트).

[해답] 1. 전방의 시야 불충분으로 지게차에 의해 다른 작업자가 다칠 수 있다.
2. 물건을 과적하여 운전자의 시야를 가려 다른 작업자가 다칠 수 있다.
3. 물건을 불안정하게 적재하여 화물이 떨어져 다른 작업자가 다칠 수 있다.
4. 다른 작업자가 작업통로에 나와서 작업을 하고 있어 지게차에 다칠 수 있다.
5. 난폭한 운전·과속으로 운전자 본인이 다치거나 다른 작업자가 다칠 수 있다.

문제 화물의 낙하가 운전자에게 위험을 미칠 염려가 있을 경우, 이러한 위험을 방지하기 위하여 머리 위에 설치하는 덮개를 무엇이라 하는가?

[해답] 헤드가드

문제 지게차에 적재된 화물이 현저하게 시계를 방해할 경우 운전자의 조치를 3가지만 쓰시오.

해답
1. 하차하여 주변의 안전을 확인한다.
2. 유도자를 지정하여 지게차를 유도하든가 후진으로 서행한다.
3. 경적과 경광등을 사용한다.

문제 동영상은 지게차로 운반작업을 하고 있다. 지게차의 각각 안정도를 쓰시오.

(1) 하역작업 시 전후 안정도
(2) 주행시 전후 안정도
(3) 하역작업 시 좌우 안정도
(4) 지게차가 5[km]의 속도로 주행 시 좌우 안정도

해답
(1) 4%
(2) 18%
(3) 6%
(4) $(15+1.1V)\% = 15+1.1 \times 5 = 20.5\%$

출제분야	기계안전
작업명	컨베이어 작업

▶ 동영상 설명

컨베이어 작업을 하고 있다.

문제 컨베이어의 작업시작 전 점검사항 4가지를 쓰시오.

해답 1. 원동기 및 풀리기능의 이상 유무
2. 이탈 등의 방지장치기능의 이상 유무
3. 비상정지장치 기능의 이상 유무
4. 원동기·회전축·기어 및 풀리 등의 덮개 또는 울 등의 이상 유무

문제 컨베이어 작업 시 화물의 낙하로 인해 근로자에게 위험이 미칠 때 낙하위험방지 2가지를 쓰시오.

해답 덮개, 울

문제 경사용 컨베이어 벨트에서 하역작업 중 위험을(동영상은 컨베이어 위에 올라가 있는 작업자의 발이 아슬아슬한 모습을 잡아줌) 방지하기 위한 방호장치 3가지를 쓰시오.

해답
1. 비상정지장치 설치
2. 덮개 또는 울 설치
3. 건널다리 설치
4. 역전방지장치 설치

문제 한 작업자가 야간에 후레쉬를 들고 컨베이어 벨트를 점검하다가 부주의하여 한눈판 사이 손을 컨베이어 위에 두고 손이 롤러 사이에 끼어 말려 들어갔다. 작업자가 컨베이어 벨트 점검 시 안전조치사항 2가지를 쓰시오.

해답
1. 작업 시작 전 전원을 차단한다.
2. 장갑을 끼고 있어 손이 말려 들어가기 때문에 장갑을 벗는다.
3. 야간에 점검하지 않는다.
4. 비상정지 장치 기능을 설치한다.
5. 원동기 회전축 기어 및 풀리 등의 덮개 또는 울을 설치한다.

출제분야	기계안전
작업명	회전체 작업

▶ 동영상 설명

V벨트 수리작업을 보여주고 있다.

문제 영상은 작업자가 작동되는 양수기를 수리하고 있는 모습으로, 옆의 작업자와 잡담을 하며 수공구를 던져주다가 손이 벨트에 물리는 사고가 발생하였다. 이때 위험요인 3가지는?

해답
1. 작업에 집중하지 않고 있어 실수로 작업복이 기계에 말려 들어간다.
2. 기계에 손을 올려놓고 오른쪽 작업자가 작업하고 있어 손이나 작업복이 말려 들어갈 우려가 있다.
3. 회전하는 벨트에 왼쪽 작업자의 팔꿈치쪽이 걸려 접선물림점에 작업복이 말려 들어갈 수 있다.
4. 운전 중 점검작업을 하고 있어 위험하다.
5. 회전기계에서 장갑을 착용하고 있어 접선물림점에 손이 다칠 수 있다.
6. 회전체 부분에 방호장치가 없어서 작업자가 다친다.

문제 V벨트 교체작업 시 (1) 작업안전수칙에 3가지를 쓰시오. 이 영상에서 발생한 사고는 (2) 기계설비의 위험점 중 어느 것에 해당하는가?

해답 (1) 작업안전수칙 3가지
  1. 작업시작 전(V벨트 교체 작업 전) 전원을 차단한다.
  2. V벨트 교체작업은 천대 장치를 사용한다.
  3. 보수작업 중이라는 작업 중의 안내 표지를 부착하고 실시한다.
(2) 위험점 : 접선 물림점

문제 장갑을 착용하고 작동 중인 회전기계를 점검하다 협착사고가 발생하였다. 재해원인과 대책 2가지를 쓰시오.

해답 1. 재해원인 : 점검작업 시 전원을 차단하여 기계의 작동을 정지시키지 않았다.
    대책 : 점검작업 시에는 전원을 차단하여 기계의 작동을 정지시킨 후 작업을 실시한다.
  2. 재해원인 : 회전기계 취급 시 손이 말려 들어갈 위험이 있는 장갑을 착용하였다.
    대책 : 회전기계 취급 시에는 장갑 착용을 금지한다.

출제분야	운반안전
작업명	크레인 작업

> ▶ **동영상 설명**
>
> 크레인 작업을 하고 있다.

문제 크레인 배관 권상하중 시 위험요인을 쓰시오.

> **해답** 1. 위험반경 내에서 크레인 수신호를 실시하고 있다.
> 2. 보조(유도)로프를 설치하지 않았다.

문제 크레인에 배관을 묶어 올리던 중 연결로프가 끊어질 것 같아서 다시 내리다가 배관의 흔들림에 의해 작업자의 머리를 치는 상황이다. 해당 (1) 재해의 형태와 (2) 그 정의를 쓰시오.

> **해답** (1) 재해형태 : 비래
> (2) 정의 : 구조물, 기계 등에 고정되어 있던 물체가 중력, 원심력, 관성력 등에 의하여 고정부에서 이탈하거나 또는 설비 등으로부터 물질이 분출되어 사람을 가해하는 경우

문제 이동식 크레인에 매달린 물체가 골조에 부딪혀 위험하고, 신호방법(수신호)이 맞지 않아 작업자(안전모 미착용) 위로 낙하할 위험이 내재되어 있다. 재해를 방지할 수 있는 대책 3가지는?

해답
1. 보조(유도)로프를 이용해서 흔들림을 방지한다.
2. 무전기 등을 사용하여 신호하거나, 작업 전 일정한 신호방법을 약속으로 정한다.
3. 슬링와이어로프의 체결상태를 확인한다.
4. 화물을 작업자 위로 통과시키지 않도록 한다.
5. 보호구(안전모)를 착용한다.

문제 화면은 크레인(호이스트)을 이용하여 변압기를 트럭에 하역작업 중 재해가 발생한 사례이다. (1) 재해유형 및 (2) 화면상 재해원인 2가지를 쓰시오.

해답
(1) 재해유형 : 낙하
(2) 재해원인
　　1. 와이어로프를 호이스트 훅 끝에 불안하게 걸쳐 놓았다.
　　2. 보조로프를 사용하지 않았다.
　　3. 위험반경 내에서 크레인 수신호를 실시하고 있다.

문제 이동식 크레인 화물(파이프) 운반 작업에서 권상 중에 철골과 부딪치고 신호수가 철골 위에 올라서서 신호하고 있다. (1) 이 설비의 방호장치 3가지와 (2) 설비 운전 시 운전자가 조치해야 할 사항 3가지를 쓰시오.

해답
(1) 방호장치 3가지
　　1. 권과방지장치
　　2. 과부하방지장치
　　3. 브레이크장치
(2) 운전자가 조치해야 할 사항 3가지
　　1. 와이어로프의 안전상태 점검
　　2. 훅의 해지장치 및 안전상태 점검
　　3. 인양 도중 화물이 빠질 우려가 있는지의 여부
　　4. 작업반경 내 관계근로자 이외의 자는 출입금지

출제분야	운반안전
작업명	리프트 작업

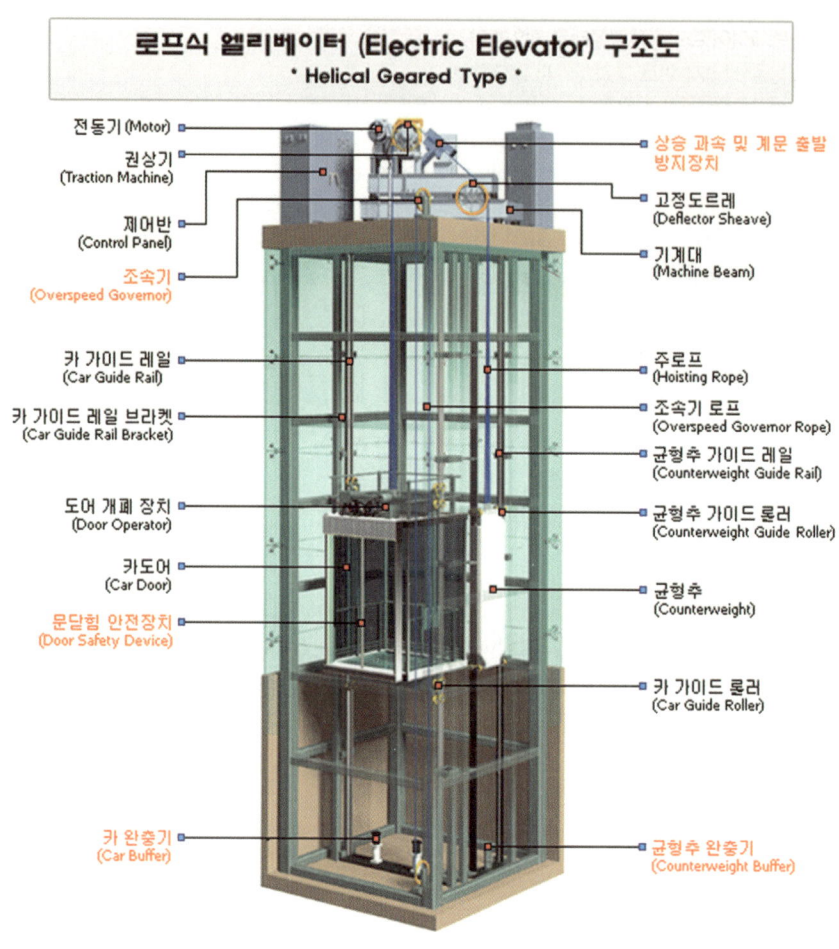

▶ **동영상 설명**

리프트를 보여주고 있다.

문제 리프트 점검사항 2가지를 쓰시오.

해답 1. 방호장치·브레이크 및 클러치의 기능
2. 와이어로프가 통하고 있는 곳의 상태

문제 시내버스를 정비하기 위하여 차량용 리프트로 차량을 들어올린 상태에서 한 작업자가 버스 밑에 들어가 샤프트 계통을 점검하고 있다. 그런데 다른 한 사람이 주변상황을 전혀 살피지 않고 버스에 올라 엔진을 시동하였다. 그 순간 밑에 있던 작업자의 팔이 버스의 회전하는 샤프트에 말려들어 협착사고가 일어났다(이때 주변에는 작업감시자가 없는 상황). (1) 버스정비작업 중 안전을 위해 취해야 할 사전안전조치사항 3가지를 쓰시오. 또 이 영상은 샤프트에 작업자가 재해를 입은 사고이다. (2) 기계설비의 위험점 중 어느 것에 해당하는가?

해답 (1) 안전조치 3가지
1. 정비작업 중임을 나타내는 표지판을 설치할 것
2. 작업과정을 지휘할 작업자를 배치할 것
3. 기동(시동)장치에 잠금장치를 할 것
4. 작업 시 운전금지를 위하여 열쇠를 별도 관리할 것
(2) 위험점 : 회전말림점

출제분야	운반안전
작업명	승강기 작업

▶ 동영상 설명

승강기 작업을 하고 있다.

문제 승강기 설치 전 피트 내부 청소작업 중 추락하였다. 추락재해 발생원인 3가지를 쓰시오.

해답 1. 작업발판이 고정되어 있지 않았다.
　　　2. 작업자가 안전난간 및 안전대를 걸지 않고 작업하였다.
　　　3. 추락방호망을 설치하지 않았다.

문제 승강기 내부 피트에 안전핀을 망치로 제거하는 상황이다. 재해원인을 쓰시오(발판이 나무 패널로 되어 있음).

해답 1. 안전대 및 안전대 부착설비가 되어 있지 않다.
　　　2. 추락방호망을 설치되어 있지 않다.
　　　3. 안전한 작업발판이 설치되어 있지 않다.

문제 작업자가 피트를 점검하고 있다. 피트 점검작업 시 안전수칙을 쓰시오.

해답
1. 작업장소에 표지판을 설치하고 작업한다.
2. 작업을 지휘할 작업자를 배치하고 작업한다.
3. 작업에 필요한 보호구를 착용한다.

문제 승강기 와이어로프에 끼인 기름 및 먼지 제거 작업 중(이물질이 발생하여 손으로 이물질을 제거하고 있음) (1) 위험점, (2) 재해발생형태, (3) 재해발생형태 정의를 쓰시오.

해답
(1) 위험점 : 접선물림점
(2) 재해발생형태 : 협착
(3) 협착의 정의 : 두 물체 사이의 움직임에 의하여 일어난 것으로 직선 운동하는 물체 사이의 협착, 회전부와 고정체 사이의 끼임, 롤러 등 회전체 사이에 물리거나 또는 회전체 · 돌기부 등에 감긴 경우

출제분야	기계안전
작업명	사출성형기 작업

▶ 동영상 설명

사출성형기 작업을 하고 있다.

문제 사출성형기 작업 시 재해방지대책을 쓰시오.

해답
1. 작업자가 사출성형기의 내부 금형 사이에 출입할 때에는 사출성형기의 전원을 차단한 후 출입할 것
2. 작업 시 절연용보호구를 착용할 것
3. 이물질의 제거는 전용공구를 사용할 것
4. 사출성형기 충전부 방호조치(덮개) 실시할 것

출제분야	기계안전
작업명	슬라이스 기계 작업

▶ 동영상 설명

슬라이스 기계를 보여주고 있다.

문제 무채를 썰어내는 슬라이스 기계의 위험점과 정의를 쓰시오.

해답 1. 위험점 : 절단점
2. 정의 : 회전하는 운동부 자체의 위험이나 운동하는 기계부분 자체의 위험에서 초래되는 위험점이다.

문제 슬라이스 작업의 안전예방대책을 3가지만 쓰시오.

해답 1. 인터록(연동장치)을 설치한다.
2. 전원을 차단하고 점검한다.
3. 슬라이드 부분에 덮개를 설치한다.

출제분야	기계안전
작업명	배관작업

▶ 동영상 설명

증기가 흐르는 고소 배관 점검을 위해 이동식 사다리에 올라가 작업 중 사다리의 흔들림에 의해 떨어져 바닥에 부딪히는 상황(보안경 미착용에 양손 모두 맨손으로 작업 중)이다.

문제 위험요인 3가지를 쓰시오.

해답 1. 방열복 및 방열장갑 등 보호구를 착용하지 않았다.
2. 이동식 사다리가 고정되어 있지 않다.
3. 보안경 미착용으로 고압증기에 의한 눈 손상의 위험이 있다.
4. 양손을 동시에 사용하고 있어 작업자세가 불안전하다.

출제분야	운반안전
작업명	덤프트럭 수리

▶ 동영상 설명

덤프트럭을 수리하고 있다.

문제 덤프트럭의 유압실린더 작동 후 적재함 상승 후 그 사이에 들어가 점검하는 도중 적재함이 내려와서 재해가 발생한다. 차량용 운반 하역기계 작업 시 위험방지조치 3가지를 쓰시오.

해답
1. 안전지지대 또는 안전블록 등의 사용상황 등을 점검할 것
2. 작업순서를 결정하고 작업을 지휘할 것
3. 작업계획서를 작성할 것
4. 원동기를 정지시키고 브레이크를 확실히 거는 등 갑작스러운 주행을 방지하기 위한 조치를 할 것

PART 01 기계 및 운반안전

기출문제풀이

※ 아래 그림들은 실제 출제되는 동영상문제와 다를 수 있습니다.

출제연도 **2007년 7월(A형)**

06.
작업자가 인쇄기의 롤러부위를 청소하고 있다. 작업자는 전원을 넣은 상태로 저속운행을 실시하고 있는 상태에서 걸레를 이용하여 청소하다가 협착되는 동영상으로 위험요인 2가지를 적으시오.

[해답] 1. 롤러기를 정지시키지 않은 상태에서 청소를 하고 있어 롤러에 말려 들어간다.
2. 방호장치가 없어 회전하는 롤러에 걸레의 윗부분이 넣어져서 손이 말려 들어간다.
3. 회전 중인 롤러의 물려 들어가는 쪽을 직접 손으로 눌러서 닦고 있어 걸레와 함께 손이 물려 들어가게 된다.

07.
섬유작업장에서 작업을 하다가 기계의 이상으로 기계작동이 정지된다. 작업자가 그 원인을 찾기 위해 기계에 몸을 넣고 있을 때 기계작동으로 롤러에 끼이는 재해이다. 위험요인 2가지를 적으시오.

[해답] 1. 정비 혹은 수리를 할 때는 항상 전원을 차단해야 하는데 전원을 켜 놓은 채로 작업을 하였다.
2. 작업자의 손에 장갑을 착용하고 있어 끼임점이 발생하여 재해가 발생할 가능성이 있다.

출제연도 2007년 7월(B형)

05.
트럭의 적재함을 내리다가 적재함이 멈추어 섰다. 이때 작업자가 스패너 하나만 가지고 적재함 밑으로 내려가서 나사를 조이는데 적재함이 내려와 작업자가 깔리는 동영상이다. 차량계 하역장치의 수리나 조립, 해체 작업을 할 때 안전조치 사항 3가지를 쓰시오.

해답 1. 안전지지대 또는 안전블록 등의 사용상황 등을 점검할 것
2. 작업순서를 결정하고 작업을 지휘할 것
3. 작업계획서를 작성할 것
4. 원동기를 정지시키고 브레이크를 확실히 거는 등 갑작스러운 주행을 방지하기 위한 조치를 할 것

09.
프레스가 화면에 나오고 급정지기구가 설치되지 않았다. 이때 방호조치 4가지를 쓰시오.

해답 1. 손쳐내기식, 2. 수인식, 3. 양수기동식, 4. 게이트가드식

출제연도 2007년 10월(A형)

01.

브레이크라이닝 연마작업을 하고 있다. 위험요인 2가지를 쓰시오.

해답 1. 작업 시 장갑을 착용하고 있어서 손이 끼일 염려가 있음
2. 비상정지장치, 덮개 등의 방호장치 미설치
3. 이물질이 눈에 튀어 들어와서 눈을 다칠 위험이 있음

출제연도 2007년 10월(B형)

05.
안전장치가 없는 둥근톱기계에 고정식 접촉예방장치 설치 시 가공재 상면에서 덮개 하단까지 최대간격과 테이블면 상단에서 덮개 하단까지 최대간격은?

해답 1. 가공재 상면에서 덮개 하단까지 최대간격 : 최대 8mm
2. 테이블면 상단에서 덮개 하단까지 최대간격 : 최대 25mm

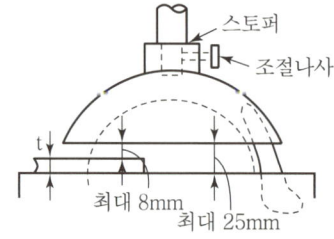

06.
작업자는 장갑을 끼고 있고 손으로 이물질을 제거하고 있으며, 작업바닥은 철판 쓰레기가 있다. 크랭크 프레스로 철판 구멍작업 중 위험요인 3가지를 쓰시오.

해답
1. 프레스 페달을 발로 밟아 프레스의 슬라이드가 작동해 손을 다친다.
2. 금형에 붙어 있는 이물질을 제거하려다 손을 다친다.
3. 금형에 붙어 있는 이물질을 제거하려다 눈에 이물질이 들어가 눈을 다친다.
4. 작업장의 청소 및 정리상태가 불량하여 작업자가 넘어져 프레스 기계에 부딪힌다.

| 출제연도 | 2008년 4월(A형) |

01.
한 작업자가 야간에 후레쉬를 들고 컨베이어 벨트를 점검하다가 부주의하여 한눈을 판 사이 컨베이어 위를 잡은 손이 롤러 사이에 끼어 말려 들어갔다. 작업자의 컨베이어 벨트 안전조치사항 2가지를 쓰시오.

해답
1. 작업 시작 전 전원을 차단한다.
2. 장갑을 끼고 있어 손이 말려 들어가기 때문에 장갑을 벗는다.
3. 야간에 점검하지 않는다.
4. 비상정지장치 기능을 설치한다.
5. 원동기 회전축 기어 및 풀리 등의 덮개 또는 울을 설치한다.

07.
지게차에 경유를 주입하는 중에 운전자가 시동을 켠 채로 내려 다른 작업자와 담배를 피며 이야기를 나눈다. 위 동영상을 보고 가장 근본적인 위험에 관해 서술하시오.

[해답] 지게차에 경유를 주입하는 중에 운전자가 화기엄금 구역에서 담배를 피워 화재 폭발의 위험이 있다.

| 출제연도 | 2008년 4월(B형) |

04.
납품시간이 촉박한 지게차 운전자가 급히 물건을 적재하여 운반도중 통로의 작업자와 충돌하는 장면이다. 재해발생원인 2가지를 쓰시오.

[해답] 1. 물건의 적재불량으로 운전자의 시계 불충분으로 지게차에 의해 다른 작업자가 다친다.
2. 작업자가 지게차의 운행경로상에 나와서 작업하고 있어 다친다.

05.
장갑을 착용하고 작동 중인 회전기계를 점검하다 협착사고가 발생하였다. 재해원인과 대책 2가지를 쓰시오.

[해답] 1. 재해원인 : 점검작업 시 전원을 차단하여 기계의 작동을 정지시키지 않았다.
  대책 : 점검작업 시에는 전원을 차단하여 기계의 작동을 정지시킨 후 작업을 실시한다.
2. 재해원인 : 회전기계 취급시 장갑을 착용하였다.
  대책 : 회전기계 취급시에는 장갑착용을 금지한다.

09.
작동되는 양수기를 수리하는 모습으로, 잡담을 하며 수공구를 던져주다가 손이 벨트에 물리는 사고가 발생하였다. 위험요인 3가지는?

[해답] 1. 작업에 집중하지 않고 있어 실수로 작업복이 기계에 말려 들어간다.
2. 기계에 손을 올려놓고 오른쪽 작업자가 작업하고 있어 손이나 작업복이 말려 들어갈 우려가 있다.
3. 회전하는 벨트에 왼쪽 작업자의 팔꿈치쪽이 걸려 접선물림점에 작업복이 말려 들어갈 수 있다.
4. 운전 중 점검작업을 하고 있어 위험하다.
5. 회전기계에서 장갑을 착용하고 있어 접선물림점에 손이 다칠 수 있다.
6. 회전체 부분에 방호장치가 없어서 작업자가 다친다.

출제연도 2008년 7월(A형)

01.
선반의 주축에 가공물(롤러)을 체결한 후 사포 연마작업 중 왼팔이 회전부에 말려 들어가 재해가 발생한다. 이때 위험한 부분 3가지를 적으시오.

[해답] 1. 회전물에 샌드페이퍼를 감아 손으로 지지하고 있기 때문에 작업복과 손이 감겨 들어간다.
2. 작업에 집중하지 못하여(곁눈질) 실수로 작업복과 손이 말려 들어간다.
3. 손을 기계 위에 올려놓고 작업을 하고 있어 손이 미끄러져 회전물에 말려 들어간다.

08.
무채 작업 동영상을 보여주고 있다. 덮개를 개방하면 자동으로 전원을 차단하는 안전장치 이름은?

[해답] 인터록 장치

출제연도 2008년 7월(B형)

04.
작동되는 양수기를 수리하는 모습으로, 잡담을 하며 수공구를 던져주다가 손이 벨트에 물리는 사고가 발생하였다. 위험요인 3가지는?

해답 1. 작업에 집중하지 않고 있어 실수로 작업복이 기계에 말려 들어간다.
2. 기계에 손을 올려놓고 오른쪽 작업자가 작업하고 있어 손이나 작업복이 말려 들어갈 우려가 있다.
3. 회전하는 벨트에 왼쪽 작업자의 팔꿈치쪽이 걸려 접선물림점에 작업복이 말려 들어갈 수 있다.
4. 운전 중 점검작업을 하고 있어 위험하다.
5. 회전기계에서 장갑을 착용하고 있어 접선물림점에 손이 다칠 수 있다.
6. 회전체 부분에 방호장치가 없어서 작업자가 다친다.

05.
전동톱을 작동하기 전에 작업발판용 나무토막을 가져다 놓고 한 발로 나무를 고정하고 톱질을 하다 작업발판의 흔들림으로 인해 작업자가 넘어진다. 이때 (1) 재해형태와 (2) 기인물, (3) 가해물은?

해답 (1) 재해형태 : 추락
(2) 기인물 : 작업발판
(3) 가해물 : 바닥

출제연도 2008년 7월(C형)

07.
롤러기 작업 시 (1) 위험점 및 (2) 발생조건을 쓰시오.

해답 (1) 위험점 : 물림점
(2) 발생조건 : 회전체가 서로 반대 방향으로 맞물려 회전되어야 한다.

출제연도 2008년 10월(A형)

02.
컨베이어의 작업시작 전 점검사항 4가지를 쓰시오.

해답
1. 원동기 및 풀리기능의 이상 유무
2. 이탈 등의 방지장치기능의 이상 유무
3. 비상정지장치 기능의 이상 유무
4. 원동기 · 회전축 · 기어 및 풀리 등의 덮개 또는 울 등의 이상 유무

07.
작업자가 브레이크라이닝 연마작업 도중 회전체에 장갑이 말려 들어가 손을 다친다. 안전대책 2가지를 쓰시오.

해답 1. 작업 시 장갑 착용하고 있어서 손이 끼일 염려가 있으므로 착용하지 않는다.
2. 비상정지장치, 덮개 등의 방호장치를 한다.
3. 이물질이 눈에 튀어 들어와서 눈을 다칠 위험이 있으므로 보안경을 착용한다.

출제연도 2009년 4월(A형)

01.
배관플랜지 용접작업 중 위험요인 2가지를 쓰시오.

해답 1. 고열 및 불티에 의한 화재 및 폭발의 위험(소화기, 물통, 건조사, 불티받이포 등을 준비)
2. 충전부 접촉에 의한 감전의 위험
3. 용접 흄, 유해가스, 유해광선, 소음, 고열에 의한 건강장해
4. 용접작업에 의한 화상

07.
작업자가 승강기 와이어로프에 끼인 기름 및 먼지 제거 작업을 맨손으로 하고 있다. 이때 발생할 수 있는 (1) 위험점, (2) 재해발생형태, (3) 재해발생형태의 정의를 쓰시오.

[해답] (1) 위험점 : 접선물림점
(2) 재해발생형태 : 협착
(3) 협착의 정의 : 두 물체 사이의 움직임에 의하여 일어난 것으로 직선 운동하는 물체 사이의 협착, 회전부와 고정체 사이의 끼임, 롤러 등 회전체 사이에 물리거나 또는 회전체·돌기부 등에 감긴 경우

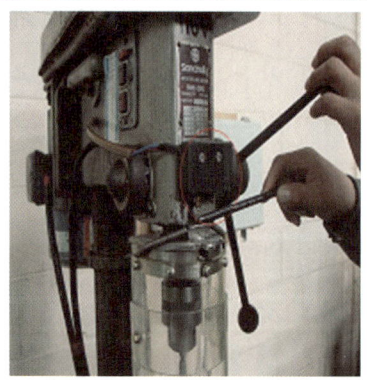

08.
작업자가 드릴 작업을 하고 있다. 드릴 작업 시 위험요인 2가지를 쓰시오.

[해답] 1. 일감은 견고하게 고정시켜야 하며 손으로 쥐고 구멍을 뚫는 것은 위험함
2. 드릴을 끼운 후에 척렌치(Chuck Wrench)를 반드시 뺄 것
3. 손이 말려 들어갈 위험이 있는 장갑을 끼고 작업하지 말 것
4. 구멍을 뚫을 때 관통된 것을 확인하기 위하여 손을 집어넣지 말 것
5. 드릴작업에서 칩의 제거방법은 회전을 중지시킨 후 솔로 제거할 것

출제연도: 2009년 4월(B형)

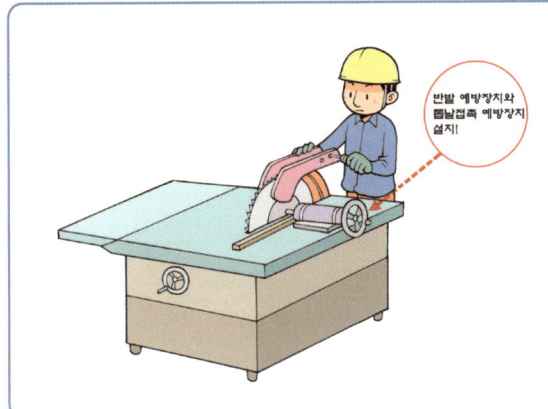

03.
목재가공작업 시 안전을 위해 필요한 사항을 쓰시오.

해답) 1. 안전작업에 필요한 날접촉예방장치, 분할날, 반발방지기구, 반발방지롤, 보조안내판 등을 설치한다.
2. 톱날접촉예방장치는 가공재 상면과 덮개하단은 최대 8mm 이하, 테이블과 덮개 하단 사이 최대 25mm 이하로 설치한다.

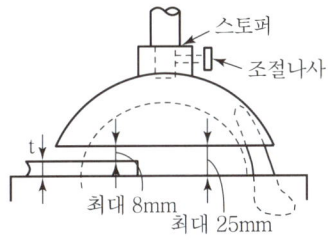

04.

사출성형기 작업을 하고 있다. 사출성형기 작업 시 재해방지 대책을 쓰시오.

해답 1. 작업자가 사출성형기의 내부 금형 사이에 출입할 때에는 사출성형기의 전원을 차단한 후 출입할 것
2. 작업 시 절연용보호구를 착용할 것
3. 이물질의 제거는 전용공구를 사용할 것
4. 사출성형기 충전부 방호조치(덮개)를 실시할 것

출제연도 2009년 4월(C형)

01.

인쇄용 롤러 청소하는 작업 중에 발생한 재해에서 핵심위험 요인 2가지를 쓰시오.

해답 1. 전원을 차단하여 롤러기를 정지시키지 않은 상태에서 청소를 하고 있어 롤러에 말려 들어간다.
2. 방호장치가 없어 회전하는 롤러에 걸레의 윗부분이 넣어져서 손이 말려 들어간다.
3. 회전 중인 롤러의 물려 들어가는 쪽을 직접 손으로 눌러서 닦고 있어 걸레와 함께 손이 말려 들어가게 된다.

07.
컨베이어 작업을 하고 있다. 작업시작 전 점검사항 4가지를 쓰시오.

해답
1. 원동기 및 풀리기능의 이상 유무
2. 이탈 등의 방지장치기능의 이상 유무
3. 비상정지장치 기능의 이상 유무
4. 원동기 · 회전축 · 기어 및 풀리 등의 덮개 또는 울 등의 이상 유무

출제연도 2009년 9월(A형)

01.
작업자는 전동톱을 작동하기 전에 작업발판용 나무토막을 가져다 놓고 한 발로 나무를 고정하고 톱질을 한다. 작업발판의 흔들림으로 인해 작업자가 넘어졌다. 이때 발생할 수 있는 (1) 재해형태, (2) 기인물, (3) 가해물은?

해답
(1) 재해형태 : 전도
(2) 기인물 : 작업발판
(3) 가해물 : 바닥

02.

영상은 작동되는 양수기를 수리하는 모습으로, 두 작업자는 잡담을 하며 수공구를 던져주다가 한 작업자의 손이 벨트에 물리게 된다. 이때 위험요인 3가지는?

[해답] 1. 작업에 집중하지 않고 있어 실수로 작업복이 기계에 말려 들어간다.
2. 기계에 손을 올려놓고 오른쪽 작업자가 작업하고 있어 손이나 작업복이 말려 들어갈 우려가 있다.
3. 회전하는 벨트에 왼쪽 작업자의 팔꿈치쪽이 걸려 접선물림점에 작업복이 말려 들어갈 수 있다.
4. 운전 중 점검작업을 하고 있어 위험하다.
5. 회전기계에서 장갑을 착용하고 있어 접선물림점에 손이 다칠 수 있다.
6. 회전체 부분에 방호장치가 없어서 작업자가 다친다.

| 출제연도 | 2009년 9월(B형) |

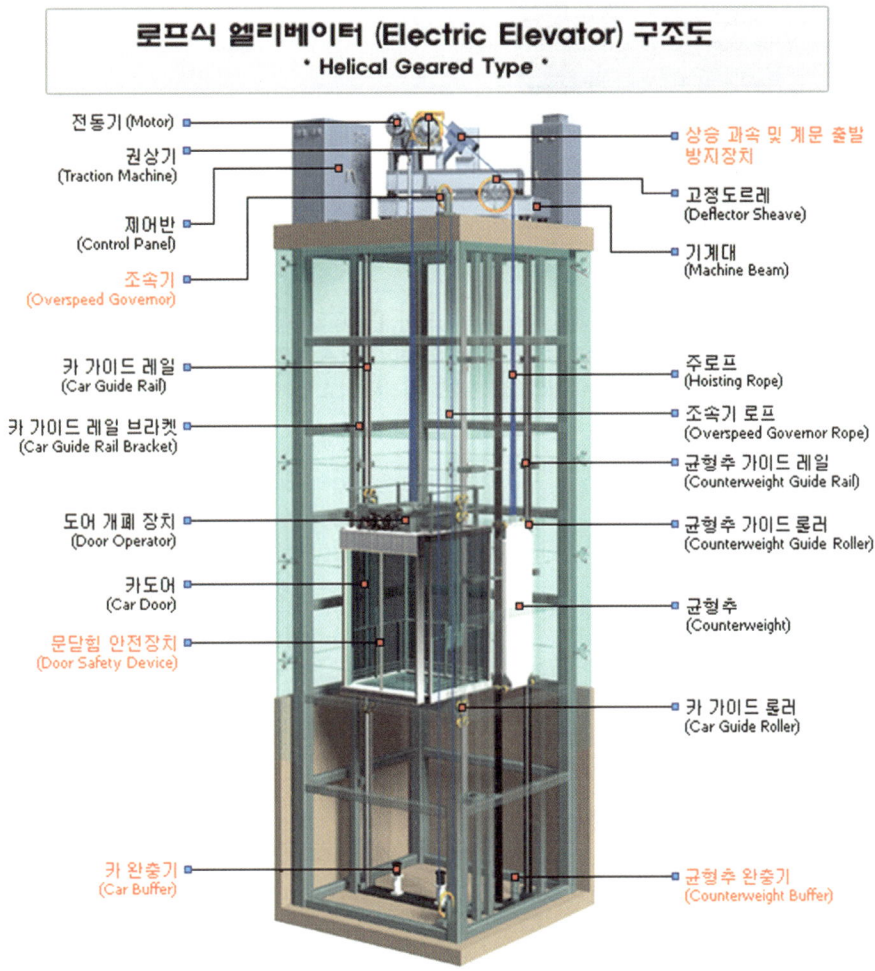

01.
리프트 점검사항 2가지를 쓰시오.

해답 1. 방호장치·브레이크 및 클러치의 기능
2. 와이어로프가 통하고 있는 곳의 상태

03.
영상에서 작업자가 인쇄용 롤러를 청소하는 중 재해가 발생하였다. 작업 중에 발생한 재해에서 핵심위험요인 2가지를 쓰시오.

해답
1. 롤러기를 정지시키지 않은 상태에서 청소를 하고 있어 롤러에 말려 들어간다.
2. 방호장치가 없어 회전하는 롤러에 걸레의 윗부분이 넣어져서 손이 말려 들어간다.
3. 회전 중인 롤러의 물려 들어가는 쪽을 직접 손으로 눌러서 닦고 있어 걸레와 함께 손이 물려 들어가게 된다.

07.
무채를 썰어내는 슬라이스 기계의 위험점의 정의를 쓰시오.

해답
1. 위험점 : 절단점
2. 정의 : 회전하는 운동부 자체의 위험이나 운동하는 기계부분 자체의 위험에서 초래되는 위험점

출제연도 2009년 9월(C형)

02.

영상은 증기가 흐르는 고소 배관 점검을 위해 이동식 사다리에 올라가 작업 중 사다리의 흔들림에 의해 떨어져 바닥에 부딪히는 상황을 보여준다. 보안경 미착용에 양손 모두 맨손으로 작업 중이다. 이때 위험요인 3가지를 쓰시오.

[해답]
1. 방열복 및 방열장갑 등 보호구를 착용하지 않았다.
2. 이동식 사다리가 고정되어 있지 않다.
3. 보안경 미착용으로 고압증기에 의한 눈 손상의 위험이 있다.
4. 양손을 동시에 사용하고 있어 작업자세가 불안전하다.

06.

영상은 둥근톱기계를 사용하여 정면에서 작업자가 나무를 자르고 작업을 보여주고 있다. 작업자는 둥근톱기계로부터 나무 파편이 튀어 눈을 찌푸리다가 잠시 다른 곳을 보고 그 순간 손가락이 잘린다. 목재가공작업 시 안전을 위해 필요한 사항을 쓰시오.

[해답]
1. 안전작업에 필요한 날접촉예방장치, 분할날, 반발방지기구, 반발방지롤, 보조안내판 등을 설치한다.
2. 둥근톱 작업 시 손이 말려 들어갈 위험이 있는 장갑을 사용해서는 안 된다.
3. 톱날접촉예방장치는 가공재 상면과 덮개하단은 최대 8mm 이하, 테이블과 덮개하단 사이 최대 25mm 이하로 설치한다.
4. 작업 시 파편 등이 튀는 경우 보호구(보안경)를 착용하고, 작업 시 다른 곳을 보는 등의 부주의한 행동을 하지 않는다.

09.
영상에서 급정지장치가 설치되지 않은 프레스기에서 손 협착사고가 발생한다. 유효한 방호장치 2가지를 쓰시오.

해답 1. 손쳐내기식, 2. 수인식, 3. 양수기동식, 4. 게이트가드식

| 출제연도 | 2009년 9월(D형) |

01.
용접작업 도중에 무리하게 먼 거리에서 용접작업을 하려고 호스를 당기다가 호스가 가스통에서 분리되어서 용접스파크와 접촉하면서 폭발이 발생하였다. 작업자는 보안경도 안전장치도 착용하지 않았다. 영상 속 위험요인 2가지를 적으시오.

해답 1. 무리하게 호스를 당겨서 분리된 호스로 인해 누설된 가스와 스파크와의 접촉으로 인한 폭발
2. 보안경 미착용으로 인한 재해위험

04.
영상은 컨베이어 위에 올라가 있는 작업자의 발이 위태로운 모습을 보여준다. 경사용 컨베이어 벨트에서 하역작업 중 위험을 방지하기 위한 방호장치 3가지를 쓰시오.

해답
1. 비상정지장치 설치
2. 덮개 또는 울 설치
3. 건널다리 설치
4. 역전방지장치 설치

07.
덤프트럭의 유압실린더 작동하여 적재함을 상승시킨 후 그 사이에 들어가 점검을 한다. 이때 갑자기 적재함이 내려와서 재해가 발생한다. 차량용 운반 하역기계 작업 시 위험방지조치 3가지를 쓰시오.

해답
1. 안전지지대 또는 안전블록 등의 사용상황 등을 점검할 것
2. 작업순서를 결정하고 작업을 지휘할 것
3. 작업계획서를 작성할 것
4. 원동기를 정지시키고 브레이크를 확실히 거는 등 갑작스러운 주행을 방지하기 위한 조치를 할 것

산업안전기사 실기 ENGINEER INDUSTRIAL SAFETY

PART 02

전기안전

◨ 예상문제풀이

- 습윤상태(수중펌프)에서의 전기작업
- 양수기 수리작업
- 습윤상태에서의 전기작업
- 배전반(분전반) 작업
- 임시 배전반(분전반) 작업
- 가설전선 점검작업
- 사출성형기 금형작업
- 퓨즈 교체작업
- 전기형강작업

- 변압기 관련 작업
- 정전작업
- 활선작업
- 전선로 근접작업
- 교류아크용접작업
- 폭발성 물질 취급작업
- 전신주 승주작업
- VDT 작업

◨ 기출문제풀이

PART 02 예상문제풀이

전기안전

출제분야	전기안전
작업명	습윤상태(수중펌프)에서의 전기작업

▶ **동영상 설명**

화면은 습윤한 장소(물기가 있는 장소)에서의 전기작업 및 관련 재해에 대한 동영상이다.

문제 동영상은 작업자가 수중펌프 접속부위에 감전되어 발생한 사고이다. 작업자가 감전사고를 당한 원인을 인체의 피부저항과 관련하여 설명하시오.

해답
1. 감전피해의 위험도에 가장 큰 영향을 미치는 통전전류의 크기는 인체의 전기저항 즉, 임피던스의 값에 의해 결정(반비례)되며 인체의 임피던스는 내부저항과 피부저항으로 구성
2. 내부저항은 교류, 직류에 따라 거의 일정(통전시간이 길어지면 인체의 온도상승에 의해 저항치 감소) 피부저항은 물에 젖어 있을 경우 1/25로 저항이 감소하므로 그만큼 통전전류가 커져 전격의 위험이 높아짐

문제 화면을 보고 작업자가 감전사고를 당한 원인을 인체 피부저항과 관련하여 설명하시오.

해답 피부저항은 물에 젖어 있을 경우 1/25로 저항이 감소하므로 그만큼 통전전류가 커져 전격의 위험이 높아진다.

문제 화면을 보고 전원 접속부에 감전사고를 방지하기 위해 설치해야 할 방호조치는 무엇인지 쓰시오.

해답 감전방지용 누전차단기 설치

문제 화면은 단무지가 있고 무릎 정도로 물이 차있는 상태에서 펌프를 작동과 동시에 감전재해가 발생하는 동영상이다. 재해방지대책 3가지를 쓰시오.

해답 1. 사용 전 수중 펌프와 전선 등의 절연상태 점검(절연저항 측정 등)
2. 감전방지용 누전차단기 설치
3. 수중 모터 외함 접지상태 확인

출제분야	전기안전
작업명	양수기 수리작업

▶ 동영상 설명

동영상은 양수기 수리작업 도중에 발생한 재해사례이다.

문제 동영상을 참고하여 (1) 감전사고 원인 및 (2) 위험요인을 3가지만 쓰시오.

해답 (1) 감전사고의 원인
　　　1. 정전작업 미실시
　　　2. 감전방지용 누전차단기 미실시
　　　3. 전문 수리업체에 미의뢰
　　(2) 재해 위험요인
　　　1. 집중력 결여로 인한 작업복 및 손의 협착 우려
　　　2. 기계 위의 손이 미끄러져 협착될 가능성 있음
　　　3. 정전작업 미실시로 감전 우려

출제분야	전기안전
작업명	습윤상태에서의 전기작업

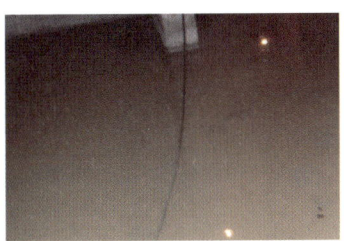 

▶ 동영상 설명

화면의 동영상은 습윤상태에서 작업 중 감전재해를 당한 사례이다.

문제 동영상을 참고하여 동종의 재해가 발생하지 않도록 예방조치사항을 3가지 쓰시오.

해답
1. 전선을 서로 접속하는 때에는 당해 전선의 절연성능 이상으로 절연될 수 있는 것으로 충분히 피복 하거나 적합한 접속기구를 사용(접속부위의 절연상태 점검)
2. 물 등의 전도성이 높은 액체가 있는 습윤한 장소에서 근로자가 작업 또는 통행 등으로 인하여 접촉할 우려가 있는 이동전선 및 이에 부속하는 접속기구는 당해 전도성이 높은 액체에 대하여 충분한 절연효과가 있는 것을 사용(전선 피복의 손상 여부 점검)
3. 전선의 절연저항 측정
4. 감전방지용 누전차단기 설치

문제 화면에서와 같이 작업자가 감전된 이유를 구체적으로 설명하시오.

해답
1. 감전피해의 위험도에 가장 큰 영향을 미치는 통전전류의 크기는 인체의 전기저항 즉, 임피던스의 값에 의해 결정(반비례)되며 인체의 임피던스는 내부저항과 피부저항으로 구성한다.
2. 내부저항은 교류, 직류에 따라 거의 일정(통전시간이 길어지면 인체의 온도상승에 의해 저항치 감소) 피부저항은 물에 젖어 있을 경우 1/25로 저항이 감소하므로 그만큼 통전전류가 커져 전격의 위험이 높아진다.

출제분야	전기안전
작업명	배전반(분전반) 작업

▶ 동영상 설명

화면은 배전반(분전반) 내부 전기작업 및 관련 재해 동영상이다.

문제 　동영상은 작업자가 승강기 컨트롤 패널의 덮개를 열고 내부를 점검하는 작업장면을 보여주고 있다. 다음 물음에 답하시오.

(1) 이 영상에서 재해방지대책 3가지를 쓰시오.
(2) 이 영상에서 작업자가 감전당한 원인은 무엇인가?

해답 (1) 재해방지대책
　　　1. 정전작업 실시
　　　2. 개인보호구(감전방지용 보호구) 착용
　　　3. 유자격자 이외는 전기기계 및 기구에 전기적인 접촉 금지
　　　4. 관리감독자는 작업에 대한 안전교육 시행
　　　5. 사고발생시의 처리순서를 미리 작성하여 둘 것
(2) 감전 원인 : 정전작업 안전 조치사항 미준수(충전 여부 미확인)에 의한 감전

문제 화면은 1만 볼트가 인가된 배전반 작업 중 발생한 사고 사례이다. 다음 물음에 답하시오.

(1) 이 작업 시 안전관리자 지정 작업인지 판단하고 사고유형 및 그 용어에 대하여 설명하시오.

해답 1. 안전관리자 : 지정
2. 사고유형 : 감전
3. 용어 정의
 - 감전(感電, Electric Shock) : 인체의 일부 또는 전체에 전류가 흐르는 현상을 말하며 이에 의해 인체가 받게 되는 충격을 전격(電擊, Electric Shock)이라고 한다.
 - 감전(전격)에 의한 재해 : 인체의 일부 또는 전체에 전류가 흘렀을 때 인체 내에서 일어나는 생리적인 현상으로 근육의 수축, 호흡곤란, 심실세동 등으로 부상·사망하거나 추락·전도 등의 2차적 재해가 일어나는 것을 말한다.

(2) 화면을 참고하여 작업자가 착용해야 할 보호장구의 명칭 3가지를 쓰시오.

해답 1. 절연장갑, 2. 절연화, 3. 절연(안전)모

(3) 이 작업 시 사고유형, 기인물, 가해물은 무엇인가?

해답 1. 사고유형 : 감전
2. 기인물 : 배전반
3. 가해물 : 전류

(4) 안전수칙 3가지를 쓰시오.

해답 1. 정전작업 실시
2. 개인보호구 착용
3. 유자격자 이외는 전기기계 및 기구에 전기적인 접촉 금지
4. 관리감독자는 작업에 대한 안전교육 시행
5. 사고발생 시의 처리순서를 미리 작성하여 둘 것

출제분야	전기안전
작업명	임시 배전반(분전반) 작업

> **동영상 설명**
>
> 화면은 임시 배전반의 작업 중에 발생한 재해이다.

문제 이 화면에서 위험요인 2가지를 쓰시오.

해답 1. 정전작업 미실시에 의한 감전 위험
 2. 개인보호구(감전방지용 보호구) 미착용에 의한 감전 위험

출제분야	전기안전
작업명	가설전선 점검작업

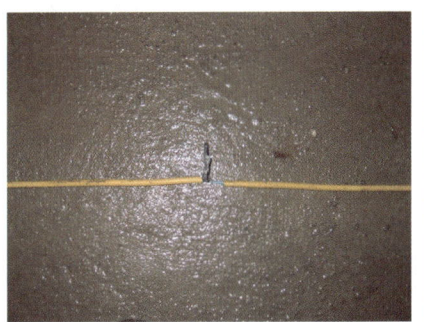 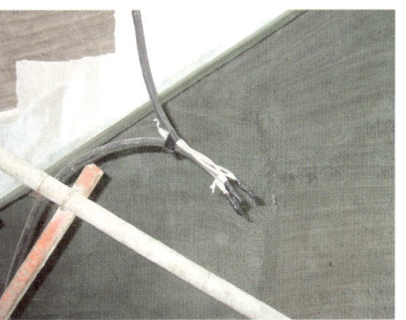

▶ **동영상 설명**

화면은 도로상 가설전선 점검작업 중 발생한 재해사례이다(작업자 절연장갑 미착용 및 활선상태를 보여주는 동영상).

문제 이 영상을 참고하여 감전사고 예방대책 3가지를 쓰시오.

해답 1. 개인보호구(절연장갑) 착용
  2. 정전작업 실시
  3. 감전방지용 누전차단기 설치
  4. 당해 전선의 절연성능 이상으로 전선접속부 절연조치

문제 이 재해유형의 정의를 쓰시오.

해답 1. 감전(感電, Electric Shock) : 인체의 일부 또는 전체에 전류가 흐르는 현상을 말하며 이에 의해 인체가 받게 되는 충격을 전격(電擊, Electric Shock)이라고 한다.
  2. 감전(전격)에 의한 재해 : 인체의 일부 또는 전체에 전류가 흘렀을 때 인체 내에서 일어나는 생리적인 현상으로 근육의 수축, 호흡곤란, 심실세동 등으로 부상·사망하거나 추락·전도 등의 2차적 재해가 일어나는 것을 말한다.

출제분야	전기안전
작업명	사출성형기 금형작업

▶ 동영상 설명

화면은 사출성형기 작업 및 관련 재해 동영상이다.

문제 사출성형기 V형 금형 작업 중 감전 재해가 발생한 사례이다. 다음 물음에 답하시오.

(1) 이 동영상에서 발생한 감전재해 대책을 쓰시오.

해답

간접접촉(누전)에 의한 감전인 경우	충전부 직접접촉에 의한 감전인 경우
① 전기기계·기구 접지 실시 ② 누전차단기 접속·사용 ③ 주기적인 절연저항 측정	① 정전작업 실시(작업 전 전원 차단) ② 노출 충전부 방호조치 ③ 절연 보호구 착용

▶ 여러 경우가 출제될 수 있으므로 화면을 보고 두 가지 중 한 가지를 쓰면 된다.

(2) 이 영상에 나타난 재해원인 중 기인물을 무엇인가?

해답 사출성형기

문제 동영상 화면은 사출성형기의 금형을 손으로 청소하다가 감전사고가 발생한 장면을 보여주고 있다. 재해발생원인을 3가지만 쓰시오.

해답

간접접촉(누전)에 의한 감전인 경우	충전부 직접접촉에 의한 감전인 경우
① 전기기계·기구 접지 미실시	① 정전작업 미실시(작업 전 전원 차단 미실시)
② 누전차단기 미설치	② 노출 충전부 방호조치 미실시
③ 주기적인 절연저항 측정관리 미실시	③ 절연 보호구 미착용

▶ 여러 경우가 출제될 수 있으므로 화면을 보고 두 가지 중 한 가지를 쓰면 된다.

문제 화면은 정지된 기계 점검 중 작업자가 감전당하는 동영상이다. 이 동영상에서 (1) 재해 발생 형태 및 (2) 발생원인을 쓰시오.

해답 (1) 재해 발생 형태 : 감전
(2) 재해 발생 원인 : 정전작업 미실시, 개인보호구(절연장갑 등) 미착용 등

출제분야	전기안전
작업명	퓨즈 교체작업

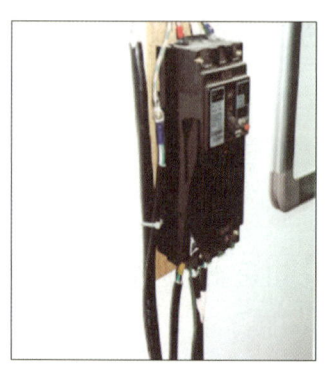 

동영상 설명

동영상은 작업자가 퓨즈 교체작업 중 발생한 감전재해 사례이다.

문제

전기기계·기구 중 누전에 의한 감전위험을 방지하기 위하여 감전방지용 누전차단기를 설치해야 하는 경우 3가지를 쓰시오.

해답 | 누전차단기 적용범위(안전보건규칙 제304조)

1. 대지전압이 150볼트를 초과하는 이동형 또는 휴대형 전기기계·기구
2. 물 등 도전성이 높은 액체가 있는 습윤 장소에서 사용하는 저압용 전기기계·기구
3. 철판·철골 위 등 도전성이 높은 장소에서 사용하는 이동형 또는 휴대형 전기기계·기구
4. 임시배선의 전로가 설치되는 장소에서 사용하는 이동형 또는 휴대형 전기기계·기구

출제분야	전기안전
작업명	전기형강작업

▶ **동영상 설명**

화면은 전신주의 형강을 교체하고 있는 동영상이다.

문제 화면의 전기형강작업 중 위험요인(결여사항) 3가지를 기술하시오.

해답
1. 안전수칙 미준수(작업자세 및 상태불량 등) : 작업자 흡연 등
2. 감전 위험
3. 추락 위험 : 작업발판
4. 낙하 · 비래 위험 : COS 고정상태 불량

문제 화면에서 결여사항을 조치할 내용(안전대책) 3가지를 쓰시오.

해답

정전작업 시 단계 조치	정전작업 시의 조치사항(안전보건규칙 제319조)
작업 전(정전절차)	① 전기기기등에 공급되는 모든 전원을 관련 도면, 배선도 등으로 확인할 것 ② 전원을 차단한 후 각 단로기 등을 개방하고 확인할 것 ③ 차단장치나 단로기 등에 잠금장치 및 꼬리표를 부착할 것 ④ 개로된 전로에서 유도전압 또는 전기에너지가 축적되어 근로자에게 전기위험을 끼칠 수 있는 전기기기등은 접촉하기 전에 잔류전하를 완전히 방전시킬 것 ⑤ 검전기를 이용하여 작업 대상 기기가 충전되었는지를 확인할 것 ⑥ 전기기기등이 다른 노출 충전부와의 접촉, 유도 또는 예비동력원의 역송전 등으로 전압이 발생할 우려가 있는 경우에는 충분한 용량을 가진 단락 접지기구를 이용하여 접지할 것

정전작업 시 단계 조치	정전작업 시의 조치사항(안전보건규칙 제319조)
작업 중/종료 후	① 작업기구, 단락 접지기구 등을 제거하고 전기기기등이 안전하게 통전될 수 있는지를 확인할 것 ② 모든 작업자가 작업이 완료된 전기기기등에서 떨어져 있는지를 확인할 것 ③ 잠금장치와 꼬리표는 설치한 근로자가 직접 철거할 것 ④ 모든 이상 유무를 확인한 후 전기기기등의 전원을 투입할 것

충전전로에서의 전기작업(안전보건규칙 제321조)

① 사업주는 근로자가 충전전로를 취급하거나 그 인근에서 작업하는 경우에는 다음 각 호의 조치를 하여야 한다.
  1. 충전전로를 정전시키는 경우에는 제319조에 따른 조치를 할 것
  2. 충전전로를 방호, 차폐하거나 절연 등의 조치를 하는 경우에는 근로자의 신체가 전로와 직접 접촉하거나 도전재료, 공구 또는 기기를 통하여 간접 접촉되지 않도록 할 것
  3. 충전전로를 취급하는 근로자에게 그 작업에 적합한 절연용 보호구를 착용시킬 것
  4. 충전전로에 근접한 장소에서 전기작업을 하는 경우에는 해당 전압에 적합한 절연용 방호구를 설치할 것. 다만, 저압인 경우에는 해당 전기작업자가 절연용 보호구를 착용하되, 충전전로에 접촉할 우려가 없는 경우에는 절연용 방호구를 설치하지 아니할 수 있다.
  5. 고압 및 특별고압의 전로에서 전기작업을 하는 근로자에게 활선작업용 기구 및 장치를 사용하도록 할 것
  6. 근로자가 절연용 방호구의 설치·해체작업을 하는 경우에는 절연용 보호구를 착용하거나 활선작업용 기구 및 장치를 사용하도록 할 것

문제 이 작업(정전작업)을 완료한 후 조치사항 3가지를 쓰시오.

해답
1. 작업기구, 단락 접지기구 등을 제거하고 전기기기등이 안전하게 통전될 수 있는지를 확인할 것
2. 모든 작업자가 작업이 완료된 전기기기등에서 떨어져 있는지를 확인할 것
3. 잠금장치와 꼬리표는 설치한 근로자가 직접 철거할 것
4. 모든 이상 유무를 확인한 후 전기기기등의 전원을 투입할 것

문제 화면을 보고 작업자가 착용해야 할 보호장구 2가지를 쓰시오.

해답 1. 안전(절연)모, 2. 안전대, 3. 안전화, 4. 절연장갑, 5. 활선접근경보기 등

문제 화면은 전신주에서 정전작업(봉각 교체작업)을 실시하고 있는 동영상이다. 이 작업 시 위험요인을 쓰시오.

해답 (1) 감전 위험
   1. 근접 활선에 대한 감전 위험
   2. 개폐기 오조작에 의한 감전 위험
   3. 근접 활선으로부터 정전유도에 의해 정전선로가 충전되어 감전 위험
(2) 기타 위험
   1. 추락 위험
   2. 낙하·비래물에 의한 하부 작업자의 접촉·충돌 재해 등

출제분야	전기안전
작업명	변압기 관련 작업

▶ 동영상 설명

화면은 변압기 작업 및 재해 관련 동영상이다.

문제 화면은 1만 볼트의 고압이 인가된 기계에 변압기를 연결하여 내전압 검사 중 재해가 발생한 상황의 동영상이다. 다음 물음에 답하시오

(1) 화면의 동영상을 참고하여 사고원인을 3가지로 분류하여 쓰시오.

해답 1. 개인보호구(절연장갑 등) 미착용
2. 신호전달체계 불량
3. 작업자 안전수칙 미준수(활선 및 정전상태 미확인 후 작업)

(2) 화면에서 작업자가 착용해야 하는 보호장구 2가지를 쓰시오.

해답 1. 절연장갑, 2. 절연화

(3) 변압기 활선작업 시 감전사고 예방을 위한 활선 유무 확인방법 3가지를 쓰시오.

해답 1. 검전기(활선접근경보기)로 확인
2. 테스터기 활용(지시치 확인)
3. 변압기 전로의 전원투입 개폐기 투입상태 확인

문제 화면의 동영상에서 제어실(Test Room)과 작업장이 막혀 있어 원활한 의사소통이 되지 못하고 있다. 이에 대한 대책을 쓰시오.

해답 대화창을 설치한다.

문제 동영상에서 작업자는 고압변전설비(66,000V) 부근에서 공놀이를 하다가 공이 울타리 안쪽에 위치한 변압기 상단의 충전부에 떨어져 공을 주우러 가려 하고 있다. 영상을 참고하여 다음 물음에 답하시오.

(1) 동영상에서 예상되는 재해의 종류를 쓰시오.

해답 감전재해

(2) 동영상에서의 재해방지대책 4가지를 쓰시오.

해답
1. 전기시설물(고압변전설비) 주위 공놀이 금지
2. 변전설비에 관계근로자 외의 자의 출입이 금지되도록 잠금장치를 하고 위험표시 등의 방법으로 방호를 강화할 것
3. 전기의 위험성에 대한 안전교육 실시
4. 유자격자에 의한 변압기 상단의 공 제거(전원 차단 후)

문제 변전실 같은 곳에서 맨손으로 드라이버 등 공구를 사용하여 작업 중 감전되는 동영상이다. 간접원인은 무엇인가?

해답 잔류전하에 의한 방전

출제분야	전기안전
작업명	정전작업

> **동영상 설명**
> 화면은 정전작업에 관련된 그림을 보여주고 있다.

문제 정전작업 시 안전조치사항에 대하여 쓰시오.

해답

정전작업 시 단계 조치	정전작업 시의 조치사항(안전보건규칙 제319조)
작업 전(정전절차)	① 전기기기등에 공급되는 모든 전원을 관련 도면, 배선도 등으로 확인할 것 ② 전원을 차단한 후 각 단로기 등을 개방하고 확인할 것 ③ 차단장치나 단로기 등에 잠금장치 및 꼬리표를 부착할 것 ④ 개로된 전로에서 유도전압 또는 전기에너지가 축적되어 근로자에게 전기위험을 끼칠 수 있는 전기기기등은 접촉하기 전에 잔류전하를 완전히 방전시킬 것 ⑤ 검전기를 이용하여 작업 대상 기기가 충전되었는지를 확인할 것 ⑥ 전기기기등이 다른 노출 충전부와의 접촉, 유도 또는 예비동력원의 역송전 등으로 전압이 발생할 우려가 있는 경우에는 충분한 용량을 가진 단락 접지기구를 이용하여 접지할 것
작업 중/종료 후	① 작업기구, 단락 접지기구 등을 제거하고 전기기기등이 안전하게 통전될 수 있는지를 확인할 것 ② 모든 작업자가 작업이 완료된 전기기기능에서 벗어나 있는지를 확인할 것 ③ 잠금장치와 꼬리표는 설치한 근로자가 직접 철거할 것 ④ 모든 이상 유무를 확인한 후 전기기기등의 전원을 투입할 것

문제 화면에서 작업자가 정전상태를 확인하면서 작업할 수 있도록 하기 위한 경보장치는 무엇인가?

해답 활선접근경보기

문제 동영상은 중앙제어실에서 스피커를 통해서 지시된 지시사항을 정확히 듣지 못한 상태에서 NFB(No Fuse Breaker : 배선용 차단기)를 투입하는 장면을 보여주고 있다. 영상을 참고하여 다음 물음에 답하시오.

(1) 핵심위험요인(위험 Point) 3가지를 쓰시오.

해답 1. NFB 오조작에 의한 감전사고
2. 작업장소 내의 작업자 유무 미확인에 대한 위험
3. 작업지시내용 오판에 대한 즉각적인 행동에 의한 위험

(2) 정전작업 종료 후 전원을 재투입하고자 할 때에 안전조치사항 2가지를 쓰시오.

해답 1. 단락접지기구의 철거
2. 시건장치 및 표지판 철거
3. 작업자에 대한 위험이 없는 것을 최종 확인
4. 개폐기 투입으로 송전재개

문제 MCCB 전원을 투입하여 발생한 재해사례이다. 안전대책을 쓰시오.

해답 1. 전로의 개로개폐기에 시건장치 및 통전금지 표지판 부착
2. 작업 전 신호체계 확립 및 작업지휘자에 의한 작업지휘
3. 차단기에 회로구분 표찰 부착에 의한 오조작 방지 등

문제 동영상은 작업자가 전동권선기에 동선을 감는 작업 중에 기계가 정지하여 기계 내부를 손으로 점검하다가 사고가 발생한 장면을 보여주고 있다. 동영상에 나타난 (1) 재해형태와 (2) 재해발생원인을 1가지만 쓰시오.

해답 (1) 재해형태 : 감전
(2) 재해발생원인 : 정전작업 미실시, 절연보호구(절연장갑) 미착용 등

출제분야	전기안전
작업명	활선작업

▶ 동영상 설명

화면은 활선작업에 대한 동영상이다.

문제 이와 같이 활선작업 시 내재되어 있는 핵심 위험요인을 3가지만 쓰시오.

해답 1. 근접활선(절연용 방호구 미설치)에 대한 감전 위험
2. 절연용 보호구 착용상태 불량에 따른 감전 위험
3. 활선작업거리 미준수에 따른 감전 위험
4. 작업장소의 관계근로자 외의 자의 출입에 따른 감전 위험

출제분야	전기안전
작업명	전선로 근접작업

▶ **동영상 설명**

화면은 크레인, 항타기 등의 고압전선로 인근 작업에 관한 동영상이다.

문제 동영상에서와 같은 항타기·항발기 작업 시 안전작업수칙을 2가지만 쓰시오.

해답

충전전로 인근에서 차량·기계장치 작업(안전보건규칙 제322조)

① 사업주는 충전전로 인근에서 차량, 기계장치 등(이하 이 조에서 "차량등"이라 한다)의 작업이 있는 경우에는 차량등을 충전전로의 충전부로부터 300센티미터 이상 이격시켜 유지시키되, 대지전압이 50킬로볼트를 넘는 경우 이격시켜 유지하여야 하는 거리(이하 이 조에서 "이격거리"라 한다)는 10킬로볼트 증가할 때마다 10센티미터씩 증가시켜야 한다. 다만, 차량등의 높이를 낮춘 상태에서 이동하는 경우에는 이격거리를 120센티미터 이상(대지전압이 50킬로볼트를 넘는 경우에는 10킬로볼트 증가할 때마다 이격거리를 10센티미터씩 증가)으로 할 수 있다.

② 제1항에도 불구하고 충전전로의 전압에 적합한 절연용 방호구 등을 설치한 경우에는 이격거리를 절연용 방호구 앞면까지로 할 수 있으며, 차량등의 가공 붐대의 버킷이나 끝부분 등이 충전전로의 전압에 적합하게 절연되어 있고 유자격자가 작업을 수행하는 경우에는 붐대의 절연되지 않은 부분과 충전전로 간의 이격거리는 제321조제1항의 표에 따른 접근한계거리까지로 할 수 있다.

③ 사업주는 다음 각 호의 경우를 제외하고는 근로자가 차량등의 그 어느 부분과도 접촉하지 않도록 울타리를 설치하거나 감시인 배치 등의 조치를 하여야 한다.
  1. 근로자가 해당 전압에 적합한 제323조제1항의 절연용 보호구등을 착용하거나 사용하는 경우
  2. 차량등의 절연되지 않은 부분이 제321조 제1항의 표에 따른 접근 한계거리 이내로 접근하지 않도록 하는 경우

④ 사업주는 충전전로 인근에서 접지된 차량등이 충전전로와 접촉할 우려가 있을 경우에는 지상의 근로자가 접지점에 접촉하지 않도록 조치하여야 한다.

문제 화면은 1만 볼트의 전압이 흐르는 고압선 아래에서 작업 중 발생한 재해사례이다. 다음 물음에 답하시오.

(1) 크레인을 이용하여 고압선 주변에서 작업할 경우 안전대책 3가지를 쓰시오.

해답) 충전전로 인근에서 차량·기계장치 작업(안전보건규칙 제322조) 참조

(2) 이 경우 충전전로의 접근한계거리는 얼마인가?

해답) 300cm
충전전로 인근에서 차량, 기계장치 등(이하 이 조에서 "차량등"이라 한다)의 작업이 있는 경우에는 차량등을 충전전로의 충전부로부터 300센티미터 이상 이격시켜 유지시키되, 대지전압이 50킬로볼트를 넘는 경우 이격시켜 유지하여야 하는 거리(이하 이 조에서 "이격거리"라 한다)는 10킬로볼트 증가할 때마다 10센티미터씩 증가시켜야 한다. 다만, 차량등의 높이를 낮춘 상태에서 이동하는 경우에는 이격거리를 120센티미터 이상(대지전압이 50킬로볼트를 넘는 경우에는 10킬로볼트 증가할 때마다 이격거리를 10센티미터씩 증가)으로 할 수 있다.

문제 화면은 30kV의 전압이 흐르는 전선 아래에서 작업 중 발생한 재해사례이다. 다음 물음에 답하시오.

(1) 동영상과 같이 작업할 경우 사업주가 조치를 하여야 하는 사항을 적으시오.

해답) 충전전로 인근에서 차량·기계장치 작업(안전보건규칙 제322조) 참조

(2) 이 경우 작업자의 신체 등과 충전전로와의 사이에 접근한계거리(cm)는 얼마인가?

해답) 300cm
충전전로 인근에서 차량, 기계장치 등(이하 이 조에서 "차량등"이라 한다)의 작업이 있는 경우에는 차량등을 충전전로의 충전부로부터 300센티미터 이상 이격시켜 유지시키되, 대지전압이 50킬로볼트를 넘는 경우 이격시켜 유지하여야 하는 거리(이하 이 조에서 "이격거리"라 한다)는 10킬로볼트 증가할 때마다 10센티미터씩 증가시켜야 한다. 다만, 차량등의 높이를 낮춘 상태에서 이동하는 경우에는 이격거리를 120센티미터 이상(대지전압이 50킬로볼트를 넘는 경우에는 10킬로볼트 증가할 때마다 이격거리를 10센티미터씩 증가)으로 할 수 있다.

문제 화면은 고압선(활선) 부근에서 항타기로 전주를 세우는 작업 중 전로에 접촉하여 발생한 재해 사례이다. 다음 물음에 답하시오.

> (1) 동영상에서와 같이 발생한 재해발생 원인 중 직접원인에 해당되는 것은 무엇인가?

해답) 근접 활선에 접촉

> (2) 동영상에서와 같은 동종재해를 예방하기 위한 대책 중 관리적 대책 3가지를 쓰시오.

해답) 충전전로 인근에서 차량·기계장치 작업(안전보건규칙 제322조) 참조

문제 크레인을 이용하여 철근 운반 중 크레인 붐대가 22.9kV의 특고압전선에 접촉되어 철근다발을 잡고 있던 작업자가 감전되어 사망하였다. 다음 동영상에서의 재해원인 및 안전대책을 각각 3가지씩 쓰시오.

재해원인	안전대책
① 감전방지용 울타리 미설치 ② 감시인(신호수 등) 미배치 ③ 충전전로에 절연용 방호구 미설치	충전전로 인근에서 차량·기계장치 작업 (안전보건규칙 제322조) 참조

출제분야	전기안전
작업명	교류아크용접작업

▶ 동영상 설명

화면은 교류아크용접작업 및 관련 재해가 발생한 동영상이다.

문제 화면은 교류아크용접작업 시 재해가 발생한 사례이다. 이 작업 시 눈과 감전재해위험으로부터 작업자를 보호하기 위해 착용해야 할 보호구 명칭 두 가지를 쓰시오.

해답

재해의 구분		보호구
눈	아크에 의한 장애 (가시광선, 적외선, 자외선)	차광보호구(보호안경과 보호면)
피부	감전 및 화상	가죽제품의 장갑, 앞치마, 각반, 안전화
	용접 흄 및 가스(CO_2, H_2O)	방진마스크, 방독마스크, 송기마스크

문제 동영상의 화면은 교류아크용접작업을 하는 장면을 보여주고 있다. 다음 물음에 답하시오.

(1) 교류아크용접기에 부착하는 방호장치를 쓰시오.

해답) 자동전격방지장치

(2) 교류아크용접작업 시 착용하는 보호구 5가지를 쓰시오.

해답)

재해의 구분		보호구
눈	아크에 의한 장애 (가시광선, 적외선, 자외선)	차광보호구(보호안경과 보호면)
피부	감전 및 화상	가죽제품의 장갑, 앞치마, 각반, 안전화
용접 흄 및 가스(CO_2, H_2O)		방진마스크, 방독마스크, 송기마스크

출제분야	전기안전
작업명	폭발성 물질 취급작업

▶ 동영상 설명

화면은 폭발성 물질 취급작업 중 재해가 발생한 동영상이다.

문제 이 화면과 같이 폭발성 물질 저장소에 들어가는 작업자가 (1) 신발에 물을 묻히는 이유와 (2) 화재 시 소화방법에 대해 쓰시오.

해답 (1) 신발에 물을 묻히는 이유 : 대부분의 물체는 습도가 증가하면 전기저항치가 저하하고 이에 따라 대전성이 저하하므로, 작업자가 신발에 물을 묻히게 되면 도전성이 증가(전기저항치 감소)하고 이에 따라 인체의 대전성이 저하되므로 정전기 착화성 방전에 의한 화재 폭발을 방지할 수 있음
 (2) 화재 시 소화방법 : 다량 주수에 의한 냉각소화(폭발성 물질은 분해에 의하여 산소가 공급되기 때문에 연소가 격렬하며 그 자체의 분해도 격렬하다. 소화법으로는 물을 다량 사용해서 냉각하여 분해온도 이하로 낮추고 가연물의 연소도 억제해서 폭발을 방지하는 것이다. 소화제로는 질식소화는 효과가 없고, 물을 다량으로 사용하는 것이 최선이다.)

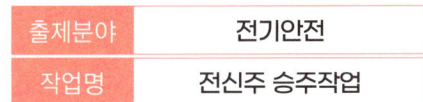

▶ **동영상 설명**

화면은 작업자가 전신주에 올라가다 도중에 장애물(도로표지판)에 머리를 부딪치는 동영상이다.

문제 이 화면에서 위험요인 2가지를 쓰시오.

해답
1. 추락위험 : 안전대 미착용
2. 낙하·비래 위험 : COS 고정상태 불량

출제분야	전기안전
작업명	VDT 작업

▶ 동영상 설명

화면은 VDT(영상표시단말기)를 취급하는 작업이다.

문제 화면에서 VDT(영상표시단말기) 작업 시 위험요인 3가지를 쓰시오.

해답
1. 불편한 자세 : 책상 및 컴퓨터의 위치 또는 구조로 인한 불편한 자세 유발
2. 반복성 : 키보드, 마우스 작업 시 높은 반복작업 발생
3. 정적 자세 : 작업 시 정적 자세 발생
4. 접촉 스트레스 : 책상 모서리 및 키보드, 마우스 사용시 접촉 스트레스 발생

문제 화면에서와 같이 VDT(영상표시단말기)를 취급하는 작업장 주변환경의 밝기는 어느 정도의 조도가 적당한지 쓰시오.

해답 [참고자료] → 영상표시단말기(VDT) 취급 근로자 작업관리지침 → 제7조 참조
1. 화면의 바탕색이 검정 계통일 경우 : 300~500[Lux]
2. 화면의 바탕색이 흰색 계통일 경우 : 500~700[Lux]

문제 VDT 작업 시 올바른 작업자세를 3가지만 쓰시오.

해답 [참고자료] → 영상표시단말기(VDT) 취급 근로자 작업관리지침 → 제6조 참조
1. 영상표시단말기 취급 근로자의 시선은 화면상단과 눈높이가 일치할 정도로 하고 작업 화면상의 시야범위는 수평선상으로부터 10~15° 밑에 오도록 하며 화면과 근로자의 눈과의 거리(시거리 : Eye-screen Distance)는 적어도 40cm 이상이 확보될 수 있도록 할 것
2. 위팔(Upper Arm)은 자연스럽게 늘어뜨려, 작업자의 어깨가 들리지 않아야 하며, 팔꿈치의 내각은 90° 이상이 되어야 하고, 아래팔(Forearm)은 손등과 수평을 유지하여 키보드를 조작하도록 할 것
3. 연속적인 자료의 입력작업 시에는 서류받침대(Document Holder)를 사용하도록 하고, 서류받침대는 높이 · 거리 · 각도 등을 조절하여 화면과 동일한 높이 및 거리에 두어 작업하도록 할 것(그림 4)
4. 의자에 앉을 때는 의자 깊숙이 앉아 의자등받이에 작업자의 등이 충분히 지지되도록 할 것
5. 영상표시단말기 취급근로자의 발바닥 전면이 바닥면에 닿는 자세를 기본으로 하되, 그러하지 못할 때에는 발 받침대(Foot Rest)를 조건에 맞는 높이와 각도로 설치할 것
6. 무릎의 내각(Knee Angle)은 90° 전후가 되도록 하되, 의자의 앉는 면의 앞부분과 영상표시단말기 취급근로자의 종아리 사이에는 손가락을 밀어 넣을 정도의 틈새가 있도록 하여 종아리와 대퇴부에 무리한 압력이 가해지지 않도록 할 것(그림 6)
7. 키보드를 조작하여 자료를 입력할 때 양 손목을 바깥으로 꺾은 자세가 오래 지속되지 않도록 주의할 것

문제 동영상은 VDT(영상표시단말기) 작업을 하고 있는 작업자가 의자에 엉덩이를 반 정도 걸친 자세로 앉아서 팔이 들린 채로 작업을 실시하고 있다. 이 동영상에서와 같은 작업자세로 VDT작업을 장시간 실시할 경우에 올 수 있는 신체이상증상(장애) 3가지를 쓰시오.

해답 그림 참조

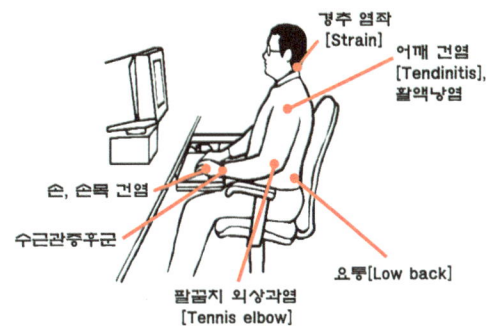

1. 장시간 불편한 자세에 의한 요통장애
2. 반복작업에 의한 어깨 및 손목 통증
3. 장시간 화면 보기에 의한 시력 저하 및 장애

영상표시단말기(VDT) 취급 근로자 작업관리지침

제1장 총칙

제1조(목적)
이 고시는 「산업안전보건법」 제13조에 따라 영상표시단말기(Visual Display Terminal, VDT)작업에 종사하는 근로자의 건강장해를 예방하기 위하여 사업주 또는 근로자가 지켜야 하는 지침을 정하는 것을 목적으로 한다.

제2조(정의)
① 이 고시에서 사용하는 용어의 뜻은 다음과 같다.
　1. "영상표시단말기"란 음극선관(Cathode, CRT)화면, 액정 표시(Liquid Crystal Display, LCD)화면, 가스플라즈마(Gasplasma)화면 등의 영상표시단말기를 말한다.
　2. "영상표시단말기등"이란 영상표시단말기 및 영상표시단말기와 연결하여 자료의 입력·출력·검색 등에 사용하는 키보드·마우스·프린터 등 영상표시단말기의 주변기기를 말한다.
　3. "영상표시단말기 취급근로자"란 영상표시단말기의 화면을 감시·조정하거나 영상표시단말기 등을 사용하여 입력·출력·검색·편집·수정·프로그래밍·컴퓨터설계(CAD) 등의 작업을 하는 사람을 말한다.
　4. "영상표시단말기 연속작업"이란 자료입력·문서작성·자료검색·대화형 작업·컴퓨터설계(CAD) 등 근무시간동안 연속하여 영상표시단말기 화면을 보거나 키보드·마우스 등을 조작하는 작업을 말한다.
　5. "영상표시단말기 작업으로 인한 관련 증상(VDT 증후군)"이란 영상 표시단말기를 취급하는 작업으로 인하여 발생되는 경견완증후군 및 기타 근골격계 증상·눈의 피로·피부증상·정신신경계증상 등을 말한다.
② 그 밖에 이 고시에서 사용하는 용어의 뜻은 이 고시에 특별한 규정이 없으면 「산업안전보건법」, 같은 법 시행령 및 시행규칙, 「산업안전보건기준에 관한 규칙」에서 정하는 바에 따른다.

제3조(적용대상)
이 고시는 영상표시단말기 취급 작업을 보유한 사업주 및 해당 업무에 종사하는 근로자에 대하여 적용한다.

제2장 작업관리

제4조(작업시간 및 휴식시간)

① 사업주는 영상표시단말기 연속작업을 수행하는 근로자에 대해서는 영상표시단말기 작업 외의 작업을 중간에 넣거나 또는 다른 근로자와 교대로 실시하는 등 계속해서 영상표시단말기 작업을 수행하지 않도록 하여야 한다.

② 사업주는 영상표시단말기 연속작업을 수행하는 근로자에 대하여 작업시간중에 적정한 휴식시간을 주어야 한다. 다만, 연속작업 직후 「근로기준법」 제54조에 따른 휴게시간 또는 점심시간이 있을 경우에는 그러하지 아니하다.

③ 사업주는 영상표시단말기 연속작업을 수행하는 근로자가 휴식시간을 적절히 활용할 수 있도록 휴식장소를 제공하여야 한다.

제5조(작업기기의 조건)

① 사업주는 다음 각 호의 성능을 갖춘 영상표시단말기 화면을 제공하여야 한다.
   1. 영상표시단말기 화면은 회전 및 경사조절이 가능할 것
   2. 화면의 깜박거림은 영상표시단말기 취급근로자가 느낄 수 없을 정도이어야 하고 화질은 항상 선명할 것
   3. 화면에 나타나는 문자·도형과 배경의 휘도비(Contrast)는 작업자가 용이하게 조절할 수 있을 것
   4. 화면상의 문자나 도형 등은 영상표시단말기 취급근로자가 읽기 쉽도록 크기·간격 및 형상 등을 고려할 것
   5. 단색화면일 경우 색상은 일반적으로 어두운 배경에 밝은 황·녹색 또는 백색문자를 사용하고 적색 또는 청색의 문자는 가급적 사용하지 않을 것

② 사업주는 다음 각 호의 성능 및 구조를 갖춘 키보드와 마우스를 제공하여야 한다.
   1. 키보드는 특수목적으로 고정된 경우를 제외하고는 영상표시단말기 취급 근로자가 조작위치를 조정할 수 있도록 이동이 가능할 것
   2. 키의 성능은 입력 시 영상표시단말기 취급 근로자가 키의 작동을 자연스럽게 느낄 수 있도록 촉각·청각 및 작동압력 등을 고려할 것
   3. 키의 윗부분에 새겨진 문자나 기호는 명확하고, 작업자가 쉽게 판별할 수 있을 것
   4. 키보드의 경사는 5도 이상 15도 이하, 두께는 3센티미터 이하로 할 것
   5. 키보드와 키 윗부분의 표면은 무광택으로 할 것
   6. 키의 배열은 입력 작업 시 작업자의 팔 자세가 자연스럽게 유지되고 조작이 원활하도록 배치할 것
   7. 작업자의 손목을 지지해 줄 수 있도록 작업대 끝면과 키보드의 사이는 15센티미터 이상을 확보하고 손목의 부담을 경감할 수 있도록 적절한 받침대(패드)를 이용할 수 있을 것
   8. 마우스는 쥐었을 때 작업자의 손이 자연스러운 상태를 유지할 수 있을 것

③ 사업주는 다음 각 호의 사항을 갖춘 작업대를 제공하여야 한다.
   1. 작업대는 모니터·키보드 및 마우스·서류받침대 및 그 밖에 작업에 필요한 기구를 적절하게 배치할 수 있도록 충분한 넓이를 갖출 것
   2. 작업대는 가운데 서랍이 없는 것을 사용하도록 하며, 근로자가 영상표시단말기 작업 중에 다리를 편안하게 놓을 수 있도록 다리 주변에 충분한 공간을 확보할 것

3. 작업대의 높이(키보드 지지대가 별도 설치된 경우에는 키보드 지지대 높이)는 조정되지 않는 작업대를 사용하는 경우에는 바닥면에서 작업대 높이가 60센티미터 이상 70센티미터 이하 범위의 것을 선택하고, 높이 조정이 가능한 작업대를 사용하는 경우에는 바닥면에서 작업대 표면까지의 높이가 65센티미터 전후에서 작업자의 체형에 알맞도록 조정하여 고정할 수 있을 것
4. 작업대의 앞쪽 가장자리는 둥글게 처리하여 작업자의 신체를 보호할 수 있을 것

④ 사업주는 다음 각 호의 사항을 갖춘 의자를 제공하여야 한다.
1. 의자는 안정감이 있어야 하며 이동 회전이 자유로운 것으로 하되 미끄러지지 않는 구조일 것
2. 바닥 면에서 앉는 면까지의 높이는 눈과 손가락의 위치를 적절하게 조절할 수 있도록 적어도 35센티미터 이상 45센티미터 이하의 범위에서 조정이 가능할 것
3. 의자는 충분한 넓이의 등받이가 있어야 하고 영상표시단말기 취급 근로자의 체형에 따라 요추(Lumbar)부위부터 어깨 부위까지 편안하게 지지할 수 있어야 하며 높이 및 각도의 조절이 가능할 것
4. 영상표시단말기 취급근로자가 필요에 따라 팔걸이(Elbow Rest)를 사용할 수 있을 것
5. 작업 시 영상표시단말기 취급근로자의 등이 등받이에 닿을 수 있도록 의자 끝부분에서 등받이까지의 깊이가 38센티미터 이상 42센티미터 이하일 것
6. 의자의 앉는 면은 영상표시단말기 취급근로자의 엉덩이가 앞으로 미끄러지지 않는 재질과 구조로 되어야 하며 그 폭은 40센티미터 이상 45센티미터 이하일 것

제6조(작업자세)

영상표시단말기 취급근로자는 다음 각 호의 요령에 따라 의자의 높이를 조절하고 화면·키보드·서류받침대 등의 위치를 조정하도록 한다.

1. 영상표시단말기 취급근로자의 시선은 화면상단과 눈높이가 일치할 정도로 하고 작업 화면상의 시야는 수평선상으로부터 아래로 10도 이상 15도 이하에 오도록 하며 화면과 근로자의 눈과의 거리(시거리 : Eye-Screen Distance)는 40센티미터 이상을 확보할 것
작업자의 시선은 수평선상으로부터 아래로 10~15° 이내일 것
눈으로부터 화면까지의 시거리는 40cm 이상을 유지할 것

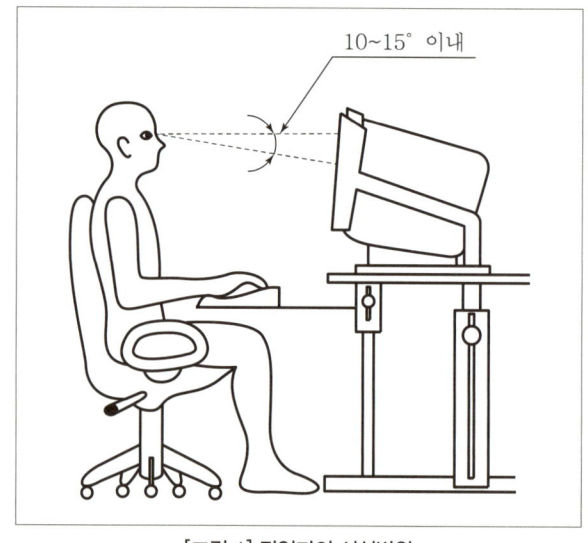

[그림 1] 작업자의 시선범위

2. 윗팔(Upper Arm)은 자연스럽게 늘어뜨리고, 작업자의 어깨가 들리지 않아야 하며, 팔꿈치의 내각은 90도 이상이 되어야 하고, 아래팔(Forearm)은 손등과 수평을 유지하여 키보드를 조작할 것(그림 2, 3)
아래팔은 손등과 일직선을 유지하여 손목이 꺾이지 않도록 한다.

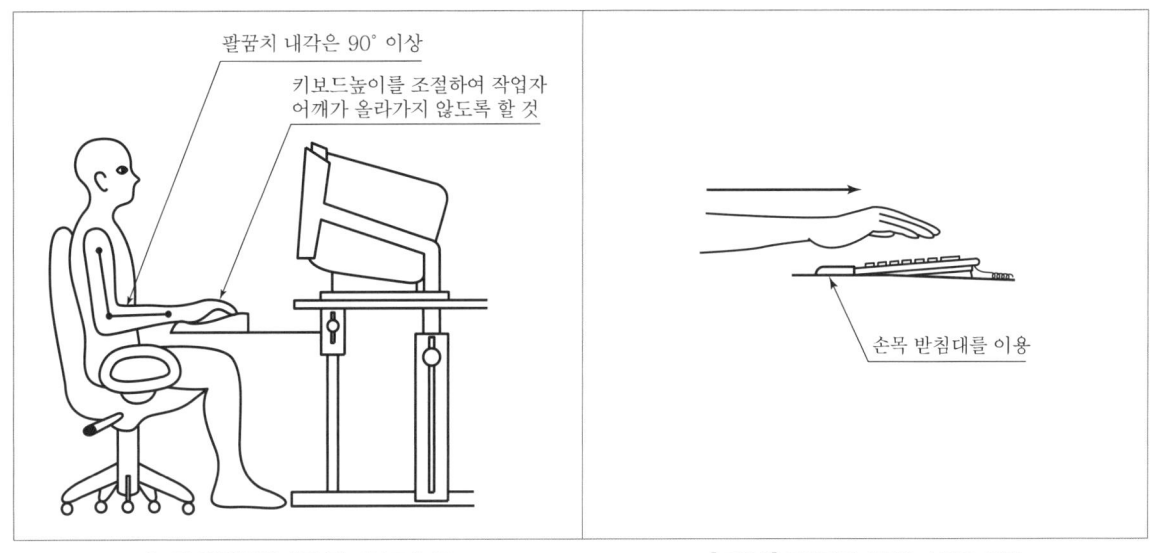

[그림 2] 팔꿈치 내각 및 키보드 높이   [그림 3] 아래팔과 손등은 수평을 유지

3. 연속적인 자료의 입력 작업 시에는 서류받침대(Document Holder)를 사용하도록 하고, 서류받침대는 높이·거리·각도 등을 조절하여 화면과 동일한 높이 및 거리에 두어 작업할 것(그림 4)

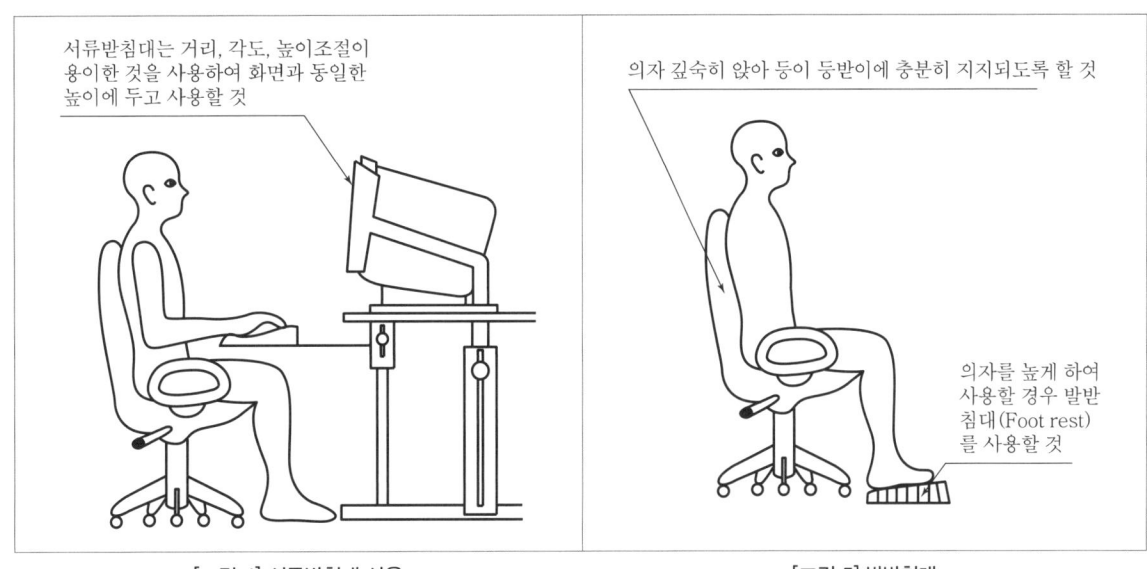

[그림 4] 서류받침대 사용   [그림 5] 발받침대

4. 의자에 앉을 때는 의자 깊숙히 앉아 의자등받이에 등이 충분히 지지되도록 할 것(그림 5)
5. 영상표시단말기 취급근로자의 발바닥 전면이 바닥면에 닿는 자세를 기본으로 하되, 그러하지 못할 때에는 발 받침대(Foot Rest)를 조건에 맞는 높이와 각도로 설치할 것(그림 5)
6. 무릎의 내각(Knee Angle)은 90도 전후가 되도록 하되, 의자의 앉는 면의 앞부분과 영상표시단말기 취급근로자의 종아리 사이에는 손가락을 밀어 넣을 정도의 틈새가 있도록 하여 종아리와 대퇴부에 무리한 압력이 가해지지 않도록 할 것(그림 6)

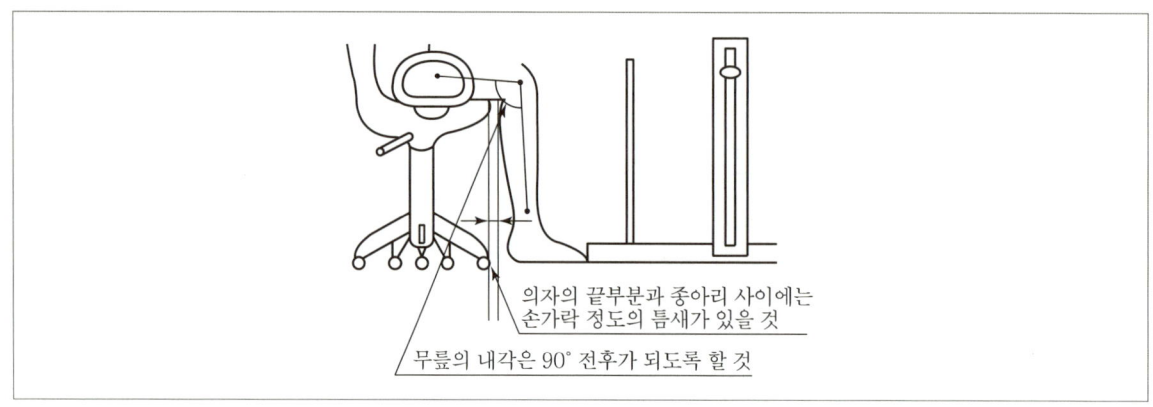

[그림 6] 무릎내각

7. 키보드를 조작하여 자료를 입력할 때 양 손목을 바깥으로 꺾은 자세가 오래 지속되지 않도록 주의할 것

제3장 작업환경관리

제7조(조명과 채광)

① 사업주는 작업실내의 창·벽면 등을 반사되지 않는 재질로 하여야 하며, 조명은 화면과 명암의 대조가 심하지 않도록 하여야 한다.
② 사업주는 영상표시단말기를 취급하는 작업장 주변환경의 조도를 화면의 바탕 색상이 검정색 계통일 때 300럭스(Lux) 이상 500럭스 이하, 화면의 바탕색상이 흰색 계통일 때 500럭스 이상 700럭스 이하를 유지하도록 하여야 한다.
③ 사업주는 화면을 바라보는 시간이 많은 작업일수록 화면 밝기와 작업대 주변 밝기의 차이를 줄이도록 하고, 작업 중 시야에 들어오는 화면·키보드·서류 등의 주요 표면 밝기를 가능한 한 같도록 유지하여야 한다.
④ 사업주는 창문에는 차광망 또는 커텐 등을 설치하여 직사광선이 화면·서류 등에 비치는 것을 방지하고 필요에 따라 언제든지 그 밝기를 조절할 수 있도록 하여야 한다.
⑤ 사업수는 작업대 주변에 영상표시단말기작업 전용의 조명등을 설치할 경우에는 영상표시단말기 취급근로자의 한쪽 또는 양쪽 면에서 화면·서류면·키보드 등에 균등한 밝기가 되도록 설치하여야 한다.

제8조(눈부심 방지)

① 사업주는 지나치게 밝은 조명·채광 또는 깜박이는 광원 등이 직접 영상표시단말기 취급근로자의 시야에 들어오지 않도록 하여야 한다.

② 사업주는 눈부심 방지를 위하여 화면에 보안경 등을 부착하여 빛의 반사가 증가하지 않도록 하여야 한다.

③ 사업주는 작업면에 도달하는 빛의 각도를 화면으로부터 45도 이내가 되도록 조명 및 채광을 제한하여 화면과 작업대 표면반사에 의한 눈부심이 발생하지 않도록 하여야 한다(그림 7). 다만, 조건상 빛의 반사방지가 불가능할 경우에는 다음 각 호의 방법으로 눈부심을 방지하도록 하여야 한다.
  1. 화면의 경사를 조정할 것
  2. 저휘도형 조명기구를 사용할 것
  3. 화면상의 문자와 배경과의 휘도비(Contrast)를 낮출 것
  4. 화면에 후드를 설치하거나 조명기구에 간이 차양막 등을 설치할 것
  5. 그 밖의 눈부심을 방지하기 위한 조치를 강구할 것

빛이 작업화면에 도달하는 각도는 화면으로부터 45° 이내일 것

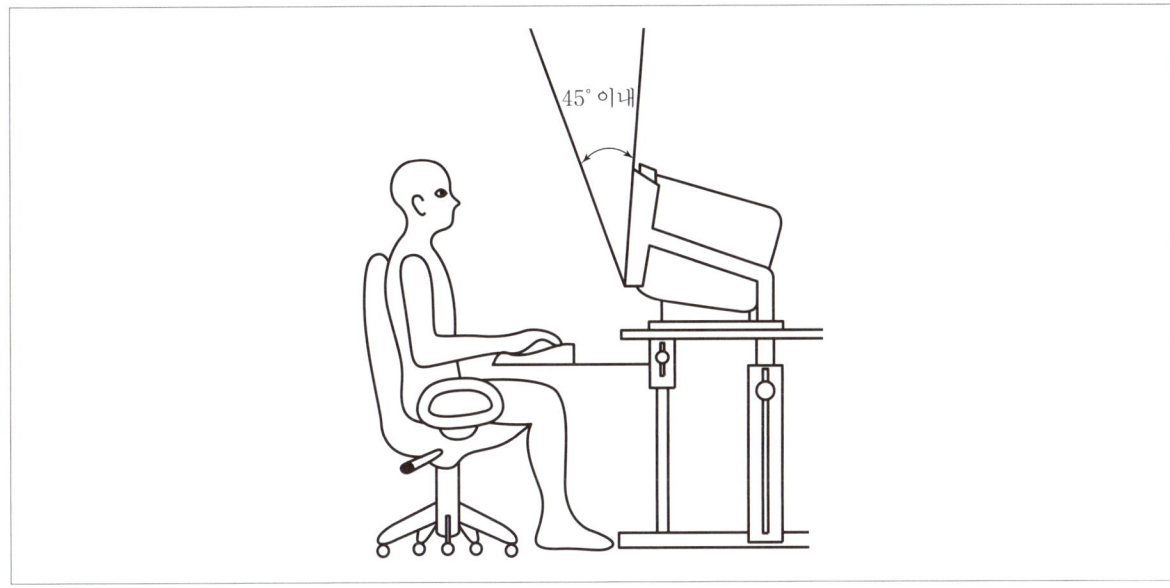

[그림 7] 조명의 각도

제9조(소음 및 정전기 방지)

사업주는 영상표시단말기 등에서 소음·정전기 등의 발생이 심하여 작업자에게 건강장해를 일으킬 우려가 있을 때에는 다음 각 호의 소음·정전기 방지조치를 취하거나 방지장치를 설치하도록 하여야 한다.
1. 프린터에서 소음이 심할 때에는 후드·칸막이·덮개의 설치 및 프린터의 배치 변경 등의 조치를 취할 것
2. 정전기의 방지는 접지를 이용하거나 알콜 등으로 화면을 깨끗이 닦아 방지할 것

제10조(온도 및 습도)

사업주는 영상표시단말기 작업을 주목적으로 하는 작업실 안의 온도를 18도 이상 24도 이하, 습도는 40퍼센트 이상 70퍼센트 이하를 유지하여야 한다.

제11조(점검 및 청소)

① 영상표시단말기 취급근로자는 작업개시 전 또는 휴식시간에 조명기구·화면·키보드·의자 및 작업대 등을 점검하여 조정하여야 한다.
② 영상표시단말기 취급근로자는 수시 또는 정기적으로 작업장소·영상표시단말기 등을 청소함으로써 항상 청결을 유지하여야 한다.

PART 02 기출문제풀이
전기안전

※ 아래 그림들은 실제 출제되는 동영상문제와 다를 수 있습니다.

출제연도 2007년 7월(A형)

05.

VDT작업을 하고 있다. 작업자는 의자에 엉덩이를 반 정도 걸친 자세로 팔이 들린 채 작업을 실시하고 있고 의자의 높이는 어깨높이이다. 이 작업을 장시간 실시할 경우 신체이상 3가지를 적으시오.

해답 그림 참조

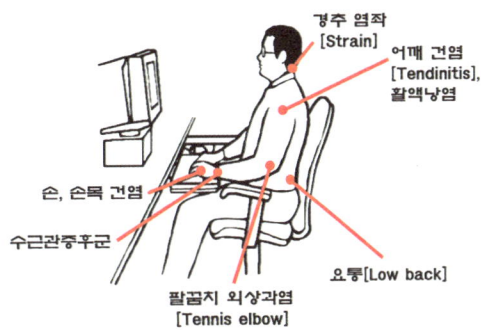

1. 장시간 불편한 자세에 의한 요통장애
2. 반복작업에 의한 어깨 및 손목 통증
3. 장시간 화면 보기에 의한 시력 저하 및 장애

출제연도 2007년 7월(B형)

 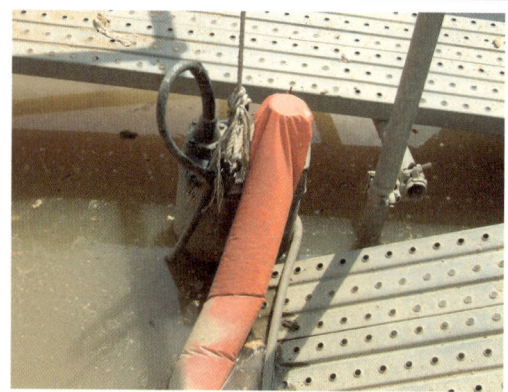

01.
동영상은 작업자가 수중펌프 접속 부위에 감전되어 발생한 사고이다. 작업자가 감전사고를 당한 원인을 인체의 피부저항과 관련하여 설명하시오.

해답
1. 감전피해의 위험도에 가장 큰 영향을 미치는 통전전류의 크기는 인체의 전기저항 즉, 임피던스의 값에 의해 결정(반비례)되며 인체의 임피던스는 내부저항과 피부저항으로 구성
2. 내부저항은 교류, 직류에 따라 거의 일정(통전시간이 길어지면 인체의 온도상승에 의해 저항치 감소)하고 피부저항은 물에 젖어 있을 경우 1/25로 저항이 감소하므로 그만큼 통전전류가 커져 전격의 위험이 높아짐

출제연도 2007년 10월(A형)

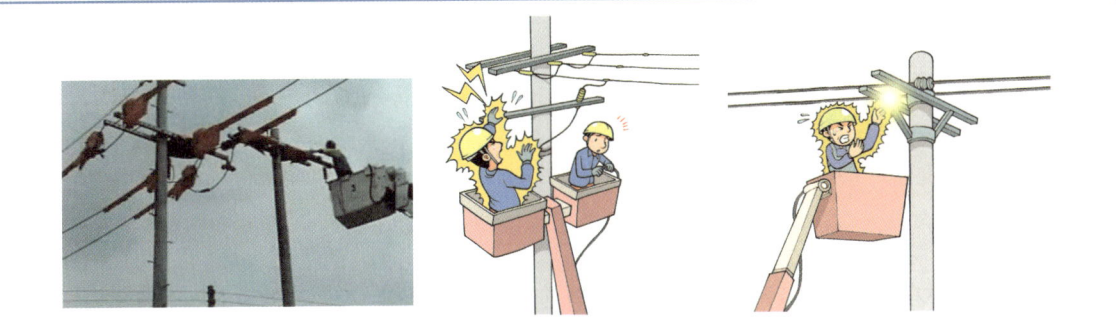

03.
화면은 활선작업에 대한 동영상이다. 이와 같이 활선작업 시 내재되어 있는 핵심 위험요인을 3가지만 쓰시오.

해답 1. 근접활선(절연용 방호구 미설치)에 대한 감전 위험
2. 절연용 보호구 착용상태 불량에 따른 감전 위험
3. 활선작업거리 미준수에 따른 감전 위험
4. 작업장소의 관계근로자 외의 자의 출입에 따른 감전 위험

06.
화면은 폭발성 물질 취급작업 중 재해가 발생한 동영상이다. 이 화면과 같이 폭발성 물질 저장소에 들어가는 작업자가 (1) 신발에 물을 묻히는 이유와 (2) 화재 시 소화방법에 대해 쓰시오.

해답 (1) 신발에 물을 묻히는 이유 : 대부분의 물체는 습도가 증가하면 전기저항치가 저하하고 이에 따라 대전성이 저하하므로, 작업자가 신발에 물을 묻히게 되면 도전성이 증가(전기저항치 감소)하고 이에 따라 인체의 대전성이 저하되므로 정전기 착화성 방전에 의한 화재 폭발을 방지할 수 있음
(2) 화재 시 소화방법 : 다량 주수에 의한 냉각소화(폭발성 물질은 분해에 의하여 산소가 공급되기 때문에 연소가 격렬하며 그 자체의 분해도 격렬하다. 소화법으로는 물을 다량 사용해서 냉각하여 분해온도 이하로 낮추고 가연물의 연소도 억제해서 폭발을 방지하는 것이다. 소화제로는 질식소화는 효과가 없고, 물을 다량으로 사용하는 것이 최선이다.)

07.
동영상은 작업자가 승강기 컨트롤 패널의 덮개를 열고 내부를 점검하는 작업장면을 보여주고 있다. 이 화면에서 재해방지대책 3가지를 쓰시오.

해답 1. 정전작업 실시
2. 개인보호구 착용
3. 유자격자 이외는 전기기계 및 기구에 전기적인 접촉 금지
4. 관리감독자는 작업에 대한 안전교육 시행
5. 사고발생시의 처리순서를 미리 작성

출제연도 2007년 10월(B형)

02.
화면은 안전대를 착용한 작업자가 전주에 올라가 변압기에 설치된 플랫폼 너트조임 작업을 하던 중 발판용 볼트를 딛자 미끄러지는 것을 보여준다. 영상을 통해 알 수 있는 불안전한 상태 2가지를 쓰시오.

[해답] 1. 불안전한 작업자세(작업자가 발판용 볼트를 딛고 있음)
2. 안전대 미고정

04.
화면은 전신주의 형강을 교체하고 있는 동영상이다. 이 작업(정전작업)이 완료한 후 조치사항 3가지를 쓰시오.

[해답] 1. 작업기구, 단락 접지기구 등을 제거하고 전기기기등이 안전하게 통전될 수 있는지를 확인할 것
2. 모든 작업자가 작업이 완료된 전기기기등에서 떨어져 있는지를 확인할 것
3. 잠금장치와 꼬리표는 설치한 근로자가 직접 철거할 것
4. 모든 이상 유무를 확인한 후 전기기기등의 전원을 투입할 것

| 출제연도 | 2008년 4월(A형) |

03.
화면은 30kV의 전압이 흐르는 전선 아래에서 작업 중 발생한 재해사례이다. 이 동영상과 같이 작업할 경우 사업주가 조치하여야 하는 사항을 적으시오.

해답

충전전로 인근에서 차량·기계장치 작업(안전보건규칙 제322조)

① 사업주는 충전전로 인근에서 차량, 기계장치 등(이하 이 조에서 "차량등"이라 한다)의 작업이 있는 경우에는 차량등을 충전전로의 충전부로부터 300센티미터 이상 이격시켜 유지시키되, 대지전압이 50킬로볼트를 넘는 경우 이격시켜 유지하여야 하는 거리(이하 이 조에서 "이격거리"라 한다)는 10킬로볼트 증가할 때마다 10센티미터씩 증가시켜야 한다. 다만, 차량등의 높이를 낮춘 상태에서 이동하는 경우에는 이격거리를 120센티미터 이상(대지전압이 50킬로볼트를 넘는 경우에는 10킬로볼트 증가할 때마다 이격거리를 10센티미터씩 증가)으로 할 수 있다.

② 제1항에도 불구하고 충전전로의 전압에 적합한 절연용 방호구 등을 설치한 경우에는 이격거리를 절연용 방호구 앞면까지로 할 수 있으며, 차량등의 가공 붐대의 버킷이나 끝부분 등이 충전전로의 전압에 적합하게 절연되어 있고 유자격자가 작업을 수행하는 경우에는 붐대의 절연되지 않은 부분과 충전전로 간의 이격거리는 제321조제1항의 표에 따른 접근 한계거리까지로 할 수 있다.

③ 사업주는 다음 각 호의 경우를 제외하고는 근로자가 차량등의 그 어느 부분과도 접촉하지 않도록 울타리을 설치하거나 감시인 배치 등의 조치를 하여야 한다.
  1. 근로자가 해당 전압에 적합한 제323조제1항의 절연용 보호구등을 착용하거나 사용하는 경우
  2. 차량등의 절연되지 않은 부분이 제321조제1항의 표에 따른 접근 한계거리 이내로 접근하지 않도록 하는 경우

④ 사업주는 충전전로 인근에서 접지된 차량등이 충전전로와 접촉할 우려가 있을 경우에는 지상의 근로자가 접지점에 접촉하지 않도록 조치하여야 한다.

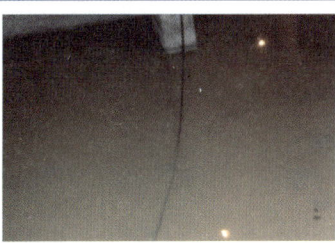 

04.
영상의 작업자는 습윤한 장소에서 무채 작업을 하고 있다. 바닥은 작업자의 무릎정도로 물이 차 있으며 전기기구를 손으로 쥐고 있으며 이동전선이 물속에 잠겨있다. 위 동영상을 보고 습윤한 장소에서 감전 재해 이동전선 사용 전 점검사항 3가지를 쓰시오.

[해답]
1. 전선을 서로 접속하는 때에는 당해 전선의 절연성능 이상으로 절연될 수 있는 것으로 충분히 피복하거나 적합한 접속기구를 사용(접속부위의 절연상태 점검)
2. 물 등의 전도성이 높은 액체가 있는 습윤한 장소에서 근로자가 작업 또는 통행 등으로 인하여 접촉할 우려가 있는 이동전선 및 이에 부속하는 접속기구는 당해 전도성이 높은 액체에 대하여 충분한 절연효과가 있는 것을 사용(전선 피복의 손상 유무 점검)
3. 전선의 절연저항 측정
4. 감전방지용 누전차단기 설치

출제연도 2008년 4월(B형)

03.
화면은 1만 볼트의 고압이 인가된 기계에 변압기를 연결하여 내전압 검사 중 재해가 발생한 상황의 동영상이다. 화면의 동영상을 참고하여 사고원인을 3가지로 분류해서 쓰시오.

[해답]
1. 개인보호구(절연장갑 등) 미착용
2. 신호전달체계 불량
3. 작업자 안전수칙 미준수(활선 및 정전상태 미확인 후 작업)

04.

화면은 작업자가 불안전한 상태로 흡연하며 전신주의 형강을 교체하고 있는 동영상이다. 화면의 전기형강작업 중 위험요인(결여사항) 3가지를 기술하시오.

해답 1. 안전수칙 미준수(작업자세 및 상태불량 등) : 작업자 흡연 등
2. 감전 위험
3. 추락위험 : 작업발판
4. 낙하·비래위험 : COS 고정상태 불량

출제연도 2008년 7월(B형)

01.
화면은 단무지가 있고 무릎 정도 물이 차있는 상태에서 펌프를 작동과 동시에 감전재해가 발생하는 동영상이다. 재해방지대책 3가지를 쓰시오.

[해답] 1. 사용 전 수중 펌프와 전선 등의 절연 상태 점검(절연저항 측정 등)
2. 감전방지용 누전차단기 설치
3. 수중 모터 외함 접지상태 확인

02.
화면은 방전 금형을 제작하는 과정에서 작업자는 계속 이물질을 천을 이용하여 맨손으로 직접 제거하고 있다. 금형의 한쪽에서는 연기가 조금씩 나는 과정에서 작업자가 금형을 만지다 감전재해가 발생하는 동영상이다. 영상 속 재해요인 2가지를 쓰시오.

[해답] 1. 전기기계·기구 접지 미실시
2. 누전차단기 미설치
3. 주기적인 절연저항 측정관리 미실시

출제연도 2008년 7월(C형)

02.

화면은 1만 볼트의 고압이 인가된 기계에 변압기를 연결하여 내전압검사 중 재해가 발생한 상황의 동영상이다. 재해원인 3가지를 쓰시오(작업자 장갑 미착용 및 슬리퍼 착용, 마지막에 대화창에서 수신호를 하는 과정에서 나중에 잘 알아듣지 못하는 상황임).

해답 1. 개인보호구(절연장갑 등) 미착용
   2. 신호전달체계 불량
   3. 작업자 안전수칙 미준수(활선 및 정전상태 미확인 후 작업)

05.

화면은 고압선(활선) 부근에서 항타기로 전주를 세우는 작업 중 전로에 접촉하여 발생한 재해 사례이다. 재해의 직접원인은?

해답 근접 활선에 접촉

출제연도 2008년 10월(A형)

03.

화면은 정지된 기계 점검 중 작업자가 감전당하는 동영상이다. 이 동영상에서 재해 발생 형태 및 원인을 쓰시오.

해답 1. 재해 발생 형태 : 감전
2. 재해 발생 원인 : 정전작업 미실시, 개인보호구(절연장갑 등) 미착용 등

04.

동영상은 작업자가 퓨즈 교체 작업 중 발생한 감전사례이다. 전기기계·기구 중 누전에 의한 감전위험을 방지하기 위하여 감전방지용 누전차단기를 설치해야 하는 경우 3가지를 쓰시오.

해답 누전차단기 적용범위(안전보건규칙 제304호)
1. 대지전압이 150볼트를 초과하는 이동형 또는 휴대형 전기기계·기구
2. 물 등 도전성이 높은 액체가 있는 습윤 장소에서 사용하는 저압용 전기기계·기구
3. 철판·철골 위 등 도전성이 높은 장소에서 사용하는 이동형 또는 휴대형 전기기계·기구
4. 임시배선의 전로가 설치되는 장소에서 사용하는 이동형 또는 휴대형 전기기계·기구

| 출제연도 | 2009년 4월(A형) |

02.

동영상은 작업자가 승강기 컨트롤 패널의 덮개를 열고 내부를 점검하는 작업장면을 보여준다. 감전방지대책 3가지를 쓰시오.

해답
1. 정전작업 실시
2. 개인보호구(감전방지용 보호구) 착용
3. 유자격자 이외는 전기기계 및 기구에 전기적인 접촉 금지
4. 관리감독자는 작업에 대한 안전교육 시행
5. 사고발생시의 처리순서를 미리 작성하여 둘 것

05.

화면은 안전대를 착용한 작업자가 전주에 올라가 작업 중 발판용 볼트를 딛고 있다가 미끄러지고 있다. 영상의 불안전한 상태 2가지를 쓰시오.

해답
1. 불안전한 작업자세(작업자가 발판용 볼트를 딛고 있음)
2. 안전대 미고정

01.
화면은 활선작업에 대한 동영상이다. 이와 같이 활선작업 시 내재되어 있는 핵심 위험요인을 3가지만 쓰시오.

해답 1. 근접활선(절연용 방호구 미설치)에 대한 감전 위험
2. 절연용 보호구 착용상태 불량에 따른 감전 위험
3. 활선작업거리 미준수에 따른 감전 위험
4. 작업장소의 관계근로자 외의 자의 출입에 따른 감전 위험

출제연도 2009년 4월(C형)

02.
화면은 임시 배전반의 작업 중에 발생한 재해이다. 이 화면에서 알 수 있는 위험요인 2가지를 쓰시오.

해답 1. 정전작업 미실시
2. 개인보호구(감전방지용 보호구) 미착용

07.
동영상은 1만 볼트의 전압이 흐르는 고압선 아래에서 작업 중(크레인 작업) 발생한 재해사례이다. 안전대책을 쓰시오.

해답

충전전로 인근에서 차량·기계장치 작업(안전보건규칙 제322조)

① 사업주는 충전전로 인근에서 차량, 기계장치 등(이하 이 조에서 "차량등"이라 한다)의 작업이 있는 경우에는 차량등을 충전전로의 충전부로부터 300센티미터 이상 이격시켜 유지시키되, 대지전압이 50킬로볼트를 넘는 경우 이격시켜 유지하여야 하는 거리(이하 이 조에서 "이격거리"라 한다)는 10킬로볼트 증가할 때마다 10센티미터씩 증가시켜야 한다. 다만, 차량등의 높이를 낮춘 상태에서 이동하는 경우에는 이격거리를 120센티미터 이상(대지전압이 50킬로볼트를 넘는 경우에는 10킬로볼트 증가할 때마다 이격거리를 10센티미터씩 증가)으로 할 수 있다.

② 제1항에도 불구하고 충전전로의 전압에 적합한 절연용 방호구 등을 설치한 경우에는 이격거리를 절연용 방호구 앞면까지로 할 수 있으며, 차량등의 가공 붐대의 버킷이나 끝부분 등이 충전전로의 전압에 적합하게 절연되어 있고 유자격자가 작업을 수행하는 경우에는 붐대의 절연되지 않은 부분과 충전전로 간의 이격거리는 제321조제1항의 표에 따른 접근 한계거리까지로 할 수 있다.

③ 사업주는 다음 각 호의 경우를 제외하고는 근로자가 차량등의 그 어느 부분과도 접촉하지 않도록 울타리을 설치하거나 감시인 배치 등의 조치를 하여야 한다.
  1. 근로자가 해당 전압에 적합한 제323조제1항의 절연용 보호구등을 착용하거나 사용하는 경우
  2. 차량등의 절연되지 않은 부분이 제321조제1항의 표에 따른 접근 한계거리 이내로 접근하지 않도록 하는 경우

④ 사업주는 충전전로 인근에서 접지된 차량등이 충전전로와 접촉할 우려가 있을 경우에는 지상의 근로자가 접지점에 접촉하지 않도록 조치하여야 한다.

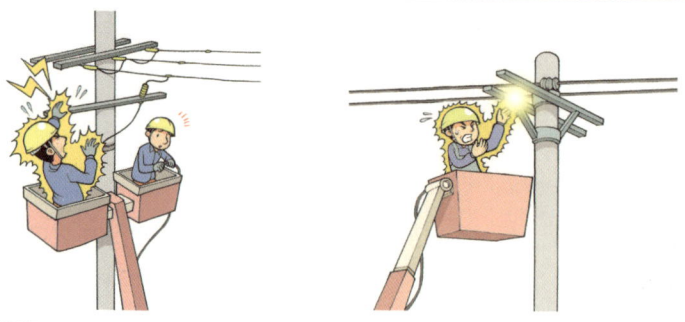

09.

작업자가 전신주에 올라가다 도중에 장애물(도로표지판)에 머리를 부딪치는 화면이다. 이 화면에서 위험요인 2가지를 쓰시오.

[해답] 1. 추락위험 : 안전대 미착용
2. 낙하·비래 위험 : COS 고정상태 불량

| 출제연도 | 2009년 9월(B형) |

04.

작업자가 전기기구를 만지다가 감전사고가 발생한 화면이다. 이 화면의 재해원인 2가지를 쓰시오.

[해답] 1. 정전작업 미실시(작업 전 전원 미차단)
2. 절연용 보호구 미착용

05.
화면은 전신주에서 정전작업(봉각교체작업)을 실시하고 있는 동영상이다. 이 작업 시 위험요인을 쓰시오.

해답 (1) 감전 위험
   1. 근접 활선에 대한 감전 위험
   2. 개폐기 오조작에 의한 감전 위험
   3. 근접 활선으로부터 정전유도에 의해 정전선로가 충전되어 감전 위험
(2) 기타 위험
   1. 추락위험
   2. 낙하·비래물에 의한 하부 작업자의 접촉·충돌 재해 등

09.
동영상 화면은 사출성형기의 금형을 손으로 청소하다가 감전사고가 발생한 장면을 보여주고 있다. 재해발생원인을 3가지만 쓰시오.

해답

간접접촉(누전)에 의한 감전인 경우	충전부 직접접촉에 의한 감전인 경우
① 전기기계·기구 접지 미실시	① 정전작업 미실시(작업 전 전원 차단 미실시)
② 누전차단기 미설치	② 노출 충전부 방호조치 미실시
③ 주기적인 절연저항 측정관리 미실시	③ 절연 보호구 미착용

▶ 여러 경우가 출제될 수 있으므로 화면을 보고 두 가지 중 한 가지를 쓰면 된다.

출제연도　2009년 9월(C형)

05.
변전실 같은 곳에서 맨손으로 드라이버 등 공구를 사용하여 작업 중 감전되는 동영상이다. 재해의 간접원인은 무엇인가?

해답 잔류전하에 의한 방전

08.
MCCB 전원을 투입하여 발생한 재해사례이다. 안전대책을 쓰시오.

해답 1. 전로의 개로개폐기에 시건장치 및 통전금지 표지판 부착
2. 작업 전 신호체계 확립 및 작업지휘자에 의한 작업지휘
3. 차단기에 회로구분 표찰 부착에 의한 오조작 방지 등

출제연도 2009년 9월(D형)

02.
변압기 활선작업 시 감전사고 예방을 위한 활선 유무 확인방법 3가지를 쓰시오.

해답 1. 검전기(활선접근경보기)로 확인
2. 테스터기 활용(지시치 확인)
3. 변압기 전로의 전원투입 개폐기 투입상태 확인

 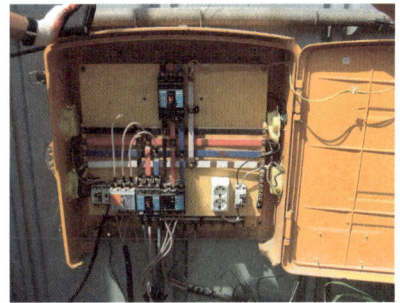

08.
화면의 배전반의 차단 스위치는 ON 상태이며 작업자는 맨손으로 작업을 하고 있다. 작업자의 오른손이 배전반 도어 틈에 들어가는 상황에서 다른 작업자가 그 도어를 닫는 바람에 손가락이 끼게 된다. 배전반 작업 시 위험요인 2가지만 적으시오.

해답 (1) 감전 위험
    1. 정전작업 미실시에 의한 감전 위험
    2. 개인보호구(감전방지용 보호구) 미착용에 의함 감전 위험
(2) 기타 재해위험 : 신호전달체계 미확립에 의한 협착 재해

산업안전기사 실기 ENGINEER INDUSTRIAL SAFETY

PART 03

화공안전

■ 예상문제풀이
- 유해·위험물 취급작업
- 화재 예방
- 폭발 예방
- 밀폐공간 작업
- 도금작업
- 화학설비 관련 작업

■ 기출문제풀이

PART > 화공안전

03 예상문제풀이

출제분야	화공안전
작업명	유해·위험물 취급작업

▷ 동영상 설명

유해한 화학물질을 아무런 보호구 없이 맨손으로 취급하고 있다.

문제 실험실에서 화학약품을 맨손으로 만지고 있습니다. 이때 작업자에게 신체로 유입되는 경로 2가지를 쓰시오.

해답 1. 피부 및 점막 접촉에 의한 피부로의 흡수
2. 흡입을 통한 호흡기로의 흡수
3. 구강을 통한 소화기로의 흡수

문제 유해물질이 흡수되는 경로를 모두 쓰시오.

해답 1. 피부(점막)
2. 호흡기
3. 소화기

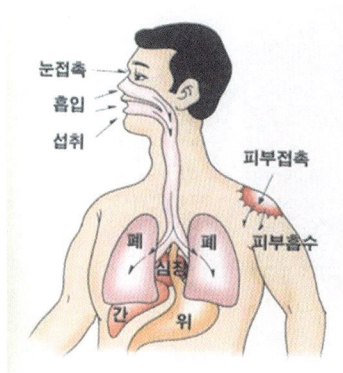

문제 위험물 제조·취급 시 화재 및 폭발을 예방하기 위한 일반적인 주의사항 3가지를 쓰시오.

해답 1. 폭발성 물질을 화기 기타 점화원이 될 우려가 있는 것에 접근시키거나 가열하거나 마찰시키거나 충격을 가하는 행위
2. 발화성 물질을 각각 그 특성에 따라 화기 기타 점화원이 될 우려가 있는 것에 접근시키거나 산화를 촉진하는 물질 또는 물에 접촉시키거나 가열하거나 충격을 가하는 행위
3. 산화성 물질을 분해가 촉진될 우려가 있는 물질에 접촉시키거나 가열하거나 마찰시키거나 충격을 가하는 행위
4. 인화성 물질을 화기 기타 점화원이 될 우려가 있는 것에 접근시키거나 주입 또는 가열하거나 증발시키는 행위
5. 가연성 가스를 화기 기타 점화원이 될 우려가 있는 것에 접근시키거나 압축·가열 또는 주입하는 행위
6. 부식성 물질 또는 독성물질을 누출시키는 등으로 인하여 인체에 접촉시키는 행위
7. 위험물을 제조하거나 취급하는 설비가 있는 장소에 가연성 가스 또는 산화성 물질을 방치하는 행위

출제분야	화공안전
작업명	유해·위험물 취급작업

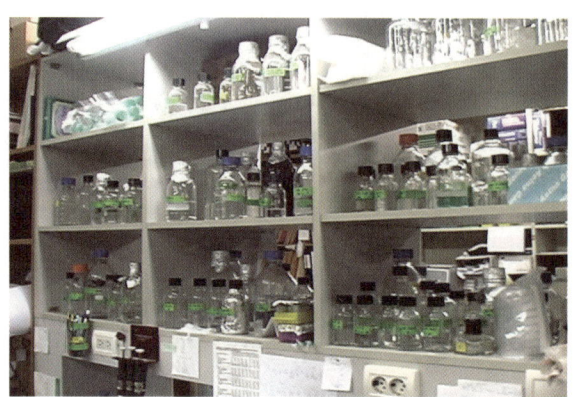

▶ **동영상 설명**

작업자가 화학물질을 취급하고 있다.

문제 유해물질의 제조·수입·운반·저장·취급 시 근로자가 볼 수 있는 장소에 게시 또는 비치하여야 할 사항 3가지를 쓰시오.

해답 MSDS 작성 내용
1. 대상화학물질의 명칭
2. 안전·보건상의 취급주의 사항
3. 구성성분의 명칭 및 함유량
3. 건강 유해성 및 물리적 위험성
4. 그 밖에 고용노동부령으로 정하는 사항

출제분야	화공안전 일반
작업명	화재 예방

> **동영상 설명**
>
> 지게차가 주유 중이다. 지게차 운전자는 담배를 피우며 주유원과 이야기하고 있고, 지게차는 시동이 걸려 있는 상태이다.

문제 위험요소 2가지를 쓰시오.

해답
1. 지게차 운전자가 주유 중 담배를 피우고 있어 화재발생 위험이 있다.
2. 주유 중인 지게차에 시동이 걸려 있어 임의동작 또는 오동작으로 인한 사고발생 위험이 있다.
3. 주유원이 작업 중 잡담을 하고 있어 정량 이상을 주유하여 바닥에 유류가 흘러넘쳐 그로 인한 화재발생 위험이 있다.

출제분야	화공안전 일반
작업명	폭발 예방

▶ 동영상 설명

인화성 물질 저장창고에서 한 작업자가 인화성 물질이 든 운반용 용기를 몇 개 이동시키고 나서 잠시 쉬려고 인화성 물질이 든 드럼통 옆에서 윗옷을 벗는 순간 "펑"하고 폭발사고가 발생하는 장면이다.

문제 핵심 위험요인은 무엇인지 쓰시오.

[해답] 인화성 물질에 발화원이 접촉할 경우 화재 또는 폭발위험이 있다.

문제 폭발을 일으킨 가연물질과 점화원을 쓰시오.

[해답] 1. 가연물질 : 인화성 물질의 증기
2. 점화원 : 정전기

출제분야	화공안전 일반
작업명	폭발 예방

▶ 동영상 설명

어둡고 밀폐된 LPG 저장소에서 작업자가 전등의 전원을 투입하는 순간 "펑"하고 폭발사고가 발생하는 장면이다.

문제 사고유형과 기인물을 쓰시오.

[해답] 1. 사고유형 : 가스누출에 의한 폭발
2. 기인물 : LPG 저장용기에서 누출된 가스(가연물), 전원 스위치에서 발생한 전기 스파크(점화원)

문제 위 장면에서 가스누설감지경보기를 설치할 때 적절한 설치위치와 경보설정값을 쓰시오.

[해답] 1. 설치위치 : 바닥에 인접한 낮은 곳에 설치한다(LPG는 공기보다 무거우므로 가라앉음).
2. 경보설정값 : 폭발하한계(LEL) 25% 이하

문제 가압상태의 저장용기 내부의 가연성 액체가 대기 중에 유출되어 순간적으로 기화가 일어나 점화원에 의해 일어나는 폭발은 무엇인가?

해답 증기운 폭발(UVCE)

출제분야	화공안전 일반
작업명	폭발 예방

▶ 동영상 설명

공기 중에 LPG 가스가 누출되고 있다.

문제 공기와 혼합된 기체의 조성은 공기 55%, 프로판 40%, 부탄 5%라 가정하면 이때의 혼합기체의 폭발하한계를 구하여라. (단, 공기 중 프로판 및 부탄의 폭발하한계는 2.1%, 1.8%이다.)

해답 1. 프로판 가스의 조성 : $\dfrac{40}{45} ≒ 88.9$

2. 부탄 가스의 조성 : $\dfrac{5}{45} ≒ 11.1$

3. 혼합가스의 폭발하한계 $L = \dfrac{100}{\dfrac{88.9}{2.1} + \dfrac{11.1}{1.8}} = 2.07(\%)$

문제 위와 같은 프로판 가스 용기의 저장장소로 부적절한 곳 3가지를 쓰시오.

해답
1. 통풍 또는 환기가 불충분한 장소
2. 화기를 사용하는 장소 및 그 부근
3. 위험물, 화약류 또는 가연성 물질을 취급하는 장소 및 그 부근

문제 LPG의 주성분인 프로판(C_3H_8) 가스의 최소산소농도(MOC)를 계산하시오. (단, 프로판의 연소범위는 2.1~9.5%이고, $MOC = \dfrac{\text{연료몰수}}{\text{연료몰수} \times \text{공기몰수}} \times \dfrac{\text{산소몰수}}{\text{연료몰수}}$이며, $C_3H_8 + 5O_2 \rightarrow 3CO_2 + 4H_2O$이다.)

해답 $MOC = \text{폭발하한}(\%) \times \dfrac{\text{산소mol수}}{\text{연소가스mol수}} = 2.1 \times \dfrac{5}{1} = 10.5 \text{vol}\%$

출제분야	화공안전 일반
작업명	밀폐공간 작업

▶ 동영상 설명

작업자가 개인보호구 없이 밀폐공간에서 작업을 하고 있다.

문제 작업자가 미착용한 개인보호구 3가지를 쓰시오.

해답 1. 송기마스크, 공기마스크, 2. 안전대 또는 구명밧줄, 3. 안전화, 4. 안전모

문제 산소결핍장소란 산소 몇 % 미만인가를 쓰고, 밀폐공간에서 질식된 작업자를 구조할 때 구조자가 착용해야 하는 보호구를 쓰시오.

해답 1. 산소결핍장소 : 산소 18% 미만
2. 구조자가 착용해야 할 보호구 : 송기마스크, 공기마스크

문제 밀폐공간 작업의 핵심 위험요인 3가지를 쓰시오.

해답 1. 밀폐공간에서의 산소결핍 위험이 있다.
2. 유독성 가스가 있는 경우 작업자가 질식, 중독의 위험이 있다.
3. 가연성 가스, 증기 또는 가연성 분진이 존재하는 경우 점화원에 의한 폭발위험이 있다.

문제 밀폐공간 작업 시 안전관리자의 직무 3가지를 쓰시오.

해답
1. 산소가 결핍된 공기나 유해가스에 노출되지 아니하도록 작업시작 전에 작업방법을 결정하고 이에 따라 당해 근로자의 작업을 지휘하는 일
2. 작업을 행하는 장소의 공기가 적정한지 여부를 작업시작 전에 확인하는 일
3. 측정장비·환기장치 또는 송기마스크, 공기마스크 등을 작업시작 전에 점검하는 일
4. 근로자에게 송기마스크, 공기마스크 등의 착용을 지도하고 착용상황을 점검하는 일

출제분야	화공안전 일반
작업명	밀폐공간 작업

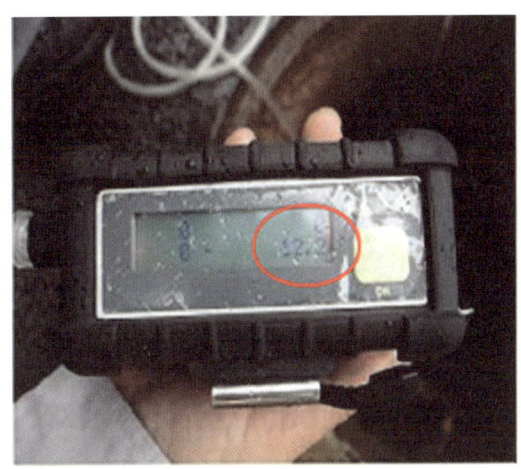

▶ 동영상 설명

밀폐공간 작업 전 산소농도를 측정하고 있다.

문제 다음의 ( ) 안에 알맞은 숫자를 쓰시오.

"적정한 공기"라 함은 산소농도의 범위가 (①)% 이상, (②)% 미만, 이산화탄소의 농도가 (③)% 미만, 황화수소의 농도가 (④)ppm 미만인 수준의 공기를 말한다.

해답 ① 18, ② 23.5, ③ 1.5, ④ 10

문제 산소결핍장소의 안전수칙을 쓰시오.

해답 1. 작업 전 산소 및 유해가스 농도 측정 후 작업한다.
2. 산소농도가 18% 미만일 때는 환기를 시키고, 작업 중에도 계속 환기시킨다.
3. 가능한 급배기를 동시에 실시하고, 환기를 실시할 수 없거나 산소결핍장소에서 작업할 때에는 공기공급식 호흡용 보호구를 착용한다.

출제분야	화공안전 일반
작업명	밀폐공간 작업

▶ 동영상 설명

밀폐공간을 퍼지하고 있다.

문제 퍼지작업의 종류 3가지를 쓰시오.

해답) 1. 진공퍼지, 2. 압력퍼지, 3. 스위프 퍼지 4. 사이펀 퍼지

문제 퍼지의 목적을 쓰시오.

해답) 1. 가연성 및 지연성 가스 : 화재 및 폭발사고와 산소결핍사고 예방
2. 독성가스 : 중독사고 예방
3. 불활성가스 : 산소결핍 예방

출제분야	화공안전 일반
작업명	밀폐공간 작업

▶ **동영상 설명**

폐수처리조에서 슬러지 제거작업을 하고 있다.

문제 위와 같은 장소에 작업자가 들어갈 때 필요한 호흡용 보호구의 종류 2가지를 쓰시오.

해답 1. 송기마스크, 2. 공기호흡기

문제 밀폐공간보건작업프로그램 수립내용을 3가지 쓰시오.

해답 1. 작업시작 전 적정한 공기 상태 여부의 확인을 위한 측정·평가
2. 응급조치 등 안전보건 교육 및 훈련
3. 공기호흡기 또는 송기마스크 등의 착용 및 관리
4. 그 밖에 밀폐공간 작업근로자의 건강장해예방에 관한 사항

출제분야	화공안전 일반
작업명	도금작업

▶ 동영상 설명

작업자가 크롬 도금작업을 하고 있다. 담배를 피우고 있으며, 젖은 손으로 호이스트 팬던트 스위치를 조작하고 있다. 바닥은 쇠망으로 되어있고 작업자는 고무장화를 신고 있다.

문제 위 동영상에서 확인할 수 있는 위험요소 3가지를 쓰시오.

해답
1. 크롬 또는 크롬 화합물 흡입으로 인한 중독발생위험
2. 젖은 손으로 팬던트 스위치 조작으로 인한 감전 위험
3. 인화성 물질이 존재하는 경우 담뱃불로 인한 화재·폭발위험

문제 크롬 또는 크롬 화합물의 퓸, 분진, 미스트를 장기간 흡입하여 발생되는 (1) 직업병과 (2) 그 증상은 무엇인가?

해답 (1) 직업병 : 비중격천공
(2) 증상 : 코에 구멍이 뚫림

문제 크롬 화합물이 체내에 유입될 수 있는 경로는 무엇인가?

해답 호흡기, 소화기, 피부점막

문제 도금작업 시 유해물질에 대한 안전수칙을 4가지 쓰시오.

해답 1. 유해물질에 대한 유해성 사전 조사
2. 유해물질 발생원의 봉쇄
3. 작업공정 은폐, 작업장의 격리
4. 유해물의 위치 및 작업공정 변경
5. 전체환기 또는 국소배기
6. 점화원의 제거
7. 환경의 정돈과 청소

출제분야	화공안전 일반
작업명	도금작업

▶ 동영상 설명

자동차 부품을 도금 후 유기용제를 이용하여 세척하는 장면이다.

문제 영상을 참고로 하여 위험예지훈련을 하고자 할 때, 연관된 행동목표 두 가지를 쓰시오.

해답 1. 점화원을 멀리하여 화재, 폭발을 예방하자.
    2. 적절한 보호구를 착용하여 유기용제에 의한 중독 등을 예방하자.
    3. 고무장화를 착용하자.

문제 이 영상에서 세척조에 시너를 사용할 경우 발생 가능한 재해유형은 무엇인가?

해답 1. 화재 또는 폭발로 인한 화상 및 질식 재해
    2. 유기용제 중독에 의한 재해

출제분야	화공안전 일반
작업명	화학설비 관련 작업

▶ 동영상 설명

작업자들이 화학설비를 점검하고 있다.

문제 이 화면에서 특수화학설비 내부의 이상상태를 조기에 파악하기 위하여 설치해야 할 장치를 4가지 쓰시오.

해답 1. 온도계, 2. 유량계, 3. 압력계, 4. 자동경보장치

PART 03 기출문제풀이

화공안전

※ 아래 그림들은 실제 출제되는 동영상문제와 다를 수 있습니다.

| 출제연도 | 2007년 7월(A형) |

08.

지게차가 주유 중이다. 지게차 운전자는 담배를 피우며 주유원과 이야기하고 있고, 지게차는 시동이 걸려 있는 상태이다.

(1) 이 동영상에서 위험요소를 2가지 쓰시오.
(2) 이 동영상에서 담뱃불에 해당하는 발화원의 형태(유형)은 무엇인가?

해답 (1) 위험요소
    1. 지게차 운전자가 주유 중 담배를 피우고 있어 화재발생 위험이 있다.
    2. 주유 중인 지게차에 시동이 걸려 있어 임의동작 또는 오동작으로 인한 사고 발생 위험이 있다.
    3. 주유원이 작업 중 잡담을 하고 있어 정량 이상을 주유하여 바닥에 유류가 흘러넘쳐 그로 인한 화재발생 위험이 있다.
(2) 발화원의 형태(유형) : 나화

| 출제연도 | 2007년 7월(B형) |

04.
실험실에서 화학약품을 맨손으로 만지고 있다. 이때 작업자에게 신체로 유입되는 경로를 2가지 쓰시오.

[해답] 1. 피부 접촉에 의한 피부로의 흡수
2. 흡입을 통한 호흡기로의 흡수
3. 구강을 통한 소화기로의 흡수

07.
LPG 저장소에서 용기에 가스를 충전하는 작업을 하고 있다. 경보기를 설치하는 경우 (1) 설치 장소와 (2) 경보기의 설정값을 쓰시오.

[해답] 1. 설치 장소 : 바닥에 인접한 낮은 곳에 설치한다(LPG는 공기보다 무거우므로 가라앉음).
2. 경보설정값 : 폭발하한계(LEL) 25% 이하

09.

작업자가 화학물질을 취급하고 있는 동영상이다. 유해물질의 제조·수입·운반·저장·취급시 근로자가 볼 수 있는 장소에 게시 또는 비치하여야 할 사항을 3가지 쓰시오.

해답 MSDS 작성 내용

1. 대상화학물질의 명칭
1의2. 구성성분의 명칭 및 함유량
2. 안전·보건상의 취급주의 사항
3. 건강 유해성 및 물리적 위험성
4. 그 밖에 고용노동부령으로 정하는 사항

| 출제연도 | 2008년 4월(B형) |

01.

인화성 물질 저장창고에서 한 작업자가 운반용 용기를 몇 개 옮기고, 잠시 쉬고자 드럼통 옆에서 윗옷을 벗는 순간 "펑"하고 폭발사고가 발생하는 장면이다.

(1) 핵심 위험요인은 무엇인지 쓰시오.
(2) 폭발을 일으킨 가연물질과 점화원을 쓰시오.

[해답] (1) 핵심 위험요인 : 인화성 물질에 발화원이 접촉할 경우 화재 또는 폭발 위험이 있다.
(2) 가연물질 : 인화성 물질의 증기, 점화원 : 정전기

02.
작업자가 도금작업을 하고 있는 동영상이다. 도금작업 시 유해물질에 대한 안전수칙을 4가지 쓰시오.

해답
1. 유해물질에 대한 유해성 사전 조사
2. 유해물질 발생원의 봉쇄
3. 작업공정 은폐, 작업장의 격리
4. 유해물의 위치 및 작업공정 변경
5. 전체환기 또는 국소배기
6. 점화원의 제거
7. 환경의 정돈과 청소

출제연도 2008년 7월(B형)

07.

자동차 부품을 도금 후 유기용제를 이용하여 세척하는 장면이다.

(1) 영상을 참고로 하여 위험예지훈련을 하고자 할 때, 연관된 행동목표 두 가지를 쓰시오.
(2) 이 영상에서 세척조에 시너를 사용할 경우 발생 가능한 재해유형은 무엇인가?

[해답] (1) 행동목표
    1. 점화원을 멀리하여 화재, 폭발을 예방하자.
    2. 적절한 보호구를 착용하여 유기용제에 의한 중독 등을 예방하자.
    3. 고무장화를 착용하자.
(2) 재해유형
    1. 화재 또는 폭발로 인한 화상 및 질식 재해
    2. 유기용제 중독에 의한 재해

| 출제연도 | 2008년 7월(C형) |

01.
작업자가 화학약품을 취급하고 있다. 유해물질이 흡수되는 경로를 모두 쓰시오.

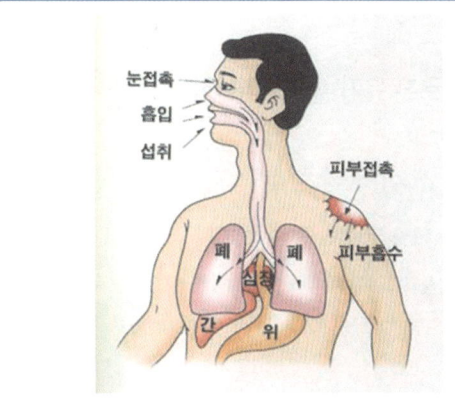

해답) 1. 피부(점막), 2. 호흡기, 3. 소화기

| 출제연도 | 2008년 10월(A형) |

06.
영상은 인화성 물질 저장창고에서 한 작업자가 인화성 물질이 든 운반용 용기 뚜껑을 열고, 잠시 쉬려 드럼통 옆에서 윗옷을 벗는 순간 "펑"하고 폭발사고가 발생하는 장면이다. (1) 핵심 위험요인과 (2) 폭발의 종류를 쓰시오.

해답) (1) 핵심 위험요인 : 인화성 물질에 발화원이 접촉할 경우 화재 또는 폭발 위험이 있다.
(2) 폭발의 종류 : 기상폭발(혼합가스 폭발)

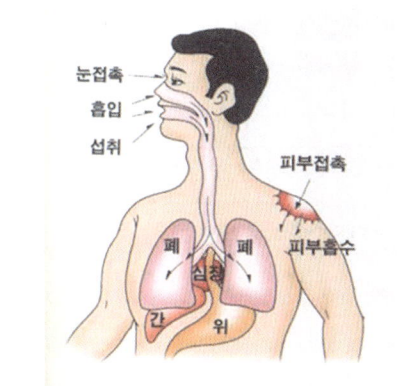

09.

작업자가 화학약품을 취급하고 있다. 유해물질이 흡수되는 경로를 2가지 쓰시오.

해답   1. 피부(점막), 2. 호흡기, 3. 소화기

출제연도   2009년 4월(A형)

06.

작업자들이 신발에 물을 묻히고 폭발성 화학물질을 취급하고 있다.

(1) 신발에 물을 묻히는 이유는 무엇인가?
(2) 폭발성 화학물질에 의한 화재 발생시 소화방법은 무엇인가?

해답   (1) 인체에 대전된 정전기는 점화원으로 작용할 수 있으므로, 대전된 정전기를 땅으로 흘려보내 신발과 바닥면 사이의 저항을 최소화하기 위함
   (2) 다량 주수에 의한 냉각소화

출제연도 2009년 4월(B형)

08.
밀폐공간 작업 전 퍼지작업을 하고 있다. 퍼지의 종류 3가지를 쓰시오.

[해답] 1. 진공퍼지, 2. 압력퍼지, 3. 스위프 퍼지, 4. 사이펀 퍼지

출제연도 2009년 4월(C형)

04.
작업자들이 화학설비를 점검하고 있다. 이 화면에서 특수화학설비 내부의 이상상태를 조기에 파악하기 위하여 설치해야 할 장치를 4가지 쓰시오.

[해답] 1. 온도계, 2. 유량계, 3. 압력계, 4. 자동경보장치

출제연도 2009년 9월(A형)

04.
작업자들이 밀폐공간에서 작업하고 있다. 밀폐공간 작업 시 안전관리자의 직무 3가지를 쓰시오.

해답 1. 산소가 결핍된 공기나 유해가스에 노출되지 아니하도록 작업시작 전에 작업방법을 결정하고 이에 따라 당해 근로자의 작업을 지휘하는 일
2. 작업을 행하는 장소의 공기가 적정한지 여부를 작업시작 전에 확인하는 일
3. 측정장비·환기장치 또는 송기마스크, 공기마스크 등을 작업시작 전에 점검하는 일
4. 근로자에게 송기마스크, 공기마스크 등의 착용을 지도하고 착용상황을 점검하는 일

출제연도 2009년 9월(B형)

08.
작업자들이 밀폐공간에서 작업하고 있다. 산소결핍장소에서의 작업 안전수칙을 쓰시오.

해답 1. 작업 전 산소 및 유해가스 농도 측정 후 작업한다.
2. 산소농도가 18% 미만일 때는 환기를 시키고, 작업 중에도 계속 환기시킨다.
3. 가능한 급배기를 동시에 실시하고, 환기를 실시할 수 없거나 산소결핍장소에서 작업할 때에는 호흡용 보호구를 착용한다.

09.

어둡고 밀폐된 LPG 저장소에서 작업자가 전등의 전원을 투입하는 순간 "펑"하고 폭발사고가 발생하는 장면이다. (1) 사고유형과 (2) 기인물을 쓰시오.

해답 (1) 사고유형 : 가스누출에 의한 폭발
(2) 기인물 : LPG 저장용기에서 누출된 가스(가연물), 전원 스위치에서 발생한 전기 스파크(점화원)

memo

산업안전기사 실기   ENGINEER INDUSTRIAL SAFETY

PART 04

건설안전

▣ 예상문제풀이
- 항타기·항발기 작업
- 이동식크레인 작업
- 터널 건설작업
- 타워크레인 및 리프트 작업
- 건물 해체작업
- 교량 하부 점검작업
- 비계 설치작업
- 엘리베이터 피트(Pit) 작업
- 박공지붕 설치작업
- 철골 조립작업 및 패널 설치작업
- 갱폼 작업(가이데릭)
- 전주 작업

▣ 기출문제풀이

PART 04 건설안전

예상문제풀이

출제분야	건설안전
작업명	항타기 · 항발기 작업

▶ **동영상 설명**

항타기 · 항발기가 작업 중이며 인근에 고압 가공전선이 있다.

문제 고압전선로 인근에서 항타기 · 항발기 작업 시 안전작업수칙 3가지를 쓰시오.

해답
1. (이격거리 확보) 차량 등을 충전부로부터 300[cm] 이상 이격시키되, 대지전압이 50[kV]를 넘는 경우에는 10[kV]가 증가할 때마다 이격거리를 10[cm]씩 증가시킨다.
2. (절연용 방호구 설치) 절연용 방호구 등을 설치한 경우에는 이격거리를 절연용 방호구 앞면까지로 할 수 있다.
3. (울타리 설치 또는 감시인 배치) 울타리를 설치하거나 감시인 배치 등의 조치를 하여야 한다.
4. (접지점 관리 철저) 접지된 차량 등이 충전전로와 접촉할 우려가 있는 경우에는 근로자가 접지점에 접촉되지 않도록 조치하여야 한다.

출제분야	건설안전
작업명	항타기·항발기 작업

▶ 동영상 설명

항타기·항발기의 조립작업 중이다.

문제 항타기·항발기의 조립작업 시 점검해야 할 사항 3가지를 쓰시오.

해답
1. 본체 연결부의 풀림 또는 손상의 유무
2. 권상용 와이어로프·드럼 및 도르래의 부착상태의 이상 유무
3. 권상장치의 브레이크 및 쐐기장치 기능의 이상 유무
4. 권상기의 설치상태의 이상 유무
5. 리더(leader)의 버팀 방법 및 고정상태의 이상 유무
6. 본체·부속장치 및 부속품의 강도가 적합한지 여부
7. 본체·부속장치 및 부속품에 심한 손상·마모·변형 또는 부식이 있는지 여부

문제 다음은 항타기 또는 항발기의 조립작업 시 도르래의 위치에 관한 법적 기준이다. 빈칸에 알맞은 단어를 채우시오.

> 권상장치의 드럼축과 권상장치로부터 첫 번째 도르래의 축과의 거리를 권상장치의 드럼폭의 (①) 이상으로 하여야 하며, 도르래는 권상장치 드럼의 (②)을 지나야 하며 축과 (③) 상에 있어야 한다.

해답 ① 15배, ② 중심, ③ 수직면

출제분야	건설안전
작업명	항타기·항발기 작업

▶ 동영상 설명

항타기·항발기로 말뚝(H형강)을 인양하고 있다.

문제 항타기·항발기에 사용되는 권상용 와이어로프의 안전계수는 최소 (①) 이상이어야 하며 인양하는 말뚝의 최대하중이 2ton이라면 와이어로프의 절단하중은 (②)ton 이상이어야 하는가?

해답 ① 안전계수는 최소 5 이상

② 안전계수 = $\dfrac{\text{절단하중}}{\text{최대사용하중}}$ 이므로 절단하중 = 안전계수 × 최대사용하중이다.

따라서, 절단하중 = 5 × 2ton = 10ton

출제분야	건설안전
작업명	이동식크레인 작업

▶ **동영상 설명**

이동식크레인을 이용하여 중량물을 양중하고 있다.

문제 이러한 작업을 하는 때에 사업주로서 작업시작 전 점검해야 할 사항 3가지를 쓰시오.

해답 1. 권과방지장치 그 밖의 경보장치의 기능
2. 브레이크·클러치 및 조정장치의 기능
3. 와이어로프가 통하고 있는 곳 및 작업장소의 지반상태

출제분야	건설안전
작업명	이동식크레인 작업

▶ 동영상 설명

이동식크레인에 화물을 매달아 양중하는 작업을 하고 있다.

문제 화면에서 사용한 장비의 와이어로프로 화물을 직접 지지하는 경우 (1) 와이어로프의 안전계수와 (2) 줄걸이용 와이어로프의 적당한 인양 각도는 얼마인가?

해답 (1) 와이어로프 안전계수 : 5 이상
 (2) 인양 각도 : 60° 이내

출제분야	건설안전
작업명	이동식크레인 작업

▶ 동영상 설명

이동식크레인으로 H형강, 강관비계 등을 인양하고 있다.

문제 화면에서 사용한 장비에 부착하고 유효하게 작동될 수 있도록 미리 조정하여야 하는 방호장치의 종류 3가지를 쓰시오.

해답 1. 권과방지장치, 2. 과부하방지장치, 3. 브레이크장치

문제 화면의 장비를 사용할 때 운전원이 준수해야 할 사항 3가지를 쓰시오.

해답 1. 자기판단에 의해 조작하지 말고 신호수의 신호에 따라 인양작업을 실시한다.
2. 화물을 매단 채 운전석을 이탈하지 말아야 한다.
3. 작업이 끝나면 동력을 차단시키고 정지조치를 확실히 시행한다.

출제분야	건설안전
작업명	터널 건설작업

▶ 동영상 설명

터널 굴착을 위한 막장면 발파를 준비하고 있다.

문제 발파를 위한 폭약을 장전할 때 장전구의 사용기준을 쓰시오.

해답 장전구는 마찰·충격·정전기 등에 의한 폭발이 발생할 위험이 없는 안전한 것을 사용하여야 한다.

문제 발파 작업 후 낙반의 위험을 방지하기 위한 부석의 유무 또는 불발화약의 유무를 확인하기 위해 발파작업장에 접근할 수 있는 시간은 발파 후 몇 분이 경과한 후인가?

해답 1. 전기뇌관의 경우 : 5분 이상
       2. 전기뇌관 외의 것인 경우 : 15분 이상

출제분야	건설안전
작업명	터널 건설작업

▶ **동영상 설명**

터널 건설작업 중 낙반에 의한 재해를 보여주고 있다.

문제 이러한 낙반 등에 의한 재해를 방지하기 위해 필요한 조치사항 2가지를 쓰시오.

해답 1. 터널지보공 및 록(Rock)볼트의 설치
2. 부석의 제거

출제분야	건설안전
작업명	터널 건설작업

▶ 동영상 설명

터널 굴착(발파)작업이 진행되고 있다.

문제 영상과 같은 터널 굴착작업 시 시공계획에 포함되어야 할 사항 3가지를 쓰시오.

해답 1. 굴착의 방법
2. 터널지보공 및 복공의 시공방법과 용수의 처리방법
3. 환기 또는 조명시설을 설치할 때에는 그 방법

문제 발파작업 시 사용하는 발파공의 충진재료로 적당한 것은?

해답 점토·모래 등 발화성 또는 인화성의 위험이 없는 재료

출제분야	건설안전
작업명	터널 건설작업

▶ 동영상 설명

NATM 공법에 의한 터널시공 장면을 보여주고 있다.

문제 터널 굴착작업 시 공사의 안전성 및 설계의 타당성 판단 등을 확인하기 위해 실시하는 계측의 종류를 3가지만 쓰시오.

해답 1. 내공변위 측정, 2. 천단침하 측정, 3. 지표면침하 측정 4. 지중변위 측정, 5. Rock Bolt 축력 측정, 6. 숏크리트 응력 측정

문제 이러한 터널 건설공사 시 가연성 가스가 존재하여 폭발 또는 화재가 발생할 위험이 있는 때 가연성 가스 농도의 이상상승을 조기에 파악하기 위해 (1) 설치해야 하는 장치와 (2) 작업시작 전 점검해야 하는 사항을 3가지 쓰시오.

해답 (1) 장치 : 자동경보장치
(2) 점검사항
 1. 계기의 이상 유무
 2. 검지부의 이상 유무
 3. 경보장치의 작동상태

출제분야	건설안전
작업명	타워크레인 및 리프트 작업

▶ 동영상 설명

타워크레인으로 H빔 또는 배관용 자재를 운반하는 작업 중 화물이 흔들리고 인양로프는 심하게 손상되었으며 신호수는 운반경로 하부에서 수신호를 하고 있다.

문제 이와 같은 작업상황에서 재해발생 원인을 3가지 쓰시오.

> **해답**
> 1. 유도로프를 사용하지 않아 화물이 흔들리며 낙하할 위험
> 2. 신호수가 낙하위험구간에서 신호실시
> 3. 인양 전 인양로프 미점검으로 로프파단 위험
> 4. 작업 전 신호방법 및 신호계획 미수립

문제 위와 같은 작업상황에서 재해를 방지할 수 있는 대책 3가지를 쓰시오.

> **해답**
> 1. 유도로프를 사용하여 화물의 흔들림을 방지
> 2. 낙하위험구간에는 근로자 출입금지조치
> 3. 작업 전 인양로프의 손상 유무 및 체결상태를 확인
> 4. 작업 전 일정한 신호방법을 미리 정하고 무전기 등을 이용하여 신호

출제분야	건설안전
작업명	타워크레인 및 리프트 작업

> **▶ 동영상 설명**
>
> 타워크레인을 이용하여 자재를 올리던 중 인양로프가 끊어질 것 같아서 자재를 내리고 있다. 이때 자재가 흔들리며 밑에서 작업하던 작업자의 머리를 때렸다.

문제 위와 같은 재해의 (1) 발생형태와 (2) 정의를 쓰시오.

해답 (1) 발생형태 : 낙하·비래
(2) 정의 : 물체가 위에서 떨어지거나, 다른 곳으로부터 날아와 작업자가 맞음으로써 발생하는 재해

출제분야	건설안전
작업명	타워크레인 및 리프트 작업

▶ **동영상 설명**

아파트 건설공사 중 건설용 리프트가 운행 중이다.

문제 위와 같은 건설용 리프트 작업 시작 전 점검사항 2가지를 쓰시오.

해답 1. 방호장치·브레이크 및 클러치의 기능
2. 와이어로프가 통하고 있는 곳의 상태

출제분야	건설안전
작업명	건물 해체작업

▶ 동영상 설명

압쇄기를 이용한 건물 해체작업이 실시되고 있다.

문제 건물 해체작업 시 해체작업 계획에 포함되어야 하는 사항 3가지를 쓰시오.

해답
1. 해체의 방법 및 해체순서 도면
2. 가설설비, 방호설비, 환기설비 및 살수·방화설비 등의 방법
3. 사업장 내 연락방법
4. 해체물의 처분계획
5. 해체작업용 기계·기구 등의 작업계획서
6. 해체작업용 화약류 등의 사용계획서
7. 그 밖의 안전·보건에 관련된 사항

출제분야	건설안전
작업명	건물 해체작업

▶ 동영상 설명

철제해머 또는 압쇄기를 이용한 건물해체 작업이 진행되고 있다.

문제 화면과 같은 건물해체 작업 시 위험부분에 작업자가 머무르는 것은 특히 위험하다. 따라서 해체장비 주위 ( ) 안에 접근을 금지하여야 한다.

해답 4m

문제 해체작업 시 해체장비와 해체물 사이의 안전거리는 얼마가 적당한가? (단, 압쇄기를 이용하여 무너뜨리는 경우이며 건물높이는 9m이다.)

해답 해체장비와 해체물 사이의 안전거리(L)≧0.5H이므로 0.5×9=4.5m 이상

출제분야	건설안전
작업명	교량 하부 점검작업

▶ 동영상 설명

교량 하부 점검작업 중 추락재해가 발생하였다.

문제 재해발생원인을 3가지 쓰시오.

> [해답] 1. 작업(통로)발판 미설치
> 2. 안전대 부착설비 미설치 및 안전대 미착용
> 3. 추락방지용 추락방호망 미설치

문제 위와 같은 상황에서 작업발판을 설치할 경우 (1) 작업발판의 폭과 (2) 틈의 기준은?

> [해답] (1) 작업발판의 폭 : 40cm 이상
> (2) 틈 : 3cm 이하

출제분야	건설안전
작업명	비계 설치작업

▶ 동영상 설명

건물 외벽에 쌍줄비계를 설치하고 비계 위에 작업발판을 설치하고 있다.

문제 비계 위 작업발판을 설치할 때 작업발판의 설치기준 3가지를 쓰시오.

해답
1. 발판재료는 작업 시의 하중을 견딜 수 있도록 견고한 것으로 할 것
2. 작업발판의 폭은 40cm 이상으로 하고, 발판재료 간의 틈은 3cm 이하로 할 것
3. 추락의 위험성이 있는 장소에는 안전난간을 설치할 것
4. 작업발판의 지지물은 하중에 의하여 파괴될 우려가 없는 것을 사용할 것
5. 작업발판재료는 뒤집히거나 떨어지지 않도록 둘 이상의 지지물에 연결하거나 고정시킬 것
6. 작업발판을 작업에 따라 이동시킬 때에는 위험 방지에 필요한 조치를 할 것

출제분야	건설안전
작업명	엘리베이터 피트(Pit) 작업

▶ 동영상 설명

엘리베이터 피트 주변에서 작업 중 피트 단부로 추락하는 재해가 발생하였다.

문제 재해의 발생원인을 3가지 쓰시오.

해답 1. 피트 내부에 추락방호망 미설치
2. 개구부(피트) 단부 안전난간 미설치
3. 안전대 부착설비 미설치 및 안전대 미착용

출제분야	건설안전
작업명	엘리베이터 피트(Pit) 작업

▶ 동영상 설명

승강기 설치 전 E/V Pit 내부 작업을 위해 발판을 설치하여 작업하던 중 발판이 뒤집히면서 추락재해가 발생하였다.

문제 추락재해의 발생원인을 3가지만 쓰시오.

해답 1. 작업발판이 고정되지 않았다.
2. 작업자가 안전대를 착용하지 않았다.
3. 피트 내부에 추락방호망을 설치하지 않았다.

출제분야	건설안전
작업명	박공지붕 설치작업

동영상 설명

박공지붕 설치작업 중 건물의 하부에서 휴식을 취하던 작업자 쪽으로 지붕 위에 쌓아 놓았던 박공지붕 자재가 낙하·비래하여 재해가 발생하였다.

문제 영상의 재해의 발생원인을 3가지만 쓰시오.

해답 1. 경사지붕 하부에 낙하물방지망 미설치
2. 박공지붕 적치상태 불량 및 체결상태 불량
3. 박공지붕의 과적치
4. 근로자가 낙하(비래)위험 장소에서 휴식
5. 낙하(비래)위험구간 출입통제 미실시

출제분야	건설안전
작업명	철골 조립작업 및 패널 설치작업

▶ 동영상 설명

철골기둥 및 철골보를 조립하는 작업이 진행 중이다.

문제 철골작업 시 작업중지를 해야 하는 기상조건 3가지를 쓰시오.

해답
1. 풍속이 초당 10m 이상인 경우
2. 강우량이 시간당 1mm 이상인 경우
3. 강설량이 시간당 1cm 이상인 경우

출제분야	건설안전
작업명	철골 조립작업 및 패널 설치작업

> **동영상 설명**
>
> 공장 지붕 패널 설치 작업 중이며 작업자가 패널에서 미끄러질 위험이 있고 이동전선 등에 걸려 넘어질 우려가 있다.

문제 영상과 같이 천장 패널 설치 작업 시 위험요인 및 안전대책을 2가지씩 쓰시오.

해답 (1) 위험요인
　　　1. 안전대 부착설비 미설치 및 안전대 미착용
　　　2. 추락방호망 미설치
　　　3. 작업발판 미설치
　　(2) 안전대책
　　　1. 안전대 부착설비에 안전대 걸고 작업
　　　2. 작업장 하부에 추락방호망 설치 철저
　　　3. 미끄럼 방지용 안전발판 설치

출제분야	건설안전
작업명	갱폼 작업(가이데릭)

▶ **동영상 설명**

가이데릭을 이용하여 갱폼을 인양하는 작업 중이며 작업장 바닥에는 눈이 쌓여 있다.

문제 영상과 같은 갱폼 인양작업 중 위험요인을 2가지 쓰시오.

해답 1. 파이프의 아랫부분에만 철사로 고정시켜 무너질 위험이 있다.
     2. 버팀대가 미끄러져 사고의 위험이 있다.

출제분야	건설안전
작업명	전주 작업

▶ 동영상 설명

작업자가 전주에 오르다가 장애물에 머리를 부딪혀 추락하는 재해이다.

문제 영상과 같은 전주 작업 시 위험요소를 2가지 쓰시오.

해답
1. 안전대 부착설비 미설치(수직구명줄 미설치)
2. 안전대 미착용(추락방지대 미착용)

PART 04 건설안전

기출문제풀이

※ 아래 사진(그림)들은 실제 출제되는 동영상문제와 다를 수 있습니다.

출제연도 2007년 7월(A형)

02.
다음은 항타기 또는 항발기의 조립작업 시 도르래의 위치에 관한 법적 기준이다. 빈칸에 알맞은 단어를 채우시오.

권상장치의 드럼축과 권상장치로부터 첫 번째 도르래의 축과의 거리를 권상장치의 드럼폭의 (①) 이상으로 하여야 하며, 도르래는 권상장치 드럼의 (②)을 지나야 하며 축과 (③) 상에 있어야 한다.

해답 ① 15배, ② 중심, ③ 수직면

09.

압쇄기를 이용한 건물 해체작업이 진행되고 있다. 건물 해체작업 시 해체작업 계획에 포함되어야 하는 사항 3가지를 쓰시오.

해답
1. 해체의 방법 및 해체순서 도면
2. 가설설비, 방호설비, 환기설비 및 살수·방화설비 등의 방법
3. 사업장 내 연락방법
4. 해체물의 처분계획
5. 해체작업용 기계·기구 등의 작업계획서
6. 해체작업용 화약류 등의 사용계획서
7. 기타 안전·보건에 관련된 사항

02.
이동식 크레인으로 전기와 관련한 전주작업을 하던 중 작업자가 전주에 부딪히는 재해가 발생하였다. (1) 재해발생형태는 무엇이며 (2) 가해물은 무엇인가? 또한 (3) 이때 착용해야 하는 안전모의 종류는?

해답
(1) 재해발생형태 : 비래
(2) 가해물 : 전주
(3) 안전모 : AE, ABE

06.
항타기·항발기가 작업 중이며 인근에 고압 가공전선이 있다. 이와 같이 고압전선로 인근에서 항타기·항발기 작업 시 안전작업수칙을 3가지 쓰시오.

해답
1. (이격거리 확보) 차량 등을 충전부로부터 300[cm] 이상 이격시키되, 대지전압이 50[kV]를 넘는 경우에는 10[kV]가 증가할 때마다 이격거리를 10[cm]씩 증가시킨다.
2. (절연용 방호구 설치) 절연용 방호구 등을 설치한 경우에는 이격거리를 절연용 방호구 앞면까지로 할 수 있다.
3. (울타리 설치 또는 감시인 배치) 울타리를 설치하거나 감시인 배치 등의 조치를 하여야 한다.
4. (접지점 관리 철저) 접지된 차량 등이 충전전로와 접촉할 우려가 있는 경우에는 근로자가 접지점에 접촉되지 않도록 조치하여야 한다.

출제연도 2007년 10월(A형)

04.
엘리베이터 피트 주변에서 작업 중 피트 단부로 추락하는 재해가 발생하였다. 이와 같은 추락재해의 발생원인을 3가지 쓰시오.

해답 1. 피트 내부에 추락방호망 미설치
2. 개구부(피트) 단부 안전난간 미설치
3. 안전대 부착설비 미설치 및 안전대 미착용

05.
대형 바닥개구부로 자재를 인양하던 중 자재가 흔들리면서 날아와 작업자를 때려 재해가 발생하였다. 이때 (1) 재해 발생 형태와 (2) 그 재해의 정의를 쓰시오.

해답 (1) 발생형태 : 비래
(2) 정의 : 물체가 다른 곳으로부터 날아와 작업자가 맞음으로써 발생하는 재해

08.
교량 하부 점검작업 중 추락재해가 발생하였다. 이때 재해발생 원인을 3가지 쓰시오.

[해답] 1. 작업(통로)발판 미설치
2. 안전대 부착설비 미설치 및 안전대 미착용
3. 추락방지용 추락방호망 미설치

출제연도 2007년 10월(B형)

01.
승강기 설치 전 E/V Pit 내부의 고정되지 않은 작업발판 위에서 폼타이 핀을 해체하던 중 추락하였다. 추락재해의 발생 원인을 3가지 쓰시오.

[해답] 1. 작업발판이 고정되지 않았다.
2. 작업자가 안전대를 착용하지 않았다.
3. 피트 내부에 추락방호망을 설치하지 않았다.

03.

타워크레인으로 배관자재를 인양하던 중 인양로프의 1/3 정도가 끊어져 있고 배관자재가 흔들리며 작업자가 배관자재에 부딪히는 재해가 발생하였다. 이와 같은 작업상황에서 위험요인 2가지를 쓰시오.

[해답] 1. 유도로프를 사용하지 않아 화물이 흔들리며 낙하할 위험
2. 인양 전 인양로프 미점검으로 로프파단 위험
3. 신호수가 낙하위험구간에서 신호 실시

| 출제연도 | 2008년 4월(A형) |

06.

아파트 건설현장에서 건설용 리프트가 작동 중이다. 이와 같이 건설용 리프트 작업을 할 때 작업 시작 전 점검사항 2가지는 무엇인가?

[해답] 1. 방호장치·브레이크 및 클러치의 기능
2. 와이어로프가 통하고 있는 곳의 상태

09.

경사진 박공지붕 설치 작업 중 건물의 하부에서 휴식을 취하던 작업자에게 박공지붕이 떨어져 재해가 발생하였다. 이때 재해 발생원인을 3가지 쓰시오.

해답
1. 경사지붕 하부에 낙하물방지망 미설치
2. 박공지붕 적치상태불량 및 체결상태 불량
3. 박공지붕의 과적치
4. 근로자가 낙하(비래)위험 장소에서 휴식
5. 낙하(비래) 위험구간 출입통제 미실시

출제연도 2008년 4월(B형)

06.

작업자가 이동식크레인으로 강관비계 등 자재를 운반하고 있다. 이때 이동식크레인의 운전자가 준수하여야 할 조치사항을 3가지 쓰시오.

해답
1. 자기판단에 의해 조작하지 말고 신호수의 신호에 따라 인양작업을 실시한다.
2. 화물을 크레인에 매단 채 운전석을 이탈하지 않는다.
3. 작업이 끝나면 동력을 차단시키고 정지조치를 확실히 시행한다.

08.

항타기·항발기가 작업 중이며 인근에 고압 가공전선이 있다. 이와 같이 고압전선로 인근에서 항타기·항발기 작업 시 안전작업수칙을 3가지 쓰시오.

해답 1. (이격거리 확보) 차량 등을 충전부로부터 300[cm] 이상 이격시키되, 대지전압이 50[kV]를 넘는 경우에는 10[kV]가 증가할 때마다 이격거리를 10[cm]씩 증가시킨다.
2. (절연용 방호구 설치) 절연용 방호구 등을 설치한 경우에는 이격거리를 절연용 방호구 앞면까지로 할 수 있다.
3. (울타리 설치 또는 감시인 배치) 울타리를 설치하거나 감시인 배치 등의 조치를 하여야 한다.
4. (접지점 관리 철저) 접지된 차량 등이 충전전로와 접촉할 우려가 있는 경우에는 근로자가 접지점에 접촉되지 않도록 조치하여야 한다.

출제연도 2008년 7월(A형)

03.

압쇄기를 이용한 건물해체 작업이 진행되고 있다. 이때 작업자가 위험부분에 머무르는 것은 특히 위험하다. 따라서 해체장비로부터 작업자는 최소한 몇 m 접근을 금지하여야 하는가?

해답 4m

06.

NATM 공법에 의한 터널시공 장면을 보여주고 있다. 이러한 터널 굴착작업 시 공사의 안전성 및 설계의 타당성 판단 등을 확인하기 위해 실시하는 계측의 종류를 3가지만 쓰시오.

[해답] 1. 내공변위 측정, 2. 천단침하 측정, 3. 지표면침하 측정, 4. 지중변위 측정, 5. Rock Bolt 축력 측정, 6. 숏크리트 응력 측정

07.

작업자가 전주에 오르다가 표지판 등 장애물에 머리를 부딪혀 추락하는 재해가 발생하였다. 이와 같은 전주 작업에서 위험요소를 2가지 쓰시오.

[해답] 1. 안전대 부착설비 미설치(수직구명줄 미설치)
2. 안전대 미착용(추락방지대 미착용)

03.
터널 굴착작업을 위해 발파를 실시한 후 낙반 등에 의한 위험이 있을 때 이를 방지하기 위한 조치사항 2가지를 쓰시오.

해답   1. 터널지보공 및 록(Rock)볼트의 설치, 2. 부석의 제거

06.
타워크레인으로 H빔 또는 강관비계를 인양하여 운반하던 중 자재가 다소 흔들리며 신호하던 작업자와 부딪히는 재해가 발생하였다. 이와 같은 작업상황에서 재해발생 원인을 3가지 쓰시오.

해답   1. 유도로프를 사용하지 않았다.
2. 신호수가 낙하위험구간에서 신호를 실시하였다.
3. 작업 전 신호방법 및 신호계획을 수립하지 않았다.
4. 자재를 작업자 위로 운반하였다.

출제연도 2008년 7월(C형)

03.

가이데릭을 이용하여 갱폼을 인양하는 작업 중이며 작업장 바닥에는 눈이 쌓여 있고 파이프는 철선으로 고정되어 있으며 버팀대는 각재 하나로 고정된 상태이다. 이와 같은 가이데릭 작업 시 위험요인 2가지를 쓰시오.

해답
1. 파이프의 아랫부분에만 철사로 고정시켜 무너질 위험이 있다.
2. 버팀대가 미끄러져 사고의 위험이 있다.

08.

경사진 박공지붕 설치 작업 중 건물의 하부에서 휴식을 취하던 작업자에게 박공지붕이 떨어져 재해가 발생하였다. 이때 재해 발생원인을 3가지 쓰시오.

해답
1. 경사지붕 하부에 낙하물방지망 미설치
2. 박공지붕 적치상태불량 및 체결상태불량
3. 박공지붕의 과적치
4. 근로자가 낙하(비래)위험 장소에서 휴식
5. 낙하(비래)위험구간 출입통제 미실시

> 출제연도　2008년 10월(A형)

01.

항타기·항발기의 조립작업이 진행 중이다. 이때 도르래의 위치에 관한 법적 사항 중 빈칸에 알맞은 단어를 채우시오.

권상장치의 드럼축과 권상장치로부터 첫 번째 도르래의 축과의 거리를 권상장치의 드럼폭의 (①) 이상으로 하여야 하며, 도르래는 권상장치의 드럼의 (②)을 지나야 하며 축과 (③)상에 있어야 한다.

[해답] ① 15배, ② 중심, ③ 수직면

05.

교량하부에서 점검작업을 위해 작업발판에서 이동하던 중 추락하는 재해가 발생하였다. 이렇게 작업발판을 설치할 때 (1) 작업발판의 폭 및 (2) 틈의 설치기준은 무엇인가?

[해답] (1) 작업발판의 폭 : 40cm 이상
(2) 틈 : 3cm 이하

출제연도 2009년 4월(A형)

01.
승강기 설치 전 E/V Pit 내부에서 작업하던 중 추락하는 재해가 발생하였다. 추락재해의 발생원인을 3가지만 쓰시오.

해답
1. 작업발판이 고정되지 않았다.
2. 작업자가 안전대를 착용하지 않았다.
3. 피트 내부에 추락방호망을 설치하지 않았다.

출제연도 2009년 4월(B형)

02.
엘리베이터 피트 주변에서 청소 등 작업 시 추락재해의 발생을 방지하기 위한 안전수칙을 3가지만 쓰시오.

해답
1. 피트 단부 안전난간 설치
2. 피트 내부에 추락방호망 설치
3. 안전대 부착설비 설치 및 안전대 착용

05.

교량 하부 점검작업 중 추락재해가 발생하였다. 이때 재해발생원인을 3가지 쓰시오.

[해답] 1. 작업(통로)발판 미설치 또는 안전난간 미설치
2. 안전대 부착설비 미설치 및 안전대 미착용
3. 추락방지용 추락방호망 미설치

07.

타워크레인으로 배관자재를 인양하던 중 인양로프의 1/3 정도가 끊어져 있고 배관자재가 흔들리며 작업자(신호수)가 배관자재에 부딪히는 재해가 발생하였다. 이와 같은 작업상황에서 위험요인 2가지를 쓰시오.

[해답] 1. 유도로프를 사용하지 않아 화물이 흔들리며 낙하할 위험
2. 인양 전 인양로프 미점검으로 로프파단 위험
3. 신호수가 낙하 위험구간에서 신호실시

출제연도 2009년 4월(C형)

05.
가이데릭을 이용하여 갱폼을 인양하는 작업 중이며 작업장 바닥에는 눈이 쌓여 있고 파이프는 철선으로 고정되어 있으며 버팀대는 각재 하나로 고정된 상태이다. 이와 같은 가이데릭 작업 시 위험요인 2가지를 쓰시오.

해답 1. 파이프의 아랫부분에만 철사로 고정시켜 무너질 위험이 있다.
     2. 버팀대가 미끄러져 사고의 위험이 있다.

06.
터널발파 작업 후 낙반의 위험을 방지하기 위한 부석의 유무 또는 불발화약의 유무를 확인하기 위해 발파작업장에 접근할 수 있는 시간은 발파 후 몇 분이 경과한 후인가?

해답 1. 전기뇌관의 경우 : 5분 이상
     2. 전기뇌관 외의 것인 경우 : 15분 이상

출제연도 2009년 9월(A형)

06.

항타기가 고압전선로 인근에서 작업 중이다. 이때 안전수칙을 3가지만 쓰시오.

해답 1. (이격거리 확보) 차량 등을 충전부로부터 300[cm] 이상 이격시키되, 대지전압이 50[kV]를 넘는 경우에는 10[kV]가 증가할 때마다 이격거리를 10[cm]씩 증가시킨다.
2. (절연용 방호구 설치) 절연용 방호구 등을 설치한 경우에는 이격거리를 절연용 방호구 앞면까지로 할 수 있다.
3. (울타리 설치 또는 감시인 배치) 울타리를 설치하거나 감시인 배치 등의 조치를 하여야 한다.
4. (접지점 관리 철저) 접지된 차량 등이 충전전로와 접촉할 우려가 있는 경우에는 근로자가 접지점에 접촉되지 않도록 조치하여야 한다.

08.

타워크레인에 매달린 물체가 흔들려 골조에 충돌할 위험이 있고 운전원과 신호수의 신호가 맞지 않아 작업자 위로 물체가 낙하할 위험이 있다. 이러한 재해를 방지하기 위한 대책 3가지를 쓰시오.

해답 1. 유도로프를 사용하여 물체의 흔들림을 방지한다.
2. 작업 전 신호방법 및 신호계획을 수립하여 신호를 실시한다.
3. 화물을 작업자 위로 통과시키지 않는다.
4. 낙하위험구간에는 작업자를 출입시키지 않는다.
5. 인양 전 슬링 또는 와이어로프의 체결상태를 확인한다.

02.

타워크레인을 이용하여 건설현장에서 중량물을 운반하는 작업을 할 때 낙하 또는 비래재해를 방지하기 위한 안전대책 3가지를 쓰시오.

해답
1. 신호수를 배치하여 중량물을 작업자 위로 통과시키지 않는다.
2. 중량물에 유도로프를 설치하여 흔들림을 방지한다.
3. 작업 전 운전자와 신호방법, 순서를 정하고 통신장비를 이용하여 신호한다.
4. 낙하위험구간에는 작업자를 출입시키지 않는다.
5. 인양 전 슬링 또는 와이어로프의 체결상태를 확인한다.

출제연도　2009년 9월(C형)

03.

타워크레인을 이용하여 배관자재를 인양하던 중 인양로프가 끊어질 것 같아서 다시 내리다가 배관자재가 흔들리며 작업자(신호수)의 머리를 때리는 재해가 발생하였다. 이때 (1) 재해형태와 (2) 정의를 쓰시오.

해답 (1) 발생형태 : 비래
　　 (2) 정의 : 물체가 다른 곳으로부터 날아와 작업자가 맞음으로써 발생하는 재해

04.

승강기 내부 피트에서 폼타이 핀을 망치로 제거하는 작업을 하던 중 합판으로 설치된 발판에서 추락하는 재해가 발생하였다. 이때 재해 발생원인을 3가지 쓰시오.

해답 1. 작업발판이 고정되지 않았다.
　　 2. 작업자가 안전대를 착용하지 않았다.
　　 3. 피트 내부에 추락방호망을 설치하지 않았다.

출제연도 2009년 9월(D형)

03.
공장지붕 패널(Panel) 설치 작업 중 작업자의 발이 자꾸 미끄러지고 통로에 이동전선이 널려있다. 이때 추락위험요인을 3가지 쓰시오.

해답) 1. 안전대 부착설비 미설치 및 안전대 미착용
2. 작업장 하부에 추락방호망 미설치
3. 미끄럼 방지용 작업발판 미설치

산업안전기사 실기 ENGINEER INDUSTRIAL SAFETY

PART 05

보호장구

◩ 예상문제풀이

- 안전모
- 안전화
- 안전대
- 방열복
- 방진마스크
- 보호복, 보호장갑 등
- 보안경
- 귀마개, 귀덮개
- 송기마스크
- 방독마스크
- 용접용 보안면

◩ 기출문제풀이

PART 05 예상문제풀이

보호장구

출제분야	보호구
작업명	보호장구명 : 안전모

▶ 동영상 설명

전주를 옮기는 작업을 하던 중 작업자의 머리가 전주에 부딪히는 사고가 발생하였다.

문제 이와 같은 재해가 발생하였을 때 (1) 가해물과 전기를 취급하는 작업을 할 때 착용하여야 할 (2) 안전모의 종류를 쓰시오.

해답 (1) 가해물 : 전주
　　　(2) 안전모의 종류 : AE, ABE

문제 다음은 화면에서 보여주는 보호구의 구조이다. 각부의 명칭을 쓰시오.

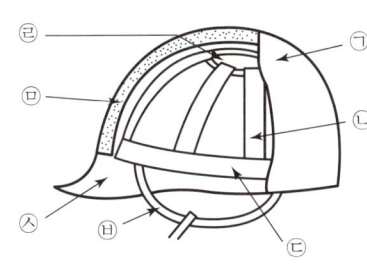

번호	각부명칭	
㉠	(①)	
㉡	착장체	(②)
㉢		(③)
㉣		(④)
㉤	(⑤)	
㉥	(⑥)	
㉦	모자챙(차양)	

해답 ① 모체, ② 머리받침끈, ③ 머리고정대, ④ 머리받침고리, ⑤ 충격흡수재, ⑥ 턱끈

문제 화면에서 보여주는 보호구(안전모)의 시험성능기준 6가지를 쓰시오.

해답 1. 내관통성 시험, 2. 충격흡수성 시험, 3. 내전압성 시험, 4. 내수성 시험, 5. 난연성 시험, 6. 턱끈풀림 시험

출제분야	보호구
작업명	보호장구명 : 안전화

▶ 동영상 설명

물체의 낙하, 충격 또는 날카로운 물체에 의한 찔림 위험 등으로부터 발을 보호하기 위한 안전화를 보여주고 있다.

문제 가죽제 안전화의 성능기준 항목 3가지를 쓰시오.

해답 1. 내압박성 및 내충격성, 2. 박리저항, 3. 내답발성

문제 물체의 낙하, 충격 또는 날카로운 물체에 의한 찔림 위험으로부터 발을 보호하고 내수성 또는 내화학성을 겸한 안전화의 종류는?

해답 고무제 안전화

문제 도금작업장에서 작업자가 화학물질용 보호복, 방독마스크, 고무장갑, 고무제 안전화 등을 착용하고 작업 중이다. 이때, 고무제 안전화의 사용장소에 따른 구분 4가지는?

해답 1. 일반용, 2. 내유용, 3. 내산용, 4. 내알칼리용, 5. 내산, 알칼리 겸용

출제분야	보호구
작업명	보호장구명 : 안전대

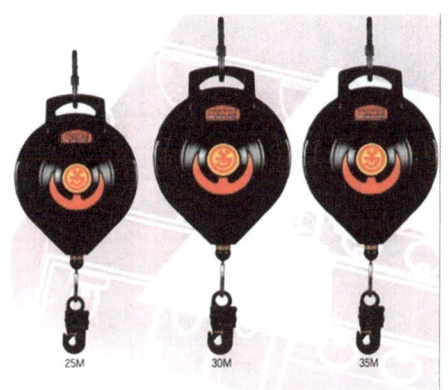

▶ 동영상 설명

안전대의 한 종류인 안전블록을 보여주고 있다.

문제 동영상에서 보여주고 있는 (1) 보호장구의 명칭과 (2) 구조조건을 쓰시오.

해답 (1) 명칭 : 안전블록
  (2) 구조조건
    1. 신체지지의 방법으로 안전그네만을 사용할 것
    2. 안전블록은 정격 사용 길이가 명시될 것
    3. 안전블록의 줄은 합성섬유로프, 웨빙(webbing), 와이어로프이어야 하며, 와이어로프인 경우 최소지름이 4mm 이상일 것

문제 동영상에서 보여주고 있는 (1) 보호장구의 명칭과 (2) 정의를 쓰시오.

해답 (1) 명칭 : 안전블록
  (2) 정의 : 안전그네와 연결하여 추락발생 시 추락을 억제할 수 있는 자동잠김장치가 갖추어져 있고 죔줄이 자동적으로 수축되는 장치

출제분야	보호구
작업명	보호장구명 : 안전대

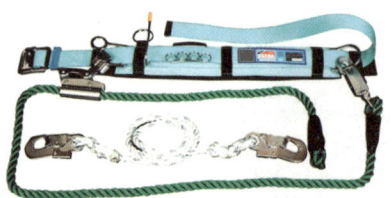 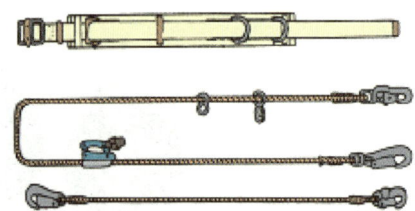

▶ 동영상 설명

안전대의 한 종류인 U자 걸이용 안전대를 보여주고 있다.

문제 전주작업을 실시할 때 착용하는 안전대의 명칭은 무엇인가?

해답 U자 걸이용 안전대

출제분야	보호구
작업명	보호장구명 : 방열복

▶ 동영상 설명

방열복 상·하의, 방열장갑, 일체형 방열복, 방열두건 등을 보여주고 있다.

문제 방열복의 종류별 무게기준을 쓰시오.

해답
1. 방열상의 : 3.0kg 이하
2. 방열하의 : 2.0kg 이하
3. 방열일체복 : 4.3kg 이하
4. 방열장갑 : 0.5kg 이하
5. 방열두건 : 2.0kg 이하

문제 방열복 내열원단의 시험성능기준 항목 3가지를 쓰시오.

해답 1. 난연성, 2. 절연저항, 3. 인장강도, 4. 내열성, 5. 내한성

출제분야	보호구
작업명	보호장구명 : 방진마스크

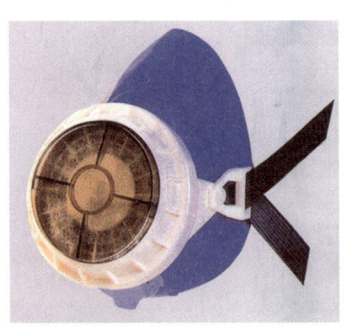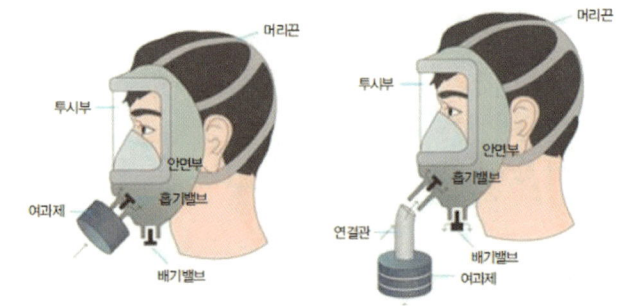

▶ **동영상 설명**

분진, 미스트 또는 흄이 호흡기를 통하여 체내에 유입되는 것을 방지하기 위하여 사용되는 보호구인 방진마스크를 보여주고 있다.

문제 방진마스크의 일반적인 구조조건 3가지를 쓰시오.

해답
1. 착용 시 이상한 압박감이나 고통을 주지 않을 것
2. 전면형은 호흡 시에 투시부가 흐려지지 않을 것
3. 분리식 마스크에 있어서는 여과재, 흡기밸브, 배기밸브 및 머리끈을 쉽게 교환할 수 있고 착용자 자신이 안면과 분리식 마스크의 안면부와의 밀착성 여부를 수시로 확인할 수 있어야 할 것
4. 안면부여과식 마스크는 여과재로 된 안면부가 사용기간 중심하게 변형되지 않을 것
5. 안면부여과식 마스크는 여과재를 안면에 밀착시킬 수 있어야 할 것

출제분야	보호구
작업명	보호장구명 : 방진마스크

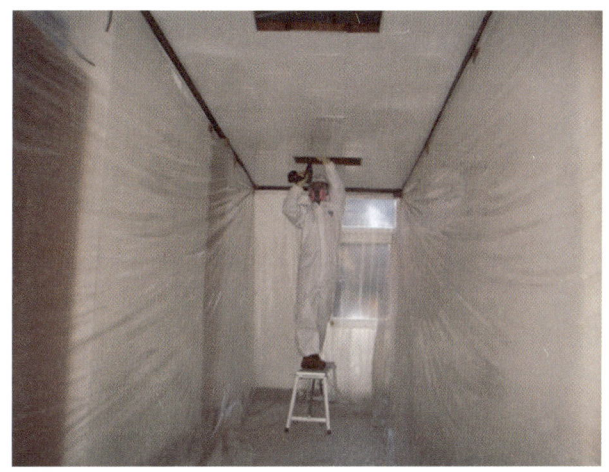

▶ 동영상 설명

석면을 해체하는 장면을 보여주고 있다.

문제 영상과 같이 석면이 함유된 건축물을 해체하는 작업을 할 때 석면분진의 발산 및 근로자의 오염을 방지하기 위해 정하여야 하는 작업수칙을 3가지만 쓰시오.

해답
1. 진공청소기 등을 이용한 작업장 바닥의 청소방법
2. 작업자의 왕래와 외부기류 또는 기계진동 등에 의한 분진의 흩날림을 방지하기 위한 조치
3. 분진이 쌓일 염려가 있는 깔개 등을 작업장 바닥에 방치하는 행위를 방지하기 위한 조치
4. 분진이 확산되거나 작업자가 분진에 노출될 위험이 있는 경우에는 선풍기 사용금지에 관한 사항
5. 용기에 석면을 넣거나 꺼내는 작업
6. 석면을 담은 용기의 운반
7. 여과집진방식 집진장치의 여과재 교환
8. 당해 작업에 사용된 용기 등의 처리
9. 이상상태가 발생한 경우의 응급조치
10. 보호구의 사용 · 점검 · 보관 및 청소
11. 그 밖에 석면분진의 발산을 방지하기 위하여 필요한 조치

문제 석면 취급 작업 시 (1) 근로자에게 미치는 위험요인 및 (2) 석면분진으로 인해 발생할 수 있는 질병의 종류 3가지를 쓰시오.

해답 (1) 위험요인 : 작업자가 방진마스크를 착용하지 않을 경우 석면분진이 체내로 흡입될 수 있다.
(2) 질병 : 1. 악성중피종, 2. 석면폐, 3. 폐암

문제 브레이크 라이닝 작업 중 방진마스크를 착용하지 않고 작업 중이다. 이때 (1) 직업성 질병에 걸리는 이유와 (2) 발생할 수 있는 직업성 질병 2가지를 쓰시오.

해답 (1) 질병요인 : 작업자가 적절한 보호구(방진마스크)를 착용하지 않아 석면분진이 체내로 유입될 경우 직업성 질병이 발생할 수 있다.
(2) 질병 : 1. 악성중피종, 2. 석면폐, 3. 폐암

출제분야	보호구
작업명	보호장구명 : 보호복, 보호장갑 등

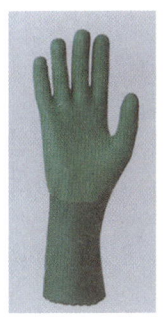  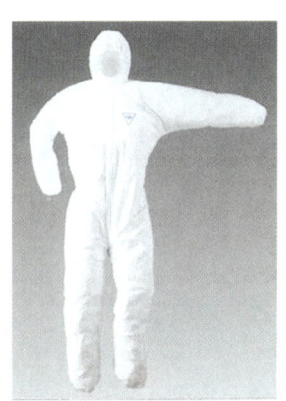

▶ **동영상 설명**

작업자가 방진마스크 및 보안경을 착용한 상태에서 평상복을 입고 맨손으로 브레이크 라이닝의 이물질을 제거하는 작업을 실시하고 있다.

문제 이와 같이 브레이크 라이닝 작업을 실시하고 있을 경우 작업자가 착용하여야 할 보호구의 종류를 3가지 쓰시오.

해답 1. 화학물질용 보호복, 2. 유기화합물용 안전장갑, 3. 고무제 안전화

문제 도금작업이 진행 중이며 작업자가 작업 도중 내용물을 꺼내어 표면의 상태를 확인하고 냄새를 맡는다. 작업자는 고무장갑과 고무장화는 착용하고 있는 상태이다. 이때, 작업자의 건강장해 예방을 위하여 착용하여야 할 보호구의 종류를 3가지 쓰시오.

해답 1. 화학물질용 보호복, 2. 방독마스크, 3. 보안경

출제분야	보호구
작업명	보호장구명 : 보안경

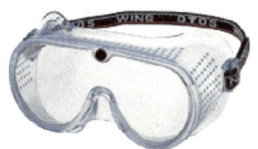 

▶ 동영상 설명

전기드릴을 이용하여 금속제의 구멍을 넓히는 작업이 진행 중이며 작업자는 안전모, 보안경, 안전장갑 등을 착용하지 않은 상태이다.

문제) 위와 같이 금속제에 구멍을 넓히거나 뚫는 드릴작업을 할 때 착용하여야 할 보호구의 종류를 3가지 쓰시오.

해답) 1. 보안경, 2. 안전모, 3. 안전장갑

문제) 유해광선에 의한 시력장해의 우려가 있는 장소에서 근로자가 작업을 할 때 착용하여야 하는 보호구는 무엇인가?

해답) 차광용 보안경

출제분야	보호구
작업명	보호장구명 : 귀마개, 귀덮개

▶ 동영상 설명

화면에서 헤드폰처럼 생긴 모양의 귀덮개를 보여주고 있다.

문제 강렬한 소음이 발생되는 장소에서 작업자가 반드시 착용해야 할 보호구의 명칭과 기호를 쓰시오.

해답 귀덮개, EM

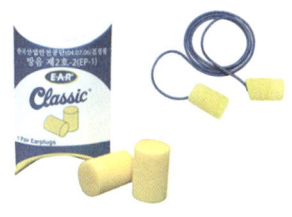 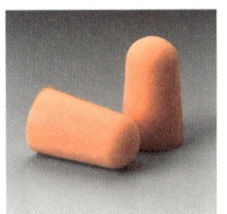 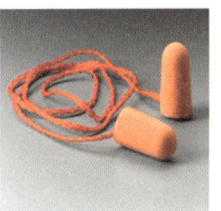

문제 방음보호구 중 귀마개의 종류 2가지를 쓰고 각각 그 기호 및 성능을 쓰시오.

해답

등급	기호	성능
1종	EP-1	저음부터 고음까지 차음하는 것
2종	EP-2	주로 고음을 차음하고 저음(회화음영역)은 차음하지 않는 것

출제분야	보호구
작업명	보호장구명 : 송기마스크

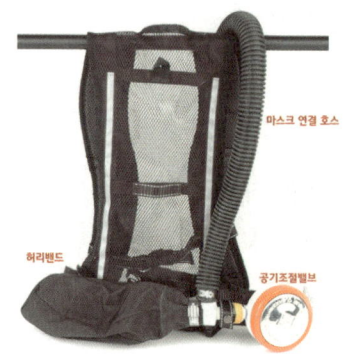

▶ 동영상 설명

산소농도가 18% 미만인 장기간 밀폐된 강재의 보일러 또는 탱크 내부로 작업자가 청소작업을 위해 들어가려 하고 있다.

문제 동영상과 같이 산소결핍장소 또는 가스·증기·분진 흡입 등에 의한 근로자의 건강장해가 예상되는 장소에서 작업 시 사용하여야 하는 호흡용 보호구는 무엇인가?

해답 송기마스크, 공기마스크

출제분야	보호구
작업명	보호장구명 : 송기마스크

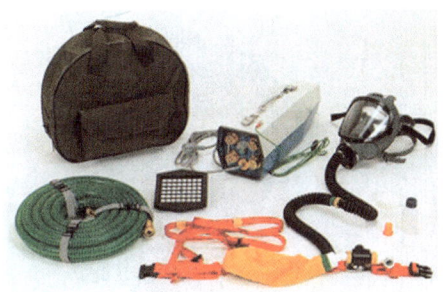 

▶ **동영상 설명**

통신선 공사를 위해 맨홀 내부에서 작업을 하고 있다. 이때 맨홀 내부에서 작업을 하던 동료가 의식을 잃고 쓰러졌다.

문제 장기간 사용하지 아니한 우물 등의 내부, 해수가 있거나 있었던 열교환기 · 관 · 암거 · 맨홀 또는 피트의 내부와 같은 밀폐공간에서 작업 시 안전수칙 3가지를 쓰시오.

해답
1. 작업시작 전 산소농도가 18% 이상 유지되도록 환기실시
2. 환기시킬 수 없거나 환기가 곤란한 경우 작업자에게 송기마스크, 공기마스크 등 호흡용 보호구 지급 · 착용
3. 작업자는 입출입시 반드시 인원점검실시
4. 밀폐작업장과 관리감독자 사이에 상시 연락할 수 있도록 연락설비 설치
5. 공기호흡기, 사다리, 로프 등 비상시 대피용 기구의 비치
6. 구출작업자는 반드시 송기마스크, 공기마스크 등 호흡용 보호구를 지급 · 착용
7. 작업시작 전 산소농도 및 유해가스 측정

출제분야	보호구
작업명	보호장구명 : 방독마스크

▶ 동영상 설명

작업자가 무색의 암모니아 냄새가 나는 수용성 액체인 유해물질 DMF(디메틸포름아미드) 취급 작업을 하고 있다.

문제 이와 같이 유해물질인 DMF를 취급할 때 착용해야 하는 보호구의 종류를 3가지 쓰시오.

해답 1. 방독마스크, 2. 화학물질용 보호복, 3. 안전장갑(화학물질용)

출제분야	보호구
작업명	보호장구명 : 방독마스크

 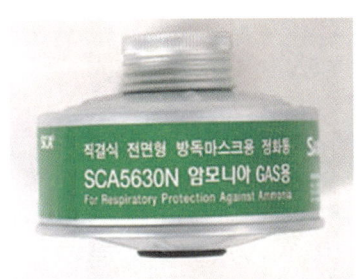

▶ **동영상 설명**

정화통에 H자가 있는 방독마스크를 보여주고 있다.

문제 화면에서 보여주는 (1) 방독마스크의 종류는 무엇이며 (2) 정화통(흡수관)의 주성분은 무엇인지 쓰시오.

해답 (1) 방독마스크 종류 : 암모니아용 방독마스크
 (2) 정화통 주성분 : 큐프라마이트

출제분야	보호구
작업명	보호장구명 : 방독마스크

 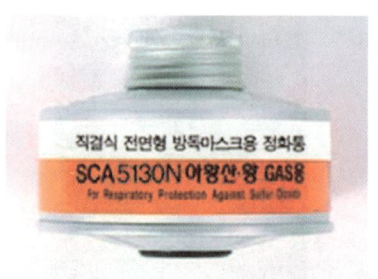

▶ **동영상 설명**

정화통에 기호 I가 새겨진 방독마스크를 보여주고 있다.

문제 화면에서 보여주는 (1) 방독마스크의 명칭은 무엇이며 (2) 정화통(흡수관)의 주성분은 무엇인지 쓰시오. 또한, 파과시간이 15분일 때 (3) 방독마스크의 파과농도는 몇 ppm인가?

해답 (1) 방독마스크 종류 : 아황산·황용 방독마스크
 (2) 정화통 주성분 : 산화금속, 알칼리제제
 (3) 방독마스크 파과농도 : 5ppm

출제분야	보호구
작업명	보호장구명 : 방독마스크

▶ **동영상 설명**

작업자가 페인트 도장작업을 실시하고 있으며 유기가스용 방독마스크를 착용하고 있다.

문제 영상과 같은 유기화합물용 방독마스크의 흡수제의 종류를 2가지 쓰시오.

해답 1. 활성탄, 2. 알칼리제제

문제 강재파이프에 래커 스프레이로 페인트작업을 할 때 방독마스크의 흡수제의 종류를 3가지만 쓰시오.

해답 1. 활성탄, 2. 소다라임, 3. 호프카라이트

출제분야	보호구
작업명	보호장구명 : 방독마스크

 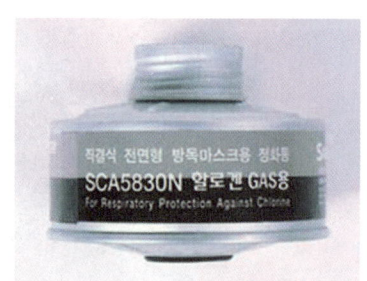

▶ **동영상 설명**

정화통에 기호 A가 새겨져 있는 방독마스크를 착용하고 있다.

문제 화면에서 보여주는 (1) 방독마스크의 명칭은 무엇이며 (2) 정화통(흡수관)의 주성분은 무엇인지 쓰시오. 또한 (3) 정화통 제독능력시험을 위한 시험가스는 무엇인가?

해답 (1) 방독마스크 명칭 : 할로겐용 방독마스크
 (2) 정화통 주성분 : 소다라임(Soda lime), 활성탄
 (3) 시험가스 : 염소

[참고자료]

[방독마스크의 정화통(흡수관)의 종류]

종류	대응독물	주성분
보통가스용	염소 및 할로겐류, 포스겐 유기 및 산성가스	활성탄 소다라임
산성가스용	염산, 할로겐화수소, 산, 이산화탄소, 이산화질소, 산화질소	소다라임 알칼리제제
유기가스용	유기가스 및 증기, 이황화탄소	활성탄
일산화탄소용	일산화탄소	호프카라이트 방습제
암모니아용	암모니아	큐프라마이트
아황산용	아황산 및 황산 미스트	산화금속 알칼리제제
황화수소용	황화수소	금속염류 알칼리제제

[방독마스크의 정화통 외부측면의 표시색]

종류	표시색
유기화합물용 정화통	갈색
할로겐용 정화통	회색
황화수소용 정화통	회색
시안화수소용 정화통	회색
아황산용 정화통	노란색
암모니아용 정화통	녹색
복합용 및 겸용의 정화통	복합용의 경우 해당가스 모두 표시(2층 분리) 겸용의 경우 백색과 해당가스 모두 표시(2층 분리)

[시험가스의 조건 및 파과농도, 파과시간]

종류 및 등급		시험가스의 조건		파과농도 (ppm, ±20%)	파과시간 (분)
		시험가스	농도(%, ±10%)		
유기화합물용	고농도	시클로 헥산	0.5	10.0	35 이상
	중농도	〃	0.1		70 이상
	저농도	〃	0.05		70 이상
할로겐가스용	고농도	염소가스	0.5	0.5	20 이상
	중농도	〃	0.1		20 이상
	저농도	〃	0.05		20 이상
황화수소용	고농도	황화수소가스	0.5	10.0	40 이상
	중농도	〃	0.1		40 이상
	저농도	〃	0.05		40 이상
시안화수소용	고농도	시안화수소가스	0.5	10.0*	25 이상
	중농도	〃	0.1		25 이상
	저농도	〃	0.05		25 이상
아황산가스용	고농도	아황산가스	0.5	5.0	20 이상
	중농도	〃	0.1		20 이상
	저농도	〃	0.05		20 이상
암모니아용	고농도	암모니아가스	0.5	25.0	40 이상
	중농도	〃	0.1		50 이상
	저농도	〃	0.05		50 이상

* 시안화수소가스에 의한 제독능력시험 시 시아노겐(C_2N_2)은 시험가스에 포함될 수 있다.
  (C_2N_2+HCN)를 포함한 파과농도는 10ppm을 초과할 수 없다.
** 겸용의 경우 정화통과 여과재가 장착된 상태에서 분진포집효율시험을 하였을 때 등급에 따른 기준치 이상이어야 한다.

출제분야	보호구
작업명	보호장구명 : 용접용 보안면

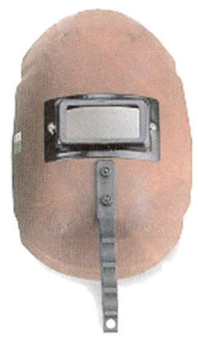
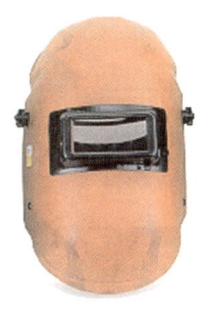
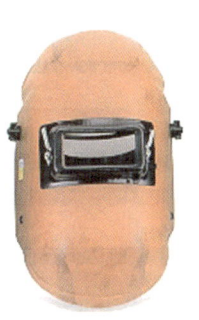

▶ 동영상 설명

용접 시 발생하는 유해한 자외선, 강열한 가시광선 등으로부터 눈을 보호하고 열에 의한 화상 또는 용접 파편에 의한 위험으로부터 용접자의 안면, 머리부 등을 보호하기 위한 용접용 보안면을 보여주고 있다.

문제 용접용 보안면의 성능기준 항목을 5가지 쓰시오.

해답 1. 절연시험, 2. 내식성, 3. 굴절력, 4. 투과율, 5. 시감투과율 차이

문제 화면에서는 용접용 보안면을 보여준다.

(1) 용접용 보안면의 등급을 나누는 기준은?
(2) 용접용 보안면의 투과율의 종류는?

해답 (1) 등급 기준 : 차광도 번호
(2) 투과율의 종류 : 자외선 최대 분광투과율, 적외선 투과율, 시감 투과율

PART 05 기출문제풀이

보호장구

※ 아래 그림들은 실제 출제되는 동영상문제와 다를 수 있습니다.

출제연도 2007년 7월(A형)

01.
방열복 상·하의, 방열장갑, 일체형 방열복 등을 보여주고 있다. 각각의 무게기준을 쓰시오.

해답
1. 방열상의 : 3.0kg 이하
2. 방열하의 : 2.0kg 이하
3. 방열일체복 : 4.3kg 이하
4. 방열장갑 : 0.5kg 이하
5. 방열두건 : 2.0kg 이하

03.

석면을 해체하는 장면을 보여주고 있다. 이와 같이 석면이 함유된 건축물을 해체하는 작업을 할 때 석면분진의 발산 및 근로자의 오염을 방지하기 위해 정하여야 하는 작업수칙을 3가지만 쓰시오.

해답 1. 진공청소기 등을 이용한 작업장 바닥의 청소방법
2. 작업자의 왕래와 외부기류 또는 기계진동 등에 의한 분진의 흩날림을 방지하기 위한 조치
3. 분진이 쌓일 염려가 있는 깔개 등을 작업장 바닥에 방치하는 행위를 방지하기 위한 조치
4. 분진이 확산되거나 작업자가 분진에 노출될 위험이 있는 경우에는 선풍기 사용금지에 관한 사항
5. 용기에 석면을 넣거나 꺼내는 작업
6. 석면을 담은 용기의 운반
7. 여과집진방식 집진장치의 여과재 교환
8. 당해 작업에 사용된 용기 등의 처리
9. 이상상태가 발생한 경우의 응급조치
10. 보호구의 사용 · 점검 · 보관 및 청소
11. 그 밖에 석면분진의 발산을 방지하기 위하여 필요한 조치

 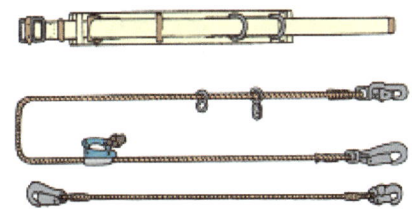

04.

안전대를 착용한 작업자가 전주에서 작업을 하고 있다. 이와 같이 전주작업을 할 때 착용하는 안전대의 명칭은 무엇인가?

해답 U자 걸이용 안전대

출제연도 2007년 10월(A형)

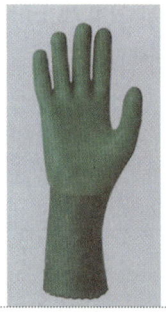  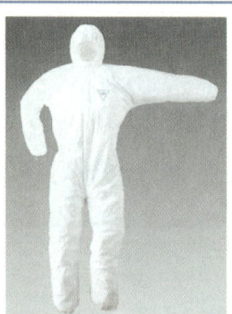

02.
작업자가 방진마스크 및 보안경을 착용한 상태에서 평상복을 입고 맨손으로 브레이크 라이닝의 이물질을 제거하는 작업을 실시하고 있다. 이때 작업자가 착용하여야 할 보호구의 종류를 3가지 쓰시오.

해답) 1. 화학물질용 보호복, 2. 유기화합물용 안전장갑, 3. 고무제 안전화

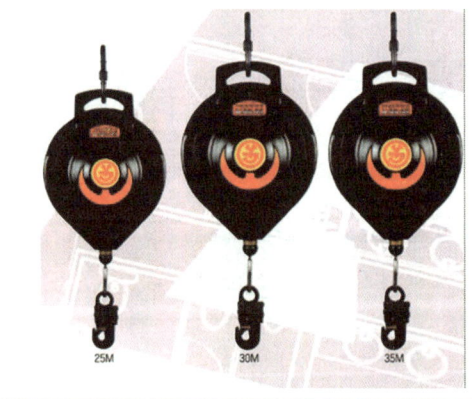

09.
안전대의 한 종류인 안전블록을 보여주고 있다. 화면에서 보여주고 있는 (1) 보호장구의 명칭과 (2) 정의를 쓰시오.

해답) (1) 명칭 : 안전블록
(2) 정의 : 안전그네와 연결하여 추락발생시 추락을 억제할 수 있는 자동잠김장치가 갖추어져 있고 죔줄이 자동적으로 수축되는 장치

 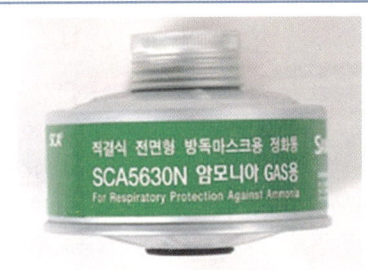

07.
정화통에 H자가 새겨져 있는 방독마스크를 보여주고 있다. 화면에서 보여주고 있는 (1) 방독마스크의 종류는 무엇이며 (2) 정화통(흡수관)의 주성분은 무엇인지 쓰시오.

[해답] (1) 방독마스크 종류 : 암모니아용 방독마스크
(2) 정화통 주성분 : 큐프라마이트

08.
작업자는 방진마스크를 착용하지 않고 브레이크 라이닝 작업을 하고 있다. (1) 이때 직업성 질병에 걸리는 이유와 (2) 발생할 수 있는 직업성 질병 2가지를 쓰시오.

[해답] (1) 작업자가 적절한 보호구(방진마스크)를 착용하지 않아 석면분진이 체내로 유입될 경우 직업성 질병이 발생할 수 있다.
(2) 직업성 질병 : 1. 악성중피종, 2. 석면폐, 3. 폐암

| 출제연도 | 2008년 4월(A형) |

02.
전기드릴을 이용하여 금속제의 구멍을 넓히는 작업이 진행 중이다. 이때 작업자가 착용하여야 할 보호구의 종류를 3가지 쓰시오.

해답) 1. 보안경, 2. 안전모, 3. 안전장갑

05.
작업자가 무색의 암모니아 냄새가 나는 수용성 액체인 유해물질 DMF(디메틸포름아미드) 취급 작업을 하고 있다. 유해물질인 DMF를 취급할 때 착용해야 하는 보호구의 종류를 3가지 쓰시오.

해답) 1. 방독마스크, 2. 화학물질용 보호복, 3. 안전장갑(화학물질용)

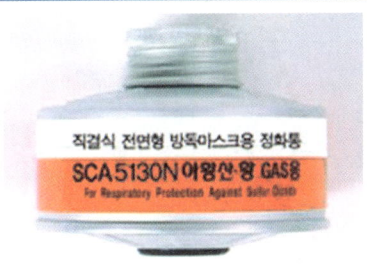

08.

정화통에 기호 I가 새겨진 방독마스크를 보여주고 있다. 화면에서 보여주는 (1) 방독마스크의 명칭과 (2) 정화통(흡수관)의 주성분을 쓰시오.

해답 (1) 방독마스크의 명칭 : 아황산 · 황용 방독마스크
     (2) 정화통 주성분 : 산화금속, 알칼리제제

출제연도   2008년 4월(B형)

02.

작업자가 페인트 도장작업을 실시하고 있으며 유기가스용 방독마스크를 착용하고 있다. 이와 같은 유기화합물용 방독마스크의 흡수제의 종류를 2가지 쓰시오.

해답 1. 활성탄, 2. 알칼리제제

07.

고열 작업에 의한 화상·열중증 등을 방지하기 위한 의복인 방열복을 보여주고 있다. 이러한 방열복 내열원단의 시험성능기준 항목 3가지를 쓰시오.

[해답] 1. 난연성, 2. 절연저항, 3. 인장강도, 4. 내열성, 5. 내한성

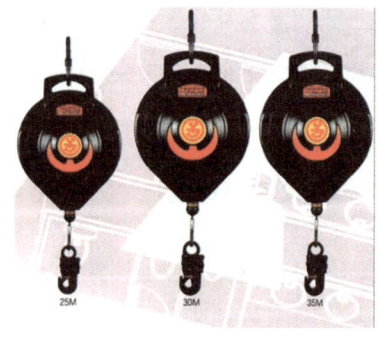

05.

안전대의 한 종류인 안전블록을 보여주고 있다. 화면에서 보여주고 있는 (1) 보호장구의 명칭과 (2) 일반구조 조건을 쓰시오.

[해답] (1) 명칭 : 안전블록
 (2) 구조조건
  1. 신체지지의 방법으로 안전그네만을 사용할 것
  2. 안전블록은 정격 사용 길이가 명시될 것
  3. 안전블록의 줄은 합성섬유로프, 웨빙(webbing), 와이어로프이어야 하며, 와이어로프인 경우 최소지름이 4mm 이상일 것

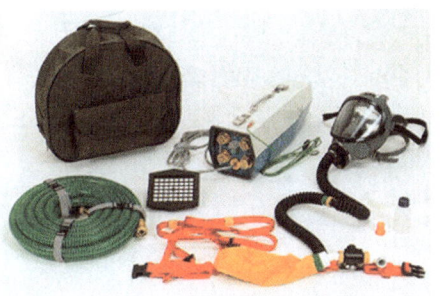

09.
장기간 사용하지 아니한 우물 등의 내부, 해수가 있거나 있었던 교환기·관·암거·맨홀 또는 피트의 내부와 같은 밀폐공간에서 작업 시 안전수칙 3가지를 쓰시오.

해답
1. 작업시작 전 산소농도가 18% 이상 유지되도록 환기실시
2. 환기시킬 수 없거나 환기가 곤란한 경우 작업자에게 송기마스크, 공기마스크 등 호흡용 보호구지급·착용
3. 작업자는 입출입시 반드시 인원점검실시
4. 밀폐작업장과 관리감독자 사이에 상시 연락할 수 있도록 연락설비 설치
5. 공기호흡기, 사다리, 로프 등 비상시 대피용 기구의 비치
6. 구출작업자는 반드시 송기마스크, 공기마스크 등 호흡용 보호구를 지급·착용
7. 작업시작 전 산소농도 및 유해가스 측정

| 출제연도 | 2008년 7월(B형) |

08.
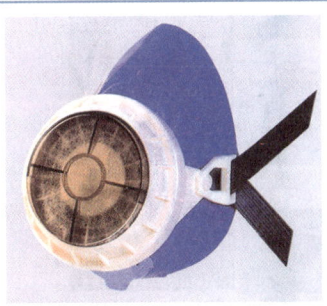

분진, 미스트 또는 흄이 호흡기를 통하여 체내에 유입되는 것을 방지하기 위하여 사용되는 보호구인 방진마스크를 보여주고 있다. 방진마스크의 일반적인 구조조건 3가지를 쓰시오.

해답
1. 착용 시 이상한 압박감이나 고통을 주지 않을 것
2. 전면형은 호흡 시에 투시부가 흐려지지 않을 것
3. 분리식 마스크에 있어서는 여과재, 흡기밸브, 배기밸브 및 머리끈을 쉽게 교환할 수 있고 착용자 자신이 안면과 분리식 마스크의 안면부와의 밀착성 여부를 수시로 확인할 수 있어야 할 것
4. 안면부여과식 마스크는 여과재로 된 안면부가 사용기간 중 심하게 변형되지 않을 것
5. 안면부여과식 마스크는 여과재를 안면에 밀착시킬 수 있어야 할 것

09.

강재파이프에 래커 스프레이로 페인트작업을 할 때 방독마스크 흡수제의 종류를 3가지만 쓰시오.

해답 1. 활성탄, 2. 소다라임, 3. 호프카라이트

출제연도 2008년 7월(C형)

 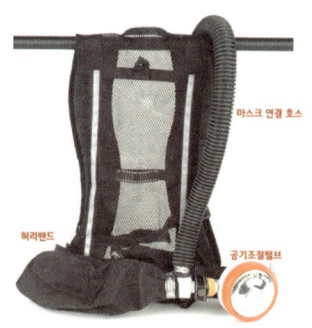 

04.

산소농도가 18% 미만인 장기간 밀폐된 강재의 보일러 또는 탱크 내부로 작업자가 청소작업을 위해 들어가려 하고 있다. 이와 같이 산소결핍장소 또는 가스·증기·분진 흡입 등에 의한 근로자의 건강장해가 예상되는 장소에서 작업 시 사용하여야 하는 호흡용 보호구는 무엇인가?

해답 송기마스크, 공기마스크

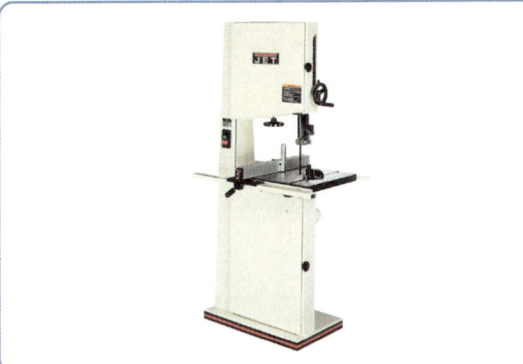

06.

작업자가 보안경을 착용하지 않고 손에는 목장갑을 낀 상태로 띠톱을 이용하여 강재를 절단하고 있다. 강재를 절단한 후 전원을 차단하지 않은 상태에서 절단된 강재를 빼내고 있다. 이때 위험요소 3가지를 쓰시오.

해답
1. 장갑을 착용하고 있어 손이 톱날에 끼일 위험이 있다.
2. 보안경 미착용으로 강재의 비산물에 눈을 다칠 위험이 있다.
3. 강재를 빼낼 때 전원을 차단하지 않았고 동작스위치의 잠금장치를 하지 않아 실수로 띠톱이 작동되어 다칠 위험이 있다.

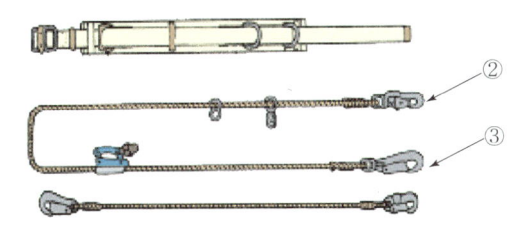

09.

안전대를 착용한 작업자가 전주에서 작업을 하고 있다. 이와 같이 전주작업을 할 때 착용하는 ① 안전대의 명칭은 무엇인가? 또한 안전대의 구성품 ②, ③의 명칭을 쓰시오.

해답 ① U자 걸이용 안전대, ② 훅, ③ 보조훅

| 출제연도 | 2008년 10월(A형) |

 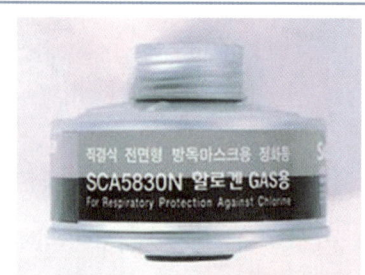

01.
작업자가 정화통에 기호 A가 새겨져 있는 방독마스크를 착용하고 있다. 화면에서 보여주는 (1) 방독마스크의 명칭은 무엇이며 (2) 정화통(흡수관)의 주성분은 무엇인지 쓰시오. 또한, (3) 정화통 제독능력시험을 위한 시험가스는 무엇인가?

[해답] (1) 방독마스크 명칭 : 할로겐용 방독마스크
 (2) 정화통 주성분 : 소다라임(Soda lime), 활성탄
 (3) 시험가스 : 염소

| 출제연도 | 2009년 4월(A형) |

04.
도금작업장에서 작업자가 화학물질용 보호복, 방독마스크, 고무장갑, 고무제 안전화 등을 착용하고 작업 중이다. 이때, 고무제 안전화의 사용장소에 따른 구분 4가지는?

[해답] 1. 일반용, 2. 내유용, 3. 내산용, 4. 내알칼리용, 5. 내산, 알칼리 겸용

06.

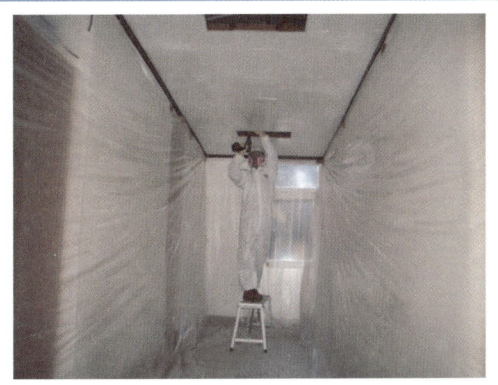

석면해체작업이 진행 중이다. 이처럼 석면 취급 작업 시 (1) 근로자에게 미치는 위험요인 및 (2) 석면분진으로 인해 발생할 수 있는 질병의 종류 3가지를 쓰시오.

해답 (1) 위험요인 : 작업자가 방진마스크를 착용하지 않을 경우 석면분진이 체내로 흡입될 수 있다.
　　　(2) 질병 : 1. 악성중피종, 2. 석면폐, 3. 폐암

09.

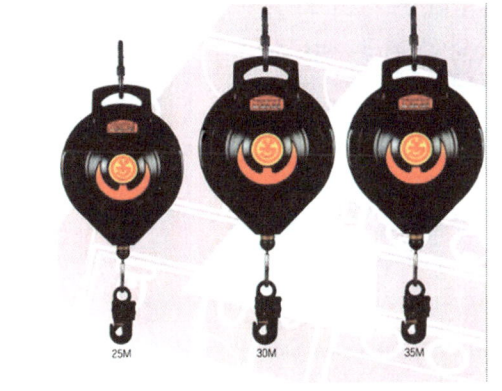

안전대의 한 종류인 안전블록을 보여주고 있다. 화면에서 보여주고 있는 (1) 보호장구의 명칭과 (2) 일반 구조조건을 쓰시오.

해답 (1) 명칭 : 안전블록
　　　(2) 구조조건
　　　　　1. 신체지지의 방법으로 안전그네만을 사용할 것
　　　　　2. 안전블록은 정격 사용 길이가 명시될 것
　　　　　3. 안전블록의 줄은 합성섬유로프, 웨빙(webbing), 와이어로프이어야 하며, 와이어로프인 경우 최소지름이 4mm 이상일 것

03.

작업자가 페인트 도장작업을 실시하고 있으며 유기가스용 방독마스크를 착용하고 있다. 이와 같은 유기화합물용 방독마스크의 흡수제 종류를 2가지 쓰시오.

[해답] 1. 활성탄, 2. 알칼리제제

08.

전주를 옮기는 작업을 하던 중 작업자의 머리가 전주에 부딪히는 사고가 발생하였다. 이와 같은 재해가 발생하였을 때 (1) 가해물과 전기를 취급하는 작업을 할 때 착용하여야 할 (2) 안전모의 종류를 쓰시오.

[해답] (1) 가해물 : 전주
(2) 안전모의 종류 : AE, ABE

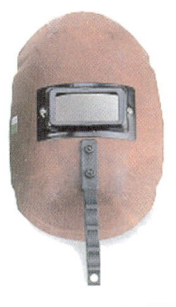 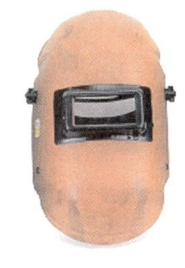 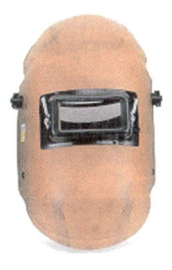

09.
화면은 용접 시 발생하는 유해한 자외선, 강렬한 가시광선 등으로부터 눈을 보호하고 열에 의한 화상 또는 용접 파편에 의한 위험으로부터 용접자의 안면, 머리부 등을 보호하기 위한 용접용 보안면을 보여주고 있다. 용접용 보안면의 성능기준 항목을 5가지 쓰시오.

[해답] 1. 절연시험, 2. 내식성, 3. 굴절력, 4. 투과율, 5. 시감투과율 차이

출제연도 2009년 9월(A형)

 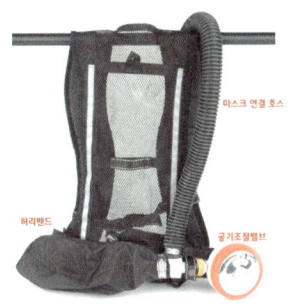 

03.
영상 속 작업자는 통신선 공사를 위해 맨홀 내부에서 작업을 하고 있다. 이때 맨홀 내부에서 작업하던 동료가 갑자기 의식을 잃고 쓰러졌다. 이와 같은 밀폐공간에서 질식된 작업자를 구조할 때 구조자가 착용해야 할 보호구를 쓰시오.

[해답] 송기마스크, 공기마스크

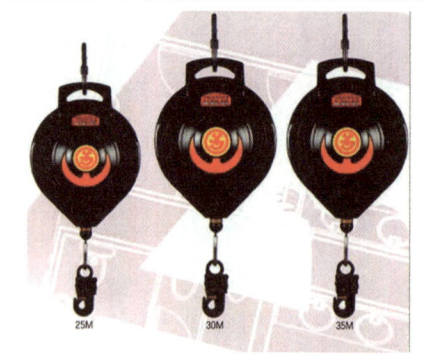

05.
안전대의 한 종류인 안전블록을 보여주고 있다. 화면에서 보여주고 있는 (1) 보호장구의 명칭과 (2) 일반구조 조건을 쓰시오.

해답 (1) 명칭 : 안전블록
(2) 구조조건
1. 신체지지의 방법으로 안전그네만을 사용할 것
2. 안전블록은 정격 사용 길이가 명시될 것
3. 안전블록의 줄은 합성섬유로프, 웨빙(webbing), 와이어로프이어야 하며, 와이어로프인 경우 최소지름이 4mm 이상일 것

| 출제연도 | 2009년 9월(B형) |

06.
고열 작업에 의한 화상·열중증 등을 방지하기 위한 의복인 방열복을 보여주고 있다. 이러한 방열복 내열원단의 시험성능기준 항목 3가지를 쓰시오.

해답 1. 난연성, 2. 절연저항, 3. 인장강도, 4. 내열성, 5. 내한성

| 출제연도 | 2009년 9월(C형) |

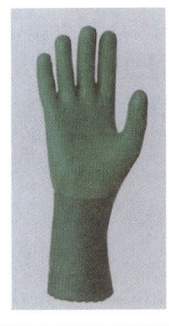  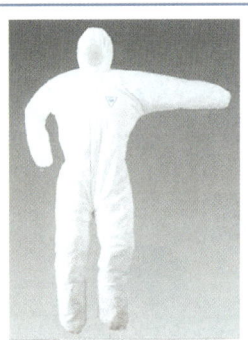

01.

영상의 작업자는 도금작업을 진행 중이며 작업 도중 내용물을 꺼내어 표면의 상태를 확인하고 냄새를 맡는다. 작업자는 고무장갑과 고무장화는 착용하고 있는 상태이다. 이때, 작업자의 건강장해 예방을 위하여 착용하여야 할 보호구의 종류를 3가지 쓰시오.

[해답] 1. 화학물질용 보호복, 2. 방독마스크, 3. 보안경

07.

화면에서 헤드폰처럼 생긴 모양의 귀덮개를 보여주고 있다. 강렬한 소음이 발생되는 장소에서 작업자가 반드시 착용해야 할 보호구의 (1) 명칭과 (2) 기호를 쓰시오.

[해답] (1) 보호구 명칭 : 귀덮개
(2) 보호구 기호 : EM

출제연도 2009년 9월(D형)

05.
작업자가 페인트 도장작업을 실시하고 있다. 이때 착용하여야 할 (1) 방독마스크의 종류는 무엇이며 (2) 흡수제의 종류를 2가지 쓰시오.

해답 (1) 방독마스크의 종류 : 유기화합물용 방독마스크
(2) 흡수제 종류 : 활성탄, 알칼리제제

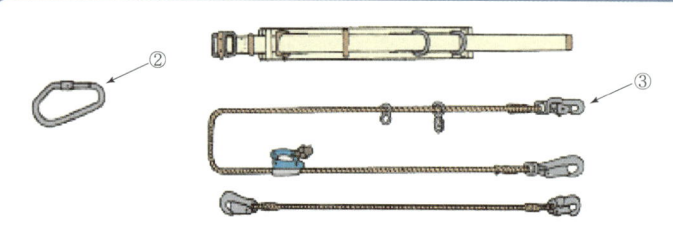

06.
화면에서 보여주고 있는 안전대의 명칭(①)은 무엇인가? 또한, 안전대의 구성품 ②, ③의 명칭을 쓰시오.

해답 ① U자 걸이용 안전대, ② 카라비너, ③ 훅

memo

산업안전기사 실기 ENGINEER INDUSTRIAL SAFETY

부록

작업형 기출문제

- 2010년 작업형 기출문제
- 2011년 작업형 기출문제
- 2012년 작업형 기출문제
- 2013년 작업형 기출문제
- 2014년 작업형 기출문제
- 2015년 작업형 기출문제
- 2016년 작업형 기출문제
- 2017년 작업형 기출문제
- 2018년 작업형 기출문제
- 2019년 작업형 기출문제
- 2020년 작업형 기출문제
- 2021년 작업형 기출문제
- 2022년 작업형 기출문제
- 2023년 작업형 기출문제

부록

2010년 작업형 기출문제

산업안전기사(4월 A형)

01 영상에서 확인할 수 있는 재해원인은?

[동영상 설명]
작업자가 드릴작업을 하고 있다. 장갑을 끼지 않고 작은 물체를 드릴링하고 밑에는 나무판을 대고 일반 모자를 쓰고 있다.

해답) 1. 안전모 미착용
2. 보안경 미착용
3. 작은 물체를 바이스로 미고정

02 화면을 참고하여 사고원인을 쓰시오.

[동영상 설명]
작업자는 2인이고 작업자 한 명이 전기기기를 점검(보수)하고 있고 다른 한 명은 투명유리벽 안에서 전원을 넣어주는 역할을 하고 있다. 전선 연결한 작업자(맨손에 슬리퍼를 신고 있음)가 작업종료 후 전기기계에 손을 대는 순간 쓰러졌다.

해답) 1. 개인보호구(절연장갑 등) 미착용
2. 신호전달체계 불량
3. 작업자 안전수칙 미준수(활선 및 정전상태 미확인 후 작업)

03 화학설비 설치 시 내부의 이상상태를 조기에 파악하기 위한 계측장치의 종류를 3가지 쓰시오.

해답) 1. 유량계, 2. 온도계, 3. 압력계, 4. 자동경보장치

04 이동식 크레인의 작업시작전 점검사항 2가지는? (단, 경보장치의 기능은 제외한다.)

해답) 1. 브레이크 · 클러치 및 조정장치의 기능
2. 와이어로프가 통하고 있는 곳 및 작업장소의 지반상태

05 산업안전보건법상 작업발판의 구조 5가지를 쓰시오. (단, 폭, 넓이 관련 제외한다.)

해답) 1. 발판재료는 작업할 때의 하중을 견딜 수 있도록 견고한 것으로 할 것
2. 추락의 위험성이 있는 장소에는 안전난간을 설치할 것
3. 작업발판의 지지물은 하중에 의하여 파괴될 우려가 없는 것을 사용할 것
4. 작업발판재료는 뒤집히거나 떨어지지 않도록 둘 이상의 지지물에 연결하거나 고정시킬 것
5. 작업발판을 작업에 따라 이동시킬 경우에는 위험방지에 필요한 조치를 할 것

06 화면의 작업자가 감전사고를 당한 원인을 인체의 피부저항과 관련하여 설명하시오.

[동영상 설명]
작업자가 물기가 있는 장소에서 드릴 작업 중 감전사고가 발생한다.

해답) 1. 감전피해의 위험도에 가장 큰 영향을 미치는 통전전류의 크기는 인체의 전기저항 즉, 임피던스의 값에 의해 결정(반비례)되며 인체의 임피던스는 내부저항과 피부저항으로 구성한다.
2. 내부저항은 교류, 직류에 따라 거의 일정(통전시간이 길어지면 인체의 온도상승에 의해 저항치 감소) 피부저항은 물에 젖어 있을 경우 1/25로 저항이 감소하므로 그만큼 통전전류가 커져 전격의 위험이 높아진다.

07 영상의 재해 발생원인은?

[동영상 설명]
섬유기계의 실이 끊어지면서 기계가 멈춘다. 작업자가 회전기계의 문을 열고 안쪽을 보다가 갑자기 기계가 작동하면서 작업자의 몸이 끼이게 된다.

해답
1. 기계의 전원을 차단하지 않고(기계를 정지시키지 않고) 점검을 하여 말려 들어갈 수 있다.
2. 회전기계의 문을 열면 기계가 작동하지 않도록 하는 연동장치가 설치되어 있지 않다.

08 다음과 같은 마스크의 (1) 명칭, (2) 등급 3종류, (3) 산소농도를 쓰시오.

해답
(1) 명칭 : 방진마스크
(2) 등급종류 : 특급, 1급, 2급
(3) 산소농도 : 18%

09 영상을 참고하여 다음 질문에 답하시오.

[동영상 설명]
지게차가 주유 중이다. 지게차 운전자는 담배를 피우며 주유원과 이야기하고 있고, 지게차는 시동이 걸려 있는 상태이다.

(1) 이 동영상에서 위험요소를 2가지 쓰시오.
(2) 이 동영상에서 담뱃불에 해당하는 발화원의 형태(유형)은 무엇인가?

해답
(1) 위험요소
 1. 지게차 운전자가 주유 중 담배를 피우고 있어 화재발생 위험이 있다.
 2. 주유 중인 지게차에 시동이 걸려 있어 임의동작 또는 오동작으로 인한 사고 발생 위험이 있다.
 3. 주유원이 작업 중 잡담을 하고 있어 정량 이상 주유하여 바닥에 유류가 흘러넘쳐 그로 인한 화재발생 위험이 있다.
(2) 발화원의 형태 : 나화

산업안전기사(4월 B형)

01 크레인 (1) 방호장치 및 (2) 검사주기에 대하여 쓰시오.

해답
(1) 방호장치 : 과부하방지장치, 비상정지장치
(2) 검사주기 : 2년(크레인 최초 설치 후 3년 후에 안전검사를 실시하고, 그 이후에는 2년 주기마다 안전검사 실시)

02 화면에서와 같이 NATM터널 굴착공사시 공사의 안전성 및 시공의 적합성을 확인하기 위해 이용하는 계측방법의 종류 3가지를 쓰시오.

해답
1. 내공변위 측정, 2. 천단침하 측정, 3. 지표면침하 측정, 4. 지중변위 측정, 5. Rock Bolt 축력 측정, 6. 숏크리트 응력 측정

03 화면에서 보여주고 있는(EP-1, EP-2) 방음용 보호구인 귀마개의 (1) 등급(기호) 및 (2) 성능기준을 쓰시오.

해답

등급	기호	성능
1종	EP-1	저음부터 고음까지 차음하는 것
2종	EP-2	주로 고음을 차음하고 저음(회화음영역)은 차음하지 않는 것

04 화면을 참고하여 작업자에게 신체로 유입되는 경로를 쓰시오.

[동영상 설명]
작업자가 실험실에서 화학약품을 맨손으로 만지고 있다.

해답
1. 피부 및 점막 접촉에 의한 피부로의 흡수
2. 흡입을 통한 호흡기로의 흡수
3. 구강을 통한 소화기로의 흡수

05 화면 속 (1) 핵심 위험 요인과 (2) 폭발의 종류를 쓰시오.

[동영상 설명]
인화성 물질 저장창고에서 한 작업자가 인화성 물질이 든 운반용 용기 뚜껑을 열고, 잠시 쉬려고 드럼통 옆에서 윗옷을 벗는 순간 "펑"하고 폭발사고가 발생한다.

해답 (1) 핵심 위험 요인 : 인화성 물질에 발화원이 접촉할 경우 화재 또는 폭발 위험이 있다.
(2) 폭발의 종류 : 기상폭발(혼합가스 폭발)

06 프레스 방호장치를 적으시오.

해답 게이트가드식 방호장치, 수인식 방호장치, 손쳐내기식 방호장치, 양수조작식 방호장치

07 화면에서와 같은 항타기·항발기 작업 시 충전전로에 의한 근로자 감전 위험발생 우려가 있을 때 사업주로서 조치하여야 할 사항 4가지를 쓰시오.

해답 1. (이격거리 확보) 차량 등을 충전부로부터 300[cm] 이상 이격시키되, 대지전압이 50[kV]를 넘는 경우에는 10[kV]가 증가할 때마다 이격거리를 10[cm]씩 증가시킨다.
2. (절연용 방호구 설치) 절연용 방호구 등을 설치한 경우에는 이격거리를 절연용 방호구 앞면까지로 할 수 있다.
3. (울타리 설치 또는 감시인 배치) 울타리를 설치하거나 감시인 배치 등의 조치를 하여야 한다.
4. (접지점 관리 철저) 접지된 차량 등이 충전전로와 접촉할 우려가 있는 경우에는 근로자가 접지점에 접촉되지 않도록 조치하여야 한다.

08 화면을 참고하여 관련 (1) 재해형태 및 (2) 재해원인을 쓰시오.

[동영상 설명]
작업자가 모터 수리 중 전기재해가 발생하여 쓰러지게 된다.

해답 (1) 재해형태 : 감전
(2) 재해원인
1. 절연용 보호구 미착용
2. 감전방지용 누전차단기 미설치
3. 정전작업 미실시

09 화면과 같은 재해를 막기 위한 동종재해방지대책을 쓰시오.

[동영상 설명]
작업자가 전기패널 내부의 차단기 투입 과정 중 재해 발생한다.

해답 1. 정전작업 실시
2. 개인보호구(감전방지용 보호구) 착용
3. 유자격자 이외는 전기기계 및 기구에 전기적인 접촉 금지
4. 관리감독자는 작업에 대한 안전교육 시행
5. 사고발생시의 처리순서를 미리 작성하여 둘 것
6. 차단기별로 회로명을 표기하여 오동작을 방지

산업안전기사(7월 A형)

01 화면 속 근로자가 착용해야 하는 마스크의 흡수제 종류는 무엇인가?

[동영상 설명]
작업자가 배관에 스프레이 등으로 도장을 하고 있다. 작업자의 옆으로 페인트통에 노란색, 녹색통이 보인다.

해답 활성탄, 소다라임, 호프카라이트

02 화면은 작업자가 엘리베이터 피트 내부의 나무로 엉성하게 만든 작업발판 위에서 폼타이 핀을 망치로 제거하는 작업 도중 개구부로 떨어지는 장면을 보여주고 있다. 이때 재해 발생의 위험요인 3가지를 쓰시오.

해답 1. 피트 내부에 추락방호망 미설치
2. 작업발판 미고정
3. 안전대 부착설비 미설치 및 안전대 미착용
4. 개구부(피트) 단부에 안전난간 미설치

03 전동톱을 작동하기 전에 작업발판용 나무토막을 가져다 놓고 한 발로 나무를 고정하고 톱질을 하다 작업발판의 흔들림으로 인해 작업자가 넘어지는 동영상이다. 재해형태와 가해물은?

> 해답
> 1. 재해형태 : 추락
> 2. 가해물 : 바닥

04 다음 그림의 명칭을 쓰시오.

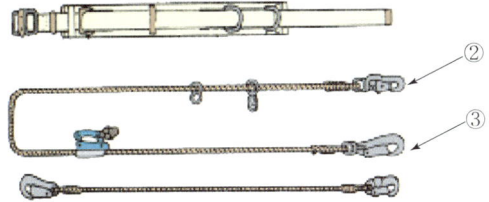

(1) 안전대의 명칭 : (①)
(2) 각 부분의 명칭 : (②), (③)

> 해답 ① U자 걸이용 안전대, ② 보조훅, ③ 훅

05 동영상은 지게차로 운반작업을 하고 있다. 지게차의 각각 안정도를 쓰시오.

(1) 하역작업 시 전후안정도
(2) 하역작업 시 좌우안정도
(3) 주행 시 전후안정도

> 해답
> (1) 하역작업 시 전후안정도 : 4%
> (2) 하역작업 시 좌우안정도 : 6%
> (3) 주행 시 전후안정도 : 18%

06 영상 속 작업의 재해원인 3가지를 쓰시오.

[동영상 설명]
작업자가 로프를 배관을 걸어둔 뒤 수신호를 하고 있다. 작업자가 작업 도중 배관에 부딪히는 재해가 발생하였다. 로프는 반쯤 배관에 걸려있고, 보조로프를 사용하지 않았다.

> 해답
> 1. 보조로프를 설치하지 않았다.
> 2. 로프상태 불량하다.
> 3. 위험반경 내에서 크레인 신호작업을 하였다.

07 화면 속 영상의 위험요인을 쓰시오.

[동영상 설명]
작업자가 활선작업 중 추락한다. 작업자는 장갑은 면장갑에 안전화는 절연화가 아니고, 안전대는 가지고는 있으나 걸지 않았다. 추락방호망도 없었다.

> 해답
> 1. 절연용 보호구(절연장갑, 절연화) 착용상태 불량에 따른 감전 위험
> 2. 근접활선(절연용 방호구 미설치)에 대한 감전 위험
> 3. 안전대를 걸지 않아 추락위험

08 도금을 다루는 유해물 작업 시 영상과 같은 도금을 다루는 유해물 작업 시 일반적인 주의사항 4가지만 쓰시오.

[동영상 설명]
작업자는 도금작업을 하고 있다. 젖은 고무장갑과 바닥에는 도금액이 가득 차 있고 물건을 옮기는데 도금액이 떨어진다.

> 해답
> 1. 유해물질에 대한 유해성 사전조사
> 2. 유해물질 발생원인의 봉쇄
> 3. 작업공정의 은폐, 작업장의 격리
> 4. 유해물의 위치 및 작업공정 변경
> 5. 전체 환기 또는 국소배기
> 6. 점화원의 제거
> 7. 환경의 정돈과 청소

09 영상과 같은 작업 시 하여야 할 사고방지대책은?

[동영상 설명]
사출성형기 노즐부 잔류물 제거를 하다가 재해가 발생하였다. 전원을 차단하지 않았고 작업자는 개인보호구를 미착용하였고, 전용공구를 사용하지 않았다.

> 해답
> 1. 작업자가 사출성형기의 내부 금형 사이에 출입할 때에는 사출성형기의 전원을 차단한 후 출입할 것
> 2. 작업 시 절연용보호구를 착용할 것
> 3. 이물질의 제거는 전용공구를 사용할 것
> 4. 사출성형기 충전부 방호조치(덮개)를 실시할 것

산업안전기사(7월 B형)

01 화면 속 영상의 (1) 재해형태와 (2) 정의를 쓰시오.

[동영상 설명]
와이어로프로 화물을 1층에서 2층으로 끌어 올리다가 화물을 떨어뜨린다.

해답 (1) 재해형태 : 낙하
(2) 정의 : 구조물, 기계 등에 고정되어 있던 물체가 중력, 원심력, 관성력 등에 의하여 고정부에서 이탈하거나 또는 설비 등으로부터 물질이 분출되어 사람을 가해하는 경우

02 화면 속 영상의 재해방지대책 3가지를 쓰시오.

[동영상 설명]
작업자가 승강기 컨트롤패널 점검 도중(스위치를 내리고 맨손으로 작업) 감전을 당한다. 이때 작업자는 보호구 착용하였고 회로명을 표기, 차단기에 잠금장치를 하였다.

해답 1. 정전작업 실시
2. 개인보호구(감전방지용 보호구) 착용
3. 유자격자 이외는 전기기계 및 기구에 전기적인 접촉 금지
4. 관리감독자는 작업에 대한 안전교육을 시행할 것
5. 사고발생시의 처리순서를 미리 작성하여 둘 것
6. 차단기별로 회로명을 표기하여 오동작을 방지

03 교량하부 작업발판에서 작업을 하다 추락하는 동영상이다.(작업발판 미고정, 안전대 미착용, 추락방지망 미설치) 위험요인 3가지를 쓰시오.

해답 1. 작업(통로)발판 미고정으로 작업발판이 불안정
2. 안전대 부착설비 미설치 및 안전대 미착용
3. 추락방지용 추락방호망 미설치

04 영상의 작업 위험요인 2가지를 쓰시오.

[동영상 설명]
컨베이어 위에 올라 작업자가 형광등을 교체하다 추락한다. 이때 작업자의 작업자세 불안정하고 보호구를 미착용하였다.

해답 1. 작동하는 컨베이어에 올라 작업하여 자세가 불안정해 추락할 위험이 있다.
2. 안전모등 보호구를 착용하지 않아 위험하다.

05 화면 속 영상의 위험요인 2가지를 쓰시오.

[동영상 설명]
작업자가 교류아크용접 작업장에서 용접을 하고 있다. 작업장 내 인화성 물질이 있으며 페인트통이 넘어지려 한다.

해답 1. 주변에 페인트 도료 등 인화성 물질이 있어 불꽃으로 인한 화재 및 폭발의 위험이 있다.
2. 작업자가 양손으로 작업하고 있어 주변 환경을 파악하지 못하고 주변 페인트 통에 의해 전도될 가능성이 있다.

06 폭발성 물질이 있는 저장창고에 신발에 물을 묻히고 들어가는 동영상이다. (1) 신발에 물을 묻히는 이유와 (2) 화재시 소방방법에 대해 쓰시오.

해답 (1) 신발에 물을 묻히는 이유 : 대부분의 물체는 습도가 증가하면 전기저항치가 저하하고 이에 따라 대전성이 저하하므로, 작업자가 신발에 물을 묻히게 되면 도전성이 증가(전기저항치 감소)하고 이에 따라 인체의 대전성이 저하되므로 정전기 착화성 방전에 의한 화재 폭발을 방지할 수 있음
(2) 화재시 소화방법 : 다량 주수에 의한 냉각소화(폭발성 물질은 분해에 의하여 산소가 공급되기 때문에 연소가 격렬하며 그 자체의 분해도 격렬하다. 소화법으로는 물을 다량 사용해서 냉각하여 분해온도 이하로 낮추고 가연물의 연소도 억제해서 폭발을 방지하는 것이다. 소화제로는 질식소화는 효과가 없고, 물을 다량으로 사용하는 것이 최선이다.)

07 연삭기로 환봉을 연마하다가 튀어서 다치는 동영상이다. (1) 재해의 기인물을 쓰고 (2) 이 작업에서 칩의 비래 및 파편을 방지하기 위한 방호장치는 무엇인가?

해답 1. 기인물 : 연삭기
2. 방호장치 : 투명 비산방지판

08 화면 속 영상의 위험요인 3가지를 쓰시오.

> [동영상 설명]
> 프레스 금형을 호이스트로 운반하다가 중심을 잃고 조작레버를 건드려 발등에 화물을 떨어뜨린다. 이때 작업자는 보호구 미착용하였으며 단독으로 작업하였다.

해답
1. 작업자가 보호구를 착용하지 않고 작업을 실시하였다.
2. 집중을 하지 못하고 몸의 중심을 잃어 조작레버를 건드려서 물체를 떨어뜨렸다.
3. 근로자 단독으로 양손을 사용하여 작업하므로서 집중을 하지 못해 위험하다.

09 고무제 안전화를 보여주는 동영상이다. 사진과 같은 보호구의 종류 4가지를 사용장소에 따라 구분하여 쓰시오.

해답 1. 일반용, 2. 내유용, 3. 내산용, 4. 내알칼리용, 5. 내산, 알칼리 겸용

산업안전기사(7월 C형)

01 보호구(방진마스크) 일반적인 구비조건 4가지를 쓰시오.

해답
1. 분진포집효율(여과효율)이 좋을 것
2. 흡기, 배기저항이 낮을 것
3. 사용적이 적을 것
4. 중량이 가벼울 것
5. 시야가 넓을 것
6. 안면밀착성이 좋을 것

02 지게차가 주유 중이다. 지게차 운전자는 담배를 피우며 주유원과 이야기하고 있고 시동이 걸려 있는 상태이다. 담뱃불에 해당하는 발화원의 형태(유형)는 무엇인가?

해답 나화

03 전기기계·기구 중 누전에 의한 감전위험을 방지하기 위하여 감전방지용 누전차단기를 설치해야 하는 경우 3가지를 쓰시오.

해답 누전차단기 적용범위(안전보건규칙 제304조)
1. 대지전압이 150볼트를 초과하는 이동형 또는 휴대형 전기기계·기구
2. 물 등 도전성이 높은 액체가 있는 습윤 장소에서 사용하는 저압용 전기기계·기구
3. 철판·철골 위 등 도전성이 높은 장소에서 사용하는 이동형 또는 휴대형 전기기계·기구
4. 임시배선의 전로가 설치되는 장소에서 사용하는 이동형 또는 휴대형 전기기계·기구

04 건물 외벽에 쌍줄비계를 설치하고 비계 위에 작업발판을 설치하고 있다. (1) 작업발판의 폭과, (2) 발판재료 간의 틈은 얼마인가?

해답
(1) 작업발판의 폭 : 40cm 이상
(2) 틈 : 3cm 이하

05 화면의 동영상은 프레스 작업 중 작업자가 몸을 기울인 채 손으로 이물질을 제거하는 작업을 하다가 실수로 페달을 밟아 손이 다치는 재해가 발생한 사례이다. 이러한 사고의 예방을 위해 조치하여야 할 사항 3가지를 쓰시오.

해답
1. 이물질을 제거할 때에는 손으로 제거하는 것보다는 플라이어 등의 수공구를 이용한다.
2. 프레스를 일시정지할 때에는 페달에 U자형 덮개를 씌운다.
3. 이물질 제거시 프레스 전원을 차단하고 작업한다.

06 화면은 1만 볼트의 고압이 인가된 기계에 변압기를 연결하여 내전압 검사 중 재해가 발생한 상황의 동영상이다. 화면의 동영상을 참고하여 사고원인을 3가지로 분류해서 쓰시오.

해답
1. 개인보호구(절연장갑 등) 미착용
2. 신호전달체계 불량
3. 작업자 안전수칙 미준수(활선 및 정전상태 미확인 후 작업)

07 다음은 항타기 또는 항발기의 조립작업 시 도르래의 위치에 관한 법적 기준이다. 빈칸에 알맞은 단어를 채우시오.

권상장치의 드럼축과 권상장치로부터 첫 번째 도르래의 축과의 거리를 권상장치의 드럼폭의 (①) 이상으로 하여야 하며, 도르래는 권상장치 드럼의 (②)을 지나야 하며 축과 (③) 상에 있어야 한다.

해답 ① 15배, ② 중심, ③ 수직면

08 유기화합물 취급 작업 시 각 신체부위(손, 눈, 피부)에 착용하여야 하는 보호구의 종류는?

해답
1. 손 : 유기화합물용 안전장갑
2. 눈 : 보안경
3. 피부 : 화학물질용 보호복

09 휴대용 그라인더 작업 시 설치해야 할 (1) 방호장치와 (2) 노출각도는?

해답
(1) 방호장치 : 덮개
(2) 노출각도 : 180도 이내

산업안전기사(9월 A형)

01 형강작업에 사용하는 안전대의 종류를 쓰시오.

해답 U자 걸이용 안전대

02 작업자가 슬러지 제거를 하고 있는 동영상이다. 이때 사용하는 피난용구 종류를 3가지 쓰시오.

해답 1. 호흡용보호구(송기마스크, 공기호흡기), 2. 구명로프, 3. 사다리, 4. 안전대

03 해체작업 시 작업 지휘자와 해제 장비와의 사이는 최소 몇 m 이상 떨어져야 하는가?

해답 4m

04 화면 속 영상의 (1) 재해형태와 (2) 가해물 및 작업 시 착용하여야 할 (3) 안전모의 종류를 쓰시오.

[동영상 설명]
트럭크레인을 이용하여 운전원이 전주를 크레인에 묶어 비스듬한 상태로 들어 올리고 지상에서 두 명의 작업자가 이 전주를 유도하여 내리던 순간 전주의 윗부분이 크레인 운전원의 머리에 부딪히는 재해가 발생한다.

해답
(1) 재해형태 : 비래
(2) 가해물 : 전주
(3) 안전모의 종류 : AE, ABE

05 안전블록을 보여주고 있다. 화면에서 보여주는 보호장구의 (1) 명칭과 (2) 일반구조 조건을 쓰시오.

해답
(1) 명칭 : 안전블록
(2) 구조조건
1. 신체지지의 방법으로 안전그네만을 사용할 것
2. 안전블록은 정격 사용 길이가 명시될 것
3. 안전블록의 줄은 합성섬유로프, 웨빙(webbing), 와이어로프이어야 하며, 와이어로프인 경우 최소지름이 4mm 이상일 것

06 작업자가 컨베이어 위에서 작업하다 떨어지는 사고가 발생하였다. 작업 방법상 위험요소를 쓰시오.

해답
1. 덮개, 울, 비상정지장치가 없어서 작업자의 발이 컨베이어에 말려 들어갈 수 있다.
2. 작업자가 컨베이어 위에 올라가 작업중이고 작업발판 및 안전모를 착용하고 있지 않아 추락의 위험이 있다.

07 선반작업에서 작업자가 샌드 페이퍼로 공작물을 누르고 작업하고 있다. 이때 위험요인을 쓰시오.

해답 1. 회전물에 샌드페이퍼를 감아 손으로 지지하고 있기 때문에 작업복과 손이 감겨 들어간다.
2. 작업에 집중하지 못하여(옆눈질) 실수로 작업복과 손이 말려 들어간다.
3. 손을 기계 위에 올려놓고 작업을 하고 있어 손이 미끄러져 회전물에 말려 들어간다.

08 작업자가 일반 마스크와 면장갑을 끼고 라이닝 세척작업을 하고 있다. 이때 근로자가 착용하여야 하는 보호구의 종류 3가지를 쓰시오.

해답 1. 방독마스크, 2. 유기화합물용 안전장갑, 3. 보안경

09 영상과 같은 크레인 작업 시 운전자가 준수해야 할 사항을 쓰시오.

[동영상 설명]
작업자는 크레인 작업을 하고 있다. 크레인에 걸려있는 물체가 흔들려 철재빔에 부딪히게 된다. 이때 화물 아래 신호수가 있다.

해답 1. 보조(유도)로프를 이용해서 흔들림을 방지한다.
2. 무전기 등을 사용하여 신호하거나, 작업 전 일정한 신호방법을 약속으로 정한다.
3. 슬링와이어로프의 체결상태를 확인한다.
4. 화물을 작업자 위로 통과시키지 않도록 한다.

산업안전기사(9월 B형)

01 영상과 같은 드릴 작업 중 위험요인 2가지를 쓰시오.

[동영상 설명]
작업자가 장갑을 착용한 상태에서 드릴작업을 하던 중 맨손으로 이물질 제거하다가 사고가 발생한다.

해답 1. 손이 말려 들어갈 수 있는 장갑을 끼고 작업하지 말 것
2. 드릴작업에서 이물질의 제거방법은 회전을 중지시킨 후 솔로 제거하여야 한다.

02 탱크 내부 슬러지 작업 중 필요한 호흡용 보호구 2가지를 쓰시오.

해답 1. 공기호흡기, 2. 송기마스크

03 석면취급장소 안전작업수칙 3가지를 쓰시오.

해답 1. 석면취급작업 시 담배를 피우거나 음식물을 먹지 않도록 하고, 그 내용을 보기 쉬운 장소에 게시한다.
2. 석면취급작업에 따른 분진청소시 빗자루 등으로 쓸어 담지 말고 진공청소기나 습식상태에서 청소한다.
3. 석면취급작업 시 분진흡입 방지를 위하여 방진마스크 등 보호구를 착용하거나 근로자의 안전을 위하여 push-pull 또는 국소배기장치를 설치한 후 작업한다.

04 화면의 위험점과 재해형태를 적고 재해형태를 간단히 정의하시오.

[동영상 설명]
작업자가 승강기 모터 벨트 부분을 걸레로 청소하다가 벨트 상단에 손이 협착되는 사고가 발생한다.

해답 1. 위험점 : 접선물림점
2. 재해형태 : 협착
3. 협착의 정의 : 두 물체 사이의 움직임에 의하여 일어난 것으로 직선운동하는 물체 사이의 협착, 회전부와 고정체 사이의 끼임, 롤러 등 회전체 사이에 물리거나 또는 회전체·돌기부 등에 감긴 경우

05 가죽제 안전화의 뒷굽 높이를 제외한 몸통높이를 쓰시오.

해답 1. 단화 : 113mm 미만
2. 중단화 : 113mm 이상
3. 장화 : 178mm 이상

06 작업자가 사다리차를 타고 전주의 고압선로에 절연방호구를 설치하고 있다. 동영상과 같은 활선작업 시 내재된 위험요인 3가지를 쓰시오.

해답
1. 근접활선(절연용 방호구 미설치)에 대한 감전 위험
2. 절연용 보호구 착용상태 불량에 따른 감전 위험
3. 활선작업거리 미준수에 따른 감전 위험
4. 작업장소의 관계근로자 외의 자의 출입에 따른 감전 위험

07 항타기·항발기의 조립작업 시 점검해야 할 사항 3가지를 쓰시오.

해답
1. 본체 연결부의 풀림 또는 손상의 유무
2. 권상용 와이어로프·드럼 및 도르래의 부착상태의 이상 유무
3. 권상장치의 브레이크 및 쐐기장치 기능의 이상 유무
4. 권상기의 설치상태의 이상 유무
5. 리더(leader)의 버팀 방법 및 고정상태의 이상 유무
6. 본체·부속장치 및 부속품의 강도가 적합한지 여부
7. 본체·부속장치 및 부속품에 심한 손상·마모·변형 또는 부식이 있는지 여부

08 화면은 1만 볼트의 고압이 인가된 기계에 변압기를 연결하여 내전압 검사 중 재해가 발생한 상황의 동영상이다. 사고 발생요인 2가지를 쓰시오.

해답
1. 개인보호구(절연장갑 등) 미착용
2. 신호전달체계 불량
3. 작업자 안전수칙 미준수(활선 및 정전상태 미확인 후 작업)

09 터널 굴착 중 화약장전할 때의 위험요인 1가지를 쓰시오.

해답 화약을 장전할때 화약이 충격이나 마찰, 정전기로 인하여 폭발할 위험이 있다.

산업안전기사(9월 C형)

01 항타기·항발기 작업을 하던 중 작업자가 전선에 접촉하여 감전사고가 발생하였다. 항타기·항발기 작업 시 사업주가 조치해야 할 사항 2가지를 쓰시오.

해답
1. (이격거리 확보) 차량 등을 충전부로부터 300[cm] 이상 이격시키되, 대지전압이 50[kV]를 넘는 경우에는 10[kV]가 증가할 때마다 이격거리를 10[cm]씩 증가시킨다.
2. (절연용 방호구 설치) 절연용 방호구 등을 설치한 경우에는 이격거리를 절연용 방호구 앞면까지로 할 수 있다.
3. (울타리 설치 또는 감시인 배치) 울타리를 설치하거나 감시인 배치 등의 조치를 하여야 한다.
4. (접지점 관리 철저) 접지된 차량 등이 충전전로와 접촉할 우려가 있는 경우에는 근로자가 접지점에 접촉되지 않도록 조치하여야 한다.

02 작업자가 프레스에 묻은 이물질을 제거하다가 실수로 페달을 밟아 사고를 당했다. 프레스 이물질 제거시 주의사항을 쓰시오.

해답
1. 이물질을 제거할 때에는 손으로 제거하는 것보다는 플라이어 등의 수공구를 이용한다.
2. 프레스를 일시정지할 때에는 페달에 U자형 덮개를 씌운다.
3. 이물질 제거시 프레스 전원을 차단하고 작업한다.

03 정화통에 안전인증사항 외에 표시해야 할 사항 4가지를 쓰시오.

해답
1. 파과곡선도
2. 사용시간 기록카드
3. 정화통의 외부측면의 표시색
4. 사용상의 주의사항

04 작업자가 무채기계 작업 중 기계가 고장이 발생해 점검하다가 기계가 갑자기 작동하여 사고를 당했다. (1) 기인물과 (2) 가해물을 쓰시오.

해답 (1) 기인물 : 무채 슬라이스 기계
(2) 가해물 : 슬라이스 칼날

05 작업자가 박공지붕 작업 시 휴식을 취하던 중 미끄러진 박공지붕에 맞아 추락하였다. 위험요인 3가지를 쓰시오.

해답
1. 경사지붕 단부에 추락방지용 안전난간 설치
2. 안전대 부착설비 미설치 및 근로자 안전대 미착용
3. 자재를 과적하여 낙하할 위험
4. 근로자가 불안전한 장소에서 휴식

06 영상 속 작업자는 물에 잠긴 단무지가 있는 곳에서 작업을 하다가 펌프가 작동되지 않아 확인하려 만지자 감전사고를 당했다. 이때 장갑을 끼고 있지 않았다. 영상과 같은 작업 시 주의사항을 쓰시오.

해답
1. 사용 전 수중 펌프와 전선 등의 절연상태 점검(절연저항 측정 등)
2. 감전방지용 누전차단기 설치
3. 수중 모터 외함 접지상태 확인

07 퍼지의 필요성을 쓰시오.

해답
1. 가연성 및 지연성 가스에 의한 화재 및 폭발사고와 산소결핍사고 예방
2. 급성독성물질에 의한 중독사고 예방
3. 불활성가스에 의한 산소결핍 예방

08 동영상에서 작업자의 추락원인 2가지를 쓰시오.

[동영상 설명]
아파트 건설공사 현장 3층 창틀에서 작업하던 작업자가 작업발판이 없어 창틀의 옆쪽을 밟았다가 미끄러져 떨어진다.

해답
1. 안전대 부착설비 미설치
2. 안전대 미착용
3. 추락방호망 미설치
4. 안전난간 미설치
5. 작업발판 미설치

09 유기화합물용 방독마스크의 정화통에 사용되는 흡수제의 종류 2가지를 쓰시오.

해답 1. 활성탄, 2. 알칼리제제

부록

2011년 작업형 기출문제

산업안전기사(5월 A형)

01 작업자가 개구부에서 자재 인양작업을 하고 있다. 이와 같은 작업진행 시 안전수칙 2가지를 쓰시오.

해답
1. 물건이 낙하하여 재해가 발생할 수 있으므로 낙하위험구역 내에는 근로자의 출입을 금지한다.
2. 물건 인양 시 적당한 기계, 기구를 이용한다.
3. 개구부에는 안전난간을 설치하여 근로자의 추락을 방지한다.
4. 난간을 설치하기 곤란한 경우에는 안전대를 착용한다.

02 작업자가 사다리차를 타고 전주의 고압선로에 절연방호구를 설치하고 있다. 동영상과 같은 활선작업 시 내재된 위험요인 3가지를 쓰시오.

해답
1. 근접활선(절연용 방호구 미설치)에 대한 감전 위험
2. 절연용 보호구 착용상태 불량에 따른 감전 위험
3. 활선작업거리 미준수에 따른 감전 위험
4. 작업장소의 관계근로자 외의 자의 출입에 따른 감전 위험

03 황산으로 유리용기를 세척하던 중 작업자에게 황산이 묻어 재해를 입었다. 재해형태와 원인을 쓰시오.

해답
1. 재해형태 : 화학물질에 의한 화상
2. 재해원인 : 부식성을 가지는 황산이 피부에 접촉하여 화상을 입게 됨

04 가죽제 안전화를 보여주고 있다. 가죽제 안전화의 성능시험 3가지를 쓰시오.

해답
1. 내압박성 시험, 2. 내충격성 시험, 3. 박리저항 시험, 4. 내답발성 시험

05 작업자가 브레이크 라이닝 작업 중 손이 말려 들어가는 재해를 당했다. 위험요소 2가지를 쓰시오.

해답
1. 작업 시 장갑 착용하고 있어서 손이 끼일 염려가 있음
2. 비상정지장치, 덮개 등의 방호장치 미설치
3. 이물질이 눈에 튀어 들어와서 눈을 다칠 위험이 있음

06 띠톱작업 중 자재가 끼어 빼어내는 중 톱날에 장갑이 걸려 들어가는 재해가 발생하였다. 위험요소 2가지를 쓰시오.

해답
1. 장갑을 착용하고 있어 손이 톱날에 끼일 위험이 있다.
2. 강재를 빼낼 때 전원을 차단하지 않았고 동작스위치의 잠금장치를 하지 않아 실수로 띠톱이 작동되어 다칠 위험이 있다.
3. 공작물을 수공구를 사용하지 않아 재해 발생원인이 된다.

07 영상 속 재해원인 3가지를 쓰시오.

[동영상 설명]
크레인 작업 중 배관을 로프에 걸어 수신호하다 배관에 부딪히는 재해가 발생하였다. 이때 로프는 반쯤 잘려있고, 배관 아래서 수신호 작업을 하고 있고, 보조로프를 설치하지 않았다.

해답
1. 보조로프를 설치하지 않음
2. 로프상태 불량
3. 위험반경내에서 크레인 신호작업

08 작업자가 밀폐장소에서 작업하던 중 실수로 국소배기장치 전원을 차버렸다. 밀폐장소 작업 시 감독자의 직무 3가지를 쓰시오.

> [해답]
> 1. 산소가 결핍된 공기나 유해가스에 노출되지 아니하도록 작업시작 전에 작업방법을 결정하고 이에 따라 당해 근로자의 작업을 지휘하는 일
> 2. 작업을 행하는 장소의 공기가 적정한지 여부를 작업시작 전에 확인하는 일
> 3. 측정장비·환기장치 또는 송기마스크, 공기마스크 등을 작업시작 전에 점검하는 일
> 4. 근로자에게 송기마스크, 공기마스크 등의 착용을 지도하고 착용상황을 점검하는 일

09 작업자가 전주에 올라가다 표지판에 부딪혀 추락하는 재해가 발생하였다. 재해발생원인 2가지를 쓰시오.

> [해답]
> 1. 안전대 부착설비 미설치(수직구명줄 미설치)
> 2. 안전대 미착용(추락방지대 미착용)

산업안전기사(5월 B형)

01 납품시간이 촉박한 지게차 운전자가 급히 물건을 적재(화물을 높게 적재하여 시계 불충분)하여 운반도중 통로의 작업자와 충돌하는 장면이다. 재해발생원인 2가지를 쓰시오.

> [해답]
> 1. 물건의 적재불량으로 인한 운전자의 시계 불충분으로 지게차에 의해 다른 작업자가 다친다.
> 2. 작업자가 지게차의 운행경로상에 나와서 작업하고 있어 다친다.

02 보호구(안전블록)를 보여주고 있다. 화면에서 보여주고 있는 (1) 보호구의 명칭과 (2) 일반 구조조건 2가지 쓰시오.

> [해답]
> (1) 명칭 : 안전블록
> (2) 구조조건
>   1. 신체지지의 방법으로 안전그네만을 사용할 것
>   2. 안전블록은 정격 사용 길이가 명시될 것
>   3. 안전블록의 줄은 합성섬유로프, 웨빙(webbing), 와이어로프이어야 하며, 와이어로프인 경우 최소지름이 4mm 이상일 것

03 작업자가 인근에 고압 가공전선이 있는 상태에서 항타기, 항발기 작업을 하고 있다. 작업 시 안전수칙 2가지 쓰시오.

> [해답]
> 1. (이격거리 확보) 차량 등을 충전부로부터 300[cm] 이상 이격시키되, 대지전압이 50[kV]를 넘는 경우에는 10[kV]가 증가할 때마다 이격거리를 10[cm]씩 증가시킨다.
> 2. (절연용 방호구 설치) 절연용 방호구 등을 설치한 경우에는 이격거리를 절연용 방호구 앞면까지로 할 수 있다.
> 3. (울타리 설치 또는 감시인 배치) 울타리를 설치하거나 감시인 배치 등의 조치를 하여야 한다.
> 4. (접지점 관리 철저) 접지된 차량 등이 충전전로와 접촉할 우려가 있는 경우에는 근로자가 접지점에 접촉되지 않도록 조치하여야 한다.

04 작업자가 전주설치 작업을 하고 있다. 전주 설치시 사고예방 관리적 대책을 3가지 쓰시오.

> [해답]
> 1. 작업지휘자에 의한 작업지휘 또는 감시인 배치
> 2. 작업 내용(감전 위험 포함)에 대한 위험성 주지 및 교육
> 3. 개인보호구 착용 및 취급사항 교육 및 감독

05 동영상에서 작업자의 추락원인 2가지를 쓰시오.

> [동영상 설명]
> 아파트 건설공사 현장 3층 창틀에서 작업하던 작업자가 작업발판이 없어 창틀의 옆쪽을 밟았다가 미끄러져 떨어진다.

> [해답]
> 1. 안전대 부착설비 미설치
> 2. 안전대 미착용
> 3. 추락방호망 미설치
> 4. 안전난간 미설치
> 5. 작업발판 미설치

06 유해물질 인체 흡입경로 3가지를 쓰시오.

> [해답]
> 1. 피부(점막), 2. 호흡기, 3. 소화기

07 화면은 작업자가 작동되는 양수기를 수리하는 모습으로, 잡담을 하며 수공구를 던져주고 하다가 손이 벨트에 물리는 영상이다. 영상 속 위험요인 3가지는?

해답 1. 작업에 집중하지 않고 있어, 실수로 작업복이 기계에 말려 들어간다.
2. 기계에 손을 올려놓고 오른쪽 작업자가 작업하고 있어, 손이나 작업복이 말려 들어갈 우려가 있다.
3. 회전하는 벨트에 왼쪽 작업자의 팔꿈치쪽이 걸려, 접선물림점에 작업복이 말려 들어갈 수 있다.
4. 운전 중 점검작업을 하고 있어 위험하다.
5. 회전기계에서 장갑을 착용하고 있어 접선물림점에 손이 다칠 수 있다.
6. 회전체 부분에 방호장치가 없어서 작업자가 다친다.

08 작업자가 방전가공기 청소작업을 하던 중 재해를 당하였다. 재해발생원인 2가지를 쓰시오.

해답 1. 정전작업 미실시
2. 절연보호구 미착용

09 유기화합물 취급 작업 시 착용하여야 하는 보호구의 종류 2가지를 쓰시오.

해답 1. 유기화합물용 안전장갑, 2. 보안경, 3. 화학물질용 보호복

산업안전기사(5월 C형)

01 전동톱을 작동하기 전에 작업발판용 나무토막을 가져다 놓고 한발로 나무를 고정하고 톱질하다 작업발판의 흔들림으로 인해 작업자가 넘어졌다. 발생한 재해의 (1) 재해형태, (2) 기인물, (3) 가해물은?

해답 (1) 재해형태 : 전도
(2) 기인물 : 작업발판
(3) 가해물 : 바닥

02 산소결핍장소에서 작업 시작 전 안전수칙을 3가지 쓰시오.

해답 1. 작업 전 산소 및 유해가스 농도 측정 후 작업한다.
2. 산소농도가 18% 미만일 때는 환기를 시키고, 작업 중에도 계속 환기시킨다.
3. 가능한 급배기를 동시에 실시하고, 환기를 실시할 수 없거나 산소결핍장소에서 작업할 때에는 공기공급식 호흡용 보호구를 착용한다.

03 건설현장에서 리프트가 운행 중이다. 작업 전 점검사항을 2가지 쓰시오.

해답 1. 방호장치 · 브레이크 및 클러치의 기능
2. 와이어로프가 통하고 있는 곳의 상태

04 피트작업 중 작업자가 피트 내부를 확인하던 중 추락하였다. 이때 필요한 안전조치 3가지를 쓰시오.

해답 1. 피트 내부에 추락방호망을 설치
2. 개구부(피트) 단부에 안전난간 설치
3. 안전대 부착설비 설치 및 안전대 착용 후 작업

05 물에 잠긴 단무지가 있는 곳에서 작업을 하다 펌프가 작동되지 않아 만지던 중 감전사고를 당했다. 작업자는 장갑을 끼고 있지 않고 있다. 작업 시 주의사항을 쓰시오.

해답 1. 사용 전 수중 펌프와 전선 등의 절연상태 점검(절연저항 측정 등)
2. 감전방지용 누전차단기 설치
3. 수중 모터 외함 접지상태 확인

06 작업자가 교류아크 용접작업을 하고 있다. 아크용접작업 시 필요한 보호구의 종류 2가지를 쓰시오.

해답 1. 용접용 보안면, 2. 절연장갑

07 작업자가 자동차 도금 세척작업을 하고 있다. 관련 위험예지훈련 2가지를 쓰시오.

해답 1. 점화원을 멀리하여 화재, 폭발을 예방하자
2. 적절한 보호구를 착용하여 유기용제에 의한 중독 등을 예방하자
3. 고무장화를 착용하자

08 건물해체공사 장면을 보여주고 있다. 건물해체공사 시 작업계획서 포함내용을 3가지 쓰시오.

> [해답] 1. 해체의 방법 및 해체순서 도면
> 2. 가설설비, 방호설비, 환기설비 및 살수·방화설비 등의 방법
> 3. 사업장 내 연락방법
> 4. 해체물의 처분계획
> 5. 해체작업용 기계·기구 등의 작업계획서
> 6. 해체작업용 화약류 등의 사용계획서

09 정화통 색이 녹색인 방독마스크를 보여주고 있다. 이 방독마스크의 종류와 정화통의 주성분, 파과시간을 쓰시오.

> [해답] 1. 종류 : 암모니아용 방독마스크
> 2. 정화통의 주성분 : 큐프라마이트
> 3. 파과시간

등급	시험가스 농도 (%, ±10%)	파과농도 (ppm, ±20%)	파과시간(분)
고농도	0.5	25.0	40 이상
중농도	0.1		50 이상
저농도	0.05		50 이상

산업안전기사(7월 A형)

01 인쇄용 롤러를 청소하는 작업 중에 손이 말려 들어가는 재해가 발생하였다. 핵심 위험요인 2가지를 쓰시오.

> [해답] 1. 전원을 차단하여 롤러기를 정지시키지 않은 상태에서 청소를 하고 있어 롤러에 말려 들어간다.
> 2. 방호장치가 없어 회전하는 롤러에 걸레의 윗부분이 넣어져서 손이 말려 들어간다.

02 특수화학설비 내부의 이상상태를 조기에 파악하기 위하여 설치해야 할 장치를 4가지 쓰시오.

> [해답] 1. 온도계, 2. 유량계, 3. 압력계, 4. 자동경보장치

03 영상은 정화통 색이 갈색인 방독마스크를 보여주고 있다. 영상 속 (1) 방독마스크의 종류와 (2) 정화통의 주성분, (3) 시험가스의 종류를 쓰시오.

> [해답] (1) 방독마스크 종류 : 유기화합물용 방독마스크
> (2) 정화통의 주성분 : 활성탄
> (3) 시험가스의 종류 : 사염화탄소

04 전신주의 형강교체작업 동영상을 보여주고 있다. 정전작업 종료 후 조치해야 할 사항 3가지를 쓰시오.

> [해답] 정전작업 작업 중/종료 후 조치사항
> 1. 작업기구, 단락 접지기구 등을 제거하고 전기기기등이 안전하게 통전될 수 있는지를 확인할 것
> 2. 모든 작업자가 작업이 완료된 전기기기등에서 떨어져 있는지를 확인할 것
> 3. 잠금장치와 꼬리표는 설치한 근로자가 직접 철거할 것
> 4. 모든 이상 유무를 확인한 후 전기기기등의 전원을 투입할 것

05 건물외벽작업을 위해 강관비계에 작업발판을 설치하고 있다. 이때 (1) 작업발판의 폭과 (2) 발판재료 간의 틈에 대한 기준을 쓰시오.

> [해답] (1) 작업발판의 폭 : 40cm 이상 (2) 틈 : 3cm 이하

06 차량계 하역운반기계 등의 수리 또는 부속장치의 장착 및 해체작업을 하는 때, 작업 전 조치해야 할 사항 3가지를 쓰시오.

> [해답] 1. 작업의 지휘자를 지정할 것
> 2. 작업순서를 결정하고 작업을 지휘할 것
> 3. 안전지지대 또는 안전블록 등의 사용 상황 등을 점검할 것

07 작업자가 터널 속 안전관련 전기작업 중 전기에 감전되는 사고가 발생하였다. (1) 재해의 형태와 (2) 정의를 쓰시오.

> [해답] (1) 사고유형 : 감전
> (2) 용어 정의
> 1. 감전(感電, Electric Shock) : 인체의 일부 또는 전체에 전류가 흐르는 현상을 말하며 이에 의해 인체가 받게 되는 충격을 전격(電擊, Electric Shock)이라고 한다.

2. 감전(전격)에 의한 재해 : 인체의 일부 또는 전체에 전류가 흘렀을 때 인체 내에서 일어나는 생리적인 현상으로 근육의 수축, 호흡곤란, 심실세동 등으로 부상·사망하거나 추락·전도 등의 2차적 재해가 일어나는 것을 말한다.

08 작업자는 보호구를 착용하지 않은 채 실험실에서 황산을 비커에 따르는 작업을 하고 있다. 작업자가 맨손, 호흡기 미착용인 상황에서 인체흡수경로 2가지를 쓰시오.

해답
1. 피부 및 점막 접촉에 의한 피부로의 흡수
2. 흡입을 통한 호흡기로의 흡수
3. 구강을 통한 소화기로의 흡수

09 한 작업자가 야간에 후레쉬를 들고 컨베이어 벨트를 점검하다가 부주의하여 한눈판 사이 손을 컨베이어 위에 두고 손이 롤러 사이에 끼어 말려 들어간다. 작업자가 컨베이어 벨트에서 지켜야 할 안전조치사항 2가지 쓰시오.

해답
1. 작업 시작 전 전원을 차단한다.
2. 장갑을 끼고 있어 손이 말려 들어가기 때문에 장갑을 벗는다.
3. 야간에 점검을 하지 않는다.
4. 비상정지 장치 기능을 설치한다.
5. 원동기 회전축 기어 및 풀리 등의 덮개 또는 울을 설치한다.

산업안전기사(7월 B형)

01 동영상에는 이동식 크레인을 이용하여 배관을 위로 올리는 작업을 하고 있다. 동영상을 참고하여 화물의 낙하·비래위험을 방지하기 위한 사전점검 또는 조치내용을 3가지 쓰시오.

해답
1. 유도로프를 사용하여 화물(배관)의 흔들림을 방지
2. 낙하위험구간에는 근로자 출입금지조치
3. 작업 전 인양로프의 손상 유무 및 체결상태를 확인
4. 작업 전 일정한 신호방법을 미리 정하고 무전기 등을 이용하여 신호

02 동영상에는 작업자가 출고에 늦지 않도록 하기 위해 지게차를 이용하여 급하게 재료를 운반하고 있다. 동영상에서와 같이 적재된 화물에 의해 시계가 현저하게 방해될 경우 운전자가 취해야 할 조치사항 3가지를 쓰시오.

해답
1. 유도자를 배치하여 지게차를 유도하고 후진으로 서행한다.
2. 하차하여 주변의 위험을 확인한다.
3. 주변 작업자에게 지게차의 이동 상태를 알리는 경적, 경광등을 사용한다.

03 동영상은 발파시작 전 천공작업과 취급에 관한 영상이다. 동영상에서와 같이 터널 등의 건설작업에 있어서 낙반 등에 의하여 근로자에게 위험을 미칠 우려가 있을 때 위험을 방지하기 위하여 필요한 조치사항 3가지 쓰시오.

해답
1. 터널지보공 설치
2. 록(Rock)볼트 설치
3. 부석 제거

04 섬유작업장에서 작업을 하다가 기계의 이상으로 기계작동이 정지된다. 작업자는 그 원인을 찾기 위해 기계에 몸을 넣고 있을 때 기계작동으로 롤러에 끼이는 재해이다. 위험요인 2가지 적으시오.

해답
1. 정비 혹은 수리시에는 항상 전원을 차단해야 하는데, 전원을 켜 놓은 채로 작업을 하였다.
2. 작업자의 손에 장갑을 착용하고 있어, 끼임점이 발생하여 재해가 발생할 가능성이 있다.

05 동영상은 이동식 크레인으로 전주의 상단부를 묶어 전주 세우기 작업 중 인접 활선에 전주가 접촉되어 크레인으로 전기가 통하는 장면을 보여주고 있다. 동영상에서의 재해발생 원인 중 직접원인에 해당되는 것을 2가지 쓰시오.

해답
1. 작업 장소 주변에 인접한 충전전로에 절연용 방호구 미설치
2. 충전전로 인근 작업 시 접근한계거리 미준수

06 인화성 물질의 저장소에서 작업자가 옷을 벗는 도중 폭발이 일어났다. 동영상에서와 같은 (1) 가스폭발의 종류를 쓰고 (2) 그 정의를 설명하시오.

해답
(1) 폭발의 종류 : 증기운 폭발(UVCE)
(2) 정의 : 가압상태의 저장용기 내부의 가연성 액체가 대기 중에 유출되어 순간적으로 기화가 일어나 점화원에 의해 일어나는 폭발

07 동영상은 스팀배관의 보수를 위해 누출 부위를 점검하던 중에 발생한 재해이다. 동영상에서와 같은 재해를 산업재해 기록·분류에 관한 지침에 따라 분류할 때 해당하는 재해의 발생형태를 쓰시오.

[해답] 이상온도 노출·접촉
※ "이상온도 노출·접촉"은 고·저온 환경 또는 물체에 노출·접촉된 경우를 말한다.

08 화면은 콘크리트 전주 세우기 작업 도중에 발생한 사례이다. 동영상에서와 같이 발생한 재해발생 원인 중 직접원인에 해당되는 것은 무엇인지 쓰시오.

[해답] 1. 충전전로에 대한 접근 한계거리 미준수
2. 인접 충전전로에 절연용 방호구 미설치

09 분리식 방진마스크를 보여주고 있다. 이와 같은 보호구의 각 등급별 포집효율을 쓰시오.

[해답]

형태 및 등급		염화나트륨(NaCl) 및 파라핀 오일(Paraffin oil) 시험(%)
분리식	특급	99.95 이상
	1급	94.0 이상
	2급	80.0 이상

산업안전기사(7월 C형)

01 고압전선로 옆 항타기·항발기 작업 중 실수로 활선전로를 건드렸다. 항타기·항발기 작업 시 안전수칙 2가지를 쓰시오.

[해답] 1. (이격거리 확보) 차량 등을 충전부로부터 300[cm] 이상 이격시키되, 대지전압이 50[kV]를 넘는 경우에는 10[kV]가 증가할 때마다 이격거리를 10[cm]씩 증가시킨다.
2. (절연용 방호구 설치) 절연용 방호구 등을 설치한 경우에는 이격거리를 절연용 방호구 앞면까지로 할 수 있다.
3. (울타리 설치 또는 감시인 배치) 울타리를 설치하거나 감시인 배치 등의 조치를 하여야 한다.
4. (접지점 관리 철저) 접지된 차량 등이 충전전로와 접촉할 우려가 있는 경우에는 근로자가 접지점에 접촉되지 않도록 조치하여야 한다.

02 화면의 영상을 참고하여 (1) 버스정비작업 중 안전을 위해 취해야 할 사전안전조치사항 3가지를 쓰시오. 또한 해당 영상은 샤프트에 의해 작업자가 재해를 입은 사고로 (2) 기계설비의 위험점 중 어느 것에 해당하는지 쓰시오.

[동영상 설명]
시내버스를 정비하기 위하여 차량용 리프트로 차량을 들어 올린 상태에서 한 작업자가 버스 밑에 들어가 샤프트 계통을 점검하고 있다. 그런데 다른 한 사람이 주변상황을 전혀 살피지 않고 버스에 올라 엔진을 시동하였다. 그 순간 밑에 있던 작업자의 팔이 버스의 회전하는 샤프트에 말려 들어 협착사고를 일으킨다. 이때 주변에는 작업감시자가 없다.

[해답] (1) 사전안전조치사항 3가지
1. 정비작업 중임을 나타내는 표지판을 설치할 것
2. 작업과정을 지휘할 작업자를 배치할 것
3. 기동(시동)장치에 잠금장치를 할 것
4. 작업 시 운전금지를 위하여 열쇠를 별도 관리할 것
(2) 위험점 : 회전말림점

03 단무지 작업 중 작업자가 감전재해를 당하였다. 이를 인체저항에 비교하여 감전요인 설명하시오.

[해답] 1. 감전피해의 위험도에 가장 큰 영향을 미치는 통전전류의 크기는 인체의 전기저항 즉, 임피던스의 값에 의해 결정(반비례)되며 인체의 임피던스는 내부저항과 피부저항으로 구성
2. 내부저항은 교류, 직류에 따라 거의 일정(통전시간이 길어지면 인체의 온도상승에 의해 저항치 감소) 피부저항은 물에 젖어 있을 경우 1/25로 저항이 감소하므로 그만큼 통전전류가 커져 전격의 위험이 높아진다.

04 동영상에서 DMF 드럼통을 보여주고 있다. 이와 같이 피부 자극성 및 부식성 물질 취급 작업 시 착용해야 할 보호구의 종류 3가지를 쓰시오.

[해답] 1. 방독마스크, 2. 화학물질용 보호복, 3. 안전장갑(화학물질용), 4. 보안경

05 작업자는 일반 마스크를 끼고 석면작업을 하고 있다. 작업자에게 직업 질환이 발생했을 경우 왜 발생하였는지 쓰시오.

> [해답] 석면작업에 적합한 방진마스크를 착용하지 않고 일반 마스크를 착용하여 석면이 흡입될 수 있다.

06 비계 위 작업발판을 설치할 때 고려해야 할 사항 3가지를 쓰시오. (단, 폭, 틈새기준은 제외하고 쓰시오.)

> [해답]
> 1. 발판재료는 작업 시의 하중을 견딜 수 있도록 견고한 것으로 할 것
> 2. 작업발판의 폭은 40cm 이상으로 하고, 발판재료 간의 틈은 3cm 이하로 할 것
> 3. 추락의 위험성이 있는 장소에는 안전난간을 설치할 것
> 4. 작업발판의 지지물은 하중에 의하여 파괴될 우려가 없는 것을 사용할 것
> 5. 작업발판재료는 뒤집히거나 떨어지지 않도록 둘 이상의 지지물에 연결하거나 고정시킬 것
> 6. 작업발판을 작업에 따라 이동시킬 때에는 위험 방지에 필요한 조치를 할 것

07 슬라이스 무채 작업 중 갑자기 슬라이스가 돌아가며 재해가 발생하였다. 해당 재해의 (1) 위험점과 (2) 그 정의를 쓰시오.

> [해답]
> (1) 위험점 : 절단점
> (2) 정의 : 회전하는 운동부 자체의 위험이나 운동하는 기계부분 자체의 위험에서 초래되는 위험점이다.

08 화면에서 보여주고 있는 방음보호구(귀마개)의 등급에 따른 기호 및 성능을 쓰시오.

> [해답]
>
> | 등급 | 기호 | 성능 |
> |---|---|---|
> | 1종 | EP-1 | 저음부터 고음까지 차음하는 것 |
> | 2종 | EP-2 | 주로 고음을 차음하고 저음(회화음영역)은 차음하지 않는 것 |

09 작업자가 사무실에서 키보드와 모니터를 보고 있으며, 허리를 의자 앞쪽으로 앉아 구부정한 상태로 작업하고 있다. VDT작업에서 개선해야 할 사항 3가지를 쓰시오.

> [해답]
> 1. 앉은 자세가 의자 앞쪽으로 기울어져 있어 요통을 유발할 위험이 있으므로 허리를 등받이 깊숙이 지지하여 앉는다.
> 2. 키보드가 너무 높은 곳에 있어 손목통증의 위험이 있으므로 키보드를 조작하기 편한 위치에 놓는다.
> 3. 모니터가 작업자와 너무 근접하여 시력 저하의 우려가 있으므로 모니터를 보기 편한위치에 놓는다.
> 4. 영상표시단말기 취급 근로자의 시선은 화면상단과 눈높이가 일치할 정도로 하고 작업 화면상의 시야범위는 수평선상으로부터 10~15° 밑에 오도록 하며 화면과 근로자의 눈과의 거리(시거리 : Eye-screen Distance)는 적어도 40cm 이상이 확보될 수 있도록 할 것
> 5. 위팔(Upper Arm)은 자연스럽게 늘어뜨려, 작업자의 어깨가 들리지 않아야 하며, 팔꿈치의 내각은 90° 이상이 되어야 하고, 아래팔(Forearm)은 손등과 수평을 유지하여 키보드를 조작하도록 할 것
> 6. 연속적인 자료의 입력작업 시에는 서류받침대(Document Holder)를 사용하도록 하고, 서류받침대는 높이·거리·각도 등을 조절하여 화면과 동일한 높이 및 거리에 두어 작업하도록 할 것
> 7. 의자에 앉을 때는 의자 깊숙이 앉아 의자등받이에 작업자의 등이 충분히 지지되도록 할 것
> 8. 영상표시단말기 취급근로자의 발바닥 전면이 바닥면에 닿는 자세를 기본으로 하되, 그러하지 못할 때에는 발 받침대(Foot Rest)를 조건에 맞는 높이와 각도로 설치할 것
> 9. 무릎의 내각(Knee Angle)은 90° 전후가 되도록 하되, 의자의 앉는 면의 앞부분과 영상표시단말기 취급근로자의 종아리 사이에는 손가락을 밀어 넣을 정도의 틈새가 있도록 하여 종아리와 대퇴부에 무리한 압력이 가해지지 않도록 할 것
> 10. 키보드를 조작하여 자료를 입력할 때 양 손목을 바깥으로 꺾은 자세가 오래 지속되지 않도록 주의할 것

산업안전기사(10월 A형)

01 화면의 영상을 참고하여 관련 (1) 재해요인과 (2) 재해 발생 시 조치사항을 쓰시오.

> [동영상 설명]
> 경사용 컨베이어가 작동 중이고, 컨베이어 아래쪽에서 작업자 2명이 컨베이어에 포대를 올리고 있다. 이때 컨베이어에 포대를 삐뚤게 놓아 올라가고 있는데 위쪽에서 작업하고 있는 작업자의 발에 부딪혀 오른쪽으로 쓰러진다. 작업자의 팔이 기계 하단으로 들어가 아파하는데 아래쪽 작업자가 와서 안아준다.

[해답] (1) 재해요인 : 안전장치(덮개 또는 울)가 설치되지 않았고, 작업자가 위험구역 내 위치 해 있어 재해의 위험이 있다.
(2) 재해발생 시 조치사항 : 컨베이어 기계 정지(비상정지장치 작동)

02 동영상을 참고하여 작업자의 눈, 손, 신체에 필요한 유기화합물의 보호구를 쓰시오.

[동영상 설명]
보호구를 착용하지 않은 작업자가 변압기 작업을 하고 있다. 변압기의 양쪽에 나와 있는 선을 양손으로 들고 유기화합물 통에 넣었다 빼서 앞쪽 선반에 올리는 작업을 하고 있다.

[해답] 1. 눈 : 보안경
2. 손 : 유기화합물용 안전장갑
3. 신체 : 불침투성 보호복

03 동영상에서의 위험요인을 2가지 쓰시오.

[동영상 설명]
작업자가 배관을 용접하고 있는 장면을 보여주고 있다. 작업자는 양손으로 작업(오른손은 용접봉을 들고 용접을 하고 왼손은 플랜지를 돌리기 위한 스위치를 조작)을 하고 있으며 주위에 인화성 물질(페인트통 등)이 산재해 있다.

[해답] 1. 양손을 동시에 사용하고 있어 작업자세가 불안전한다.
2. 주변에 인화성 물질이 산재해 있어 화재 위험이 있다.

04 동영상을 참고하여 (1) 재해 발생형태와 (2) 가해물을 쓰시오.

[동영상 설명]
작업자가 승강기 판넬을 점검하던 중 다른 작업자가 작업 중인 것을 모르고 절연저항을 측정하기 위해 장비의 스위치를 올리며 작업을 하여 점검 중인 작업자가 재해를 당했다.

[해답] (1) 재해 발생형태 : 감전
(2) 가해물 : 전류

05 화면에서와 같이 마그네틱 크레인(Magnetic Crane)으로 물건을 옮기다 발생한 재해위험요인 2가지를 쓰시오.

[동영상 설명]
작업자(안전모 미착용)가 마그네틱 크레인(Magnetic Crane)을 사용(마그네트를 금형 위에 올리고 손잡이를 작동시켜 들어 올리고 이동하는데 작업자가 오른손으로 금형을 잡고, 왼손으로 펜던트스위치를 누르면서 이동하다가 갑자기 쓰러지면서 오른손이 마그네틱의 손잡이를 작동해 금형이 떨어짐)하다가 협착사고가 일어난다.

[해답] 1. 마그네틱 크레인에 훅해지장치가 없고, 작동스위치의 전선이 벗겨져 있는 상태라서 재해의 위험이 있다.
2. 보조(유도)로프를 사용하지 않아 재해 위험이 있다.

06 작업자가 배전반 작업을 하던 중 배전반(손잡이에 송전중 꼬리표 설치됨)의 잔류전하에 의해 감전당하는 사고가 발생하였다. 재해를 예방하기 위한 조치를 3가지 쓰시오.

[해답] 1. 정전작업 실시(잔류전하 제거)
2. 개인보호구(감전방지용 보호구) 착용
3. 유자격자 이외는 전기기계 및 기구에 전기적인 접촉 금지
4. 관리감독자는 작업에 대한 안전교육 시행
5. 사고발생시의 처리순서를 미리 작성하여 둘 것

07 그림은 고무제 안전화를 보여주고 있다. 이 보호구에 대한 사용 장소에 따른 구분을 쓰시오.

[해답] 1. 일반용, 2. 내유용, 3. 내산용, 4. 내알칼리용, 5. 내산, 알칼리 겸용

08 박공지붕 작업 시 박공지붕이 미끄러지면서 밑으로 떨어지면서 휴식을 취하고 있던 작업자에게 맞는 재해가 발생하였다. 이를 방지하기 위한 조치를 3가지 쓰시오.

[해답] 1. 경사지붕 하부에 낙하물방지망 설치
2. 박공지붕 과적 금지 및 체결상태 확인
3. 근로자가 낙하위험 장소에서 휴식하지 않도록 조치
4. 낙하위험구간에 출입통제 조치

09 동영상은 화약을 장전하고 있는 장면을 보여주고 있다. 작업자는 젖은 손으로 화약을 장전하고 있고 천공 구멍에 화약을 넣을 때 철근으로 마구 찌르는 장면을 보여주고 있다. 동영상에서의 문제점을 쓰시오.

[해답] 화약은 충격이나 마찰에 매우 민감하기에 철근으로 찌를 경우 충격 또는 마찰에 의해 화약이 폭발할 수 있다.

산업안전기사(10월 B형)

01 방진마스크의 사진을 보여주고 있다. 이러한 보호장구의 일반적인 구비조건 3가지를 쓰시오.

[해답]
1. 분진포집효율(여과효율)이 좋을 것
2. 흡기, 배기저항이 낮을 것
3. 사용적이 적을 것
4. 중량이 가벼울 것
5. 시야가 넓을 것
6. 안면밀착성이 좋을 것

02 기계 작업 중(롤러로 동선을 감고 있음) 갑자기 기계가 작동하지 않자 보호구를 착용하지 않은 작업자가 기계 판넬을 열어 점검하다 감전을 당했다. 해당 (1) 재해형태와 (2) 원인을 쓰시오.

[해답] (1) 재해유형 : 감전
(2) 재해원인 : 정전작업 미실시에 의한 감전, 개인보호구(감전방지용 보호구 등)를 착용하지 않고 작업을 실시하여 재해를 당함

03 작업자가 교량하부에서 작업 중에 추락하는 동영상을 보여주고 있다. 작업자는 안전모만 착용한 상태이며 작업발판이 불안정하다. 추락재해 원인 3가지를 쓰시오.

[해답] 1. 작업(통로)발판 미고정으로 작업발판이 불안정
2. 안전대 부착설비 미설치 및 안전대 미착용
3. 추락방지용 추락방호망 미설치

04 작업자가 맨홀 내부에서 작업하는 동영상이다. 이러한 밀폐공간에서 작업 중 착용하여야 할 보호구를 쓰시오.

[해답] 공기호흡기, 송기마스크

05 영상 속 기계의 (1) 방호장치 및 (2) 안전검사 주기를 쓰시오.

[동영상 설명]
천장크레인이 철판을 트럭 위로 이동을 시키고 있다. 이때 천장크레인은 고리가 아닌 철판집게(하카)가 철판을 'ㄷ'자로 물고있는 방식이다. 트럭 위에 한 작업자가 이동해온 철판을 내리려는 찰나에 철판이 낙하하여 작업자가 깔리게 된다.

[해답] (1) 방호장치 : 훅해지장치(권과방지장치, 과부하방지장치, 비상정지장치 및 제동장치)
(2) 안전검사 주기 : 2년(최초 설치시 3년, 그 이후 매 2년마다)

06 동영상은 건물을 해체하는 작업을 보여주고 있다. 이러한 해체작업 시 작업계획서에 포함되어야 할 사항 4가지를 쓰시오.

[해답]
1. 해체의 방법 및 해체순서 도면
2. 가설설비, 방호설비, 환기설비 및 살수·방화설비 등의 방법
3. 사업장 내 연락방법
4. 해체물의 처분계획
5. 해체작업용 기계·기구 등의 작업계획서
6. 해체작업용 화약류 등의 사용계획서

07 화면에 사용하는 기계의 (1) 방호장치와 (2) 설치각도를 쓰시오.

[동영상 설명]
작업자가 보호구(장갑)를 착용하지 않은 상태에서 휴대용 연삭기 작업을 하고 있다. 작업자는 부품을 고정시키지 않고 작업하다 손으로 지지하여 연삭작업을 하고 있다.

[해답] (1) 방호장치 : 덮개
(2) 설치각도 : 180도 이내

08 작업자가 석면작업장에서 석면을 옮겨 담고 바닥에 떨어진 석면을 빗자루로 쓸어 담고 있는 동영상이다. 석면 작업 시 걸릴 수 있는 직업병 3가지를 쓰시오.

> 해답 1. 폐암, 2. 석면폐증, 3. 악성중피종

09 작업자가 책상에 앉아 컴퓨터를 하고 있다. 작업자는 의자에 거의 누워있고 컴퓨터의 위치 등이 적당해 보이지 않는다. VDT 작업 시 올바른 작업 자세를 3가지 쓰시오.

> 해답
> 1. 영상표시단말기 취급 근로자의 시선은 화면상단과 눈높이가 일치할 정도로 하고 작업 화면상의 시야범위는 수평선상으로부터 10~15° 밑에 오도록 하며 화면과 근로자의 눈과의 거리(시거리 : Eye-screen Distance)는 적어도 40cm 이상이 확보될 수 있도록 할 것
> 2. 위팔(Upper Arm)은 자연스럽게 늘어뜨려, 작업자의 어깨가 들리지 않아야 하며, 팔꿈치의 내각은 90° 이상이 되어야 하고, 아래팔(Forearm)은 손등과 수평을 유지하여 키보드를 조작하도록 할 것
> 3. 연속적인 자료의 입력작업 시에는 서류받침대(Document Holder)를 사용하도록 하고, 서류받침대는 높이 · 거리 · 각도 등을 조절하여 화면과 동일한 높이 및 거리에 두어 작업하도록 할 것
> 4. 의자에 앉을 때는 의자 깊숙이 앉아 의자등받이에 작업자의 등이 충분히 지지되도록 할 것
> 5. 영상표시단말기 취급근로자의 발바닥 전면이 바닥면에 닿는 자세를 기본으로 하되, 그러하지 못할 때에는 발 받침대(Foot Rest)를 조건에 맞는 높이와 각도로 설치할 것
> 6. 무릎의 내각(Knee Angle)은 90° 전후가 되도록 하되, 의자의 앉는 면의 앞부분과 영상표시단말기 취급근로자의 종아리 사이에는 손가락을 밀어 넣을 정도의 틈새가 있도록 하여 종아리와 대퇴부에 무리한 압력이 가해지지 않도록 할 것
> 7. 키보드를 조작하여 자료를 입력할 때 양 손목을 바깥으로 꺾은 자세가 오래 지속되지 않도록 주의할 것

산업안전기사(10월 C형)

01 박공지붕에서 작업을 하던 중 작업자가 추락하는 동영상이다. 작업자는 보호구를 착용하지 않았다. 이때, 재해발생 (1) 위험요인과 (2) 안전대책을 각각 2개씩 쓰시오.

> 해답 (1) 위험요인
> 1. 경사지붕 단부에 추락방지용 안전난간 미설치
> 2. 안전대 부착설비 미설치 및 작업자 안전대 미착용
> 3. 추락방지용 추락방호망 미설치
>
> (2) 안전대책
> 1. 경사지붕 단부에 추락방지용 안전난간 설치
> 2. 안전대 부착설비 설치 후 작업자 안전대 착용한 상태로 작업
> 3. 경사지붕 단부에 추락방지용 추락방호망 설치

02 'C' 표시가 되어있는 방독마스크를 보여주고 있다. 이때 (1) 마스크의 종류, (2) 정화통의 주성분을 쓰시오.

> 해답 (1) 마스크 종류 : 유기화합물용 방독마스크
> (2) 정화통 주성분 : 활성탄

03 작업자가 엘리베이터 개구부에서 작업을 하고 있다. 작업자는 안전대 부착설비 및 안전대를 착용하고 있지 않으며 작업발판이 불안정하게 고정되어 있다. 이때 재해발생 위험요인 3가지 쓰시오.

> 해답 1. 작업발판이 고정되지 않아 발판 탈락 및 추락위험
> 2. 안전대 부착설치 미설치 및 작업자 안전대 미착용으로 추락위험
> 3. 엘리베이터 피트 내부에 추락방호망을 설치하지 않아 추락위험

04 작업자는 컨베이어가 작동하는 상태에서 컨베이어벨트 끝부분에 발을 딛고 올라서서 불안정한 자세로 형광등을 교체하다 추락하는 동영상이다. 작업자의 불안전한 행동 2가지를 쓰시오.

> 해답 1. 작동하는 컨베이어에 올라 작업하는 자세가 불안정하여 추락할 위험이 있다.
> 2. 안전모등 보호구를 착용하지 않아 위험하다.

05 지게차를 사용하기 전 운전자가 유압장치, 조정장치, 경보등 등을 점검하고 있는 동영상이다. 지게차 사용 시작 전 점검사항을 쓰시오.

> 해답 1. 제동장치 및 조정장치 기능의 이상 유무
> 2. 하역장치 및 유압장치 기능의 이상 유무
> 3. 바퀴의 이상 유무
> 4. 전조등, 후미등, 방향지시기 및 경보장치 기능의 이상 유무

06 연삭기 작업(브레이크 라이닝)을 하던 작업자가 면장갑을 낀 상태로 작업을 하던 중 손이 말려 들어가는 장면을 보여주고 있다. 동영상을 바탕으로 안전대책을 쓰시오.

[해답] 1. 작업 시 면장갑을 착용하고 있어서 손이 끼일 염려가 있으므로 손에 밀착이 잘되는 가죽 장갑 등과 같이 손이 말려 들어갈 위험이 없는 장갑을 사용하도록 하여야 한다.
2. 비상정지장치, 덮개 등 방호장치를 설치하여야 한다.

07 지하 하수처리장의 슬러지 작업 중 작업자가 쓰러져 의식을 잃고 쓰러지는 동영상이다. 이러한 밀폐공간에서 작업 시 착용해야 하는 보호구 2가지를 쓰시오.

[해답] 1. 공기호흡기, 2. 송기마스크

08 사출성형기 작업 중 문제가 생겨 작업자가 점검중 전기에 감전되는 동영상이다. 이와 같은 재해의 예방 대책 3가지를 쓰시오.

[해답] 1. 작업자가 사출성형기의 내부 금형 사이에 출입할 때에는 사출성형기의 전원을 차단한 후 출입할 것
2. 작업 시 절연용보호구를 착용할 것
3. 이물질의 제거는 전용공구를 사용할 것
4. 사출성형기 충전부 방호조치(덮개)를 실시할 것

09 작업자가 보호구를 착용하지 않은 상태에서 페인트 작업을 하고 있다. 이와 같은 작업 시 착용하는 보호구에 사용할 수 있는 흡수제의 종류 3가지를 쓰시오.

[해답] 1. 활성탄, 2. 소다라임, 3. 호프카라이트

2012년 작업형 기출문제

산업안전기사(5월 A형)

01 동영상은 작업자가 회전물에 샌드페이퍼를 감고 손으로 지지하여 작업을 하다 손이 회전부에 말려 들어가는 장면을 보여주고 있다. 선반작업의 (1) 위험점과 그 (2) 정의를 쓰시오.

[해답] (1) 위험점 : 회전말림점(Trapping Point)
(2) 회전말림점의 정의 : 회전하는 물체의 길이, 굵기, 속도 등이 불규칙한 부위와 돌기 회전부위에 장갑 및 작업복 등이 말려드는 위험점 형성

02 동영상은 지게차로 운반작업을 하고 있다. 지게차의 각각 안정도를 쓰시오.

(1) 하역작업 시 전후 안정도
(2) 주행시 전후 안정도
(3) 하역작업 시 좌우 안정도
(4) 지게차가 5[km]의 속도로 주행 시 좌우 안정도

[해답] (1) 4%
(2) 18%
(3) 6%
(4) $(15+1.1V)\% = 15+1.1 \times 5 = 20.5\%$

03 동영상은 작업자가 안전대를 착용하고 전주에 올라가 볼트로 된 작업발판을 딛고 변압기 볼트를 조이는 작업을 하던 중 작업자가 추락하는 장면을 보여주고 있다. 이때 위험요인 2가지를 쓰시오.

[해답] 1. 작업자가 안전대를 걸지(체결하지) 않아 추락할 위험
2. 작업자가 딛고 있는 작업발판(볼트)이 불안전하여 추락할 위험

04 동영상은 단무지가 있고 무릎정도 물이 차있는 상태에서 펌프를 작동과 동시에 감전당하는 장면을 보여주고 있다. 이처럼 습윤한 장소에서의 작업 시 재해방지대책 3가지를 쓰시오.

[해답] 1. 사용 전 수중 펌프와 전선 등의 절연상태 점검(절연저항 측정 등)
2. 감전방지용 누전차단기 설치
3. 수중 모터 외함 접지상태 확인

05 크레인으로 중량물을 인양하는 작업을 보여주고 있다. 이러한 크레인 인양작업 시 위험요인 2가지를 쓰시오.

[해답] 1. 유도로프를 사용하지 않아 화물의 흔들림으로 인한 화물의 낙하 위험
2. 무전기를 사용하여 신호하거나 일정한 신호방법을 미리 정하지 않아 화물의 낙하 또는 근로자와 충돌 위험

06 작업자가 실험실 안에 들어가기 전 신발에 물을 묻히는 장면을 보여주고 있다. (1) 신발에 물을 묻히는 이유와 이 때의 (2) 소화방법을 쓰시오.

[해답] (1) 신발에 물을 묻히는 이유 : 대부분의 물체는 습도가 증가하면 전기저항치가 저하하고 이에 따라 대전성이 저하하므로, 작업자가 신발에 물을 묻히게 되면 도전성이 증가(전기저항치 감소)하고 이에 따라 인체의 대전성이 저하되므로 정전기 착화성 방전에 의한 화재 폭발을 방지할 수 있음
(2) 화재시 소화방법 : 다량 주수에 의한 냉각소화(폭발성 물질은 분해에 의하여 산소가 공급되기 때문에 연소가 격렬하며 그 자체의 분해도 격렬하다. 소화법으로는 물을 다량 사용해서 냉각하여 분해온도 이하로 낮추고 가연물의 연소도 억제해서 폭발을 방지하는 것이다. 소화제로는 질식소화는 효과가 없고, 물을 다량으로 사용하는 것이 최선이다.)

07 브레이크 라이닝 세척작업을 보여주고 있다. 이러한 라이닝 세척작업 중 착용하여야 하는 보호구의 종류 3가지를 쓰시오.

해답) 1. 방독마스크, 2. 화학물질용 보호복, 3. 화학물질용 보호장갑, 4. 화학물질용 보호장화

08 동영상으로 항타기 · 항발기 작업장면을 보여주고 있다. 이러한 항타기 · 항발기 조립작업 시 점검하여야 할 사항 4가지를 쓰시오.

해답) 1. 본체 연결부의 풀림 또는 손상의 유무
2. 권상용 와이어로프 · 드럼 및 도르래의 부착상태의 이상 유무
3. 권상장치의 브레이크 및 쐐기장치 기능의 이상 유무
4. 권상기의 설치상태의 이상 유무
5. 리더(leader)의 버팀 방법 및 고정상태의 이상 유무
6. 본체 · 부속장치 및 부속품의 강도가 적합한지 여부
7. 본체 · 부속장치 및 부속품에 심한 손상 · 마모 · 변형 또는 부식이 있는지 여부

09 방독마스크의 안전인증사항 외에 추가로 표시해야 할 사항 4가지를 쓰시오.

해답) 1. 파과곡선도, 2. 사용시간 기록카드, 3. 정화통의 외부측면의 표시색, 4. 사용상의 주의사항

산업안전기사(5월 B형)

01 안전대의 사진을 보여주고 있다. 화면에서 보여주고 있는 안전대의 명칭(①)과 각 부분(②, ③)의 명칭을 쓰시오.

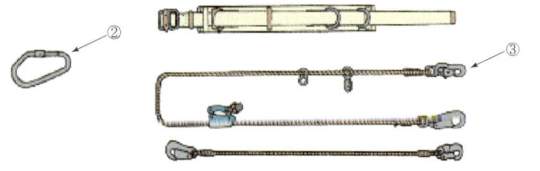

해답) ① 죔줄, ② 카라비너, ③ 훅

02 동영상은 전주작업을 하고 있는 작업자를 보여주고 있다. 이러한 전주작업 시 작업자가 착용하여야 할 보호장구의 명칭을 쓰시오.

해답) U자 걸이용 안전대

03 다음의 빈칸을 채우시오.

(1) 화면에서 보여주는 항타기 권상장치의 드럼축과 권상장치로부터 첫 번째 도르래의 축과의 거리를 권상장치의 드럼폭의 (①) 이상으로 해야 한다.
(2) 도르래는 권상장치 드럼의 (②)을 지나야 하며 축과 (③) 상에 있어야 한다.

해답) ① 15배, ② 중심, ③ 수직면

04 동영상은 MCCB 패널 차단기의 전원을 투입하여 발생한 재해사례이다. 동종재해방지대책 3가지를 서술하시오.

해답) 1. 전로의 개로개폐기에 시건장치 및 통전금지 표지판 부착
2. 작업 전 신호체계 확립 및 작업지휘자에 의한 작업지휘
3. 차단기에 회로구분 표찰 부착에 의한 오조작 방지 등

05 화면의 영상을 참고하여 관련 (1) 문제점과 (2) 대책 2가지를 쓰시오.

[동영상 설명]
장갑을 착용한 작업자가 가동 중인 롤러기의 스위치를 끄고 정지시킨 후 내부 수리를 한다. 수리 완료 후 롤러기를 다시 가동시키고 장갑을 착용한 손으로 이물질을 제거하다 롤러에 손이 말려 들어간다.

해답) (1) 문제점
1. 롤러기와 같은 회전체에 장갑을 착용하여 손이 다칠 우려가 있다.
2. 이물질을 제거할 때 손으로 제거하여 손이 다칠 우려가 있다.
(2) 대책
1. 롤러기와 같은 회전체에 장갑을 착용하지 않는다.
2. 이물질을 제거할 때 손보다는 수공구를 사용하여 제거한다.

06 화면의 영상을 참고하여 관련 (1) 재해요인과 (2) 재해 발생 시 조치사항을 쓰시오.

[동영상 설명]
경사용 컨베이어가 작동 중이고, 컨베이어 아래쪽에서 작업자 2명이 컨베이어에 포대를 올리고 있다. 이때 컨베이어에 포대를 삐뚤게 놓아 올라가고 있는데 위쪽에서 작업하고 있는 작업자의 발에 부딪혀 오른쪽으로 쓰러진다. 작업자의 팔이 기계 하단으로 들어가 아파하는데 아래쪽 작업자가 와서 안아준다.

해답 (1) 재해요인 : 안전장치(덮개 또는 울)가 설치되지 않았고, 작업자가 위험구역 내 위치 해 있어 재해의 위험이 있다.
(2) 재해발생 시 조치사항 : 컨베이어 기계 정지(비상정지장치 작동)

07 어둡고 밀폐된 LPG저장소에서 작업자가 전등의 전원을 투입하는 순간 "펑"하고 폭발사고가 발생하는 장면이다. 위 동영상에서 가스누설감지경보기를 설치할 때 적절한 (1) 설치위치와 (2) 경보설정값을 쓰시오.

해답 (1) 설치위치 : 바닥에 인접한 낮은 곳에 설치한다.(LPG는 공기보다 무거우므로 가라앉음)
(2) 경보설정값 : 폭발하한계(LEL) 25% 이하

08 동영상에서 작업자의 추락원인 2가지를 쓰시오.

[동영상 설명]
아파트 건설공사 현장 3층 창틀에서 작업하던 작업자가 작업발판이 없어 창틀의 옆쪽을 밟았다가 미끄러져 떨어진다.

해답 1. 안전대 부착설비 미설치
2. 안전대 미착용
3. 추락방호망 미설치
4. 안전난간 미설치
5. 작업발판 미설치

09 밀폐공간을 퍼지하고 있다. 퍼지작업의 종류 4가지를 쓰시오.

해답 1. 진공퍼지, 2. 압력퍼지, 3. 스위프 퍼지, 4. 사이펀 퍼지

산업안전기사(5월 C형)

01 다음과 같은 마스크의 (1) 명칭, (2) 등급 3종류, (3) 산소농도를 쓰시오.

해답 (1) 명칭 : 방진마스크
(2) 등급 종류 : 특급, 1급, 2급
(3) 산소농도 : 18%

02 동영상은 박공지붕 설치작업을 하던 중 물체가 낙하하여 하부에 있던 근로자가 맞는 재해를 보여주고 있다. 이때 위험요인을 3가지 쓰시오.

해답 1. 경사지붕 하부에 낙하물방지망 미설치
2. 박공지붕 과적 및 체결상태 미확인
3. 근로자가 낙하위험 장소에서 휴식
4. 낙하위험구간에 출입통제 미실시

03 화면은 활선작업에 대한 동영상이다. 활선 작업 시 내재되어 있는 핵심 위험요인을 쓰시오.

해답 1. 근접활선(절연용 방호구 미설치)에 대한 감전 위험
2. 절연용 보호구 착용상태 불량에 따른 감전 위험
3. 활선작업거리 미준수에 따른 감전 위험
4. 작업장소의 관계근로자 외의 자의 출입에 따른 감전 위험

04 김치공장 슬라이스 작업하는 장면이다. 작업을 하던 중 기계가 작동하지 않자 작업자가 슬라이스 기계를 점검하다 재해를 당했다. 슬라이스 기계에 필요한 방호장치는 무엇인가?

해답 인터록(연동장치)

05 동영상에서 작업자는 크랭크 프레스로 철판을 뚫는 작업을 하고 있다. 동영상에서의 위험요인을 쓰시오.

해답) 1. 프레스 방호장치가 설치되어 있지 않아서 재해의 위험이 있다.
2. 기계 점검시 전원을 차단하지 않아서 재해의 위험이 있다.
3. 이물질 제거 시 수공구를 사용하지 않고, 손으로 작업해 재해의 위험이 있다.
4. 프레스 페달에 U자형 커버가 설치되어 있지 않아서 재해의 위험이 있다.

06 다음은 30kW 고압선 인근에서 작업을 하는 동영상이다. 이 경우 사업주가 해야 할 조치사항을 4가지 쓰시오.

해답) 1. 작업 착수 전 당해 전선로를 이설할 것
2. 감전의 위험을 방지하기 위한 울타리를 설치할 것
3. 당해 충전전로에 절연용 방호구를 설치할 것
4. 위의 1~3항에 해당하는 조치를 하는 것이 현저히 곤란할 경우에는 감시인을 두고 작업을 감시하도록 할 것

07 동영상은 크롬 도금작업을 하고 있는 작업자를 보여주고 있다. 크롬 작업 시 주의해야 할 사항을 쓰시오.

해답) 1. 국소배기장치를 설치하고, 작업 중 정상가동 여부를 수시로 확인
2. 젖은 손으로 팬던트 스위치 등 전기기구 조작 금지
3. 도금작업장 바닥은 불 침투성 재료를 사용하고, 작업 시 유출된 도금액은 물로 세척
4. 인화성 물질이 존재하는 경우 점화원에 의해 화재가 발생할 수 있으므로 작업 중 점화원 제거

08 동영상은 석면작업을 하고 있는 장면을 보여주고 있다. 작업자는 일반 마스크를 하고 있다. 위 동영상에서 근로자에게 미치는 (1) 위험요인 및 (2) 발생할 수 있는 건강장해의 종류를 쓰시오.

해답) (1) 위험요인 : 작업자가 석면을 여과할 수 있는 방진마스크를 착용하지 않을 경우 석면분진이 체내로 흡입될 수 있다.
(2) 질병 : 1. 악성중피종, 2. 석면폐, 3. 폐암

09 물체 인양 중 물체가 떨어져 작업자가 맞는 재해가 발생하였다. 이때 (1) 재해의 형태와 (2) 정의를 쓰시오.

해답) (1) 발생형태 : 낙하 · 비래
(2) 정의 : 물체가 위에서 떨어지거나, 다른 곳으로부터 날아와 작업자가 맞음으로써 발생하는 재해

산업안전기사(7월 A형)

01 화면에서 변압기를 유기화합물에 담가서 절연처리하는 작업을 보여주고 있다. 이러한 유기화합물 취급작업 시 다음의 신체 부위에 착용하여야 하는 보호구를 쓰시오.

| (1) 손 | (2) 눈 |

해답) (1) 손 : 유기화합물용 안전장갑
(2) 눈 : 보안경

02 화면에서 건설현장에 사용되고 있는 건설용 리프트를 보여주고 있다. 이러한 리프트를 사용하여 작업할 때 작업시작 전 점검사항 2가지를 쓰시오.

해답) 1. 방호장치, 브레이크 및 클러치의 기능
2. 와이어로프가 통하고 있는 곳의 상태

03 화면에서 보여주고 있는 (1) 보호장구의 명칭과 (2) 일반구조조건 2가지를 쓰시오.

해답 (1) 명칭 : 안전블록
(2) 구조
1. 안전블록을 부착하여 사용하는 안전대는 신체 지지의 방법으로 안전그네만을 사용하여야 한다.
2. 안전블록은 정격 사용 길이가 명시되어야 한다.
3. 안전블록의 줄은 로프, 웨빙, 와이어로프이어야 하며, 와이어로프인 경우 최소 공칭지름이 4mm 이상이어야 한다.

04 화면의 영상을 참고하여 피트에서 작업을 할 때 지켜야 할 작업안전수칙 3가지를 쓰시오.

[동영상 설명]
작업자가 피트의 뚜껑을 한쪽으로 열어놓고 불안정한 나무 발판 위에 발을 올려놓은 상태에서 왼손으로 뚜껑을 잡고 오른손으로 손전등을 안쪽으로 비추면서 내부를 점검하는 중이다. 이때 갑자기 중심을 잃고 미끄러지게 된다.

해답 1. 열어놓은 피트 뚜껑을 다른 작업자가 잡아 주도록 한다.
2. 피트에 안전난간·울 등을 설치한다.
3. 통행인이 피트에 빠지지 않도록 출입금지 표지를 한다.
4. 안전대 부착설비를 설치하고 안전대 착용 후 작업을 실시한다.

05 타워크레인을 이용하여 강관비계를 운반하던 중 강관비계가 낙하하여 재해가 발생하는 사례를 보여주고 있다. 이때, 재해발생 원인 중 타워크레인 운전과 관련한 안전작업방법 미준수 사항을 3가지 쓰시오.

해답 1. 신호수를 배치하지 아니하여 관계 근로자 외 출입을 금지하지 않았다.
2. 무전기 등을 사용하여 신호하거나 일정한 신호방법을 미리 정하지 않았다.
3. 유도로프를 사용하여 강관비계의 흔들림을 방지하지 않았다.
4. 화물(강관비계)을 작업자 위로 통과시키면 안 된다.

06 동영상은 작업자가 드릴작업 중 동시에 칩을 입으로 불어서 제거하고, 손으로 제거하려다가 드릴에 손을 다치는 사고 장면을 보여주고 있다. 동영상에 나타나는 위험요인 2가지를 쓰시오.

해답 1. 칩을 입으로 불어 제거하다가 칩이 눈에 들어갈 위험이 있다.
2. 브러시를 사용하지 않고 손으로 칩을 제거하다가 손을 다칠 위험이 있다.

07 작업자가 전주에 올라가다 표지판에 부딪혀 추락하는 재해가 발생하였다. 재해발생원인 2가지를 쓰시오.

해답 1. 안전대 부착설비 미설치(수직구명줄 미설치)
2. 안전대 미착용(추락방지대 미착용)

08 화면은 작업자가 밀폐공간에서 작업하는 상황을 보여주는데, 외부의 작업자가 환기장치 콘센트에 걸려 환기장치가 꺼져서 내부밀폐작업자가 쓰러지는 동영상이다. 이 작업의 핵심 위험요인 3가지를 쓰시오.

해답 1. 밀폐공간에서의 산소결핍 위험이 있다.
2. 유독성 가스가 있는 경우 작업자가 질식, 중독의 위험이 있다.
3. 가연성 가스, 증기 또는 가연성 분진이 존재하는 경우 점화원에 의한 폭발위험이 있다.

09 습윤한 장소에서 사용되는 이동전선에 대한 사용 전 점검사항을 3가지 쓰시오.

해답 1. 접속부위의 절연상태 점검 : 전선을 서로 접속하는 때에는 당해 전선의 절연성능 이상으로 절연될 수 있는 것으로 충분히 피복하거나 적합한 접속기구를 사용
2. 전선 피복의 손상 유무 점검 : 물 등의 전도성이 높은 액체가 있는 습윤한 장소에서 근로자가 작업 또는 통행 등으로 인하여 접촉할 우려가 있는 이동전선 및 이에 부속하는 접속기구는 당해 전도성이 높은 액체에 대하여 충분한 절연효과가 있는 것을 사용
3. 전선의 절연저항 측정
4. 감전방지용 누전차단기 설치

산업안전기사(7월 B형)

01 다음 동영상은 브레이크 패드를 제조하는 중 석면을 사용하는 장면이다. 안전작업을 위해 취하여야 할 작업방법을 쓰시오. (단, 근로자는 석면의 위험성을 인지하고 있다.)

[동영상 설명]
작업장에 석면이 날리고 있으며 한 작업자는 포대에 담긴 석면을 플라스틱 용기를 사용하여 배합기에 넣고, 아래 있는 작업자는 철로 된 용기에 주변 바닥으로 흩어진 석면을 빗자루로 쓸어 담고 있다. 주변에는 국소배기장치가 없고, 작업자는 일반 작업복, 일반장갑, 일반마스크를 착용하고 있다.

해답
1. 석면취급작업 시 담배를 피우거나 음식물을 먹지 않도록 하고, 그 내용을 보기 쉬운 장소에 게시한다.
2. 석면취급작업에 따른 분진청소 시 빗자루 등으로 쓸어담지 말고 진공청소기나 습식상태에서 청소한다.
3. 석면취급작업 시 분진흡입 방지를 위하여 방진마스크 등 보호구를 착용하거나 근로자의 안전을 위하여 push-pull 또는 국소배기장치를 설치한 후 작업한다.

02 누전차단기 설치 장소를 쓰시오.

해답 누전차단기 적용범위(안전보건규칙 제304조)
1. 대지전압이 150볼트를 초과하는 이동형 또는 휴대형 전기기계·기구
2. 물 등 도전성이 높은 액체가 있는 습윤 장소에서 사용하는 저압용 전기기계·기구
3. 철판·철골 위 등 도전성이 높은 장소에서 사용하는 이동형 또는 휴대형 전기기계·기구
4. 임시배선의 전로가 설치되는 장소에서 사용하는 이동형 또는 휴대형 전기기계·기구

03 황산으로 유리용기를 세척하는 중 발생할 수 있는 (1) 재해형태와 (2) 정의를 각각 쓰시오.

해답 (1) 재해형태 : 화학물질에 의한 화상
(2) 정의 : 부식성을 가지는 황산이 피부에 접촉하여 발생하는 재해

04 화면은 금형제조를 위하여 방전가공기를 사용하던 중에 발생한 재해사례이다. 이 화면 속에서 발견되는 재해발생 원인을 2가지 쓰시오.

[동영상 설명]
금형을 제작하는 과정에서 작업자는 계속 천을 이용하여 맨손으로 이물질을 직접 제거하고 있다. 금형의 한쪽에서는 연기가 조금씩 나는 과정에 작업자가 금형을 만지다 감전되었다.

해답
1. 청소하기 전에 전원을 차단하지 않고 작업을 실시하였다.
2. 작업자는 절연장갑 등의 절연용 보호구를 착용하지 않았다.

05 다음은 브레이크 라이닝 연마작업 도중 일어난 사고를 나타낸 것이다. 사고의 위험요인 2가지를 쓰시오.

해답
1. 회전기계에 손이 말려 들어갈 위험이 있는 장갑을 착용해서는 안 된다.
2. 비상정지장치, 덮개 등에 방호장치 미설치
3. 이물질이 눈에 튀어 들어와서 눈을 다칠 위험이 있으므로 보안경 착용

06 띠톱으로 강재를 절단하는 작업 중 발생한 사고이다. 이 사고의 위험요소 2가지를 쓰시오.

[동영상 설명]
강재를 절단하는 도중에 보안경 없이 작업장면을 고개 숙여 들여다보고 있었고, 절단 후 작업대에서 강재를 꺼내려다 끼고 있던 일반 면장갑 손등부분이 띠톱날에 걸렸다. 이때 띠톱은 작동하지 않았다.

해답
1. 회전기계에 손이 말려 들어갈 위험이 있는 장갑을 착용해서는 안 된다.
2. 톱날 부위에 보호장치(덮개 또는 울)가 설치되어 있지 않다.
3. 강재를 빼낼 때 전원을 차단하지 않았고 동작스위치의 잠금장치를 하지 않아 실수로 띠톱이 작동되어 다칠 위험이 있다.

07 가죽제 안전화의 뒷굽 높이를 제외한 몸통 높이(h)에 따른 3가지 구분을 쓰시오.

해답) 1. 단화 : 113mm 미만, 2. 중장화 : 113mm 이상, 3. 장화 : 178mm 이상

08 아파트 창틀에서 작업 중 추락하는 재해사례를 보여주고 있다. 이러한 추락사고의 원인 3가지를 간략히 쓰시오.

해답) 1. 안전난간 미설치, 2. 안전대 미착용, 3. 추락방호망 미설치

09 화면의 영상을 참고하여 중량물 인양작업 시 준수하여야 할 안전수칙 2가지를 쓰시오.

[동영상 설명]
승강기 개구부에서 A, B 두 명의 작업자가 작업하던 중 A는 위에서 안전난간에 밧줄을 걸쳐 화물을 끌어 올리고 B는 이를 밑에서 올려주는데 바로 이때 인양하던 물건이 떨어져 밑에 있던 B가 다치는 사고가 발생한다.

해답) 1. 중량물 인양작업 시 로프가 통과하는 도르래 등의 기구를 사용하고, 로프의 끝부분을 지지할 수 있는 기둥에 묶어둔다.
2. 중량물 낙하위험을 방지하기 위하여 낙하물방지망을 설치한다.
3. 중량물이 낙하하여 재해가 발생할 수 있는 낙하위험구역 내에는 관계 작업자 이외의 자는 출입을 금지 시킨다.

산업안전기사(7월 C형)

01 정화통 색이 녹색인 방독마스크를 보여주고 있다. 이때, 다음 각 물음에 답을 쓰시오. (단, 정화통의 표기는 무시한다.)

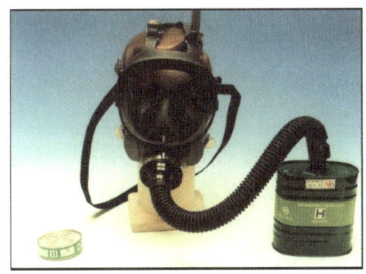

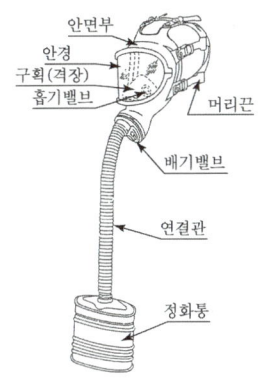

(1) 방독마스크의 종류를 쓰시오.
(2) 방독마스크의 형식을 쓰시오.
(3) 방독마스크의 시험가스의 종류를 쓰시오.

해답) (1) 암모니아용 방독마스크
(2) 격리식 전면형
(3) 암모니아

02 이동식 크레인을 사용하여 작업을 하는 때 작업시작 전 점검사항을 2가지 쓰시오. (단, 경보장치는 제외한다.)

해답) 1. 브레이크·클러치 및 조정장치의 기능
2. 와이어로프가 통하고 있는 곳 및 작업장소의 지반상태

03 화면상에서 보여주고 있는 해체작업 중 해체계획에 포함되어야 할 항목 4가지를 쓰시오.

해답) 1. 해체의 방법 및 해체순서 도면
2. 가설설비, 방호설비, 환기설비 및 살수·방화설비 등의 방법
3. 사업장 내 연락방법
4. 해체물의 처분계획
5. 해체작업용 기계·기구 등의 작업계획서
6. 해체작업용 화약류 등의 사용계획서
7. 기타 안전·보건에 관련된 사항도 포함되어야 한다.

04 롤러기에서 발생할 수 있는 (1) 위험점의 명칭과 (2) 위험점의 발생 조건을 간단히 쓰시오.

해답) (1) 위험점 : 물림점
(2) 발생조건 : 회전체가 서로 반대방향으로 맞물려 회전되어야 한다.

05 화면은 회전하는 벨트(풀리)작업 중 발생한 재해사례를 나타내고 있다. 화면에서와 같이 안전준수 사항을 지키지 않고 작업할 때 일어날 수 있는 재해요인을 쓰시오.

> [동영상 설명]
> 동력기가 돌아가는데 작업자가 공구를 주고받으면서 작업하다 손이 말려 들어갔다.

해답) 1. 기계의 전원을 차단하지 않고 점검하여 사고의 위험이 있다.
2. 작업에 집중하지 않아 실수로 작업복과 손이 말려 들어간다.
3. 손을 기계 위에 올려놓고 작업을 하고 있어 손이 미끄러져 회전물에 말려 들어간다.
4. 회전체 부분에 방호장치가 없어서 작업자가 다친다.

06 화면의 영상을 참고하여 재해 발생원인 3가지를 쓰시오.

> [동영상 설명]
> A 작업자가 변압기의 2차 전압을 측정하기 위해 유리창 너머의 B 작업자에게 신호를 주고 전원을 켠 후 다시 차단하라는 신호를 보내고 기기를 만지다가 감전사고가 발생한다.

해답) 1. 개인보호구(절연장갑 등) 미착용
2. 신호전달체계 불량
3. 작업자 안전수칙 미준수(활선 및 정전상태 미확인 후 작업)

07 화면은 콘크리트 전주 세우기 작업 도중에 발생한 사례이다. 동영상에서와 같은 동종재해를 예방하기 위한 대책 중 관리적 대책 3가지를 쓰시오.

> [동영상 설명]
> 항타기·항발기 장비로 땅을 파고 전주를 묻는 장면으로 항타기에 고정된 전주가 조금 불안전한 듯 싶더니 조금씩 돌아가서 항타기로 전주를 조금 움직이는 순간 인접 활선 전로에 접촉되어서 스파크가 일어난다.

해답) 1. (이격거리 확보) 차량 등을 충전부로부터 300[cm] 이상 이격시키되, 대지전압이 50[kV]를 넘는 경우에는 10[kV]가 증가할 때마다 이격거리를 10[cm]씩 증가시킨다.
2. (절연용 방호구 설치) 절연용 방호구 등을 설치한 경우에는 이격거리를 절연용 방호구 앞면까지로 할 수 있다.
3. (울타리 설치 또는 감시인 배치) 울타리를 설치하거나 감시인 배치 등의 조치를 하여야 한다.
4. (접지점 관리 철저) 접지된 차량 등이 충전전로와 접촉할 우려가 있는 경우에는 근로자가 접지점에 접촉되지 않도록 조치하여야 한다.

08 화면은 자동차부품을 도금 후 세척하는 과정을 보여주고 있다. 이 영상을 참고하여 위험예지훈련을 하고자 한다. 연관된 행동목표 두 가지를 쓰시오.

> [동영상 설명]
> 고무장갑, 고무장화를 착용하고 담배를 피우면서 도금작업을 마친 자동차부품을 세척한다.

해답) 1. 작업 중 흡연을 하지 말자.
2. 세척작업 시 고무제 안전화를 착용하자.

09 화면은 밀폐된 공간에서의 작업을 보여주고 있다. 밀폐공간 작업 시 안전작업수칙 3가지를 쓰시오.

해답) 1. 산소 및 유해가스 농도 측정 후 작업을 시작한다.
2. 산소농도가 18% 미만일 때는 환기를 시키고, 작업 중에도 계속 환기를 한다.
3. 가능한 급배기를 동시에 실시하고, 환기를 실시할 수 없거나 산소결핍장소에서 작업할 때에는 공기공급식 호흡용 보호구를 착용한다.

산업안전기사(10월 A형)

01 화면의 영상을 참고하여 이때 재해발생 원인 중 직접원인에 해당되는 것 2가지를 쓰시오.

> [동영상 설명]
> 항타기·항발기가 작업 중인 화면을 보여주고 있다. 이때, 항타기·항발기의 인근에 고압전선로가 있고 항타기·항발기가 돌아가는 순간 인접 충전전로에 접촉이 되면서 스파크가 발생하였다.

해답) 1. 충전전로에 대한 접근 한계거리 미준수
2. 인접 충전전로에 절연용 방호구 미설치

02 방독마스크를 보여주고 있다. 이때, 다음 각 물음에 답을 쓰시오. (단, 정화통의 표기는 무시한다.)

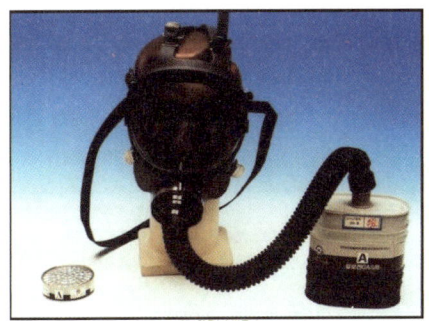

(1) 방독마스크의 명칭을 쓰시오.
(2) 정화통의 주요성분을 쓰시오.
(3) 방독마스크의 시험가스 종류를 쓰시오.

해답 (1) 명칭 : 할로겐용 방독마스크
     (2) 주요성분 : 활성탄
     (3) 시험가스 종류 : 염소

03 동영상에서와 같이 차량계 하역운반기계 등의 수리 또는 부속장치의 장착 및 해체작업을 하는 때에 작업지휘자가 준수하여야 할 사항을 3가지 쓰시오.

[동영상 설명]
작업자가 운전석에서 내려 덤프트럭 적재함을 올리고 실린더 유압장치 밸브를 수리하던 중 적재함 사이에 끼었다.

해답 1. 안전지지대 또는 안전블록 등의 사용상황 등을 점검할 것
     2. 작업순서를 결정하고 작업을 지휘할 것
     3. 작업계획서를 작성할 것
     4. 원동기를 정지시키고 브레이크를 확실히 거는 등 갑작스러운 주행을 방지하기 위한 조치를 할 것

04 선반의 주축에 가공물(롤러)을 체결한 후 사포 연마작업 중 왼팔이 회전부에 말려 들어가서 재해가 발생하였다. 화면에서와 같이 안전준수사항을 지키지 않고 작업할 때 일어날 수 있는 재해요인을 쓰시오.

해답 1. 회전물에 샌드페이퍼를 감아 손으로 지지하고 있기 때문에 작업복과 손이 감겨 들어간다.
     2. 작업에 집중하지 못하여(곁눈질) 실수로 작업복과 손이 말려 들어간다.
     3. 손을 기계 위에 올려놓고 작업을 하고 있어 손이 미끄러져 회전물에 말려 들어간다.

05 화면에는 지게차에 주유를 하는 동안에 운전자가 시동을 건 채 내려 다른 작업자와 흡연을 하며 이야기를 나누고 있다. 위험요소를 2가지 이상 쓰시오.

해답 1. 지게차 운전자가 주유 중 담배를 피우고 있어 화재발생 위험이 있다.
     2. 주유 중인 지게차에 시동이 걸려 있어 임의동작 또는 오동작으로 인한 사고발생 위험이 있다.
     3. 주유원이 작업 중 잡담을 하고 있어 정량 이상을 주유하여 바닥에 유류가 흘러넘쳐 그로 인한 화재발생 위험이 있다.

06 화면은 작업자가 전동 권선기에 동선을 감는 작업 중 기계가 정지하여 점검하던 중 발생한 재해사례이다. (1) 재해유형 및 (2) 발생원인 2가지를 기술하시오.

해답 (1) 재해형태 : 감전
     (2) 재해발생원인 : 정전작업 미실시, 절연보호구(절연장갑) 미착용 등

07 화면은 선박 밸러스트 탱크 내부의 슬러지를 제거하는 작업 도중에 작업자가 가스질식으로 의식을 잃는 것을 보여주고 있다. 이러한 사고에 대비하여 필요한 피난용구 3가지를 쓰시오.

해답 1. 호흡용보호구(송기마스크, 공기호흡기), 2. 구명로프, 3. 사다리, 4. 안전대

08 화면은 탁상공구 연삭기로 봉강 연마작업 중 발생한 사고사례이다. 기인물은 무엇이며, 봉강 연마작업 시 파편이나 칩의 비래에 의한 위험에 대비하기 위해 설치해야 하는 장치명을 쓰시오.

해답 1. 기인물 : 탁상공구 연삭기
     2. 장치명 : 칩 비산방지 투명판

09 건물 해체작업 시 위험부분에 작업자가 머무르는 것은 특히 위험하다. 따라서 해체장비 주위 몇 m 이내 접근하는 것을 금지하여야 하는가?

해답) 4m

산업안전기사(10월 B형)

01 동영상은 스팀배관의 보수를 위해 누출부위를 점검하던 중에 발생한 재해이다. 동영상에서와 같은 재해를 산업재해 기록, 분류에 관한 기준에 따라 분류할 때 해당되는 재해 발생형태를 쓰시오.

해답) 이상온도 노출·접촉
※ "이상온도 노출·접촉"은 고·저온 환경 또는 물체에 노출·접촉된 경우를 말한다.

02 화면은 버스 정비작업 중 재해가 발생한 사례이다. 미준수 사항 3가지를 쓰시오.

[동영상 설명]
시내버스를 정비하기 위하여 차량용 리프트로 차량을 들어올린 상태에서 한 작업자가 버스 밑에 들어가 샤프트(shaft) 계통을 점검하고 있다. 그런데 다른 한 사람이 주변 상황을 전혀 살피지 않고 버스에 올라 엔진을 시동하였다. 그 순간 밑에 있던 작업자의 팔이 버스의 회전하는 샤프트에 말려 들어가 사고를 일으킨다. 이때 작업장 주변에는 아무런 작업 감시자가 없다.

해답) 1. 정비작업 중임을 나타내는 표지판을 설치하지 않았다.
2. 작업과정을 지휘할 작업자를 배치하지 않았다.
3. 기동(시동)장치에 잠금장치를 하지 않았다.
4. 작업 시 운전금지를 위하여 열쇠를 별도 관리하지 않았다.

03 화면은 작업자가 수중펌프 접속부위에 감전되어 발생한 재해사례이다. 작업자가 감전사고를 당한 원인을 인체의 피부저항과 관련하여 설명하시오.

[동영상 설명]
단무지가 있고 무릎 정도 물이 차 있는 상태에서 펌프 작동과 동시에 감전되었다.

해답) 인체가 수중에 있으므로 인체 피부저항이 1/25로 감소(저하)되어 쉽게 감전되었다.
1. 감전피해의 위험도에 가장 큰 영향을 미치는 통전전류의 크기는 인체의 전기저항 즉, 임피던스의 값에 의해 결정(반비례)되며 인체의 임피던스는 내부저항과 피부저항으로 구성
2. 내부저항은 교류, 직류에 따라 거의 일정(통전시간이 길어지면 인체의 온도상승에 의해 저항치 감소)하지만 피부저항은 물에 젖어 있을 경우 1/25로 저항이 감소하므로 그만큼 통전전류가 커져 전격의 위험이 높아진다.

04 쌍줄비계 위 작업발판 설치 시 준수사항을 3가지 쓰시오. (단, 발판의 폭과 틈의 간격은 제외한다.)

해답) 1. 발판재료는 작업 시의 하중을 견딜 수 있도록 견고한 것으로 할 것
2. 추락의 위험성이 있는 장소에는 안전난간을 설치할 것
3. 작업발판의 지지물은 하중에 의하여 파괴될 우려가 없는 것을 사용할 것
4. 작업발판재료는 뒤집히거나 떨어지지 않도록 둘 이상의 지지물에 연결하거나 고정시킬 것
5. 작업발판을 작업에 따라 이동시킬 때에는 위험 방지에 필요한 조치를 할 것

05 크랭크 프레스기에 금형을 설치 시 안전상 점검사항 4가지를 쓰시오.

해답) 1. 다이홀더와 펀치의 직각도, 생크홀과 펀치의 직각도
2. 펀치와 다이의 평행도
3. 펀치와 볼스터면의 평행도
4. 다이와 볼스터의 평행도

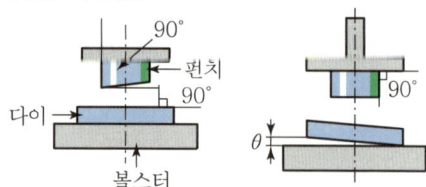

06 화면에서와 같이 크롬도금작업장에서 장기간 근무할 경우 크롬화합물이 작업자의 체내에 유입될 수 있는 경로를 쓰시오.

해답) 호흡기, 소화기, 피부점막

07 방독마스크를 보여주고 있다. 다음 각 물음에 답을 쓰시오. (단, 정화통의 표기는 무시한다.)

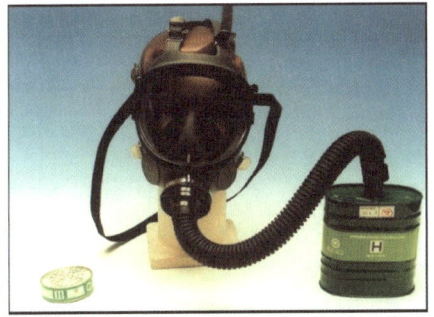

(1) 방독마스크의 명칭을 쓰시오.
(2) 방독마스크의 정화통 흡수제 1가지를 쓰시오.
(3) 방독마스크가 직결식 전면형일 경우 누설률은 몇 %인가?

해답) (1) 명칭 : 암모니아용 방독마스크
   (2) 정화통 흡수제 : 큐프라마이트
   (3) 누설률 : 0.05% 이하

08 화면(전주 동영상) 전기형강작업 중 위험요인 3가지를 쓰시오.

[동영상 설명]
작업자 2명이 전주 위에서 작업을 하고 있다. 작업자 1명은 변압기 위에 올라가서 볼트를 풀면서 흡연을 하며 작업하고 있다. 전주의 발판용 볼트에 C.O.S(Cut Out Switch)가 임시로 걸쳐있다. 그리고 다른 작업자 근처에서는 이동식 크레인에 작업대를 매달고 또 다른 작업을 하고 있다.

해답) 1. 안전수칙 미준수(작업자세 및 상태불량 등) : 작업자 흡연 등
   2. 감전 위험
   3. 추락 위험 : 작업발판 불안
   4. 낙하·비래 위험 : COS 고정상태 불량

09 화면은 콘크리트 전주 세우기 작업 도중에 발생한 사례이다. 동영상에서와 같은 동종재해를 예방하기 위한 대책 중 관리적 대책 2가지를 쓰시오.

[동영상 설명]
작업자가 항타기·항발기 장비로 땅을 파고 전주를 묻는 장면이다. 항타기에 고정된 전주가 조금 불안전한 듯싶더니 조금씩 돌아가고 항타기로 전주를 조금 움직이는 순간 인접 활선 전로에 접촉되어서 스파크가 일어난다.

해답) 1. (이격거리 확보) 차량 등을 충전부로부터 300[cm] 이상 이격시키되, 대지전압이 50[kV]를 넘는 경우에는 10[kV]가 증가할 때마다 이격거리를 10[cm]씩 증가시킨다.
   2. (절연용 방호구 설치) 절연용 방호구 등을 설치한 경우에는 이격거리를 절연용 방호구 앞면까지로 할 수 있다.
   3. (울타리 설치 또는 감시인 배치) 울타리를 설치하거나 감시인 배치 등의 조치를 하여야 한다.
   4. (접지점 관리 철저) 접지된 차량 등이 충전전로와 접촉할 우려가 있는 경우에는 근로자가 접지점에 접촉되지 않도록 조치하여야 한다.

산업안전기사(10월 C형)

01 화면에서 보여주고 있는 방진마스크에서 빈칸의 등급별 포집효율을 쓰시오.

형태 및 등급		염화나트륨(NaCl) 및 파라핀 오일(Paraffin oil) 시험(%)
분리식	특급	(①)
	1급	(②)
	2급	(③)

해답

형태 및 등급		염화나트륨(NaCl) 및 파라핀 오일(Paraffin oil) 시험(%)
분리식	특급	① 99.95% 이상
	1급	② 94.0% 이상
	2급	③ 80.0% 이상

02 화면은 섬유기계의 운전 중 발생한 재해사례이다. 이 영상에서 사용한 기계작업 시 핵심위험요인 2가지를 쓰시오.

[동영상 설명]
섬유공장에서 실을 감는 기계가 돌아가고 있고 작업자가 그 밑에서 일을 하고 있는데 갑자기 실이 끊어지며 기계가 멈춘다. 이때 작업자가 회전하는 대형 회전체의 문을 열고 허리까지 집어넣고 안을 들여다보며 점검할 때 갑자기 기계가 돌아가며 작업자의 몸이 회전체에 끼이게 된다.

해답 1. 기계의 전원을 차단하지 않고(기계를 정지시키지 않고) 점검을 하여 말려 들어갈 수 있다.
2. 회전기계의 문을 열면 기계의 작동을 멈추게 하는 연동장치가 설치되어 있지 않다.
3. 장갑을 착용하고 있어 롤러에 끼일 염려가 있다.

03 동영상은 이동식 크레인으로 전주를 옮기다가 작업자가 전주에 맞는 장면을 보여주고 있다. 동영상을 참고하여 다음에 해당하는 답을 쓰시오.

(1) 재해발생형태   (2) 가해물
(3) 안전모의 종류

해답 (1) 재해발생형태 : 비래
(2) 가해물 : 전주
(3) 안전모의 종류 : AE, ABE

04 터널 굴착공사 시 다이너마이트를 설치하고 있다. 이러한 터널 등의 건설작업이시 낙반 등에 의하여 근로자에게 위험이 미칠 우려가 있을 때 위험을 방지하기 위하여 필요한 조치사항 2가지를 쓰시오.

해답 1. 터널 지보공 및 록볼트의 설치
2. 부석의 제거

05 동영상에 나타난 것처럼 지게차에 적재된 화물이 현저하게 시계를 방해할 경우 운전자의 조치를 3가지 쓰시오.

해답 1. 유도자를 배치하여 지게차를 유도하고 후진으로 서행한다.
2. 하차하여 주변의 위험을 확인한다.
3. 주변작업자에게 지게차의 이동상태를 알리는 경적, 경광등을 사용한다.

06 화면은 교류아크용접작업 중 재해가 발생한 사례이다. 이 작업 시 눈과 감전재해의 위험으로부터 작업자를 보호하기 위해 착용해야 할 보호구 명칭 2가지를 쓰시오.

[동영상 설명]
작업자가 교류아크용접을 한다. 용접을 한 번 하고서 슬러지를 털어낸 뒤 육안으로 확인한 후 다시 한번 용접을 위해 아크불꽃을 내는 순간 감전되어 쓰러진다. 작업자는 일반 캡모자와 목장갑 착용했다.

해답 1. 용접용 보안면, 2. 절연장갑

07 작업자가 강재파이프에 래커 스프레이로 페인트 작업을 할 때 방독마스크 흡수제의 종류를 3가지만 쓰시오.

해답 1. 활성탄, 2. 소다라임 3. 호프카라이트

08 신호수의 신호에 의해 이동식 크레인을 이용하여 철제배관을 운반하던 중 철제 배관이 철골에 부딪혀 떨어지며 재해가 발생하였다. 이때, 재해발생 원인 중 이동식 크레인 운전과 관련한 재해예방대책 3가지를 쓰시오.

해답 1. 유도로프를 이용하여 배관의 흔들림을 방지한다.
2. 무전기 등을 사용하여 신호하거나 일정한 신호방법을 미리 정하여 둔다.
3. 슬링와이어로프의 체결상태를 확인한다.

09 화면은 밀폐공간작업 중 환기(퍼지) 장면을 보여주고 있다. 작업공간에 다음과 같은 가스가 존재할 경우 각각 환기(퍼지) 목적을 쓰시오.

> (1) 가연성 가스 및 지연성 가스의 경우
> (2) 독성가스의 경우
> (3) 불활성 가스의 경우

해답 (1) 가연성 가스 및 지연성 가스의 경우 : 화재폭발사고 방지 및 산소결핍에 의한 질식사고 방지
  (2) 독성가스의 경우 : 중독사고 방지
  (3) 불활성 가스의 경우 : 산소결핍에 의한 질식사고 방지

2013년 작업형 기출문제

산업안전기사(4월 A형)

01 화면의 영상을 참고하여 활선작업 시 내재되어 있는 핵심 위험요인 3가지를 쓰시오.

[동영상 설명]
작업자 2명이 전주에서 활선작업을 하고 있다. 작업자 1명은 밑에서 절연방호구를 올리고 다른 작업자 1명은 크레인 위에서 물건을 받아 활선에 절연방호구 설치작업을 하다 감전사고가 발생하였다.

해답
1. 근접활선(절연용 방호구 미설치)에 대한 감전 위험
2. 절연용 보호구 착용상태 불량에 따른 감전 위험
3. 활선작업거리 미준수에 따른 감전 위험
4. 작업장소에 관계근로자 이외의 자의 출입에 따른 감전 위험
5. 신호체계 불량에 따른 감전 위험

02 화면은 30kV 전압이 흐르는 고압선 아래에서 이동식 크레인으로 작업하다 붐대가 전선에 닿아 감전되는 재해가 발생한 사례이다. 크레인을 이용하여 고압선 주변에서 작업할 경우 안전대책 3가지를 쓰시오.

해답
1. (이격거리 확보) 차량 등을 충전부로부터 300[cm] 이상 이격시키되, 대지전압이 50[kV]를 넘는 경우에는 10[kV]가 증가할 때마다 이격거리를 10[cm]씩 증가시킨다.
2. (절연용 방호구 설치) 절연용 방호구 등을 설치한 경우에는 이격거리를 절연용 방호구 앞면까지로 할 수 있다.
3. (울타리 설치 또는 감시인 배치) 울타리를 설치하거나 감시인 배치 등의 조치를 하여야 한다.
4. (접지점 관리 철서) 접지된 차량 등이 중전전로와 접촉할 우려가 있는 경우에는 근로자가 접지점에 접촉되지 않도록 조치하여야 한다.

03 화면상에서의 (1) 작업자 측면에서의 문제점 (2) 재해 발생시 조치사항을 각각 쓰시오.

[동영상 설명]
경사진(30° 정도) 컨베이어 기계가 작동하고, 작업자는 작동 중인 컨베이어 위에 1명과 아래쪽 작업장 바닥에 1명이 있으며, 기계 오른쪽에 있는 포대를 컨베이어 벨트 위로 올리는 작업을 하고 있다. 작업장 우측에 포대가 많이 쌓여 있고, 작업자 한 명은 경사진 컨베이어 위에 회전하는 벨트 양끝 부분 철로 된 모서리에 양발을 벌리고 서 있다. 밑에 있는 작업자가 포대를 일정하지 않게(각기 방향이 다르게) 컨베이어에 올리던 중 컨베이어 위에 양발을 벌리고 있는 작업자 발에 포대 끝부분이 부딪혀 무게 중심을 잃고 기계 오른쪽으로 쓰러진 후 팔이 기계 하단으로 들어가면서 고통스러워하자 아래쪽 작업자가 와서 안아준다.

해답 (1) 작업자 측면에서의 문제점
1. 작업자가 양발을 컨베이어 양끝에 지지하여 불안전한 자세로 작업을 하고 있다.
2. 시멘트 포대가 작업자의 발을 치고 있어서 넘어져 상해를 당할 수 있다.
(2) 조치사항 : 기계(컨베이어) 정지(비상정지장치 작동)

04 전기드릴을 이용해 구멍을 넓히는 작업 중 자재가 튕겨져 나온다. 작업자는 안전모와 보안경 미착용 상태이고, 방호장치도 설치되지 않은 상태에서 맨손으로 작업을 하고 있다. 위험요인을 3가지 쓰시오.

해답
1. 작은 물건은 바이스나 클램프를 사용하여 작업하여야 하나, 직접 손으로 지지하고 있어 위험
2. 안전모 미착용, 보안경 미착용, 안전덮개 미설치로 위험
3. 판에 큰 구멍을 뚫고자 할 때에는 먼저 작은 드릴로 뚫은 후에 큰 드릴로 뚫어야 하나 그렇지 않아 위험

05 쌍줄비계의 작업발판에서 작업을 하고 있는 장면을 보여주고 있다. 이때 (1) 작업발판의 폭은 몇 cm 이상 (2) 발판 틈새는 몇 cm 이하가 적절한지 각각 쓰시오.

> [해답] (1) 작업발판 폭 : 40cm 이상
> (2) 발판틈새 : 3cm 이하

06 동영상은 이동식 크레인을 이용하여 배관을 위로 올리는 작업으로 신호수의 수신호와 유도로프 없이 작업을 하는 장면을 보여주고 있다. 이때, 화물의 낙하·비래 위험을 방지하기 위한 사전점검 또는 조치사항 3가지를 쓰시오.

> [해답] 1. 작업 반경 내 관계근로자 이외의 자는 출입을 금지시킨다.
> 2. 와이어로프의 체결상태를 점검한다.
> 3. 훅의 해지장치 및 안전상태를 점검한다.
> 4. 유도로프를 사용하여 화물의 흔들림을 방지한다.

07 화면은 실험실에서 황산을 비커에 따르고 있고, 작업자는 맨손으로 작업을 수행하고 있다. 인체로 흡수되는 경로를 2가지 쓰시오.

> [해답] 1. 피부 및 점막 접촉에 의한 피부로의 흡수
> 2. 흡입을 통한 호흡기로의 흡수
> 3. 구강을 통한 소화기로의 흡수

08 보호구를 착용하지 않은 작업자가 변압기 작업을 하고 있다. 변압기의 양쪽에 나와 있는 선을 양손으로 들고 유기화합물통에 넣었다 빼서 앞쪽 선반에 올리는데, 이때 작업자의 (1) 눈, (2) 손, (3) 신체에 필요한 유기화합물의 보호구를 쓰시오.

> [해답] (1) 눈 : 보안경
> (2) 손 : 고무제 안전장갑
> (3) 신체 : 화학물질용 보호복

09 화면에서 보여주고 있는 안전대의 (1) 명칭, (2) 정의, (3) 일반구조 조건 2가지를 쓰시오.

> [해답] (1) 명칭 : 안전블록
> (2) 정의 : 안전그네와 연결하여 추락 발생시 추락을 억제할 수 있는 자동잠김장치가 갖추어져 있고 죔줄이 자동적으로 수축되는 장치
> (3) 일반구조 조건
> 1. 신체지지의 방법으로 안전그네만을 사용할 것
> 2. 안전블록은 정격 사용 길이가 명시될 것
> 3. 안전블록의 줄은 합성섬유로프, 웨빙(webbing), 와이어로프이어야 하며, 와이어로프인 경우 최소지름이 4mm 이상일 것

산업안전기사(4월 B형)

01 항타기·항발기가 작업 중이며 인근에 고압 가공전선이 있다. 이와 같이 고압전선로 인근에서 항타기·항발기 작업 시 안전작업수칙을 3가지 쓰시오.

> [해답] 1. (이격거리 확보) 차량 등을 충전부로부터 300[cm] 이상 이격시키되, 대지전압이 50[kV]를 넘는 경우에는 10[kV]가 증가할 때마다 이격거리를 10[cm]씩 증가시킨다.
> 2. (절연용 방호구 설치) 절연용 방호구 등을 설치한 경우에는 이격거리를 절연용 방호구 앞면까지로 할 수 있다.
> 3. (울타리 설치 또는 감시인 배치) 울타리를 설치하거나 감시인 배치 등의 조치를 하여야 한다.
> 4. (접지점 관리 철저) 접지된 차량 등이 충전전로와 접촉할 우려가 있는 경우에는 근로자가 접지점에 접촉되지 않도록 조치하여야 한다.

02 화면은 작업자가 전동 권선기에 동선을 감는 작업 중 기계가 멈춰 점검하던 중 발생한 재해사례이다. 해당 (1) 재해유형과 (2) 원인 1가지를 쓰시오.

해답 (1) 재해유형 : 감전
(2) 재해원인 : 정전작업 미실시에 의한 감전, 개인보호구(감전방지용 보호구 등)를 착용하지 않고 작업을 실시하여 재해를 당함

03 정화통 색이 녹색인 방독마스크를 보여주고 있다. 다음 각 물음에 답을 쓰시오. (단, 정화통의 문자 표기는 무시한다.)

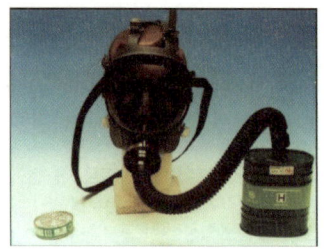

(1) 방독마스크의 종류는 무엇인가?
(2) 방독마스크의 정화통 흡수제 1가지를 쓰시오.
(3) 시험가스 농도가 0.5%, 농도가 25ppm(±20%)이었을 때 파과시간을 쓰시오.

해답 (1) 종류 : 암모니아용 방독마스크
(2) 흡수제 : 큐프라마이트
(3) 파과시간 : 40분

04 화면은 작업자가 유기화합물용 방독마스크를 착용하고 스프레이건으로 쇠파이프 여러 개를 눕혀놓고 페인트칠을 하는 작업을 보여주고 있다. 방독마스크의 정화통에 사용되는 흡수제 3가지를 쓰시오.

해답 1. 활성탄, 2. 소다라임, 3. 호프카라이트

05 화면은 작업자가 사출성형기에 낀 이물질을 낭가나 감전으로 뒤로 넘어져 발생하는 재해사례이다. 사출성형기 이물질 제거시 주의사항 3가지를 쓰시오.

해답 1. 작업자가 사출성형기의 내부 금형 사이에 출입할 때에는 사출성형기의 전원을 차단한 후 출입할 것
2. 작업 시 절연용 보호구를 착용할 것
3. 이물질의 제거에는 전용공구를 사용할 것

06 박공지붕작업 시 박공지붕이 밑으로 떨어지면서 휴식을 취하고 있던 작업자가 맞는 재해가 발생하였다. 이런 사고를 방지하기 위한 대책 3가지를 쓰시오.

해답 1. 경사지붕 하부에 낙하물방지망 설치
2. 박공지붕 과적 금지 및 체결상태 확인
3. 근로자가 낙하위험 장소에서 휴식하지 않도록 조치
4. 낙하위험구간에 출입통제 조치

07 화면의 영상을 참고하여 관련 환경에 장기간 폭로 시 (1) 위험요인과 (2) 발생할 수 있는 질병의 종류를 쓰시오.

[동영상 설명]
화면은 브레이크 라이닝을 작업하는 화면으로 작업자가 마스크를 착용하고 있으나 석면분진폭로 위험성에 노출되어 있어 작업자에게 직업성 질환으로 이환될 우려가 있다.

해답 (1) 위험요인 : 작업자가 방진마스크를 착용하지 않을 경우 석면분진이 체내로 흡입될 수 있다.
(2) 질병 : 1. 악성중피종, 2. 석면폐, 3. 폐암

08 화면은 인쇄 윤전기를 청소하는 중에 발생한 재해사례이다. 동영상을 참고하여 롤러기의 청소 시 안전작업수칙을 3가지만 쓰시오.

[동영상 설명]
작업자가 인쇄용 윤전기의 전원을 끄지 않고 빙글빙글 서로 맞물려서 돌아가는 롤러를 걸레로 닦고 있다. 체중을 실어서 힘 있게 닦고, 위험하게 맞물리는 지점까지 걸레를 집어넣는 순간 작업자의 손이 롤러기 사이에 끼어 사고를 당하자 전원을 차단하고 손을 빼냈다.

해답 1. 청소 또는 보수작업 시는 전원을 차단하고 작업한다.
2. 롤러 청소시 청소전용 기구를 이용하여 청소한다.
3. 롤러기의 말려 들어가는 쪽에서 작업하지 말고, 반대쪽(풀려져 나오는 방향)에서 청소작업을 한다.

09 화면은 어두운 장소에서의 컨베이어 점검 시 사고가 발생하는 상황을 보여주고 있다. 작업 시작 전 조치사항을 쓰시오.

[동영상 설명]
작업자가 어두운 장소에서 플래시를 들고 컨베이어 벨트를 점검하다가 부주의하여 한눈을 판 사이 손이 컨베이어의 롤러기 사이에 끼어 말려 들어갔다.

해답 1. 전원을 차단하고 통전금지표지판 및 잠금장치를 설치한다.
2. 조명을 밝게 한다.

산업안전기사(4월 C형)

01 화면은 김치제조 공장에서 슬라이스 작업 중 작동이 멈춰 기계를 점검하고 있는 도중에 재해가 발생한 상황을 보여주고 있다. 슬라이스 기계에서 무채를 썰어내는 부분에서 형성되는 (1) 위험점과 (2) 정의를 쓰시오.

해답 (1) 위험점 : 절단점
(2) 정의 : 회전하는 운동부 자체의 위험이나 운동하는 기계부분 자체의 위험에서 초래되는 위험점이다.

02 화면은 브레이크 라이닝 작업으로 작업자가 마스크를 착용하고 있으나 석면분진폭로 위험성에 노출되어 있어 직업성 질환으로 이환될 우려가 있다. 장기간 폭로 시 위험요인과 발생할 수 있는 질병의 종류를 쓰시오.

해답 (1) 위험요인 : 작업자가 방진마스크를 착용하지 않을 경우 석면분진이 체내로 흡입될 수 있다.
(2) 질병 : 1. 악성중피종, 2. 석면폐, 3. 폐암

03 화면은 지하에 설치된 폐수처리조에서 슬러지 처리작업 중 발생한 사례이다. 위와 같은 장소에 작업자가 들어갈 때 필요한 호흡용 보호구의 종류 2가지를 쓰시오.

해답 1. 송기마스크, 2. 공기호흡기

04 화면은 작업자가 컨베이어가 작동하는 상태에서 컨베이어 벨트 끝부분에 발을 짚고 올라서서 불안정한 자세로 형광등을 교체하다 추락하는 재해사례를 보여주고 있다. 영상 속 작업자의 불완전한 행동 2가지를 쓰시오.

해답 1. 작동하는 컨베이어에 올라가 작업하는 것은 자세가 불안정하여 추락위험이 있다.
2. 안전모 등 보호구 미착용

05 화면은 터널 내 발파작업을 보여주는데, 작업자가 길고 얇은 철물을 이용하여 막장면의 구멍 안으로 밀어 넣고 있다. 이때 작업자의 위험한 행동을 1가지 쓰시오.

해답 강봉(철근)을 장전구로 사용함으로써 화약류를 장전 시 마찰·충격·정전기 등에 의한 폭발이 발생할 위험이 있다.

06 화면과 같은 재해 발생의 원인 3가지를 쓰시오.

[동영상 설명]
A 작업자가 변압기의 2차 전압을 측정하기 위해 유리창 너머의 B 작업자에게 전원을 투입하라는 신호를 보낸다. 측정 완료 후 다시 차단하라고 신호를 보내고 측정기기를 철거하다 감전사고가 발생되었다. (작업자는 맨손, 슬리퍼 착용)

해답 1. 개인보호구(절연장갑 등) 미착용
2. 신호전달체계 불량
3. 작업자 안전수칙 미준수(활선 및 정전상태 미확인 후 작업)

07 컨베이어 작업시작 전 점검사항 3가지를 쓰시오.

[동영상 설명]
작업자가 정지된 컨베이어를 점검하고 있다. 작업자가 점검 중일 때 다른 작업자가 전원 스위치 쪽으로 서서히 다가오더니 전원버튼을 누른다. 순간 점검 중이던 작업자의 손이 벨트에 끼이는 사고가 발생한다.

해답 1. 원동기 및 풀리 기능의 이상 유무
2. 이탈 등의 방지장치 기능의 이상 유무
3. 비상정지장치 기능의 이상 유무
4. 원동기·회전축·기어 및 풀리 등의 덮개 또는 울 등의 이상 유무

08 방열복의 내열원단 시험성능기준 항목 3가지를 쓰시오.

해답 1. 난연성, 2. 절연저항, 3. 인장강도, 4. 내열성, 5. 내한성

09 화면은 작업자가 엘리베이터 피트 내부의 나무로 엉성하게 만든 작업발판 위에서 폼타이 핀을 망치로 제거하는 작업 도중 개구부로 떨어지는 장면을 보여주고 있다. 이때 재해발생의 위험요인 3가지를 쓰시오.

해답 1. 피트 내부에 추락방호망 미설치
2. 작업발판 미고정
3. 안전대 부착설비 미설치 및 안전대 미착용
4. 개구부(피트) 단부에 안전난간 미설치

산업안전기사(7월 A형)

01 회전하는 브레이크 라이닝 작업 중 장갑을 끼고 있는 손이 말려 들어갔다. 대책 2가지를 쓰시오.

해답 1. 회전기계에 손이 말려 들어갈 위험이 있는 장갑을 착용하지 않는다.
2. 비상정지장치, 덮개 등의 방호장치를 설치한다.
3. 이물질이 눈에 튀어 눈을 다칠 위험이 있으므로 보안경을 착용한다.

02 화면은 지게차로 운반작업을 하는 것을 보여준다. 다음 각각에 해당하는 지게차의 안정도를 쓰시오.

(1) 하역작업 시 전후 안정도(5톤 미만)
(2) 하역작업 시 좌우 안정도
(3) 주행시 전후 안정도

해답 (1) 4%, (2) 6%, (3) 18%

03 화면은 공장지붕의 철골상에서 패널 설치작업 중 작업자가 실족하여 떨어지는 재해사례를 보여주고 있다. 영상 속 (1) 위험요인 및 (2) 안전대책을 2가지씩 쓰시오.

해답 (1) 위험요인
1. 안전대 부착설비 미설치 및 안전대 미착용
2. 추락방호망 미설치
3. 작업발판 미설치
(2) 안전대책
1. 안전대 부착설비에 안전대 걸고 작업
2. 작업장 하부에 추락방호망 설치 철저
3. 미끄럼 방지용 안전발판 설치

04 다음은 항타기 또는 항발기의 사용 시 준수사항이다. 빈칸을 채우시오.

(1) 화면에서 보여주고 있는 항타기 권상장치의 드럼축과 권상장치로부터 첫 번째 도르래의 축과의 거리를 권상장치의 드럼폭의 (①)배 이상으로 해야 한다.
(2) 도르래는 권상장치의 드럼의 (②)을 지나야 하며 축과 (③)상에 있어야 한다.

해답 ① 15, ② 중심, ③ 수직면

05 화면은 작업자가 변압기 볼트를 조이는 장면이다. 사고요인 2가지를 쓰시오.

[동영상 설명]
작업자가 안전대를 착용하고 전주에 올라서서 작업발판(볼트)을 딛고 변압기 볼트를 조이는 중 추락하였다.

해답 1. 불안전한 작업자세(작업자가 발판용 볼트를 딛고 있음)
2. 안전대 미고정

06 화면(전주 동영상)은 전기형강작업 중이다. 정전작업 후 조치사항 3가지를 쓰시오.

[동영상 설명]
작업자 2명이 전주 위에서 작업을 하고 있다. 작업자 1명은 변압기 위에 올라가서 볼트를 풀면서 흡연을 하며 작업하고 있다. 전주의 발판용 볼트에 C.O.S(Cut Out Switch)가 임시로 걸쳐있음이 보인다. 그리고 다른 작업자 근처에서는 이동식 크레인에 작업대를 매달고 또 다른 작업을 하고 있다.

[해답] 1. 작업기구, 단락 접지기구 등을 제거하고 전기기기 등이 안전하게 통전될 수 있는지를 확인할 것
2. 모든 작업자가 작업이 완료된 전기기기 등에서 떨어져 있는지를 확인할 것
3. 잠금장치와 꼬리표는 설치한 근로자가 직접 철거할 것
4. 모든 이상 유무를 확인한 후 전기기기 등의 전원을 투입할 것

07 화면과 연관된 특수 화학설비 내부의 이상상태를 조기에 파악하기 위하여 설치해야 할 장치 3가지를 쓰시오.

[해답] 1. 온도계, 2. 유량계, 3. 압력계, 4. 자동경보장치

08 화면은 도금작업장에서 작업자가 착용하고 있는 보안경, 안전장갑, 고무제 안전화를 보여주고 있다. 이때 고무제 안전화의 사용장소에 따른 구분 4가지를 쓰시오.

[해답] 1. 일반작업장
2. 탄화수소류의 윤활유 등을 취급하는 작업장
3. 무기산을 취급하는 작업장
4. 알칼리를 취급하는 작업장
5. 무기산 및 알칼리를 취급하는 작업장

09 화면은 배관 용접작업에 관한 내용이다. 배관플랜지 용접작업 중 위험요인 2가지를 쓰시오.

[해답] 1. 고열 및 불티에 의한 화재 및 폭발의 위험
2. 충전부 접촉에 의한 감전의 위험
3. 용접 흄, 유해가스, 유해광선, 소음, 고열에 의한 건강장해
4. 용접작업에 의한 화상

산업안전기사(7월 B형)

01 동영상에서 작업자의 추락원인 2가지를 쓰시오.

[동영상 설명]
아파트 건설공사 현장 3층 창틀에서 작업하던 작업자가 작업발판이 없어 창틀의 옆쪽을 밟았다가 미끄러져 떨어진다.

[해답] 1. 안전대 부착설비 미설치
2. 안전대 미착용
3. 추락방호망 미설치
4. 안전난간 미설치
5. 작업발판 미설치

02 화면은 MCCB 패널 차단기의 전원을 투입하여 발생한 재해사례이다. 동종재해 방지대책 3가지를 서술하시오.

[동영상 설명]
작업자가 MCCB 패널의 문을 열고 스피커를 통해 나오는 지시사항을 정확히 듣지 못한 상태에서 차단기 2개를 쳐다보며 어느 것을 투입할까 생각하다가 그 중 하나를 투입하였는데 잘못 투입하여 위험상황이 발생했는지 당황하는 표정을 짓고 있다.

[해답] 1. 전로의 개로개폐기에 시건장치 및 통전금지 표지판 부착
2. 작업 전 신호체계 확립 및 작업지휘자에 의한 작업지휘
3. 차단기에 회로구분 표찰 부착에 의한 오조작 방지 등

03 화면은 크롬도금작업을 보여준다. 동영상에서와 같이 유도금작업 시 유해물질에 대한 안전수칙을 4가지 쓰시오.

[해답] 1. 유해물질에 대한 유해성 사전조사
2. 유해물질 발생원의 봉쇄
3. 작업공정 은폐, 작업장의 격리
4. 유해물의 위치 및 작업공정 변경
5. 전체환기 또는 국소배기
6. 점화원의 제거
7. 환경의 정돈과 청소

04 화면에서와 같이 NATM 터널 굴착공사 중 안전성 및 시공의 적합성을 확인하기 위하여 이용하는 계측방법의 종류를 3가지 쓰시오.

해답
1. 내공변위 측정
2. 천단침하 측정
3. 지표면침하 측정
4. 지중변위 측정
5. Rock Bolt 축력 측정
6. 숏크리트 응력 측정

05 화면은 2만 볼트가 인가된 누전시험기로 앞의 작업자가 시험하다 미처 뒤에 있던 다른 작업자를 발견하지 못하여 발생한 재해사례이다. 이 작업 시의 (1) 재해형태와 (2) 가해물을 각각 파악해 쓰시오.

[동영상 설명]
승강기 MCCB 패널 뒤쪽에서 작업자 1명이 열심히 보수작업을 하고 있다. 패널 앞쪽에서 다른 작업자 또한 작업을 하고 있다. 작업자가 절연저항을 측정하는 메거장비를 들고 한 선은 패널 접지에 꽂은 후 장비의 스위치를 ON 시키고 배선용 차단기에 나머지 한 선을 여기저기 대보고 있는데 갑자기 뒤쪽 작업자가 패널작업 중 쓰러졌는지 놀라서 일어난다.

해답
(1) 재해형태 : 감전
(2) 가해물 : 전류(또는 전기)

06 화면은 인쇄 윤전기를 청소하는 중에 발생한 재해사례이다. 동영상을 참고하여 롤러기의 청소 시 핵심위험 요인 2가지만 쓰시오.

[동영상 설명]
작업자가 인쇄용 윤전기의 전원을 끄지 않고 빙글빙글 서로 맞물려서 돌아가는 롤러를 걸레로 닦고 있다. 체중을 실어서 힘 있게 닦고, 위험하게 맞물리는 지점까지 걸레를 집어넣고 닦는 순간 작업자의 손이 롤러기 사이에 끼어 사고를 당하자 전원을 차단하고 손을 빼냈다.

해답
1. 전원을 차단하여 롤러기를 정지시키지 않은 상태에서 청소를 하고 있어 롤러에 말려 들어간다.
2. 방호장치가 없어 회전하는 롤러에 걸레의 윗부분이 넣어져서 손이 말려 들어간다.
3. 회전 중인 롤러에 물려 들어가는 쪽을 직접 손으로 눌러서 닦고 있어 걸레와 함께 손이 물려 들어가게 된다.
4. 체중을 걸쳐 닦고 있어서 말려 들어가게 된다.

07 방독마스크(회색, 기호 A)의 한 종류를 화면에서 보여주고 있다. 이때 다음 각 물음에 대한 답을 쓰시오. (단, 정화통의 문자 표기는 무시한다.)

(1) 방독마스크의 종류
(2) 방독마스크의 주요성분
(3) 방독마스크의 시험가스 종류

해답
(1) 종류 : 할로겐용 방독마스크
(2) 주요성분 : 소다라임(Soda lime), 활성탄
(3) 시험가스 : 염소

08 화면은 프레스기로 철판에 구멍을 뚫는 작업을 하고 있다. 동영상에서 사용하고 있는 프레스에는 급정지 기구가 설치되지 않았다. 이 프레스에 설치하여 사용할 수 있는 유효한 방호장치를 2가지 쓰시오.

해답
1. 게이트가드식, 2. 수인식, 3. 손쳐내기식, 4. 양수기동식

09 화면은 폭발성 화학물질 취급 중 작업자의 부주의로 발생한 사고 사례이다. 동영상에서와 같이 폭발성 물질 저장소에 들어가는 (1) 작업자가 신발에 물을 묻히는 이유를 무엇인지 설명하고, (2) 화재 시 적합한 소화방법을 쓰시오.

해답
(1) 신발에 물을 묻히는 이유 : 대부분의 물체는 습도가 증가하면 전기저항치가 저하되고 이에 따라 대전성이 저하하므로, 작업자가 신발에 물을 묻히게 되면 도전성이 증가(전기저항치 감소)하고 이에 따라 인체의 대전성이 저하되므로 정전기 착화성 방전에 의한 화재폭발을 방지할 수 있다.
(2) 화재시 소화방법 : 다량 주수에 의한 냉각소화(폭발성 물질은 분해에 의하여 산소가 공급되기 때문에 연소가 격렬하며 그 자체의 분해도 격렬하다. 소화법으로는 물을 다량 사용해서 냉각하여 분해온도 이하로 낮추고 가연물의 연소도 억제해서 폭발을 방지하는 것이나. 소화제로는 질식소화는 효과가 없고, 물을 다량으로 사용하는 것이 최선이다.)

산업안전기사(7월 C형)

01 화면은 밀폐공간에서 작업자가 이동 중 국소배기장치 전원을 발로 차서 용접하는 작업자가 질식하는 동영상이다. 밀폐공간 작업 시 안전관리자의 직무 3가지를 쓰시오.

[해답]
1. 산소가 결핍된 공기나 유해가스에 노출되지 아니하도록 작업 시작 전에 작업방법을 결정하고 이에 따라 당해 근로자의 작업을 지휘하는 일
2. 작업을 행하는 장소의 공기가 적정한지 여부를 작업시작 전에 확인하는 일
3. 측정장비·환기장치 또는 송기마스크, 공기마스크 등을 작업시작 전에 점검하는 일
4. 근로자에게 송기마스크, 공기마스크 등의 착용을 지도하고 착용상황을 점검하는 일

02 화면은 밀폐공간에서 의식불명의 피해자가 발생하는 상황을 보여주고 있다. 밀폐공간에서 질식된 작업자를 구조할 때 구조자가 착용해야 할 보호구를 1가지 쓰시오.

[해답] 송기마스크, 공기마스크

03 화면상에서 같이 마그네틱 크레인(Magnetic Crane)으로 물건을 옮기다 발생한 재해위험요인을 3가지 쓰시오.

[동영상 설명]
마그네틱 크레인(천정크레인, 호이스트)으로 물건을 옮기는 동영상으로 마그네틱을 금형 위에 올리고 손잡이를 작동시켜 이동하는데 작업자(안전모 미착용, 목장갑 착용, 신발 안 보임)가 오른손으로 금형을 잡고, 왼손으로 상하좌우 조정장치(전기배선 외관에 피복이 벗겨져 있음)를 누르면서 이동하다가 갑자기 쓰러지면서 오른손이 마그네틱 ON/OFF 봉을 건드려 금형이 발등으로 떨어져 협착사고가 발생하였다. 이때 크레인은 훅 해지장치가 없고, 훅에 샤클이 3개 연속으로 걸려 있으며 마지막 훅에도 훅 해지장치는 없다.

[해답]
1. 마그네틱 크레인에 훅 해지장치가 없고, 작동스위치의 전선이 벗겨져 있는 상태라서 재해위험이 있다.
2. 보조(유도)로프를 사용하지 않아 재해위험이 있다.
3. 신호수를 배치하지 않았고 조종수가 위험구역에 접근해 있어 재해위험이 있다.
4. 작업자가 안전모를 착용하지 않았다.

04 화면은 크레인으로 자재를 인양하는 도중에 발생한 재해사례이다. 배관 인양 작업 중 위험요소 2가지를 쓰시오.

[동영상 설명]
크고 두꺼운 배관을 끈같이 생긴 와이어로프로 안전하지 못하게 한 번만 빙 둘러서 인양하는 영상이다. 그 와중에 끈을 한번 보여주는데 끈의 일부분이 손상되어 옆 부분이 조금 찢겨 있다. 그리고 위로 끌어올리다가 무슨 이유 때문인지 배관이 다시 작업자들 머리 부근까지 내려온다. 밑에는 2명의 작업자가 배관을 손으로 지지하는데 배관이 순간 흔들리면서 날아와 작업자 1명을 쳐버렸다.

[해답]
1. 와이어로프의 안전상태가 불안정하여 위험하다.
2. 작업 반경 내 관계근로자 이외의 외부 작업자가 출입하여 위험하다.

05 납품시간이 촉박한 지게차 운전자가 급히 물건을 적재(화물을 높게 적재하여 시계 불충분)하여 운반도중 통로의 작업자와 충돌하는 장면이다. 재해발생원인 2가지를 쓰시오.

[해답]
1. 물건의 적재불량으로 인해 운전자의 시계가 불충분하여 지게차에 의해 다른 작업자가 다쳤다.
2. 작업자가 지게차의 운행경로상에 나와서 작업하고 있어 다쳤다.

06 화면은 승강기 컨트롤 패널을 맨손으로 점검(전압측정) 중 발생한 재해사례이다. 감전 방지대책 3가지를 서술하시오.

[동영상 설명]
MCCB패널 점검 중으로 개폐기에는 통전 중이라는 표지가 붙어 있고 작업자(면장갑 착용)가 개폐기 문을 열어 전원을 차단하고 문을 닫은 후 다른 곳 패널에서 작업하려다 쓰러진다.

[해답]
1. 전로의 개로개폐기에 시건장치 및 통전금지 표지판 부착
2. 작업 전 신호체계 확립 및 작업지휘자에 의한 작업지휘
3. 차단기에 회로구분 표찰 부착에 의한 오조작 방지 등

07 화면은 도로상 가설전선 점검작업 중 발생한 재해사례이다. (1) 재해형태와 (2) 정의를 쓰시오.

> [동영상 설명]
> 일반 차량도로 공사에서 붉은 도로 구획 전면 점검 중 전선과 전선을 연결한 부분(절연테이프로 Taping 처리됨)을 작업자가 만지다 감전사고가 일어난다. 이때 작업자는 맨손이었으며, 안전화는 착용한 상태, 또한 전원을 인가한 상태였다.

[해답] (1) 재해형태 : 감전
(2) 감전(感電, Electric Shock)의 정의 : 인체의 일부 또는 전체에 전류가 흐르는 현상을 말하며 이에 의해 인체가 받게 되는 충격을 전격(電擊, Electric Shock)이라고 한다.

08 화면은 작업자가 박공지붕 작업 시 휴식을 취하던 중 휴식 중인 작업자를 향해 적치되어 있던 자재가 굴러와 작업자가 맞으면서 추락하는 재해사례를 보여주고 있다. 이때 위험요인 3가지를 쓰시오.

[해답] 1. 근로자가 위험한 장소에서 휴식을 취하고 있다.
2. 추락방호망이 설치되지 않았다.
3. 자재를 한 곳에 과적하여 적치하였다.
4. 안전대 부착설비가 없고, 안전대를 착용하지 않았다.

09 동영상에서 안전모를 보여주고 있다. 이때 다음 각 물음에 대한 답을 쓰시오.

> ① 안전모의 모체, 착장체 및 충격흡수재를 포함한 질량은 ( )을 초과하지 않을 것
> ② 물체의 낙하 또는 비래에 의한 위험을 방지 또는 경감하고, 머리부위 감전에 의한 위험을 방지하기 위한 안전모의 기호를 쓰시오.
> ③ 내전압성이란 ( )V 이하의 전압에 견디는 것을 말한다.

[해답] ① 440g, ② AE, ③ 7,000

산업안전기사(10월 A형)

01 화면은 무채를 썰어내는 기계(슬라이스 기계)작업 중 기계가 갑자기 멈추자 작업자가 이를 점검하는 장면이다. 관련 방호장치를 쓰시오.

[해답] 인터록(연동장치)

02 자동차 브레이크라이닝을 세척 중이다. 착용해야 할 보호구 3가지를 쓰시오.

> [동영상 설명]
> 화학약품을 사용하여 자동차부품(브레이크 라이닝)을 세척하는 작업과정(세정제가 바닥에 흩어져 있으며, 고무장화 등을 착용하지 않고 작업을 하고 있음)을 보여주고 있다.

[해답] 1. 보안경, 2. 방독마스크, 3. 화학물질용 보호복

03 정화통이 녹색인 방독마스크를 보여주고 있다. 이때 다음 각 물음에 대한 답을 쓰시오. (단, 정화통의 문자 표기는 무시한다.)

> (1) 방독마스크의 종류
> (2) 방독마스크의 형식
> (3) 방독마스크의 시험가스 종류

[해답] (1) 방독마스크 종류 : 암모니아용 방독마스크
(2) 방독마스크 형식 : 격리식 전면형
(3) 시험가스 종류 : 암모니아 가스

04 화면은 작업자가 수중펌프 접속부위에 감전되어 발생한 재해사례이다. 습윤한 장소에서 사용되는 이동전선에 대한 사용 전 점검사항 3가지를 쓰시오.

[해답] 1. 사용 전 수중 펌프와 전선 등의 절연상태 점검(절연저항 측정 등)
2. 감전방지용 누전차단기 설치
3. 수중 모터 외함 접지상태 확인

05 타워크레인을 이용하여 강관비계를 운반 도중 작업자(신호수)가 있는 곳에서 다소 흔들리며 내리다 작업자와 부딪히는 재해사례를 화면으로 보여주고 있다. 이때 타워크레인 작업 시 재해 발생원인 3가지를 쓰시오.

> [해답] 1. 보조(유도)로프를 사용하지 않아 흔들림을 방지하지 못했다.
> 2. 화물을 작업자 위로 통과시켰다.
> 3. 슬링와이어로프의 체결상태를 확인하지 않았다.
> 4. 작업반경 내 출입금지조치를 하지 않았다.

06 화면은 띠톱으로 강재를 절단하는 작업 중 발생한 재해사례를 보여주고 있다. 이 사고의 위험요소 3가지를 쓰시오.

> [동영상 설명]
> 보안경을 착용하지 않고 강재가 절단되는 것을 작업자가 고개를 숙여 들여다보고 있고, 절단 후 작업대에서 강재를 꺼내려다 착용하고 있던 일반 면장갑 손등부분이 띠톱 날에 걸렸다. 이때 띠톱은 작동하지 않았다.

> [해답] 1. 장갑을 착용하고 있어 손이 톱날에 끼일 위험이 있다.
> 2. 보안경 미착용으로 강재의 비산물에 눈을 다칠 위험이 있다.
> 3. 강재를 빼낼 때 전원을 차단하지 않았고 동작스위치의 잠금장치를 하지 않아 실수로 띠톱이 작동되어 다칠 위험이 있다.

07 화면은 물체를 인양하던 중에 위쪽 작업자가 물체를 밑으로 떨어뜨려 아래 작업자가 맞는 재해를 보여주고 있다. 이때 (1) 재해발생형태와 (2) 정의를 간략히 쓰시오.

> [해답] (1) 재해발생형태 : 낙하
> (2) 정의 : 물체가 위에서 떨어지거나, 다른 곳으로부터 날아와 작업자가 맞음으로써 발생하는 재해(물체가 주체가 되어 사람이 맞는 경우)

08 화면은 브레이크 라이닝 작업을 하는 장면이다. 작업자가 마스크를 착용하고 있으나 석면분진폭로 위험성에 노출되어 있어 직업성 질환으로 이환될 우려가 있다. 장기간 폭로 시 (1) 위험요인과 (2) 발생할 수 있는 질병의 종류를 쓰시오.

> [해답] (1) 위험요인 : 작업자가 방진마스크를 착용하지 않을 경우 석면분진이 체내에 흡입될 수 있다.
> (2) 질병 : 1. 악성중피종, 2. 석면폐, 3. 폐암

09 화면과 같은 재해의 발생원인 2가지를 쓰시오.

> [동영상 설명]
> A작업자가 변압기의 2차 전압을 측정하기 위해 유리창 너머의 B작업자에게 전원을 투입하라는 신호를 보낸다. 측정 완료 후 다시 차단하라고 신호를 보내고 측정기기를 철거하다 감전사고가 발생한다. 작업자는 맨손에 슬리퍼를 착용 중이다.

> [해답] 1. 개인보호구(절연장갑 등) 미착용
> 2. 신호전달체계 불량
> 3. 작업자 안전수칙 미준수(활선 및 정전상태 미확인 후 작업)

산업안전기사(10월 B형)

01 화면은 건설현장에서 사용하는 건설용 리프트를 보여주고 있다. 건설용 리프트를 사용하여 작업을 할 때 작업 시작 전 점검사항 2가지를 쓰시오.

> [해답] 1. 방호장치 · 브레이크 및 클러치의 기능
> 2. 와이어로프가 통하고 있는 곳의 상태

02 작동 중인 양수기를 수리하며 잡담을 하고, 수공구를 던져주다 손이 벨트에 물리는 장면이다. 이와 같은 점검작업 시 위험요인 3가지를 쓰시오.

> [해답] 1. 작업에 집중하지 않고 있어, 실수로 작업복이 기계에 말려 들어간다.
> 2. 기계에 손을 올려놓고 오른쪽 작업자가 작업하고 있어, 손이나 작업복이 말려 들어갈 우려가 있다.
> 3. 회전하는 벨트에 왼쪽 작업자의 팔꿈치 쪽이 걸려, 접선물림점에 작업복이 말려 들어갈 수 있다.
> 4. 운전 중 점검작업을 하고 있어 위험하다.
> 5. 회전기계에서 장갑을 착용하고 있어 접선물림점에 손이 다칠 수 있다.
> 6. 회전체 부분에 방호장치가 없어서 작업자가 다친다.

03 화면은 자동차부품을 도금 후 세척하는 과정을 보여주고 있다. 근로자들은 고무장갑, 고무장화를 착용한 상태에서 담배를 피우며 작업을 하고 있다. 이 영상을 참고하여 위험예지훈련을 하고자 한다. 연관된 행동목표 2가지를 쓰시오.

해답
1. 작업 중 흡연을 하지 말자.
2. 세척작업 시 고무제 안전화를 착용하자.

04 화면은 교량하부 점검 중 추락재해가 발생하는 장면을 보여주고 있다. 화면을 참고하여 사고 원인 3가지를 쓰시오.

해답
1. 안전대 부착 설비 및 안전대를 착용하지 않았다.
2. 작업발판 단부의 안전난간 설치가 불량하다.
3. 추락방호망이 미설치되어 있다.
4. 작업자 주변 정리정돈 상태가 불량하다.
5. 작업발판이 고정되어 있지 않았다.

05 작업자가 전주에 올라가다 표지판에 부딪혀 추락하는 재해가 발생하였다. 재해발생원인 2가지를 쓰시오.

해답
1. 안전대 부착설비 미설치(수직구명줄 미설치)
2. 안전대 미착용(추락방지대 미착용)

06 화면은 밀폐된 공간에서의 작업을 보여주고 있다. 밀폐공간 작업 시 안전작업수칙 3가지를 쓰시오.

해답
1. 산소 및 유해가스 농도 측정 후 작업을 시작한다.
2. 산소농도가 18% 미만일 때는 환기를 시키고, 작업 중에도 계속 환기한다.
3. 가능한 급배기를 동시에 실시하고, 환기를 실시할 수 없거나 산소결핍장소에서 작업할 때에는 호흡용 보호구를 착용한다.

07 화면은 콘크리트 전주 세우기 작업 도중에 발생한 사례이다. 동영상에서와 같은 동종재해를 예방하기 위한 대책 중 관리적 대책사항 3가지를 쓰시오.

해답
1. (이격거리 확보) 차량 등을 충전부로부터 300[cm] 이상 이격시키되, 대지전압이 50[kV]를 넘는 경우에는 10[kV]가 증가할 때마다 이격거리를 10[cm]씩 증가시킨다.
2. (절연용 방호구 설치) 절연용 방호구 등을 설치한 경우에는 이격거리를 절연용 방호구 앞면까지로 할 수 있다.
3. (울타리 설치 또는 감시인 배치) 울타리를 설치하거나 감시인 배치 등의 조치를 하여야 한다.
4. (접지점 관리 철저) 접지된 차량 등이 충전전로와 접촉할 우려가 있는 경우에는 근로자가 접지점에 접촉되지 않도록 조치하여야 한다.

08 보호구 의무안전인증 상의 방진마스크 일반 구조조건 3가지를 쓰시오.

해답
1. 착용 시 이상한 압박감이나 고통을 주지 않을 것
2. 전면형은 호흡 시에 투시부가 흐려지지 않을 것
3. 분리식 마스크에 있어서는 여과재, 흡기밸브, 배기밸브 및 머리끈을 쉽게 교환할 수 있고 착용자 자신이 안면과 분리식 마스크의 안면부와의 밀착성 여부를 수시로 확인할 수 있어야 할 것
4. 안면부여과식 마스크는 여과재로 된 안면부가 사용기간 중 심하게 변형되지 않을 것
5. 안면부여과식 마스크는 여과재를 안면에 밀착시킬 수 있어야 할 것

09 화면은 롤러기가 돌아가는 것을 보여 준다. 작업자의 손이 물려 들어가는 부분에서 형성되는 (1) 위험점의 명칭과 (2) 정의를 쓰시오.

해답
(1) 위험점 : 물림점
(2) 정의 : 회전하는 두 개의 회전체에 물려 들어가는 위험점

산업안전기사(10월 C형)

01 화면은 인화성 물질의 취급 및 저장소를 보여주고 있다. 이 동영상을 참고하여 폭발을 일으킨 (1) 가연물질과 (2) 점화원을 쓰시오.

[동영상 설명]
인화성 물질 저장창고에 인화성 물질을 저장한 드럼(200L용)이 여러 개 있고 한 작업자가 인화성 물질이 든 운반용 캔(약 40L)을 몇 개 운반하다가 잠시 쉬려고 인화성 물질을 저장한 드럼 옆에서 웃옷을 벗는 순간 "퍽"하고 폭발사고가 발생하였다.

해답
(1) 가연물질 : 인화성 물질의 증기
(2) 점화원 : 정전기

02 누전차단기를 접속(설치)하여야 할 장소를 쓰시오.

해답
1. 대지전압이 150볼트를 초과하는 이동형 또는 휴대형 전기기계·기구
2. 물 등 도전성이 높은 액체가 있는 습윤 장소에서 사용하는 저압용 전기기계·기구
3. 철판·철골 위 등 도전성이 높은 장소에서 사용하는 이동형 또는 휴대형 전기기계·기구
4. 임시배선의 전로가 설치되는 장소에서 사용하는 이동형 또는 휴대형 전기기계·기구

03 황산으로 유리용기를 세척하는 중 발생할 수 있는 (1) 재해형태와 (2) 정의를 각각 쓰시오.

해답
(1) 재해형태 : 화학물질에 의한 화상
(2) 정의 : 화재 또는 고온물 접촉으로 인한 상해

04 화면은 건물해체공사 장면을 보여주고 있다. 건물해체공사 시 작업계획서 포함할 내용을 4가지를 쓰시오.

해답
1. 해체의 방법 및 해체순서 도면
2. 가설설비, 방호설비, 환기설비 및 살수·방화설비 등의 방법
3. 사업장 내 연락방법
4. 해체물의 처분계획
5. 해체작업용 기계·기구 등의 작업계획서
6. 해체작업용 화약류 등의 사용계획서

05 화면은 장갑을 착용한 작업자가 드릴작업을 하면서 이물질을 입으로 불어 제거하고, 동시에 손으로 제거하려다가 드릴에 손을 다치는 사고 사례 장면을 보여주고 있다. 동영상에 나타나는 위험요인 2가지를 쓰시오.

해답
1. 칩을 입으로 불어 제거하다가 칩이 눈에 들어갈 위험이 있다.
2. 브러시를 사용하지 않고 손으로 칩을 제거하다가 손을 다칠 위험이 있다.

06 화면은 작업자가 몸을 기울인 채 손으로 이물질을 제거하는 작업을 하다가 실수로 페달을 밟아 손이 다치는 재해가 발생한 사례이다. 이러한 사고의 예방을 위한 조치사항 2가지를 쓰시오.

해답
1. 이물질을 제거할 때는 손으로 제거하는 것보다는 플라이어 등의 수공구를 이용한다.
2. 프레스를 일시 정지할 때에는 페달에 U자형 덮개를 씌운다.

07 화면에서 보여주고 있는 보호구의 안전인증 표시 외 추가 표시사항 4가지를 쓰시오.

해답
1. 파과곡선도
2. 사용시간 기록카드
3. 정화통의 외부 측면의 표시색
4. 사용상의 주의사항

08 화면은 금형 제조를 위하여 방전가공기를 사용하던 중에 발생한 재해사례다. 이 화면 속에서 발견되는 재해발생원인을 2가지만 쓰시오.

[동영상 설명]
금형을 제작하는 과정에서 작업자는 계속 천을 이용하여 맨손으로 이물질을 직접 제거(청소작업)하고 있으며, 금형의 한쪽에서는 연기가 조금씩 나는 과정에서 작업자가 금형을 만지다 감전되었다.

해답

간접접촉(누전)에 의한 감전인 경우	충전부 직접접촉에 의한 감전인 경우
① 전기기계·기구 접지 미실시 ② 누전차단기 미설치 ③ 주기적인 절연저항 측정관리 미실시	① 정전작업 미실시(작업 전 전원 차단 미실시) ② 노출 충전부 방호조치 미실시 ③ 절연 보호구 미착용

▶ 여러 경우가 출제될 수 있으므로 화면을 보고 두 가지 중 한 가지를 쓰면 된다.

09 화면의 영상 속 재해발생 원인 중 이동식크레인 운전자가 준수해야 할 사항 3가지를 쓰시오.

[동영상 설명]
이동식 크레인을 이용하여 철제 배관을 운반 도중 신호수 간에 신호방법이 맞지 않아 물체가 흔들리며 철골에 부딪혀 작업자 위로 철제 배관이 낙하한다.

해답
1. 일정한 신호방법을 정하고 신호수의 신호에 따라 작업한다.
2. 화물을 크레인에 매단 채 운전석을 이탈하지 않는다.
3. 작업이 끝나면 동력을 차단시키고 정지조치를 확실히 시행한다.

2014년 작업형 기출문제

산업안전기사(4월 A형)

01 화면의 영상을 참고하여 활선작업 시 내재되어 있는 핵심 위험요인 2가지를 쓰시오.

[동영상 설명]
작업자 2명이 전주에서 활선작업을 하고 있다. 작업자 1명은 밑에서 절연방호구를 올리고 다른 작업자 1명은 크레인 위에서 물건을 받아 활선에 절연방호구 설치작업을 하다 감전사고가 발생한다.

해답
1. 근접활선(절연용 방호구 미설치)에 대한 감전 위험
2. 절연용 보호구 착용상태 불량에 따른 감전 위험
3. 활선작업거리 미준수에 따른 감전 위험
4. 작업장소의 관계근로자 외의 자의 출입에 따른 감전 위험

02 화면은 선반작업 중 발생한 재해사례를 나타내고 있다. 화면에서와 같이 안전준수사항을 지키지 않고 작업할 때 일어날 수 있는 재해요인을 2가지 쓰시오.

해답
1. 회전물에 샌드페이퍼를 감아 손으로 지지하고 있기 때문에 작업복과 손이 감겨 들어간다.
2. 작업에 집중하지 못하여(곁눈질) 실수로 작업복과 손이 말려 들어간다.
3. 손을 기계 위에 올려놓고 작업을 하고 있어 손이 미끄러져 회전물에 말려 들어간다.

03 화면은 터널공사 중 다이너마이트를 설치하고 있다. 화면에서 터널 등의 건설작업에 있어서 낙반 등에 의하여 근로자에게 위험을 미칠 우려가 있을 때 위험을 방지하기 위하여 필요한 조치를 2가지 쓰시오.

해답
1. 터널 지보공 및 록볼트의 설치
2. 부석의 제거

04 화면은 방음보호구(귀마개)를 보여준다. 해당 보호구의 기호 및 성능을 쓰시오.

해답

등급	기호	성능
1종	EP-1	저음부터 고음까지 차음하는 것
2종	EP-2	주로 고음을 차음하고 저음(회화음영역)은 차음하지 않는 것

05 화면은 작업자가 전주에서 형강 작업을 하고 있는 중이다. 이때, 작업자가 착용하고 있는 안전대의 종류를 쓰시오.

해답 U자 걸이용 안전대

06 화면은 스팀배관의 보수를 위해 누출부위를 점검하던 중에 발생한 재해사례이다. 동영상에서와 같은 재해를 산업재해 기록, 분류에 관한 기준에 따라 분류할 때 해당되는 재해발생형태를 쓰시오.

해답 이상온도 노출 · 접촉
※ "이상온도 노출 · 접촉"은 고 · 저온 환경 또는 물체에 노출 · 접촉된 경우를 말한다.

07 화면은 조립식 비계발판을 설치하던 중 발생한 재해사례를 보여주고 있다. 동영상에서와 같이 높이가 2m 이상인 작업장소에 적합한 작업발판의 설치기준 3가지를 쓰시오. (단, 작업발판의 폭과 틈의 기준은 제외한다.)

> **해답** 1. 발판재료는 작업 시의 하중을 견딜 수 있도록 견고한 것으로 할 것
> 2. 추락의 위험성이 있는 장소에는 안전난간을 설치할 것
> 3. 작업발판의 지지물은 하중에 의하여 파괴될 우려가 없는 것을 사용할 것
> 4. 작업발판재료는 뒤집히거나 떨어지지 않도록 둘 이상의 지지물에 연결하거나 고정시킬 것
> 5. 작업발판을 작업에 따라 이동시킬 때에는 위험방지에 필요한 조치를 할 것

08 화면은 선박 밸러스트 탱크 내부의 슬러지를 제거하는 작업 도중에 작업자가 가스질식으로 의식을 잃었음을 보여주고 있다. 이러한 사고에 대비하여 필요한 비상시 피난용구 3가지를 쓰시오.

> **해답** 1. 호흡용 보호구(송기마스크, 공기호흡기), 2. 구명로프, 3. 사다리, 4. 안전대

09 회전하는 브레이크 라이닝 작업 중 장갑 끼고 있는 손이 말려 들어갔다. 재해원인 2가지를 쓰시오.

> **해답** 1. 작업 시 장갑을 착용하고 있다.(손이 끼일 염려가 있다.)
> 2. 비상정지장치, 덮개 등의 방호장치 미설치하였다.
> 3. 이물질이 눈에 튀어 들어와서 눈을 다칠 위험이 있다.(보안경을 착용한다.)

산업안전기사(4월 B형)

01 화면은 변압기를 유기화합물에 담가서 절연처리와 건조작업을 하고 있음을 보여주고 있다. 이 작업 시 착용할 보호구를 다음에 제시한 대로 쓰시오.

> **[동영상 설명]**
> 소형변압기(일명 Down TR, 크기는 가로×세로 15cm 정도로 작은 변압기)의 양쪽에 나와있는 선을 일반 작업복만 입은 작업자(안전모 미착용, 보안경 미착용, 맨손, 신발 안 보임)가 양손으로 들고 유기화합물통(사각 스텐통)에 넣었다 빼서 앞쪽 선반에 올리는 작업을 한다(유기화합물을 손으로 작업). 선반 위 소형변압기를 건조시키기 위해 냉장고처럼 생긴 곳에 넣고 문을 닫는다.
> (1) 손   (2) 눈

> **해답** (1) 손 : 유기화합물용 안전장갑 (2) 눈 : 보안경

02 다음 각 물음에 답을 쓰시오. (단, 정화통의 문자 표기는 무시한다.)

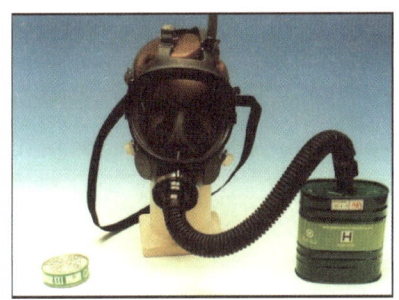

> (1) 방독마스크의 종류를 쓰시오.
> (2) 방독마스크가 직결식 전면형일 경우 누설률은 몇 %인가?
> (3) 방독마스크의 정화통 흡수제 1가지를 쓰시오.

> **해답** (1) 종류 : 암모니아용 방독마스크
> (2) 누설률 : 0.05% 이하
> (3) 정화통 흡수제 : 큐프라마이트

03 화면은 영상표시단말기(VDT) 작업 상황을 설명하고 있다. 이 작업상 개선사항을 찾아 쓰시오.

> [동영상 설명]
> 작업자가 사무실에서 의자에 앉아 컴퓨터 조작 중이다. 작업자가 의자 높이가 맞지 않아 다리를 구부리고 앉아 있는 모습, 모니터 놓여 있는 모습, 키보드를 손으로 조작하는 모습을 보여주고 있다.

[해답]
1. 앉은 자세가 의자 앞쪽으로 기울어져 있어 요통을 유발할 위험이 있으므로 허리를 등받이 깊숙이 지지하여 앉는다.
2. 키보드가 너무 높은 곳에 있어 손목통증의 위험이 있으므로 키보드를 조작하기 편한 위치에 놓는다.
3. 모니터가 작업자와 너무 근접하여 시력 저하의 우려가 있으므로 모니터를 보기 편한 위치에 놓는다.
4. 영상표시단말기 취급 근로자의 시선은 화면 상단과 눈높이가 일치할 정도로 하고 작업 화면상의 시야범위는 수평선상으로부터 10~15° 밑에 오도록 하며 화면과 근로자의 눈과의 거리(시거리 : Eye-screen Distance)는 적어도 40cm 이상이 확보될 수 있도록 할 것
5. 위팔(Upper Arm)은 자연스럽게 늘어뜨려, 작업자의 어깨가 들리지 않아야 하며, 팔꿈치의 내각은 90° 이상이 되어야 하고, 아래팔(Forearm)은 손등과 수평을 유지하여 키보드를 조작하도록 할 것
6. 연속적인 자료의 입력작업 시에는 서류받침대(Document Holder)를 사용하도록 하고, 서류받침대는 높이·거리·각도 등을 조절하여 화면과 동일한 높이 및 거리에 두어 작업하도록 할 것
7. 의자에 앉을 때는 의자 깊숙이 앉아 의자등받이에 작업자의 등이 충분히 지지되도록 할 것
8. 영상표시단말기 취급근로자의 발바닥 전면이 바닥면에 닿는 자세를 기본으로 하되, 그러하지 못할 때에는 발 받침대(Foot Rest)를 조건에 맞는 높이와 각도로 설치할 것
9. 무릎의 내각(Knee Angle)은 90° 전후가 되도록 하되, 의자의 앉는 면의 앞부분과 영상표시단말기 취급근로자의 종아리 사이에는 손가락을 밀어 넣을 정도의 틈새가 있도록 하여 종아리와 대퇴부에 무리한 압력이 가해지지 않도록 할 것
10. 키보드를 조작하여 자료를 입력할 때 양 손목을 바깥으로 꺾은 자세가 오래 지속되지 않도록 주의할 것

04 화면은 건축물을 해체하는 장면을 보여주고 있다. 이러한 건물 해체작업을 할 때 작업자는 해체장비로부터 최소 몇 m 이상 떨어져야 하는지 쓰시오.

[해답] 4m

05 화면은 LPG 저장소에 가스누설감지경보기의 미설치로 인해 재해가 발생한 사례이다. 누설 감지경보기의 적절한 (1) 설치위치, (2) 경보설정값이 몇 %가 적당한지 쓰시오.

[해답]
(1) 설치위치 : 바닥에 인접한 낮은 곳에 설치한다.(LPG는 공기보다 무거우므로 가라앉음)
(2) 경보설정값 : 폭발하한계(LEL) 25% 이하

06 휴대용 연삭기의 (1) 방호장치와 (2) 노출각도는?

[해답]
(1) 방호장치 : 덮개
(2) 노출각도 : 180도 이내

07 동영상에서 작업자의 추락원인 2가지를 쓰시오.

> [동영상 설명]
> 아파트 건설공사 현장 3층 창틀에서 작업하던 작업자가 작업발판이 없어 창틀의 옆쪽을 밟았다가 미끄러져 떨어진다.

[해답]
1. 안전대 부착설비 미설치
2. 안전대 미착용
3. 추락방호망 미설치
4. 안전난간 미설치
5. 작업발판 미설치

08 피트에서 작업을 할 때 지켜야 할 작업수칙 3가지를 쓰시오.

> [동영상 설명]
> 작업자가 피트 뚜껑을 한쪽으로 열어 놓고 불안정한 나무 발판 위에 발을 올려놓은 상태에서 왼손으로 뚜껑을 잡고 오른손으로 플래시를 안쪽으로 비춘다. 이때 내부를 점검하는 중 발이 미끄러지는 장면을 보여주고 있다.

[해답]
1. 열어놓은 피트 뚜껑을 다른 작업자가 잡아 주도록 한다.
2. 피트에 안전난간·울 등을 설치한다.
3. 통행인이 피트에 빠지지 않도록 출입금지 표지를 한다.
4. 안전대 부착설비를 설치하고 안전대 착용 후 작업을 실시한다.

09 화면은 교류아크용접 작업 중 재해가 발생한 사례이다. 이 작업 시 눈과 감전재해 위험으로부터 작업자를 보호하기 위해 착용해야 할 보호구 명칭 2가지를 쓰시오.

[동영상 설명]
작업자가 교류아크용접을 한다. 용접을 한 번 하고서 슬러지를 털어낸 뒤 육안으로 확인한 후 다시 한번 용접을 위해 아크불꽃을 내는 순간 감전되어 쓰러진다. 이때 작업자는 일반 캡 모자와 목장갑 착용하였다.

해답) 1. 용접용 보안면, 2. 절연장갑

산업안전기사(4월 C형)

01 화면은 브레이크 패드를 제조하는 중 석면을 사용하는 장면이다. 이 작업의 안전작업수칙에 대하여 3가지를 쓰시오. (단, 근로자는 석면의 위험성을 인지하고 있다.)

해답) 1. 석면취급작업 시 담배를 피우거나 음식물을 먹지 않도록 하고, 그 내용을 보기 쉬운 장소에 게시한다.
2. 석면취급작업에 따른 분진청소 시 빗자루 등으로 쓸어담지 말고 진공청소기나 습식상태에서 청소한다.
3. 석면취급작업 시 분진흡입 방지를 위하여 방진마스크 등 보호구를 착용하거나 근로자의 안전을 위하여 Push-pull 또는 국소배기장치를 설치한 후 작업한다.

02 화면은 차량계건설기계의 한 종류인 항타기·항발기 작업을 보여주고 있다. 이러한 항타기·항발기 조립 시 작업 전 점검사항 3가지를 쓰시오.

해답) 1. 본체 연결부의 풀림 또는 손상의 유무
2. 권상용 와이어로프·드럼 및 도르래의 부착상태의 이상 유무
3. 권상장치의 브레이크 및 쐐기장치 기능의 이상 유무
4. 권상기의 설치상태의 이상 유무
5. 리더(leader)의 버팀 방법 및 고정상태의 이상 유무
6. 본체·부속장치 및 부속품의 강도가 적합한지 여부
7. 본체·부속장치 및 부속품에 심한 손상·마모·변형 또는 부식이 있는지 여부

03 화면은 전주를 옮기다 작업자가 전주에 맞아 재해가 발생하는 장면을 보여주고 있다. 다음 물음에 답하시오.

(1) 재해발생형태   (2) 가해물
(3) 전기용 안전모의 종류

해답) (1) 재해발생형태 : 비래
(2) 가해물 : 전주
(3) 안전모 : AE, ABE

04 화면은 섬유기계의 운전 중 발생한 재해사례이다. 동영상에서 사용한 기계 작업 시 핵심위험요인 2가지를 쓰시오.

[동영상 설명]
섬유공장에서 실을 감는 기계가 돌아가고 있고 작업자가 그 밑에서 일을 하고 있다. 갑자기 실이 끊어지며 기계가 멈춘다. 이때 작업자가 회전하는 대형 회전체의 문을 열고 허리까지 안으로 집어넣고 안을 들여다보며 점검할 때 갑자기 기계가 돌아가며 작업자의 몸이 회전체에 끼이게 된다.

해답) 1. 기계의 전원을 차단하지 않고(기계를 정지시키지 않고) 점검을 하여 말려 들어갈 수 있다.
2. 회전기계의 문을 열면 기계가 작동하지 않도록 하는 연동장치가 설치되어 있지 않다.

05 화면에 나타난 것처럼 지게차에 적재된 화물이 현저하게 시계를 방해할 경우 운전자의 조치를 3가지 쓰시오.

해답) 1. 유도자를 배치하여 지게차를 유도하고 후진으로 서행한다.
2. 하차하여 주변의 위험을 확인한다.
3. 주변작업자에게 지게차의 이동 상태를 알리는 경적, 경광등을 사용한다.

06 화면은 30kV 전압이 흐르는 고압선 아래에서 작업 중 발생한 재해사례이다. 크레인을 이용하여 고압선 주변에서 작업할 경우 사업주의 조치사항 2가지를 쓰시오.

[동영상 설명]
이동식 크레인으로 작업하다 붐대가 전선에 닿아 감전된다.

해답) 1. (이격거리 확보) 차량 등을 충전부로부터 300[cm] 이상 이격시키되, 대지전압이 50[kV]를 넘는 경우에는 10[kV]가 증가할 때마다 이격거리를 10[cm]씩 증가시킨다.
2. (절연용 방호구 설치) 절연용 방호구 등을 설치한 경우에는 이격거리를 절연용 방호구 앞면까지로 할 수 있다.
3. (울타리 설치 또는 감시인 배치) 울타리를 설치하거나 감시인 배치 등의 조치를 하여야 한다.
4. (접지점 관리 철저) 접지된 차량 등이 충전전로와 접촉할 우려가 있는 경우에는 근로자가 접지점에 접촉되지 않도록 조치하여야 한다.

07 작업 중 작업자가 감전재해를 당하였다. 이를 인체저항에 비교하여 감전요인을 설명하시오.

해답) 1. 감전피해의 위험도에 가장 큰 영향을 미치는 통전전류의 크기는 인체의 전기저항, 즉 임피던스의 값에 의해 결정(반비례)되며 인체의 임피던스는 내부저항과 피부저항으로 구성된다.
2. 내부저항은 교류, 직류에 따라 거의 일정(통전시간이 길어지면 인체의 온도상승에 의해 저항치 감소) 피부저항은 물에 젖어 있을 경우 1/25로 저항이 감소하므로 그만큼 통전전류가 커져 전격의 위험이 높아진다.

08 승강기 개구부에서 동영상처럼 하중물 인양 시 준수사항을 2가지 쓰시오.

[동영상 설명]
승강기 개구부에서 A, B 2명의 작업자가 위치하여 있는 가운데 A는 위에서 안전난간에 밧줄을 걸쳐 하중물(물건)을 끌어올리고 B는 이를 밑에서 올려주고 있다. 바로 이때 인양하던 물건이 떨어져 밑에 있던 B가 다치게 된다.

해답) 1. 작업지휘자의 지시에 따라 하중물 인양작업을 하도록 한다.
2. 하중물 낙하위험을 방지하기 위하여 낙하물방지망을 설치한다.

09 다음 각 물음에 답을 쓰시오. (단, 정화통의 문자 표기는 무시한다.)

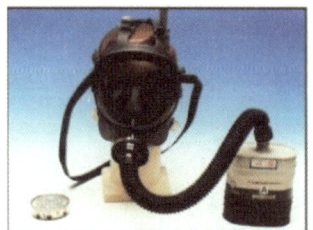

(1) 방독마스크의 종류를 쓰시오.
(2) 방독마스크의 주요성분을 1가지 쓰시오.
(3) 방독마스크의 시험가스 종류를 쓰시오.

해답) (1) 종류 : 할로겐용 방독마스크
(2) 주요성분 : 소다라임(Soda Lime), 활성탄
(3) 시험가스 : 염소

산업안전기사(7월 A형)

01 전동톱을 작동하기 전에 작업발판용 나무토막을 가져다 놓고 한발로 나무를 고정한 상태에서 톱질하던 중 작업발판의 흔들림으로 인해 작업자가 넘어졌다. 다음 물음에 답하시오.

(1) 재해형태   (2) 가해물

해답) (1) 재해형태 : 전도, (2) 가해물 : 바닥

02 고압전선로 인근에서 항타기·항발기 작업 중 실수로 전로를 건드렸다. 이러한 항타기·항발기 작업 시 준수하여야 할 안전수칙 2가지를 쓰시오.

해답) 1. (이격거리 확보) 차량 등을 충전부로부터 300[cm] 이상 이격시키되, 대지전압이 50[kV]를 넘는 경우에는 10[kV]가 증가할 때마다 이격거리를 10[cm]씩 증가시킨다.
2. (절연용 방호구 설치) 절연용 방호구 등을 설치한 경우에는 이격거리를 절연용 방호구 앞면까지로 할 수 있다.
3. (울타리 설치 또는 감시인 배치) 울타리를 설치하거나 감시인 배치 등의 조치를 하여야 한다.
4. (접지점 관리 철저) 접지된 차량 등이 충전전로와 접촉할 우려가 있는 경우에는 근로자가 접지점에 접촉되지 않도록 조치하여야 한다.

03 화면에서 보여준 사항 중 작업자가 마스크를 착용하고 있으나 석면분진폭로 위험성에 노출되어 있어 직업성 질병으로 이환될 우려가 있다. 장기간 폭로 시 어떤 종류의 직업병이 발생할 위험이 있는지 3가지 쓰시오.

해답) 1. 폐암, 2. 석면폐증, 3. 악성중피종

04 화면은 작업자가 엘리베이터 피트 내부의 나무로 엉성하게 만든 작업발판 위에서 폼타이 핀을 망치로 제거하는 작업 중 피트 내부로 떨어지는 장면을 보여주고 있다. 이러한 재해발생의 위험요인 3가지를 쓰시오.

> **해답**
> 1. 피트 내부에 추락방호망 미설치
> 2. 작업발판 미고정
> 3. 안전대 부착설비 미설치 및 안전대 미착용
> 4. 개구부(피트) 단부에 안전난간 미설치

05 화면은 버스정비작업 중 재해가 발생한 사례이다. 대책 3가지를 쓰시오.

> **[동영상 설명]**
> 시내버스를 정비하기 위하여 차량용 리프트로 차량을 들어 올린 상태에서 한 작업자가 버스 밑에 들어가 샤프트 계통을 점검하고 있다. 그런데 다른 한 사람이 주변 상황을 전혀 살피지 않고 버스에 올라 엔진을 시동하였다. 그 순간 밑에 있던 작업자의 팔이 버스의 회전하는 샤프트에 말려 들어가 협착사고를 일으킨다. 이때 주변에는 작업감시자가 없다.

> **해답**
> 1. 정비작업 중임을 나타내는 표지판을 설치할 것
> 2. 작업과정을 지휘할 작업자를 배치할 것
> 3. 기동(시동)장치에 잠금장치를 할 것
> 4. 작업 시 운전금지를 위하여 열쇠를 별도 관리할 것

06 이동식 크레인의 작업시작 전 점검사항 2가지를 쓰시오. (단 경보장치의 기능은 제외한다.)

> **해답**
> 1. 브레이크·클러치 및 조정장치의 기능
> 2. 와이어로프가 통하고 있는 곳 및 작업장소의 지반상태

07 작업 중 작업자가 감전재해를 당하였다. 이를 인체저항에 비교하여 감전요인 설명하시오.

> **해답**
> 1. 감전피해의 위험도에 가장 큰 영향을 미치는 통전전류의 크기는 인체의 전기저항 즉, 임피던스의 값에 의해 결정(반비례)되며 인체의 임피던스는 내부저항과 피부저항으로 구성
> 2. 내부저항은 교류, 직류에 따라 거의 일정(통전시간이 길어지면 인체의 온도상승에 의해 저항치 감소) 피부저항은 물에 젖어 있을 경우 1/25로 감소하므로 그만큼 통전전류가 커져 전격의 위험이 높아진다.

08 화면은 작업자가 쇠파이프를 여러 개 눕혀 놓고 스프레이건으로 페인트칠을 하는 작업을 보여주고 있다. 동영상에서 사용되는 (1) 마스크의 종류와 (2) 흡수제 3가지를 쓰시오.

> **해답**
> (1) 마스크 종류 : 방독마스크
> (2) 흡수제 : 1. 활성탄, 2. 큐프라마이트, 3. 소다라임

09 화면에서 보여주는 방열복의 내열원단 시험성능 기준 항목 3가지를 쓰시오.

> **해답**
> 1. 난연성, 2. 절연저항, 3. 인장강도, 4. 내열성, 5. 내한성

산업안전기사(7월 B형)

01 밀폐공간을 퍼지하고 있다. 퍼지작업의 종류 4가지를 쓰시오.

> **해답**
> 1. 진공퍼지, 2. 압력퍼지, 3. 스위프 퍼지, 4. 사이펀 퍼지

02 화면은 탁상공구 연삭기로 봉강 연마작업 중 발생한 사고사례이다. 기인물은 무엇이며, 봉강 연마작업 시 파편이나 칩의 비래에 의한 위험에 대비하기 위해 설치해야 하는 장치명을 쓰시오.

> **해답**
> (1) 기인물 : 탁상공구 연삭기
> (2) 장치명 : 칩 비산방지 투명판

03 화면은 인쇄 윤전기를 청소하는 중에 발생한 재해사례이다. 동영상을 참고하여 롤러기의 청소 시 안전작업수칙을 3가지만 쓰시오.

> **[동영상 설명]**
> 작업자가 인쇄용 윤전기의 전원을 끄지 않고 빙글빙글 서로 맞물려서 돌아가는 롤러를 걸레로 닦고 있다. 체중을 실어서 힘 있게 닦고, 위험하게 맞물리는 지점까지 걸레를 집어넣는 순간 작업자의 손이 롤러기 사이에 끼어 사고를 당하자 전원을 차단하고 손을 빼냈다.

해답) 1. 전원을 차단하여 롤러기를 정지시키지 않은 상태에서 청소를 하고 있어 롤러에 말려 들어간다.
2. 방호장치가 없어 회전하는 롤러에 걸레의 윗부분이 넣어져서 손이 말려 들어간다.
3. 회전 중인 롤러에 물려 들어가는 쪽을 직접 손으로 눌러서 닦고 있어 걸레와 함께 손이 물려 들어가게 된다.
4. 체중을 걸쳐 닦고 있어서 말려 들어가게 된다.

04 화면에서 보여주고 있는 안전시설의 (1) 명칭 및 (2) 기구가 갖추어야하는 구조 2가지를 쓰시오.

해답) (1) 명칭 : 안전블록
(2) 구조조건
1. 신체지지의 방법으로 안전그네만을 사용할 것
2. 안전블록은 정격 사용 길이가 명시될 것
3. 안전블록의 줄은 합성섬유로프, 웨빙(Webbing), 와이어로프이어야 하며, 와이어로프인 경우 최소지름이 4mm 이상일 것

05 덤프트럭의 유압실린더 작동 후 적재함이 상승한 후 그 사이에 들어가 점검하는 도중 적재함이 내려와서 재해가 발생하는 장면을 보여주고 있다. 이러한 차량용 운반하역기계 작업 시 위험방지조치 3가지를 쓰시오.

해답) 1. 안전지지대 또는 안전블록 등의 사용상황 등을 점검할 것
2. 작업순서를 결정하고 작업을 지휘할 것
3. 작업계획서를 작성할 것
4. 원동기를 정지시키고 브레이크를 확실히 거는 등 갑작스러운 주행을 방지하기 위한 조치를 할 것

06 화면의 영상 속 재해 발생원인 3가지를 쓰시오.

[동영상 설명]
A 작업자가 변압기의 2차 전압을 측정하기 위해 유리창 너머의 B 작업자에게 신호를 주고 전원을 켠 후 다시 차단하라는 신호를 보내고 기기를 만지다가 감전사고가 발생되는 장면을 보여주고 있다.

해답) 1. 개인보호구(절연장갑 등) 미착용
2. 신호전달체계 불량
3. 작업자 안전수칙 미준수(활선 및 정전상태 미확인 후 작업)

07 화면은 콘크리트 전주 세우기 작업 도중에 발생한 사례이다. 동영상에서와 같은 동종재해를 예방하기 위한 대책 중 관리적 대책 3가지를 쓰시오.

해답) 1. (이격거리 확보) 차량 등을 충전부로부터 300[cm] 이상 이격시키되, 대지전압이 50[kV]를 넘는 경우에는 10[kV]가 증가할 때마다 이격거리를 10[cm]씩 증가시킨다.
2. (절연용 방호구 설치) 절연용 방호구 등을 설치한 경우에는 이격거리를 절연용 방호구 앞면까지로 할 수 있다.
3. (울타리 설치 또는 감시인 배치) 울타리를 설치하거나 감시인 배치 등의 조치를 하여야 한다.
4. (접지점 관리 철저) 접지된 차량 등이 충전전로와 접촉할 우려가 있는 경우에는 근로자가 접지점에 접촉되지 않도록 조치하여야 한다.

08 화면의 영상 속 재해 발생원인 중 직접원인에 해당되는 것 2가지를 쓰시오.

[동영상 설명]
항타기·항발기가 작업 중인 화면을 보여주고 있다. 이때, 항타기·항발기의 인근에 고압전선로가 있고 항타기·항발기가 돌아가는 순간 인접 충전전로에 접촉이 되면서 스파크가 발생하였다.

해답) 1. 충전전로에 대한 접근 한계거리 미준수
2. 인접 충전전로에 절연용 방호구 미설치

09 화면은 변압기를 유기화학물에 담가 절연처리와 건조 작업을 하고 있음을 보여주고 있다. 이 작업 시 (1) 손, (2) 눈, (3) 몸에 착용해야 할 보호구를 쓰시오.

> [동영상 설명]
> 소형변압기(일명 Down TR, 크기는 가로, 세로 15cm 정도로 작은 변압기임)의 양쪽에 나와 있는 선을 일반 작업복만 입은 작업자(안전모 등 개인보호구 미착용)가 양손으로 들고 유기화학물통에 넣었다 빼며 앞쪽 선반에 올리는 작업(유기화합물을 손으로 작업을 한다. 작업자가 선반 위 소형 변압기를 건조시키기 위해 업소용 냉장고처럼 생긴 곳에 통을 넣고 문을 닫는다.

해답 (1) 손 : 유기화합물용 안전장갑
(2) 눈 : 보안경
(3) 몸 : 유기화합물용 보호복

산업안전기사(7월 C형)

01 화면은 작업자가 박공지붕작업 시 휴식을 취하던 중 다른 휴식 중인 작업자를 향해 적치되어 있던 자재가 낙하하여 작업자가 맞으면서 추락하는 재해사례를 보여주고 있다. 이때 위험요인 3가지를 쓰시오.

해답 1. 근로자가 위험한 장소에서 휴식을 취하고 있다.
2. 추락방호망이 설치되지 않았다.
3. 자재를 한 곳에 과적하여 적치하였다.
4. 안전대 부착설비가 없고, 안전대를 착용하지 않았다.

02 작업자가 무색의 암모니아 냄새가 나는 수용성 액체인 유해물질 DMF(디메틸포름아미드) 취급 작업을 하고 있다. 이와 같이 유해물질인 DMF를 취급할 때 착용해야 하는 보호구의 종류를 3가지 쓰시오.

해답 1. 방독마스크, 2. 화학물질용 보호복, 3. 안전장갑(화학물질용)

03 화면은 실험실에서 황산을 비커에 따르고 있고, 작업자는 맨손, 마스크를 미착용하고 있다. 인체로 흡수되는 경로를 2가지 쓰시오.

해답 1. 피부(점막), 2. 호흡기, 3. 소화기

04 컨베이어 작업 시작 전 점검사항 3가지를 쓰시오.

> [동영상 설명]
> 작업자가 정지된 컨베이어를 점검하고 있다. 작업자가 점검 중일 때 다른 작업자가 전원 스위치 쪽으로 서서히 다가오더니 전원버튼을 누른다. 순간 점검 중이던 작업자의 손이 벨트에 끼이는 사고가 발생한다.

해답 1. 원동기 및 풀리 기능의 이상 유무
2. 이탈 등의 방지장치 기능의 이상 유무
3. 비상정지장치 기능의 이상 유무
4. 원동기·회전축·기어 및 풀리 등의 덮개 또는 울 등의 이상 유무

05 가죽제 안전화를 보여주고 있다. 가죽제 안전화의 성능시험 3가지를 쓰시오.

해답 1. 내압박성 시험, 2. 내충격성 시험, 3. 박리저항 시험, 4. 내답발성 시험

06 작업자는 컨베이어가 작동하는 상태에서 컨베이어벨트 끝부분에 발을 딛고 올라서서 불안정한 자세로 형광등을 교체하다 추락하는 동영상이다. 작업자의 불안전한 행동 2가지를 쓰시오.

해답 1. 작동하는 컨베이어에 올라 작업하는 자세가 불안정하여 추락할 위험이 있다.
2. 안전모등 보호구를 착용하지 않아 위험하다.

07 화면은 전기형강작업 중이다. 정전 위험요인을 3가지 쓰시오.

해답 1. 정전작업 미실시(작업 전 전원 차단 미실시)
2. 노출 충전부 방호조치 미실시
3. 절연보호구 미착용

08 터널 굴착 중 화약 장전할 때의 위험요인 1가지를 쓰시오.

> [해답] 화약을 장전할 때 화약이 충격이나 마찰, 정전기로 인하여 폭발할 위험이 있다.

09 동영상은 작업자가 회전물에 샌드페이퍼를 감고 손으로 지지하여 작업을 하다 손이 회전부에 말려 들어가는 장면을 보여주고 있다. 선반작업의 (1) 위험점과 (2) 그 정의를 쓰시오.

> [해답] (1) 위험점 : 회전말림점(Trapping Point)
> (2) 회전말림점의 정의 : 회전하는 물체의 길이, 굵기, 속도 등이 불규칙한 부위와 돌기 회전부위에 장갑 및 작업복 등이 말려드는 위험점 형성

산업안전기사(10월 A형)

01 화면은 어두운 장소에서의 컨베이어 점검 시 사고가 발생하는 상황을 보여주고 있다. 작업 시작 전 조치사항을 쓰시오.

> [동영상 설명]
> 작업자가 어두운 장소에서 플래시를 들고 컨베이어 벨트를 점검하다가 부주의하여 한눈을 판 사이 손이 컨베이어의 롤러 사이에 끼어 말려 들어갔다.

> [해답] 1. 전원을 차단하고 통전금지표지판 및 잠금장치를 설치한다.
> 2. 조명을 밝게 한다.

02 승강기 와이어로프에 끼인 기름 및 먼지 제거 작업 중 (이물질이 발생하여 손으로 이물질을 제거) (1) 위험점, (2) 재해발생형태, (3) 그 정의를 쓰시오.

> [해답] (1) 위험점 : 접선물림점
> (2) 재해발생형태 : 협착

(3) 협착의 정의 : 두 물체 사이의 움직임에 의하여 일어난 것으로 직선운동하는 물체 사이의 협착, 회전부와 고정체 사이의 끼임, 롤러 등 회전체 사이에 물리거나 또는 회전체·돌기부 등에 감긴 경우

03 다음과 같은 마스크의 (1) 명칭, (2) 등급 3종류, (3) 산소농도를 쓰시오.

> [해답] (1) 명칭 : 방진마스크
> (2) 등급 종류 : 특급, 1급, 2급
> (3) 산소농도 : 18%

04 사출성형기 노즐부 잔류물 제거를 하다가 재해가 발생하였다. 작업을 보고(전원을 차단하지 않음, 보호구 미착용, 전용공구 미사용) 사고방지대책을 쓰시오.

> [해답] 1. 사출성형기의 내부 금형 사이를 출입할 때에는 먼저 사출성형기의 전원을 차단할 것
> 2. 작업 시 절연용 보호구를 착용할 것
> 3. 이물질의 제거는 전용공구를 사용할 것
> 4. 사출성형기 충전부 방호조치(덮개)를 실시할 것

05 활선작업 시 내재되어 있는 핵심 위험요인 2가지를 쓰시오.

> [동영상 설명]
> 작업자 2명이 전주에서 활선작업을 하고 있다. 작업자 1명은 밑에서 절연방호구를 올리고 다른 작업자 1명은 크레인 위에서 물건을 받아 활선에 절연방호구 설치작업을 하다 감전사고가 발생한다.

> [해답] 1. 근접활선(절연용 방호구 미설치)에 대한 감전 위험
> 2. 절연용 보호구 착용상태 불량에 따른 감전 위험
> 3. 활선작업거리 미준수에 따른 감전 위험
> 4. 작업장소의 관계근로자 외의 자의 출입에 따른 감전 위험

06 아파트 창틀에서 작업 중 추락하는 재해사례를 보여주고 있다. 이러한 추락사고의 원인 3가지를 간략히 쓰시오.

해답 1. 안전난간 미설치
2. 안전대 미착용
3. 추락방호망 미설치

07 동영상의 위험요인을 작업자 측면, 작업현장 측면으로 나누어 쓰시오.

[동영상 설명]
교류아크용접 작업장에서 작업자가 혼자 작업을 하고 있다. 대형 관의 플랜지 아래 부위를 아크용접하는 상황이며, 작업자가 자신의 왼손으로는 플랜지 회전 스위치를 조작해 가며 오른손으로 용접작업을 하고 있다. 작업장 주위에는 인화성 물질로 보이는 깡통 등이 용접작업 주변에 쌓여 있는 불안전한 상태이다.

해답 1. 단독작업으로 양손을 사용해서 작업하므로 위험을 내포하고 있고, 작업장의 상황 파악이 어렵다.
2. 용접 작업장 주위에 인화성 물질이 많이 있으므로 화재의 위험이 있다.

08 특수화학설비 내부의 이상상태를 조기에 파악하기 위하여 설치해야 할 장치를 4가지 쓰시오.

해답 1. 온도계, 2. 유량계, 3. 압력계, 4. 자동경보장치

09 박공지붕 작업 시 박공지붕이 미끄러지면서 밑으로 떨어져 휴식을 취하고 있던 작업자에게 맞는 재해가 발생하였다. 이를 방지하기 위한 조치를 3가지 쓰시오.

해답 1. 경사지붕 하부에 낙하물방지망 설치
2. 박공지붕 과적 금지 및 체결상태 확인
3. 근로자가 낙하위험장소에서 휴식하지 않도록 조치
4. 낙하위험구간에 출입통제 조치

산업안전기사(10월 B형)

01 화면은 작업자가 수중펌프 접속부위에 감전되어 발생한 재해사례이다. 습윤한 장소에서 사용되는 이동전선에 대한 사용 전 점검사항 3가지를 쓰시오.

해답 1. 사용 전 수중 펌프와 전선 등의 절연상태 점검(절연저항 측정 등)
2. 감전방지용 누전차단기 설치
3. 수중 모터 외함 접지상태 확인

02 화면은 밀폐된 공간에서의 작업을 보여주고 있다. 밀폐공간작업 시 안전작업수칙 3가지를 쓰시오.

[동영상 설명]
탱크 내부에 밀폐된 공간에서 작업자가 그라인더 작업을 하고 있고, 다른 작업자가 외부에 설치된 국소배기장치를 발로 차 전원공급이 차단되어 내부 작업자가 의식을 잃고 쓰러진다.

해답 1. 산소 및 유해가스 농도 측정 후 작업을 시작한다.
2. 산소농도가 18% 미만일 때는 환기를 시키고, 작업 중에도 계속 환기한다.
3. 가능한 급배기를 동시에 실시하고, 환기를 실시할 수 없거나 산소결핍장소에서 작업할 때에는 호흡용 보호구를 착용한다.

03 고압전선로 인근에서 항타기·항발기 작업 시 안전작업수칙 3가지를 쓰시오.

해답 1. (이격거리 확보) 차량 등을 충전부로부터 300[cm] 이상 이격시키되, 대지전압이 50[kV]를 넘는 경우에는 10[kV]가 증가할 때마다 이격거리를 10[cm]씩 증가시킨다.
2. (절연용 방호구 설치) 절연용 방호구 등을 설치한 경우에는 이격거리를 절연용 방호구 앞면까지로 할 수 있다.
3. (울타리 설치 또는 감시인 배치) 울타리를 설치하거나 감시인 배치 등의 조치를 하여야 한다.
4. (접지점 관리 철저) 접지된 차량 등이 충전전로와 접촉할 우려가 있는 경우에는 근로자가 접지점에 접촉되지 않도록 조치하여야 한다.

04 화면은 이동식 크레인을 이용하여 배관을 위로 올리는 작업으로서 신호수가 배치되지 않았고 보조로프 없이 작업하고 있다. 화물의 낙하·비래 위험을 방지하기 위한 사전 점검 또는 조치사항을 3가지 쓰시오.

해답) 1. 보조(유도)로프를 이용해서 흔들림을 방지한다.
2. 무전기 등을 사용하여 신호하거나, 작업 전 일정한 신호방법을 약속으로 정한다.
3. 슬링와이어로프의 체결상태를 확인한다.
4. 화물을 작업자 위로 통과시키지 않도록 한다.

05 화면은 인쇄 윤전기를 청소하는 중에 발생한 재해사례이다. 동영상을 참고하여 롤러기의 청소 시 안전작업수칙을 3가지만 쓰시오.

[동영상 설명]
작업자가 인쇄용 윤전기의 전원을 끄지 않고 서로 맞물려서 돌아가는 롤러를 걸레로 닦고 있다. 체중을 실어서 힘 있게 닦고, 위험하게 맞물리는 지점까지 걸레를 집어넣는 순간 작업자의 손이 롤러기 사이에 끼어 사고를 당하자 전원을 차단하고 손을 빼냈다.

해답) 1. 전원을 차단하여 롤러기를 정지시키지 않은 상태에서 청소를 하고 있어 롤러에 말려 들어간다.
2. 방호장치가 없어 회전하는 롤러에 걸레의 윗부분이 넣어져서 손이 말려 들어간다.
3. 회전 중인 롤러에 물려 들어가는 쪽을 직접 손으로 눌러서 닦고 있어 걸레와 함께 손이 물려 들어가게 된다.
4. 체중을 걸쳐 닦고 있어서 말려 들어가게 된다.

06 분리식 방진마스크를 보여주고 있다. 이와 같은 보호구의 각 등급별 포집효율을 쓰시오.

해답)

형태 및 등급		염화나트륨(NaCl) 및 파라핀 오일(Paraffin oil) 시험(%)
분리식	특급	99.95 이상
	1급	94.0 이상
	2급	80.0 이상

07 화면은 지하에 설치된 폐수처리조에서 슬러지 처리 작업 중 발생한 사례이다. 동영상과 같은 장소에 근로자가 들어갈 때 필요한 호흡용 보호구의 종류를 2가지 쓰시오.

해답) 1. 송기마스크, 2. 공기호흡기

08 화면상에서 작업자 측면의 문제점을 2가지 쓰시오.

[동영상 설명]
경사용 컨베이어가 작동 중이고, 컨베이어 아래에서 작업자 2명이 컨베이어에 포대를 올리고 있다. 컨베이어에 포대가 삐뚤게 놓여 올라가고 있는데 위쪽에서 작업하고 있는 작업자의 발에 부딪혀 오른쪽으로 쓰러지면서 팔이 기계 하단으로 들어가게 된다. 작업자가 고통스러워하자 아래쪽 작업자가 와서 안아주는 장면이다.

해답) 1. 작동하는 컨베이어에 올라가면 작업하는 자세가 불안정하여 추락할 위험이 있다.
2. 안전모 등 보호구를 착용하지 않아 위험하다.

09 화면은 작업자가 전동 권선기에 동선을 감는 작업 중 기계가 정지하여 점검하던 중 발생한 재해사례이다. (1) 재해유형 및 (2) 원인을 1가지씩 쓰시오.

해답) (1) 재해유형 : 감전
(2) 재해발생원인 : 정전작업 미실시, 절연보호구(절연장갑) 미착용 등

산업안전기사(10월 C형)

01 방독마스크를 보여주고 있다. 다음 각 물음에 답을 쓰시오. (단, 정화통의 표기는 무시한다.)

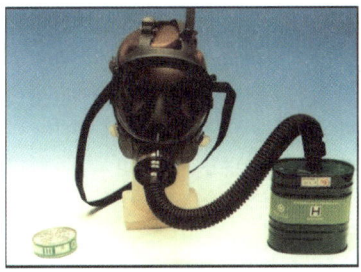

(1) 방독마스크의 종류를 쓰시오.
(2) 방독마스크의 정화통 흡수제 1가지를 쓰시오.
(3) 방독마스크가 직결식 전면형일 경우 누설률은 몇 %인가?

해답) (1) 명칭 : 암모니아용 방독마스크
(2) 정화통 흡수제 : 큐프라마이트
(3) 누설률 : 0.05% 이하

02 화면은 폭발성 화학물질 취급 중 작업자의 부주의로 발생한 사고 사례이다. 동영상에서와 같이 폭발성 물질 저장소에 들어가는 작업자가 (1) 신발에 물을 묻히는 이유를 무엇인지 설명하고, (2) 화재 시 적합한 소화방법을 쓰시오.

해답) (1) 신발에 물을 묻히는 이유 : 대부분의 물체는 습도가 증가하면 전기저항치가 저하하고 이에 따라 대전성이 저하하므로, 작업자가 신발에 물을 묻히게 되면 도전성이 증가(전기저항치 감소)하고 이에 따라 인체의 대전성이 저하되므로 정전기 착화성 방전에 의한 화재 폭발을 방지할 수 있다.
(2) 화재 시 소화방법 : 다량 주수에 의한 냉각소화(폭발성 물질은 분해에 의하여 산소가 공급되기 때문에 연소가 격렬하며 그 자체의 분해도 격렬하다. 소화법으로는 물을 다량 사용해서 냉각하여 분해온도 이하로 낮추고 가연물의 연소도 억제해서 폭발을 방지하는 것이다. 소화제로는 질식소화는 효과가 없고, 물을 다량으로 사용하는 것이 최선이다.)

03 화면에서와 같이 마그네틱 크레인(Magnetic Crane)으로 물건을 옮기다 발생한 재해위험요인을 3가지 쓰시오.

[동영상 설명]
마그네틱 크레인(천정크레인, 호이스트)으로 물건을 옮기는 작업을 진행 중이다. 마그네틱을 금형 위에 올리고 손잡이를 작동시켜 이동하는데 작업자(안전모 미착용, 목장갑 착용, 신발 안 보임)가 오른손으로 금형을 잡고, 왼손으로 상하좌우 조정장치(전기배선 외관에 피복이 벗겨져 있음)를 누르면서 이동하다가 갑자기 쓰러지면서 오른손이 마그네틱 ON/OFF 봉을 건드려 금형이 발등으로 떨어져 협착사고가 발생하였다. 이때 크레인에는 훅 해지장치가 없고, 훅에 샤클이 3개 연속으로 걸려 있으며 마지막 훅에도 훅 해지장치는 없다.

해답) 1. 마그네틱 크레인에 훅 해지장치가 없고, 작동스위치의 전선이 벗겨져 있는 상태라서 재해위험이 있다.
2. 보조(유도)로프를 사용하지 않아 재해위험이 있다.
3. 신호수를 배치하지 않았고 조종수가 위험구역에 접근해 있어 재해위험이 있다.
4. 작업자가 안전모를 착용하지 않았다.

04 화면은 승강기 컨트롤 패널을 맨손으로 점검(전압측정)하던 중 발생한 재해사례이다. 감전방지대책 3가지를 서술하시오.

[동영상 설명]
MCCB 패널 점검 중으로 개폐기에는 통전 중이라는 표지가 붙어 있고 작업자(면장갑 착용)가 개폐기 문을 열어 전원을 차단하고 문을 닫은 후 다른 곳 패널에서 작업하려다 쓰러진다.

해답) 1. 전로의 개로개폐기에 시건장치 및 통전금지 표지판 부착
2. 작업 전 신호체계 확립 및 작업지휘자에 의한 작업지휘
3. 차단기에 회로구분 표찰 부착에 의한 오조작 방지 등

05 화면은 크롬도금작업을 보여준다. 동영상에서와 같이 도금작업 시 유해물질에 대한 안전수칙을 4가지 쓰시오.

해답
1. 유해물질에 대한 유해성 사전조사
2. 유해물질 발생원의 봉쇄
3. 작업공정 은폐, 작업장의 격리
4. 유해물의 위치 및 작업공정 변경
5. 전체환기 또는 국소배기
6. 점화원의 제거
7. 환경의 정돈과 청소

06 화면은 작업자가 안전대를 착용하고 전주에 올라서서 작업발판(볼트)을 딛고 변압기 볼트를 조이는 중 추락하는 동영상이다. 이러한 작업 중 위험요인 2가지를 쓰시오.

해답
1. 불안전한 작업자세(작업자가 발판용 볼트를 딛고 있음)
2. 안전대 미고정(미부착)

07 화면에서 보여주고 있는 터널굴착공사 중 사용되는 계측의 종류 3가지를 쓰시오.

해답
1. 내공변위 측정
2. 천단침하 측정
3. 지표면침하 측정
4. 지중변위 측정
5. Rock Bolt 축력 측정
6. 숏크리트 응력 측정

08 회전하는 브레이크 라이닝 작업 중 장갑을 끼고 있는 손이 말려 들어갔다. 대책 2가지를 쓰시오.

해답
1. 회전기계에 손이 말려 들어갈 위험이 있는 장갑을 착용하지 않는다.
2. 비상정지장치, 덮개 등의 방호장치를 설치한다.
3. 이물질이 눈에 튀어 눈을 다칠 위험이 있으므로 보안경을 착용한다.

09 화면은 크레인으로 자재를 인양하는 도중에 발생한 재해사례이다. 배관 인양작업 중 위험요소 2가지를 쓰시오.

[동영상 설명]
크고 두꺼운 배관을 끈같이 생긴 와이어로프로 안전하지 못하게 한 번만 빙 둘러서 인양작업을 하고 있다. 끈의 일부분이 손상되어 옆 부분이 조금 찢겨 있다. 배관을 위로 끌어올리다가 다시 작업자들 머리 부근까지 내려온다. 밑에는 2명의 작업자가 배관을 손으로 지지하는데 배관이 순간 흔들리면서 날아와 작업자 1명을 쳐버렸다.

해답
1. 와이어로프의 안전상태가 불안정하여 위험하다.
2. 작업반경 내 관계근로자 이외의 외부 작업자가 출입하여 위험하다.

2015년 작업형 기출문제

산업안전기사(4월 A형)

01 산업안전보건법령상 건물 해체작업의 해체계획서 작성 시 포함사항 4가지를 쓰시오.

해답
1. 해체의 방법 및 해체순서 도면
2. 가설설비, 방호설비, 환기설비 및 살수·방화설비 등의 방법
3. 사업장 내 연락방법
4. 해체물의 처분계획
5. 해체작업용 기계·기구 등의 작업계획서
6. 해체작업용 화약류 등의 사용계획서
7. 기타 안전·보건에 관련된 사항

02 화면은 선반작업 중 발생한 재해사례를 나타내고 있다. 화면에서와 같이 안전준수사항을 지키지 않고 작업할 때 일어날 수 있는 재해요인을 2가지 쓰시오.

해답
1. 회전물에 샌드페이퍼를 감아 손으로 지지하고 있기 때문에 작업복과 손이 감겨 들어간다.
2. 작업에 집중하지 못하여(곁눈질) 실수로 작업복과 손이 말려 들어간다.
3. 손을 기계 위에 올려놓고 작업을 하고 있어 손이 미끄러져 회전물에 말려 들어간다.

03 화면은 30kV 전압이 흐르는 고압선 아래에서 작업 중 발생한 재해사례이다. 크레인을 이용하여 고압선 주변에서 작업할 경우 사업주의 감전 조치사항 2가지를 쓰시오.

[동영상 설명]
이동식크레인으로 작업하다 붐대가 전선에 닿아 감전되는 상황이다.

해답
1. 해당 충전전로를 이설할 것
2. 감전의 위험을 방지하기 위한 울타리을 설치할 것
3. 해당 충전 전로에 절연용 방호구를 설치할 것
4. 감시인을 두고 작업을 감시하도록 할 것

04 화면은 작업자가 전동 권선기에 동선을 감는 작업 중 기계가 정지하여 점검 중 발생한 재해사례이다. (1) 재해형태 및 (2) 재해발생 원인을 1가지 서술하시오.

해답 (1) 재해형태 : 감전
(2) 재해발생 원인 : 정전작업 미실시, 절연보호구(절연장갑) 미착용 등

05 화면은 도금작업에 사용하는 보호구 사진 A, B, C 3가지를 보여준 후, C 보호구에 노란색 동그라미가 표시되면서 정지된다. 동영상에서 C 보호구의 사용 장소에 따른 종류 3가지를 쓰시오.

A   B   C

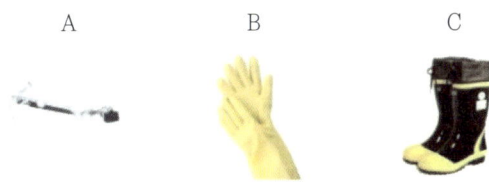

해답 1. 일반용, 2. 내유용, 3. 내산용, 4. 내알칼리용, 5. 내산, 알칼리 겸용

06 화면의 영상 속 (1) 위험요인을 상세히 설명하고, (2) 장기간 폭로 시 어떤 종류의 직업병이 발생할 위험이 있는지 3가지를 쓰시오.

[동영상 설명]
작업장은 석면이 날리고 있어 석면분진폭로 위험성에 노출되어 있다. 작업자가 마스크를 착용하고 있으나 직업성 질환으로 이환될 위험성에 노출되어 있다.

해답 (1) 위험요인 : 작업자가 석면을 여과할 수 있는 방진마스크를 착용하지 않을 경우 석면분진이 체내로 흡입될 수 있다.
(2) 질병 : 1. 악성중피종, 2. 석면폐, 3. 폐암

07 화면은 무채를 썰어내는 기계(슬라이스 기계) 작업 중 기계가 갑자기 멈추자 작업자가 이를 점검하는 장면이다. 방호장치를 쓰시오.

해답 인터록(연동장치)

08 화면은 이동식 크레인을 이용하여 철제 배관을 인양하는 작업으로 신호수의 신호에 따라 철제 배관을 인양 중 H빔에 부딪치면서 흔들리는 동영상이다. 배관 인양 작업 시 안전대책 3가지를 쓰시오.

해답
1. 보조(유도)로프를 이용해서 흔들림을 방지한다.
2. 무전기 등을 사용하여 신호하거나, 작업 전 일정한 신호방법을 약속으로 정한다.
3. 슬링와이어로프의 체결상태를 확인한다.
4. 화물을 작업자 위로 통과시키지 않도록 한다.
5. 보호구(안전모)를 착용한다.

09 화면에서 변압기를 유기화합물에 담가서 절연처리하는 작업을 보여주고 있다. 이러한 유기화합물 취급작업 시 다음의 신체 부위에 착용하여야 하는 보호구를 쓰시오.

(1) 손   (2) 눈

해답 (1) 손 : 유기화합물용 안전장갑
(2) 눈 : 보안경

산업안전기사(4월 B형)

01 화면은 스팀배관의 보수를 위해 누출부위를 점검하던 중에 발생한 재해사례이다. 동영상에서와 같은 재해를 산업재해 기록, 분류에 관한 기준에 따라 분류할 때 해당되는 재해발생형태를 쓰시오.

해답 이상온도 노출·접촉
※ "이상온도 노출·접촉"은 고·저온 환경 또는 물체에 노출·접촉된 경우를 말한다.

02 작업자는 컨베이어가 작동하는 상태에서 컨베이어벨트 끝부분에 발을 딛고 올라서서 불안정한 자세로 형광등을 교체하다 추락하는 동영상이다. 작업자의 불안전한 행동 2가지를 쓰시오.

해답
1. 작동하는 컨베이어에 올라 작업하는 자세가 불안정하여 추락할 위험이 있다.
2. 안전모 등 보호구를 착용하지 않아 위험하다.

03 화면은 버스 정비작업 중 재해가 발생한 사례이다. 기계설비의 (1) 위험점, (2) 불안전한 요인 2가지를 쓰시오.

[동영상 설명]
시내버스를 정비하기 위하여 차량용 리프트로 차량을 들어올린 상태에서 한 작업자가 버스 밑에 들어가 샤프트 계통을 점검하고 있다. 그런데 다른 한 사람이 주변 상황을 전혀 살피지 않고 버스에 올라 엔진을 시동하였다. 그 순간 밑에 있던 작업자의 팔이 버스의 회전하는 샤프트에 말려 들어 협착사고를 일으킨다.

해답 (1) 위험점 : 회전말림점
(2) 불안전한 요인
1. 정비작업 중임을 나타내는 표지판을 설치하지 않았다.
2. 작업과정을 지휘할 작업자를 배치하지 않았다.
3. 기동(시동)장치에 잠금장치를 하지 않았다.
4. 작업 시 운전금지를 위하여 열쇠를 별도 관리하지 않았다.

04 화면에서 보여주고 있는 안전대의 (1) 명칭, (2) 정의, (3) 일반구조 조건 2가지를 쓰시오.

해답 (1) 명칭 : 안전블록
(2) 정의 : 안전그네와 연결하여 추락 발생 시 추락을 억제할 수 있는 자동잠김장치가 갖추어져 있고 죔줄이 자동적으로 수축되는 장치
(3) 일반구조 조건
1. 신체지지의 방법으로 안전그네만을 사용할 것
2. 안전블록은 정격 사용 길이가 명시될 것
3. 안전블록의 줄은 합성섬유로프, 웨빙(webbing), 와이어로프이어야 하며, 와이어로프인 경우 최소지름이 4mm 이상일 것

05 화면은 크레인으로 자재를 인양하는 도중에 발생한 재해사례이다. 배관 인양 작업 중 위험요소 2가지를 쓰시오.

[동영상 설명]
크고 두꺼운 배관을 끈같이 생긴 와이어로프로 안전하지 못하게 한 번만 빙 둘러서 인양하고 있다. 끈의 일부분이 손상되어 있으며, 위로 인양 중인 배관이 작업자들 머리 부근까지 내려오며 밑에는 2명의 작업자가 배관을 손으로 지지하는데 배관이 순간 흔들리면서 날아와 작업자 1명과 충돌한다.

해답 1. 와이어로프의 안전상태가 불안정하여 위험하다.
2. 작업 반경 내 관계근로자 이외의 외부 작업자가 출입하여 위험하다.

06 화면은 조립식 비계발판을 설치하던 중 발생한 재해사례이다. 동영상에서와 같이 높이가 2m 이상인 작업 장소에 적합한 작업발판의 설치기준을 3가지만 쓰시오. (단, 작업발판의 폭과 틈의 기준은 제외한다.)

해답 1. 발판재료는 작업 시의 하중을 견딜 수 있도록 견고한 것으로 할 것
2. 작업발판의 폭은 40cm 이상으로 하고, 발판재료 간의 틈은 3cm 이하로 할 것
3. 추락의 위험성이 있는 장소에는 안전난간을 설치할 것
4. 작업발판의 지지물은 하중에 의하여 파괴될 우려가 없는 것을 사용할 것
5. 작업발판재료는 뒤집히거나 떨어지지 않도록 둘 이상의 지지물에 연결하거나 고정시킬 것
6. 작업발판을 작업에 따라 이동시킬 때에는 위험 방지에 필요한 조치를 할 것

07 화면은 선박 밸러스트 탱크 내부의 슬러지를 제거하는 작업 도중에 작업자가 가스질식으로 의식을 잃었음을 보여주고 있다. 이러한 사고에 대비하여 필요한 비상시 피난용구 3가지를 쓰시오.

해답 1. 호흡용보호구(송기마스크, 공기호흡기), 2. 구명로프, 3. 사다리, 4. 안전대

08 화면은 작업자가 사출성형기에 끼인 이물질을 당기다 감전으로 뒤로 넘어져 발생하는 재해사례이다. 사출성형기 잔류물 제거 시 안전대책 3가지를 쓰시오.

해답 1. 작업자가 사출성형기의 내부 금형 사이에 출입할 때에는 사출성형기의 전원을 차단한 후 출입할 것
2. 작업 시 절연용보호구를 착용할 것
3. 이물질의 제거는 전용공구를 사용할 것
4. 사출성형기 충전부 방호조치(덮개) 실시

09 동영상은 작업자가 드릴작업 중 동시에 칩을 입으로 불어서 제거하거나, 손으로 제거하려다가 드릴에 손을 다치는 장면을 보여주고 있다. 동영상에 나타나는 위험요인 2가지를 쓰시오.

해답 1. 칩을 입으로 불어 제거하려다가 칩이 눈에 들어갈 위험이 있다.
2. 브러시를 사용하지 않고 손으로 칩을 제거하다가 손을 다칠 위험이 있다.

산업안전기사(4월 C형)

01 방독마스크를 보여주고 있다. 다음 각 물음에 답을 쓰시오. (단, 정화통의 표기는 무시한다.)

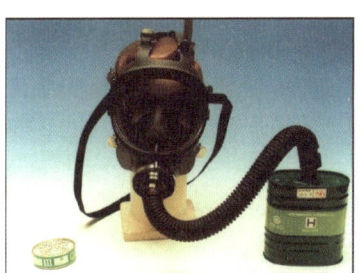

(1) 방독마스크의 종류를 쓰시오.
(2) 방독마스크의 정화통 흡수제 1가지를 쓰시오.
(3) 방독마스크가 직결식 전면형일 경우 누설률은 몇 %인가?

[해답]
(1) 명칭 : 암모니아용 방독마스크
(2) 정화통 흡수제 : 큐프라마이트
(3) 누설률 : 0.05% 이하

02 화면의 동영상을 보고 이 기계의 산업안전보건법상 작업 시작 전 점검사항을 3가지 쓰시오.

[동영상 설명]
정지된 컨베이어를 작업자가 점검하고 있다. 작업자가 점검 중일 때 다른 작업자가 전원 스위치의 전원버튼을 눌러 점검 중이던 작업자가 벨트에 손이 끼이는 재해를 당한다.

[해답]
1. 원동기 및 풀리 기능의 이상 유무
2. 이탈 등의 방지장치 기능의 이상 유무
3. 비상정지장치 기능의 이상 유무
4. 원동기·회전축·기어 및 풀리 등의 덮개 또는 울 등의 이상 유무

03 화면과 같은 재해의 발생원인 2가지를 쓰시오.

[동영상 설명]
A작업자가 변압기의 2차 전압을 측정하기 위해 유리창 너머의 B작업자에게 전원을 투입하라는 신호를 보낸다. 측정 완료 후 다시 차단하라고 신호를 보내고 측정기기를 철거하다 감전사고가 발생하였다. 이때 작업자는 맨손이고 슬리퍼 착용하였다.

[해답]
1. 개인보호구(절연장갑 등) 미착용
2. 신호전달체계 불량
3. 작업자 안전수칙 미준수(활선 및 정전상태 미확인 후 작업)

04 화면은 교량하부 점검 중 추락재해가 발생하는 장면을 보여주고 있다. 화면을 참고하여 사고 원인 3가지를 쓰시오.

[해답]
1. 안전대 부착 설비 및 안전대를 착용하지 않았다.
2. 작업발판 단부의 안전난간 설치가 불량하다.
3. 추락방호망이 미설치되어 있다.
4. 작업자 주변 정리정돈 상태가 불량하다.
5. 작업발판이 고정되어 있지 않았다.

05 화면은 어두운 장소에서의 컨베이어 점검 시 사고가 발생하는 상황이다. 작업시작 전 조치사항을 2가지 쓰시오.

[동영상 설명]
작업자가 어두운 장소에서 플래시를 들고 컨베이어 벨트를 점검하다 부주의하여 한 눈을 판 사이 손이 컨베이어 롤러에 말려 들어갔다.

[해답]
1. 작업 시작 전 전원을 차단한다.
2. 장갑을 끼고 있어 손이 말려 들어가기 때문에 장갑을 벗는다.
3. 야간에 점검을 하지 않는다.
4. 비상정지장치 기능을 설치한다.
5. 원동기 회전축 기어 및 풀리 등의 덮개 또는 울을 설치한다.

06 화면은 공장 지붕 철골 상에 패널 설치 중 작업자가 실족하여 사망한 재해사례이다. 동영상의 내용을 참고하여 (1) 위험요인과 (2) 안전대책을 2가지 쓰시오.

[해답]
(1) 위험요인
1. 안전대 부착설비 미설치 및 안전대 미착용
2. 추락방호망 미설치
3. 작업발판 미설치
(2) 안전대책
1. 안전대 부착설비에 안전대 걸고 작업
2. 작업장 하부에 추락방호망 설치 철저
3. 미끄럼 방지용 안전발판 설치

07 화면은 실험실에서 H_2SO_4(황산)을 비커에 따르고 있고, 작업자는 맨손, 마스크를 미착용하고 있다. 인체로 흡수되는 경로를 2가지 쓰시오.

[해답]
1. 피부 및 점막 접촉에 의한 피부로의 흡수
2. 흡입을 통한 호흡기로의 흡수
3. 구강을 통한 소화기로의 흡수

08 화면은 작업자가 수중펌프 접속부위에 감전되어 발생한 재해사례이다. 작업자가 감전사고를 당한 원인을 인체의 피부저항과 관련하여 설명하시오.

> 해답
> 1. 감전피해의 위험도에 가장 큰 영향을 미치는 통전전류의 크기는 인체의 전기저항 즉, 임피던스의 값에 의해 결정(반비례)되며 인체의 임피던스는 내부저항과 피부저항으로 구성
> 2. 내부저항은 교류, 직류에 따라 거의 일정(통전시간이 길어지면 인체의 온도상승에 의해 저항치 감소) 피부저항은 물에 젖어 있을 경우 1/25로 감소하므로 그만큼 통전전류가 커져 전격의 위험이 높아진다.

09 화면에서 그라인더 작업 시 위험요인 2가지를 쓰시오.

[동영상 설명]
탱크 내부 밀폐된 공간에서 작업자가 그라인더 작업을 하고 있고, 다른 작업자가 외부에 설치된 국소배기장치를 발로 차서 전원 공급이 차단되어 작업자가 의식을 잃고 쓰러진다.

> 해답
> 1. 작업시작 전 산소농도 및 유해가스 농도 등 미측정과 작업 중에서 계속 환기를 시키지 않아 위험
> 2. 환기를 실시할 수 없거나 산소결핍 위험장소에 들어갈 때 호흡용 보호구를 착용하지 않아 위험
> 3. 국소배기장치의 전원부에 잠금장치가 없고, 감시인을 배치하지 않아 위험

산업안전기사(7월 A형)

01 자동차 브레이크 라이닝을 세척 중이다. 착용해야 할 보호구 3가지를 쓰시오.

[동영상 설명]
작업자가 화학약품을 사용하여 자동차 부품(브레이크 라이닝)을 세척하고 있다. 이때 세정제가 작업장 바닥에 흩어져 있으며, 작업자는 고무장화 등을 착용하지 않고 작업을 하고 있다.

> 해답
> 1. 보안경, 2. 방독마스크, 3. 화학물질용 보호복

02 화면의 보호구 중 가죽제 안전화 성능기준 항목 4가지를 쓰시오.

> 해답
> 1. 내압박성 시험, 2. 내충격성 시험, 3. 박리저항 시험, 4. 내답발성 시험

03 화면은 항타기・항발기 작업하는 주위에서 2~3명의 작업자가 안전모를 착용하고 작업하는 중 근처 전선에서 스파크가 발생한 사례이다. 고압선 주위에서 항타기・항발기 작업 시 안전작업수칙 2가지를 쓰시오.

> 해답
> 1. 작업반경 내 작업자의 출입을 금지한다.
> 2. 작업구간 내 가설울타리를 설치한다.

04 화면은 퍼지작업상황을 연출하고 있다. 퍼지작업의 종류 4가지를 쓰시오.

> 해답
> 1. 진공퍼지, 2. 압력퍼지, 3. 스위프 퍼지, 4. 사이펀 퍼지

05 납품시간이 촉박한 지게차 운전자가 급히 물건을 적재(화물을 높게 적재하여 시계 불충분)하여 운반도중 통로의 작업자와 충돌하는 장면이다. 영상의 재해발생원인 2가지를 쓰시오.

> 해답
> 1. 물건의 적재불량으로 인한 운전자의 시계 불충분으로 지게차에 의해 다른 작업자가 다친다.
> 2. 작업자가 지게차의 운행경로상에 나와서 작업하고 있어 다친다.

06 작업자가 방전가공기 청소작업을 하던 중 재해를 당하였다. 재해발생원인 2가지를 쓰시오.

> 해답
> 1. 정전작업 미실시
> 2. 절연 보호구 미착용

07 화면은 크랭크 프레스로 철판에 구멍을 뚫는 작업을 하고 있다. 위험요소 3가지를 쓰시오.

> 해답
> 1. 프레스 방호장치가 설치되어 있지 않아서 재해의 위험이 있다.
> 2. 기계 점검 시 전원을 차단하지 않아서 재해의 위험이 있다.
> 3. 이물질 제거 시 수공구를 사용하지 않고, 손으로 작업해 재해의 위험이 있다.
> 4. 프레스 페달에 U자형 커버가 설치되어 있지 않아서 재해의 위험이 있다.

08 화면은 이동식 크레인을 이용하여 철제 배관을 인양하는 작업으로 신호수의 신호에 따라 철제 배관을 인양 중 H빔에 부딪치면서 흔들리는 동영상이다. 배관 인양 작업 시 위험요인 3가지를 쓰시오.

> 해답
> 1. 유도로프를 사용하지 않았다.
> 2. 신호수가 낙하위험구간에서 신호를 실시하였다.
> 3. 작업 전 신호방법 및 신호계획을 수립하지 않았다.
> 4. 자재를 작업자 위로 운반하였다.

09 화면은 콘크리트 전주 세우기 작업 도중에 발생한 사례이다. 동영상에서와 같은 동종재해를 예방하기 위한 대책 중 관리적 대책사항을 3가지 쓰시오.

> 해답
> 1. (이격거리 확보) 차량 등을 충전부로부터 300[cm] 이상 이격시키되, 대지전압이 50[kV]를 넘는 경우에는 10[kV]가 증가할 때마다 이격거리를 10[cm]씩 증가시킨다.
> 2. (절연용 방호구 설치) 절연용 방호구 등을 설치한 경우에는 이격거리를 절연용 방호구 앞면까지로 할 수 있다.
> 3. (울타리 설치 또는 감시인 배치) 울타리를 설치하거나 감시인 배치 등의 조치를 하여야 한다.
> 4. (접지점 관리 철저) 접지된 차량 등이 충전전로와 접촉할 우려가 있는 경우에는 근로자가 접지점에 접촉되지 않도록 조치하여야 한다.

산업안전기사(7월 B형)

01 화면상에서의 (1) 재해요인 1가지와 (2) 재해발생 시 조치사항을 각각 쓰시오.

> [동영상 설명]
> 경사진 컨베이어가 작동하고, 작업자는 작동 중인 컨베이어 위에 1명과 아래쪽 작업장 바닥에 1명이 있다. 기계 오른쪽에 있는 포대를 컨베이어 벨트 위로 올리는 작업을 진행 중이다. 컨베이어 위 작업자는 벨트 양 끝부분 철로 된 모서리에 양발을 벌리고 서 있으며, 컨베이어 위의 포대가 작업자와 부딪히며 쓰러진다.

> 해답
> (1) 재해요인 : 안전장치(덮개 또는 울)가 설치되지 않았고, 작업자가 위험구역 내 위치해 있어 재해의 위험이 있다.
> (2) 재해발생 시 조치사항 : 컨베이어 기계 정지(비상정지장치 작동)

02 산업안전보건법령상 건물 해체작업의 해체계획서 작성 시 포함사항을 4가지 쓰시오.

> 해답
> 1. 해체의 방법 및 해체순서 도면
> 2. 가설설비, 방호설비, 환기설비 및 살수·방화설비 등의 방법
> 3. 사업장 내 연락방법
> 4. 해체물의 처분계획
> 5. 해체작업용 기계·기구 등의 작업계획서
> 6. 해체작업용 화약류 등의 사용계획서

03 화면에서 보여주는 보호구에 안전인증 표시와 추가표시사항 4가지를 쓰시오.

> 해답
> 1. 파과곡선도, 2. 사용시간 기록카드, 3. 정화통의 외부 측면의 표시색, 4. 사용상의 주의사항

04 화면은 아파트 창틀에서 작업 중 발생한 재해사례를 나타내고 있다. 해당 동영상에서 작업자의 추락사고 원인 3가지를 쓰시오.

> [동영상 설명]
> 작업자 A, B가 작업을 하고 있으며, A는 아파트 창틀에서 B는 옆 처마 위에서 작업하고 있다. 창틀에서 작업 중인 A가 작업발판을 처마 위에 B에게 건네 준 후 B가 있는 옆 처마 위로 이동하다 발을 헛디뎌 바닥으로 추락한다.

[해답]
1. 안전대 부착설비 미설치
2. 안전대 미착용
3. 추락방지용 추락방호망 미설치

05 화면상에서와 같이 마그네틱 크레인으로 물건을 옮기다 발생한 재해에 있어서 그 위험요인을 3가지 쓰시오.

> [동영상 설명]
> 마그네틱 크레인으로 물건을 옮기는 작업을 하고 있다. 마그네틱을 금형 위에 올리고 손잡이를 작동시켜 이동하는데 작업자가 오른손으로 금형을 잡고, 왼손으로 상하좌우 조정장치를 누르며 이동하다 갑자기 쓰러지면서 오른손이 마그네틱 on/off봉을 건드려 금형이 발등으로 떨어져 협착사고가 발생한다.

[해답]
1. 마그네틱 크레인에 훅 해지장치가 없고, 작동스위치의 전선이 벗겨져 있는 상태라서 재해의 위험이 있다.
2. 보조(유도)로프를 사용하지 않아 재해위험이 있다.
3. 신호수를 배치하지 않았고 조종수가 위험구역에 접근해 있어 재해위험이 있다.
4. 작업자가 안전모를 착용하지 않았다.

06 화면은 전주를 옮기다 작업자가 전주에 맞은 재해를 보여주고 있다. 다음의 답을 쓰시오.

> (1) 재해요인   (2) 가해물
> (3) 전기용 안전모의 종류

[해답]
(1) 재해발생형태 : 비래
(2) 가해물 : 전주
(3) 안전모 : AE, ABE

07 화면은 LPG저장소에 가스누설감지경보기의 미설치로 인해 재해가 발생한 사례이다. 누설 감지경보기의 적절한 (1) 설치위치, (2) 경보설정값은 몇 %가 적당한지 쓰시오.

[해답]
(1) 설치위치 : 바닥에 인접한 낮은 곳에 설치한다.(LPG는 공기보다 무거우므로 가라앉음)
(2) 경보설정값 : 폭발하한계(LEL) 25% 이하

08 화면의 영상 속 (1) 위험요인을 상세히 설명하고, (2) 장기간 폭로 시 어떤 종류의 직업병이 발생할 위험이 있는지 3가지를 쓰시오.

> [동영상 설명]
> 작업장은 석면이 날리고 있어 석면분진폭로 위험성에 노출되어 있다. 작업자가 마스크를 착용하고 있으나 직업성 질환으로 이환될 위험성에 노출되어 있다.

[해답]
(1) 위험요인 : 작업자가 방진마스크를 착용하지 않을 경우 석면분진이 체내로 흡입될 수 있다.
(2) 질병 : 1. 악성중피종, 2. 석면폐, 3. 폐암

09 화면의 영상을 참고하여 활선작업 시 내재되어 있는 핵심위험요인 3가지를 쓰시오.

> [동영상 설명]
> 작업자 2명이 전주에서 활선작업을 하고 있다. 작업자 1명은 밑에서 절연방호구를 올리고 다른 작업자 1명은 크레인 위에서 물건을 받아 활선에 절연방호구 설치작업을 하다 감전사고가 발생한다.

[해답]
1. 근접활선(절연용 방호구 미설치)에 대한 감전 위험
2. 절연용 보호구 착용상태 불량에 따른 감전 위험
3. 활선작업거리 미준수에 따른 감전 위험
4. 작업장소의 관계근로자 외의 자의 출입에 따른 감전 위험

산업안전기사(7월 C형)

01 다음 각 물음에 답을 쓰시오. (단, 정화통의 문자 표기는 무시한다.)

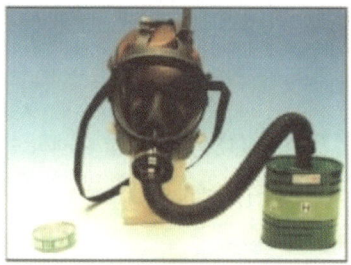

(1) 방독마스크의 종류를 쓰시오.
(2) 방독마스크의 형식을 쓰시오.
(3) 방독마스크의 시험가스 종류를 쓰시오.

해답 (1) 마스크종류 : 암모니아용 방독마스크
    (2) 형식 : 격리식 전면형
    (3) 시험가스 : 암모니아

02 화면은 김치제조 공장에서 슬라이스 작업 중 작동이 멈춰 기계를 점검하고 있는 도중에 재해가 발생한 상황을 보여주고 있다. 슬라이스 기계 중 무채를 썰어내는 부분에서 형성되는 (1) 위험점과 (2) 정의를 쓰시오.

해답 (1) 위험점 : 절단점
    (2) 정의 : 회전하는 운동부 자체의 위험이나 운동하는 기계부분 자체의 위험에서 초래되는 위험점이다.

03 저장탱크 내부에서 슬러지 청소장면을 보여준다. 작업자가 탱크 내부에서 30분 이상 작업할 경우 착용해야 할 보호구를 2가지 쓰시오.

해답 1. 송기마스크 2. 공기호흡기

04 작업자가 전주에 올라가다 표지판에 부딪혀 추락하는 재해가 발생하였다. 재해발생 원인 2가지를 쓰시오.

해답 1. 안전대 부착설비 미설치(수직구명줄 미설치)
    2. 안전대 미착용(추락방지대 미착용)

05 화면은 영상표시단말기(VDT) 작업상황을 설명하고 있다. 이 작업으로 올 수 있는 장해를 위험요인 포함해서 3가지를 쓰시오.

해답 1. 장시간 불편한 자세에 의한 요통장애
    2. 반복작업에 의한 어깨 및 손목 통증
    3. 장시간 화면 보기에 의한 시력 저하 및 장해

06 영상과 같이 피트에서 작업할 때 지켜야 할 안전작업수칙 3가지를 쓰시오.

[동영상 설명]
화면은 작업자가 피트 뚜껑을 한쪽으로 열어 놓고 불안정한 나무 발판 위에 발을 올려 놓은 상태에서 왼손으로 뚜껑을 잡고 오른손으로 플래시를 안쪽으로 비추면서 내부를 점검하는 중에 발이 미끄러지는 장면을 보여주고 있다.

해답 1. 피트 내부에 추락방호망 미설치
    2. 개구부(피트) 단부 안전난간 미설치
    3. 안전대 부착설비 미설치 및 안전대 미착용

07 화면 속 영상에서는 타워크레인을 이용하여 철제 비계를 운반도중 작업자가 있는 곳에서 다소 흔들리며 내리다 작업자와 부딪히고 있다. 동영상에서와 같이 타워크레인 작업 시 재해발생 원인 3가지를 쓰시오.

해답 1. 보조로프를 설치하지 않았다.
    2. 로프상태가 불량하다.
    3. 위험반경 내에서 크레인 신호작업을 해야 한다.

08 승강기 개구부에서 동영상처럼 하중물 인양 시 준수사항을 2가지 쓰시오.

> [동영상 설명]
> 승강기 개구부에서 A, B 2명의 작업자가 위치하여 있다. 작업자 A는 위에서 안전난간에 밧줄을 걸쳐 하중물을 끌어올리고 작업자 B는 이를 밑에서 올려주는데 바로 이때 인양하던 물건이 떨어져 밑에 있던 작업자 B가 다치는 사고가 발생한다.

[해답] 1. 인양하물의 무게를 어림잡을 때에는 가볍게 들어 개인의 인양능력에 충분한가의 여부를 판단하여 인양하여야 한다.
2. 하중물 낙하 위험을 방지하기 위하여 낙하물방지망을 설치한다.

09 화면은 폭발성 화학물질 취급 중 작업자의 부주의로 발생한 사고 사례이다. 동영상에서와 같이 폭발성 물질 저장소에 들어가는 작업자가 (1) 신발에 물을 묻히는 이유와 (2) 화재 시 적합한 소화방법은 무엇인지 쓰시오.

[해답] (1) 신발에 물을 묻히는 이유 : 인체에 대전된 정전기는 점화원으로 작용할 수 있으므로, 대전된 정전기를 땅으로 흘려내기 위해서 신발과 바닥면 사이의 저항을 최소화하기 위함
(2) 소화방법 : 다량 주수에 의한 냉각소화

산업안전기사(10월 A형)

01 화면은 작업자가 수중펌프 접속부위에 감전되어 발생한 재해사례이다. 재해예방 방안을 3가지 쓰시오.

> [동영상 설명]
> 단무지가 있고 무릎 정도 물이 차 있는 상태에서 펌프 작동과 동시에 감전

[해답] 1. 사용 전 수중 펌프와 전선 등의 절연상태 점검(절연저항 측정 등)
2. 감전방지용 누전차단기 설치
3. 수중 모터 외함 접지상태 확인

02 가죽제 안전화의 뒷굽 높이를 제외한 몸통높이를 쓰시오.

[해답] 1. 단화 : 113mm 미만, 2. 중단화 : 113mm 이상, 3. 장화 : 178mm 이상

03 화면은 30kV 전압이 흐르는 고압선 아래에서 작업 중 발생한 재해사례이다. 크레인을 이용하여 고압선 주변에서 작업할 경우 사업주의 감전 조치사항 3가지를 쓰시오.

> [동영상 설명]
> 이동식 크레인으로 작업하다 붐대가 전선에 닿아 감전사고가 발생한다.

[해답] 1. 해당 충전전로를 이설할 것
2. 감전의 위험을 방지하기 위한 울타리를 설치할 것
3. 해당 충전전로에 절연용 방호구를 설치할 것
4. 감시인을 두고 작업을 감시하도록 할 것

04 화면은 인쇄 윤전기를 청소하는 중에 발생한 재해사례이다. 동영상을 참고하여 위험요인을 3가지만 쓰시오.

> [동영상 설명]
> 작업자가 인쇄용 윤전기의 전원을 끄지 않고 빙글빙글 서로 맞물려서 돌아가는 롤러를 걸레로 닦고 있다. 체중을 실어서 힘 있게 닦고, 위험하게 맞물리는 지점까지 걸레를 집어넣는 순간 작업자의 손이 롤러기 사이에 끼어 사고를 당하자 전원을 차단하고 손을 빼냈다.

[해답] 1. 전원을 차단하여 롤러기를 정지시키지 않은 상태에서 청소를 하고 있어 롤러에 말려 들어간다.
2. 방호장치가 없어 회전하는 롤러에 걸레의 윗부분이 끼어 손이 말려 들어간다.
3. 회전 중인 롤러에 물려 들어가는 쪽을 직접 손으로 눌러서 닦고 있어 걸레와 함께 손이 물려 들어가게 된다.
4. 체중을 걸쳐 닦고 있어서 말려 들어가게 된다.

05 화면은 박공지붕 설치작업 중 발생한 재해사례이다. 해당 화면은 박공지붕의 비래에 의해 재해가 발생하였음을 나타내고 있다. 위험요인 3가지를 쓰시오.

[동영상 설명]
박공지붕 위쪽과 바닥을 보여주면서 오른쪽에 안전난간, 추락방호망이 미설치된 화면과 지붕 위쪽 중간에서 커피를 마시며 휴식을 취하는 작업자(안전모, 안전화 착용)들과 작업자 왼쪽과 뒤편에 적재물이 적치되어 있고 휴식 중인 작업자를 향해 뒤에 있는 삼각형 적재물이 굴러와 작업자 등에 충돌하여 작업자가 앞으로 쓰러지는 동영상

[해답] 1. 근로자가 위험한 장소에서 휴식을 취하고 있다.
2. 추락방호망이 설치되지 않았다.
3. 자재를 한 곳에 과적하여 적치하였다.
4. 안전대 부착설비가 없고, 안전대를 착용하지 않았다.

06 화면은 작업발판용 목재토막을 가공대 위에 올려놓고 한 발로 목재를 고정하고 톱질을 하다 작업발판이 흔들리며 작업자가 균형을 잃고 넘어지는 영상이다. (1) 재해형태, (2) 기인물을 쓰시오.

[해답] (1) 재해형태 : 전도
(2) 기인물 : 작업발판

07 화면은 DMF 작업장에서 한 작업자가 방독마스크, 안전장갑, 보호복 등을 착용하지 않은 채 유해물질 DMF작업을 하고 있다. 피부자극성 및 부식성 관리대상 유해물질 취급 시 비치하여야 할 보호장구 3가지를 쓰시오.

[해답] 1. 방독마스크, 2. 화학물질용 보호복, 3. 안전장갑(화학물질용)

08 화면은 자동차부품을 도금 후 세척하는 과정을 보여주고 있다. 이 영상을 참고하여 위험예지훈련을 하고자 한다. 연관된 행동목표 2가지를 쓰시오.

[해답] 1. 작업 중 흡연을 하지 말자.
2. 세척작업 시 고무제 안전화를 착용하자.

09 쌍줄비계의 작업발판에서 작업을 하고 있는 장면을 보여주고 있다. 이때 (1) 작업발판의 폭은 몇 cm 이상, (2) 발판 틈새는 몇 cm 이하가 적절한지 각각 쓰시오.

[해답] (1) 작업발판의 폭 : 40cm 이상
(2) 발판틈새 : 3cm 이하

산업안전기사(10월 B형)

01 화면은 퍼지작업 상황을 연출하고 있다. 퍼지작업의 종류 4가지를 쓰시오.

[해답] 1. 진공퍼지, 2. 압력퍼지, 3. 스위프 퍼지, 4. 사이펀 퍼지

02 다음과 같은 마스크의 (1) 명칭, (2) 등급 종류 3가지, (3) 산소농도를 쓰시오.

[해답] (1) 명칭 : 방진마스크
(2) 등급 종류 : 특급, 1급, 2급
(3) 산소농도 : 18%

03 다음 빈칸을 채우시오.

(1) 화면에 나타난 항타기 권상장치의 드럼축과 권상장치로부터 첫 번째 도르래의 축과의 거리를 권상장치의 드럼 폭의 (①)배 이상으로 해야 한다.
(2) 도르래는 권상장치의 드럼의 (②)을 지나야 하며 축과 (③)상에 있어야 한다.

[해답] ① 15배, ② 중심, ③ 수직면

04 화면과 연관된 특수 화학설비 내부의 이상상태를 조기에 파악하기 위하여 설치해야 할 장치 3가지를 쓰시오.

해답) 1. 온도계, 2. 유량계, 3. 압력계, 4. 자동경보장치

05 이동식 크레인을 사용하여 작업을 하는 때 작업시작 전 점검사항을 2가지 쓰시오. (단, 경보장치는 제외한다.)

해답) 1. 방호장치, 브레이크 및 클러치의 기능
2. 와이어로프가 통하고 있는 곳의 상태

06 화면은 롤러기 또는 인쇄 윤전기 점검을 보여주고 있다. 재해예방방법을 3가지 쓰시오.

[동영상 설명]
작업자가 가동 중인 롤러기의 전원 차단 스위치를 꺼 정지시킨 후 내부수리를 하고 있고, 수리완료 후 롤러기를 가동시켜 내부의 이물질을 장갑을 착용한 손으로 제거하다 롤러기에 말려 들어간다.

해답) 1. 회전기계에 손이 말려 들어갈 위험이 있으므로 장갑을 착용하지 않는다.
2. 비상정지장치, 덮개 등의 방호장치를 설치한다.
3. 이물질이 눈에 튀어 다칠 위험이 있으므로 보안경을 착용한다.

07 화면은 승강기 컨트롤 패널을 맨손으로 점검 중 발생한 재해이다. 감전 방지대책을 3가지 쓰시오.

해답) 1. 전로의 개로개폐기에 시건장치 및 통전금지 표지판 부착
2. 작업 전 신호체계 확립 및 작업지휘자에 의한 작업지휘
3. 차단기에 회로구분 표찰 부착에 의한 오조작 방지 등

08 화면과 같이 재해발생원인을 3가지 쓰시오.

[동영상 설명]
A작업자가 변압기의 2차 전압을 측정하기 위해 유리창 너머의 B작업자에게 전원을 투입하라는 신호를 보낸다. 측정 완료 후 다시 차단하라고 신호를 보내고 측정기기를 철거하다 감전사고가 발생한다.

해답) 1. 개인보호구(절연장갑 등) 미착용
2. 신호전달체계 불량
3. 작업자 안전수칙 미준수(활선 및 정전상태 미확인 후 작업)

09 화면의 작업상황에서와 같이 작업자의 손이 말려 들어가는 부분에서 형성되는 (1) 위험점, (2) 정의를 쓰시오.

[동영상 설명]
작업자가 회전물에 샌드페이퍼를 감아 손으로 지지하고 작업하고 있으며, 작업복과 손이 감겨 들어간다.

해답) (1) 위험점 : 회전말림점(Trapping Point)
(2) 회전말림점의 정의 : 회전하는 물체의 길이, 굵기, 속도 등이 불규칙한 부위와 돌기 회전부위에 장갑 및 작업복 등이 말려드는 위험점 형성

산업안전기사(10월 C형)

01 화면의 영상과 같이 차량계 하역운반기계 등의 수리 또는 부속장치의 장착 및 해체작업을 하는 때에 작업 시작 전 조치사항을 3가지 쓰시오.

[동영상 설명]
덤프트럭의 전재함을 올리고 실린더 유압장치밸브를 수리하던 중에 재해가 발생한다.

해답) 1. 안전지지대 또는 안전블록 등의 사용상황 등을 점검할 것
2. 작업순서를 결정하고 작업을 지휘할 것
3. 작업계획서를 작성할 것
4. 원동기를 정지시키고 브레이크를 확실히 거는 등 갑작스러운 주행을 방지하기 위한 조치를 할 것

02 다음 각 물음에 대한 답을 쓰시오. (단, 정화통의 문자 표기는 무시한다.)

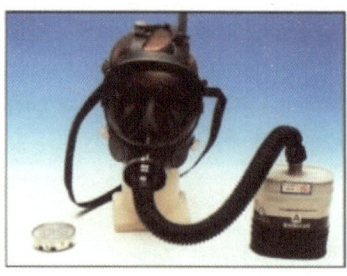

(1) 방독마스크의 종류를 쓰시오.
(2) 방독마스크의 주요성분을 쓰시오.
(3) 방독마스크의 시험가스 종류를 쓰시오.

해답
(1) 종류 : 할로겐용 방독마스크
(2) 주요성분 : 소다라임(Soda lime), 활성탄
(3) 시험가스 : 염소

03 화면은 승강기 모터 벨트 부분에 묻은 기름과 먼지를 걸레로 청소 중 모터 상부 고정부분에 손이 끼이는 재해 사례를 나타내고 있다. 동영상을 보고 (1) 위험점, (2) 재해형태, (3) 재해형태의 정의를 쓰시오.

해답
(1) 위험점 : 접선물림점
(2) 재해발생형태 : 협착
(3) 협착의 정의 : 두 물체 사이의 움직임에 의하여 일어난 것으로 직선운동하는 물체 사이의 협착, 회전부와 고정체 사이의 끼임, 롤러 등 회전체 사이에 물리거나 또는 회전체·돌기부 등에 감긴 경우

04 화면은 MCCB 패널 차단기의 전원을 투입하여 발생한 재해사례이다. 동종재해방지대책 3가지를 쓰시오.

[동영상 설명]
작업자가 MCCB 패널의 문을 열고 스피커를 통해 나오는 지시사항을 정확히 듣지 못한 상태에서 차단기 2개를 쳐다보며 어느 것을 투입할까 고민하다 그 중 하나를 투입하였는데 잘못 투입하여 위험상황이 발생한다.

해답
1. 전로의 개로개폐기에 시건장치 및 통전금지 표지판 부착
2. 작업 전 신호체계 확립 및 작업지휘자에 의한 작업지휘
3. 차단기에 회로구분 표찰 부착에 의한 오조작 방지 등

05 화면은 섬유기계의 운전 중 발생한 재해사례이다. 동영상에서 사용한 기계작업 시 핵심 위험요인을 2가지 쓰시오.

[동영상 설명]
섬유공장에서 실을 감는 기계가 돌아가고 있고 작업자가 그 밑에서 일을 하고 있는데 갑자기 실이 끊어지며 기계가 멈춘다. 이때 작업자가 회전하는 대형 회전체의 문을 열고 허리까지 안으로 집어넣고 안을 들여다보며 점검할 때 갑자기 기계가 작동하며 작업자의 몸이 회전체에 끼이는 상황이다.

해답
1. 기계의 전원을 차단하지 않고(기계를 정지시키지 않고) 점검을 하여 말려 들어갈 수 있다.
2. 회전기계의 문을 열면 기계의 작동을 멈추게 하는 연동장치가 설치되어 있지 않다.
3. 장갑을 착용하고 있어 롤러에 끼일 염려가 있다.

06 화면은 건물해체에 관한 장면으로 작업자가 위험부분에 머무는 것이 사고요인으로 판단되는바 동종사고 예방차원에서 작업자는 해체장비로부터 최소 몇 m 이상 떨어져야 적절한지 쓰시오.

해답 4m

07 화면은 인화성 물질의 취급 및 저장소이다. 이 동영상을 참고하여 (1) 가스폭발의 종류(재해형태), (2) 가스폭발의 종류(재해원인)에 설명을 쓰시오.

해답
(1) 폭발의 종류 : 증기운 폭발(UVCE)
(2) 정의 : 가압상태의 저장용기 내부의 가연성 액체가 대기 중에 유출되어 순간적으로 기화가 일어나 점화원에 의해 일어나는 폭발

08 화면은 전주에서 형강작업을 하고 있다. 작업자가 착용하고 있는 안전대의 종류를 쓰시오.

해답 벨트식 안전대

09 화면은 크롬도금작업을 보여준다. 동영상에서와 같이 유해물질 취급 시 일반적인 주의사항을 4가지 쓰시오.

해답
1. 유해물질에 대한 유해성 사전조사
2. 유해물질 발생원의 봉쇄
3. 작업공정 은폐, 작업장의 격리
4. 유해물의 위치 및 작업공정 변경
5. 전체환기 또는 국소배기
6. 점화원의 제거
7. 환경의 정돈과 청소

2016년 작업형 기출문제

산업안전기사(4월 A형)

01 누전차단기 설치 장소 3곳을 쓰시오.

해답) 누전차단기 적용범위(안전보건규칙 제304조)
1. 대지전압이 150볼트를 초과하는 이동형 또는 휴대형 전기기계·기구
2. 물 등 도전성이 높은 액체가 있는 습윤 장소에서 사용하는 저압용 전기기계·기구
3. 철판·철골 위 등 도전성이 높은 장소에서 사용하는 이동형 또는 휴대형 전기기계·기구
4. 임시배선의 전로가 설치되는 장소에서 사용하는 이동형 또는 휴대형 전기기계·기구

02 화면은 작업발판에서 작업을 하고 있다. (1) 비계발판의 폭은 몇 cm 이상 (2) 발판틈새는 몇 cm 이하가 적절한지 각각 쓰시오.

해답) (1) 비계발판의 폭 : 40cm 이상
(2) 발판틈새 : 3cm 이하

03 화면에서 보여준 사항 중 작업자가 마스크를 착용하고 있으나 석면분진폭로 위험성에 노출되어 있어 작업자에게 직업성 질환으로 이환될 우려가 있다. 장기간 폭로 시 어떤 종류의 직업병이 발생할 위험이 있는지 3가지 쓰시오.

해답) 1. 폐암, 2. 석면폐증, 3. 악성중피종

04 전기드릴을 이용해 구멍을 넓히는 작업에서 작업자는 안전모와 보안경을 미착용하고, 방호장치도 설치되지 않은 상태에서 맨손으로 작업을 하고 있다. 위험방지방안을 2가지 쓰시오.

해답) 1. 작은 물건은 바이스나 클램프를 사용하여 고정시키고 직접 손으로 지지하는 것을 피한다.
2. 보안경을 착용하였거나, 안전덮개를 설치한다.
3. 판에 큰 구멍을 뚫고자 할 때에는 먼저 작은 드릴로 뚫은 후에 큰 드릴로 뚫도록 한다.
4. 안전모를 착용하고, 장갑은 착용하지 않는다.

05 화면은 작업자가 변압기볼트를 조이는 장면이다. 이때 위험요인 2가지를 쓰시오.

해답) 1. 작업자가 안전대를 전주에 걸지 않고 작업하여 위험하다.
2. 작업자가 딛고 선 발판이 불안하다.

06 안전모 각부에 알맞은 명칭을 쓰시오.

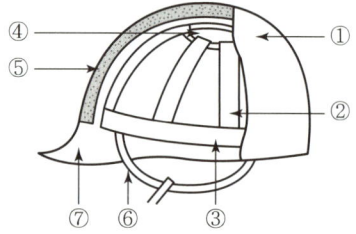

해답) ① 모체
⑤ 충격흡수재
⑦ 챙(차양)
②, ③, ④ 착장체
⑥ 턱끈

07 화면은 건설현장에서 사용하는 리프트를 보여주고 있다. 이 리프트를 사용하여 작업할 때의 작업 시작 전 점검사항 2가지를 쓰시오.

해답 1. 방호장치 · 브레이크 및 클러치의 기능
2. 와이어로프가 통하고 있는 곳의 상태

08 화면은 작업자가 몸을 기울인 채 손으로 이물질을 제거하는 작업을 하다가 실수로 페달을 밟아 손이 다치는 재해를 보여주고 있다. 이러한 사고의 예방을 위해 조치하여야 할 사항 2가지를 쓰시오.

해답 1. 안전장치가 설치되어 있지 않으므로 게이트가드식 등의 안전장치를 설치하여 사고를 예방한다.
2. 프레스를 일시정지할 때에는 페달에 U자형 덮개를 씌운다.

09 화면은 밀폐공간에 쓰러져 있는 의식불명의 피해자 모습을 보여주고 있다. 밀폐공간에서 구조자가 착용해야 할 보호구를 쓰시오.

해답 송기마스크, 공기마스크

산업안전기사(4월 B형)

01 화면은 작업자가 스프레이건으로 쇠파이프를 여러 개 눕혀놓고 페인트칠을 하는 작업을 보여주고 있다. 동영상에서 사용하는 흡수제를 2가지 쓰시오.

해답 1. 활성탄, 2. 큐프라마이트, 3. 소다라임

02 화면은 터널공사 중 다이너마이트를 설치하고 있다. 화면에서 터널 등의 건설작업에 있어서 낙반 등에 의하여 근로자에게 위험을 미칠 우려가 있을 때 위험을 방지하기 위하여 필요한 조치를 쓰시오.

해답 1. 터널지보공 및 록볼트의 설치
2. 부석의 제거

03 방열복, 방열두건, 방열장갑 등 내열원단의 성능시험 항목을 3가지 쓰시오.

해답 1. 난연성 시험, 2. 내열성 시험, 3. 내한성 시험, 4. 인장강도시험,
5. 절연저항시험

04 영상을 참고하여 활선작업 시 내재되어 있는 핵심 위험요인을 3가지 쓰시오.

[동영상 설명]
작업자 2명이 전주에서 활선작업을 하고 있다. 작업자 1명은 밑에서 절연방호구를 올리고 다른 작업자 1명은 크레인 위에서 물건을 받아 활선에 절연방호구 설치 작업을 하다 감전사고가 발생한다.

해답 1. 크레인 붐대가 활선에 접촉되어 감전 위험
2. 신호전달이 잘 이루어지지 않아 위험
3. 작업자의 복장이 갖춰져 있지 않아 위험

05 화면은 아파트 창틀에서 작업 중 발생한 재해사례를 나타내고 있다. 해당 동영상에서 작업자의 추락사고 원인 3가지를 쓰시오.

해답 1. 안전난간 미설치
2. 안전대 미착용
3. 추락방호망 미설치

06 지게차의 안정도를 쓰시오.

(1) 하역작업 시의 전후 안정도(5톤 미만)
(2) 하역작업 시의 좌우 안정도
(3) 주행 시의 전후 안정도

해답 (1) 4%
(2) 6%
(3) 18%

07 작동 중인 양수기를 수리할 시에 잡담을 하고, 수공구를 던져주고 하다 손이 벨트에 물리는 동영상에서 점검작업 시 위험요인 3가지를 쓰시오.

해답) 1. 운전 중 점검작업을 하고 있어 사고위험이 있다.
2. 회전기계에 장갑을 착용하고 있어 접선물림점에 손이 다칠 수 있다.
3. 작업자가 작업에 집중하지 못하고 있어 사고위험이 있다.

08 화면은 지게차에 경유를 주입하는 동안에 운전자가 시동을 건 채 내려 다른 작업자와 흡연을 하여 이야기를 나누고 있음을 나타내고 있다. 위험요인을 장문으로 원인과 결과를 서술하시오.

해답) 인화성 물질이 있는 곳에서 흡연을 하고 있어 나화로 인한 화재 폭발 위험이 있다.

09 화면은 도로상 가설전선 점검작업 중 발생한 재해사례이다. (1) 재해형태와 (2) 정의를 쓰시오.

해답) (1) 재해형태 : 감전
(2) 정의 : 전기접촉이나 방전에 의하여 사람이 전기충격을 받은 경우

산업안전기사(4월 C형)

01 화면은 산소결핍작업을 나타내고 있다. 동영상에서의 장면 중 퍼지(환기)하는 상황이 있는데, 아래 내용과 연관하여 퍼지의 목적을 쓰시오.

(1) 가연성 가스 및 지연성 가스의 경우
(2) 독성가스의 경우
(3) 불활성 가스의 경우

해답) (1) 화재폭발사고 방지 및 산소결핍에 의한 질식사고 방지
(2) 중독사고 방지
(3) 산소결핍에 의한 질식사고 방지

02 휴대용 연삭기의 (1) 방호장치와 (2) 설치각도는?

해답) (1) 방호장치 : 덮개
(2) 설치각도 : 180° 이내

03 화면은 인쇄 윤전기를 청소하는 중에 발생한 재해사례이다. 이 동영상을 보고 작업 시 발생한 위험점과 정의를 쓰시오.

해답) 1. 위험점 : 물림점
2. 정의 : 회전하는 두 개의 회전체에 물려 들어가는 위험점

04 화면의 보호장구에 여과재분진 등 포집효율을 쓰시오.

형태 및 등급		염화나트륨(NaCl) 및 파라핀 오일(Paraffin Oil) 시험(%)
분리식	특급	(①)
	1급	(②)
	2급	(③)

해답) ① 99.95% 이상, ② 94.0% 이상, ③ 80.0% 이상

05 화면에서와 같이 터널 굴착공사 중에 사용되는 계측방법의 종류 3가지를 쓰시오.

해답) 1. 내공 변위 측정, 2. 전단 침하 측정, 3. 지중 변위 측정, 4. 록볼트 측정

06 화면(전주 동영상)은 전기형강작업 중이다. 정전작업 후 조치사항을 3가지 쓰시오.

해답) 1. 작업기구, 단락 접지기구 등을 제거하고 전기기기 등이 안전하게 통전될 수 있는지 확인할 것
2. 모든 작업자가 작업이 완료된 전기기기 등에서 떨어져 있는지 확인할 것
3. 잠금장치와 꼬리표는 설치한 근로자가 직접 철거할 것
4. 모든 이상 유무를 확인한 후 전기기기 등의 전원을 투입할 것

07 화면은 선박 밸러스트 탱크 내부의 슬러지를 제거하는 작업 도중에 작업자가 가스질식으로 의식을 잃었음을 보여주고 있다. 이러한 사고에 대비하여 필요한 비상시 피난용구 3가지를 쓰시오.

해답) 1. 섬유로프, 2. 송기마스크, 공기마스크, 3. 안전대, 4. 구명밧줄, 도르래

08 유리병을 H_2SO_4(황산)에 세척 시 발생하는 (1) 재해형태와 (2) 정의를 각각 쓰시오.

해답) (1) 재해형태 : 유해 · 위험물질 노출 · 접촉
(2) 정의 : 유해 · 위험물질에 노출 · 접촉 또는 흡입하였거나 독성동물에 쏘이거나 물린 경우

09 화면은 물체를 인양하던 중에 윗 작업자가 물체를 밑으로 떨어뜨려 아래 작업자에게 재해가 발생하였다. (1) 재해발생형태와 (2) 정의를 쓰시오.

해답) (1) 재해발생형태 : 낙하
(2) 정의 : 물건이 주체가 되어 사람이 맞은 경우

산업안전기사(6월 A형)

01 화면은 작업자가 전동 권선기에 동선을 감는 작업 중 기계가 정지하여 점검 중 발생한 재해사례이다. 원인을 2가지 쓰시오.

해답) 1. 작업자가 절연용 보호구 미착용
2. 내전압용 절연장갑을 착용하지 않고, 맨손으로 작업을 실시함

02 지게차가 5km의 속도로 주행 시 좌우 안정도를 쓰시오.

해답) $(15 + 1.1 \times 5) = 20.5$

03 다음 빈칸 안에 알맞은 말을 쓰시오.

적정공기란 산소농도의 범위가 (①)% 이상 (②)% 미만, 이산화탄소의 농도가 (③)% 미만, 황화수소의 농도가 (④) ppm 미만인 수준의 공기를 말한다.

해답) ① 18, ② 23.5, ③ 1.5, ④ 10

04 화면은 조립식 비계발판을 설치하던 중 발생한 재해사례이다. 동영상에서와 같이 높이가 2m 이상인 작업장소에 적합한 작업발판의 설치기준을 3가지만 쓰시오. (단, 작업발판의 폭과 틈의 기준은 제외한다.)

해답) 1. 발판재료는 작업 시 하중을 견딜 수 있도록 견고한 것으로 한다.
2. 작업발판의 지지물은 하중에 의하여 파괴될 우려가 없는 것을 사용한다.
3. 작업발판재료는 뒤집히거나 떨어지지 아니하도록 둘 이상의 지지물에 연결하거나 고정시킨다.
4. 작업발판을 작업에 따라 이동시킬 때에는 위험방지에 필요한 조치를 취한다.

05 안전장치가 없는 둥근톱 기계에 고정식 접촉예방장치를 설치하고자 한다. 이때 (1) 하단과 가공재 사이의 간격 (2) 하단과 테이블 사이의 높이는 각각 얼마로 조정하는지 쓰시오.

해답) (1) 간격 : 8mm 이내 (2) 높이 : 25mm 이하

06 화면(전주 동영상)은 전기형강작업 중 모습을 보여주고 있다. 정전 위험요인과 정전작업 중 조치사항을 3가지 쓰시오.

> 해답
> 1. 작업 중 흡연
> 2. 작업자가 딛고 선 발판이 불안
> 3. COS를 발판용 볼트에 임시로 걸쳐 놓았다.

07 화면은 배관 용접작업에 관한 내용이다. 동영상의 내용 중 위험요인이 내재되어 있다. (1) 작업자 측면, (2) 작업현장의 위험요인은 무엇인지 쓰시오.

> 해답
> (1) 단독작업으로 양손을 사용해서 작업하므로 위험을 내포하고 있고, 작업장의 상황 파악이 어렵다.
> (2) 용접 작업장 주위에 인화성 물질이 많이 있으므로 화재의 위험이 있다.

08 화면은 공장 지붕 철골 상에 패널 설치 중 작업자가 실족하여 사망한 재해사례이다. 동영상 내용을 참고하여 대책을 2가지 쓰시오.

> 해답
> 1. 안전대 부착설비 설치 및 안전대 착용을 철저히 한다.
> 2. 추락방호망을 설치한다.

09 화면의 안전블록이 갖추어야 하는 구조를 2가지 쓰시오.

> 해답
> 1. 추락 발생 시 추락을 억제할 수 있는 자동잠김장치를 갖추어야 한다.
> 2. 죔줄이 자동적으로 수축하는 금속장치를 갖추어야 한다.

산업안전기사(6월 B형)

01 화면은 작업자가 작동 중인 컨베이어 벨트 끝부분에 발을 짚고 올라서서 불안정한 자세로 형광등을 교체하다 추락하는 재해사례를 보여주고 있다. 작업자의 불완전한 행동 2가지를 쓰시오.

> 해답
> 1. 작동하는 컨베이어에 올라가 작업하는 자세가 불안정하여 추락할 위험이 있다.
> 2. 컨베이어 전원을 차단하지 않고 작업을 하고 있어 위험이 있다.

02 화면은 방음보호구(귀마개)를 보여준다. 종류, 기호, 적요를 쓰시오.

> 해답
>
> | 형식 | 종류 | 기호 | 적요 |
> |---|---|---|---|
> | 귀마개 | 1종 | EP-1 | 저음부터 고음까지를 차음하는 것 |
> | | 2종 | EP-2 | 고음만을 차음하는 것 |

03 화면에 나타난 것처럼 지게차에 적재된 화물이 현저하게 시계를 방해할 경우 운전자의 조치를 3가지 쓰시오.

> 해답
> 1. 하차하여 주변의 안전을 확인한다.
> 2. 유도자를 지정하여 지게차를 유도 또는 후진으로 서행한다.
> 3. 경적과 경광등을 사용한다.

04 산업안전보건법령상 건물 해체작업의 해체계획서 작성 시 포함사항 4가지를 쓰시오.

> 해답
> 1. 해체의 방법 및 해체순서 도면
> 2. 가설설비, 방호설비, 환기설비 및 살수·방화설비 등의 방법
> 3. 사업장 내 연락방법
> 4. 해체물의 처분계획
> 5. 해체작업용 기계·기구 등의 작업계획서
> 6. 해체작업용 화약류 등의 사용계획서

05 화면은 작업자가 사출성형기에 낀 이물질을 당기다 감전으로 뒤로 넘어져 발생하는 재해사례이다. 사출성형기 잔류물 제거 시 재해 발생 방지대책 3가지를 쓰시오.

> 해답
> 1. 작업 시작 전 전원을 차단한다.
> 2. 작업 시 절연용 보호구를 착용한다.
> 3. 금형 이물질 제거 작업 시 전용공구를 사용한다.

06 화면은 터널 내 발파작업에 관한 사항이다. 동영상 내용 중 화약장전 시 위험요인을 적으시오.

> 해답 철근으로 화약류를 장전 시 충격, 정전기, 마찰 등에 의해 폭발의 위험이 있으므로 규정된 장전봉으로 장전을 실시한다.

07 화면은 작업자가 유해한 화학물질을 아무런 보호구 없이 맨손으로 취급하는 장면을 보여주고 있다. 유해물질이 흡수되는 경로를 쓰시오.

[해답] 호흡기, 소화기, 피부점막

08 화면은 봉강 연마 작업 중 발생한 사고사례이다. 기인물은 무엇이며, 봉강 연마작업 시 파편이나 칩의 비래에 의한 위험에 대비하기 위해 설치해야 하는 장치명을 쓰시오.

[해답] 1. 기인물 : 탁상공구 연삭기
2. 장치명 : 칩비산방지투명판

09 화면은 브레이크 패드를 제조하는 중 석면을 사용하는 장면이다. 이 작업의 안전작업수칙에 대하여 3가지를 쓰시오. (단, 근로자는 석면의 위험성을 인지하고 있다.)

[해답] 1. 석면이 작업자 호흡기로 침투되는 걸 방지하기 위해 작업자에게 호흡용 보호구를 착용시킨다.
2. 석면작업장에는 석면이 날리지 않도록 국소배기장치를 설치하여 작업 중에 항상 가동하도록 한다.
3. 석면을 사용하거나 석면이 붙어 있는 물질을 이용하는 작업을 하는 때에는 석면이 흩날리지 아니하도록 습기를 유지해야 한다.

산업안전기사(6월 C형)

01 화면은 변압기를 유기화합물에 담가 절연처리와 건조작업을 하고 있음을 보여주고 있다. 이 작업 시 착용해야 할 보호구를 다음에 제시한 대로 쓰시오.

| (1) 손 | (2) 눈 |

[해답] (1) 손 : 화학물질용 안전장갑
(2) 눈 : 보안경

02 화면은 인화성 물질의 취급 및 저장소의 화재영상이다. 이 동영상을 참고하여 (1) 점화원의 형태와 (2) 종류를 쓰시오.

[해답] (1) 점화원의 형태 : 작업복에 의한 정전기
(2) 점화원의 종류 : 정전기, 전기스파크

03 화면은 작업자가 승강기 설치 전 피트 내에서 작업 중에 승강기 개구부로 추락, 사망사고를 당한 장면을 나타내고 있다. 이때 위험요인 3가지를 쓰시오.

[해답] 1. 작업발판 미고정
2. 안전난간 미설치
3. 추락방호망 미설치 및 안전대 미착용

04 화면은 이동식 크레인을 이용하여 철제 배관을 인양하는 작업으로 신호수의 신호에 따라 철제 배관을 인양 중 H빔에 부딪치면서 흔들리는 동영상이다. 배관 인양작업 시 안전대책 3가지를 쓰시오.

[해답] 1. 작업순서를 결정하고 작업지휘자를 배치
2. 와이어로프의 안전상태를 점검
3. 훅의 해지장치 및 안전상태 점검

05 화면은 콘크리트 전주 세우기 작업 도중에 발생한 사례이다. 동영상에서와 같이 발생한 재해발생 원인 중 직접원인에 해당되는 것은 무엇인지 쓰시오.

[해답] 1. 충전전로에 대한 접근 한계거리 미준수
2. 인접 충전전로에 절연용 방호구 미설치

06 보호구 의무안전인증상의 방진마스크 일반구조의 각 세목에 명시된 일반적인 구조 조건 3가지를 쓰시오.

[해답] 1. 착용 시 이상한 압박감이나 고통을 주지 않아야 한다.
2. 전면형은 호흡 시에 투시부가 흐려지지 않아야 한다.
3. 안면부여과식 마스크에 있어서는 여과재로 된 안면부가 사용기간 중 심하게 변형되지 않아야 한다.

07 화면은 김치제조 공장에서 슬라이스 작업 중 작동이 멈춰 기계를 점검하고 있는 도중에 재해가 발생한 상황을 보여주고 있다. 슬라이스 기계 중 무채를 썰어내는 부분의 (1) 기인물과 (2) 가해물을 쓰시오.

해답 (1) 기인물 : 슬라이스 기계
     (2) 가해물 : 슬라이스 기계 칼날

08 화면은 작업자가 수중펌프 접속부위에 감전되어 발생한 재해사례이다. 작업자가 감전 사고를 당한 원인을 인체의 피부저항과 관련하여 설명하시오.

해답 인체가 수중에 있으면 인체 피부저항이 1/25로 감소되어 쉽게 감전된다.

09 화면은 롤러기 또는 인쇄윤전기 점검 모습을 보여주고 있다. (1) 위험요인과 (2) 대책을 2가지씩 쓰시오.

해답 (1) 위험요인
        1. 회전체 점검 시 장갑을 착용하여 손이 다칠 우려가 있다.
        2. 작업자가 전원을 차단하지 않고 작업을 하였다.
        3. 안전장치 없이 작업을 하여 다칠 우려가 있다.
     (2) 대책
        1. 회전체에는 장갑을 착용하지 않는다.
        2. 이물질 제거 시 롤러기의 전원을 차단하여 기계 작동을 방지한다.
        3. 안전장치가 없어서 롤러가 멈추지 않아 손이 물려 들어가므로 안전장치를 설치한다.

산업안전기사(10월 A형)

01 화면은 작업자가 전동 권선기에 동선을 감는 작업 중 기계가 정지하여 점검 중 발생한 재해사례이다. 재해원인을 2가지 쓰시오.

해답 1. 작업자가 절연용 보호구 미착용
     2. 내전압용 절연장갑을 착용하지 않고, 맨손으로 작업을 실시함

02 화면에서와 같이 안전관리자의 직무 3가지를 쓰시오.

해답 1. 작업 시작 전에 작업자에게 밀폐공간 작업에 대한 위험요인과 이에 대한 대응방법에 대하여 교육을 한다.
     2. 국소배기장치의 정전 등에 의한 환기 중단 시에는 즉시 외부로 대피시키고, 의식불명의 작업자가 발생할 경우 구출하기 위한 안전대, 구명밧줄 등의 구명 용구가 작업현장에 비치되었는지 확인한다.
     3. 작업 중 밀폐공간 내 공기상태가 적정한지 여부를 수시로 측정 및 확인하고 산소농도가 18% 미만인 경우 호흡보호구를 착용시킨다.

03 다음 각 물음에 답하시오. (단, 정화통의 문자 표기는 무시한다.)

> (1) 방독마스크의 종류를 쓰시오.
> (2) 방독마스크의 형식을 쓰시오.
> (3) 방독마스크의 시험가스 종류를 쓰시오.

해답 (1) 종류 : 암모니아용 방독마스크
     (2) 형식 : 격리식 전면형
     (3) 시험종류 : 암모니아

04 화면은 지하에 설치된 폐수처리조에서 슬러지 처리 작업 중 발생한 재해사례이다. 동영상과 같은 장소에 작업자가 들어갈 때 필요한 호흡용 보호구의 종류 2가지를 쓰시오.

해답 1. 송기마스크, 2. 공기호흡기, 3. 산소호흡기

05 화면의 영상을 참고하여 피트에서 작업을 할 때 지켜야 할 안전 작업수칙 3가지를 쓰시오.

> [동영상 설명]
> 작업자가 피트 뚜껑을 한쪽으로 열어놓고 불안정한 나무 발판 위에 발을 올려놓은 상태에서 왼손으로 뚜껑을 잡고 오른손으로 플래시를 안쪽으로 비추면서 내부를 점검하는 중에 발이 미끄러지는 장면을 보여주고 있다.

해답 1. 안전대 부착설비 설치 및 안전대 착용
     2. 추락방호망 설치
     3. 작업 중임을 알리는 안내표지판 설치

06 화면은 교류아크용접 작업 중 재해가 발생한 사례이다. (1) 기인물은 무엇이며, 이 작업 시 눈과 감전재해 위험으로부터 작업자를 보호하기 위해 착용해야 할 (2) 보호구의 명칭 2가지를 쓰시오.

[해답] (1) 기인물 : 교류아크용접기
(2) 보호구 : 용접용 보안면, 용접용 장갑

07 화면은 작업자가 컨베이어가 작동하는 상태에서 컨베이어 벨트 끝부분에 발을 짚고 올라서서 불안정한 자세로 형광등을 교체하다 추락하는 재해사례를 보여주고 있다. 작업자의 불완전한 행동 2가지를 쓰시오.

[해답] 1. 작동하는 컨베이어에 올라가 작업하는 자세가 불안정하여 추락할 위험이 있다.
2. 컨베이어 전원을 차단하지 않고 작업을 하고 있어 위험이 있다.

08 화면은 박공지붕 설치 작업 중 발생한 재해사례이다. 해당 화면은 박공지붕의 비래에 의해 재해가 발생하였음을 나타내고 있다. 그 위험요인을 3가지 쓰시오.

[해답] 1. 근로자가 위험한 장소에서 휴식을 취하고 있다.
2. 추락방호망이 설치되지 않았다.
3. 한곳에 과적하여 적치하였다.
4. 안전대 부착설비가 없고, 안전대를 착용하지 않았다.

09 화면은 타워크레인을 이용하여 철제 비계를 운반도중 작업자가 있는 곳에서 다소 흔들리며 내리다 작업자와 부딪히는 장면을 나타내고 있다. 동영상에서와 같이 타워크레인 작업 시 재해발생 원인 3가지를 쓰시오.

[해답] 1. 보조로프를 설치하지 않아 흔들림을 방지하지 못했다.
2. 작업반경 내에 출입금지조치를 하지 않았다.
3. 슬링 와이어의 체결상태를 확인하지 않았다.

산업안전기사(10월 B형)

01 작업자가 전주에 올라가다 표지판에 부딪혀 추락하는 재해가 발생하였다. 재해발생 원인 2가지를 쓰시오.

[해답] 1. 전주에 올라갈 때 방해를 주는 표지판을 이설하지 않아 재해 발생
2. 전주에 올라갈 때 머리 위의 시야 확보를 소홀히 하여 재해 발생

02 화면 속 기구의 정의 및 기구가 갖추어야 할 구조를 2가지 쓰시오.

[해답] (1) 안전블록의 정의 : 안전그네와 연결하여 추락 발생 시 추락을 억제할 수 있는 자동잠김장치가 갖추어져 있고 죔줄이 자동적으로 수축되는 금속장치
(2) 구조
1. 추락 발생 시 추락을 억제할 수 있는 자동잠김장치를 갖추어야 한다.
2. 죔줄이 자동적으로 수축하는 금속장치를 갖추어야 한다.

03 화면은 조립식 비계발판을 설치하던 중 발생한 재해사례이다. 동영상에서와 같이 높이가 2m 이상인 작업장소에 적합한 작업발판의 설치기준을 3가지만 쓰시오. (단, 작업발판의 폭과 틈의 기준은 제외한다.)

[해답] 1. 발판재료는 작업 시 하중을 견딜 수 있도록 견고한 것으로 해야 한다.
2. 작업발판의 지지물은 하중에 의하여 파괴될 우려가 없는 것을 사용해야 한다.
3. 작업발판의 재료는 뒤집히거나 떨어지지 아니하도록 둘 이상의 지지물에 연결하거나 고정시켜야 한다.

04 화면의 영상을 참고하여 다음 물음에 답하시오.

> [동영상 설명]
> 천정크레인이 철판을 트럭 위로 이동시키고 있다. 이때 천정크레인은 고리가 아닌 철판집게로 철판을 'ㄷ'자로 물고 가는 방식이다. 트럭 위에서 작업자가 이동해온 철판을 내리려는 찰나에 철판이 낙하하여 작업자가 깔리게 된다.

(1) 영상 속 기계의 방호장치를 쓰시오.
(2) 화면을 참고하여 다음 괄호 안에 적절한 수치를 적으시오.
안전검사의 주기는 사업장에 설치가 끝난 날부터 (①)년 이내에 최초 안전검사를 실시하되, 그 이후부터 (②)년마다 실시한다.

[해답] (1) 방호장치 : 권과방지장치, 과부하방지장치, 제동장치, 비상정지장치
(2) ① 3, ② 2

05 화면은 콘크리트 전주 세우기 작업 도중에 발생한 사례이다. 항타기·항발기 조립 시 사용 전 점검사항 3가지를 쓰시오.

[해답]
1. 본체 연결부의 풀림 또는 손상 유무
2. 권상용 와이어로프·드럼 및 도르래의 부착상태의 이상 유무
3. 권상장치의 브레이크 및 쐐기장치 기능의 이상 유무
4. 권상기 설치상태의 이상 유무
5. 리더(leader)의 버팀 방법 및 고정상태의 이상 유무
6. 본체·부속장치 및 부속품의 강도가 적합한지 여부
7. 본체·부속장치 및 부속품에 심한 손상·마모·변형 또는 부식이 있는지 여부

06 화면은 전주를 옮기다 작업자가 전주에 맞아 사고를 당하였음을 보여주고 있다. 다음에 답을 쓰시오.

(1) 재해요인
(2) 가해물
(3) 전기용 안전모의 종류

[해답] (1) 재해요인 : 비래
(2) 가해물 : 전주
(3) 종류 : AE, ABE

07 화면은 작업자가 스프레이건으로 쇠파이프 여러 개를 눕혀 놓고 페인트칠하는 작업을 보여주고 있다. 동영상에서 사용되는 (1) 마스크의 종류 및 (2) 흡수제 3가지를 쓰시오.

[해답] (1) 마스크 : 방독마스크
(2) 흡수제 : 활성탄, 큐프라마이트, 소다라임

08 화면은 스팀배관의 보수를 위해 누출부위를 점검하던 중에 발생한 재해사례이다. 동영상에서와 같은 재해를 산업재해 기록, 분류에 관한 기준에 따라 나눌 때 해당되는 재해 발생 형태를 쓰시오.

[해답] 스팀누출에 의한 이상온도 노출·접촉에 의한 화상

09 화면은 프레스기로 철판에 구멍을 뚫는 작업을 보여주고 있다. 동영상에 나타난 프레스에는 급정지 기구가 부착되어 있지 않다. 이 프레스에 설치하여 사용할 수 있는 유효한 방호장치를 4가지 쓰시오.

[해답] 1. 게이트가드식, 2. 수인식, 3. 손쳐내기식, 4. 양수기동식

산업안전기사(10월 C형)

01 보호장구 사진을 참고하여 방열복의 종류에 따른 질량을 쓰시오.

(1) 방열상의 (2) 방열하의
(3) 방열일체복 (4) 방열장갑
(5) 방열두건

해답 (1) 3.0kg (2) 2.0kg
(3) 4.3kg (4) 0.5kg
(5) 2.0kg

02 안전장치가 없는 둥근톱 기계에 고정식 접촉예방장치를 설치하고자 한다. 이때 (1) 하단과 가공재 사이의 간격, (2) 하단과 테이블 사이의 높이는 얼마로 조정하는지 쓰시오.

해답 (1) 간격 : 8mm 이내
(2) 높이 : 25mm 이하

03 자동차 브레이크 라이닝을 세척 중이다. 착용해야 할 보호구 3가지를 쓰시오.

해답 1. 보안경, 2. 방독마스크, 3. 화학물질용 보호복

04 화면은 버스정비작업 중 재해가 발생한 사례이다. 기계설비의 위험점, 미준수 사항 3가지를 쓰시오.

해답 1. 정비작업 중임을 나타내는 표지판을 설치하지 않았다.
2. 작업과정을 지휘할 작업자를 배치하지 않았다.
3. 기동장치에 잠금장치를 설치하지 않았다.
4. 작업 시 운전금지를 위하여 열쇠를 별도 관리하지 않았다.

05 화면은 이동식 크레인을 이용하여 철제 배관을 인양하는 작업으로 신호수의 신호에 따라 철제 배관을 인양 중 H빔에 부딪치면서 흔들리는 동영상이다. 배관 인양작업 시 위험요인 3가지를 쓰시오.

해답 1. 작업 반경 내 관계근로자 이외의 외부 작업자가 출입하여 위험하다.
2. 와이어로프의 안전상태가 불안정하여 위험하다.
3. 훅의 해지장치 및 안전상태가 불안정하여 위험하다.

06 화면은 작업자가 수중펌프 접속부위에 감전되어 발생한 재해사례이다. 습윤한 장소에서 사용되는 이동전선에 대한 사용 전 점검사항을 3가지 쓰시오.

해답 1. 전선의 피복 또는 외장의 손상 유무 점검
2. 접속부위의 절연 상태 점검
3. 절연저항 측정 실시

07 화면은 30kV 전압이 흐르는 고압선 아래에서 작업 중 발생한 재해사례이다. 크레인을 이용하여 고압선 주변에서 작업할 경우 사업주의 감전 조치사항 3가지를 쓰시오.

해답 1. 해당 충전전로를 이설할 것
2. 감전의 위험을 방지하기 위한 울타리을 설치할 것
3. 해당 충전전로에 절연용 방호구를 설치할 것

08 화면은 폭발성 화학물질 취급 중 작업자의 부주의로 발생한 사고이다. 동영상에서와 같이 폭발성 물질 저장소에 들어가는 작업자가 신발에 물을 묻히는 이유를 설명하고, 화재에 적합한 소화방법은 무엇인지 쓰시오.

해답 1. 신발에 물을 묻히는 이유 : 폭발성이 높은 화학약품을 취급할 때 정전기에 의한 폭발위험성이 있으므로 작업화와 바닥면의 접촉으로 인한 정전기 발생을 줄이기 위해서이다.
2. 소화방법 : 다량수주에 의한 냉각소화

09 승강기 개구부에서 동영상처럼 하중물 인양 시 준수사항을 2가지 쓰시오.

해답 1. 인양하물의 무게를 어림잡을 때에는 가볍게 들어 개인의 인양능력에 충분한가의 여부를 판단하여 인양하여야 한다.
2. 하중물 낙하 위험을 방지하기 위하여 낙하물방지망을 설치한다.

2017년 작업형 기출문제

산업안전기사(4월 A형)

01 화면의 영상을 참고하여 활선작업 시 내재되어 있는 핵심 위험요인 3가지를 쓰시오.

[동영상 설명]
작업자 2명이 전주에서 활선작업을 하고 있다. 작업자 1명은 밑에서 절연방호구를 올리고 다른 작업자 1명은 크레인 위에서 물건을 받아 활선에 절연방호구 설치작업을 하다 감전사고가 발생한다.

해답 1. 크레인 붐대가 활선에 접촉되어 감전 위험
2. 신호전달이 잘 이루어지지 않아 위험
3. 작업자의 복장이 갖춰져 있지 않아 위험

02 화면은 아파트 창틀에서 작업 중 발생한 재해사례를 나타내고 있다. 해당 동영상에서 작업자의 추락사고 (1) 원인 3가지와 (2) 기인물, (3) 가해물을 쓰시오.

[동영상 설명]
작업자 A, B가 작업을 하고 있다. A는 아파트 창틀에서 B는 옆 처마 위에서 작업을 하고 있다. 창틀에서 작업 중인 A가 작업발판을 처마 위에 있는 B에게 건네준 후 B가 있는 옆 처마로 이동하다 발을 헛디뎌 바닥으로 추락했다.

해답 (1) 원인 : 1. 안전난간 미설치, 2. 안전대 미착용, 3. 추락방호망 미설치
(2) 기인물 : 작업발판
(3) 가해물 : 바닥

03 화면은 지게차에 경유를 주입하는 동안에 운전자가 시동을 끄지 않은 상태로 다른 작업자와 흡연하며 이야기를 나누고 있다. 이 화면에서 지게차 운전자의 흡연에 해당하는 발화원의 형태를 무엇이라 하는지 쓰시오.

해답 나화

04 화면은 이동식 크레인을 이용하여 배관을 위로 올리는 작업으로, 신호수의 수신호와 보조로프 없이 작업을 하는 동영상이다. 화물의 낙하·비래 위험을 방지하기 위한 사전 점검 또는 조치사항 3가지를 쓰시오.

해답 1. 작업반경 내 관계근로자 이외의 자는 출입을 금지시킨다.
2. 와이어로프의 안전상태를 점검한다.
3. 훅의 해지장치 및 안전상태를 점검한다.
4. 인양 도중에 화물이 빠질 우려가 있는지 확인한다.

05 화면은 30kV 전압이 흐르는 고압선 아래에서 작업 중 발생한 재해사례이다. 크레인을 이용하여 고압선 주변에서 작업할 경우 사업주의 감전 조치사항 3가지를 쓰시오.

[동영상 설명]
작업자가 이동식 크레인 작업 중 붐대가 전선에 닿아 감전된다.

해답 1. 해당 충전전로를 이설할 것
2. 감전의 위험을 방지하기 위한 울타리을 설치할 것
3. 해당 충전전로에 절연용 보호구를 설치할 것
4. 감시인을 두고 작업을 감시하도록 할 것
5. 크레인에 대해서 접지공사를 할 것

06 화면에 나타난 것처럼 지게차에 적재된 화물이 현저하게 시계를 방해할 경우 운전자의 조치사항 3가지를 쓰시오.

해답 1. 하차하여 주변의 안전을 확인한다.
2. 유도자를 지정하여 지게차를 유도 또는 후진으로 서행한다.
3. 경적과 경광등을 사용한다.

07 화면은 인화성 물질의 취급 및 저장소이다. 이 동영상을 참고하여 재해형태 및 재해원인에 대한 설명을 쓰시오.

해답 (1) 재해형태 : 증기운 폭발
(2) 재해원인 : 액체상태로 저장되어 있던 인화성 물질이 인화성 가스로 공기 중에 누출되어 있다가 정전기와 같은 점화원에 접촉하여 폭발하는 현상

08 화면은 콘크리트 전주 세우기 작업 중에 발생한 사례이다. 이와 같은 동종재해를 예방하기 위한 대책 중 작업 지휘자가 취해야 할 사항을 쓰시오.

해답 1. 해당 충전전로를 이설할 것
2. 감전의 위험을 방지하기 위한 울타리를 설치할 것
3. 해당 충전전로에 절연용 방호구를 설치할 것
4. 감시인을 두고 작업을 감시하도록 할 것

09 화면은 크랭크 프레스로 철판에 구멍을 뚫는 작업을 하고 있다. 위험요소 3가지를 쓰시오.

해답 1. 프레스 페달을 발로 밟아 프레스의 슬라이드가 작동해 손을 다친다.
2. 금형에 붙어 있는 이물질을 제거하려다 손을 다친다.
3. 금형에 붙어 있는 이물질을 제거하려다 눈에 이물질이 들어가 눈을 다친다.

10 화면은 도금작업에 사용하는 보호구 사진이다. C 보호구를 사용장소에 따라 분류하시오.

A   B   C

해답 내유용, 일반용, 내산용, 내알칼리용, 내산/내알칼리 겸용

산업안전기사(4월 B형)

01 화면은 프레스기에 금형 교체작업을 하고 있다. 작업 중 안전상 점검사항 4가지를 쓰시오.

해답 1. 펀치와 다이의 평행도
2. 펀치와 볼스터면의 평행도
3. 다이와 볼스터의 평행도
4. 다이홀더와 펀치의 직각도, 생크홀과 펀치의 직각도

02 화면은 교량하부 점검 중 발생한 재해사례이다. 화면을 참고하여 사고 원인 2가지를 쓰시오.

해답 1. 안전대 부착 설비 및 안전대 착용을 하지 않았다.
2. 안전난간 설치가 불량하다.
3. 추락방호망이 미설치되어 있다.
4. 작업자 주변 정리정돈 상태가 불량하다.
5. 작업 전 작업발판 등 부속설비 점검 미비 상태이다.

03 화면은 인쇄 윤전기를 청소하는 중에 발생한 재해사례이다. 동영상을 참고하여 롤러기의 청소 시 핵심 위험요인 2가지만 쓰시오.

[동영상 설명]
작업자가 인쇄용 윤전기의 전원을 끄지 않고 서로 맞물려서 돌아가는 롤러를 걸레로 닦고 있다. 닦을 때 체중을 실어서 힘 있게 닦고, 위험하게 맞물리는 지점까지 걸레를 집어넣고 닦는다. 그 순간 작업자의 손이 롤러기 사이에 끼어서 사고를 당하고 사고 발생 후 전원을 차단하고 손을 빼내는 화면을 보여준다.

해답 1. 회전 중 롤러의 죄어 들어가는 쪽에서 직접 손으로 눌러 닦고 있어서 손이 물려 들어가게 된다.
2. 체중을 걸쳐 닦고 있어서 물려 들어가게 된다.
3. 안전장치가 없어서 걸레를 위로 넣었을 때 롤러가 멈추지 않아 손이 물려 들어간다.

04 화면은 2만 볼트가 인가된 배전반에 절연내력시험기 앞의 작업자가 시험하다 미처 뒤에 있던 다른 작업자를 발견하지 못한 관계로 발생한 재해사고 사례이다. 이 작업 시의 (1) 재해유형, (2) 가해물을 각각 파악해 쓰시오.

해답 (1) 재해유형 : 감전
(2) 가해물 : 전류 또는 전기

05 화면과 같은 재해 발생원인 3가지를 쓰시오.

[동영상 설명]
A작업자가 변압기의 2차 전압을 측정하기 위해 유리창 너머의 B작업자에게 전원을 투입 하라는 신호를 보낸다. 측정 완료 후 다시 차단하라고 신호를 보내고 측정기기를 철거하다 감전사고가 발생한다. 이때 작업자는 맨손이고 슬리퍼 착용하였다.

해답 1. 작업자가 절연용 보호구를 착용하지 않고 있다.
2. 작업자 간 신호전달이 잘 이루어지지 않았다.
3. 작업자가 안전확인을 소홀히 했다.

06 화면은 녹색 정화통에 중간 연두색 띠가 있는 방독마스크를 보여주고 있다. 다음 각 물음에 답을 쓰시오. (단, 정화통의 문자 표기는 무시한다.)

(1) 방독마스크 종류를 쓰시오.
(2) 방독마스크의 형식을 쓰시오.
(3) 방독마스크의 시험가스 종류를 쓰시오.

해답 (1) 종류 : 암모니아용 방독마스크
(2) 형식 : 격리식 전면형
(3) 시험가스 : 암모니아 가스

07 화면은 항타기 · 항발기 작업하는 주위에서 2~3명의 작업자가 안전모를 착용하고 작업 하는 중, 순간 근처 전선에서 스파크가 발생한 사례이다. 고압선 주위에서 항타기 · 항발기 작업 시 안전 작업수칙 2가지를 쓰시오.

[동영상 설명]
작업자가 항타기 · 항발기 장비로 땅을 파고 전주를 묻고 있다. 항타기에 고정된 전주가 조금 불안정한 듯 싶더니 조금씩 돌아가서 항타기로 전주를 조금 움직이는 순간 인접 활선전로에 접촉되어서 스파크가 일어났다.

해답 1. 작업반경 내 작업자의 출입을 금지한다.
2. 작업구간 내 가설울타리를 설치한다.

08 화면은 변압기를 유기화합물에 담가서 절연처리와 건조작업을 하고 있음을 보여주고 있다. 이 작업 시 착용할 보호구를 다음에 제시한 대로 쓰시오.

[동영상 설명]
소형변압기(일명 Down TR, 크기는 가로×세로 15cm 정도로 작은 변압기)의 양쪽에 나와있는 선을 일반 작업복만 입은 작업자(안전모 미착용, 보안경 미착용, 맨손, 신발 안 보임)가 양손으로 들고 유기화합물통(사각 스텐통)에 넣었다 빼서 앞쪽 선반에 올리는 작업을 한다(유기화합물을 손으로 작업). 선반 위 소형변압기를 건조시키기 위해 냉장고처럼 생긴 곳에 넣고 문을 닫는다.

(1) 손
(2) 눈
(3) 피부(몸)

해답 (1) 손 : 화학물질용 안전장갑
(2) 눈 : 보안경
(3) 피부(몸) : 화학물질용 보호복

09 화면은 크롬도금작업을 보여준다. 동영상에서와 같이 유해물질(화학물질) 취급 시 일반적인 주의사항을 4가지 쓰시오.

해답 1. 유해물질에 대한 사전 조사
2. 유해물 발생원인의 봉쇄
3. 작업공정의 은폐, 작업장의 격리
4. 유해물의 위치, 작업공정의 변경
5. 실내 환기와 점화원의 제거
6. 환경의 정돈과 청소

산업안전기사(4월 C형)

01 화면은 퍼지작업 상황을 연출하고 있다. 이 퍼지작업의 종류 4가지를 쓰시오.

[해답] 1. 사이펀 퍼지, 2. 스위프 퍼지, 3. 진공퍼지, 4. 압력퍼지

02 화면의 영상 속 (1) 위험요인을 상세히 설명하고, (2) 장기간 폭로 시 어떤 종류의 직업병이 발생할 위험이 있는지 3가지를 쓰시오.

[동영상 설명]
작업장은 석면이 날리고 있어 석면분진폭로 위험성에 노출되어 있다. 작업자가 마스크를 착용하고 있으나 직업성 질환으로 이환될 위험성에 노출되어 있다.

[해답] (1) 위험요인 : 해당 작업자가 착용한 마스크는 방진전용마스크가 아니기 때문에 석면분진이 마스크를 통해 흡입 될 수 있다.
(2) 발생 직업병 명칭 : 1. 폐암, 2. 석면폐증, 3. 악성 중피종

03 안전모 각부의 명칭을 쓰시오.

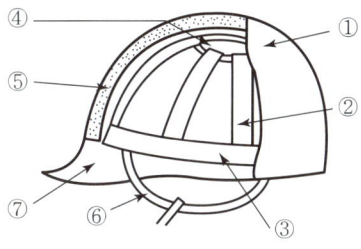

[해답] ① 모체, ② 머리받침끈, ③ 머리고정대, ④ 머리받침고리, ⑤ 충격흡수재, ⑥ 턱끈, ⑦ 모자챙(차양)

04 롤러기의 방호장치별 설치 위치를 쓰시오.

[해답] 1. 손조작식 : 밑면으로부터 1.8m 이내
2. 복부조작식 : 밑면으로부터 0.8~1.1m 이내
3. 무릎조작식 : 밑면으로부터 0.4~0.6m 이내

05 화면의 영상을 참고하여 화물의 낙화·비래 위험을 방지하기 위한 사전 점검 또는 조치사항 3가지를 쓰시오.

[동영상 설명]
작업자가 이동식 크레인을 이용하여 배관을 위로 올리는 작업을 하고 있다. 신호수의 수신호와 보조로프 없이 작업을 진행한다.

[해답] 1. 크레인 붐대가 활선에 접촉되어 감전 위험
2. 신호전달이 잘 이루어지지 않아 위험
3. 작업자의 복장이 갖춰져 있지 않아 위험

06 화면은 작업자가 수중펌프 접속 부위에 감전되어 발생한 재해사례이다. 어떻게 하면 재해를 예방할 수 있는지 방안 3가지를 쓰시오.

[동영상 설명]
단무지가 있고 무릎 정도 물이 차 있는 상태에서 펌프 작동과 동시에 감전사고가 발생한다.

[해답] 1. 모터와 전선의 이음새 부분을 작업 시작 전 확인 또는 작업 시작 전 펌프의 작동 여부를 확인한다.
2. 수중 및 습윤한 장소에서 사용하는 전선은 수분의 침투가 불가능한 것을 사용한다.
3. 감전 방지용 누전차단기를 설치한다.

07 화면은 작업발판에서 작업을 하고 있다. (1) 비계발판의 폭은 몇 cm, (2) 발판의 틈새는 몇 cm 이하가 적절한지 쓰시오.

[해답] (1) 비계발판 폭 : 40cm 이상
(2) 발판의 틈새 : 3cm 이하

08 화면은 이동식 크레인을 이용하여 철제 배관을 인양하는 작업으로 신호수의 신호에 따라 철제 배관을 인양하던 중 H빔에 부딪치면서 흔들리는 동영상이다. 배관 인양작업 시 위험요인 3가지를 쓰시오.

[해답] 1. 작업 반경 내 관계근로자 이외의 외부 작업자가 출입하여 위험하다.
2. 와이어로프의 안전상태가 불안정하여 위험하다.
3. 훅의 해지장치 및 안전상태가 불안정하여 위험하다.

09 화면의 영상을 참고하여 (1) 재해요인과 (2) 조치사항을 쓰시오.

> [동영상 설명]
> 화면은 경사진(30도 정도) 컨베이어 기계가 작동하고, 작업자는 작동중인 컨베이어 위에 1명과 아래쪽 작업장 바닥에 1명이 있으며, 기계 오른쪽에 있는 포대를 컨베이어 벨트 위로 올리는 작업을 한다. 화면 오른쪽에 포대가 많이 쌓여 있고, 작업자 한 명은 경사진 컨베이어 위에 회전하는 벨트 양 끝부분 철로된 모서리에 양발을 벌리고 서 있으며, 밑에 작업자가 포대를 일정한 방향이 아닌 삐뚤게(각기 다르게) 포대를 컨베이어에 올리는 중 컨베이어 위에 양발을 벌리고 있는 작업자 발에 포대 끝부분이 부딪혀 무게 중심을 잃고 기계 오른쪽으로 쓰러진 후 팔이 기계 하단으로 들어가면서 아파하는데 아래쪽 작업자가 와서 안아준다.

[해답] (1) 재해요인
1. 안전장치(울타리, 덮개)가 미설치되어 있어 위험하다.
2. 작업자가 위험구역 내에 위치하여 있어 위험하다.
(2) 조치사항 : 기계 정지
※ 작업자 측면에서의 문제점(= 불안전한 작업방법 = 잘못된 작업방법)으로 문제가 나올시 답
• 작업자가 양발을 컨베이어 양끝에 지지하여 불안전한 자세로 작업을 하고 있다.
• 시멘트 포대가 작업자의 발을 치고 있어서 넘어져 상해를 당할 수 있다.

산업안전기사(6월 A형)

01 이동식 크레인을 사용하여 작업을 하는 때 작업시작 전 점검사항을 2가지 쓰시오.

[해답] 1. 브레이크, 클러치 및 조정장치의 기능
2. 와이어로프가 통하고 있는 곳 및 작업장소의 지반 상태

02 화면은 LPG저장소에 가스누설감지경보기의 미설치로 인해 재해가 발생한 사례이다. 누설 감지경보기의 적절한 (1) 설치위치, (2) 경보설정값을 쓰시오.

[해답] (1) 설치위치 : LPG는 공기보다 무거우므로 바닥에 인접한 낮은 곳에 설치한다.
(2) 경보설정값 : 폭발하한계(LEL) 25% 이하

03 화면은 어두운 장소에서 컨베이어 점검 시 사고가 발생하는 상황을 동영상으로 보여주고 있다. 작업 시작 전 조치사항을 2가지 쓰시오.

[해답] 1. 전원을 차단하고 통전금지표지판 및 잠금장치를 설치한다.
2. 조명을 밝게 한다.

04 화면의 보호장구에 여과재분진 등 포집효율을 쓰시오.

형태 및 등급		염화나트륨(NaCl) 및 파라핀 오일(Paraffin Oil) 시험(%)
분리식	특급	(①)
	1급	(②)
	2급	(③)

[해답] ① 99.95% 이상, ② 94.0% 이상, ③ 80.0% 이상

05 화면은 영상표시단말기(VDT) 작업 상황을 설명하고 있다. 이 작업상 개선사항을 찾아 3가지를 쓰시오.

➡ [해답] 1. 앉은 자세가 의자 앞쪽으로 기울어져 있어 요통의 위험이 있으므로 허리를 등받이 깊숙이 지지하여 앉는다.
2. 키보드가 너무 높은 곳에 있어 손목통증의 위험이 있으므로 키보드를 조작하기 편한 위치에 놓는다.
3. 모니터가 작업자와 너무 근접하여 시력 저하의 우려가 있으므로 모니터를 보기 편한 위치에 놓는다.

06 화면은 작업자가 스프레이 건으로 쇠파이프를 여러 개 눕혀놓고 페인트칠을 하는 작업을 보여주고 있다. 동영상에서 사용되는 (1) 마스크의 종류와 (2) 흡수제 3가지를 쓰시오.

해답 (1) 마스크 : 방독마스크
(2) 흡수제 : 활성탄, 큐프라마이트, 소다라임

07 화면은 선반작업 중 발생한 재해를 보여주고 있다. 화면에서와 같이 안전준수사항을 지키지 않고 작업할 때 일어날 수 있는 재해요인을 2가지 쓰시오.

해답 1. 회전물에 샌드페이퍼를 감아 손으로 지지하고 있기 때문에 작업복과 손이 말려 들어간다.
2. 작업에 집중하지 못하여 실수로 작업복과 손이 말려 들어간다.
3. 손을 기계 위에 올려놓고 작업하여 손이 미끄러져 회전물에 말려 들어간다.

08 산업안전보건법령상 건물 해체작업의 해체계획서 작성 시 포함사항을 4가지 쓰시오.

해답 1. 해체의 방법 및 해체순서 도면
2. 가설설비, 방호설비, 환기설비 및 살수·방화설비 등의 방법
3. 사업장 내 연락방법
4. 해체물의 처분계획
5. 해체작업용 기계·기구 등의 작업계획서
6. 해체작업용 화약류 등의 사용계획서

09 동영상은 도로상 가설전선 점검작업 중 발생한 재해사례이다. (1) 재해형태와 (2) 정의를 쓰시오.

해답 (1) 재해형태 : 감전
(2) 정의 : 전기접촉이나 방전에 의하여 사람이 전기충격을 받은 경우

산업안전기사(6월 B형)

01 다음 각 물음에 대한 답을 쓰시오. (단, 정화통의 문자 표기는 무시한다.)

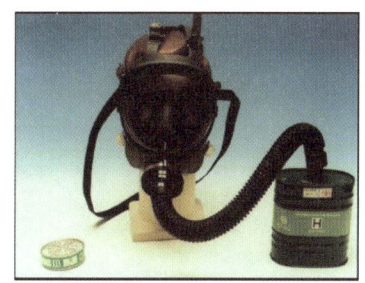

(1) 방독마스크의 종류를 쓰시오.
(2) 방독마스크의 형식을 쓰시오.
(3) 방독마스크의 시험가스 종류를 쓰시오.
(4) 방독마스크의 정화통 흡수제 1가지를 쓰시오.
(5) 방독마스크가 직결식 전면형일 경우 누설율은 몇 %인지 쓰시오.
(6) 방독마스크의 시험가스 농도가 0.5%일 때 파과시간을 쓰시오.
(7) 시험가스 농도가 0.5%, 농도가 25ppm(±20%)이었을 때 파과시간을 쓰시오.

해답 (1) 암모니아용 방독마스크 (2) 격리식 전면형
(3) 암모니아 가스 (4) 큐프라마이트
(5) 0.05% 이하 (6) 40분 이상
(7) 40분 이상

02 화면은 작업자가 변압기볼트를 조이는 장면이다. 위험요인(=발생원인) 2가지를 쓰시오.

[동영상 설명]
작업자가 안전대를 착용하고 전주에 올라서서 작업발판(볼트)을 딛고 변압기 볼트를 조이는 중 추락한다.

해답 1. 작업자가 안전대를 전주에 걸지 않고 작업하여 위험하다.
2. 작업자가 딛고 선 발판이 불안하다.

03 컨베이너 작업 시작 전 점검사항 3가지를 쓰시오.

[동영상 설명]
정지된 컨베이어를 작업자가 점검하고 있다. 컨베이어는 작은 공장에서 볼 수 있는 작업용 컨베이어 정도이다. 작업자가 점검 중일 때 다른 작업자가 전원 스위치 쪽으로 서서히 다가오더니 전원버튼을 누른다. 그 순간 점검 중이던 작업자가 벨트에 손이 끼이는 사고를 한다.

해답
1. 원동기 및 풀리 기능의 이상 유무
2. 이탈 등의 방지장치 기능의 이상 유무
3. 비상정지장치 기능의 이상 유무
4. 원동기·회전축·기어 및 풀리 등의 덮개 또는 울 등의 이상 유무

04 화면은 DMF작업장에서 한 작업자가 방독마스크, 안전장갑, 보호복 등을 착용하지 않은 채 유해물질 DMF작업을 하고 있다. 피부자극성 및 부식성 관리대상 유해물질 취급 시 비치하여야 할 보호장구 3가지를 쓰시오.

해답
1. 화학물질용 보호장갑, 2. 화학물질용 보호복, 3. 화학물질용 보호장화

05 화면의 작업자가 몸을 기울인 채 손으로 이물질을 제거하는 작업을 하다가 실수로 페달을 밟아 손이 다치는 재해가 발생하는 사례이다. 이러한 사고의 예방을 위해 조치하여야 할 사항 2가지를 쓰시오.

해답
1. 안전장치가 설치되어 있지 않으므로 게이트가드식 등의 안전장치를 설치하여 사고를 예방한다.
2. 프레스를 일시 정지할 때에는 페달에 U자형 덮개를 씌운다.

06 화면은 실험실에서 H_2SO_4(황산)을 비커에 따르고 있고, 작업자는 맨손, 마스크를 미착용하고 있다. 인체로 흡수되는 경로를 2가지 쓰시오.

해답
1. 호흡기, 2. 소화기, 3. 피부점막

07 화면에서와 같이 터널 굴착공사 중에 사용되는 계측방법의 종류를 3가지를 쓰시오.

해답
1. 내공 변위 측정, 2. 침단 침하 측정, 3. 지중 변위 측정, 4. 록볼트 측정

08 화면은 콘크리트 전주 세우기 작업 도중에 발생한 사례이다. 항타기·항발기 조립 시 사용전 점검사항 3가지를 쓰시오.

해답
1. 본체의 연결부의 풀림 또는 손상의 유무
2. 권상용 와이어로프·드럼 및 도르래의 부착상태의 이상 유무
3. 권상장치의 브레이크 및 쐐기장치 기능의 이상 유무
4. 권상기의 설치상태의 이상 유무
5. 리더(leader)의 버팀 방법 및 고정상태의 이상 유무
6. 본체·부속장치 및 부속품의 강도가 적합한지 여부
7. 본체·부속장치 및 부속품에 심한 손상·마모·변형 또는 부식이 있는지 여부

09 화면은 승강기 컨트롤 패널을 맨손으로 점검(전압측정) 중 발생한 재해사례이다. 감전 방지대책 3가지를 서술하시오.

[동영상 설명]
MCCB 패널 점검 중으로 개폐기에는 통전중이라는 표지가 붙어 있고 작업자(면장갑 착용)가 개폐기 문을 열어 전원을 차단하고 문을 닫은 후 다른 곳 패널에서 작업하려다 쓰러진 상황이다.

해답
1. 해당 잔류전하를 완전히 제거시키고, 작업 시작 전 내전압용 절연장갑 등 절연용 보호구를 착용한다.

2. 잠금장치 및 표찰을 부착하여 해당 작업자 이외의 자에 의한 오작동을 막는다.
3. 개폐기 문에 통전금지 표지판을 설치하고, 감시인을 배치한 후 작업을 한다.
4. 작업자들에게 해당 작업 시의 전기위험에 대한 안전교육을 실시한다.

산업안전기사(10월 A형)

01 봉강 연마 작업중 (1) 기인물·가해물 및 (2) 방호장치명, (3) 숫돌과 가공면과의 각도를 쓰시오.

> [해답] (1) 기인물 : 탁상공구연삭기
> (2) 방호장치명 : 투명한 비산 방지판
> (3) 각도 : 15~30도

02 다음 ( ) 안에 알맞은 말을 쓰시오.

> 적정공기란 산소농도의 범위가 (①)% 이상 (②)% 미만, 이산화탄소의 농도가 (③)% 미만, 황화수소의 농도가 (④)ppm 미만인 수준의 공기를 말한다.

> [해답] ① 18, ② 23.5, ③ 1.5, ④ 10

03 화면에서 보여준 사항 중 작업자가 마스크를 착용하고 있으나 석면분진폭로 위험성에 노출되어 있어 작업자에게 직업성 질환으로 이환될 우려가 있다. 그 이유를 상세히 설명하시오.

> [해답] 작업자가 착용한 마스크는 방진전용마스크가 아니기 때문에 석면분진이 마스크를 통해 흡입될 수 있다.

04 누전차단기 설치 장소 3곳을 쓰시오.

> [해답] 1. 물 등 도전성이 높은 액체가 있는 습윤장소
> 2. 철판, 철골 위 등 도전성이 높은 장소
> 3. 임시배선의 전로가 설치되는 장소

05 공장 지붕 철골상에 패널 설치 시 (1) 위험요인 및 (2) 조치사항(안전대책)을 2가지 쓰시오.

> [해답] (1) 위험요인
> 1. 안전대 부착설비 미설치
> 2. 안전대 미착용
> 3. 추락방호망 미설치
> (2) 안전대책
> 1. 안전대 부착설비 설치
> 2. 안전대 착용
> 3. 추락방호망 설치

06 화면에 나오는 안전화의 뒷굽 높이를 제외한 몸통 높이를 쓰시오.

> [해답] 1. 단화 : 113mm 미만
> 2. 중단화 : 113mm 이상
> 3. 장화 : 178mm 이상

07 비계발판 설치 중 재해가 발생한 장면이다. 2m 이상 높이의 장소에 발판 설치기준 3가지를 쓰시오.

> [해답] 1. 하중을 견딜 수 있는 견고한 것
> 2. 하중에 의하여 파괴될 우려가 없는 것
> 3. 작업에 따라 이동 시 위험방지조치 할 것

08 안전장치가 없는 둥근톱 기계에 고정식 접촉예방장치를 설치하고자 한다. 이때 (1) 하단과 가공재 사이의 간격 (2) 하단과 테이블 사이의 높이는 각각 얼마로 조정하는지 쓰시오.

> [해답] (1) 간격 : 8mm 이내
> (2) 높이 : 25mm 이하

09 화면(전주 동영상)은 전기형강작업 중이다. 정전 위험요인 3가지를 쓰시오.

> [해답] 1. 작업 중 흡연
> 2. 작업자가 딛고 선 발판이 불안
> 3. C.O.S(Cut Out Switch)를 발판용 볼트에 임시로 걸쳐 놓았다

산업안전기사(10월 B형)

01 화면은 맨홀서 전화선 작업 중 의식불명의 피해자가 발생하였다. 구조자가 착용해야 보호구를 쓰시오.

[해답] 송기마스크, 공기마스크

02 화면은 인화성 물질의 취급 및 저장소에 발생한 화재이다. 이 동영상을 참고하여 점화원의 (1) 유형과 (2) 종류를 쓰시오.

[해답] (1) 점화원의 유형 : 작업복에 의한 정전기
(2) 점화원의 종류 : 정전기, 전기스파크

03 화면은 섬유기계의 운전 중 발생한 재해사례이다. 동영상에서 사용한 기계 작업 시 핵심 위험요인 2가지를 쓰시오.

[동영상 설명]
섬유공장에서 실을 감는 기계가 돌아가고 있고 작업자가 그 밑에서 일을 하던 중 갑자기 실이 끊어지며 기계가 멈춘다. 이때 작업자가 회전하는 대형 회전체의 문을 열고 허리까지 안으로 집어넣고 안을 들여다보며 점검할 때 갑자기 기계가 돌아가며 작업자의 몸이 회전체에 끼이게 된다.

[해답] 1. 기계의 전원을 차단하여 정지시키지 않고 점검을 해서 사고의 위험이 있다.
2. 장갑을 착용하고 있어 롤러기에 끼일 염려가 있다.

04 콘크리트 파일 권상용 항타기의 다음 빈칸을 채우시오.

(1) 화면에 나타난 항타기 권상장치의 드럼축과 권상장치로부터 첫 번째 도르래의 축과의 거리를 권상장치의 드럼 폭의 (①)배 이상으로 해야 한다.
(2) 도르래는 권상장치의 드럼의 (②)을 지나야 하며 축과 (③) 상에 있어야 한다.

[해답] ① 15, ② 중심, ③ 수직면

05 화면은 작업자가 수중펌프 접속부위에 감전되어 발생한 재해사례이다. 작업자가 감전 사고를 당한 원인을 인체의 피부저항과 관련하여 설명하시오.

[해답] 인체가 수중에 있으므로 인체 피부저항이 1/25로 감소되어 쉽게 감전되었다.

06 화면은 박공지붕 설치작업 중 박공지붕의 비래에 의해 재해가 발생한 사례이다. 영상을 참고하여 그 발생원인 3가지를 쓰시오.

[동영상 설명]
박공지붕 위쪽과 바닥을 보여주면서 오른쪽에 안전난간, 추락방호망이 미설치된 화면과 지붕 위쪽 중간에서 커피를 마시면서 앉아 휴식을 취하는 작업자(안전모, 안전화 착용함)들과 작업자 왼쪽과 뒤편에 적재물이 적치 되어있고 휴식 중인 작업자를 향해 뒤에 있는 삼각형 적재물이 굴러와 작업자 충돌하여 작업자가 앞으로 쓰러진다.

[해답] 1. 근로자가 위험한 장소에서 휴식을 취하고 있다.
2. 추락방호망이 설치되지 않았다.
3. 한 곳에 과적하여 적치하였다.
4. 안전대 부착설비가 없고, 안전대를 착용하지 않았다.

07 화면은 전주에서 형강 작업을 하고 있다. 작업자가 착용하고 있는 안전대의 (1) 종류 및 (2) 용도를 쓰시오.

[해답] (1) 종류 : 벨트식
(2) 용도 : U자 걸이 전용

08 화면은 인쇄 윤전기를 청소하는 중에 발생한 재해사례이다. 동영상을 참고하여 롤러기의 청소 시 안전 작업수칙을 3가지 쓰시오.

해답) 1. 회전 중 롤러의 죄어 들어가는 쪽에서 직접 손으로 눌러 닦고 있어서 손이 물려 들어가게되므로 기계를 정지시킨다.
2. 체중을 걸쳐 닦고 있어서 물려 들어가게 되므로 바로 서서 청소한다.
3. 안전장치가 없어서 걸레를 위로 넣었을 때 롤러가 멈추지 않아 손이 물려 들어가므로 안전장치를 설치한다.

09 화면의 보호구 중 가죽제 안전화 성능기준 항목 3가지를 쓰시오.

해답) 1. 내답발성, 2. 내부식성, 3. 내유성, 4. 내압박성, 5. 내충격성, 6. 박리저항

산업안전기사(10월 C형)

01 화면은 변압기를 유기화합물에 담가서 절연처리와 건조작업을 하고 있음을 보여주고 있다. 이 작업 시 착용할 보호구를 다음에 제시한 대로 쓰시오.

[동영상 설명]
소형변압기(일명 Down TR, 크기는 가로×세로 15cm 정도로 작은 변압기)의 양쪽에 나와있는 선을 일반 작업복만 입은 작업자(안전모 미착용, 보안경 미착용, 맨손, 신발 안 보임)가 양손으로 들고 유기화합물통(사각 스텐통)에 넣었다 빼서 앞쪽 선반에 올리는 작업을 한다(유기화합물을 손으로 작업). 선반 위 소형변압기를 건조시키기 위해 냉장고처럼 생긴 곳에 넣고 문을 닫는다.
(1) 손 (2) 눈

해답) (1) 손 : 화학물질용 안전장갑
(2) 눈 : 보안경

02 화면은 선박 탱크 내부의 슬러지처리 작업을 보여준다. 작업 도중 한 작업자가 의식을 잃고 쓰러진다. 이러한 사고에 대비하여 필요한 비상시 피난용구 3가지를 적으시오.

해답) 1. 송기마스크, 공기마스크, 2. 섬유로프, 3. 안전대

03 화면의 재해사례(롤러기작업)에서 나타나는 위험점을 기계의 운동형태에 따라 분류하고자 할 때, (1) 위험점의 명칭과 (2) 정의를 쓰시오.

해답) (1) 위험점의 명칭 : 물림점
(2) 정의 : 회전하는 두 개의 회전체 사이에 물려 들어가는 위험점

04 화면의 방호장치(안전블록) 명칭과 갖추어야 하는 구조를 쓰시오.

해답) (1) 명칭 : 안전블록
(2) 갖추어야 하는 구조
1. 신체지지의 방법으로 안전그네만을 사용할 것
2. 안전블록은 정격 사용 길이가 명시될 것
3. 안전블록의 줄은 합성섬유로프, 웨빙(webbing), 와이어로프이어야 하며, 와이어로프인 경우 최소지름이 4mm 이상일 것

05 화면의 영상과 같이 차량계 하역운반기계 등의 수리 또는 부속장치의 장착 및 해체작업을 하는 때에 작업 시작 전 조치사항을 3가지 쓰시오.

[동영상 설명]
덤프트럭의 전재함을 올리고 실린더 유압장치밸브를 수리하던 중에 재해가 발생한다.

해답) 1. 작업방법을 결정하고 지휘하는 작업지휘자를 배치한다.
2. 하역 및 유압장치를 안전지지대 및 안전블럭 등에 걸쳐 놓는다.
3. 작업 시작 전에 하역장치 및 유압장치 기능의 이상 유무를 확인한다.

06 화면의 영상에 나타나는 문제점 2가지를 쓰시오.

> [동영상 설명]
> 작업자가 장갑을 착용한 상태로 드릴작업을 하고 있다. 이물질을 입으로 불어 제거하고, 동시에 손으로 제거하려다 드릴에 손을 다치는 사고가 발생한다.

해답 1. 입으로 불어 이물질을 제거하고 있어 이물질이 눈에 들어가 눈을 다칠 위험이 있다.
2. 브러쉬 등 전용공구를 사용하지 않고 손으로 직접 이물질을 제거하고 있어 손을 다칠 위험이 있다.

07 화면은 작업자가 사출성형기에 끼인 이물질을 당기다 감전으로 뒤로 넘어져 발생한 재해사례이다. 사출성형기 잔류물 제거 시 예방대책(=재해발생 방지대책) 3가지를 쓰시오.

해답 1. 작업을 시작하기 전에 기계의 전원을 차단하여 정지시킨 후 잔류물을 제거한다.
2. 내전압용 절연장갑 등 절연용 보호구를 착용하고 잔류물을 제거한다.
3. 전용공구 등을 이용하여 잔류물을 제거한다.

08 화면은 콘크리트 전주 세우기 작업 도중에 발생한 사례이다. 동영상에서와 같이 발생한 재해발생 원인 중 직접원인에 해당되는 것은 무엇인지 쓰시오.

해답 1. 충전전로에 대한 접근한계거리 미준수
2. 인접 충전전로에 절연용 방호구 미설치

09 타워크레인을 이용하여 철제파이프를 옮기는 중 신호수 머리 위로 지나가며 방향 전환 시 철제파이프가 부딪히며 재해가 발생한 사례를 나타내고 있다. 타워크레인 작업 전 준수사항 및 안전작업방법을 3가지를 쓰시오.

해답 1. 작업 반경 내 관계근로자 이외의 자의 출입을 금지한다.
2. 훅의 해지장치 및 안전상태를 점검한다.
3. 와이어로프의 안전상태를 점검한다.

2018년 작업형 기출문제

산업안전기사(1회 A형)

01 자동차 정비를 위해 작업자 A가 자동차 밑에 들어가 샤프트 계통을 정비하던 중 작업자 B가 자동차에 올라가 엔진 시동을 걸어 작업자 A의 팔이 샤프트에 말려드는 사고 상황에 대한 사고방지대책 3가지를 쓰시오.

[해답]
1. 작업 지휘자 배치
2. '정비중' 표지판 설치
3. 차량 시동키를 뽑아서 별도로 관리

02 화면은 활선작업에 대한 동영상이다. 활선작업 시 내재되어 있는 핵심 위험요인을 3가지만 쓰시오.

[해답]
1. 근접활선(절연용 방호구 미설치)에 대한 감전 위험
2. 절연용 보호구 착용상태 불량에 따른 감전 위험
3. 활선작업거리 미준수에 따른 감전 위험
4. 작업장소의 관계 근로자 외의 자의 출입에 따른 감전 위험

03 화면에서 그라인더 작업 시 위험요인 2가지를 쓰시오.

[동영상 설명]
탱크 내부 밀폐된 공간에서 작업자가 그라인더 작업을 하고 있다. 다른 작업자가 외부에 설치된 국소배기장치를 발로 차서 전원공급이 차단되어 작업자가 의식을 잃고 쓰러진다.

[해답]
1. 작업시작 전 산소농도 및 유해가스농도 등의 미측정과 작업 중 지속적인 환기를 하지 않음
2. 환기를 실시할 수 없거나 산소결핍 위험장소에 들어갈 때 호흡용 보호구를 착용하지 않음
3. 국소배기장치의 전원부에 잠금장치가 없고, 감시인을 배치하지 않음

04 작업자가 개구부에서 자재 인양작업을 하고 있다. 이와 같은 작업진행 시 안전수칙 2가지를 쓰시오.

[해답]
1. 물건이 낙하하여 재해가 발생할 수 있으므로 낙하위험구역 내에는 근로자의 출입을 금지한다.
2. 물건 인양 시 적당한 기계, 기구를 이용한다.
3. 개구부에는 안전난간을 설치하여 근로자의 추락을 방지한다.
4. 난간을 설치하기 곤란한 경우에는 안전대를 착용한다.

05 드릴작업 시 위험요인 3가지를 쓰시오.

[해답]
1. 일감은 견고하게 고정시켜야 하며 손으로 잡고 구멍을 뚫는 것은 위험하다.
2. 드릴을 끼운 후에 척 렌치(Chuck Wrench)를 반드시 뺀다.
3. 손이 말려 들어갈 수 있으므로 장갑은 끼고 작업하지 말 것
4. 구멍을 뚫을 때 관통된 것을 확인하기 위하여 손을 집어넣지 말 것
5. 드릴작업에서 칩의 제거방법은 회전을 중지시킨 후 솔로 제거하여야 한다.

06 화면은 30kV 전압이 흐르는 고압선 아래에서 이동식 크레인으로 작업 중 발생한 재해사례이다. 크레인을 이용하여 고압선 주변에서 작업할 경우 사업주의 감전조치사항 3가지를 쓰시오.

[해답]
1. 해당 충전전로를 이설할 것
2. 감전의 위험을 방지하기 위한 울타리을 설치할 것
3. 해당 충전전로에 절연용 방호구를 설치할 것
4. 감시인을 두고 작업을 감시하도록 할 것

07 작업자가 맨홀 내부에서 작업하는 동영상이다. 이러한 밀폐공간에서 작업 중 착용하여야 할 보호구를 쓰시오.

[해답] 송기마스크, 공기마스크, 안전모, 안전화

08 박공지붕작업 시 박공지붕이 밑으로 떨어지면서 휴식을 취하고 있던 작업자가 맞는 재해가 발생하였다. 이런 사고를 방지하기 위한 대책 3가지를 쓰시오.

> [해답] 1. 경사지붕 하부에 낙하물방지망 설치
> 2. 박공지붕 과적 금지 및 체결상태 확인
> 3. 근로자가 낙하위험 장소에서 휴식하지 않도록 조치
> 4. 낙하위험구간에 출입통제 조치

09 가죽제 안전화를 보여주고 있다. 가죽제 안전화의 성능시험 3가지를 쓰시오.

> [해답] 1. 내압박성 시험, 2. 내충격성 시험, 3. 박리저항 시험, 4. 내답발성 시험

산업안전기사(1회 B형)

01 화면은 교류아크용접작업 중 재해가 발생한 사례이다. 이 작업 시 눈과 감전재해의 위험으로부터 작업자를 보호하기 위해 착용해야 할 보호구를 2가지 쓰시오.

> [동영상 설명]
> 작업자가 교류아크용접을 한다. 용접을 한 번 하고서 슬러지를 털어낸 뒤 육안으로 확인한 후 다시 한 번 용접을 위해 아크불꽃을 내는 순간 감전되어 쓰러졌다. 이때 작업자는 일반 캡 모자와 목장갑 착용하고 있다.

> [해답] 1. 용접용 보안면, 2. 절연장갑

02 화면은 폭발성 화학물질 취급 중 작업자의 부주의로 발생한 사고 사례이다. 동영상에서와 같이 폭발성물질 저장소에 들어가는 작업자가 (1) 신발에 물을 묻히는 이유는 무엇인지 설명하고, (2) 화재 시 적합한 소화방법을 쓰시오.

> [해답] (1) 신발에 물을 묻히는 이유 : 대부분의 물체는 습도가 증가하면 전기저항치가 저하하고 이에 따라 대전성이 저하하므로, 작업자가 신발에 물을 묻히게 되면 도전성이 증가(전기저항치 감소)하고 이에 따라 인체의 대전성이 저하되므로 정전기 착화성 방전에 의한 화재폭발을 방지할 수 있다.
> (2) 화재 시 소화방법 : 다량 주수에 의한 냉각소화(폭발성 물질은 분해에 의하여 산소가 공급되기 때문에 연소가 격렬하며 그 자체의 분해도 격렬하다. 소화법으로는 물을 다량 사용해서 냉각하여 분해온도 이하로 낮추고 가연물의 연소도 억제해서 폭발을 방지하는 것이다. 소화제로는 질식소화는 효과가 없고, 물을 다량으로 사용하는 것이 최선이다.)

03 동영상에서 작업자의 추락원인 2가지를 쓰시오.

> [동영상 설명]
> 아파트 건설공사 현장 3층 창틀에서 작업하던 작업자가 작업발판이 없어 창틀의 옆쪽을 밟았다가 미끄러져 떨어진다.

> [해답] 1. 안전대 부착설비 미설치
> 2. 안전대 미착용
> 3. 추락방호망 미설치
> 4. 안전난간 미설치
> 5. 작업발판 미설치

04 차량계 하역운반기계 등의 수리 또는 부속장치의 장착 및 해체작업을 하는 때, 작업 전 조치해야 할 사항 3가지를 쓰시오.

> [해답] 1. 작업의 지휘자를 지정할 것
> 2. 작업순서를 결정하고 작업을 지휘할 것
> 3. 안전지지대 또는 안전블록 등의 사용상황 등을 점검할 것

05 다음 각 물음에 답을 쓰시오. (단, 정화통의 문자 표기는 무시한다.)

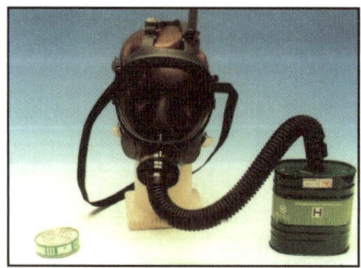

(1) 방독마스크의 종류를 쓰시오.
(2) 방독마스크의 형식을 쓰시오.
(3) 방독마스크의 시험가스 종류를 쓰시오.

해답 (1) 종류 : 암모니아용 방독마스크
(2) 형식 : 격리식 전면형
(3) 시험가스 : 암모니아 가스

06 특수 화학설비 내부의 이상상태를 조기에 파악하기 위하여 설치해야 할 장치 3가지를 쓰시오.

해답 1. 온도계 · 유량계 · 압력계 등의 계측장치, 2. 자동경보장치, 3. 긴급차단장치, 4. 예비동력원

07 화면은 이동식 크레인을 이용하여 철제 배관을 인양하는 작업으로 신호수의 신호에 따라 철제 배관을 인양 중 H빔에 부딪히면서 흔들리는 동영상이다. 배관 인양작업 시 안전대책 3가지를 쓰시오.

해답 1. 작업순서를 결정하고 작업지휘자 배치
2. 와이어로프의 안전상태 점검
3. 훅의 해지장치 및 안전상태 점검

08 경사용 컨베이어 벨트에서 하역작업 중 위험을(동영상은 컨베이어 위에 올라가 있는 작업자의 발을 보여주며 아슬아슬한 모습을 잡아줌) 방지하기 위한 방호장치 3가지를 쓰시오.

해답 1. 비상정지장치 설치
2. 덮개 또는 울 설치
3. 건널다리 설치
4. 역전방지장치 설치

09 화면은 밀폐된 공간에서의 작업을 보여주고 있다. 밀폐공간작업 시 안전작업수칙 3가지를 쓰시오.

[동영상 설명]
탱크 내부에 밀폐된 공간에서 작업자가 그라인더 작업을 하고 있고, 다른 작업자가 외부에 설치된 국소배기장치를 발로 차 전원공급이 차단되어 내부 작업자가 의식을 잃고 쓰러진다.

해답 1. 산소 및 유해가스 농도 측정 후 작업을 시작한다.
2. 산소농도가 18% 미만일 때는 환기를 시키고, 작업 중에도 계속 환기한다.
3. 가능한 급배기를 동시에 실시하고, 환기를 실시할 수 없거나 산소결핍장소에서 작업할 때에는 호흡용 보호구를 착용한다.

산업안전기사(1회 C형)

01 동영상은 중량물을 취급하던 중 발생한 사고이다. 작업계획서에 제출할 내용을 3가지 쓰시오.

해답 1. 중량물 무게, 2. 중량물 운반 경로 및 작업계획, 3. 사업장 내 연락방법

02 건물 외벽에 쌍줄비계를 설치하고 비계 위에 작업발판을 설치하고 있다. (1) 작업발판의 폭과, (2) 발판재료 간의 틈은 얼마인가?

해답 (1) 작업발판의 폭 : 40cm 이상 (2) 틈 : 3cm 이하

03 화면의 영상에 나타나는 재해발생원인 중 직접원인에 해당되는 것 2가지를 쓰시오.

[동영상 설명]
항타기 · 항발기가 작업 중인 화면을 보여주고 있다. 이때, 항타기 · 항발기의 인근에 고압전선로가 있고 항타기 · 항발기가 돌아가는 순간 인접 충전전로에 접촉이 되면서 스파크가 발생하였다.

해답 1. 작업 장소 주변에 인접한 충전전로에 절연용 방호구 미설치
2. 충전전로 인근 작업 시 접근한계거리 미준수

04 동영상은 이동식 크레인으로 전주의 상단부를 묶어 전주 세우기 작업 중 인접 활선에 전주가 접촉되어 크레인으로 전기가 통하는 장면을 보여주고 있다. 동영상에서의 안전작업 방법 3가지를 쓰시오.

해답 1. 크레인 접지공사 실시한다.
2. 해당 충전전로에 절연용 방호구 설치한다.
3. 해당 충전전로에 접근이 되지 않도록 울타리을 설치한다.

05 화면에서 보여주고 있는 안전대의 (1) 명칭, (2) 정의, (3) 갖추어야 하는 구조 조건 2가지를 쓰시오.

[해답] (1) 명칭 : 안전블록
(2) 정의 : 안전그네와 연결하여 추락 발생 시 추락을 억제할 수 있는 자동잠김장치가 갖추어져 있고 죔줄이 자동적으로 수축되는 장치
(3) 갖추어야 하는 구조
1. 신체지지의 방법으로 안전그네만을 사용할 것
2. 안전블록은 정격 사용 길이가 명시될 것
3. 안전블록의 줄은 합성섬유로프, 웨빙(webbing), 와이어로프이어야 하며, 와이어로프인 경우 최소지름이 4mm 이상일 것

06 다음 빈칸을 채우시오.

> 적정 공기란 산소농도의 범위가 (①)% 이상 (②)% 미만, 이산화탄소의 농도가 (③)% 미만, 황화수소의 농도가 (④) ppm 미만인 수준의 공기를 말한다.

[해답] ① 18, ② 23.5, ③ 1.5, ④ 10

07 이 화면에서 특수화학설비 내부의 이상상태를 조기에 파악하기 위하여 설치해야 할 장치를 4가지 쓰시오.

[해답] 1. 온도계, 2. 유량계, 3. 압력계, 4. 자동경보장치

08 화면을 참고하여 타워크레인 작업 시 재해발생 원인 3가지를 쓰시오.

[동영상 설명]
타워크레인을 이용하여 강관비계를 운반하는 도중 작업자(신호수)가 있는 곳에서 다소 흔들리며 내리다 작업자와 부딪힌다.

[해답] 1. 보조(유도)로프를 사용하지 않아 흔들림을 방지하지 못했다.
2. 화물을 작업자 위로 통과시켰다.
3. 슬링와이어로프의 체결상태를 확인하지 않았다.
4. 작업반경 내 출입금지조치를 하지 않았다.

09 화면은 밀폐된 공간에서의 작업을 보여주고 있다. 밀폐공간 작업 시 안전작업수칙 3가지를 쓰시오.

[해답] 1. 산소 및 유해가스 농도 측정 후 작업을 시작한다.
2. 산소농도가 18% 미만일 때는 환기를 시키고, 작업 중에도 계속 환기한다.
3. 가능한 급배기를 동시에 실시하고, 환기를 실시할 수 없거나 산소결핍장소에서 작업할 때에는 호흡용 보호구를 착용한다.

산업안전기사(2회 A형)

01 화면의 영상을 참고하여 유해물질을 취급하는 바닥이 갖추어야 할 조건 2가지를 적으시오.

[동영상 설명]
실험실에서 황산을 비커에 따르고, 약품을 넣고 섞는 작업을 하고 있다. 작업자는 맨손이다. 황산용기를 바닥에 두고 있었는데 누군가 불러서 발걸음을 옮기던 중 바닥의 황산용기를 건드려 황산이 유출되었다.

[해답] 1. 누출 시 유해물질이 확산되지 않도록 높이 15cm 이상의 턱을 설치한다.
2. 바닥은 불침투성 재료를 사용한다.

02 화면의 영상에 나타나는 위험요인 2가지를 적으시오.

[동영상 설명]
작업자가 배전반에서 맨손으로 드라이버를 이용해 나사를 조이는 모습이다. 한 손은 배전반 기비를 잡고 있다. 감시 후 동료작업자가 옆에 있는 배전반의 전원을 투입하는 순간 작업자가 손을 움켜잡고 고통스러워한다.

[해답] 1. 작업자가 절연장갑을 착용하지 않았다.
2. 개폐기함에 잠금장치 및 통전금지 표찰을 설치하지 않았다.

03 다음 각 물음에 답을 쓰시오.

[동영상 설명]
작업자는 반코팅 장갑을 착용하고 정지된 롤러기의 내부를 살펴보며 이물질을 제거하고 있다. 전원을 작동하고 롤러기가 돌아간다. 계속해서 반코팅 장갑을 낀 상태에서 롤러의 표면을 닦는 등의 이물질 제거행동을 하다가 손이 빨려 들어간다.

(1) 기계의 운동형태에 따른 분류를 하고자 할 때 위험점의 명칭은?
(2) 위험점의 정의는?

해답 (1) 위험점 : 물림점
(2) 물림점 : (반대방향으로) 회전하는 두 개의 회전체에 물려 들어가는 위험점

04 화면에서와 같은 작업 시 작업을 중지해야 하는 경우 3가지를 적으시오.

[동영상 설명]
교각 위에서 철근작업을 하고 있다. 작업자가 발이 미끄러지며 아래로 추락하려 한다.

해답 1. 풍속이 초속 10m 이상
2. 강우량이 시간당 1mm 이상
3. 강설량이 시간당 1cm 이상

05 다음 각 물음에 답을 쓰시오.

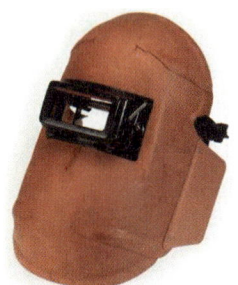

(1) 용접용 보안면의 등급을 나누는 기준은?
(2) 용접용 보안면의 투과율 종류는?

해답 (1) 등급 기준 : 차광도 번호
(2) 투과율 종류 : 자외선 최대 분광투과율, 적외선 투과율, 시감 투과율

06 화면에서 핵심 위험요인 3가지를 적으시오.

[동영상 설명]
아파트 건설현장에서 승강기 개구부에 나무판자 여러 개를 이어붙인 작업발판 위에서 못을 제거하는 작업을 하고 있다. 작업자가 끝부분으로 이동하다가 콘크리트 조각들이 개구부 아래로 떨어지는 장면을 보여준다. 안전모를 착용하고 있고, 작업발판 바닥은 지저분하다.

해답 1. 작업발판 불량, 2. 안전대 미착용, 3. 추락방호망 미설치, 4. 안전난간 미설치, 5. 작업장 주변정리 미흡

07 작업시작 전 미실시한 항목을 3가지 적으시오.

[동영상 설명]
작업자가 버스를 유압장치로 올린 후 버스 아래에 들어가서 작업하고 있다. 보호구는 착용하지 않은 상태이다. 잠시 후 다른 작업자가 버스에 올라타서 버스의 시동을 걸고 버스 아래의 작업자를 보여준다.

해답 1. 정비작업 중임을 나타내는 표지판을 설치하지 않았다.
2. 작업과정을 지휘할 작업자를 배치하지 않았다.
3. 기동장치에 잠금장치를 설치하지 않았다.
4. 작업 시 운전금지를 위하여 열쇠를 별도 관리하지 않았다.

08 유해물질 취급장소에서 게시하여야 하는 내용을 3가지 적으시오.

[동영상 설명]
작업자가 DMF를 배합기에 넣는 작업을 하고 있다. 보호구를 착용하지 않은 상태이며, 면장갑을 착용하고 있다.

해답
1. 대상 화학물질의 명칭, 구성성분의 명칭 및 함유량
2. 안전보건상의 취급 시 주의사항
3. 건강 유해성 및 물리적 위험성

09 해당 작업 시작 전 점검사항 2가지를 적으시오.

[동영상 설명]
작업자가 절연장갑을 착용하고 용접기 접지를 물리고 용접봉을 용접봉 홀더에 끼운 후 용접을 하고 있다. 작업자는 보안면을 착용한 상태이다.

해답
1. 용접기 외함 접지상태, 2. 용접봉 홀더의 절연상태, 3. 전선의 피복 손상상태

산업안전기사(2회 B형)

01 화면은 교량하부 점검 중 추락재해가 발생하는 장면을 보여주고 있다. 화면을 참고하여 사고 원인 3가지를 쓰시오.

해답
1. 안전대 부착 설비 및 안전대를 착용하지 않았다.
2. 작업발판 단부의 안전난간 설치가 불량하다.
3. 추락방호망이 미설치되어 있다.
4. 작업자 주변 정리정돈 상태가 불량하다.
5. 작업발판이 고정되어 있지 않다.

02 활선작업 시 내재되어 있는 핵심 위험요인을 3가지 쓰시오.

[동영상 설명]
작업자 2명이 전주에서 활선작업을 하고 있다. 작업자 1명은 밑에서 절연방호구를 올리고 다른 1명은 크레인 위에서 물건을 받아 활선에 절연방호구 설치작업을 하다 감전사고가 발생힌다.

해답
1. 크레인 붐대가 활선에 접촉되어 감전 위험
2. 신호전달이 잘 이루어지지 않아 위험
3. 작업자의 복장이 갖춰져 있지 않아 위험

03 건물해체공사 장면을 보여주고 있다. 건물해체공사 시 작업계획서 포함내용을 3가지 쓰시오.

해답
1. 해체의 방법 및 해체순서 도면
2. 가설설비, 방호설비, 환기설비 및 살수·방화설비 등의 방법
3. 사업장 내 연락방법
4. 해체물의 처분계획
5. 해체작업용 기계·기구 등의 작업계획서
6. 해체작업용 화약류 등의 사용계획서

04 밀폐공간을 퍼지하고 있다. 퍼지작업의 종류 4가지를 쓰시오.

해답
1. 진공퍼지, 2. 압력퍼지, 3. 스위프 퍼지, 4. 사이펀 퍼지

05 화면에 나타난 보호장구(보안면)의 채색 투시부의 차광도를 구분하여 그 투과율[%]을 쓰시오.

밝음	(①)
중간 밝기	(②)
어두움	(③)

해답 ① 50%, ② 23%, ③ 14%

06 화면은 인화성 물질의 취급 및 저장소이다. 이 동영상을 참고하여 (1) 가스폭발의 종류(재해형태), (2) 가스폭발의 종류(재해원인)에 대해 쓰시오.

해답
(1) 폭발의 종류 : 증기운 폭발(UVCE)
(2) 발생원인 : 가연성의 위험물질이 서서히 누출되어 대기 중에 구름 형태로 모이다가 점화원에 의해 순간적으로 가스가 폭발하는 현상

07 화면은 조립식 비계발판을 설치하던 중 발생한 재해사례이다. 동영상에서와 같이 높이가 2m 이상인 작업장소에 적합한 작업발판의 설치기준을 3가지만 쓰시오. (단, 작업발판의 폭과 틈의 기준은 제외한다.)

해답
1. 발판재료는 작업 시 하중을 견딜 수 있도록 견고한 것으로 해야 한다.
2. 작업발판의 지지물은 하중에 의하여 파괴될 우려가 없는 것을 사용해야 한다.
3. 작업발판의 재료는 뒤집히거나 떨어지지 아니하도록 둘 이상의 지지물에 연결하거나 고정시켜야 한다.

08 화면은 작업자가 전동 권선기에 동선을 감는 작업을 하다가 기계가 정지하여 점검하던 중에 발생한 재해사례이다. 원인을 2가지 쓰시오.

해답
1. 작업자가 절연용 보호구 미착용
2. 내전압용 절연장갑을 착용하지 않고, 맨손으로 작업을 실시함

09 화면의 동영상을 보면 작업자가 몸을 기울인 채 손으로 이물질을 제거하는 작업을 하다가 실수로 페달을 밟아 손이 다치는 재해가 발생한 사례이다. 이러한 사고의 예방을 위해 조치하여야 할 사항을 2가지만 쓰시오.

해답
1. 이물질을 제거할 때에는 손으로 제거하는 것보다는 플라이어 등의 수공구를 이용한다.
2. 프레스를 일시정지할 때에는 페달에 U자형 덮개를 씌운다.
3. 이물질 제거 시 프레스 전원을 차단하고 작업한다.

산업안전기사(2회 C형)

01 화면은 교량공사 중 작업자가 추락하는 영상이다. 다음 질문에 답하시오.

(1) 추락방지를 위해 추락의 위험이 있는 장소에 설치하는 방망을 쓰시오.
(2) 작업면으로부터 망의 설치지점까지의 최대 수직거리를 쓰시오.

해답
(1) 방망 종류 : 추락방호망
(2) 최대 수직거리 : 10m

02 거푸집 동바리 붕괴사고 예방을 위해 거푸집 동바리 조립 시 준수해야 하는 사항을 3가지 쓰시오.

해답
1. 받침목이나 깔판의 사용, 콘크리트 타설, 말뚝박기 등 동바리의 침하를 방지하기 위한 조치를 할 것
2. 상부·하부의 동바리가 동일 수직선상에 위치하도록 하여 깔판·받침목에 고정시킬 것
3. 개구부 상부에 동바리를 설치하는 경우에는 상부하중을 견딜 수 있는 견고한 받침대를 설치할 것

4. U헤드 등의 단판이 없는 동바리의 상단에 멍에 등을 올릴 경우에는 해당 상단에 U헤드 등의 단판을 설치하고, 멍에 등이 전도되거나 이탈되지 않도록 고정시킬 것

03 동영상은 이동식 크레인을 이용하여 배관을 위로 올리는 작업으로 신호수의 수신호와 유도로프 없이 작업을 하는 장면을 보여주고 있다. 이때, 화물의 낙하·비래 위험을 방지하기 위한 사전 점검 또는 조치사항 3가지를 쓰시오.

해답
1. 작업 반경 내 관계근로자 이외의 자는 출입을 금지시킨다.
2. 와이어로프의 체결상태를 점검한다.
3. 훅의 해지장치 및 안전상태를 점검한다.
4. 유도로프를 사용하여 화물의 흔들림을 방지한다.

04 화면은 작업자가 수중펌프 접속부위에 감전되어 발생한 재해사례이다. 습윤한 장소에서 사용되는 이동전선에 대한 사용 전 점검사항을 3가지 쓰시오.

해답
1. 전선의 피복 또는 외장의 손상 유무 점검
2. 접속부위의 절연상태 점검
3. 절연저항 측정 실시

05 도금작업 시 유해물질에 대한 안전수칙을 4가지 쓰시오.

해답
1. 유해물질에 대한 유해성 사전조사
2. 유해물질 발생원의 봉쇄
3. 작업공정 은폐, 작업장의 격리
4. 유해물의 위치 및 작업공정 변경
5. 전체환기 또는 국소배기
6. 점화원의 제거
7. 환경의 정돈과 청소

06 화면은 작업자가 전기패널 내부의 차단기 투입 과정 중 재해가 발생하는 모습을 보여주고 있다. 동종재해방지대책을 쓰시오.

해답
1. 정전작업 실시
2. 개인보호구(감전방지용 보호구) 착용
3. 유자격자 이외는 전기기계 및 기구에 전기적인 접촉 금지
4. 관리감독자는 작업에 대한 안전교육 시행
5. 사고발생 시의 처리순서를 미리 작성하여 둘 것
6. 차단기별로 회로명을 표기하여 오동작 방지

07 유리병을 H₂SO₄(황산)에 세척 시 발생하는 (1) 재해형태와 (2) 정의를 각각 쓰시오.

> **해답**
> (1) 재해형태 : 유해·위험물질 노출·접촉
> (2) 정의 : 유해·위험물질에 노출·접촉 또는 흡입하였거나 독성 동물에 쏘이거나 물린 경우

08 타워크레인을 이용하여 건설현장에서 중량물을 운반하는 작업을 할 때 낙하 또는 비래재해를 방지하기 위한 안전대책 3가지를 쓰시오.

> **해답**
> 1. 신호수를 배치하여 중량물을 작업자 위로 통과시키지 않는다.
> 2. 중량물에 유도로프를 설치하여 흔들림을 방지한다.
> 3. 작업 전 운전자와 신호방법, 순서를 정하고 통신장비를 이용하여 신호한다.
> 4. 낙하위험구간에는 작업자를 출입시키지 않는다.
> 5. 인양 전 슬링 또는 와이어로프의 체결상태를 확인한다.

09 정화통에 안전인증사항 외에 표시해야 할 사항 4가지를 쓰시오.

> **해답**
> 1. 파과곡선도, 2. 사용시간 기록카드, 3. 정화통의 외부 측면의 표시색, 4. 사용상의 주의사항

산업안전기사(3회 A형)

01 동영상에서의 재해발생 원인 중 직접원인에 해당되는 것을 2가지 쓰시오.

> [동영상 설명]
> 동영상은 이동식 크레인으로 전주의 상단부를 묶어 전주 세우기 작업 중 인접 활선에 전주가 접촉되어 크레인으로 전기가 통하는 장면을 보여주고 있다.

> **해답**
> 1. 작업 장소 주변에 인접한 충전전로에 절연용 방호구 미설치
> 2. 충전전로 인근 작업 시 접근한계거리 미준수

02 지게차를 사용하기 전 운전자가 유압장치, 조정장치, 경보등 등을 점검하고 있는 동영상이다. 지게차 작업 시작 전 점검사항을 쓰시오.

> **해답**
> 1. 제동장치 및 조정장치 기능의 이상 유무
> 2. 하역장치 및 유압장치 기능의 이상 유무
> 3. 바퀴의 이상 유무
> 4. 전조등, 후미등, 방향지시기 및 경보장치 기능의 이상 유무

03 동영상에서 가스누설감지경보기를 설치할 때 적절한 (1) 설치위치와 (2) 경보설정값을 쓰시오.

> [동영상 설명]
> 어둡고 밀폐된 LPG 저장소에서 작업자가 전등의 전원을 투입하는 순간 "펑"하고 폭발사고가 발생한다.

> **해답**
> (1) 설치위치 : 바닥에 인접한 낮은 곳에 설치한다.(LPG는 공기보다 무거우므로 가라앉음)
> (2) 경보설정값 : 폭발하한계(LEL) 25% 이하

04 동영상에서 작업자의 추락원인 2가지를 쓰시오.

> [동영상 설명]
> 아파트 건설공사 현장 3층 창틀에서 작업하던 작업자가 작업발판이 없어 창틀의 옆쪽을 밟았다가 미끄러져 떨어진다.

> **해답**
> 1. 안전대 부착설비 미설치
> 2. 안전대 미착용
> 3. 추락방호망 미설치
> 4. 안전난간 미설치
> 5. 작업발판 미설치

05 컴프레서를 이용해 먼지를 청소하던 중 눈에 이물질이 들어가는 영상이다. 이때 작업자가 착용하여야 하는 보호구 2가지를 쓰시오.

> **해답**
> 1. 보안경, 2. 방진마스크

06 승강기 설치 전 피트 내부 청소작업 중 추락하였다. 추락재해 발생원인 3가지를 쓰시오.

해답 1. 작업발판이 고정되어 있지 않았다.
2. 작업자가 안전난간 및 안전대를 걸지 않고 작업하였다.
3. 추락방호망을 설치하지 않았다.

07 동영상은 철제파이프를 로프에 느슨하게 묶고 비계 위에서 들어올리다 로프가 풀려 밑에 작업자가 재해를 입는 영상이다. 이때 작업자가 확보해야 하는 예방조치 3가지를 쓰시오.

해답 1. 작업발판을 견고하게 고정시킬 것
2. 안전대를 고정시킬 것
3. 물체가 떨어지지 않게 확실히 고정시킬 수 있을 것

08 가죽제 안전화의 뒷굽 높이를 제외한 몸통 높이를 쓰시오.

해답 1. 단화 : 113mm 미만
2. 중단화 : 113mm 이상
3. 장화 : 178mm 이상

09 다음 빈칸을 채우시오.

(1) 화면에 나타난 항타기 권상장치의 드럼축과 권상장치로부터 첫 번째 도르래의 축과의 거리를 권상장치의 드럼폭의 (①)배 이상으로 해야 한다.
(2) 도르래는 권상장치의 드럼의 (②)을 지나야 하며 축과 (③)상에 있어야 한다.

해답 ① 15, ② 중심, ③ 수직면

산업안전기사(3회 B형)

01 작업자가 교류아크 용접작업을 하고 있다. 아크용접작업 시 필요한 보호구의 종류 2가지를 쓰시오.

해답 1. 용접용 보안면, 2. 절연장갑

02 작업자가 실험실 안에 들어가기 전 신발에 물을 묻히는 장면을 보여주고 있다. (1) 신발에 물을 묻히는 이유와 이때의 (2) 소화방법을 쓰시오.

해답 (1) 신발에 물을 묻히는 이유 : 대부분의 물체는 습도가 증가하면 전기저항치가 저하하고 이에 따라 대전성이 저하하므로, 작업자가 신발에 물을 묻히게 되면 도전성이 증가(전기저항치 감소)하고 이에 따라 인체의 대전성이 저하되므로 정전기 착화성 방전에 의한 화재폭발을 방지할 수 있다.
(2) 화재 시 소화방법 : 다량 주수에 의한 냉각소화(폭발성 물질은 분해에 의하여 산소가 공급되기 때문에 연소가 격렬하며 그 자체의 분해도 격렬하다. 소화법으로는 물을 다량 사용해서 냉각하여 분해온도 이하로 낮추고 가연물의 연소도 억제해서 폭발을 방지하는 것이다. 소화제로는 질식소화는 효과가 없고, 물을 다량으로 사용하는 것이 최선이다.)

03 차량계 하역장치의 수리나 조립, 해체를 할 때 안전조치사항을 3가지 쓰시오.

[동영상 설명]
트럭의 적재함을 내리다가 적재함이 갑자기 멈추어 섰다. 이때 작업자가 스패너 하나만 가지고 적재함 밑으로 내려가서 나사를 조이는 데 적재함이 내려와 작업자가 깔리게 된다.

해답 1. 안전지지대 또는 안전블록 등의 사용상황 등을 점검할 것
2. 작업순서를 결정하고 작업을 지휘할 것
3. 작업계획서를 작성할 것
4. 원동기를 정지시키고 브레이크를 확실히 거는 등 갑작스러운 주행을 방지하기 위한 조치를 할 것

04 다음과 같이 작업자가 지게차 포크 위에서 작업을 하고 있다. 불안전한 행동 3가지를 쓰시오.

> [동영상 설명]
> 작업자가 엘리베이터 피트 덮개를 열고 주변에 있는 나무 각목을 두개 놓아 발판을 만들고 그 위에서 안쪽을 랜턴으로 비추면서 점검하던 중 발이 미끄러지면서 지하로 추락한다.

해답 1. 피트 내부에 추락방호망 미설치
      2. 개구부(피트) 단부 안전난간 미설치
      3. 안전대 부착설비 미설치 및 안전대 미착용

05 봉강 연마작업 중 발생한 사고사례이다. 작업 시 숫돌과 가공면의 각도는 어느 범위가 적당한지 쓰시오.

해답 15~30°

06 정화통 색이 녹색인 방독마스크를 보여주고 있다. 다음 각 물음에 답을 쓰시오. (단, 정화통의 표기는 무시한다.)

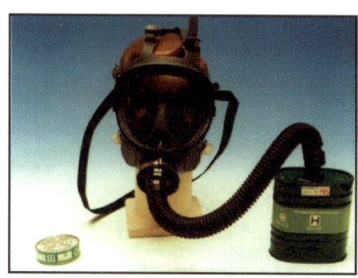

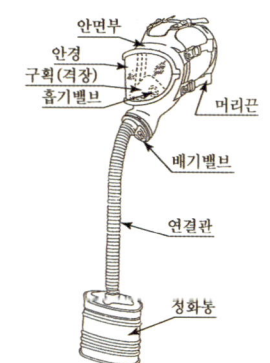

> (1) 방독마스크의 종류를 쓰시오.
> (2) 방독마스크의 형식을 쓰시오.
> (3) 방독마스크의 시험가스의 종류를 쓰시오.

해답 (1) 종류 : 암모니아용 방독마스크
      (2) 형식 : 격리식 전면형
      (3) 시험가스 : 암모니아 가스

07 컨베이어 위에 올라 작업자가 형광등을 교체하다 추락(작업자세 불안정, 보호구 미착용)하는 동영상이다. 해당 작업의 위험요인 2가지를 쓰시오.

해답 1. 불안전한 작업 자세(작업발판)
      2. 작업 전 전원 미차단

08 동영상은 이동식 크레인을 이용하여 배관을 위로 올리는 작업으로 신호수의 수신호와 유도로프 없이 작업을 하는 장면을 보여주고 있다. 이때, 화물의 낙하·비래 위험을 방지하기 위한 사전점검 또는 조치사항 3가지를 쓰시오.

해답 1. 작업 반경 내 관계 근로자 이외의 자는 출입을 금지시킨다.
      2. 와이어로프의 체결상태를 점검한다.
      3. 훅의 해지장치 및 안전상태를 점검한다.
      4. 유도로프를 사용하여 화물의 흔들림을 방지한다.

09 화면과 연관된 특수 화학설비 내부의 이상상태를 조기에 파악하기 위하여 설치해야 할 장치 3가지를 쓰시오.

해답 1. 온도계, 2. 유량계, 3. 압력계, 4. 자동경보장치

산업안전기사(3회 C형)

01 타워크레인 작업 시 작업중지 풍속을 쓰시오.

해답 1. 순간풍속이 초당 10미터를 초과하는 경우 타워크레인의 설치·수리·점검 또는 해체 작업을 중지
      2. 순간풍속이 초당 15미터를 초과하는 경우에는 타워크레인의 운전작업을 중지

02 위의 사진은 소음이 발생되는 사업장에서 근로자의 청력을 보호하기 위하여 사용하는 방음보호구이다. 방음보호구의 등급에 따른 기호와 각각의 성능을 쓰시오.

해답

등급	기호	성능
1종	EP-1	저음부터 고음까지 차음하는 것
2종	EP-2	주로 고음을 차음하고 저음(회화음영역)은 차음하지 않는 것

03 압쇄기를 이용한 건물 해체작업이 실시되고 있는 장면을 보여주고 있다. 동영상과 같은 건물 해체작업 시 해체작업 계획에 포함되어야 하는 사항 3가지를 쓰시오.

해답
1. 해체의 방법 및 해체순서 도면
2. 가설설비, 방호설비, 환기설비 및 살수·방화설비 등의 방법
3. 사업장 내 연락방법
4. 해체물의 처분계획
5. 해체작업용 기계·기구 등의 작업계획서
6. 해체작업용 화약류 등의 사용계획서

04 지게차에 적재된 화물이 현저하게 시계를 방해할 경우 운전자의 조치를 3가지만 쓰시오.

해답
1. 하차하여 주변의 안전을 확인한다.
2. 유도자를 지정하여 지게차를 유도하든가 후진으로 서행한다.
3. 경적과 경광등을 사용한다.

05 다음 괄호 안에 방열복 제작 시 규정된 최대 질량을 쓰시오.

상의 (①)kg / 하의 (②)kg / 일체복 (③)kg / 장갑 (④)kg / 두건 (⑤)kg

해답 ① 3.0, ② 2.0, ③ 4.3, ④ 0.5, ⑤ 2.0

06 작업자가 장갑을 착용한 상태에서 인쇄 윤전기 작업을 하고 있다. 동영상에서 알 수 있는 (1) 위험점과 (2) 정의, (3) 형성 조건을 쓰시오.

해답 (1) 위험점 : 물림점
(2) 위험점의 정의 : 두 개의 회전체 사이에 신체가 물리는 위험점 형성
(3) 형성 조건 : 회전체가 서로 반대방향으로 맞물려 회전되어야 한다.

07 전주작업을 하던 작업자가 전주에 머리를 부딪치며 감전을 당하는 장면을 보여주고 있다. 이때, (1) 가해물과 (2) 착용하여야 할 안전모의 종류 2가지를 쓰시오.

해답 (1) 가해물 : 전주
(2) 안전모의 종류 : AE, ABE

08 화면의 영상 속 장소에 가스누설감지경보기를 설치할 때 적절한 (1) 설치위치와 (2) 경보설정값을 쓰시오.

[동영상 설명]
어둡고 밀폐된 LPG 저장소에 가스 누설감지 경보기가 미설치되어 있고, 작업자가 전등의 전원을 투입하는 순간 "펑"하고 폭발사고가 발생하는 장면이다.

해답 (1) 설치위치 : 바닥에 인접한 낮은 곳에 설치한다.(LPG는 공기보다 무거우므로 가라앉음)
(2) 경보설정값 : 폭발하한계(LEL) 25% 이하

09 작업자가 회전물을 샌드페이퍼로 청소하다가 회전물에 손이 말려 들어가는 영상이다. (1) 위험점과 (2) 정의를 쓰시오.

해답 (1) 위험점 : 회전말림점(Trapping Point)
(2) 정의 : 회전하는 물체의 회전부위에 장갑 및 작업복 등이 말려드는 위험점

2019년 작업형 기출문제

산업안전기사(1회 A형)

01 교류아크용접기 자동전격방지기 종류를 4가지 쓰시오.

해답 1. 외장형, 2. 내장형, 3. 저저항 시동형(L형), 4. 고저항 시동형(H형)

02 보호구와 관련 다음 괄호를 올바르게 채우시오.

(1) AE, ABE 안전모 관통거리 : (①)mm 이하
(2) AB 안전모 관통거리 : (②)mm 이하
(3) 충격흡수성 : 최고전달충격력이 (③)N을 초과해서는 안 된다.

해답 ① 9.5, ② 11.1, ③ 4,450

03 안전블록이 갖추어야 하는 구조조건 2가지를 쓰시오.

해답 1. 추락 발생 시 추락을 억제할 수 있는 자동잠김장치를 갖출 것
2. 안전블록 부품은 부식방지처리를 할 것

04 화면의 영상을 참고하여 다음 물음에 답하시오.

[동영상 설명]
임시배전반에서 일자 드라이버를 가지고 맨손으로 점검 중 옆 사람이 와서 문을 닫는다. 이 과정에서 손이 컨트롤 박스 문에 끼어 감전이 발생한다.

(1) 발생한 재해의 형태를 쓰시오.
(2) 동영상과 관련된 위험요인을 2가지 쓰시오.

해답 (1) 재해 형태 : 감전
(2) 위험요인
1. 절연용 보호구(내전압용 절연장갑 등) 미착용
2. 전원 차단 미실시
3. '점검중' 안내 표지 미부착

05 화면은 브레이크 패드를 제조하는 중 석면을 사용하는 장면이다. 이 작업의 안전작업수칙(=안전한 작업방법)에 대하여 3가지를 쓰시오. (단, 근로자는 석면의 위험성을 인지하고 있다.)

해답 1. 작업자에게 호흡용 보호구(특급 방진마스크) 지급·착용
2. 국소배기장치 설치 및 작업 중 가동
3. 석면이 흩날리지 아니하도록 적정 습도 유지

06 건물해체 중 작업자가 위험 구역에 출입하여 사고가 발생하였다. 동종사고 예방차원에서 작업자는 해체장비로부터 최소 몇 m 이상 이격해야 하는지 쓰시오.

해답 4m

07 화면과 같은 작업을 할 때의 올바른 작업 자세를 3가지 쓰시오.

[동영상 설명]
작업자가 사무실에서 의자에 앉아 컴퓨터 조작 중이다. 작업자가 의자 높이가 맞지 않아 다리를 구부리고 앉아 있으며, 모니터를 가까이에서 바라보고 있다. 또한, 키보드를 손으로 조작하는데 키보드가 너무 높은 곳에 위치하고 있다.

해답
1. 허리를 등받이 깊숙이 지지하여 앉는다.
2. 위팔과 자연스럽게 늘어뜨리고 팔꿈치의 내각은 90도 이상이 되도록 할 것
3. 작업자의 시선은 화면상단과 눈높이 일치, 시거리 40cm 이상 확보
4. 무릎의 내각이 90도 전후가 되도록 할 것
5. 작업자의 발바닥 전면이 바닥에 닿도록 하고 그렇지 않을 경우 받침대를 조건에 맞는 높이와 각도로 설치할 것

08 반응기가 아래와 같은 조건일 때 퍼지(환기)의 목적을 쓰시오.

1. 가연성 가스 및 지연성 가스 존재 시
2. 급성독성물질 존재 시
3. 불활성가스 존재 시

해답
1. 화재 및 폭발사고 · 산소결핍에 의한 질식사고 예방
2. 중독사고 예방
3. 산소결핍에 의한 질식사고 예방

09 화면과 같이 고압선 주위에서 항타기 · 항발기 작업 시 안전 작업수칙 2가지를 쓰시오.

[동영상 설명]
항타기 · 항발기로 땅을 굴착하고 콘크리트 전주를 세우는 작업도중 항타기에 고정된 전주가 움직이면서 인접한 고압 활선전로에 접촉하면서 스파크가 발생한다.

해답
1. (이격거리 확보) 차량등을 충전부로부터 300cm 이상 이격 유지시키되, 대지전압이 50kV를 넘는 경우에는 10kV 증가할 때마다 이격거리를 10cm 증가시킨다.
2. (절연용 방호구 설치) 절연용 방호구등을 설치한 경우에는 이격거리를 절연용 방호구 앞면까지로 할 수 있다.
3. (울타리 설치 또는 감시인 배치) 울타리을 설치하거나 감시인 배치등의 조치를 하여야 한다.
4. (접지점 관리 철저) 접지된 차량등이 충전전로와 접촉할 우려가 있을 경우에는 근로자가 접지점에 접촉되지 않도록 조치하여야 한다.

산업안전기사(1회 B형)

01 화면을 참고하여 고압선 주위에서 항타기 · 항발기 작업 시 안전 작업수칙 2가지를 쓰시오.

[동영상 설명]
항타기 · 항발기 장비로 땅파고 콘크리트 전주 세우기 작업 도중에 항타기에 고정된 전주가 조금 불안전한 듯 싶더니 조금씩 돌아가서 항타기로 전주를 조금 움직이는 순간 인접 활선 전로에 접촉되어서 스파크가 일어난다. 2~3명의 작업자가 안전모는 착용하고 있다.

해답
1. (이격거리 확보) 차량등을 충전부로부터 300cm 이상 이격 유지시키되, 대지전압이 50kV를 넘는 경우에는 10kV 증가할 때마다 이격거리를 10cm 증가시킨다.
2. (절연용 방호구 설치) 절연용 방호구등을 설치한 경우에는 이격거리를 절연용 방호구 앞면까지로 할 수 있다.
3. (울타리 설치 또는 감시인 배치) 울타리을 설치하거나 감시인 배치등의 조치를 하여야 한다.
4. (접지점 관리 철저) 접지된 차량등이 충전전로와 접촉할 우려가 있을 경우에는 근로자가 접지점에 접촉되지 않도록 조치하여야 한다.

02 동영상을 참고하여 작업자가 (1) 직업성 질환으로 이환될 우려의 이유와 장기간 폭로 시 (2) 어떤 종류의 직업병이 발생할 위험이 있는지 2가지 쓰시오.

[동영상 설명]
작업장은 석면이 날리고 있으며 작업자는 석면을 포대에서 플라스틱 용기를 사용하여 배합기에 넣고 있다. 아래 작업자는 철로 된 용기에 주변 바닥으로 흩어진 석면을 빗자루로 쓸어서 담고 있다. 주변에는 국소배기장치가 없고, 작업자는 일반 작업복, 일반장갑, 일반마스크를 착용하고 있다. 브레이크 라이닝을 작업하는 작업자가 마스크를 착용하고 있으나 석면분진 폭로 위험성에 노출되어 있다.

해답
(1) 이유 : 해당 작업자가 착용한 마스크는 특급 방진마스크가 아닌 일반 마스크를 착용하여 석면분진이 호흡기로 흡입됨
(2) 직업병 명칭 : 1. 폐암, 2. 석면폐증, 3. 악성중피종

03 동영상을 참고하여 관련 재해형태와 그 정의를 쓰시오.

[동영상 설명]
일반 차량도 공사에서 붉은 도로 구획 전면 점검 중 전선과 전선을 연결한 부분(절연테이프로 Taping 처리됨)을 작업자가 만지다 감전 사고를 일으킨다. 이때 작업자는 맨손이었으며, 안전화는 착용한 상태, 또한 전원을 인가한 상태였다.

[해답] (1) 재해형태 : 감전
(2) 정의 : 전기접촉이나 방전에 의하여 인체의 일부 또는 전체에 전류가 흐르는 현상을 말하며 이에 의해 인체가 받게 되는 충격

04 동영상을 참고하여 관련 재해에 대한 안전 대책 3가지를 쓰시오.

[동영상 설명]
작업자들이 경사지붕 설치 작업 중 휴식을 취하고 있으며 이때 작업자들을 향해 적재되어 있던 자재가 굴러서 작업자들이 충돌하여 추락하고 동시에 건물 하부에서 휴식 중이던 작업자들도 떨어지는 자재에 맞는다.

[해답] 1. 추락방호망 및 낙하물방지망 설치
2. 낙하(비래)위험 장소 휴식금지
3. 낙하 위험구간 출입통제 실시
4. 경사지붕 설치 작업자 안전대 및 안전대 부착설비 사용

05 화면에는 지게차에 주유를 하는 동안에 운전자가 시동을 건 채 내려 다른 작업자와 흡연을 하며 이야기를 나누고 있다. 위험요소를 2가지 이상 쓰시오.

[해답] 1. 지게차 운전자가 주유 중 담배를 피우고 있어 화재발생 위험이 있다.
2. 주유 중인 지게차에 시동이 걸려 있어 임의동작 또는 오동작으로 인한 사고발생 위험이 있다.

06 화면의 영상을 참고하여 다음 물음에 답하시오.

[동영상 설명]
임시배전반에서 일자 드라이버를 가지고 맨손으로 점검 중 옆 사람이 와서 문을 닫는다. 이 과정에서 손이 컨트롤 박스 문에 끼어 감전이 발생한다.

(1) 발생한 재해의 형태를 쓰시오.
(2) 동영상과 관련된 위험요인을 2가지 쓰시오.

[해답] (1) 재해 형태 : 감전
(2) 위험요인
1. 절연용 보호구(내전압용 절연장갑 등) 미착용
2. 전원 차단 미실시
3. '점검중' 안내 표지 미부착

07 화면은 도금작업장에서 작업자가 착용하고 있는 보안경, 안전장갑, 고무제 안전화를 보여주고 있다. 이때 고무제 안전화의 사용장소에 따른 구분 2가지를 쓰시오.

[해답] 1. 일반사업장(일반용)
2. 탄화수소류의 윤활유 등을 취급하는 작업장(내유용)

08 보호장구(보안면)의 (1) 등급을 나누는 기준과 (2) 투과율의 종류를 쓰시오.

[해답] (1) 등급기준 : 차광도 번호
(2) 투과율의 종류 : 자외선 최대 분광 투과율, 시감 투과율(Luminous Transmittance), 적외선 투과율

09 화면의 영상 속 재해발생원인 3가지를 쓰시오.

[동영상 설명]
맨손에 슬리퍼를 착용한 A 작업자가 변압기의 2차 전압을 측정하기 위해 유리창 너머의 B 작업자에게 전원을 투입하라는 신호를 보낸다. 측정 완료 후 다시 차단하라고 신호를 보내고 측정기기를 철거하다 감전사고가 발생한다. 이때 변전실 안의 작업자는 보호구를 착용하지 않았다.

[해답] 1. 절연용 보호구(내전압용절연장갑 등) 미착용
2. 절연용 보호구(절연장화) 미착용
3. 신호전달체계 미흡
4. 안전수치거 미준수(정전상태 미확인 등)

산업안전기사(1회 C형)

01 화면의 영상을 참고하여 밀폐공간에서 관리감독자의 직무 3가지를 쓰시오.

[동영상 설명]
탱크 내부 밀폐된 공간에서 작업자가 작업을 하고 있고, 다른 작업자가 외부에 설치된 환기팬을 발로 차서 전원공급이 차단되어 내부 작업자가 의식을 잃고 쓰러진다.

[해답] 1. 작업 시작 전에 작업자에게 작업에 대한 위험요인과 이에 대한 대응 방법에 대하여 교육 실시
2. 작업 중 밀폐공간 내 공기상태가 적정한지 여부를 수시로 측정 및 확인하고 산소농도가 18% 미만인 경우 공기공급식 호흡용보호구 착용
3. 환기팬의 정전 등에 의한 환기 중단 시에는 즉시 외부로 대피시키고, 의식불명의 작업자가 발생할 경우 구출하기 위해 사다리, 섬유로프 등의 구명 용구가 작업현장에 비치되었는지 확인

02 동영상에서 철물을 핸드그라인더로 작업하고 있다. 그 주변에 물이 흥건하고 마지막에는 전선 같은 것이 보인다. 누전차단기를 설치해야 하는 대상 3가지를 쓰시오.

[해답] 1. 대지전압이 150V를 초과하는 이동형 또는 휴대형 전기기계·기구
2. 물 등 도전성이 높은 액체가 있는 습윤장소에서 사용하는 저압용 전기기계·기구
3. 철판·철골 위 등 도전성이 높은 장소에서 사용하는 이동형 또는 휴대형 전기기계·기구
4. 임시배선의 전로가 설치되는 장소에서 사용하는 이동형 또는 휴대형 전기기계·기구

03 화면은 작업자가 수중펌프 접속부위에 감전되어 발생한 재해사례이다. 작업자가 감전사고를 당한 원인을 인체의 피부저항과 관련하여 설명하시오.

[동영상 설명]
단무지 공장에서 무릎 정도 물이 차 있는 상태에서 수중펌프 작동과 동시에 작업자가 접속부위에 감전된다.

[해답] 인체가 수중에 있으므로 인체 피부저항이 1/25로 감소되어 쉽게 감전되었다.

04 안전장치가 없는 둥근톱 기계에 고정식 접촉예방장치를 설치하고자 한다. 이때 (1) 하단과 가공재 사이의 간격 (2) 하단과 테이블 사이의 높이는 각각 얼마로 조정하는지 쓰시오.

[해답] (1) 간격 : 8mm 이내
(2) 높이 : 25mm 이하

05 EM(Ear Mask) 주파수에 의한 방음치수?

중심주파수(Hz)	차음치(dB)
1,000	(①)
2,000	(②)
4,000	(③)

[해답] ① 25, ② 30, ③ 35

06 30kV 전압이 흐르는 고압선 아래에서 이동식크레인으로 작업하다 붐대가 전선에 닿아 감전된다. 크레인을 이용하여 고압선 주변에서 작업할 경우 사업주의 감전 조치사항 3가지를 쓰시오.

[해답] 1. (이격거리 확보) 차량등을 충전부로부터 300cm 이상 이격 유지시키되, 대지전압이 50kV를 넘는 경우에는 10kV 증가할 때마다 이격거리를 10cm 증가시킨다.
2. (절연용 방호구 설치) 절연용 방호구등을 설치한 경우에는 이격거리를 절연용 방호구 앞면까지로 할 수 있다.
3. (울타리 설치 또는 감시인 배치) 울타리을 설치하거나 감시인 배치등의 조치를 하여야 한다.
4. (접지점 관리 철저) 접지된 차량등이 충전전로와 접촉할 우려가 있을 경우에는 근로자가 접지점에 접촉되지 않도록 조치하여야 한다.

07 터널공사 중 다이너마이트를 설치하고 있다. 화면에서 터널 등의 건설작업에 있어서 낙반 등에 의하여 근로자에게 위험을 미칠 우려가 있을 때 위험을 방지하기 위하여 필요한 조치를 3가지 쓰시오.

[해답] 1. 터널지보공 설치, 2. 록(Rock)볼트 설치, 3. 부석 제거

08 화면은 실험실에서 황산을 비커에 따르고 있고, 작업자는 맨손, 마스크를 미착용하고 있다. 인체로 흡수되는 경로를 2가지 쓰시오.

> [해답] 1. 피부(점막), 2. 호흡기, 3. 소화기

09 화면과 같은 (1) 안전대의 명칭과 ① 위쪽, ② 아래쪽의 구성품 명칭을 쓰시오.

> [해답] (1) 안전대 명칭 : 죔줄
> (2) 구성품 명칭 : ① 카라비나(carabiner), ② 훅(hook)

산업안전기사(2회 A형)

01 작업에 사용하는 안전대종류 2가지를 쓰시오.

> [해답] 1. U자 걸이용 안전대 2. 벨트식 안전대

02 NATM 공법에 의한 터널시공 장면을 보여주고 있다. 이러한 터널 굴착작업 시 공사의 안전성 및 설계의 타당성 판단 등을 확인하기 위해 실시하는 계측의 종류를 3가지만 쓰시오.

> [해답] 1. 내공변위 측정
> 2. 천단침하 측정
> 3. 지표면침하 측정
> 4. 지중변위 측정
> 5. Rock Bolt 축력 측정
> 6. 숏크리트 응력 측정

03 롤러기의 방호장치별 설치 위치를 쓰시오.

> [해답] 1. 손조작식 : 밑면으로부터 1.8m 이내
> 2. 복부조작식 : 밑면으로부터 0.8~1.1m 이내
> 3. 무릎조작식 : 밑면으로부터 0.4~0.6m 이내

04 교량하부에서 점검작업을 위해 작업발판에서 이동하던 중 추락하는 재해가 발생하였다. 이렇게 작업발판을 설치할 때 (1) 작업발판의 폭 및 (2) 틈의 설치기준은 무엇인가?

> [해답] (1) 작업발판의 폭 : 40cm 이상
> (2) 틈 : 3cm 이하

05 화면은 콘크리트 전주 세우기 작업 도중에 발생한 사례이다. 항타기·항발기 조립 시 사용전 점검사항 3가지를 쓰시오.

> [해답] 1. 본체의 연결부의 풀림 또는 손상의 유무
> 2. 권상용 와이어로프·드럼 및 도르래의 부착상태의 이상 유무
> 3. 권상장치의 브레이크 및 쐐기장치 기능의 이상 유무
> 4. 권상기의 설치상태의 이상 유무
> 5. 리더(leader)의 버팀 방법 및 고정상태의 이상 유무
> 6. 본체·부속장치 및 부속품의 강도가 적합한지 여부
> 7. 본체·부속장치 및 부속품에 심한 손상·마모·변형 또는 부식이 있는지 여부

06 산소결핍장소(밀폐공간작업 시)에 대한 (1) 안전수칙 및 착용해야 하는 (2) 보호장비를 쓰시오.

> [해답] (1) 안전수칙
> 1. 근로자 입장 및 퇴장 시 인원점검
> 2. 감시인 지정 및 밀폐공간 외부 배치
> 3. 작업시작 전 및 작업 중 적정 공기상태가 유지되도록 환기 실시
> 4. 관계자가 아닌 사람이 출입 금지
> 5. 대피용 기구의 비치
> 6. 안전대 및 구명밧줄 지급 및 착용(추락위험 우려가 있는 경우)
> (2) 산소결핍장소(밀폐공간 작업 시) 착용해야 하는 장비
> 1. 공기호흡기
> 2. 송기마스크

07 작업장 내 분진 배출이나 적정한 공기상태를 유지하기 위해 사용하는 환기방법을 2가지 쓰시오.

> 해답 1. 전체환기장치 설치
> 2. 국소배기장치 설치

08 방열복 내열원단의 시험성능기준 항목 3가지를 쓰시오.

> 해답 1. 난연성, 2. 절연저항, 3. 인장강도, 4. 내열성, 5. 내한성

09 지게차를 사용하기 전 운전자가 유압장치, 조정장치, 경보등 등을 점검하고 있는 동영상이다. 지게차 작업 시작 전 점검사항을 쓰시오.

> 해답 1. 제동장치 및 조정장치 기능의 이상 유무
> 2. 하역장치 및 유압장치 기능의 이상 유무
> 3. 바퀴의 이상 유무
> 4. 전조등, 후미등, 방향지시기 및 경보장치 기능의 이상 유무

산업안전기사(2회 B형)

01 화면은 무채를 썰어내는 기계(슬라이스 기계)작업 중 기계가 급정지하여 커버를 열고 맨손으로 끼여 있는 무채를 제거하던 중 갑자기 기계가 작동하여 재해가 발생한다. 위험요인 2가지를 쓰시오.

> 해답 1. 점검 전 전원차단 미실시
> 2. 이물질 제거 시 적합한 전용 공구 미사용
> 3. 인터록(커버 개방 시 연동장치) 미설치

02 변압기 활선작업 시 감전사고 예방을 위한 활선 유무 확인방법 3가지를 쓰시오.

> 해답 1. 검전기(활선접근경보기)로 확인
> 2. 테스터기 활용(지시치 확인)
> 3. 변압기 전로의 전원투입 개폐기 투입상태 확인

03 지하 하수처리장의 슬러지 작업 중 작업자가 쓰러져 의식을 잃고 쓰러지는 동영상이다. 이러한 밀폐공간에서 작업 시 착용해야 하는 보호구 2가지를 쓰시오.

> 해답 1. 공기호흡기, 2. 송기마스크

04 흙막이 지보공 작업 시 정기 점검사항을 4가지를 쓰시오.

> 해답 1. 부재의 손상 변형 변위 부식 및 탈락의 유무와 상태
> 2. 부재의 접속부 교차부 부착부의 상태
> 3. 버팀대의 긴압정도
> 4. 침하 정도

05 화면은 어두운 장소에서의 컨베이어 점검 시 사고가 발생하는 상황이다. 가해물 및 재해원인을 쓰시오.

> [동영상 설명]
> 작업자가 어두운 장소에서 플래시를 들고 컨베이어 벨트를 점검하다 잠시 한 눈을 판 사이 손이 컨베이어 롤러에 말려 들어가는 사고가 발생한다.

> 해답 1. 가해물 : 컨베이어 벨트
> 2. 재해원인 : 점검 전 전원 미차단

06 화면은 도금작업에 사용하는 보호구 사진 A, B, C 3가지를 보여준 후, C 보호구에 노란색 동그라미가 표시되면서 정지된다. 동영상에서 C 보호구의 사용 장소에 따른 종류 2가지를 쓰시오.

A   B   C

> 해답 1. 일반용, 2. 내유용

07 산업안전보건법령상 건물 해체작업의 해체계획서 작성 시 포함사항을 4가지 쓰시오.

> **해답** 1. 해체의 방법 및 해체순서 도면
> 2. 가설설비, 방호설비, 환기설비 및 살수·방화설비 등의 방법
> 3. 사업장 내 연락방법
> 4. 해체물의 처분계획
> 5. 해체작업용 기계·기구 등의 작업계획서
> 6. 해체작업용 화약류 등의 사용계획서

08 화면은 작업자가 사출성형기에 낀 이물질을 당기다 감전으로 뒤로 넘어져 발생하는 재해사례이다. 사출성형기 잔류물 제거 시 재해 발생 방지대책 3가지를 쓰시오.

> **해답** 1. 점검 전 전원 차단
> 2. 절연용 보호구 착용
> 3. 금형 이물질 제거 작업 시 전용공구 사용
> 4. 사출성형기 충전 방호조치 실시

09 증기가 흐르는 고소 배관 점검을 위해 이동식 사다리에 올라가 작업 중 사다리의 흔들림에 의해 떨어져 바닥에 부딪히는 상황(보안경 미착용에 양손 모두 맨손으로 작업 중)이다. 위험요인 3가지 쓰시오.

> **해답** 1. 개인보호구(보안경, 방열장갑 등) 미착용
> 2. 이동식 사다리 미고정
> 3. 작업자세 불안정(양손 동시 작업)

산업안전기사(2회 C형)

01 교량하부에서 점검작업을 위해 작업발판에서 이동하던 중 추락하는 재해가 발생하였다. 이렇게 작업발판을 설치할 때 (1) 작업발판의 폭 및 (2) 틈의 설치기준은 무엇인가?

> **해답** (1) 작업발판의 폭 : 40cm 이상
> (2) 틈 : 3cm 이하

02 특수화학설비 내부의 이상상태를 조기에 파악하기 위하여 설치해야 할 장치를 4가지 쓰시오.

> **해답** 1. 온도계, 2. 유량계, 3. 압력계, 4. 자동경보장치

03 다음과 같은 마스크의 (1) 명칭, (2) 등급 종류 3가지, (3) 산소농도 몇 % 이상인 장소를 쓰시오.

> **해답** (1) 명칭 : 분리식 방진마스크
> (2) 등급 종류 : 특급, 1급, 2급
> (3) 산소농도 : 18%

04 화면 속 영상과 같이 작업할 때 발생할 수 있는 재해요인을 2가지 쓰시오.

> [동영상 설명]
> 선반작업 중 발생한 재해사례를 나타내고 있다. 선반작업 시 샌드페이퍼로 작업을 하고 있으며 한 손으로 기계를 잡고 다른 손으로 샌드페이퍼를 지지하며 작업 중 곁눈질로 다른 곳을 보고 있다. 회전부에는 덮개가 설치되지 않았다.

> **해답** 1. 방호장치 미설치(덮개 미설치)
> 2. 작업 집중하지 않음
> 3. 불안전한 작업자세(샌드페이퍼를 손으로 지지)

05 화면은 터널 내 발파작업에 관한 사항이다. 동영상 내용 중 화약장전 시 위험요인을 적으시오.

> [동영상 설명]
> 장전구 안으로 화약을 집어넣는데 작업자가 길고 얇은 철물을 이용해서 화약을 장전구 안으로 밀어넣었다. 3~4개 정도 밀어 넣고, 접속한 전선을 꼬아서 주변 선에 올려놓았다.

해답 장전구는 마찰·충격·정전기 등에 의한 폭발이 발생할 위험이 없는 안전한 것을 사용하여야 한다.

06 화면은 자동차부품을 도금 후 세척하는 과정을 보여주고 있다. 이 영상을 참고하여 위험예지훈련을 하고자 한다. 연관된 행동목표 2가지를 쓰시오.

[동영상 설명]
자동차부품을 도금한 뒤 세척하던 작업자가 고무장갑, 고무장화 착용하고 담배를 피우면서 작업한다.

해답 1. 작업 중 흡연을 하지 말자.
2. 세척 작업 시 화학물질용 보호장화·화학물질용 안전장갑을 착용하자.
3. 점화원을 멀리하여 화재를 예방하자.

07 교류아크용접기 자동전격방지기 종류 4가지를 쓰시오.

해답 1. 외장형, 2. 내장형, 3. 저저항 시동형(L형), 4. 고저항 시동형(H형)

08 보호구와 관련 다음 괄호를 올바르게 채우시오.

(1) AE, ABE 안전모 관통거리 : (①)mm 이하
(2) AB 안전모 관통거리 : (②)mm 이하
(3) 충격흡수성 : 최고전달충격력이 (③)N을 초과해서는 안 된다.

해답 ① 9.5, ② 11.1, ③ 4,450

09 화면과 같은 안전대의 명칭과 ① 위쪽, ② 아래쪽의 구성품 명칭을 쓰시오.

해답 (1) 안전대 명칭 : 죔줄
(2) 구성품 명칭 : ① 카라비나(carabiner), ② 훅(hook)

산업안전기사(3회 A형)

01 지게차 포크 위에 기다란 철봉 2개를 백레스트에 상차하여 지게차 폭보다 튀어나온 상태로 운행하여, 철봉으로 옆에서 다른 작업자를 친다. 이 작업의 작업계획서에 포함될 사항 2가지는?

해답 1. 해당 작업에 따른 추락·낙하·전도·협착 및 붕괴 등의 위험 예방대책
2. 차량계 하역운반기계 등의 운행경로 및 작업방법

02 작업자 2명이 비계 최상단에서 기둥을 밟고 불안정하게 서서 발판을 주고 받다가 추락한다. 동영상에서와 같이 높이가 2m 이상인 작업장소에 적합한 작업발판의 설치기준을 3가지만 쓰시오. (단, 작업발판의 폭과 틈의 기준은 제외한다.)

해답 1. 작업발판재료는 작업 시의 하중을 견딜 수 있도록 견고한 것
2. 작업발판의 지지물은 하중에 의하여 파괴될 우려가 없는 것을 사용
3. 작업발판재료는 뒤집히거나 떨어지지 아니하도록 둘 이상의 지지물에 연결하거나 고정
4. 작업발판을 작업에 따라 이동시킬 때에는 위험방지에 필요한 조치

03 화면의 영상 속 재해형태와 정의를 쓰시오.

[동영상 설명]
승강기 개구부에서 A, B 두 명의 작업자가 작업하던 중 A는 위에서 안전난간에 밧줄을 걸쳐 화물을 끌어 올리고 B는 이를 밑에서 올려주고 있다. 이때 인양하던 물건이 떨어져 밑에 있던 B가 다치는 사고가 발생한다.

해답 1. 재해형태 : 맞음(낙하)
2. 정의 : 구조물, 기계등에 고정되어 있던 물체가 중력 등에 의하여 고정부에서 이탈하거나 또는 설비 등으로부터 물질이 분출되어 사람을 가해하는 경우

04 화면에서 보이는 보호구의 성능기준 3가지를 쓰시오.

해답 1. 안면부 흡기저항
2. 정화통의 제독능력
3. 안면부 배기저항
4. 안면부 누설율
5. 강도, 신장률 및 영구변형률
6. 정화통 질량(여과재가 있는 경우 포함)
7. 정화통 호흡저항
8. 안면부 내부의 이산화탄소 농도

05 탱크 내부 밀폐된 공간에서 작업자가 작업을 하고 있고, 다른 작업자가 외부에 설치된 환기팬을 발로 차서 전원공급이 차단되어 내부 작업자가 의식을 잃고 쓰러진다. 다음 (   ) 안에 알맞은 말을 쓰시오.

적정공기란 산소농도의 범위가 (①)% 이상 (②)% 미만, 이산화탄소의 농도가 (③)% 미만, 황화수소의 농도가 (④)ppm 미만인 수준의 공기를 말한다.

해답 ① 18, ② 23.5, ③ 1.5, ④ 10

06 마스크와 보안경을 쓴 작업자가 스프레이건으로 쇠파이프 여러 개를 눕혀놓고 아이보리색 페인트칠을 하고 있다. 동영상에서 사용되는 흡수제 2가지를 쓰시오.

해답 1. 활성탄, 2. 소다라임, 3. 호프카라이트

07 화면의 롤러기 점검작업 중 (1) 위험요인과 (2) 대책을 각각 2가지를 쓰시오.

[동영상 설명]
롤러기에 작업자가 다가와서 먼저 작은 스패너로 볼트를 채운다. 그 다음 롤러기를 보고 면장갑 착용하고 입으로 이물질을 불어내고 롤러기 안에 이물질을 제거하다가 회전 중인 롤러기에 손이 말려 들어간다.

해답 (1) 위험요인
1. 면장갑을 착용하고 있다.
2. 전원을 차단하지 않았다.
3. 안전장치 없이 작업하였다.

(2) 대책
1. 면장갑을 착용하지 않는다.
2. 전원을 차단하고 작업한다.
3. 안전장치를 설치한다.

08 동력식 수동대패기에 작업자가 목재를 밀어 넣는다. 노란색 덮개가 보이고, 기계 아래로 톱밥이 떨어진다. 마지막에는 공작물이 테이블만 보인다. (1) 방호장치 및 (2) 설치방법을 쓰시오.

해답 (1) 방호장치 : 날접촉예방장치
(2) 설치방법
1. 대패날을 항상 덮을 수 있는 덮개를 설치하고 그 덮개는 가공재를 자유롭게 통과시킬 수 있어야 함
2. 대패기의 테이블 개구부는 가능한 작게 하고, 또한 테이블 개구단과 대패날 선단과의 빈틈은 3mm 이하로 해야 함
3. 수동대패기에서 테이블 하방에 노출된 날부분에도 방호 덮개를 설치하여야 함

09 작업자가 컨베이어가 작동하는 상태에서 컨베이어 벨트 끝부분에 발을 짚고 올라서서 불안정한 자세로 형광등을 교체하다 추락한다. 작업자의 안전하지 않은 행동 2가지를 쓰시오.

해답 1. 불안전한 작업 자세(작업발판)
2. 작업 전 전원 미차단

산업안전기사(3회 B형)

01 황산으로 유리용기를 세척하는 중 발생할 수 있는 (1) 재해형태와 (2) 정의를 각각 쓰시오.

해답 (1) 재해형태 : 유해위험물질 노출·접촉
(2) 정의 : 유해위험물질에 노출·접촉하거나 흡입하여 발생하는 재해

02 동영상의 내용 중 위험요인이 내재되어 있다. 위험요인 3가지를 쓰시오.

[동영상 설명]
교류 아크 용접 작업장에서 작업자가 혼자 대형 관의 플랜지 아래 부위를 아크 용접하고 있다. 작업자는 가죽제 안전장갑을 착용하고 있다. 작업자가 자신의 왼손으로는 플랜지 회전 스위치를 조작해 가며 오른손으로 용접을 하고 있다. 용접장갑을 낀 왼손으로 용접봉을 잡기도 한다. 그리고 작업장 주위에는 인화성 물질로 보이는 깡통 등이 용접작업 주변에 쌓여 있고 케이블이 정리되지 않고 널브러져 있으며, 불똥이 날리고 있다.

해답
1. 작업장 주변 인화성 물질 방치
2. 작업장 정리정돈 미흡
3. 용접불티 비산방지덮개 및 용접방화포 등 비산방지조치 미흡

03 작업자가 전동 권선기에 동선을 감는 작업 중 기계가 정지하여 점검 중 발생한 재해사례이다. (1) 재해유형, (2) 재해발생 원인 1가지를 쓰시오.

해답
(1) 재해유형 : 감전
(2) 재해 발생원인
 - 절연용 보호구(절연장갑) 미착용
 - 점검 전 전원차단 미실시

04 인화성 물질 저장창고에서 한 작업자가 운반용 용기를 몇 개 옮기고, 잠시 쉬려고 드럼통 옆에서 윗옷(니트)을 벗는 순간 "펑"하고 폭발사고가 발생하는 장면이다.

(1) 핵심 위험요인은 무엇인지 쓰시오.
(2) 폭발을 일으킨 가연물질과 점화원을 쓰시오.

해답
(1) 핵심 위험요인 : 인화성 물질에 점화원이 접촉할 경우 화재 또는 폭발 위험
(2) 가연물질 : 인화성 물질의 증기, 점화원 : 정전기

05 작업자가 전주에 올라가다 표지판에 부딪혀 추락하는 재해가 발생하였다. 재해발생 원인 2가지를 쓰시오.

해답
1. 방해하는 표지판을 이설하지 않음
2. 머리 위의 시야 확보를 소홀히 함

06 화물의 낙하 비래 위험을 방지하기 위한 재해예방대책 3가지를 쓰시오.

[동영상 설명]
크레인을 이용하여 철제비계를 운반하는 중 와이어로프로 한 줄로 감아서 인양하고 있다. 와이어로프 소선이 일부 끊어져 있고 보조로프는 없다. 신호수 간에 신호방법이 맞지 않아 물체가 흔들리며 철골이 부딪혀 다른 작업자 위로 자재가 낙하한다. 훅에 훅해지장치는 없다.

해답
1. 보조로프(유도로프) 설치
2. 와이어로프의 안전상태를 점검
3. 화물이 빠지 않도록 점검
4. 신호방법을 정하고 신호수의 신호에 따라 작업
5. 작업 반경 내 관계근로자 이외의 자는 출입을 금지
6. 훅의 해지장치 및 안전상태를 점검

07 집게포크레인를 이용해서 건물을 해체하는 중, 해체물을 작업자에게 떨어뜨리는 재해가 발생한다. 산업안전보건법령상 건물 해체작업의 해체계획서 작성 시 포함사항을 3가지 쓰시오.

해답
1. 해체의 방법 및 해체순서 도면
2. 가설설비, 방호설비, 환기설비 및 살수·방화설비 등의 방법
3. 사업장 내 연락방법
4. 해체물의 처분계획
5. 해체작업용 기계·기구 등의 작업계획서
6. 해체작업용 화약류 등의 사용계획서

08 고소작업대에 올라 산소절단 작업 중이다. 소화기를 확대해서 보여준다. 고소작업대 안전 작업 준수사항 3가지를 쓰시오.

해답
1. 작업자가 안전모 안전대 등 보호구를 착용할 것
2. 관계자가 아닌 사람이 작업구역에 들어오는 것을 방지하기 위하여 필요한 조치를 할 것

3. 안전한 작업을 위하여 적정수준의 조도를 유지할 것
4. 전로에 근접하여 작업을 하는 경우에는 작업감시자를 배치하는 등 감전사고를 방지하기 위하여 필요한 조치를 할 것
5. 작업대를 정기적으로 점검하고 붐 작업대 등 각 부위의 이상 유무를 확인할 것
6. 작업대는 정격하중을 초과하여 물건을 싣거나 탑승하지 말 것
7. 작업대의 붐대를 상승시킨 상태에서 탑승자는 작업대를 벗어나지 말 것. 다만, 작업대에 안전대 부착설비를 설치하고 안전대를 연결하였을 때에는 그러지 아니하다.

09 고소작업대 이동 시 준수사항 2가지만 쓰시오.

[해답]
1. 작업대를 가장 낮게 내릴 것
2. 작업자를 태우고 이동하지 말 것
3. 이동통로의 요철상태 또는 장애물의 유무 등을 확인할 것

산업안전기사(3회 C형)

01 화면을 참고하여 영상 속 작업의 (1) 재해유형 및 (2) 가해물을 각각 파악해 쓰시오.

[동영상 설명]
배전반 뒤쪽에서 작업자 1명이 보수작업을 하고 있다. 배전반 앞쪽에서는 다른 작업자 1명이 작업을 하고 있다. 절연내력시험기를 들고 한 선은 배전반 접지에 꽂은 후 장비의 스위치를 ON 시키고 배선용차단기에 나머지 한 선을 여기저기 대보고 있는데 뒤쪽 작업자가 놀라며 바닥에 쓰러진다.

[해답] (1) 재해유형 : 감전
(2) 가해물 : 전기

02 화면 속 동영상을 참고하여 관련 안전 대책을 쓰시오.

[동영상 설명]
철길에서 안전모를 쓰지 않은 작업자들이 서로 잡담을 하고 있다. 철길 가운데 기름통 등 작업 도구가 널브러져 있다. 이때 뒤에서 기차가 접근한다. 작업자들은 잡담하느라 기차가 들어오는 것을 알아차리지 못한다.

[해답]
1. 감시인 배치
2. 경보장치 설치
3. 사전 교육 실시
4. 정리 정돈
5. 작업 중 잡담금지
6. 철도 기관사에게 작업 사실 공지
7. 철도 운행 중지
8. 철도 운행 중지 시간에 작업
9. "작업중" 표지판을 설치

03 인화성 물질의 저장소에서 작업자가 옷을 벗는 도중 폭발이 일어났다. 동영상에서와 같은 (1) 가스폭발의 종류를 쓰고 (2) 그 정의를 설명하시오.

[해답] (1) 폭발의 종류 : 증기운 폭발(UVCE)
(2) 정의 : 가연성의 위험물질이 서서히 누출되어 대기 중에 구름형태로 모이다가 점화원에 의해 순간적으로 가스가 폭발하는 현상

04 화면의 롤러기 점검작업 중 (1) 위험요인과 (2) 대책을 각각 2가지를 쓰시오.

[동영상 설명]
롤러기에 작업자가 다가와서 먼저 작은 스패너로 볼트를 채운다. 그 다음 롤러기를 보고 면장갑 착용하고 입으로 이물질을 불어내고 롤러기 안에 이물질을 제거하다가 회전 중인 롤러기에 손이 말려 들어간다.

[해답] (1) 위험요인
1. 면장갑을 착용하고 있다.
2. 전원을 차단하지 않았다.
3. 안전장치 없이 작업을 하였다.
(2) 대책
1. 면장갑을 착용하지 않는다.
2. 전원을 차단하고 작업한다.
3. 안전장치를 설치한다.

05 화면상에서 분전반 전면에 위치한 그라인더 기기를 활용한 작업에서 위험요인 2가지를 쓰시오.

> [동영상 설명]
> 작업자 한명이 콘센트에 플러그를 꽂고 그라인더 작업 중이고, 다른 작업자가 다가와서 맨손으로 콘센트에 플러그를 꽂고 주변을 만지는 도중 감전된다.

해답) 1. 절연용 보호구(내전압용 절연장갑 등) 미착용
2. 누전차단기 미설치

06 마스크와 보안경을 쓴 작업자가 스프레이건으로 쇠파이프 여러 개를 눕혀놓고 아이보리색 페인트칠을 하고 있다. 동영상에서 사용되는 흡수제 3가지를 쓰시오.

해답) 1. 활성탄, 2. 소다라임, 3. 호프카라이트

07 교량하부에서 점검작업을 위해 작업발판에서 이동하던 중 추락하는 재해가 발생하였다. 이렇게 작업발판을 설치할 때 작업발판의 폭 및 틈의 설치기준은 무엇인가?

해답) 1. 작업발판의 폭 : 40cm 이상
2. 틈 : 3cm 이하

08 화면의 영상 속 재해발생원인 3가지를 쓰시오.

> [동영상 설명]
> 작업자들이 교량하부를 점검하고 있다. 작업장에는 안전대와 안전난간(로프로만 두줄 설치), 추락방호망이 없다. 작업장 주변은 엉망이며, 작업발판이 설치되어 있지 않다.

해답) 1. 작업발판 미설치
2. 안전대 부착설비 미설치 및 안전대 미착용
3. 추락방호망 미설치

09 해당 기기에 알맞는 일반적인 방호장치를 각 1개씩 쓰시오.

> (1) 컨베이어　　　　(2) 선반
> (3) 휴대용 연삭기

해답) (1) 컨베이어 : 비상정지장치, 덮개(울), 역전방지장치
(2) 선반 : 덮개(울), 칩 비산 방지판 또는 가드
(3) 휴대용 연삭기 : 덮개

2020년 작업형 기출문제

산업안전기사(1회 A형)

01 지게차를 사용하기 전 운전자가 유압장치, 조정장치, 경보등 등을 점검하고 있는 동영상이다. 지게차 작업 시작 전 점검사항을 쓰시오.

해답) 1. 제동장치 및 조정장치 기능의 이상 유무
2. 하역장치 및 유압장치 기능의 이상 유무
3. 바퀴의 이상 유무
4. 전조등, 후미등, 방향지시기 및 경보장치 기능의 이상 유무

02 이동식 크레인을 사용하여 중량물을 양중하고 있다. 이러한 작업을 하는 때에 사업주로서 작업시작 전 점검해야 할 사항 3가지를 쓰시오.

해답) 1. 권과방지장치 그 밖의 경보장치의 기능
2. 브레이크·클러치 및 조정장치의 기능
3. 와이어로프가 통하고 있는 곳 및 작업장소의 지반상태

03 이동식 비계를 설치하여 사용할 때 준수사항을 3가지 쓰시오.

해답) 1. 이동식 비계의 바퀴에는 뜻밖의 갑작스러운 이동 또는 전도를 방지하기 위하여 브레이크·쐐기 등으로 바퀴를 고정시킨 다음 비계의 일부를 견고한 시설물에 고정하거나 아웃트리거(Outrigger)를 설치하는 등 필요한 조치를 할 것
2. 승강용 사다리는 견고하게 설치할 것
3. 비계의 최상부에서 작업을 할 경우에는 안전난간을 설치할 것
4. 작업발판은 항상 수평을 유지하고 작업발판 위에서 안전난간을 딛고 작업을 하거나 받침대 또는 사다리를 사용하여 작업하지 않도록 할 것
5. 작업발판의 최대 적재하중은 250kg을 초과하지 않도록 할 것

04 건물 외벽에 쌍줄비계를 설치하고 비계 위에 작업발판을 설치하고 있다. 위와 같이 비계 위 작업발판을 설치할 때 작업발판의 설치기준 3가지를 쓰시오.

해답) 1. 발판재료는 작업할 때의 하중을 견딜 수 있도록 견고한 것으로 할 것
2. 추락의 위험성이 있는 장소에는 안전난간을 설치할 것
3. 작업발판의 지지물은 하중에 의하여 파괴될 우려가 없는 것을 사용할 것
4. 작업발판 재료는 뒤집히거나 떨어지지 않도록 둘 이상의 지지물에 연결하거나 고정시킬 것
5. 작업발판을 작업에 따라 이동시킬 경우에는 위험방지에 필요한 조치를 할 것

05 프레스 금형의 수리작업 중 슬라이드가 갑자기 작동한다. 프레스 금형 수리작업 중 근로자에게 발생할 위험을 방지하기 위한 안전장치의 이름을 쓰시오.

해답) 안전블록

06 동영상에서 작업자가 철물을 핸드그라인더로 작업하고 있다. 주변에 물이 흥건하고 마지막에는 전선 같은 것이 보인다. 감전방지용 누전차단기를 설치해야 하는 대상 3가지를 쓰시오.

해답) 1. 대지전압이 150볼트를 초과하는 이동형 또는 휴대형 전기기계·기구
2. 물 등 도전성이 높은 액체가 있는 습윤 장소에서 사용하는 저압용 전기기계·기구
3. 철판·철골 위 등 도전성이 높은 장소에서 사용하는 이동형 또는 휴대형 전기기계·기구
4. 임시배선의 전로가 설치되는 장소에서 사용하는 이동형 또는 휴대형 전기기계·기구

07 화면은 변압기에 설치된 플랫폼 너트조임 작업 중 재해가 발생한 동영상이다. 불안전한 상태 2가지를 쓰시오.

[동영상 설명]
안전대를 착용한 작업자가 전주에 올라가 작업 중 발판용 볼트를 밟고 미끄러져 떨어진다.

[해답]
1. 불안전한 작업자세(작업자가 발판용 볼트를 딛고 있음)
2. 안전대 미고정

08 화면은 선박 밸러스트 탱크 내부의 슬러지를 제거하는 작업 도중에 작업자가 가스질식으로 의식을 잃는 것을 보여주고 있다. 이러한 사고에 대비하여 필요한 피난용구 3가지를 쓰시오.

[해답]
1. 호흡용보호구(송기마스크, 공기호흡기), 2. 구명로프, 3. 사다리, 4. 안전대

09 건설작업용 리프트 방호장치 이름을 6가지 쓰시오.

[해답]
1. 과부하방지장치, 2. 권과방지장치, 3. 낙하방지장치, 4. 출입문 연동장치, 5. 비상정지장치, 6. 충격완화장치

산업안전기사(1회 B형)

01 신호수의 신호에 의해 이동식 크레인을 이용하여 철제 배관을 운반하던 중 철제 배관이 철골에 부딪혀 떨어지며 재해가 발생하였다. 이때, 재해발생 원인 중 이동식 크레인 운전과 관련한 재해예방대책 3가지를 쓰시오.

[해답]
1. 유도로프를 이용하여 배관의 흔들림을 방지한다.
2. 무전기 등을 사용하여 신호하거나 일정한 신호방법을 미리 정하여 둔다.
3. 슬링와이어로프의 체결상태를 확인한다.

02 정전작업 후 조치사항 3가지를 쓰시오.

[해답]
1. 작업기구, 단락 접지기구 등을 제거하고 전기기기 등이 안전하게 통전될 수 있는지를 확인할 것
2. 모든 작업자가 작업이 완료된 전기기기 등에서 떨어져 있는지를 확인할 것
3. 잠금장치와 꼬리표는 설치한 근로자가 직접 철거할 것
4. 모든 이상 유무를 확인한 후 전기기기 등의 전원을 투입할 것

03 동영상에서 작업자의 추락원인 2가지를 쓰시오.

[동영상 설명]
아파트 건설공사 현장 3층 창틀에서 작업하던 작업자가 작업발판이 없어 창틀의 옆쪽을 밟았다가 미끄러져 떨어진다.

[해답]
1. 안전대 부착설비 미설치
2. 안전대 미착용
3. 추락방호망 미설치
4. 안전난간 미설치
5. 작업발판 미설치

04 전기드릴을 이용해 구멍을 넓히는 작업 중 자재가 튕겨져 나온다. 작업자는 안전모와 보안경 미착용 상태이고, 방호장치도 설치되지 않은 상태에서 맨손으로 작업을 하고 있다. 위험요인을 3가지 쓰시오.

[해답]
1. 작은 물건은 바이스나 클램프를 사용하여 작업하여야 하나, 직접 손으로 지지하고 있어 위험
2. 안전모 미착용, 보안경 미착용
3. 판에 큰 구멍을 뚫고자 할 때에는 먼저 작은 드릴로 뚫은 후에 큰 드릴로 뚫어야 하나 그렇지 않아 위험

05 증기가 흐르는 고소 배관 점검을 위해 이동식 사다리에 올라가 작업 중 사다리의 흔들림에 의해 떨어져 바닥에 부딪히는 상황(보안경 미착용에 양손 모두 맨손으로 작업 중)이다. 위험요인을 3가지 쓰시오.

[해답]
1. 개인보호구(보안경, 방열장갑 등) 미착용
2. 이동식 사다리 미고정
3. 작업자세 불안정(양손 동시 작업)

06 동영상과 같은 그라인더 작업 시 위험요인 2가지를 쓰시오.

> [동영상 설명]
> 탱크 내부 밀폐공간에서 한 작업자가 그라인더 작업을 하고 있다. 다른 작업자가 외부에 설치된 환기팬 스위치를 발로 차서 전원 공급이 차단되어 작업자가 의식을 잃고 쓰러진다.

[해답] 1. 작업시작 전 산소농도 및 유해가스농도 등 미측정과 작업 중 계속 환기를 시키지 않아 위험
2. 환기를 실시할 수 없거나 산소결핍 위험장소에 들어갈 때 공기공급식 호흡용 보호구를 착용하지 않아 위험
3. 환기팬 스위치에 잠금장치가 없고, 감시인을 배치하지 않아 위험

07 철골 상부에서 안전난간 및 안전대를 미착용 상태로 작업 중 10m 하부 바닥으로 추락한다. 추락방지 대책을 2가지 쓰시오.

[해답] 1. 안전난간 설치
2. 안전대 착용
3. 추락방지용 추락방호망 설치

08 동영상에서의 위험요인을 3가지 쓰시오.

> [동영상 설명]
> 작업자(안전모 미착용)가 마그네틱 크레인(Magnetic Crane)을 사용(마그네트를 금형 위에 올리고 손잡이를 작동시켜 들어 올린 후 이동하는데, 작업자가 오른손으로 금형을 잡고 왼손으로 펜던트 스위치를 누르면서 이동하다가 갑자기 쓰러지면서 오른손이 마그네틱의 손잡이를 작동시켜 금형이 떨어짐)하다가 협착사고가 일어난다.

[해답] 1. 마그네틱 크레인에 훅해지장치가 없고, 작동스위치의 전선이 벗겨져 있는 상태라서 재해의 위험이 있다.
2. 보조(유도)로프를 사용하지 않아 재해 위험이 있다.
3. 작업자가 안전모를 착용하지 않았다.

09 화면(광전자식 안전장치)을 보고 (1) 명칭, (2) 기능을 쓰시오. (이 장치의 분류는 A-1이다.)

[해답] (1) 명칭 : 광전자식 안전장치
(2) 기능 : 프레스 또는 전단기에서 일반적으로 많이 활용하고 있는 형태로서 투광부, 수광부, 컨트롤 부분으로 구성되어 신체의 일부가 광선을 차단하면 기계를 급정지시키는 방호장치

산업안전기사(1회 C형)

01 화면과 같이 금속제에 구멍을 넓히거나 뚫는 드릴작업을 할 때 착용하여야 할 보호구의 종류를 3가지 쓰시오.

> [동영상 설명]
> 작업자는 전기드릴을 이용하여 금속제의 구멍을 넓히는 작업을 하고 있다. 이때 작업자는 안전모, 보안경은 미착용하였고, 면장갑을 착용하고 있다.

[해답] 1. 보안경, 2. 안전모, 3. 안전장갑

02 화면의 영상을 참고하여 이 기계의 (1) 방호장치 및 (2) 안전검사주기를 쓰시오.

> [동영상 설명]
> 천장크레인이 철판을 트럭 위로 이동시키는 장면이다. 이때 천장크레인은 고리가 아닌 철판집게(하카)가 철판을 'ㄷ'자로 물고 있는 방식이다. 트럭 위에 한 작업자가 이동해 온 철판을 내리려는 찰나에 철판이 낙하하여 작업자가 깔리게 된다.

[해답] (1) 방호장치 : 훅해지장치(권과방지장치, 과부하방지장치, 비상정지장치 및 제동장치)
(2) 안전검사 주기 : 2년(최초 설치 시 3년, 그 이후 매 2년마다)

03 화면은 변압기를 유기화학물에 담가 절연처리와 건조작업을 하고 있음을 보여주고 있다. 이 작업 시 착용할 보호구를 다음에 제시한 대로 쓰시오.

[동영상 설명]
소형변압기(일명 Down TR, 크기는 가로×세로 15cm 정도로 작은 변압기)의 양쪽에 나와있는 선을 일반 작업복만 입은 작업자(안전모 미착용, 보안경 미착용, 맨손, 신발 안 보임)가 양손으로 들고 유기화합물통(사각 스텐통)에 넣었다 빼서 앞쪽 선반에 올리는 작업을 한다(유기화합물을 손으로 작업). 선반 위 소형변압기를 건조시키기 위해 냉장고처럼 생긴 곳에 넣고 문을 닫는다.
(1) 손 　　(2) 눈 　　(3) 몸

해답 (1) 손 : 유기화합물용 안전장갑
(2) 눈 : 보안경
(3) 몸 : 유기화합물용 보호복

04 단무지 공장에서 무릎 정도 물이 차 있는 상태에서 수중펌프 작동과 동시에 작업자가 접속부위에 감전된다. 습윤한 장소에서 사용되는 이동전선에 대한 사용 전 점검사항 2가지를 쓰시오.

해답 1. 접속부위의 절연 상태 점검
2. 전선 피복의 손상 유무 점검
3. 전선의 절연저항 측정
4. 감전방지용 누전차단기 설치 유무 확인

05 화면은 섬유기계의 운전 중 발생한 재해사례이다. 동영상에서 사용한 기계 작업 시 핵심위험요인 2가지를 쓰시오.

[동영상 설명]
섬유공장에서 실을 감는 기계가 돌아가고 있고 작업자가 그 밑에서 일을 하고 있는데 갑자기 실이 끊어지며 기계가 멈춘다. 이때 작업자가 회전하는 대형 회전체의 문을 열고 허리까지 안으로 집어넣고 안을 들여다보며 점검할 때 갑자기 기계가 돌아가며 작업자의 몸이 회전체에 끼이는 상황이다.

해답 1. 기계의 전원을 차단하지 않고 점검을 하면 말려 들어갈 수 있다.
2. 회전기계의 문을 열면 기계가 작동하지 않도록 하는 연동장치가 설치되어 있지 않다.

06 안전장치가 없는 둥근톱기계에 고정식 접촉예방장치 설치 시 (1) 가공재 상면에서 덮개 하단까지 최대간격과 (2) 테이블면 상단에서 덮개 하단까지 최대간격은?

해답 (1) 가공재 상면에서 덮개 하단까지 최대간격 : 최대 8mm
(2) 테이블면 상단에서 덮개 하단까지 최대간격 : 최대 25mm

07 동영상 화면을 보고 위험요인을 3가지 쓰시오.

[동영상 설명]
크레인을 이용하여 철제비계를 운반하는 중 와이어로프로 한 줄로 감아서 인양하고 있다. 와이어로프 소선이 일부 끊어져 있고 보조로프는 없다. 신호수 간에 신호방법이 맞지 않아 물체가 흔들리며 철골이 부딪쳐 다른 작업자 위로 자재가 낙하한다. 훅에 훅해지장치는 없다.

해답 1. 작업 반경 내 관계근로자 이외의 자는 출입을 금지
2. 와이어로프의 안전상태를 점검
3. 훅의 해지장치 및 안전상태를 점검
4. 화물이 빠지지 않도록 점검
5. 보조로프 설치
6. 신호방법을 정하고 신호수의 신호에 따라 작업

08 화면은 공장지붕의 철골상에서 패널 설치작업 중 작업자가 실족하여 떨어지는 재해사례를 보여주고 있다. 이때 (1) 위험요인 및 (2) 안전대책을 2가지씩 쓰시오.

해답 (1) 위험요인
1. 안전대 부착설비 미설치 및 안전대 미착용
2. 추락방호망 미설치
3. 작업발판 미설치
(2) 안전대책
1. 안전대 부착설비에 안전대 걸고 작업
2. 작업장 하부에 추락방호망 설치 철저
3. 미끄럼 방지용 안전발판 설치

09 동영상의 내용 중 위험요인이 내재되어 있다. 위험요인 3가지를 쓰시오.

[동영상 설명]
교류 아크 용접 작업장에서 작업자가 혼자 대형 관의 플랜지 아래 부위를 아크 용접하고 있다. 작업자는 가죽제 안전장갑을 착용하고 있다. 작업자가 자신의 왼손으로는 플랜지 회전 스위치를 조작해 가며 오른손으로 용접을 하고 있다. 용접장갑을 낀 왼손으로 용접봉을 잡기도 한다. 작업장 주위에는 인화성 물질로 보이는 깡통 등이 용접작업 주변에 쌓여 있고 케이블이 정리되지 않고 널브러져 있으며, 불똥이 날리고 있다.

[해답] 1. 작업장 주변 인화성 물질 방치
2. 작업장 정리정돈 미흡
3. 용접불티 비산방지덮개 및 용접방화포 등 비산방지조치 미흡

산업안전기사(2회 A형)

01 이동식 크레인으로 전주를 운반하는 도중에 크레인 운전자가 전주에 머리를 맞는 상황이다. 다음 물음에 답하시오.

(1) 재해형태를 쓰시오.
(2) 가해물을 쓰시오.
(3) 운전자가 착용해야 할 안전모의 종류 2가지를 영어 기호로 쓰시오.

[해답] (1) 재해형태 : 맞음(비래)
(2) 가해물 : 전주
(3) 안전모 : AE, ABE

02 고속절단기로 파이프 재단 작업 중, 불똥이 튀는 모습이 보이고 작업자가 옆으로 피한다. 작업자는 안전화, 안전모를 착용하고 있으며, 장갑은 면장갑을 착용하고 있다. 다음 화면에서 작업자가 추가로 착용해야 하는 보호구를 3가지 쓰시오.

[해답] 1. 차광 및 비산물 위험방지용 보안경, 2. 방음용 귀마개 또는 귀덮개, 3. 가죽장갑

03 밀폐공간 작업 전 퍼지작업을 하고 있다. 퍼지의 종류 3가지를 쓰시오.

[해답] 1. 진공퍼지, 2. 압력퍼지, 3. 스위프퍼지, 4. 사이펀퍼지

04 NATM 공법에 의한 터널굴착 작업 시 계측방법 3가지를 쓰시오.

[해답] 1. 내공변위 측정, 2. 천단침하 측정, 3. 록볼트 축력 측정

05 화면은 실험실에서 H_2SO_4(황산)을 비커에 따르고 있고, 작업자는 맨손, 마스크를 미착용하고 있다. 인체로 흡수되는 경로를 2가지 쓰시오.

[해답] 1. 호흡기, 2. 소화기, 3. 피부점막

06 화면의 영상을 참고하여 (1) 공작기계에 사용할 수 있는 방호장치 4가지와 (2) 그중에 작업자가 기능을 무력화시킨 방호장치를 쓰시오.

[동영상 설명]
프레스기로 철판에 구멍을 뚫는 작업을 하고 있다. 수광부, 발광부 2개가 프레스 입구를 통해서 보인다. 작업자가 센서 1개를 옆으로 밀어두고 다시 작업을 하다가 끼임사고가 발생한다.

[해답] (1) 방호장치 : 1. 게이트가드식 방호장치, 2. 양수조작식 방호장치, 3. 손쳐내기식 방호장치, 4. 수인식 방호장치, 5. 광전자식 방호장치
(2) 광전자식 방호장치

07 동영상을 참고하여 배전반 작업 시 위험요인 2가지를 적으시오.

[동영상 설명]
배전반의 차단 스위치는 ON 상태이며 작업자는 맨손으로 작업을 하고 있다. 오른손이 배전반 도어 틈에 들어가는 상황에서 다른 작업자가 그 도어를 닫는 바람에 손가락이 틈에 끼게 된다.

해답 (1) 감전 위험
1. 정전작업 미실시에 의한 감전 위험
2. 개인보호구(감전방지용 보호구) 미착용에 의한 감전 위험
(2) 기타 재해위험 : 신호전달체계 미확립에 의한 협착 재해

08 화면은 김치제조 공장에서 슬라이스 작업 중 작동이 멈춰 기계를 점검하고 있는 도중에 재해가 발생한 상황을 보여주고 있다. 슬라이스 기계 중 무채를 썰어내는 부분에서 형성되는 (1) 위험점과 (2) 정의를 쓰시오.

해답 (1) 위험점 : 절단점
(2) 정의 : 회전하는 운동부 자체의 위험이나 운동하는 기계 자체의 위험에서 초래되는 위험점이다.

09 항타기·항발기의 조립작업 시 점검해야 할 사항 3가지를 쓰시오.

해답
1. 본체 연결부의 풀림 또는 손상의 유무
2. 권상용 와이어로프·드럼 및 도르래의 부착 상태의 이상 유무
3. 권상장치의 브레이크 및 쇠기장치 기능의 이상 유무
4. 권상기의 설치 상태의 이상 유무
5. 리더(leader)의 버팀 방법 및 고정상태의 이상 유무
6. 본체·부속장치 및 부속품의 강도가 적합한지 여부
7. 본체·부속장치 및 부속품에 심한 손상·마모·변형 또는 부식이 있는지 여부

산업안전기사(2회 B형)

01 화면은 금형제조를 위하여 방전가공기를 사용하던 중에 발생한 재해사례를 보여준다. 화면 속에서 발견되는 재해 발생원인을 2가지 쓰시오.

[동영상 설명]
금형을 제작하는 과정에서 작업자는 계속 천을 이용하여 맨손으로 이물질을 직접 제거하고 있다. 금형의 한쪽에서는 연기가 조금씩 나고 작업자가 금형을 만지다가 감전되었다.

해답
1. 청소하기 전에 전원을 차단하지 않고 작업
2. 절연장갑 등의 절연용 보호구 미착용

02 화면은 밀폐공간에 쓰러져 있는 의식불명의 피해자 모습을 보여주고 있다. 밀폐공간에서 구조자가 착용해야 할 보호구를 쓰시오.

해답 송기마스크, 공기호흡기

03 화면에서 그라인더 작업 시 위험요인 2가지를 쓰시오.

[동영상 설명]
탱크 내부 밀폐공간에서 한 작업자가 그라인더 작업을 하고 있다. 다른 작업자가 외부에 설치된 환기팬 스위치를 발로 차서 전원 공급이 차단되어 작업자가 의식을 잃고 쓰러진다.

해답
1. 작업시작 전 산소농도 및 유해가스농도 등 미측정과 작업 중 계속 환기를 시키지 않아 위험
2. 환기를 실시할 수 없거나 산소결핍 위험장소에 들어갈 때 공기공급식 호흡용 보호구를 착용하지 않아 위험
3. 환기팬 스위치에 잠금장치가 없고, 감시인을 배치하지 않아 위험

04 프레스에 대한 작업시간 전 점검사항을 3가지 쓰시오.

해답
1. 클러치 및 브레이크의 기능
2. 크랭크축·플라이휠·슬라이드·연결봉 및 연결 나사의 풀림 여부
3. 1행정 1정지기구·급정지장치 및 비상정지장치의 기능
4. 슬라이드 또는 칼날에 의한 위험 방지 기구의 기능
5. 프레스의 금형 및 고정볼트 상태
6. 방호장치의 기능
7. 전단기(剪斷機)의 칼날 및 테이블의 상태

05 다음 화면에서 나타나는 위험요인을 3가지 쓰시오.

[동영상 설명]
타워크레인을 이용하여 와이어로 파이프를 체결한 후 파이프를 한손으로 잡고 한 손으로 펜던트 스위치를 조작하여 이동 중 다른 작업자가 파이프를 손으로 잡으려다 손상된 와이어로프가 풀리면서 머리를 맞고 뒤로 넘어진다.

해답
1. 유도로프를 사용하지 않아 화물이 흔들리며 낙하할 위험
2. 신호수가 낙하 위험구간에서 신호 실시
3. 인양 전 인양로프 미점검으로 로프 파단 위험
4. 작업 전 신호방법 및 신호계획 미수립

06 화면은 작업자가 전동 권선기에 동선을 감는 작업 중 기계가 정지하여 점검하던 중 파란 불빛이 번쩍하면서 작업자가 쓰러지는 재해사례이다. (1) 재해유형, (2) 원인 2가지를 쓰시오.

> **해답** (1) 재해유형 : 감전
> (2) 재해발생원인 : 1. 정전작업 미실시, 2. 절연보호구(절연장갑) 미착용 등

07 작업자가 승강기 모터 벨트 부분을 걸레로 청소하다가 벨트 상단에 손이 협착되는 사고가 발생하는 동영상이다. (1) 위험점의 종류와 (2) 재해형태를 적고 (3) 그 정의를 쓰시오.

> **해답** (1) 위험점 : 끼임점 또는 접선물림점
> (2) 재해형태 : 끼임
> (3) 정의 : 두 물체 사이의 움직임에 의하여 일어난 것으로 직선운동하는 물체 사이의 협착, 회전부와 고정체 사이의 끼임, 롤러 등 회전체 사이에 물리거나 또는 회전체·돌기부 등에 감긴 경우

08 흙막이 지보공 설치 후 정기적으로 점검하고, 이상이 발견된 경우 즉시 보수해야 할 사항을 3가지 쓰시오.

> **해답** 1. 부재의 손상·변형·부식·변위 및 탈락의 유무와 상태
> 2. 버팀대의 긴압의 정도
> 3. 부재의 접속부·부착부 및 교차부의 상태
> 4. 침하의 정도

09 교량 하부 점검작업 중 추락재해가 발생하였다. 위와 같은 상황에서 작업발판을 설치할 경우 (1) 작업발판의 폭과 (2) 틈의 기준은?

> **해답** (1) 작업발판의 폭 : 40cm 이상
> (2) 틈 : 3cm 이하

산업안전기사(2회 C형)

01 건설현장에서 화물의 낙하·비래 위험이 있는 경우 조치해야 할 사항 2가지를 쓰시오.

> **해답** 1. 낙하물 방지망 설치
> 2. 출입금지구역의 설정
> 3. 방호선반 설치
> 4. 작업자의 안전모 착용 지시

02 승강기 내부 피트에서 폼타이 핀을 망치로 제거하는 작업을 하던 중 합판으로 설치된 발판에서 추락하는 재해가 발생하였다. 이때 재해발생원인을 3가지 쓰시오.

> **해답** 1. 작업발판이 고정되지 않았다.
> 2. 작업자가 안전대를 착용하지 않았다.
> 3. 피트 내부에 추락방호망을 설치하지 않았다.

03 영상은 보호구를 착용하지 않은 작업자가 변압기의 양쪽에 나와 있는 선을 양손으로 들고 유기화합물통에 넣었다 빼서 앞쪽 선반에 올리는 작업을 하고 있다. 이때 작업자의 (1) 눈, (2) 손, (3) 신체에 필요한 보호구를 쓰시오.

> **해답** (1) 눈 : 보안경
> (2) 손 : 화학물질용 안전장갑
> (3) 신체 : 화학물질용 보호복

04 동영상을 참고하여 작업에 내재되어 있는 불안전한 요소를 3가지 쓰시오.

> **[동영상 설명]**
> 작업자 1명은 밑에서 절연방호구를 올리고 다른 작업자 2명은 고소작업차 위에서 달줄을 이용하여 물건을 받아 활선에 절연방호구를 설치한다. 차량 혹은 작업자가 탑승한 붐대는 활선에 접촉되어 있지 않다. 펜스가 설치되어 있으나 도로 쪽에서는 없다. 형강 속의 얇은 봉에 와이어로쓰를 설 수 있는 도르래로 와이어로프를 연결한 뒤 방호구와 연결하여 올려 보낸다. 와이어로프 혹이 전주 전손에 방호조치 없이 걸려 있다.

해답 1. 근접활선(절연용 방호구 미설치)에 대한 감전 위험
      2. 절연용 보호구 착용상태 불량에 따른 감전 위험
      3. 활선작업거리 미준수에 따른 감전 위험
      4. 작업장소의 관계근로자 외의 자의 출입에 따른 감전 위험

05 화면은 승강기 컨트롤 패널을 맨손으로 점검(전압 측정) 중 발생한 재해사례이다. 감전방지대책 3가지를 서술하시오.

[동영상 설명]
MCCB 패널 점검 중으로 개폐기에는 통전 중이라는 표지가 붙어 있고, 작업자(면장갑 착용)가 개폐기 문을 열어 전원을 차단하고 문을 닫은 후 다른 곳 패널에서 작업하려다 쓰러진다.

해답 1. 전로의 개로 개폐기에 시건장치 및 통전금지 표지판 부착
      2. 작업 전 신호체계 확립 및 작업지휘자에 의한 작업지휘
      3. 차단기에 회로구분 표찰 부착에 의한 오조작 방지 등

06 차량계 하역운반기계 등의 수리 또는 부속장치의 장착 및 해체작업을 하는 때에 작업시작 전 조치사항을 2가지 쓰시오.

해답 1. 안전지지대 또는 안전블록 등의 사용상황 등을 점검할 것
      2. 작업순서를 결정하고 작업을 지휘할 것
      3. 작업계획서를 작성할 것
      4. 원동기를 정지시키고 브레이크를 확실히 거는 등 갑작스러운 주행을 방지하기 위한 조치를 할 것

07 화면은 작업자가 수중펌프 접속 부위에 감전되어 발생한 재해사례이다. 작업자가 감전사고를 당한 원인을 인체의 피부저항과 관련하여 설명하시오.

[동영상 설명]
물에 잠긴 단무지가 보이고 무릎 정도 물이 차 있는 작업장에서 작업자가 펌프 작동과 동시에 감전되었다.

해답 피부저항은 물에 젖어 있을 경우 1/25로 저항이 감소하므로 그만큼 통전전류가 커져 전격의 위험이 높아진다.

08 화면은 화학물질을 사용하여 자동차 브레이크 라이닝을 세척하는 과정을 보여주고 있다. 세척제가 바닥에 흩어져 있으며 운동화를 신고 작업하고 있다. 작업자가 착용해야 할 보호구 4가지를 쓰시오.

해답 1. 보안경
      2. 화학물질용 안전장갑
      3. 화학물질용 보호복
      4. 방독마스크(유기화합물용)

09 동영상에서 작업자는 크랭크 프레스로 철판을 뚫는 작업을 하고 있다. 동영상에서의 위험요인을 쓰시오.

해답 1. 프레스 방호장치가 설치되어 있지 않아서 재해의 위험이 있다.
      2. 기계 점검 시 전원을 차단하지 않아서 재해의 위험이 있다.
      3. 이물질 제거 시 수공구를 사용하지 않고, 손으로 작업해 재해의 위험이 있다.
      4. 프레스 페달에 U자형 커버가 설치되어 있지 않아서 재해의 위험이 있다.

산업안전기사(2회 D형)

01 지게차가 주유 중이다. 지게차 운전자는 담배를 피우며 주유원과 이야기하고 있고 시동이 걸려 있는 상태이다. 담뱃불에 해당하는 발화원의 형태(유형)는 무엇인가?

해답 나화

02 특수화학설비 내부의 이상상태를 조기에 파악하기 위하여 설치해야 할 장치를 2가지 쓰시오.

해답 1. 온도계, 2. 유량계, 3. 압력계, 4. 자동경보장치

03 화면은 30[kV] 전압이 흐르는 고압선 아래에서 작업 중 발생한 재해사례이다. 크레인을 이용하여 고압선 주변에서 작업할 경우 사업주의 조치사항 3가지를 쓰시오.

> [동영상 설명]
> 30kV의 전압이 흐르는 고압선 아래에서 이동식 크레인으로 작업하던 중 붐대가 전선에 닿아 감전된다.

해답) 1. (이격거리 확보) 차량 등을 충전부로부터 300[cm] 이상 이격시키되, 대지전압이 50[kV]를 넘는 경우에는 10[kV]가 증가할 때마다 이격거리를 10[cm]씩 증가시킨다.
2. (절연용 방호구 설치) 절연용 방호구 등을 설치한 경우에는 이격거리를 절연용 방호구 앞면까지로 할 수 있다.
3. (울타리 설치 또는 감시인 배치) 울타리를 설치하거나 감시인 배치 등의 조치를 하여야 한다.
4. (접지점 관리 철저) 접지된 차량 등이 충전전로와 접촉할 우려가 있는 경우에는 근로자가 접지점에 접촉되지 않도록 조치하여야 한다.

04 다음 상황에서 핵심 위험요인을 2가지 쓰시오.

> [동영상 설명]
> 작업자가 전기를 만지는 중에 또 다른 작업가자 신호를 받고 버튼을 눌러 작업자가 감전된다.

해답) 1. 정전작업 미실시에 의한 감전 위험
2. 개인보호구(감전방지용 보호구) 미착용에 의한 감전 위험

05 화면은 정지된 기계 점검 중 작업자가 감전당하는 동영상이다. 이 동영상에서의 (1) 재해 발생 형태 및 (2) 원인을 쓰시오.

해답) (1) 재해 발생 형태 : 감전
(2) 재해 발생 원인 : 정전작업 미실시, 개인보호구(절연장갑 등) 미착용 등

06 어둡고 밀폐된 LPG저장소에서 작업자가 전등외 전원을 투입하는 순간 "펑" 하고 폭발사고가 발생하는 장면이다. 위 동영상에서 가스누설감지경보기를 설치할 때 적절한 (1) 설치 위치와 (2) 경보설정값을 쓰시오.

해답) (1) 설치 위치 : 바닥에 인접한 낮은 곳에 설치한다(LPG는 공기보다 무거우므로 가라앉음).
(2) 경보설정값 : 폭발하한계(LEL) 25% 이하

07 거푸집 동바리 등의 조립 또는 해체작업 시 준수사항 3가지를 쓰시오.

해답) 1. 해당 작업을 하는 구역에는 관계 근로자가 아닌 사람의 출입을 금지할 것
2. 비, 눈, 그 밖의 기상상태의 불안정으로 날씨가 몹시 나쁜 경우에는 그 작업을 중지할 것
3. 재료, 기구 또는 공구 등을 올리거나 내리는 경우에는 근로자로 하여금 달줄·달포대 등을 사용하도록 할 것
4. 낙하·충격에 의한 돌발적 재해를 방지하기 위하여 버팀목을 설치하고 거푸집 동바리 등을 인양장비에 매단 후에 작업을 하도록 하는 등 필요한 조치를 할 것

08 경사진 박공지붕 설치 작업 중 건물의 하부에서 휴식을 취하던 작업자에게 박공지붕이 떨어져 재해가 발생하였다. 이때 재해 발생원인을 3가지 쓰시오.

해답) 1. 경사지붕 하부에 낙하물방지망 미설치
2. 박공지붕 적치상태 불량 및 체결상태 불량
3. 박공지붕의 과적치
4. 근로자가 낙하(비래)위험 장소에서 휴식
5. 낙하(비래) 위험구간 출입통제 미실시

09 건설현장에서 화물의 낙하·비래 위험이 있는 경우 조치해야 할 사항 2가지를 쓰시오.

해답) 1. 낙하물 방지망 설치
2. 출입금지구역의 설정
3. 방호선반 설치
4. 작업자의 안전모 착용 지시

산업안전기사(3회 A형)

01 파지압축장에서 작업자 두 명이 작업을 하고 있다. 핵심위험요인 3가지를 쓰시오.

[동영상 설명]
파지압축장에서 작업자 두 명은 컨베이어 위에서 안전모등을 착용하지 않고 작업을 하고 있고, 집게암으로 파지를 들어서 작업자가 머리 위를 통과한 후 흔들어서 파지를 떨어뜨리고 있다.

해답 1. 보호구(안전모)를 착용하지 않고 작업을 함
2. 작업자의 머리위로 화물이 이동함
3. 컨베이어 위에서 작업을 함

02 화면은 밀폐된 공간에서 작업을 보여주고 있다. 밀폐공간 작업 시 안전작업수칙 3가지를 쓰시오.

해답 1. 산소 및 유해가스 농도 측정 후 작업을 시작한다.
2. 산소농도가 18% 미만일 때는 환기를 시키고, 작업 중에도 계속 환기를 한다.
3. 가능한 급배기를 동시에 실시하고, 환기를 실시할 수 없거나 산소결핍장소에서 작업할 때에는 공기공급식 호흡용 보호구를 착용한다.

03 경사진 박공지붕 설치 작업 중 건물의 하부에서 휴식을 취하던 작업자에게 박공지붕이 떨어져 재해가 발생하였다. 이때 재해 발생원인을 3가지 쓰시오.

해답 1. 경사지붕 하부에 낙하물방지망 미설치
2. 박공지붕 적치상태 불량 및 체결상태 불량
3. 박공지붕의 과적치
4. 근로자가 낙하(비래)위험 장소에서 휴식
5. 낙하(비래)위험구간 출입통제 미실시

04 다음 동영상과 같은 작업에서 설치해야 하는 안전장치를 2가지 적으시오.

[동영상 설명]
자동차 하부에서 정비작업을 하다가 보안경을 쓰지 않아 얼굴 쪽으로 이물질이 튀어 팔로 닦는다. 그러다가 리프트를 건드리며 작업자가 깔리게 된다.

해답 1. 안전블록, 2. 비상정지장치

05 압쇄기를 이용한 건물 해체작업이 실시되고 있다. 위와 같은 건물 해체작업 시 (1) 공법의 종류와 (2) 해체작업 계획에 포함되어야 하는 사항 3가지를 쓰시오.

해답 (1) 공법의 종류 : 압쇄공법
(2) 해체작업계획 포함사항
1. 해체의 방법 및 해체순서 도면
2. 가설설비, 방호설비, 환기설비 및 살수 · 방화설비 등의 방법
3. 사업장 내 연락방법
4. 해체물의 처분계획
5. 해체작업용 기계 · 기구 등의 작업계획서
6. 해체작업용 화약류 등의 사용계획서

06 화면은 섬유기계의 운전 중 발생한 재해사례이다. 이 영상에서 사용한 기계작업 시 핵심위험요인 2가지를 쓰시오.

[동영상 설명]
섬유공장에서 실을 감는 기계가 돌아가고 있고 작업자가 그 밑에서 일을 하고 있는데 갑자기 실이 끊어지며 기계가 멈춘다. 이때 작업자가 회전하는 대형 회전체의 문을 열고 허리까지 집어넣고 안을 들여다보며 점검할 때 갑자기 기계가 돌아가며 작업자의 몸이 회전체에 끼이는 상황이다.

해답 1. 기계의 전원을 차단하지 않고(기계를 정지시키지 않고) 점검을 하여 말려 들어갈 수 있다.
2. 회전기계의 문을 열면 기계의 작동을 멈추게 하는 연동장치가 설치되어 있지 않다.

07 안전장치가 없는 둥근톱기계에 고정식 접촉예방장치 설치 시 가공재 상면에서 덮개 하단까지 최대간격과 테이블면 상단에서 덮개 하단까지 최대간격은?

해답 (1) 가공재 상면에서 덮개 하단까지 최대간격 : 최대 8mm
(2) 테이블면 상단에서 덮개 하단까지 최대간격 : 최대 25mm

08 화면은 실험실에서 황산을 비커에 따르고 있고, 작업자는 맨손으로 작업을 수행하고 있다. 인체로 흡수되는 경로를 2가지 쓰시오.

> [해답] 1. 피부 및 점막 접촉에 의한 피부로의 흡수
> 2. 흡입을 통한 호흡기로의 흡수
> 3. 구강을 통한 소화기로의 흡수

09 가정용 배전반 전기점검 중에 작업자가 감전되어 추락하였다. 핵심위험요인 2가지를 쓰시오.

> [동영상 설명]
> 가정용 배전반 전기 점검 중에 작업발판으로 의자에 불안한 상태로 올라가서 작업하고 있다. 의자가 흔들리더니 갑자기 작업자가 감전되어 추락한다. 작업자는 차단기를 직접 손으로 만지다가 감전되었다.

> [해답] 1. 정전작업 미실시에 의한 감전 위험
> 2. 개인보호구(감전방지용 보호구) 미착용에 의한 감전 위험

산업안전기사(3회 B형)

01 화면은 작업자가 사출성형기에 낀 이물질을 당기다 감전으로 뒤로 넘어져 발생하는 재해사례이다. 사출성형기 잔류물 제거 시 재해 발생 방지대책 3가지를 쓰시오.

> [해답] 1. 점검 전 전원 차단
> 2. 절연용 보호구 착용
> 3. 금형 이물질 제거 작업 시 전용공구 사용
> 4. 사출성형기 충전 방호조치 실시

02 작업자가 고무장갑, 고무장화를 착용하고 담배를 피우면서 자동차부품을 도금한 후 세척하는 직업을 하고 있다. 도금작업 시 안전조치 2가지를 쓰시오.

> [해답] 1. 물질안전보건자료 비치 및 교육
> 2. 전체 환기 또는 국소배기
> 3. 적합한 보호구 지급 및 착용
> 4. 작업 전 점검 및 정리정돈 실시

03 화면의 영상을 참고하여 핵심위험요인 3가지를 쓰시오.

> [동영상 설명]
> 작업자 2명이 전주 위에서 작업을 하고 있다. 작업자 1명은 변압기 위에 올라가서 볼트를 풀면서 흡연을 하며 작업을 하고 있다. 발판용 볼트에 C.O.S(Cut Out Switch)가 임시로 걸쳐 있다. 그리고 다른 작업자 근처에서 이동식 크레인에 작업대를 매달고 또 다른 작업을 하고 있다.

> [해답] 1. 안전수칙 미준수(작업자세 및 상태불량 등) : 작업자 흡연 등
> 2. 감전 위험
> 3. 추락 위험 : 작업발판 불안
> 4. 낙하·비래 위험 : COS 고정 상태 불량

04 이동식 크레인을 이용하여 배관 파이프를 운반하고 있다. 핵심위험요인 3가지를 쓰시오.

> [동영상 설명]
> 신호자가 손짓을 하며 크레인이 이에 맞춰 운전을 하지만 신호가 잘 이루어지지 않아 배관이 H빔에 부딪힌다. 와이어로 양쪽 끝을 두 바퀴 감아서 샤클로 체결하고 근로자가 손으로 받으려고 하다가 안 되니 화물을 흔들다가 근로자가 맞는다. 혹 해지장치가 설치되어 있지 않았다.

> [해답] 1. 유도로프를 사용하지 않았다.
> 2. 혹 해지장치가 설치되어 있지 않았다.
> 3. 작업 전 신호방법 및 신호계획을 수립하지 않았다.
> 4. 자재를 작업자 위로 운반하였다.

05 다음은 항타기 또는 항발기의 조립작업 시 도르래의 위치에 관한 법적 기준이다. 빈칸에 알맞은 단어를 채우시오.

> 권상장치의 드럼축과 권상장치로부터 첫 번째 도르래의 축과의 거리를 권상장치의 드럼폭의 (①) 이상으로 하여야 하고, 도르래는 권상장치 드럼의 (②)을 지나야 하며, 축과 (③)상에 있어야 한다.

> [해답] ① 15배, ② 중심, ③ 수직면

06 화면의 영상을 참고하여 발생한 재해를 산업재해 기록, 분류에 관란 기준에 따라 분류할 때 해당하는 재해발생형태를 쓰시오.

[동영상 설명]
증기 스팀배관의 보수를 위해 플라이어로 노출부위를 점검하던 중 배관을 감싸고 있던 단열재(스펀지)를 툭툭 건드린다. 이때 스팀이 빠져나오면서 물이 떨어지고 작업자는 얼굴을 찡그린다. 작업자는 안전모와 장갑만 착용하고 있으며 보안경은 없다.

해답) 이상온도 노출·접촉

07 특수 화학설비 내부의 이상상태를 조기에 파악하기 위하여 설치해야 할 장치를 2가지 쓰시오. (단, 계측장치는 제외한다)

해답) 1. 자동경보장치, 2. 긴급차단장치

08 다음 영상의 재해형태 및 위험요인을 2가지 쓰시오.

[동영상 설명]
용접 준비 중에 분전반 판넬에서 전원 차단 없이 용접기 케이블을 결선하고 있다. 이때 작업자는 절연장갑 대신 일반장갑을 착용하고 있다. 결선작업이 끝나고 용접기에 손을 대는 순간 감전사고가 발생한다.

(1) 재해형태
(2) 위험요인 2가지

해답) (1) 재해형태 : 감전
(2) 위험요인 2가지
1. 정전작업 미실시에 의한 감전 위험
2. 개인보호구(절연장갑) 미착용에 의한 감전 위험

09 다음과 같이 작업자가 지게차 포크 위에서 작업을 하고 있다. 불안전한 행동 3가지를 쓰시오.

[동영상 설명]
작업자가 지게차 포크 위에 올라가서 전구가 켜진 상태에서 전구를 갈고 있다. 교체가 완료된 후 포크, 버킷 등이 지면에 다 내려오지 않았는데, 지게차 운전자가 먼저 하역장치를 제동하여 반동에 의해 떨어지게 된다. 안전모 등 개인보호구는 제대로 착용하지 않고 있다.

해답) 1. 지게차 위에 올라가서 작업을 함(용도 외 사용)
2. 보호구(안전모, 절연장갑 등) 미착용
3. 전원을 차단하지 않고 전구 교환

산업안전기사(3회 C형)

01 다음과 같이 작업자가 지게차 포크 위에서 작업을 하고 있다. 불안전한 행동 3가지를 쓰시오.

[동영상 설명]
작업자가 엘리베이터 피트 덮개를 열고 주변에 있는 나무 각목을 두개 놓아 발판을 만들고 그 위에서 안쪽을 랜턴으로 비추면서 점검하던 중 발이 미끄러지면서 지하로 추락한다.

해답) 1. 피트 내부에 추락방호망 미설치
2. 개구부(피트) 단부 안전난간 미설치
3. 안전대 부착설비 미설치 및 안전대 미착용

02 천장 부분의 작업을 위해서 이동식 사다리가 설치되어 있다. 이동식 사다리의 설치기준을 3가지 쓰시오.

해답) 1. 견고한 구조로 할 것
2. 재료는 심한 손상·부식 등이 없을 것
3. 발판의 간격은 동일하게 할 것
4. 발판과 벽의 사이는 15cm 이상의 간격을 유지할 것
5. 폭은 30cm 이상으로 할 것
6. 사다리가 넘어지거나 미끄러지는 것을 방지하기 위한 조치를 할 것
7. 사다리의 상단은 걸쳐 놓은 지점으로부터 60cm 이상 올라가도록 할 것

03 수소의 취급 시 위험요인을 보고 수소의 특성을 2가지 쓰시오.

[해답] 1. 공기보다 가벼움, 2. 폭발성 있음

04 화면의 영상 속 핵심 위험요인 3가지를 쓰시오.

[동영상 설명]
2명의 작업자가 보안경을 착용하지 않고 대리석 연삭작업 중이다. 작업장에는 이동전선 및 충전부가 어지럽게 널려 물에 닿은 채 있다. 연삭기의 덮개는 보이지 않고, 연삭기 측면을 사용하다가 대리석 가공물이 떨어진다.

[해답] 1. 방호장치(연삭기 덮개) 미설치
2. 이동전선 및 충전부 감전 위험
3. 개인보호구(보안경) 미착용

05 아파트 건설현장에서 건설용 리프트가 작동 중이다. 이와 같이 건설용 리프트 작업을 할 때 작업시작 전 점검사항 2가지는 무엇인가?

[해답] 1. 방호장치·브레이크 및 클러치의 기능
2. 와이어로프가 통하고 있는 곳의 상태

06 화면은 크롬도금작업을 보여준다. 이와 같이 유해물질 취급 시 일반적인 주의사항을 3가지 쓰시오.

[해답] 1. 유해물질에 대한 유해성 사전조사
2. 유해물질 발생원의 봉쇄
3. 작업공정 은폐, 작업장의 격리
4. 유해물의 위치 및 작업공정 변경
5. 전체환기 또는 국소배기
6. 점화원의 제거
7. 환경의 정돈과 청소

07 동영상의 화면은 교류아크용접 작업을 하는 장면을 보여주고 있다. 다음 물음에 답하시오.

(1) 교류아크용접기에 부착하는 방호장치를 쓰시오.
(2) 교류아크용접 작업 시 착용하는 보호구를 5가지 쓰시오.

[해답] (1) 자동전격방지장치
(2) 용접용 보안면, 용접용 장갑, 용접용 앞치마, 용접용 안전화, 방진마스크

08 화면의 영상 속 핵심 위험요인 3가지를 쓰시오.

[동영상 설명]
작업자가 화약을 장전하고 있다. 작업자는 젖은 손으로 화약을 장전하고 있고 천공 구멍에 화약을 넣을 때 철근을 이용하여 수차례 찌르고 있다.

[해답] 화약은 충격이나 마찰에 매우 민감하기 때문에 철근으로 찌를 경우 충격 또는 마찰에 의해 화약이 폭발할 수 있다.

09 다음과 같은 컴퓨터작업 자세에서 발생할 수 있는 문제는?

[동영상 설명]
작업자가 사무실에서 의자에 앉아 컴퓨터를 조작중이다. 작업자가 의자 높이가 맞지 않아 다리를 구부리고 앉아 있으며 모니터를 가까이에서 바라보고 있다. 또한, 키보드를 손으로 조작하는데 키보드가 너무 높은 곳에 위치하고 있다.

[해답] 1. 허리를 등받이 깊숙이 지지하여 앉는다.
2. 위팔과 자연스럽게 늘어뜨리고 팔꿈치의 내각은 90도 이상이 되도록 할 것
3. 작업자의 시선은 화면상단과 눈높이 일치, 시거리 40cm 이상 확보
4. 무릎의 내각이 90도 전후가 되도록 할 것
5. 작업자의 발바닥 전면이 바닥에 닿도록 하고 그렇지 않을 경우 받침대를 조건에 맞는 높이와 각도로 설치할 것

산업안전기사(4회 A형)

01 화면의 영상을 참고하여 위험요인을 쓰시오.

[동영상 설명]
작업자는 크랭크 프레스로 철판을 뚫는 작업을 하고 있다. 프레스에는 안전장치가 설치되어 있지 않고 기계 가동 시 이물질을 작업자가 손으로 치우고 있으며 프레스가 갑자기 가동이 멈추자 전원을 차단하지 않고 점검하고 있다. 프레스 페달에 커버는 없는 상태이다.

해답
1. 프레스 방호장치가 설치되어 있지 않아서 재해의 위험이 있다.
2. 기계 점검 시 전원을 차단하지 않아서 재해의 위험이 있다.
3. 이물질 제거 시 수공구를 사용하지 않고, 손으로 작업해 재해의 위험이 있다.
4. 프레스 페달에 U자형 커버가 설치되어 있지 않아서 재해의 위험이 있다.

02 작업자가 회전물을 샌드페이퍼로 청소하다가 회전물에 손이 말려 들어가는 영상이다. (1) 위험점과 (2) 정의를 쓰시오.

해답
(1) 위험점 : 회전말림점(Trapping Point)
(2) 회전말림점의 정의 : 회전하는 물체의 회전 부위에 장갑 및 작업복 등이 말려드는 위험점

03 영상에서 볼 수 있듯이 유해물질 취급 시 일반적인 주의사항을 3가지 쓰시오.

[동영상 설명]
실험실에서 피펫을 약품에 옮긴 후에 넣다가 연기가 나면서 놓쳐서 메스실린더가 깨진다. 작업자는 보호구를 착용하지 않고 실험복만 입은 상태이다.

해답
1. 작업시작 전 안전보호구를 착용한다.
2. 약품 취급 작업은 후드 안쪽에서 하고 해당 작업 시 후드 개구면 주위에 흡입 방해물이 있는지 확인한다.
3. 약품은 정해진 용도 외에 사용을 금한다.

04 화면상에서의 (1) 재해요인과 (2) 재해발생 시 조치사항을 각각 1가지 쓰시오.

[동영상 설명]
작업장에서는 경사진 컨베이어가 작동하고, 작업자는 작동 중인 컨베이어 위에 1명과 아래쪽 작업장 바닥에 1명이 있으며, 기계 오른쪽에 있는 포대를 컨베이어 벨트 위로 올리는 작업이 진행 중이다.
컨베이어 위 작업자는 벨트 양 끝부분 철로 된 모서리에 양 발을 벌리고 서 있으며, 컨베이어 위의 포대와 작업자가 부딪히며 쓰러지게 된다.

해답
(1) 재해요인 : 불안정한 작업자세, 작업발판 미설치
(2) 재해발생 시 조치사항 : 컨베이어 기계 정지(비상정지장치 작동)

05 이동식 크레인을 사용하여 작업을 하는 때 작업시작 전 점검사항을 2가지 쓰시오.

해답
1. 브레이크, 클러치 및 조정장치의 기능
2. 와이어로프가 통하고 있는 곳 및 작업장소의 지반 상태

06 다음과 같은 배관 작업 시 핵심위험요인을 2가지 쓰시오.

[동영상 설명]
증기 스팀배관의 보수를 위해 플라이어로 누출부위를 점검하던 중 배관을 감싸고 있는 스펀지(단열재)를 툭툭 건드린다. 스팀이 빠져나오면서 물이 떨어져 작업자 얼굴을 찡그린다. 작업자는 안전모만 착용하고 있고 맨손이며 보안경은 없다.

해답
1. 배관 보수 작업 전 배관 내 스팀을 제거하지 않아 작업 중 스팀 누출 위험이 있음
2. 방열장갑, 보안경을 착용하지 않아 배관 보수 중 고온의 배관이나 누출된 스팀에 화상 위험이 있음

07 밀폐공간 작업 전 퍼지작업을 하고 있다. 퍼지의 종류 3가지를 쓰시오.

해답
1. 진공퍼지, 2. 압력퍼지, 3. 스위프 퍼지, 4. 사이펀 퍼지

08 작업자가 화학약품을 사용하여 자동차 브레이크 라이닝을 세척 중이다. 이때 착용해야 할 보호구 3가지를 쓰시오.

해답) 1. 보안경, 2. 방독마스크, 3. 화학물질용 보호복

09 동영상은 작업자가 드릴작업 중 동시에 칩을 입으로 불어서 제거하고, 면장갑을 착용한 손으로 제거하려다가 드릴에 손을 다치는 사고 장면을 보여주고 있다. 동영상에 나타나는 위험요인 2가지를 쓰시오.

해답) 1. 전용공구(브러시 등) 미사용
2. 청소 전 전원 미차단
3. 말려들기 쉬운 면장갑 착용

산업안전기사(4회 B형)

01 화면은 터널 내 발파작업에 관한 사항이다. 동영상 내용 중 화약장전 시 준수해야 할 사항을 3가지 쓰시오.

해답) 1. 장전구는 마찰·충격·정전기 등에 의한 폭발의 위험이 없는 것을 사용
2. 발파공의 충진재료는 발화성·인화성 위험이 없는 재료 사용
3. 화약이나 폭약 장전 시 그 부근에서 화기 사용이나 흡연 금지

02 동영상은 아파트 건설현장에서 작업하던 근로자가 추락하는 장면을 보여주고 있다. 이동식 비계에서의 재해를 방지하기 위해 설치해야 하는 사항을 3가지 쓰시오.

해답) 1. 비계의 최상부에서 작업을 하는 경우에는 안전난간을 설치할 것
2. 승강용 사다리는 견고하게 설치할 것
3. 이동식 비계의 바퀴에는 뜻밖의 갑작스러운 이동 또는 전도를 방지하기 위하여 브레이크·쐐기 등으로 바퀴를 고정시킨 다음 비계의 일부를 견고한 시설물에 고정하거나 아웃트리거(Outrigger)를 설치하는 등 필요한 조치를 할 것

03 작업자가 엘리베이터 Pit 내부에서 거푸집작업을 하던 중 작업발판이 탈락되면서 추락하는 재해가 발생하였다. 이때 재해발생 위험요인 3가지를 쓰시오.

해답) 1. 작업발판이 고정되지 않아 발판 탈락 및 추락 위험
2. 안전대 부착설비 미설치 및 작업자 안전대 미착용으로 인한 추락 위험
3. 엘리베이터 피트 내부에 추락방호망을 설치하지 않아 추락 위험

04 탱크 내부의 밀폐된 공간에서 작업자가 작업을 하고 있고, 다른 작업자가 외부에 설치된 환기팬을 발로 차서 전원공급이 차단되어 내부 작업자가 의식을 잃고 쓰러진다. 밀폐된 공간에서 관리감독자의 직무 3가지를 쓰시오.

해답) 1. 작업 시작 전에 작업자에게 작업에 대한 위험요인과 이에 대한 대응방법에 대하여 교육 실시
2. 작업 중 밀폐공간 내 공기상태가 적정한지 여부를 수시로 측정 및 확인하고 산소농도가 18% 미만인 경우 공기공급식 호흡용보호구 착용
3. 환기팬의 정전 등에 의한 환기 중단 시에는 즉시 외부로 대피시키고, 의식불명의 작업자가 발생할 경우 구출하기 위해 사다리, 섬유로프 등의 구명 용구가 작업현장에 비치되었는지 확인

05 작업자가 보안경을 착용하지 않고 손에는 면장갑을 낀 상태로 띠톱을 이용하여 강재를 절단하고 있다. 강재를 절단한 후 전원을 차단하지 않은 상태에서 절단된 강재를 빼내고 있다. 이때 위험요소 3가지를 쓰시오.

해답) 1. 면장갑을 착용하고 있어 손이 톱날에 끼일 위험이 있다.
2. 보안경 미착용으로 강재의 비산물에 눈을 다칠 위험이 있다.
3. 강재를 빼낼 때 전원을 차단하지 않았고 동작스위치의 잠금장치를 하지 않아 실수로 띠톱이 작동되어 다칠 위험이 있다.

06 크레인을 이용하여 고압선 주변에서 작업할 경우의 주의사항을 2가지 쓰시오.

해답) 1. (이격거리 확보) 차량 등을 충전부로부터 300[cm] 이상 이격시키되, 대지전압이 50[kV]를 넘는 경우에는 10[kV]가 증가할 때마다 이격거리를 10[cm]씩 증가시킨다.
2. (절연용 방호구 설치) 절연용 방호구 등을 설치한 경우에는 이격거리를 절연용 방호구 앞면까지로 할 수 있다.
3. (울타리 설치 또는 감시인 배치) 울타리를 설치하거나 감시인 배치 등의 조치를 하여야 한다.
4. (접지점 관리 철저) 접지된 차량 등이 충전전로와 접촉할 우려가 있는 경우에는 근로자가 접지점에 접촉되지 않도록 조치하여야 한다.

07 지게차가 5km의 속도로 주행 시 좌우안정도를 구하시오.

해답) 주행 시 좌우 안정도 = (15 + 1.1V) = 15 + 1.1×5 = 20.5[%]

08 컨베이어 수리에서 볼 수 있는 기계·기구의 작업 전 점검사항을 3가지 쓰시오.

해답)
1. 원동기 및 풀리기능의 이상 유무
2. 이탈 등의 방지장치기능의 이상 유무
3. 비상정지장치 기능의 이상 유무
4. 원동기·회전축·기어 및 풀리 등의 덮개 또는 울 등의 이상 유무

09 화면에서 볼 수 있는 핵심위험요인을 2가지 쓰시오.

[동영상 설명]
임시배전반 앞 휴대용 연삭기로 그라인더 작업 중 다른 작업자가 임시 배전반을 열어 코드를 꼽고 전원을 올린건지 차단기를 올린건지 자세히 나오진 않으나 올린 후 감전되는 모습을 보여준다. 이때 휴대용 연삭기는 덮개가 설치되어 있지 않았고, 작업자 둘 다 안전모는 착용했지만 맨손이다. 그라인더 작업자는 보안경을 착용하지 않았고, 개폐기함엔 전기위험 표찰이 붙어 있었고 열렸다가 힘없이 닫히는 모습 보여주고, 개폐기함에 아무 조치를 하지 않았다.

해답)
1. 정전작업 미실시에 의한 감전 위험
2. 개인보호구(절연장갑) 미착용에 의한 감전 위험

산업안전기사(4회 C형)

01 작업자가 배전반의 볼트를 조이는 작업을 하고 있다. (1) 사고형태와 (2) 가해물을 쓰시오.

[동영상 설명]
작업자가 배전반의 볼트를 조이는 작업을 하다가 갑자기 감전되어 뒤로 쓰러진다.

해답) (1) 사고유형 : 감전
(2) 가해물 : 전기(전류)

02 동영상과 같이 작업자가 넘어져서 부상을 입었다. 재해형태와 기인물을 쓰시오.

[동영상 설명]
작업자가 작업발판용 목재 토막을 가공대 위에 올려놓고 한 발로 목재를 고정하고 톱질 중 작업발판이 흔들리면서 작업자가 균형을 잃고 넘어진다.

(1) 재해형태   (2) 기인물

해답) (1) 재해형태 : 전도(넘어짐)
(2) 기인물 : 작업발판

03 화면은 아파트 건설현장을 보여주고 있다. 건설현장에서 화물의 낙하·비래 위험이 있는 경우 조치해야 할 사항 2가지를 쓰시오.

해답) 1. 낙하물 방지망 설치, 2. 출입금지구역의 설정, 3. 방호선반 설치, 4. 작업자 안전모 착용

04 인화성 물질 저장소에서 작업자가 옷을 벗는 도중 폭발이 일어났다. 동영상에서와 같은 (1) 가스폭발의 종류를 쓰고 (2) 그 정의를 설명하시오.

해답) (1) 폭발의 종류 : 증기운 폭발(UVCE)
(2) 정의 : 가연성의 위험물질이 서서히 누출되어 대기 중에 구름형태로 모이다가 점화원에 의해 순간적으로 가스가 폭발하는 현상

05 용광로에서 작업 중인 작업자의 모습이 보인다. 영상에서 볼 수 있는 작업을 할 때 작업자를 보호할 수 있는 신체부위별 보호복을 3가지 쓰시오.

해답) 1. 손 : 방열장갑, 2. 몸 : 방열복, 3. 발 : 안전화

06 지게차 운행 영상을 보고 지게차 운행 시의 문제점을 3가지 쓰시오.

> [동영상 설명]
> 지게차에 화물이 높게 적재되어 화물이 떨어질 것 같아 보인다. 화물은 2단으로 적재하였는데, 로프 등으로 결박하지 않아 맨 위에 있는 박스는 흔들리고 있다. 그러던 중 화물이 떨어져 지나가는 작업자가 다치게 된다.

[해답]
1. 물건을 과적하여 운전자의 시야를 가려 다른 작업자가 다칠 수 있다.
2. 물건을 불안정하게 적재하여 화물이 떨어져 다른 작업자가 다칠 수 있다.
3. 다른 작업자가 작업통로에 나와서 작업을 하고 있어 지게차에 다칠 수 있다.

07 화면은 탁상용 연삭기로 봉강 연마작업 중 발생한 사고사례이다. (1) 기인물은 무엇이며, (2) 봉강 연마작업 시 파편이나 칩의 비래에 의한 위험에 대비하기 위해 설치해야 하는 장치명을 쓰시오.

[해답]
(1) 기인물 : 탁상용 연삭기
(2) 장치명 : 칩비산방지판

08 화면 속 동영상을 참고하여 작업자 행동의 (1) 위험요인 및 (2) 안전대책을 각각 2가지씩 쓰시오.

> [동영상 설명]
> 작업자가 보안경을 착용하지 않고 손에는 면장갑을 낀 상태로 띠톱을 이용하여 강재를 절단하고 있다. 강재를 절단한 후 전원을 차단하지 않은 상태에서 절단된 강재를 빼내고 있다.

[해답]
(1) 위험요인
 1. 면장갑을 착용하고 있어 손이 톱날에 끼일 위험
 2. 보안경 미착용으로 강재이 비산물에 눈이 다칠 위험
 3. 강재를 빼낼 때 전원을 차단하지 않았으며 동작스위치의 잠금장치를 하지 않아 띠톱이 작동되어 다칠 위험
(2) 안전대책
 1. 장갑을 벗어 톱날에 장갑이 끼이는 위험 방지
 2. 보안경을 착용하여 비산물을 통해 눈이 다치는 것 방지
 3. 강재를 빼낼 때 반드시 전원 차단 및 동작스위치 잠금장치를 시건하여 띠톱이 급작스럽게 작동되어 발생할 수 있는 위험 방지

09 황산으로 유리용기를 세척하는 중 발생할 수 있는 (1) 재해형태와 (2) 정의를 각각 쓰시오.

[해답]
(1) 재해형태 : 유해위험물질 노출·접촉
(2) 정의 : 유해위험물질에 노출·접촉하거나 흡입하여 발생하는 재해

2021년 작업형 기출문제

산업안전기사(1회 A형)

01 산업안전보건기준에 관한 규칙에 따라서, 화면에서 보여주는 양중기를 사용하여 작업할 때 작업 시작 전 점검사항 3가지를 쓰시오.

[동영상 설명]
이동식 크레인 붐대 와이어로프에 화물을 매달아 올린다. 크레인 훅, 호루라기를 부는 신호수, 지반 상태 등을 강조하면서 보여준다.

해답) 1. 권과방지장치 그 밖의 경보장치의 기능
2. 브레이크·클러치 및 조정장치의 기능
3. 와이어로프가 통하고 있는 곳 및 작업장소의 지반상태

02 화면은 교량 하부 점검 중 일어난 사고를 보여주고 있다. 영상 속 재해발생원인 3가지를 쓰시오.

[동영상 설명]
안전대 미착용한 작업자들이 교량 하부를 점검하고 있다. 제대로 된 안전난간이 없고 로프만 두 줄 설치되어 있으며, 추락방호망도 없다. 주변은 엉망이며, 발판 역시 부실하다. 작업자가 로프로 된 안전난간 쪽으로 기대다가, 로프가 느슨해지면서 추락한다.

해답) 1. 작업(통로)발판 미설치
2. 안전대 부착설비 미설치 및 안전대 미착용
3. 추락방지용 추락방호망 미설치

03 화면은 롤러기 청소를 하고 있는 작업자를 보여주고 있다. 영상을 참고하여 작업자의 행동 문제점 및 안전 대책을 각각 2가지씩 쓰시오.

[동영상 설명]
작업자가 가동 중인 롤러기의 전원 차단 스위치를 꺼 정지시킨 후 내부 수리를 하고 있고, 수리 완료 후 롤러기를 가동해 내부의 이물질을 장갑을 착용한 손으로 제거하다 롤러기에 말려 들어간다.

해답) 1. 문제점 : 장갑을 착용하고 있다.
　　　안전대책 : 장갑을 착용하지 않는다.
2. 문제점 : 전원을 차단하지 않았다.
　　　안전대책 : 전원을 차단한다.
3. 문제점 : 안전장치 없이 작업하였다.
　　　안전대책 : 안전장치를 설치한다.

04 화면은 연마 작업을 하는 작업자를 보여주고 있다. 영상을 참고하여 밀폐공간 질식방지 안전대책을 3가지만 쓰시오.

[동영상 설명]
탱크 내부 밀폐된 공간에서 작업자가 그라인더로 연마작업을 하고 있다. 안전모는 쓰지 않았고, 그라인더에는 덮개가 없다. 다른 작업자가 외부에 설치된 국소배기장치(환풍기)를 발로 차서 전원공급이 차단되어 내부 작업자가 의식을 잃고 쓰러진다.

해답) 1. 작업시작 전 산소농도 및 유해가스 농도 등을 측정. 산소농도가 18% 미만일 때에는 환기를 실시
2. 산소농도가 18% 이상인가를 확인하고 작업 중에도 계속 환기
3. 환기 시 급기·배기를 동시에 하는 것을 원칙
4. 국소배기장치의 전원부에 잠금장치를 하고 감시인을 배치
5. 환기를 할 수 없거나 산소결핍 위험장소에 들어갈 때는 호흡용 보호구를 착용

05 화면은 아파트 건설현장에서 작업하던 근로자가 추락하는 장면을 보여주고 있다. 이동식 비계에서 재해를 방지하기 위해 설치해야 하는 사항을 3가지 쓰시오.

[해답]
1. 이동식 비계의 바퀴에는 뜻밖의 갑작스러운 이동 또는 전도를 방지하기 위하여 브레이크·쐐기 등으로 바퀴를 고정한 다음 비계의 일부를 견고한 시설물에 고정하거나 아웃트리거(Outrigger)를 설치하는 등 필요한 조치를 할 것
2. 승강용 사다리는 견고하게 설치할 것
3. 비계의 최상부에서 작업할 경우 안전난간을 설치할 것
4. 작업발판은 항상 수평을 유지하고 작업발판 위에서 안전난간을 딛고 작업을 하거나 받침대 또는 사다리를 사용하여 작업하지 않도록 할 것
5. 작업발판의 최대 적재하중은 250kg을 초과하지 않도록 할 것

06 산업안전보건기준에 관한 규칙에 따라서, 용융고열물을 취급하는 설비를 내부에 설치한 건축물에 대하여 수증기 폭발을 방지하기 위하여 사업주가 해야 하는 조치 2가지를 쓰시오.

[해답]
1. 바닥은 물이 고이지 아니하는 구조로 할 것
2. 지붕·벽·창 등은 빗물이 새어들지 아니하는 구조로 할 것

07 화면을 참고하여 해당 내용에 대한 작업계획서에 제출할 내용을 산업안전보건기준에 관한 규칙에 따라 4가지 쓰시오.

[동영상 설명]
회전체 물체를 분해하고 닦고 다시 조립하고 있다. 2인 1조 작업인데 작업자 1명이 중량물이 무거워서 허리를 삐끗하여 중량물을 놓치고 다른 작업자 발등에 중량물이 떨어진다.

[해답]
1. 추락위험을 예방할 수 있는 안전대책
2. 낙하위험을 예방할 수 있는 안전대책
3. 전도위험을 예방할 수 있는 안전대책
4. 협착위험을 예방할 수 있는 안전대책
5. 붕괴위험을 예방할 수 있는 안전대책

08 화면에 절연보호구 미착용 작업자가 보이고, 크레인이 전선에 근접하고 있다. 산업안전보건기준에 관한 규칙에 따라서, 충전전로에서 전기작업 중 조치사항에 대해서 다음 빈칸을 채우시오.

(1) 충전전로를 취급하는 근로자에게 그 작업에 적합한 (①)를 착용시킬 것
(2) 충전전로에 근접한 장소에서 전기작업을 하는 경우에는 해당 전압에 적합한 (②)를 설치할 것. 다만, 저압인 경우 해당 전기작업자가 (①)를 착용하되, 충전전로에 접촉할 우려가 없는 경우에는 (②)를 설치하지 아니할 수 있다.

[해답] ① 절연용 보호구, ② 절연용 방호구

09 화면은 선반 샌드페이퍼 작업을 하다가 장갑이 말려 들어가는 것을 보여주고 있다. 영상 내 (1) 위험점과 (2) 정의를 쓰시오.

[해답]
(1) 위험점 : 회전말림점
(2) 정의 : 회전하는 물체의 길이, 굵기, 속도 등이 불규칙한 부위와 돌기 회전부위에 장갑 및 작업복 등이 말려드는 위험점 형성

산업안전기사(1회 B형)

01 컨베이어 작업 시작 전 점검사항 3가지를 쓰시오.

➡ [해답]
1. 원동기 및 풀리 기능의 이상 유무
2. 이탈 등의 방지장치 기능의 이상 유무
3. 비상정지장치 기능의 이상 유무
4. 원동기·회전축·기어 및 풀리 등의 덮개 또는 울 등의 이상 유무

02 화면은 작업자가 전동 권선기에 동선을 감는 작업 중 기계가 정지하여 점검 중 파란 불빛이 번쩍하면서 작업자가 쓰러지는 재해사례이다. 재해발생형태, 위험요소를 각 1가지 쓰시오.

(1) 재해발생형태   (2) 위험요소

[해답]
(1) 재해발생형태 : 감전(=전류 접촉)
(2) 재해 발생원인
 - 절연용 보호구(절연장갑) 미착용
 - 점검 전 전원차단 미실시

03 화면의 영상 속 (1) 불안전한 행동과 (2) 재해발생형태를 쓰시오.

[동영상 설명]
주유소에서 지게차에 주유 동안에 운전자가 시동을 건 채 내린다. 다른 작업자와 흡연을 하며 이야기를 나누다가 폭발하는 것을 보여주고 있다.

해답 (1) 불완전한 행동 : 공기 중에 인화성 가스가 존재하는 곳에서 점화원을 만듦(인화성 물질 옆에서 흡연).
(2) 발생한 재해발생 형태 : 폭발

04 동영상에서 작업자의 추락원인 2가지를 쓰시오.

[동영상 설명]
아파트 건설공사 현장 3층 창틀에서 작업하던 작업자가 작업발판이 없어 창틀의 옆쪽을 밟았다가 미끄러져 떨어진다.

해답 1. 안전대 부착설비 미설치
2. 안전대 미착용
3. 추락방호망 미설치
4. 안전난간 미설치
5. 작업발판 미설치

05 화면의 영상을 참고하여 관련 (1) 재해형태 및 그 (2) 정의를 쓰시오.

[동영상 설명]
실험실에서 H_2SO_4(황산)를 비커에 따르다가 손에 묻는다. 작업자는 맨손이며, 마스크를 미착용하고 있다.

해답 (1) 재해형태 : 화학물질에 의한 화상
(2) 정의 : 부식성을 가지는 황산이 피부에 접촉하여 발생하는 재해

06 영상은 아파트 건설현장에서 작업하던 근로자가 추락하는 장면을 보여주고 있다. 이동식 비계에서 재해를 방지하기 위해 설치해야 하는 사항을 3가지 쓰시오.

해답 1. 이동식 비계의 바퀴에는 뜻밖의 갑작스러운 이동 또는 전도를 방지하기 위하여 브레이크·쐐기 등으로 바퀴를 고정한 다음 비계의 일부를 견고한 시설물에 고정하거나 아웃트리거(Outrigger)를 설치하는 등 필요한 조치를 할 것
2. 승강용 사다리는 견고하게 설치할 것
3. 비계의 최상부에서 작업할 경우 안전난간을 설치할 것
4. 작업발판은 항상 수평을 유지하고 작업발판 위에서 안전난간을 딛고 작업을 하거나 받침대 또는 사다리를 사용하여 작업하지 않도록 할 것
5. 작업발판의 최대 적재하중은 250kg을 초과하지 않도록 할 것

07 화면은 둥근톱을 이용하여 물을 뿌리면서 대리석를 자르는 작업을 보여주고 있다. 영상을 참고하여 둥근톱 작업 시 불안전한 행동 3가지를 쓰시오.

[동영상 설명]
작업자가 기계를 정지시키지 않고 쇠파이프 막대로 수압조절밸브를 치면서 조절한다. 그 손으로 벽면에 부착된 기계의 전원 스위치를 만진다. 그 후 가동 중인 기계 레일 위를 왔다 갔다 한다. 좌측 둥근톱이 정지되자 면장갑 낀 손으로 톱날을 돌려본다. 반대편 오른편 둥근톱은 여전히 작동 중이다.

해답 1. 전원 차단 미실시
2. 운전 중 점검(=작동 중지 미실시)
3. 방호장치(톱날접촉예방장치) 미설치
4. 톱날을 손으로 만짐(절단점 위험)

08 화면은 화학물질을 사용하여 자동차 브레이크 라이닝을 세척하는 과정을 보여주고 있다. 세척제가 바닥에 흩어져 있으며 운동화를 신고 작업하고 있다. 작업자가 착용해야 할 보호구 4가지를 쓰시오.

해답 1. 보안경
2. 화학물질용 안전장갑
3. 화학물질용 보호복
4. 방독마스크(유기화합물용)

09 외부비계에 가설통로가 설치되어 있다. 이러한 가설통로의 설치기준 3가지를 쓰시오.

해답 1. 견고한 구조로 할 것
2. 경사는 30° 이하로 할 것. 다만, 계단을 설치하거나 높이 2미터 미만의 가설통로로서 튼튼한 손잡이를 설치한 경우에는 그러하지 아니하다.
3. 경사가 15°를 초과하면 미끄러지지 아니하는 구조로 할 것
4. 추락할 위험이 있는 장소에는 안전난간을 설치할 것. 다만, 작업상 부득이한 경우에는 필요한 부분만 임시로 해체할 수 있다.

5. 수직갱에 가설된 통로의 길이가 15m 이상이면 10m 이내마다 계단참을 설치할 것
6. 건설공사에 사용하는 높이 8m 이상인 비계다리에는 7m 이내마다 계단참을 설치할 것

산업안전기사(1회 C형)

01 화면을 보고 영상 속 지게차 운전 중 위험요인을 2가지만 쓰시오.

[동영상 설명]
지게차에 화물이 높게 적재되어, 화물이 떨어질 위험이 있다. 화물을 2단으로 적재하고 로프 등으로 묶지 않았고 맨 위 상자가 흔들거린다. 그러던 중 지나가는 다른 작업자를 치는 재해가 발생한다.

[해답]
1. 전방의 시야 불충분으로 지게차에 의해 다른 작업자가 다칠 수 있다.
2. 시야 확보가 되지 않는 경우, 유도자를 배정하여 차량 유도하지 않았다.
3. 시야 확보가 되지 않는 경우, 경적과 경광등을 사용하지 않았다.
4. 물건을 불안정하게 적재하여 화물이 떨어져 다른 작업자가 다칠 수 있다.

02 화면은 콘크리트 전주 세우기 작업 도중에 발생한 사례이다. 영상과 같은 동종재해를 예방하기 위한 대책 중 관리적 대책 3가지를 쓰시오.

[동영상 설명]
항타기 · 항발기 장비로 땅을 파고 전주를 묻는 장면으로 항타기에 고정된 전주가 조금 불안전한듯싶더니 조금씩 돌아가서 항타기로 전주를 조금 움직이는 순간 인접 활선 전로에 접촉되어서 스파크가 일어난다.

[해답]
1. 이격거리 확보 : 차량 등을 충전부로부터 300cm 이상 이격시키되, 대지전압이 50kV를 넘는 경우 10kV가 증가할 때마다 이격거리를 10cm씩 증가시킨다.
2. 절연용 방호구 설치 : 절연용 방호구 등을 설치한 경우에는 이격거리를 절연용 방호구 앞면까지로 할 수 있다.
3. 울타리 설치 또는 감시인 배치 : 울타리를 설치하거나 감시인 배치 등의 조치를 하여야 한다.
4. 접지점 관리 철저 : 접지된 차량 등이 충전전로와 접촉할 우려가 있는 경우에는 근로자가 접지점에 접촉되지 않도록 조치하여야 한다.

03 영상의 작업자는 탱크 내부 밀폐된 공간에서 작업을 하고 있다. 이때 다른 작업자가 외부에 설치된 국소배기장치를 발로 차서 전원공급이 차단되어 내부 작업자가 의식을 잃고 쓰러진다. 다음 빈칸 안에 알맞은 말을 쓰시오.

적정공기란 산소농도의 범위가 (①)% 이상 (②)% 미만, 이산화탄소의 농도가 (③)% 미만, 황화수소의 농도가 (④)ppm 미만인 수준의 공기를 말한다.

[해답] ① 18, ② 23.5, ③ 1.5, ④ 10

04 화면은 천장크레인을 이용하여 배관파이프를 운반하는 과정을 보여주고 있다. 이 영상을 참고하여 낙하 비래위험을 방지하기 위한 작업시작 전 점검사항 3가지를 쓰시오.

[동영상 설명]
천장크레인을 이용하여 2줄걸이로 배관 파이프를 운반한다. 수신호자가 발판도 없는 비계 중간쯤 매달려서 안전대 안전모 없이 수신호 중이다. 신호수가 손짓하여 크레인이 이에 맞춰 운전하지만, 신호가 잘 이뤄지지 않아 배관 파이프가 철골 H 빔에 부딪힌다. 와이어로 양쪽 끝 두 바퀴 감아서 샤클로 체결하고 작업자가 손으로 받으려다 안되니 배관 파이프를 흔들다가 배관 파이프에 맞는다. 훅 해지장치는 보이지 않는다.

[해답]
1. 권과방지장치 · 브레이크 · 클러치 및 운전장치의 기능
2. 주행로의 상측 및 트롤리(trolley)가 횡행하는 레일의 상태
3. 와이어로프가 통하고 있는 곳의 상태

05 화면은 작업자가 엘리베이터 피트 내부의 나무로 엉성하게 만든 작업발판 위에서 폼타이 핀을 망치로 제거하는 작업 중 피트 내부로 떨어지는 장면을 보여주고 있다. 이러한 재해발생의 위험요인 3가지를 쓰시오.

[해답]
1. 피트 내부에 추락방호망 미설치
2. 작업발판 미고정
3. 안전대 부착설비 미설치 및 안전대 미착용
4. 개구부(피트) 단부에 안전난간 미설치

06 영상은 타워크레인을 작업하는 모습을 보여주고 있다. 산업안전보건기준에 관한 규칙에 따라서, 타워크레인을 사용하여 작업하는 경우 사업주가 관계 근로자에게 준수하도록 해야 할 안전수칙 3가지를 쓰시오.

[동영상 설명]
타워크레인 작업에서 작업자가 소켓을 손으로 돌리면서 화물을 대충 고정한 작업자가 물러나고 화물을 조금 흔들리면서 감아 올라간다.

해답
1. 인양할 하물(荷物)을 바닥에서 끌어당기거나 밀어내는 작업을 하지 아니할 것
2. 유류드럼이나 가스통 등 운반 도중에 떨어져 폭발하거나 누출될 가능성이 있는 위험물 용기는 보관함(또는 보관고)에 담아 안전하게 매달아 운반할 것
3. 고정된 물체를 직접 분리·제거하는 작업을 하지 아니할 것
4. 미리 근로자의 출입을 통제하여 인양 중인 하물이 작업자의 머리 위로 통과하지 않도록 할 것
5. 인양할 하물이 보이지 아니할 때는 어떠한 동작도 하지 아니할 것(신호하는 사람에 의하여 작업하는 경우는 제외한다)

07 영상은 작업자가 롤러기에 장갑을 끼고 이물질을 제거하다가 손이 끼이는 것을 보여주고 있다. 롤러기의 급정지장치 설치 위치를 3가지 쓰시오.

해답
1. 손조작식 급정지장치 : 밑면에서 1.8m 이내
2. 복부조작식 급정지장치 : 밑면에서 0.8~1.1m 이내
3. 무릎조작식 급정지장치 : 밑면에서 0.4~0.6m 이내

08 영상은 드릴 작업의 모습을 보여주고 있다. 영상 내 드릴 작업 중 위험요인을 2가지만 쓰시오.

[동영상 설명]
작업자가 보안경 미착용, 목장갑을 착용하고 탁상용 드릴 작업을 하면서 공작물을 바이스에 고정시켜 놓았고(발생한 쇠가루의 이물질을 입으로 불면서) 동시에 손으로 제거하려다 손이 말려 들어가 드릴 날에 검지 손가락이 접촉되어 피가 난다.

해답
1. 이물질 제거 중 전원 미차단(=청소 중 드릴을 멈추지 않았다)
2. 목장갑 착용

3. 이물질 손으로 제거(=이물질 제거 작업 시 전용공구 미사용)
4. 보안경 미착용

09 영상은 작업자가 휴대용 연삭기로 작업하는 것을 보여주고 있다. 산업안전보건법령상 휴대용 연삭기의 (1) 방호장치의 이름과 (2) 설치각도를 쓰시오.

해답
(1) 방호장치 : 덮개
(2) 설치각도 : 180° 이상

산업안전기사(2회 A형)

01 화면은 작업자가 연마작업을 하는 과정을 보여주고 있다. 이 영상을 참고하여 휴대용 연마작업 시 감전사고 예방을 위한 안전대책 2가지를 쓰시오.

[동영상 설명]
고무장갑 착용, 방진마스크 미착용한 작업자가 강재에 물을 뿌리며 열을 식히며 연마작업을 하고 있다. 전선의 접속부를 고무장갑 안에 넣어 물에 젖은 바닥에 둔다. 푸른색 전류가 작업자 손 주변을 타고 나간다. 물기 많은 바닥에 방치된 접속부를 보여준다.

해답
1. 감전방지용 누전차단기를 설치한다.
2. 전선을 서로 접속하는 경우에는 해당 전선의 절연성능 이상으로 절연될 수 있는 것으로 충분히 피복하거나 적합한 접속기구를 사용하여야 한다.
3. 습윤한 장소에서는 충분한 절연효과가 있는 이동전선을 사용한다.
4. 통로바닥에 전선 또는 이동전선 등을 설치하여 사용해서는 아니 된다.

02 화면은 롤러기 청소하고 있는 작업자를 보여주고 있다. 이 영상을 참고하여 롤러기 청소 시 작업자 행동의 문제점 및 안전대책을 각 2가지씩 쓰시오.

[동영상 설명]
작업자가 가동 중인 롤러기의 전원 차단 스위치를 꺼 정지시킨 후 내부 수리를 하고 있고, 수리 완료 후 롤러기를 가동시켜 내부의 이물질을 장갑을 착용한 손으로 제거하다 롤러기에 말려 들어간다.

해답
1. 문제점 : 장갑을 착용하고 있다.
   안전대책 : 장갑을 착용하지 않는다.
2. 문제점 : 전원을 차단하지 않았다.
   안전대책 : 전원을 차단한다.
3. 문제점 : 안전장치 없이 작업하였다.
   안전대책 : 안전장치를 설치한다.

03 화면은 아파트 창틀에서 작업 중 발생한 재해사례를 나타내고 있다. 해당 영상에서 작업자의 추락사고 원인 3가지를 쓰시오.

[동영상 설명]
작업자 A는 아파트 대형 창틀에서, 작업자 B는 약 50cm 벽을 두고 옆 처마 위에서 작업하고 있다. 작업자 A가 창틀 밖으로 작업 발판을 작업자 B에게 건네준다. 그리고 작업자 B가 있는 옆 처마 위로 이동하다 발을 헛디뎌 바닥으로 추락한다. 주변에 정리정돈이 되어있지 않고, 작업자 A가 밟고 있던 콘크리트 부스러기가 추락할 때 같이 떨어진다. 작업 중의 높이는 알 수 없고, 바닥도 보이지는 않는다.

해답 1. 안전난간 미설치, 2. 안전대 미착용, 3. 추락방호망 미설치

04 화면은 선반 작업하고 있는 작업자를 나타내고 있다. 영상을 참고하여 선반 작업 시 작업자에게 사고가 발생할 수 있는 위험요소 3가지를 쓰시오.

[동영상 설명]
면장갑을 착용 및 보안경을 미착용한 작업자가 선반 작업을 하고 있다. 작업자가 회전축에 샌드페이퍼(사포)를 감아 손으로 지지하고 있다. 작업에 집중하지 못하고 있는데, 작업복과 손이 감겨 들어간다.

해답
1. 장갑 착용
2. 손으로 지지(고정장치 사용 안함)
3. 방호장치(덮개 혹은 울) 미설치

05 화면의 영상 속 (1) 재해발생형태 및 (2) 재해원인을 쓰시오.

[동영상 설명]
전선을 감는 작업 중에 기계가 멈추어, 작업자가 기계 밑에 문을 열고 맨손으로 전선 만지다가 푸른색 전류가 발생하는 사고가 발생하는 것을 보여주고 있다. 이때 작업자는 면장갑을 착용하였고 보안경, 안전모는 미착용 상태이다.

해답
(1) 재해발생형태 : 감전(=전류 접촉)
(2) 재해원인 : 작업자가 전원을 차단하지 않고 점검, 작업자가 절연용 보호구(내전압용 절연장갑 등)를 착용하지 않음

06 화면은 에어컴프레셔를 사용해 작업하는 작업자를 보여주고 있다. 영상을 참고하여 에어컴프레셔로 작업 할 때 착용해야 하는 보호구를 3가지만 쓰시오.

[동영상 설명]
작업자가 개폐기함에 전원을 올리고 기계 장비 및 주변을 에어건로 불어 버리며 청소하고 있다. 바닥에까지 엎드려서 기계 밑 공장바닥에 있는 먼지까지 맨눈으로 확인하다가, 눈을 감싸고 아파한다.

해답 1. 방진마스크, 2. 보안경, 3. 귀마개

07 화면과 같은 재해의 발생원인 2가지를 쓰시오.

[동영상 설명]
A 작업자가 변압기의 2차 전압을 측정하기 위해 유리창 너머의 B 작업자에게 전원을 투입하라는 신호를 보낸다. 측정 완료 후 다시 차단하라고 신호를 보내고 측정기기를 철거하다 감전사고가 발생하였다. 이때 작업자는 맨손이고 슬리퍼를 착용하였다.

해답
1. 개인보호구(절연장갑 등) 미착용
2. 신호전달체계 불량
3. 작업자 안전수칙 미준수(활선 및 정전상태 미확인 후 작업)

08 이동식 비계를 설치하여 사용할 때 준수사항을 3가지 쓰시오.

해답 1. 이동식 비계의 바퀴에는 뜻밖의 갑작스러운 이동 또는 전도를 방지하기 위하여 브레이크·쐐기 등으로 바퀴를 고정시킨 다음 비계의 일부를 견고한 시설물에 고정하거나 아웃트리거(Outrigger)를 설치하는 등 필요한 조치를 할 것
2. 승강용 사다리는 견고하게 설치할 것
3. 비계의 최상부에서 작업할 경우 안전난간을 설치할 것
4. 작업발판은 항상 수평을 유지하고 작업발판 위에서 안전난간을 딛고 작업을 하거나 받침대 또는 사다리를 사용하여 작업하지 않도록 할 것
5. 작업발판의 최대 적재하중은 250kg을 초과하지 않도록 할 것

09 화면은 이동식 크레인을 이용하여 배관 파이프를 운반하고 있다. 영상 내 핵심위험요인 3가지를 쓰시오.

[동영상 설명]
신호자가 손짓을 하며 크레인이 이에 맞춰 운전하지만, 신호가 잘 이루어지지 않아 배관이 H빔에 부딪힌다. 와이어로 양쪽 끝을 두 바퀴 감아서 샤클로 체결하고 근로자가 손으로 받으려고 하다가 안 되니 화물을 흔들다가 근로자가 맞는다. 훅 해지장치가 설치되어 있지 않았다.

해답 1. 유도로프를 사용하지 않았다.
2. 훅 해지장치가 설치되어 있지 않았다.
3. 작업 전 신호방법 및 신호계획을 수립하지 않았다.
4. 자재를 작업자 위로 운반하였다.

산업안전기사(2회 B형)

01 화면에서 작업자가 보안경을 착용하지 않고 손에는 면장갑을 낀 상태로 띠톱을 이용하여 강재를 절단하고 있다. 강재를 절단한 후 전원을 차단하지 않은 상태에서 절단된 강재를 빼내고 있다. 이때 위험요소 3가지를 쓰시오.

해답 1. 면장갑을 착용하고 있어 손이 톱날에 끼일 위험이 있다.
2. 보안경 미착용으로 강재의 비산물에 눈을 다칠 위험이 있다.
3. 강재를 빼낼 때 전원을 차단하지 않았고 동작스위치의 잠금장치를 하지 않아 실수로 띠톱이 작동되어 다칠 위험이 있다.

02 화면 속 영상의 위험요인 2가지를 쓰시오.

[동영상 설명]
작업자 1명이 변압기 볼트 위 매우 불안한 발판 위에 올라가서 스패너로 볼트를 치면서 풀면서 작업을 하다가, 추락한다. 작업자는 면장갑을 끼고 있으며, 안전대를 허리에 착용하고는 있으나, 어디에 걸지 않았다.

해답 1. 작업자가 딛고 선 발판이 불안 → 작업발판 흔들리지 않게 고정
2. 안전대를 연결하지 않음 → 안전대 연결
3. 절연용 보호구(내전압용 절연장갑 등)를 미착용 → 절연용 보호구 착용

03 화면에는 천장크레인(호이스트)를 통해 배관 이동 작업하고 있다. 영상 속 천장크레인(호이스트)로 배관 이동 작업의 위험요인 3가지를 쓰시오.

[동영상 설명]
천장크레인(호이스트)으로 화물 인양 중. 한 손에는 조작 스위치 한 손에는 배관(인양물)을 잡고 있다. 배관을 한줄걸이로 걸어서 막 흔들다가 결국 기울며 추락하고, 작업자도 바닥은 정리되지 않아서 부품에 걸려서 넘어지며 소리 지른다. 훅에 훅 해지장치가 없다.

해답 1. 1줄걸이
2. 유도로프를 사용하지 않아 흔들림 방지 불량
3. 단독 작업자의 양손 작업
4. 주변 정리정돈 및 청소상태가 불량
5. 훅에 해지장치 미설치

04 다음 기계·기구 3가지에 대한 안전장치를 1가지씩 쓰시오.

(1) 컨베이어 벨트   (2) 선반 축
(3) 그라인더

해답 (1) 컨베이어 벨트 : 비상정지장치, 덮개, 울
(2) 선반 축(샤프트) : 덮개, 울
(3) 그라인더(휴대용 연삭기) : 덮개

05 화면은 지게차 작업 고정을 보여주고 있다. 영상 속 지게차 운전 재해발생요인을 3가지만 쓰시오.

> [동영상 설명]
> 지게차에 화물이 높게 적재되어, 화물이 떨어질 위험이 있다. 화물을 2단으로 적재하고 로프 등으로 묶지 않았고 맨 위 상자가 흔들거린다. 그러던 중 지나가는 다른 작업자를 치는 재해가 발생한다.

해답
1. 물건을 과적하여 운전자의 시야를 가려 다른 작업자가 다칠 수 있다.
2. 물건을 불안정하게 적재하여 화물이 떨어져 다른 작업자가 다칠 수 있다.
3. 다른 작업자가 작업통로에 나와서 작업을 하고 있어 지게차에 다칠 수 있다.

06 화면은 가설통로가 외부비계에 설치되어 있다. 이러한 가설통로의 설치기준 3가지를 쓰시오.

해답
1. 견고한 구조로 할 것
2. 경사는 30° 이하로 할 것. 다만, 계단을 설치하거나 높이 2m 미만의 가설통로로서 튼튼한 손잡이를 설치한 경우에는 그러하지 아니하다.
3. 경사가 15°를 초과하면 미끄러지지 아니하는 구조로 할 것
4. 추락할 위험이 있는 장소에는 안전난간을 설치할 것. 다만, 작업상 부득이한 경우에는 필요한 부분만 임시로 해체할 수 있다.
5. 수직갱에 가설된 통로의 길이가 15m 이상이면 10m 이내마다 계단참을 설치할 것
6. 건설공사에 사용하는 높이 8m 이상인 비계다리에는 7m 이내마다 계단참을 설치할 것

07 화면 속 VDT 자세 개선점을 3가지 쓰시오.

> [동영상 설명]
> 작업자가 사무실에서 의자에 앉아 컴퓨터 조작 중이다. 작업자가 의자 높이가 맞지 않아 다리를 구부리고 앉아 있으며, 모니터를 가까이에서 바라보고 있다. 또한, 키보드를 손으로 조작하는데 키보드가 너무 높은 곳에 있다.

해답
1. 허리를 등받이 깊숙이 지지하여 앉는다.
2. 위팔과 자연스럽게 늘어뜨리고 팔꿈치의 내각은 90도 이상이 되도록 할 것
3. 작업자의 시선은 화면상단과 눈높이 일치, 시거리 40cm 이상 확보
4. 무릎의 내각이 90도 전후가 되도록 할 것
5. 작업자의 발바닥 전면이 바닥에 닿도록 하고 그렇지 않을 경우 받침대를 조건에 맞는 높이와 각도로 설치할 것

08 고압전선로 인근에서 항타기 · 항발기 작업 시 안전작업수칙 3가지를 쓰시오.

해답
1. 이격거리 확보 : 차량 등을 충전부로부터 300cm 이상 이격시키되, 대지전압이 50kV를 넘는 경우 10kV가 증가할 때마다 이격거리를 10cm씩 증가시킨다.
2. 절연용 방호구 설치 : 절연용 방호구 등을 설치한 경우에는 이격거리를 절연용 방호구 앞면까지로 할 수 있다.
3. 울타리 설치 또는 감시인 배치 : 울타리를 설치하거나 감시인 배치 등의 조치를 하여야 한다.
4. 접지점 관리 철저 : 접지된 차량 등이 충전전로와 접촉할 우려가 있는 경우에는 근로자가 접지점에 접촉되지 않도록 조치하여야 한다.

09 이동식 비계를 설치하여 사용할 때 준수사항을 3가지 쓰시오.

해답
1. 이동식 비계의 바퀴에는 뜻밖의 갑작스러운 이동 또는 전도를 방지하기 위하여 브레이크 · 쐐기 등으로 바퀴를 고정한 다음 비계의 일부를 견고한 시설물에 고정하거나 아웃트리거(Outrigger)를 설치하는 등 필요한 조치를 할 것
2. 승강용 사다리는 견고하게 설치할 것
3. 비계의 최상부에서 작업할 경우 안전난간을 설치할 것
4. 작업발판은 항상 수평을 유지하고 작업발판 위에서 안전난간을 딛고 작업을 하거나 받침대 또는 사다리를 사용하여 작업하지 않도록 할 것
5. 작업발판의 최대 적재하중은 250kg을 초과하지 않도록 할 것

산업안전기사(2회 C형)

01 화면에서 마그네트 크레인으로 프레스 금형을 옮기고 있다. 영상을 참고하여 작업자의 위험요인 3가지를 쓰시오.

> [동영상 설명]
> 마그네틱 크레인을 금형 위에 올리고 손잡이를 작동시켜 이동시키고 있다. 작업자는 안전모 미착용, 목장갑 착용, 신발은 안 보인다. 작업자가 오른손으로 금형을 잡고, 왼손으로 상하좌우 조정장치(전기배선 외관에 피복이 벗겨져 있음)를 누르면서 이동한다. 위를 비러보면서 이동하다가 넘어지면서 오른손이 마그네틱 ON/OFF봉을 건드려 금형을 발등으로 떨어뜨리고, 넘어지면서 뒤에 금속제 다이에 머리를 부딪힌다. (크레인은 훅 해지 장치가 없고, 훅에 샤클이 3개 연속으로 걸려 있고 마지막 훅에도 훅 해지장치 없다)

해답
1. 마그네틱 크레인에 훅 해지장치가 없고, 작동 스위치의 전선이 벗겨져 있는 상태라서 재해의 위험이 있다.
2. 보조(유도)로프를 사용하지 않아 재해 위험이 있다.
3. 신호수를 배치하지 않았고 조종수가 위험구역에 접근해 있어 재해 위험이 있다.
4. 작업자가 안전모를 착용하지 않았다.

02 화면에서 작업자는 컨베이어 벨트를 이용해 작업하고 있다. 영상을 참고하여 컨베이어 벨트 작업의 위험요인 2가지를 쓰시오.

[동영상 설명]
30도 정도 경사진 컨베이어 벨트가 작동하고, 작업자는 작동 중인 컨베이어 위에 1명과 아래쪽 작업장 바닥에 1명이 있으며, 기계 오른쪽에 있는 포대를 컨베이어 벨트 위로 올리는 작업을 하고 있다. 작업장 오른쪽에 포대가 많이 쌓여 있다. 작업자 한 명은 경사진 컨베이어 위에 회전하는 벨트 양끝 부분 철로 된 모서리에 양발을 벌리고 서 있다. 밑에 작업자가 포대를 일정한 방향이 아닌 삐뚤게 포대를 컨베이어에 올리는 중 컨베이어 위에 양발을 벌리고 있는 작업자 발에 포대 끝부분이 부딪혀 무게 중심을 잃고 기계 오른쪽으로 쓰러진다. 이때 팔이 풀리 하단으로 들어가는 재해가 발생한다. 작업자 둘 다 캡모자를 쓰고 있다.

해답
1. 작업자가 양발을 컨베이어 양끝에 지지하여 불안정한 자세로 작업을 하고 있다.
2. 시멘트 포대가 작업자의 발을 치고 있어서 넘어져 상해를 당할 수 있다.

03 화면에는 절연보호구 미착용 작업자가 보이고, 크레인이 전선에 근접하고 있다. 산업안전보건기준에 관한 규칙에 따라서, 충전선로에서의 전기작업 중 조치사항에 대하여 다음 빈칸을 채우시오.

- 충전전로를 취급하는 근로자에게 그 작업에 적합한 (①)를 착용시킬 것
- 충전전로에 근접한 장소에서 전기작업하는 경우 해당 전압에 적합한 (②)를 설치할 것. 다만, 저압인 경우 해당 전기작업자가 (①)를 착용하되, 충전전로에 접촉할 우려가 없는 경우에는 (②)를 설치하지 아니할 수 있다.

해답 ① 절연용 보호구, ② 절연용 방호구

04 화면은 지게차 포크 위에 기다란 철봉 2개를 백레스트에 상차하여 지게차 폭보다 튀어나온 상태로 운행, 철봉으로 옆에 다른 작업자를 치고 있다. 이 작업의 작업계획서에 포함될 사항 2가지를 쓰시오.

해답
1. 해당 작업에 따른 추락·낙하·전도·협착 및 붕괴 등의 위험 예방 대책
2. 차량계 하역운반기계 등의 운행경로 및 작업방법

05 화면은 2만 볼트가 인가된 배전 "판"에 절연내력시험기로 앞의 작업자가 시험하다 미처 뒤에 있던 다른 작업자를 발견하지 못한 관계로 발생한 재해사고 사례이다. 영상을 참고하여 (1) 재해유형과 (2) 가해물을 쓰시오.

[동영상 설명]
배전반 뒤쪽에서 작업자 1명이 작업을 한다. 배전반 앞쪽에는 다른 작업자 1명이 절연내력시험기를 들고 1선은 배전반 접지에 꽂은 후 장비의 스위치를 ON 시키고 배선용 차단기에 나머지 1선을 여기저기 대고 있다. 그러다가, 앞쪽 작업자가 놀라더니 일어나, 뒤쪽 가서 쓰러져 있는 뒤쪽 작업자를 발견한다.

해답
(1) 재해유형 : 감전
(2) 가해물 : 전류 또는 전기

06 화면은 작업자가 선반 작업하는 과정을 보여주고 있다. 영상을 참고하여 관련된 (1) 위험점과 (2) 그 정의를 쓰시오.

[동영상 설명]
면장갑을 착용 및 보안경을 미착용한 작업자가 선반 작업을 하고 있다. 작업자가 회전축에 샌드페이퍼(사포)를 감아 손으로 지지하고 있다. 작업에 집중하지 못하고 있는데, 작업복과 손이 감겨 들어간다.

해답
(1) 위험점 : 회전말림점
(2) 정의 : 회전하는 물체의 길이, 굵기, 속도 등이 불규칙한 부위와 돌기 회전 부위에 장갑, 작업복 등이 말려드는 위험점 형성

07 화면은 작업자가 용접 작업하는 과정을 보여주고 있다. 영상을 참고하여 용접작업 시 불안전한 요인 3가지를 쓰시오.

[동영상 설명]
작업자가 혼자 작업장에서 용접용 보안면, 용접용 가죽장갑, 용접용 앞치마를 착용한 상태에서 모재를 집게에 물려놓고 피복아크용접(전기용접, 수동용접)을 하고 있다. 빨간색과 주황색 드럼통이 뒤에 보인다. 작업장 바닥이 어질러져 있다. 한 손으로 용접기, 다른 손으로 작업봉을 받친 채 용접한다. 용접하는 모재 옆에 작업대 위 어질러진 용접봉이나 잡다한 물건들에 불티가 튄다.

[해답]
1. 화기작업에 따른 인근 가연성 물질에 대한 방호조치 및 소화기구 비치 미흡
2. 용접불티 비산방지 덮개, 용접방화포 등 불꽃, 불티 등 비산방지조치 미흡
3. 인화성 액체의 증기 및 인화성 가스가 남아 있지 않도록 환기 등의 조치 미흡

08 화면은 작업자가 화학실험 하는 과정을 보여주고 있다. 영상을 참고하여 필요한 보호구를 3가지 쓰시오.

[동영상 설명]
실험실에서 처음에 페놀 용기 보여주고 다음으로 황산(H_2SO_4) 용기를 보여준다.
맨얼굴, 맨손에 실험 가운만 입고 있는 사람이 피펫이랑 삼각플라스크를 만지다가 화학반응으로 발열이 발생하여 떨어뜨려 비커가 깨져 바닥에 퍼진다. 마지막에 신발이 나오는데, 일반 갈색 캐쥬얼화(장화 아님)를 신고 있다.

[해답] 1. 화학물질용 보호복, 2. 화학물질용 보호장갑, 3. 화학물질용 보호장화

09 화면은 작업자가 프레스기 외관을 점검하고 있다. 페달도 밟아보고 전원을 올려 작동도 해본다. 프레스 작업 시작 전 점검사항을 4가지 쓰시오.

[해답]
1. 클러치 및 브레이크의 기능
2. 크랭크축·플라이휠·슬라이드·연결봉 및 연결 나사의 풀림 여부
3. 1행정 1정지기구·급정지장치 및 비상정지장치의 기능
4. 슬라이드 또는 칼날에 의한 위험방지 기구의 기능
5. 프레스의 금형 및 고정볼트 상태
6. 방호장치의 기능
7. 전단기(剪斷機)의 칼날 및 테이블의 상태

산업안전기사(3회 A형)

01 화면은 타워크레인의 작업 중지에 관한 내용이다. 영상을 참고하여 산업안전보건법령상에 따라 빈칸에 알맞은 숫자를 넣으시오.

[동영상 설명]
타워크레인을 이용하여 철제 비계를 운반 도중 신호수(안전모, 안전대 미착용) 머리 위로 지나가며 다소 흔들리며 내리다 철제배관과 부딪히며 재해가 발생한다.

- 설치·수리점검 또는 해체작업 중지하여야 하는 순간풍속 (①)m/s
- 운전작업을 중지하여야 하는 순간풍속 (②)m/s

[해답] ① 10, ② 15

02 화면은 교류아크 용접 작업 중 재해가 발생한 사례이다. 영상을 참고하여 용접작업 시 사고를 예방하기 위해 착용해야 할 보호구를 4가지만 쓰시오.

[동영상 설명]
용접용 보안면은 미착용, 일반 캡모자와 목장갑, 절연장화를 착용한 작업자가 교류아크 용접을 한다. 용접을 한번 하고서 슬러지를 털어낸 뒤 육안으로 확인 후 다시 한번 용접을 위해 아크 불꽃을 내는 순간 감전되어 쓰러진다.

[해답] 1. 용접용 보안면, 2. 용접용 장갑, 3. 용접용 앞치마, 4. 용접용 안전화

03 화면상에 나타난 건물 해체작업의 작업계획서 작성 시 포함사항을 산업안전보건법령에 맞추어 3가지만 쓰시오. (단, 그 밖에 안전·보건에 관련된 사항은 제외)

[동영상 설명]
집게가위 압쇄공법(Crusher Method) 포크레인을 이용해서 건물을 해체하는 중, 해체물을 작업자에게 떨어뜨리는 재해가 발생한다.

해답
1. 해체의 방법 및 해체 순서 도면
2. 가설설비·방호설비·환기설비 및 살수·방화설비 등의 방법
3. 사업장 내 연락방법
4. 해체물의 처분계획
5. 해체작업용 기계·기구 등의 작업계획서
6. 해체작업용 화약류 등의 사용계획서

04 화면을 참고하여 영상의 재해를 예방할 수 있는지 방안 3가지를 쓰시오.

[동영상 설명]
단무지 공장에서 무릎 정도 물이 차 있는 상태에서 수중펌프 작동과 동시에 작업자가 접속 부위에 감전된다.

해답
1. 모터와 전선의 이음새 부분을 작업 시작 전 확인
2. 수중 및 습윤한 장소에서 사용하는 전선은 수분의 침투가 불가능한 것을 사용
3. 감전방지용 누전차단기를 설치

05 산업안전보건법령상 낙하물방지망 관련 (   )를 채우시오.

- 설치각도 : 수평면과의 각도는 (①)도 이상 (②)도 이하
- 설치 간격 : 높이 10m 이내마다 설치
- 내민 길이 : 벽면으로부터 2m 이상

해답 ① 20, ② 30

06 터널 건설공사 시 가연성 가스가 존재하여 폭발 또는 화재가 발생할 위험이 있을 때 가연성 가스 농도의 이상 상승을 조기에 파악하기 위해 (1) 설치해야 하는 장치와 (2) 작업 시작 전 점검해야 하는 사항을 3가지 쓰시오.

해답
(1) 장치 : 자동경보장치
(2) 점검사항
1. 계기의 이상 유무
2. 검지부의 이상 유무
3. 경보장치의 작동상태

07 화면은 롤러기를 청소하다가 손이 말려 들어가는 상황이다. 영상을 참고하여 관련 (1) 위험점과 (2) 정의를 쓰시오.

[동영상 설명]
롤러기 기계 정지 후 정비 끝내고 다시 가동시키고, 두 개의 회전체 사이에 목장갑 낀 손을 넣고 털다가 손이 물려 들어간다.

해답
(1) 위험점 : 물림점
(2) 정의 : 회전하는 두 개의 회전체에 물려 들어가는 위험점

08 영상을 참고하여 산업안전보건법령상 지게차의 작업 시작 전 점검사항 3가지를 쓰시오.

[동영상 설명]
지게차를 운행하기 전 운전자가 바퀴를 차는 등, 유압장치, 조정장치, 경보등 등을 점검하고 있다.

해답
1. 제동장치 및 조종장치 기능의 이상 유무
2. 하역장치 및 유압장치 기능의 이상 유무
3. 바퀴의 이상 유무
4. 전조등·후미등·방향지시기 및 경보장치 기능의 이상 유무

09 산업안전보건법령상 방열복 내열원단의 시험성능 기준 관련 ( )를 채우시오.

> (1) 난연성 : 잔염 및 잔진시간이 (①)초 미만이고 녹거나 떨어지지 말아야 하며, 탄화길이가 (②)mm 이내일 것
> (2) 절연저항 : 표면과 이면의 절연저항이 (③)MΩ 이상일 것

해답) ① 2, ② 102, ③ 1

산업안전기사(3회 B형)

01 산업안전보건법령상 컨베이어 작업 시작 전 점검사항 3가지를 쓰시오.

해답) 1. 원동기 및 풀리 기능의 이상 유무
2. 이탈 등의 방지장치 기능의 이상 유무
3. 비상정지장치 기능의 이상 유무
4. 원동기·회전축·기어 및 풀리 등의 덮개 또는 울 등의 이상 유무

02 화면은 절연보호구 미착용 작업자가 보이고, 크레인이 전선에 근접하고 있다. 영상을 참고하여 산업안전보건법령상 충전전로에서 전기작업 중 조치사항에 대해서 다음 ( )을 채우시오.

> • 충전전로를 취급하는 근로자에게 그 작업에 적합한 (①)를 착용시킬 것
> • 충전전로에 근접한 장소에서 전기작업을 할 때는 해당 전압에 적합한 (②)를 설치할 것. 다만, 저압일 때 해당 전기작업자가 (①)를 착용하되, 충전전로에 접촉할 우려가 없는 경우에는 (②)를 설치하지 아니할 수 있다.

해답) ① 절연용 보호구, ② 절연용 방호구

03 화면은 작업자가 휴대용 연삭기로 작업을 하고 있다. 산업안전보건법령상 휴대용 연삭기 방호장치의 (1) 이름 및 (2) 설치 각도를 쓰시오.

해답) (1) 방호장치 : 덮개
(2) 설치각도 : 180° 이상

04 화면은 LPG 저장소에서 작업자가 전기 스위치를 켜자 폭발하는 것을 보여주고 있다. 산업안전보건법령상 누설감지경보기의 적절한 (1) 설치 위치 (2) 경보설정값이 몇 % 이하가 적당한지 쓰시오.

해답) (1) 설치 위치 : 바닥에 인접한 낮은 곳에 설치한다(LPG는 공기보다 무거우므로 가라앉음).
(2) 경보설정값 : 폭발하한계(LEL) 25% 이하

05 화면은 작업자가 전주에 오르다가 장애물에 머리를 부딪혀 추락하는 재해를 보여주고 있다. 이와 같은 전주 작업에서 위험요소를 2가지 쓰시오.

해답) 1. 안전대 부착설비 미설치(수직구명줄 미설치)
2. 안전대 미착용(추락방지대 미착용)

06 화면은 아파트 창틀에서 작업하던 근로자가 옆쪽 창문으로 이동하던 도중 발을 헛디뎌 떨어지는 장면을 보여주고 있다. 이때 작업자의 추락사고 원인 2가지를 쓰시오.

> [동영상 설명]
> 작업자 A, B가 작업을 하고 있으며, A는 아파트 창틀에서 B는 옆 처마 위에서 작업하고 있다. 창틀에서 작업 중인 A가 작업발판을 처마 위에 B에게 건네준 후, B가 있는 옆 처마 위로 이동하다 발을 헛디뎌 바닥으로 추락하는게 된다. (주변에 정리정돈이 되어있지 않고, A 작업자가 밟고 있던 콘크리트 부스러기가 추락할 때 같이 떨어진다)

해답) 1. 안전대 부착설비 미설치
2. 안전대 미착용
3. 추락방지용 추락방호망 미설치
4. 통로 정리정돈 미실시
5. 안전대 미착용

07 화면을 보고, 필요한 보호구를 3가지 쓰시오.

[동영상 설명]
실험실에서 처음에 페놀 용기 보여주고 두 번째는 황산(H_2SO_4)용기 보여준다. 맨얼굴, 맨손에 실험 가운만 입고 있는 사람이 피펫이랑 삼각플라스크를 만지다가 화학반응으로 발열이 발생하여 떨어뜨려 비커가 깨져 바닥에 퍼진다. 마지막에 신발이 나오는데, 일반 갈색 캐쥬얼화를 신고 있다.

[해답]
1. 화학물질용 보호복
2. 화학물질용 보호장갑
3. 화학물질용 보호장화

08 화면은 드릴 작업하고 있는 작업자를 보여주고 있다. 영상 내 드릴 작업 중 위험요인을 2가지만 쓰시오.

[동영상 설명]
작업자가 보안경 미착용, 목장갑을 착용하고 탁상용 드릴 작업을 하면서 공작물을 바이스에 고정해 놓았고(발생한 쇠가루의 이물질을 입으로 불면서) 동시에 손으로 제거하려다 손이 말려 들어가 드릴 날에 검지손가락이 접촉되어 피가 난다.

[해답]
1. 이물질 제거 중 전원 미차단(청소 중 드릴을 멈추지 않았다)
2. 목장갑 착용
3. 이물질 손으로 제거(이물질 제거 작업시 전용공구 미사용)
4. 보안경 미착용

09 화면을 참고하여 휴대용 연마작업 시 감전사고 예방을 위한 안전대책 3가지를 쓰시오.

[동영상 설명]
고무장갑 착용, 방진마스크 미착용한 작업자가 강재에 물을 뿌리며 열을 식히며 연마작업을 하고 있다. 전선의 접속부를 고무장갑 안에 넣어 물에 젖은 바닥에 둔다. 푸른색 전류가 작업자 손 주변을 타고 나간다. 물기 많은 바닥에 접속부가 방치되어 있다.

[해답]
1. 감전방지용 누전차단기를 설치한다.
2. 전선을 서로 접속하는 경우에는 해당 전선의 절연성능 이상으로 절연될 수 있는 것으로 충분히 피복하거나 적합한 접속기구를 사용하여야 한다.
3. 습윤한 장소에서는 충분한 절연효과가 있는 이동전선을 사용한다.
4. 통로바닥에 전선 또는 이동전선 등을 설치하여 사용해서는 아니 된다.

산업안전기사(3회 C형)

01 화면을 참고하여 영상 내 작업 시 위험요인 3가지를 쓰시오.

[동영상 설명]
면장갑을 낀 2명이 이동식 크레인 위 전선 작업 중인데 케이블 전선이 매우 복잡하다. 크레인의 붐대가 전주와 거의 붙어 이격거리가 미확보 상태임 1명은 이동식 크레인에 탑승하고 안전대 미착용. 안전모 미착용하였고 1명은 안전대 착용 및 체결. 안전모 착용하였다. 니퍼, 헤라(실리콘 제거 도구) 등으로 작업하고 있다. 대나무로 엉성하게 만든 사다리를 쓰고 있다. 아래쪽 구석에 안전모 쓴 다른 작업자가 있다. 작업 중인 전주 아래로 일반인이 지나가면서 작업하는 것을 쳐다본다.

[해답]
(1) 추락 관점
  1. 안전모 미착용, 2. 안전대 미착용, 3. 작업발판 부실
(2) 낙하 관점
  1. 관계근로자 외 출입금지 조치 미흡
(3) 감전 관점
  1. 내전압용 절연장갑 미착용, 2. 이동식 크레인이 전선과 근접

02 이동식 비계를 설치하여 사용할 때 준수사항을 3가지 쓰시오.

[해답]
1. 이동식 비계의 바퀴에는 뜻밖의 갑작스러운 이동 또는 전도를 방지하기 위하여 브레이크·쐐기 등으로 바퀴를 고정한 다음 비계의 일부를 견고한 시설물에 고정하거나 아웃트리거(Outrigger)를 설치하는 등 필요한 조치를 할 것
2. 승강용 사다리는 견고하게 설치할 것
3. 비계의 최상부에서 작업할 경우 안전난간을 설치할 것
4. 작업발판은 항상 수평을 유지하고 작업발판 위에서 안전난간을 딛고 작업을 하거나 받침대 또는 사다리를 사용하여 작업하지 않도록 할 것
5. 작업발판의 최대 적재하중은 250kg을 초과하지 않도록 할 것

03 화면은 화학물질을 사용하여 자동차 브레이크 라이닝을 세척하는 과정을 보여주고 있다. 세척제가 바닥에 흩어져 있으며 운동화를 신고 작업하고 있다. 작업자가 착용해야 할 보호구 4가지를 쓰시오.

해답
1. 보안경
2. 화학물질용 안전장갑
3. 화학물질용 보호복
4. 방독마스크(유기화합물용)

04 화면을 참고하여 영상 내 사고의 문제점 2가지를 쓰시오.

[동영상 설명]
맨손에 슬리퍼를 착용한 A 작업자가 변압기의 2차 전압을 측정하기 위해 유리창 너머의 B 작업자에게 개폐기함에 전원을 투입하라는 신호를 보낸다. A 작업자가 측정 완료 후 B 작업자에게 다시 차단하라고 신호를 보내고 측정기기를 맨손으로 철거하다 사고가 발생한다.

해답
1. 개인보호구(절연장갑 등) 미착용
2. 신호전달체계 불량
3. 작업자 안전수칙 미준수(활선 및 정전상태 미확인 후 작업)

05 화면을 참고하여 영상 내 추락 위험요인 2가지를 쓰시오.

[동영상 설명]
작업자 1명이 변압기 볼트 위 매우 불안한 발판 위에 올라가서 스패너로 볼트를 치면서 풀면서 작업을 하다가, 추락한다. 작업자는 면장갑을 끼고 있으며, 안전대를 허리에 착용하고는 있으나, 어디에 걸지 않았다.

해답
1. 안전대를 걸지 않음
2. 발판 불안

06 화면은 교량 하부 점검작업 중 추락재해가 발생하고 있다. 영상과 같은 상황에서 작업발판을 설치할 경우 (1) 작업발판의 폭과 (2) 틈의 기준은?

해답 (1) 작업발판의 폭 : 40cm 이상
(2) 틈 : 3cm 이하

07 경사지붕 설치작업 중 건물의 하부에서 휴식을 취하던 작업자 쪽으로 지붕 위에 쌓아 놓았던 경사지붕 자재가 낙하·비래하여 재해가 발생하였다. 이와 같은 재해의 발생원인을 3가지만 쓰시오.

해답
1. 경사지붕 하부에 낙하물방지망 미설치
2. 경사지붕 적치상태불량 및 체결상태불량
3. 경사지붕의 과적치
4. 근로자가 낙하(비래)위험 장소에서 휴식
5. 낙하(비래)위험구간 출입통제 미실시

08 산업안전보건법에서 사업 내 안전보건교육 중 밀폐공간작업 시 특별교육 내용 4가지를 쓰시오. (단, 그 밖에 안전·보건관리에 필요한 사항은 제외한다.)

해답
1. 산소농도 측정 및 작업환경에 관한 사항
2. 사고 시의 응급처치 및 비상 시 구출에 관한 사항
3. 보호구 착용 및 사용방법에 관한 사항
4. 작업내용·안전작업방법 및 절차에 관한 사항
5. 장비·설비 및 시설 등의 안전점검에 관한 사항

09 화면을 참고하여 영상 속 용접작업 시 위험요인 3가지를 쓰시오.

[동영상 설명]
작업자가 혼자 작업장에서 용접용 보안면, 용접용 가죽장갑, 용접용 앞치마, 일반 운동화를 착용한 상태에서 모재를 집게에 물려놓고 피복아크 용접(전기용접, 수동용접)을 하고 있다. 빨간색과 주황색 드럼통이 뒤에 보인다. 작업장 바닥이 어질러져 있다. 작업자가 한 손으로는 용접기, 다른 손으로 작업봉을 받친 채 용접한다. 용접하는 모재 옆에 작업대 위 어질러진 용접봉이나 잡다한 물건들에 불티가 튄다.

해답 1. 화기작업에 따른 인근 가연성물질에 대한 방호조치 및 소화기구 비치 미흡(소화기가 없다)
2. 용접불티 비산방지덮개, 용접방화포 등 불꽃, 불티 등 비산방지조치 미흡(불티가 튀어 주변에 물체에 불붙을 가능성)
3. 인화성 액체의 증기 및 인화성 가스가 남아 있지 않도록 환기 등의 조치 미흡(주변에 인화물질이 있다)

2022년 작업형 기출문제

산업안전기사(1회 A형)

01 화면의 재해를 막기 위한 안전 대책 2가지를 쓰시오.

[동영상 설명]
작업복을 입고 안전모, 안전화를 착용한 작업자 2명 피트에서 양동이로 더러운 물을 퍼내는 작업을 한다. 작업자 1명이 손으로 양동이로 물 퍼내서 다른 작업자에게 건네주는 작업을 반복한다. 마지막에 물 퍼내는 작업자가 거의 물에 빠질려고 할 때 다른 작업자가 빠지지 않게 옷을 잡아준다.

[해답] 1. 안전대 착용 및 구명줄 체결
2. 양동이에 달줄을 연결해서 작업
3. 사람의 힘(인력)이 아닌 기계(동력, 양수기 등)를 이용

02 산업안전보건법에서 사업 내 안전보건교육 중 밀폐공간작업 시 특별교육 내용 4가지를 쓰시오. (단, 그 밖에 안전·보건관리에 필요한 사항은 제외한다.)

[해답] 1. 산소농도 측정 및 작업환경에 관한 사항
2. 사고 시의 응급처치 및 비상시 구출에 관한 사항
3. 보호구 착용 및 보호 장비 사용에 관한 사항
4. 작업내용·안전작업방법 및 절차에 관한 사항
5. 장비·설비 및 시설 등의 안전점검에 관한 사항

03 산업안전보건법령상 충전전로에서의 전기작업 중 조치사항에 대해서 다음 빈칸을 채우시오.

[동영상 설명]
절연보호구를 미착용한 작업자가 크레인을 통해 작업을 하고 있다. 크레인이 전선에 근접한다.

(1) 충전전로를 취급하는 근로자에게 그 작업에 적합한 (①)을/를 착용시킬 것
(2) 충전전로에 근접한 장소에서 전기작업을 하는 경우에는 해당 전압에 적합한 (②)을/를 설치할 것. 다만, 저압인 경우에는 해당 전기작업자가 (①)을/를 착용하되, 충전전로에 접촉할 우려가 없는 경우에는 (②)을/를 설치하지 아니할 수 있다.

[해답] ① 절연용 보호구, ② 절연용 방호구

04 동영상의 재해를 예방할 수 있는지 방안 3가지를 쓰시오.

[동영상 설명]
단무지 공장에서 무릎 정도 물이 차 있는 상태에서 수중펌프 작동과 동시에 작업자가 접속부위에 감전된다.

[해답] 1. 사용 전 수중펌프와 전선 등의 절연상태 점검(절연저항 측정 등)
2. 감전방지용 누전차단기 설치
3. 작업 전 수중펌프 모터 외함 접지상태 확인

05 동영상의 롤러기 청소 시 작업자 행동의 문제점 및 안전대책을 각각 2가지씩 쓰시오.

[동영상 설명]
작업자가 가동 중인 롤러기의 전원 차단 스위치를 꺼 정지시킨 후 내부수리를 하고 있고, 수리 완료 후 롤러기를 가동시켜 내부의 이물질을 장갑을 착용한 손으로 제거하다 롤러기에 말려 들어간다.

해답 1. 문제점 : 장갑을 착용하고 있다.
     안전대책 : 장갑을 착용하지 않는다.
  2. 문제점 : 전원을 차단하지 않았다.
     안전대책 : 전원을 차단한다.
  3. 문제점 : 전용 청소도구를 사용하지 않았다.
     안전대책 : 전용 청소도구를 사용한다.

06 산업안전보건법령상 지게차의 작업 시작 전 점검사항 3가지를 쓰시오.

[동영상 설명]
지게차를 운행하기 전, 별다른 보호구를 착용하지 않은 지게차 운전자가 바퀴를 발로 차고 포크를 올렸다 내렸다 하고, 포크 안쪽을 점검한 후, 지게차 운행한다.

해답 1. 제동장치 및 조종장치 기능의 이상 유무
  2. 하역장치 및 유압장치 기능의 이상 유무
  3. 바퀴의 이상 유무
  4. 전조등·후미등·방향지시기 및 경보장치 기능의 이상 유무

07 동영상은 발파시작 전 천공작업과 취급에 관한 영상이다. 동영상에서와 같이 터널 등의 건설작업에 있어서 낙반 등에 의하여 근로자에게 위험을 미칠 우려가 있을 때 위험을 방지하기 위하여 필요한 조치사항 3가지 쓰시오.

해답 1. 터널지보공 설치
  2. 록(Rock)볼트 설치
  3. 부석 제거

08 물체 인양 중 물체가 떨어져 작업자가 맞는 재해가 발생하였다. 이때 (1) 재해의 종류와 (2) 정의를 쓰시오.

해답 (1) 발생형태 : 낙하, 비래(떨어짐, 맞음)
  (2) 정의 : 물체가 위에서 떨어지거나, 다른 곳으로부터 날아와 작업자가 맞음으로써 발생하는 재해

09 산업안전보건법령에 따른 낙하물방지망 관련 빈칸을 채우시오.

(1) 설치각도 : 수평면과의 각도는 (①)도 이상 (②)도 이하
(2) 설치 간격 : 높이 10m 이내마다 설치
(3) 내민 길이 : 벽면으로부터 2m 이상

해답 ① 20, ③ 30

산업안전기사(1회 B형)

01 휴대용 연마작업 시 감전사고 예방을 위한 안전대책을 3가지를 쓰시오.

[동영상 설명]
고무장갑 착용, 방진마스크 미착용한 작업자가 강재에 물을 뿌리며 열을 식히며 연마작업을 하고 있다. 전선의 접속부를 고무장갑 안에 넣어 물에 젖은 바닥에 둔다. 푸른색 전류가 작업자 손 주변을 타고 나간다. 이때 물기 많은 바닥에 접속부가 방치되어 있다.

해답 1. 감전방지용 누전차단기를 설치한다.
  2. 전선을 서로 접속하는 경우에는 해당 전선의 절연성능 이상으로 절연될 수 있는 것으로 충분히 피복하거나 적합한 접속기구를 사용하여야 한다.
  3. 습윤한 장소에서는 충분한 절연효과가 있는 이동전선을 사용한다.
  4. 통로바닥에 전선 또는 이동전선 등을 설치하여 사용해서는 아니 된다.

02 동영상의 지게차 재해사고 원인을 3가지 쓰시오.

[동영상 설명]
지게차의 포크에 김치냉장고 상자들을 2열로 높게 쌓아 올렸는데, 높이도 안 맞고 고정되어 있지도 않으며, 운전자의 시야가 가린다. 다른 작업자가 수레로 공구 등을 내려놓고 정리한 뒤 뒤돌아서 나오는 순간 지게차와 부딪친다.

해답
1. 지게차 접촉 우려 장소에 다른 작업자 출입
2. 작업지휘자 또는 유도자가 미배치
3. 운전자의 시야를 가릴 만큼 화물을 높게 적재

03 이동식 비계를 설치하여 사용할 때 준수사항을 3가지 쓰시오.

해답
1. 이동식 비계의 바퀴에는 뜻밖의 갑작스러운 이동 또는 전도를 방지하기 위하여 브레이크, 쐐기 등으로 바퀴를 고정한 다음 비계의 일부를 견고한 시설물에 고정하거나 아웃트리거(Outrigger)를 설치하는 등 필요한 조치를 할 것
2. 승강용 사다리는 견고하게 설치할 것
3. 비계의 최상부에서 작업할 경우 안전난간을 설치할 것
4. 작업발판은 항상 수평을 유지하고 작업발판 위에서 안전난간을 딛고 작업을 하거나 받침대 또는 사다리를 사용하여 작업하지 않도록 할 것
5. 작업발판의 최대 적재하중은 250kg을 초과하지 않도록 할 것

04 방호장치 자율안전기준 고시상 방호장치가 없는 둥근톱 기계에 고정식 접촉 예방장치를 설치하고자 한다. 이때 간격은 각각 얼마로 조정하는지 쓰시오.

[동영상 설명]
둥근톱을 이용하여 나무판자를 일자로 밀며 자르는 작업 중, 누군가 작업자를 부르고 따라서 곁눈질을 하는 등 부주의를 보이며 다시 판자를 밀 때 작업자의 빨간 코팅 목장갑을 손의 손가락이 반 정도 절단되면서 넘어진다. 이때 둥근톱에 덮개가 없으며, 재해자는 보안경 및 방진마스크를 착용하지 않았다. 다른 작업자는 검은색 장갑을 끼고 있다.

(1) 가공재의 상면에서 덮개 하단까지의 최대 간격
(2) 덮개의 하단과 테이블면 사이의 최대 간격

해답
(1) 8mm
(2) 25mm

05 산업안전보건법령상 사업주가 비계(달비계, 달대비계 및 말비계는 제외한다)의 높이가 2m 이상인 작업장소에 작업발판을 설치할 경우, 설치기준 3가지를 쓰시오. (단, 폭과 틈에 관한 설치기준은 제외)

[동영상 설명]
작업자 2명이 비계를 조립 중이다. 나무발판을 안전난간에 걸치고 위에 올라서서 고정철물을 전달받다가 떨어진다.

해답
1. 발판재료는 작업할 때의 하중을 견딜 수 있도록 견고한 것으로 할 것
2. 추락의 위험이 있는 장소에는 안전난간을 설치할 것. 다만, 작업의 성질상 안전난간을 설치하는 것이 곤란한 경우, 작업의 필요상 임시로 안전난간을 해체할 때에 추락방호망을 설치하거나 근로자로 하여금 안전대를 사용하도록 하는 등 추락위험 방지 조치를 한 경우에는 그러하지 아니하다.
3. 작업발판의 지지물은 하중에 의하여 파괴될 우려가 없는 것을 사용할 것
4. 작업발판 재료는 뒤집히거나 떨어지지 않도록 둘 이상의 지지물에 연결하거나 고정시킬 것
5. 작업발판을 작업에 따라 이동시킬 경우에는 위험 방지에 필요한 조치를 할 것

06 콘크리트 파일 권상용 항타기의 다음 빈칸을 채우시오.

(1) 화면에 나타난 항타기 권상장치의 드럼축과 권상장치로부터 첫 번째 도르래의 축과의 거리를 권상장치의 드럼 폭의 (①)배 이상으로 해야 한다.
(2) 도르래는 권상장치의 드럼의 (②)을/를 지나야 하며 축과 (③)상에 있어야 한다.

해답 ① 15, ② 중심, ③ 수직면

07 동영상에서 기계의 운동 형태에서 발생할 수 있는 (1) 위험점 및 (2) 정의를 쓰시오.

[동영상 설명]
김치공장에서 무채를 썰어내는 기계(슬라이스 기계)에 무를 넣으며 써는 작업 중 기계가 갑자기 멈추자, 고무장갑을 착용한 작업자가 앞에 기계 덮개를 열고 무채를 털어내는데, 무채 기계의 회전식 기계 칼날 회전을 시작하면서 재해가 발생한다.

해답
(1) 위험점 : 절단점
(2) 정의 : 회전하는 운동 부분 자체의 위험

08 산업안전보건법령상 건설작업용 리프트 작업을 하는 때 작업시작 전 점검사항 2가지를 쓰시오.

[해답] 1. 방호장치, 브레이크 및 클러치의 기능
2. 와이어로프가 통하고 있는 곳의 상태

09 산업안전보건법령상 건물 해체작업의 작업계획서 작성 시 포함사항 3가지를 쓰시오. (단, 그 밖에 안전·보건에 관련된 사항은 제외)

[해답] 1. 해체의 방법 및 해체 순서 도면
2. 가설설비·방호설비·환기설비 및 살수·방화설비 등의 방법
3. 사업장 내 연락방법
4. 해체물의 처분계획
5. 해체작업용 기계·기구 등의 작업계획서
6. 해체작업용 화약류 등의 사용계획서

산업안전기사(1회 C형)

01 이동식 비계를 설치하여 사용할 때 준수사항을 3가지 쓰시오.

[해답] 1. 이동식 비계의 바퀴에는 뜻밖의 갑작스러운 이동 또는 전도를 방지하기 위하여 브레이크, 쐐기 등으로 바퀴를 고정시킨 다음 비계의 일부를 견고한 시설물에 고정하거나 아웃트리거(Outrigger)를 설치하는 등 필요한 조치를 할 것
2. 승강용 사다리는 견고하게 설치할 것
3. 비계의 최상부에서 작업을 할 경우에는 안전난간을 설치할 것
4. 작업발판은 항상 수평을 유지하고 작업발판 위에서 안전난간을 딛고 작업을 하거나 받침대 또는 사다리를 사용하여 작업하지 않도록 할 것
5. 작업발판의 최대 적재하중은 250kg을 초과하지 않도록 할 것

02 동영상을 보고 습윤한 장소에서 사용되는 이동전선에 대한 사용 전 점검사항 2가지를 쓰시오.

[동영상 설명]
단무지 공장에서 무릎 정도 물이 차 있는 상태에서 수중펌프 작동과 동시에 작업자가 접속 부위에 감전된다.

[해답] 1. 이동전선의 절연상태
2. 접속기구의 절연상태

03 동영상의 위험점과 그 정의를 쓰시오.

[동영상 설명]
면장갑을 착용 및 보안경을 미착용한 작업자가 선반 작업을 하고 있다. 작업자가 회전축에 샌드페이퍼(사포)를 감아 손으로 지지하고 있다. 작업에 집중하지 못하고 있는데, 작업복과 손이 감겨 들어간다.

[해답] 1. 위험점 : 회전말림점
2. 정의 : 회전하는 축에 작업복 등이 말려 들어가는 위험점

04 산업안전보건법령상 방열복 내열원단의 시험성능 기준 관련 빈칸을 채우시오.

(1) 난연성 : 잔염 및 잔진시간이 (①)초 미만이고 녹거나 떨어지지 말아야 하며, 탄화길이가 (②)mm 이내일 것
(2) 절연저항 : 표면과 이면의 절연저항이 (③)MΩ 이상일 것

[해답] ① 2, ② 102, ③ 1

05 고압전선로 인근에서 항타기·항발기 작업 시 안전작업수칙 3가지를 쓰시오.

[해답] 1. 이격거리 확보 : 차량 등을 충전부로부터 300cm 이상 이격시키되, 대지전압이 50kV를 넘는 경우 10kV가 증가할 때마다 이격거리를 10cm씩 증가시킨다.
2. 절연용 방호구 설치 : 절연용 방호구 등을 설치한 경우에는 이격거리를 절연용 방호구 앞면까지로 할 수 있다.
3. 울타리 설치 또는 감시인 배치 : 울타리를 설치하거나 감시인 배치 등의 조치를 하여야 한다.
4. 접지점 관리 철저 : 접지된 차량 등이 충전전로와 접촉할 우려가 있는 경우에는 근로자가 접지점에 접촉되지 않도록 조치하여야 한다.

06 산업안전보건법령상 누전에 의한 감전 위험을 방지하기 위하여 해당 전로의 정격에 적합하고 감도가 양호하며 확실하게 작동하는 감전방지용 누전차단기를 설치하는 조건을 3가지만 쓰시오.

> [동영상 설명]
> 철물을 핸드그라인더로 작업하고 있다. 그 주변에 물이 흥건하고 마지막에는 전선 같은 것이 보인다.

해답
1. 대지전압이 150V를 초과하는 이동형 또는 휴대형 전기기계·기구
2. 물 등 도전성이 높은 액체가 있는 습윤장소에서 사용하는 저압용 전기기계·기구
3. 철판·철골 위 등 도전성이 높은 장소에서 사용하는 이동형 또는 휴대형 전기기계·기구
4. 임시배선의 전로가 설치되는 장소에서 사용하는 이동형 또는 휴대형 전기기계·기구

07 산업안전보건법령상 고소작업대 이동 시 준수사항 3가지만 쓰시오.

해답
1. 작업대를 가장 낮게 내릴 것
2. 작업자를 태우고 이동하지 말 것
3. 이동통로의 요철상태 또는 장애물의 유무 등을 확인할 것

08 화면에서와 같이 마그네틱 크레인(Magnetic Crane)으로 물건을 옮기다 발생한 재해위험요인 2가지를 쓰시오.

> [동영상 설명]
> 작업자가 마그네틱 크레인(천정크레인, 호이스트)으로 물건을 옮기는 작업을 하고 있다. 마그네틱을 금형 위에 올리고 손잡이를 작동시켜 이동한다. 안전모 미착용, 목장갑 착용한 작업자가 오른손으로 금형을 잡고, 왼손으로 상하좌우 조정장치(전기배선 외관에 피복이 벗겨져 있음)를 누르면서 이동한다. 갑자기 작업자가 쓰러지면서 오른손이 마그네틱 ON/OFF 봉을 건드려 금형이 발등으로 떨어져 협착사고가 발생하였다. 이때 크레인은 훅 해지장치가 없고, 훅에 샤클이 3개 연속으로 걸려있으며 마지막 훅에도 훅 해지장치는 없다.

해답
1. 마그네틱 크레인에 훅 해지장치가 없고, 작동스위치의 전선이 벗겨져 있는 상태라서 재해위험이 있다.
2. 보조(유도)로프를 사용하지 않아 재해위험이 있다.

09 산업안전보건법령상 사업주가 흙막이 지보공을 설치하였을 때에는 정기적으로 다음 각 호의 사항을 점검하고 이상을 발견하면 즉시 보수하여야 하는 사항 3가지를 쓰시오.

해답
1. 부재의 손상 변형 부식 변위 탈락의 유무와 상태
2. 버팀대의 긴압의 정도
3. 부재의 접속부 부착부 및 교차부의 상태
4. 침하의 정도

산업안전기사(1회 D형)

01 산업안전보건법령상 동영상의 작업 시작 전 점검사항 3가지를 쓰시오.

> [동영상 설명]
> 큰 공장 안에 대형 컨베이어가 가동 중이며, 컨베이어 위에 상자가 줄지어 이동한다. 컨베이어 벨트를 청소하는 작업자가 정지 중이던 벨트와 풀리 사이를 청소하려고 손을 집어넣을 때, 다른 작업자가 기계를 작동하면서 청소 작업자의 손이 물려 들어간다.

해답
1. 원동기 및 풀리 기능의 이상 유무
2. 이탈 등의 방지장치 기능의 이상 유무
3. 비상정지장치 기능의 이상 유무
4. 원동기·회전축·기어 및 풀리 등의 덮개 또는 울 등의 이상 유무

02 산업안전보건법령상 동영상의 작업에서 착용해야 하는 보호구를 4가지를 쓰시오.

> [동영상 설명]
> 자동차부품(브레이크 라이닝)을 화학약품을 사용하여 세척하고 있다. 세정제가 바닥에 흩어져 있으며, 고무장화 등을 착용하지 않고 작업을 하고 있다. 운동화를 신고 일반 작업복을 입고 방진마스크와 면장갑을 착용하고 있다.

해답
1. 송기마스크 또는 방독마스크
2. 화학물질용 보호복
3. 화학물질용 보호장갑
4. 화학물질용 보호장화
5. 보안경

03 양중기 운전자가 준수해야 할 사항 3가지 쓰시오.

해답
1. 일정한 신호방법을 정하고 신호수의 신호에 따라 작업한다.
2. 인양물을 매단 채 운전석을 이탈하지 않는다.
3. 작업 종료 후 크레인에 동력을 차단시키고 정지조치를 확실히 한다.

04 화면의 영상을 참고하여 위험요인을 쓰시오.

[동영상 설명]
작업자는 크랭크 프레스로 철판을 뚫는 작업을 하고 있다. 프레스에는 안전장치가 설치되어 있지 않고 기계 가동 시 이물질을 작업자가 손으로 치우고 있으며 프레스가 갑자기 가동이 멈추자 전원을 차단하지 않고 점검하고 있다. 프레스 페달에 커버는 없는 상태이다.

해답
1. 프레스 방호장치가 설치되어 있지 않아서 재해의 위험이 있다.
2. 기계 점검 시 전원을 차단하지 않아서 재해의 위험이 있다.
3. 이물질 제거 시 수공구를 사용하지 않고, 손으로 작업해 재해의 위험이 있다.
4. 프레스 페달에 U자형 커버가 설치되어 있지 않아서 재해의 위험이 있다.

05 동영상을 참고하여 관련 작업의 작업계획서에 포함되어야 할 사항 2가지를 쓰시오.

[동영상 설명]
포크 위에 기다란 철봉 2개를 백레스트에 상차하여 지게차의 폭보다 튀어나온 상태로 운행하여, 철봉으로 옆에서 다른 작업자를 친다.

해답
1. 해당 작업에 따른 추락·낙하·전도·협착 및 붕괴 등의 위험 예방대책
2. 차량계 하역운반기계 등의 운행경로 및 작업방법

06 동영상은 작업자가 롤러기에 장갑을 끼고 이물질을 제거하다가 손이 끼이는 것을 보여주고 있다. 롤러기의 급정지장치 설치 위치를 3가지 쓰시오.

해답
1. 손조작식 급정지장치 : 밑면에서 1.8m 이내
2. 복부조작식 급정지장치 : 밑면에서 0.8~1.1m 이내
3. 무릎조작식 급정지장치 : 밑면에서 0.4~0.6m 이내

07 동영상의 (1) 위험점과 (2) 위험점의 정의를 적으시오.

[동영상 설명]
작업자가 장갑을 착용한 손으로 동력이 걸리지 않은 모터 벨트를 몇 차례 위에서 아래쪽으로 밀면서 점검한다. 위에서 아래쪽으로 2/3 지점에서 벨트 가장자리에서 장갑이 끼어 작업자가 비명을 지른다. 모터 벨트가 반대 방향인 아래쪽에서 위로 돌면서 장갑이 벨트를 타고 올라가서 위쪽에 있는 모터 상부 고정 외부덮개에 손이 낀다.

해답
(1) 위험점 : 접선물림점
(2) 위험점의 정의 : 회전하는 부분의 접선방향으로 물려 들어가는 위험점

08 동영상의 (1) 추락방지대책과 (2) 낙하물 방지대책을 각각 1가지씩 쓰시오.

[동영상 설명]
건설공사 현장 높이 5미터 지점에서 안전대를 착용하지 않고 안전발판 설치작업 중 가지고 있던 망치를 떨어뜨린다.

해답
(1) 추락방지대책
1. 추락방호망 설치
2. 안전대 착용 및 구명줄에 체결
(2) 낙하물 방지대책
1. 낙하물 방지망 설치
2. 방호선반 설치

09 동영상의 (1) 재해발생형태 및 (2) 재해원인을 1가지 쓰시오.

[동영상 설명]
전동권선기(전기줄 마는) 기계가 멈추어, 작업자가 전원을 차단하지 않고, 맨손으로 점검하다가 푸른색 전류가 발생한다.

해답
(1) 재해발생형태 : 감전(=전류 접촉)
(2) 재해원인
1. 작업자가 전원을 차단하지 않고 점검하였다.
2. 작업자가 절연용 보호구(내전압용 절연장갑 등)를 착용하지 않았다.

산업안전기사(2회 A형)

01 화면상의 (1) 폭발 종류와 (2) 그에 해당하는 설명을 쓰시오.

> [동영상 설명]
> 화기주의, 인화성 물질이라고 쓰여 있는 드럼통(200ℓ)이 여러 개 보관된 창고 안에서 작업자가 인화성 물질이 든 운반용 캔 (약 40ℓ)을 몇 개 운반하다가 잠시 쉰다. 작업자가 작은 용기에 있는 걸 큰 용기에 옮겨 담으려 드럼통 뚜껑을 연다. 내부의 기온이 높아 스웨터를 벗는 순간 폭발한다.

[해답] (1) 폭발 종류 : 증기운 폭발(UVCE ; Unconfined Vapor Cloud Explosion)
(2) 설명 : 가연성의 위험물질이 서서히 누출되어 대기 중에 구름형태로 모이다가 점화원에 의해 순간적으로 가스가 폭발하는 현상

02 이동식 비계를 설치하여 사용할 때 준수사항을 3가지 쓰시오.

[해답] 1. 이동식 비계의 바퀴에는 뜻밖의 갑작스러운 이동 또는 전도를 방지하기 위하여 브레이크, 쐐기 등으로 바퀴를 고정한 다음 비계의 일부를 견고한 시설물에 고정하거나 아웃트리거(Outrigger)를 설치하는 등 필요한 조치를 할 것
2. 승강용 사다리는 견고하게 설치할 것
3. 비계의 최상부에서 작업할 경우 안전난간을 설치할 것
4. 작업발판은 항상 수평을 유지하고 작업발판 위에서 안전난간을 딛고 작업을 하거나 받침대 또는 사다리를 사용하여 작업하지 않도록 할 것
5. 작업발판의 최대 적재하중은 250kg을 초과하지 않도록 할 것

03 화면의 영상 속 재해의 (1) 기인물과 (2) 가해물을 쓰시오.

> [동영상 설명]
> 김치제조 공장에서 무채를 썰어내는 기계 작업 중 기계가 멈추자 고무장갑을 착용한 근로자가 이를 점검한다. 갑자기 무채 기계의 회전식 칼날이 다시 회전을 시작하면서 재해가 발생한다.

[해답] (1) 기인물 : 슬라이스 기계
(2) 가해물 : 슬라이스 기계 칼날

04 화면을 보고 위험요인 2가지를 쓰시오.

> [동영상 설명]
> 보안경 및 안전모 미착용 작업자가, 면장갑을 낀 양손으로 작은 원통형 철물을 움켜쥐고 고정드릴로 판에 구멍을 하나 뚫는다. 그 이후, 뒤로 돌아서 바닥에 놓인 나무각목을 면장갑을 낀 한 손으로 움켜쥐고 나머지 한 손으로 유선 드릴을 들고 나무각목에 구멍을 연달아 3개를 뚫는다. 목재 각목을 뚫을 때, 가루가 많이 날리는데, 작업자가 방진마스크를 착용하지 않았다. 면장갑을 낀 한 손을 드릴 비트에 대고 가루를 털어낸다. 유선 드릴에 전기선이 길어 보이고 중간에 흰색 테이프가 붙어 있다.

[해답] 1. 공작물(작업물)을 고정하지 않았다.
2. 공작물(작업물)을 손으로 고정하였다.
3. 목장갑을 끼고 작업하였다.
4. 보안경 미착용하였다.

05 해당 영상 속 위험원인을 3가지 쓰시오.

> [동영상 설명]
> 왼쪽 작업자 A가 면장갑을 착용하고 작동 중인 경운기 양수기(동력부와 벨트)를 점검하면서 작업자 B를 바라보면서 대화를 하고, 작업자 B에게 수공구를 던져준다. 작업자 A의 작업복이 양수기 벨트에 근접한다. 오른쪽 작업자 B는 맨손으로 작동 중인 경운기 양수기 벨트를 점검하다가 회전하는 벨트에 손을 쑥 넣는다. 뒤에는 연료통과 연료통 덮개가 보이며, 양수기 벨트에는 덮개나 울이 없다. 작업장 뒤편은 건물 해체 현장으로 집게 기계(압쇄기)가 보인다.

[해답] 1. (기계 점검 전) 전원 차단 미실시
2. 기계 운전 중 점검
3. 회전 부위에 덮개·울 미설치
4. 적합한 공구를 사용하지 않고 손으로 점검

06 산업안전보건법령상 습윤한 장소에서 사용하는 교류아크용접기에 부착해야 하는 안전장치를 쓰시오.

> [동영상 설명]
> 작업자는 교류아크용접기의 전원을 키면서 상수도 용접을 실시한다.

해답) 자동전격방지기

---

07 동영상에서 사용하여야 하는 기계의 (1) 방호장치와 (2) 설치각도를 쓰시오.

> [동영상 설명]
> 작업자가 보호구(장갑)를 착용하지 않은 상태에서 휴대용 연삭기 작업을 하고 있다. 작업자는 부품을 고정시키지 않고 작업하다 손으로 지지하여 연삭작업을 하고 있다.

해답) (1) 방호장치 : 덮개
(2) 설치각도 : 180도 이내

---

08 동영상의 재해를 막기 위한 예방대책을 2가지만 쓰시오.

> [동영상 설명]
> 실내 작업장에서 작업자가 천장크레인으로 인양물(원통형 철구조물)을 들고 뒷걸음으로 이동 중에, 인양물이 흔들린다. 그러는 와중에, 후진하는 지게차와 작업자가 부딪힌다. 작업장에 지게차 유도자는 없으며, 노란색으로 표시된 보행자/차량 통로 경계선을 지게차가 침범하였다.

해답) 1. 지게차에 접촉되어 근로자가 위험해질 우려가 있는 장소에는 근로자를 출입 금지
2. 작업지휘자 또는 유도자를 배치하고 지게차를 유도
3. 지게차에 후진경보기와 경광등을 설치
4. 지게차에 후방감지기를 설치
5. 지게차가 보행자 통로를 침범하지 않도록 안전난간 등을 설치함

---

09 동영상과 같이 폭발성 물질 저장소에 들어가는 작업자가 (1) 신발에 물을 묻히는 이유는 무엇인지 상세히 설명하고, (2) 화재 시 적합한 소화방법은 무엇인지 쓰시오.

> [동영상 설명]
> 작업장 출입구 바닥에 물받이가 있다. 작업자가 작업장에 들어오면서 물받이를 발로 툭툭 치면서 신발에 물을 묻힌다. 다른 작업장에는 바닥에 가루가 떨어져 있다. 작업자가 작업장에 들어가는데, 신발이 미끄러지듯 하더니, 신발 바닥에서 불꽃이 발생한다.

해답) (1) 신발에 물을 묻히는 이유 : 작업화와 바닥면의 접촉으로 인한 정전기(점화원) 발생을 줄이기 위해서
(2) 소화방법 : 다량 주수에 의한 냉각소화

산업안전기사(2회 B형)

01 동영상과 같은 컨베이어 작업에서 재해예방대책을 2가지만 쓰시오. (단, 조도 관련된 사항은 제외)

> [동영상 설명]
> 어두운 컨베이어 작업장에서 목장갑을 착용한 작업자가 왼손에 휴대형 손전등, 오른손에 스패너를 들고, 작동 중인 컨베이어를 점검한다. 스패너가 안으로 떨어지고, 장갑을 낀 손이 벨트에 낀다. 컨베이어 벨트에 별도의 방호장치는 보이지 않는다.

해답) 1. 점검 전 전원 차단
2. 방호 장치(덮개 또는 울)을 설치
3. 비상정지장치를 설치
4. 밀착이 잘되는 가죽 장갑 등과 같이 손이 말려 들어갈 위험이 없는 장갑을 착용

02 산업안전보건법령상 지게차의 작업 시작 전 점검사항 3가지를 쓰시오.

해답
1. 제동장치 및 조종장치 기능의 이상 유무
2. 하역장치 및 유압장치 기능의 이상 유무
3. 바퀴의 이상 유무
4. 전조등·후미등·방향지시기 및 경보장치 기능의 이상 유무

03 동영상과 같은 고압선 인근 작업 시 안전대책을 3가지만 쓰시오.

[동영상 설명]
도로변에서 카고 크레인을 이용하여 전주(전봇대)를 세우고 있다. 안전모를 착용한 작업자가 서서 목장갑을 낀 오른팔을 수평으로 쭉 펴서 전봇대에 지탱하고 있고, 바닥만 주시한채로 왼손바닥으로 올리고 내리라는 신호를 하고 있다. 다른 안전모를 착용하지 않은 작업자는 지면에서 오른팔은 팔짱을 끼고 카고 크레인에 기대서서 왼손으로 카고 크레인 레버를 조작한다. 크레인의 끝부분이 전선에 닿아 지지직 소리를 내며 스파크가 발생한다. 울타리 등은 보이지 않는다.

해답
1. 이격거리 확보 : 차량 등을 충전부로부터 300cm 이상 이격시키되, 대지전압이 50kV를 넘는 경우 10kV가 증가할 때마다 이격거리를 10cm씩 증가시킨다.
2. 절연용 방호구 설치 : 절연용 방호구 등을 설치한 경우에는 이격거리를 절연용 방호구 앞면까지로 할 수 있다.
3. 울타리 설치 또는 감시인 배치 : 울타리를 설치하거나 감시인 배치 등의 조치를 하여야 한다.
4. 접지점 관리 철저 : 접지된 차량 등이 충전전로와 접촉할 우려가 있는 경우에는 근로자가 접지점에 접촉되지 않도록 조치하여야 한다.

04 공기압축기의 점검사항을 2가지만 쓰시오.

[동영상 설명]
근로자 2명이 공기압축기실이라고 적혀 있는 문을 열고 들어가서 방안을 둘면서 전체 시설을 점검하고 단독형 캐비넷 안의 공기탱크도 점검한다. 공기탱크는 대형 배관에 연결되어 있고 압력계가 붙어 있다.

해답
1. 공기저장 압력용기의 외관 상태
2. 드레인밸브의 상태
3. 압력방출장치(안전밸브)의 상태
4. 언로드밸브의 상태
5. 윤활유의 상태
6. 회전부의 덮개 또는 울 상태

05 산업안전보건법령상 권상용 와이어로프 폐기기준을 3가지만 쓰시오.

해답
1. 이음매가 있는 것
2. 와이어로프의 한 꼬임에서 끊어진 소선(素線)의 수가 10% 이상인 것
3. 지름의 감소가 공칭지름의 7%를 초과인 것
4. 꼬인 것
5. 심하게 변형되거나 부식된 것
6. 열과 전기충격에 의해 손상된 것

06 고소작업대에 올라 산소절단 작업 중이다. 소화기를 확대해서 보여준다. 고소작업대 안전 작업 준수사항 3가지를 쓰시오.

해답
1. 작업자가 안전모 안전대 등 보호구를 착용하여야 함
2. 관계자가 아닌 사람이 작업구역에 들어오는 것을 방지하기 위하여 필요한 조치를 할 것
3. 안전한 작업을 위하여 적정수준의 조도를 유지할 것
4. 전로에 근접하여 작업하는 경우에는 작업감시자를 배치하는 등 감전 사고를 방지하기 위하여 필요한 조치를 할 것
5. 작업대를 정기적으로 점검하고 붐 작업대 등 각 부위의 이상 유무를 확인할 것
6. 작업대는 정격하중을 초과하여 물건을 싣거나 탑승하지 말 것
7. 작업대의 붐대를 상승시킨 상태에서 탑승자는 작업대를 벗어나지 말 것. 다만, 작업대에 안전대 부착설비를 설치하고 안전대를 연결하였을 때에는 그러지 아니하다.

07 동영상에서 작업자의 추락원인 2가지를 쓰시오.

[동영상 설명]
아파트 건설공사 현장 3층 창틀에서 작업하던 작업자가 작업발판이 없어 창틀의 옆쪽을 밟았다가 미끄러져 떨어진다

해답
1. 안전대 부착설비 미설치
2. 안전대 미착용
3. 추락방호망 미설치
4. 안전난간 미설치
5. 작업발판 미설치

08 화면에는 천장크레인(호이스트)를 통해 배관 이동 작업하고 있다. 동영상 속 천장크레인(호이스트)로 배관 이동 작업의 위험요인 3가지를 쓰시오.

[동영상 설명]
천장크레인(호이스트)으로 화물 인양 중. 한 손에는 조작 스위치 한 손에는 배관(인양물)을 잡고 있다. 배관을 한줄걸이로 걸어서 막 흔들다가 결국 기울며 추락하고, 작업자도 바닥은 정리되지 않아서 부품에 걸려서 넘어지며 소리 지른다. 훅에 훅 해지장치가 없다.

[해답]
1. 1줄걸이
2. 유도로프를 사용하지 않아 흔들림 방지 불량
3. 단독 장업자의 양손 작업
4. 주변 정리정돈 및 청소상태가 불량
5. 훅에 해지장치 미설치

09 철골공사현장에 설치한 추락방호망을 보여주고 있다. 추락방호망 설치기준 3가지를 쓰시오.

[해답]
1. 추락방호망의 설치위치는 가능하면 작업면으로부터 가까운 지점에 설치하여야 하며, 작업면으로부터 망의 설치지점까지의 수직거리는 10m를 초과하지 아니할 것
2. 추락방호망은 수평으로 설치하고, 망의 처짐은 짧은 변 길이의 12% 이상이 되도록 할 것
3. 건축물 등의 바깥쪽으로 설치하는 경우 망의 내민 길이는 벽면으로부터 3m 이상 되도록 할 것

산업안전기사(2회 C형)

01 화면은 롤러기를 청소하다가 손이 말려 들어가는 상황이다. 동영상을 참고하여 관련 (1) 위험점과 (2) 정의를 쓰시오.

[동영상 설명]
롤러기 기계 정지 후 정비 끝내고 다시 가동시키고, 두 개의 회전체 사이에 목장갑 낀 손을 넣고 털다가 손이 물려 들어간다.

[해답]
(1) 위험점 : 물림점
(2) 정의 : 회전하는 두 개의 회전체에 물려 들어가는 위험점

02 동영상을 참고하여 관련 (1) 재해 발생형태 이름과 (2) 재해 발생원인을 2가지만 쓰시오.

[동영상 설명]
배전반에서 START 버튼 누르고 방전가공기 작업을 시작한다. 이때 재료에서 물이 계속 흘러 나와서 맨손으로 흰 천을 들고 꼼꼼하게 닦다가 넘어져서 온몸을 부들거린다.

[해답]
(1) 재해 발생형태 : 감전(=전류 접촉)
(2) 재해 발생원인
1. 전원을 차단하지 않고 작업
2. 작업자가 절연용 보호구(내전압용 절연장갑 등)를 착용하지 않고 작업

03 동영상의 (1) 재해 발생원인 1가지와 (2) 방호장치의 종류 2가지를 쓰시오.

[동영상 설명]
둥근톱을 이용하여 나무판자를 일자로 밀며 자르는 작업을 하고 있다. 누군가 작업자를 부르고 따라서 곁눈질을 하는 등 부주의 중, 다시 판자를 밀 때 작업자의 빨간 코팅 목장갑을 손의 손가락이 반 정도 절단되면서 넘어진다. 둥근톱에 덮개가 없으며, 재해자는 보안경 및 방진마스크 미착용했다. 다른 작업자는 검은색 장갑을 끼고 있다.

[해답]
(1) 재해 발생원인 : 방호장치 미설치
(2) 방호장치 : 1. 날 접촉 예방장치, 2. 분할날, 3. 반발방지기구

04 화면상의 밀폐공간 작업에서 착용해야 하는 호흡용 보호구 2가지를 쓰시오.

[해답] 1. 공기호흡기, 2. 송기마스크

05 산업안전보건법령상 보일러 관련 빈칸에 알맞은 것을 쓰시오.

> (1) 사업주는 보일러의 안전한 가동을 위하여 보일러 규격에 맞는 압력방출장치를 1개 또는 2개 이상 설치하고 (①) 이하에서 작동되도록 하여야 한다.
> (2) 다만, 압력방출장치가 2개 이상 설치된 경우에는 (①) 이하에서 1개가 작동되고, 다른 압력방출장치는 (①)의 (②)배 이하에서 작동되도록 부착하여야 한다.

[해답] ① 최고사용압력, ② 1.05

06 산업안전보건법령상 특수화학설비를 설치하는 경우, 그 내부의 이상 상태를 조기에 파악 및 이상 상태의 발생에 따른 폭발·화재 또는 위험물의 누출을 방지하기 위해서 사업주가 설치해야 하는 장치 2가지를 쓰시오. (단, 온도계·유량계·압력계 등의 계측장치는 제외)

> [동영상 설명]
> 작업자가 화학설비를 스패너로 두드리다가 위에서 떨어진다.

[해답]
1. 자동경보장치
2. 긴급차단장치

07 화면에는 천장크레인(호이스트)를 통해 배관 이동 작업하고 있다. 동영상 속 천장크레인(호이스트)로 배관 이동 작업의 위험요인 3가지를 쓰시오.

> [동영상 설명]
> 작업자가 천장크레인(호이스트)으로 화물 인양 작업을 하고 있다. 한 손에는 조작 스위치 한 손에는 배관(인양물)을 잡고 있다. 배관을 한줄걸이로 걸어서 막 흔들다가 결국 기울며 추락하고, 작업자도 바닥은 정리되지 않아서 부품에 걸려서 넘어지며 소리 지른다. 훅에 훅 해지장치가 없다.

[해답]
1. 1줄걸이
2. 유도로프를 사용하지 않아 흔들림 방지 불량
3. 단독 장업자의 양손 작업
4. 주변 정리정돈 및 청소상태가 불량
5. 훅에 해지장치가 없음

08 동영상과 같은 작업상황에서 재해발생 원인을 3가지 쓰시오.

> [동영상 설명]
> 타워크레인으로 H빔 또는 배관용 자재를 운반하는 작업 중 화물이 흔들리고 인양로프는 심하게 손상되었으며 신호수는 운반경로 하부에서 수신호를 하고 있다.

[해답]
1. 유도로프를 사용하지 않아 화물이 흔들리며 낙하할 위험
2. 신호수가 낙하위험구간에서 신호실시
3. 인양 전 인양로프 미점검으로 로프파단 위험
4. 작업 전 신호방법 및 신호계획 미수립

09 비계 위 작업발판을 설치할 때 작업발판의 설치기준 3가지를 쓰시오.

[해답]
1. 발판재료는 작업 시의 하중을 견딜 수 있도록 견고한 것으로 할 것
2. 작업발판의 폭은 40cm 이상으로 하고, 발판재료 간의 틈은 3cm 이하로 할 것
3. 추락의 위험성이 있는 장소에는 안전난간을 설치할 것
4. 작업발판의 지지물은 하중에 의하여 파괴될 우려가 없는 것을 사용할 것
5. 작업발판재료는 뒤집히거나 떨어지지 않도록 둘 이상의 지지물에 연결하거나 고정시킬 것
6. 작업발판을 작업에 따라 이동시킬 때에는 위험 방지에 필요한 조치를 할 것

산업안전기사(3회 A형)

01 동영상을 참고하여 관련 위험요인을 2가지 쓰시오.

> [동영상 설명]
> 작업자가 걸어오다가 바닥에 깔린 빨간색 에어 배관 플랜지 볼트를 점검한다. 거의 눕다시피 자세를 숙이고 플라이어로 볼트를 풀었다가 조이는데, 하얀 증기(스팀)가 갑자기 분출되면서 작업자의 얼굴로 향하고 작업자가 쓰러진다.

[해답]
1. 작업 전 배관의 잔압을 제거하지 않음(=작업 전 배관 내용물(증기)을 제거하지 않음)
2. 보안경, 방열복 등 보호구 미착용

02 화면은 교류아크 용접 작업 중 재해가 발생한 사례이다. 동영상을 참고하여 용접작업 시 사고를 예방하기 위해 착용해야 할 보호구를 4가지만 쓰시오.

[동영상 설명]
용접용 보안면은 미착용, 일반 캡모자와 목장갑을 착용한 작업자가 교류아크 용접을 한다. 용접을 한번 하고서 슬러지를 털어낸 뒤 육안으로 확인 후 다시 한번 용접을 위해 아크 불꽃을 내는 순간 감전되어 쓰러진다. 절연장화를 착용한 것으로 보인다.

해답 1. 용접용 보안면, 2. 용접용 장갑, 3. 용접용 앞치마, 4. 용접용 안전화

03 산업안전보건법령상 밀폐공간 관련해서 빈칸에 알맞은 숫자를 쓰시오.

"적정공기"란 산소농도의 범위가 (①)% 이상 (②)% 미만 이산화탄소의 농도가 (③)% 미만, 일산화탄소의 농도가 (④)ppm 미만, 황화수소의 농도가 (⑤)ppm 미만인 수준의 공기를 말한다.

해답 ① 18, ② 23.5, ③ 1.5, ④ 30, ⑤ 10

04 화면의 영상 속 (1) 재해 발생형태 종류와 (2) 재해 발생원인을 2가지 쓰시오.

[동영상 설명]
회전체에 코일(구리선)을 감는 전동권선기가 갑자기 멈추어, 작업자가 기계의 전원을 수차례 On Off 하더니, 기계의 배전반을 열어서 맨손으로 점검하다 푸른색 번개가 발생한다.

해답 (1) 재해 발생형태 : 감전(=전류 접촉)
(2) 재해 발생원인
1. 전원을 차단하지 않고 점검
2. 절연용 보호구(내전압용 절연장갑 등)를 미착용(=맨손으로 작업)

05 다음 설명에 맞는 이동식크레인의 방호장치를 쓰시오.

(1) 권과를 방지하기 위하여 인양용 와이어로프가 일정한계 이상 감기게 되면 자동적으로 동력을 차단하고 작동을 정지시키는 장치 : (①)
(2) 훅에서 와이어로프가 이탈하는 것을 방지하는 장치 (②)
(3) 전도 사고를 방지하기 위하여 장비의 측면에 부착하여 전도 모멘트에 대하여 효과적으로 지탱할 수 있도록 한 장치 : (③)

해답 ① 권과방지장치, ② 훅 해지장치, ③ 아웃트리거

06 동영상을 참고하여 관련 화물 이송 작업의 위험요인을 2가지 쓰시오.

[동영상 설명]
백호(굴착기) 끝 버킷에 화물 (반원형 거푸집)을 아무런 장치가 없는 와이어로프에 2줄걸이로 매달고 오른쪽에서 왼쪽으로 세우는 중 잡담을 하면서 작업자 2명이 무릎 정도 높이에 떠 있는 화물 양쪽으로 잡고 세우는데, 화물이 계속 흔들린다. 작업자가 한 손은 화물을 잡고, 다른 한 손으로 수신호(올려 내려)를 하는데, 굴착기 운전자가 이를 잘 보지 못한다. 화물을 바닥에 세우려는 순간, 갑자기 로프가 탈락되면서 75도 정도로 바닥에 기울어져 있던 화물이 더 뒤로 기울면서 화물을 잡고 있던 작업자가 뒤로 넘어진다. 와이어로프에 소선이 일부 튀어나와 있다.

해답 1. 달기구에 해지장치 미사용
2. 신호수나 작업지휘자 미배치
3. 인양물과 근로자가 접촉할 우려가 있는 장소에 근로자의 출입을 금지하지 않음

07 동영상을 참고하여 다음 설명에 답하시오.

[동영상 설명]
작업자가 유해위험물질 냄새를 맡는다.

(1) 유해위험물질이 인체로 유입되는 경로를 3가지 쓰시오.
(2) 빈칸에 알맞은 것을 쓰시오. (단, 답의 순서는 상관없음)

> 사업주는 근로자가 '특별관리물질'을 취급하는 경우에는 그 물질이 '특별관리물질'이라는 사실과 산업안전보건법 시행규칙」에 별표 18 제1호나목에 따른 (①), (②), (③) 등 중 어느 것에 해당하는지에 관한 내용을 게시판 등을 통하여 근로자에게 알려야 한다.

[해답] (1) ① 호흡기, ② 소화기, ③ 피부점막(= 피부)
(2) ① 발암성 물질, ② 생식세포 변이원성 물질, ③ 생식독성 물질

08 화면상의 드릴작업 위험요인을 2가지 쓰시오.

[동영상 설명]
방진마스크, 보안경 및 장갑을 착용하지 않은 작업자가 드릴을 이용해 나무판 위에 작은 가공물 재료(금속 새들)를 손으로 잡고 구멍을 뚫는 중, 나무판이 흔들리며 공작물이 이탈한다.

[해답] 1. 바이스나 클램프를 사용하여 고정하지 않음(= 손으로 고정)
2. 보안경을 착용하지 않음
3. 방진마스크를 착용하지 않음

09 산업안전보건법령상 인화성 물질 저장소에서 인체에 대전된 정전기에 의한 화재 또는 폭발 위험이 있는 경우에 조치사항을 4가지 쓰시오. (단, 작업시설에 관련된 것은 제외하고 작업자, 작업장 관련 내용만 해당한다.)

[동영상 설명]
화기주의, 인화성 물질이라고 써 있는 드럼통(200ℓ)이 여러 개 보관된 창고 안에서 일반 작업복과 운동화를 착용한 작업자가 작업자가 인화성 물질이 든 운반용 캔(약 40ℓ)을 몇 개 운반하다가 잠시 쉰다. 삭업사가 작은 용기에 있는 길큰 용기에 담을려고 하는지 드럼통 뚜껑을 열고 더워서인지 스웨터를 벗는 순간 폭발한다.

[해답] 1. 제전복 착용
2. 정전기 대전방지용 안전화 착용
3. 제전용구 사용
4. 작업장 바닥 등에 도전성 부여
5. 인화성 물질저장 용기는 누출되지 않도록 확실하게 밀폐
6. 통풍, 환기 실시

산업안전기사(3회 B형)

01 사업주는 사업장에서 지게차를 이용하여 하역 및 운반작업을 진행할 때에는 보유하고 있는 지게차별로 미리 작업에 관련되는 작업계획서를 작성하고 그 작업계획에 따라 작업하여야 한다. 일상작업 시 최초 작업개시 전에 작성하는 경우를 제외하고, 작업계획서를 작성해야 하는 경우를 2가지만 쓰시오.

[동영상 설명]
지게차 운행 중, 지게차 옆에 다른 작업자가 매달려서 손을 흔들며 신호를 하는 중에 추락한다.

[해답] 1. 작업장 내 구조, 설비 및 작업방법이 변경
2. 작업장소 또는 화물의 상태가 변경
3. 지게차 운전자가 변경

02 화면에는 천장크레인(호이스트)를 통해 배관 이동 작업하고 있다. 동영상 속 천장크레인(호이스트)으로 배관 이동 작업의 위험요인 3가지를 쓰시오.

[동영상 설명]
작업자가 천장크레인(호이스트)으로 화물 인양 작업을 하고 있다. 한 손에는 조작 스위치 한 손에는 배관(인양물)을 잡고 있다. 배관을 한줄걸이로 걸어서 막 흔들다가 결국 기울며 추락하고, 작업자도 바닥은 정리되지 않아서 부품에 걸려서 넘어지며 소리 지른다. 훅에 훅 해지장치가 없다.

[해답] 1. 1줄걸이
2. 유도로프를 사용하지 않아 흔들림 방지 불량
3. 단독 장업자의 양손 작업
4. 주변 정리정돈 및 청소상태가 불량
5. 훅에 해지장치가 없음

03 활선작업 시 근로자가 착용해야 하는 절연용 보호구를 3가지만 쓰시오.

해답
1. 내전압용 절연장갑
2. 절연장화
3. 안전모(AE형 혹은 ABE형)

04 산업안전보건법령상 밀폐공간에서 근로자에게 작업하도록 하는 경우, 사업주가 수립 시행해야 하는 밀폐공간 작업 프로그램의 내용 3가지를 쓰시오. (단, 그 밖에 밀폐공간 작업근로자의 건강장해예방에 관한 사항 제외)

해답
1. 사업장 내 밀폐공간의 위치 파악 및 관리 방안
2. 밀폐공간 내 질식·중독 등을 일으킬 수 있는 유해·위험 요인의 파악 및 관리 방안
3. 밀폐공간 작업 시 사전 확인이 필요한 사항에 대한 확인 절차
4. 안전보건교육 및 훈련

05 산업안전보건법령상 양중기를 사용하여 작업할 때 작업 시작 전 관리감독자의 점검사항 3가지를 쓰시오.

해답
1. 권과방지장치나 그 밖의 경보장치의 기능
2. 브레이크·클러치 및 조정장치의 기능
3. 와이어로프가 통하고 있는 곳 및 작업장소의 지반상태

06 콘크리트 양생 시 사용되는 열풍기 사용 시 안전수칙 3가지를 쓰시오.

해답
1. 소화기 비치
2. 열풍기 주변 불티방지포 설치
3. 적정 온도 셋팅
4. 열풍기와 가연물질 사이 안전거리 확보
5. 화시감시자 작업구역 수시 확인
6. 전기기계·기구 접지 및 누전차단기 설치

07 화면은 가설통로가 외부비계에 설치되어 있다. 이러한 가설통로의 설치기준 3가지를 쓰시오.

해답
1. 견고한 구조로 할 것
2. 경사는 30° 이하로 할 것. 다만, 계단을 설치하거나 높이 2m 미만의 가설통로로서 튼튼한 손잡이를 설치한 경우에는 그러하지 아니하다.
3. 경사가 15°를 초과하면 미끄러지지 아니하는 구조로 할 것
4. 추락할 위험이 있는 장소에는 안전난간을 설치할 것. 다만, 작업상 부득이한 경우에는 필요한 부분만 임시로 해체할 수 있다.
5. 수직갱에 가설된 통로의 길이가 15m 이상이면 10m 이내마다 계단참을 설치할 것
6. 건설공사에 사용하는 높이 8m 이상인 비계다리에는 7m 이내마다 계단참을 설치할 것

08 동영상을 참고하여 작업장의 불안전한 요소 3가지를 쓰시오. (단, 작업자의 불안전한 행동은 채점에서 제외)

[동영상 설명]
사방에서 불꽃이 튀고 있는 가스 용접 절단 작업 중, 야외 용접 작업장 바닥에 여러 자재(철판, 목재, 인화성 물질이라 표시된 페인트통)가 널브러져 있고, 산소통이 용접·절단 작업장 가까이에서 바닥에서 20도 정도로 눕혀 있고, 작업장에 소화기는 보이지 않는다. 용접용 보안면 등 안전 보호구를 착용하지 않은 작업자들이 목장갑을 끼고 용접하면서 산소통 줄을 당겨서 호스가 뽑혀 산소가 새어 나오고 불꽃 튀어나온다.

해답
1. 산소 용기가 바닥에 눕혀져 있음
2. 화기작업에 따른 인근 가연성물질에 대한 방호조치 및 소화기구 비치 미흡(=소화기가 없음)
3. 용접불티 비산방지덮개, 용접방화포 등 불꽃, 불티 등 비산방지조치 미흡(=불티가 튀어 주변에 물체에 불붙을 가능성)
4. 산소용기 호스 고정 미흡

09 산업안전보건법령상 중량물을 들어 올리는 작업 시 조치사항 관련해서, 빈칸에 알맞은 것을 쓰시오. (단, 답의 순서는 상관없음)

사업주는 근로자가 취급하는 물품의 (①), (②), (③), (④) 등 인체에 부담을 주는 작업의 조건에 따라 작업시간과 휴식시간 등을 적정하게 배분하여야 한다.

해답 ① 중량, ② 취급빈도, ③ 운반거리, ④ 운반속도

산업안전기사(3회 C형)

01 건설기계 안전기준에 관한 규칙에 따라서, 지게차의 안정도 관련해서 빈칸에 알맞은 것을 쓰시오.

> [동영상 설명]
> 지게차 작업 도중 다른 작업자가 부딪혀 넘어진다.

(1) 지게차는 다음 각 호에 해당하는 지면에서 중심선이 지면의 기울어진 방향과 평행할 경우 앞이나 뒤로 넘어지지 아니하여야 한다.
- 지게차의 최대하중상태에서 쇠스랑을 가장 높이 올린 경우 기울기가 (①)(지게차의 최대하중이 5톤 이상인 경우에는 (②)인 지면
- 지게차의 기준부하상태에서 주행할 경우 기울기가 (③)인 지면

(2) 지게차는 다음 각 호에 해당하는 지면에서 중심선이 지면의 기울어진 방향과 직각으로 교차할 경우 옆으로 넘어지지 아니하여야 한다.
- 지게차의 최대하중상태에서 쇠스랑을 가장 높이 올리고 마스트를 가장 뒤로 기울인 경우 기울기가 (④)인 지면
- 지게차의 기준무부하상태에서 주행할 경우 구배가 지게차의 최고주행속도에 1.1을 곱한 후 15를 더한 값인 지면. 다만, 규격이 5,000kg 미만인 경우에는 최대 기울기가 100분의 50, 5,000kg 이상인 경우에는 최대 기울기가 100분의 40인 지면을 말한다.

[해답] ① 100분의 4 혹은 4%, ② 100분의 3.5 혹은 3.5%, ③ 100분의 18 혹은 18%, ④ 100분의 6 혹은 6%

02 동영상 속 용접작업 시 위험요인 3가지를 쓰시오.

> [동영상 설명]
> 일반 운동화를 신은 작업자가 혼자 작업장에서 용접용 보안면, 용접용 가죽장갑, 용접용 앞치마를 착용한 상태에서 모재를 집게에 물려놓고 피복아크 용접(전기용접, 수동용접)을 하고 있다. 빨간색과 노란색 드럼통이 뒤에 보인다. 작업장 바닥이 전선과 공구 등으로 어질러져 있다. 작업자가 한 손으로 용접기, 다른 손으로 작업봉을 받친 채 용접한다. 용접하는 모재 옆에 작업대 위 어질러진 용접봉이나 잡다한 물건들에 불티가 튄다.

[해답]
1. 화기작업에 따른 인근 가연성물질에 대한 방호조치 및 소화기구 비치 미흡(=소화기가 없음)
2. 용접불티 비산방지덮개, 용접방화포 등 불꽃, 불티 등 비산방지조치 미흡(=불티가 튀어 주변에 물체에 불붙을 가능성)
3. 인화성 액체의 증기 및 인화성 가스가 남아 있지 않도록 환기 등의 조치 미흡(=주변에 인화물질이 있음)

03 산업안전보건법령상 근로자가 충전전로를 취급하거나 그 인근에서 작업하는 경우에는 사업주의 조치사항 관련해서 빈칸에 알맞은 것을 쓰시오.

> [동영상 설명]
> 작업자들이 전주에서 전선 작업을 하고 있다.

(1) 충전전로를 취급하는 근로자에게 그 작업에 적합한 (①)을/를 착용시킬 것
(2) 충전전로에 근접한 장소에서 전기작업을 하는 경우에는 해당 전압에 적합한 (②)을/를 설치할 것. 다만, 저압인 경우에는 해당 전기작업자가 (①)을/를 착용하되, 충전전로에 접촉할 우려가 없는 경우에는 (②)을/를 설치하지 아니할 수 있다.
(3) 고압 및 특별고압의 전로에서 전기작업을 하는 근로자에게 활선작업용 기구 및 장치를 사용하도록 할 것
(4) (②)의 설치·해체작업을 하는 경우에는 (①)을/를 착용하거나 활선작업용 기구 및 장치를 사용하도록 할 것

(5) 유자격자가 아닌 근로자가 충전전로 인근의 높은 곳에서 작업할 때에 근로자의 몸 또는 긴 도전성 물체가 방호되지 않은 충전전로에서 대지전압이 50kV 이하인 경우에는 (③)cm 이내로, 대지전압이 50kV를 넘을 경우에는 10kV당 10cm씩 더한 거리 이내로 각각 접근할 수 없도록 할 것

해답 ① 절연용 보호구, ② 절연용 방호구, ③ 300

04 동영상에서 말비계를 보여주고 있다. 말비계 사용 시 작업발판의 설치기준을 3가지 쓰시오.

해답
1. 지주부재의 하단에는 미끄럼 방지장치를 하고, 양측 끝부분에 올라서서 작업하지 아니하도록 할 것
2. 지주부재와 수평면의 기울기를 75° 이하로 하고, 지주부재와 지주부재 사이를 고정시키는 보조부재를 설치할 것
3. 말비계의 높이가 2m를 초과할 경우에는 작업발판의 폭을 40cm 이상으로 할 것

05 산업안전보건법령상 차량계 건설기계의 붐·암 등을 올리고 그 밑에서 수리·점검작업 등을 하는 경우 붐·암 등이 갑자기 내려옴으로써 발생하는 위험을 방지하기 위하여, 사업주가 해당 작업에 종사하는 근로자에게 사용하도록 해야 하는 방호장치 2가지를 쓰시오.

해답 1. 안전지지대, 2. 안전블록

06 동영상을 참고하여 관련 위험요인 4가지를 쓰시오.

[동영상 설명]
베어링이 담긴 상자를 액체가 담긴 상자에 크레인으로 내려 담갔다가 올려서 빼는 작업장. 조종기의 전선이 세척조에 담가진다. 작업자는 노란색 고무장갑, 고무장화는 착용했지만, 안전모·마스크 등 얼굴에 아무것도 없는 상태로 담배를 피우면서 한 손으로는 크레인 조작스위치를 조작하고, 한 손으로는 베어링 상자가 걸린 훅을 잡고 있다. 훅 해지장치는 보이지 않는다. 베어링 상자를 올린 후에 앞만 보며 크레인 조작 스위치와 훅을 당겨 이동한다. 작업자는 구멍 뚫린 팔레트 위에서 작업 중으로, 젖은 바닥과 장화, 구멍이 뚫린 배수구를 보여준다.

해답
1. 달기구에 해지장치 미사용
2. 손으로 훅을 잡음(=인양물과 근로자가 접촉할 우려가 있는 장소에서 작업)
3. 작업 중 흡연
4. 조종기의 전선이 액체에 담가짐
5. 안전모 미착용

07 화면은 이동식 비계 위로 작업자가 올라가고 있는 장면을 보여주고 있다. 이와 같은 작업 시 추락재해가 발생하였을 때 재해예방대책 3가지를 쓰시오.

해답
1. 승강용 사다리를 견고하게 설치
2. 갑작스러운 이동 또는 전도를 방지하기 위해 비계를 견고한 시설물에 고정하거나 아웃트리거를 설치
3. 비계의 최상부 작업발판 단부에는 안전난간을 설치

08 보호구 안전인증고시상 안전대 충격방지장치 중 벨트의 제원 관련해서 빈칸에 알맞은 것을 쓰시오. (단, U자걸이로 사용할 수 있는 안전대는 제외한다.)

(1) 너비 : (①)mm 이상
(2) 두께 : (②)mm 이상
(3) 정하중 : (③)kN 이상

해답 ① 50, ② 2, ③ 15

09 건설용 리프트 방호장치를 3가지만 쓰시오.

해답
1. 과부하방지장치
2. 권과방지장치
3. 비상정지장치
4. 제동장치

부록 / 2023년 작업형 기출문제

산업안전기사(1회 A형)

01 산업안전보건법령상 화면상의 작업을 하는 때 작업시작 전, 사업주가 관리감독자로 하여금 점검하도록 해야 할 사항을 4가지 쓰시오.

[동영상 설명]
작업자가 프레스 외관을 점검하고 있다. 페달도 밟아보고 전원을 올려 레버를 조작하고 금형의 상태도 확인하고 있다.

[해답]
1. 클러치 및 브레이크의 기능
2. 크랭크축·플라이휠·슬라이드·연결봉 및 연결 나사의 풀림 여부
3. 1행정 1정지기구·급정지장치 및 비상정지장치의 기능
4. 슬라이드 또는 칼날에 의한 위험방지 기구의 기능
5. 프레스의 금형 및 고정볼트 상태
6. 방호장치의 기능
7. 전단기(剪斷機)의 칼날 및 테이블의 상태

02 산업안전보건법령상 동영상의 작업을 하는 경우, 사업주는 근로자의 위험을 방지하기 위하여, 작업계획서를 작성하고 그 계획에 따라 작업을 하도록 하여야 한다. 그 작업계획서에 포함되어야 할 사항을 2가지 쓰시오.

[동영상 설명]
작업자가 지게차를 이용하여 작업하고 있다.

[해답]
1. 해당 작업에 따른 추락·낙하·전도·협착 및 붕괴 등의 위험 예방대책
2. 차량계 하역운반기계등의 운행경로 및 작업방법

03 화면상의 작업과정에서 근로자가 착용해야 할 보호구 4가지를 쓰시오.

[동영상 설명]
파괴해머를 이용하여 작업자 1명이 보도블럭 옆 인도를 파헤치고 있다. 주변에는 울타리가 쳐 있지 않다. 작업을 관리하는 관리감독자는 없으며 작업자는 안전화, 안전모, 목장갑을 착용했다. 전원은 리드선에 연결되어 있으며 리드선이 파괴해머에 엉켜 있다. 작업자의 안면부에 방진마스크, 귀마개, 보안경을 착용하고 있지 않다.

[해답]
1. 안전모
2. 안전화
3. 보안경
4. 방진마스크
5. 청력보호구(귀마개 또는 귀덮개)
6. 진동보호구(방진장갑)

04 산업안전보건법령상 사업주는 가솔린이 남아 있는 화학설비(위험물을 저장하는 것으로 한정), 탱크로리, 드럼 등에 등유나 경유를 주입하는 작업을 하는 경우에는 미리 그 내부를 깨끗하게 씻어내고 가솔린의 증기를 불활성 가스로 바꾸는 등 안전한 상태로 되어 있는지를 확인한 후에 그 작업을 하여야 한다. 다만, 다음 각 호의 조치를 하는 경우에는 그러하지 아니하다. 빈칸에 알맞은 것을 쓰시오.

[동영상 설명]
작업자가 가솔린이 남아있는 설비에 등유를 주입한다.

1. 등유나 경유를 주입하기 전에 탱크·드럼 등과 주입설비 사이에 접속선이나 접지선을 연결하여 (①)을/를 줄이도록 할 것
2. 등유나 경유를 주입하는 경우에는 그 액표면의 높이가 주입관의 선단의 높이를 넘을 때까지 주입속도를 초당 (②)m 이하로 할 것

[해답] ① 전위차, ② 1

05 화면상의 작업 중 안전대책을 4가지만 쓰시오.

[동영상 설명]
안전난간과 추락방호망이 설치되지 않은 (삼각형) 박공지붕 중간에서, 안전모와 안전화를 착용한 작업자들이 앉아 휴식 중이다. 이때 작업자 뒤에 있던 삼각형 적재물이 굴러와 작업자의 등에 부딪혀 작업자가 앞으로 쓰러진다.

[해답]
1. 지붕 가장자리 안전난간 설치
2. 추락방호망 설치
3. 작업자 안전대 착용 및 안전대 부착설비 체결
4. 구름멈춤대, 쐐기 등을 이용하여 중량물의 동요나 이동 조절
5. 중량물이 구르는 방향인 경사면 아래로 작업자 출입제한

06 산업안전보건법령상 사업주가 분진 등을 배출하기 위하여 설치하는 국소배기장치(이동식은 제외)의 덕트(duct)의 기준을 3가지 쓰시오.

[동영상 설명]
브레이크 라이닝 연마공정을 보여주고 있다.

[해답]
1. 가능하면 길이는 짧게 하고 굴곡부의 수는 적게 할 것
2. 접속부의 안쪽은 돌출된 부분이 없도록 할 것
3. 청소구를 설치하는 등 청소하기 쉬운 구조로 할 것
4. 덕트 내부에 오염물질이 쌓이지 않도록 이송속도를 유지할 것
5. 연결 부위 등은 외부 공기가 들어오지 않도록 할 것

07 산업안전보건법령상 밀폐공간의 산소 및 유해가스 농도를 측정하여 적정공기가 유지되고 있는지를 평가할 수 있는 사람 또는 기관의 종류를 4가지 쓰시오.

[해답]
1. 관리감독자
2. 안전관리자 또는 보건관리자
3. 안전관리전문기관 또는 보건관리전문기관
4. 건설재해예방전문지도기관
5. 작업환경측정기관
6. 산소 및 유해가스 농도의 측정·평가에 관한 교육을 이수한 사람

08 동영상과 같은 활선 작업에서 내재되어 있는 핵심 위험요인을 3가지 쓰시오.

[동영상 설명]
[장면 1]
절연고소작업차(활선차)에 탑승한 작업자가 충전전로에 주황색 플라스틱(절연용 방호구)을 설치를 하고 있다. 이때 작업자는 절연장갑(두꺼운 장갑) 및 절연용 안전모를 착용하고 있으나 안전대는 미착용하고 있다.
차량 밑에서 얇은 장갑을 착용한 다른 작업자가 자재(절연용 방호구)를 달줄로 매달고, 형강 쪽의 얇은 봉에 와이어로프를 걸 수 있는 도르래로 와이어로프를 연결한 뒤 잡아당기면서 올려보낸다. 그런데, 와이어로프가 전주 전선에 방호조치 없이 걸쳐 있다.
위에 탑승한 작업자가 손으로 인양하는데, 1줄 걸이로 흔들거리며 인양된다. 작업자 2명이 서로 신호를 하지는 않는다.

[장면 2]
1대의 절연고소작업차에 2개의 탑승칸이 있고, 각각 작업자 후 탑승한 상태로 탑승칸 위치를 조정하니, 아웃트리거를 설치했지만, 차량이 좀 흔들거린다.
전로에 절연용 방호구를 설치하는데, 주 작업자가 활선전로에 가까이 붙어서 작업하며, 차량도 주변 전신주 활선전로에 매우 가까워 접촉될 듯하다.

[해답]
1. 작업자가 절연용 보호구를 착용하지 않아 감전 위험
2. 작업자가 활선작업용 기구 및 장치를 사용하지 않아 감전 위험
3. 작업자가 충전전로에서 접근한계거리 이내로 접근

09 산업안전보건법령상 사업주가 흙막이 지보공을 설치하였을 때에는 (1) 그 설치 목적과 (2) 정기적으로 점검하고 이상을 발견하면 즉시 보수하여야 하는 사항 3가지를 쓰시오.

[동영상 설명]
굴착공사 현장에 설치된 흙막이벽을 보여준다.

해답 (1) 설치 목적 : 지반의 붕괴 방지
(2) 정기적으로 점검하고 이상을 발견하면 즉시 보수하여야 하는 사항
1. 부재의 손상 변형 부식 변위 탈락의 유무와 상태
2. 버팀대의 긴압의 정도
3. 부재의 접속부 부착부 및 교차부의 상태
4. 침하의 정도

산업안전기사(1회 B형)

01 선반 작업 시 근로자에게 발생할 수 있는 내재된 위험요인 3가지를 쓰시오.

[동영상 설명]
작업자는 선반 작업을 진행하고 있다. 이때 덮개 또는 울이 없고, 길이가 긴 공작물이 흔들린다. 칩 브레이커(chip breaker)가 설치되지 않아서 칩이 끊어지지 않고 길게 나와 있으며 작업자가 장갑을 끼지 않았고 뒷주머니에 넣어 둔 상태이다.
작업자는 장비 조작부에 손을 올려놓은 채 선반에서 칩이 나오는 모습을 계속 보고 있다. 선반에 "비산 주의"라는 표지판이 부착되어 있다.

해답 1. 기계의 회전축에 작업자 말림 위험
2. 선반으로부터 돌출하여 회전하고 있는 가공물이 작업자를 칠 위험
3. 선반 가공 시 발생하는 칩이 작업자에게 날아올 위험

02 건설기계 안전기준에 관한 규칙에 따라서, 지게차의 안정도 관련해서 빈칸에 알맞은 것을 쓰시오.

(1) 지게차는 다음 각 호에 해당하는 지면에서 중심선이 지면의 기울어진 방향과 평행할 경우 앞이나 뒤로 넘어지지 아니하여야 한다.
① 지게차의 최대하중상태에서 쇠스랑을 가장 높이 올린 경우 기울기가 (㉠)(지게차의 최대하중이 5톤 이상인 경우에는 (㉡)인 지면)
② 지게차의 기준부하상태에서 주행할 경우 기울기가 (㉢)인 지면

(2) 지게차는 다음 각 호에 해당하는 지면에서 중심선이 지면의 기울어진 방향과 직각으로 교차할 경우 옆으로 넘어지지 아니하여야 한다.
① 지게차의 최대하중상태에서 쇠스랑을 가장 높이 올리고 마스트를 가장 뒤로 기울인 경우 기울기가 (㉣)인 지면
② 지게차의 기준무부하상태에서 주행할 경우 구배가 지게차의 최고주행속도에 1.1을 곱한 후 15를 더한 값인 지면. 다만, 규격이 5,000kg 미만인 경우에는 최대 기울기가 50%, 5,000kg 이상인 경우에는 최대 기울기가 40%인 지면을 말한다.

해답 ㉠ 4%, ㉡ 3.5%, ㉢ 18%, ㉣ 6%

03 롤러기 작업 시 (1) 위험점의 이름과 해당 (2) 위험점이 형성되는 조건을 쓰시오.

해답 (1) 위험점 : 물림점
(2) 형성 조건 : 두 개의 회전체가 서로 반대 방향으로 맞물려 회전

04 플레어 시스템은 화학설비 및 그 부속설비 중 안전밸브 등으로부터 방출된 기체 및 액체 물질을 안전하게 처리하며, 플레어헤더, 녹아웃드럼, 액체 밀봉드럼 및 이 설비를 포함한다. 이 설비는 스택시시내, 플레어팁, 파이롯버너 및 점화장치 등으로 구성된 설비 일체를 말한다. (1) 플레어 시스템의 설치 목적과 (2) 이 설비 명칭을 쓰시오.

해답
(1) 설치 목적
안전밸브 등에서 배출되는 위험물질을 안전하게 "연소" 처리=(긴급 상황 발생 시) 공정 중에서 발생하는 미연소가스를 "연소"하여 안전하게 밖으로 배출
(2) 설비 명칭
플레어 스택(flare stack)=플레어 타워(flare tower)

05 영상에서 위험요인 3가지를 쓰시오.

[동영상 설명]
2명의 작업자가 방진마스크, 보안경을 착용하지 않고 휴대용 연삭기(7인치 핸드 그라인더)로 기다란 대리석 돌판 연마 작업 중이며 연삭기의 덮개는 낡아 보인다. 작업자는 팔을 조금 들며 연삭기 측면을 사용하다 손으로 잡고 있던 대리석 가공물이 떨어진다. 작업장 바닥에는 이동전선 및 충전부가 어지럽게 널부러져 있고 물에 닿은 채 있다. 작업자 2명이 기다란 대리석 돌판을 들고 가는데, 허리가 굽고 휘청이면서 옮기고 있다.

해답
1. 보안경 미착용
2. 방진마스크 미착용
3. 연삭기 측면을 사용
4. 연마 가공물 미고정
5. 통로바닥에 전선 또는 이동전선등을 설치
6. 습윤한 장소에서는 충분한 절연효과가 있는 이동전선 및 이에 부속하는 접속기구를 사용해야 하는데 그렇지 않음

06 유리병을 H₂SO₄(황산)에 세척 시 발생할 수 있는 (1) 재해발생형태 및 (2) 그 정의를 각각 쓰시오.

[동영상 설명]
작업자가 보호구 미착용 상태로 화학물질 실험 도중 통증을 호소한다.

해답
(1) 재해발생형태 : 유해·위험물질 노출·접촉
(2) 정의 : 유해·위험물질에 노출·접촉 또는 흡입하였거나 독성동물에 쏘이거나 물린 경우

07 동영상에서 보여주고 있는 해체 작업을 할 때 준수사항을 3가지 쓰시오.

[동영상 설명]
작업자는 가위 기계로 아파트를 으스러트리는 해체 작업을 하고 있다. 신호수가 압쇄기 근처에서 신호 보내고 있는데, 그 신호수가 떨어진 해체물에 맞는다.

해답
1. 압쇄기의 중량, 작업충격을 사전에 고려하고, 차체 지지력을 초과하는 중량의 압쇄기부착을 금지하여야 한다.
2. 압쇄기 부착과 해체에는 경험이 많은 사람으로서 선임된 자에 한하여 실시한다.
3. 압쇄기 연결구조부는 보수점검을 수시로 하여야 한다.
4. 배관 접속부의 핀, 볼트 등 연결구조의 안전 여부를 점검하여야 한다.
5. 절단날은 마모가 심하기 때문에 적절히 교환하여야 하며 교환대체품목을 항상 비치하여야 한다.

08 산업안전보건법령상 아세틸렌 용접장치 관련해서 다음 빈칸에 알맞은 것을 쓰시오.

사업주는 아세틸렌 용접장치를 사용하여 금속의 용접·용단 또는 가열작업을 하는 경우에는 게이지 압력이 ( )kPa을 초과하는 압력의 아세틸렌을 발생시켜 사용해서는 아니 된다.

해답 127

09 화면상의 작업에서 위험요인(안전 작업 수칙) 2가지를 쓰시오.

[동영상 설명]
건설 현장 발판이 미설치된 높은 곳에서 안전모는 착용했지만, 안전대는 미착용한 작업자가 강관 비계에 발을 올리고 플라이어와 케이블 타이로 녹색 그물을 강관 비계에 묶다가 추락한다.

해답
1. 작업발판을 설치하지 않음. (→ 적절한 작업발판 설치)
2. 안전대를 사용하지 않음. (→ 안전대 착용 및 체결)

산업안전기사(1회 C형)

01 화면은 봉강 연마 작업 중 발생한 사고사례이다. (1) 기인물과 (2) 봉강 연마 작업 시 파편이나 칩의 비래에 의한 위험에 대비하기 위해 설치해야 하는 방호 장치명을 쓰시오.

[동영상 설명]
맨손에 보안경, 방진마스크, 귀마개를 미착용한 작업자가 탁상용 연삭기 전원을 켜고, 봉강 연마 작업을 한다. 이때 연삭기에는 덮개는 설치되어 있는데, 칩비산방지투명판이 없다. 작업자가 두 손으로 연삭 가공을 하는데, 칩이 눈에 튀어서, 한 손으로는 비산물이 눈 앞으로 튀는 것을 막으며 작업한다. 봉강이 덜덜 흔들리다가 결국엔 튀어 작업자 가슴으로 날아간다. 작업장 주변이 정리정돈 되어 있지 않다.

[해답] (1) 기인물 : 탁상용 연삭기(=연마기, 그라인더(Grinder))
(2) 장치명 : 칩 비산 방지 투명판(=칩 비산 방지판(shield))

02 산업안전보건법령상 입구 측의 압력이 설정압력에 도달하면 판이 파열하면서 유체가 분출하도록 용기 등에 설치된 얇은 판으로 다시 닫히지 않는 압력방출 안전장치 관련해서 (1) 장치명과 (2) 설치하여야 하는 경우 2가지를 쓰시오.

[해답] (1) 장치명 : 파열판
(2) 설치하여야 하는 경우 2가지
1. 반응 폭주 등 급격한 압력 상승 우려가 있는 경우
2. 급성 독성물질의 누출로 인하여 주위의 작업환경을 오염시킬 우려가 있는 경우
3. 운전 중 안전밸브에 이상 물질이 누적되어 안전밸브가 작동되지 아니할 우려가 있는 경우

03 급정지기구가 설치되어 있지 않은 프레스에 사용가능한 방호장치 종류를 4가지를 쓰시오.

[동영상 설명]
작업자는 프레스를 페달 밟아 작동시키고 있다.

[해답] 1. 가드식, 2. 양수기동식, 3. 수인식, 4. 손쳐내기식

04 다음은 계단 설치 기준이다. 산업안전보건법령상 다음 빈칸을 채우시오.

(1) 사업주는 계단 및 계단참을 설치하는 경우 매제곱미터당 (①)kg 이상의 하중에 견딜 수 있는 강도를 가진 구조로 설치하여야 하며, 안전율은 (②) 이상으로 하여야 한다.
(2) 사업주는 계단을 설치하는 경우 그 폭을 (③)m 이상으로 하여야 한다(다만, 급유용·보수용·비상용 계단 및 나선형 계단이거나 높이 (④)m 미만의 이동식 계단인 경우에는 그러하지 아니하다.).
(3) 사업주는 높이가 (⑤)m를 초과하는 계단에 높이 3m 이내마다 너비 (⑥)m 이상의 계단참을 설치하여야 한다.

[해답] ① 500, ② 4, ③ 1, ④ 1, ⑤ 3, ⑥ 1.2

05 화면에서 보이는 재해의 직접적인 원인 2가지를 쓰시오.

[동영상 설명]
작업자는 면장갑은 착용했지만, 안전모는 쓰지 않은 작업자가 항타기로 땅을 파고, 항타기가 들어가 있는 구멍으로 손을 넣어 보도블럭을 끄집어낸다. 이동식 크레인이 1줄걸이로 전주 가운데를 2번 감아서 전주를 세로로 세워서 들고 이동한다. 전주에 흔들림이 많아 작업자 3명이 아래서 흔들리지 못하도록 잡고 있다. 기존에 설치된 전주가 있는 상태에서 항타기가 파놓은 구멍으로 전주를 넣으려다 활선에 닿아 지지직 소리가 난다.

[해답] 1. 차량을 충전전로의 충전부로부터 이격시키지 않음
2. 충전전로의 전압에 적합한 절연용 방호구 등을 미설치

06 산업안전보건법령상 동영상의 작업에서 착용해야 하는 보호구를 4가지를 쓰시오. (단, 안전모는 착용한 상태 기준이다.)

[동영상 설명]
작업자는 자동차부품(브레이크 라이닝)을 화학약품을 사용하여 세척하고 있다. 바닥에는 세정제가 흩어져 있으며, 작업자는 고무장화 등을 착용하지 않고 운동화를 비롯하여 일반 작업복, 방진마스크, 면장갑을 착용하고 있다.

해답
1. 송기마스크 또는 방독마스크
2. 화학물질용 보호복
3. 화학물질용 보호장갑
4. 화학물질용 보호장화
5. 보안경

07
산업안전보건법령상 정전 작업을 마친 후 전원을 공급하는 경우에는 작업에 종사하는 근로자 또는 그 인근에서 작업하거나 정전된 전기기기등(고정 설치된 것으로 한정한다)과 접촉할 우려가 있는 근로자에게 감전의 위험이 없도록 준수하여야 하는 사항 3가지를 쓰시오.

[동영상 설명]
작업자는 전주 위에서 작업 중이다.

해답
1. 작업기구, 단락 접지기구 등을 제거하고 전기기기등이 안전하게 통전될 수 있는지를 확인할 것
2. 모든 작업자가 작업이 완료된 전기기기등에서 떨어져 있는지를 확인할 것
3. 잠금장치와 꼬리표는 설치한 근로자가 직접 철거할 것
4. 모든 이상 유무를 확인한 후 전기기기등의 전원을 투입할 것

08
다음 설명에 맞는 크레인의 방호장치를 쓰시오.

[동영상 설명]
작업자가 이동식크레인으로 단관파이프를 인양하고 있다.

(1) 권과를 방지하기 위하여 인양용 와이어로프가 일정한계 이상 감기게 되면 자동적으로 동력을 차단하고 작동을 정지시키는 장치 : (①)
(2) 훅에서 와이어로프가 이탈하는 것을 방지하는 장치 : (②) 해지장치
(3) 전도 사고를 방지하기 위하여 장비의 측면에 부착하여 전도 모멘트에 대하여 효과적으로 지탱할 수 있도록 한 장치 : (③)

해답 ① 권과방지장치, ② 훅, ③ 아웃트리거(outrigger) = 전도방지용 지지대 = 전도방지장치

09
해당 그림에 맞는 장치 이름을 쓰시오.

[동영상 설명]
건설용리프트 방호장치(A, B, C, D, E, F)를 보여준다.

(A)

(B)

(C)

(D)

(E)

(F)

해답
A. 과부하방지장치(운반구 하부)
B. 완충 스프링(땅바닥 스프링)
C. 비상정지장치(빨간색 누름 버튼)
D. 출입문 연동장치(운반구에 설치됨)
E. 방호울 출입문 연동장치(방호울에 설치됨)
F. 3상 전원차단장치(오른쪽 레버)

산업안전기사 (1회 D형)

01 화면상의 작업 중 안전 수칙 3가지를 쓰시오.

[동영상 설명]
시내버스를 정비하기 위하여 차량용 리프트로 차량을 들어 올린 상태에서 한 작업자가 버스 밑에 들어가 샤프트 계통을 점검한다. 그런데 다른 한 작업자가 주변 상황을 전혀 살피지 않고 버스에 올라 엔진을 시동을 건다. 그 순간 밑에 있던 작업자의 팔이 버스의 회전하는 샤프트에 말려들어 사고를 일으킨다. 작업장 주변에는 아무런 작업감시자가 없다.

[해답] 1. 기동장치에 잠금장치를 실시 및 열쇠를 별도 관리
2. 정비작업 중임을 나타내는 표지판을 설치
3. 작업지휘자를 배치
4. 관계 근로자가 아닌 사람의 출입을 금지
5. 안전지지대 또는 안전블록을 설치

02 다음은 강관비계에 관한 내용이다. 산업안전보건법령상 다음 빈칸을 채우시오.

비계기둥의 간격은 띠장 방향에서는 (①)m 이하, 장선 방향에서는 (②)m 이하로 할 것

[해답] ① 1.85, ② 1.5

03 동영상을 참고하여 다음 설명에 답하시오.

[동영상 설명]
작업자가 거푸집 동바리작업을 하고 있다.

(1) 규격화·부품화된 수직재, 수평재 및 가새재 등의 부재를 현장에서 조립하여 거푸집으로 지지하는 동바리 형식의 이름을 쓰시오.
(2) 산업안전보건법령상 거푸집 동바리 관련 ( )에 알맞은 것을 쓰시오.

동바리 최상단과 최하단의 수직재와 받침철물은 서로 밀착되도록 설치하고 수직재와 받침철물의 연결부의 겹침길이는 받침철물 전체길이의 ( ) 이상 되도록 할 것

[해답] (1) 시스템동바리
(2) 3분의 1

04 동영상의 작업 중에 내재되어 있는 위험요인을 2가지를 쓰시오.

[동영상 설명]
마스크를 미착용한 작업자가 머리에 걸친 용접용 보안면을 내리고, 가죽 용접장갑 착용한 오른손으로 대형관 플랜지 하부에 교류 아크 용접을 시작한다. 가죽 용접장갑을 착용한 왼손으로는 플랜지를 회전시키고, 용접봉을 잡기도 한다. 작업장 주위에는 인화성 물질로 보이는 페인트통 등이 주변에 쌓여 있고 케이블이 정리되지 않고 늘어져 있다. 단독 용접작업으로 불똥이 날리는데, 약 3m×3m 정도 되는 녹색판(불티 비산방지판)이 몇 개 보이나, 페인트통 사이에는 설치되어 있지 않다.

[해답] 1. 용접불꽃에 의한 화상 및 화재 위험
2. 교류아크용접기에 의한 감전 위험
3. 방진마스크 미착용에 따른 용접흄 흡입 위험
4. 화기작업구역 인근 인화성 물질(페인트 통 등) 비치로 인한 화재 위험
5. 인화성 물질 주변 불티 비산방지판 미설치로 인한 화재 위험

05 산업안전보건법령상 사업주는 근로자가 노출된 충전부 또는 그 부근에서 작업함으로써 감전될 우려가 있는 경우에는 작업에 들어가기 전에 해당 전로를 차단하여야 한다. 그러나 전로를 차단하지 않아도 되는 경우를 3가지 쓰시오.

[해답] 1. 생명유지장치, 비상경보설비, 폭발위험장소의 환기설비, 비상조명설비 등의 장치·설비의 가동이 중지되어 사고의 위험이 증가되는 경우
2. 기기의 설계상 또는 작동상 제한으로 전로차단이 불가능한 경우
3. 감전, 아크 등으로 인한 화상, 화재·폭발의 위험이 없는 것으로 확인된 경우

06 산업안전보건법령상 고열의 정의와 다량의 고열물체를 취급하거나 매우 더운 장소에서 작업하는 근로자에게 사업주가 지급하고 착용하도록 하여야 하는 보호구 2가지를 쓰시오.

[동영상 설명]
안전모 및 마스크를 하지 않은 작업자가 펄펄 끓고 있는 물질을 휘젓고 있다. 물질을 살짝 퍼내어 바닥으로 내려놓으니 물질의 색깔이 회색으로 변한다. 작업자의 신발을 클로즈업 된다.
※ 고열 : 열에 의하여 근로자에게 열경련ㆍ열탈진 또는 열사병 등의 건강장해를 유발할 수 있는 더운 온도

[해답] 1. 방열장갑, 2. 방열복

07 동영상과 같은 상황에서 (1) 추락방지대책과 (2) 낙하방지대책을 각각 1가지씩 쓰시오.

[동영상 설명]
가로수 위로 약 3m 높이에 있는 건설 현장에서, 안전대를 착용하지 않은 작업자가 망치를 들고 약간 기울어진 발판을 발로 여러 번 두드리며 설치하다가 망치를 떨어트린다.

[해답] (1) 추락방지대책
1. 발판 설치
2. 추락방호망 설치
3. 안전대 착용 및 구명줄에 체결
(2) 낙하방지대책
1. 낙하물 방지망 설치
2. 방호선반 설치

08 산업안전보건법령상 용융(鎔融)한 고열의 광물(용융고열물)을 취급하는 피트(고열의 금속찌꺼기를 물로 처리하는 것은 제외한다)에 대하여 수증기 폭발을 방지하기 위하여 사업주가 해야하는 조치 1가지를 쓰시오.

[동영상 설명]
철강 용광로 작업을 하고 있는 작업자가 쇳물이 흐르는 작은 통로를 도구로 긁다가 쇳물이 발에 튀었는지 아래를 보며 깜짝 놀란다.

[해답] 1. 지하수가 내부로 새어드는 것을 방지할 수 있는 구조로 할 것. 다만, 내부에 고인 지하수를 배출할 수 있는 설비를 설치한 경우에는 그러하지 아니하다.
2. 작업용수 또는 빗물 등이 내부로 새어드는 것을 방지할 수 있는 격벽 등의 설비를 주위에 설치할 것

09 브레이크 라이닝 제조ㆍ취급 작업자가 석면분진에 노출되어 있지만, 일반 마스크를 착용하고 있어 직업성 질병이 발병할 가능성이 있다. 석면에 장기간 노출 시 발생할 가능성이 있는 직업성 질병을 3가지만 쓰시오.

[동영상 설명]
작업장은 석면이 날리고 있으며 작업자는 석면을 포대에서 플라스틱 용기를 사용하여 배합기에 넣고, 아래 작업자는 철로 된 용기에 주변 바닥으로 흩어진 석면을 빗자루로 쓸어 담고 있다. 주변에는 국소배기장치가 없고, 작업자는 일반 작업복, 일반장갑, 일반마스크를 착용하고 있다.

[해답] 1. 폐암, 2. 악성 중피종, 3. 석면폐

산업안전기사(2회 A형)

01 뇌격(雷擊)에 따른 뇌서지(雷, surge)를 전압 억제 절연저항 차단하여, 전주를 보호하기 위하여, 동영상에 표시된 (1) 방호장치의 명칭과 (2) 그 장치가 갖추어야 할 구비조건을 3가지만 쓰시오.

[동영상 설명]

• 동그라미 : 피뢰기 (퓨즈링크가 없음)
• 동그라미 옆 : COS

[해답] (1) 명칭 : 피뢰기(Lightening Arrestor)
(2) 피뢰기가 갖추어야 할 구비조건
1. 반복동작 가능할 것
2. 구조 견고할 것
3. 특성이 변하지 않을 것
4. 점검·보수가 간단할 것
5. 방전 개시 전압이 낮을 것
6. 제한 전압이 낮을 것
7. 방전능력이 클 것
8. 속류 차단이 확실할 것

02 동영상의 장소에 적절한 (1) 가스누출감지경보기 설치위치 (2) 경보설정값이 몇 %가 적당한지 쓰시오.

[동영상 설명]
작업자가 LPG 저장소라고 표시되어 있는 문을 열고 들어가려니 어두워서 들어가자마자 왼쪽에 있는 스위치를 눌러서 불을 켜는 순간 스파크가 발생하면서 폭발한다.

[해답] (1) 설치위치 : 바닥 근처 낮은 곳에 설치
(2) 경보설정값 : 폭발하한계(LEL) 25% 이하

03 화면상의 작업에서 작업자가 착용해야 하는 방독마스크에 사용되는 흡수제의 종류를 2가지 쓰시오.

[동영상 설명]
작업자가 분무기로 스프레이 분사를 하고 있다.

[해답] 1. 활성탄(Activated Charcoal)
2. 소다라임(Sodalime)
3. 실리카겔(Silica Gel)

04 산업안전보건법령상 사업주가 비계(달비계, 달대비계 및 말비계는 제외)의 높이가 2m 이상인 작업장소에 작업발판을 설치할 경우, 설치기준 3가지를 쓰시오. (단, 폭과 틈에 관한 설치기준은 제외)

[동영상 설명]
작업자 2명이 비계를 조립 중이다. 나무발판을 안전난간에 걸치고 위에 올라서서 고정철물을 전달받다가 떨어진다.

[해답] 1. 발판재료는 작업할 때의 하중을 견딜 수 있도록 견고한 것으로 할 것
2. 추락의 위험이 있는 장소에는 안전난간을 설치할 것. 다만, 작업의 성질상 안전난간을 설치하는 것이 곤란한 경우, 작업의 필요상 임시로 안전난간을 해체할 때에 추락방호망을 설치하거나 근로자로 하여금 안전대를 사용하도록 하는 등 추락위험 방지 조치를 한 경우에는 그러하지 아니하다.
3. 작업발판의 지지물은 하중에 의하여 파괴될 우려가 없는 것을 사용할 것
4. 작업발판재료는 뒤집히거나 떨어지지 않도록 둘 이상의 지지물에 연결하거나 고정시킬 것
5. 작업발판을 작업에 따라 이동시킬 경우에는 위험 방지에 필요한 조치를 할 것

05 산업용로봇 안전매트 관련하여 (1) 작동원리와 (2) 안전인증의 표시 외에 추가로 표시할 사항 2가지를 쓰시오.

[동영상 설명]
작업자가 작업실 들어갈 때 검은색 매트 밟는다.

[해답] (1) 작동원리 : 유효감지영역 내의 임의의 위치에 일정한 정도 이상의 압력이 주어졌을 때 이를 감지하여 신호를 발생
(2) 표시할 사항
1. 작동하중
2. 감응시간
3. 복귀신호의 자동 또는 수동 여부
4. 대소인공용 여부

06 산업안전보건법령상 낙하물 방지망을 설치하는 경우에는 사업주의 준수사항에 대해서 빈칸에 알맞은 것을 쓰시오.

[동영상 설명]
작업자가 아파트 건설 현장에서 낙하물방지망을 설치하고 있다.

1. 높이 (①)m 이내마다 설치하고, 내민 길이는 벽면으로부터 (②)m 이상으로 할 것
2. 수평면과의 각도는 (③)도 이상 (④)도 이하를 유지할 것

[해답] ① 10, ② 2, ③ 20, ④ 30

07 급정지기구가 설치되어 있지 않은 프레스에 사용가능한 방호장치 종류를 4가지를 쓰시오.

[동영상 설명]
프레스 작업을 하던 작업자가 작동 스위치페달을 밟고 손이 끼인다.

해답 1. 가드식, 2. 양수기동식, 3. 수인식, 4. 손쳐내기식

08 산업안전보건법령상 화면상의 기계·기구 작업을 하는 때 작업시작 전, 사업주가 관리감독자로 하여금 점검하도록 해야 할 사항 3가지를 쓰시오.

[동영상 설명]
지게차를 운행하기 전, 별다른 보호구를 착용하지 않은 지게차 운전자가 바퀴를 발로 차고 포크를 올렸다 내렸다 하고, 포크 안쪽을 점검한 후, 지게차 운행한다.

해답 1. 제동장치 및 조종장치 기능의 이상 유무
2. 하역장치 및 유압장치 기능의 이상 유무
3. 바퀴의 이상 유무
4. 전조등·후미등·방향지시기 및 경보장치 기능의 이상 유무

09 산업안전보건법령상 내부의 이상 상태를 조기에 파악하기 위하여 특수화학설비에 설치해야 하는 계측장치 3가지를 쓰시오.

[동영상 설명]
특수화학설비시설을 보여준다. 작업자들이 화학설비를 점검하고 있다.

해답 1. 온도계, 2. 유량계, 3. 압력계

산업안전기사(2회 B형)

01 산업안전보건법령상 컨베이어 "안전장치"를 4가지 쓰시오.

[동영상 설명]
30도 정도 경사진 컨베이어 벨트가 작동하고, 작업자는 작동 중인 컨베이어 위에 1명과 아래쪽 작업장 바닥에 1명이 있으며, 기계 오른쪽에 있는 갈색 종이 포대를 컨베이어 벨트 위로 올리는 작업을 하고 있다.
화면 오른쪽에 포대가 많이 쌓여 있고, 작업자 한 명은 경사진 컨베이어 위에 회전하는 벨트 양끝 부분 철로 된 모서리에 양발을 벌리고 서 있으며, 밑에 작업자가 포대를 일정한 방향이 아닌 불규칙하게 포대를 컨베이어에 올리는 중 컨베이어 위에 양발을 벌리고 있는 작업자 발에 포대 끝부분이 부딪쳐 무게 중심을 잃고 한 바퀴 구르면서 기계 오른쪽에 포대가 쌓인 곳에 쓰러진 후 팔이 풀리 하단으로 들어간다.
아래쪽 작업자는 비상정지장치는 누르지 않고 떨어지는 작업자를 부둥켜안고 있다. 작업자 둘 다 캡모자를 쓰고 있다.

해답 1. 비상정지장치, 2. 덮개, 3. 울, 4. 건널다리, 5. 역전방지장치(역주행방지장치)

02 동영상의 지게차 재해 사고 원인을 3가지 쓰시오.

[동영상 설명]
지게차의 포크에 김치냉장고 박스를 2열로 높게 쌓아 올렸는데, 높이도 안 맞고 고정되어 있지도 않으며, 운전자의 시야가 가린다. 다른 작업자가 수레로 공구 등을 내려놓고 정리한 뒤 하품하면서 뒤돌아서 나오는 순간 지게차와 부딪힌다.

해답 1. 지게차 접촉 우려 장소에 다른 작업자 출입
2. 작업지휘자 또는 유도자가 미배치
3. 운전자의 시야를 가릴 만큼 화물을 높게 적재

03 타워크레인의 작업 중지에 관한 내용이다. 산업안전보건법령상 빈칸에 알맞은 숫자를 넣으시오.

> [동영상 설명]
> 타워크레인을 이용하여 배관을 운반 도중 신호수(안전모, 안전대 미착용) 머리 위로 지나가며 다소 흔들리며 내리다 배관에 부딪힌다.

> - 설치·수리·점검 또는 해체 작업 중지하여야 하는 순간풍속 (①)m/s
> - 운전작업을 중지하여야 하는 순간풍속 (②)m/s

[해답] ① 10, ② 15

04 산업안전보건기준에 관한 규칙에서 산업용 로봇 운전 시 높이 1.8m 이상의 울타리를 설치할 수 없는 일부 구간에 대해서 설치해야 하는 방호장치를 2가지만 쓰시오.

> [동영상 설명]
> 산업용 로봇을 보여준다.

[해답] 1. 안전매트
2. 광전자식 방호장치

05 (1) 금형 프레스기에 발로 작동하는 조작 장치에 설치해야 하는 방호장치와 (2) 프레스의 상사점에 있어서 상형과 하형과의 간격을 몇 mm 이하로 해야 하는지 쓰시오. (단, 단위를 반드시 적을 것)

[해답] (1) U자형 페달 덮개
(2) 8mm

06 산업안전보건법령상 가스집합용접장치(이동식을 포함)의 배관을 설치하는 경우에는 사업주 준수사항을 2가지만 쓰시오.

[해답] 1. 플랜지·밸브·콕 등의 접합부에는 개스킷을 사용하고 접합면을 상호 밀착시키는 등의 조치를 할 것
2. 주관 및 분기관에는 안전기를 설치할 것. 이 경우 하나의 취관에 2개 이상의 안전기를 설치하여야 한다.

07 산업안전보건법령상 이동식 비계 작업 시 준수사항 3가지를 쓰시오.

> [동영상 설명]
> 안전모 착용, 안전대 미착용한 작업자 A가 이동식 비계의 최상층에서 작업 중, 다른 작업자 B가 이동식 비계를 흔들며 밀며 옆으로 이동시키다가, 바닥에 동바리에 걸려서 이동식 비계가 멈추고 작업자 A가 넘어진다.
> 이동식 비계에 아웃트리거가 4개 설치되어 있지만, 고정되지는 않았다. 이동식 비계 최상층에는 안전난간이 4면에 있다. 승강용사다리나 작업 발판은 있으나, 작업발판이 밖으로 튀어나와 있다.

[해답] 1. 이동식비계의 바퀴에는 뜻밖의 갑작스러운 이동 또는 전도를 방지하기 위하여 브레이크·쐐기 등으로 바퀴를 고정시킨 다음 비계의 일부를 견고한 시설물에 고정하거나 아웃트리거(outrigger, 전도방지용 지지대)를 설치하는 등 필요한 조치를 할 것
2. 승강용사다리는 견고하게 설치할 것
3. 비계의 최상부에서 작업을 하는 경우에는 안전난간을 설치할 것
4. 작업발판은 항상 수평을 유지하고 작업발판 위에서 안전난간을 딛고 작업을 하거나 받침대 또는 사다리를 사용하여 작업하지 않도록 할 것
5. 작업발판의 최대적재하중은 250kg을 초과하지 않도록 할 것

08 산업안전보건법령상 (1) 반복적인 동작, 부적절한 작업자세, 무리한 힘의 사용, 날카로운 면과의 신체접촉, 진동 및 온도 등의 요인에 의하여 발생하는 건강장해로서 목, 어깨, 허리, 팔·다리의 신경·근육 및 그 주변 신체조직 등에 나타나는 질환의 명칭과 (2) 근로자가 컴퓨터 단말기의 조작업무를 하는 경우에 사업주의 조치사항을 4가지만 쓰시오.

> [동영상 설명]
> 작업자가 등이 굽은 상태로 키보드를 통해 타이핑 작업을 하고 있다.

[해답] (1) 근골격계질환
(2) 사업주의 조치사항
1. 실내는 명암의 차이가 심하지 않도록 하고 직사광선이 들어오지 않는 구조로 할 것
2. 저휘도형(低輝度型)의 조명기구를 사용하고 창·벽면 등은 반사되지 않는 재질을 사용할 것

3. 컴퓨터 단말기와 키보드를 설치하는 책상과 의자는 작업에 종사하는 근로자에 따라 그 높낮이를 조절할 수 있는 구조로 할 것
4. 연속적으로 컴퓨터 단말기 작업에 종사하는 근로자에 대하여 작업시간 중에 적절한 휴식시간을 부여할 것

09 화면의 영상을 참고하여 재해의 (1) 재해발생형태, (2) 가해물, (3) 감전사고를 방지할 수 있는 안전모의 종류 2가지를 영어 기호로 쓰시오.

[동영상 설명]
크레인으로 전주를 운반하는 도중, 전주가 회전하면서, 크레인 운전자가 전주에 머리를 맞는다.

[해답] (1) 재해발생형태 : (날아오거나 떨어진 물체에) 맞음
(2) 가해물 : 전주(=전봇대=전신주)
(3) 안전모 종류 : 1. AE종, 2. ABE종

산업안전기사(2회 C형)

01 연마 작업 시 착용해야 하는 보호구를 3가지 쓰시오.

[동영상 설명]
작업자는 맨손으로 접속부에 연마기를 꽂고 연마 작업을 하고 있다.

[해답] 1. 보안경
2. 방진마스크
3. 안전모
4. 방진장갑=안전장갑=보호장갑
5. 귀마개 또는 귀덮개
6. 안전화

02 운반하역 표준안전 작업지침상 크레인으로 하물 인양 시 걸이 작업 관련 준수사항 3가지를 쓰시오.

[동영상 설명]
크레인에 쇠파이프를 걸고, 작업자가 올라가다 넘어진다.

[해답] 1. 와이어로프 등은 크레인의 후크 중심에 걸어야 한다.
2. 인양 물체의 안정을 위하여 2줄 걸이 이상을 사용하여야 한다.
3. 밑에 있는 물체를 걸고자 할 때에는 위의 물체를 제거한 후에 행하여야 한다.
4. 매다는 각도는 60도 이내로 하여야 한다.
5. 근로자를 매달린 물체 위에 탑승시키지 않아야 한다.

03 영상에 나오는 (1) 크레인의 명칭 및 (2) 작업장 바닥에 고정된 레일을 따라 주행하는 크레인의 새들(saddle) 돌출부와 주변 구조물 사이의 안전공간은 최소 얼마 이상이어야 하는지 쓰시오.

[해답] (1) 명칭 : 갠트리 크레인(Gantry Crane)
(2) 간격 : 40cm

04 산업안전보건법령상 화면상의 기계·기구 작업을 하는 때 작업시작 전, 사업주가 관리감독자로 하여금 점검하도록 해야 할 사항 4가지를 쓰시오. (단, 연결부 이상 유무 제외)

[동영상 설명]
공기압축기를 통해 작업을 하고 있는 작업자를 보여준다.

[해답] 1. 공기저장 압력용기의 외관 상태
2. 드레인밸브의 상태
3. 압력방출장치(안전밸브)의 상태
4. 언로드밸브의 상태
5. 윤활유의 상태
6. 회전부의 덮개 또는 울 상태

05 동영상에서 기계의 운동 형태에서 발생할 수 있는 (1) 위험점의 명칭과 (2) 그 위험점의 정의를 쓰시오.

> [동영상 설명]
> 보안경을 착용하지 않고 면장갑은 착용한 작업자가 선반 작업 중, 회전축에 샌드페이퍼(사포)를 감아 손으로 지지하고 하다가 작업복과 장갑이 말려 들어간다. 이때 기계 운동방향으로 함께 온몸이 휘어 감긴다.

[해답] (1) 위험점 : 회전말림점
(2) 정의 : 회전하는 축에 작업복 등이 말려 들어가는 것

06 방호장치 자율안전기준 고시상 방호장치가 없는 둥근톱 기계에 고정식 접촉예방장치를 설치하고자 한다. 이때 간격은 각각 얼마로 조정하는지 쓰시오.

> [동영상 설명]
> 보안경 및 방진마스크를 미착용한 작업자가 톱날 접촉 예방 장치가 없는 둥근톱을 이용하여 나무판자를 밀며 절단 작업 중 다른 사람이 이 작업자를 불렀는지 곁눈질하다가, 작업자의 빨간색 코팅 반장갑을 낀 손가락이 반 정도 절단되면서 자빠진다. 다른 작업자는 검은색 장갑을 착용하고 있다.

[해답] (1) 가공재의 상면에서 덮개 하단까지의 최대 간격 : 8mm
(2) 덮개의 하단과 테이블면 사이의 최대 간격 : 25mm

07 화면은 작업자가 수중펌프 접속부위에 감전되어 발생한 재해사례이다. 작업자가 감전사고를 당한 원인을 인체의 피부저항과 관련하여 설명하시오.

> [동영상 설명]
> 단무지 공장에서 무릎 정도 물이 차 있는 상태에서 수중펌프 작동과 동시에 작업자가 접속부위에 감전된다.

[해답] 인체가 수중에 있으므로 인체 피부저항이 1/25로 감소되어 쉽게 감전된 것이다.

08 화면의 작업 시 다음 신체 부위를 보호할 수 있는 보호구를 쓰시오.

> [동영상 설명]
> 변압기를 유기화합물에 담가서 절연처리와 건조작업을 하고 있다. 소형변압기(TR)의 양쪽에 나와 있는 선을 일반 작업복만 입은 작업자(안전모 미착용, 보안경 미착용, 맨손, 신발 안 보임)가 양손으로 들고 유기화합물통(도금욕조 : 스텐으로 사각형)에 넣었다 빼서 앞쪽 선반에 올리는 작업함(유기화합물을 손으로 작업) 화면 바뀌면서 선반 위 소형변압기를 건조기에 넣고 문을 닫고 작업자는 냄새 때문에 얼굴을 찡그리고 계속 작업을 하고 있다.

(1) 눈 :
(2) 손 :
(3) 피부 :

[해답] (1) 눈 : 보안경
(2) 손 : 화학물질용 보호장갑
(3) 피부 : 화학물질용 보호복

09 (1) 영상과 같은 근골격계부담작업 시 유해요인 조사 항목 2가지와 (2) 신설되는 사업장의 경우에는 신설일부터 얼마 기간 이내에 최초의 유해요인 조사를 하여야 하는지 쓰시오.

> [동영상 설명]
> 작업자가 구부정하게 앉아서 컴퓨터 단말기 작업을 하고 있다.

[해답] (1) 유해요인 조사 항목
　　　1. 설비·작업공정·작업량·작업속도 등 작업장 상황
　　　2. 작업시간·작업자세·작업방법 등 작업조건
　　　3. 작업과 관련된 근골격계질환 징후와 증상 유무 등
(2) 1년 이내

산업안전기사(3회 A형)

01 화면은 철골공사현장에 설치한 추락방호망을 보여주고 있다. 추락방호망 설치기준 3가지를 쓰시오.

[해답] 1. 추락방호망의 설치위치는 가능하면 작업면으로부터 가까운 지점에 설치하여야 하며, 작업면으로부터 망의 설치지점까지의 수직거리는 10m를 초과하지 아니할 것
2. 추락방호망은 수평으로 설치하고, 망의 처짐은 짧은 변 길이의 12% 이상이 되도록 할 것
3. 건축물 등의 바깥쪽으로 설치하는 경우 망의 내민 길이는 벽면으로부터 3m 이상 되도록 할 것

02 화면의 영상을 보고 관련 위험요인 3가지를 쓰시오.

[동영상 설명]
밑이 보이지 않는 낭떠러지(승강기 설치되기 전의) 승강기 피트 안, 나무판자로 엉성하게 이어 붙인 작업발판 위에서 작업자가 피트 내 벽면에 돌출되어 있는 콘크리트타이핀(거푸집용 콘크리트 판넬 지지 철물)을 망치, 장도리로 때려 빼고 있다. 작업자는 보안경을 착용하고 있지 않은데, 콘크리트타이핀 철물이 작업자 얼굴로 튕겨오고 있다. 작업자는 안전모는 착용했고, 허리에 벨트형 공구 주머니를 차고 있다. 승강기 피트 입구에는 안전난간이 있지만, 작업반경 주위에는 없다. 작업자가 발을 헛디뎌 피트 바닥으로 추락한다. 추락방호망은 미설치 상태이다.

[해답] 1. 안전난간 미설치
2. 추락방호망 미설치
3. 적절한 안전대를 착용하지 않음
4. 적절한 작업발판 미설치
5. 보안경 또는 보안면 미착용

03 탱크 내부 슬러지 작업 중 필요한 호흡용 보호구 2가지를 쓰시오.

[해답] 1. 공기호흡기, 2. 송기마스크

04 항타기·항발기의 조립작업 시 점검해야 할 사항 3가지를 쓰시오.

[해답] 1. 본체 연결부의 풀림 또는 손상의 유무
2. 권상용 와이어로프·드럼 및 도르래의 부착상태의 이상 유무
3. 권상장치의 브레이크 및 쐐기장치 기능의 이상 유무
4. 권상기의 설치상태의 이상 유무
5. 리더(leader)의 버팀 방법 및 고정상태의 이상 유무
6. 본체·부속장치 및 부속품의 강도가 적합한지 여부
7. 본체·부속장치 및 부속품에 심한 손상·마모·변형 또는 부식이 있는지 여부

05 화면의 영상과 같이 작업자가 넘어져서 부상을 입었다. 이때 관련 (1) 재해형태와 (2) 가해물을 쓰시오.

[동영상 설명]
작업자가 작업발판 위에서 한 다리는 발판 위에 두고 한 다리는 책상에 걸쳐 놓는 상태로 톱질을 하다가 넘어져 바닥에 머리를 부딪친다.

[해답] (1) 재해형태 : 전도(넘어짐)
(2) 가해물 : 바닥

06 동력식 수동대패기에 작업자가 목재를 밀어 넣으면 작업을 하고 있으며 노란색 덮개가 보이고, 기계 아래로 톱밥이 떨어진다. (1) 동력 시 수동대패기의 방호장치 및 (2) 설치방법을 쓰시오.

[해답] (1) 방호장치 : 날접촉예방장치
(2) 설치방법
1. 대패날을 항상 덮을 수 있는 덮개를 설치하고 그 덮개는 가공재를 자유롭게 통과시킬 수 있어야 함
2. 대패기의 테이블 개구부는 가능한 작게 하고, 또한 테이블 개구단과 대패날 선단과의 빈틈은 3mm 이하로 해야 함
3. 수동대패기에서 테이블 하방에 노출된 날부분에도 방호 덮개를 설치하여야 함

07 동영상에서 차량계 하역운반기계(지게차)의 작업을 보여주고 있다. 해당 (1) 기계의 명칭과 (2) 필요한 방호장치를 4가지 쓰시오.

> [해답] (1) 명칭 : 지게차
> (2) 방호장치 : 1. 헤드가드, 2. 백레스트, 3. 전조등, 4. 후미등, 5. 안전벨트

08 전기기계·기구 중 누전에 의한 감전위험을 방지하기 위하여 감전방지용 누전차단기를 설치해야 하는 경우 3가지를 쓰시오.

> [해답] 1. 대지전압이 150볼트를 초과하는 이동형 또는 휴대형 전기기계·기구
> 2. 물 등 도전성이 높은 액체가 있는 습윤 장소에서 사용하는 저압용 전기기계·기구
> 3. 철판·철골 위 등 도전성이 높은 장소에서 사용하는 이동형 또는 휴대형 전기기계·기구
> 4. 임시배선의 전로가 설치되는 장소에서 사용하는 이동형 또는 휴대형 전기기계·기구

09 동영상을 참고하여 다음 설명에 답하시오.

> [동영상 설명]
> 작업자가 유해위험물질 냄새를 맡는다.

> (1) 유해위험물질이 인체로 유입되는 경로를 3가지 쓰시오.
> (2) 빈칸에 알맞은 것을 쓰시오. (단, 답의 순서는 상관없다.)
> > 사업주는 근로자가 '특별관리물질'을 취급하는 경우에는 그 물질이 '특별관리물질'이라는 사실과 산업안전보건법 시행규칙에 [별표 18] 제1호 나목에 따른 (①), (②), (③) 등 중 어느 것에 해당하는지에 관한 내용을 게시판 등을 통하여 근로자에게 알려야 한다.

> [해답] (1) ① 호흡기, ② 소화기, ③ 피부점막(=피부)
> (2) ① 발암성 물질, ② 생식세포 변이원성 물질, ③ 생식독성 물질

산업안전기사(3회 B형)

01 근로자의 추락 등에 의한 위험방지를 위해 안전난간을 설치할 경우 다음 기준을 준수해야 한다. 아래 빈칸을 채우시오.

> (1) 상부 난간대는 바닥면·발판 또는 경사로의 표면으로부터 (①)cm 이상 지점에 설치하고, 상부 난간대를 120cm 이하에 설치하는 경우에는 중간 난간대는 상부 난간대와 바닥면 등의 중간에 설치하여야 하며, 120cm 이상 지점에 설치하는 경우에는 중간 난간대를 2단 이상으로 균등하게 설치하고 난간의 상하 간격은 (②)cm 이하가 되도록 할 것
> (2) 발끝막이판은 바닥면 등으로부터 (③)cm 이상의 높이를 유지할 것
> (3) 난간대는 지름 (④)cm 이상의 금속제 파이프나 그 이상의 강도가 있는 재료일 것

> [해답] ① 90, ② 60, ③ 10, ④ 2.7

02 산소결핍장소(밀폐공간작업 시)에 대한 (1) 안전수칙 및 (2) 착용해야 하는 보호장비를 쓰시오.

> [해답] (1) 안전수칙
> 1. 근로자 입장 및 퇴장 시 인원점검
> 2. 감시인 지정 및 밀폐공간 외부 배치
> 3. 작업시작 전 및 작업 중 적정 공기상태가 유지되도록 환기 실시
> 4. 관계자가 아닌 사람의 출입 금지
> 5. 대피용 기구의 비치
> 6. 안전대 및 구명밧줄 지급 및 착용(추락위험 우려가 있는 경우)
> (2) 산소결핍장소(밀폐공간 작업 시) 착용해야 하는 장비
> 1. 공기호흡기
> 2. 송기마스크

03 롤러기의 방호장치별 설치 위치를 쓰시오.

> [해답] 1. 손조작식 : 밑면으로부터 1.8m 이내
> 2. 복부조작식 : 밑면으로부터 0.8~1.1m 이내
> 3. 무릎조작식 : 밑면으로부터 0.4~0.6m 이내

04 산업안전보건법령상 특수화학설비를 설치하는 경우, 그 내부의 이상 상태를 조기에 파악 및 이상 상태의 발생에 따른 폭발·화재 또는 위험물의 누출을 방지하기 위해서 사업주가 설치해야 하는 장치 2가지를 쓰시오. (단, 온도계·유량계·압력계 등의 계측장치는 제외한다.)

[동영상 설명]
작업자가 화학설비를 스패너로 두드리다가 위에서 떨어진다.

해답
1. 자동경보장치
2. 긴급차단장치

05 산업안전보건법상 작업발판의 구조 5가지를 쓰시오. (단, 폭, 넓이 관련 제외한다.)

해답
1. 발판재료는 작업할 때의 하중을 견딜 수 있도록 견고한 것으로 할 것
2. 추락의 위험성이 있는 장소에는 안전난간을 설치할 것
3. 작업발판의 지지물은 하중에 의하여 파괴될 우려가 없는 것을 사용할 것
4. 작업발판재료는 뒤집히거나 떨어지지 않도록 둘 이상의 지지물에 연결하거나 고정시킬 것
5. 작업발판을 작업에 따라 이동시킬 경우에는 위험방지에 필요한 조치를 할 것

06 동영상에서 사용하여야 하는 기계의 (1) 방호장치와 (2) 설치각도를 쓰시오.

[동영상 설명]
작업자가 보호구(장갑)를 착용하지 않은 상태에서 휴대용 연삭기 작업을 하고 있다. 작업자는 부품을 고정시키지 않고 작업하다 손으로 지지하여 연삭작업을 하고 있다.

해답
(1) 방호장치 : 덮개
(2) 설치각도 : 180도 이내

07 산업안전보건법령상 근로자가 물·땀 등으로 인하여 도전성이 높은 습윤 상태에서 작업하는 장소에서 사용하는 교류아크용접기의 (1) 안전장치의 명칭과 (2) 용접봉 홀더의 구비조건 각각 쓰시오.

해답
(1) 안전장치 : 자동전격방지기
(2) 용접홀더 구비조건 : 절연내력, 내열성

08 동영상에서 말비계를 보여주고 있다. 말비계 사용 시 작업발판의 설치기준을 3가지 쓰시오.

해답
1. 지주부재의 하단에는 미끄럼 방지장치를 하고, 양측 끝부분에 올라서서 작업하지 아니하도록 할 것
2. 지주부재와 수평면의 기울기를 75° 이하로 하고, 지주부재와 지주부재 사이를 고정시키는 보조부재를 설치할 것
3. 말비계의 높이가 2m를 초과할 경우에는 작업발판의 폭을 40cm 이상으로 할 것

09 다음과 같이 작업자가 지게차 포크 위에서 작업을 하고 있다. 불안전한 행동 3가지를 쓰시오.

[동영상 설명]
작업자가 지게차 포크 위에 올라가서 전구가 켜진 상태에서 전구를 갈고 있다. 교체가 완료된 후 포크, 버킷 등이 지면에 다 내려오지 않았는데, 지게차 운전자가 먼저 하역장치를 제동하여 반동에 의해 떨어지게 된다. 안전모 등 안전장구는 제대로 착용하지 않고 있다.

해답
1. 지게차 위에 올라가서 작업을 함(용도 외 사용)
2. 보호구(안전모, 절연장갑 등) 미착용
3. 전원을 차단하지 않고 전구 교환

산업안전기사(3회 C형)

01 화면은 작업자가 장갑을 착용한 상태에서 드릴작업을 하던 중 사고가 발생하는 동영상이다. 드릴 작업 중 위험요인 2가지를 쓰시오.

해답
1. 손이 말려 들어갈 수 있는 장갑을 끼고 작업하지 말아야 한다.
2. 드릴작업에서 이물질의 제거방법은 회전을 중지시킨 후 솔로 제거하여야 한다.

02 동영상은 사출성형기 V형 금형 작업 중 재해발생 모습이다. (1) 재해발생형태와 (2) 기인물을 쓰시오.

> [동영상 설명]
> 작업자가 사출성형기에서 작업 후 잔류물을 제거하기 위해 금형의 볼트를 손으로 빼려다 손이 눌린다.

해답 (1) 재해발생형태 : 끼임
　　　(2) 기인물 : 사출성형기

03 산업안전보건법에서 사업 내 안전보건교육 중 밀폐공간작업 시 특별교육 내용 4가지를 쓰시오. (단, 그 밖에 안전·보건관리에 필요한 사항은 제외한다.)

해답 1. 산소농도 측정 및 작업환경에 관한 사항
　　　2. 사고 시의 응급처치 및 비상시 구출에 관한 사항
　　　3. 보호구 착용 및 사용방법에 관한 사항
　　　4. 작업내용·안전작업방법 및 절차에 관한 사항
　　　5. 장비·설비 및 시설 등의 안전점검에 관한 사항

04 천장 부분의 작업을 위해서 사다리가 설치되어 있다. 고정식 사다리의 설치기준을 3가지 쓰시오.

해답 1. 견고한 구조로 할 것
　　　2. 재료는 심한 손상·부식 등이 없을 것
　　　3. 발판의 간격은 동일하게 할 것
　　　4. 발판과 벽 사이는 15cm 이상의 간격을 유지할 것
　　　5. 폭은 30cm 이상으로 할 것
　　　6. 사다리가 넘어지거나 미끄러지는 것을 방지하기 위한 조치를 할 것
　　　7. 사다리의 상단은 걸쳐 놓은 지점으로부터 60cm 이상 올라가도록 할 것

05 동영상은 인화성 물질의 저장소에서 작업자가 옷을 벗는 도중 일어난 폭발이다. 동영상에서와 같은 (1) 가스폭발의 종류를 쓰고 (2) 정의를 쓰시오.

해답 (1) 폭발의 종류 : 증기운 폭발(UVCE)
　　　(2) 정의 : 가연성의 위험물질이 서서히 누출되어 대기 중에 구름형태로 모이다가 점화원에 의해 순간적으로 가스가 폭발하는 현상

06 화면은 이동식 비계 위로 작업자가 올라가고 있는 장면을 보여주고 있다. 이와 같은 작업 시 추락재해가 발생하였을 때 재해예방대책 3가지를 쓰시오.

해답 1. 승강용 사다리를 견고하게 설치
　　　2. 갑작스러운 이동 또는 전도를 방지하기 위해 비계를 견고한 시설물에 고정하거나 아웃트리거를 설치
　　　3. 비계의 최상부 작업발판 단부에는 안전난간을 설치

07 산업안전보건법령상 낙하물방지망 관련 빈칸을 채우시오.

- 설치각도 : 수평면과의 각도는 (①)도 이상 (②)도 이하
- 설치 간격 : 높이 10m 이내마다 설치
- 내민 길이 : 벽면으로부터 2m 이상

해답 ① 20, ② 30

08 교류아크용접기 자동전격방지기 종류를 4가지 쓰시오.

해답 1. 외장형
　　　2. 내장형
　　　3. 저저항 시동형(L형)
　　　4. 고저항 시동형(H형)

09 전동권선기(전기줄 마는) 기계가 멈추어, 작업자가 전원을 차단하지 않고, 맨손으로 점검하다가 푸른색 전류가 발생한다. (1) 재해 유형, (2) 재해발생원인 1가지를 쓰시오.

해답 (1) 재해 유형 : 감전
　　　(2) 재해발생원인 : 맨손, 절연용 보호구(내전압용, 절연장갑 등) 미착용

2024년 작업형 기출문제

산업안전기사(1회 A형)

01 이동식 크레인을 사용하여 중량물을 양중하고 있다. 이러한 작업을 하는 때에 사업주로서 작업시작 전 점검해야 할 사항 3가지를 쓰시오.

[해답]
1. 권과방지장치 그 밖의 경보장치의 기능
2. 브레이크·클러치 및 조정장치의 기능
3. 와이어로프가 통하고 있는 곳 및 작업장소의 지반상태

02 가스장치실의 구조적 설치요건을 3가지 쓰시오.

[동영상 설명]
가스보관실의 문을 열면 안에 가스통이 정리된 상태이다.

[해답]
1. 가스가 누출된 경우에는 그 가스가 정체되지 않도록 할 것
2. 지붕과 천장에는 가벼운 불연성 재료를 사용할 것
3. 벽에는 불연성 재료를 사용할 것

03 화면은 콘크리트 전주 세우기 작업 도중에 발생한 사례이다. 동영상에서와 같은 동종재해를 예방하기 위한 대책 중 관리적 대책 3가지를 쓰시오.

[해답]
1. (이격거리 확보) 차량 등을 충전부로부터 300[cm] 이상 이격시키되, 대지전압이 50[kV]를 넘는 경우에는 10[kV]가 증가할 때마다 이격거리를 10[cm]씩 증가시킨다.
2. (절연용 방호구 설치) 절연용 방호구 등을 설치한 경우에는 이격거리를 절연용 방호구 앞면까지로 할 수 있다.
3. (울타리 설치 또는 감시인 배치) 울타리를 설치하거나 감시인 배치 등의 조치를 하여야 한다.
4. (접지점 관리 철저) 접지된 차량 등이 충전전로와 접촉할 우려가 있는 경우에는 근로자가 접지점에 접촉되지 않도록 조치하여야 한다.

04 동영상을 참고하여 관련 (1) 재해 발생형태 이름과 (2) 재해 발생원인을 2가지만 쓰시오.

[동영상 설명]
배전반에서 START 버튼 누르고 방전가공기 작업을 시작한다. 이때 재료에서 물이 계속 흘러 나와서 맨손으로 흰 천을 들고 꼼꼼하게 닦다가 넘어져서 온몸을 부들거린다.

[해답] (1) 재해 발생형태 : 감전(=전류 접촉)
(2) 재해 발생원인
1. 전원을 차단하지 않고 작업
2. 작업자가 절연용 보호구(내전압용 절연장갑 등)를 착용하지 않고 작업

05 다음 동영상을 보고 아래 질문에 답하시오.

[동영상 설명]
지게차로 높은 물건을 한차례 들어 올린다. 그리고 다시 한 번 높이가 낮은 물건을 들어 올린다.

(가) 지게차 마스트를 뒤로 기울일 경우 마스트 후방으로 물건이 떨어지는 것을 막아주는 짐받이틀의 이름을 쓰시오.
(나) 지게차 헤드가드(head guard)가 갖추어야 하는 조건을 1가지만 쓰시오.

[해답] (가) 백레스트(backrest)
(나) 1. 강도는 지게차의 최대하중의 2배 값(4톤을 넘는 값에 대해서는 4톤)의 등분포정하중(等分布靜荷重)에 견딜 수 있을 것
2. 상부틀의 각 개구의 폭 또는 길이가 16cm 미만일 것
3. 운전자가 앉거나 서서 조작하는 지게차 헤드가드는 한국산업표준에서 정하는 높이 기준 이상일 것

06 화면의 영상 속 (1) 불안전한 행동과 (2) 재해발생형태를 쓰시오.

> [동영상 설명]
> 주유소에서 지게차에 주유 동안에 운전자가 시동을 건 채 내린다. 다른 작업자와 흡연을 하며 이야기를 나누다가 폭발하는 것을 보여주고 있다.

해답 (1) 불완전한 행동 : 공기 중에 인화성 가스가 존재하는 곳에서 점화원을 만듦(인화성 물질 옆에서 흡연)
(2) 재해발생 형태 : 폭발

07 영상과 같이 밀폐공간에서 작업을 하는 경우에 근로자를 비상시 피난시키거나 구출하기 위하여 갖추어 두어야 할 대피용 기구를 3가지 쓰시오.

> [동영상 설명]
> 작업자가 밀폐된 건물에 들어가 있다.

해답 1. 공기호흡기 또는 송기마스크
2. 사다리
3. 섬유로프

08 인체에 해로운 분진, 흄, 미스트 증기 또는 가스 상태의 물질을 배출하기 위하여 설치하는 국소배기장치의 후드의 설치기준을 3가지 쓰시오.

> [동영상 설명]
> 보호구를 착용하지 않은 작업자가 도금작업을 하고 있다.

해답 1. 유해물질이 발생하는 곳마다 설치할 것
2. 유해인자의 발생형태와 비중, 작업방법 등을 고려하여 해당 분진 등의 발산원(發散源)을 제어할 수 있는 구조로 설치할 것
3. 후드(hood) 형식은 가능하면 포위식 또는 부스식 후드를 설치할 것
4. 외부식 또는 리시버식 후드는 해당 분진 등의 발산원에 가장 가까운 위치에 설치할 것

09 동영상에서 지시하는 물체(발끝막이판)를 설치하는 기준을 구체적으로 쓰시오.

> [동영상 설명]
> 작업자가 계단을 올라가고 있다. 올라가던 중 난간 아래 발끝막이판을 한차례 쳐다본다.

해답 발끝막이판은 바닥면으로부터 10cm 이상의 높이에 설치해야 한다.

산업안전기사(1회 B형)

01 교량하부 작업발판에서 작업을 하다 추락하는 동영상이다(작업발판 미고정, 안전대 미착용, 추락방지망 미설치). 위험요인 3가지를 쓰시오.

해답 1. 작업(통로)발판 미고정으로 작업발판이 불안정
2. 안전대 부착설비 미설치 및 안전대 미착용
3. 추락방지용 추락방호망 미설치

02 동영상의 (1) 재해 발생원인 1가지와 (2) 방호장치의 종류 2가지를 쓰시오.

> [동영상 설명]
> 둥근톱을 이용하여 나무판자를 일자로 밀며 자르는 작업을 하고 있다. 누군가 작업자를 부르고 따라서 곁눈질을 하는 등 부주의한 모습을 보인다. 작업자가 다시 판자를 밀 때 작업자의 빨간 코팅 목장갑과 함께 손의 손가락이 반 정도 절단되면서 넘어진다. 이때 둥근톱에 덮개가 없으며, 재해자는 보안경 및 방진마스크 미착용했다. 다른 작업자는 검은색 장갑을 끼고 있다.

해답 (1) 재해 발생원인 : 방호장치 미설치
(2) 방호장치 : 1. 날 접촉 예방장치, 2. 분할날, 3. 반발방지기구

03 산업안전보건법령상 (1) 반복적인 동작, 부적절한 작업자세, 무리한 힘의 사용, 날카로운 면과의 신체접촉, 진동 및 온도 등의 요인에 의하여 발생하는 건강장해로서 목, 어깨, 허리, 팔·다리의 신경·근육 및 그 주변 신체조직 등에 나타나는 질환의 명칭과 (2) 근로자가 컴퓨터 단말기의 조작 업무를 하는 경우에 사업주의 조치사항을 4가지만 쓰시오.

[동영상 설명]
작업자가 등이 굽은 상태로 키보드를 통해 타이핑 작업을 하고 있다.

해답 (1) 근골격계질환
(2) 사업주의 조치사항
1. 실내는 명암의 차이가 심하지 않도록 하고 직사광선이 들어오지 않는 구조로 할 것
2. 저휘도형(低輝度型)의 조명기구를 사용하고 창·벽면 등은 반사되지 않는 재질을 사용할 것
3. 컴퓨터 단말기와 키보드를 설치하는 책상과 의자는 작업에 종사하는 근로자에 따라 그 높낮이를 조절할 수 있는 구조로 할 것
4. 연속적으로 컴퓨터 단말기 작업에 종사하는 근로자에 대하여 작업시간 중에 적절한 휴식시간을 부여할 것

04 산업안전보건법령상 내부의 이상 상태를 조기에 파악하기 위하여 특수화학설비에 설치해야 하는 계측장치 3가지를 쓰시오.

[동영상 설명]
특수화학설비시설을 보여준다. 작업자들이 화학설비를 점검하고 있다.

해답 1. 온도계, 2. 유량계, 3. 압력계

05 산업안전보건법령상 방열복 내열원단의 시험성능 기준 관련 (   )를 채우시오.

(1) 난연성 : 잔염 및 잔진시간이 (①)초 미만이고 녹거나 떨어지지 말아야 하며, 탄화길이가 (②)mm 이내일 것
(2) 절연저항 : 표면과 이면의 절연저항이 (③)MΩ 이상일 것

해답 ① 2, ② 102, ③ 1

06 비계 위 작업발판을 설치할 때 작업발판의 설치기준 3가지를 쓰시오.

해답 1. 발판재료는 작업 시의 하중을 견딜 수 있도록 견고한 것으로 할 것
2. 작업발판의 폭은 40cm 이상으로 하고, 발판재료 간의 틈은 3cm 이하로 할 것
3. 추락의 위험성이 있는 장소에는 안전난간을 설치할 것
4. 작업발판의 지지물은 하중에 의하여 파괴될 우려가 없는 것을 사용할 것
5. 작업발판재료는 뒤집히거나 떨어지지 않도록 둘 이상의 지지물에 연결하거나 고정시킬 것
6. 작업발판을 작업에 따라 이동시킬 때에는 위험 방지에 필요한 조치를 할 것

07 다음 동영상을 보고 아래 질문에 답하시오.

[동영상 설명]
근로자가 컨베이어를 통해 작업을 진행하고 있다.

(가) 자율안전확인대상에 의거한 명칭을 쓰시오.
(나) 운전 중인 이 장치 위로 근로자를 넘어가도록 하는 경우에는 위험을 방지하기 위하여 설치해야 하는 방호장치 명칭을 쓰시오.

해답 (가) 컨베이어
(나) 건널다리

08 산업안전보건법령에 따른 낙하물방지망 관련 (   )를 채우시오.

- 설치각도 : 수평면과의 각도는 (①)도 이상 (②)도 이하
- 설치 간격 : 높이 10m 이내마다 설치
- 내민 길이 : 벽면으로부터 2m 이상

해답 ① 20, ② 30

09 화면(광전자식 안전장치)을 보고 (1) 명칭, (2) 기능을 쓰시오. (이 장치의 분류는 A-1이다.)

해답 (1) 명칭 : 광전자식 안전장치
(2) 기능 : 프레스 또는 전단기에서 일반적으로 많이 활용하고 있는 형태로서 투광부, 수광부, 컨트롤 부분으로 구성되어 신체의 일부가 광선을 차단하면 기계를 급정지시키는 방호장치

산업안전기사(1회 C형)

01 화면의 영상을 참고하여 (1) 공작기계에 사용할 수 있는 방호장치 4가지와 (2) 그중에 작업자가 기능을 무력화시킨 방호장치를 쓰시오.

[동영상 설명]
프레스기로 철판에 구멍을 뚫는 작업을 하고 있다. 수광부, 발광부 2개가 프레스 입구를 통해서 보인다. 작업자가 센서 1개를 옆으로 밀어두고 다시 작업을 하다가 끼임사고가 발생한다.

해답 (1) 방호장치 : 1. 게이트가드식 방호장치, 2. 양수조작식 방호장치, 3. 손쳐내기식 방호장치, 4. 수인식 방호장치, 5. 광전자식 방호장치
(2) 광전자식 방호장치

02 동영상에는 작업자가 출고에 늦지 않도록 하기 위해 지게차를 이용하여 급하게 재료를 운반하고 있다. 동영상에서와 같이 적재된 화물에 의해 시계가 현저하게 방해될 경우 운전자가 취해야 할 조치사항 3가지를 쓰시오.

해답 1. 유도자를 배치하여 지게차를 유도하고 후진으로 서행한다.
2. 하차하여 주변의 위험을 확인한다.
3. 주변 작업자에게 지게차의 이동 상태를 알리는 경적, 경광등을 사용한다.

03 화면의 영상을 참고하여 다음 물음에 답하시오.

[동영상 설명]
천정크레인이 철판을 트럭 위로 이동시키고 있다. 이때 천정크레인은 고리가 아닌 철판집게로 철판을 'ㄷ'자로 물고 가는 방식이다. 트럭 위에서 작업자가 이동해온 철판을 내리려는 찰나에 철판이 낙하하여 작업자가 깔리게 된다.

(1) 영상 속 기계의 방호장치를 쓰시오.
(2) 화면을 참고하여 다음 괄호 안에 적절한 수치를 적으시오.
안전검사의 주기는 사업장에 설치가 끝난 날부터 (①)년 이내에 최초 안전검사를 실시하되, 그 이후부터 (②)년 마다 실시한다.

해답 (1) 방호장치 : 권과방지장치, 과부하방지장치, 제동장치, 비상정지장치
(2) ① 3, ② 2

04 화면은 인쇄 윤전기를 청소하는 중에 발생한 재해사례이다. 동영상을 참고하여 롤러기의 청소 시 안전작업수칙을 3가지만 쓰시오.

[동영상 설명]
작업자가 인쇄용 운전기의 전원을 끄지 않고 빙글빙글 서로 맞물려서 돌아가는 롤러를 걸레로 닦고 있다. 체중을 실어서 힘 있게 닦고, 위험하게 맞물리는 지점까지 걸레를 집어넣는 순간 작업자의 손이 롤러기 사이에 끼어 사고를 당하자 전원을 차단하고 손을 빼냈다.

해답 1. 청소 또는 보수작업 시는 전원을 차단하고 작업한다.
2. 롤러 청소시 청소전용 기구를 이용하여 청소한다.
3. 롤러기의 말려 들어가는 쪽에서 작업하지 말고, 반대쪽(풀려져 나오는 방향)에서 청소작업을 한다.

05 동영상과 같은 작업상황에서 재해발생 원인을 3가지 쓰시오.

[동영상 설명]
타워크레인으로 H빔 또는 배관용 자재를 운반하는 작업 중 화물이 흔들리고 인양로프는 심하게 손상되었으며 신호수는 운반경로 하부에서 수신호를 하고 있다.

해답
1. 유도로프를 사용하지 않아 화물이 흔들리며 낙하할 위험
2. 신호수가 낙하위험구간에서 신호실시
3. 인양 전 인양로프 미점검으로 로프파단 위험
4. 작업 전 신호방법 및 신호계획 미수립

06 고소작업대에 올라 산소절단 작업 중이다. 소화기를 확대해서 보여준다. 고소작업대 안전 작업 준수사항 3가지를 쓰시오.

해답
1. 작업자가 안전모 안전대 등 보호구를 착용할 것
2. 관계자가 아닌 사람이 작업구역에 들어오는 것을 방지하기 위하여 필요한 조치를 할 것
3. 안전한 작업을 위하여 적정수준의 조도를 유지할 것
4. 전로에 근접하여 작업을 하는 경우에는 작업감시자를 배치하는 등 감전사고를 방지하기 위하여 필요한 조치를 할 것
5. 작업대를 정기적으로 점검하고 붐 작업대 등 각 부위의 이상 유무를 확인할 것
6. 작업대는 정격하중을 초과하여 물건을 싣거나 탑승하지 말 것
7. 작업대의 붐대를 상승시킨 상태에서 탑승자는 작업대를 벗어나지 말 것. 다만, 작업대에 안전대 부착설비를 설치하고 안전대를 연결하였을 때에는 그러지 아니하다.

07 화면의 동영상을 보고 이 기계의 산업안전보건법상 작업 시작 전 점검사항을 3가지 쓰시오.

[동영상 설명]
정지된 컨베이어를 작업자가 점검하고 있다. 작업자가 점검 중일 때 다른 작업자가 전원 스위치의 전원버튼을 눌러 점검 중이던 작업자가 벨트에 손이 끼이는 재해를 당한다.

해답
1. 원동기 및 풀리 기능의 이상 유무
2. 이탈 등의 방지장치 기능의 이상 유무
3. 비상정지장치 기능의 이상 유무
4. 원동기·회전축·기어 및 풀리 등의 덮개 또는 울 등의 이상 유무

08 해당 영상 재해의 (가) 재해발생형태와 (나) 불안전한 행동 및 불안전한 상태 2가지 쓰시오.

[동영상 설명]
목장갑과 안전모 착용 중인 작업자가 노란색 배전반을 열고 전선을 드라이버로 체결작업을 하고 있다. 2차로 체결하는 전선피복이 다른 선들에 비해 하얀 부분이 두드러져 보이고 상태가 불량하다. 차단기는 빨간색으로 다 켜진 상태이고 글자도 "켜짐" 상태이다(누전차단기는 보이지 않음). 이후 배전반 닫고 빨간색 기계(자동전격방지기가 부착된 교류아크용접기)를 손으로 잡고 끌려고 하는데 푸른색 번개가 발생한다.

해답
(가) 재해발생형태 : 감전(=전류 접촉)
(나) 불안전한 행동 및 불안전한 상태
1. 보호구(내전압용 절연장갑) 미착용
2. 작업 전 전원을 미차단
3. 감전방지용 누전차단기 미설치

09 동력을 사용하는 항타기 또는 항발기에 대하여 무너짐을 방지하기 위하여 사업주의 준수사항에 대한 설명이다. 이때 빈칸에 알맞은 것을 쓰시오. (단, 빈칸 안에 각각 하나씩 쓰시오.)

(가) 연약한 지반에 설치하는 경우에는 (   ) 등 지지구조물의 침하를 방지하기 위하여 깔판·깔목 등을 사용할 것
(나) 궤도 또는 차로 이동하는 항타기 또는 항발기에 대해서는 불시에 이동하는 것을 방지하기 위하여 (   ) 등으로 고정시킬 것

해답
(가) 아웃트리거·받침
(나) 레일 클램프(rail clamp) 및 쐐기

산업안전기사(1회 D형)

01 지게차를 사용하기 전 운전자가 유압장치, 조정장치, 경보등 등을 점검하고 있는 동영상이다. 지게차 작업 시작 전 점검사항을 쓰시오.

해답 1. 제동장치 및 조정장치 기능의 이상 유무
2. 하역장치 및 유압장치 기능의 이상 유무
3. 바퀴의 이상 유무
4. 전조등, 후미등, 방향지시기 및 경보장치 기능의 이상 유무

02 화면의 영상 속 위험요인을 3가지 쓰시오.

[동영상 설명]
작업자가 전기드릴을 이용해 구멍을 넓히는 작업 중 자재가 튕겨져 나온다. 이때 작업자는 안전모와 보안경 미착용 상태이고, 방호장치도 설치되지 않은 상태에서 맨손으로 작업을 하고 있다.

해답 1. 작은 물건은 바이스나 클램프를 사용하여 작업하여야 하나, 직접 손으로 지지하고 있어 위험
2. 안전모 미착용, 보안경 미착용
3. 판에 큰 구멍을 뚫고자 할 때에는 먼저 작은 드릴로 뚫은 후에 큰 드릴로 뚫어야 하나 그렇지 않아 위험

03 산업안전보건법령상 밀폐공간에서 근로자에게 작업하도록 하는 경우, 사업주가 수립 시행해야 하는 밀폐공간 작업 프로그램의 내용 3가지를 쓰시오. (단, 그 밖에 밀폐공간 작업근로자의 건강장해예방에 관한 사항 제외한다.)

해답 1. 사업장 내 밀폐공간의 위치 파악 및 관리 방안
2. 밀폐공간 내 질식·중독 등을 일으킬 수 있는 유해·위험 요인의 파악 및 관리 방안
3. 밀폐공간 작업 시 사전 확인이 필요한 사항에 대한 확인 절차
4. 안전보건교육 및 훈련

04 선반작업에서 작업자가 샌드 페이퍼로 공작물을 누르고 작업하고 있다. 이때 위험요인을 쓰시오.

해답 1. 회전물에 샌드페이퍼를 감아 손으로 지지하고 있기 때문에 작업복과 손이 감겨 들어간다.
2. 작업에 집중하지 못하여(옆눈질) 실수로 작업복과 손이 말려 들어간다.
3. 손을 기계 위에 올려놓고 작업을 하고 있어 손이 미끄러져 회전물에 말려 들어간다.

05 해당 기기에 알맞는 일반적인 방호장치를 각 1개씩 쓰시오.

(1) 컨베이어   (2) 선반
(3) 휴대용 연삭기

해답 (1) 컨베이어 : 비상정지장치, 덮개(울), 역전방지장치
(2) 선반 : 덮개(울), 칩 비산 방지판 또는 가드
(3) 휴대용 연삭기 : 덮개

06 다음 동영상을 보고 아래 질문에 답하시오.

[동영상 설명]
프레스 금형 교체 작업 중인 작업자가 프레스 앞에서 스패너로 금형에 볼트를 풀고 버튼을 누르니 슬라이드가 올라온다. 작업자는 손으로 금형을 들어 옮기던 중 금형을 놓치면서 금형이 발등에 떨어져 고통스러워한다. 이때 작업자는 안전모와 안전화는 착용하지 않았으며, 반코팅 목장갑을 끼고 있다. 프레스 페달에는 방호장치가 없고 작업자 뒤쪽으로 서서히 하강하는 슬라이드가 보인다.

(가) 화면 속 영상의 가해물을 쓰시오.
(나) (가)의 물체를 부착·해체 또는 조정하는 작업을 할 때 해당 작업에 종사하는 근로자의 신체가 위험한계 내에 있는 경우 슬라이드가 갑자기 작동함으로써 근로자에게 발생할 우려가 있는 위험을 방지하기 위한 방호장치 명칭을 쓰시오.

해답 (가) 가해물 : 금형
(나) 방호장치 : 안전블록(safety block)

07 화면(전주 동영상) 전기형강작업 중 위험요인 3가지를 쓰시오.

[동영상 설명]
작업자 2명이 전주 위에서 작업을 하고 있다. 작업자 1명은 변압기 위에 올라가서 볼트를 풀면서 흡연을 하며 작업하고 있다. 전주의 발판용 볼트에 C.O.S(Cut Out Switch)가 임시로 걸쳐있다. 그리고 다른 작업자 근처에서는 이동식 크레인에 작업대를 매달고 또 다른 작업을 하고 있다.

[해답] 1. 안전수칙 미준수(작업자세 및 상태불량 등) : 작업자 흡연 등
2. 감전 위험
3. 추락 위험 : 작업발판 불안
4. 낙하·비래 위험 : COS 고정상태 불량

08 화면의 영상을 참고하여 발생한 재해를 산업재해 기록, 분류에 관련 기준에 따라 분류할 때 해당하는 재해발생형태를 쓰시오.

[동영상 설명]
증기 스팀배관의 보수를 위해 플라이어로 노출부위를 점검하던 중 배관을 감싸고 있던 단열재(스펀지)를 툭툭 건드린다. 이때 스팀이 빠져나오면서 물이 떨어지고 작업자는 얼굴을 찡그린다. 작업자는 안전모와 장갑만 착용하고 있으며 보안경은 없다.

[해답] 이상온도 노출·접촉

09 영상에서 보이는 A, B의 작동 기준 압력을 쓰시오. (단, A가 먼저 작동한다.)

[동영상 설명]
보일러 상단 127kPa 표시된 안전밸브(압력방출장치) 2개에 하나는 A, 다른 하나는 B 표기가 되어있다.

[해답] A : 설비의 최고사용압력 이하
B : 설비의 최고사용압력 1.05배 이하

산업안전기사(2회 A형)

01 산업안전보건법령상 사업주는 가솔린이 남아 있는 화학설비(위험물을 저장하는 것으로 한정), 탱크로리, 드럼 등에 등유나 경유를 주입하는 작업을 하는 경우에는 미리 그 내부를 깨끗하게 씻어내고 가솔린의 증기를 불활성 가스로 바꾸는 등 안전한 상태로 되어 있는지를 확인한 후에 그 작업을 하여야 한다. 다만, 다음 각 호의 조치를 하는 경우에는 그러하지 아니하다. 빈칸에 알맞은 것을 쓰시오.

[동영상 설명]
작업자가 가솔린이 남아있는 설비에 등유를 주입한다.

1. 등유나 경유를 주입하기 전에 탱크·드럼 등과 주입설비 사이에 접속선이나 접지선을 연결하여 (①)을/를 줄이도록 할 것
2. 등유나 경유를 주입하는 경우에는 그 액표면의 높이가 주입관의 선단의 높이를 넘을 때까지 주입속도를 초당 (②)m 이하로 할 것

[해답] ① 전위차, ② 1

02 동영상을 참고하여 다음 설명에 답하시오.

[동영상 설명]
작업자가 거푸집 동바리작업을 하고 있다.

(1) 규격화·부품화된 수직재, 수평재 및 가새재 등의 부재를 현장에서 조립하여 거푸집으로 지지하는 동바리 형식의 이름을 쓰시오.
(2) 산업안전보건법령상 거푸집 동바리 관련 ( )에 알맞은 것을 쓰시오.

> 동바리 최상단과 최하단의 수직재와 받침철물은 서로 밀착되도록 설치하고 수직재와 받침철물의 연결부의 겹침길이는 받침철물 전체길이의 ( ) 이상 되도록 할 것

[해답] (1) 시스템동바리
(2) 3분의 1

03 방호장치 자율안전기준 고시상 방호장치가 없는 둥근톱 기계에 고정식 접촉 예방장치를 설치하고자 한다. 이때 간격은 각각 얼마로 조정하는지 쓰시오.

> [동영상 설명]
> 둥근톱을 이용하여 나무판자를 일자로 밀며 자르는 작업 중, 누군가 작업자를 부르고 따라서 곁눈질을 하는 등 부주의를 보이며 다시 판자를 밀 때 작업자의 빨간 코팅 목장갑과 함께 손의 손가락이 반 정도 절단되면서 넘어진다. 이때 둥근톱에 덮개가 없으며, 재해자는 보안경 및 방진마스크를 착용하지 않았다. 다른 작업자는 검은색 장갑을 끼고 있다.

> (1) 가공재의 상면에서 덮개 하단까지의 최대 간격
> (2) 덮개의 하단과 테이블면 사이의 최대 간격

[해답] (1) 8mm
      (2) 25mm

04 산업안전보건법령상, 안전난간 관련하여 질문에 답하시오. (단, 단위 및 범위를 포함해야 한다.)

> (가) 발끝막이판의 높이는 얼마로 하는가?
> (나) 난간대는 지름을 얼마로 하는가?

[해답] (가) 바닥면 등으로부터 10cm 이상
      (나) 2.7cm 이상

05 다음 동영상을 보고 밀폐공간 작업 시 필요한 기구 5가지를 쓰시오.

> [동영상 설명]
> 작업자는 선박 밸러스트 탱크 내부의 슬러지를 제거하는 작업을 하고 있다. 작업자가 작업 중 갑자기 가스질식으로 의식을 잃는 것을 보여주고 있다.

[해답] 1. 공기호흡기 또는 송기마스크
      2. 사다리
      3. 섬유로프
      4. 산소 및 유해가스농도 측정기
      5. 환기설비

06 영상을 참고하여 산업안전보건법령상 지게차의 작업시작 전 점검사항 3가지를 쓰시오.

> [동영상 설명]
> 지게차를 운행하기 전 운전자가 바퀴를 차는 등, 유압장치, 조정장치, 경보등 등을 점검하고 있다.

[해답] 1. 제동장치 및 조종장치 기능의 이상 유무
      2. 하역장치 및 유압장치 기능의 이상 유무
      3. 바퀴의 이상 유무
      4. 전조등 · 후미등 · 방향지시기 및 경보장치 기능의 이상 유무

07 활선작업 시 근로자가 착용해야 하는 절연용 보호구를 3가지만 쓰시오.

[해답] 1. 내전압용 절연장갑
      2. 절연장화
      3. 안전모(AE형 혹은 ABE형)

08 영상에서 위험요인 3가지를 쓰시오.

> [동영상 설명]
> 2명의 작업자가 방진마스크, 보안경을 착용하지 않고 휴대용 연삭기(7인치 핸드 그라인더)로 기다란 대리석 돌판 연마 작업 중이며 연삭기의 덮개는 낡아 보인다. 작업자는 팔을 조금 들며 연삭기 측면을 사용하다 손으로 잡고 있던 대리석 가공물이 떨어진다. 작업장 바닥에는 이동전선 및 충전부가 어지럽게 널부러져 있고 물에 닿은 채 있다. 작업자 2명이 기다란 대리석 돌판을 들고 가는데, 허리가 굽고 휘청이면서 옮기고 있다.

[해답] 1. 보안경 미착용
      2. 방진마스크 미착용
      3. 연삭기 측면을 사용
      4. 연마 가공물 미고정
      5. 통로바닥에 전선 또는 이동전선등을 설치
      6. 습윤한 장소에서는 충분한 절연효과가 있는 이동전선 및 이에 부속하는 접속기구를 사용해야 하는데 그렇지 않음

09 화면은 실험실에서 황산을 비커에 따르고 있고, 작업자는 맨손으로 작업을 수행하고 있다. 인체로 흡수되는 경로를 2가지 쓰시오.

[해답] 1. 피부 및 점막 접촉에 의한 피부로의 흡수
2. 흡입을 통한 호흡기로의 흡수
3. 구강을 통한 소화기로의 흡수

산업안전기사(2회 B형)

01 화면상 작업의 위험요인을 2가지 쓰시오.

[동영상 설명]
현장의 굴착기는 버킷을 거꾸로 달아 하늘로 향하게 되어있으며, 그 버킷의 이빨 사이에 로프를 2줄걸이로 걸고, 화물(반원형 거푸집)을 메달아 우측에서 좌측으로 세우는 작업중이다. 이때 작업자 2명이 이야기를 하면서 무릎 정도 높이에 떠 있는 화물 양쪽으로 잡고 세우는데, 화물이 계속 흔들린다. 한 작업자가 한 손은 화물을 잡고 있고, 다른 한 손으로는 수신호(올려 내려)를 내고 있으나 굴삭기 운전자가 이를 잘 보지 못하였다. 화물을 바닥에 세우려는 순간, 로프가 탈락되면서 75도 정도로 바닥에 기울어져 있던 화물이 뒤로 기울면서 화물을 잡고 있던 작업자가 뒤로 넘어지게 된다. 와이어로프에 소선이 일부 튀어나와 있다.

[해답] 1. 굴착기의 퀵커플러 또는 인양작업이 가능하도록 제작된 기계 미사용
2. 달기구에 해지장치 미사용
3. 신호수나 작업지휘자 미배치
4. 인양물과 근로자가 접촉할 우려가 있는 장소에 근로자의 출입을 금지하지 않음

02 동영상의 재해에서 (가) 재해발생형태 및 (나) 해당 위험이 발생한 작업에서 착용하여야 할 안전모 종류를 쓰시오.

[동영상 설명]
작업자가 전주에 올라가다 표지판에 부딪혀 아래로 떨어진다.

[해답] (가) 재해발생형태 : 떨어짐
(나) 안전모 종류 : ABE종

03 동영상의 내용 중 위험요인이 내재되어 있다. 영상 속 위험요인 3가지를 쓰시오.

[동영상 설명]
교류 아크 용접 작업장에서 작업자가 혼자 대형 관의 플랜지 아래 부위를 아크 용접하고 있다. 작업자는 가죽제 안전장갑을 착용하고 있다. 작업자가 자신의 왼손으로는 플랜지 회전 스위치를 조작해 가며 오른손으로 용접을 하고 있다. 용접장갑을 낀 왼손으로 용접봉을 잡기도 한다. 그리고 작업장 주위에는 인화성 물질로 보이는 깡통 등이 용접작업 주변에 쌓여 있고 케이블이 정리되지 않고 널브러져 있으며, 불똥이 날리고 있다.

[해답] 1. 작업장 주변 인화성 물질 방치
2. 작업장 정리정돈 미흡
3. 용접불티 비산방지덮개 및 용접방화포 등 비산방지조치 미흡

04 영상은 작업자가 휴대용 연삭기로 작업하는 것을 보여주고 있다. 산업안전보건법령상 휴대용 연삭기의 (1) 방호장치의 이름과 (2) 설치각도를 쓰시오.

[해답] (1) 방호장치 : 덮개
(2) 설치각도 : 180° 이상

05 산업안전보건법령상 사업주가 흙막이 지보공을 설치하였을 때에는 (1) 그 설치 목적과 (2) 정기적으로 점검하고 이상을 발견하면 즉시 보수하여야 하는 사항 3가지를 쓰시오.

[동영상 설명]
굴착공사 현장에 설치된 흙막이벽을 보여준다.

[해답] (1) 설치 목적 : 지반의 붕괴 방지
(2) 정기적으로 점검하고 이상을 발견하면 즉시 보수하여야 하는 사항
1. 부재의 손상 변형 부식 변위 탈락의 유무와 상태
2. 버팀대의 긴압의 정도
3. 부재의 접속부 부착부 및 교차부의 상태
4. 침하의 정도

06 동영상은 발파시작 전 천공작업과 취급에 관한 영상이다. 동영상에서와 같이 터널 등의 건설작업에 있어서 낙반 등에 의하여 근로자에게 위험을 미칠 우려가 있을 때 위험을 방지하기 위하여 필요한 조치사항 3가지 쓰시오.

> **해답** 1. 터널지보공 설치
> 2. 록(Rock)볼트 설치
> 3. 부석 제거

07 프레스에 대한 작업시간 전 점검사항을 3가지 쓰시오.

> **해답** 1. 클러치 및 브레이크의 기능
> 2. 크랭크축·플라이휠·슬라이드·연결봉 및 연결 나사의 풀림 여부
> 3. 1행정 1정지기구·급정지장치 및 비상정지장치의 기능
> 4. 슬라이드 또는 칼날에 의한 위험 방지 기구의 기능
> 5. 프레스의 금형 및 고정볼트 상태
> 6. 방호장치의 기능
> 7. 전단기(剪斷機)의 칼날 및 테이블의 상태

08 영상의 재해에서 (가) 기인물 및 (나) 가해물을 쓰시오.

> [동영상 설명]
> 작업자가 이동식 사다리를 통한 작업 중 바닥으로 떨어지게 된다.

> **해답** (가) 기인물 : (이동식) 사다리
> (나) 가해물 : 바닥

09 산업안전보건법령상, 말비계를 조립하여 사용하는 경우에 사업주의 준수사항 관련해서 ( )에 알맞은 것을 쓰시오.

> 지주부재와 수평면의 기울기를 (ㄱ)도 이하로 하고, 지주부재와 지주부재 사이를 고정시키는 (ㄴ)를 설치할 것

> **해답** ㄱ : 75, ㄴ : 보조부재

산업안전기사(2회 C형)

01 다음 설명에 맞는 이동식크레인의 방호장치를 쓰시오.

> (1) 권과를 방지하기 위하여 인양용 와이어로프가 일정한계 이상 감기게 되면 자동적으로 동력을 차단하고 작동을 정지시키는 장치 : (①)
> (2) 훅에서 와이어로프가 이탈하는 것을 방지하는 장치 (②)
> (3) 전도 사고를 방지하기 위하여 장비의 측면에 부착하여 전도 모멘트에 대하여 효과적으로 지탱할 수 있도록 한 장치 : (③)

> **해답** ① 권과방지장치, ② 훅 해지장치, ③ 아웃트리거

02 산업안전보건법령상, (가) 고열의 정의와 (나) 다량의 고열물체를 취급하거나 매우 더운 장소에서 작업하는 근로자에게 사업주가 지급하고 착용하도록 해야 하는 보호구 1가지를 쓰시오.

> [동영상 설명]
> 안전모 및 마스크를 하지 않은 작업자가 펄펄 끓고 있는 물질을 휘젓고 있다. 물질을 살짝 퍼내어 바닥으로 내려놓으니 물질의 색깔이 회색으로 변한다. 이때 작업자의 신발을 클로즈업한다.

> **해답** (가) 고열 : 열에 의하여 근로자에게 열경련·열탈진 또는 열사병 등의 건강장해를 유발할 수 있는 더운 온도
> (나) 보호구
> 1. 몸 : 방열복
> 2. 얼굴 : 방열두건
> 3. 손 : 방열장갑
> 4. 발 : 방열장화

03 동영상의 작업 중에 불안전한 행동 및 상태 3가지를 쓰시오. (단, 작업자가 용접용 보호구는 모두 착용한 상태로 가정한다.)

[동영상 설명]
작업자가 공장에서 의자에 앉아 작업대에 손바닥 크기의 물체를 놓고 용접을 진행한다. 용접 중 불티는 비산되고 이때 오른쪽 아래에 기름통으로 보이는 것이 있다. 공장 바닥에는 전선, 파이프 렌치 등의 작업공구가 어지럽게 흩어져 있는데, 전선 상태는 어두워 보이지 않는다. 작업자가 왼손으로 용접봉을 잡고 오른손으로 용접봉 홀더를 잡고 계속 용접한다.

[해답] 1. 용접 시 불꽃이 흩날림
2. 화재 위험이 있는 장소에 인화성 물질 방치
3. 화재 위험이 있는 장소에 소화설비 없음

04 폭발성 물질이 있는 저장창고에 신발에 물을 묻히고 들어가는 동영상이다. (1) 신발에 물을 묻히는 이유와 (2) 화재 시 소방방법에 대해 쓰시오.

[해답] (1) 신발에 물을 묻히는 이유 : 대부분의 물체는 습도가 증가하면 전기 저항치가 저하되고 이에 따라 대전성이 저하되므로, 작업자가 신발에 물을 묻히게 되면 도전성이 증가(전기저항치 감소)하고 이에 따라 인체의 대전성이 저하되어 정전기 착화성 방전에 의한 화재 폭발을 방지할 수 있다.
(2) 화재 시 소화방법 : 다량 주수에 의한 냉각소화(폭발성 물질은 분해에 의하여 산소가 공급되기 때문에 연소가 격렬하며 그 자체의 분해도 격렬하다. 소화법으로는 물을 다량 사용해서 냉각하여 분해온도 이하로 낮추고 가연물의 연소도 억제해서 폭발을 방지하는 것이다. 소화제로는 질식소화는 효과가 없고, 물을 다량으로 사용하는 것이 최선이다.)

05 화면의 영상 속 재해형태와 정의를 쓰시오.

[동영상 설명]
승강기 개구부에서 A, B 두 명의 작업자가 작업하던 중 A는 위에서 안전난간에 밧줄을 걸쳐 화물을 끌어 올리고 B는 이를 밑에서 올려주고 있다. 이때 인양하던 물건이 떨어져 밑에 있던 B가 다치는 사고가 발생한다.

[해답] 1. 재해형태 : 맞음(낙하)
2. 정의 : 구조물, 기계 등에 고정되어 있던 물체가 중력 등에 의하여 고정부에서 이탈하거나 또는 설비 등으로부터 물질이 분출되어 사람을 가해하는 경우

06 산업안전보건법령상, 인화성물질 저장소에서 인체에 대전된 정전기에 의한 화재 또는 폭발 위험이 있는 경우에 조치사항을 3가지 쓰시오. (단, 작업시설에 관련된 것은 제외하고 작업자, 작업장 관련 내용만 해당한다.)

[동영상 설명]
'화기주의', '인화성 물질'이라고 쓰여있는 드럼통(200L)이 여러 개 보관된 창고 안에서 일반 작업복과 운동화를 착용한 작업자가 인화성 물질이 든 운반용 캔(약 40L)을 몇 개 운반하다가 잠시 휴식을 취하려 한다. 이때 작업자가 드럼통 뚜껑을 열고 스웨터를 벗는 순간 폭발한다.

[해답] 1. 정전기 대전방지용 안전화를 착용한다.
2. 제전복(除電服)를 착용한다.
3. 정전기 제전용구를 사용한다.
4. 작업장 바닥 등에 도전성을 갖추도록 한다.

07 다음 동영상을 보고 아래 질문에 답하시오.

[동영상 설명]
작업자가 아무 표시가 없는 병의 냄새를 직접 맡는다.

(가) 직업성 질병에 노출되는 경로를 1가지만 쓰시오.
(나) 소분되어 있는 화학물질의 유해, 위험요인을 표시하기 위해 용기에 표시하는 자료의 명칭을 쓰시오. (단, 정확한 명칭을 쓸 것)

[해답] (가) 1. 호흡기, 2. 소화기, 3. 피부
(나) 물질안전보건자료(혹은 MSDS)

08 자율안전 확인신고 고시상, 화면을 보고 (가) 작업자의 손에 들려있는 기구의 명칭과 (나) 해당 기구에 설치해야 하는 방호장치의 명칭을 쓰시오.

[동영상 설명]
작업자가 덮개가 없는 휴대용 연삭기(핸드 그라인더)로 연마 작업을 진행한다.

[해답] (가) 기구 명칭 : 휴대용 연삭기
(나) 방호장치 : 덮개

09 해당 영상의 기계에 관련하여 빈칸에 알맞은 것을 쓰시오.

> [동영상 설명]
> 작업자가 바퀴 달린 고소작업대 위에서 작업하는 모습이 보인다.

> (가) 작업대에 정격하중[안전율 (ㄱ) 이상]을 표시할 것
> (나) 작업대에 끼임·충돌 등 재해를 예방하기 위한 가드 또는 (ㄴ)를 설치할 것

해답) ㄱ : 5, ㄴ : 과상승방지장치

산업안전기사(3회 A형)

01 화면은 프레스기로 철판에 구멍을 뚫는 작업을 보여주고 있다. 동영상에 나타난 프레스에는 급정지 기구가 부착되어 있지 않다. 이 프레스에 설치하여 사용할 수 있는 유효한 방호장치를 4가지 쓰시오.

해답) 1. 게이트가드식, 2. 수인식, 3. 손쳐내기식, 4. 양수기동식

02 해당 영상 속 위험원인을 3가지 쓰시오.

> [동영상 설명]
> 왼쪽 작업자 A가 면장갑을 착용하고 작동 중인 경운기 양수기(동력부와 벨트)를 점검하면서 작업자 B를 바라보면서 대화를 하고, 작업자 B에게 수공구를 던져준다. 작업자 A의 작업복이 양수기 벨트에 근접한다. 오른쪽 작업자 B는 맨손으로 작동 중인 경운기 양수기 벨트를 점검하다가 회전하는 벨트에 손을 쑥 넣는다. 뒤에는 연료통과 연료통 덮개가 보이며, 양수기 벨트에는 덮개나 울이 없다. 작업장 뒤편은 건물 해체 현장으로 집게 기계(압쇄기)가 보인다.

해답) 1. (기계 점검 전) 전원 차단 미실시
 2. 기계 운전 중 점검
 3. 회전 부위에 덮개·울 미설치
 4. 적합한 공구를 사용하지 않고 손으로 점검

03 유리병을 H_2SO_4(황산)에 세척 시 발생하는 (1) 재해형태와 (2) 정의를 각각 쓰시오.

해답) (1) 재해형태 : 유해·위험물질 노출·접촉
 (2) 정의 : 유해·위험물질에 노출·접촉 또는 흡입하였거나 독성동물에 쏘이거나 물린 경우

04 화면을 참고하여 해당 내용에 대한 작업계획서에 제출할 내용을 산업안전보건기준에 관한 규칙에 따라 4가지 쓰시오.

> [동영상 설명]
> 회전체 물체를 분해하고 닦고 다시 조립하고 있다. 2인 1조 작업인데 작업자 1명이 중량물이 무거워서 허리를 삐끗하여 중량물을 놓치고 다른 작업자 발등에 중량물이 떨어진다.

해답) 1. 떨어짐위험을 예방할 수 있는 안전대책
 2. 넘어짐위험을 예방할 수 있는 안전대책
 3. 끼임위험을 예방할 수 있는 안전대책
 4. 무너짐위험을 예방할 수 있는 안전대책

05 동영상에서 보여주고 있는 해체 작업을 할 때 지켜야 하는 준수사항을 3가지 쓰시오.

> [동영상 설명]
> 작업자는 가위 기계로 아파트를 으스러트리는 해체 작업을 하고 있다. 신호수가 압쇄기 근처에서 신호 보내고 있는데, 그 신호수가 떨어진 해체물에 맞는다.

해답) 1. 압쇄기의 중량, 작업충격을 사전에 고려하고, 차체 지지력을 초과하는 중량의 압쇄기부착을 금지하여야 한다.
 2. 압쇄기 부착과 해체에는 경험이 많은 사람으로서 선임된 자에 한하여 실시한다.
 3. 압쇄기 연결구조부는 보수점검을 수시로 하여야 한다.
 4. 배관 접속부의 핀, 볼트 등 연결구조의 안전 여부를 점검하여야 한다.
 5. 절단날은 마모가 심하기 때문에 적절히 교환하여야 하며 교환대체품목을 항상 비치하여야 한다.

06 화면에는 절연보호구를 미착용한 작업자가 보이고, 크레인이 전선에 근접하고 있다. 산업안전보건기준에 관한 규칙에 따라서, 충전전로에서 전기작업 중 조치사항에 대해서 다음 빈칸을 채우시오.

> (1) 충전전로를 취급하는 근로자에게 그 작업에 적합한 (①)를 착용시킬 것
> (2) 충전전로에 근접한 장소에서 전기작업을 하는 경우에는 해당 전압에 적합한 (②)를 설치할 것. 다만, 저압인 경우 해당 전기작업자가 (①)를 착용하되, 충전전로에 접촉할 우려가 없는 경우에는 (②)를 설치하지 아니할 수 있다.

해답 ① 절연용 보호구, ② 절연용 방호구

07 다음 영상과 같은 배관 작업 시 핵심위험요인을 2가지 쓰시오.

> [동영상 설명]
> 증기 스팀배관의 보수를 위해 플라이어로 누출부위를 점검하던 중 배관을 감싸고 있는 스펀지(단열재)를 툭툭 건드린다. 스팀이 빠져나오면서 물이 떨어져 작업자 얼굴을 찡그린다. 작업자는 안전모만 착용하고 있고 맨손이며 보안경은 없다.

해답 1. 배관 보수 작업 전 배관 내 스팀을 제거하지 않아 작업 중 스팀 누출 위험이 있음
2. 방열장갑, 보안경을 착용하지 않아 배관 보수 중 고온의 배관이나 누출된 스팀에 화상 위험이 있음

08 산업안전보건기준에 관한 규칙에 따라서, 화면에서 보여주는 양중기를 사용하여 작업할 때 작업 시작 전 점검사항 3가지를 쓰시오.

> [동영상 설명]
> 이동식 크레인 붐대 와이어로프에 화물을 매달아 올린다. 크레인 훅, 호루라기를 부는 신호수, 지반 상태 등을 강조하면서 보여준다.

해답 1. 권과방지장치 그 밖의 경보장치의 기능
2. 브레이크·클러치 및 조정장치의 기능
3. 와이어로프가 통하고 있는 곳 및 작업장소의 지반상태

09 산업안전보건법령상 보일러 관련 빈칸에 알맞은 것을 쓰시오.

> (1) 사업주는 보일러의 안전한 가동을 위하여 보일러 규격에 맞는 압력방출장치를 1개 또는 2개 이상 설치하고 (①) 이하에서 작동되도록 하여야 한다.
> (2) 다만, 압력방출장치가 2개 이상 설치된 경우에는 (①) 이하에서 1개가 작동되고, 다른 압력방출장치는 (①)의 (②)배 이하에서 작동되도록 부착하여야 한다.

해답 ① 최고사용압력, ② 1.05

산업안전기사(3회 B형)

01 플레어 시스템은 화학설비 및 그 부속설비 중 안전밸브 등으로부터 방출된 기체 및 액체 물질을 안전하게 처리하며, 플레어헤더, 녹아웃드럼, 액체 밀봉드럼 및 이 설비를 포함한다. 이 설비는 스택지지대, 플레어팁, 파이롯버너 및 점화장치 등으로 구성된 설비 일체를 말한다. (1) 플레어 시스템의 설치 목적과 (2) 이 설비 명칭을 쓰시오.

해답 (1) 설치 목적
안전밸브 등에서 배출되는 위험물질을 안전하게 "연소" 처리 = (긴급 상황 발생 시) 공정 중에서 발생하는 미연소가스를 "연소"하여 안전하게 밖으로 배출
(2) 설비 명칭
플레어 스택(flare stack) = 플레어 타워(flare tower)

02 급정지기구가 설치되어 있지 않은 프레스에 사용가능한 방호장치 종류를 4가지를 쓰시오.

> [동영상 설명]
> 작업자는 프레스를 페달 밟아 작동시키고 있다.

해답 1. 가드식, 2. 양수기동식, 3. 수인식, 4. 손쳐내기식

03 화면에서 보이는 재해의 직접적인 원인 2가지를 쓰시오.

> [동영상 설명]
> 작업자는 면장갑은 착용했지만, 안전모는 쓰지 않은 작업자가 항타기로 땅을 파고, 항타기가 들어가 있는 구멍으로 손을 넣어 보도블록을 끄집어낸다. 이동식 크레인이 1줄걸이로 전주 가운데를 2번 감아서 전주를 세로로 세워서 들고 이동한다. 전주에 흔들림이 많아 작업자 3명이 아래서 흔들리지 못하도록 잡고 있다. 기존에 설치된 전주가 있는 상태에서 항타기가 파놓은 구멍으로 전주를 넣으려다 활선에 닿아 지지직 소리가 난다.

[해답] 1. 차량을 충전전로의 충전부로부터 이격시키지 않음
2. 충전전로의 전압에 적합한 절연용 방호구 등을 미설치

04 다음 빈칸 안에 알맞은 말을 쓰시오.

> 적정공기란 산소농도의 범위가 (①)% 이상 (②)% 미만, 이산화탄소의 농도가 (③)% 미만, 황화수소의 농도가 (④) ppm 미만인 수준의 공기를 말한다.

[해답] ① 18, ② 23.5, ③ 1.5, ④ 10

05 동영상을 참고하여 작업장의 불안전한 요소 3가지를 쓰시오. (단, 작업자의 불안전한 행동은 채점에서 제외한다.)

> [동영상 설명]
> 사방에서 불꽃이 튀고 있는 가스 용접 절단 작업 중, 야외 용접 작업장 바닥에 여러 자재(철판, 목재, 인화성 물질이라 표시된 페인트통)가 널브러져 있고, 산소통이 용접·절단 작업장 가까이에서 바닥에서 20도 정도로 눕혀 있고, 작업장에 소화기는 보이지 않는다. 용접용 보안면 등 안전 보호구를 착용하지 않은 작업자들이 목장갑을 끼고 용접하면서 산소통 줄을 당겨서 호스가 뽑혀 산소가 새어 나오고 불꽃 튀어나온다.

[해답] 1. 산소 용기가 바닥에 눕혀져 있음
2. 화기작업에 따른 인근 가연성물질에 대한 방호조치 및 소화기구 비치 미흡(=소화기가 없음)
3. 용접불티 비산방지덮개, 용접방화포 등 불꽃, 불티 등 비산방지조치 미흡(=불티가 튀어 주변에 물체에 불붙을 가능성)
4. 산소용기 호스 고정 미흡

06 산업안전보건법령상 사업주는 근로자가 노출된 충전부 또는 그 부근에서 작업함으로써 감전될 우려가 있는 경우에는 작업에 들어가기 전에 해당 전로를 차단하여야 한다. 그러나 전로를 차단하지 않아도 되는 경우를 3가지 쓰시오.

[해답] 1. 생명유지장치, 비상경보설비, 폭발위험장소의 환기설비, 비상조명설비 등의 장치·설비의 가동이 중지되어 사고의 위험이 증가되는 경우
2. 기기의 설계상 또는 작동상 제한으로 전로차단이 불가능한 경우
3. 감전, 아크 등으로 인한 화상, 화재·폭발의 위험이 없는 것으로 확인된 경우

07 화면은 교량 하부 점검 중 일어난 사고를 보여주고 있다. 영상 속 재해발생원인 3가지를 쓰시오.

> [동영상 설명]
> 안전대 미착용한 작업자들이 교량 하부를 점검하고 있다. 제대로 된 안전난간이 없고 로프만 두 줄 설치되어 있으며, 추락방호망도 없다. 주변은 엉망이며, 발판 역시 부실하다. 작업자가 로프로 된 안전난간 쪽으로 기대다가, 로프가 느슨해지면서 추락한다.

[해답] 1. 작업(통로)발판 미설치
2. 안전대 부착설비 미설치 및 안전대 미착용
3. 추락방지용 추락방호망 미설치

08 화면에서 보이는 보호구의 성능기준 3가지를 쓰시오.

[해답] 1. 안면부 흡기저항
2. 정화통의 제독능력
3. 안면부 배기저항
4. 안면부 누설율
5. 강도, 신장률 및 영구변형률
6. 정화통 질량(여과재가 있는 경우 포함)
7. 정화통 호흡저항
8. 안면부 내부의 이산화탄소 농도

09 동영상에는 작업자가 출고에 늦지 않도록 하기 위해 지게차를 이용하여 급하게 재료를 운반하고 있다. 동영상에서와 같이 적재된 화물에 의해 시계가 현저하게 방해될 경우 운전자가 취해야 할 조치사항 3가지를 쓰시오.

> [해답]
> 1. 유도자를 배치하여 지게차를 유도하고 후진으로 서행한다.
> 2. 하차하여 주변의 위험을 확인한다.
> 3. 주변 작업자에게 지게차의 이동 상태를 알리는 경적, 경광등을 사용한다.

산업안전기사(3회 C형)

01 화면은 버스정비작업 중 재해가 발생한 사례이다. 대책 3가지를 쓰시오.

> [동영상 설명]
> 시내버스를 정비하기 위하여 차량용 리프트로 차량을 들어 올린 상태에서 한 작업자가 버스 밑에 들어가 샤프트 계통을 점검하고 있다. 그런데 다른 한 사람이 주변 상황을 전혀 살피지 않고 버스에 올라 엔진을 시동하였다. 그 순간 밑에 있던 작업자의 팔이 버스의 회전하는 샤프트에 말려 들어가 협착사고를 일으킨다. 이때 주변에는 작업감시자가 없다.

> [해답]
> 1. 정비작업 중임을 나타내는 표지판을 설치할 것
> 2. 작업과정을 지휘할 작업자를 배치할 것
> 3. 기동(시동)장치에 잠금장치를 할 것
> 4. 작업 시 운전금지를 위하여 열쇠를 별도 관리할 것

02 방호장치 안전인증 고시상, 동영상의 공작기계에 사용할 수 있는 방호장치를 3가지만 쓰시오.

> [동영상 설명]
> 작업자가 전단기로 절단작업을 하다가 손가락이 잘린다.

> [해답]
> 1. 광전자식
> 2. 양수조작식
> 3. 가드식
> 4. 손쳐내기식
> 5. 수인식

03 영상의 작업 중 위험요인을 2가지만 쓰시오. (단, 안전보건교육, 유도자 배치, 작업장 정리정돈은 제외한다.)

> [동영상 설명]
> 안전모와 면장갑을 착용한 작업자가 한 손에는 천장크레인(호이스트) 조작 스위치, 다른 한 손에는 인양물(길이 4m 배관 다발)을 잡고 천천히 이동 중이다. 인양물은 가운데에 슬링 벨트 2줄이 두어 번 감긴 상태로 묶여 있으며 보조로프는 설치되어 있지 않다. 천장크레인을 통해 작업중인 인양물이 흔들리다가 기울며 추락하고, 작업자는 인양물을 보면서 가느라 이동 통로에 널린 자재를 밟고 넘어진다.

> [해답]
> 1. 낙하물 위험 구간에서 작업한다.
> 2. 인양물이 불안정하게 가운데만 걸이가 되어있고, 보조로프를 사용하지 않았다.

04 산업안전보건법령상 용융(鎔融)한 고열의 광물(용융고열물)을 취급하는 피트(고열의 금속찌꺼기를 물로 처리하는 것은 제외한다)에 대하여 수증기 폭발을 방지하기 위하여 사업주가 해야하는 조치 1가지를 쓰시오.

> [동영상 설명]
> 철강 용광로 작업을 하고 있는 작업자가 쇳물이 흐르는 작은 통로를 도구로 긁다가 쇳물이 발에 튀었는지 아래를 보며 깜짝 놀란다.

> [해답]
> 1. 지하수가 내부로 새어드는 것을 방지할 수 있는 구조로 할 것. 다만, 내부에 고인 지하수를 배출할 수 있는 설비를 설치한 경우에는 그러하지 아니하다.
> 2. 작업용수 또는 빗물 등이 내부로 새어드는 것을 방지할 수 있는 격벽 등의 설비를 주위에 설치할 것

05 해당 영상 재해의 (가) 재해발생형태 와 (나) 재해를 발생시킨 원인을 1가지만 쓰시오.

> [동영상 설명]
> 빨간 반코팅 목장갑을 낀 작업자가 "배선용차단기"라 쓰여있는 배전반을 열고, 드라이버로 전선을 체결 중에 차단기 ON 표시등이 들어와 있다. 작업자가 배전반을 닫고, 스탠딩 조명 덮개를 잡는 순간 쓰러진다.

해답 (가) 재해발생형태 : 감전
(나) 재해를 발생시킨 원인 : 감전방지용 누전차단기 불량 혹은 미설치

06 산업안전보건법령상 근로자가 충전전로를 취급하거나 그 인근에서 작업하는 경우에는 사업주의 조치사항 관련해서 빈칸에 알맞은 것을 쓰시오.

[동영상 설명]
작업자들이 전주에서 전선 작업을 하고 있다.

(1) 충전전로를 취급하는 근로자에게 그 작업에 적합한 (①)을/를 착용시킬 것
(2) 충전전로에 근접한 장소에서 전기작업을 하는 경우에는 해당 전압에 적합한 (②)을/를 설치할 것. 다만, 저압인 경우에는 해당 전기작업자가 (①)을/를 착용하되, 충전전로에 접촉할 우려가 없는 경우에는 (②)을/를 설치하지 아니할 수 있다.
(3) 고압 및 특별고압의 전로에서 전기작업을 하는 근로자에게 활선작업용 기구 및 장치를 사용하도록 할 것
(4) (②)의 설치·해체작업을 하는 경우에는 (①)을/를 착용하거나 활선작업용 기구 및 장치를 사용하도록 할 것
(5) 유자격자가 아닌 근로자가 충전전로 인근의 높은 곳에서 작업할 때에 근로자의 몸 또는 긴 도전성 물체가 방호되지 않은 충전전로에서 대지전압이 50kV 이하인 경우에는 (③)cm 이내로, 대지전압이 50kV를 넘을 경우에는 10kV당 10cm씩 더한 거리 이내로 각각 접근할 수 없도록 할 것

해답 ① 절연용 보호구, ② 절연용 방호구, ③ 300

07 DMF용기 외부에 부착해야 하는 경고표지를 보기에서 2가지 고르시오.

[동영상 설명]
작업자가 DMF(디메틸포름아미드)통을 옮겨두고 나간다.

① 인화성물질경고   ② 산화성물질경고
③ 급성독성물질경고 ④ 부식성물질경고

해답 ① 인화성물질경고, ③ 급성독성물질경고

08 동영상과 같이 작업자가 넘어져서 부상을 입었다. 해당 재해형태와 기인물을 쓰시오.

[동영상 설명]
작업자가 작업발판용 목재 토막을 가공대 위에 올려놓고 한 발로 목재를 고정하고 톱질 중 작업발판이 흔들리면서 작업자가 균형을 잃고 넘어진다.

(1) 재해형태   (2) 기인물

해답 (1) 재해형태 : 전도(넘어짐)
(2) 기인물 : 작업발판

09 산업안전보건법령상, 동력을 사용하는 항타기 또는 항발기에 대하여 무너짐을 방지하기 위한 사업주의 준수사항 관련해서 ( ) 안을 알맞은 것을 1가지만 쓰시오.

[동영상 설명]
작업자는 항타기를 이용해 말뚝을 세우는 작업을 하고 있다.

• 연약한 지반에 설치하는 경우에는 (①) 등 지지구조물의 침하를 방지하기 위하여 깔판 혹은 받침목 등을 사용할 것
• 궤도 또는 차로 이동하는 항타기 또는 항발기에 대해서는 불시에 이동하는 것을 방지하기 위하여 (②) 등으로 고정시킬 것

해답 ① 아웃트리거 혹은 받침, ② 레일 클램프(rail clamp) 혹은 쐐기

memo

참고문헌

1. 김동원 「기계공작법」 (청문각, 1998)
2. 서남섭 「표준 공작기계」 (동명사, 1993)
3. 강성두 「산업기계설비기술사」 (예문사, 2008)
4. 강성두 「기계제작기술사」 (예문사, 2008)
5. 박은수 「비파괴검사개론」 (골드, 2005)
6. 원상백 「소성가공학」 (형설출판사, 1996)
7. 김두현 외 「최신전기안전공학」 (신광문화사, 2008)
8. 김두현 외 「정전기안전」 (동화기술, 2001)
9. 송길영 「최신송배전공학」 (동일출판사, 2007)
10. 한경보 「최신 건설안전기술사」 (예문사, 2007)
11. 이호행 「건설안전공학 특론」 (서초수도건축토목학원, 2005)
12. 한국산업안전보건공단 「거푸집동바리 안전작업 매뉴얼」 (대한인쇄사, 2009)
13. 한국산업안전보건공단 「만화로 보는 산업안전·보건기준에 관한 규칙」 (안전신문사, 2005)
14. 유철진 「화공안전공학」 (경록, 1999)
15. DANIEL A. CROWL 외 「화공안전공학」 (대영사, 1997)
16. 조성철 「소방기계시설론」 (신광문화사, 2008)
17. 현성호 외 「위험물질론」 (동화기술, 2008)
18. Charles H. Corwin 「기초일반화학」 (탐구당, 2000)
19. 김병석 「산업안전관리」 (형설출판사, 2005)
20. 이진식 「산업안전관리공학론」 (형설출판사, 1996)
21. 김병석·성호경·남재수 「산업안전보건 현장실무」 (형설출판사, 2000)
22. 정국삼 「산업안전공학개론」 (동화기술, 1985)
23. 김병석 「산업안전교육론」 (형설출판사, 1999)
24. 기도형 「(산업안전보건관리자를 위한)인간공학」 (한경사, 2006)
25. 박경수 「인간공학, 작업경제학」 (영지문화사, 2006)
26. 양성환 「인간공학」 (형설출판사, 2006)
27. 정병용·이동경 「(현대)인간공학」 (민영사, 2005)
28. 김병석·나승훈 「시스템안전공학」 (형설출판사, 2006)
29. 갈원모 외 「시스템안전공학」 (태성, 2000)

저자소개

▶ 저자

신우균(申宇均) e-mail : wooguni0905@naver.com

| 약력 |
- 공학박사(안전공학)
- 지도사 · 기술사(화공안전 · 산업보건 · 산업위생관리)
- (전)안전보건공단/산업안전보건연구원
- (전)고용노동부 산업안전보건 근로감독관
- (전)수도권 중대산업사고예방센터 공정안전관리(PSM) 담당 감독관
- (전)환경부 화학재난합동방재센터장
- (전)호서대학교 안전행정공학과/중대재해예방학과 교수

| 저서 |
- 산업안전지도사(예문사), 산업보건지도사(예문사)
- 화공안전기술사(예문사), 산업위생관리기술사(예문사)
- 산업안전기사(예문사), 산업안전산업기사(예문사), 건설안전기사(예문사), 건설안전산업기사(예문사)
- 산업안전보건법령(예문사)

산업안전기사 실기 [필답형+작업형]
초간단 핵심완성

초 판 발 행	2024년 05월 20일
개정1판1쇄	2025년 02월 10일
편 저	신우균
발 행 인	정용수
발 행 처	예문사
주 소	경기도 파주시 직지길 460(출판도시) 도서출판 예문사
T E L	031) 955-0550
F A X	031) 955-0660
등 록 번 호	11-76호
정 가	38,000원

- 이 책의 어느 부분도 저작권자나 발행인의 승인 없이 무단 복제하여 이용할 수 없습니다.
- 파본 및 낙장은 구입하신 서점에서 교환하여 드립니다.

홈페이지 http://www.yeamoonsa.com

ISBN 978-89-274-5716-9 [14530](전 2권)

2025 산업안전기사 실기 초간단 핵심완성 정오표 [1권 필답형]

산업안전보건법 및 안전보건규칙 개정으로 인한 개정사항 정오표입니다.

페이지 / 위치		기존	변경
필답형 150p	5. 2) ② 폭굉 유도거리	㉠ 정상 연소속도가 큰 혼합물일 경우 ㉡ 점화원의 에너지가 큰 경우 ㉢ 고압일 경우 ㉣ 관 속에 방해물이 있을 경우 ㉤ 관경이 작을 경우	㉠ 압력이 높을수록 ㉡ 연소속도가 빠를수록 ㉢ 관경이 작을수록 ㉣ 관 속에 방해물이 있을 경우 ㉤ 점화원의 에너지가 강할수록
필답형 186p	4. 2) 안전인증 대상 안전대의 종류	종류 / 사용구분 벨트식 안전그네식 — U자 걸이용 벨트식 안전그네식 — 1개 걸이용 안전그네식 — 안전블록 안전그네식 — 추락방지대 비고 : 추락방지대 및 안전블록은 안전그네식에만 적용함	종류 / 사용구분 **벨트식 안전그네식** — U자 걸이용 **벨트식 안전그네식** — 1개 걸이용 **벨트식 안전그네식** — 안전블록 **벨트식 안전그네식** — 추락방지대
필답형 191p	3. 1) ③	$F_s = \dfrac{\text{지반의 극한지지력}}{\text{지반의 최대반력}} \geq 3.0$	$F_s = \dfrac{\text{지반의 허용지지력}}{\text{지반의 최대하중}} \geq 1.0$
필답형 218p	1. 안전인증 대상 안전대의 종류	종류 / 사용구분 벨트식 안전그네식 — U자 걸이용 벨트식 안전그네식 — 1개 걸이용 안전그네식 — 안전블록 안전그네식 — 추락방지대 비고 : 추락방지대 및 안전블록은 안전그네식에만 적용함	종류 / 사용구분 **벨트식 안전그네식** — U자 걸이용 **벨트식 안전그네식** — 1개 걸이용 **벨트식 안전그네식** — 안전블록 **벨트식 안전그네식** — 추락방지대

필답형 219p ※ 청력보호구의 차음효과

기존:

주파수(Hz)	귀마개 EP-1	귀마개 EP-2	귀덮개(EM)
1,000	20dB 이상	20dB 이상	25dB 이상
2,000	25dB 이상	20dB 이상	30dB 이상
3,000	25dB 이상	25dB 이상	35dB 이상

변경:

중심주파수(Hz)	차음치(dB) EP-1	EP-2	EM
125	10 이상	10 미만	5 이상
250	15 이상	10 미만	10 이상
500	15 이상	10 미만	20 이상
1,000	20 이상	20 미만	25 이상
2,000	25 이상	20 이상	30 이상
4,000	25 이상	25 이상	35 이상
8,000	20 이상	20 이상	20 이상

페이지 / 위치		기존	변경
작업형 310p	2번 문제 전체 교체	02 화면에서와 같이 안전관리자의 직부 3가지를 쓰시오. 정답 : 1. 작업 시작 선에 작업자에게 밀폐공간 작업에 대한 위험요인과 이에 대한 대응방법에 대하여 교육을 한다. 2. 국소배기장치의 정전 등에 의한 환기 중단 시에는 즉시 외부로 대피시키고, 의식불명의 작업자가 발생할 경우 구출하기 위한 안전대, 구명밧줄 등의 구명 용구가 작업현장에 비치되었는지 확인한다. 3. 작업 중 밀폐공간 내 공기상태가 적정한지 여부를 수시로 측정 및 확인하고 산소농도가 18% 미만인 경우 호흡보호구를 착용시킨다.	02 화면에서와 같을 때 **관리감독자**의 직부 3가지를 쓰시오. [동영상 설명] 탱크 내부 밀폐된 공간에서 작업자가 작업을 하고 있고, 다른 작업자가 외부에 설치된 환기팬을 발로 차서 전원공급이 차단되어 내부 작업자가 의식을 잃고 쓰러진다. 정답 : 1. 작업 시작 전에 작업자에게 작업에 대한 위험요인과 이에 대한 대응방법에 대하여 교육 실시한다. 2. **환기팬의** 정전 등에 의한 환기 중단 시에는 즉시 외부로 대피시키고, 의식불명의 작업자가 발생할 경우 구출하기 위해 **사다리, 섬유로프 등**의 구명 용구가 작업현장에 비치되었는지 확인한다. 3. 작업 중 밀폐공간 내 공기상태가 적정한지 여부를 수시로 측정 및 확인하고 산소농도가 18% 미만인 경우 공기공급식 호흡용보호구 착용시킨다.
작업형 315p	10번 정답	정답 : 1. 일반용, 2. 내유용, 3. 내산용, 내알칼리용, 5. 내산, 알칼리 겸용	정답 : **1. 일반용, 2. 내유용**

2025 산업안전기사 실기 초간단 핵심완성 정오표[2권 작업형]

산업안전보건법 및 안전보건규칙 개정으로 인한 개정사항 정오표입니다.

페이지 / 위치		기존	변경
작업형 192p	3번째 문제 및 정답	도금작업장에서 작업자가 화학물질용 보호복, 방독마스크, 고무장갑, 고무제 안전화 등을 착용하고 작업 중이다. 이때, 고무제 안전화의 사용장소에 따른 구분 4가지는? 정답 : 1. 일반용, 2. 내유용, 3. 내산용, 내알칼리용, 5. 내산, 알칼리 겸용	도금작업장에서 작업자가 화학물질용 보호복, 방독마스크, 고무장갑, 고무제 안전화 등을 착용하고 작업 중이다. 이때, 고무제 안전화의 사용장소에 따른 구분 **2가지**는? 정답 : **1. 일반용, 2. 내유용**
작업형 222p	4번 문제 및 정답	도금작업장에서 작업자가 화학물질용 보호복, 방독마스크, 고무장갑, 고무제 안전화 등을 착용하고 작업 중이다. 이때, 고무제 안전화의 사용장소에 따른 구분 4가지는? 정답 : 1. 일반용, 2. 내유용, 3. 내산용, 내알칼리용, 5. 내산, 알칼리 겸용	도금작업장에서 작업자가 화학물질용 보호복, 방독마스크, 고무장갑, 고무제 안전화 등을 착용하고 작업 중이다. 이때, 고무제 안전화의 사용장소에 따른 구분 **2가지**는? 정답 : **1. 일반용, 2. 내유용**
작업형 237p	9번 문제 및 정답	고무제 안전화를 보여주는 동영상이다. 사진과 같은 보호구의 종류 4가지를 사용장소에 따라 구분하여 쓰시오. 정답 : 1. 일반용, 2. 내유용, 3. 내산용, 내알칼리용, 5. 내산, 알칼리 겸용	고무제 안전화를 보여주는 동영상이다. 사진과 같은 보호구의 종류 **2가지**를 사용장소에 따라 구분하여 쓰시오. 정답 : **1. 일반용, 2. 내유용**
작업형 242p	3번 정답	(1) 재해형태 : 화학물질에 의한 화상 (2) 정의 : 부식성을 가지는 황산이 피부에 접촉하여 화상을 입게 됨	(1) 재해형태 : **유해위험물질 노출 · 접촉** (2) 정의 : **유해위험물질에 노출 · 접촉하거나 흡입하여 발생하는 재해**
작업형 249p	7번 정답	정답 : 1. 일반용, 2. 내유용, 3. 내산용, 내알칼리용, 5. 내산, 알칼리 겸용	정답 : **1. 일반용, 2. 내유용**
작업형 258p	3번 정답	(1) 재해형태 : 화학물질에 의한 화상 (2) 정의 : 부식성을 가지는 황산이 피부에 접촉하여 화상을 입게 됨	(1) 재해형태 : **유해위험물질 노출 · 접촉** (2) 정의 : **유해위험물질에 노출 · 접촉하거나 흡입하여 발생하는 재해**
작업형 277p	3번 정답	(1) 재해형태 : 화학물질에 의한 화상 (2) 정의 : 부식성을 가지는 황산이 피부에 접촉하여 화상을 입게 됨	(1) 재해형태 : **유해위험물질 노출 · 접촉** (2) 정의 : **유해위험물질에 노출 · 접촉하거나 흡입하여 발생하는 재해**
작업형 307p	8번 정답	(1) 재해형태 : 화학물질에 의한 화상 (2) 정의 : 부식성을 가지는 황산이 피부에 접촉하여 화상을 입게 됨	(1) 재해형태 : **유해위험물질 노출 · 접촉** (2) 정의 : **유해위험물질에 노출 · 접촉하거나 흡입하여 발생하는 재해**